Hidráulica de tuberías

Acceda a www.marcombo.info
para descargar gratis
contenido adicional
complemento imprescindible de este libro

Código: HIDRAULICA22

JUAN SALDARRIAGA

Es profesor titular del área de ingeniería hidráulica en el departamento de Ingeniería Civil y Ambiental de la Universidad de los Andes, en Bogotá, Colombia. Es director del Centro de Investigaciones en Acueductos y Alcantarillados –CIACUA– de dicho departamento, uno de los centros de investigación en ingeniería más prestigiosos del país. Realizó sus estudios de pregrado en ingeniería civil en la Universidad de los Andes, donde obtuvo el título de ingeniero civil en 1982. En 1983 se graduó como Master of Science en Ingeniería Hidráulica en la Universidad de Newcastle upon Tyne, en Inglaterra. A partir de su vinculación a la Universidad de los Andes en 1983 enseña cursos de pregrado y posgrado en la carrera de Ingeniería Civil, en el área de recursos hidráulicos. Es profesor e investigador visitante de la Universidad de Newcastle upon Tyne. Desde 1994 es profesor de la cátedra PAVCO-MEXICHEM dedicada a la investigación y a la docencia en el tema de hidráulica de tuberías, en particular los sistemas de abastecimiento de agua potable y de drenaje urbano.

Ha publicado varios libros de texto y artículos de investigación sobre múltiples temas relacionados con la ingeniería hidráulica, y en particular en los sistemas de tuberías que constituyen los sistemas de abastecimiento de agua potable y de alcantarillado. También ha publicado una gran cantidad de artículos en seminarios profesionales a nivel internacional, todos relacionados con temas de su investigación. Su área de trabajo docente e investigativo abarca los campos de la hidráulica de tuberías y canales, las redes de distribución de agua potable, el manejo integrado del agua urbana, las redes de drenaje urbano, el diseño optimizado de sistemas de agua, la hidroinformática, así como el tema de la regulación económica y la normatividad del sector de agua potable y saneamiento básico.

Además de su trabajo investigativo, ha liderado el desarrollo de programas informáticos para apoyar los procesos de diseño, construcción, operación y mantenimiento de redes de distribución de agua potable y de redes de alcantarillado.

Hidráulica de tuberías

Cuarta edición

JUAN SALDARRIAGA

Marcombo

alphaeditorial

Hidráulica de tuberías
Juan Saldarriaga

Cuarta edición: 2019
ISBN: 978-958-778-624-8

Cuarta edición: MARCOMBO, S.L. 2022

www.marcombo.com

ISBN: 978-84-267-2829-6
D.L.: B 18073-2021

Impreso en Servicepoint
Printed in Spain

A Carolina, Juliana, Alejandro y Catalina,

quienes le dan sentido a mi vida.

A Guillermo, *in memoriam*.

RESUMEN DE CONTENIDO

El libro está dividido en cuatro partes, conformadas por diez capítulos, que pueden ser leídos en secuencias diferentes dependiendo del tipo de curso para el que esté destinado o el tipo de trabajo de diseño u operación que se quiera resolver.

Parte 1 • HIDRÁULICA BÁSICA DE TUBERÍAS

El capítulo 1 se dedica a establecer las teorías sobre las que se basa todo el diseño de sistemas de tuberías con flujo a presión. Describe de forma detallada el desarrollo histórico del actual conocimiento del flujo turbulento en tuberías. Parte de los trabajos de Newton y Darcy y finaliza con los de Prandtl, Von Kármán, Nikuradse, Colebrook y White. Se basa en una aplicación rigurosa de las leyes de conservación de la masa y de la energía, de la mecánica clásica. Establece de forma clara las teorías de cantidad de movimiento, de flujo viscoso, de análisis dimensional, de longitud de mezcla y de interacción fluido-pared sólida que han permitido entender el flujo turbulento en las tuberías y que permanecen como uno de los pocos casos de flujo turbulento con ecuaciones de diseño completamente desarrolladas y probadas en la práctica. Al final del capítulo aparece una tabla de resumen de estas ecuaciones. Aunque es un capítulo básico para entender el flujo en las tuberías a presión, su lectura puede ser dejada de lado por el lector que no desee conocer con detalle la procedencia de las ecuaciones de diseño.

El capítulo 2 está dedicado al diseño de las tuberías simples, es decir, aquellas tuberías con diámetro, material y caudal constante, que son la base para el diseño de los sistemas más complejos. En él se establecen los cuatro tipos de problemas de tuberías a los que se ve enfrentado el diseñador de tuberías y se describen las formas de solución: la comprobación de diseño, el cálculo de potencia, el diseño en sí y la calibración. Esto lleva a la presentación de los seis primeros diagramas de flujo y a los seis primeros programas, así como la primera hoja electrónica, los cuales serán la base de los programas que se presentan en los demás capítulos. En la página web del libro se encuentra un icono que identifica los 19 programas complementarios al texto. Haciendo doble clic con el ratón sobre el icono seleccionado, el lector podrá utilizar cualquiera de los programas.

El capítulo 3 presenta las ecuaciones y metodologías alternas para el diseño de tuberías simples. Las teorías de longitud de mezcla y de interacción fluido-pared sólida de Prandtl llevaron a ecuaciones no explícitas de diseño. Este problema fomentó el planteamiento de ecuaciones netamente empíricas para el diseño de sistemas de tuberías, algunas tratando de seguir unidas a la ecuación de Darcy-Weisbach y otras siguiendo un camino completamente diferente. Algunas de estas ecuaciones alcanzaron un éxito importante en la práctica de la ingeniería y siguen siendo utilizadas en el presente. Entre las ecuaciones de este tipo se destacan las de Moody, Word, Barr, Swamme-Jain y Hazen-Williams. Las cuatro primeras siguen la metodología de Darcy y la última es completamente independiente. El Capítulo 3 presenta estas ecuaciones, con ejemplos para los cuatro tipos de problemas de diseño de tuberías antes descritos. Al final del capítulo se hace una comparación entre las ecuaciones de Hazen-Williams y de Darcy-Weisbach en conjunto con la de Colebrook-White.

Parte 2 • SISTEMAS DE TUBERÍAS

A partir del capítulo 4 se inicia con el análisis de los sistemas complejos de tuberías. Sin embargo, las soluciones a los problemas de diseño en estos sistemas se basan en los seis algoritmos planteados en el Capítulo 2. El Capítulo 4 aborda el problema de operar sistemas de tuberías con bombas. Se establece en detalle el efecto que una bomba tiene sobre la línea de gradiente hidráulico del flujo en una tubería y se introducen los conceptos de curva de la bomba y curva del sistema. Después de introducir los conceptos básicos de la operación de bombas se desarrolla la metodología de diseño de esta, la cual queda incluida en los diagramas de flujo 7 y 8 y en el programa 7, así como en la hoja electrónica N°. 3.

El capítulo 5 establece las metodologías de diseño de las tuberías en serie y de las tuberías en paralelo. La primera parte del capítulo se relaciona con el diseño de los sistemas en serie; nuevamente se establecen las metodologías para resolver los tres primeros tipos de problemas del diseño de sistemas de tuberías, las cuales quedan resueltas en tres diagramas de flujo con sus correspondientes programas. En esta parte del capítulo se introducen los diagramas de flujo 9, 10, 11ª, 11b, 12 y 13 con sus respectivos programas y con la hoja electrónica N°. 4. Al final de esta primera parte se estudian los tubos porosos, caso particular de los tubos en serie, utilizados en los sistemas de riego que se estudian en el capítulo 10. La segunda parte del Capítulo 5 analiza el caso de las tuberías en paralelo. Los diagramas de flujo 14, 15 y 16 y sus correspondientes programas y la hoja electrónica N°. 4 contienen las metodologías de solución de los tres primeros tipos de problemas para el caso de sistemas en paralelo.

Los capítulos 6 y 7 se dedican al análisis de redes de tuberías relacionadas principalmente con la distribución urbana de agua potable. El primero de estos desarrolla el caso de las redes abiertas o sistemas de redes matrices en sistemas de abastecimiento de agua, aquellas tuberías expresas que interconectan los diferentes tanques del sistema. Para el análisis de este tipo de redes se introduce el concepto de balance de cantidad en un nodo y luego se procede a establecer las metodologías de diseño de los tres tipos de problemas en el caso de las redes abiertas. Se desarrollan los diagramas de flujo 17, 18, 19 y 20 y sus correspondientes programas. Los 17 programas relacionados con todos los diagramas de flujo antes mencionados fueron desarrollados como parte integral del texto *Hidráulica de tuberías, abastecimiento, redes, riegos*. Como se indicó antes, los archivos ejecutables se encuentran en la página web del libro. Todos los programas fueron desarrollados en lenguaje *Object Pascal* en plataforma *Delphi* para Windows y pueden funcionar en cualquier ordenador compatible.

Parte 3 • REDES DE DISTRIBUCIÓN DE AGUA POTABLE (RDAP)

El capítulo 7 está relacionado con las redes cerradas de tuberías, es decir, las redes que contienen al menos un circuito cerrado y que conforman los sistemas típicos de distribución de agua potable en los centros urbanos. Se plantean las ecuaciones correspondientes a la conservación de la masa y la conservación de la energía para así plantear las ecuaciones necesarias para el cálculo hidráulico. Se describen con detalle las diferentes metodologías para resolver problemas de diseño de redes cerradas partiendo de las más antiguas, como la de Hardy Cross, hasta las más modernas, como la del gradiente, la cual es utilizada por la mayoría de los programas comerciales de tuberías a nivel mundial. Se muestra cómo las metodologías existentes para la simulación de redes de distribución de agua se desarrollaron únicamente para el primer tipo de problemas de tuberías, la comprobación del diseño.

El capítulo 8 aborda los temas de diseño optimizado de RDAP. En su primera parte se introduce el tema del diseño de redes orientado a minimizar los costes económicos manteniendo las restricciones hidráulicas. Para esto se describen los datos necesarios para el diseño, como las presiones mínimas, los caudales de consumo, la proyección de población y los costes de instalación de tuberías, entre otros. Luego se muestran los procedimientos tradicionales de diseño con el fin de compararlos con los procesos modernos, basados en metodologías de inteligencia artificial y herramientas de tecnologías de información. Se llega hasta el punto de lograr un diseño óptimo. En el capítulo se presentan las diferentes RDAP patrón a nivel mundial, las cuales son utilizadas para probar las diferentes heurísticas y metodologías de diseño de este tipo de sistemas de tuberías. Al final del capítulo se hace una introducción al programa REDES. Una versión académica de este programa, limitada a redes de máximo 100 tubos, se encuentra en la página web del libro.

El capítulo 9 se dedica a temas avanzados en la hidráulica de sistemas de tuberías. En su primera parte muestra el desarrollo matemático requerido para incluir diferentes tipos de accesorios y subsistemas dentro de las redes de distribución, utilizando el método del gradiente, base para desarrollar programas de simulación verdaderamente completos. En su segunda parte se introduce el tema de la calibración de RDAP, nuevamente haciendo énfasis en la información requerida y las metodologías de solución del problema. En su tercera parte, el capítulo se dedica al tema del diseño de tuberías en serie haciendo uso de emisores, esenciales para la modelación de sistemas de riego. En su última parte, el capítulo hace una corta descripción, obtenida en Internet, de algunos de los principales programas para la simulación de redes de agua potable: EPANet, WaterCAD v 8iXM, WaterGEMS V8iXM, Pipe 2000, y GISRED 2.0.

Parte 4 • REDES DE RIEGO

El capítulo 10 representa la diferencia más importante con respecto a otros textos existentes en el área de tuberías, ya que cubre aspectos que usualmente son tema de cursos o aun carreras diferentes. Dicho capítulo aborda las redes de riego a presión, incluyendo las redes de sistemas de riego localizado de alta frecuencia. El diseño de este tipo de redes no había sido tratado de forma coherente en un texto de hidráulica, a pesar de que tiene muchos elementos comunes con los sistemas de tuberías abiertas y con las redes de distribución de agua potable. En el capítulo se afianzan estos elementos comunes y, por consiguiente, se utilizan los algoritmos y programas introducidos en los capítulos anteriores en las metodologías de diseño de redes de riego. Sin embargo, los sistemas de riego tienen características propias, especialmente los de riego localizado de alta frecuencia; por esta razón, la parte inicial del capítulo describe las diferentes partes de un sistema de riego y la forma de obtener los caudales de consumo. La metodología de diseño de redes de riego presentada en el capítulo ha sido implementada en el programa RIEGOS. Nuevamente se incluye copia de este programa, en una versión académica, en la página web.

En las páginas finales del texto se encuentra el Apéndice 1 presenta las propiedades físicas de diferentes fluidos, necesarias cada vez que se quiera utilizar ecuaciones de diseño; se hace énfasis en las propiedades del agua.

WEB DE APOYO

Hidráulica de tuberías: abastecimiento de agua, redes, riegos cuenta con materiales adicionales de consulta en la web que facilitan la comprensión de los temas. En el transcurso del libro, las referencias directas a estos recursos están señaladas mediante los siguientes iconos:

Hojas electrónicas **Diagramas de Flujo**

Acceso al material

Para acceder a estos recursos tenga en cuenta las siguientes instrucciones:

- Acceda a http://marcombo.info
- Introduzca el código HIDRAULICA22

Adicionalmente, si usted es docente universitario:

- Entre en http://libroweb.alfaomega.com.mx
- Vaya a la sección "Material para docente".
- Haga clic en el vínculo "formulario de registro", el cual lo llevará al CIACUA.
- Realice el registro para hacer la solicitud de su material.
- Tras la verificación de su registro, recibirá el material por correo electrónico

Contenido del material

Hidráulica de tuberías: abastecimiento de agua, redes, riegos cuenta con material de apoyo para complementar el aprendizaje de los temas. A continuación se relacionan los materiales que podrá encontrar:

1. Programas del libro *Hidráulica de tuberías: abastecimiento de agua, redes, riegos*
   a. Versión académica del programa REDES en archivo ejecutable.
   b. Versión académica del programa RIEGOS en archivo ejecutable.
   c. 16 programas de sistemas de tuberías que se mencionan a continuación:
      - Comprobación de diseño de tuberías simples.
      - Cálculo del factor de fricción utilizando el método de Newton.
      - Cálculo del factor de fricción utilizando el método de Newton-Raphson.
      - Cálculo de la potencia en tuberías simples.
      - Diseño de tuberías simples.
      - Diseño de tuberías simples con altas pérdidas menores.
      - Calibración de tuberías simples.
      - Selección de la combinación óptima bomba-tubería.
      - Comprobación de diseño de tuberías en serie.
      - Cálculo de la potencia en tuberías en serie.
      - Diseño de tuberías en serie.
      - Comprobación de diseño de tuberías en paralelo.
      - Cálculo de la potencia en tuberías en paralelo.
      - Diseño de tuberías en paralelo.
      - Comprobación de diseño de redes abiertas.
      - Diseño de redes abiertas.

2. 5 hojas electrónicas sobre sistemas de tuberías en formato Excel, que complementan los programas con gráficas de convergencia y figuras de resultados.
   - Hoja Electrónica 1: Tuberías simples.
   - Hoja Electrónica 2: Ecuaciones empíricas.
   - Hoja Electrónica 3: Bombas.
   - Hoja Electrónica 4: Tuberías en serie y en paralelo.
   - Hoja Electrónica 5: Redes abiertas.
3. Programas interactivos para apoyar la labor de aprendizaje de la teoría relacionada con el flujo en tuberías a presión.
4. Grupos de discusión sobre redes de distribución de agua potable, una sección de preguntas y respuestas y una lista de sitios web relacionados.

Material adicional para docentes

Además de este material, los docentes podrán tener acceso a información adicional, la cual estará siendo permanentemente actualizada:

- Servicio de información internacional sobre actividades académicas relacionadas con hidráulica de tuberías.
- Artículos internacionales.
- Artículos publicados por la Universidad de los Andes (Colombia).
- Bases de datos que facilitan la elaboración de exámenes.
- Más de 1500 diapositivas en PowerPoint.
- Acceso a las clases virtuales del profesor Juan Saldarriaga, a través de la página del CIACUA: www.ciacua.uniandes.edu.co

CONTENIDO

Capítulo 10
Sistemas de riego localizado de alta frecuencia (RLAF)

Lista de figuras

Lista de tablas

Lista de símbolos

$[A]$	matriz que resume las ecuaciones de continuidad en los nudos
$[A10]$	matriz topológica tramo a nudo para los NS nudos de altura fija
$[A11]$	matriz diagonal de NT × NT
$[A12]$	matriz de conectividad. Asocia a cada uno de los nudos de la red
$[A21]$	matriz transpuesta de $[A12]$
$[dE]$	desequilibrio de energía por unidad de peso (altura piezométrica) en cada tubo
$[dq]$	desequilibrio de caudal en cada nudo
$[H]$	vector de alturas piezométricas desconocidas
$[H_o]$	vector de alturas piezométricas fijas
$[I]$	matriz identidad de dimensión n × n
$[\mathrm{N}]$	matriz diagonal (n1, n2, ...nNT) con dimensión NT × NT
$[\mathrm{Q}]$	vector de caudales
$[\mathrm{q}]$	vector de consumo o de entrada en cada nudo de la red
a	aceleración
A	agua a aplicar
A	área de la tubería
A_o	área de goteros de orificio
A_v	área de goteros de vórtice
c	coeficiente de descarga
C	coste total asociado al valor comercial de las tuberías más su instalación
C_{ij}	coste de la tubería *ij*
$C_c(I)$	coste de construcción de un individuo particular *I*
CD_{com}	diámetros comerciales
C_{HW}	coeficiente de rugosidad de la tubería
C_{NL}	coeficiente de necesidades de lavado
C_T	coste de una tubería particular
CU	coeficiente de uniformidad
CU_c	coeficiente de uniformidad debido a factores constructivos
CV	coeficiente de variación por fabricación de los emisores finales
d	diámetro de la tubería
$De2D$	distancia euclídea en 2 dimensiones
$De3D$	distancia euclídea en 3 dimensiones
$d_{h\overline{x}i}$	distancia del nudo i a la fuente de abastecimiento o distancia hidráulica
D_i	diámetro del *i*-ésimo tubo de la red
D_n	diferencia de nivel entre dos tanques
d_T	diámetro de la tubería particular
Dt	distancia mínima grafo (fuente a nudo)
$d_{topológica\ máxima}$	distancia topológica desde la fuente de abastecimiento hasta el nudo más lejano de la serie
E	error de aproximación
E_R	eficiencia de riego
f	factor de fricción de Darcy
$\mathrm{F_c}$	fuerzas de compresibilidad
$\mathrm{F_I}$	fuerzas inerciales
F	flecha óptima
$\mathrm{F_P}$	fuerzas de presión
$\mathrm{F_{TS}}$	fuerzas de tensión superficial
F_v	fuerzas viscosas
f_x	factor de fricción en la sección *x*
g	gravedad
h	altura
H	altura piezométrica total de la bomba
h_e	pérdidas menores de entrada
h_f	pérdida de energía por fricción
h_{fd}	pérdida de atura por fricción en la tubería de descarga
h_{fij}	pérdida de energía por fricción en el tubo *j* del circuito *i*
h_{fRi}	altura real perdida por fricción en el tubo *i* con el diámetro diseñado y el caudal real demandado
h_{fs}	pérdida de altura por fricción en la tubería de succión
H_i	altura a la entrada del submódulo
H_m	altura correspondiente al caudal medio en los emisores
H_m	altura total
h_{me}	pérdida menor en la entrada
h_{mi}	pérdida menor en el accesorio *i*
h_{mij}	pérdidas menores de energía en el tubo j del circuito *i*
H_{min}	altura mínima en todo el submódulo
H_{mm}	altura mínima en el múltiple de riego
h_{mRi}	altura real perdida a causa de los accesorios de la tuberia *i* con el diámetro diseñado y con el caudal real demandado
h_{ms}	pérdida menor por salida
h_{mv}	pérdida menor por válvula
H_s	altura manométrica de succión
H_T	altura topográfica que debe ser vencida por la bomba

K y x	parámetros que se determinan por regresión teniendo en cuenta los costos de determinado material en función del diámetro
k	constante universal de Prandtl-Von Kármán (0.4)
K_1	constante en unidades monetarias, por ejemplo, dólares
K_2	constante adimensional
k_m	coeficiente de pérdidas menores
k_s	rugosidad absoluta de la tubería
$\underline{k_s}$	tamaño rugosidad media
L	longitud significativa del flujo
l	longitud del tramo de tubería
l	longitud de mezcla
L_i	longitud del i-ésimo tubo de la red
L_i	longitud de la i-ésima tubería de la red I
L_T	longitud de la tubería particular
L_{total}	longitud total desde la fuente de abastecimiento hasta el nudo más lejano de la serie
m	masa
M	factor que depende del número de diámetros que se vayan a emplear en una misma tubería, ya sea múltiple o lateral
m	número de accesorios que causan pérdidas menores en la serie
M_x	momentum en la dirección x
n	número de tuberías que conforman la serie
N	velocidad rotacional en revoluciones por minuto
n_e	número de emisores por planta
N_l	necesidades de lavado
N_n	necesidades netas
NNt	número total de nudos con altura piezométrica desconocida
Nn	número de nudos de la red
NR	número total de redes
NS	número de nudos de altura fija o conocida
N_s	velocidad específica
N_t	necesidades totales
NT	número de tuberías en la red
N_t	número de tubos de la red
NT'_i	número de tubos del circuito i
NTi	número de tubos que llegan al nudo i
Nu	número de uniones
P	perímetro mojado
P	potencia en el eje de la bomba
P_R	potencia requerida por la bomba
p	presión
p^*	presión piezométrica
p_a	presión atmosférica absoluta
P_i	presión en el i-ésimo nudo de la red (i pertenece al intervalo [1,Nn])
p_j	presión mínima requerida por norma en el j-ésimo nudo
P_{min}	presión mínima dada por norma
P_p	pérdidas por percolación
p_v	presión de vapor absoluta
Q	caudal
Q	caudal por unidad de longitud
Q_1	caudal en la sección 1 de la tubería
Q_{25}	caudal medio de los emisores que constituyen 25 % del caudal más bajo
Q_d	caudal de diseño
Q_{Di}	caudales consumidos en cada uno de los nudos
Q_{Di}	caudal demandado en el nudo i
Q_{ei}	caudales que alimentan la red de distribución
Q_{ij}	caudal que pasa por la tubería ij hacia el nudo i desde el nudo j
Q_{iu}	caudal en la tubería iu
Q_L	caudal de entrada al lateral
Q_{Lu}	caudal consumido en la unión
Q_m	caudal medio de todos los emisores de la instalación
Q_m	caudal medio en los emisores
Q_{mp}	caudal del emisor sometido a menor presión
Q_x	caudal en la sección x de la tubería
$Q\alpha$	caudal en la tubería α de la serie de n tuberías
r	radio
R	radio hidráulico
Re	número de Reynolds
r_o	radio total de la tubería
s	espacio
S	pérdida de energía por unidad de peso por unidad de longitud
S_E	distancia entre emisores
S_f	pendiente de fricción del flujo en la tubería
S_L	distancia entre laterales
t	tiempo
T	periodo de vibración
v	velocidad
V	volumen
v	velocidad significativa del flujo
v_d	velocidad en la tubería de descarga
v_l	velocidad en el limite
v_p	velocidad perdida
v_s	velocidad en la tubería de succión
$\overline{v}_x$	velocidad media
v'_x	variación aleatoria de la velocidad en la dirección x

v_*	velocidad de corte
$\overline{v}_x$	velocidad media
W	peso del fluido en el volumen de control
X_0	aproximación de la raiz de f(x)
X_Q	error de cierre de caudales en la unión
$\overline{x}$	centroide de demandas
y	distancia medida desde la superficie interna de la tubería en dirección hacia el eje de ésta
z	altura hasta un nivel de referencia
Z_i	altura piezométrica en el tanque i
Z_u	altura piezométrica en la unión

Lista de símbolos denotados por letras griegas

α, β, γ	parámetros característicos del tubo, la válvula y las bombas
δ'	espesor de la subcapa laminar viscosa
Δh	pérdida de energía
ε	viscosidad turbulenta cinemática
η	viscosidad turbulenta
η	eficiencia
θ_k	ángulo de la pendiente promedio de la tubería k con respecto a la horizontal
μ	coeficiente de viscosidad dinámica
ν	coeficiente de viscosidad cinemática
ρ	densidad del fluido
σ	desviación estándar
τ	esfuerzo cortante
τ_o	esfuerzo cortante en las paredes de la tubería
τ_{yxT}	esfuerzo cortante turbulento
Π	número de parámetros adimensionales
$\mu\ [Chk]$	costo hidráulico promedio de todos los individuos de la k-ésima generación
$\mu\ [C_c^k]$	costo de construcción promedio de todos los individuos de la k-ésima generación
π_i	función de la i-ésima proyección; dado que NT es un vector con valores de conjunto D, esta función representa el diámetro de la i-ésima tubería del individuo
ωh	factor de peso hidráulico. Es una variable de entrada que determina el efecto del costo hidráulico sobre la función costo-restricciones

Lista de siglas

AG	algoritmos genéticos
AP	altura piezométrica
AWWA	American Water Works Association
CSP	problema de satisfacción de restricciones (Constraint Satisfaction Problem)
DDM	modelos gobernados por demanda (Demand Driven Models)
EPA	Environmental Protection Agency
IA	Inteligencia Artificial
LGH	línea de gradiente hidráulico
LOGH	línea óptima de gradiente hidráulico
NPSH	altura neta de succión positiva
PDS	sistemas manejados por la presión (Pressure Driven Systems)
PL	programación lineal
PLE O ILP	programación lineal entera (Integer Linear Programming)
PR	programación por restricciones
RDAPS	redes de distribución de agua potable
RLAF	riego localizado de alta frecuencia
SIG	sistemas de información geográfica
SOGH	superficie óptima de gradiente hidráulico
TFM	tasa de flujo de masa
VRP	válvulas reductoras de presión

Agradecimientos

Durante el proceso de desarrollo de la cuarta edición, el autor contó con la ayuda de numerosas personas y entidades y a todos ellos debe agradecer su apoyo. En primer lugar, el departamento de Ingeniería Civil y Ambiental de la Universidad de los Andes y su Centro de Investigaciones en Acueductos y Alcantarillados CIACUA. La facultad de Ingeniería apoyó el desarrollo de la nueva versión programa REDES, de los nuevos programas interactivos y de la grabación de las clases, para hacer el curso de Hidráulica de Tuberías uno tipo Blended; el profesor Alfonso Reyes, decano de la facultad de Ingeniería, apoyó e impulsó esta idea. Este trabajo estuvo bajo dirección y la responsabilidad del Centro de Innovación en Tecnología de Educación ConectaTE. Angélica Ávalo, Alexandra Ramírez, Miguel Higuera y José Daniel Lara, de este centro, hicieron un excelente trabajo. La empresa PAVCO-MEXICHEM, a través de la Cátedra PAVCO-UNIANDES que financia, desde hace 25 años, la investigación en hidráulica de tuberías, ha sido un constante e invaluable apoyo para el autor y su grupo de investigación. Los doctores Carlos González y Ernesto Guerreo, presidente y vicepresidente comercial, respectivamente, y los doctores Inés Elvira Wills, Juan Guillermo Fonseca y Orlando Polo merecen un agradecimiento especial por la confianza puesta por PAVCO en el trabajo del autor. La empresa AGRIFIM aportó las fotos de sus productos para sistemas de riego que aparecen en el Capítulo 10. La doctora Amalia Becerra y el señor Diego Bueno, de esta empresa, apoyaron enormemente esa labor. Las empresas BARNES DE COLOMBIA y RUHRPUMPEN amablemente cedieron las fotos de las bombas incluidas en el Capítulo 4. Los doctores Rigoberto Páez Florian, presidente de la primera, y Marcel Elizondo Garza, presidente de ventas y mercadeo de la segunda, siempre apoyaron la selección y la cesión de dichas fotos.

Los profesores y alumnos del Centro de Investigaciones en Acueductos y Alcantarillados CIACUA del departamento de Ingeniería Civil y Ambiental de la Universidad de los Andes y los alumnos del programa de magíster en Recursos Hidráulicos de ese departamento ayudaron a corregir las primeras versiones del texto y de los algoritmos de los programas. El profesor Diego Páez estuvo a cargo de introducir los temas de programación lineal entera para el diseño optimizado de tuberías en serie y de sistemas de riego, incluyendo la realización de sus ejemplos. Las tesis de maestría de los alumnos David Hernández y Nataly Bermúdez fueron las bases para esos nuevos desarrollos. La tesis de maestría de Juan Carval aportó la información de comparación de ecuaciones incluida en el Capítulo 4. Lina Baldrich, Margarita Reyes, Silvana Montoya, Paula Cuero, Jessica Bohórquez, Laura Montaño, María Ximena Trujillo, Natalia Duque, Natalia Madrid, Laura Pulgarín, Natalia Hernández y Laura Martínez, alumnas del programa de magíster en Recursos Hidráulicos, fueron las encargadas de producir la versión electrónica del texto incluyendo la revisión detallada de todos los ejemplos. Paula Cuero, Laura Lunita López y Kevin Vargas trabajaron en la actualización de los programas de la página web del libro, incluyendo la última versión del programa REDES. Las hojas electrónicas fueron actualizadas por Natalia Duque, Paula Cuero y Laura Natalia Cotes. Las figuras fueron hechas por Johanna Cubillos, María Camila Calzada, Daniela Vanegas y Mauricio Vaquero. María Paula Castillo, Lina Baldrich, Natalia Duque y Laura Pulgarín fueron las encargadas de actualizar las presentaciones en PowerPoint. A todos ellos el autor expresa sus agradecimientos.

La realización de esta cuarta edición siempre estuvo impulsada y apoyada por la Dra. Martha Edna Suárez, Gerente General de la editorial Alfaomega, y por Sandra Ardila editora del texto y quien también realizó las labores de copy-edición. De esta casa editorial también hay que agradecer el trabajo hecho por Mabel Paola López, correctora de estilo, y Ana Paula Santander, diseñadora. Todas ellas hicieron una excelente labor.

Finalmente debo agradecer el constante e incondicional apoyo y la siempre presente motivación dada por mi familia para lograr, entre muchas otras cosas, la escritura de este libro. Sin su amor y comprensión este no hubiera podido realizarse. A mi esposa Carolina y a mis hijos Juliana, Alejandro y Catalina les debo mi eterno agradecimiento.

JUAN SALDARRIAGA AGOSTO DE 2019

Prólogo a la cuarta edición

La cuarta edición del texto *Hidráulica de tuberías, abastecimiento de agua, redes, riegos* es el resultado de más de tres décadas de trabajo académico en el departamento de Ingeniería Civil y Ambiental de la facultad de Ingeniería de la Universidad de los Andes, en Bogotá, Colombia, el cual incluye el desarrollo de nuevos cursos en el área del agua urbana, en particular en los sistemas de abastecimiento de agua potable y los sistemas de recolección y evacuación de aguas residuales y de aguas lluvias. También incluye la investigación hecha en el Centro de Investigaciones en Acueductos y Alcantarillados CIACUA de la misma universidad, dedicado al estudio de la hidráulica de tuberías, las redes de distribución de agua potable, los sistemas de drenaje urbano, las redes de alcantarillado de aguas residuales y de aguas lluvias y la optimización de diseños de la infraestructura hídrica urbana.

Aunque existen numerosos libros de texto sobre la ingeniería hidráulica, la mayoría de ellos se concentran en la hidráulica de canales, las estructuras hidráulicas y la hidrología, dejando vacíos en el tema de la hidráulica de tuberías, particularmente en español. El presente texto siempre tuvo como objetivo llenar ese vacío, teniendo presente que el manejo eficiente del agua, su transporte y su conservación, se ha convertido en un tema estratégico para la sociedad actual, en particular en los grandes centros urbanos, donde los problemas de escasez de agua y contaminación de las fuentes se han vuelto críticos. Su propósito es, entonces, ayudar a la labor de los ingenieros encargados del manejo de los recursos hídricos, facilitando los procesos de diseño, operación y mantenimiento de sistemas de tuberías. Para esto, el texto está centrado en el uso intensivo de las tecnologías de información y en la optimización de diseños con base en heurísticas de inteligencia artificial y en técnicas más tradicionales de investigación operacional como la programación lineal entera y la programación lineal, todo esto encaminado a un uso racional del agua.

A pesar de que *Hidráulica de tuberías, abastecimiento de agua, redes, riegos* puede usarse para cualquier fluido newtoniano que se transporte a presión en sistemas de tuberías de sección circular, hace énfasis en el fluido agua. Esto obedece al hecho de que los sistemas usados para el manejo de este recurso son, tal vez, los más complejos desde el punto de vista de su diseño, su tamaño, su operación y su importancia estratégica. El texto trata con detalle tres de esos sistemas. En primer lugar las redes abiertas que conforman los sistemas troncales de abastecimiento de agua en una ciudad, conectando las plantas de tratamiento de agua potable con los tanques de almacenamiento y compensación necesarios para garantizar la prestación de servicio de agua potable de forma permanente y confiable. En segundo lugar, las redes cerradas de distribución de agua potable encargadas de llevar el servicio de agua a todos los usuarios de una ciudad, en la cantidad que requieran y con una calidad que asegure la conservación de la salud pública. El texto también trata el tema de los sistemas de riego localizado de alta frecuencia, sistemas modernos que propenden por el uso eficiente del agua en el sector agrícola, lo cual es particularmente importante debido a que este uso es alrededor del 70 % del agua consumida a nivel mundial.

Al igual que en la edición anterior, el Capítulo 9 está dedicado a temas avanzados de la hidráulica de redes de distribución de agua potable; se tratan con detalle los problemas de diseño optimizado y la calibración de estos sistemas de tuberías. Dentro de los ejemplos usados se incluyen y describen las redes patrón que a nivel internación al se están utilizando para medir la eficiencia de las diferentes heurísticas y metaheurísticas usadas para resolver esos dos problemas, vitales para la operación del abastecimiento de agua potable en las mega ciudades actuales. El tema del diseño optimizado de sistemas de tuberías ha sido tratado con mayor profundidad en esta edición. Por consiguiente en varios de los capítulos se describen metodologías con este propósito. En particular se introduce el tema de la programación lineal entera para el diseño optimizado de series de tuberías y de redes de riego localizado de alta frecuencia.

Con el fin de ayudar a entender los procesos de cálculo y diseño de sistemas de tuberías, cada capítulo va acompañado de una serie de ejemplos resueltos y de una serie de problemas planteados. Igualmente, al final de cada capítulo se presenta la bibliografía utilizada, que puede ser consultada por el lector con el objeto de complementar algunos detalles de la teoría.

Al igual que en todas las anteriores ediciones, el texto incluye una serie de algoritmos, diagramas de flujo y programas informáticos para resolver los diferentes tipos de problemas en hidráulica de tuberías. Esta edición incluye incluye un total de 19 programas; 17 de estos dedicados al cálculo de capacidad, la potencia requerida y el diseño de sistemas pequeños de tuberías, los cuales usualmente forman parte de sistemas más complejos. También incluye la última versión académica del programa REDES para la simulación matemática de redes de distribución de agua potable, incluyendo su diseño optimizado. Finalmente, incluye la versión académica del programa RIEGOS, también en su última versión, el cual se puede usar para la simulación y diseño de sistemas de riego localizado de alta frecuencia. Todos estos programas se encuentran disponibles en la página web del libro, donde se incluye un manual de usuario. Con el fin de facilitar el completo entendimiento del uso de los programas, en estos se encuentran cargados los ejemplos utilizados en el texto. De esta forma pueden ser seguidos por el lector a la vez que va leyendo los ejemplos en cada capítulo.

También se han mantenido, en la página web, las hojas electrónicas en formato Excel, las cuales permiten ver de forma detallada los procesos de convergencia de los cálculos. Se han extendido las ayudas para los lectores, como artículos importantes, direcciones electrónicas relevantes y un foro para preguntas y respuestas. En el caso de que el lector sea un profesor universitario, la página web le permite tener acceso a las clases preparadas, para cada capítulo, en formato PowerPoint. Toda esta información se actualiza permanentemente por parte del autor, por lo que se recomienda al lector entrar a la página web al menos una vez cada 6 meses para descargar la versión más actualizada de cada programa.

La cuarta edición introduce una serie de ayudas didácticas nuevas. La primera de ellas es un nuevo programa basado en el juego de Póker, el cual permite el seguimiento deductivo de cada una de las ecuaciones más importantes del texto. Cada una de las ecuaciones seleccionadas como importante es representada en una carta particular de la baraja. El programa le permite al estudiante, al seleccionar una carta específica, recordar el proceso deductivo y el contexto histórico de la ecuación correspondiente. Este programa también se encuentra en la página web del libro. En segundo lugar, se están desarrollando los videos de las clases impartidas por el autor en la Universidad de los Andes, las cuales están disponibles para profesores universitarios. El número de clases disponibles está siendo actualizado permanentemente en la web y siguen el programa del curso Hidráulica de Tuberías dictado en la Universidad de los Andes.

1

Introducción a la hidráulica del flujo en tuberías

Objetivos

- Presentar las teorías físicas en que se basan las ecuaciones para calcular el flujo de fluidos incompresibles a través de tuberías con sección circular.
- Establecer los diferentes tipos de flujo en tuberías: laminar, turbulento hidráulicamente liso, turbulento hidráulicamente rugoso y turbulento transicional.
- Plantear las distribuciones de velocidad y de esfuerzo cortante en la sección transversal de tuberías circulares.
- Describir la interacción entre el flujo y la pared sólida que conforma la superficie interna de una tubería.
- Deducir la ecuación de resistencia fluida que describe la cantidad de energía que se pierde a causa de la fricción entre el flujo y la pared interna de la tubería.
- Establecer las ecuaciones que describen el factor de fricción como función de la rugosidad de la tubería, de las características físicas del fluido y del flujo.

1.1 INTRODUCCIÓN

El objetivo de este primer capítulo es presentar las teorías y ecuaciones necesarias para calcular el flujo de fluidos incompresibles en tuberías simples o en sistemas de tuberías, haciendo énfasis en las secciones transversales circulares. Para explicar el flujo de este tipo de fluidos a través de tuberías se hace uso de las ecuaciones de conservación de cantidades físicas establecidas, lo que hoy en día se conoce como la física clásica. En particular se utilizan las ecuaciones de conservación de la masa o ecuación de continuidad, de conservación de la energía y de conservación del *momentum* lineal. Esta última, usualmente, se expresa en términos de la segunda ley del movimiento de Newton.

En la ecuación de conservación de la energía se debe hacer uso de un término que describa las pérdidas de energía ocasionadas por la fricción entre el fluido en movimiento y la pared interna de la tubería. Ese término se describe matemáticamente por medio de ecuaciones que se conocen con el nombre de ecuaciones de fricción o de resistencia fluida, que por lo general relacionan la energía que se pierde con el flujo en sí, representado por la velocidad media del fluido o el caudal que pasa a través de la tubería. Todas las ecuaciones de fricción que describen el flujo en tuberías son de naturaleza similar: se basan en un equilibrio de fuerzas muy sencillo, que conforma la segunda ley de Newton del movimiento. Las diferencias entre estas ecuaciones, más de forma que de fondo, obedecen a los procesos empíricos utilizados en la deducción.

En este capítulo se sigue el proceso histórico que dio paso a la ecuación más general de resistencia fluida, para lo cual se deducirán las ecuaciones de equilibrio dinámico que llevan al flujo uniforme en tuberías, las ecuaciones de distribución de velocidad y de esfuerzo cortante en la sección transversal de una tubería circular, las ecuaciones que describen la interacción fluido-pared sólida, y se introducirán los conceptos de flujo laminar y turbulento, flujo hidráulicamente liso y rugoso. En los capítulos siguientes se emplearán todas estas ecuaciones y conceptos para resolver problemas específicos de diseño de tuberías simples o sistemas complejos de tuberías. Las referencias bibliográficas proporcionadas al final del capítulo sobre la mecánica de fluidos son de gran utilidad para complementar la teoría que sustenta a las ecuaciones planteadas.

1.2 DEFINICIÓN DE FLUJO Y TIPOS DE FLUJO

Desde el punto de vista de su comportamiento mecánico, un fluido es una sustancia que no puede resistir un esfuerzo cortante. Si este se presenta, el fluido se deforma y continúa deformándose mientras el esfuerzo cortante exista. En este proceso de deformación continua, las diferentes partes del fluido cambian de posición relativa de forma permanente, a la vez que tienen un movimiento relativo con respecto a un contorno sólido. Esta combinación de movimientos se conoce como flujo.

En términos sencillos, el flujo es el movimiento de un fluido con respecto a un sistema inercial de coordenadas, generalmente ubicado en un contorno sólido. Ejemplos de flujo son el movimiento del agua en el cauce de un río, el movimiento del agua subterránea a través del subsuelo y, por supuesto, el movimiento de fluidos por el interior de las tuberías, tema de este texto.

El flujo en una tubería, o de hecho en cualquier tipo de conducto, se puede determinar mediante las siguientes cantidades físicas:

- Desplazamiento de una partícula de fluido.
- Velocidad de una partícula de fluido en un punto del campo de flujo.
- Aceleración de una partícula de fluido en un punto del campo de flujo.

Las anteriores cantidades pueden permanecer constantes o variar con el espacio y/o con el tiempo. Con respecto al espacio, los flujos se clasifican en uniformes (si las cantidades físicas permanecen constantes en el espacio) y no uniformes. Con respecto al tiempo se clasifican en permanentes o estacionarios (si las cantidades de flujo permanecen constantes en el tiempo) y no permanentes. Estos cuatro tipos de flujo se combinan, así:

Otras características del flujo en una tubería son: caudal, esfuerzo cortante, velocidad máxima, distribución de velocidades y aceleración.

- Flujo uniforme permanente: Ninguna de las características del flujo (presión y velocidad) varían en el espacio y/o el tiempo.
- Flujo uniforme no permanente: Las características no varían con el espacio, pero sí con el tiempo. Es muy difícil encontrar este tipo de flujo en la naturaleza, debido a que los cambios tendrían que ocurrir de forma simultánea a lo largo de toda la tubería (la velocidad de la señal de cambio tendría que ser infinita).
- Flujo variado permanente: Las características del flujo varían con el espacio pero no con el tiempo. Existen dos subtipos de flujo:
  - Gradualmente variado. Los cambios en las características del flujo (presión y velocidad) son graduales a lo largo de la dirección principal de este. Las contracciones y expansiones suaves en las tuberías, el flujo a través de tubos Venturi, etc., son ejemplos de flujos gradualmente variados.
  - Rápidamente variado. Los cambios en las características del flujo son abruptos a lo largo de la dirección principal de este. Por ejemplo, las contracciones abruptas en tuberías, el flujo a través de las válvulas y los rotores de bombas se caracterizan por ser flujos rápidamente variados. Generalmente este tipo de flujo va acompañado de una gran turbulencia.
- Flujo variado no permanente: Las características del flujo varían con el espacio y con el tiempo. Debido a que el flujo uniforme no permanente no existe, este nuevo tipo se conoce con el nombre de flujo no permanente. En el caso de las tuberías, el flujo no permanente se denomina golpe de ariete, debido a que usualmente está acompañado por ruidos fuertes, además de los cambios bruscos en presión y velocidad, típicos de este tipo de flujo.

1.3 FLUJO UNIFORME EN TUBERÍAS

En el flujo uniforme, las características del flujo (presión y velocidad en la tubería) permanecen constantes en el espacio y en el tiempo. Por consiguiente, es el tipo de flujo más fácil de analizar y sus ecuaciones se utilizan para el diseño de sistemas de tuberías. Como la velocidad no está cambiando, el fluido no está siendo acelerado. Si no hay aceleración, según la segunda ley de Newton para el movimiento, el sumatorio de las fuerzas que actúan sobre un volumen de control de fluido debe ser cero. Es decir, existe un equilibrio de fuerzas.

En el caso del flujo en las tuberías actúan tres fuerzas: de presión, gravitacionales y de fricción. Las primeras siempre tratan de acelerar el flujo. Las fuerzas gravitacionales (o de peso) tratan de acelerar el flujo si este se mueve desde una cota alta a una cota baja o tratan de frenarlo si el movimiento es en sentido contrario. Las fuerzas de fricción siempre tratan de frenarlo. En el caso del flujo uniforme a través de una tubería con pendiente negativa en el sentido del flujo existe un equilibrio entre las fuerzas de fricción, por un lado, y las fuerzas gravitacionales y de presión, por el otro.

Dada la importancia de las fuerzas de fricción en el problema del flujo uniforme, el cual es básico para el diseño de los sistemas de tuberías, el resto de este capítulo se dedica a estudiarlas.

El equilibrio dinámico que alcanza una tubería cuando se encuentra en un estado de flujo uniforme se representa en la FIGURA 1.1, en la cual se detallan las fuerzas anteriormente descritas.

Si el fluido contenido en el volumen de control mostrado en la FIGURA 1.1 no se está acelerando, entonces $\Sigma F_x = 0$. Teniendo en cuenta este hecho se obtiene la siguiente ecuación:

$$pA-(p+dp)A+W\cos\theta - \tau_0 Pdx = 0$$

donde:

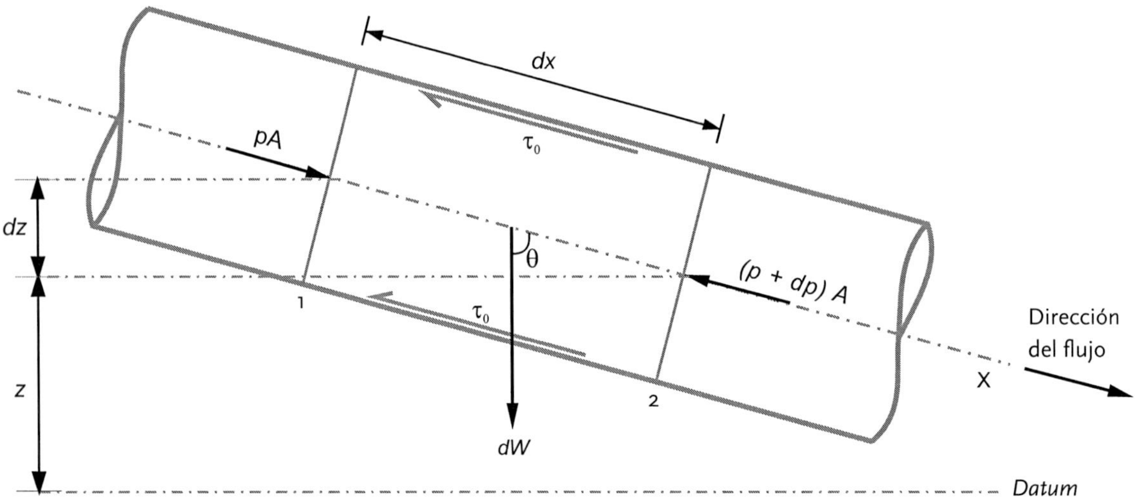

Figura 1.1 Volumen de control para el flujo en una tubería. Se muestran todas las fuerzas que actúan en un fluido contenido en un volumen de control.

A = área mojada (área de la sección transversal interna del tubo).
P = perímetro mojado (perímetro interno del tubo).
dW = peso del fluido en el volumen de control.
τ_0 = esfuerzo cortante en la pared interna de la tubería.
p = presión interna.
θ = ángulo de inclinación de la tubería.

El peso del volumen de control es:

$$dW = \rho g A dx$$

Luego

$$-dpA + \rho g A dx \cos\theta - \tau_0 P dx = 0$$

Pero, de acuerdo con la figura:

ver figura 1.1

$$dx \cos\theta = -dz$$

Por consiguiente

$$-dpA - \rho g A dz - \tau_0 P dx = 0$$

ECUACIÓN 1.1

$$\tau_0 P dx = A(dp + \rho g dz)^{1}$$

Despejando el esfuerzo cortante en la pared de la tubería se obtiene:

1 El signo negativo del diferencial de presión se ha dejado de lado en el entendido en que este se puede incluir en el diferencial.

$$\tau_o = \frac{A}{P}\frac{d}{dx}(p + \rho gz)$$

o

$$\tau_o = \frac{A}{P}\rho g \frac{d}{dx}\left(\frac{p}{\rho g} + z\right)$$

Esta ecuación representa la forma más general de las ecuaciones de pérdidas por fricción en el flujo a través de una tubería. Como se puede ver, es el resultado de una aplicación sencilla de la segunda ley del movimiento de Newton. En esta ecuación el término

$$\frac{d}{dx}\left(\frac{p}{\rho g} + z\right)$$

representa la pendiente de fricción del flujo en la tubería, S_f, tal como se explicará detalladamente más adelante. Por consiguiente:

ECUACIÓN 1.2

$$\tau_o = \frac{A}{P}\rho g S_f$$

Reemplazando A/P por el radio hidráulico, R, y el producto de la densidad y la gravedad por el peso específico del fluido se tiene:

$$\tau_o = \gamma R S_f$$

Esta ecuación representa la forma inicial de una ecuación para explicar las pérdidas por fricción que experimenta un flujo a través de cualquier tipo de conducto, sea este una tubería, un canal, una alcantarilla, etc.

1.4 RESISTENCIA AL FLUJO EN CONDUCTOS CIRCULARES

Una vez obtenida la Ecuación 1.2, la cual relaciona el esfuerzo cortante en la pared interna de la tubería con la pendiente de fricción, el siguiente paso natural es encontrar una distribución de esfuerzos en la sección transversal con el fin de relacionarla con una distribución de las velocidades. Con esta última, y mediante un proceso de integración, es posible calcular el caudal. Al relacionar el caudal con la pendiente de fricción es posible obtener una ecuación para el diseño de las tuberías. *Dicha ecuación se conoce genéricamente como ecuación de resistencia al flujo. En este epígrafe se introduce este concepto y su desarrollo histórico hasta obtener las ecuaciones de diseño actuales.*

1.4.1 Experimento de Reynolds

Históricamente se conocían dos tipos de flujo, los cuales se diferenciaban por su comportamiento en lo concerniente a las pérdidas de energía. En 1840, Gotthilf H. L. Hagen había establecido los principios y diferencias de estos dos tipos de flujo. Sin embargo, la correcta descripción y formulación solo fue planteada entre 1880 y 1884 por Osborne Reynolds, de la Universidad de Cambridge, Inglaterra.

Gotthilf Heinrich Ludwig Hagen (1797-1884). Físico e ingeniero hidráulico alemán. Estudió matemáticas, arquitectura e ingeniería civil en la Universidad de Königsberg. Después de su grado fue el ingeniero a cargo de los proyectos de ingeniería hidráulica de su ciudad.

La FIGURA 1.2 describe gráficamente el primer experimento de Reynolds. Para observar el cambio de flujo, utilizó tuberías de vidrio de diferentes diámetros, conectadas a un tanque grande de agua. En la línea central de las tuberías, Reynolds inyectó tinta con el fin de visualizar los cambios que experimentaba el flujo. El tamaño del tanque era el requerido para garantizar un flujo permanente en las tuberías y una turbulencia remanente muy baja.

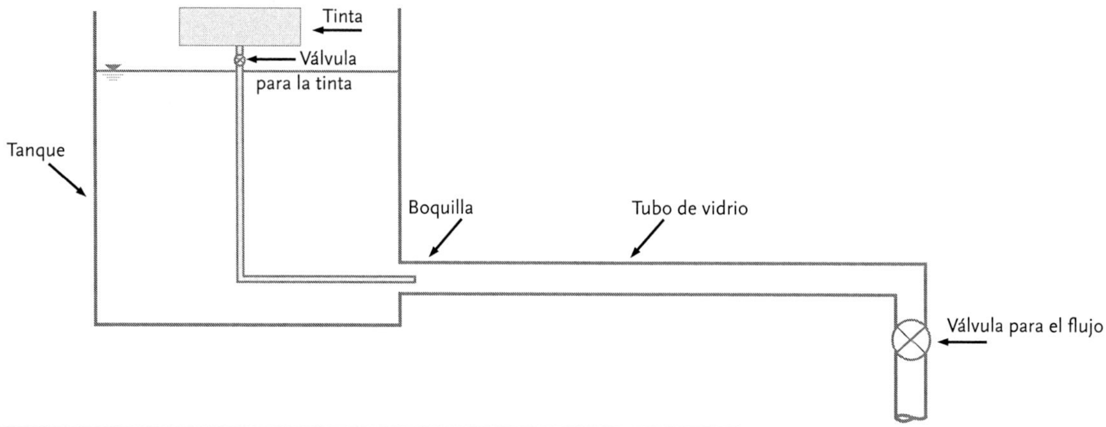

Figura 1.2 Esquema del aparato utilizado por O. Reynolds para establecer el régimen del flujo en las tuberías. Reynolds varió tanto el diámetro de las tuberías como el líquido que fluía por estas.

Al abrir la válvula, Reynolds notó que se daban cuatro tipos de flujos, tal como se muestra en la FIGURA 1.3, en la cual se esquematiza el comportamiento de la tinta trazadora.

Reynolds observó que al aumentar el caudal (aumento de velocidad) el punto de mezcla se desplazaba aguas arriba (contra el flujo). Eventualmente, la zona de inestabilidad desaparece. Sin embargo, si sigue aumentando el caudal (Q), el desplazamiento del punto de mezcla llega hasta un máximo en donde se detiene; para todo Q hay una zona donde la tinta no se mezcla. Reynolds define los tipos de flujo de la siguiente forma:

- Flujo laminar: cuando la tinta no se mezcla. El flujo se mueve en capas sin el intercambio de paquetes de fluido entre ellas (el intercambio molecular causante de la viscosidad de Newton sigue existiendo).
- Flujo turbulento: cuando la tinta se mezcla completamente. Se presenta el intercambio de paquetes de fluido entre las capas que se mueven a diferente velocidad. Las partículas no tienen un vector de velocidad muy definido. El flujo nunca es permanente; se debe hablar de una velocidad promedio (flujo cuasipermanente).

El movimiento en el flujo turbulento es similar a lo mostrado en la FIGURA 1.4, en la que se representan, en primera instancia, los vectores velocidad de varias partículas en un instante dado (izquierda de la figura), los cuales pueden apuntar en cualquier dirección y, en segunda instancia, la trayectoria seguida por una determinada partícula (derecha de la figura).

- Flujo en transición: cuando el filamento de tinta comienza a hacerse inestable, con una serie de ondulaciones manifiestas. El caudal para el cual este fenómeno empieza a ocurrir depende de las condiciones del experimento; por ejemplo, si la turbulencia remanente en el tanque de entrada es baja, la transición tarda en presentarse (alto grado de aquietamiento del agua). Lo contrario ocurre si el grado de aquietamiento inicial es pobre. Esto se presenta tanto para caudales relativamente bajos como para caudales relativamente altos.

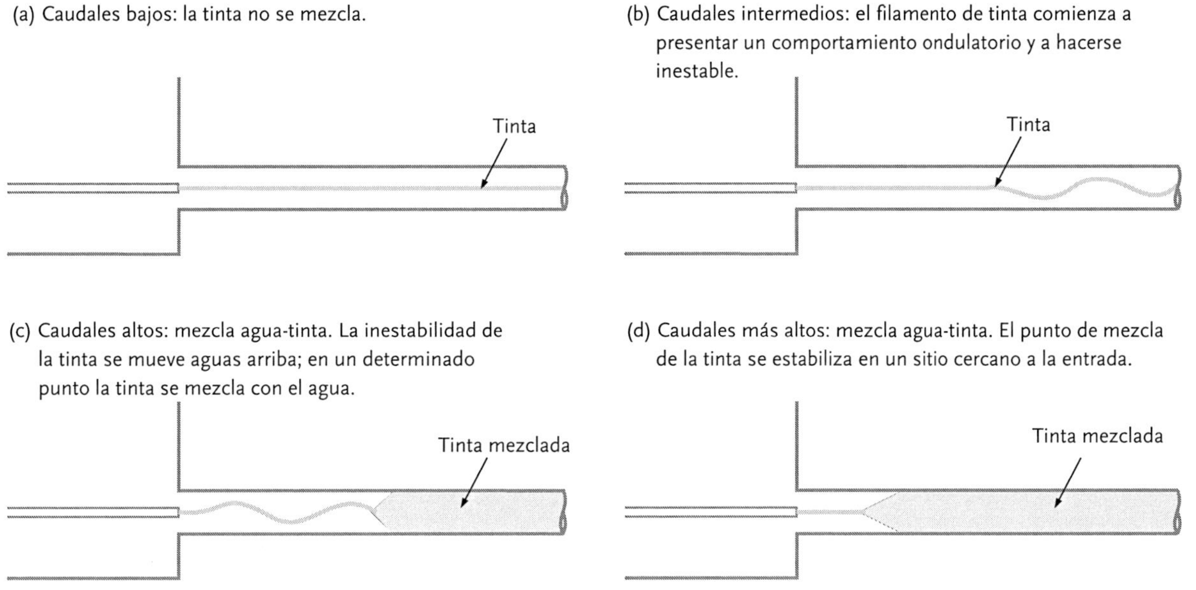

Figura 1.3 Resultados del primer experimento de Reynolds.

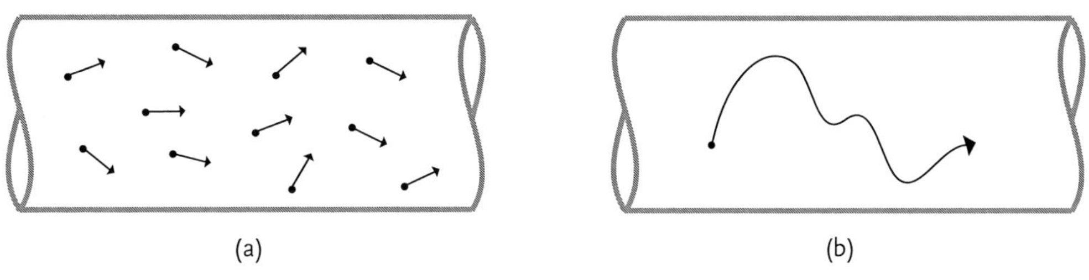

Figura 1.4 Flujo turbulento en tuberías. (a) Vectores de velocidad de varias partículas en un instante dado. (b) Trayectoria de una partícula en un intervalo de tiempo.

1.4.2 Número de Reynolds

Reynolds repitió su experimento tanto con diferentes diámetros de tubería como diferentes fluidos, encontrando resultados similares. Esto le llevó a pensar que el fenómeno debía estar gobernado por las mismas leyes físicas; dedujo que en un conjunto de experimentos como el suyo, si se querían reproducir las condiciones de uno de ellos en los otros, las condiciones de velocidad y de geometría tenían que ser análogas y debían ser medidas en sitios similares (fue la primera persona que habló del concepto de similitud en la mecánica de fluidos), por consiguiente, las líneas de corriente debían ser similares, como ocurre, por ejemplo, en los flujos alrededor de dos esferas de diferente tamaño (FIGURA 1.5).

Para los dos campos de flujo de la **FIGURA 1.5** las líneas de corriente son análogas, luego el movimiento de las partículas 2 y 2', por ejemplo, debe estar gobernado por fuerzas similares en los dos experimentos. En este caso, las fuerzas importantes para producir el movimiento de las partículas son:

- Las fuerzas de presión (F_P)
- Las fuerzas viscosas (F_V)
- Las fuerzas inerciales (F_I)

Las fuerzas de tensión superficial (F_{TS}) no existen por no haber superficies de contacto gas-líquido o líquido-líquido y las fuerzas de compresibilidad (F_C) son muy pequeñas porque la velocidad es sustancialmente menor a la del sonido.

Luego, para las partículas 2 y 2' se pueden establecer los triángulos de fuerzas mostrados en la **FIGURA 1.6.**

Para que los dos triángulos de la **FIGURA 1.6** sean similares es necesario que dos de sus respectivos lados guarden la misma proporción; Reynolds consideró la relación entre fuerzas viscosas (F_V) y fuerzas inerciales (F_I):

$$\frac{F_{I2}}{F_{V2}} = \frac{F_{I2'}}{F_{V2'}}$$

Ahora, las fuerzas inerciales son iguales a la masa por la aceleración:

$$F_I = ma \quad \text{donde} \quad a = \frac{dv}{dt} \quad \text{y} \quad v = \frac{ds}{dt} \quad \text{entonces} \quad dt = \frac{ds}{v}$$

donde:

m = masa
a = aceleración
v = velocidad
t = tiempo
s = espacio

Luego, es evidente que la aceleración es proporcional a:

$$a = v\frac{dv}{ds} \propto \frac{v^2}{L}$$

donde:

v = velocidad significativa del flujo
L = longitud significativa de la geometría del flujo

Ahora, la masa es proporcional a:

$$m = V\rho \propto \rho L^3$$

donde:

V = volumen

Luego, el producto de la masa por la aceleración es proporcional a:

ECUACIÓN 1.3

$$F_1 = m\,a \propto \rho v^2 L^2$$

Por otro lado, las fuerzas viscosas son iguales al esfuerzo cortante por el área en que este actúa y el esfuerzo cortante se describe mediante la ley de viscosidad de Newton:

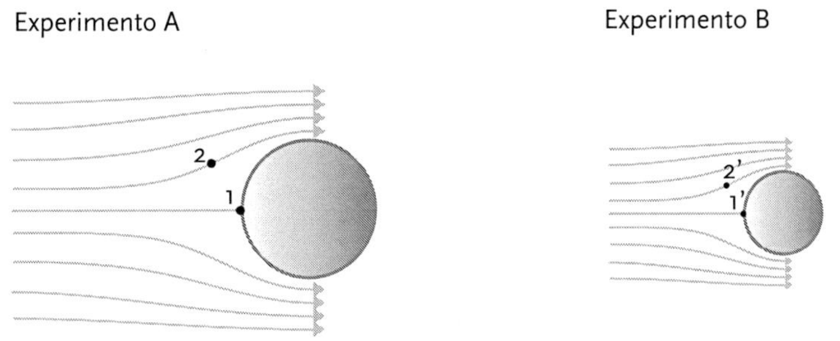

Figura 1.5 Flujos similares alrededor de esferas de diferentes tamaños. Los puntos homólogos 1 y 1' y 2 y 2' deben estar sometidos a fuerzas homólogas.

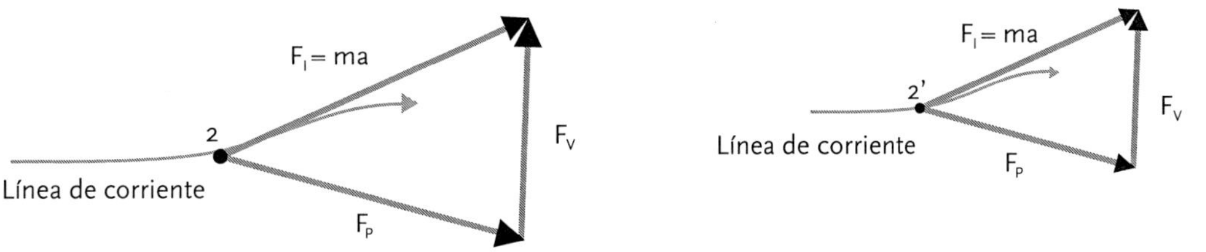

Figura 1.6 Triángulos de fuerza para los puntos homólogos 2 y 2' de los flujos alrededor de esferas similares.

$$F_v = \tau A \qquad y \qquad \tau = \mu \frac{dv}{dy}$$

donde μ = coeficiente de viscosidad dinámica. De ahí que la fuerza viscosa es proporcional a:

ECUACIÓN 1.4

$$F_v = \mu \frac{dv}{dy} A \propto = \mu v L$$

Al utilizar las Ecuaciones 1.3 y 1.4 se obtiene:

ECUACIÓN 1.5

$$\frac{F_1}{F_v} = \frac{\rho v^2 L^2}{\mu v L} = \frac{v L \rho}{\mu} = \frac{vL}{\nu}$$

donde $\nu = \frac{\mu}{\rho}$ es la viscosidad cinemática del fluido.

Entonces para que los experimentos A y B sean similares se debe cumplir que:

$$\left(\frac{vL\rho}{\mu}\right)_2 = \left(\frac{vL\rho}{\mu}\right)_{2'}$$

La expresión adimensional $vL\rho/\mu$ caracteriza los flujos gobernados por las fuerzas viscosas y las fuerzas de presión. Este es el caso del flujo uniforme en las tuberías. Reynolds utilizó como longitud significativa L el diámetro d de la tubería, encontrando que cuando $d\rho v/\mu$ alcanza un valor de 2200, el flujo pasa de laminar a transicional.

Para valores entre 2200 y 4500 usualmente se aproxima a 2000, el flujo se localiza en una zona de transición y para valores mayores pasa a ser turbulento. De esta forma, Reynolds pudo analizar el cambio de flujo laminar a turbulento en una tubería; posteriormente reprodujo sus experimentos en conductos con diferentes áreas transversales. La expresión $d\rho v/\mu$ se conoce como el número de Reynolds (Re).

1.4.3 Pérdidas de energía por fricción: experimentos preliminares

El siguiente paso fue tratar de relacionar el tipo de flujo determinado en el primer experimento con las pérdidas de energía que se presentaban cuando un fluido se movía a través de un conducto. Reynolds comprendió que, para cuantificarlas, su experimento de la tinta no era el más adecuado. Para ese entonces (alrededor del año 1880) se sabía que las pérdidas por unidad de longitud se comportaban de forma diferente para el flujo laminar y para el flujo turbulento.

En consecuencia, pensó en estudiarlas utilizando el aparato ilustrado en la FIGURA 1.7. En este, Reynolds podía variar el caudal en la tubería utilizando una válvula de control aguas abajo (en el sentido del flujo) y para cada caudal leía la diferencia de altura piezométrica en el manómetro en U. Por consiguiente, resultaba muy fácil relacionar la pérdida de presión por unidad de longitud con la velocidad media en la tubería. Dicha relación encontrada se ilustra en la FIGURA 1.8.

Al variar la velocidad media en el tubo, el diámetro de este y el material o rugosidad de las paredes internas, Reynolds obtuvo los siguientes resultados (FIGURA 1.8):

- La línea 0-1 presentaba una pendiente de 1 a 1, lo cual implicaba una variación lineal de las pérdidas de presión por unidad de longitud con respecto a la velocidad. Esto era válido para el flujo laminar.
- Si el experimento se hacía abriendo la válvula, se alcanzaba a tener flujo laminar hasta el punto 2 (Re = 2000-4000).
- Si el experimento se hacía cerrando la válvula, el flujo laminar se restablecía en el punto 1 (Re = 2000).
- En el punto 3 ($Re > 5000$) la variación $\log(\Delta p/l)$ vs. $\log(v)$ volvía a ser aproximadamente lineal con pendientes desde 1.75, para tubos muy lisos, hasta 2.0 para tubos muy rugosos. Esto representa una relación potencial entre las pérdidas de energía y la velocidad del flujo.
- La zona de transición se obtenía para $2000 \leq Re \leq 5000$. En esta, la variación $\log(\Delta p/l)$ vs. $\log(v)$ era muy compleja, difícil de expresar matemáticamente.

El trabajo de Reynolds llegó hasta este punto. Se estableció que los fluidos se "hacían más viscosos" cuando pasaban de flujo laminar a flujo turbulento, invalidando la ley de viscosidad de Newton $[\tau = \mu(dv/dy)]$. Luego, para poder determinar la energía que se perdía en un flujo a través de un conducto por unidad de longitud de este fue necesario establecer las ecuaciones que gobernaban este "endurecimiento" de los fluidos. A continuación se describen los diferentes intentos que se hicieron para explicar este fenómeno.

1.4.4 Aumento de la viscosidad en flujo turbulento

Desde antes de los trabajos de Reynolds se sabía que a medida que aumentaba la velocidad del flujo aumentaba el esfuerzo cortante en la pared de la tubería (es decir, existían mayores pérdidas de energía). Esto indicaba que había un aumento en la viscosidad del fluido que no era una propiedad de este sino del flujo (velocidad media, caudal).

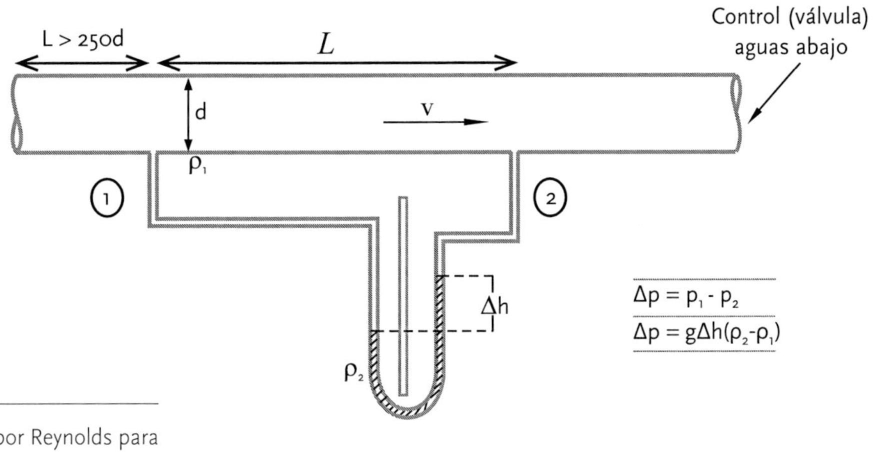

Figura 1.7 Aparato diseñado por Reynolds para estudiar la caída de presión por unidad de longitud a lo largo de una tubería en función del tipo de flujo. La tubería puede ser de cualquier material.

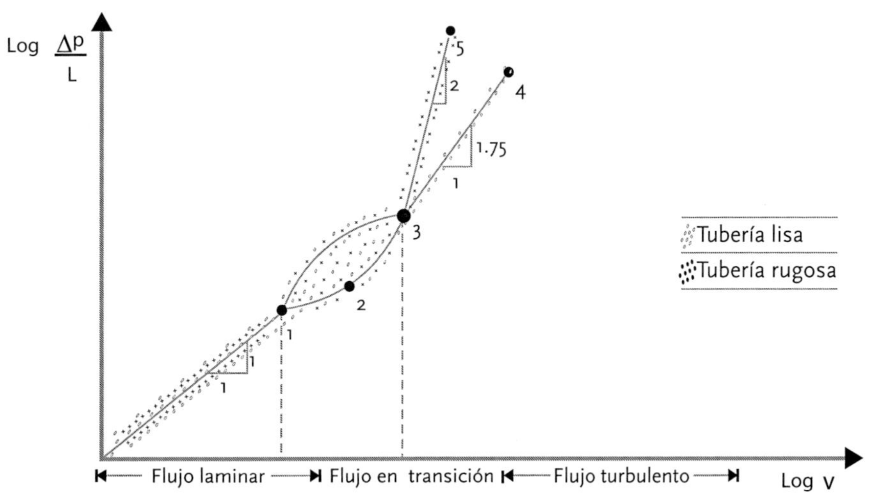

Figura 1.8 Gráfica logarítmica de los resultados del segundo experimento de Reynolds.

En el siglo XIX hubo varios intentos por explicar este fenómeno, el primero de los cuales fue el de Joseph Boussinesq en 1877. Sin embargo, las dos explicaciones más exitosas se debieron a O. Reynolds y a L. Prandtl.

Viscosidad turbulenta (Viscosidad de remolino)

Joseph Valentin Boussinesq (marzo 13, 1842-febrero 19, 1929). Matemático y físico francés, quien hizo importantes contribuciones a las teorías hidrodinámicas, de vibraciones, de luz y de calor. Desde 1872 hasta 1886 fue profesor de cálculo integral y cálculo diferencial en la Facultad de Ciencias de la École Centrale de Lille, Francia.

Joseph Boussinesq introdujo el concepto de viscosidad turbulenta, el cual puede ser explicado teniendo en cuenta la FIGURA 1.9:

Este investigador introdujo un nuevo esfuerzo cortante causado por la turbulencia del flujo. Supuso que el intercambio típico de paquetes de moléculas entre las capas del flujo turbulento añade o resta *momentum*[2] (ya que las velocidades son diferentes) a las diferentes capas, haciendo que estas se aceleren o frenen, respectivamente, con lo cual se produce un efecto similar al de la viscosidad dinámica μ. El intercambio de *momentum* produce un nuevo esfuerzo cortante:

$$\tau_{yx_T} = \text{esfuerzo turbulento}$$

En esta última expresión el primer subíndice y significa que el esfuerzo actúa en el plano xz; el segundo subíndice x significa que la dirección del esfuerzo es paralela al eje x. De acuerdo con el planteamiento de Boussinesq, se puede establecer la siguiente ecuación:

$$\tau_{yx_T} = \eta \frac{\delta v_x}{\delta y}$$

donde η representa la viscosidad turbulenta, causada por el intercambio de paquetes de moléculas y, por consiguiente, de *momentum* entre las dos capas (FIGURA 1.9). Luego:

$$\tau_{yx} = \mu \frac{\delta v_x}{\delta y} + \eta \frac{\delta v_x}{\delta y}$$

ECUACIÓN 1.6

$$\tau_{yx} = (\mu + \eta) \frac{\delta v_x}{\delta y}$$

Por similitud con la viscosidad cinemática ν, Boussinesq definió la viscosidad turbulenta cinemática como:

ECUACIÓN 1.7

$$\varepsilon = \frac{\eta}{\rho}$$

Las Ecuaciones 1.6 y 1.7 tuvieron un uso limitado debido a la dificultad de definir un valor para η, ya que este dependía de las características del flujo y no del fluido. Algunos de los valores que se establecieron fueron los siguientes:

- Para el flujo laminar: $\eta = 0$
- Para el flujo turbulento: $0 \leq \eta \leq 10000\mu$

Este último rango hacía muy difícil determinar la viscosidad turbulenta; por ello, el método de J. Boussinesq no tuvo aplicación práctica, aunque fue muy útil como primer intento de explicación del fenómeno, ya que estableció que la viscosidad turbulenta era una característica del flujo y no una propiedad del fluido.

2 Se utiliza también cantidad de movimiento o *momentum* lineal (N. del R.T.)

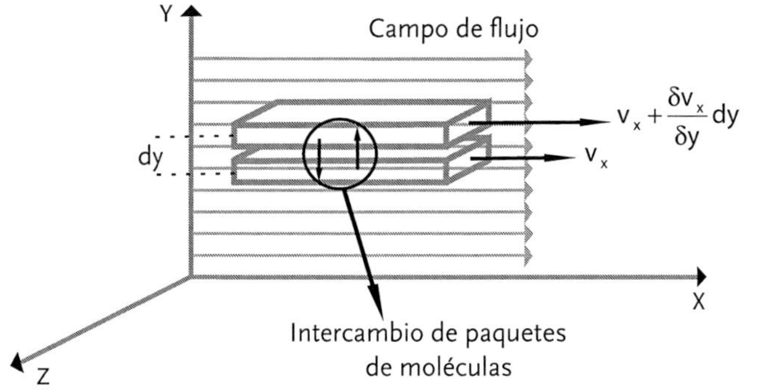

Figura 1.9 Dos placas de fluido moviéndose a diferente velocidad dentro de un campo de flujo.

Esfuerzo cortante de Reynolds

Con el fin de obtener una mejor ecuación que definiera el aumento del esfuerzo cortante cuando el flujo era turbulento, O. Reynolds desarrolló los siguientes supuestos para el flujo a presión en una tubería:

I. La velocidad en el sentido principal del flujo (eje x) está compuesta por una velocidad media y una variación aleatoria de esta:

$$v_x = \overline{v_x} + v_x'$$

donde:

$\overline{v}_x$ = valor medio de la velocidad en la dirección x (por ejemplo $\overline{v}_x = Q/A$).

v_x' = variación aleatoria de la velocidad en la dirección x. Para un punto, el promedio de v_x' con respecto al tiempo debe ser cero[3].

La trayectoria seguida por una partícula refleja esto, tal como se puede ver en la FIGURA 1.10.

Teniendo en cuenta el planteamiento anterior y la trayectoria mostrada en la FIGURA 1.10 se pueden establecer, al comparar los vectores velocidad para los 5 puntos con el vector de la velocidad media (Q/A), las siguientes conclusiones:

1. Para el punto 1 el vector velocidad únicamente tiene el componente en el sentido x y esta es igual en magnitud, dirección y sentido al vector de la velocidad media. Por consiguiente, para este punto se tiene que v_x' es igual a cero.
2. Para el punto 3 el componente x del vector velocidad es igual en magnitud, dirección y sentido al vector de la velocidad media, lo cual nuevamente implica que v_x' es igual a cero.
3. Para el punto 5 el componente x del vector velocidad es igual en magnitud y dirección al vector de la velocidad media, pero el sentido es el contrario. Esto significa que v_x' es igual al doble negativo de la velocidad media.

3 Es evidente que $v_{*'} = \overline{v_x} - v_x$. Por consiguiente:

$$\overline{v'_x} = \frac{1}{T}\int_0^T (\overline{v}_x - v_x)dt = \overline{v}_x - \overline{v}_x = 0$$

donde T es el período en el que se hace el promedio, el cual debe ser mayor que cualquier período significativo de las variaciones de velocidad en sí.

4. Para el punto 2 el componente x del vector velocidad es nulo, lo cual implica que v'_x es igual al valor negativo de la velocidad media.
5. Para el punto 4 el componente x del vector velocidad es mayor que el vector de la velocidad media, lo cual implica que v'_x es positivo y con una magnitud inferior a dicho vector.

Las conclusiones planteadas muestran que la variación aleatoria de la velocidad en la dirección x puede ser positiva o negativa y que su magnitud puede ser nula o menor o mayor que la velocidad media. Esto se puede ver en la FIGURA 1.10(B).

II. En el sentido y (o z), la velocidad de las partículas únicamente está compuesta por la variación aleatoria en la velocidad:

$$v_y = v'_y$$

Es decir, en y no existe velocidad sino una vibración de paquetes de moléculas con velocidad instantánea v'_y. Nuevamente, de acuerdo con la nota al pie de la página anterior, $\overline{v'_y} = 0$. Sin embargo, esto no se aplica para los productos de las variaciones aleatorias de velocidad como $\overline{v'^2_y}$, $\overline{v'^2_x}$, $\overline{v'_x v'_y}$, etc.

Teniendo en cuenta esta suposición para la velocidad en y, Reynolds calculó la tasa de flujo de volumen o caudal Q, que pasa de una capa a otra en un determinado instante de tiempo (ver FIGURA 1.11). Dicho caudal es:

$$dQ = dxdzv'_y = dA\, v'_y$$

Luego la tasa de flujo de masa entre las dos capas es:

$$dTFM = \rho dQ = \rho v'_y dA$$

y el *momentum* por unidad de tiempo transmitido por la capa inferior a la superior es:

$$d\left(\frac{M_x}{t}\right) = \rho v'_y dA(\overline{v_x} + v'_x)$$

donde $\boldsymbol{M_x/t}$ es el *momentum* en la dirección x por unidad de tiempo, transmitido en un instante ($\mathbf{v'_y}$ puede variar con el tiempo).

Al promediar para un período de tiempo largo, se obtiene la siguiente expresión:

$$d\left(\frac{\overline{M_x}}{t}\right) = \overline{\rho v'_y dA(\overline{v_x} + v'_x)}$$

Al expandir el paréntesis anterior se obtiene:

$$d\left(\frac{\overline{M_x}}{t}\right) = \rho dA\, \overline{v'_y \overline{v_x}} + \rho dA\, \overline{v'_y v'_x}$$

Pero

$$\overline{v'_y \overline{v_x}} = \overline{v'_y}\, \overline{v_x}$$

y

$$\overline{v'_y} = 0$$

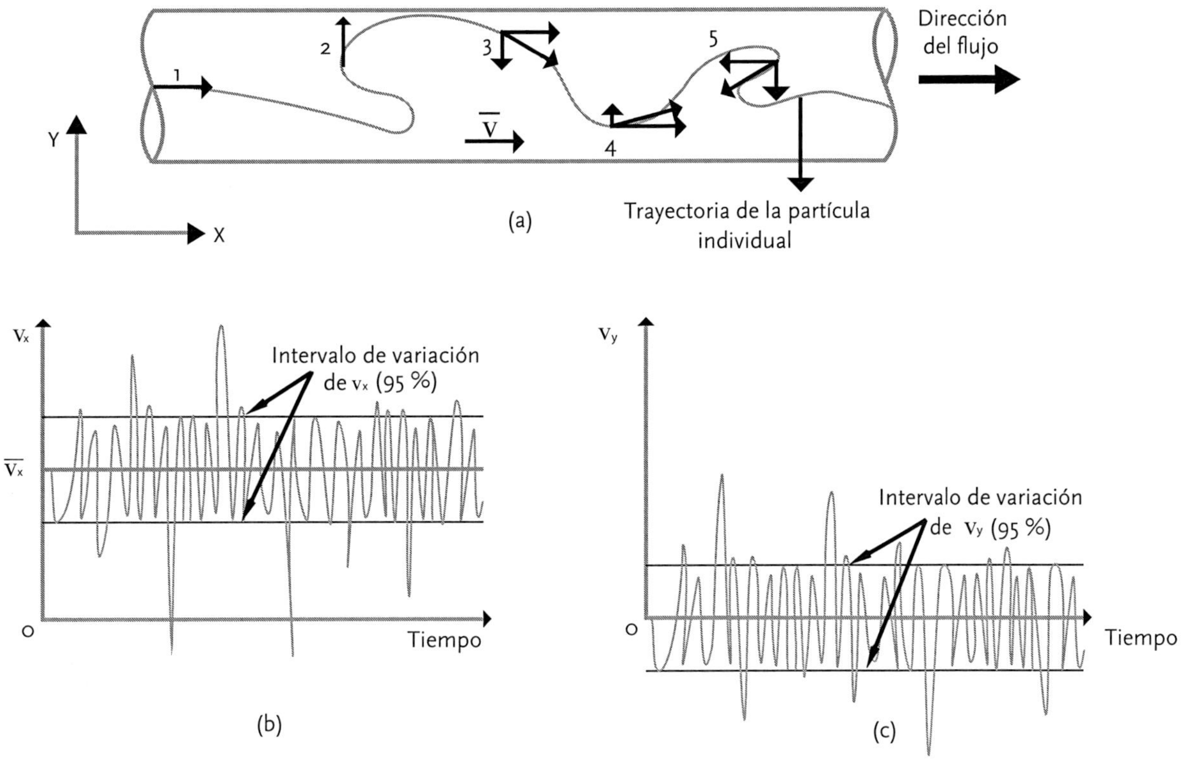

Figura 1.10 (a) Trayectoria seguida por una partícula individual de fluido en un campo de flujo turbulento. Se muestran el vector de la velocidad media y los vectores velocidad y sus componentes en *x* e *y* para 5 puntos de la trayectoria. (b) Medición de la velocidad v_x en un punto de la tubería a lo largo del tiempo; la velocidad v_x es igual a la velocidad promedio más una vibración horizontal en la velocidad, en cada instante del tiempo. (c) Medición de la velocidad v_y en un punto de la tubería a lo largo del tiempo; la velocidad v_y es igual, en cada instante del tiempo, a la vibración vertical de la velocidad.

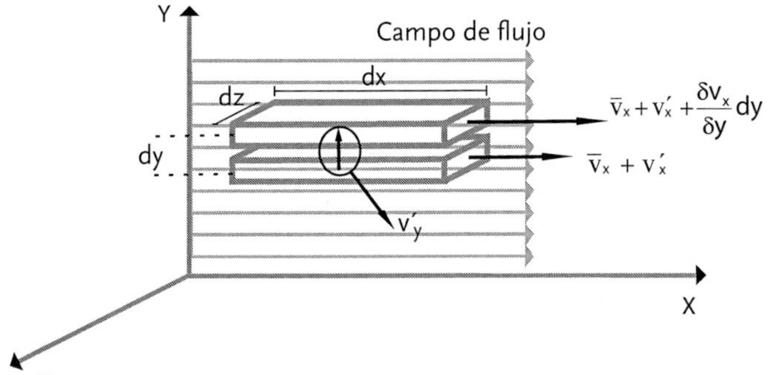

Figura 1.11 Dos capas de fluido dentro de un campo de flujo turbulento mostrando el caudal instantáneo de la capa inferior a la superior.

Al tener en cuenta este resultado y que el cambio de *momentum* por unidad de tiempo es igual al sumatorio de las fuerzas que actúan en esa dirección:

$$d\left(\frac{M_x}{t}\right)=\rho dA\overline{v'_y v'_x}=dF_x$$

El resultado es:

$$\frac{dF_x}{dA}=\tau_{yx_T}=\rho\overline{v'_y v'_x}$$

y

ECUACIÓN 1.8

$$\tau_{yx_T}=\rho\overline{v'_y v'_x}$$

donde:

τ_{yx_T}= esfuerzo turbulento de Reynolds

La Ecuación 1.8 es superior a la Ecuación 1.6; sin embargo, la dificultad de una correcta definición de v'_x y v'_y hace que también existan limitaciones en la aplicación de esta forma de determinar el esfuerzo cortante extra causado por la turbulencia del flujo.

Longitud de mezcla. Esfuerzo cortante turbulento

Con el fin de evitar los problemas de definición de $\mathbf{v'_x}$ y $\mathbf{v'_y}$, L. Prandtl (1925) introdujo en el movimiento turbulento de fluidos su concepto de longitud de mezcla $\boldsymbol{l}$. Por definición, esta longitud correspondía a la distancia que tenía que viajar un paquete de moléculas típico para perder su *momentum* extra, cuando se movía de una capa con una velocidad a otra con diferente velocidad media. Prandtl supuso que tanto $\mathbf{v'_x}$ como $\mathbf{v'_y}$ eran proporcionales a $\Delta\overline{\mathbf{v}}_x$, el cambio de $\overline{\mathbf{v}}_x$ entre las diferentes capas del flujo:

Ludwig Prandtl (1875-1953). Ingeniero alemán. Fue uno de los pioneros en el desarrollo de los análisis matemáticos sistemáticos utilizados para establecer la ciencia de la aerodinámica, que posteriormente conformó la base de la ingeniería aeronáutica. Desarrolló las teorías de capa límite, de fuerzas de sustentación y de alerones.

$$v'_y \;\alpha\; \Delta\overline{v_x}$$
$$v'_x \;\alpha\; \Delta\overline{v_x}$$

Adicionalmente, supuso que $\Delta\overline{\mathbf{v}}_x$ era proporcional a $\boldsymbol{l}$, la longitud de la mezcla, y al gradiente de $\overline{\mathbf{v}}_x$ con respecto a $\boldsymbol{y}$:

$$\Delta\bar{v}_x \propto l\left(\frac{\delta\bar{v}_x}{\delta y}\right)$$

Teniendo en cuenta la Ecuación 1.8, esta se convierte en:

$$\tau_{yx_T} \propto \rho l^2\left(\frac{\delta\bar{v}_x}{\delta y}\right)^2$$

o, con el fin de tener en cuenta el sentido de $\boldsymbol{\tau}_{yxT}$, se convierte en:

$$\tau_{yx_T} \propto \rho l^2\left|\frac{\delta\bar{v}_x}{\delta y}\right|\left(\frac{\delta\bar{v}_x}{\delta y}\right)$$

Si el factor de proporcionalidad se incluye en $\boldsymbol{l}$, se obtiene la siguiente expresión:

ECUACIÓN 1.9

$$\tau_{yx_T} = \rho\, l^2\left|\frac{\delta\bar{v}_x}{\delta y}\right|\left(\frac{\delta\bar{v}_x}{\delta y}\right)$$

Theodore von Kármán (mayo 11, 1881-mayo 6, 1963). Matemático, ingeniero aeroespacial y físico húngaro-estadounidense. Destacó en los campos de la aeronáutica y la astronáutica. Es responsable de muchos de los avances más importantes en la aerodinámica, entre los que destacan sus trabajos en flujos supersónicos e hipersónicos.

Esta última ecuación es más manejable que la Ecuación 1.8, debido a que solo depende de los perfiles de velocidad. Adicionalmente, T. von Kármán, alumno de Prandtl, demostró que l era proporcional a $\delta \bar{v}_x / \delta y$ e inversamente proporcional a $\delta(\delta \bar{v}_x / \delta y)/\delta y$:

$$l = k \frac{\delta \bar{v}_x / \delta y}{\delta^2 \bar{v}_x / \delta y^2}$$

donde $k = 0.4$ es conocida como la constante universal de Prandtl-von Kármán.

Estudios posteriores han demostrado que la constante k tiene una variabilidad muy baja; en la mecánica de fluidos es una de las constantes que presenta menor variabilidad con diferentes condiciones experimentales.

Luego, reemplazando en la Ecuación 1.9 se obtiene:

ECUACIÓN 1.10

$$\tau_{yx_T} = \rho k^2 \frac{(\delta \bar{v}_x / \delta y)^4}{(\delta^2 \bar{v}_x / \delta y^2)^2}$$

Una vez establecida esta metodología para explicar el aumento de las pérdidas de energía por unidad de longitud, cuando el flujo pasaba de laminar a turbulento, Prandtl procedió a determinar la interacción que existía entre la pared del conducto y el flujo, con el fin de entender la distribución de velocidades que se conocía en ese entonces para el flujo en las tuberías.

Las dos teorías (longitud de mezcla e interacción fluido-pared sólida) permitirían establecer de forma definitiva una ecuación que explicara el comportamiento de las pérdidas de energía en un conducto y que, por consiguiente, hiciera posible el diseño de sistemas de tuberías de forma rápida y sencilla.

1.4.5 Interacción flujo-pared sólida

La nueva teoría introducida por Prandtl establece que siempre que un fluido en movimiento interactúa con una pared sólida, el esfuerzo cortante que se genera afecta principalmente a una zona de dicho flujo. Esta zona recibe el nombre de capa límite, la cual puede ser laminar o turbulenta (ver FIGURA 1.12).

En el caso de flujo turbulento, la superficie sólida impide que cerca de ella ocurran las vibraciones de $\mathbf{v'}_y$ de forma libre, generándose así una zona de flujo laminar dentro de la capa límite. Esta se conoce con el nombre de subcapa laminar viscosa (ver FIGURA 1.13) y siempre se presenta en el flujo turbulento. Se denomina viscosa porque en ella priman las fuerzas viscosas sobre las fuerzas inerciales.

El espesor de la subcapa laminar es mucho menor que el de la capa límite ($\delta' << \delta$). La relación existente entre δ' y el tamaño medio de la rugosidad de las paredes establece la diferencia entre los flujos hidráulicamente lisos y los hidráulicamente rugosos. Cuando el espesor de la subcapa laminar viscosa es mayor que el tamaño medio de la rugosidad, el flujo se comporta como si la rugosidad de la tubería no existiera, es decir, como un flujo hidráulicamente liso. En el caso contrario, el flujo sería hidráulicamente rugoso. Estos dos tipos de flujo fueron introducidos por Prandtl y permitían explicar los resultados del segundo experimento de Reynolds (ver FIGURA 1.14).

1.4.6 Distribución de esfuerzos en tuberías circulares

Si se utiliza la ecuación de conservación de la energía, en forma de la ecuación de Bernoulli, para el flujo en las tuberías se puede encontrar que las pérdidas de energía se manifiestan como pérdidas en la altura piezométrica (ver Epígrafe 1.3), la cual se define como:

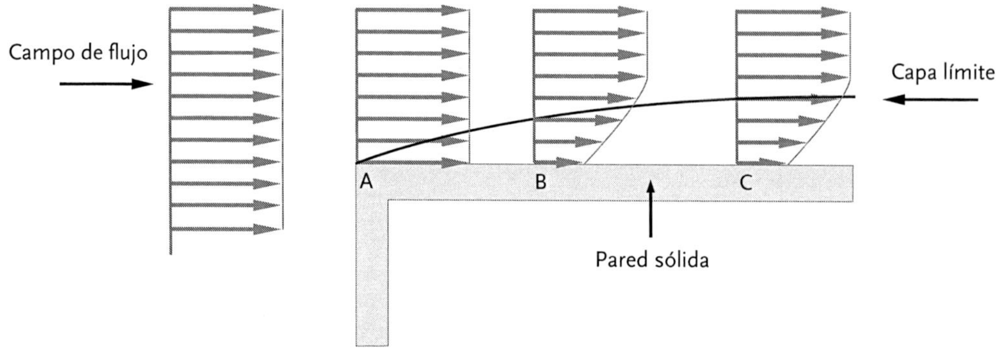

Figura 1.12 Capa límite. La presencia de la pared sólida afecta a la distribución de las velocidades del flujo. La velocidad es cero en la superficie sólida y crece a medida que el flujo se aleja de esta.

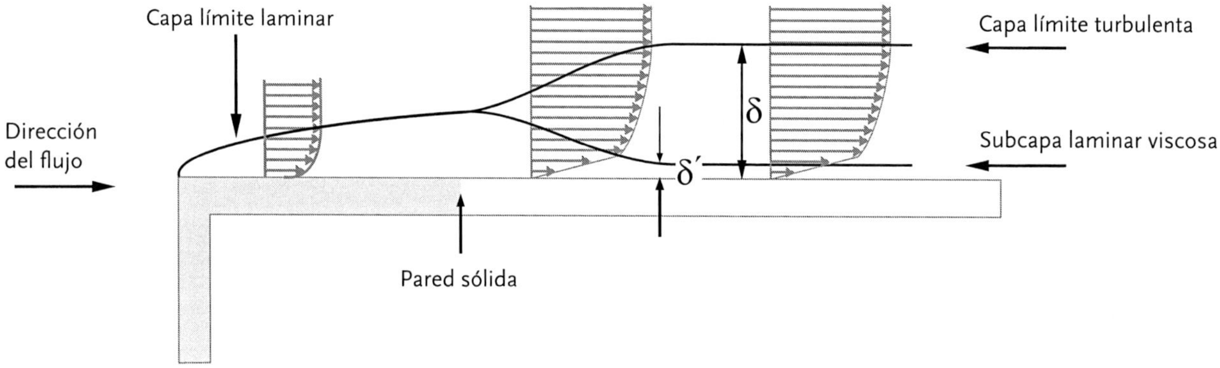

Figura 1.13 Desarrollo de una capa límite turbulenta mostrando la subcapa laminar que se genera cerca de la superficie.

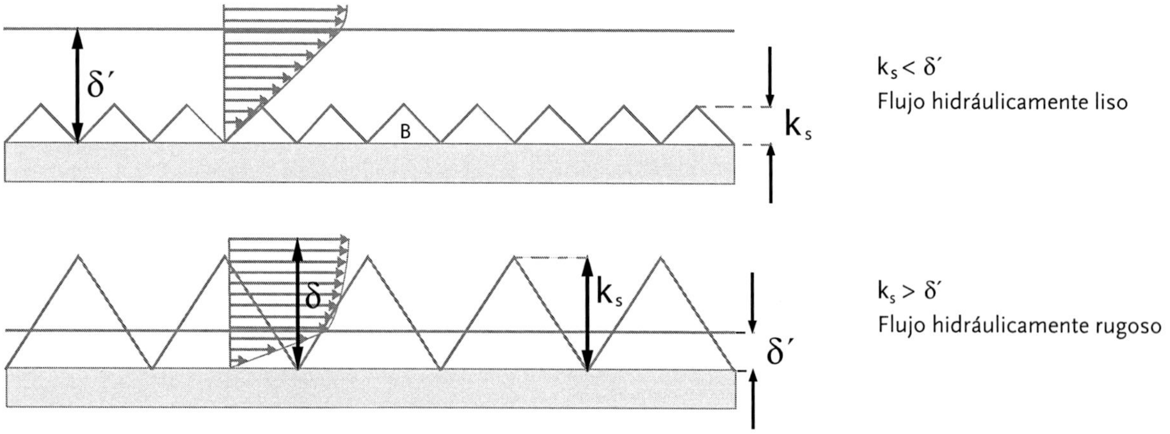

Figura 1.14 Flujos hidráulicamente lisos e hidráulicamente rugosos. El tipo de flujo depende del tamaño relativo entre el espesor de la subcapa laminar viscosa δ' y el tamaño de la rugosidad media k_s.

$$\frac{p^*}{\rho g} = \frac{p}{\rho g} + z$$

donde

p^*= presión piezométrica = $p + \rho gz$
p = presión
z = altura piezométrica hasta un nivel de referencia
ρ = densidad del fluido
g = gravedad

Estas pérdidas son consecuencia del esfuerzo cortante que existe entre el fluido en movimiento y la pared sólida. Para encontrar la distribución de este esfuerzo en la sección transversal del flujo se parte de la Ecuación 1.1:

ECUACIÓN 1.1

$$\tau_o P dx = A(dp + \rho g dz)$$

Esta ecuación se puede transformar en:

$$\tau_o P dx = A dp^*$$

de donde se obtiene:

ECUACIÓN 1.11

$$\tau_o = \frac{A}{P}\frac{dp^*}{dx}$$

Para conocer el esfuerzo cortante en las paredes de la tubería (τ_o) solo hay que conocer la caída en la presión piezométrica en una determinada longitud de la misma tubería, así como su geometría.

Para las tuberías circulares, el área mojada y el perímetro mojado son:

$$A = \pi r_0^2$$

$$P = 2\pi r_0$$

Luego

$$\tau_0 = \frac{\pi r_0^2}{2\pi r_0}\frac{dp^*}{dx} = \frac{r_0}{2}\frac{dp^*}{dx}$$

Además, si se aplica un razonamiento similar al hecho en el Epígrafe 1.3 pero ahora a un "tubo" de fluido de radio $r < r_o$ (ver FIGURA 1.15) se obtiene:

ECUACIÓN 1.11'

$$\tau_r = \frac{r}{2}\frac{\Delta p^*}{\Delta x}$$

Al dividir esta última ecuación por la ecuación para τ_o se obtiene la expresión:

$$\frac{\tau_r}{\tau_0} = \frac{r}{r_0}$$

Esta última ecuación indica una variación lineal de τ con respecto a r, tal como se muestra en la FIGURA 1.15.

Si se utiliza la Ecuación 1.11 se obtiene:

ECUACIÓN 1.12

$$\tau_0 = \frac{A}{P}\frac{\rho g h_f}{l}$$

donde

h_f = pérdidas por fricción
l = longitud del tramo de tubería

Nuevamente, para los tubos circulares:

$$\tau_0 = \frac{\rho g h_f r_0}{2l}$$

Esta última ecuación establece una relación directa entre el esfuerzo cortante en la pared de una tubería y la caída en la altura piezométrica h_f. De ahí que sea un primer paso para la deducción de una ecuación de diseño. Es importante tener en cuenta que dicha caída de altura piezométrica es la que ocurre en un tramo de la tubería de longitud l, el cual debe ser recto, estar hecho de un solo material y no debe tener ningún tipo de accesorios que produzcan pérdidas adicionales de energía (pérdidas menores).

1.4.7 Distribución de velocidades (tuberías circulares)

En este epígrafe se examinan las distribuciones de velocidad en las secciones transversales de tuberías circulares obtenidas por Prandtl al aplicar las dos teorías antes expuestas. Posteriormente, dichas distribuciones son utilizadas para establecer las diferencias entre los tipos de flujo y, por último, para establecer las ecuaciones de resistencia fluida, las cuales se utilizarán para el diseño de los sistemas de tuberías.

Flujo laminar

En el caso del flujo laminar en las tuberías, el esfuerzo cortante está definido por la ecuación de Newton para los fluidos viscosos:

$$\tau = \mu \frac{dv}{dr}$$

Para las tuberías circulares, de acuerdo con la distribución de esfuerzos, se tiene:

$$\tau_r = \mu \frac{dv}{dr} = \tau_o \frac{r}{r_o}$$

donde

$$r < r_o$$

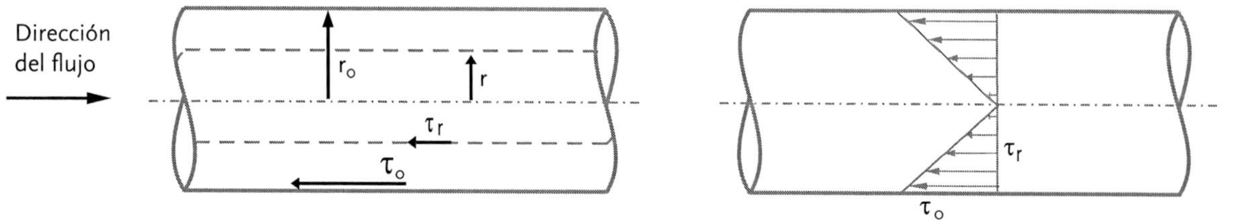

Figura 1.15 Distribución lineal del esfuerzo cortante en las tuberías circulares.

De esta última ecuación se obtiene:

$$\frac{dv}{dr} = \frac{\tau_o}{\mu}\frac{r}{r_o}$$

Cuando se integra con respecto al radio r se obtiene la distribución de velocidades:

$$v_r = \int d\,v = \frac{\tau_o}{\mu\, r_o}\int r dr$$

$$v_r = \frac{\tau_o}{\mu\, r_o}\left(\frac{r^2}{2}\right) + c_1$$

Para evaluar la constante de integración se utiliza el hecho de que cuando $r = r_o$, $v = 0$; luego

$$c_1 = -\frac{\tau_o}{2\mu} r_o$$

finalmente

ECUACIÓN 1.13

$$v_r = \frac{\tau_o}{2\mu}\left(\frac{r^2}{r_o} - r_o\right)$$

la cual es una distribución parabólica de la velocidad. En el flujo laminar, la velocidad sigue esta distribución con su máximo en el centro y su mínimo (v = 0) en las paredes internas de la tubería (ver FIGURA 1.16).

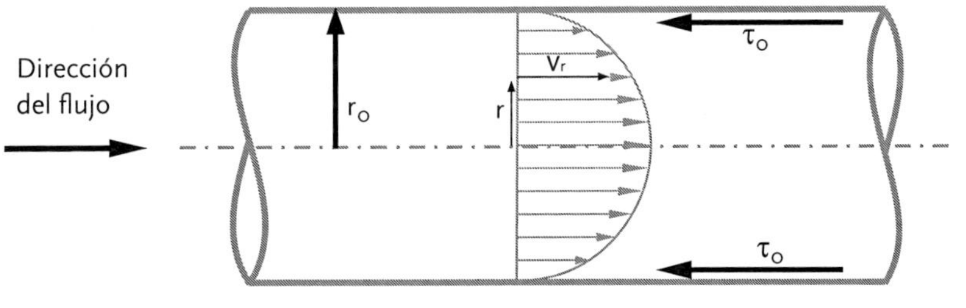

Figura 1.16 Distribución de velocidades para el flujo laminar en una tubería de sección circular.

Flujo turbulento

La presencia de esfuerzos cortantes en las fronteras fluidos-sólidos y entre las diferentes capas del fluido afecta a la distribución de velocidades que, en principio, debería ser uniforme. En el flujo turbulento, la presencia de la subcapa laminar viscosa modifica aún más dicha distribución.

En la sección transversal de una tubería con flujo turbulento se distinguen tres capas, tal como se muestra en la FIGURA 1.17.

Para cada una de las tres zonas mostradas (la figura debería ser simétrica en el sentido vertical con el fin de incluir toda la sección transversal de la tubería) las distribuciones de velocidades son:

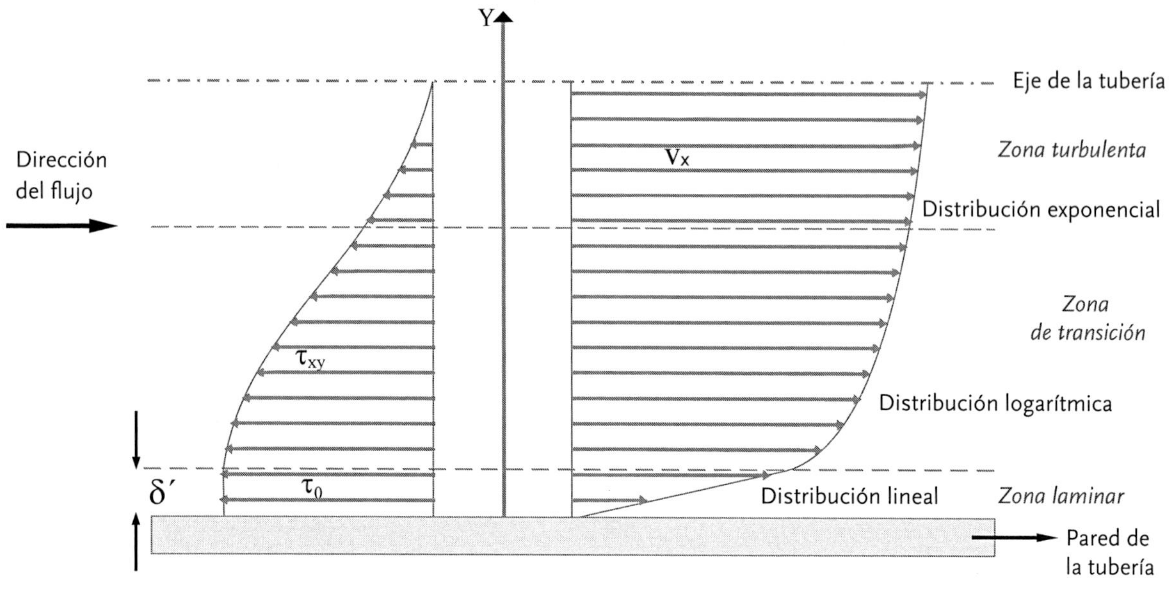

Figura 1.17 Distribución de esfuerzos y velocidades para un flujo turbulento en una tubería de sección circular (se muestra media tubería).

Subcapa laminar viscosa (flujo laminar)

De acuerdo con la evidencia experimental, en esta capa la magnitud del esfuerzo es prácticamente constante e igual a τ_o, el esfuerzo cortante en la pared. Por ser un flujo laminar, el esfuerzo debe estar gobernado por la ecuación de viscosidad de Newton:

$$\tau_o = \mu \frac{dv}{dy}$$

Los gradientes de velocidad en esta subcapa deben ser muy grandes, debido a que el esfuerzo cortante en la pared de la tubería es el máximo, tal como se demostró antes. Igualmente, en la subcapa laminar, por ser de espesor tan pequeño, el gradiente de velocidad se puede aproximar así:

$$\frac{dv}{dy} \approx \frac{v_x}{y}$$

Luego

$$\tau_o = \mu \frac{v_x}{y}$$

Dividiendo por la densidad:

ECUACIÓN (a)

$$\frac{\tau_o}{\rho} = \frac{\mu}{\rho}\frac{v_x}{y} = \nu \frac{v_x}{y}$$

donde:

ν = viscosidad cinemática

La raíz cuadrada del término τ_o/ρ, localizado en la parte derecha de esta última ecuación, tiene las siguientes dimensiones:

(Dimensiones de velocidad)

$$\left[\sqrt{\frac{\tau_o}{\rho}}\right] = \frac{m}{s}$$

Teniendo en cuenta estas dimensiones, Prandtl define la velocidad de corte como:

$$\sqrt{\frac{\tau_o}{\rho}} = v_*$$

donde

v_*= velocidad de corte

Esta velocidad de corte mide la magnitud relativa del esfuerzo cortante en la superficie sólido-fluido por unidad de masa; es muy importante en el estudio de los fenómenos hidráulicos que ocurren en la interfaz sólido-flujo, tales como el transporte de sedimentos por arrastre en ríos y canales, el desprendimiento de biopelículas en tuberías de redes de distribución de agua potable, y en situaciones de diseño en ingeniería, tales como el caso de alcantarillados autolimpiantes o el diseño de tuberías utilizadas para el transporte de material sólido en suspensión. Es interesante observar la semejanza entre esta última ecuación y el esfuerzo turbulento de Reynolds (Ecuación 1.8): la velocidad de corte corresponde a la raíz cuadrada del promedio temporal del producto de las vibraciones aleatorias en las velocidades en *x* e *y* (v_x' y v_y'):

$$v_x = \sqrt{\overline{v'_x \, v'_y}}$$

Reemplazando en la Ecuación (a) anterior:

$$v_*^2 = \nu \frac{v_x}{y}$$

De donde se obtiene la siguiente ecuación:

ECUACIÓN 1.14

$$\frac{v_x}{v_*} = \frac{v_* y}{\nu}$$

La Ecuación 1.14 indica que la velocidad sigue una distribución lineal con respecto a *y* (ver FIGURA 1.17), siempre y cuando $y \leq \delta'$ el espesor de la subcapa laminar viscosa. Experimentalmente se ha encontrado que esta ecuación es válida hasta el siguiente límite (ver FIGURA 1.18):

$$\frac{v_x}{v_*} = 11.6$$

lo cual implica que

$$\frac{v_* y}{\nu} \leq 11.6$$

El valor de la variable *y* en esta situación define el límite máximo de la zona de flujo laminar y se corresponde con el espesor de la subcapa laminar viscosa. Luego, la Ecuación 1.15 permite el cálculo del espesor de dicha capa, lo que a su vez hará posible establecer con claridad la diferencia entre flujos hidráulicamente lisos hidráulicamente rugosos.

ECUACIÓN 1.15

$$\delta' = \frac{11.6\,\nu}{v_*}$$

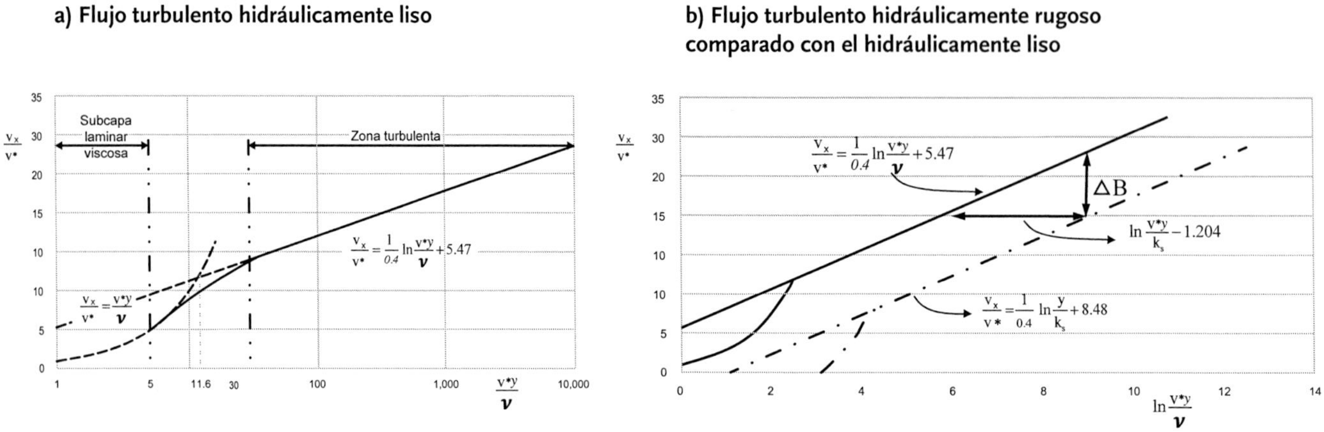

Figura 1.18 Efecto de la rugosidad de la pared interna de la tubería en la distribución de velocidades. (a) Flujo turbulento hidráulicamente liso (Ecuación 1.20). (b) Flujo turbulento hidráulicamente rugoso comparado con el liso. Nikuradse demostró que el desplazamiento hacia la derecha era igual al logaritmo natural de $(k_s v_* / \nu)$.

Zona de transición o traslado

Prandtl supone que el cambio entre el flujo laminar de la subcapa y el flujo turbulento de la capa límite debe ser gradual, para lo cual define una zona de transición o traslado, donde el flujo deja de ser laminar para convertirse en turbulento a medida que las fuerzas viscosas pierden importancia frente a las inerciales. En esta zona, los esfuerzos cortantes deben seguir la definición de Prandtl dada anteriormente:

$$\tau_{yx} = \rho l^2 \left(\frac{dv_x}{dy} \right)^2$$

De alguna manera $\boldsymbol{l}$, la longitud de mezcla, debe ser función de $\boldsymbol{y}$, la longitud significativa del problema en la zona de transición. Luego

$$l = k\, y$$

donde k es de nuevo la constante universal de Prandtl-von Kármán, igual a 0.4. Además, Prandtl supuso que el esfuerzo cortante es constante e igual a $\boldsymbol{\tau_o}$ en toda esa transición, lo que ha sido comprobado experimentalmente.

Luego

$$\tau_0 = \rho\, k^2 y^2 \left(\frac{d\, v_x}{d\, y} \right)^2$$

Al dividirse por la densidad ρ se obtiene:

$$\frac{\tau_0}{\rho} = k^2 y^2 \left(\frac{d\, v_x}{d\, y} \right)^2 = v_*^2$$

Al reordenarse se llega a:

$$\frac{d\, v_x}{v_*} = \frac{1}{k}\frac{d\, y}{y}$$

Para encontrar la distribución de velocidades se debe integrar la ecuación anterior, proceso del que se obtiene:

ECUACIÓN 1.16

$$\frac{v_x}{v_*} = \frac{1}{k}\ln y + C_1$$

La Ecuación 1.16 indica que en la zona de transición la distribución de velocidades es logarítmica. Para evaluar la constante de integración se supone que en el límite de las zonas laminar y de transición las Ecuaciones 1.14 y 1.16 son válidas al mismo tiempo; en consecuencia:

$$v_l = \text{velocidad en el límite}$$

Al aplicar la Ecuación 1.14:

ECUACIÓN 1.17

$$\frac{v_l}{v_*} = \frac{v_*\delta'}{\nu} = 11.6$$

y, además, al utilizar la Ecuación 1.16:

$$\frac{v_l}{v_*} = \frac{1}{k}\ln\delta' + C_1$$

y la Ecuación 1.15, se llega a:

ECUACIÓN 1.18

$$\frac{v_l}{v_*} = \frac{1}{k}\ln\frac{11.6\nu}{v_*} + C_1$$

Luego, al reemplazar la Ecuación 1.17 en la Ecuación 1.18:

ECUACIÓN 1.19

$$11.6 = \frac{1}{k}ln\frac{11.6\nu}{v_*} + C_1$$

Finalmente, al sustituir la Ecuación 1.19 en la Ecuación 1.16, se obtiene:

$$\frac{v_x}{v_*} = \frac{1}{k}\ln\frac{v_* y}{\nu} + C_2$$

en donde:

$$C_2 = 11.6 - \frac{1}{k}ln 11.6$$

Si se desarrollan los cálculos, se tiene el siguiente valor para la constante C_2:

$$C_2 = 5.47$$

Por consiguiente, la distribución de velocidades en la zona de transición está definida por la siguiente ecuación:

ECUACIÓN 1.20

$$\frac{v_x}{v_*} = \frac{1}{0.4}\ln\frac{v_* y}{\nu} + 5.47$$

Este proceso hace uso del valor experimental 11.6, introducido anteriormente. La FIGURA 1.18(a) muestra que las dos ecuaciones se cruzan en este punto. Sin embargo, la evidencia experimental (White, 2008) ha encontrado que en realidad el cambio entre la ecuación lineal y la ecuación logarítmica ocurre en el siguiente intervalo:

$$5\frac{\nu}{v_*} \leq y \leq 30\frac{\nu}{v_*}$$

Esto se muestra en la FIGURA 1.18(a); sin embargo, el valor de 11.6 se acepta como el límite para definir el espesor de la subcapa laminar viscosa.

El anterior análisis es válido si la rugosidad en la superficie no afecta a la subcapa laminar viscosa ($k_s < \delta'$); este es el caso de los tubos con flujo hidráulicamente liso. Si se hace una gráfica de las Ecuaciones 1.14 y 1.20, en la cual las abscisas representen $\ln(v_* y/\nu)$ y las ordenadas v_x/v_*, se obtiene una línea curva para la primera y una línea recta para la segunda, como las mostradas en la FIGURA 1.18(a), donde resulta claro el punto de intersección, que corresponde al valor de 11.6, y la zona de transición entre las ecuaciones.

Johann Nikuradse (1894-1979). Ingeniero y físico alemán nacido en Georgia, Rusia. Estudió en Alemania, donde se naturalizó como ciudadano. Como estudiante doctoral de L. Prandtl en 1920, trabajó en el Kaiser Wilhelm Institute for Flow Research (ahora Max Planck Institute for Dynamics and Self-Organization). Su experimento más importante (1933) estableció las pérdidas de energía por fricción a lo largo de un conducto rugoso.

Para el caso del flujo hidráulicamente rugoso, de forma experimental J. Nikuradse (ver página 49) demostró que la distribución de velocidades seguía siendo logarítmica con un comportamiento similar al de la Ecuación 1.20. De hecho, al representar los datos de sus experimentos, encontró que la nueva distribución de velocidades formaba una línea recta con la misma pendiente pero desplazada hacia la derecha (ver FIGURA 1.18(b)) en una magnitud que dependía de la rugosidad absoluta $\boldsymbol{k_s}$ de la tubería. Tal como se muestra en la figura, la relación entre ***ln* (v$_*$y/v)** y **v$_x$/v$_*$** se desplazaba en una cantidad proporcional a ***ln {(k$_s$v$_*$)/v}***; este resultado fue igual para todas las tuberías, con sus diferentes rugosidades absolutas, que probó en el laboratorio. El desplazamiento hacia la derecha generaba una diferencia vertical entre las líneas lisa y rugosa, la cual se representaba por $\boldsymbol{\Delta B}$ en la FIGURA 1.18(b).

Nikuradse calculó que dado que el desplazamiento hacia la derecha era:

$$\ln\frac{k_s v_*}{\nu} - 1.204$$

Luego, la distancia vertical era:

ECUACIÓN 1.21

$$\Delta B = \frac{1}{0.4}\ln\frac{k_s v_*}{\nu} - 3.01$$

En consecuencia, es evidente que el valor de la relación v_x/v_* para un valor de ***ln* ($v_* y/\nu$)** en un flujo hidráulicamente rugoso debe ser un ΔB menor que el valor de la misma relación en un flujo hidráulicamente liso. Es decir:

$$\frac{v_x}{v_*} = \frac{1}{0.4}\ln\frac{v_* y}{\nu} + 5.47 - \Delta B$$

$$\frac{v_x}{v_*} = \frac{1}{0.4}\ln\frac{v_* y}{\nu} + 5.47 - \frac{1}{0.4}\ln\frac{k_s v_*}{\nu} + 3.01$$

de donde finalmente se obtiene la siguiente distribución de velocidades para un flujo turbulento hidráulicamente rugoso:

ECUACIÓN 1.22

$$\frac{v_x}{v_*} = \frac{1}{0.4}\ln\frac{y}{k_s} + 8.48$$

Esta última ecuación representa de forma adimensional la distribución de velocidades en la zona de transición de un flujo turbulento hidráulicamente rugoso.

Zona turbulenta
Algunos investigadores afirman que la distribución de velocidades en la zona turbulenta es muy similar a la de la zona de transición, especialmente en el caso del flujo en las tuberías. Esto significa que la distribución logarítmica antes encontrada es aplicable a esta nueva zona. Otros autores afirman que dicha distribución es potencial, regida por la siguiente ecuación:

$$\frac{v_x}{\overline{v}_x} = \left(\frac{y}{r_0}\right)^n$$

donde

$$\overline{v}_x = \text{velocidad media} = \frac{Q}{A}$$

$$r_0 = \text{radio total de la tubería}$$

Además, se tiene que:

$$n = \frac{1}{7} \quad si\ Re < 100\,000$$

Si el número de Reynolds (Re) aumenta, el exponente n empieza a disminuir. Esta distribución de velocidades se conoce como la ley de la potencia 1/7.

Finalmente, es importante establecer que el perfil lineal de velocidades de la subcapa laminar viscosa solo conforma un 0.2 por ciento, o menos, del perfil total de velocidades en una sección transversal; de ahí que su presencia pueda omitirse en los análisis de flujo en las tuberías. Las ecuaciones logarítmicas 1.20 y 1.22 describen muy bien el perfil de velocidades aún en la zona completamente turbulenta, excepto en el caso en que la presión se incremente aguas abajo, como ocurriría de tratarse de un difusor. Por estas dos razones, en este texto se considerará que la distribución de velocidades es logarítmica para todas las secciones transversales de las tuberías circulares con flujo turbulento.

Una vez desarrolladas las anteriores ecuaciones para la distribución de esfuerzos y de velocidades en los flujos en tuberías, y conocida la interacción entre el fluido y la pared sólida del conducto, es posible establecer las ecuaciones de resistencia fluida que permiten el diseño de los sistemas de tuberías.

En el siguiente epígrafe se establecen dichas ecuaciones, empezando por ecuaciones empíricas utilizadas para describir los flujos más simples. Igualmente, se hace uso de la técnica de análisis dimensional para deducir la forma de la ecuación que gobierna la caída de altura piezométrica por unidad de longitud para el flujo en las tuberías.

EJEMPLO 1.1

¿En qué punto de la sección transversal de una tubería circular hay que medir la velocidad de tal manera que esta sea igual a la velocidad media del flujo en la sección completa? Cabe suponer que el flujo es turbulento e hidráulicamente rugoso.

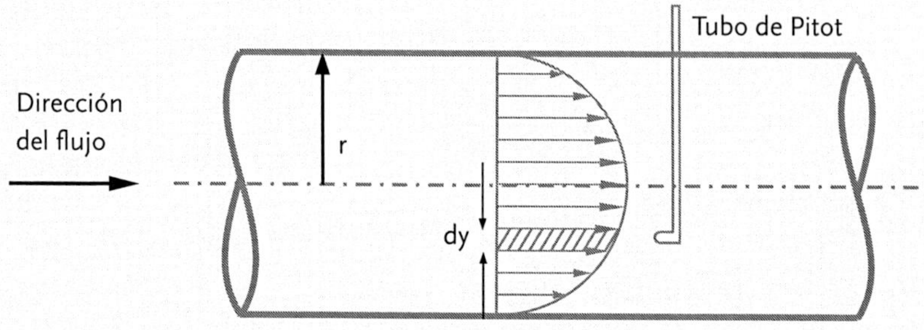

La distribución de velocidad para el flujo hidráulicamente rugoso está dada por la Ecuación 1.22:

ECUACIÓN 1.22

$$\frac{v_x}{v_*} = \frac{1}{0.4}\ln\frac{y}{k_s} + 8.48$$

Solución:

Si se toma el diferencial dy mostrado en la figura y se tiene en cuenta que la sección transversal es circular, se puede calcular el siguiente diferencial de área:

$$dA = 2\pi(r - y)dy$$

El caudal que pasa por este diferencial de área es:

$$dQ = v_x dA$$

$$dQ = v_x 2\pi(r - y)dy$$

Por consiguiente, el caudal total que pasa por toda la sección de la tubería es:

$$Q = \int_A dQ = \int_0^r 2\pi\, v_x (r - y)dy$$

Al reemplazar la velocidad por su distribución se obtiene:

$$Q = 2\pi\int_0^r\left(\frac{v_*}{0.4}\ln\frac{y}{k_s} + 8.48v_*\right)(r - y)dy$$

$$Q = 2\pi\int_0^r\left(\frac{v_* r}{0.4}\ln\frac{y}{k_s} + 8.48v_* r - \frac{v_* y}{0.4}\ln\frac{y}{k_s} - 8.48v_* y\right)dy$$

Después de llevar a cabo el proceso de integración se llega a:

$$Q = 2\pi\left(\frac{v_*}{0.8}r^2\ln\frac{1}{k_s} + \frac{v_* r^2}{0.4} + 4.24v_* r^2 - \frac{v_*}{0.4}\frac{r^2}{2}\ln r + \frac{v_*}{0.4}\frac{r^2}{4}\right)$$

$$Q = 2\pi\left[\frac{v_*}{0.8}r^2\ln\frac{r}{k_s} + \left(4.24v_* + \frac{v_*}{1.6} - \frac{v_*}{0.4}\right)r^2\right]$$

$$Q = 2\pi r^2\left[\frac{v_*}{0.8}\ln\frac{r}{k_s} + 2.37v_*\right]$$

La anterior ecuación representa el caudal que pasa por la totalidad de la sección transversal de la tubería. Para obtener la velocidad media se debe dividir este caudal por el área transversal:

$$\bar{v} = \frac{Q}{A} = \frac{Q}{\pi r^2}$$

$$\bar{v} = \frac{2\pi r^2}{\pi r^2}\left[\frac{v_*}{0.8}\ln\frac{r}{k_s} + 2.37 v_*\right]$$

de donde se obtiene la siguiente expresión para la velocidad media:

ECUACIÓN (a)

$$\bar{v} = \frac{v_*}{0.4}\ln\frac{r}{k_s} + 4.73 v_*$$

Algún punto de la distribución de velocidades debe tener una velocidad con magnitud igual a esta velocidad media. Se puede suponer que este punto se encuentra a una distancia y_m desde la pared interna de la tubería. Luego, de la Ecuación 1.22:

ECUACIÓN (b)

$$v_{ym} = \frac{v_*}{0.4}\ln\frac{y_m}{k_s} + 8.48 v_*$$

Para encontrar el valor de y_m, que corresponde al sitio en el cual se debe colocar el tubo de Pitot con el fin de medir la velocidad media del flujo, es necesario igualar las Ecuaciones (a) y (b):

$$\bar{v} = v_{ym*}$$

$$\frac{v_*}{0.4}\ln\frac{r}{k_s} + 4.73 v_* = \frac{v_*}{0.4}\ln\frac{y_m}{k_s} + 8.48 v_*$$

de donde:

$$\frac{1}{0.4}\ln\frac{r}{k_s} - \frac{1}{0.4}\ln\frac{y_m}{k_s} = 3.74$$

$$\ln\frac{r}{y_m} = 1.496$$

$$\frac{r}{y_m} = e^{1.496} = 4.46$$

$$y = \frac{r}{4.46}$$

$$y = 0.224r$$

Luego el tubo de Pitot debe colocarse al 22.4 % del radio de la tubería, medido desde la superficie interna de esta.

Discusión:

En el caso del flujo a presión en una tubería de sección circular, el hecho de conocer de forma exacta el punto de la sección transversal en el que la velocidad tiene una magnitud igual a la velocidad media, permite calcular el caudal haciendo una sola medición de velocidad. En este principio se basan algunos de los caudalímetros modernos.

1.4.8 Perfiles de velocidad

Una vez determinados los diferentes perfiles de velocidad para el flujo en tuberías circulares, es interesante hacer una comparación entre estos con el fin de establecer algunas conclusiones cualitativas que servirán para entender los procesos de diseño de los siguientes capítulos. Si se utilizan las Ecuaciones 1.13, 1.20 y 1.22 que describen los perfiles de velocidad para los flujos laminar, hidráulicamente liso e hidráulicamente rugoso:

ECUACIÓN 1.13

$$\mathrm{v} = \frac{\tau_0}{2\mu}\left(\frac{r^2}{r_0} - r_0\right)$$

ECUACIÓN 1.20

$$\frac{\mathrm{v}_x}{\mathrm{v}_*} = \frac{1}{0.4}\ln\frac{\mathrm{v}_* y}{\nu} + 5.47$$

ECUACIÓN 1.22

$$\frac{\mathrm{v}_x}{\mathrm{v}_*} = \frac{1}{0.4}\ln\frac{y}{k_s} + 8.48$$

Se pueden establecer las siguientes relaciones entre la velocidad y la velocidad media ($\overline{\mathrm{v}} = Q/A$) para cada uno de los tres tipos de flujo (el procedimiento para el caso del flujo laminar, relativamente largo, se deja como ejercicio al lector).

Flujo laminar

ECUACIÓN 1.23

$$\frac{\mathrm{v}}{\overline{\mathrm{v}}} = 2\left(2\frac{y}{r_0} - \frac{y^2}{r_0^2}\right)$$

donde:

y = distancia medida desde la superficie interna de la tubería en dirección hacia el eje de esta

r_o = radio total de la tubería

Flujo hidráulicamente liso

ECUACIÓN 1.24

$$\frac{\mathrm{v}}{\overline{\mathrm{v}}} = \frac{\frac{1}{0.4}\ln\frac{\mathrm{v}_* y}{\nu} + 5.47}{\frac{1}{0.4}\ln\frac{\mathrm{v}_* r_0}{\nu} + 1.72}$$

El cálculo de la velocidad media (denominador) se encuentra en la página 57 (Ecuación 1.48).

Flujo hidráulicamente rugoso

ECUACIÓN 1.25

$$\frac{\mathrm{v}}{\overline{\mathrm{v}}} = \frac{\frac{1}{0.4}\ln\frac{y}{k_s} + 8.48}{\frac{1}{0.4}\ln\frac{r_0}{k_s} + 4.73}$$

Ver la página 59 (Ecuación 1.56) o el Ejemplo 1.1 para el cálculo de la velocidad media.

Si se utilizan estas tres últimas ecuaciones es posible construir la gráfica adimensional mostrada en la FIGURA 1.19, en la que la velocidad media es igual para todos los tipos de flujo. Mediante la gráfica es posible establecer las siguientes conclusiones cualitativas:

1. El perfil de velocidades del flujo laminar muestra una menor uniformidad. Esto indica que el efecto viscoso de las paredes de la tubería influye sobre todo el campo de flujo. La velocidad máxima es el doble de la velocidad media.

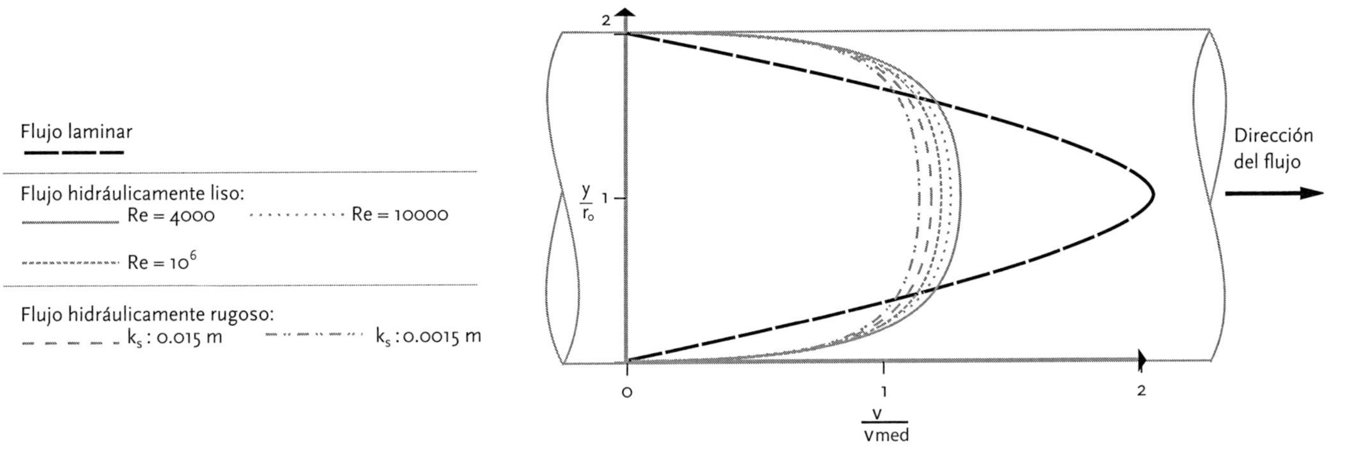

Figura 1.19 Perfiles de velocidad. Gráfica de velocidades adimensionales con respecto a la velocidad media. Velocidad media igual para todos los casos.

2. El cambio en la distribución de las velocidades de flujo laminar a flujo hidráulicamente liso con un número de Reynolds bajo (Re = 4000) es el más brusco de todos. Este hecho sugiere que la generación de turbulencia es un proceso rápido. El paso del orden al caos es súbito una vez se supera el límite de dominio de las fuerzas viscosas.
3. A medida que aumenta el número de Reynolds en el flujo hidráulicamente liso disminuye la relación entre la velocidad máxima y la velocidad media. Es decir, el perfil se achata más y la distribución se torna más uniforme. Dicho fenómeno se explicaría por el hecho de que las vibraciones turbulentas de la velocidad hacen que las partículas de fluido choquen con mayor *momentum* contra la subcapa laminar disminuyendo su espesor. Sin embargo, los cambios en el perfil son sutiles comparados con el cambio entre el flujo laminar y el flujo hidráulicamente liso.
4. La diferencia más marcada entre los perfiles lisos y los rugosos radica en que en los primeros el efecto viscoso de la pared se siente más que en los segundos. Los perfiles rugosos son ligeramente más uniformes que los lisos.
5. El efecto de la rugosidad absoluta de la tubería estriba en que, a medida que esta disminuye, el perfil se achata aún más. Es decir, la distribución de las velocidades del flujo se vuelve cada vez más uniforme.

En las FIGURAS 1.20 y 1.21 se muestra la evolución de los perfiles de velocidad desde el flujo laminar hasta el flujo turbulento hidráulicamente rugoso para una tubería de concreto (k_s = 0.0003 m) con diámetro de 720 mm, que transporta agua a una temperatura de 15 °C ($\nu = 1.14 \times 10^{-6}$ m²/s). Los caudales y velocidades medios utilizados en dichas gráficas son:

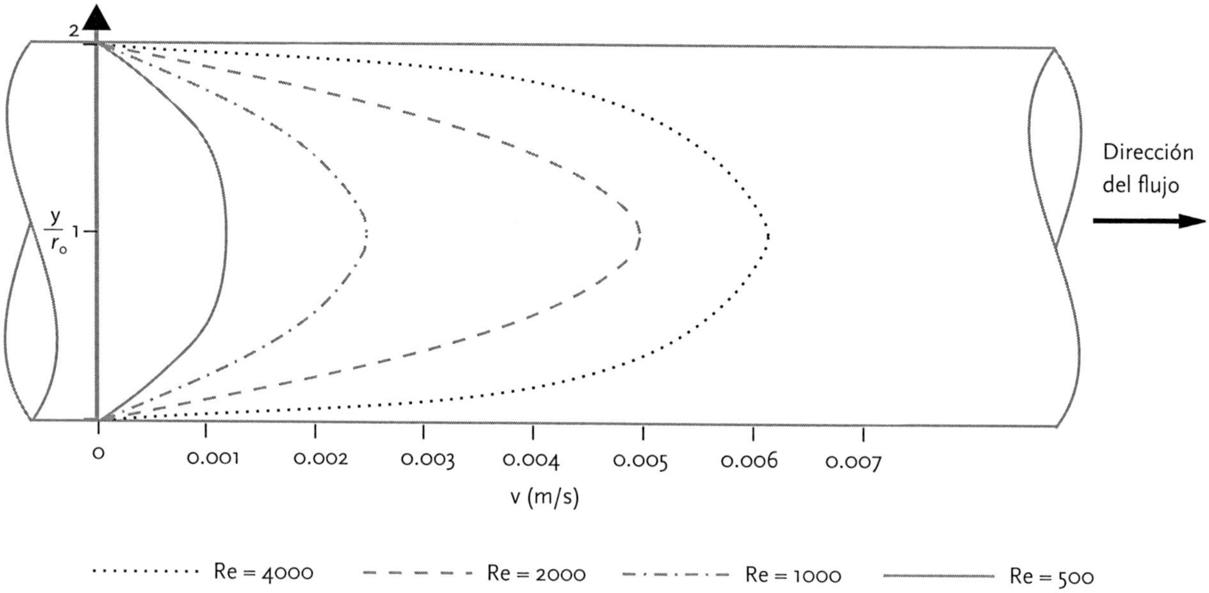

Figura 1.20 Perfiles de velocidad. Transición de flujo laminar a hidráulicamente liso.

Tabla 1.1 Caudales y velocidades medios utilizados para las Figuras 1.20 y 1.21.

Re	*Q*	$\overline{v}$
(-)	(L/s)	(m/s)
500	0.4094	0.0006234
1 000	0.8188	0.001247
2 000	1.638	0.002493
4 000	3.275	0.004986
100 000	81.88	0.1247
150 000	122.82	0.1871
200 000	163.76	0.250
250 000	204.7	0.312

La FIGURA 1.20 muestra el cambio de los perfiles de velocidad de flujo laminar (números de Reynolds de 500, 1000 y 2000) a hidráulicamente liso (número de Reynolds igual a 4000). Una vez más, es evidente el efecto de la aparición súbita de la turbulencia sobre los valores de *Re*, *Q* y $\overline{v}$ utilizados para generar los perfiles de velocidad de las FIGURAS 1.20 y 1.21.

En el caso del flujo hidráulicamente liso el perfil se vuelve más uniforme, reduciendo de manera considerable el efecto viscoso causado por la presencia de las paredes.

Por otro lado, la FIGURA 1.21 ilustra los perfiles de velocidad correspondientes al cambio de flujo hidráulicamente liso (número de Reynolds de 100 000) a hidráulicamente rugoso (números de Reynolds de 150 000, 200 000 y 250 000). En esta situación, el efecto del aumento de la turbulencia es menos apreciable, aunque sigue disminuyendo la zona de flujo afectada por la presencia de la pared interna de la tubería.

Por último, la FIGURA 1.22 muestra el efecto de la rugosidad de la tubería sobre los perfiles de velocidad. Se utilizan tres tuberías de material diferente:

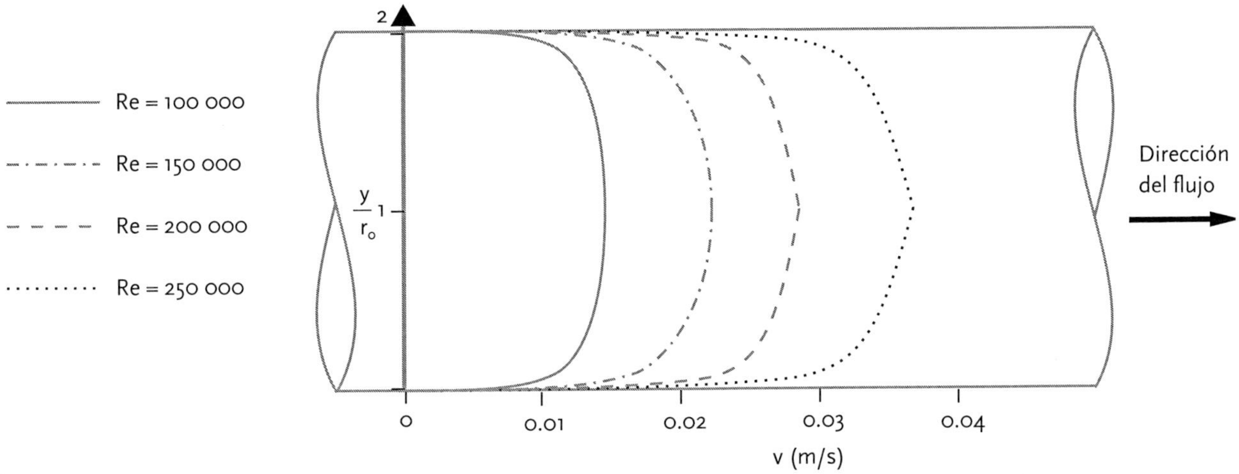

Figura 1.21 Perfiles de velocidad. Transición de flujo laminar a hidráulicamente rugoso.

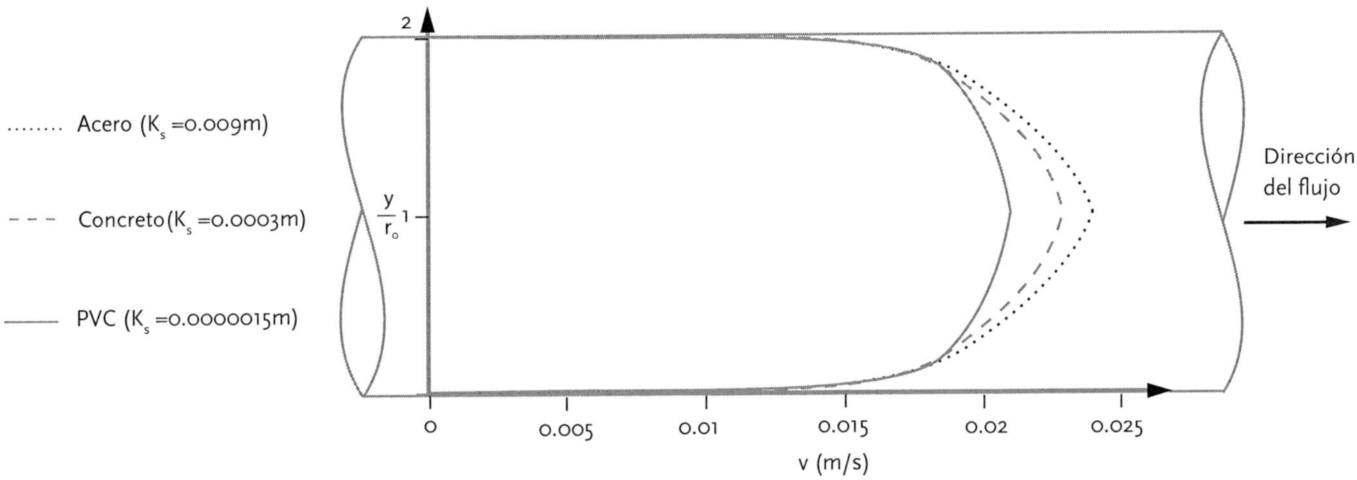

Figura 1.22 Efecto de la rugosidad absoluta sobre los perfiles de velocidad (d = 900 mm, Re = 150 000).

- Acero estriado (k_S = 0.009 m).
- Concreto (k_S = 0.0003 m).
- PVC (k_S = 0.0000015 m).

Para los tres casos se utiliza un diámetro de 900 mm y un caudal de 122.82 L/s correspondiente a un número de Reynolds de 150 000.

En la figura resulta claro que cuanto más rugosa sea la tubería mayor es el efecto de las paredes de esta y, por consiguiente, el perfil de las velocidades es menos uniforme. Esta relación se explica por el hecho de que cuanto mayores sean las protuberancias rugosas de la pared de la tubería, menor posibilidad de vibración tienen los paquetes de fluido y, como consecuencia, es menor la posibilidad de que el flujo disminuya el espesor de la subcapa laminar viscosa.

1.5 ECUACIONES PARA EL DISEÑO DE TUBERÍAS CIRCULARES

Los propósitos de este epígrafe son:

- Establecer las ecuaciones de resistencia fluida basadas en la física clásica que deben ser utilizadas para resolver problemas relacionados con las tuberías circulares, tanto para el flujo laminar como el flujo turbulento.
- Establecer de forma clara la frontera qué diferencia el flujo hidráulicamente liso del flujo hidráulicamente rugoso.

Para lograr estos dos propósitos se hace uso de algunas técnicas, entre otras el análisis dimensional, tema que se recomienda estudiar en cualquier texto de mecánica de fluidos. Las ecuaciones que se plantean serán utilizadas en los siguientes capítulos con el fin de diseñar sistemas de tuberías.

1.5.1 Flujo laminar

Para establecer las condiciones y principios que gobiernan el flujo en las tuberías bajo el régimen de flujo laminar se deben tener en cuenta dos principios:

- En este tipo de flujo las fuerzas viscosas priman sobre las fuerzas inerciales.
- En este caso se cumple la ecuación de Newton para los fluidos viscosos:

$$\tau = \mu \frac{dv}{dy}$$

Las ecuaciones que controlan el flujo laminar fueron desarrolladas por dos investigadores de forma simultánea e independiente:

Gotthilf H. L. Hagen (ingeniero alemán, 1794-1884) trabajó en 1839 en tubos de cobre y encontró que la pérdida de altura piezométrica era proporcional al caudal que pasaba por la tubería e inversamente proporcional a la cuarta potencia del diámetro de esta:

$$\Delta h \propto \frac{Q}{d^4}$$

Jean Léonard Marie Poiseuille (1799-1869). Físico y fisiólogo francés. De 1815 a 1816 estudió en la École Polytechnique en esa ciudad. En 1828 obtuvo su doctorado con su tesis titulada Recherches sur la force du coeur aortique. Su interés primordial era el flujo de sangre humana en los tubos delgados. En 1846 publicó la Ley de Poiseuille, aplicada al flujo no turbulento de líquidos en tuberías.

Jean L. M. Poiseuille (médico francés, 1799-1869), al investigar en 1840 el flujo de sangre en las venas, llegó a las mismas conclusiones. Lo interesante es que los resultados de la investigación no son aplicables al cuerpo humano, ya que la sangre es un fluido no newtoniano y las venas y arterias no son tubos rígidos; pero en cambio sí son aplicables a la ingeniería.

El proceso seguido por los dos investigadores se puede resumir de acuerdo con el siguiente planteamiento. Con base en la FIGURA 1.23, y suponiendo que el flujo se encuentra completamente desarrollado, es decir, se consideran secciones a una distancia apreciable de la entrada, se aplica la Ecuación 1.11' de distribución de esfuerzos en tuberías circulares:

ECUACIÓN 1.11'

$$\tau_r = \frac{r}{2} \frac{\delta p^*}{\delta x}$$

donde la presión piezométrica es:

$$p^* = p + \rho g z$$

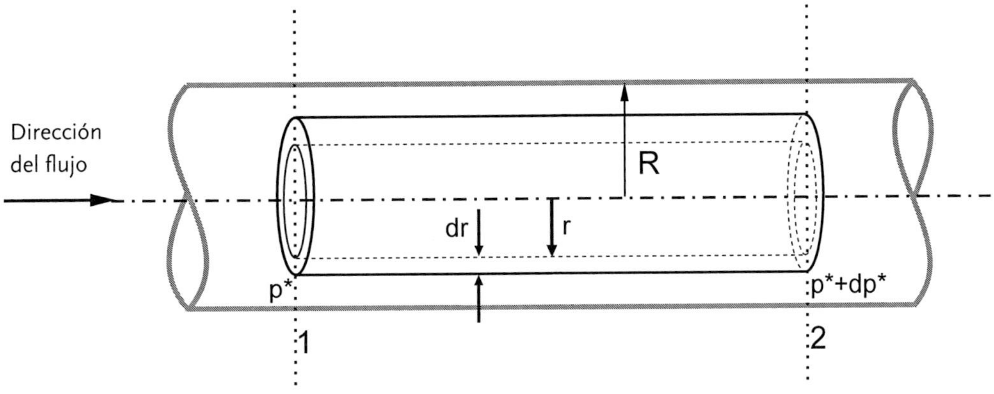

Figura 1.23 Esquema de flujo laminar en tuberías tal como el utilizado por Hagen y Poiseuille. Se muestra un cilindro de corriente dentro del flujo general en la tubería. *R* es el radio total y *r* es un radio variable que describe los diferentes cilindros de la corriente.

y

$$\tau_r = \mu \frac{\delta \text{v}}{\delta r}$$

Luego, se llega con facilidad a las siguientes ecuaciones:

$$\mu \frac{\delta \text{v}}{\delta r} = \frac{r}{2} \frac{\delta p^*}{\delta x}$$

Para el caso del flujo laminar en las tuberías, debido a que la velocidad solo es función del radio y la presión piezométrica es constante en la sección transversal de la tubería, los diferenciales parciales pueden reemplazarse por diferenciales totales:

$$\frac{\delta \text{v}}{\delta r} = \frac{d \text{v}}{d r}$$

y

$$\frac{\delta p^*}{\delta x} = \frac{d p^*}{d x}$$

Si se reemplazan estas dos expresiones en la anterior ecuación se obtiene:

ECUACIÓN 1.26

$$\mu \frac{d \text{v}}{d r} = \frac{r}{2} \frac{d p^*}{d x}$$

y por consiguiente:

$$\frac{d \text{v}}{d r} = \frac{r}{2\mu} \frac{d p^*}{d x}$$

De esta última ecuación se obtiene la siguiente expresión para el diferencial de velocidad:

ECUACIÓN 1.27

$$d \text{v} = \frac{1}{2\mu} \frac{d p^*}{d x} r \, dr$$

Si se integra esta última ecuación en una sola sección transversal (Sección 2 de la FIGURA 1.23, por ejemplo), con respecto al radio se obtiene:

$$v = \int dv = \frac{1}{2\mu}\frac{dp^*}{dx}\int rdr$$

En consecuencia, después de llevar a cabo el proceso de integración:

ECUACIÓN 1.28

$$\mathrm{v} = \frac{r^2}{4\mu}\frac{dp^*}{dx} + c_1$$

Para evaluar la constante de integración se utiliza la siguiente condición de frontera:

Si $r = R$ entonces $\mathrm{v} = 0$

Luego:

$$0 = \frac{R^2}{4\mu}\frac{d\,p^*}{d\,x} + c_1$$

de donde

$$c_1 = -\frac{R^2}{4\mu}\frac{d\,p^*}{d\,x}$$

Al reemplazar en la Ecuación 1.28, para el cálculo de la velocidad en función del radio se obtiene la siguiente ecuación:

ECUACIÓN 1.29

$$\mathrm{v} = -\frac{1}{4\mu}\frac{d\,p^*}{d\,x}\left(R^2 - r^2\right)$$

Para longitudes no diferenciales de la tubería, esta ecuación se puede aproximar como:

ECUACIÓN 1.29'

$$\mathrm{v} = \frac{1}{4\mu}\frac{\left(p_1^* - p_2^*\right)}{l}\left(R^2 - r^2\right)$$

El signo negativo de la Ecuación 1.29 significa que el vector velocidad tiene dirección contraria al vector esfuerzo cortante. Esta ecuación se conoce como la ecuación de Hagen-Poiseuille, en honor a los dos investigadores. En su forma original no es muy útil; es más usada bajo otra forma, que se obtiene a través del siguiente procedimiento:

- Se define un diferencial de caudal que pasa por el anillo del área diferencial de la FIGURA 1.23:

$$dQ = \mathrm{v}2\pi\, rdr$$

- Se reemplaza la velocidad v utilizando la Ecuación 1.29:

$$dQ = -\frac{1}{4\mu}\frac{dp^*}{dx}\left(R^2 - r^2\right)2\pi\, rdr$$

ECUACIÓN 1.30

$$dQ = -\frac{\pi}{2\mu}\frac{dp^*}{dx}\left(R^2 r - r^3\right)dr$$

- Se encuentra el caudal total que pasa a través de la sección transversal integrando la Ecuación 1.30 con respecto al radio r variando entre 0 y R:

$$Q = \int_0^R dQ = \int_0^R -\frac{\pi}{2\mu}\frac{dp^*}{dx}\left(R^2 r - r^3\right)dr$$

$$Q = -\frac{\pi}{2\mu}\frac{dp^*}{dx}\int_0^R \left(R^2 r - r^3\right)dr$$

$$Q = -\frac{\pi}{2\mu}\frac{dp^*}{dx}\left[\frac{R^2 r^2}{2} - \frac{r^4}{4}\right]_0^R$$

$$Q = -\frac{\pi}{2\mu}\frac{dp^*}{dx}\frac{R^4}{4}$$

Teniendo en cuenta que:

$$\frac{dp^*}{dx} = -\frac{p_1^* - p_2^*}{l}$$

es una aproximación válida para el flujo uniforme (permanente) unidimensional en tuberías, se llega a lo siguiente:

ECUACIÓN 1.31

$$Q = \frac{\pi R^4}{8\mu l}(p_1^* - p_2^*)$$

Dado que en el diseño de tuberías no es usual trabajar con el radio sino con el diámetro, la última ecuación se convierte en:

ECUACIÓN 1.32

$$Q = \frac{\pi\, d^4}{128\ \mu\, l}(p_1^* - p_2^*)$$

Esta ecuación es la forma más usual de la ecuación de Hagen-Poiseuille.

La diferencia en la presión piezométrica puede ser reemplazada por la diferencia en la altura piezométrica (caída de la línea de gradiente hidráulico entre los puntos 1 y 2), con lo cual se obtiene la siguiente expresión:

$$Q = \frac{\pi\, d^4}{128\mu l}\rho\, g\Delta h$$

de donde se obtiene la siguiente ecuación, la cual es la forma definitiva de la ecuación de Hagen-Poiseuille:

ECUACIÓN 1.33

$$Q = \frac{\pi\, d^4}{128}\frac{\rho\, g}{\mu}\frac{\Delta h}{l}$$

La relación entre la caída piezométrica y la longitud es la pendiente de fricción:

$$\frac{\Delta h}{l} = S_f$$

Luego:

ECUACIÓN 1.33'

$$Q = \frac{\pi\, d^4 \rho\, g S_f}{128\mu}$$

Otro resultado interesante que puede ser calculado mediante la ecuación de Hagen-Poiseuille es la magnitud de la velocidad media en una tubería bajo condiciones de flujo laminar; al utilizar la Ecuación 1.29' se tiene:

$$\mathrm{v} = \frac{1}{4\mu}\frac{\left(p_1^* - p_2^*\right)}{l}\left(R^2 - r^2\right)$$

La velocidad máxima se presenta en el centro de la tubería, es decir, cuando $r = 0$:

ECUACIÓN 1.34

$$v_{max} = \frac{R^2}{4\mu} \frac{(p_1^* - p_2^*)}{l}$$

La velocidad media se calcula al dividir el caudal (Ecuación 1.31) por el área mojada:

$$\bar{v} = \frac{Q}{A} = \frac{\frac{\pi R^4}{8\mu l}(p_1^* - p_2^*)}{\pi R^2}$$

Luego:

ECUACIÓN 1.35

$$\bar{v} = \frac{R^2(p_1^* - p_2^*)}{8\mu l}$$

Si se comparan las Ecuaciones 1.34 y 1.35 se llega al siguiente resultado:

ECUACIÓN 1.36

$$\bar{v} = \frac{1}{2} v_{max}$$

Para calcular el sitio donde se debería colocar un tubo de Pitot a fin de medir la velocidad media y poder calcular fácilmente el caudal se deben igualar las Ecuaciones 1.35 y 1.29':

$$\frac{R^2(p_1^* - p_2^*)}{8\mu l} = \frac{1}{4\mu} \frac{(p_1^* - p_2^*)}{l}(R^2 - r^2)$$

de donde se obtiene:

$$\frac{R^2}{2} = (R^2 - r^2)$$

$$r^2 = \frac{R^2}{2}$$

Finalmente se obtiene el punto de la sección transversal en el cual se debería localizar el tubo de Pitot:

$$r = \frac{R}{\sqrt{2}} = 0.707R$$

Esta última ecuación establece que la velocidad media en un flujo laminar se debe medir a una distancia igual al 70 % del radio, medida desde el centro de la tubería.

EJEMPLO 1.2

Se desea diseñar una tubería para transportar petróleo crudo desde el pozo de producción hasta la batería de tanques de almacenamiento. El caudal de crudo producido por el pozo es de 1904 gal/min y se dispone de una bomba de 30 kW. El pozo y la batería de tanques se localizan en el mismo nivel y están separados por una distancia de 822 metros. Si la viscosidad cinemática del crudo es 4×10^{-4} m²/s y su densidad es 0.89 g/cm³, ¿qué diámetro deberá tener la tubería? ¿Cuál es la velocidad media? ¿El flujo es realmente laminar?

Cálculo del diámetro

El primer paso es conocer la altura piezométrica que es producida por la bomba. Para esto se supone una eficiencia de esta última del 85 % y se utiliza la siguiente ecuación:

$$P = \frac{1}{\eta}\rho Q g h$$

donde:

P = potencia en el eje de la bomba
η = eficiencia
ρ = densidad del fluido
Q = caudal
g = aceleración de la gravedad
h = altura piezométrica producida por la bomba

Si se despeja h se obtiene:

$$h = \frac{\eta P}{\rho Q g}$$

Al reemplazar los datos dados en el enunciado se puede calcular la altura piezométrica producida por la bomba:

$$Q = 1904 \times 6.3 \times 10^{-5} = 0.120\, m^3/s$$

$$h = \frac{0.85 \times 30\,000\,\mathrm{W}}{890\dfrac{kg}{m^3} \times 0.12\dfrac{m^3}{s} \times 9.81\dfrac{m}{s^2}}$$

$$h = 24.34 m$$

Luego, se procede a calcular el diámetro utilizando la Ecuación 1.33:

$$Q = \frac{\pi d^4}{128}\frac{\rho g}{\mu}\frac{h}{l}$$

$$d^4 = \frac{128}{\pi}\frac{\mu}{\rho g}\frac{Ql}{h}$$

$$d = \sqrt[4]{\frac{128\,\mu l Q}{\pi \rho g h}} = \sqrt[4]{\frac{128\,\nu l Q}{\pi g h}}$$

Al reemplazar los datos dados y la altura piezométrica antes calculada se obtiene:

$$d = \sqrt[4]{\frac{128 \times 0.0004 \times 822 \times 0.12}{\pi \times 9.81 \times 24.34}}$$

$$d = 0.286 m$$

Cálculo de la velocidad

La velocidad media se calcula como el caudal dividido por el área de la tubería:

$$\bar{v} = \frac{Q}{A}$$

$$\bar{v} = \frac{4Q}{\pi d^2}$$

Reemplazando los datos:

$$\bar{v} = \frac{4 \times 0.12}{\pi \times 0.286^2} \frac{m}{s}$$

$$\bar{v} = 1.87 m/s$$

Cálculo del tipo de flujo

Para establecer el tipo de flujo en la tubería es necesario calcular el número de Reynolds.

$$Re = \frac{\bar{v}d}{\nu}$$

Luego:

$$Re = \frac{1.87 \times 0.286}{0.0004}$$

$$Re = 1337$$

Es decir, el flujo es laminar, lo cual implica que se ha utilizado la metodología de diseño correcta.

Discusión:

Es común tener flujos laminares cuando se tienen hidrocarburos con altas viscosidades, tal como se mostró en este ejemplo. La alta viscosidad de este tipo de fluidos, especialmente cuando se encuentran a bajas temperaturas, hace que su transporte sea difícil y costoso. Una posibilidad para reducir costes es aumentar su temperatura con el fin de disminuir la viscosidad. En el caso del agua, sin embargo, debido a su baja viscosidad es poco común tener diseños que operen en el régimen de flujo laminar.

1.5.2 Flujo turbulento

Las ecuaciones de fricción en tuberías bajo régimen de flujo turbulento (número de Reynolds mayor a 5000) utilizadas para el diseño son más generales que la ecuación de Hagen-Poiseuille, en el sentido de que también incluyen el caso de flujo laminar.

Su naturaleza es similar a la de las ecuaciones que gobiernan el flujo uniforme en cualquier tipo de ductos (ver Epígrafe 1.3); en particular las ecuaciones que resultan para las tuberías circulares son aplicables aún para el caso de los canales abiertos (p.e., el flujo en tubería fluyendo parcialmente llenas), a pesar de que las fuerzas que tratan de acelerar el flujo en los dos casos son distintas:

- Fuerzas gravitacionales en el caso de los canales.
- Fuerzas de presión en el caso de las tuberías a presión.

En ambos casos las fuerzas que tratan de frenar el flujo, y que se equilibran con las anteriores cuando se alcanza el estado uniforme de flujo, son las fuerzas viscosas o de fricción causadas por el esfuerzo cortante turbulento.

Henry Philibert Gaspard Darcy (1803-1858). Ingeniero francés, quien hizo varias contribuciones a la hidráulica. Estudió en la École Polytechnique en París, de donde se transfirió dos años después a la École du Ponts e Chausses, lo que permitió que posteriormente se vinculara al Cuerpo de Puentes y Caminos de Dijon. Allí construyó un impresionante sistema presurizado de distribución de agua potable. Durante este período también modificó la ecuación de Prony para el cálculo de las pérdidas por fricción.

1.5.3 La ecuación de Darcy-Weisbach

La ecuación de Darcy-Weisbach es la ecuación de resistencia fluida más general para el caso de las tuberías circulares fluyendo a presión, la cual es el resultado de aplicar las leyes físicas del movimiento de Newton. Fue establecida por Henry Darcy (1803-1858), utilizando experimentos de flujo en tuberías, los cuales se desarrollaron en Chaillot, cerca a París, desde el 3 de agosto de 1849 hasta el 27 de octubre de 1850. En esa época Darcy era el ingeniero jefe en el Servicio Municipal de París.

Los detalles de su investigación experimental, en conjunto con una presentación exhaustiva del estado del arte de las ecuaciones para el flujo en tuberías, pueden encontrarse en su "Mèmoire", enviada por Darcy a la Acadèmie des Sciences en junio de 1854 y publicada en 1858 (Brown, Garbrecht y Hager, 2003).

Los experimentos llevados a cabo por Darcy incluyeron diámetros desde 0.0122 m hasta 0.5 m, mientras que los materiales de las tuberías incluyeron vidrio, hierro, plomo, hierro recubierto con bitumen, latón y hierro fundido. Las condiciones de la pared variaron desde material nuevo hasta material usado, con incrustaciones, y las velocidades promedio variaron en el rango de 0.03 hasta 6.01 m/s. Los caudales fueron medidos por métodos volumétricos, recolectando el agua en tanques aforados. Las longitudes de las tuberías fueron siempre mayores a 100 m, excepto para las tuberías de vidrio y de plomo, las cuales fueron de 44.8 y 50 m respectivamente. Las caídas en la altura piezométrica se midieron utilizando piezómetros, dejando de lado los primeros 4.7 m de tubería.

Después de observar detalladamente el fenómeno, Darcy propuso que los datos experimentales se ajustaban de forma apropiada a la siguiente ecuación:

ECUACIÓN (a)

$$RS_f = a\text{v} + b\text{v}^2$$

donde:

R = radio hidráulico
S_f = pendiente de fricción
v = velocidad media
a, b = coeficientes que describen la edad y el material de la tubería

Para propósitos prácticos, se planteó la siguiente ecuación:

ECUACIÓN (b)

$$RS_f = b_1\text{v}^2$$

donde:

b_1 = coeficiente para la edad y material de la tubería

ECUACIÓN (c)

$$b_1 = \alpha + \frac{\beta}{R}$$

con $\alpha = 0.000507$ y $\beta = 0.0000067$ para tubos de hierro fundido y diámetros hasta 0.5 m. La Ecuación (b) fue reescrita por Darcy para diámetros variando entre 0.01 y 1.00 m y las velocidades entre 0.1 y 3.0 m/s, para tuberías de hierro, como:

ECUACIÓN (d)

$$S_f = \left(0.00164 + \frac{0.000042}{d}\right)\frac{Q^2}{d^5}$$

Julius Ludwig Weisbach (1806-1871). Matemático e ingeniero alemán. Estudió en la Bergakademie en Freiberg, Sajonia, de 1822 a 1826. Hizo estudios de posgrado en Göttingen y en Viena, y retornó a Freiberg (1833) como profesor de matemáticas. Escribió un importante libro de ingeniería mecánica, *Lehrbuch der Ingenieur- und Maschinen-Mechanik*, un clásico de la época. Redefinió la ecuación de Darcy para establecer la hoy en día muy utilizada ecuación de Darcy-Weisbach.

donde:

Q = caudal

d = diámetro de la tubería

Esta última ecuación es una de las piedras angulares en la historia de la hidráulica. John Thomas Fanning (1837-1911) fue el primero en combinar los resultados experimentales de Darcy con la ecuación de Julius Weisbach (1806-1871). Así se pudo obtener una ecuación basada en la física, que a la vez se ajustaba enormemente a los datos experimentales.

El diseño en hidráulica requería de una ecuación que predijera las pérdidas por fricción como función del fluido, la velocidad, el diámetro de la tubería y el tipo de material de esta. Weisbach, de nacionalidad alemana, propuso en 1845 la ecuación que se utiliza hoy en día:

ECUACIÓN (e)

$$h_f = f\frac{l}{d}\frac{v^2}{2g}$$

Es importante establecer que esta ecuación únicamente predice las pérdidas debidas a la fricción fluida sobre la pared de la tubería y a los efectos de la viscosidad del fluido, y no incluye las pérdidas menores en entradas, codos y otros accesorios. Weisbach estableció la siguiente ecuación para calcular el factor de fricción:

ECUACIÓN (f)

$$f = \alpha + \frac{\beta}{\sqrt{v}}$$

donde α y β eran coeficientes de fricción que variaban con el material y el diámetro de la tubería. La Ecuación (f) se basó en un conjunto de datos relativamente pequeño: 11 de experimentos propios de Weisbach y 51 tomados de artículos de otros investigadores contemporáneos.

Aunque en la época existían otras ecuaciones que requerían menos esfuerzo matemático (ecuación de Prony; Gaspard Riche de Prony (1755-1839)) y que se basaban en mayor evidencia experimental, existe una notable diferencia entre estas y la ecuación de Darcy-Weisbach, en el sentido de que desarrolló una ecuación dimensionalmente homogénea. Consecuentemente, el factor de fricción f es un número adimensional consistente con cualquier sistema de unidades.

La ecuación de Darcy-Weisbach (e) es una fórmula racional debido a que un balance de fuerzas simple y un análisis dimensional establece que:

ECUACIÓN (g)

$$h_f \propto l d^{-1} v^2 g^{-1}$$

Sin embargo, el factor de fricción es una función compleja de la velocidad del flujo, de la densidad y viscosidad del fluido y del diámetro y la rugosidad de la tubería. Esta complejidad, resultado de la mecánica de la capa límite (L. Prandtl), hizo difícil encontrar una ecuación válida y esto llevó al desarrollo de varias ecuaciones empíricas irracionales y dimensionalmente no homogéneas (ver Capítulo 3).

Weisbach dedujo la influencia de la velocidad, el diámetro y la rugosidad sobre el factor de fricción, pero aparentemente la comunidad profesional ignoró sus conclusiones. Además, habitualmente no se tenían en cuenta las propiedades de los fluidos debido a que solo existía una preocupación por el agua a "temperaturas normales". Llevaría casi 100 años y el trabajo de muchos investigadores poder definir el factor de fricción en términos de una ecuación dimensionalmente homogénea.

Tal como se mencionó, la ecuación de Darcy-Weisbach se deduce mediante el análisis dimensional, y por consiguiente es una ecuación basada en la física clásica, utilizando las variables encontradas por Weisbach como relevantes para explicar la altura piezométrica perdida por el efecto de la fricción.

Análisis dimensional para obtener la ecuación de resistencia fluida

Para plantear la ecuación general de resistencia fluida en tuberías circulares bajo condiciones de flujo uniforme es necesario hacer un análisis dimensional en el cual se involucren todas las variables relevantes del fenómeno. La variable dependiente es h_f, la pérdida de altura piezométrica por la fricción debido al esfuerzo cortante entre las paredes internas del conducto y el flujo. Si se desea entender el siguiente análisis, es necesario conocer y repasar la metodología del análisis dimensional y la similitud dinámica en cualquier texto de mecánica de fluidos, referenciados al final del capítulo.

La pérdida de altura piezométrica debida a la fricción que experimenta un fluido cuando fluye por una tubería circular depende del diámetro de esta (d), de la longitud en que se mida la pérdida de altura piezométrica por fricción (l), de la velocidad media en la tubería (v), de la rugosidad absoluta de la tubería (k_S), de la aceleración de la gravedad (g), de la densidad (ρ) y de la viscosidad del fluido (μ). Por medio del análisis dimensional se determina a continuación la forma de la ecuación que permite el cálculo de las pérdidas por fricción.

Si las pérdidas por fricción se pueden explicar en términos de las demás variables, entonces existe una función como la siguiente:

$$\mathrm{F}\left(h_f, d, l, \mathrm{v}, k_s, g, \rho, \mu\right) = 0$$

Variables	Dimensiones
h_f *(Dep.)*	L
d	L
l	L
v	LT^{-1}
k_s	L
g	LT^{-2}
ρ	ML^{-3}
μ	$ML^{-1}T^{-1}$
n = 8	m = 3

Entonces, de acuerdo con el teorema Π-Buckingham, el número de parámetros adimensionales es: # Π's = n - m = 8 - 3 = 5

Las variables repetitivas son: d, ya que es la variable que mejor describe la geometría del problema; v, porque es la variable cinemática más importante; y μ, puesto que el fenómeno del flujo en tuberías está gobernado por fuerzas de origen viscoso.

Primer Π: contiene la variable no repetitiva l (longitud):

$$\Pi_1 = d^{x_1}\mathrm{v}^{y_1}\mu^{z_1}l$$

$$M^0T^0L^0 = L^{x_1}(LT^{-1})^{y_1}(ML^{-1}T^{-1})^{z_1}L$$

Planteando las ecuaciones algebraicas para los exponentes de cada dimensión:

Para M: $Z_1 = 0$

Para T: $-Y_1 - Z_1 = 0$ entonces $Y_1 = 0$

Para L: $X_1 + Y_1 - Z_1 + 1 = 0$ entonces $X_1 = -1$

Luego el primer parámetro adimensional es:

$$\Pi_1 = \frac{l}{d}$$

Segundo Π: contiene la variable no repetitiva k_S (rugosidad absoluta):

$$\Pi_2 = d^{x_2} v^{y_2} \mu^{z_2} k_s$$

$$M^{\circ} T^{\circ} L^{\circ} = L^{x_2} (LT^{-1})^{y_2} (ML^{-1}T^{-1})^{z_2} L$$

Planteando las ecuaciones algebraicas para los exponentes de cada dimensión:

Para M: $Z_2 = 0$

Para T: $-Y_2 - Z_2 = 0$ entonces $Y_2 = 0$

Para L: $X_2 + Y_2 - Z_2 + 1 = 0$ entonces $X_2 = -1$

En consecuencia, el segundo parámetro adimensional es:

$$\Pi_2 = \frac{k_s}{d}$$

Este parámetro adimensional se denominará de ahora en adelante rugosidad relativa de la tubería.

Tercer Π: contiene la variable no repetitiva g (aceleración de la gravedad):

$$\Pi_3 = d^{x_3} v^{y_3} \mu^{z_3} g$$

$$M^{\circ} T^{\circ} L^{\circ} = L^{x_3} (LT^{-1})^{y_3} (ML^{-1}T^{-1})^{z_3} LT^{-2}$$

Planteando las ecuaciones algebraicas para los exponentes de cada dimensión:

Para M: $Z_3 = 0$

Para T: $-Y_3 - Z_3 - 2 = 0$ entonces $Y_3 = -2$

Para L: $X_3 + Y_3 - Z_3 + 1 = 0$ entonces $X_3 = 1$

Por consiguiente, el tercer parámetro adimensional es:

$$\Pi_3 = \frac{gd}{v^2}$$ (inverso cuadrado del número de Froude)

Cuarto Π: contiene la variable no repetitiva ρ (densidad del fluido):

$$\Pi_4 = d^{x_4} v^{y_4} \mu^{z_4} \rho$$

$$M^{\circ} T^{\circ} L^{\circ} = L^{x_4} (LT^{-1})^{y_4} (ML^{-1}T^{-1})^{z_4} ML^{-3}$$

Planteando las ecuaciones algebraicas para los exponentes de cada dimensión:

Para M: $Z_4 + 1 = 0$ entonces $Z_4 = -1$

Para T: $-Y_4 - Z_4 = 0$ entonces $Y_4 = 1$

Para L: $X_4 + Y_4 - Z_4 - 3 = 0$ entonces $X_4 = 1$

Luego el cuarto parámetro adimensional es:

Número de Reynolds

$$\Pi_4 = \frac{dv\rho}{\mu}$$

Quinto Π: contiene la variable no repetitiva dependiente h_f (pérdida de altura piezométrica por fricción):

$$\Pi_5 = d^{x_5} v^{y_5} \mu^{z_5} h_f$$

$$M^{o}T^{o}L^{o} = L^{x_5}(LT^{-1})^{y_5}(ML^{-1}T^{-1})^{z_5}L$$

Planteando las ecuaciones algebraicas para los exponentes de cada dimensión:

Para M: $Z_5 = 0$

Para T: $-Y_5 - Z_5 = 0$ entonces $Y_5 = 0$

Para L: $X_5 + Y_5 - Z_5 + 1 = 0$ entonces $X_5 = -1$

Luego el último parámetro adimensional es:

$$\Pi_5 = \frac{h_f}{d}$$

Entonces, al utilizar todos los números adimensionales encontrados, y dado que la función *f* existe, se puede establecer la siguiente relación matemática:

ECUACIÓN (a)

$$\exists F / F\left(\frac{h_f}{d}, \frac{l}{d}, \frac{dg}{v^2}, \frac{k_s}{d}, \text{Re}\right) = 0$$

Los tres primeros números adimensionales de la Ecuación (a) pueden combinarse de la siguiente forma:

$$\Pi_5 = \frac{h_f}{d}, \quad \Pi_1 = \frac{l}{d}, \quad \Pi_3 = \frac{gd}{v^2}$$

$$\Pi_6 = \frac{\Pi_5\Pi_3}{\Pi_1} = \frac{h_f}{d}\frac{gd}{v^2}\frac{d}{l}$$

$$\Pi_7 = 2\Pi_6 = \frac{2h_f dg}{v^2 l}$$

Este nuevo número adimensional puede ser reemplazado en la Ecuación (a) para obtener la siguiente expresión:

$$\exists F' / F'\left(\frac{2h_f dg}{v^2 l}, \frac{k_s}{d}, \text{Re}\right) = 0$$

lo cual implica que:

$$\exists F'' / \frac{2h_f dg}{v^2 l} = F''\left(\frac{k_s}{d}, \text{Re}\right)$$

De esta última ecuación se puede despejar la variable dependiente h_f:

ECUACIÓN 1.37

$$h_f = \frac{l}{d}\frac{v^2}{2g}F''\left(\frac{k_s}{d}, \text{Re}\right)$$

Teniendo en cuenta que la Ecuación 1.37 se dedujo mediante el análisis dimensional y que este se basa en las ecuaciones de la física clásica ($\overleftarrow{F}=m\overleftarrow{a}$), se puede decir que es la ecuación de resistencia fluida más general que existe. Cualquier otra ecuación utilizada para calcular las pérdidas de energía en un flujo debe ser, necesariamente, un caso particular de la Ecuación 1.37. Algunos ejemplos son las ecuaciones de Gauckler-Manning, de Chézy, de Hazen-Williams, etc.

Debido a que los argumentos de la función F" de la Ecuación 1.37 (rugosidad relativa y número de Reynolds) son números reales adimensionales, el resultado de la ecuación también debe ser adimensional. Si este se denota como *f* se obtiene:

$$F''\left(\frac{k_s}{d}, Re\right) = f$$

ECUACIÓN 1.38

$$h_f = f\frac{l}{d}\frac{v^2}{2g}$$

Tal como se dijo anteriormente, esta ecuación fue deducida por Henry Darcy, ingeniero francés del siglo XIX, y por Julius Weisbach, científico e ingeniero alemán de la misma época. Weisbach propuso el uso del coeficiente adimensional *f* y Darcy llevó a cabo numerosos experimentos en tuberías con flujos de agua. Por esta razón, la Ecuación 1.38 se conoce como la ecuación de Darcy-Weisbach, la cual es la más general para explicar la pérdida de energía ocurrida durante el movimiento de fluidos.

Pérdidas de altura piezométrica debido a la fricción

Cuando se trata de conductos cerrados simples, el único tipo de energía que puede perderse por razón del movimiento del fluido es la energía de presión, ya que la energía cinética debe permanecer constante si el área es constante, y la energía potencial solo depende de la posición. La energía de presión expresada como energía por unidad de peso del fluido tiene unidades de altura piezométrica (h); tal como se encontró en el análisis dimensional anterior, la pérdida de altura piezométrica por fricción es:

ECUACIÓN 1.38

$$h_f = f\frac{l}{d}\frac{v^2}{2g}$$

donde:

- h_f = energía por unidad de peso perdida por fricción
- f = factor de fricción de Darcy
- l = longitud del tramo de la tubería en el cual se pierde h_f
- d = diámetro de la tubería
- v = velocidad media

Si se utiliza el radio hidráulico (R) en lugar del diámetro de la tubería (d), la Ecuación 1.38 se convierte en:

$$R = \frac{A}{P} = \frac{\pi d^2}{4\pi d} = \frac{d}{4} \text{ entonces } d = 4R$$

$$h_f = f\frac{l}{4R}\frac{v^2}{2g}$$

en la que el factor de fricción, tal como se estableció anteriormente, es una función compleja del número de Reynolds y de la rugosidad relativa:

ECUACIÓN 1.39

$$f = F\left(\text{Re}, \frac{k_s}{d}\right)$$

Una vez establecida esta relación de dependencia entre el factor de fricción *f* y el número de Reynolds del flujo (Re) y la rugosidad relativa de la tubería (k_S / d), el siguiente paso obvio era determinar la forma exacta de la función de relación. Este trabajo probó ser altamente complejo y solo hasta finales de la década de 1930 se culminó. Sin embargo, después de los trabajos de Darcy y Weisbach, muchos investigadores llevaron a cabo estudios que constituyeron pasos clave en el desarrollo de la teoría del flujo en tuberías. En los siguientes epígrafes se resumen dichos trabajos, los cuales mostraron dos tendencias: *trabajos basados en desarrollos teóricos* y *trabajos de laboratorio*.

Relación entre el factor de fricción y el esfuerzo cortante en la pared

El factor de fricción de Darcy debe estar relacionado directamente con el esfuerzo cortante en la pared de la tubería, ya que este último es el responsable de las pérdidas de energía por fricción. Ese argumento fue desarrollado por Darcy de la siguiente forma:

Si se toma la longitud de la tubería como un diferencial de longitud dl, las pérdidas de altura piezométrica que ocurrirían en ese tramo serían:

$$dh_f = f \frac{dl}{d} \frac{v^2}{2g}$$

Al despejar el factor de fricción se obtiene la siguiente expresión:

ECUACIÓN 1.40

$$f = \frac{2dg}{v^2} \frac{dh_f}{dl}$$

Si se utiliza el radio hidráulico en lugar del diámetro de la tubería:

ECUACIÓN 1.41

$$f = \frac{8gR}{v^2} \frac{dh_f}{dl}$$

Tal como se encontró antes, se tiene que:

ECUACIÓN 1.11

$$\tau_0 = \frac{A}{P} \frac{dp^*}{dx} = R \frac{dp^*}{dl}$$

de donde:

$$\frac{dp^*}{dl} = \frac{\tau_0}{R} = \rho g \frac{dh_f}{dl}$$

ECUACIÓN 1.42

$$\frac{dh_f}{dl} = \frac{\tau_0}{\rho g R}$$

Si se reemplaza la Ecuación 1.42 en la Ecuación 1.41, se obtiene:

$$f = \frac{8gR}{v^2} \frac{\tau_0}{\rho g R}$$

de donde se obtiene fácilmente la siguiente expresión, que relaciona el factor de fricción con el esfuerzo cortante en la pared de la tubería:

ECUACIÓN 1.43

$$f = \frac{8\tau_0}{\rho v^2}$$

Esta última ecuación indica que el factor de fricción debe disminuir a medida que la velocidad v aumenta, es decir, cuando el número de Reynolds (*Re*) se hace mayor, lo cual no implica que el esfuerzo cortante sea menor. Este resultado se debe entender de la siguiente manera: a medida que la velocidad aumenta, las pérdidas de energía por unidad de peso (altura piezométrica) disminuyen; es decir, es más eficiente mover un fluido, por unidad de peso, con números de Reynolds altos que con números de Reynolds bajos en una tubería dada.

El factor de fricción para flujo laminar

Una vez establecida la ecuación general para las pérdidas por fricción en tuberías, Weisbach pudo determinar el factor de fricción para el caso de flujo laminar. Para hacer esto utilizó la ecuación de Hagen-Poiseuille (Ecuación 1.33') en conjunto con la Ecuación 1.38.

Si se toma la ecuación

ECUACIÓN 1.33'

$$Q = \frac{\pi d^4}{128} \frac{\rho g S_f}{\mu}$$

en donde:

$$S_f = \frac{h_f}{l}$$

se puede despejar la energía por unidad de peso perdida:

$$Q = \frac{\pi d^4}{128} \frac{\rho g h_f}{\mu l}$$

ECUACIÓN 1.44

$$h_f = \frac{128 \mu l Q}{\pi d^4 \rho g} = \frac{128 \mu l \text{v}}{4 d^2 \rho g}$$

Por otro lado:

ECUACIÓN 1.38

$$h_f = f \frac{l}{d} \frac{\text{v}^2}{2g}$$

Si se igualan las Ecuaciones 1.44 y 1.38 se obtiene la relación que describe el factor de fricción f para el flujo laminar:

$$f \frac{l}{d} \frac{\text{v}^2}{2g} = \frac{128 \mu l \text{v}}{4 d^2 \rho g}$$

$$f = \frac{64 \mu}{\text{v} d \rho}$$

de donde finalmente se obtiene:

ECUACIÓN 1.45

$$f = \frac{64}{\text{Re}}$$

Esta última ecuación indica que para el flujo laminar en las tuberías el factor de fricción únicamente es función del número de Reynolds. En este caso, la rugosidad relativa del conducto no influye en las pérdidas por fricción.

1.5.4 Ecuaciones de fricción para tuberías reales

Paul Richard Heinrich Blasius (1883-1970). Físico de dinámica de fluidos alemán. Como estudiante de Prandtl, estableció la base matemática para explicar la fuerza de arrastre causada por la capa límite. También demostró (1911), que la resistencia al flujo en tuberías lisas podía expresarse en términos del número de Reynolds para flujos laminares y turbulentos.

En este epígrafe se plantean las diferentes ecuaciones que describen el factor de fricción de Darcy para el caso del flujo turbulento, desde hidráulicamente liso hasta hidráulicamente rugoso. En él se resumen los diferentes trabajos teóricos y empíricos desarrollados para establecer *las ecuaciones que describen* f, *las cuales se utilizarán para el diseño de los sistemas de tuberías en los capítulos siguientes.*

Ecuación de Blasius para flujos hidráulicamente lisos

Para el caso de los flujos hidráulicamente lisos se sabía que el factor de fricción f solo era función del número de Reynolds *Re*. Paul R. H. Blasius, alumno de Prandtl, en 1911 encontró empíricamente que para los números de Reynolds entre 5000 y 100 000, el factor de fricción se podía calcular de acuerdo con la siguiente ecuación:

ECUACIÓN 1.46

$$f = \frac{0.316}{Re^{0.25}}$$

A pesar del limitado rango de aplicación de la ecuación de Blasius, sirvió para entender los resultados encontrados por Reynolds 30 años antes. Si se utiliza la ecuación de Darcy-Weisbach y se reemplaza en ella la ecuación de Blasius, se llega a:

$$h_f = f\frac{l}{d}\frac{v^2}{2g}$$

$$h_f = \frac{0.316}{Re^{0.25}}\frac{l}{d}\frac{v^2}{2g}$$

de donde:

$$h_f = \frac{0.316\,\nu^{0.25} l\, v^2}{v^{0.25} d^{0.25} d 2g}$$

$$h_f = \frac{0.158\nu^{0.25} l\, v^{1.75}}{d^{1.25} g}$$

Al dividir por la longitud y multiplicar por el peso específico se obtiene:

$$\frac{\gamma h_f}{l} = \frac{0.158\nu^{0.25}\rho\, v^{1.75}}{d^{1.25}}$$

$$\frac{\Delta p}{l} = 0.158\nu^{0.25}\rho\, v^{1.75} d^{-1.25}$$

Esta última ecuación indica que la caída de presión por unidad de longitud del flujo en una tubería es proporcional a la potencia 1.75 de la velocidad para el flujo hidráulicamente liso. ¡Este resultado es idéntico al encontrado por Reynolds y presentado en la FIGURA 1.8! Si la ecuación se multiplica y divide por el área transversal de la tubería elevada a la potencia 1.75, se obtiene:

$$\frac{\Delta p}{l} = \frac{0.158\upsilon^{0.25}\rho Q^{1.75} d^{1.75}}{\pi^{1.75} d^{4.75}}$$

$$\frac{\Delta p}{l} = 0.241\upsilon^{0.25}\rho Q^{1.75} d^{-4.75}$$

Resulta claro que la mejor forma de reducir las pérdidas de presión por unidad de longitud consiste en aumentar el diámetro de la tubería. Es decir, la potencia requerida por una bomba sería menor si la tubería fuera más grande; sin embargo, una tubería de diámetro mayor sería más costosa. Para un caudal dado, un aumento del 50 % en el diámetro reduciría las pérdidas de presión en un factor de 6.86.

Diagrama de Nikuradse

Con el fin de estudiar la naturaleza del factor de fricción *f*, el ingeniero alemán Johann Nikuradse (alumno de Prandtl), en 1933, hizo una serie de experimentos en los que utilizó tubos de diferentes diámetros, en cuyo interior pegó arenas de granulometría uniforme, de tal manera que obtuvo varias relaciones k_S/d (relación conocida como rugosidad relativa) perfectamente determinadas. En cada uno de los tubos varió el caudal, de modo que cubrió un amplio rango de números de Reynolds, con flujos que cubrían el intervalo desde el laminar hasta el turbulento hidráulicamente rugoso. Sus resultados se esquematizan en la **FIGURA 1.24** y se pueden resumir así:

- Cuando el número de Reynolds es menor a 2000, es decir, cuando el flujo es laminar, el factor de fricción f varía de forma lineal con respecto al número de Reynolds; es una función inversa de Re, independiente de la rugosidad relativa k_S/d. Esto corroboraba los resultados de Weisbach para el flujo laminar.
- Cuando el flujo es turbulento, el comportamiento de f se vuelve complejo, mostrando las siguientes características:
  - Cerca del Re crítico (2200) todas las curvas coinciden. Existe una curva límite desde la cual se separan poco a poco las curvas correspondientes a los diferentes valores de k_S/d.
  - Los tubos con mayor rugosidad relativa se separan más rápidamente de la curva "lisa", lo cual se debe a que a medida que aumenta el Re, disminuye el espesor de la subcapa laminar viscosa (ver Interacción flujo-pared sólida, página 17), pasando así los flujos de forma gradual de hidráulicamente lisos a rugosos; esto ocurre más rápido en los tubos de mayor rugosidad relativa k_S/d.
  - Una vez que el flujo se separa de la curva "lisa", el factor de fricción f empieza a ser una función compleja de Re y de k_S/d. En esta zona el flujo se conoce como flujo transicional.
  - A medida que el Re sigue aumentando, las curvas individuales correspondientes a cada k_S/d se vuelven horizontales, lo cual implica que el factor f deja de ser una función de Re y pasa a ser solo función de k_S/d.

Es importante aclarar que en términos de los materiales que existen hoy en día, las tuberías con rugosidad artificial utilizadas por Nikuradse resultan extremadamente rugosas. Sin embargo, sus trabajos fueron muy útiles para entender la naturaleza del factor de fricción de Darcy.

Trabajo de Lewis Moody. diagrama de Moody

Tal vez el trabajo experimental más importante fue el desarrollado por el ingeniero norteamericano Lewis F. Moody a principios de la década de 1940, cuyos resultados conformaron un artículo clásico (Moody, 1944).

Lewis Ferry Moody (1880-1953). Ingeniero mecánico estadounidense. Conocido mundialmente por su diagrama de Moody, que establece la relación entre las diferentes variables utilizadas para el cálculo de flujos a través de las tuberías. Muestra el factor de fricción de Darcy como función del número de Reynolds y de la rugosidad relativa de la tubería. Fue el primer profesor de Hidráulica en la Facultad de Ingeniería de la Universidad de Princeton, Estados Unidos.

Moody se basó en los resultados de Nikuradse y de C.F. Colebrook con el fin de investigar las pérdidas por fricción en tuberías con rugosidades reales y no artificiales. Sus trabajos se pueden resumir en los siguientes puntos:

- En primer lugar, Moody observó que en el diagrama de Nikuradse el factor de fricción f solo era función de la rugosidad relativa (k_S/d) para los flujos hidráulicamente rugosos. Esto correspondía a la parte horizontal de las curvas correspondientes a cada una de dichas rugosidades. Al tomar los puntos ($k_S / d, f$) de los extremos derecho e izquierdo del diagrama de Nikuradse, pudo producir la curva del factor de fricción para el flujo hidráulicamente rugoso que aparece en la **FIGURA 1.25**.
- Una vez establecida la curva anterior, tomó tuberías comerciales de diferentes materiales (acero, acero bridado, hierro dulce, hierro galvanizado, concreto, etc.) y diámetros, las cuales llevó al laboratorio para medir las pérdidas por fricción y calcular su factor de fricción para el flujo hidráulicamente rugoso. Con el factor de fricción calculó la rugosidad relativa utilizando la **FIGURA 1.25**. Finalmente, con esta rugosidad y con el diámetro de la tubería pudo calcular la rugosidad absoluta k_S.

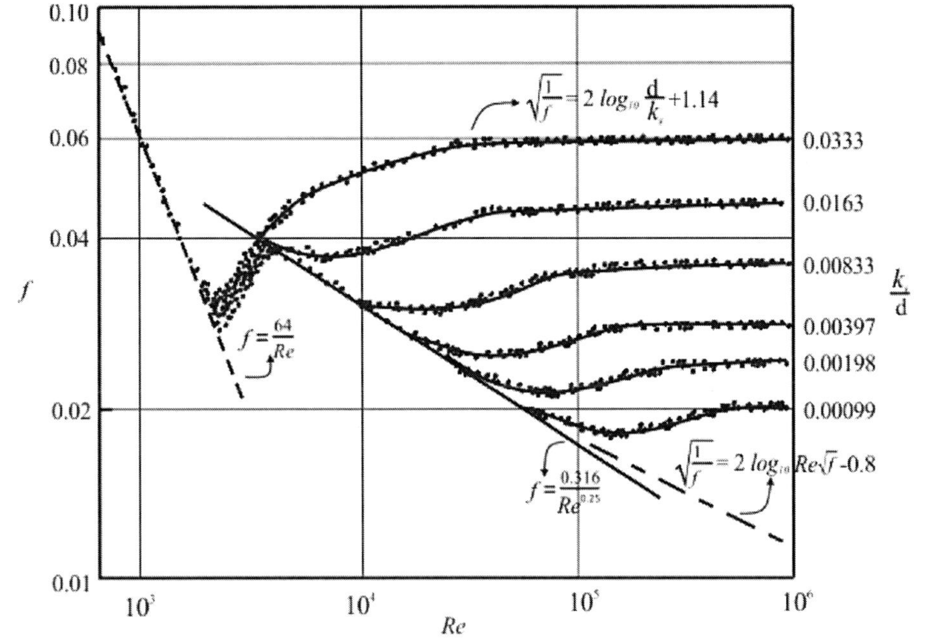

Figura 1.24 Resultados de las pruebas de Nikuradse. Diagrama de Nikuradse.

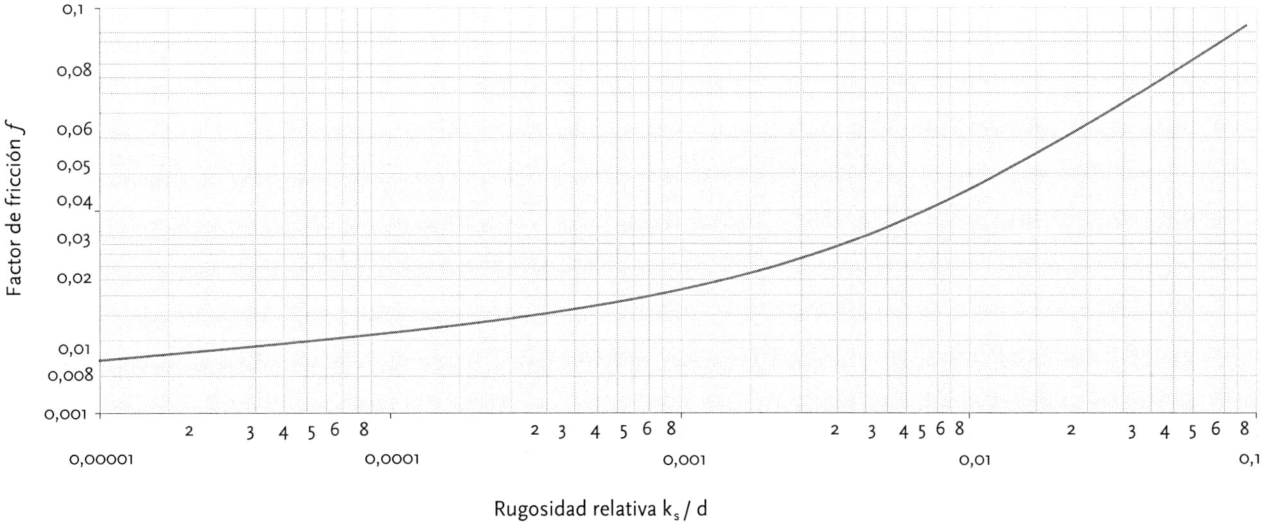

Figura 1.25 Factor de fricción para un flujo altamente turbulento ($Re > 10^6$).

Moody encontró que, a pesar de que la rugosidad real de las tuberías comerciales era muy diferente a la rugosidad artificial obtenida pegando arena en el perímetro interno de algunas tuberías, se podía obtener una rugosidad equivalente a la rugosidad de arena para cada material. Es decir, encontró que, independientemente del diámetro, cada material siempre se comportaba como una arena (en cuanto a la rugosidad) de diámetro constante.

A partir de sus experimentos, Moody estableció que cada material tenía una rugosidad equivalente que establecía su comportamiento hidráulico. Por ejemplo, estableció que el acero comercial se comportaba hidráulicamente como un tubo con arena de 0.045 mm de diámetro y que el hierro dulce equivalía a una arena de 0.26 mm de diámetro.

De igual manera, con estos resultados Moody produjo el diagrama mostrado en la FIGURA 1.26, el cual se conoce hoy en día como el diagrama de Moody modificado o diagrama de rugosidades relativas. En el diagrama, la relación establecida en la FIGURA 1.25 aparece como la correspondencia biunívoca entre las dos escalas verticales. Es importante aclarar que hasta este punto los resultados de Moody solo eran aplicables al caso del flujo hidráulicamente rugoso.

- Utilizando sus resultados y la ecuación de Colebrook-White (página 60), Moody pudo producir una gráfica en la cual incluía todo el rango de flujo, desde el laminar hasta el turbulento hidráulicamente rugoso, con el fin de estudiar el comportamiento del factor de fricción f para las tuberías comerciales.
- Esta gráfica (FIGURA 1.27) se conoce como el diagrama de Moody. Durante mucho tiempo fue la única herramienta práctica para el cálculo del factor de fricción que debía utilizarse en conjunto con la ecuación de Darcy-Weisbach, ya que las ecuaciones matemáticamente deducidas resultaron ser tan complejas que requirieron métodos numéricos para su solución. En la época anterior a la masificación del uso de ordenadores y calculadoras programables, el tener que utilizar métodos iterativos para el diseño de tuberías resultaba engorroso y poco práctico.

La semejanza entre los diagramas de Nikuradse y de Moody salta a la vista. En ambos existen la zona laminar, la curva correspondiente al flujo hidráulicamente liso y las líneas horizontales que describen el flujo hidráulicamente rugoso para cada rugosidad relativa. Así mismo, en ambos existe la zona de flujo transicional, aunque es en esa zona donde se aprecia una marcada diferencia.

En el diagrama de Nikuradse cada curva, correspondiente a una rugosidad relativa, se separa de forma abrupta de la curva hidráulicamente lisa. En el diagrama de Moody las curvas correspondientes a cada rugosidad relativa se aproximan de forma asintótica a la curva lisa. Esto sucede porque en los tubos de Nikuradse la rugosidad tiene un tamaño uniforme y, por consiguiente, al aumentar el número de Reynolds y disminuir el espesor de la subcapa laminar viscosa, el efecto de la rugosidad se siente *simultáneamente*.

En los tubos reales la rugosidad no es uniforme, lo cual implica que su efecto sobre la hidráulica del fondo es gradual. Este planteamiento se esquematiza en la FIGURA 1.28.

Ecuaciones generales para la fricción en tuberías reales. Flujo turbulento

Después de establecer y probar su teoría de longitud de mezcla para explicar los esfuerzos cortantes en el flujo turbulento, Prandtl siguió estudiando el problema de la resistencia en el movimiento de fluidos. Conjuntamente con uno de sus alumnos, Theodore von Kármán, entre 1920 y 1930 dedujo las ecuaciones que permiten el cálculo del factor de fricción f para el flujo turbulento. En este epígrafe se describe el proceso seguido por estos dos investigadores.

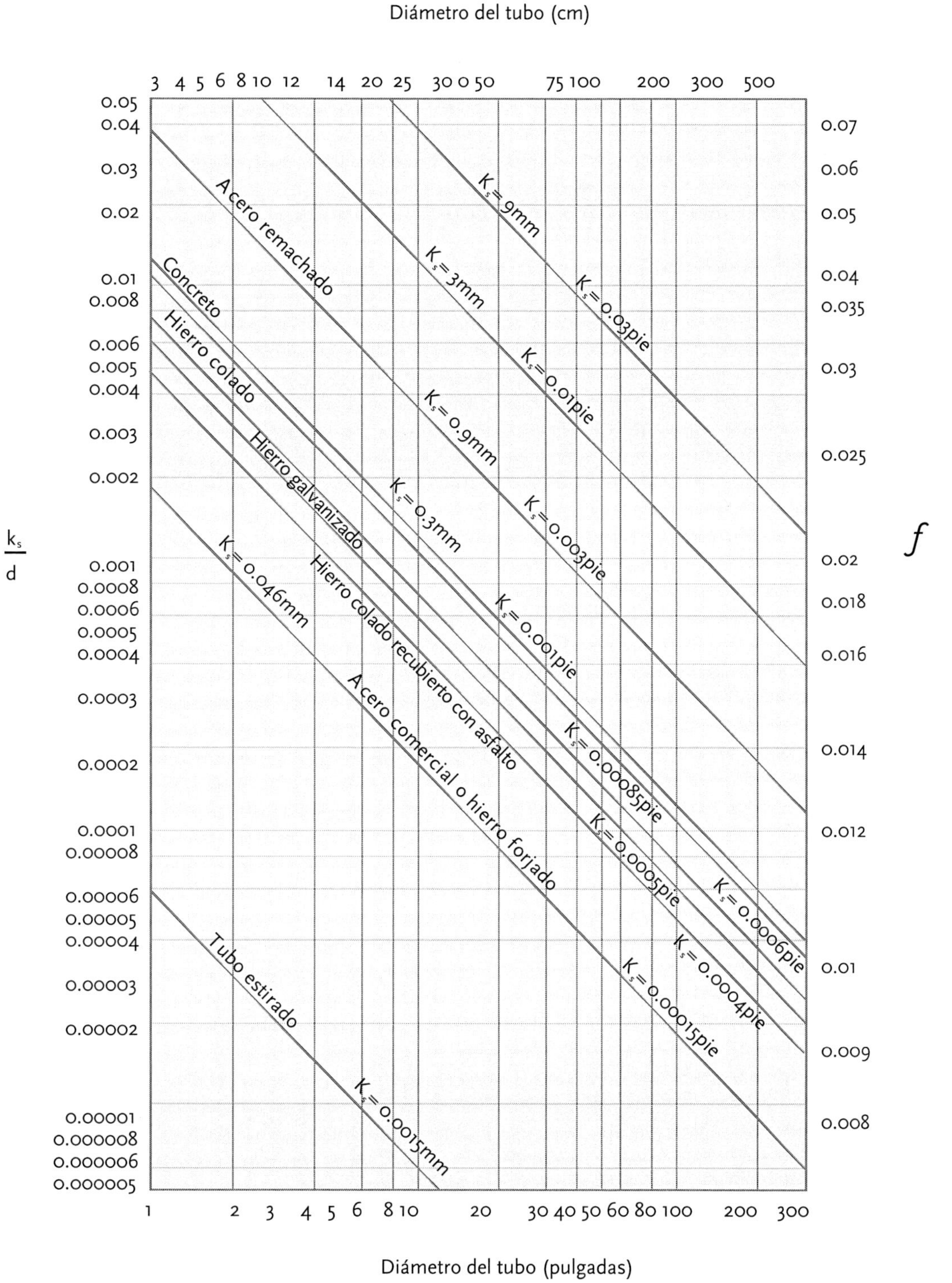

Figura 1.26 Diagrama de Moody modificado (rugosidades relativas).

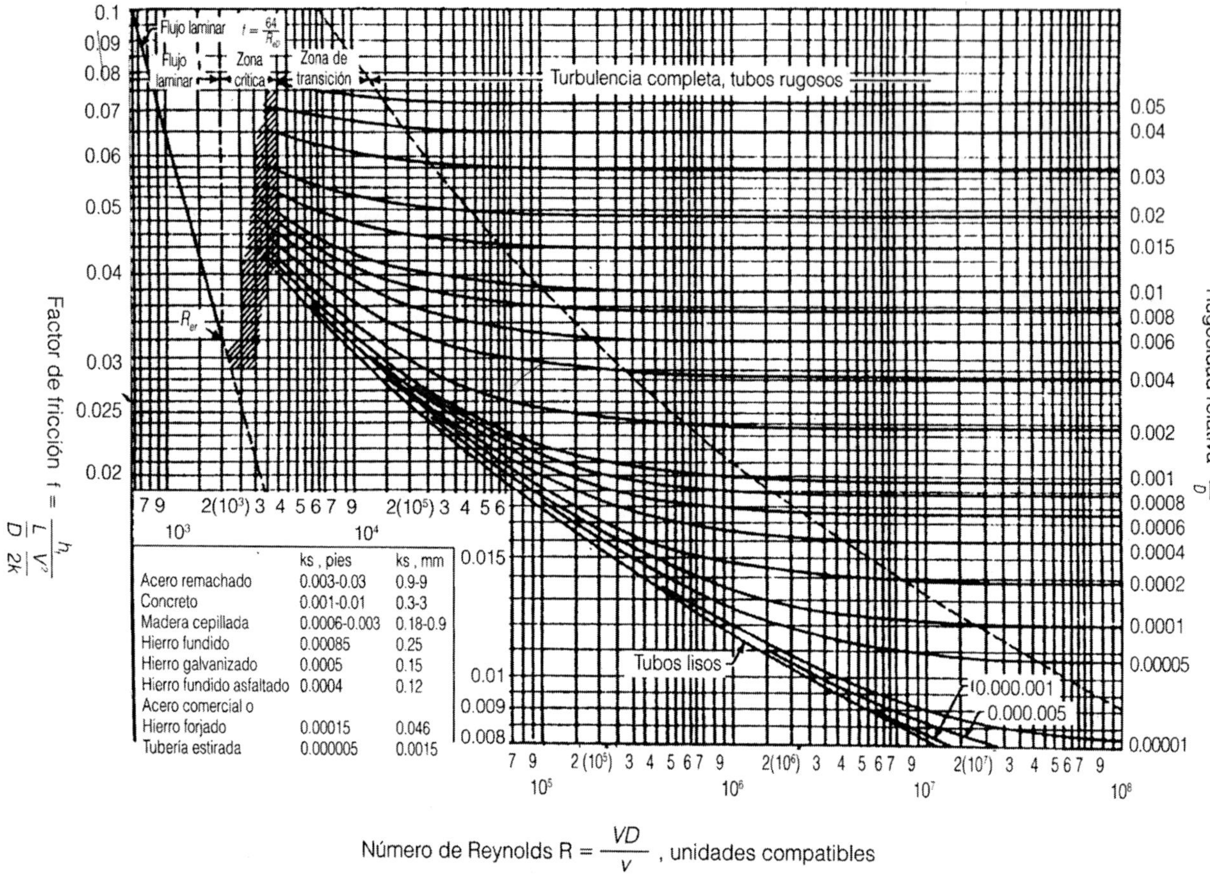

Figura 1.27 Diagrama de Moody.

Flujo hidráulicamente liso

Las ecuaciones usadas por Prandtl y von Kármán, ya deducidas a lo largo de este capítulo, son las siguientes:

- Espesor de la subcapa laminar viscosa:

ECUACIÓN 1.15

$$\delta' = \frac{11.6\nu}{v_*}$$

- Distribución de velocidades en el flujo turbulento:

ECUACIÓN 1.16

$$\frac{v_x}{v_*} = \frac{1}{k}\ln y + C_1$$

ECUACIÓN 1.20

$$\frac{v_x}{v_*} = \frac{1}{0.4}\ln\frac{v_* y}{\nu} + 5.47$$

Esfuerzo cortante en la pared de la tubería:

ECUACIÓN 1.11

$$\tau_0 = \frac{A}{P}\frac{dp^*}{dx}$$

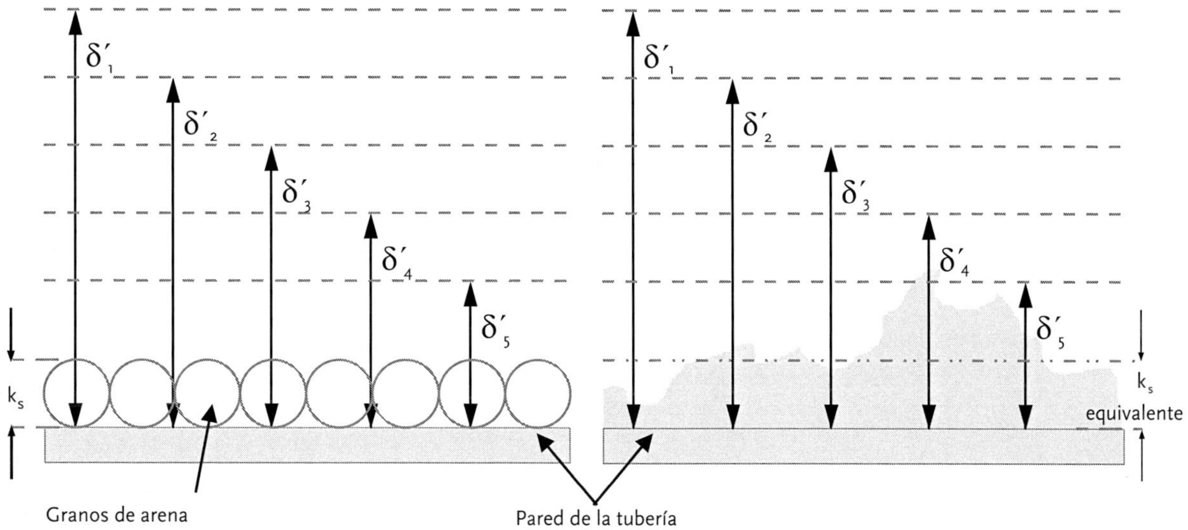

Figura 1.28 El espesor de la subcapa laminar viscosa (δ') disminuye a medida que el número de Reynolds y el caudal aumentan. En los tubos de Nikuradse la rugosidad afecta de forma simultánea a la hidráulica del flujo. En los tubos reales ese efecto es gradual, es decir, las mayores prominencias de la rugosidad afectan al flujo antes que a las menores.

o aproximadamente:

ECUACIÓN 1.11'
$$\tau_r = \frac{r}{2}\frac{\Delta p^*}{\Delta x}$$

- Relación entre el factor de fricción y el esfuerzo cortante:

ECUACIÓN 1.43
$$f = \frac{8\tau_0}{\rho v^2}$$

Para establecer la ecuación de fricción para el flujo turbulento hidráulicamente liso, el primer paso dado por estos dos investigadores fue calcular la velocidad media del flujo mediante la distribución de velocidades representada por la Ecuación 1.20. Para esto se toma el diferencial ***dy*** de la FIGURA 1.29, y, teniendo en cuenta que la tubería es circular, se puede establecer el siguiente diferencial de área:

$$dA = 2\pi(r - y)dy$$

Por este diferencial de área pasa el siguiente diferencial de caudal:

$$dQ = \mathrm{v}\, dA$$

$$dQ = 2\mathrm{v}\pi(r - y)dy$$

Si se integran los diferenciales de caudal se obtiene el caudal total que pasa a través de toda la sección transversal de la tubería. Por consiguiente:

$$Q = \int_A dQ = \int_0^r 2\pi\, \mathrm{v}(r - y)dy$$

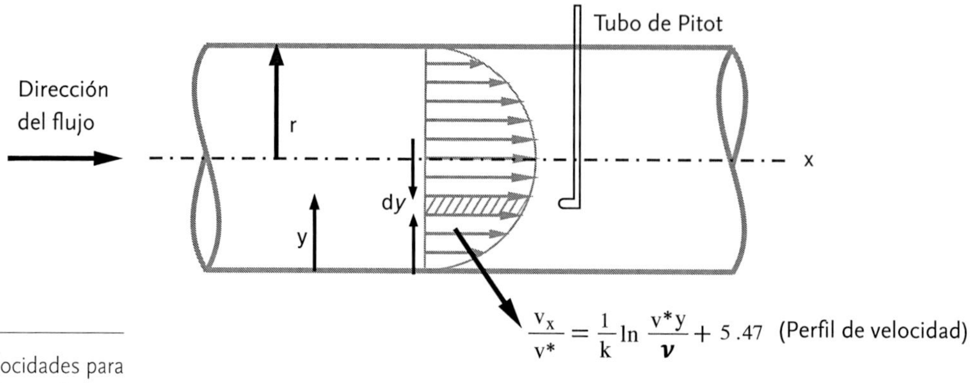

Figura 1.29 Distribución de velocidades para un flujo hidráulicamente liso, desarrollado por completo en una tubería de sección circular.

$$Q = 2\pi\int_0^r v(r-y)dy$$

En esta última ecuación **v** se reemplaza por la función de ***y*** que la describe, es decir, por la distribución de velocidades para el flujo hidráulicamente liso representada por la Ecuación 1.20, la cual se basa en la teoría de longitud de mezcla de Prandtl. Luego:

$$Q = 2\pi\int_0^r\left(\frac{v_*}{0.4}\ln\frac{v_*y}{v} + 5.47v_*\right)(r-y)dy$$

Al expandir los paréntesis de esta última integral se obtiene:

$$Q = 2\pi\int_0^r\left(\frac{v_*r}{0.4}\ln\frac{v_*}{v} + \frac{v_*r}{0.4}\ln y + 5.47v_*r - \frac{v_*y}{0.4}\ln\frac{v_*}{v} - \frac{v_*y}{0.4}\ln y - 5.47v_*y\right)dy$$

Si se lleva a cabo el proceso de integración se obtiene la siguiente expresión:

$$Q = 2\pi\left(\frac{v_*r}{0.4}y\ln\frac{v_*}{v} + \frac{v_*r}{0.4}y\ln y - \frac{v_*r}{0.4}y + 5.47\,v_*ry - \frac{v_*}{0.4}\frac{y^2}{2}\ln\frac{v_*}{v} - \frac{v_*}{0.4}\frac{y^2}{2}\ln y + \frac{v_*}{0.4}\frac{y^2}{4} - 5.47v_*\frac{y^2}{2}\right)\Bigg|_0^r$$

$$Q = 2\pi\left(\frac{v_*}{0.4}r^2\ln\frac{v_*}{v} + \frac{v_*}{0.4}r^2\ln r - \frac{v_*}{0.4}r^2 + 5.47v_*r^2 - \frac{v_*}{0.4}\frac{r^2}{2}\ln\frac{v_*}{v} - \frac{v_*}{0.4}\frac{r^2}{2}\ln r + \frac{v_*}{0.4}\frac{r^2}{4} - 5.47v_*\frac{r^2}{2}\right)$$

$$Q = 2\pi\left(\frac{v_*}{0.4}\frac{r^2}{2}\ln\frac{v_*}{v} + \frac{v_*}{0.4}\frac{r^2}{2}\ln r - \frac{3}{4}\frac{v_*}{0.4}r^2 + 5.47v_*\frac{r^2}{2}\right)$$

ECUACIÓN 1.47

$$Q = \pi r^2\left(\frac{v_*}{0.4}\ln\frac{v_*r}{v} + 1.72v_*\right)$$

La Ecuación 1.47 representa el caudal total que pasa por una tubería circular de radio *r* cuando el flujo es hidráulicamente liso. Con este caudal se puede calcular la velocidad media al ser dividido por el área transversal de la tubería.

$$\bar{v} = \frac{Q}{A} = \frac{Q}{\pi r^2}$$

ECUACIÓN 1.48

$$\bar{v} = \frac{v_*}{0.4} \ln \frac{v_* r}{\nu} + 1.72 v_*$$

En esta última ecuación se tiene una especie de número de Reynolds conocido como Re_*:

ECUACIÓN 1.49

$$Re_* = \frac{v_* r}{\nu}$$

Por definición se tiene que:

$$v_* = \sqrt{\frac{\tau_0}{\rho}}$$

y si se despeja de la Ecuación 1.43:

ECUACIÓN 1.43

$$\tau_0 = \frac{\rho (\bar{v})^2}{8} f$$

Mediante estas dos últimas ecuaciones se obtiene la siguiente expresión para la velocidad de corte en el flujo hidráulicamente liso:

ECUACIÓN 1.50

$$v_* = \sqrt{\frac{f}{8}} \bar{v}$$

Si se reemplaza la Ecuación 1.50 en la Ecuación 1.49 se llega a:

$$Re_* = \sqrt{\frac{f}{8}} \frac{r}{\nu} \bar{v}$$

o:

ECUACIÓN 1.51

$$Re_* = \sqrt{\frac{f}{8}} \frac{d}{2} \frac{1}{\nu} \bar{v}$$

Finalmente, al reemplazar las Ecuaciones 1.50 y 1.51 en la Ecuación 1.48 se obtiene:

$$\bar{v} = \sqrt{\frac{f}{8}} \bar{v} \left[\frac{1}{0.4} \ln \sqrt{\frac{f}{8}} \frac{d}{2\nu} \bar{v} + 1.72 \right]$$

Al desarrollar esta última ecuación:

$$\sqrt{\frac{8}{f}} = 2.5 ln \sqrt{\frac{f}{8}} \frac{1}{2} Re + 1.72$$

$$\sqrt{\frac{1}{f}} = 0.88388 ln \frac{\sqrt{f}\, Re}{5.6569} + 0.6081$$

$$\sqrt{\frac{1}{f}} = 0.88388 ln Re \sqrt{f} + 0.88388 ln \frac{1}{5.6569} + 0.6081$$

ECUACIÓN 1.52

$$\sqrt{\frac{1}{f}} = 0.88388 ln Re \sqrt{f} - 0.924$$

La Ecuación 1.52 es la forma original de la ecuación de Prandtl-von Kármán para el cálculo del factor de fricción f en fluidos hidráulicamente lisos. Es importante tener en cuenta que todo el análisis anterior está basado en la teoría de longitud de mezcla de Prandtl, la cual ha probado ser muy exacta.

Como último paso, estos dos investigadores decidieron cambiar la base del logaritmo de la Ecuación 1.52 de base e a base 10. Al parecer, las razones de este cambio obedecieron solo al hecho de que en una época sin calculadoras electrónicas y sin ordenadores trabajar con logaritmos en base 10 era más sencillo. Al efectuar el cambio de base la Ecuación 1.40 se transforma a:

ECUACIÓN 1.53

$$\sqrt{\frac{1}{f}} = 2.035 \log_{10} Re\sqrt{f} - 0.924$$

Después de confrontar su teoría con los datos del laboratorio, Prandtl y von Kármán establecieron la forma final de la ecuación para el cálculo del factor de fricción en los flujos hidráulicamente lisos. Esta ecuación, *no explícita* para ***f***, es:

ECUACIÓN 1.54

$$\sqrt{\frac{1}{f}} = 2 \log_{10} Re\sqrt{f} - 0.8$$

Flujo hidráulicamente rugoso

De nuevo, el primer paso fue calcular la velocidad media mediante la distribución de velocidades representada por la Ecuación 1.22, válida para el caso del flujo hidráulicamente rugoso. Si se toma el diferencial ***dy*** de la FIGURA 1.30 se establece el diferencial de área:

$$dA = 2\pi\,(r - y)\,dy$$

Por este diferencial de área fluye el siguiente diferencial de caudal:

$$dQ = \mathrm{v}\,dA$$

$$dQ = 2\mathrm{v}\pi(r - y)dy$$

$$dQ = 2\pi\left(\frac{\mathrm{v}_*}{k}\ln\frac{y}{k_s} + 8.48\mathrm{v}_*\right)(r - y)dy$$

Para calcular el caudal total se integran los diferenciales de caudal sobre el área de la sección transversal de la tubería:

$$Q = \int_A dQ = \int_0^r 2\pi\left(\frac{\mathrm{v}_*}{k}\ln\frac{y}{k_s} + 8.48\mathrm{v}_*\right)(r - y)dy$$

Al expandir los paréntesis de la anterior ecuación se llega a:

$$Q = 2\pi\int_0^r \left(\frac{\mathrm{v}_* r}{k}\ln\frac{y}{k_s} + 8.48\mathrm{v}_* r - \frac{\mathrm{v}_* y}{k}\ln\frac{y}{k_s} - 8.48\mathrm{v}_* y\right)dy$$

Luego, se lleva a cabo el proceso de integración:

$$Q = 2\pi\left(\frac{\mathrm{v}_* r}{k}y\ln y - \frac{\mathrm{v}_* r}{k}y - \frac{\mathrm{v}_* r}{k}y\ln\frac{1}{k_s} + 8.48\mathrm{v}_* ry - \frac{\mathrm{v}_*}{k}\frac{y^2}{2}\ln y + \frac{\mathrm{v}_*}{k}\frac{y^2}{4} + \frac{\mathrm{v}_*}{k}\frac{y^2}{2}\ln\frac{1}{k_s} - 8.48\mathrm{v}_*\frac{y^2}{2}\right)\Bigg|_0^r$$

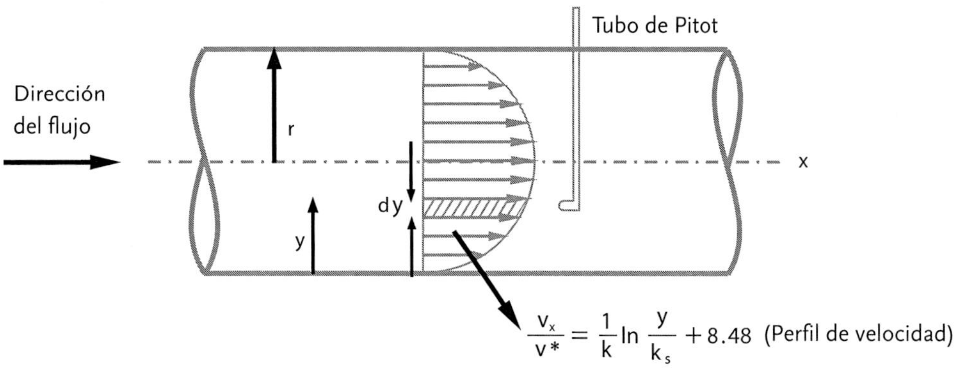

Figura 1.30 Distribución de velocidades para un flujo hidráulicamente rugoso, completamente desarrollado en una tubería de sección circular.

$$Q = 2\pi\left(\frac{v_*}{k}\frac{r^2}{2}\ln r + \frac{3}{4}\frac{v_*}{k}r^2 - \frac{v_*}{k}\frac{r^2}{2}\ln\frac{1}{k_s} - 8.48v_*\frac{r^2}{2}\right)$$

$$Q = \pi r^2\left(\frac{v_*}{0.4}\ln\frac{r}{k_s} + 4.73v_*\right)$$

La utilización de esta última ecuación deja claro que la velocidad media es:

$$\bar{v} = \frac{Q}{A} = \frac{Q}{\pi r^2}$$

Luego:

ECUACIÓN 1.55

$$\bar{v} = \frac{v_*}{0.4}\ln\frac{r}{k_s} + 4.73v_*$$

Como $r = d / 2$ se obtiene:

$$\bar{v} = \frac{v_*}{0.4}\ln\frac{d}{2k_s} + 4.73v_*$$

ECUACIÓN 1.56

$$\bar{v} = v_*\left(\frac{1}{0.4}\ln\frac{d}{2k_s} + 4.73\right)$$

Por otro lado, se tiene que:

$$v_* = \sqrt{\frac{f}{8}}\bar{v}$$

Luego al reemplazar en la Ecuación 1.56 se llega a:

$$\bar{v} = \sqrt{\frac{f}{8}}\bar{v}\left[\frac{1}{0.4}\ln\frac{d}{2k_s} + 4.73\right]$$

Al despejar el factor de fricción *f*:

$$\sqrt{\frac{1}{f}} = 0.88388\,ln\frac{d}{2k_s} + 1.672$$

$$\sqrt{\frac{1}{f}} = 0.88388\,ln\frac{d}{k_s} + 0.88388\,ln\frac{1}{2} + 1.672$$

$$\sqrt{\frac{1}{f}} = 0.88388\,ln\frac{d}{k_s} + 1.060$$

Nuevamente, Prandtl y von Kármán hicieron el cambio en la base del logaritmo con el objetivo de obtener la siguiente expresión para el cálculo de la ecuación de fricción *f* en los flujos hidráulicamente rugosos:

ECUACIÓN 1.57

$$\sqrt{\frac{1}{f}} = 2.035\log_{10}\left(\frac{d}{k_s}\right) + 1.060$$

Por último, ajustaron su ecuación a los datos experimentales estableciendo la siguiente ecuación:

ECUACIÓN 1.58

$$\sqrt{\frac{1}{f}} = 2\log_{10}\left(\frac{d}{k_s}\right) + 1.14$$

Dicha ecuación es válida para casos en los que el espesor de la subcapa es menor que el tamaño real de la rugosidad absoluta de las paredes internas de la tubería.

Flujos hidráulicamente en transición

Para los casos en los que el flujo estaba en la zona de transición entre los flujos hidráulicamente lisos y rugosos, Prandtl y von Kármán no pudieron deducir una ecuación que describiera el factor de fricción en función del número de Reynolds y de la rugosidad relativa. Encontraron que *f* era una función complicada de k_s/d y de ***Re***. El establecimiento de una ecuación definitiva tuvo que esperar los trabajos de los investigadores ingleses Colebrook y White.

Clasificación de las rugosidades en tuberías. Trabajos de Colebrook-White

La gran mayoría de los flujos en tuberías, cuando por ellas fluye agua, se encuentran en la zona de transición de los diagramas de Nikuradse y Moody; por ello no se podía aplicar ninguna de las ecuaciones de diseño de Prandtl y von Kármán. Dos investigadores ingleses, C. F. Colebrook y H. White, hicieron una clasificación de las rugosidades relativas con el fin de entender mejor el flujo transicional. El trabajo de estos dos investigadores se desarrolló de la siguiente forma.

Si en el diagrama de Nikuradse se hubiesen tenido en cuenta tuberías reales, la zona de flujo transicional hubiera sido diferente. En la FIGURA 1.31 se esquematiza una parte de ese diagrama, en la que se establece la diferencia entre los tubos de Nikuradse y las tuberías comerciales (reales). Es evidente que la separación de la curva "lisa" es gradual en este último caso.

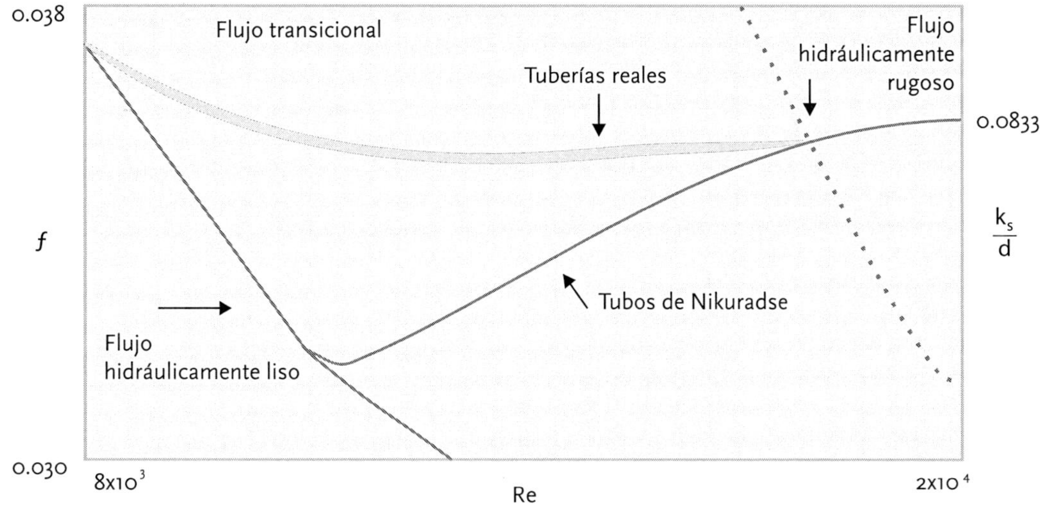

Figura 1.31 Esquema parcial del diagrama de Nikuradse mostrando la diferencia de comportamiento entre las tuberías reales y los tubos de Nikuradse en la zona de flujo transicional. Este trabajo fue utilizado posteriormente por Moody para desarrollar su diagrama de tuberías comerciales.

Una vez establecido el comportamiento anterior, Colebrook y White decidieron, en 1939, estudiar en detalle el flujo en la zona transicional con el objetivo de establecer una ecuación que permitiera el cálculo del factor de fricción f para este tipo de flujo. Los pasos seguidos por los dos investigadores fueron:

1. Compararon la rugosidad absoluta con el espesor de la subcapa laminar viscosa:

$$\frac{k_s}{\delta'} = \frac{\frac{k_s}{d}}{\frac{\delta'}{d}}$$

En esta ecuación se puede reemplazar el valor del espesor de la subcapa laminar viscosa:

ECUACIÓN 1.15

$$\delta' = \frac{11.6\nu}{v_*}$$

Luego, se llega al siguiente resultado:

ECUACIÓN 1.59

$$\frac{\delta'}{d} = \frac{11.6\nu}{v_* d}$$

Por otro lado se tiene que, por definición:

ECUACIÓN 1.60

$$v_* = \sqrt{\frac{\tau_0}{\rho}}$$

y de la Ecuación 1.50 se obtiene:

$$v_* = \sqrt{\frac{f}{8}}\bar{v}$$

y al reemplazar este último resultado en la Ecuación 1.59 se obtiene:

$$\frac{\delta'}{d}=\frac{11.6\nu\sqrt{8}}{\bar{v}d\sqrt{f}}=\frac{32.81}{\mathrm{Re}\sqrt{f}}$$

Finalmente:

$$\frac{k_s}{\delta'}=\frac{k_s}{d}\frac{Re\sqrt{f}}{32.81}$$

de donde:

ECUACIÓN 1.61

$$\frac{k_s}{d}Re\sqrt{f}=32.81\frac{k_s}{\delta'}$$

Colebrook y White comprobaron con esta última ecuación que el término $(k_s\ Re\sqrt{f})/d$ definía de forma clara la rugosidad relativa.

2. Tomaron las ecuaciones de Prandtl y von Kármán y las transformaron de la siguiente manera:
- Flujo hidráulicamente rugoso: Al despejar de la Ecuación 1.58 se obtiene:

ECUACIÓN 1.58'

$$\frac{1}{\sqrt{f}}-2\log_{10}\left(\frac{d}{k_s}\right)=1.14$$

- Flujo hidráulicamente liso:

ECUACIÓN 1.54

$$\frac{1}{\sqrt{f}}=2log_{10}Re\sqrt{f}-0.8$$

de donde se obtiene, restando $2log_{10}\ (d/k_S)$ a ambos lados de la anterior ecuación, el siguiente resultado:

ECUACIÓN 1.62

$$\frac{1}{\sqrt{f}}-2log_{10}\left(\frac{d}{k_s}\right)=2log_{10}\left(\frac{k_s}{d}Re\sqrt{f}\right)-0.8$$

3. Compararon los términos de la izquierda de las Ecuaciones 1.58' y 1.62 con el término $(k_s\ Re\sqrt{f})/d$ y produjeron la gráfica que aparece en la **FIGURA 1.32** para tubos comerciales y tubos con rugosidad artificial.
4. A partir de los resultados de la **FIGURA 1.32** obtuvieron:
- Flujos hidráulicamente lisos:

ECUACIÓN 1.63

$$\frac{k_s}{d}Re\sqrt{f}\leq 10$$

- Flujos en la zona de transición:

ECUACIÓN 1.64

$$10<\frac{k_s}{d}Re\sqrt{f}\leq 200$$

- Flujos hidráulicamente rugosos:

ECUACIÓN 1.65

$$\frac{k_s}{d}Re\sqrt{f}>200$$

5. Luego, tomaron la Ecuación 1.61 de la que obtuvieron:

$$\frac{Re\sqrt{f}}{d}=\frac{32.81}{\delta'}$$

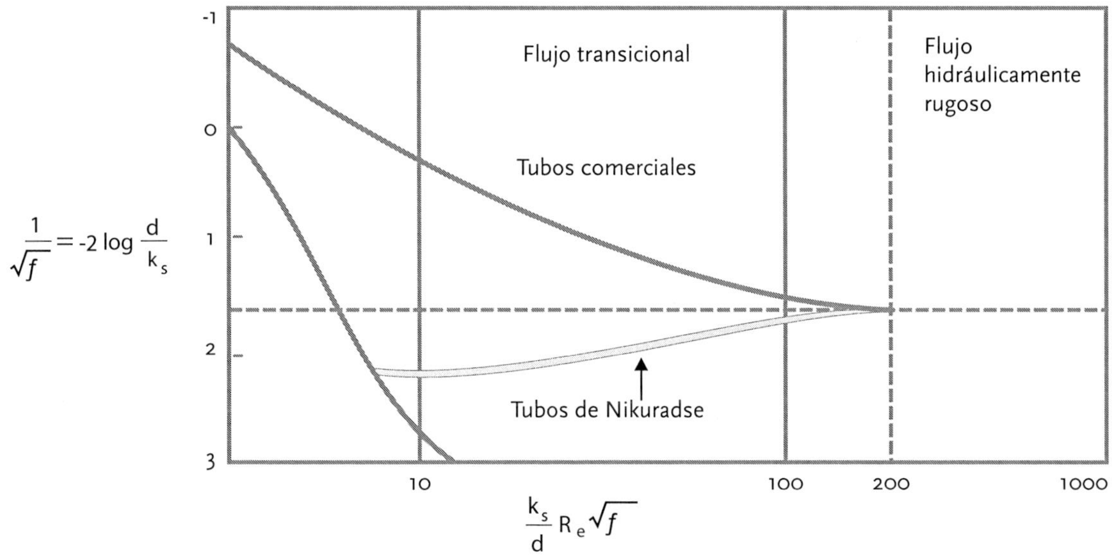

Figura 1.32 Rugosidad relativa como función del factor de fricción f y el número de Reynolds en la zona de flujo transicional.

y al reemplazar este resultado en las Desigualdades 1.63 a 1.65 llegaron a las siguientes desigualdades:

- Flujos hidráulicamente lisos:

$$\frac{k_s}{\delta'} 32.81 \leq 10$$

$$\frac{k_s}{\delta'} \leq 0.305$$

de donde:

ECUACIÓN 1.66
$$k_s \leq 0.305\delta'$$

Este resultado indica que para que el flujo sea hidráulicamente liso, el tamaño de la rugosidad tiene que ser menor al *30 % del espesor de la subcapa laminar viscosa.*

- Flujos hidráulicamente rugosos:

$$\frac{k_s}{\delta'} 32.81 \geq 200$$

$$\frac{k_s}{\delta'} \geq 6.10$$

de donde:

ECUACIÓN 1.67
$$k_s \geq 6.10\delta'$$

Para que el flujo sea hidráulicamente rugoso, el tamaño de la rugosidad debe ser superior a *6 veces el espesor de la subcapa laminar viscosa.*

- Flujos en la zona de transición:

Con sus resultados, Colebrook y White lograron definir claramente los límites entre los que ocurre el flujo en transición:

ECUACIÓN 1.68

$$0.305\delta' < k_s \leq 6.10\delta'$$

6. Este resultado los llevó a razonar sobre si la transición debía ser un cambio gradual entre las condiciones lisas y rugosas, y si la ecuación necesaria para definir el factor de fricción en la zona de transición debía ser una combinación de las ecuaciones para el flujo hidráulicamente liso y rugoso. Teniendo en cuenta la anterior conclusión, Colebrook y White establecieron la siguiente ecuación para el factor *f* en la zona de transición.

A partir de la Ecuación 1.54 se obtiene:

$$\frac{1}{\sqrt{f}} = 2\log_{10}\frac{\mathrm{Re}\sqrt{f}}{2.51}$$

y de la Ecuación 1.58 se obtiene:

$$\frac{1}{\sqrt{f}} = 2\log_{10}\frac{3.7d}{k_s}$$

Después de estudiar el comportamiento de la rugosidad relativa en la zona de transición (FIGURA 1.32), llegaron a la conclusión de que las dos ecuaciones anteriores eran dos casos particulares y extremos del flujo turbulento. Al parecer, las ecuaciones solo mostraban dentro del logaritmo los parámetros que eran importantes en esos casos extremos; dejaban de lado el otro argumento, que era irrelevante en cada caso extremo. La primera de ellas, establecida por Prandtl y von Kármán, era válida únicamente para unas tuberías hipotéticas con una rugosidad absoluta con valor cero. La segunda ecuación, estudiada por Nikuradse, fue deducida experimentalmente para las tuberías con rugosidades exageradas con respecto a las rugosidades típicas de las tuberías comerciales.

Para Colebrook y White, el comportamiento de las tuberías reales debía estar descrito por una ecuación única que incluyese los dos extremos anteriores. En primer lugar, con el fin de que en las ecuaciones apareciera la rugosidad relativa y no el inverso de esta, decidieron cambiar las anteriores dos ecuaciones a:

$$\frac{1}{\sqrt{f}} = -2\log_{10}\frac{2.51}{\mathrm{Re}\sqrt{f}}$$

y

$$\frac{1}{\sqrt{f}} = -2\log_{10}\frac{k_s}{3.7d}$$

En segundo lugar combinaron estas dos últimas ecuaciones en una ecuación única. La ecuación resultante obviamente es:

ECUACIÓN 1.69

$$\frac{1}{\sqrt{f}} = -2\log_{10}\left(\frac{k_s}{3.7d} + \frac{2.51}{Re\sqrt{f}}\right)$$

en la que combinaron los resultados de Prandtl y von Kármán con los de Nikuradse. Era claro que para el caso del flujo hidráulicamente liso, la rugosidad absoluta debía ser mucho menor que el diámetro de la tubería y, por consiguiente, el primer sumando del paréntesis debía ser de un orden de magnitud menor que el segundo, desapareciendo en el límite. Lo contrario sucedía para el flujo hidráulicamente rugoso.

La Ecuación 1.69 probó ser válida para todo tipo de flujo turbulento en tuberías. Sin embargo, tiene el problema de que no es una ecuación explícita para el factor de fricción *f*, lo cual implica la necesidad de utilizar algún método numérico para calcularlo una vez que se conozcan todas las otras variables.

Este problema matemático ocasionó la aparición de ecuaciones empíricas más sencillas de utilizar; entre estas la más famosa es la ecuación de Hazen-Williams. Sin embargo, tal como se muestra en el Capítulo 3, esta ecuación y otras ecuaciones empíricas tienen límites de aplicación claros; algunas de ellas solo se pueden utilizar para el agua, o tienen límites para las velocidades máximas o mínimas, o solo pueden utilizarse para rangos limitados de los diámetros y materiales de las tuberías.

Debido a lo anterior, y sumado al hecho del gran avance actual en las metodologías y tecnologías que la revolución de la informática ha puesto al servicio de la ingeniería, este texto hace énfasis en el uso de las ecuaciones físicamente basadas, tal como la ecuación de Colebrook-White.

RESUMEN

1. Esfuerzo cortante en tuberías
   - Flujo laminar

$$\tau_o = \mu \frac{dv}{dy}$$

   - Flujo turbulento (teoría de longitud de mezcla de Prandtl)

ECUACIÓN 1.10

$$\tau_{yx_T} = \rho k^2 \frac{\left(\delta \bar{v}_x / \delta y\right)^4}{\left(\delta^2 \bar{v}_x / \delta y^2\right)^2}$$

   - Distribución de esfuerzos

$$\tau = \tau_o \frac{r}{r_o}$$

   - Velocidad de corte

$$v_* = \sqrt{\frac{\tau_0}{\rho}}$$

2. Distribución de velocidades en tuberías
   - Flujo laminar

ECUACIÓN 1.13

$$v = \frac{\tau_0}{2\mu}\left(\frac{r^2}{r_0} - r_0\right)$$

   - Flujo turbulento
     - Subcapa laminar viscosa:

ECUACIÓN 1.14

$$\frac{v_x}{v_*} = \frac{v_* y}{\nu}$$

     - Flujo turbulento hidráulicamente liso:

ECUACIÓN 1.20

$$\frac{v_x}{v_*} = \frac{1}{0.4} \ln \frac{v_* y}{\nu} + 5.47$$

› Flujo turbulento hidráulicamente rugoso:

ECUACIÓN 1.22
$$\frac{v_x}{v_*} = \frac{1}{0.4}\ln\frac{y}{k_s} + 8.48$$

3. Ecuaciones para el cálculo de pérdidas por fricción
- Ecuación general de Darcy-Weisbach

ECUACIÓN 1.38
$$h_f = f\frac{l}{d}\frac{v^2}{2g}$$

- Flujo laminar

› Ecuación de Hagen-Poiseuille:

ECUACIÓN 1.33
$$Q = \frac{\pi d^4}{128}\frac{\rho g}{\mu}\frac{\Delta h}{l}$$

› Ecuación para el factor de fricción:

ECUACIÓN 1.45
$$f = \frac{64}{Re}$$

- Flujo turbulento

› Flujo hidráulicamente liso:
Tamaño de la rugosidad:

ECUACIÓN 1.66
$$k_s \le 0.305\delta'$$

Ecuación de Blasius:

ECUACIÓN 1.46
$$f = \frac{0.316}{Re^{0.25}}$$

Ecuación de Prandtl-von Kármán:

ECUACIÓN 1.54
$$\sqrt{\frac{1}{f}} = 2log_{10} Re\sqrt{f} - 0.8$$

› Flujo hidráulicamente rugoso:
Tamaño de la rugosidad:

ECUACIÓN 1.67
$$k_s \ge 6.10\delta'$$

Ecuación de Prandtl-von Kármán:

ECUACIÓN 1.58
$$\sqrt{\frac{1}{f}} = 2\log_{10}\left(\frac{d}{k_s}\right) + 1.14$$

› Flujo transicional:
Tamaño de la rugosidad:

$$0.305\delta' < k_s \le 6.10\delta'$$

Ecuación de Colebrook-White:

ECUACIÓN 1.69
$$\frac{1}{\sqrt{f}} = -2log_{10}\left(\frac{k_s}{3.7d} + \frac{2.51}{Re\sqrt{f}}\right)$$

CONCEPTOS IMPORTANTES

Capa límite: zona del campo de flujo cerca de una superficie sólida cuya dinámica y campo de velocidad han sido afectados por los efectos viscosos y la presencia de dicha superficie. En esta el flujo tiene una distribución de velocidades y su comportamiento deja de ser potencial para pasar a comportarse como un fluido real. En el caso de una tubería, una vez el flujo se haya desarrollado, la capa límite ocupa toda la sección del flujo. Puede ser laminar o turbulenta.

Diagramas de Nikuradse y Moody: diagramas que presentan el factor de fricción de Darcy como función de la rugosidad relativa de la tubería y del número de Reynolds del flujo. El diagrama de Nikuradse se planteó para tuberías con una rugosidad artificial basada en granos de arena, mientras que el diagrama de Moody corresponde a tuberías reales. Este último es la representación gráfica de la ecuación de Colebrook-White.

Distribución de esfuerzos: forma en la que se distribuyen los esfuerzos cortantes a través de la sección transversal de la tubería. Esta distribución siempre es de tipo lineal. Sirve para establecer la distribución de velocidades en dicha sección.

Distribución de velocidades: forma en la que se distribuyen las magnitudes de los vectores de velocidad en la sección transversal de una tubería. La distribución es parabólica para el caso del flujo laminar y logarítmica para el caso del flujo turbulento.

Ecuación de Colebrook-White: ecuación implícita que describe el factor de fricción de Darcy en función de la rugosidad absoluta de la tubería y del número de Reynolds del flujo. Nuevamente es una ecuación físicamente basada.

Ecuación de Darcy-Weisbach: ecuación físicamente basada para describir las pérdidas de energía por unidad de peso, o altura, debidas a la fricción entre el fluido fluyendo y la pared interna de la tubería que lo contiene. Es la ecuación más general de resistencia fluida; cualquier otra ecuación de esta naturaleza necesariamente debe ser función de la ecuación de Darcy-Weisbach.

Esfuerzo cortante: fuerza por unidad de área en la superficie interna de la tubería o entre las diferentes capas del campo de flujo, causada por la viscosidad del fluido. Es el responsable de las pérdidas de energía por fricción.

Flujo laminar: es el tipo de flujo en el que la viscosidad es suficientemente alta para impedir la aparición de los intercambios moleculares y mezcla entre las capas del flujo que caracterizan la turbulencia. Los esfuerzos cortantes se describen a través de la ley de viscosidad de Newton.

Flujo turbulento: es el tipo de flujo en el que los intercambios moleculares y la mezcla entre capas del flujo son de tal magnitud que atenúan los efectos viscosos. Se caracteriza por una intensa interacción entre las diferentes zonas del campo de flujo. Los esfuerzos cortantes se describen mediante la teoría de longitud de mezcla de Prandtl.

Flujo turbulento hidráulicamente liso: flujo turbulento en una tubería, en el cual el espesor de la subcapa laminar viscosa es mayor que el tamaño de la rugosidad absoluta del material que conforma la pared interna de la tubería ($k_s < 0.305\delta'$). Para este tipo de flujo, las pérdidas de energía, y por consiguiente el factor de fricción de Darcy únicamente dependen de las propiedades del fluido y de las características del flujo.

Flujo turbulento hidráulicamente rugoso: flujo turbulento en una tubería, en el cual el tamaño de la rugosidad absoluta de la pared interna de la tubería es mayor que el espesor de la subcapa laminar viscosa ($k_s > 6.10\delta'$). En este tipo de flujo, las pérdidas de energía y, por tanto, el factor de fricción de Darcy son función únicamente de la rugosidad relativa de la tubería.

Flujo turbulento transicional: flujo turbulento en una tubería, en el cual el tamaño de la rugosidad absoluta de la pared interna de la tubería, en comparación con el espesor de la subcapa laminar viscosa, se encuentra entre los siguientes límites: ($0.305\delta' < k_S < 6.10\delta'$).

Flujo uniforme: tipo de flujo en el cual sus características (velocidad, presión, profundidad, distribución de esfuerzos, etc.) permanecen constantes tanto en el espacio como en el tiempo. Se utiliza para establecer el diseño de los sistemas de tuberías.

Número de Reynolds (*Re*): parámetro adimensional que describe la relación entre las fuerzas inerciales de un flujo y las fuerzas viscosas. Se utiliza para determinar si el flujo se encuentra bajo régimen laminar ($Re < 2000$) o régimen turbulento ($Re > 4000$).

Rugosidad relativa: relación entre la rugosidad absoluta del material que conforma la pared interna de la tubería y el diámetro de esta. La rugosidad relativa es la responsable de las pérdidas de energía por fricción en una tubería cuando el flujo es turbulento hidráulicamente rugoso.

Subcapa laminar viscosa: parte de una capa límite turbulenta localizada en la vecindad de la superficie sólida, cuya presencia atenúa las vibraciones y el intercambio molecular típicos del flujo turbulento. Por consiguiente, el flujo en esta zona siempre es laminar. Su espesor es función de las propiedades físicas del fluido y de las características del flujo.

PROBLEMAS

1.1. A través de un tubo de 150 mm de diámetro fluyen 124 L/s de agua con una temperatura de 15 °C. Calcule el número de Reynolds y establezca si el flujo es laminar o turbulento.

1.2. Para la tubería del problema anterior, ¿cuál sería el caudal límite para el flujo laminar? Mediante este resultado, explique por qué es tan difícil encontrar flujos laminares cuando el fluido en un sistema de tuberías es agua.

1.3. El caudal máximo de petróleo crudo a través de un oleoducto de 250 mm de diámetro es de 210 L/s. Las propiedades del crudo son $\rho = 870$ kg/m^3 y $\mu = 0.95$ Pa.s. Calcule el número de Reynolds y establezca si el flujo es laminar o turbulento.

1.4. Para la tubería del problema anterior, ¿cuál sería el caudal límite para el flujo laminar? Mediante este resultado, explique por qué es tan fácil encontrar flujos laminares cuando el fluido en un sistema de tuberías es petróleo crudo muy viscoso.

1.5. ¿Cuál sería el número de Reynolds si el fluido del Problema 1.1 fuera petróleo crudo pesado con $\rho = 830$ kg/m$_3$ y $\mu = 0.8$ Pa.s?

1.6. A través de un tubo de 200 mm de diámetro fluyen 170 L/s de agua con una temperatura de 20 °C. Calcule el número de Reynolds y establezca si el flujo es laminar o turbulento.

1.7. Si en la tubería del problema anterior el número de Reynolds es $1\text{x}10^6$, ¿cuál es la velocidad media del flujo en la tubería? El fluido es agua a una temperatura de 20 °C.

1.8. ¿A qué altura piezométrica desde el fondo de un canal se debe medir la velocidad de tal manera que esta sea igual a la velocidad media del flujo en la sección transversal? Se supone que el canal es muy ancho, con una profundidad *y* y que el flujo es hidráulicamente rugoso. ¿Cambiaría este resultado si el flujo fuera hidráulicamente liso?

1.9. En un canal muy ancho con una profundidad de flujo de 2.2 m se tiene una velocidad media de 1.85 m/s. Si el flujo es hidráulicamente liso, ¿cuál sería la velocidad máxima en la superficie del agua? ¿Si el flujo fuese hidráulicamente rugoso, cambiaría este resultado?

1.10. Escriba y demuestre la Ecuación 1.23.

1.11. A través de una tubería de 200 mm de diámetro fluye un aceite con $\rho = 900$ kg/m^3 y $\nu = 2\text{x}10^{-4}$ m^2/s. Si el número de Reynolds del flujo es 1800, calcule: (a) la velocidad media del flujo, (b) la velocidad máxima del flujo, (c) el perfil de velocidades, (d) el esfuerzo cortante en la pared (τ_0), (e) la velocidad de corte (v_*). Dibuje el perfil de velocidades.

1.12. A través de una tubería de 250 mm de diámetro fluye agua con $\rho = 1000$ kg/m³ y $\nu = 1.14x10^{-6}$ m²/s. Si el número de Reynolds del flujo es 10800, calcule: (a) la velocidad media del flujo, (b) la velocidad máxima del flujo, (c) el perfil de velocidades, (d) el esfuerzo cortante en la pared (τ_0), (e) la velocidad de corte (v_*). Dibuje el perfil de velocidades.

1.13. Escriba y demuestre la Ecuación 1.24.

1.14. A través de una tubería de 300 mm de diámetro fluye agua a 15 °C. La tubería es de PVC con un k_s de 0.0015 mm (rugosidad absoluta). Si el caudal es de 120 L/s, calcule: (a) la velocidad media del flujo, (b) la velocidad máxima del flujo, (c) el perfil de velocidades, (d) la velocidad de corte (v_*), (e) el esfuerzo cortante en la pared de la tubería (τ_0). Dibuje el perfil de velocidades.

1.15. Escriba y demuestre la Ecuación 1.25.

1.16. Para transportar agua a 10 °C se utiliza una tubería de concreto de 150 mm de diámetro. Si la rugosidad absoluta de la tubería es de 0.8 mm y el caudal de 142 L/s calcule: (a) la velocidad media del flujo, (b) la velocidad máxima del flujo, (c) el perfil de velocidades, (d) la velocidad de corte (v_*), (e) el esfuerzo cortante en la pared de la tubería (τ_0). Dibuje el perfil de velocidades.

1.17. A través de una tubería de concreto de 250 mm de diámetro fluyen 180 L/s de agua a 20 °C. Si la rugosidad de la tubería es 0.1 mm, calcule: (a) el tipo de flujo que se tendría, (b) la velocidad media del flujo, (c) la velocidad máxima del flujo, (d) el esfuerzo cortante en la pared de la tubería. Si el caudal a través de la tubería se triplica, (e) ¿qué tipo de flujo se tendría? (f) ¿Cómo cambiarían las variables anteriormente calculadas? Dibuje los dos perfiles de velocidades.

1.18. Por motivos del cruce de un río, un tramo de un oleoducto tiene que elevarse a través de una estructura en forma de puente colgante. El diámetro del oleducto es de 400 mm, el caudal de diseño es de 250 L/s, la viscosidad cinemática del petróleo crudo es de 0.030 m²/s y la longitud total del tramo es 772 m. Calcule: (a) la velocidad del flujo, (b) el número de Reynolds, (c) el esfuerzo cortante en la pared, (d) la fuerza total de empuje que la tubería causa sobre la estructura colgante.

1.19. A fin de inyectar agua (T = 15 °C) para lubricar los cojinetes de una hélice se utiliza un tubo capilar de 0.2 mm de diámetro. Calcule el caudal máximo para el que el flujo sigue siendo laminar. Para este caudal, ¿cuál sería la caída de presión si el capilar tiene una longitud de 1.2 m?

1.20. Demuestre que para un flujo laminar completamente desarrollado de un fluido viscoso a lo largo de un tubo vertical, la relación entre el número de Reynolds (*Re*) y el diámetro de la tubería (*d*) puede expresarse como:

$$d = \sqrt[3]{\left(\frac{32\,Re\,\nu^2}{g}\right)}$$

Suponga que en ambos extremos del tubo la presión es atmosférica. Calcule el diámetro máximo que se puede tener para agua a 10 °C si el flujo debe ser laminar. ¿Por qué no se tiene en cuenta la longitud del tubo?

1.21. A través de una tubería de 100 mm de diámetro con una longitud de 2630 m fluye petróleo crudo pesado ($\rho = 830$ kg/m³, $\mu = 0.8$ Pa.s). La tubería conecta un tanque de almacenamiento, el cual genera una altura piezométrica de 3 m, con una piscina de separación agua-petróleo. Suponiendo que el flujo es laminar, calcule el caudal de petróleo que sale al final de la tubería como un chorro libre. Calcule la velocidad

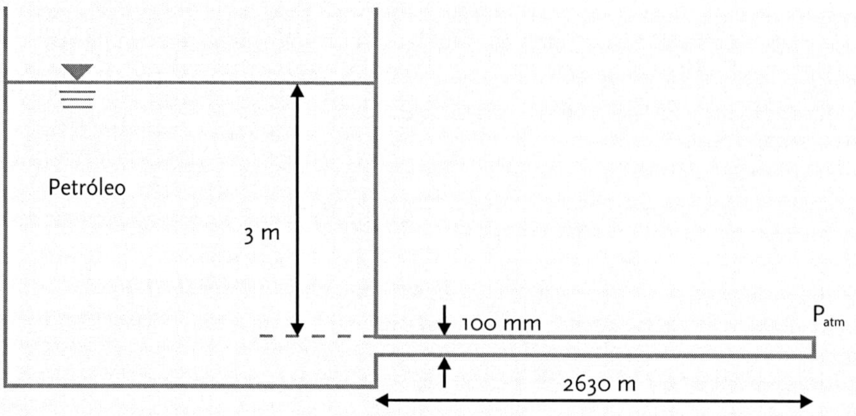

Figura P1.21

media y compruebe que el número de Reynolds sea menor que el crítico.

1.22. En el problema anterior, ¿cómo cambiaría el resultado si la longitud de la tubería se acortara a 1250 m? ¿Se podría llegar a tener flujo turbulento para alguna longitud de tubería? Justifique su respuesta.

1.23. Mediante la Ecuación 1.43 calcule los factores de fricción *f* correspondientes a los flujos de los Problemas 1.9, 1.11 y 1.13. Ubique estos factores de fricción en el diagrama de Moody y establezca si el número de Reynolds leído en el diagrama corresponde al calculado, utilizando el caudal y el área de las tuberías.

1.24. Mediante la Ecuación 1.43 calcule los factores de fricción *f* correspondientes a los dos caudales del Problema 1.16. Ubique estos factores de fricción en el diagrama de Moody y establezca si el número de Reynolds leído en el diagrama corresponde al calculado, utilizando los caudales y el área de la tubería.

1.25. Si el flujo en una tubería es hidráulicamente liso y el número de Reynolds es menor a 100 000, se puede utilizar la ecuación de Blasius (Ecuación 1.46) para el diseño de tuberías. Calcule el diámetro requerido en PVC (k_s = 0.0015 mm) para mover 175 L/s de agua (T=15 °C) a lo largo de 466 m con una altura piezométrica total de 64 m (diferencia topográfica entre la entrada y la salida de la tubería). Los diámetros que pueden ser utilizados son: 50, 60, 75, 100, 150, 200, 250 y 300 mm. ¿El flujo es en verdad hidráulicamente liso?

1.26. Resuelva el problema anterior haciendo uso de la ecuación de Prandtl-von Kármán para el cálculo del factor de fricción y compare los resultados.

1.27. Si el flujo en una tubería es hidráulicamente liso y el número de Reynolds es inferior a 100 000, se puede utilizar la ecuación de Blasius (1.46) para el diseño de tuberías. Calcule el diámetro requerido en polietileno (k_s = 0.003 mm) para mover 110 L/s de agua (T=20 °C) a lo largo de 1120 m con una altura piezométrica total de 72 m (diferencia topográfica entre la entrada y la salida de la tubería). Los diámetros que pueden ser utilizados son: 50, 60, 75, 100, 150, 200, 250 y 300 mm. ¿El flujo es en verdad hidráulicamente liso?

1.28. Resuelva el problema anterior haciendo uso de la ecuación de Prandtl-von Kármán para el cálculo del factor de fricción y compare los resultados.

1.29. Calcule el factor de fricción para un flujo en una tubería con un número de Reynolds de 45 000 y con una rugosidad relativa de 0.000001. Utilice las ecuaciones de Blasius (Ecuación 1.46), de Prandtl-von Kármán (Ecuación 1.54), de Colebrook-White (Ecuación 1.69) y el diagrama de Moody. Comente los resultados.

1.30. Si en una tubería de 150 mm de diámetro, a través de la cual fluye agua a 15 °C, se mide una pérdida de altura piezométrica de 8 metros a lo largo de una longitud de 760 m, calcule el esfuerzo cortante en la pared de la tubería. Adicionalmente calcule el factor de fricción y la velocidad media en la tubería.

1.31. Resuelva el problema anterior si el fluido es petróleo crudo pesado con $\rho = 0.83$ g/cm^3 y $\mu = 0.8$ Pa.s.

1.32. Calcule el factor de fricción para un flujo en tubería con un número de Reynolds de 12 000 y con una rugosidad relativa de 0.0000001. Utilice las ecuaciones de Blasius (Ecuación 1.46), de Prandtl-von Kármán (Ecuación 1.54), de Colebrook-White (Ecuación 1.69) y el diagrama de Moody. Comente los resultados.

1.33. Calcule el factor de fricción para un flujo en tubería con un número de Reynolds de 8×10^6 y con una rugosidad relativa de 0.002. Utilice las ecuaciones de Prandtl-von Kármán (Ecuación 1.58), de Colebrook-White (Ecuación 1.69) y el diagrama de Moody. Comente los resultados.

1.34. Calcule el factor de fricción para un flujo en una tubería con un número de Reynolds de 2×10^6 y una rugosidad relativa de 0.0002. Utilice la ecuación de Colebrook-White (Ecuación 1.69) y el diagrama de Moody. Comente los resultados.

1.35. Si en los tres problemas anteriores el fluido es agua a 15 °C y la tubería es de acero (k_S= 0.00046 m), ¿cuáles serían las pérdidas de altura piezométrica a lo largo de 1000 metros de tubería?

1.36. Si en los Problemas 1.32, 1.33 y 1.34 el fluido es agua a una temperatura de 25 °C y la tubería es de concreto (k_S= 0.3 mm), ¿cuáles serían las pérdidas de altura piezométrica a lo largo de 2000 m de tubería?

1.37. Si en los Problemas 1.32, 1.33 y 1.34 el fluido es gasolina a una temperatura de 20 °C (ver Tabla A.1.2, en el Apéndice) y la tubería es de acero (k_S= 0.049 mm), ¿cuáles serían las pérdidas de altura piezométrica a lo largo de 1700 m de tubería? ¿Cuál sería el esfuerzo cortante en la pared interna de la tubería? Calcule todas las características del flujo.

1.38. Si en los Problemas 1.32, 1.33 y 1.34 el fluido es tetracloruro de carbono a una temperatura de 20 °C (ver Tabla A.1.2, en el Apéndice) y la tubería es de acero (k_S= 0.049 mm), ¿cuáles serían las pérdidas de altura piezométrica a lo largo de 630 m de tubería? ¿Cuál sería el esfuerzo cortante en la pared interna de la tubería? Calcule todas las características del flujo.

1.39. En un formato similar al diagrama de Moody represente las ecuaciones de Blasius y Prandtl-von Kármán, válidas para el flujo turbulento hidráulicamente liso, y el límite inferior para el flujo transicional de Colebrook-White, para el cual el espesor de la subcapa laminar viscosa es:

$$k_s = 0.305\delta'$$

Comente el flujo turbulento hidráulicamente liso comparando las tres gráficas.

1.40. Para rugosidades relativas de 0.001, 0.0001, 0.00001 y 0.000001 elabore una gráfica conjunta de las ecuaciones de Prandtl-von Kármán (Ecuaciones 1.54 y 1.58) y de Colebrook-White (Ecuación 1.69) para establecer la zona de transición en cada caso. Comente los resultados.

BIBLIOGRAFÍA

Brown, Glenn, "The History of Darcy-Weisbach Equation for Pipe Flow Resistance", en *Environmental and Water Resources History.* Editores: A. Fredrich y J. Rogers. ASCE, Reston, Virginia, 2002.

Brown, Glenn O., Jürgen D. Garbrecht y Willi H. Hager (eds.). *Henry P.G. Darcy and Other Pioneers in Hydraulics.* Surface Water Hydrology Committee and the History and Heritage Committee of the Environmental and Water Resources Institute of ASCE. Philadelphia, Pennsylvania, junio 23-26, 2003.

Chow, Ven Te, *Open Channel Hydraulics*, Editorial McGraw-Hill, New York, 1959.

Colebrook, C.F., "Turbulent Flow in Pipes, with Particular Reference to the Transition Region Between the Smooth and Rough Pipe Laws", en *Journal of the Institution of Civil Engineers*, Londres, n.° 11. 1938-1939, pp. 133-156.

Fox, Robert W, y Alan T. McDonald, *Introduction to Fluid Mechanics*, 4 ed. Editorial Wiley, New York, 1992.

Moody, Lewis F., "Friction Factors for Pipe Flow", en *Transaction American Society of Mechanical Engineers ASME*, n.° 671, noviembre de 1944.

Nikuradse, Johann, " Strömungsgesetze in Rauhen Rohren", en *VDI-Forschungh*, n.° 361, 1933.

Prandtl, Ludwig, *The Mechanics of Viscous Fluids*, Parte 6, Volumen III, Aerodynamic Theory. Editor: W. F. Durand, Editorial Dover, New York, 1963.

Prandtl, Ludwig, "Uber die Ausgebildete Turbulenz", en *Zamm*, 5, pp. 136-139, 1925.

Reynolds, Osborne, "An Experimental Investigation of de Circumstances Which Determine Whether the Motion of Water Shall Be Direct o Sinuous and the Law of Resistance in Parallel Channels", en *Philosophy Transactions of the Royal Society of London*, n.° 174, parte III, 1883.

Roberson, John A. y Clayton T. Crowe, *Engineering Fluid Mechanics*, 3 ed., Editorial Houghton-Mifflin, Boston, 1985.

Rouse, Hunter y Simon Ince. *History of the Hydraulics.* Editorial Dover, New York, 1957.

Schlichting, Hermann, *Boundary Layer Theory*, 7 ed., Editorial McGraw-Hill, New York, 1979.

Shames, Irving H., *Mechanics of fluids*, 3 ed., Editorial McGraw-Hill, New York, 1992.

Streeter, Victor L., *Handbook of Fluid Dynamics*, Editorial McGraw-Hill, New York, 1961.

Streeter, Wylie y Bedford, *Fluid Mechanics*, 9 ed., Editorial McGraw-Hill, New York, 1998.

White, Frank M., *Fluid Mechanics*, 6 ed., Editorial McGraw-Hill, New York, 2008.

2

Tuberías simples. Capacidad, diseño y calibración

Objetivos

- Describir las características que identifican a las tuberías simples.
- Establecer los tipos de problemas que pueden presentarse en la modelación matemática en el flujo de tuberías simples: comprobación de diseño, cálculo de potencia, diseño en sí de una tubería nueva y calibración de una tubería existente.
- Deducir las ecuaciones necesarias para resolver los problemas relacionados con las tuberías simples.
- Plantear los métodos numéricos necesarios para resolver los problemas de diseño de las tuberías simples.
- Presentar las herramientas hidroinformáticas más apropiadas para la solución de los problemas de diseño de las tuberías simples.

2.1 INTRODUCCIÓN

En el Capítulo 1 se establecieron las ecuaciones físicamente basadas de resistencia fluida que pueden utilizarse para llevar a cabo los cálculos de las tuberías tanto simples como compuestas. Sin embargo, estos cálculos pueden ser complejos debido a dos razones: en primer lugar, la ecuación que describe el factor de fricción de Darcy (f) es una ecuación no explícita, hecho que dio pie al surgimiento de ecuaciones empíricas más simples. En segundo lugar, los sistemas de tuberías pueden ser complicados, dando como resultado variaciones complejas en la caída en la altura[1] piezométrica, debido a la fricción. En las FIGURAS 2.1 a 2.3 se muestran algunos ejemplos de lo complejas que pueden llegar a ser las líneas de gradiente hidráulico y de energía total en los sistemas de tuberías, las cuales, por supuesto, incluyen la caída en la altura piezométrica.

El Capítulo 2 está dedicado al tema de las tuberías simples. Una tubería simple tiene un diámetro constante y está hecha de un solo material a lo largo de toda su longitud. La energía que mueve el fluido dentro de ella puede ser de tipo gravitacional (un embalse o tanque a la entrada) o mecánica (una bomba). En este último caso, para que la tubería pueda ser considerada como simple, el diámetro y material de las tuberías de succión y descarga deben ser constantes. La tubería simple puede tener cualquier tipo y número de accesorios que produzcan pérdidas menores, incluyendo válvulas para el control del caudal.

En este capítulo se plantean las metodologías para el cálculo de capacidad, el cálculo de la potencia requerida para mover un determinado caudal y el diseño de tuberías, todos aplicados al caso de las tuberías simples. Para esto se utilizarán las ecuaciones planteadas en el capítulo anterior, basadas en los estudios de Prandtl-von Kármán sobre la interacción fluido-pared sólida y en la ecuación de Darcy-Weisbach, considerada la ecuación físicamente fundamentada para pérdidas por fricción en los conductos.

Adicionalmente, uno de los problemas más importantes para la operación y mantenimiento de los sistemas de tuberías, por ejemplo los sistemas de distribución de agua potable, es calibrar su comportamiento hidráulico. La calibración consiste en establecer cuál es la rugosidad absoluta de la tubería en el estado en que está operando, sin importar cuánto tiempo lleva instalada. Se describe, entonces, la metodología necesaria para calibrar una tubería simple. Como se verá en capítulos posteriores, dicha metodología es extensible a sistemas de tuberías más complejos.

Los algoritmos para el cálculo de la capacidad y el diseño para este tipo de tuberías, así como el de calibración, los cuales se presentarán en este capítulo, forman la base de los algoritmos de capacidad y de diseño de los sistemas complejos de tuberías, que se estudiarán en capítulos posteriores.[2]

2.2 TIPOS DE PROBLEMAS EN HIDRÁULICA DE CONDUCTOS A PRESIÓN

Los problemas en la hidráulica de tuberías simples se pueden clasificar de acuerdo con la variable desconocida. Las variables involucradas en estos problemas son las siguientes:

- Variables relacionadas con la tubería en sí: diámetro de la tubería (d), longitud de la tubería (l) y rugosidad absoluta de la tubería (k_s).

1 Otros términos equivalentes a altura piezométrica son: altura, altura de carga, cabeza, cabeza de energía y cabeza piezométrica.

2 Todos los algoritmos presentados en este capítulo se encuentran en la página web del texto: http://marcombo.info, programados en Delphi 6 y en hojas electrónicas Excel. El lector puede hacer uso de esos programas para seguir los ejemplos del texto.

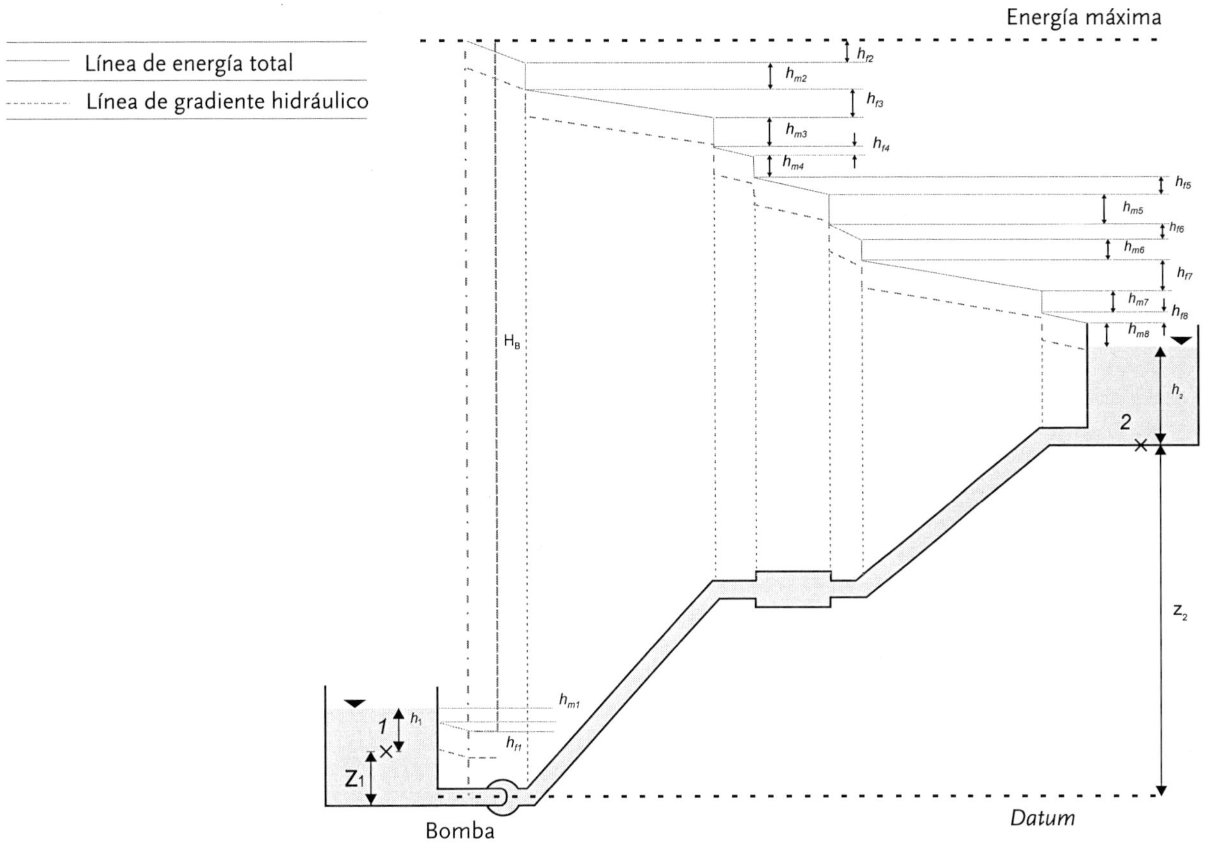

$$H_B = Z_2 + h_2 - (z_1 + h_1) + \sum_{i=1}^{8} h_{m_i} + \sum_{i=1}^{8} h_f$$

Figura 2.1 Líneas de energía total y de gradiente hidráulico (o línea piezométrica) para un sistema de tuberías a presión conectando dos tanques y utilizando una bomba que produce una altura piezométrica H_B.

h_{mi} = pérdida menor i h_{fi} = pérdida por fricción en la tubería i

- Variables relacionadas con el fluido: densidad del fluido (ρ) y viscosidad dinámica del fluido (μ).
- Variables relacionadas con el esquema del sistema: coeficientes de pérdidas menores de todos los accesorios necesarios, incluyendo válvulas (Σk_m) (ver Anexo 2).
- Variables relacionadas con la energía impulsora del fluido: altura entre el embalse de entrada y la salida (H) o potencia de la bomba (P).
- Otras variables: aceleración de la gravedad (g) y caudal o velocidad media en la tubería (Q o v).

Las variables que pueden ser desconocidas son el caudal, el diámetro de la tubería, la rugosidad absoluta de la tubería o la potencia de la bomba que es necesaria instalar para mover un determinado caudal. Teniendo en cuenta la variable desconocida, los tipos de problemas son: comprobación de diseño, cálculo de la potencia requerida, diseño en sí de la tubería y calibración de la tubería. Estos se describen a continuación.

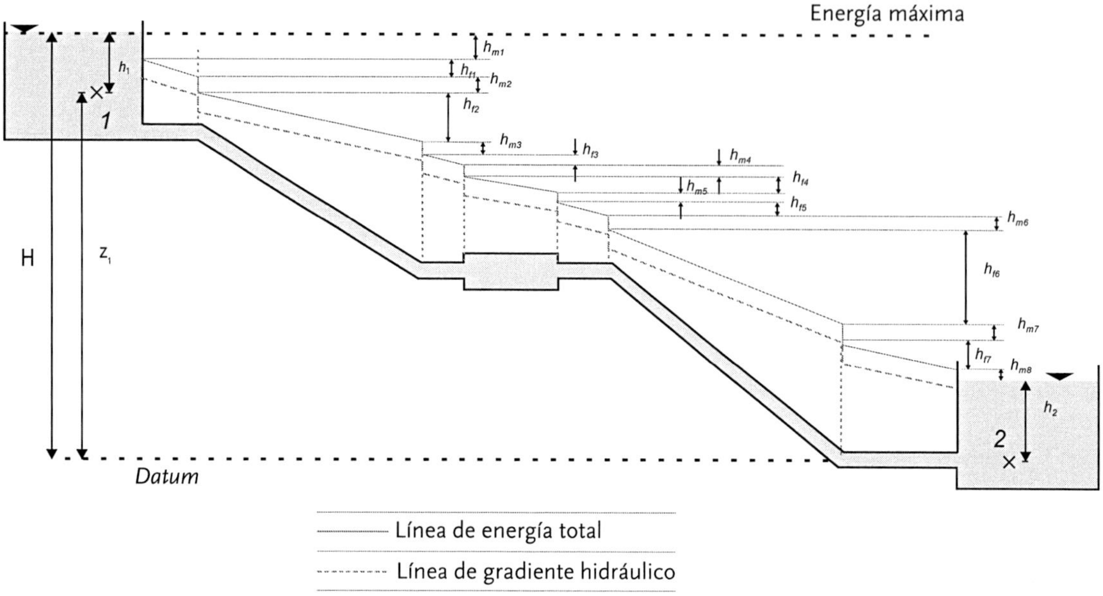

Figura 2.2 Líneas de energía total y de gradiente hidráulico (o línea piezométrica) para un sistema de tuberías a presión que une dos tanques. En este caso, la potencia requerida para mover el fluido es suministrada por la gravedad.

$$H = z_1 + h_1 = h_2 + \sum_{i=1}^{8} h_{mi} + \sum_{i=1}^{7} h_{fi}$$

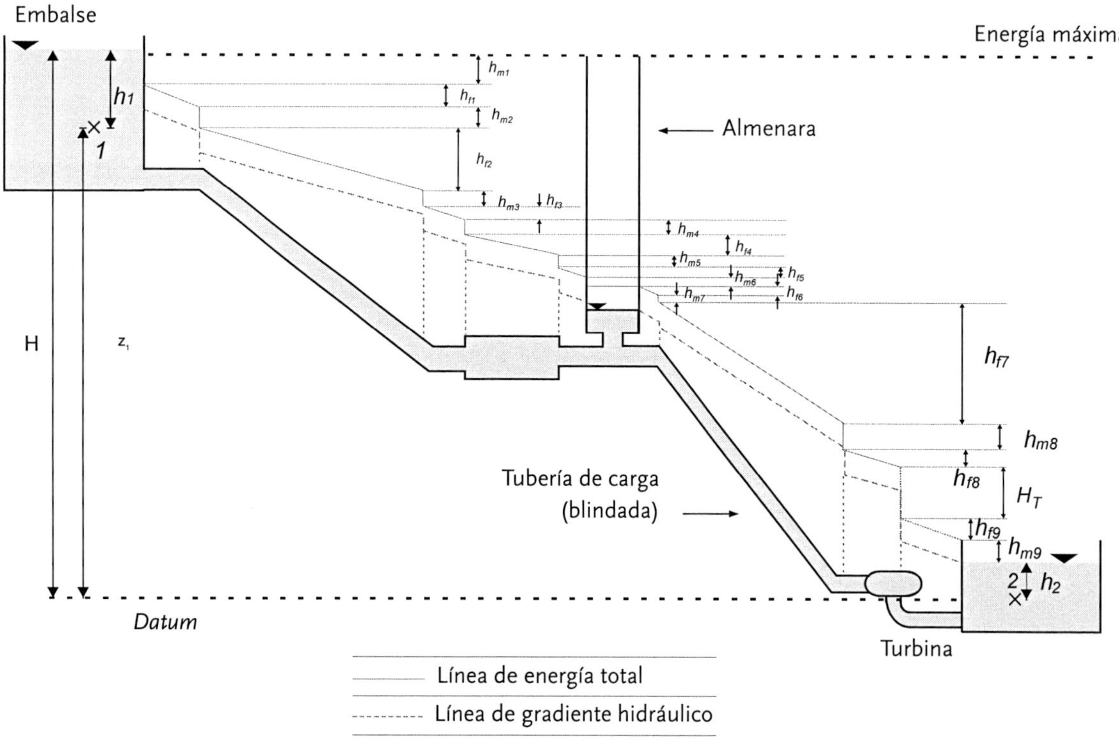

Figura 2.3 Líneas de energía total y de gradiente hidráulico (o línea piezométrica) para un sistema de tuberías a presión en una central hidroeléctrica. H_T representa la altura piezométrica absorbida por la turbina.

$$H = z_1 + h_1 = h_2 + H_T + \sum_{i=1}^{9} h_{mi} + \sum_{i=1}^{9} h_{fi}$$

2.1.1 Comprobación de diseño

En este tipo de problemas la tubería existe, lo cual implica que se conocen su longitud, su diámetro y su rugosidad absoluta (se conoce el material), al igual que todos los accesorios y sus coeficientes de pérdidas menores. Además se conoce la energía impulsora, ya sea una altura gravitacional o una bomba y las propiedades del fluido (densidad y viscosidad dinámica).

La incógnita es el caudal que pasa por la tubería. Este problema es típico en el diseño de las redes de distribución de agua potable o redes de riego, en las cuales se hace un predimensionamiento de los diámetros para luego comprobar si se cumple o no con las restricciones hidráulicas de caudal y presión en los nudos.

Variables conocidas	Incógnita
$d, k_s, H(o\,P), \sum k_m, \rho, \mu, g, l$	$Q(o\ \mathrm{v})$

2.2.2 Cálculo de la potencia requerida

Para estos problemas se conoce el caudal demandado, la tubería (tanto la longitud como el diámetro, la rugosidad absoluta, los coeficientes de pérdidas menores de los accesorios) y las propiedades del fluido (densidad y viscosidad dinámica). Se tiene que calcular la potencia necesaria (bomba o diferencia de nivel) para mover dicho caudal a través de la tubería.

Este tipo de problema se plantea cuando se quiere utilizar una tubería existente para mover un cierto caudal demandado y se desea conocer la bomba que debe ser colocada o la diferencia de nivel entre la entrada y la salida de la tubería.

Variables conocidas	Incógnita
$d, k_s, Q(o\ \mathrm{v}), \sum k_m, \rho, \mu, g, l$	$H(o\ P)$

2.2.3 Diseño de la tubería

En este caso se conoce el caudal demandado, la potencia disponible (bomba o diferencia de nivel generada por un embalse o tanque), algunas de las características de la tubería (longitud y accesorios necesarios con sus correspondientes coeficientes de pérdidas menores) y las propiedades del fluido (densidad y viscosidad dinámica). Se desconoce el diámetro necesario para permitir el paso del caudal demandado. Este diámetro usualmente debe escogerse dentro de aquellos en que se fabrique la tubería para un determinado material. *Para el diseño, sin embargo, deben utilizarse los diámetros internos de las tuberías.*

Las tuberías tienen dos denominaciones para sus diámetros: diámetros nominales, los cuales corresponden a un propósito de uniformidad comercial, y diámetros reales, que son los que en realidad tienen las tuberías.

Por lo general, en cuanto al material de la tubería, se tienen dos o tres alternativas, lo cual implica que se conoce la rugosidad absoluta de la tubería, pero es necesario hacer tantos diseños como diferentes materiales se encuentren disponibles en el sitio del proyecto con el fin de escoger la mejor alternativa. Es decir, *el diseño de tuberías simples o de sistemas de tuberías se debe hacer tantas veces como materiales haya disponibles, utilizando para cada uno de ellos los diámetros comerciales en que se fabriquen.*

Variables conocidas	Incógnita
$k_s, Q(o\ \mathrm{v}), H(o\,P), \sum k_m, \rho, \mu, g, l$	d

2.2.4 Calibración de la tubería

En este caso se conoce el caudal demandado, la caída en la altura piezométrica que ocurre entre la entrada y la salida de la tubería (usualmente medida en campo), algunas de las características de la tubería (longitud, diámetro y accesorios necesarios con sus correspondientes coeficientes de pérdidas menores) y las propiedades del fluido (densidad y viscosidad dinámica). Se desconoce la rugosidad absoluta de la tubería que produce esa caída en la presión piezométrica para el caudal medido.

Son caudalímetros que hacen uso del efecto Doppler acústico que el agua, al moverse, causa sobre las ondas de sonido. Otros medidores de caudal utilizados hoy en día son los de tipo electromagnético.

En campo, el caudal se mide usualmente a través de caudalímetros acústicos y la caída de presión por medio de transductores de presión. Cuanto más exactas sean estas mediciones, mejor será la precisión en el cálculo de la rugosidad absoluta de la tubería.

Variables conocidas	Incógnita
$d, Q(o\ v), H(o\ P), \sum k_m, \rho, \mu, g, l$	k_s

2.3 ECUACIONES PARA EL CÁLCULO DE TUBERÍAS SIMPLES

Mediante el uso de las ecuaciones de Colebrook-White (Ecuación 1.69) conjuntamente con la ecuación de Darcy-Weisbach (Ecuación 1.38) se puede desarrollar el siguiente procedimiento con el fin de obtener las ecuaciones necesarias para llevar a cabo cálculos en las tuberías simples. Estas ecuaciones son las mismas para resolver los diferentes tipos de problemas en las tuberías simples antes mencionados. Se inicia con una ecuación de conservación de la energía para una tubería que parte de un tanque.

A partir de la FIGURA 2.4, que corresponde a una tubería simple alimentada por un tanque de nivel constante, se puede plantear la ecuación de Bernoulli entre los puntos 1 y 2 para llegar a la siguiente ecuación:

$$h_1 + z_1 = \frac{v_2^2}{2g} + z_2 + \frac{p_2}{\rho g} + h_f + \sum h_m$$

Si el punto 2 corresponde a la salida de la tubería, caso muy común en este tipo de análisis, ocurren tres cosas en la ecuación anterior. En primer lugar, el término de la altura de velocidad desaparece, ya que se supone que en la salida el flujo pierde su velocidad. En segundo lugar, y como consecuencia de lo anterior, el término de la suma de las pérdidas menores debe incluir un término de pérdidas por salida. Por último, la presión en la salida es igual a la atmosférica (presión manométrica nula); luego:

$$\frac{v_2^2}{2g} = 0; \quad \frac{p_2}{\rho g} = 0$$

Es evidente que para el punto 1, $h_1 + z_1 = H$, donde H es la altura del nivel de la superficie del tanque con respecto al *datum*. Luego:

$$H = z_2 + h_f + \sum h_m$$

De esta última expresión se puede obtener la siguiente ecuación, la cual describe las pérdidas por fricción en función de las otras variables:

ECUACIÓN 2.1

$$h_f = H - z_2 - \sum k_m \frac{v_2^2}{2g}$$

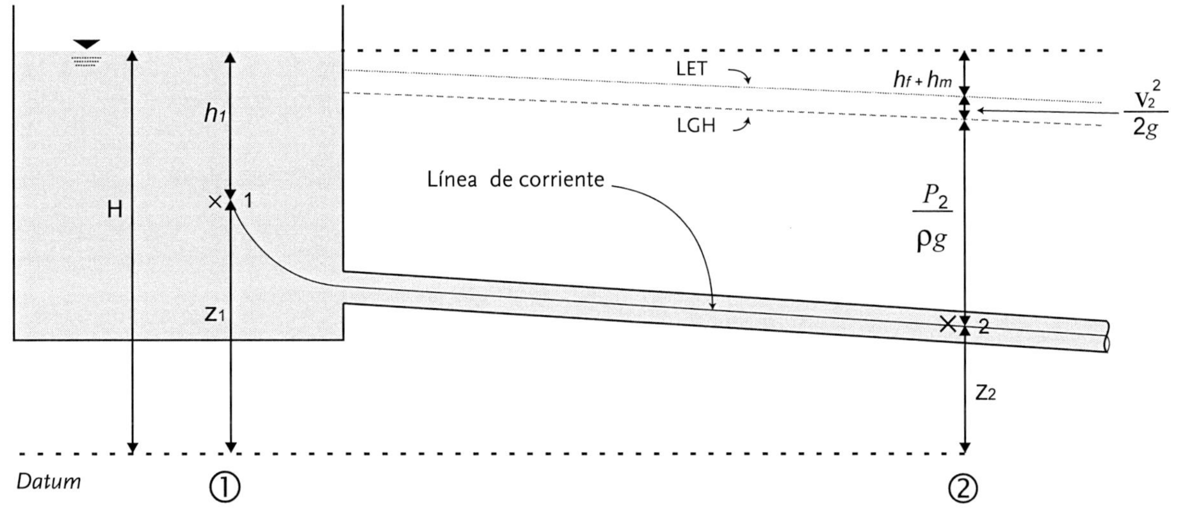

Figura 2.4 Esquema representativo de una tubería. El punto 1 se localiza bastante dentro del tanque, de tal manera que su velocidad es aproximadamente 0. El punto 2 se localiza aguas abajo en el flujo dentro de la tubería.

Si el punto 2 no corresponde a la salida de la tubería, la parte derecha de la Ecuación 2.1 tendría que incluir un término de altura piezométrica de velocidad y el sumatorio de las pérdidas menores no debería incluir un término de pérdidas por salida. Adicionalmente, debería incluir la altura piezométrica de presión en el punto 2.

Por otro lado, mediante la ecuación de Darcy-Weisbach (Ecuación 1.38), que también predice las pérdidas por fricción, se puede despejar el factor de fricción f:

ECUACIÓN 1.38

$$h_f = f\frac{l}{d}\frac{v^2}{2g}$$

$$f = \frac{2gdh_f}{l\,v^2}$$

Lo cual implica que:

$$\sqrt{f} = \frac{\sqrt{2gdh_f}}{\sqrt{l}v}$$

y que:

ECUACIÓN 2.2

$$\frac{1}{\sqrt{f}} = \frac{v\sqrt{l}}{\sqrt{2gdh_f}}$$

Al reemplazar la Ecuación 2.2 en la Ecuación 1.69 se obtiene:

ECUACIÓN 1.69

$$\frac{1}{\sqrt{f}} = -2\log_{10}\left(\frac{k_s}{3.7d} + \frac{2.51}{\mathrm{Re}\sqrt{f}}\right)$$

$$\frac{v\sqrt{l}}{\sqrt{2gdh_f}} = -2\log_{10}\left(\frac{k_s}{3.7d} + \frac{2.51v\sqrt{l}}{\mathrm{Re}\sqrt{2gdh_f}}\right)$$

El número de Reynolds en esta última ecuación puede reemplazarse por:

$$\mathrm{Re} = \frac{\mathrm{v}d}{\nu}$$

Por consiguiente, se obtiene la siguiente expresión:

$$\frac{\mathrm{v}\sqrt{l}}{\sqrt{2gh_f}} = -2\log_{10}\left(\frac{k_s}{3.7d} + \frac{2.51\,\mathrm{v}\,\nu\sqrt{l}}{\mathrm{v}d\sqrt{2gh_f}}\right)$$

En el término entre paréntesis de esta última ecuación se cancelan las dos velocidades (v). Finalmente, si se despeja la velocidad se encuentra una ecuación explícita para esa variable:

ECUACIÓN 2.3

$$\mathrm{v} = \frac{-2\sqrt{2gh_f}}{\sqrt{l}}\log_{10}\left(\frac{k_s}{3.7d} + \frac{2.51\,\nu\sqrt{l}}{d\sqrt{2gh_f}}\right)$$

Esta última ecuación es la base para la solución de los cuatro tipos de problemas mencionados anteriormente. En los siguientes epígrafes se explica en detalle la solución de estos mediante la utilización de las ecuaciones deducidas hasta ahora.

2.3.1 Comprobación de diseño

COMPROBACIÓN
Tuberías simples

Tal como se mencionó anteriormente, en este caso se conocen todas las características de la tubería: la longitud, el diámetro, la rugosidad absoluta y los diferentes coeficientes de pérdidas menores de cada uno de los accesorios. También se conocen las propiedades del fluido, es decir, la densidad y la viscosidad dinámica. La incógnita es la velocidad y, por consiguiente, el caudal que pasa por la tubería. Obviamente se deben conocer la altura piezométrica disponible o la potencia y la eficiencia de la bomba.

Todos los diagramas de flujo mostrados en este texto se encuentran en los programas y las hojas electrónicas, de fácil uso por parte del lector. Se encuentran en la página web del libro.

Para resolver este problema se debe seguir el procedimiento establecido en el Diagrama de Flujo 1 y en el Ejemplo 2.1. En el diagrama, el término *E* representa el error de aproximación, el cual debe ser definido por el diseñador o por la persona encargada de los cálculos. Este tipo de problema se puede resolver con el programa Comprobación de tuberías simples o con la Hoja Electrónica n.° 1, incluidos en la página web del libro[3].

El Diagrama de Flujo 1 ha sido utilizado en el programa Comprobación de tuberías simples y en la Hoja Electrónica n.°1. En caso de que el lector quiera ver la forma de convergencia de dicho diagrama de flujo, debe hacer uso de la Hoja Electrónica n.°1, mostrada a continuación. Esta ha sido programada en el programa Excel de Microsoft Office de forma que permita al usuario ver no solo la forma de convergencia sino el número de iteraciones requeridas para alcanzar los resultados de comprobación de diseño.

3 Página web del texto: http://marcombo.info. Todos los programas y hojas electrónicas tendrán un icono para señalar la relación de los conceptos con el uso del material web. La ruta de acceso la encontrará en las páginas introductorias del libro.

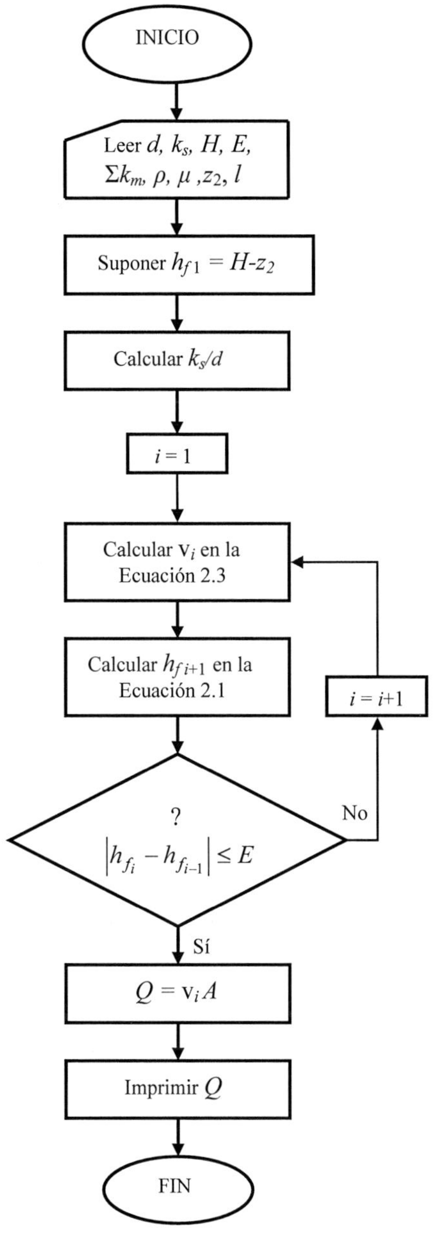

COMPROBACIÓN
TUBERÍAS SIMPLES

Diagrama de Flujo 1
Comprobación de diseño de tuberías simples.

EJEMPLO 2.1

HOJA ELECTRÓNICA n.° 1
Comprobación
tuberías simples

Comprobación de diseño de tuberías simples

Se desea calcular el caudal de agua que puede ser movido a través de una tubería de PVC, de 300 mm de diámetro nominal y 730 m de longitud, que conecta dos tanques de abastecimiento de agua potable con una diferencia de nivel de 43.5 m. El diámetro real de la tubería es de 293 mm y su rugosidad absoluta es de $1.5 \times 10_{-6}$ m (*en el Anexo 1 al final de este capítulo se presenta una lista con las rugosidades absolutas de diferentes materiales*). Todos los accesorios que forman parte del sistema, incluyendo la entrada y la salida, implican un coeficiente global de pérdidas menores k_m (ver *el Anexo 2 al final del capítulo*) de 11.8. El agua se encuentra a 20 °C.

Hoja Electrónica n.° 1 – Comprobación de diseño.

Para el agua a 20 °C se tienen las siguientes características:

$$\rho = 998.2\,kg/m^3$$

$$\mu = 1.005\times10^{-3}\,P\cdot s \;\;\Rightarrow\;\; \nu = 1.007\times10^{-6}\,m^2/s$$

Solución:

Con los datos anteriores se puede seguir el procedimiento del Diagrama de Flujo 1; los resultados de las iteraciones se muestran en la siguiente tabla. Este procedimiento es fácilmente programable.

H (m)	k_s/d (-)	h_{fi} (m)	v (m/s)	h_{fi+1} (m)	h_m (m)
43.50	5.12E-06	43.5000	5.6101	24.5711	18.9289
43.50	5.12E-06	24.5711	4.1155	33.3135	10.1865
43.50	5.12E-06	33.3135	4.8549	29.3241	14.1759
43.50	5.12E-06	29.3241	4.5303	31.1564	12.3436
43.50	5.12E-06	31.1564	4.6818	30.3171	13.1829
43.50	5.12E-06	30.3171	4.6129	30.7021	12.7979
43.50	5.12E-06	30.7021	4.6446	30.5256	12.9744
43.50	5.12E-06	30.5256	4.6301	30.6065	12.8935
43.50	5.12E-06	30.6065	4.6368	30.5694	12.9306
43.50	5.12E-06	30.5694	4.6337	30.5864	12.9136
43.50	5.12E-06	30.5864	4.6351	30.5787	12.9213
43.50	5.12E-06	30.5787	4.6345	30.5822	12.9178
43.50	5.12E-06	30.5822	4.6348	30.5806	12.9194
43.50	5.12E-06	30.5806	4.6347	30.5813	12.9187

Los resultados de este ejemplo se pueden resumir así:

$$f = 0.011211$$
$$h_f = 30.58$$
$$h_m = H - h_f = 43.5m - 30.58m$$
$$h_m = 12.92m$$
$$v = 4.635\,m/s$$

Finalmente se calcula el caudal que pasa a través de la tubería:

$$Q = vA$$
$$Q = 4.635\frac{m}{s}\frac{\pi}{4}(0.293m)^2$$
$$Q = 0.3124\,m^3/s$$
$$Q = 312.4L/s$$

Discusión:

Es importante notar la forma en que se llega a la respuesta de este tipo de ejemplos. La suposición de que no existen pérdidas menores para la primera iteración hace que en esta resulte una velocidad muy alta, *mayor* que la velocidad de convergencia. Con esa primera velocidad se calculan unas pérdidas menores para la segunda iteración, las cuales, por supuesto, son mayores que las resultantes. Esto implica que en la segunda iteración se obtiene una velocidad *menor* que la final. Conociendo esta forma de aproximación a la respuesta final, es posible alterar el algoritmo para acelerar el proceso de convergencia; esto se hace cuando se necesitan muchas comprobaciones de diseño, como es el caso del diseño optimizado de una red de distribución de agua.

2.3.2 Cálculo de potencia requerida

POTENCIA

En este caso, todas las características de la tubería son conocidas, al igual que las del fluido. Se conoce el caudal demandado y se pregunta por la potencia requerida, ya sea de origen gravitacional o mecánico; es decir, por una diferencia topográfica de nivel o mediante el uso de una bomba.

Para poder resolver el problema de la potencia requerida es necesario utilizar un método numérico con el fin de averiguar el valor del factor de fricción *f* de Darcy en la ecuación no explícita de Colebrook-White:

ECUACIÓN 1.69

$$\frac{1}{\sqrt{f}} = -2\log_{10}\left(\frac{k_s}{3.7d} + \frac{2.51}{\mathrm{Re}\sqrt{f}}\right)$$

Con el objetivo de resolver la anterior ecuación para *f*, existen muchos métodos numéricos, de los cuales se explican dos a continuación. El segundo es más complejo, pero tiene la ventaja de que converge en dos o tres iteraciones, siendo útil cuando se desea reducir el tiempo de ejecución de un programa.

Método de iteración de un punto

Este método es matemáticamente muy sencillo, pero para resolver la ecuación de Colebrook-White requiere alrededor de diez iteraciones para converger. Para que este método pueda aplicarse, la función no explícita debe ser de la siguiente forma:

$$x = g(x)$$

El algoritmo se desarrolla de tal manera que el valor arrojado por la función $g(x)$ en la iteración i se utilice como argumento x en la iteración $i + 1$. Si la aproximación inicial es suficientemente cercana a la raíz respuesta α, entonces el método será convergente si α es una raíz simple. Para el método de iteración de un punto, esto es cierto aun si la raíz no es simple, pero la convergencia es más lenta en ese caso. Sin embargo, en general no es posible demostrar que una función de iteración de punto converge a una raíz múltiple aun si las condiciones iniciales están arbitrariamente cerca de la raíz. Afortunadamente, para el caso de la ecuación de Colebrook-White, la raíz siempre es única.

En el caso de la ecuación de Colebrook-White, el método converge en 8 o 10 iteraciones y es muy sensible al valor inicial de f que se suponga (semilla). En la FIGURA 2.5 se esquematiza el proceso de convergencia. En esta se representa el caso de una tubería con rugosidad relativa (k_s/d) de 0.0001 y con números de Reynolds de 20 000 y 200 000; la línea a 45° representa la función $g(x) = x$. En ambos casos, la semilla para el factor de fricción de Darcy fue $f = 0.001$.

HOJA ELECTRÓNICA n.° 1
Cálculo factor de fricción

La Tabla 2.1 muestra la rapidez del proceso de convergencia. En el primer caso (Re = 20 000), el método convergió en 10 iteraciones con precisión a la octava cifra decimal, y en el segundo caso (Re = 200 000) convergió en 8 iteraciones con la misma precisión. Los resultados fueron f = 0.02610147 (Re = 20 000) y f = 0.0164104 (Re = 200 000).

El Diagrama de Flujo 2a esquematiza el proceso seguido por el método de iteración de un punto. Este proceso de cálculo se encuentra programado en el programa Factor de fricción, método de Newton y en la Hoja Electrónica n.° 1, disponible en la página web del libro.

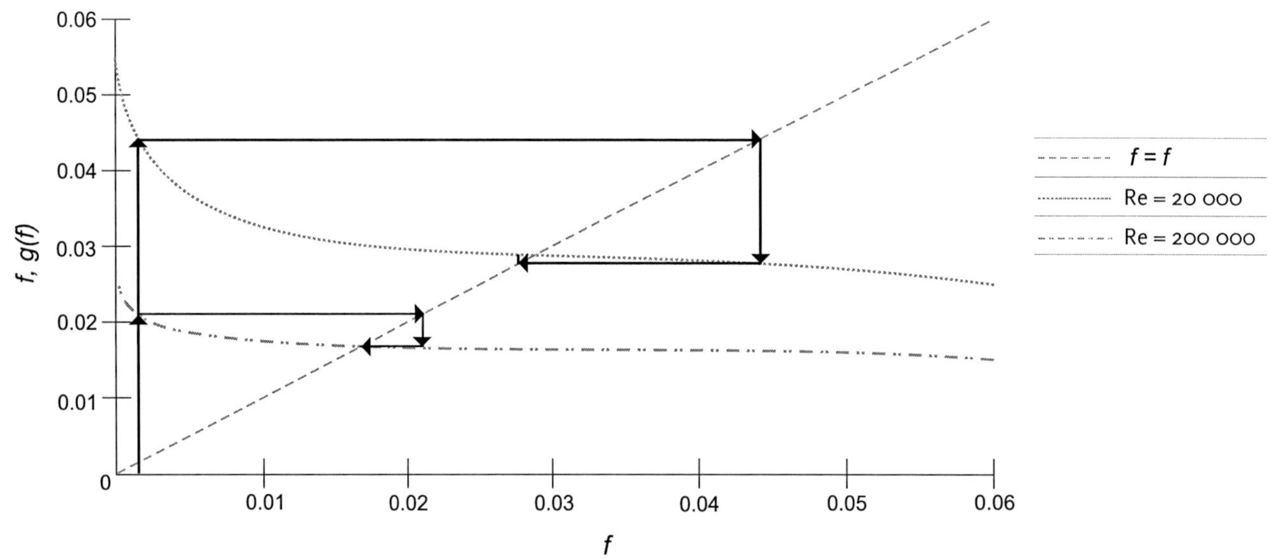

Figura 2.5 Esquema del proceso de convergencia del método de iteración de un punto para el cálculo de f. La tubería tiene una rugosidad relativa de 0.0001 y los cálculos se hicieron para números de Reynolds de 20 000 y 200 000.

Tabla 2.1 Convergencia del método de iteración de un punto para el cálculo del factor de fricción de Darcy *f* para una tubería con k_s/d = 0.0001 y dos números de Reynolds (Re = 20 000 y Re = 200 000).

f	x Re = 20 000	$g(x)$	f
0.001	31.62277660	4.79681741	0.04346039
0.04346039	4.79681741	6.40266058	0.02439378
0.02439378	6.40266058	6.16125700	0.02634276
0.02634276	6.16125700	6.19353259	0.02606893
0.02606893	6.19353259	6.18914727	0.02610588
0.02610588	6.18914727	6.18974181	0.02610087
0.02610087	6.18974181	6.18966118	0.02610155
0.02610155	6.18966118	6.18967211	0.02610145
0.02610145	6.18967211	6.18967063	0.02610147
0.02610147	6.18967063	6.18967083	0.02610147

0.001	31.62277660	6.74548777	0.02197725
0.02197725	6.74548777	7.90402665	0.01600675
0.01600675	7.90402665	7.79772602	0.01644614
0.01644614	7.79772602	7.80695518	0.01640728
0.01640728	7.80695518	7.80614999	0.01641067
0.01641067	7.80614999	7.80622021	0.01641037
0.01641037	7.80622021	7.80621409	0.01641040
0.0164104	7.80621409	7.80621462	0.01641039

A continuación se presenta la segunda parte de la Hoja Electrónica n.° 1, la cual se basa en el anterior diagrama de flujo. El lector podrá darse cuenta de que, en general, con este diagrama se requieren alrededor de ocho a diez iteraciones para llegar a una convergencia satisfactoria en el valor del factor de fricción de Darcy.

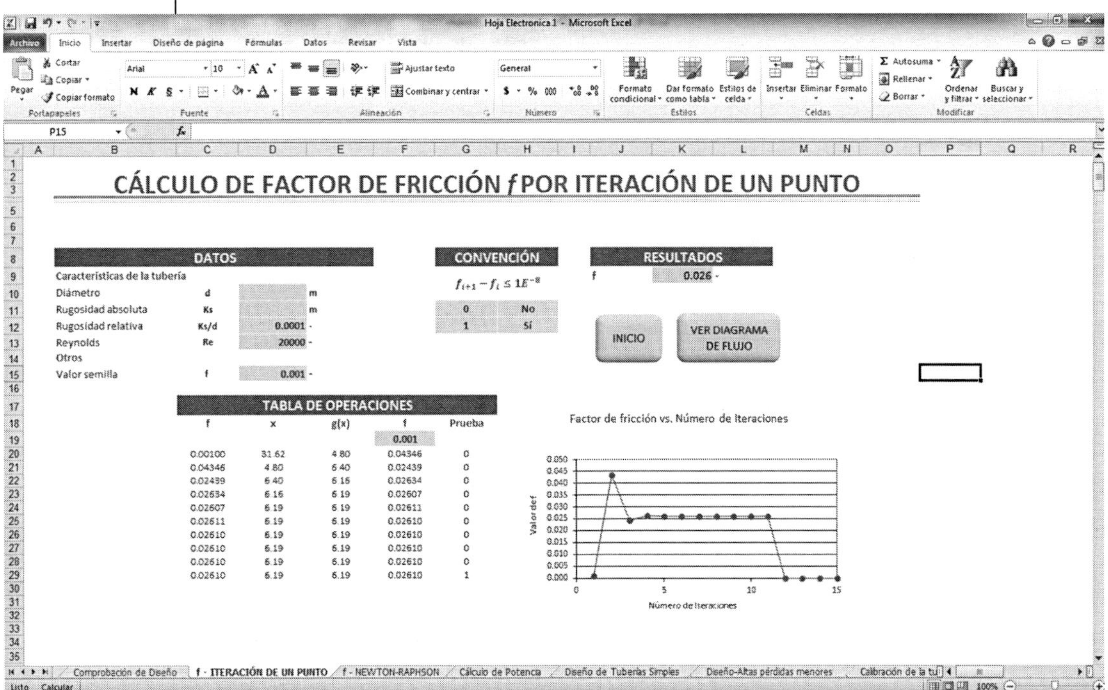

Hoja Electrónica n.° 1 – Método de iteración de un punto.

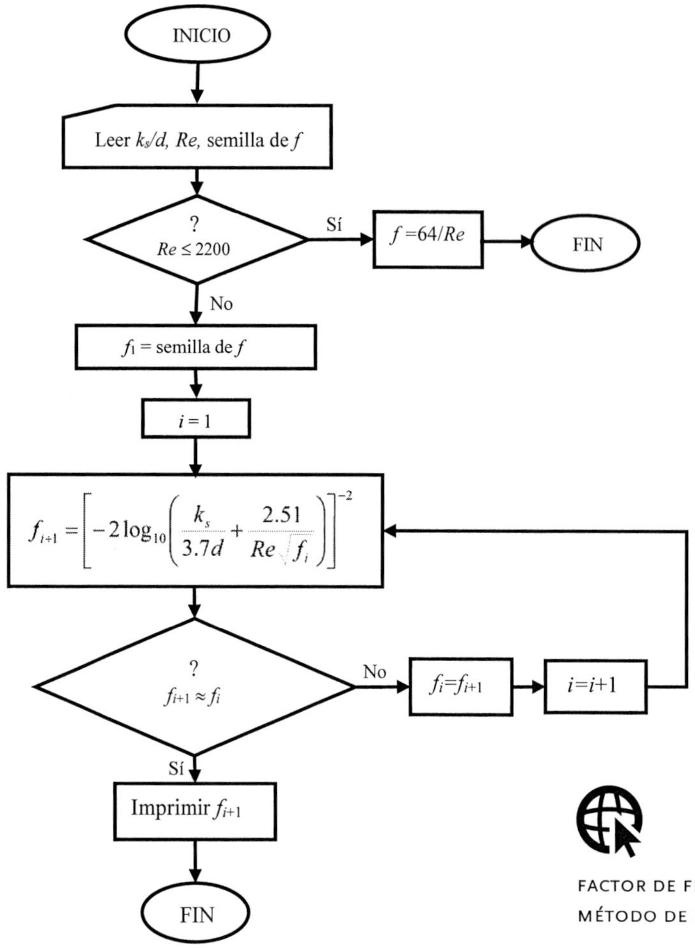

FACTOR DE FRICCIÓN
MÉTODO DE NEWTON

Diagrama de Flujo 2a
Cálculo del factor de fricción *f* por el método de iteración de un punto.

FACTOR DE FRICCIÓN
Método de Newton-Raphson

Método de Newton-Raphson[4]

Este método es una aceleración del método anterior, hecho que lo hace más conveniente cuando se requiere hacer una gran cantidad de cálculos de factores de fricción. Este caso es típico, por ejemplo, en la calibración de las redes de distribución de agua potable. Por lo general se requieren solo tres iteraciones para que el método converja. Sin embargo, la libertad en la función $g(x)$ no es absoluta; debe cumplir las siguientes condiciones especiales para que exista convergencia:

- La primera condición es que exista un intervalo I = (a, b), de modo que para todo x perteneciente a I, la función $g(x)$ esté definida y pertenezca a I, lo cual significa que $g(x)$ se aplica a sí misma. En el caso de la ecuación de Colebrook-White, para que la función no estuviera definida se necesitaría que el logaritmo no estuviera definido, caso imposible, ya que todos los términos dentro de la función logaritmo son positivos.

4 Este es el método de Newton o de Newton-Raphson, conocido también como método de Newton acelerado.

- La segunda condición es que la función de iteración $g(x)$ sea continua en I. Nuevamente la función logaritmo cumple este requisito.
- La tercera es que $g(x)$ sea diferenciable en I y que la pendiente de $g(x)$ sea siempre menor que 1 y mayor que -1. La función mencionada es en efecto diferenciable y su pendiente es siempre mayor que -1, llegando a valores extremos (Re = 2000, k_s/d = 0.00001) a ser -0.0289. Para números de Reynolds grandes la pendiente de $g(x)$ tiende a cero, lo cual es menor que 1.

La ecuación de Colebrook-White cumple con esas tres condiciones. Teniendo en cuenta las anteriores condiciones especiales, el método de Newton-Raphson parte de la ecuación:

$$x = g(x)$$

Por consiguiente:

$$g(x) - x = 0$$

El valor de la aproximación a la raíz de la ecuación en la iteración $i+1$ se calcula con base en la aproximación de la iteración i de acuerdo con la siguiente ecuación:

$$x_{i+1} = x_i - \frac{g(x_i) - x_i}{g'(x_i) - 1}$$

donde $g'(x)$ es la derivada de la función. Para el caso de la ecuación de Colebrook-White la variable x es el inverso de la raíz cuadrada del factor de fricción de Darcy:

$$x = \frac{1}{\sqrt{f}}$$

Por consiguiente:

$$g(x_i) = -2\, log_{10}\left(\frac{k_s}{3.7d} + \frac{2.51x_i}{Re}\right)$$

La derivada de esta función es:

$$g'(x_i) = -\frac{2}{\ln 10}\left(\frac{\frac{2.51}{Re}}{\frac{k_s}{3.7\,d} + \frac{2.51x_i}{Re}}\right)$$

En la **FIGURA 2.6** se esquematiza el proceso de convergencia de este método. En este caso se utilizó una tubería con rugosidad relativa (k_s/d) de 0.0001 y un número de Reynolds de 20 000. El valor semilla para f fue 0.002. A pesar de que este valor estaba bastante lejos del valor real (f = 0.0261), el método convergió muy rápidamente; sus ventajas sobre el método anterior saltan a la vista.

El Diagrama de Flujo 2b corresponde al método de Newton-Raphson. La mayor velocidad de convergencia, ventaja de este método, no siempre se justifica debido a que su proceso de programación es más complejo, especialmente si se tiene en cuenta que cada día es mayor la velocidad de cálculo de los ordenadores. Los cálculos se pueden hacer con el programa Factor de fricción, método Newton-Raphson y con la Hoja Electrónica n.° 1.

Una vez se pueda calcular el valor del factor de fricción de Darcy f en la ecuación de Colebrook-White, el cálculo de la potencia requerida en una tubería simple es bastante sencillo. En el Diagrama de Flujo 3 se esquematiza dicho procedimiento de cálculo, el cual se utiliza para desarrollar el Ejemplo 2.2 (ver programa Potencia en tuberías simples y Hoja Electrónica n.° 1).

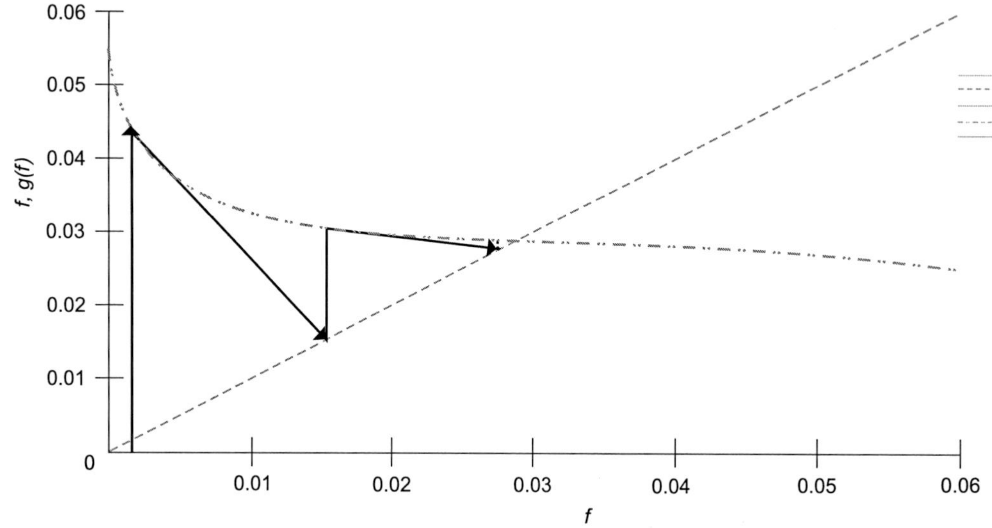

Figura 2.6 Cálculo del factor de fricción *f* por el método de Newton-Raphson para una tubería con una rugosidad relativa de 0.0001 y un número de Reynolds de 20 000.

HOJA ELECTRÓNICA n.° 1
Cálculo factor de fricción

La tercera página de la Hoja Electrónica n.° 1 mostrada a continuación tiene programado el método de Newton- Raphson para el cálculo del factor de fricción de Darcy. Como se puede ver, en general este segundo método requiere la mitad de las iteraciones para un nivel de convergencia dado, en comparación con el método de iteración de un punto.

En la página 90 se muestra la cuarta página de la Hoja Electrónica n.° 1, la cual puede ser utilizada para el cálculo de la potencia en las tuberías simples. Esta página, por supuesto, se basa en alguno de los dos métodos del cálculo de fricción de Darcy explicados anteriormente.

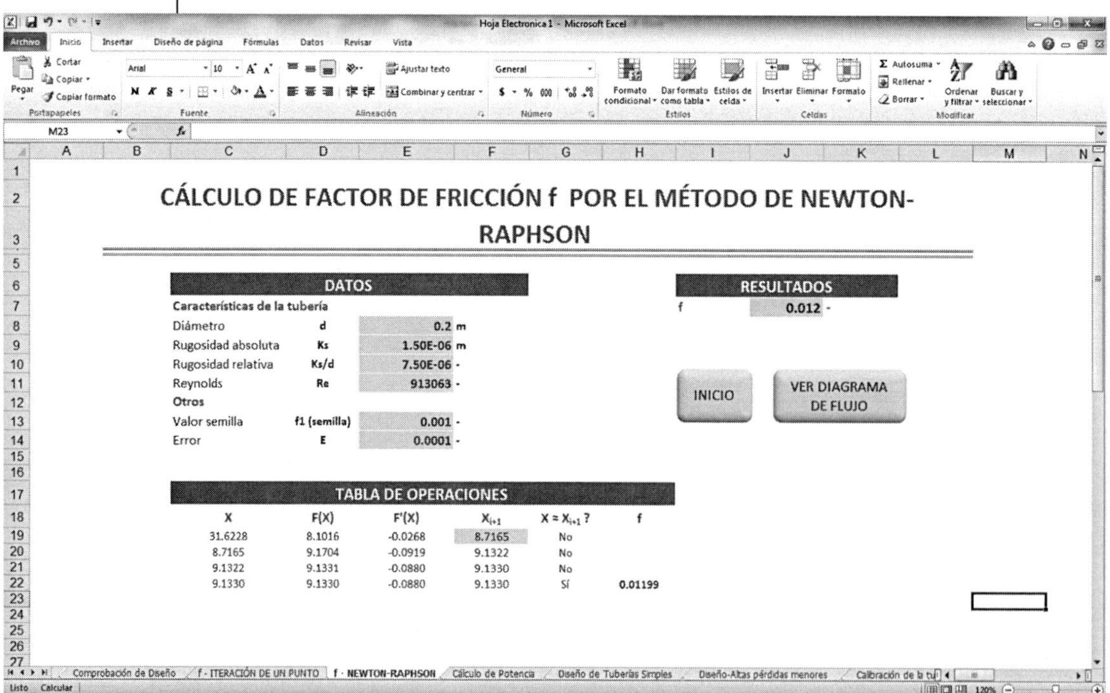

Hoja Electrónica n.° 1 – Método de Newton-Raphson.

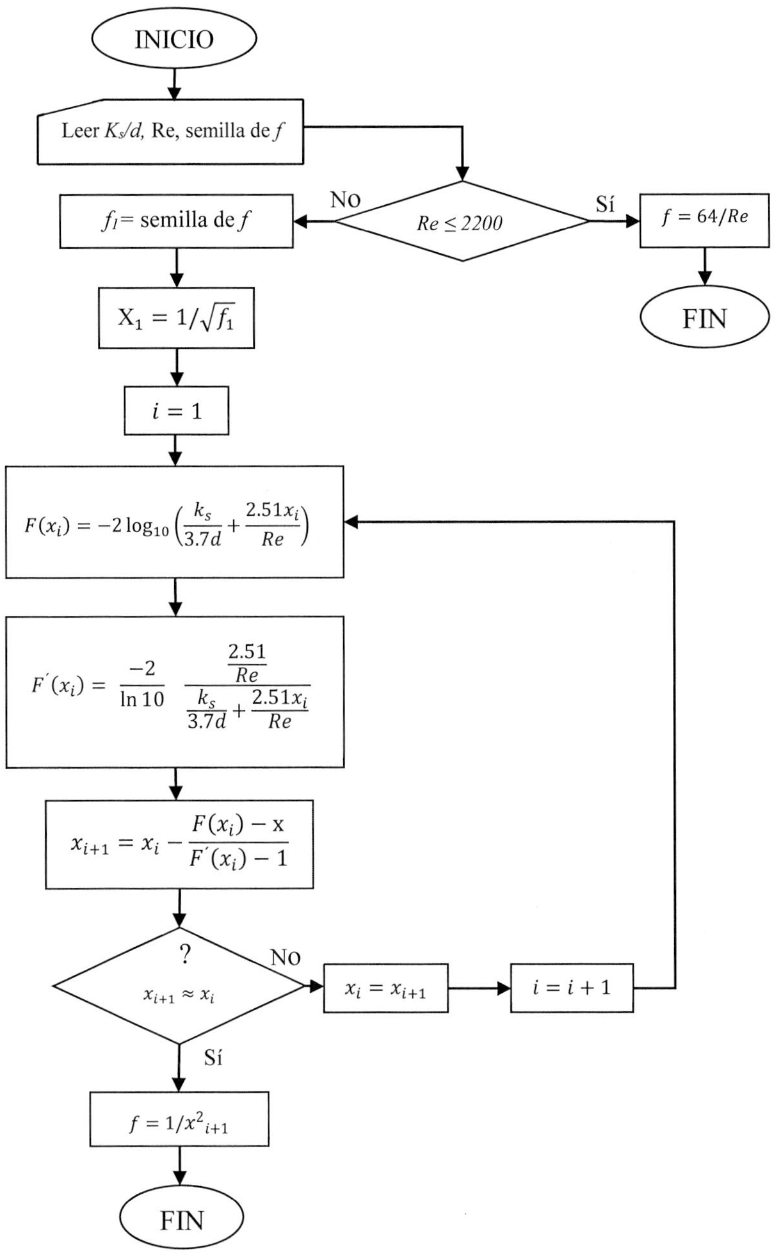

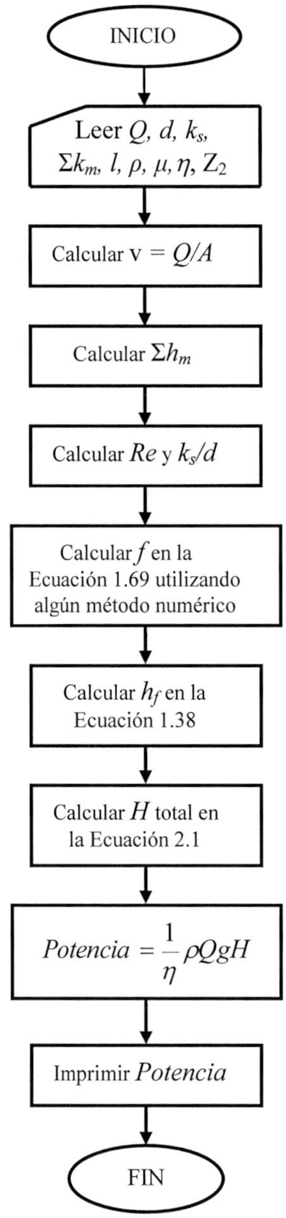

FACTOR DE FRICCIÓN
MÉTODO DE NEWTON-RAPHSON

Diagrama de Flujo 2b
Cálculo del factor *f* por el método de Newton-Raphson.

POTENCIA
TUBERÍAS SIMPLES

Diagrama de Flujo 3
Cálculo de potencia en tuberías simples.

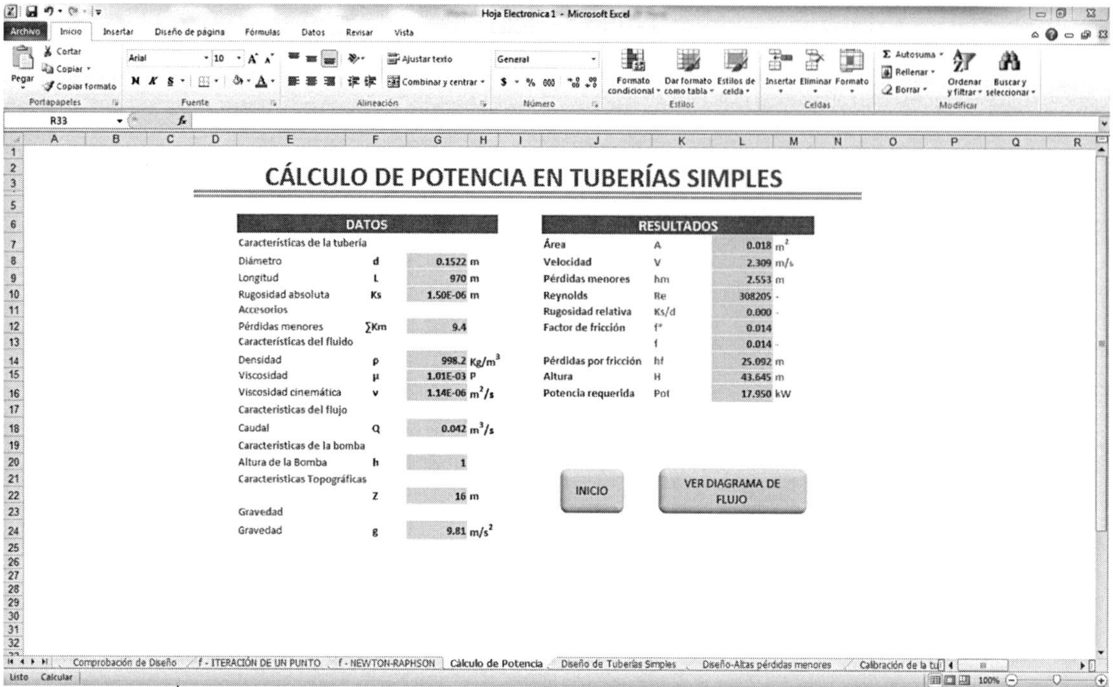

Hoja Electrónica n.° 1 – Cálculo de potencia en tuberías simples.

EJEMPLO 2.2

HOJA ELECTRÓNICA n.° 1
Potencia
Tuberías simples

Cálculo de la potencia de una bomba

En un sistema de riego localizado de alta frecuencia para un cultivo de cítricos se requiere mover un caudal de agua de 42 L/s desde el sitio de toma a la planta de fertirrigación (ver Capítulo 10). Estos dos puntos se encuentran separados por una distancia de 970 m, estando la planta 16 m por encima de la toma. Si existe una tubería de PVC ($k_s = 1.5\text{x}10^{-6}$ m) de 150 mm de diámetro nominal, con un coeficiente global de pérdidas menores de 9.4, ¿cuál es la altura piezométrica que debe ser suministrada por la bomba en el sitio de toma? ¿Cuál es la potencia? Para el agua $\nu = 1.14 \times 10^{-6}$ m²/s.

Solución:

En este ejemplo, así como en los demás que involucren un diseño, se utilizará el diámetro nominal con propósitos de cálculo. En un cálculo de la vida real se debería utilizar el diámetro interno real de la tubería y no el nominal. Entonces:

$$d = 150 \text{ mm}$$

Por consiguiente, el área transversal de la tubería es:

$$A = \frac{\pi d^2}{4} = \frac{\pi(0.150m)^2}{4}$$

$$A \approx 1.77 \times 10^{-2} m^2$$

Siguiendo el Diagrama de Flujo 3 se obtienen los siguientes resultados:

- Cálculo de la velocidad media:

$$v = \frac{Q}{A} = \frac{0.042\,m^3/s}{1.77\times10^{-2}\,m^2}$$

$$v = 2.377\,m/s$$

- Cálculo de las pérdidas menores:

$$\sum h_m = \left(\sum k_m\right)\frac{v^2}{2g}$$

$$\sum h_m = 9.4\times\frac{2.377^2}{2\times9.81}\,m$$

$$\sum h_m = 2.706m$$

- Cálculo del número de Reynolds y de la rugosidad relativa:

$$Re = \frac{vd}{\nu} = \frac{2.377\times0.150}{1.14\times10^{-6}}$$

$$Re = 312\,725$$

$$\frac{k_s}{d} = \frac{0.0000015}{0.150} = 1\times10^{-5}$$

Cálculo del factor de fricción mediante el método de Newton (Diagrama de Flujo 2a):

f	*x*	*g(x)*	*f*
0.001	31.6228	7.1818	0.01939
0.01939	7.1818	8.4387	0.01404
0.01404	8.4387	8.3044	0.0145
0.0145	8.3044	8.3178	0.01445
0.01445	8.3178	8.3165	0.01446
0.01446	8.3165	8.3166	0.01446

Luego: $f = 0.01446$.

- Cálculo de las pérdidas por fricción utilizando la ecuación de Darcy-Weisbach:

$$h_f = f\frac{l}{d}\frac{v^2}{2g} = 0.01446\frac{970}{0.150}\frac{2.377^2}{2\times9.81}\,m$$

$$h_f = 26.92m$$

- Cálculo de la altura total que debe ser producida por la bomba:

$$H = z_2 + h_f + \sum h_m$$

$$H = 16m + 26.92m + 2.706m$$

$$H = 45.62m$$

- Cálculo de la potencia de la bomba:

$$Pot = \rho Q g H$$
$$Pot = 999.1 \times 0.042 \times 9.81 \times 45.62$$
$$Pot = 18.78 kW$$

Esta es la potencia que efectivamente debe transmitir la bomba al flujo. La potencia real de la bomba debe ser mayor debido a que la eficiencia de este proceso es, a lo sumo, el 80 %.

Discusión:
En el momento de calcular la potencia requerida para un bombeo, es necesario tener en cuenta no solo la altura topográfica que es necesario vencer, sino las pérdidas de energía causadas por la fricción y las pérdidas menores, así como la energía remanente al final del sistema. El cálculo de potencia se utiliza en ciertos tipos de cálculos en sistemas complejos de tuberías, así en estos no existan bombeos; es decir, este tipo de metodología se emplea para resolver problemas operativos en redes de distribución de agua, en redes contra incendios y en redes de riego.

El cálculo de potencia necesariamente hace uso de la ecuación de Colebrook-White con el fin de calcular el factor de fricción de Darcy. Este cálculo requiere algún método numérico que resuelva esta ecuación no explícita para dicho factor. Con las herramientas de las tecnologías de información y de cálculo que existen hoy en día, dicho cálculo es realmente sencillo.

DISEÑO
Tuberías simples

2.3.3 Diseño de tuberías simples

El proceso de diseño de las tuberías simples es bastante sencillo porque la Ecuación 2.3 es explícita para la velocidad. Dicho proceso se esquematiza en el Diagrama de Flujo 4. Este diagrama de flujo puede utilizarse tanto para las tuberías de diámetros comerciales como para las tuberías de acero (diámetro a la medida). Es importante tener en cuenta que en el momento de programar este procedimiento debe existir una homogeneidad dimensional: si se utiliza el sistema internacional, por ejemplo, tanto el diámetro de la tubería como su rugosidad absoluta y su longitud deben estar expresados en metros. *Esta aclaración es válida para todos los diagramas de flujo anteriores.* En el proceso de diseño se deben utilizar los diámetros reales de las tuberías, los cuales usualmente son diferentes para cada material y fabricante particular. Nuevamente en los ejemplos mostrados a continuación se utilizan los diámetros nominales con propósitos de generalidad.

Aunque la gran mayoría de las tuberías se fabrican en diámetros comerciales únicamente, existen ciertas aplicaciones y materiales en los que es posible fabricar tuberías de cualquier diámetro bajo pedido.

Es necesario aclarar que para que el proceso de diseño converja se deben tener en cuenta dos restricciones importantes:

- El primer diámetro supuesto tiene que ser menor que el diámetro final del diseño. Se sugiere empezar siempre con un diámetro muy pequeño, lo cual implica un mayor número de iteraciones, pero asegura un correcto resultado.
- La suma de las pérdidas menores debe ser inferior al 30 % de las pérdidas por fricción. Esta condición es cierta en la mayoría de los diseños convencionales de tuberías. Más adelante se tratará el caso de los sistemas de tuberías, en los cuales las pérdidas menores causadas por los accesorios son mayores al 30 % de las pérdidas por fricción. Para que el Diagrama de Flujo 4 converja se debe cumplir entonces la siguiente ecuación:

El nombre de pérdidas menores obedece al hecho de que este tipo de pérdidas son sustancialmente menores, inclusive en uno o dos órdenes de magnitud, que las pérdidas por fricción.

ECUACIÓN 2.4

$$\sum h_m \leq 0.3 h_f$$

Esta última restricción en la práctica resulta irrelevante, ya que en la gran mayoría de los sistemas de tuberías tal condición se cumple con facilidad. Para diseñar un sistema con altas pérdidas menores, como es el caso de la tubería de succión de una bomba, se debe seguir un algoritmo diferente.

Siguiendo el Diagrama de Flujo 4 se desarrolló la quinta página de la Hoja Electrónica n.° 1, la cual se muestra en la página 94. En esta, el lector podrá ver con detalle el proceso de convergencia de dicho diagrama, al igual que el número de iteraciones requeridas para alcanzar un diseño determinado. Se recomienda que el lector haga cambios en el caudal y en la rugosidad absoluta de la tubería con el fin de ver cómo cambia el proceso de convergencia, especialmente en lo referente al número de iteraciones requerido.

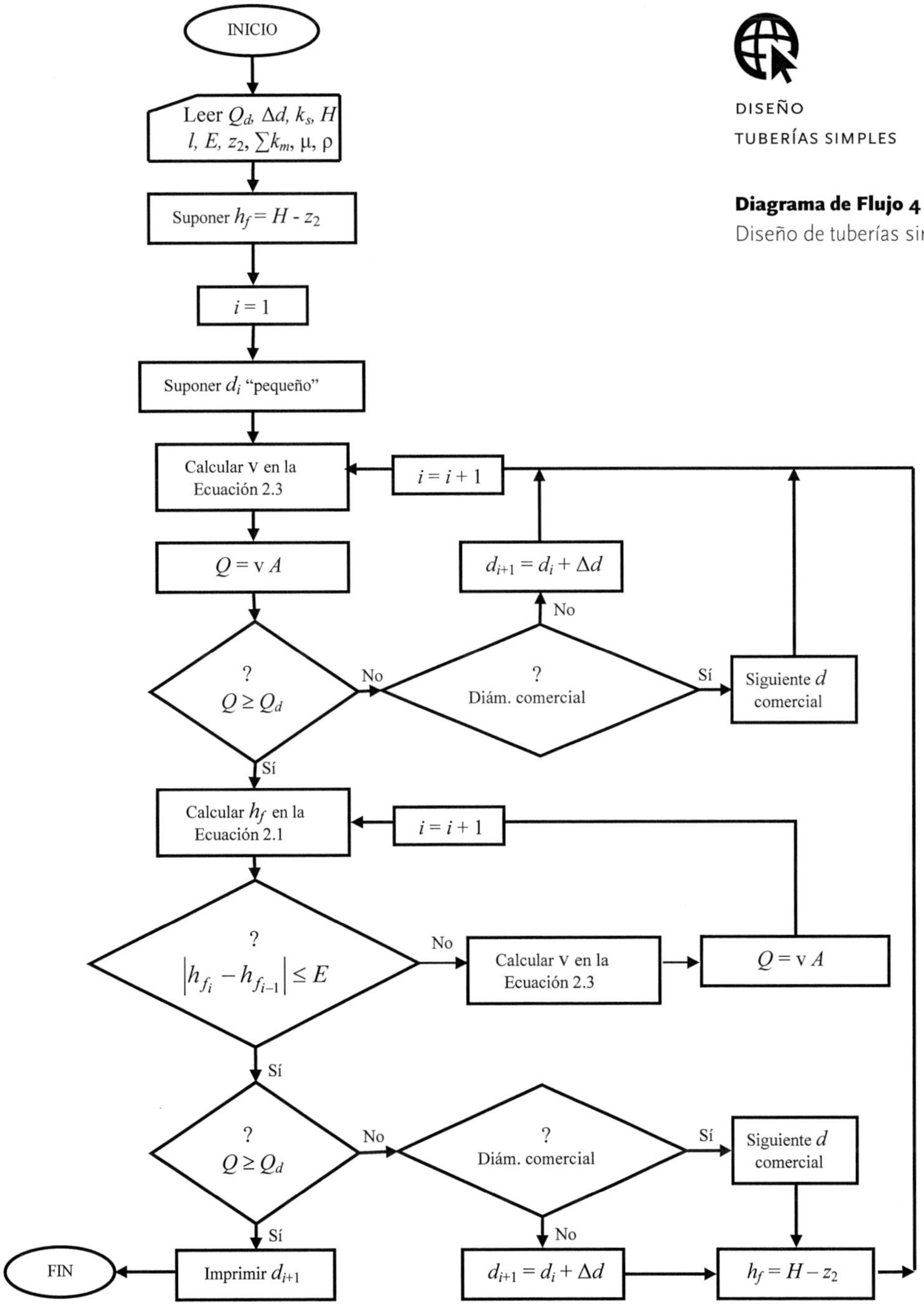

DISEÑO

TUBERÍAS SIMPLES

Diagrama de Flujo 4

Diseño de tuberías simples.

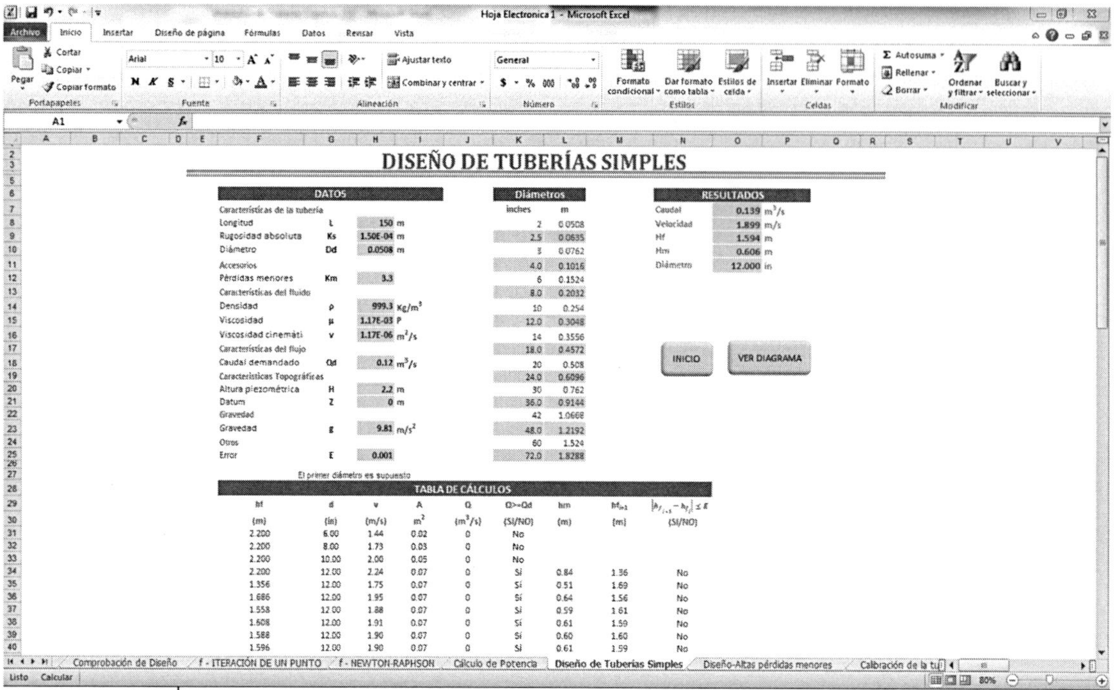

Hoja Electrónica n.° 1 – Diseño de tuberías simples.

EJEMPLO 2.3

HOJA ELECTRÓNICA n.° 1
Diseño
tuberías simples

Diseño de una tubería simple

La tubería de descarga de la planta de tratamiento de aguas residuales del municipio de Ubaté (Cundinamarca, Colombia) tiene una longitud de 150 m desde su inicio hasta el sitio de entrega en el río Suta, y por ella debe pasar un caudal máximo de 120 L/s. La altura piezométrica mínima de operación es 2.2 m y en la tubería se tienen pérdidas menores por la entrada ($k_m = 0.5$), por un codo ($k_m = 0.8$), por las uniones ($\Sigma\, k_m = 10 \times 0.1$) y por la salida ($k_m = 1$). Calcule el diámetro requerido de la tubería comercial en hierro galvanizado si la temperatura del agua es 14 °C.

Los datos del problema son:

$l = 150$ m

$k_s = 0.00015$ m

$Q_d = 0.12$ m³/s

$H = 2.2$ m

$\Sigma\, k_m = 0.5 + 0.8 + 10 \times 0.1 + 1 = 3.3$

$\rho\,(14°) = 999.3$ kg/m³

$\mu\,(14°) = 1.17 \times 10^{-3}$ Pa.s

$\nu\,(14°) = 1.17 \times 10^{-6}$ m²/s

Solución:

Con la metodología de Darcy-Weisbach, la ecuación de Colebrook-White y el Diagrama de Flujo 4 se obtienen los siguientes resultados:

h_f (m)	d (m)	v (m/s)	A (m²)	Q (m³/s)	$Q>=Q_d$ (Sí/No)	h_m (m)
2.200	0.15	1.429	0.018	0.0252	No	0.343
2.200	0.20	1.717	0.031	0.0539	No	0.496
2.200	0.25	1.977	0.049	0.0971	No	0.658

2.200	0.30	2.217	0.071	0.1567	Sí	0.827*
1.373	0.30	1.741	0.071	0.1231	Sí	0.514
1.690	0.30	1.937	0.071	0.1369	Sí	0.631
1.569	0.30	1.865	0.071	0.1318	Sí	0.585
1.615	0.30	1.893	0.071	0.1338	Sí	0.603
1.597	0.30	1.882	0.071	0.1330	Sí	0.596
1.604	0.30	1.886	0.071	0.1333	Sí	0.598
1.602	0.30	1.885	0.071	0.1332	Sí	0.597
1.603	0.30	1.885	0.071	0.1333	Sí	0.598
1.602	0.30	1.885	0.071	0.1332	Sí	0.598
1.602**	0.30	1.885	0.071	0.1333	Sí	0.598

* 1a convergencia / ** 2a convergencia

En la segunda convergencia $h_{fi+1} \approx h_{fi}$, lo cual indica que el proceso debe parar.

A su vez, el resultado indica que el tubo necesario debe tener un diámetro de 300 mm; el caudal que pasa por esta tubería es de 133.3 L/s, ligeramente superior al caudal requerido en este diseño (ver programa Diseño de tuberías simples y la Hoja Electrónica n.° 1).

Discusión:

Una vez que se ha alcanzado la primera convergencia, el proceso seguido en este ejemplo muestra que la respuesta se alcanza aproximando la velocidad, de forma similar a como se hizo en el caso de una comprobación de diseño de tuberías simples. En la primera iteración para la segunda convergencia se supone que no existen pérdidas menores, lo cual da una velocidad *mayor* que la que va a resultar; luego, con esa velocidad, se calculan las pérdidas menores, la cual las sobreestima, con lo que se obtiene una velocidad *menor* que la final.

Siempre que se diseñen tuberías simples, debido a que los diámetros de las tuberías comerciales forman un conjunto con valores discretos (los diámetros con los que se comercializa la tubería), la capacidad de la tubería es mayor o a lo sumo igual que la requerida. *Esta tendencia a quedar con capacidades mayores a las realmente necesarias hace que los sistemas de tuberías usualmente se queden sobredimensionados, lo cual implica problemas de bajas velocidades, de exceso de presiones y de aumento de pérdidas de agua, a la vez que aumenta los costes de capital y operación de los sistemas.* Luego, un buen diseño debe analizar en detalle la posibilidad de cambiar la tubería resultante por un sistema de tubos que sea más eficiente.

En el siguiente ejemplo se hace "fallar" el Diagrama de Flujo 4, logrando que las pérdidas por fricción sean menores que las pérdidas menores, con lo que se evidencia que se requiere otro algoritmo para resolver ese caso.

EJEMPLO 2.4

HOJA ELECTRÓNICA n.° 1
Diseño con altas pérdidas menores
Tuberías simples

Diseño de tubería simple con altas pérdidas menores

Suponiendo que la planta de tratamiento de Ubaté (ver Ejemplo 2.3) se localiza a solo 15 m del río Suta, sitio de descarga, la tubería tendría un total de 17 m de longitud. Si las uniones fueran roscadas, las pérdidas menores serían: entrada (k_m = 0.5), un codo (k_m = 0.8), uniones (k_m = 4 × 0.5) y salida (k_m = 1.0). Calcule el diámetro de la tubería comercial de hierro galvanizado (HG) requerido para la descarga.

Los datos del problema son:
$l = 17$ m
$k_s = 0.00015$ m
$Q_d = 0.12$ m³/s
$H = 2.2$ m
$\Sigma k_m = 0.5 + 0.8 + 4 \times 0.5 + 1 = 4.3$
$\nu\,(14^o) = 1.17 \times 10^{-6}$ m²/s

Solución:
Con la metodología de Darcy-Weisbach, la ecuación de Colebrook-White y el Diagrama de Flujo 4, utilizados en el ejemplo anterior, se obtienen los siguientes resultados:

h_f (m)	d (m)	v (m/s)	A (m²)	Q (m³/s)	$Q \geq Q_d$ (Sí o No)	Σhm (m)
2.2	0.1	3.36	0.008	0.026	No	2.474
2.2	0.15	4.345	0.018	0.077	No	4.137
2.2	0.2	5.204	0.031	0.163	Sí	5.934
-3.73						

El último h_f indica que las pérdidas menores son superiores a la altura piezométrica disponible. Se "gastan" 5.93 m de los 2.2 m disponibles para sobrepasar los accesorios con un caudal de 163 L/s. Es evidente que la metodología establecida en el Diagrama de Flujo 4 no sirve para este diseño. Es necesario entonces desarrollar un nuevo esquema para poder utilizar las ecuaciones antes establecidas, específicamente la Ecuación 2.3.

2.3.4 Diseño de tuberías simples con altas pérdidas menores

DISEÑO
Altas pérdidas menores

En el Ejemplo 2.4 los resultados muestran que la velocidad obtenida en la iteración 1 para el diámetro de 200 mm implica unas pérdidas menores superiores a la altura piezométrica disponible, lo cual no es posible y hace que el proceso no converja. Esto significa que de alguna forma hay que limitar la magnitud de la velocidad que se produzca en cada iteración.

El proceso que permite tener en cuenta sistemas con pérdidas menores altas fue desarrollado por Saldarriaga y Ferrer (1989). Consiste en definir una "velocidad de pérdida" que, en esencia, es la velocidad que haría igualar el sumatorio de las pérdidas menores y la altura piezométrica disponible. Si se utilizara esta definición, las ecuaciones serían:

$$\sum h_m = H$$

Además,

$$\sum h_m = \left(\sum k_m\right)\frac{v^2}{2g}$$

Mediante las dos ecuaciones anteriores se obtiene el siguiente resultado para la "velocidad de pérdida":

$$\frac{v_p^2}{2g} = \frac{H}{\sum k_m}$$

Si se despeja v_p en esta última ecuación se llega a:

$$v_p^2 = \frac{2gH}{\sum k_m}$$

ECUACIÓN 2.5

$$v_p = \sqrt{\frac{2gH}{\sum k_m}}$$

Si en alguna iteración la v_i es mayor que la v_p, esto quiere decir que la velocidad v_i implica unas pérdidas menores superiores a la altura piezométrica disponible, lo cual es físicamente imposible. De suceder así, se debe limitar la altura piezométrica disponible para ser perdida por fricción dentro del procedimiento de diseño.

El procedimiento se esquematiza en el Diagrama de Flujo 5, el cual es más general que el Diagrama de Flujo 4, ya que también sirve para el caso de las tuberías con pérdidas menores bajas. Una vez se ha calculado la primera velocidad de pérdida, en las demás iteraciones esta velocidad se calcula de acuerdo con la siguiente ecuación:

ECUACIÓN 2.6

$$v_p = \sqrt{\frac{2g(H - h_f)}{\sum k_m}}$$

Para el caso de diseño de las tuberías simples con altas pérdidas menores, a continuación se muestra la sexta página de la Hoja Electrónica n.° 1, la cual permite ver el proceso de convergencia para alcanzar el diseño de este tipo de tuberías simples. Por supuesto, el programa Diseño de tuberías simples con altas pérdidas menores es alternativo a esta página de Excel.

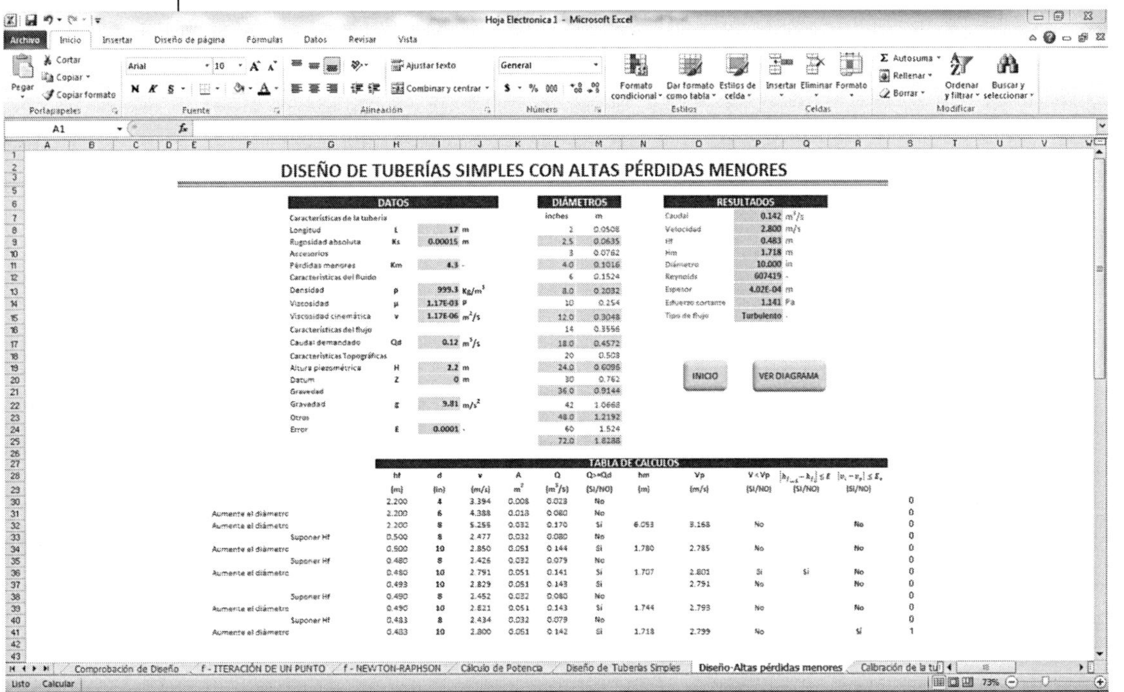

Hoja Electrónica n.° 1 – Diseño de tuberías simples con altas pérdidas menores.

DISEÑO
ALTAS PÉRDIDAS MENORES

Diagrama de Flujo 5
Diseño de tuberías simples con altas pérdidas menores.

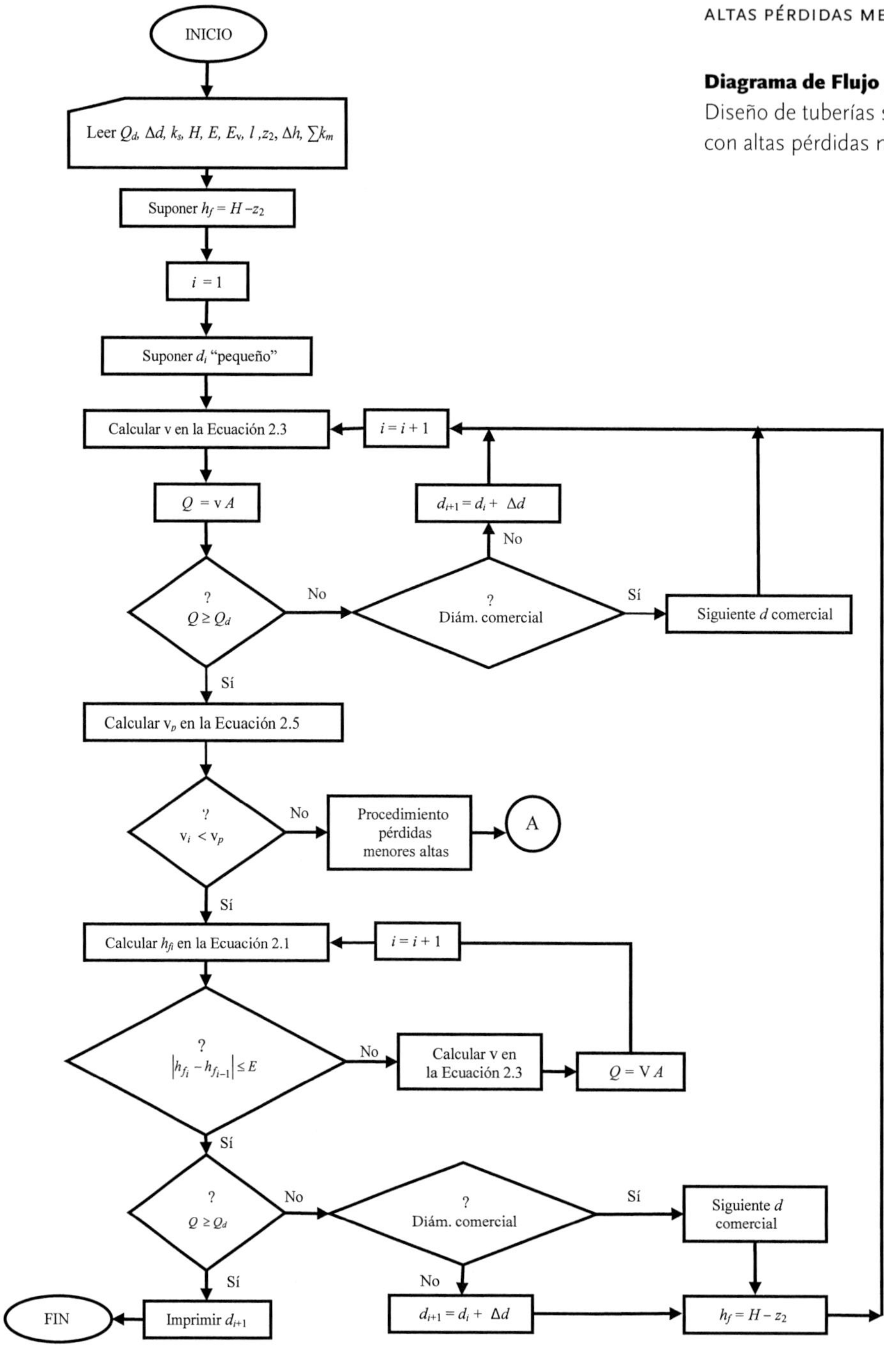

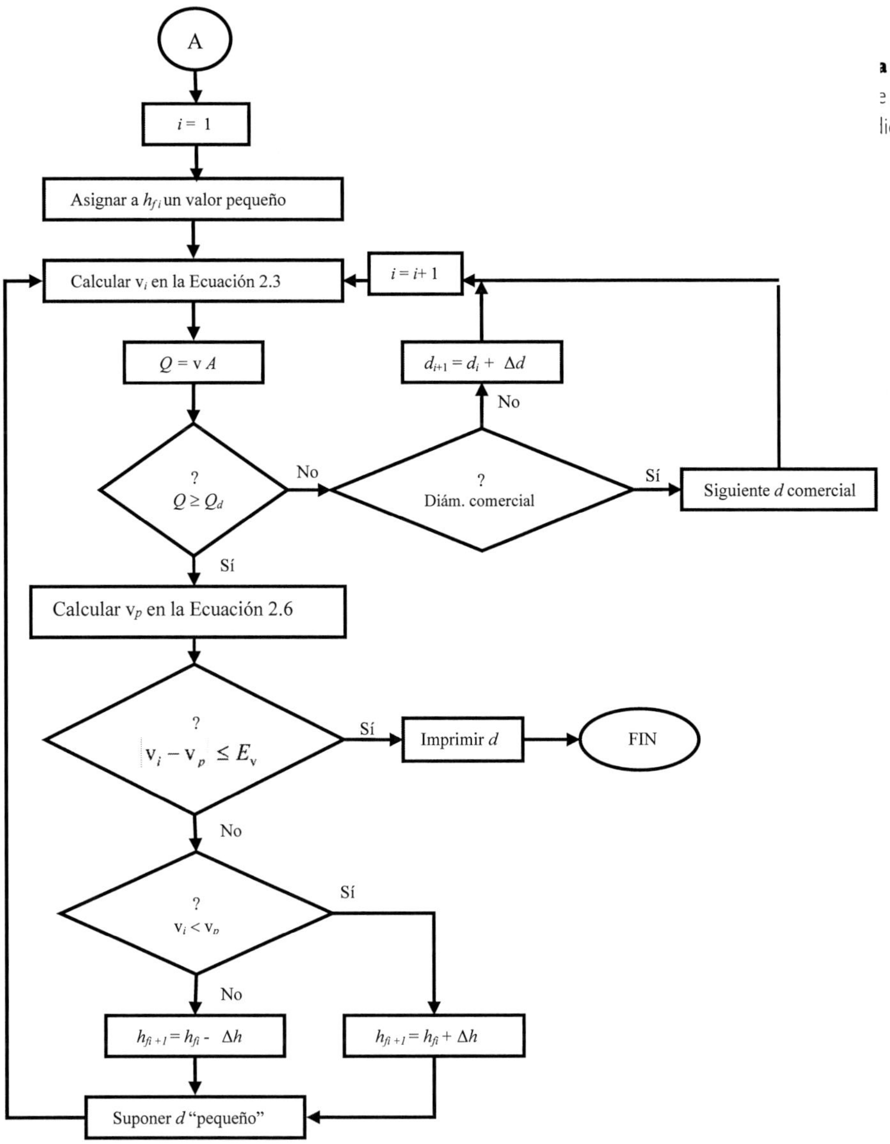

a de Flujo 5 (continuación)
e tuberías simples con
lidas menores.

EJEMPLO 2.4 *(continuación)*

Diseño de tuberías simples con altas pérdidas menores:

La velocidad de pérdida inicial se calcula como:

$$v_p = \sqrt{\frac{2gH}{\sum k_m}}$$

Como:

$$H = 2.2\,m$$
$$\sum k_m = 4.3$$

se obtiene el siguiente valor:

$$v_p = \sqrt{\frac{2 \times 9.81 \times 2.2}{4.3}}\ m/s$$

$$v_p = 3.168\,m/s$$

Con ayuda del Diagrama de Flujo 5 se obtienen los siguientes resultados para el diseño de la tubería de descarga de la planta de tratamiento del municipio de Ubaté, cuando su longitud se reduce a 17 m en total.

h_f (m)	d (m)	v (m/s)	A (m^2)	Q (m^3/s)	$Q \geq Q_d$ (Sí o No)	Σh_m (m)
2.2	0.1	3.36	0.008	0.026	No	2.474
2.2	0.15	4.345	0.018	0.077	No	4.137
2.2	0.2	5.204	0.031	0.163	Sí	5.934
0.5	0.2	2.454	0.031	0.077	No	1.318
0.5	0.25	2.821	0.049	0.138	Sí	1.745
0.48	0.2	2.402	0.031	0.075	No	1.264
0.48	0.25	2.763	0.049	0.136	Sí	1.674
0.49	0.2	2.427	0.031	0.076	No	1.291
0.49	0.25	2.793	0.049	0.137	Sí	1.709

En la última iteración se tiene:

$v_i \approx v_p$

$2.793 \text{ m/s} \approx 2.799 \text{ m/s}$

$d = 250 \text{ mm}$

$h_f = 0.49 \text{ m}$

$\Sigma h_m = 1.709 \text{ m}$

$H = h_f + \Sigma h_m$

$H = 0.49 \text{ m} + 1.709 \text{ m}$

$H = 2.199 \text{ m} \approx 2.20 \text{ m}$

La última igualdad significa que de los 2.2 m de altura piezométrica disponible, 0.49 m se están gastando por fricción y 1.709 m se gastan en las pérdidas menores. Está claro que en este caso esas pérdidas menores son más importantes que las de fricción.

Discusión:

El concepto de velocidad de pérdida mostrado en este ejemplo resuelve el problema del diseño de las tuberías simples con altas pérdidas menores. Esta metodología permite llegar a un diseño racional sin hacer uso de metodologías aproximadas, tales como la *longitud equivalente*, utilizada para cada uno de los accesorios de la tubería. La metodología de longitudes equivalentes no es compatible con el uso de las ecuaciones físicamente basadas introducidas en este capítulo.

También es importante notar que el proceso de convergencia del Diagrama de Flujo 5 se caracteriza por iterar entre dos diámetros una vez se aproxima al final del proceso. El diámetro resultante siempre es el superior de estos dos, con lo cual se vuelve a concluir que en los procesos de diseño de tuberías *existe una tendencia al sobrediseño*, es decir, la tubería queda con capacidad de mover un caudal superior al diseñado.

En los Diagramas de Flujo 4 y 5, los errores de aproximación E (error de aproximación para la altura piezométrica de fricción) y E_v (para la velocidad) deben ser definidos por el diseñador. Cuanto más pequeños sean estos, más exactos serán los resultados finales pero más iteraciones requerirá el proceso de cálculo.

Se sugiere un valor de 10 cm para E y de 10 cm/s para E_v. Igualmente, los valores de Δd (incremento en el diámetro para tuberías no comerciales) y de Δh (corrección en la altura piezométrica de fricción supuesta) deben ser dados por el diseñador. Los valores sugeridos son: $\Delta d = 5$ mm y $\Delta h = 50$ cm.

El siguiente ejemplo muestra el efecto de la rugosidad absoluta de la tubería sobre el diámetro de diseño. Como se verá, sus resultados implican que siempre que sea económicamente posible se deben utilizar las tuberías más lisas que se encuentren en el mercado.

EJEMPLO 2.5

Efecto de la rugosidad de las tuberías sobre un diseño

De acuerdo con el diseño agronómico de un sistema de riego localizado de alta frecuencia (ver Capítulo 10), para un cultivo de mango es necesario transportar un caudal de 60 L/s entre la bocatoma, sobre una quebrada cercana a la finca, y la estación de fertirrigación. Con el fin de que el agua sea movida por la gravedad, la bocatoma se localiza 890 m aguas arriba de la estación, generándose de esta forma una diferencia de niveles de 15.2 m entre estos dos puntos. ¿Qué diámetros en PVC y en hierro galvanizado se requieren? Las rugosidades absolutas de estos son: 0.0015 mm y 0.15 mm, respectivamente. La viscosidad cinemática del agua es 1.14×10^{-6} m²/s. Para ambos casos, el coeficiente global de pérdidas menores es 11.9.

Solución:

- Diseño en PVC: los diámetros disponibles comercialmente (en este caso se utilizan los diámetros internos reales) para este material son:

d nominal (mm)	*d* real (mm)
75	80.42
100	103.42
150	152.22
200	198.48
250	247.09
300	293.07

Con la metodología expuesta en este capítulo y el Diagrama de Flujo 4 se obtiene la siguiente tabla de resultados:

h_f (m)	d (m)	v (m/s)	A (m²)	Q (m³/s)	$Q \geq Q_d$ (Sí o No)	Σh_m (m)
15.2	0.08042	1.2	0.005	0.006	No	0.873
15.2	0.10342	1.421	0.008	0.012	No	1.225
15.2	0.15222	1.837	0.018	0.033	No	2.046
15.2	0.19848	2.185	0.031	0.068	Sí	2.897
12.3	0.19848	1.946	0.031	0.06	Sí	2.296
12.9	0.19848	1.997	0.031	0.062	Sí	2.419
12.78	0.19848	1.987	0.031	0.061	Sí	2.394
12.81	0.19848	1.989	0.031	0.062	Sí	2.399
12.8	0.19848	1.988	0.031	0.062	Sí	2.398

Los anteriores resultados indican que en el caso del PVC es necesario colocar una tubería de 200 mm de diámetro nominal.

- Diseño en hierro galvanizado: si se utilizan los mismos diámetros de PVC, dados en la parte de este problema, y se sigue nuevamente el Diagrama de Flujo 4, se obtienen los siguientes resultados.

h_f (m)	d (m)	v (m/s)	A (m²)	Q (m³/s)	$Q \geq Q_d$ (Sí o No)	Σh_m (m)
15.2	0.08042	1.032	0.005	0.00524	No	0.645
15.2	0.10342	1.216	0.008	0.010218	No	0.897

15.2	0.15222	1.561	0.018	0.028413	No	1.478
15.2	0.19848	1.849	0.031	0.057207	No	2.073
13.13	0.19848	1.715	0.031	0.053058	No	1.784
15.2	0.24709	2.123	0.048	0.0101818	Sí	2.735
12.465	0.24709	1.918	0.048	0.091985	Sí	2.232
12.968	0.24709	1.958	0.048	0.093868	Sí	2.324
12.876	0.24709	1.95	0.048	0.093525	Sí	2.307
12.893	0.24709	1.952	0.048	0.093588	Sí	2.310
12.89	0.24709	1.951	0.048	0.093576	Sí	2.310

En este caso es necesario utilizar un diámetro nominal de 250 mm. El caudal máximo es de 93.58 L/s, bastante superior al demandado. Sin embargo, por no existir un diámetro comercial entre 200 y 250 mm, el diseño con hierro galvanizado resultaría aquí antieconómico.

Discusión:

El efecto de la rugosidad sobre el diseño final de un sistema resulta claro en este ejemplo. Para condiciones hidráulicas similares y para diámetros de diseño iguales, la tubería más lisa tiende a tener un diseño con un diámetro menor que la tubería más rugosa. Sin embargo, el que los diferentes materiales tengan diámetros internos exactamente iguales es una condición difícil de tener en la realidad. Por esta razón, cada vez que se haga un diseño de un sistema de tuberías, *este se debe hacer tantas veces como materiales haya disponibles, cada uno de ellos con sus propios diámetros reales internos.*

De todas maneras, es evidente que desde el punto de vista hidráulico existe una ventaja al tener una superficie interna que garantice un flujo turbulento hidráulicamente liso. En el futuro, es probable que todos los fabricantes de tuberías quieran obtener tuberías con superficies internas muy lisas, sin importar el material que conforme la parte estructural de estas.

El ejemplo anterior muestra el efecto de la rugosidad en los diseños de tuberías. Cuanto menor sea la rugosidad de la pared interna de las tuberías, menores serán los diámetros resultantes de los procesos de diseño. Esta relación no se aplica en todos los casos (por eso se habla de una *tendencia*) debido a los valores discretos de los diámetros de las tuberías comercialmente disponibles.

En el Ejemplo 2.6 se muestra un caso que combina varios de los algoritmos presentados hasta ahora en este capítulo.

EJEMPLO 2.6

Diseño, operación y ampliación de una tubería

Se desea diseñar una tubería para mover agua a 20 °C a través de una longitud de 365 m, con una diferencia de altura favorable de 33.2 m. Si el material que se debe utilizar es PVC (k_s = 0.0000015 m) y se puede suponer un coeficiente global de pérdidas de 7.4:

- ¿Cuál es el diámetro requerido para mover un caudal de 270 L/s?
- En caso de que se requiera una válvula al final de la tubería, ¿cuál debe ser el coeficiente de pérdidas menores que debe producir?
- En caso de que posteriormente se quiera duplicar el caudal en esta tubería, ¿cuál es la potencia de la bomba que debería colocarse si se elimina la válvula antes mencionada?

Se debe utilizar la ecuación de Darcy-Weisbach para el análisis, conjuntamente con la ecuación de Colebrook-White.

Solución:

- Diseño original:
  Los datos del problema son:

$$H = 33.2\,m \qquad k_s = 0.0000015\,m$$
$$\nu = 0.979 * 10^{-6} m^2/s \qquad Q = 270\,L/s$$
$$\sum k_m = 7.4 \qquad l = 365\,m$$

La tubería de 10" solo alcanza a mover 265 L/s. Por consiguiente, se debe utilizar una tubería de 12". Sin embargo, como el caudal que se puede mover (414 L/s) es superior al caudal demandado, es necesario colocar una válvula.

- Cálculo del coeficiente de la válvula:
  En este caso, los datos del problema son:

$$H = 33.2\,m \qquad k_s = 0.0000015\,m$$
$$\nu = 1.007 * 10^{-6} m^2/s \qquad Q = 270\,L/s$$
$$d = 0.3048\,m \qquad l = 365\,m$$

Con estos datos se calcula el número de Reynolds (1 120 026), la rugosidad relativa (0.000005) y el factor de fricción de Darcy (*f*); los resultados (utilizando los Diagramas de Flujo 2a o 2b) son:

f	k_s (m)	d (m)	Q (m^3/s)	Re	*f*
0.02	0.0000015	0.3048	0.27	1 120 026.85	0.01101037
0.01101037	0.0000015	0.3048	0.27	1 120 026.85	0.01159084
0.01159084	0.0000015	0.3048	0.27	1 120 026.85	0.01153863
0.01153863	0.0000015	0.3048	0.27	1 120 026.85	0.0115432
0.0115432	0.0000015	0.3048	0.27	1 120 026.85	0.0115428
0.0115428	0.0000015	0.3048	0.27	1 120 026.85	0.01154284
0.01154284	0.0000015	0.3048	0.27	1 120 026.85	0.01154283

$$f = 0.0115$$

Las pérdidas por fricción son:

$$h_f = f\frac{l}{d}\frac{v^2}{2g}$$
$$h_f = 0.0115\frac{365}{(0.3048)}\frac{3.70^2}{2\times 9.81}$$
$$h_f = 9.61m$$

Luego las pérdidas menores son:

$$\sum h_m = H - h_f$$
$$\sum h_m = 33.2m - 9.61m$$
$$\sum h_m = 23.59m$$

y el coeficiente global de pérdidas menores es:

$$\sum h_m = \sum k_m \frac{v^2}{2g}$$
$$\sum k_m = \frac{2g\sum h_m}{v^2}$$

$$\sum k_m = \frac{2g\pi^2 d^4 \sum h_m}{16Q^2}$$

$$\sum k_m = \frac{2*9.81*\pi^2(0.3048)^4*23.59}{16(0.27)^2}$$

$$\sum k_m = 33.80$$

Finalmente, el coeficiente de la válvula se calcula restando a este último valor el coeficiente global de pérdidas menores, sin incluir la válvula, dado en el enunciado ejemplo:

$$\sum k_{mv} = 33.80 - 7.40$$

$$\sum k_{mv} = 26.40$$

- Cálculo de la potencia de la bomba con el fin de duplicar el caudal:
  En este caso, los datos son:

$$Q = 0.54\, m^3/s \qquad k_s = 0.0000015\, m$$

$$v = 1.007 * 10^{-6} m^2/s \qquad \sum k_m = 7.4$$

$$d = 0.3048\, m \qquad l = 365\, m$$

Se considera que la válvula del punto anterior se elimina.

Con estos datos se calcula el número de Reynolds, la rugosidad relativa y el factor de fricción de Darcy:

f	k_s (m)	d (m)	Q (m^3/s)	Re	f
0.02	0.0000015	0.3048	0.54	2.24E+06	9.87E-03
9.87E-03	0.0000015	0.3048	0.54	2.24E+06	1.04E-02
1.04E-02	0.0000015	0.3048	0.54	2.24E+06	1.04E-02
1.04E-02	0.0000015	0.3048	0.54	2.24E+06	1.04E-02
1.04E-02	0.0000015	0.3048	0.54	2.24E+06	1.04E-02
1.04E-02	0.0000015	0.3048	0.54	2.24E+06	1.04E-02
1.04E-02	0.0000015	0.3048	0.54	2.24E+06	1.04E-02

Por consiguiente, el factor de fricción es:

$$f = 0.01037$$

Y las pérdidas por fricción son:

$$h_f = f\frac{l}{d}\frac{v^2}{2g} = 8f\frac{l}{d^5}\frac{Q^2}{g\pi^2}$$

$$h_f = (8)(0.01037)\frac{365}{(0.3048)^2}\frac{0.54^2}{(9.81)(\pi^2)}$$

$$h_f = 34.43m$$

Por último, se calcula la altura producida por la bomba y su potencia:

$$H + H_B = h_f + \sum h_m$$

$$33.2 + H_B = 34.43 + 7.4\frac{Q^2 4^2}{2g\pi^2 d^4}$$

$$H_B = 34.43m + 20.66m - 33.2m$$

$$H_B = 21.89m$$

$$Pot = \rho QgH$$
$$Pot = 1000\,kg/m^3 \times 0.54\,m^3/s \times 9.81\,m/s^2 \times 21.89\,m$$
$$Pot = 116\,kW$$

Discusión:

Debido al hecho de que el diseño de una tubería simple resulta, en casi todos los casos, con capacidad de mover un caudal superior al requerido en las condiciones de diseño, es necesario colocar una válvula para regular el caudal. Esto hace que en la realidad el diseño sea ineficiente, ya que se está desperdiciando parte de la energía disponible; el problema se agrava si se tiene en cuenta que en los sistemas de tuberías el caudal de diseño usualmente es un caudal proyectado a 25 o 30 años. ¡Lo cual implica que el diseño está sobredimensionado para un caudal futuro! Con el fin de solucionar esta situación, se puede dividir la tubería simple en dos tuberías en serie, la de aguas arriba con un diámetro igual al obtenido en el diseño de la tubería simple, y la de aguas abajo con un diámetro inmediatamente menor que el anterior. Este tipo de diseño se introduce en el Capítulo 5.

Los Diagramas de Flujo 4 y 5 y sus correspondientes programas muestran de forma didáctica el uso de la ecuación de Darcy-Weisbach en conjunto con la ecuación de Colebrook-White y el concepto de las pérdidas menores en las tuberías. En particular muestran el efecto que puede tener sobre el diseño un coeficiente de pérdidas menores muy alto, el cual implique que dichas pérdidas sean del mismo orden de magnitud o mayores que las pérdidas por fricción. Un algoritmo más sencillo y que involucra los dos casos de diseño anteriormente expuestos se basa en las siguientes ecuaciones; en primer lugar la ecuación de Colebrook-White:

ECUACIÓN 1.69

$$\frac{l}{\sqrt{f}} = -2\log_{10}\left(\frac{k_s}{3.7d} + \frac{2.51}{\text{Re}\sqrt{f}}\right)$$

se utiliza para calcular el factor de fricción utilizando un diámetro supuesto. Por otro lado, la ecuación de conservación de la energía para una tubería simple:

ECUACIÓN 2.1

$$h_f = H - z_2 - \Sigma k_m \frac{v^2}{2g}$$

se puede transformar en las siguientes ecuaciones reemplazando la velocidad media por el caudal dividido por el área:

$$H - z_2 = f\frac{l}{d}\frac{v^2}{2g} + \Sigma k_m \frac{v^2}{2g}$$

ECUACIÓN (a)

$$H - z_2 = \frac{16Q^2}{\pi^2 d^4 2g}\left(f\frac{l}{d} + \Sigma k_m\right)$$

Este método alternativo de diseño se basa en suponer inicialmente un diámetro que debe ser superior al que va a resultar al diseñar la tubería. Con propósitos de programación se podría suponer, por ejemplo, un diámetro de 10 m, a todas luces exagerado para la gran mayoría de las aplicaciones en ingeniería. A pesar de un valor tan alto como este, la naturaleza de la ecuación de Colebrook-White implica una convergencia muy rápida. Con el diámetro supuesto se calcula un factor de fricción en la Ecuación 1.69 y con este un nuevo diámetro en la Ecuación (a). Todo el proceso se esquematiza en el Diagrama de Flujo 5a y en el Ejemplo 2.7.

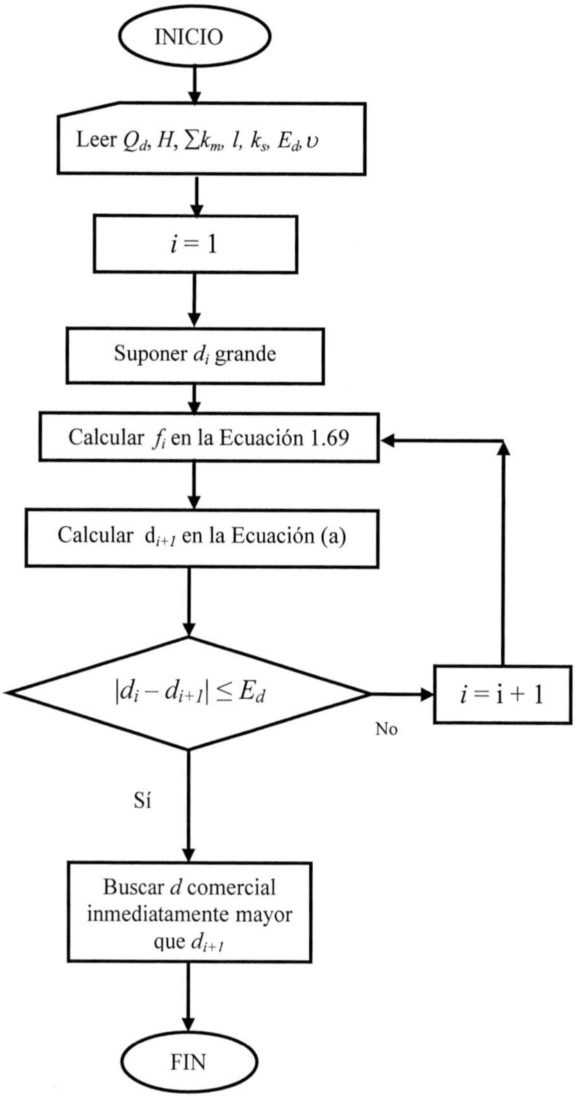

Diagrama de Flujo 5a
Diseño alternativo de tuberías simples.

EJEMPLO 2.7

Diseño alternativo de tuberías simples

Para el sistema de enfriamiento de una planta termoeléctrica se desea diseñar una tubería para mover agua a 15 °C ($\nu = 1.14 \times 10^{-6}$ m²/s) desde una bocatoma hasta el inicio del serpentín de enfriamiento, aprovechando únicamente una altura favorable existente de 8.3 m. El caudal máximo de diseño es de 128 L/s y la tubería tiene las siguientes características: longitud 54.2 m, coeficiente global de pérdidas menores de 17.8 debido al alto número de accesorios presentes, y material de acero (k_s = 0.0003 m). Diseñe la tubería utilizando los siguientes diámetros nominales: 100, 150, 200, 250, 300, 350, 400 y 450 mm.

Solución:

Siguiendo el Diagrama de Flujo 5a, en primer lugar se supone un diámetro de 10 m. Con este valor se calcula el factor de fricción en la Ecuación 1.69:

$$\frac{1}{\sqrt{f}} = -2\log_{10}\left(\frac{0.0003}{3.7\times 10} + \frac{2.51}{\frac{4\times 0.128}{\pi\times 10\times 1.14\times 10^{-6}}\sqrt{f}}\right)$$

$$f = 0.03305$$

Con este factor de fricción se calcula un nuevo diámetro en la Ecuación (a):

$$8.3 = \frac{16\times 0.128^2}{\pi^2 d^4 2\times 9.81}\left(f\frac{54.2}{d} + 17.8\right)$$

$$d = 0.2524 \text{ m}$$

Con este nuevo diámetro se vuelve a calcular un factor de fricción y el proceso se repite hasta que en dos iteraciones sucesivas los diámetros son lo suficientemente parecidos. La siguiente tabla muestra el proceso de convergencia:

f	Diámetro (m)
0.03305	0.2524
0.01393	0.2417
0.01381	0.24163
0.01381	0.24163

Finalmente se escoge el diámetro comercial inmediatamente superior o igual a este resultado. Para este ejemplo el diámetro comercial sería:

$$d = 250 \text{ mm}$$

Discusión:

Esta metodología alternativa de diseño de tuberías simples se basa en la naturaleza de la ecuación de Colebrook-White. Una ecuación logarítmica garantiza una convergencia rápida, aun en el caso de que la semilla para el diámetro sea exagerada. En el ejemplo, básicamente desde la segunda iteración se obtuvo el resultado final. La facilidad de uso de esta ecuación, a la luz de las tecnologías informáticas modernas, *invalida la necesidad de tener ecuaciones empíricas explícitas*, no basadas en la mecánica de fluidos moderna.

2.3.5 Calibración de tuberías simples

CALIBRACIÓN
Tuberías simples

Tal como se mencionó anteriormente, uno de los problemas más comunes al que deben enfrentarse los ingenieros encargados del movimiento de fluidos a través de las tuberías es calcular el factor de fricción de una tubería que puede llevar varios años operando. Usualmente es sencillo conocer la rugosidad absoluta teórica de la tubería cuando esta es nueva y este valor, de todas maneras, presenta cierta incertidumbre. Sin embargo, a medida que transcurre el tiempo, la rugosidad de la tubería tiende a incrementarse en la gran mayoría de los materiales. Por consiguiente, para poder llevar a cabo acciones de operación y/o mantenimiento de los sistemas de tuberías, un paso necesario es el de establecer las rugosidades absolutas reales presentes en dichos sistemas.

El proceso de obtener la rugosidad absoluta real de una tubería se conoce como la calibración de la tubería. Para llevarlo a cabo es necesario medir diferentes condiciones de caudal en la tubería y para cada una de ellas la caída en la presión piezométrica a lo largo de una longitud previamente establecida. Hoy en día el caudal se mide utilizando métodos no intrusivos, siendo los más comunes aquellos basados en los métodos acústicos (ver FIGURA 2.7). Las presiones se miden utilizando transductores de presión, los cuales permiten alcanzar precisiones de alrededor de 10 mm (ver FIGURA 2.8).

El cálculo de la rugosidad absoluta o calibración de la tubería se hace mediante las siguientes ecuaciones; utilizando la ecuación de Darcy-Weisbach:

ECUACIÓN 1.38

$$h_f = f \frac{l}{d} \frac{v^2}{2g}$$

se puede despejar el factor de fricción de Darcy para obtener:

ECUACIÓN 2.7

$$f = \frac{2gdh_f}{l\,v^2}$$

Ahora, utilizando la ecuación de Colebrook-White se puede despejar la rugosidad absoluta de la tubería, tal como se muestra en las siguientes ecuaciones:

$$\frac{1}{\sqrt{f}} = -2log\left(\frac{k_s}{3.7d} + \frac{2.51}{Re\sqrt{f}}\right)$$

$$-\frac{1}{2\sqrt{f}} = log_{10}\left(\frac{k_s}{3.7d} + \frac{2.51}{Re\sqrt{f}}\right)$$

$$10^{-\frac{1}{2\sqrt{f}}} = \frac{k_s}{3.7d} + \frac{2.51}{Re\sqrt{f}}$$

$$k_s = 3.7d\left(10^{-\frac{1}{2\sqrt{f}}} - \frac{2.51}{\mathrm{Re}\sqrt{f}}\right)$$

Y, finalmente:

ECUACIÓN 2.8

$$k_s = 3.7d\left(10^{-\frac{1}{2\sqrt{f}}} - \frac{2.51}{\mathrm{Re}\sqrt{f}}\right)$$

Debido a que esta última ecuación es explícita para la rugosidad relativa, una vez que se conozca el factor de fricción de Darcy, resolver el problema de calibración de una tubería es un trabajo sencillo. El Diagrama de Flujo 6 explica los cálculos necesarios. El programa Calibración de tuberías simples puede ser utilizado para resolver calibraciones de tuberías simples.

Teniendo en cuenta dicho diagrama de flujo, en la página 111 se presenta la séptima página de la Hoja Electrónica n.° 1, la cual puede ser utilizada para resolver problemas de calibración de tuberías simples. Es importante tener en cuenta que los cálculos de esta página están basados en la ecuación de Colebrook-White, la cual puede llegar a dar una rugosidad absoluta negativa para la tubería. Obviamente este es un resultado equivocado y su significado físico es que la tubería se encuentra en un estado de flujo turbulento hidráulicamente liso.

(a)

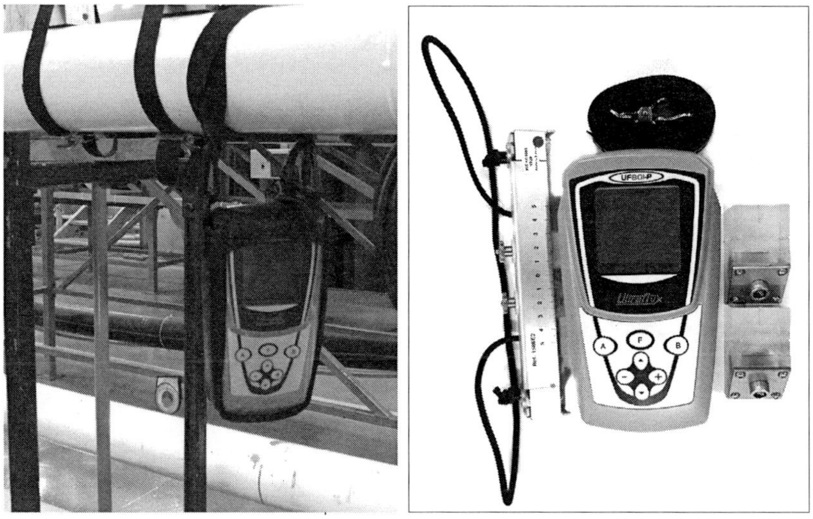

(b)

(c)

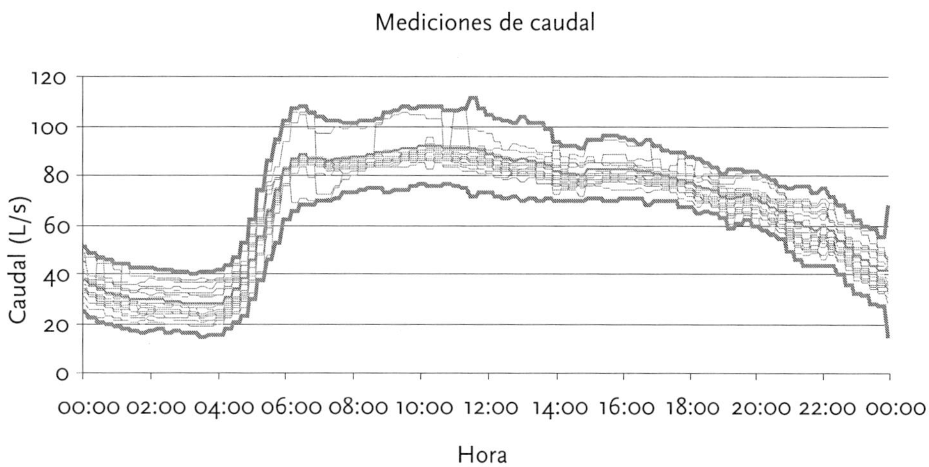

Figura 2.7 (a) Equipo ultrasónico para la medición del caudal en una tubería. (b) Equipo electromagnético para la medición del caudal. (c) Mediciones de caudal en una tubería de 300 mm registradas con un medidor ultrasónico de caudal. Medidas de 24 horas, a lo largo de 20 días, de lunes a viernes cada 5 minutos.

(a)

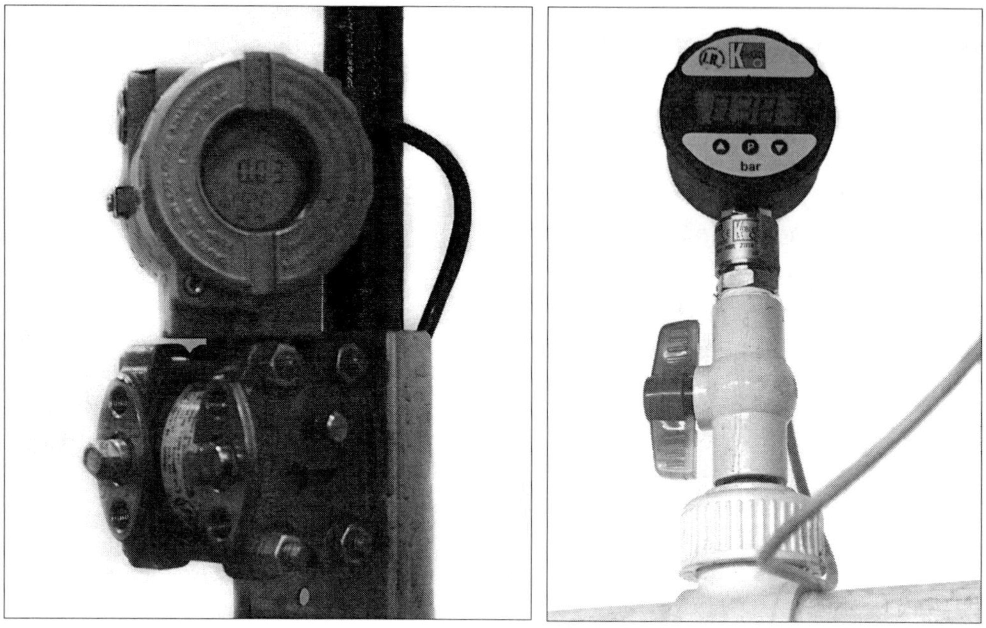

(b)

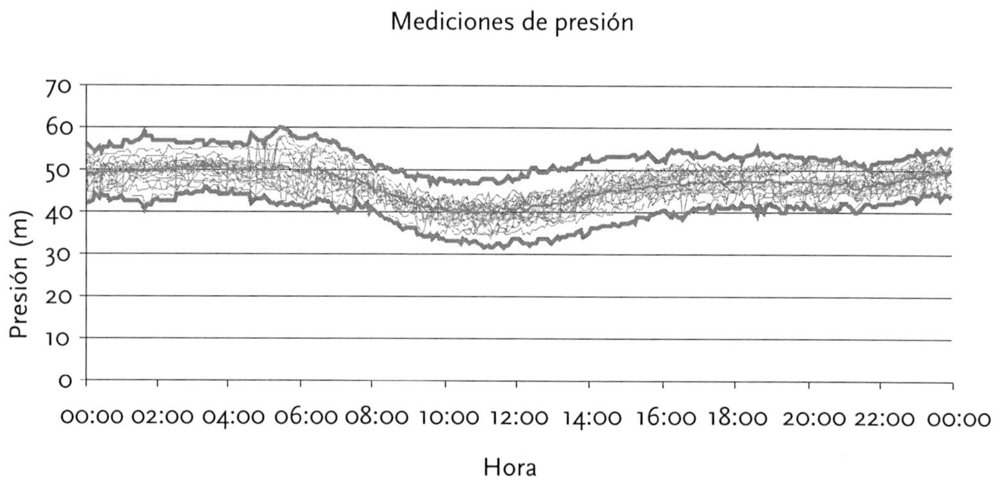

Figura 2.8 (a) Manómetros del tipo transductor de presión. (b) Mediciones de presión en una tubería de 300 mm. Medidas de 24 horas, durante 21 días, de lunes a viernes cada 5 minutos.

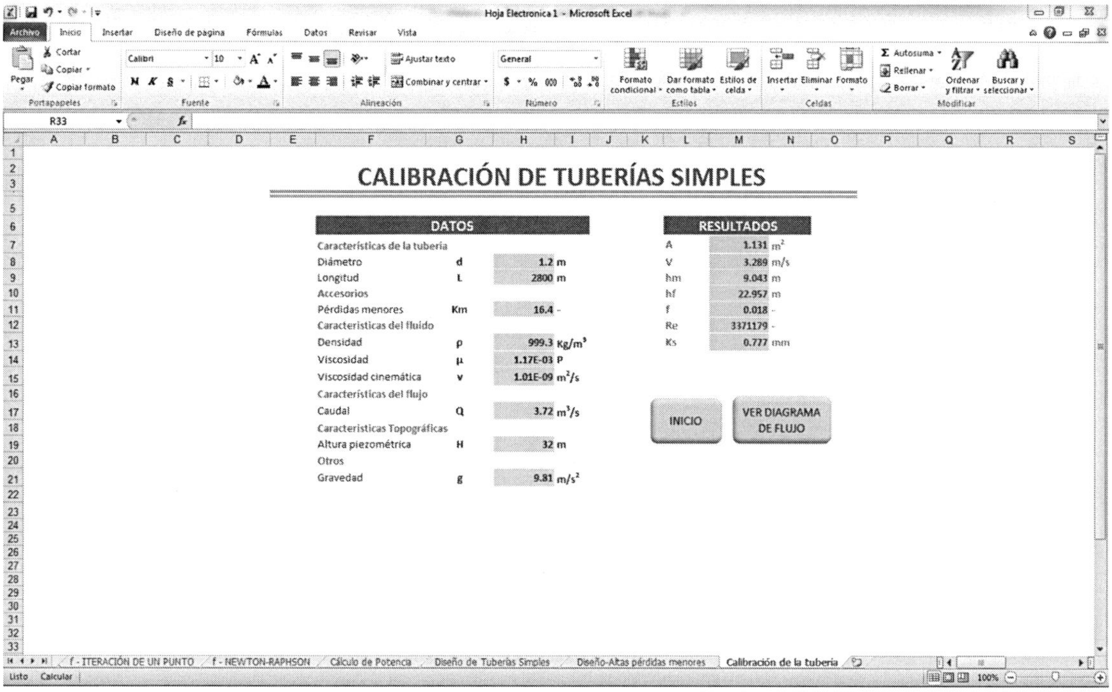

Hoja Electrónica n.° 1 – Calibración de tuberías simples.

EJEMPLO 2.8

Calibración de una tubería simple

HOJA ELECTRÓNICA n.° 1
Calibración
Tuberías simples

En la red matriz del sistema de abastecimiento de agua de una ciudad se tiene una tubería de concreto con una longitud de 2.8 kilómetros, un diámetro de 1200 mm y un coeficiente global de pérdidas menores de 16.4. En una determinada condición de operación se mide un caudal de 3.72 m³/s y una caída en la altura piezométrica de 32 metros a lo largo de toda la longitud. Calcule la rugosidad absoluta de la tubería. El agua se encuentra a una temperatura de 14 °C.

Los datos del problema son:

$$Q_d = 3.72\ m^3/s \qquad H = 32\ m$$
$$\nu(14°) = 1.17 * 10^{-6} m^2/s \qquad \sum k_m = 16.4$$
$$d = 1200\ mm \qquad l = 2800\ m$$

Solución:

Siguiendo el Diagrama de Flujo 6 se calcula en primer lugar el área, la velocidad, las pérdidas menores y el número de Reynolds:

$$A = \frac{\pi}{4}d^2 = \frac{\pi}{4}\times 1.2^2 m^2 = 1.13m^2$$

$$\mathrm{v} = \frac{Q}{A} = \frac{3.72m^3/s}{1.13m^2} = 3.29m/s$$

$$h_m = \sum k_m \frac{\mathrm{v}^2}{2g} = 16.4\times\frac{3.29^2}{2\times 9.81}m = 9.05m$$

$$Re = \frac{\mathrm{v}d}{\nu} = \frac{3.29\times 1.2}{1.17\times 10^{-6}} = 3.374359x10^6$$

Con estos datos se calcula la pérdida por fricción:

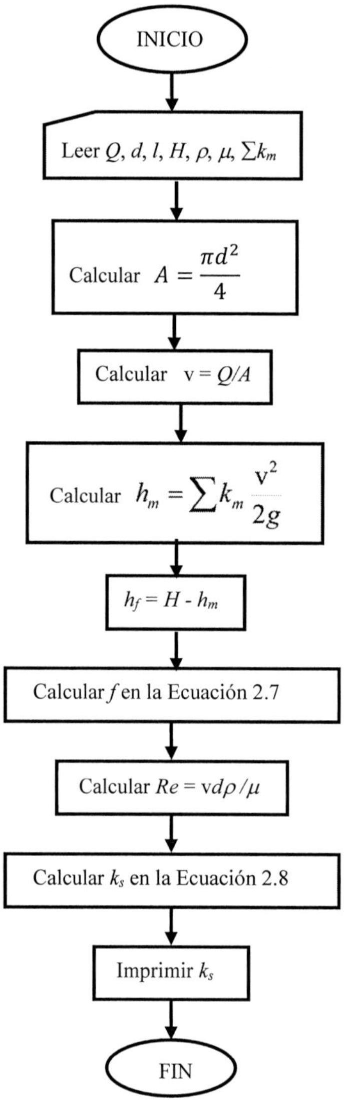

CALIBRACIÓN
TUBERÍAS SIMPLES

Diagrama de Flujo 6
Calibración de tuberías simples.

$$h_f = H - h_m = 32m - 9.05m = 22.95m$$

Ahora se calcula el factor de fricción de Darcy utilizando la Ecuación 2.7:

$$f = \frac{2gdh_f}{l\,v^2} = \frac{2 \times 9.81 \times 1.2 \times 22.95}{2800 \times 3.29^2}$$

$$f = 0.0178$$

Finalmente, utilizando la Ecuación 2.8 se calcula la rugosidad absoluta de la tubería:

$$k_s = 3.7d\left(10^{-\frac{1}{2\sqrt{f}}} - \frac{2.51}{\mathrm{Re}\sqrt{f}}\right)$$

$$k_s = 3.7 \times 1.2\left(10^{-\frac{1}{2\sqrt{0.0178}}} - \frac{2.51}{3374359 \times \sqrt{0.0178}}\right)$$

$$k_s = 0.77mm$$

Discusión:
Desde el punto de vista de los cálculos que es necesario realizar, la calibración de una tubería es muy simple. Tal como se puede ver en el Diagrama de Flujo 6, no existe necesidad de iteración alguna; es un cálculo directo cuyo resultado es la rugosidad absoluta de la tubería. Sin embargo, en la práctica lo delicado y difícil es la toma de datos de la caída de presión y de caudal, especialmente si esta debe ser realizada en condiciones de campo y no de laboratorio. Los aparatos de adquisición de datos modernos, tanto transductores de presión como caudalímetros y velocímetros, han ido aumentando su precisión de medida, con lo cual aumenta la precisión del cálculo de la rugosidad absoluta de tuberías.

La calibración de los sistemas complejos de tuberías, tales como los sistemas de distribución de agua potable o sistemas de riego localizado de alta frecuencia, se basa en la calibración de las tuberías simples. La calibración de estos sistemas complejos *es necesaria si se desea utilizar modelos informáticos, como herramientas de operación y de planteamiento de sistemas existentes.*

CONCEPTOS IMPORTANTES

Comprobación de diseño: tipo de problema en el que la tubería existe y por consiguiente se conocen la longitud, el diámetro, la rugosidad absoluta, todos los accesorios y el coeficiente de pérdidas menores. También se conoce la energía impulsora y las propiedades del fluido. La incógnita es el caudal que pasa por la tubería. En muchos problemas de hidráulica de tuberías se debe suponer un diámetro de tubería para luego comprobar si el diseño cumple con las restricciones hidráulicas. Esto hace que el problema de comprobación de diseño sea el más común de todos.

Cálculo de la potencia requerida: tipo de problema en el que se conoce el caudal demandado, la tubería y las propiedades del fluido, la incógnita es la potencia necesaria para mover dicho caudal a través de la tubería.

Diseño de la tubería: se conoce el caudal demandado, la potencia disponible, algunas de las características de la tubería y las propiedades del fluido. Se desconoce el diámetro necesario para permitir el paso del caudal demandado. El diseño de toda la tubería se debe hacer utilizando el diámetro interno real de fabricación de las tuberías y no el diámetro nominal. Este último corresponde a una denominación de tipo comercial por parte de los fabricantes.

Material de las tuberías: en el caso del diseño de sistemas de tuberías es usual contar únicamente con tres o cuatro materiales en un sitio de proyecto particular. Debido a que cada material tiene su propia rugosidad absoluta, los diseños deben hacerse tantas veces como materiales existan con el fin de escoger la alternativa óptima. Con el uso de las tecnologías de información lo anterior no implica un mayor esfuerzo adicional.

Calibración de una tubería: es el proceso mediante el cual se obtiene la rugosidad absoluta real de una tubería, ya sea nueva o existente. En el caso de la tubería nueva, el proceso de calibración usualmente se lleva a cabo en los laboratorios del fabricante, mientras que para una tubería ya existente es necesario tomar datos de campo. La calibración de los sistemas de tuberías es vital para poder utilizar las herramientas informáticas con fines operativos, como es el caso de las redes de distribución de agua potable.

PROBLEMAS

Para los siguientes problemas los diámetros nominales comerciales de las tuberías se pueden suponer como los diámetros reales[5]. La base de los diámetros es: 75, 100, 150, 200, 250, 300, 350, 400, 450, 500, 600 y 720 mm. A no ser que se especifique un fluido diferente, se debe trabajar con agua a 15 °C con las siguientes características:

$\rho = 999.1$ kg/m^3

$\mu = 1.14 \times 10^{-3}$ Pa.s

$\nu = 1.141 \times 10^{-6}$ m^2/s

2.1. Calcule el caudal de agua que fluye a través de una tubería de PVC ($k_s = 0.0015$ mm) desde un tanque de almacenamiento hasta un tanque floculador. La tubería tiene una longitud de 430 m y un diámetro de 200 mm. La diferencia de elevación entre los tanques es de 37.2 m. La tubería tiene accesorios que producen un coeficiente global de pérdidas menores de 7.9.

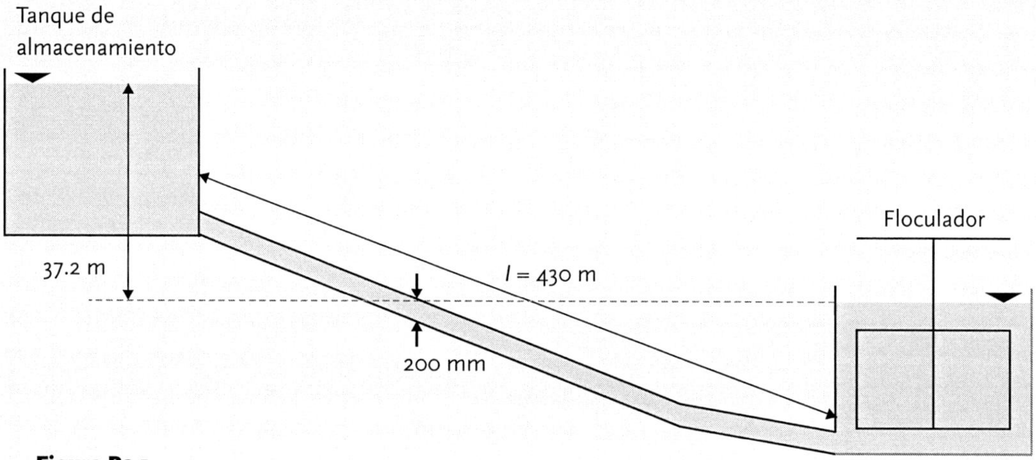

Figura P2.1

2.2. Resuelva el Problema 2.1 si la longitud de la tubería disminuye a 212 m y el material es hierro galvanizado ($k_s = 0.15$ mm). El diámetro sigue siendo 200 mm.

2.3. Resuelva el Problema 2.1 si la longitud de la tubería aumenta a 650 m y el material es hierro galvanizado ($k_s = 0.15$ mm). El diámetro sigue siendo 200 mm.

2.4. Resuelva el Problema 2.1 si la longitud de la tubería aumenta a 650 m y el material es concreto ($k_s = 0.3$ mm). El diámetro sigue siendo 200 mm. Compare los resultados obtenidos con los resultados de los tres problemas anteriores.

2.5. Una tubería de acero de 15 cm de diámetro y rugosidad absoluta de 0.3 mm conecta un tanque elevado con una piscina. El tanque produce una altura de 12 m por encima de la piscina, en la que el flujo sale como un chorro libre, es decir, según la presión atmosférica. La longitud total de la tubería es de 126 m y tiene un coeficiente global de pérdidas menores de 9.6 (ver FIGURA P2.5). Calcule el caudal de agua que fluye por la tubería.

---

5 Cada fabricante, en sus catálogos de producto, proporciona los diámetros reales que deberían ser utilizados en los diseños definitivos.

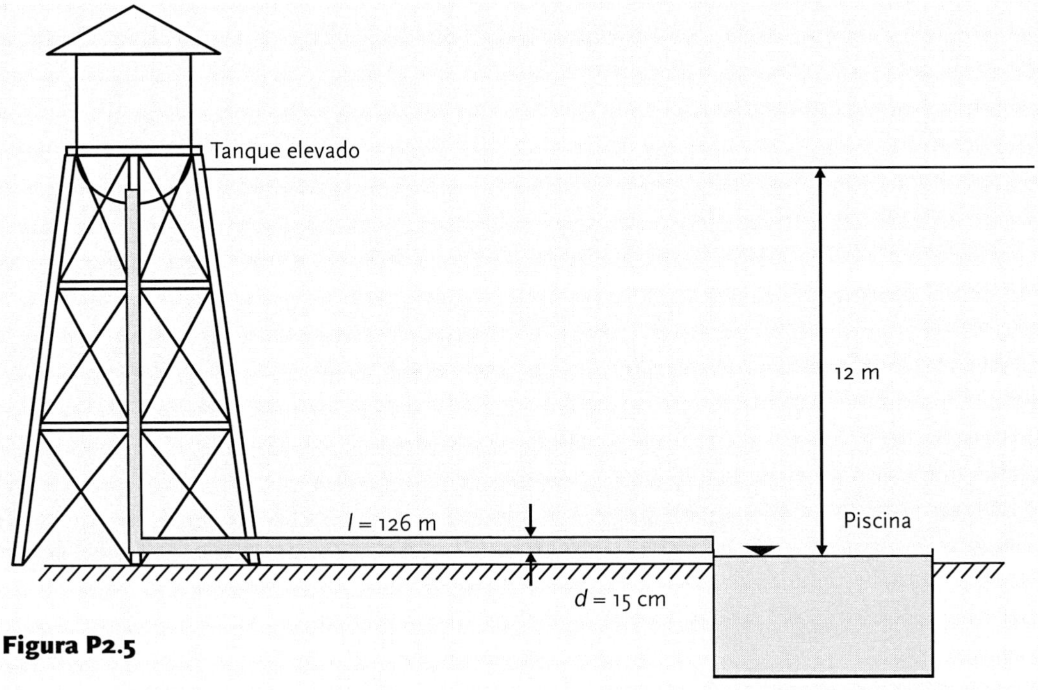

Figura P2.5

2.6. Resuelva el Problema 2.5 si el fluido es queroseno con las siguientes características físicas:

$\rho = 804$ kg/m³

$\mu = 1.92 \times 10^{-3}$ Pa.s

$\nu = 2.388 \times 10^{-6}$ m²/s

2.7. Resuelva el Problema 2.5 si el fluido es agua a 80 °C con las siguientes características físicas:

$\rho = 971.8$ kg/m³

$\mu = 3.54 \times 10^{-4}$ Pa.s

$\nu = 0.364 \times 10^{-6}$ m²/s

Compare los resultados de los dos últimos problemas.

2.8. A través de una tubería de PVC ($k_s = 0.0015$ mm) de 250 mm de diámetro fluye un caudal de 237 L/s. Calcule el factor de fricción f utilizando el método de iteración de un punto. Haga una gráfica del proceso de convergencia.

2.9. Resuelva el problema anterior utilizando el método de Newton-Raphson.

2.10. Resuelva el Problema 2.8 si la tubería es de hierro fundido con una rugosidad absoluta de 0.26 mm. Compare los resultados de los dos problemas. ¿Qué conclusión puede plantear?

2.11. Resuelva el Problema 2.9 si el fluido cambia a tetracloruro de carbono a 20 °C (ver Tabla A.1.2 del Apéndice).

2.12. A través de una tubería de acero ($k_s = 0.046$ mm) de 20 cm de diámetro fluye un caudal de 173 L/s. Calcule el factor de fricción f utilizando el método de Newton-Raphson. Haga una gráfica del proceso de convergencia.

2.13. Resuelva el Problema 2.12 si el fluido es gasolina con las siguientes características físicas:

$\rho = 680$ kg/m³

$\mu = 2.92 \times 10^{-4}$ Pa.s

$\nu = 4.29 \times 10^{-7}$ m²/s

Compare los resultados de los dos problemas. ¿Qué conclusión puede plantear?

2.14. Resuelva el Problema 2.12 si el fluido es agua a 80 °C con las siguientes características físicas:

$\rho = 971.8\ kg/m^3$
$\mu = 3.54 \times 10^{-4}\ Pa.s$
$\nu = 0.364 \times 10^{-6}\ m^2/s$

Compare los resultados de los dos problemas. ¿Qué conclusión puede plantear?

2.15. El sistema de toma de un acueducto municipal incluye una estación de bombeo que envía el agua hacia un tanque desarenador localizado en la cima de una colina. El caudal demandado por la población es de 460 L/s, el cual es bombeado a través de una tubería de 350 mm en acero (k_s = 0.046 mm). La tubería tiene una longitud total de 370 m y un coeficiente global de pérdidas menores de 7.4. Calcule la potencia requerida en la bomba si su eficiencia es del 75 % (ver **FIGURA P2.15**).

2.16. Resuelva el Problema 2.15 si la longitud aumenta a 1270 m. Compare los resultados de los dos problemas. ¿Qué conclusión puede plantear?

2.17. Resuelva el Problema 2.15 si la diferencia de altura entre el tanque de toma y el desarenador cambia a 48 m. Compare los resultados de los dos problemas. ¿Qué conclusión puede plantear?

2.18. Resuelva el Problema 2.15 si el diámetro disminuye a 300 mm. Compare los resultados de los dos problemas ¿Qué conclusión puede plantear?

2.19. Una tubería de PVC (k_s = 0.0015 mm) de 100 mm de diámetro y con una longitud de 26.3 m se utiliza para conectar el tanque estabilizador de una planta de tratamiento de aguas residuales con el reactor anaerobio tipo UASB. Si el caudal de agua que debe tratarse es de 45 L/s, ¿cuál es la diferencia de nivel que debe existir entre las superficies libres de los tanques? El coeficiente global de pérdidas menores es de 1.8. Suponga que la viscosidad cinemática es igual a la del agua limpia al 15 % (ver **FIGURA P2.19**).

2.20. Suponga que en el problema anterior, debido a la eficiencia mostrada por la planta de tratamiento, se decide duplicar el caudal. ¿Cuál es la potencia de la bomba que debe ser colocada en el punto A de la tubería si se quieren respetar los niveles antes establecidos? Suponga que la bomba tiene una eficiencia del 68 %.

2.21. Resuelva el problema anterior si se cambia el diámetro de la tubería a 200 mm y el material es acero (k_s = 0.0046 mm).

2.22. Resuelva el Ejemplo 2.3 si la tubería es de PVC (k_s = 0.0015 mm). ¿Qué conclusión puede plantear con respecto al efecto de la rugosidad en la tubería?

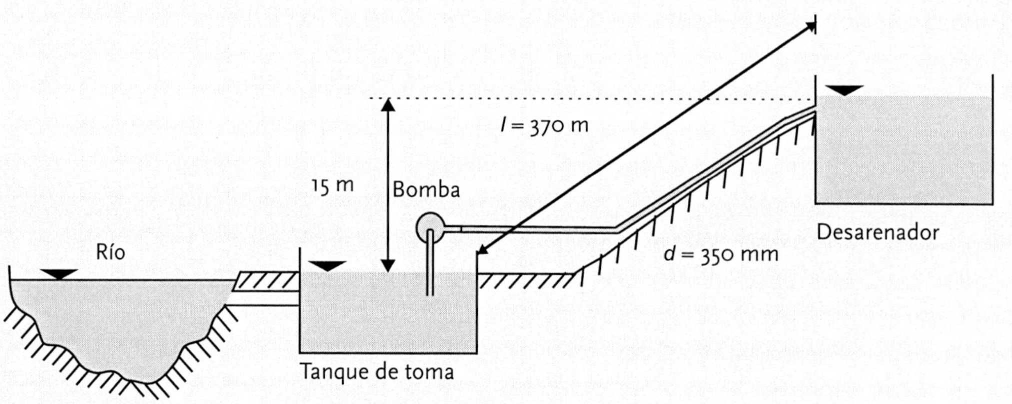

Figura P2.15

2.23. En la instalación de producción PF4 de Occidental de Colombia en el campo petrolero de Caño Limón es necesario evacuar las aguas de producción desde las lagunas de enfriamiento hasta el río Arauca. El caudal que se necesita mover es de 4.3 m^3/s de agua a 30 °C, para lo cual:

$\rho = 996\ kg/m^3$

$\mu = 0.799 \times 10^{-3}$ Pa.s

$\nu = 0.802 \times 10^{-6}\ m^2/s$

La altura disponible es de 4 m y la distancia entre los dos sitios es de 390 m. Por razones estratégicas se decide colocar tres tuberías de concreto (k_s = 0.5 mm). Suponga un coeficiente global para cada tubería de 12.3. ¿Cuál es el diámetro de las tuberías? ¿Tienen las tres tuberías el mismo diámetro? ¿Por qué?

2.24. Resuelva el problema anterior si la altura disponible aumenta a 22.7 m.

2.25. Resuelva el Problema 2.23 si el material de las tuberías es acero (k_s = 0.0046 mm).

2.26. En la **FIGURA P2.26** se muestra el esquema de una planta hidroeléctrica. ¿Cuál debe ser el diámetro de una tubería de acero (k_s = 0.046 mm) si el caudal es 850 L/s y se espera generar 800 kW? La longitud total de la tubería, desde el embalse hasta la sala de máquinas, es de 1680 m. El coeficiente global de pérdidas menores causado por los accesorios localizados aguas arriba de la turbina es de 6.8. Dé el diámetro en milímetros.

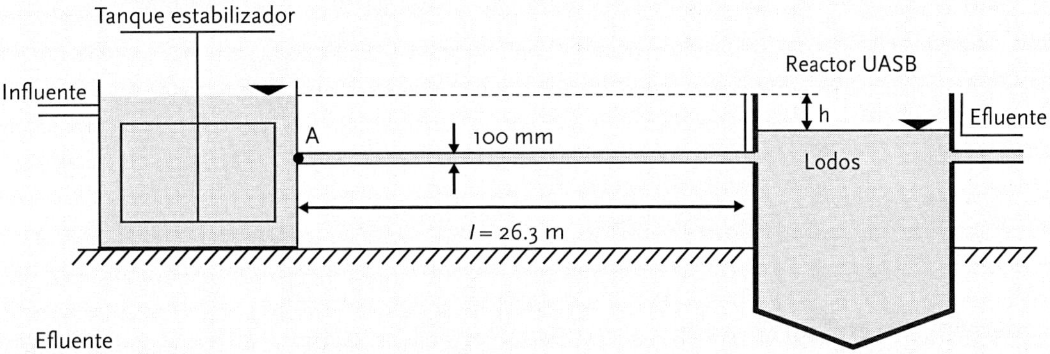

Figura P2.19

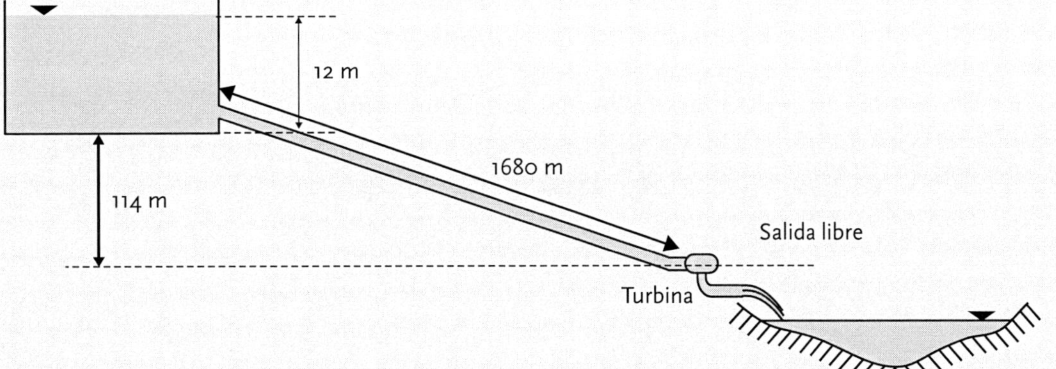

Figura P2.26

2.27. Resuelva el problema anterior si la longitud total de la tubería cambia a 4125 m. Compare los resultados de los dos problemas.

2.28. Resuelva el Problema 2.26 si la tubería es de concreto con una rugosidad absoluta de 0.3 mm.

2.29. Desde el tanque A al tanque B (ver **FIGURA P2.29**) deben fluir 212 L/s. Si la tubería 1-2 es de PVC (k_s = 0.0015 mm) y la tubería 2-3 es de hierro fundido asfaltado (k_s = 0.12 mm), ¿cuál debe ser el diámetro de la tubería 1-2? Utilice los coeficientes de pérdidas menores mostrados.

2.30. En una bocatoma para el acueducto de un municipio se localiza una bomba de 3 m por encima del nivel de la toma y 7 m hacia la derecha del río fuente. Para que la operación de la bomba sea satisfactoria es necesario que la altura a su entrada sea al menos de -6.5 m de agua. Calcule el menor diámetro comercial en hierro galvanizado (k_s = 0.15 mm) que debe colocarse. Suponga que el coeficiente global de pérdidas menores es de 1.3. El caudal es de 190 L/s (ver **FIGURA P2.30**).

2.31. Resuelva el Problema 2.30 si la tubería es de PVC (k_s = 0.0015 mm) y el coeficiente global de pérdidas menores es de 6.7. ¿Qué conclusiones puede plantear?

2.32. En una planta de tratamiento de agua para el consumo es necesario diseñar una tubería corta que conecte el tanque floculador con el tanque sedimentador. La diferencia de altura entre estos dos tanques es de 1.2 m y el caudal es de 137 L/s. La longitud total de la tubería es de 3.2 m y su coeficiente global de pérdidas menores es de 2.8. ¿Cuál es el diámetro en hierro galvanizado (k_s = 0.15 mm) que debe colocarse? (ver **FIGURA P2.32**).

2.33. Resuelva el Problema 2.32 si la tubería es de PVC (k_s = 0.0015 mm) con una longitud de 4.8 m y un coeficiente global de pérdidas menores de 3.5.

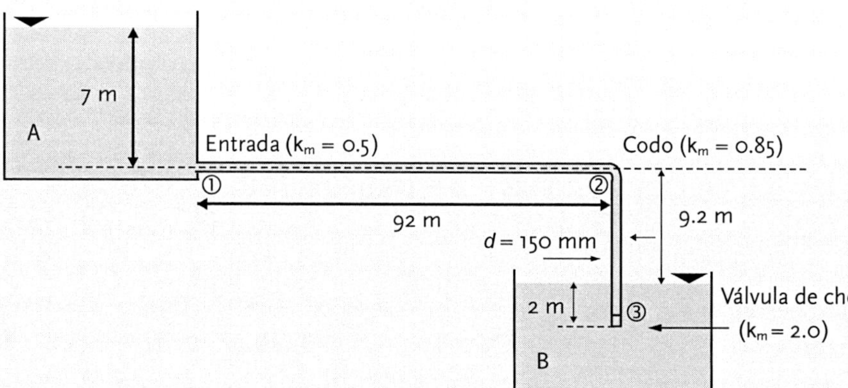

Figura P2.29

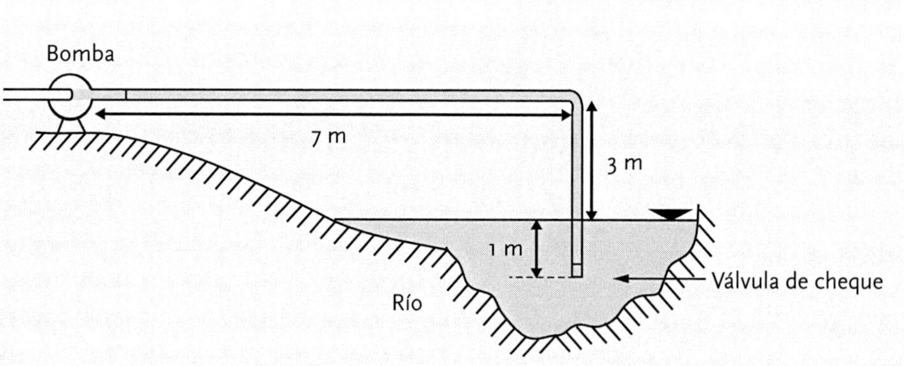

Figura P2.30

2.34. Resuelva el Ejemplo 2.8 si la caída de presión piezométrica medida cambia a 103.4 m. Los demás datos del problema permanecen inalterados.

2.35. Resuelva el Ejemplo 2.8 si el diámetro de la tubería cambia a 1500 mm. Los demás datos del problema permanecen inalterados.

2.36. En un poliducto la tubería tiene un diámetro de 200 mm y el material es acero. A lo largo de una longitud de 1730 m se mide una caída en la presión piezométrica de 79.4 m, cuando el fluido es queroseno con las siguientes características físicas:

$\rho = 804\ \text{kg/m}^3$

$\mu = 1.92 \times 10^{-3}\ \text{Pa.s}$

$\nu = 2.388 \times 10^{-6}\ \text{m}^2/\text{s}$

Calcule la rugosidad absoluta de la tubería si en ese tramo el coeficiente global de pérdidas menores es de 8.1 y el caudal es 69.9 L/s.

2.37. Resuelva el problema anterior si la longitud de la tubería cambia a 3050 m. Compare los resultados de los dos problemas.

2.38. La tubería de descarga del sistema de enfriamiento de una planta termoeléctrica mueve agua con una temperatura de 50 °C con las siguientes características físicas:

$\rho = 988\ \text{kg/m}^3$

$\mu = 5.47 \times 10^{-4}\ \text{Pa.s}$

$\nu = 0.553 \times 10^{-6}\ \text{m}^2/\text{s}$

La tubería tiene un diámetro de 450 mm y el caudal es 630 L/s. En un tramo de 60 m se mide una caída en la presión piezométrica de 6.2 m y un coeficiente global de pérdidas menores de 2.4. Calcule la rugosidad absoluta de la tubería.

2.39. Resuelva el problema anterior si el diámetro de la tubería cambia a 400 mm. Compare los resultados de los dos problemas.

2.40. En el Problema 2.38, si se tiene la mitad del caudal, ¿cuál sería la caída en la presión piezométrica? Si para esa mitad del caudal se observa una caída piezométrica de 1.6 m, ¿cuál sería la rugosidad absoluta de la tubería? Comente sus resultados.

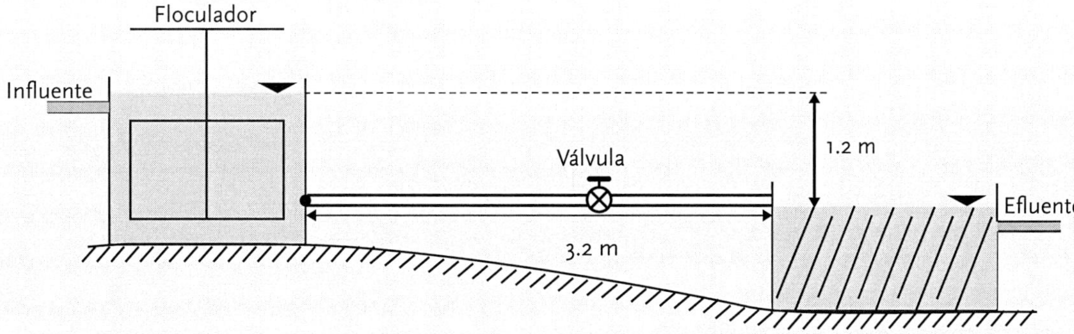

Figura P2.32

ANEXO 1

Rugosidad absoluta (k_s) para diferentes materiales utilizados en la fabricación de tuberías

Material	k_s (mm)
Vidrio	0.0003
PVC, CPVC	0.0015
Asbesto cemento	0.03
GRP	0.03
Acero	0.046
Hierro forjado	0.06
CCP	0.12
Hierro fundido asfaltado	0.12
Hierro galvanizado	0.15
Arcilla vitrificada	0.15
Hierro fundido	0.15
Hierro dúctil	0.25
Madera cepillada	0.18-0.9
Concreto	0.3-3.0
Acero bridado	0.9-9.0

ANEXO 2

Coeficientes de pérdidas menores

La ecuación para el cálculo de las pérdidas menores de energía causadas por los accesorios en una tubería es de la siguiente forma:

ECUACIÓN A2.1

$$h_m = k_m \frac{v^2}{2g}$$

donde:

h_m = energía por unidad de peso perdida en el accesorio
k_m = coeficiente de pérdidas menores del accesorio
v = velocidad media del flujo en la tubería
g = aceleración de la gravedad

Por lo general, el valor del coeficiente de pérdidas menores (k_m) es un valor empírico, deducido de pruebas en laboratorio. Sin embargo, algunos de los accesorios típicos de las tuberías pueden ser analizados utilizando las ecuaciones de conservación de energía y conservación de *momentum*, con el fin de deducir sus coeficientes.

Las siguientes tablas muestran un resumen de los coeficientes de pérdidas menores para los accesorios de uso frecuente en los sistemas de tuberías, los cuales deben utilizarse en todos los algoritmos de diseño presentados en este capítulo.

TABLAS

Coeficientes para pérdidas menores en accesorios y codos

Tabla A2.1 Coeficiente de pérdida en codos de 90° con diferentes relaciones entre el radio de curvatura (*r*) y el diámetro de la tubería.

Accesorio	k_m
Válvula de globo, completamente abierta	10.0
Válvula en ángulo, completamente abierta	5.0
Válvula de cheque, completamente abierta	2.5
Válvula de compuerta, completamente abierta	0.2
Válvula de compuerta, con ¾ de apertura	1.00-1.15
Válvula de compuerta, con ½ de apertura	5.6
Válvula de compuerta, con ¼ de apertura	24.0
Codo de radio corto (r/d 5 6 1)	0.9
Codo de radio mediano	0.75-0.80
Codo de gran radio (r/d 5 6 1.5)	0.6
Codo de 45°	0.4-0.42
Retorno (curva en U)	2.2
Tee en sentido recto	0.3
Tee a través de la salida lateral	1.8
Unión	0.3
Ye de 45°, en sentido recto	0.3
Ye de 45°, salida lateral	0.8
Entrada recta a tope	0.5
Entrada con boca acampanada	0.1
Entrada con tubo reentrante	0.9
Salida	1.0

Tabla A2.2 Coeficiente de pérdida en codos de 90° con diferentes relaciones entre el radio de curvatura (*r*) y el diámetro de la tubería.

Diámetro nominal en milímetros											
r/d	5	10	25	50	75	100	125	150	200-250	300-400	450-600
1	0.54	0.50	0.46	0.38	0.36	0.34	0.32	0.30	0.28	0.26	0.24
3	0.32	0.30	0.276	0.228	0.216	0.204	0.192	0.018	0.168	0.156	0.144
6	0.459	0.425	0.391	0.32	0.31	0.29	0.27	0.26	0.24	0.22	0.2
10	0.81	0.75	0.69	0.57	0.54	0.51	0.48	0.45	0.42	0.39	0.36
14	1.03	0.95	0.87	0.72	0.68	0.65	0.61	0.57	0.53	0.49	0.46
20	1.35	1.25	1.15	0.95	0.90	0.85	0.80	0.75	0.70	0.65	0.60

Tabla A2.3 Valores de k_m para diferentes accesorios.

Diámetro nominal en milímetros											
	10	15	25	30	50	75	100	125	150	200-250	300-400	450-600
Válvula de compuerta abierta	0.22	0.20	0.18	0.16	0.15	0.14	0.14	0.13	0.12	0.11	0.10	0.10
Válvula de globo abierta	9.2	8.5	7.8	7.1	6.5	6.1	5.8	5.4	5.1	4.8	4.4	4.1
Codo estándar	0.80	0.75	0.69	0.63	0.57	0.54	0.51	0.48	0.45	0.42	0.39	0.36
Semicodo estándar	0.43	0.40	0.37	0.34	0.30	0.29	0.27	0.26	0.24	0.22	0.21	0.19
Tee en sentido recto	0.54	0.50	0.46	0.42	0.38	0.36	0.34	0.32	0.30	0.28	0.26	0.24
Tee en sentido lateral	1.62	1.50	1.38	1.26	1.14	1.08	1.02	0.96	0.9	0.84	0.78	0.72

Tabla A2.4 Valores experimentales de coeficientes k_m para contracciones bruscas*.

Relación de áreas (A_2/A_1)	0	0.1	0.2	0.3	0.4	0.5	0.6	0.7	0.8	0.9	1
Cc	0.617	0.624	0.632	0.643	0.659	0.681	0.712	0.755	0.813	0.892	1.00
(1/Cc-1)2	0.385	0.363	0.339	0.308	0.268	0.219	0.164	0.105	0.0529	0.0147	0
ka	0.0438	0.0362	0.0296	0.0231	0.0178	0.0135	0.00913	0.0057	0.00331	0.000796	0
km	0.5	0.46	0.41	0.36	0.31	0.25	0.18	0.12	0.0 58	0.016	0

* La ecuación para el cálculo de las pérdidas en contracciones bruscas es:

ECUACIÓN A2.2

$$h_m = \left[\frac{k_a}{C_C^{\ 2}} + \left(\frac{1}{C_C} - 1\right)^2\right]\frac{v_2^{\ 2}}{2g}$$

donde:

v_2 = velocidad aguas abajo de la contracción

Tabla A2.5 Coeficientes de pérdidas menores para contracciones bruscas*.

	Velocidad								
	0.6 m/s	1.2 m/s	1.8 m/s	2.4 m/s	3 m/s	4.5 m/s	6 m/s	9 m/s	12 m/s
d1/d2	2 pies/s	4 pies/s	6 pies/s	8 pies/s	10 pies/s	15 pies/s	20 pies/s	30 pies/s	40 pies/s
1.0	0.0	0.0	0.0	0.0	0.0	0.0	0.0	0.0	0.0
1.1	0.03	0.04	0.04	0.04	0.04	0.04	0.05	0.05	0.06
1.2	0.07	0.07	0.07	0.07	0.08	0.08	0.09	0.10	0.11
1.4	0.17	0.17	0.17	0.17	0.18	0.18	0.18	0.19	0.20
1.6	0.26	0.26	0.26	0.26	0.26	0.25	0.25	0.25	0.24
1.8	0.34	0.34	0.34	0.33	0.33	0.32	0.31	0.29	0.27
2.0	0.38	0.37	0.37	0.36	0.36	0.34	0.33	0.31	0.29
2.2	0.40	0.40	0.39	0.39	0.38	0.37	0.35	0.33	0.30
2.5	0.42	0.42	0.41	0.40	0.40	0.38	0.37	0.34	0.31
3.0	0.44	0.44	0.43	0.42	0.42	0.40	0.39	0.36	0.33
4.0	0.47	0.46	0.45	0.45	0.44	0.42	0.41	0.37	0.34
5.0	0.48	0.47	0.47	0.46	0.45	0.44	0.42	0.38	0.35
10.0	0.49	0.48	0.48	0.47	0.46	0.45	0.43	0.40	0.36
α	0.49	0.48	0.48	0.47	0.47	0.45	0.44	0.41	0.38

* Para utilizar estos coeficientes, la ecuación para el cálculo de las pérdidas menores en las contracciones es:

ECUACIÓN A2.3

$$h_m = k_m \frac{v_2^{\ 2}}{2g}$$

donde:

v_2 = velocidad media aguas abajo de la contracción

Tabla A2.6 Coeficientes de pérdidas menores para expansiones bruscas*.

	Velocidad						
	0.6 m/s	1.2 m/s	3 m/s	4.5 m/s	6 m/s	9 m/s	12 m/s
d1/d2	2 pies/s	4 pies/s	10 pies/s	15 pies/s	20 pies/s	30 pies/s	40 pies/s
1.0	0.0	0.0	0.0	0.0	0.0	0.0	0.0
1.2	0.11	0.10	0.09	0.09	0.09	0.09	0.08
1.4	0.26	0.25	0.23	0.22	0.22	0.21	0.20
1.6	0.40	0.38	0.35	0.34	0.33	0.32	0.32
1.8	0.51	0.48	0.45	0.43	0.42	0.41	0.40
2.0	0.60	0.56	0.52	0.51	0.50	0.48	0.47
2.5	0.74	0.70	0.65	0.63	0.62	0.60	0.58
3.0	0.83	0.78	0.73	0.70	0.69	0.67	0.65
4.0	0.92	0.87	0.80	0.78	0.76	0.74	0.72
5.0	0.96	0.91	0.84	0.82	0.80	0.77	0.75
10.0	1.00	0.96	0.89	0.86	0.84	0.82	0.80
α	1.00	0.98	0.91	0.88	0.86	0.83	0.81

* Para utilizar estos coeficientes, la ecuación para el cálculo de las pérdidas menores en las expansiones es:

ECUACIÓN A2.4

$$h_m = k_m \frac{v_2^2}{2g}$$

donde:

v_2 = velocidad media aguas abajo de la expansión.

Tabla A2.7 Coeficientes de pérdidas menores para expansiones graduales*.

	Ángulo del cono de contracción											
d1/d2	2°	6°	10°	15°	20°	25°	30°	35°	40°	45°	50°	60°
1.1	0.01	0.01	0.03	0.05	0.10	0.13	0.16	0.18	0.19	0.20	0.21	0.23
1.2	0.02	0.02	0.04	0.09	0.16	0.21	0.25	0.29	0.31	0.33	0.35	0.37
1.4	0.02	0.03	0.06	0.12	0.23	0.30	0.36	0.41	0.44	0.47	0.50	0.53
1.6	0.03	0.04	0.07	0.14	0.26	0.35	0.42	0.47	0.51	0.54	0.57	0.61
1.8	0.03	0.04	0.07	0.15	0.28	0.37	0.44	0.50	0.54	0.58	0.61	0.65
2.0	0.03	0.04	0.07	0.16	0.29	0.38	0.46	0.52	0.56	0.60	0.63	0.68
2.5	0.03	0.04	0.08	0.16	0.30	0.39	0.48	0.54	0.58	0.62	0.65	0.70
3.0	0.03	0.04	0.08	0.16	0.31	0.40	0.48	0.55	0.59	0.63	0.66	0.71
α	0.03	0.05	0.08	0.16	0.31	0.40	0.49	0.56	0.60	0.64	0.67	0.72

* En este caso se utiliza la misma ecuación para el cálculo de las pérdidas de energía en una expansión brusca.

BIBLIOGRAFÍA

Colebrook, C. F. "Turbulent Flow in Pipes with Particular Reference to the Transition Region Between the Smooth and Rough Pipe Flows", en *Journal of the Institution of Civil Engineers*, II, n.° 133, 1938-1939.

Crane Corporation. "Flow of Fluids Through Values, Fittings and Pipe", en *Technical Paper*, n.°410, Joiler, Illinois, 1988.

Featherstone, Ronald. "Computational Methods in the Analysis and Design of Closed Conduit Hydraulic Systems", Capítulo 3 en *Developments in Hydraulic Engineering-1*, edited by Paul Novak. Applied Science Publisher, Londres, 1983.

Ferrer, Mario. "Implementación de los algoritmos de Darcy-Weisbach y Colebrook-White para el diseño de tuberías", proyecto especial, Universidad de los Andes, Departamento de Ingeniería Civil, Bogotá. No publicado. Asesor, Juan Saldarriaga, enero de 1989.

Fox, Robert W. y Alan T. McDonald. *Introduction to Fluid Mechanics*, 4 ed., McGraw-Hill, New York, 1992.

King, H. W. y E. F. Brater. *Handbook of Hydraulics*, 6 ed., McGraw-Hill, New York, 1976.

King, R. C. y S. Crocker. *Piping Handbook*, 5 ed., McGraw-Hill, New York, 1976.

Martin, D. W. y G. Peters. "The Application of Newton's Method to Network Analysis by Digital Computer", en *Journal of the Institution of Water Engineers*, n.° 66, 1963.

Martínez, Juan D. "Estudio de los coeficientes de pérdidas menores en accesorios de tuberías de P.V.C. Validación de la metodología de la longitud equivalente", proyecto de grado IC-93-II-12, Universidad de los Andes, Departamento de Ingeniería Civil, Bogotá, asesor: Juan Saldarriaga, febrero de 1994.

Moody, Lewis. "Friction Factor for Pipe Flow", en *Transactions of the American Society of Mechanical Engineers*, n.° 66, noviembre de 1944.

Moot, Robert L. *Applied Fluid Mechanics*, 4 ed., Merril, New York, 1994.

Nikuradse, Johann. "Strömungsgesetze in Rauhen Rohren" (Laws of Flow in Rough Pipes), en *VDI-Forschungsheft 361*, 1933 (NACA Technical Memorandum 1292, Washington, 1950).

Ralston, Anthony. *Introducción al análisis numérico*, 1 ed., Limusa-Wiley S.A., México, 1970.

Saldarriaga, Juan y Luis Camacho. "Efectos comparativos en el diseño de tuberías utilizando las ecuaciones de Colebrook-White y Hazen-Williams", IX Seminario Nacional de Hidráulica e Hidrología, Sociedad Colombiana de Ingenieros, Manizales, Colombia, 1990.

Shames, Irving H. *Mechanics of Fluids*, 3 ed., McGraw-Hill, New York, 1992.

White, Frank M. *Fluid Mechanics*, 6 ed., McGraw-Hill, New York, 2008.

3

Ecuaciones empíricas para la fricción en tuberías

Objetivos

- Presentar las principales ecuaciones empíricas para el cálculo del factor de fricción de Darcy.
- Comparar la precisión de cálculo de las ecuaciones empíricas frente a la ecuación de Colebrook-White.
- Presentar la ecuación de Hazen-Williams como ejemplo de las ecuaciones empíricas que se apartaron de los fundamentos de la mecánica de fluidos clásica.
- Establecer los rangos de aplicabilidad de las ecuaciones empíricas.
- Plantear los problemas de calibración de tuberías simples y sistemas de tuberías mediante el uso de las ecuaciones empíricas.
- Establecer una metodología de uso de la ecuación de Hazen-Williams, aplicable a los materiales utilizados en tuberías para el transporte de agua.

3.1 INTRODUCCIÓN

Tal como se determinó en el primer capítulo, la ecuación de Darcy-Weisbach:

ECUACIÓN 1.38

$$h_f = f \frac{l}{d} \frac{v^2}{2g}$$

proporciona, por su fundamentación física, una base racional para el análisis y el cálculo de las pérdidas por fricción en una tubería. Sin embargo, a pesar de estar basada en la física clásica, dicha ecuación presenta el problema de que el factor de fricción f es una función no explícita del número de Reynolds y de la rugosidad relativa, tal como se estableció en la ecuación de Colebrook-White, cuya forma definitiva es:

ECUACIÓN 1.69

$$\frac{1}{\sqrt{f}} = -2 log_{10}\left(\frac{k_s}{3.7d} + \frac{2.51}{Re\sqrt{f}} \right)$$

El hecho de que la anterior ecuación sea no explícita para el factor de fricción f implica que la solución de los problemas de tuberías debe incluir métodos numéricos iterativos, lo cual, antes de la popularización de los ordenadores, hacía que su uso fuera engorroso. Por esto surgieron, por un lado, una serie de ecuaciones empíricas que tuvieron y tienen un amplio uso en la práctica de la ingeniería, y, por otro lado, una serie de gráficas de ayuda para el diseño de sistemas de tuberías, de las cuales las más famosas y, por consiguiente, las que más se utilizaron, fueron los diagramas de Moody, modificado y completo, presentados en el primer capítulo.

El desarrollo de las ecuaciones empíricas, a su vez, siguió dos tendencias:

- La primera estableció ecuaciones para calcular de forma explícita el factor de fricción f; es decir, aunque se mantenía toda la teoría de Darcy-Weisbach, se abandonaba el análisis de Prandtl-von Kármán que llevaba a la ecuación de Colebrook-White.
- La segunda planteó ecuaciones empíricas totalmente diferentes a la ecuación de Darcy-Weisbach, pero que a la larga terminaron siendo casos especiales de esta última, con formas muy sencillas y por consiguiente fáciles de usar.

A continuación se detallan algunas de las ecuaciones empíricas más exitosas. Su grado de exactitud es lo suficientemente alto para la mayoría de los problemas de ingeniería, que aún hoy siguen teniendo una gran aceptación por ingenieros sanitarios en muchos países del mundo. Como se verá más adelante, su uso es muy sencillo si se compara con la ecuación de Darcy-Weisbach en conjunto con la ecuación de Colebrook White.

3.2 ECUACIONES EMPÍRICAS PARA DESCRIBIR EL FACTOR DE FRICCIÓN f DE DARCY EN RÉGIMEN TURBULENTO

Tal como se mencionó anteriormente, en lugar de utilizar las ecuaciones de Prandtl y von Kármán por su naturaleza no explícita, algunos investigadores e ingenieros trataron de encontrar ecuaciones explícitas que permitieran calcular el factor de fricción de Darcy para casos particulares del número de Reynolds y de la rugosidad relativa. Estas particularidades buscaban reflejar el caso del fluido agua con tuberías de materiales comercialmente disponibles en la época para transportarla. Algunas de las ecuaciones más exitosas para describir el factor de fricción f de Darcy, deducidas empíricamente, son las siguientes.

Las investigaciones se concentran, por supuesto, en los materiales para las tuberías existentes en cada época, lo cual influye sobre las ecuaciones resultantes.

3.2.1 Ecuación de Moody

Esta ecuación, cuya forma final es la siguiente, fue planteada por Lewis Moody después de finalizar el desarrollo de sus diagramas:

ECUACIÓN 3.1

$$f = 0.0055\left[1+\left(2000\frac{k_s}{d}+\frac{10^6}{\mathrm{Re}}\right)^{1/3}\right]$$

Todas las ecuaciones empíricas que describen el factor de fricción mantienen su dependencia tanto en la rugosidad relativa como en el número de Reynolds.

En esta ecuación, el factor de fricción es una función explícita de la rugosidad relativa y del número de Reynolds. Sin embargo, su forma es completamente diferente a la de la ecuación de Colebrook-White. Si se comparan estas dos ecuaciones para los valores de la rugosidad relativa variando entre 10^{-1} y 10^{-7} y para números de Reynolds variando entre 3×10^3 y 3×10^7 se obtienen los siguientes porcentajes de error:

Tabla 3.1 Porcentajes de error de la ecuación de Moody en comparación con la ecuación de Colebrook-White.

k_s/d \ Re	3×10^3	3×10^4	3×10^5	3×10^6	3×10^7
10-1	-26.65	-26.45	-26.43	-26.43	-26.43
10-2	-3.41	-1.16	-0.70	-0.64	-0.63
10-3	-0.07	+0.90	+2.98	+3.91	+4.03
10-4	+0.23	-0.87	-2.08	+1.91	+3.52
10-5	+0.26	-1.17	-4.75	-2.04	+5.27
10-6	+0.27	-1.20	-5.12	-3.90	+5.42
10-7	+0.27	-1.20	-5.16	-4.16	+4.75

En esta tabla se puede observar que la precisión de la ecuación de Moody es baja para los números de Reynolds superiores a 3×10^5 y para las rugosidades relativas muy altas (este último caso, sin embargo, es muy poco común).

3.2.2 Ecuación de Wood

Esta ecuación empírica fue deducida por Donald Wood en la Universidad de Kentucky en la década de 1960, unos años antes de la introducción generalizada de los ordenadores en la práctica de la ingeniería. La ecuación de Wood tiene la siguiente forma:

ECUACIÓN 3.2

$$f = a + b\,Re^{-c}$$

donde:

f = factor de fricción de Darcy

$$a = 0.094\left(\frac{k_s}{d}\right)^{0.225} + 0.53\left(\frac{k_s}{d}\right)$$

$$b = 88\left(\frac{k_s}{d}\right)^{0.44}$$

$$c = 1.62\left(\frac{k_s}{d}\right)^{0.134}$$

De nuevo es evidente que el factor de fricción de Darcy es una función explícita de la rugosidad relativa y del número de Reynolds. Su forma es radicalmente diferente a la de la ecuación de Colebrook-White. Si se hace la misma comparación planteada para la ecuación de Moody se obtienen los porcentajes de error mostrados en la Tabla 3.2.

Tabla 3.2 Porcentajes de error de la ecuación de Wood en comparación con la ecuación de Colebrook-White.

k_s/d \ Re	3×10^3	3×10^4	3×10^5	3×10^6	3×10^7
10-1	+4.09	+6.79	+7.17	+7.21	+7.21
10-2	-5.04	+0.62	+1.93	+1.99	+1.98
10-3	+1.49	+0.20	+5.23	+4.81	+4.16
10-4	+7.67	-0.11	+2.94	+5.43	+2.48
10-5	-4.10	-3.53	-3.26	+0.56	+0.49
10-6	-29.93	-19.79	-16.68	-10.58	-6.35
10-7	-56.58	-43.94	-34.76	-27.93	-22.07

La ecuación de Wood resultó menos precisa que la de Moody, puesto que solo tiene validez para las rugosidades relativas superiores a 10^{-5} y para los números de Reynolds entre 3×10^4 y 10^7. Esto la hace inaplicable para los materiales plásticos modernos por su baja rugosidad absoluta.

3.2.3 Ecuación de Barr

Antes de la popularización del uso de los ordenadores personales se establecieron ecuaciones empíricas muy complejas para explicar el comportamiento del factor de fricción de Darcy. Una de estas ecuaciones fue la de Barr:

ECUACIÓN 3.3

$$\frac{1}{\sqrt{f}} = -2\log_{10}\left(\left(\frac{A}{\pi_1^B}\right) + \left(\frac{C}{\pi_2^D}E\right)\right)$$

donde:

$$A = 0.325 \times 0.027\log_{10}\pi_1$$
$$B = 0.93 \times 0.0068\log_{10}\pi_1$$
$$C = 2.95 \times 0.29\log_{10}\pi_2$$
$$D = 0.914 \times 0.0052\log_{10}\pi_2$$
$$E = 1 + \left(\frac{\pi_2^{0.44}}{11\pi_1^{0.54}}\right)$$

y donde π_1 y π_2 son los siguientes parámetros adimensionales:

$$\pi_1 = \frac{0.958866\,Q^{2/5}}{\left(\frac{h_f}{l}g\right)^{1/5} k_s}$$

$$\pi_2 = \frac{1.32786\,Q^{3/5}\left(\frac{h_f}{l}g\right)^{1/5}}{\nu}$$

En este caso, el factor de fricción no es función del número de Reynolds ni de la rugosidad relativa, tal como se estableció en el análisis dimensional planteado en el primer capítulo. El factor de fricción es una función explícita del caudal, de la pendiente de fricción, de la aceleración de la gravedad, de la rugosidad absoluta y de la viscosidad cinemática. Si se compara nuevamente con la ecuación de Colebrook-White, para valores de la rugosidad relativa variando entre 10^{-1} y 10^{-7} y para números de Reynolds variando entre 3×10^3 y 3×10^7, la ecuación de Barr arroja los errores mostrados en la Tabla 3.3.

El artículo original de Barr (Barr, 1976) no incluye explícitamente los caudales y el material de la tubería utilizado para estos cálculos, lo cual no es necesario para establecer la exactitud de su ecuación.

Tabla 3.3 Porcentajes de error de la ecuación de Barr en comparación con la ecuación de Colebrook-White.

k_s/d \ Re	3×10^3	3×10^4	3×10^5	3×10^6	3×10^7
10-1	-0.13	-0.11	-0.09	-0.08	-0.08
10-2	-0.15	-0.14	-0.10	-0.07	-0.07
10-3	-0.10	-0.13	-0.04	+0.01	+0.03
10-4	-0.02	-0.12	-0.08	0.00	+0.04
10-5	+0.03	-0.07	-0.07	-0.05	-0.02
10-6	+0.04	-0.05	-0.04	-0.04	-0.06
10-7	+0.05	-0.04	-0.02	-0.01	-0.04

Los resultados mostrados en la tabla anterior corroboran la alta precisión de la ecuación de Barr para todo el rango de las rugosidades relativas y de los números de Reynolds considerados. Sin embargo, con la creciente rapidez de cálculo de los ordenadores y su decreciente coste, la ecuación de Barr nunca llegó a utilizarse masivamente. Es una ecuación compleja, a pesar de que es explícita.

3.2.4 Ecuación de Swamee-Jain

La última ecuación explícita, y por consiguiente la más exitosa, apareció en el año 1976 y fue desarrollada por los investigadores Prabhata K. Swamee y Akalank K. Jain, quienes deseaban obtener una ecuación más sencilla que la de Barr. Para desarrollar su ecuación los investigadores resolvieron la ecuación de Colebrook-White calculando el factor de fricción para los dos extremos del flujo turbulento: flujo turbulento hidráulicamente liso y flujo turbulento hidráulicamente rugoso con altos números de Reynolds. En ambos casos obtuvieron las siguientes ecuaciones a través de la técnica de ajuste de curvas:

a) Flujo turbulento hidráulicamente rugoso

ECUACIÓN 3.4

$$f = \frac{0.25}{\left[\log\left(\frac{k_s}{3.7d}\right)\right]^2}$$

b) Flujo turbulento hidráulicamente liso

ECUACIÓN 3.5

$$f = \frac{0.25}{\left[\log\left(\frac{5.74}{\mathrm{Re}^{0.9}}\right)\right]^2}$$

Las Ecuaciones 3.4 y 3.5 fueron combinadas por Swamee y Jain para obtener una ecuación explícita para el factor de fricción en la zona de transición de flujo turbulento en las tuberías circulares siguiendo los pasos hechos por Colebrook y White. La ecuación que resultó fue:

c) Todo el rango de flujo turbulento

ECUACIÓN 3.6

$$f = \frac{0.25}{\left[\log\left(\frac{k_s}{3.7d} + \frac{5.74}{\mathrm{Re}^{0.9}}\right)\right]^2}$$

La Ecuación 3.6 se reduce a la Ecuación 3.4 para el flujo turbulento hidráulicamente rugoso y a la Ecuación 3.5 para el flujo turbulento hidráulicamente liso. La Ecuación 3.6 fue comparada con la ecuación de Colebrook-White para establecer su exactitud. Se encontró que para los rangos:

$$10^{-6} \leq \frac{k_s}{d} \leq 10^{-2}$$

y

$$5 \times 10^3 \leq \text{Re} \leq 10^8$$

los errores involucrados en el factor de fricción siempre fueron menores que el 1 %. Hoy en día varios de los programas comerciales para el cálculo de las redes de distribución de agua potable utilizan la ecuación de Darcy-Weisbach, en conjunto con la ecuación de Swamee-Jain. Sin embargo, puede decirse que los esfuerzos para encontrar una ecuación explícita que describiera el factor de fricción de Darcy llegaron tarde. Poco después de la aparición de las ecuaciones mencionadas, y de algunas otras, se masificó el uso de los ordenadores para el diseño en ingeniería. Y estas herramientas, con su alta velocidad de cálculo, permitieron el uso de las ecuaciones basadas en la teoría de flujo en las tuberías, tal como fueron deducidas originalmente. Hoy en día no es difícil utilizar la ecuación de Darcy-Weisbach junto con la ecuación de Colebrook-White.

En los ordenadores modernos, con sus altas velocidades de cálculo, es prácticamente igual calcular el factor de fricción con la ecuación de Colebrook-White o con la ecuación de Swamee-Jain.

3.3 LA ECUACIÓN DE HAZEN-WILLIAMS

Debido a la complejidad de las ecuaciones de Prandtl y von Kármán, en la primera mitad del siglo XX se siguió un camino independiente para obtener las ecuaciones que permitieran hacer cálculos y diseños de flujos en tuberías, particularmente para el caso del agua. La independencia se manifestó en un abandono de la ecuación de Darcy-Weisbach, sin importar su naturaleza como ecuación deducida de las teorías de la física clásica, en favor de ecuaciones de ingeniería basadas exclusivamente en los procesos empíricos.

La ecuación de Hazen-Williams no hace uso de las teorías de longitud de mezcla ni de capa límite y subcapa laminar viscosa, en las que se basa la mecánica de fluidos moderna.

Una de las ecuaciones empíricas, con un análisis diferente e independiente del análisis de Darcy, más exitosas fue la de Hazen-Williams (desarrollada por G. S. Williams y A. H. Hazen en 1906). La forma original de esta ecuación, planteada en unidades del sistema internacional, era la siguiente:

ECUACIÓN 3.7

$$\text{v} = 0.849\, C_{HW} R^{0.63} S^{0.54}$$

donde:

- v = velocidad media en la tubería
- R = radio hidráulico en m
- S = pérdida de energía por unidad de peso (altura) por unidad de longitud
- c_{HW} = coeficiente de rugosidad de la tubería

El coeficiente de rugosidad de la Ecuación 3.7 se conoce como el coeficiente de Hazen-Williams. En el anexo 1, al final de este capítulo, se presenta una tabla con los coeficientes para los materiales de uso común en tuberías y en canales abiertos.

La ecuación de Hazen-Williams tiene la ventaja de ser explícita para la velocidad y, por consiguiente, para el caudal. Si bien el uso de la ecuación, para los cuatro tipos de problemas en el diseño de tuberías, es muy sencillo, es importante entenderla a la luz de la metodología expuesta en el Capítulo 1.

Si se reemplaza el radio hidráulico por la cuarta parte del diámetro de la tubería:

$$R = \frac{d}{4}$$

y la pendiente de energía por las pérdidas por fricción por unidad de longitud:

$$S = \frac{h_f}{l}$$

en la Ecuación 3.7 se obtiene:

$$\mathrm{v} = 0.849 C_{HW} \frac{d^{0.63}}{2.395} \frac{h_f^{0.54}}{l^{0.54}}$$

Si se despeja h_f se obtiene:

$$h_f^{0.54} = \frac{2.821 l^{0.54}}{C_{HW} d^{0.63}} \mathrm{v}$$

ECUACIÓN 3.8

$$h_f = \frac{6.824 l}{C_{HW}^{1.851} d^{1.167}} \mathrm{v}^{1.851}$$

Esta última ecuación muestra un resultado interesante con respecto a la ecuación de Hazen-Williams. Resulta claro en ella que las pérdidas de altura por fricción por unidad de longitud son proporcionales a la velocidad media elevada a la potencia 1.851:

$$\frac{h_f}{l} \alpha \, \mathrm{v}^{1.851}$$

Este resultado era de esperarse en términos del segundo experimento de Reynolds (ver FIGURA 1.8), en el cual las pérdidas por fricción por unidad de longitud habían resultado ser función de la velocidad media elevada a una potencia que variaba entre 1.75 y 2.0 dependiendo del material de la tubería. Es evidente que Hazen y Williams utilizaron, para deducir su ecuación, materiales que no eran ni muy lisos ni muy rugosos, los cuales correspondían a los utilizados comercialmente en la década de 1910. Su ecuación hubiera sido diferente si para su deducción hubiesen utilizado los materiales termoplásticos lisos que se tienen hoy en día, y los materiales compuestos lisos que se espera que aparezcan en el futuro próximo. Utilizando la Ecuación 3.8 se obtiene:

ECUACIÓN 3.9

$$h_f = \left(\frac{6.824 \times 2 \times g \times l}{C_{HW}^{1.851} d^{1.167} \mathrm{v}^{0.15}} \right) \frac{\mathrm{v}^2}{2g}$$

Comparando la Ecuación 3.9 con la ecuación de Darcy-Weisbach (Ecuación 1.38) se llega a:

$$h_f = \left(\frac{6.824 \times 2 \times g}{C_{HW}^{1.851} d^{0.167} \mathrm{v}^{0.15}} \right) \frac{l}{d} \frac{\mathrm{v}^2}{2g} = f \frac{l}{d} \frac{\mathrm{v}^2}{2g}$$

De esta última ecuación se obtiene la siguiente expresión para el factor de fricción:

$$f = \frac{133.89}{C_{HW}^{1.851} d^{0.167} \mathrm{v}^{0.15}}$$

Si se multiplica y divide esta última ecuación por $v^{0.15}$ se obtiene la siguiente expresión para el factor de fricción f de Darcy en función del coeficiente de Hazen-Williams (c_{HW}):

$$f = \frac{133.89\nu^{0.15}}{C_{HW}^{1.851} d^{0.167} \mathrm{v}^{0.15} \nu^{0.15}}$$

En esta última expresión se identifica fácilmente el número de Reynolds del flujo.

Luego:

ECUACIÓN 3.10

$$f = \frac{133.89}{C_{HW}^{1.851} d^{0.017} \nu^{0.15}\,\mathrm{Re}^{0.15}}$$

Al despejar el coeficiente de Hazen-Williams se obtiene:

$$C_{HW}^{1.851} = \frac{133.89}{f\, d^{0.017} \nu^{0.15}\,\mathrm{Re}^{0.15}}$$

de donde:

ECUACIÓN 3.11

$$C_{HW} = \frac{14.09}{f^{0.54}\, d^{0.009} \nu^{0.081}\,\mathrm{Re}^{0.081}}$$

Esta última ecuación indica que el coeficiente de Hazen-Williams (c_{HW}) es más una medida de la rugosidad relativa que de la rugosidad absoluta de la tubería. El coeficiente c_{HW} no es una característica física del tubo, como sí lo es la rugosidad absoluta k_S, la cual es utilizada para obtener el factor f. Es una característica del tubo, del flujo y del fluido. Por esta razón, el uso de la ecuación de Hazen-Williams tiene que estar limitada a ciertas características del fluido y del flujo. Los límites, establecidos claramente por los dos investigadores en sus pruebas experimentales, son los siguientes:

Estos límites se corresponden con los rangos típicos utilizados en las redes de distribución de agua potable de principios del siglo XX.

- El fluido debe ser agua a temperaturas normales.
- El diámetro debe ser superior o igual a 75 mm (3 pulgadas).
- La velocidad en las tuberías debe ser menor a 3 m/s (aproximadamente 10 pies/s).

Al volver a la ecuación de Hazen-Williams (3.7) en su forma original:

ECUACIÓN 3.7

$$\mathrm{v} = 0.849 C_{HW} R^{0.63} S^{0.54}$$

es fácil obtener la siguiente expresión para las pérdidas por fricción (reemplazando S, la pendiente de fricción, por hf/l):

ECUACIÓN 3.12

$$h_f = \frac{6.824 \times l \times \mathrm{v}^{1.851}}{C_{HW}^{1.851} d^{1.167}}$$

Esta última ecuación es explícita para las pérdidas por fricción. En esa característica radica la gran ventaja de la ecuación de Hazen-Williams sobre la ecuación de Darcy-Weisbach, utilizada conjuntamente con la ecuación de Colebrook-White. Dicha ventaja hizo que el uso de la ecuación de Hazen-Williams se popularizara, especialmente entre los ingenieros civiles y sanitarios de los Estados Unidos, encargados del desarrollo de los sistemas de abastecimiento de agua de las ciudades norteamericanas. El uso extendido de la ecuación se reflejó en las normas de diseño expedidas en ese país, las cuales fueron heredadas por muchos otros países. Uno de los grandes méritos de esta ecuación es la posibilidad, a través de la experiencia, de "calibrar" una tubería, es decir, de establecer fácilmente cuál es la pérdida de altura que debe tener para un determinado caudal sin necesidad de medirla, lo cual permite detectar fugas de forma rápida.

Sin embargo, para los problemas de calibración de sistemas complejos, tales como las redes de distribución de agua potable, esta aproximación es inapropiada. Es necesario calibrar verdaderamente la tubería, lo cual no es posible a través de un coeficiente que depende de la hidráulica (ver Ecuación 3.10). Esta es la principal desventaja actual de la ecuación. Este problema se hace explícito en el Ejemplo 3.5.

Otra desventaja de la ecuación de Hazen-Williams radica en que algunas veces se olvida que es una ecuación válida para un determinado rango de velocidades y de diámetros de las tuberías. De esta manera lleva a diseños ineficientes, ya que en general por fuera de los rangos de validez la ecuación tiende a sobrestimar los diámetros requeridos, fenómeno que más adelante se explicará con detalle.

En esa explicación resultará claro que la ecuación de Hazen-Williams predice pérdidas de altura por fricción por el lado inseguro para las tuberías pequeñas y/o bajas velocidades. Por otro lado, a partir del gran auge en el uso de los ordenadores, la utilización de una ecuación no explícita dejó de ser un problema. Por esta razón se ha vuelto a generalizar, en especial en los países europeos, el uso de la ecuación físicamente basada de Darcy-Weisbach, la cual no tiene ningún tipo de restricciones.

Por su naturaleza, el uso de la ecuación de Hazen-Williams es muy sencillo, como se observará en los siguientes ejemplos, que ilustran los cuatro tipos de problemas mencionados en el Capítulo 2.

Para el caso de la comprobación de diseño de las tuberías simples, a continuación se presenta una hoja electrónica desarrollada en lenguaje Excel de Microsoft Office. Esta hoja electrónica se encuentra disponible en la página web del libro.

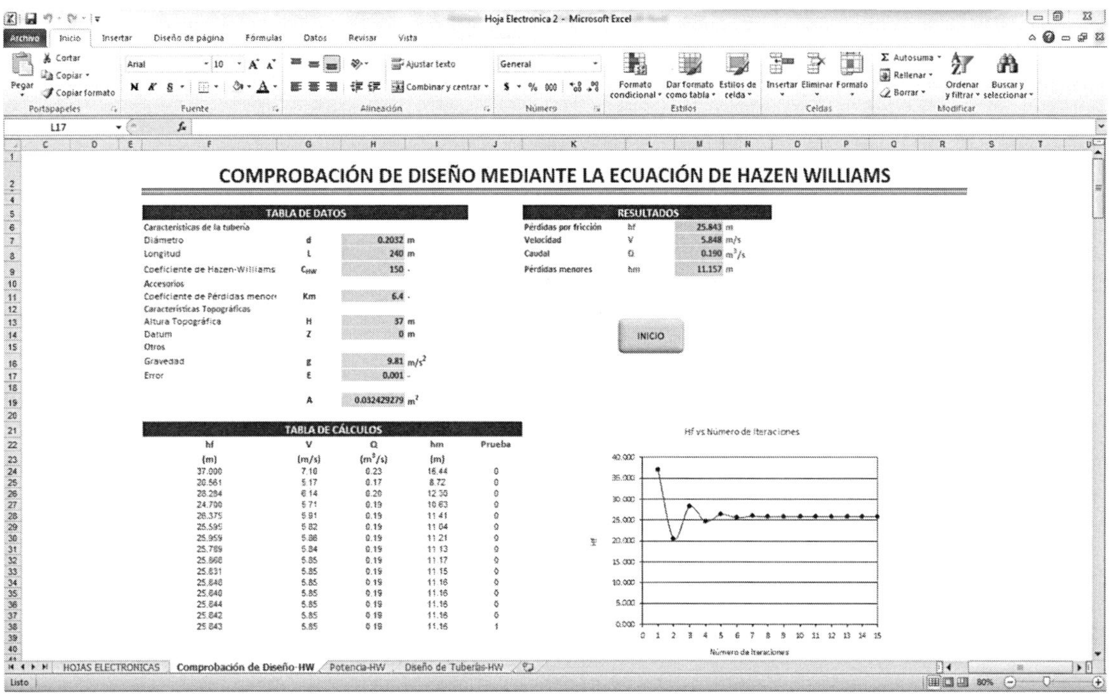

Hoja Electrónica n.° 2 – Comprobación de diseño mediante la ecuación de Hazen-Williams.

EJEMPLO 3.1

Comprobación de diseño mediante la ecuación de Hazen-Williams

HOJA ELECTRÓNICA n.° 2
Comprobación de diseño H-W

Se desea conocer el caudal de agua (T = 20 °C) que puede ser conducido a través de una tubería de 200 mm de diámetro de PVC, si esta se utiliza para conectar dos puntos separados por una distancia de 240 m, con una altura topográfica de 37 m a favor del flujo. ¿Cuál es el caudal si solo se quiere utilizar dicha altura piezométrica?

De acuerdo con la Tabla 3.10 (ver página 151), el coeficiente de Hazen-Williams que debe utilizarse es:

$$C_{HW} = 150$$

Solución:

Al utilizar la Ecuación 3.12, y suponiendo que no hay pérdidas menores, se llega a:

$$h_f = H = \frac{6.824 \times l \times v^{1.851}}{C_{HW}{}^{1.851} d^{1.167}}$$

Si se despeja la velocidad en esta última ecuación se obtiene:

$$v = 0.849 C_{HW} \frac{d^{0.63}}{2.395} \frac{H^{0.54}}{l^{0.54}}$$

Y si se reemplazan los datos del problema:

$$v = 0.849 \times 150 \frac{(0.2)^{0.63}}{2.395} \times \frac{37^{0.54}}{240^{0.54}} m/s$$

$$v = 7.028 m/s$$

Luego el caudal es:

$$Q = vA = v\frac{\pi}{4}d^2$$

$$Q = 7.028 m/s \times \frac{\pi}{4}(0.2m)^2$$

$$Q = 0.22 m^3/s = 220\ L/s$$

Discusión:

Aunque el proceso de uso de la ecuación de Hazen-Williams es simple, en el ejemplo anterior se generan dudas debido a que la velocidad resultante es superior al límite establecido por estos dos investigadores. Esto sugiere que el resultado no es correcto y que la capacidad real de la tubería es diferente a la calculada. El utilizar la ecuación de Hazen-Williams por fuera de su rango de validez es un error muy común durante los procesos de diseño de redes de abastecimiento de agua o en redes de riego con flujo a presión.

En caso de que existan pérdidas menores es necesario hacer un proceso iterativo similar al del Diagrama de Flujo 1, mostrado en el Capítulo 2, página 81, en el cual se supone, para la primera iteración, que las pérdidas por fricción son iguales a la altura total disponible ($h_f = H$). Tal fenómeno se ilustra en el siguiente ejemplo.

EJEMPLO 3.2

Comprobación de diseño teniendo en cuenta pérdidas menores (ecuación de Hazen-Williams)

HOJA ELECTRÓNICA n.° 2
Comprobación de diseño H-W

Resolver el problema del Ejemplo 3.1, teniendo en cuenta un coeficiente global de pérdidas menores igual a 6.4.

$$\sum k_m = 6.4$$

Solución:

Para la primera iteración se supone que:

$$h_f = H = 37m$$

Luego, tal como se obtuvo en el ejemplo anterior, la velocidad en la primera iteración es:

$$v_1 = 7.028m/s$$

Con esta velocidad se calculan las pérdidas menores:

$$\sum h_{m1} = \left(\sum k_m\right)\frac{v^2}{2g} = 6.4 \times \frac{7.028^2}{2 \times 9.81}m$$

$$\sum h_{m1} = 16.11m$$

Con este primer cálculo de las pérdidas menores se calcula una mejor estimación de la pérdida de altura por fricción. Luego para la segunda iteración se tiene que:

$$h_{f2} = H - \sum h_{m1}$$

Es decir,

$$h_{f2} = 37m - 16.06m$$

$$h_{f2} = 20.89m$$

Es evidente que esta nueva iteración tiene una mejor estimación del valor de las pérdidas por fricción. Sin embargo, el proceso debe continuar hasta que en dos iteraciones sucesivas los valores obtenidos para dichas pérdidas sean razonablemente iguales. En la siguiente tabla se muestran los resultados para las demás iteraciones.

Tabla 3.4 Resultado del proceso iterativo.

h_f (m)	v (m/s)	Q (m^3/s)	Σh_m (m)
37.00	7.017	0.220	16.06
20.94	5.159	0.162	8.68
28.32	6.073	0.191	12.03
24.97	5.674	0.178	10.50
26.50	5.859	0.184	11.20
25.80	5.775	0.181	10.88
26.12	5.814	0.183	11.02
25.98	5.796	0.182	10.96
26.04	5.804	0.182	10.99
26.01	5.800	0.182	10.97
26.03	5.802	0.182	10.98
26.02	5.801	0.182	10.98

En este caso, el caudal es 0.182 m^3/s. De los 37 m de altura disponible, 10.98 se gastan por pérdidas menores y 26.02 m por fricción. A pesar de que se requieren iteraciones, el proceso es sencillo.

Discusión:

En este ejemplo resulta claro que en el caso de que existan pérdidas menores en la tubería es necesario seguir un proceso iterativo similar al sugerido en el Diagrama de Flujo 1 del Capítulo 2. Por consiguiente, se pierde la ventaja de tener una ecuación explícita, ya que de todas maneras es necesario calcular las pérdidas menores con aproximaciones sucesivas.

El siguiente ejemplo ilustra el segundo tipo de problema en las tuberías simples. Nuevamente resulta muy sencillo calcular la potencia requerida utilizando la ecuación de Hazen-Williams.

Igualmente, a continuación se presenta la hoja electrónica en la cual se desarrolla el cálculo de potencia, la cual también está disponible en la página web del libro.

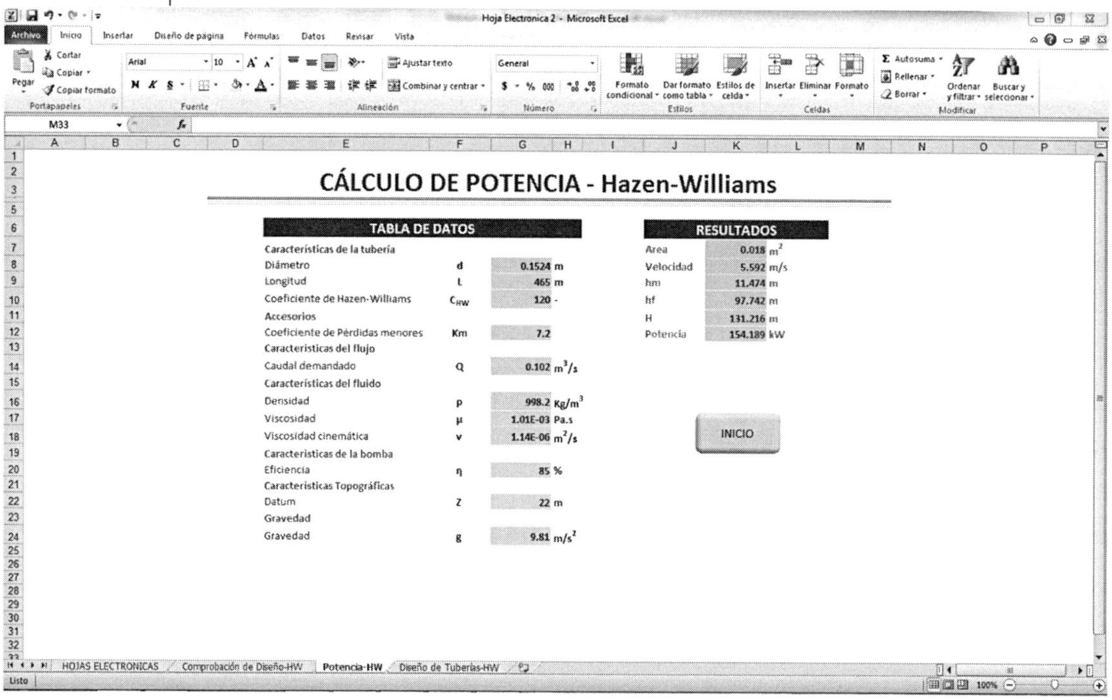

Hoja Electrónica n.° 2 – Cálculo de potencia con la ecuación de Hazen-Williams.

EJEMPLO 3.3

HOJA ELECTRÓNICA n.° 2
Cálculo de potencia H-W

Cálculo de potencia mediante la ecuación de Hazen-Williams

Se tiene una tubería de acero (c_{HW} = 120) de 465 m de longitud y 150 mm de diámetro con un coeficiente global de pérdidas menores de 7.2. ¿Cuál es la potencia requerida para bombear 102 L/s de agua hasta un punto localizado 22 m arriba del inicio de la tubería? Suponga que la eficiencia global del bombeo es del 85 %.

Solución:

El primer paso es calcular la velocidad de flujo en la tubería:

$$\mathrm{v} = \frac{Q}{A} = \frac{0.102}{\frac{\pi}{4}0.15^2} m/s$$

de donde se obtiene el siguiente valor para la velocidad:

$$\mathrm{v} = 5.77 m/s$$

Luego se calcula la altura perdida a causa de los accesorios que existen en la tubería, los cuales tienen un coeficiente global de pérdidas menores de 7.2:

$$\sum h_m = \sum k_m \frac{v^2}{2g} = 7.2 \frac{5.77^2}{2 \times 9.81} m$$

$$\sum h_m = 12.22m$$

Enseguida se calcula la pérdida de altura por fricción utilizando la ecuación de Hazen-Williams (Ecuación 3.12).

$$h_f = \frac{6.824 \times l \times v^{1.851}}{C_{HW}^{\ \ 1.851} d^{1.167}}$$

$$h_f = \frac{6.824 \times 465 \times 5.772^{1.851}}{120^{1.851}(0.15)^{1.167}} m$$

$$h_f = 105.53m$$

Con estos dos valores se calcula la altura total requerida, la cual, incluyendo la altura topográfica que debe ser vencida, es:

$$H = h_f + \sum h_m + z_2$$

$$H = 105.53m + 12.22m + 22m$$

$$H = 139.75m$$

Finalmente se calcula la potencia como:

$$P = \frac{1}{\eta} \rho Q g H$$

$$P = \frac{1}{0.85} 1000 \text{ x } 0.102 \text{ x } 9.81 \text{ x } 139.75 = 164.514 \text{ kW}$$

Discusión:

El cálculo de la potencia utilizando la ecuación de Hazen-Williams es sencillo y no requiere ningún tipo de iteración. Pero nuevamente surgen las dudas acerca del resultado de la potencia, ya que la velocidad deseada es mayor que el límite superior del rango de validez de la ecuación. Además, surgiría la pregunta de si es o no posible bombear agua con velocidades superiores a 3 m/s, aun teniendo en cuenta todas las medidas de prevención contra los efectos del golpe de ariete.

Para el proceso de diseño utilizando la ecuación de Hazen-Williams se tiene la ventaja de que la Ecuación 3.12 es explícita. Este hecho hace que un proceso de esta índole sea realmente sencillo (de ahí el uso extendido de esta ecuación):

ECUACIÓN 3.12

$$h_f = \frac{6.824 \times l \times v^{1.851}}{C_{HW}^{1.851} d^{1.167}}$$

Al reemplazar la velocidad por el caudal dividido por el área de la tubería se obtiene:

ECUACIÓN 3.13

$$h_f = \frac{10.672 \times l \times Q^{1.851}}{C_{HW}^{1.851} d^{4.87}}$$

Y al despejar el diámetro d en esta última ecuación se llega a:

ECUACIÓN 3.14

$$d = \frac{1.626 \times l^{0.205} \times Q^{0.38}}{C_{HW}^{0.38} h_f^{0.205}}$$

Con esta ecuación, el diseño de tuberías mediante la utilización de la ecuación de Hazen-Williams se hace de forma directa. Este proceso se ilustra a través del siguiente ejemplo y de la hoja electrónica que se muestra a continuación, la cual también se encuentra disponible en la página web del libro (ver Hoja Electrónica n.° 2).

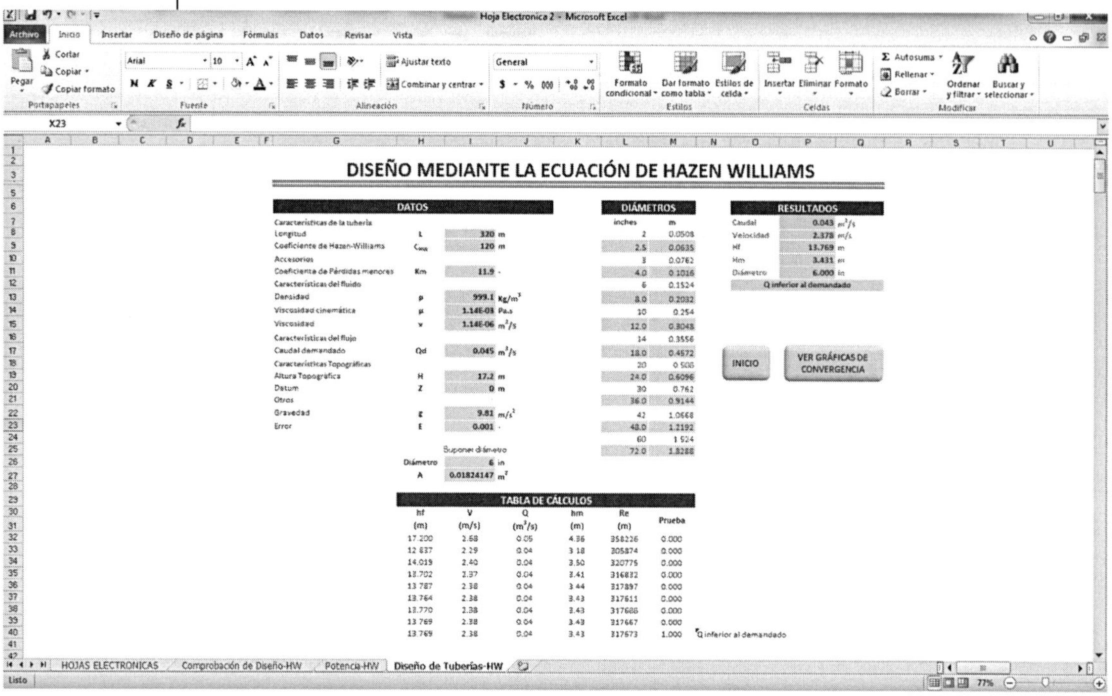

Hoja Electrónica n.° 2 – Diseño mediante la ecuación de Hazen-Williams.

EJEMPLO 3.4

HOJA ELECTRÓNICA
n.° 2
Diseño de tuberías H-W

Diseño mediante la ecuación de Hazen-Williams

Se desea diseñar una tubería de acero ($c_{HW} = 120$) para mover un caudal de 65 L/s a través de una longitud de 1000 m con una altura de 85 m (topográfica). Se puede suponer que las pérdidas menores son muy pequeñas en comparación con las de fricción.

Solución:

Al utilizar la Ecuación 3.14 se calcula fácilmente el diámetro:

$$d = \frac{1.626 \times 1000^{0.205} \times 0.065^{0.38}}{120^{0.38} \times 85^{0.205}}$$

$$d = 0.155m$$

Como la tubería es de acero, este diámetro se puede especificar de forma exacta. Si se deseara utilizar diámetros comerciales el resultado es 200 mm (el diámetro real necesario es 155 mm, el cual obviamente no está disponible en el mercado).

Discusión:

En este ejemplo se pone en evidencia la ventaja que hizo tan popular el uso de la ecuación de Hazen-Williams. El hecho de que sea una ecuación explícita hace que el diseño de una tubería sea extraordinariamente simple; lo único que se requiere es reemplazar datos en una ecuación y llevar a cabo un cálculo directo. En una época anterior a los ordenadores y las calculadoras programables esto era una gran ventaja.

La ecuación de Hazen-Williams también se puede utilizar de forma muy sencilla para resolver el cuarto tipo de problema, la calibración de una tubería.
Nuevamente, utilizando la Ecuación 3.13:

ECUACIÓN 3.13

$$h_f = \frac{10.672 \times l \times Q^{1.851}}{C_{HW}^{1.851} \times d^{4.87}}$$

se puede despejar el coeficiente de Hazen-Williams:

ECUACIÓN 3.15

$$C_{HW} = \frac{3.593 \times l^{0.54} \times Q}{h_f^{\ 0.54} \times d^{2.631}}$$

Utilizando esta ecuación es fácil calibrar una tubería, ya que la ecuación es explícita para el coeficiente de fricción. Esto se puede ver en el siguiente ejemplo:

EJEMPLO 3.5

Calibración de una tubería mediante la ecuación de Hazen-Williams

Resuelva el Ejemplo 2.7 utilizando la metodología de Hazen-Williams.
Los datos del problema son:

$l = 2800$ m
$Q_d = 3.72$ m³/s
$H = 32$ m
$\Sigma k_m = 16.4$
$d = 1200$ mm

Solución:

Al igual que en el Ejemplo 2.7 se pueden calcular el área mojada, la velocidad media y las pérdidas menores:

$$A = \frac{\pi}{4} d^2 = \frac{\pi}{4} \times 1.2^2 m^2 = 1.13 m^2$$

$$v = \frac{Q}{A} = \frac{3.72 m^3/s}{1.13 m^2} = 3.29 m/s$$

$$h_m = \sum k_m \frac{v^2}{2g} = 16.4 \times \frac{3.29^2}{2 \times 9.81} m = 9.05 m$$

Con estos datos se calcula la pérdida por fricción:

$$h_f = H - h_m = 32m - 9.05m = 22.95m$$

Ahora se calcula el coeficiente de Hazen-Williams utilizando la Ecuación 3.15:

ECUACIÓN 3.15

$$C_{HW} = \frac{3.593 \times l^{0.54} \times Q}{h_f^{\ 0.54} \times d^{2.631}}$$

$$C_{HW} = \frac{3.593 \times 2800^{0.54} \times 3.72}{22.95^{0.54} \times 1.2^{2.631}}$$

Desarrollando los cálculos se llega a:

$$C_{HW} = 110.76$$

Discusión:

Los resultados del ejemplo sugieren una rugosidad relativamente alta en la tubería, la cual puede ser equivalente a la del acero. Nuevamente el cálculo es sencillo y puede incluir pérdidas menores en la tubería.

Aunque el proceso de calibración de una tubería utilizando la metodología de Hazen-Williams aparentemente es sencillo, en la práctica presenta problemas importantes debido a la dependencia del coeficiente de Hazen-Williams con el número de Reynolds del flujo y por consiguiente del caudal que pasa por la tubería. Esto significa que el coeficiente que se obtendría en una tubería de un sistema de abastecimiento de agua potable variaría dependiendo de la hora en la que se hagan las mediciones de caída de la presión piezométrica, por ejemplo.

Para el manejo y operación de los sistemas modernos de abastecimiento de agua potable, que incluyen operaciones en tiempo real, es requisito indispensable tener una buena calibración de la red de distribución. Para lograr esto es necesario recoger una gran cantidad de datos de presiones en algunos de los nodos a lo largo de períodos de tiempo con duraciones de al menos 4 o 5 semanas. Los datos de presión deben ser continuos, de tal modo que se estaría midiendo todo el rango de los caudales que circulan por la red.

Si se utilizara la metodología de Hazen-Williams, se obtendría no un valor del coeficiente sino todo un rango. Esto implica que en los procesos de calibración de los sistemas con caudales muy variables no se pueden calibrar las tuberías utilizando un coeficiente que dependa de la hidráulica. Se debe utilizar una medida absoluta, como lo es la rugosidad absoluta de la tubería.

El siguiente ejemplo hace explícito el problema anteriormente expuesto:

EJEMPLO 3.6

Calibración de una tubería mediante la ecuación de Hazen-Williams

Para la tubería del sistema de abastecimiento de agua potable mencionada en el Ejemplo 2.7 se obtuvieron los siguientes datos de caudal *versus* caída en la altura piezométrica a lo largo de la longitud de 2800 metros antes mencionada:

Q (m³/s)	H (m)
6.75	104.953
6.5	97.585
6.25	89.756
6	82.856
5.8	77.568
5.25	63.096
4.75	51.896
4.25	41.302
3.72	31.786
2.75	17.456
2.25	11.575
1.75	7.038
1.25	3.395
0.98	2.239
0.88	1.813
0.78	1.393
0.68	1.085
0.58	0.799

Los caudales mostrados en la tabla anterior corresponden a los diferentes esquemas y tiempos de operación de la red, para los cuales los caudales mayores corresponden a los períodos de demandas pico y los menores a operaciones de mantenimiento. Calibre la tubería utilizando tanto la metodología de Hazen-Williams como la de Darcy-Weisbach (Diagrama de Flujo 6) con el fin de compararlas.

Solución:

Otros datos del problema son:

$l = 2800$ m

$\Sigma k_m = 16.4$

$d = 1200$ mm

Al igual que en el Ejemplo 2.7 se puede calcular el área mojada, así como las velocidades medias y las pérdidas menores para cada caudal. Una vez conocidas las pérdidas menores se pueden calcular las pérdidas por fricción; el área mojada es:

$$A = \frac{\pi}{4} d^2 = \frac{\pi}{4} \times 1.2^2 m^2 = 1.13 m^2$$

La siguiente tabla muestra los resultados de los cálculos de velocidad, pérdidas menores y pérdidas por fricción para cada uno de los caudales antes mostrados:

v (m/s)	h_m (m)	h_f (m)
5.9713	29.8049	75.14807
5.7501	27.6380	69.94696
5.5290	25.5529	64.20308
5.3078	23.5496	59.30643
5.1309	22.0058	55.56223
4.6443	18.0301	45.06586
4.2020	14.7594	37.13663
3.7597	11.8157	29.48633
3.2908	9.0525	22.73354
2.4327	4.9470	12.50895
1.9904	3.3117	8.26334
1.5481	2.0033	5.03465
1.1058	1.0221	2.37288
0.8669	0.6283	1.61075
0.7784	0.5066	1.30642
0.6900	0.3980	0.99501
0.6015	0.3025	0.78252
0.5130	0.2201	0.57894

Ahora se calculan los coeficientes de Hazen-Williams para cada caudal utilizando la Ecuación 3.15:

ECUACIÓN 3.15

$$C_{HW} = \frac{3.593 \times l^{0.54} \times Q}{h_f^{\ 0.54} \times d^{2.631}}$$

Los resultados son:

Q (m³/s)	C_{HW}
6.75	105.9022
6.5	106.0071
6.25	106.7570
6	106.9727
5.8	107.1134
5.25	108.5621
4.75	109.0428
4.25	110.5072
3.72	111.3113
2.75	113.6135
2.25	116.2827
1.75	118.1874
1.25	126.7236
0.98	122.4694
0.88	123.1386
0.78	126.4340
0.68	125.4927
0.58	125.9510

Para cada caudal se ha encontrado que el coeficiente de Hazen-Williams es diferente, mostrando la dependencia de este con respecto a las condiciones hidráulicas del sistema, las cuales varían de acuerdo con la hora del día. Claramente se puede notar que el coeficiente de Hazen-Williams no es un valor absoluto, sino todo un rango de valores.

Siguiendo el Diagrama de Flujo 6 (metodología de Darcy-Weisbach en conjunto con la ecuación de Colebrook-White), se calibra la tubería utilizando los resultados de velocidad media, pérdidas menores y pérdidas por fricción encontrados anteriormente. En la siguiente tabla se muestran los resultados del número de Reynolds, del factor de fricción de Darcy y de la rugosidad absoluta:

Re	f	k_s (m)
6 280 109.64	0.01772135	0.00076545
6 047 512.98	0.01778806	0.00077771
5 814 916.33	0.01765966	0.0007527
5 582 319.68	0.01770051	0.00075983
5 396 242.35	0.0177464	0.00076805
4 884 529.72	0.01778486	0.00077381
4 419 336.41	0.0176863	0.00075318
3 954 143.1	0.01788084	0.0007884
3 461 038.2	0.01765094	0.00074124
2 558 563.19	0.01777224	0.00075582
2 093 369.88	0.01798358	0.00078997
1 628 176.57	0.01801446	0.0007848
1 162 983.27	0.01804997	0.00077155
911 778.881	0.01813219	0.00076866
818 740.219	0.01812612	0.0007571
725 701.558	0.01826093	0.00077214
632 662.897	0.01841528	0.00078824
539 624.235	0.01849123	0.00078232
	Promedio	0.0007695

En este caso, la rugosidad de la tubería es casi constante, puesto que es una característica de la tubería y no depende del flujo dentro de la misma. Esto muestra la clara ventaja de tener una ecuación físicamente basada. Si se representan los resultados para las dos metodologías en forma de un diagrama de Moody, con el fin de visualizar el efecto de una calibración a través del uso de la ecuación de Hazen-Williams, se obtiene el siguiente resultado:

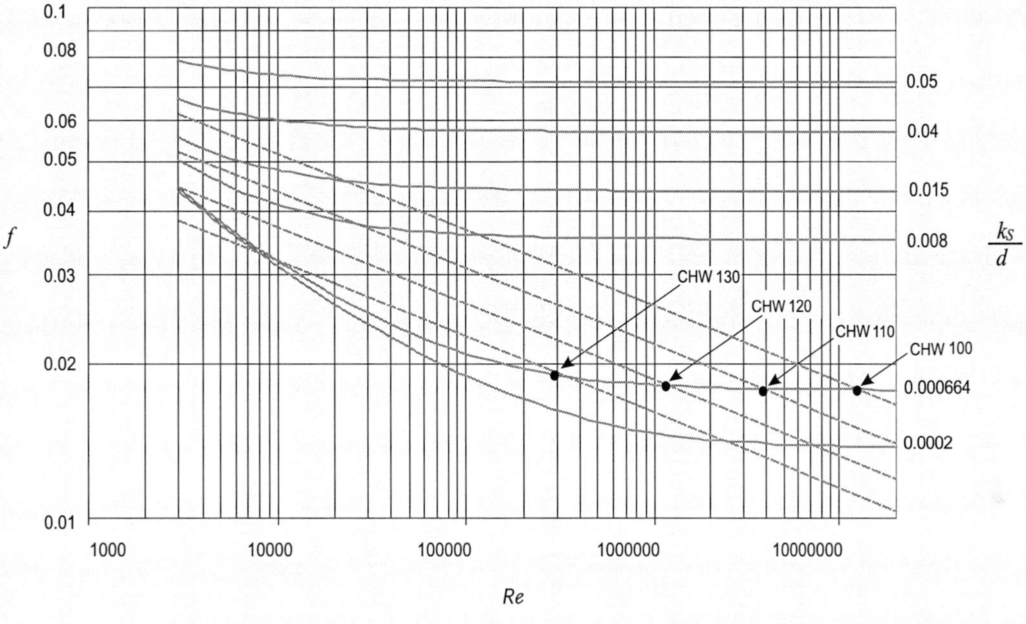

La gráfica anterior se obtiene realizando el diagrama de Moody para diferentes k_s/d y diferentes números de Reynolds, en la que destaca la línea que describe el flujo correspondiente a la rugosidad relativa del ejemplo. La gráfica también muestra los factores de fricción de Darcy que se obtendrían utilizando la metodología de Hazen-Williams para calcular las pérdidas por fricción.

Como se puede ver, la curva de la rugosidad relativa del ejemplo es cruzada por las líneas de coeficientes de Hazen-Williams correspondientes a un rango de valores desde 100 hasta 130, una variación del 30 %. Desde el punto de vista de una operación en tiempo real de una red de distribución esto no tendría sentido.

Discusión:

Como se demostró en los anteriores resultados, no es posible realizar la calibración de una tubería simple, y menos de un sistema de tuberías, utilizando una ecuación cuyo coeficiente dependa de las condiciones hidráulicas. Cada condición hidráulica arrojaría un coeficiente que solo es aplicable a sí misma, sin dar información acerca de lo que sucede para otros números de Reynolds. En la práctica, los sistemas de distribución de agua potable presentan variaciones muy altas en las condiciones hidráulicas y el operador debe conocer el comportamiento de su red bajo cualquier condición, con el objetivo de poder utilizar un modelo hidráulico, por ejemplo, como herramienta operativa. Por consiguiente, la calibración de cualquier sistema de tuberías debe hacerse con la metodología de Darcy-Weisbach, en conjunto con la ecuación de Colebrook-White.

3.4 COMPARACIÓN ENTRE LAS ECUACIONES DE HAZEN-WILLIAMS Y DE DARCY-WEISBACH

A fin de comparar las dos ecuaciones de fricción en tuberías se utilizan, a manera de ejemplo, los siguientes datos, los cuales cubren un amplio rango de diámetros, números de Reynolds y rugosidades absolutas, pero mantienen una sola longitud de tubería (1000 m):

d = 100, 150 y 200 mm
Re = entre 1100 y 2.9×10^6
$\nu = 1.14 \times 10^{-6}$ m²/s (agua a 15 °C)
$c_{HW} = 120$ (acero)
k_s = entre 4.5×10^{-5} y 5×10^{-4} m

Los resultados de este proceso de comparación se muestran en las Tablas 3.5 a 3.7 y en las FIGURAS 3.1 a 3.4. Para este proceso se tomaron como base los siguientes referentes:

- Se utilizó como base la tubería de 150 mm. En la Tabla 3.5 se muestran los resultados de las pérdidas por fricción a lo largo de los 1000 m de la tubería, calculadas mediante las metodologías de Hazen-Williams y de Darcy-Weisbach.
- El caudal varió entre 0.2 y 400 L/s, lo cual implicó variaciones de velocidad y número de Reynolds entre 0.010 y 21.93 m/s y 1465 y 2.93×10^6, respectivamente.
- Las pérdidas por fricción calculadas de acuerdo con la metodología de Darcy-Weisbach corresponden a cuatro rugosidades absolutas: 4.5×10^{-5} m, 5×10^{-5} m, 1.5×10^{-4} m y 5×10^{-4} m. Para el caso de la ecuación de Hazen-Williams se supuso un coeficiente de 120.

La FIGURA 3.1 muestra las pérdidas por fricción para los cinco casos antes mencionados en función del caudal.

Es evidente que, para la tubería de 150 mm, la rugosidad absoluta correspondiente al coeficiente de Hazen-Williams de 120 es $k_s = 1.5 \times 10^{-4}$ m. Una vez establecida esta correspondencia se dibujó el diagrama de Moody (parcial) para esta tubería (ver FIGURA 3.2).

En la FIGURA 3.2 resulta claro que la metodología de Hazen-Williams sobreestima el factor de fricción f para los valores del número de Reynolds entre 5000 y 300 000 con una diferencia máxima del orden del 30 % para un número de Reynolds de 40 000.

La sobreestimación del factor de fricción implica que existe una tendencia a obtener diámetros mayores en los procesos de diseño de tuberías.

El siguiente paso en la comparación consistió en establecer lo que sucedía para las tuberías de 100 y 200 mm mediante la utilización de la rugosidad que se encontró como correspondiente al c_{HW} de 120 en la tubería de 150 mm. La Tabla 3.6 muestra los cálculos de las pérdidas por fricción para la tubería de 100 mm, calculadas mediante la metodología de Hazen-Williams ($c_{HW} = 120$) y de Darcy-Weisbach ($k_s = 1.5 \times 10^{-4}$ m).

La FIGURA 3.3 muestra el diagrama parcial de Moody para este caso. Nuevamente, la metodología de Hazen-Williams sobreestima el factor de fricción f para números de Reynolds entre 7000 y 200 000. Sin embargo, la diferencia disminuye con respecto a la encontrada para el diámetro de 150 mm. El error máximo es del orden del 22 % para un número de Reynolds de 30 000 aproximadamente. La tendencia a arrojar diámetros mayores en los procesos de diseño de tuberías se mantiene.

Finalmente, la Tabla 3.7 muestra los mismos cálculos antes descritos pero para el caso de la tubería de 200 mm de diámetro, y la FIGURA 3.4 muestra el correspondiente diagrama parcial de Moody.

Tabla 3.5 Comparación entre las ecuaciones de Hazen-Williams y Darcy-Weisbach.

Q	v	Re	$h_f\,(HW)$	f_1	$h_{f1}\,(DW)$	f_2	$h_{f2}\,(DW)$	f_3	$h_{f3}\,(DW)$	f_4	$h_{f4}\,(DW)$
				$k_s = 4.5 \times 10^{-5}$		$k_s = 5 \times 10^{-5}$		$k_s = 1.5 \times 10^{-4}$		$k_s = 5 \times 10^{-4}$	
m^3/s	(m/s)	(-)	(m)	(-)	(m)	(-)	(m)	(-)	(m)	(-)	(m)
0.0002	0.010964029	1465.717577	0.002046078	0.0409356	0.001645726	0.0409356	0.00164572	0.0409356	0.001645726	0.0409356	0.00164572
0.00025	0.013705036	1832.146971	0.00309245	0.0349317	0.002194301	0.0349317	0.00219430	0.0349317	0.002194301	0.0349317	0.00219430
0.0003	0.016446044	2198.576365	0.004333783	0.0291097	0.002633156	0.0291097	0.00263315	0.0291097	0.002633156	0.0291097	0.00263315
0.0004	0.021928058	2931.435153	0.00738123	0.044092	0.007090489	0.04412106	0.00709516	0.04469959	0.007188196	0.04667786	0.00750632
0.0005	0.027410073	3664.293942	0.011156018	0.041249	0.010364535	0.04128066	0.01037249	0.04191343	0.010531485	0.04406277	0.01107154
0.0007	0.038374102	5130.011519	0.020796593	0.0379505	0.018690029	0.03748773	0.01846212	0.03821565	0.018820611	0.04065622	0.02002255
0.0009	0.049338131	6595.729095	0.033114531	0.0349480	0.028451415	0.03498912	0.02848488	0.03579996	0.029144993	0.03848471	0.03133066
0.001	0.054820146	7328.587884	0.040245351	0.0339742	0.034146496	0.03401735	0.03418982	0.03486627	0.035043049	0.0376601	0.03785104
0.002	0.109640291	14 657.17577	0.145185165	0.0285141	0.114634931	0.02857374	0.11487445	0.02972855	0.119517119	0.03332878	0.13399105
0.004	0.219280582	29 314.35153	0.523755701	0.0243843	0.392127256	0.02446756	0.39346584	0.02603597	0.418687644	0.03053892	0.49110013
0.007	0.383741019	51 300.11519	1.47568	0.0218054	1.073882921	0.0219142	1.0792401	0.0238935	1.176717603	0.02911049	1.4336462
0.01	0.548201456	73 285.87884	2.855720632	0.0204566	2.056038953	0.02058493	2.0689299	0.02285248	2.296834678	0.02848141	2.8625816
0.02	1.096402912	146 571.7577	10.3020165	0.0184001	7.397393102	0.01857223	7.4665580	0.02141465	8.609290675	0.02769403	11.133777
0.04	2.192805823	293 143.5153	37.16454012	0.0169798	27.3055383	0.0179887	28.927850	0.02055894	33.0610849	0.02727475	43.860861
0.07	3.837410191	513 001.1519	104.7109721	0.0162092	79.82778152	0.016463	81.077706	0.0201519	99.244964	0.02708909	133.40954
0.1	5.482014559	732 858.7884	202.6355872	0.0158579	159.3758922	0.01612991	162.11691	0.01998074	200.8204647	0.02701375	271.50715
0.15	8.223021838	1 099 288.183	429.2009156	0.0155604	351.8843509	0.01585086	358.45261	0.01984395	448.7526656	0.02695472	609.55618
0.2	1.096402912	1 465 717.577	731.0081875	0.0154030	619.2466695	0.01570367	631.33163	0.01977428	794.9815869	0.02692506	1082.4630
0.4	21.92805823	2 931 435.153	2637.113143	0.0151540	2436.938249	0.01547187	2488.0504	0.0196681	3162.851411	0.02688038	4322.66705

Tabla 3.6 Comparación entre las ecuaciones de Hazen-Williams y Darcy-Weisbach (d = 100 mm).

Q	v	Re	h_f(HW)	f(HW)	f	h_{f1}(DW)
					k_s = 1.5x10⁻⁴	
(m³/s)	(m/s)	(-)	(m)	(-)	(-)	(m)
0.0001	0.01233453	1099.28818	0.00408417	0.05351203	0.0582195	0.00444346
0.0002	0.02466907	2198.57637	0.01473366	0.04826118	0.029109	0.00888669
0.00025	0.03083633	2748.22046	0.0222685	0.04668295	0.04597992	0.02193315
0.0003	0.0370036	3297.86455	0.03120725	0.04543184	0.04364432	0.0299794
0.0004	0.04933813	4397.15273	0.0531517	0.04352557	0.04034374	0.04926617
0.0005	0.06167266	5496.44091	0.08033366	0.04210221	0.03807661	0.07265257
0.0007	0.08634173	7695.01728	0.14975473	0.04004348	0.03508212	0.13120023
0.0009	0.11101079	9893.59364	0.23845529	0.03857174	0.03314176	0.20488647
0.001	0.12334533	10 992.8818	0.2898038	0.03797094	0.03239684	0.24726084
0.002	0.24669066	21 985.7637	1.04546766	0.03424506	0.02838167	0.86646422
0.004	0.49338131	43 971.5273	3.77152617	0.03088478	0.02565234	3.13256192
0.007	0.86341729	76 950.1728	10.6262628	0.02841396	0.0241788	9.04239589
0.01	1.23345328	109 928.818	20.5638336	0.02694334	0.02350549	17.939982
0.02	2.46690655	219 857.637	74.1840609	0.02429953	0.02263478	69.1017369
0.04	4.9338131	439 715.273	267.619112	0.02191515	0.02215548	270.553926
0.07	8.63417293	769 501.728	754.015986	0.02016191	0.02193912	820.47996
0.1	12.3345328	1 099 288.18	1459.16392	0.01911839	0.02185053	1667.68749
0.15	18.5017991	1 648 932.27	3090.64413	0.01799757	0.02178078	3740.31898
0.2	24.6690655	2 198 576.37	5263.93603	0.01724241	0.02174562	6638.72196

Tabla 3.7 Comparación entre las ecuaciones de Hazen-Williams y Darcy-Weisbach (d = 200 mm).

Q	v	Re	h_f(HW)	f(HW)	f	h_{f1}(DW)
					k_s = 1.5x10⁻⁴	
(m³/s)	(m/s)	(-)	(m)	(-)	(-)	(m)
0.00025	0.00770908	1374.11023	0.00076204	0.05112028	0.0465756	0.00069429
0.0003	0.0092509	1648.93227	0.00106792	0.04975025	0.0388123	0.000833134
0.0004	0.01233453	2198.57637	0.00181887	0.04766278	0.0291097	0.001110863
0.0005	0.01541817	2748.22046	0.00274905	0.04610412	0.04534967	0.002704063
0.0007	0.02158543	3847.50864	0.00512467	0.04384971	0.04110045	0.004803363
0.0009	0.0277527	4946.79682	0.00816003	0.04223808	0.03832142	0.007403368
0.001	0.03083633	5496.44091	0.0099172	0.04158017	0.03724566	0.008883383
0.002	0.06167266	10 992.8818	0.03577631	0.03750013	0.03128796	0.029849699
0.004	0.12334533	21 985.7637	0.12906309	0.03382045	0.0269105	0.102693857
0.007	0.21585432	38 475.0864	0.36363484	0.03111478	0.02427912	0.2837473
0.01	0.30836332	54 964.4091	0.70370237	0.02950437	0.02295369	0.547463574
0.02	0.61672664	109 928.818	2.53860737	0.02660926	0.02103562	2.006864378
0.04	1.23345328	219 857.637	9.15802994	0.02399824	0.01981617	7.562100034
0.07	2.15854323	384 750.864	25.8027199	0.02207835	0.01920434	22.44389263
0.1	3.08363319	549 644.091	49.9331559	0.02093564	0.01893902	45.17105342
0.15	4.62544978	824 466.137	105.763043	0.01970828	0.01872298	100.4755073
0.2	6.16726638	1 099 288.18	180.133935	0.01888134	0.01861124	177.5570893
0.3	9.25089957	1 648 932.27	381.540336	0.01777441	0.01849742	397.0602239
0.4	12.3345328	2 198 576.37	649.833445	0.01702862	0.01843941	703.6711079

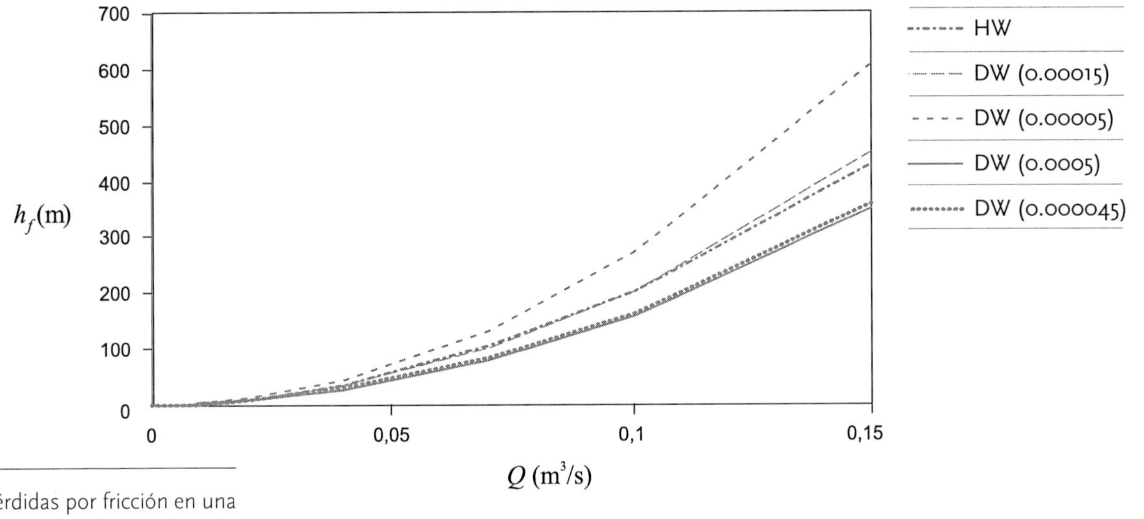

Figura 3.1 Pérdidas por fricción en una tubería de 1000 m, d = 150 mm.

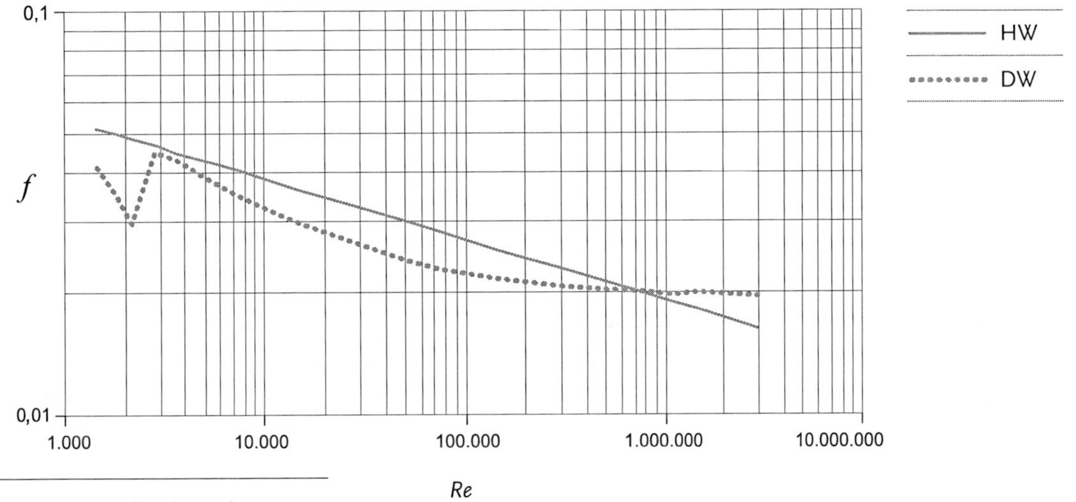

Figura 3.2 Diagrama de Moody para la tubería de 150 mm.

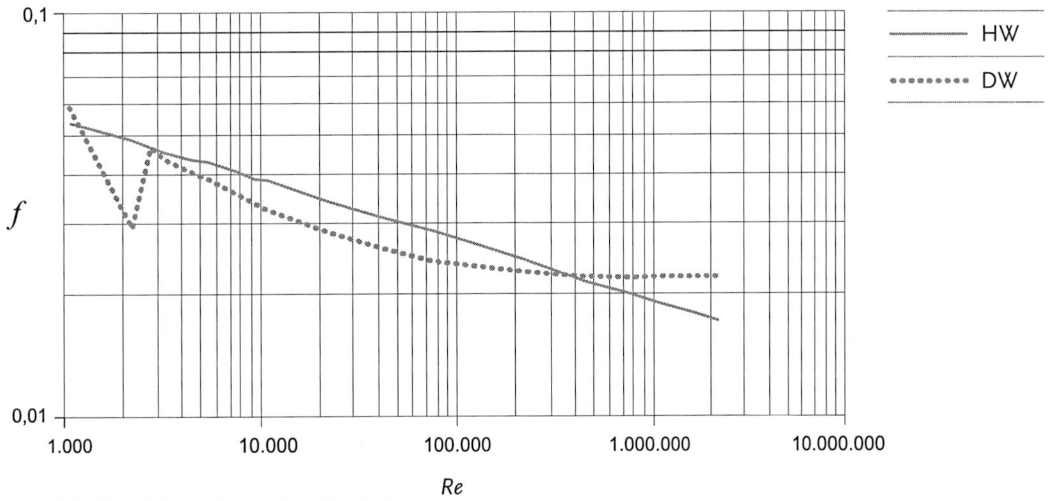

Figura 3.3 Diagrama de Moody, tubería de 100 mm. Comparación entre las ecuaciones de Hazen-Williams y Darcy-Weisbach.

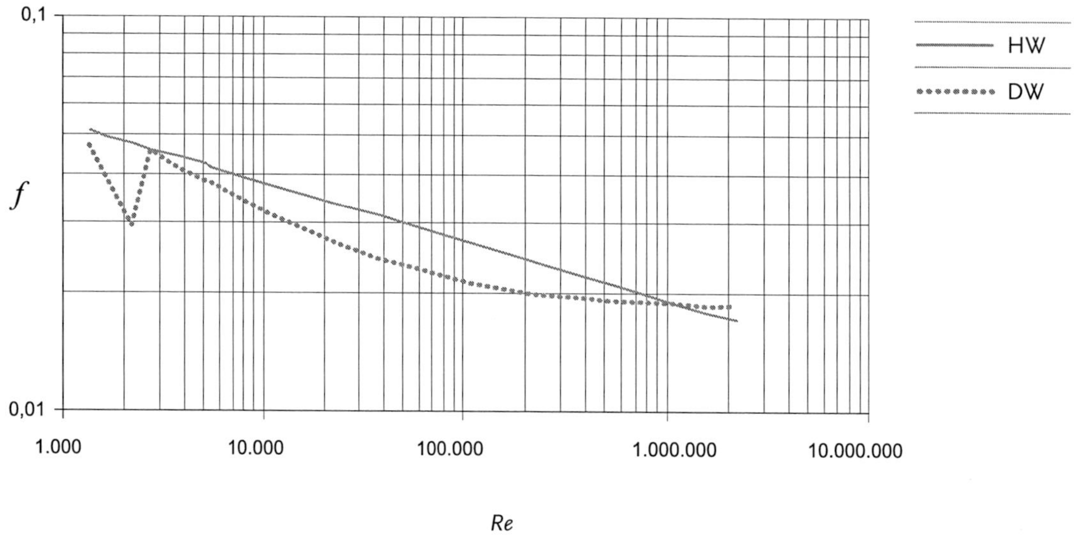

Figura 3.4 Diagrama de Moody. Comparación entre las ecuaciones de Hazen-Williams y Darcy-Weisbach (d = 200 mm).

Como en los dos casos anteriores, la metodología de Hazen-Williams sobreestima el factor de fricción f para los números de Reynolds entre 5000 y 500 000. Pero, caso contrario a lo que ocurrió en el caso de la tubería de 100 mm, ahora la diferencia aumentó con respecto al diámetro base de 150 mm. El error máximo es del orden del 40 % para un número de Reynolds de 80 000 aproximadamente. Si se utiliza la metodología de Hazen-Williams, la tendencia a obtener diámetros mayores aumenta cuando se utilizan diámetros superiores al diámetro base.

Del proceso de comparación se pueden extraer las siguientes conclusiones:

1. Inicialmente se escogió una rugosidad absoluta para la tubería de 150 mm, de tal manera que correspondiera exactamente al valor del coeficiente de Hazen-Williams recomendado para las tuberías de acero. De esta forma se encontró que la rugosidad absoluta (k_s) correspondiente a un C_{HW} = 120 es de 1.5×10^{-4} m. Para estos dos valores y para rangos medios del número de Reynolds, la metodología de Hazen-Williams sobreestima las pérdidas y, por consiguiente, los diámetros que resulten de cualquier análisis.
2. Si se utiliza la misma rugosidad absoluta que la de la tubería base, las tuberías con diámetros menores muestran la misma tendencia a sobreestimar los factores de fricción, aunque en menor medida.
3. Lo contrario sucede con las tuberías de diámetros mayores al de la tubería tomada como base. La sobreestimación de los factores de fricción es mayor y, por consiguiente, más frecuentes serán las sobreestimaciones de diámetros en un proceso de diseño. Usar la ecuación de Hazen-Williams para las tuberías con diámetros grandes lleva a errores de diseño importantes (ver Epígrafe 3.5).

La dependencia del coeficiente de Hazen-Williams (C_{HW}) con respecto al diámetro de la tubería, tal como lo expresa la Ecuación 3.10, explica las anteriores conclusiones. A pesar de que el uso de la metodología de Hazen-Williams es muy sencillo, debe utilizarse únicamente cuando el coste de las tuberías no sea el factor predominante en el coste total de un sistema de manejo de agua, garantizando que no se incumplan las restricciones que dicha ecuación tiene en cuanto a diámetros y velocidades.

El diseño moderno de los sistemas de tuberías usa heurísticas de optimización de costes que requieren el uso de ecuaciones hidráulicas muy exactas.

En el caso del diseño de las redes de abastecimiento de agua o redes de riego localizado de alta frecuencia se debe preferir al uso de la ecuación de Darcy-Weisbach, ya que dichos sistemas se diseñan utilizando métodos iterativos en los que el diseñador no tiene control sobre las velocidades en todas las iteraciones. Podría haber casos en los que las velocidades estuvieran por fuera del rango de validez de la ecuación de Hazen-Williams. Además, si el diseño va acompañado de una rutina de optimización de diámetros y, por consiguiente, de costes de la red, no tendría sentido utilizar una ecuación que tiene tendencia a sobreestimar los diámetros diseñados.

Para concluir, la Tabla 3.8 (Diskin, 1960) muestra los límites de aplicabilidad de la ecuación de Hazen-Williams. Esta ecuación es aplicable únicamente a tuberías cuyo coeficiente C_{HW} se encuentre en el rango 100 a 160, con los rangos de número de Reynolds dados en la tabla para cada tubería.

Tabla 3.8 Límites de aplicabilidad de la ecuación de Hazen-Williams (Tomado de Diskin, 1960).

k_s/d	Re_{min}	Re_{max}	C_{HW}
2×10^{-2}	2000	5000	100
1.5×10^{-2}	2000	7500	110
1×10^{-2}	2000	10 000	110
6×10^{-3}	4000	20 000	120
4×10^{-3}	8000	25 000	120
2×10^{-3}	10 000	40 000	130
1×10^{-3}	20 000	100 000	130
6×10^{-4}	30 000	150 000	140
4×10^{-4}	40 000	200 000	140
2×10^{-4}	60 000	400 000	140
1×10^{-4}	80 000	800 000	150
5×10^{-5}	100 000	1 000 000	150
1×10^{-5}	400 000	4 000 000	160
1×10^{-6}	6 000 000	20 000 000	160

El siguiente ejemplo ilustra el efecto que tiene el uso de las dos metodologías sobre el diseño de una tubería simple.

EJEMPLO 3.7

Diseños con las ecuaciones de Hazen-Williams y Darcy-Weisbach

Se desea diseñar una tubería para transportar 43 L/s de agua a una temperatura de 15 °C ($\nu = 1.14 \times 10^{-6}$ m²/s) a lo largo de una distancia de 320 m, con un coeficiente global de pérdidas menores de 11.9, desde una toma hasta una estación de bombeo con fines de riego. Se debe tener en cuenta que:

- La diferencia de altura entre la toma y el nivel del agua en el pozo de succión de las bombas es de 17.2 m, estando la toma por encima de dicho nivel.
- Se desea que el flujo sea movido únicamente por la acción de la gravedad.

Estos coeficientes corresponden a un material como el acero o el hierro dúctil moderno.

Hacer el diseño utilizando las metodologías de Darcy-Weisbach con $k_s = 1.5 \times 10^{-4}$ m y Hazen-Williams con $C_{HW} = 120$.

Solución:

A partir del Diagrama de Flujo 4 para la metodología de Darcy-Weisbach y el Ejemplo 3.2 para la ecuación de Hazen-Williams se obtienen los resultados mostrados en la Tabla 3.9.

Tabla 3.9 Resultados del proceso iterativo.

DARCY-WEISBACH

h_f (m)	d (m)	v (m/s)	A (m²)	Q (m³/s)	$Q \geq Q_d$ (Sí o No)	Σh_m (m)
17.200	0.075	1.783	0.004	0.0079	No	1.928
17.200	0.100	2.148	0.008	0.0169	No	2.798
17.200	0.150	2.782	0.018	0.0492	Sí	4.694
12.506	0.150	2.365	0.018	0.0418	No	3.391
13.809	0.150	2.487	0.018	0.0440	Sí	3.752
13.448	0.150	2.454	0.018	0.0434	Sí	3.652
13.548	0.150	2.463	0.018	0.0435	Sí	3.680
13.520	0.150	2.461	0.018	0.0435	Sí	3.672
13.528	0.150	2.461	0.018	0.0435	Sí	3.674
13.526	0.150	2.461	0.018	0.0435	Sí	3.674
13.526	0.150	2.461	0.018	0.0435	Sí	3.674

HAZEN-WILLIAMS

h_f (m)	d (m)	v (m/s)	A (m²)	Q (m³/s)	$Q \geq Q_d$ (Sí o No)	Σh_m (m)
17.20	0.075	1.712	0.004	0.008	No	1.78
17.20	0.100	2.052	0.008	0.016	No	2.55
17.20	0.150	2.650	0.018	0.047	Sí	4.26
12.94	0.150	2.272	0.018	0.040	No	3.13
14.07	0.150	2.377	0.018	0.042	No	3.43
13.77	0.150	2.350	0.018	0.042	No	3.35
13.85	0.150	2.357	0.018	0.042	No	3.37
17.20	0.200	3.177	0.031	0.100	Sí	6.12
11.08	0.200	2.505	0.031	0.079	Sí	3.81
13.39	0.200	2.775	0.031	0.087	Sí	4.67
12.53	0.200	2.677	0.031	0.084	Sí	4.35
12.85	0.200	2.714	0.031	0.085	Sí	4.47
12.73	0.200	2.700	0.031	0.085	Sí	4.42
12.78	0.200	2.706	0.031	0.085	Sí	4.44
12.76	0.200	2.704	0.031	0.085	Sí	4.43
12.77	0.200	2.704	0.031	0.085	Sí	4.44
12.76	0.200	2.704	0.031	0.085	Sí	4.43
12.77	0.200	2.704	0.031	0.085	Sí	4.44
12.76	0.200	2.704	0.031	0.085	Sí	4.44
12.76	0.200	2.704	0.031	0.085	Sí	4.44

Los resultados indican que si se utiliza la ecuación de Darcy-Weisbach con $k_s = 1.5 \times 10^{-4}$ m, el diseño arroja un diámetro de 150 mm, unas pérdidas menores de 3.674 m y un caudal máximo de 43.5 L/s, el cual es ligeramente superior al caudal demandado.

Por otro lado, si se utiliza la metodología de Hazen-Williams se obtiene un diámetro de 200 mm, unas pérdidas menores de 4.44 m y un caudal máximo de 85 L/s.

Los datos del ejemplo se escogieron de tal manera que la tendencia a sobredimensionar los diámetros tuviera efecto sobre el diseño final. Para la tubería de 150 mm, la metodología de Hazen-Williams predice un caudal de 42 L/s, ligeramente inferior al demandado. Sin embargo, lo aquí mostrado puede ocurrir a menudo en el diseño de las redes de distribución de agua potable y en las redes de riego donde el número de tuberías sea alto.

Discusión:
Lo mostrado en este ejemplo es común en el diseño de redes de distribución de agua potable, debido al hecho de que la mayoría de las normas y legislaciones técnicas referentes al sector del agua potable y saneamiento básico limitan las velocidades en las tuberías, con lo cual se obtienen números de Reynolds relativamente bajos, para los cuales la ecuación de Hazen-Williams tiende a dar un diámetro mayor que la ecuación de Darcy-Weisbach. Por consiguiente, para los procesos de diseño de los sistemas de abastecimiento de agua potable se debe hacer uso de esta última, en conjunto con la ecuación de Colebrook-White.

3.5 PRECISIÓN DE LA ECUACIÓN DE HAZEN-WILLIAMS Y RANGOS PARA SU USO EN INGENIERÍA[1]

Con el objetivo de establecer los rangos de aplicación en ingeniería y la precisión que se puede esperar en los cálculos realizados con la ecuación de Hazen-Williams, se puede hacer un análisis de los diferentes diseños para tres de los materiales más comunes utilizados para el transporte de agua, en los sistemas de distribución de agua potable y en sistemas de riego localizado de alta frecuencia, entre otros. Estos materiales son: polivinilo de cloruro (PVC), hierro dúctil y acero bridado. Las rugosidades absolutas y los coeficientes de Hazen-Williams comúnmente encontrados en la literatura técnica se muestran en la Tabla 3.10.

Tabla 3.10 Valores de k_s y C_{HW} para los materiales seleccionados.

Material	k_s (mm)	C_{HW}
PVC	0.0015	150
Hierro dúctil	0.25	140
Acero bridado	0.45	120

Todos los diseños de las tuberías se hicieron para una longitud de 1000 m, con el objetivo de poder calcular fácilmente la pendiente de fricción correspondiente a cada caso. Una vez obtenida esa pendiente, la longitud de la tubería para propósitos comparativos es irrelevante. Los diseños se hicieron para los números de Reynolds variando entre 4000 y 10^9, con un rango de diámetros de 50 a 1800 mm y para agua a 15 °C. Una vez realizados los diseños, tanto con la ecuación de Hazen-Williams como con la ecuación de Darcy-Weisbach se procedió a calcular los correspondientes factores de fricción, los cuales fueron representados en el diagrama de Moody; de esta forma, la comparación global de los resultados resulta fácil. Para el caso del hierro dúctil, los resultados se encuentran en la FIGURA 3.5.

Como se puede observar en este diagrama, existe muy poca equivalencia entre los factores de fricción obtenidos usando el coeficiente C_{HW} y los calculados a partir de la rugosidad absoluta para este material. La equivalencia de ambas ecuaciones se presenta únicamente para los números de Reynolds entre 3×10^4 y 2×10^6 y rugosidades relativas entre 0.0005 a 0.00013 (diámetros entre 500 y 1800 mm). De igual forma, resulta claro que para este material la ecuación de Hazen-Williams subestima el factor de fricción, con lo que se tendría una tendencia a subestimar los diámetros resultantes en los diseños de tuberías, lo cual es bastante grave. Para los diámetros inferiores e iguales a 500 mm, los errores en la estimación de las pérdidas por fricción pueden variar entre el 10 % y 40 % para los números de Reynolds superiores a 5×10^5.

La FIGURA 3.6 establece un rango de validez para diseños hechos con hierro dúctil, en el cual el error en las pendientes de fricción se mantiene en ± 10 %. Dicho error se

1 Este es un tema avanzado que puede ser dejado de lado por el lector sin perder coherencia en el resto del texto.

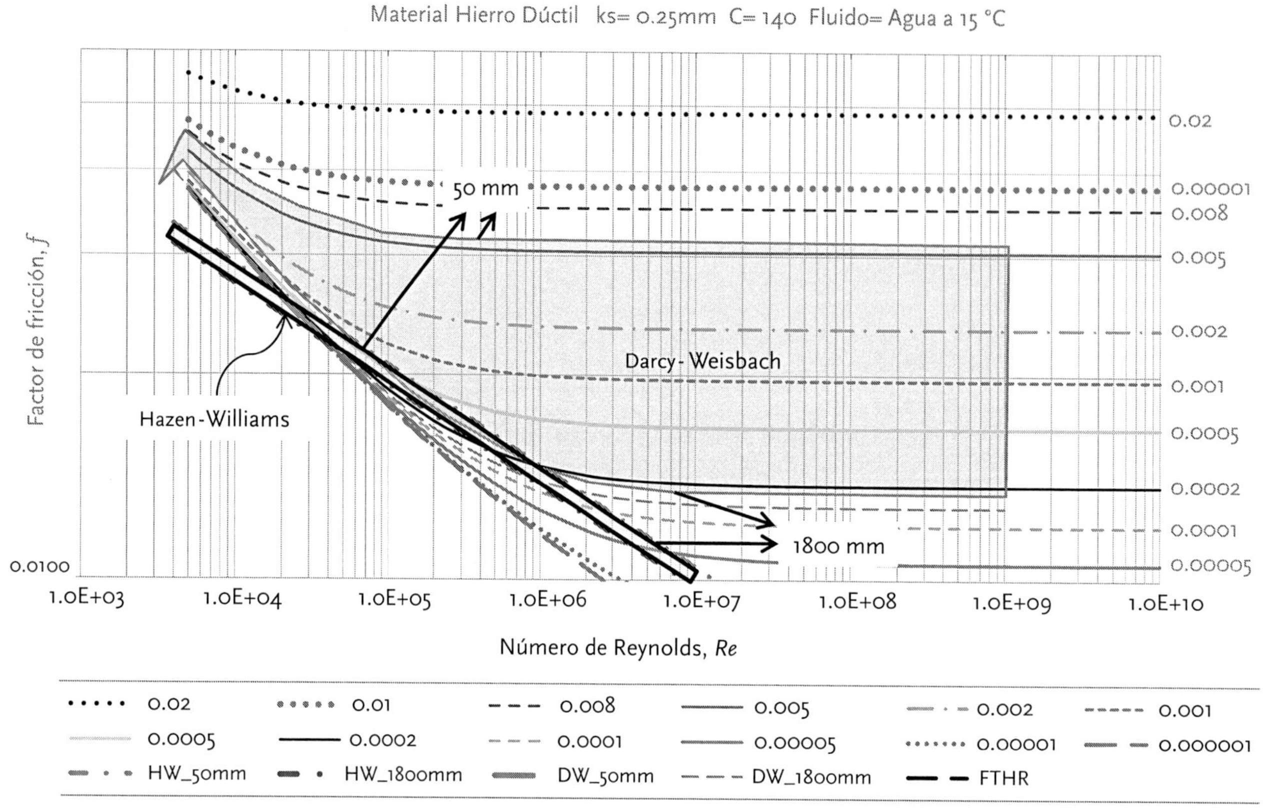

Figura 3.5 Diagrama de Moody para el hierro dúctil.

expresa como la diferencia entre las pendientes de fricción dividida por la pendiente de fricción, calculada de acuerdo con la ecuación de Darcy-Weisbach. En la figura resulta claro el rango del número de Reynolds, los diámetros y las velocidades en que podría utilizarse la ecuación de Hazen-Williams.

En la FIGURA 3.7 se puede observar que para el acero bridado también existe una zona muy estrecha donde los factores de fricción son equivalentes. En este diagrama de Moody, la zona localizada por debajo de la ecuación de Hazen-Williams corresponde a diseños donde esta ecuación sobreestima las pérdidas por fricción, con errores de hasta un 30 % para un diámetro de 1800 mm y un número de Reynolds de 2×10^5. Para un valor de k_s/d de 0.002, que para el k_s de 0.45 mm corresponde a un diámetro de aproximadamente 225 mm, el factor de fricción estaría sobreestimado para los números de Reynolds entre 5×10^3 a 10^5, por ejemplo. Por el contrario, la región localizada por encima de la ecuación de Hazen-Williams corresponde a diseños donde esta ecuación subestima las pérdidas por fricción.

Al igual que en el caso anterior, la FIGURA 3.8 muestra el rango de validez para los diseños hechos con acero bridado, en el cual el error en las pendientes de fricción se mantiene en ± 10 %. En la figura resulta claro el rango del número de Reynolds, los diámetros y las velocidades en que podría utilizarse la ecuación de Hazen-Williams. Es interesante notar que para este material, cuando las velocidades son superiores a 5 m/s, independientemente del diámetro, los errores siempre son muy altos.

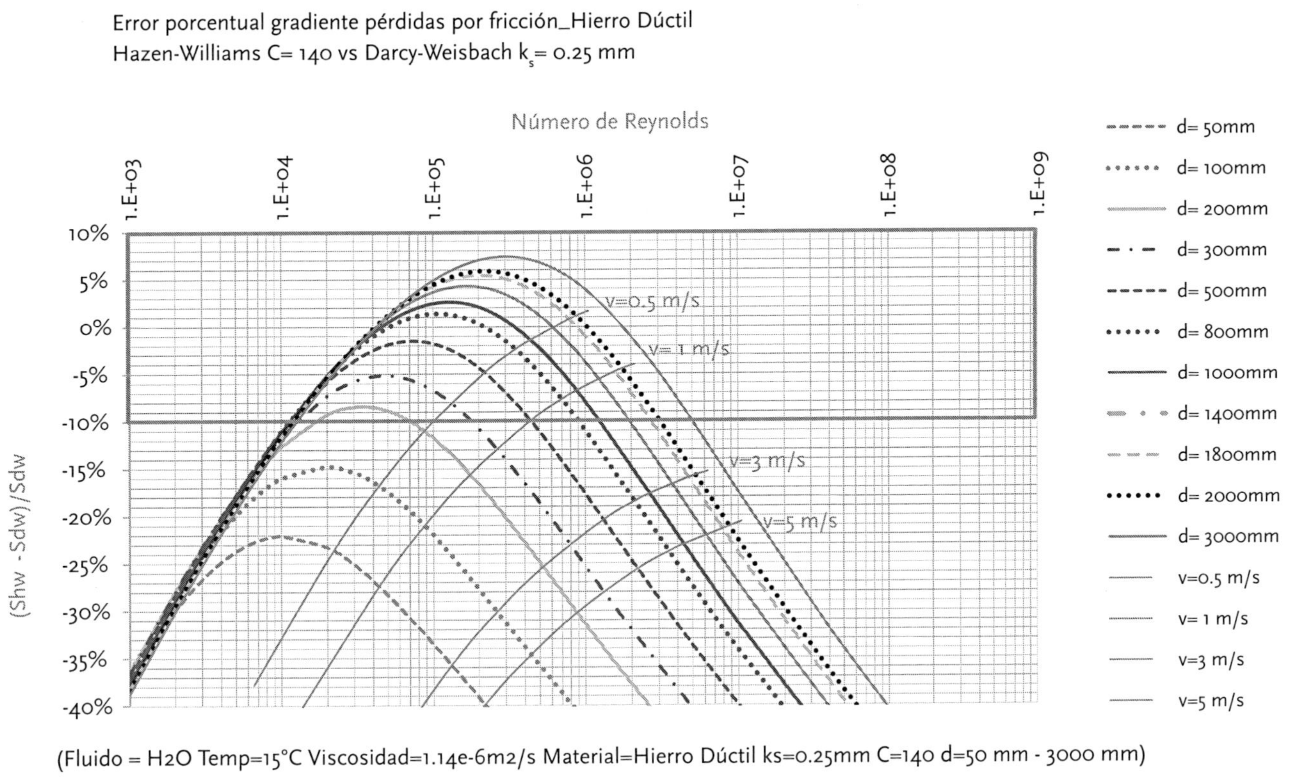

Figura 3.6 Rango de validez de la ecuación de Hazen-Williams para el hierro dúctil.

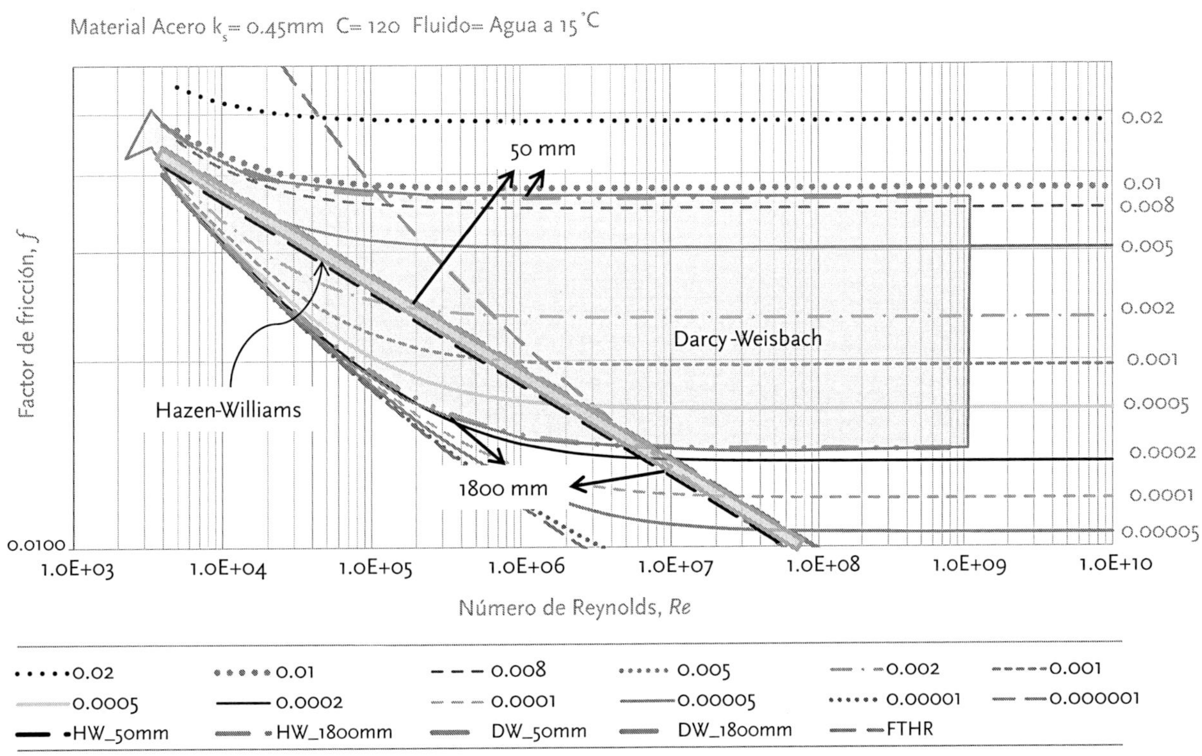

Figura 3.7 Diagrama de Moody para el acero bridado.

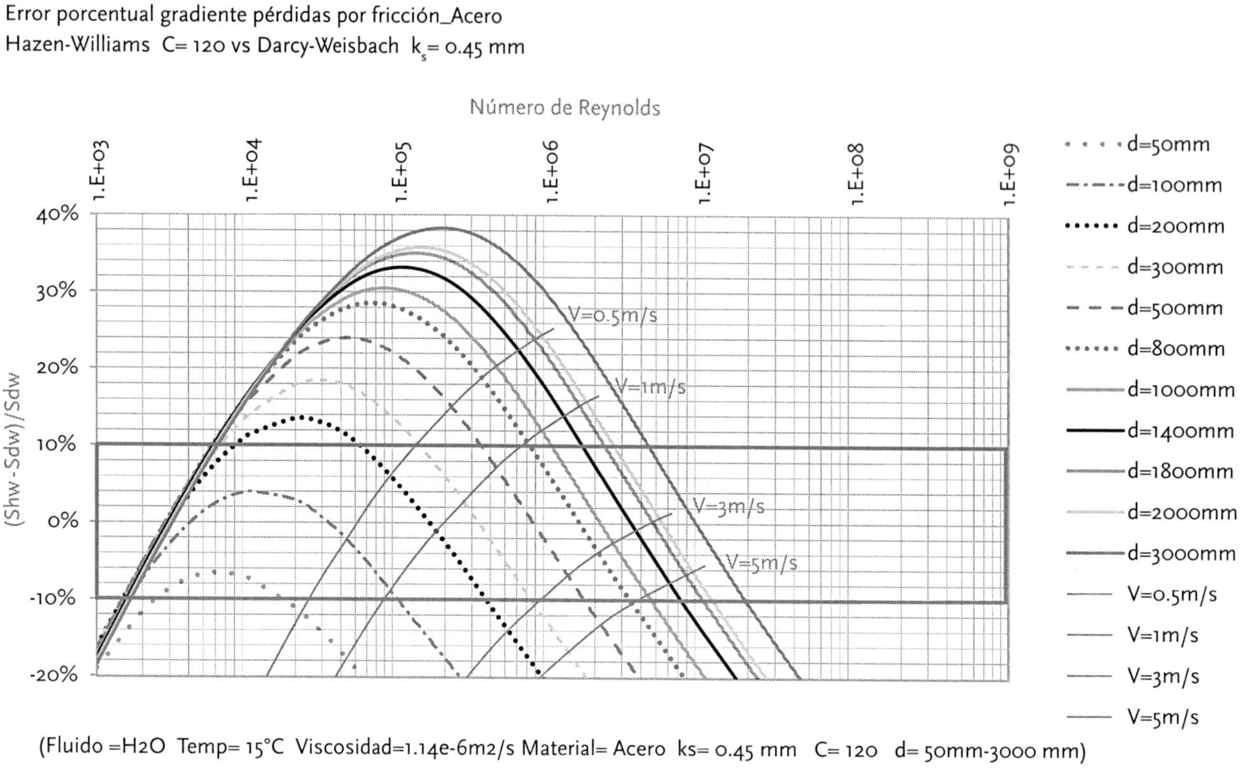

Figura 3.8 Rango de validez de la ecuación de Hazen-Williams para el acero bridado.

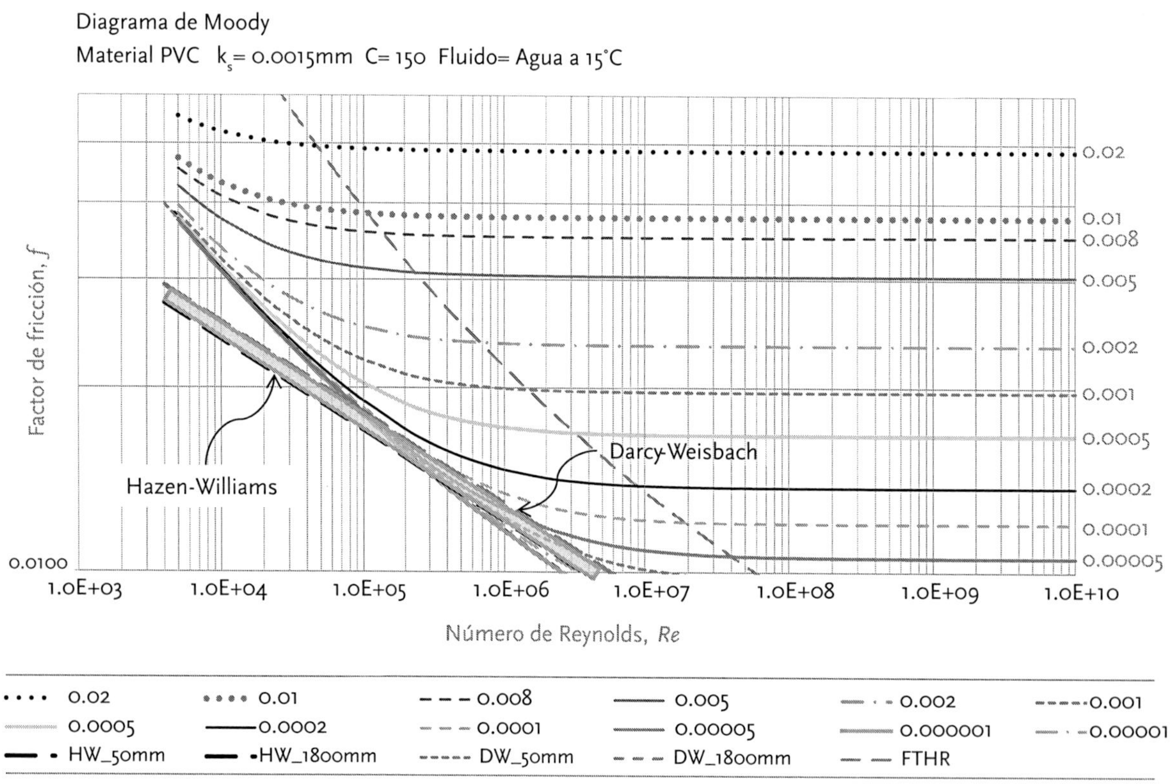

Figura 3.9 Diagrama de Moody para el PVC.

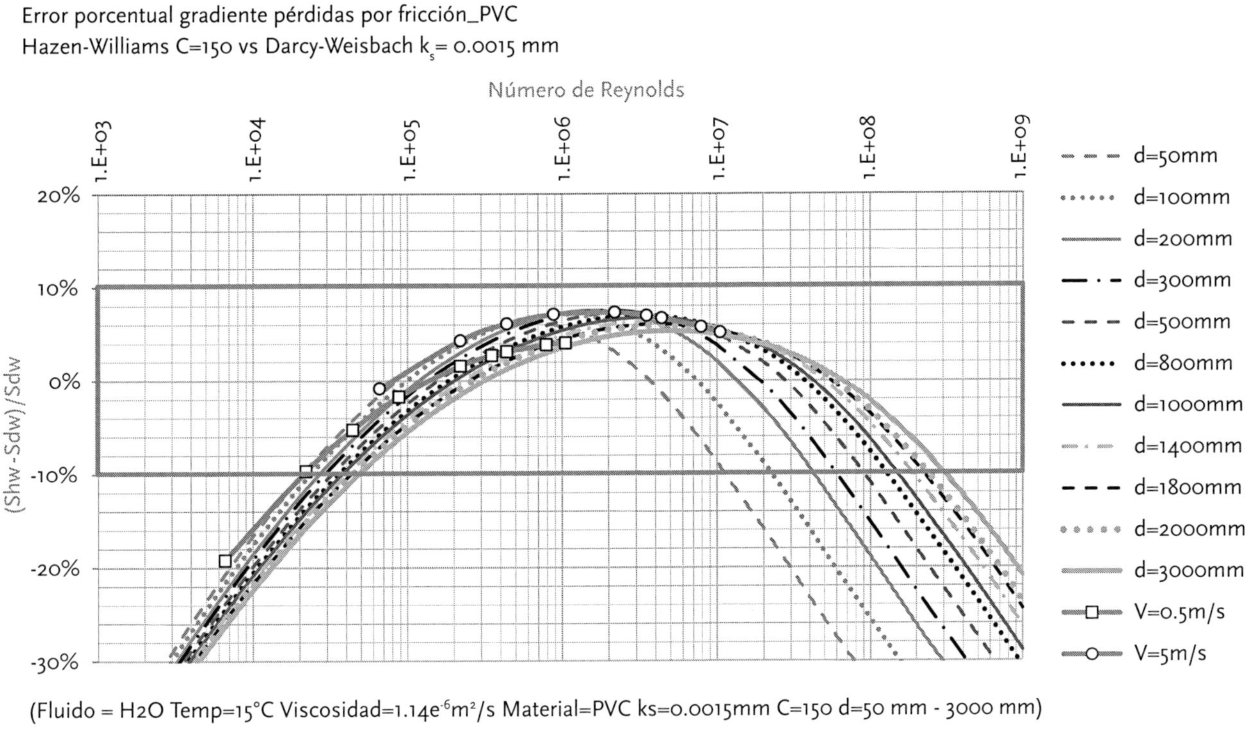

Figura 3.10 Rango de validez de la ecuación de Hazen-Williams para el PVC.

A diferencia del hierro dúctil y el acero bridado, los factores de fricción obtenidos a partir del coeficiente c_{HW} sugerido para el PVC tienden a igualarse con los calculados a partir de la ecuación de Darcy-Weisbach, tal como se muestra en la FIGURA 3.9. En esta, para los números de Reynolds entre 10^5 y 10^7 el flujo es turbulento hidráulicamente liso, y en ese rango los resultados arrojados por las dos ecuaciones son muy parecidos. Sin embargo, la zona donde se sobreestiman las pérdidas por fricción, en este caso, corresponde a números de Reynolds variando entre 10^5 y 3×10^6. Para diámetros entre 50 y 1000 mm, estos números de Reynolds corresponderían a velocidades de 2.28 y 0.11 m/s respectivamente, condiciones de operación que fácilmente se encuentran en la práctica. Para diámetros iguales o menores a 50 mm, se subestiman las pérdidas por fricción.

La FIGURA 3.10 establece un rango de validez para los diseños hechos con PVC, en el cual el error en las pendientes de fricción se mantiene en $\pm$ 10 %. En la figura resulta claro el amplio rango del número de Reynolds, para el cual la ecuación de Hazen-Williams es aplicable prácticamente e independientemente del valor del diámetro y de la velocidad de flujo.

Haciendo uso de las diferentes ecuaciones expuestas en este capítulo, es posible plantear una metodología explícita para calcular el coeficiente c_{HW} para los tres materiales antes mencionados, para el fluido de agua, como función de la rugosidad absoluta y del diámetro. De esta forma se tendría una ecuación que permitiría la comprobación de los diseños, el cálculo de potencias y la calibración de las tuberías. El problema del diseño requeriría, igual que en el caso de la ecuación de Darcy-Weisbach, de algún método iterativo. La metodología se basa en la deducción de una ecuación que permita el cálculo de c_{HW} una vez se conozca el material y el diámetro de la tubería. Para esto se hizo uso de la ecuación de Colebrook-White (Ecuación 1.69), que requiere de solución iterativa por su naturaleza implícita, y la Ecuación 3.11. Una ecuación alternativa a la de

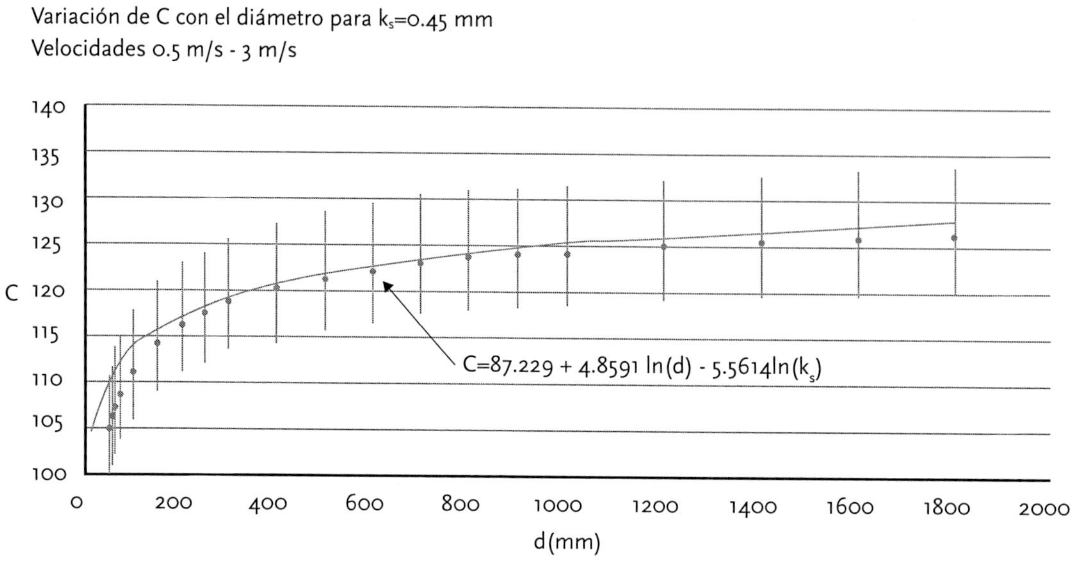

Figura 3.11 C_{HW} equivalente vs diámetro para k_s = 0.45 mm con velocidades entre 0.5 y 3 m/s.

Colebrook-White es la de Swamee-Jain (Ecuación 3.4), la cual presenta una precisión de ± 1 % para $10^{-6} < k_s/d < 10^{-2}$ y $5 \times 10^3 < Re < 10^8$. Haciendo uso de esta ecuación, en conjunto con la expresión propuesta por Liou (1998), se plantea la siguiente ecuación para el cálculo del coeficiente C_{HW}, equivalente a la metodología de Darcy-Weisbach:

ECUACIÓN 3.16

$$C_{HW} = \frac{14.075\left[\log_{10}\left(\frac{k_s}{3.7d} + \frac{5.74}{\mathrm{Re}^{0.9}}\right)\right]^{1.08}}{0.473 d^{0.009} \nu^{0.081} \mathrm{Re}^{0.081}}$$

Con base en la Ecuación 3.16 es posible calcular el coeficiente C_{HW} para ciertos valores de k_s (0.0015 mm, 0.25 mm y 0.45 mm), diámetros (50 mm-1800 mm) con velocidades entre 0.5 m/s y 3 m/s. Bajo estas condiciones, y solamente para el fluido de agua, los números de Reynolds no afectan en mayor medida los cálculos, lo que permite hacer un ajuste estadístico para C_{HW} como función únicamente del diámetro y de la rugosidad absoluta de la tubería. Se obtuvo una ecuación logarítmica de primer orden con R^2 de 0.95, la cual se presenta a continuación:

ECUACIÓN 3.17

$$C_{HW} = 87.2298 + 4.8591 \ln(d) - 5.5614 \ln(k_s)$$

Estas ecuaciones pueden usarse para los cálculos rápidos en los sistemas de tuberías, particularmente para comprobaciones de diseño.

A partir de la Ecuación 3.17, se obtuvo que para el hierro dúctil (k_s = 0.25 mm) el error relativo en la determinación de las pérdidas por fricción de la ecuación de Hazen-Williams con respecto a la ecuación de Darcy-Weisbach oscila entre +17.5 % (300 mm) y -1.1 % (50 mm), para velocidades entre 0.5 y 2 m/s. Por su parte, para el acero bridado (k_s = 0.45 mm), el error relativo es de ± 12 % en un rango de velocidades de 0.5 a 2 m/s (ver FIGURA 3.11). Finalmente, para el PVC (k_s = 0.0015 mm), el error varía en el rango -8 % a +10.3 % para un rango de velocidades entre 0.5 y 3 m/s.

CONCEPTOS IMPORTANTES

Ecuaciones empíricas: es el conjunto de ecuaciones para el cálculo de la resistencia fluida que apareció como consecuencia del hecho de que la ecuación de Colebrook-White tuviera una forma implícita para el factor de fricción de Darcy. Las ecuaciones empíricas no están basadas en las ecuaciones de la física clásica.

Aproximación moderna: debido a la aparición de las herramientas y las metodologías de las tecnologías de información, hoy en día no se justifica apartarse de las ecuaciones físicamente basadas para el cálculo del factor de fricción. El tener que resolver una ecuación no explícita no implica un aumento en la complejidad de los programas informáticos utilizados para llevar a cabo diseños de tuberías simples o sistemas complejos de tuberías.

Ecuación de Hazen-Williams: esta ecuación empírica fue establecida a inicios de la década de 1900 y tuvo cierto éxito en la época teniendo en cuenta las herramientas de cálculo existentes en esos años. Es una ecuación explícita que relaciona las pérdidas de altura por fricción con el caudal que fluye por una tubería. Su uso es sencillo para cualquier tipo de problemas de la hidráulica de tuberías. Es recomendable para realizar cálculos rápidos de comprobación de diseño en sistemas existentes, ya que el conocimiento empírico que existe alrededor de su coeficiente es valioso.

Límites de la ecuación de Hazen-Williams: debido a su proceso de deducción empírico, esta ecuación solo puede utilizarse para el fluido de agua a temperaturas normales, bajo condiciones de flujo turbulento con velocidades inferiores a 3 m/s y para tuberías con diámetros mayores a 75 mm. Un problema alrededor del uso de esta metodología radica en que algunos diseños tienden a olvidar estos límites de aplicabilidad de la ecuación de Hazen-Williams, con lo cual se puede llegar a sistemas que no operen correctamente desde el punto de vista de su hidráulica.

Calibración de sistemas de tuberías: la calibración de tuberías simples o de sistemas de tuberías implica la recogida de datos hidráulicos de campo durante períodos de tiempo relativamente largos. Los datos de caudal y presión, así medidos, presentan amplias variaciones, por lo que no se puede utilizar una ecuación cuyo coeficiente de fricción dependa de las condiciones hidráulicas existentes en un momento dado. Por consiguiente, el problema de calibración no puede ser resuelto utilizando la metodología de Hazen-Williams.

Coeficiente C_{HW} variable: para el fluido agua y para los materiales normalmente utilizados para la fabricación de tuberías utilizadas en su transporte, se puede establecer una función explícita que permite el cálculo del coeficiente de Hazen-Williams como función del diámetro y de la rugosidad absoluta de la tubería. De esta forma se pueden resolver problemas de comprobación de diseño, de cálculo de potencia y de calibración de tuberías.

PROBLEMAS

Para todos los problemas de este capítulo se pueden suponer que los diámetros reales son iguales a los nominales comerciales de las tuberías. La base de diámetros es: 75, 100, 150, 200, 250, 300, 350, 400, 450, 500, 600 y 720 mm. A no ser que se especifique un fluido diferente, se debe trabajar con agua a 15 °C con las siguientes características:

$\rho = 999.1$ kg/m^3

$\mu = 1.14 \times 10^{-3}$ Pa.s

$\nu = 1.141 \times 10^{-6}$ m^2/s

En el caso de los problemas que requieren el uso de la ecuación de Hazen-Williams, debe tenerse en cuenta que esta únicamente es válida para el agua.

3.1. A través de una tubería de 250 mm de diámetro de PVC (k_s = 0.0015 mm) fluyen 215 L/s de agua. Calcule el factor de fricción *f* utilizando (a) la ecuación de Colebrook-White, (b) la ecuación de Moody, (c) la ecuación de Wood. Compare los resultados.

3.2. A través de una tubería de 300 mm de diámetro de acero (k_S = 0.3 mm) fluyen 332 L/s de agua. Calcule el factor de fricción *f* utilizando (a) la ecuación de Colebrook-White, (b) la ecuación de Moody, (c) la ecuación de Wood. Compare los resultados.

3.3. A través de una tubería de 400 mm de diámetro de acero bridado (k_S = 0.46 mm) fluyen 160 L/s de agua. Calcule el factor de fricción *f* utilizando (a) la ecuación de Colebrook-White, (b) la ecuación de Swamee-Jain. Compare los resultados.

3.4. A través de una tubería de acero (k_S = 0.08 mm) de 150 mm de diámetro fluyen 83 L/s de queroseno con las siguientes características:

$\rho = 804$ kg/m^3
$\mu = 1.92 \times 10^{-3}$ Pa.s
$\nu = 2.388 \times 10^{-6}$ m^2/s

Calcule el factor de fricción *f* y las pérdidas por fricción a lo largo de 1000 m de tubería utilizando (a) la ecuación de Colebrook-White, (b) la ecuación de Moody, (c) la ecuación de Wood. Compare los resultados.

3.5. A través de una tubería de acero (k_S = 0.08 mm) de 250 mm de diámetro fluyen 180 L/s de gasolina con las siguientes características:

$\rho = 856$ kg/m^3
$\mu = 1.45 \times 10^{-4}$ Pa.s
$\nu = 1.694 \times 10^{-7}$ m^2/s

Calcule el factor de fricción *f* y las pérdidas por fricción a lo largo de 1000 m de tubería utilizando (a) la ecuación de Colebrook-White, (b) la ecuación de Swamee-Jain. Compare los resultados.

3.6. Para el caso de las tuberías lisas, es decir aquellas para las que el flujo siempre es hidráulicamente liso sin importar el número de Reynolds, ¿cuál de las tres ecuaciones explícitas para el cálculo del factor de fricción *f* (Moody, Wood y Barr) arroja un resultado más parecido al de la ecuación no explícita de Prandtl-von Kármán (Ecuación 1.52)? ¿Por qué?

3.7. Para el caso de tuberías muy rugosas, es decir aquellas para las que la rugosidad absoluta es superior a 1 mm, ¿cuál de las tres ecuaciones explícitas para el cálculo del factor de fricción *f* (Moody, Wood y Barr) arroja un resultado más parecido al de la ecuación no explícita de Prandtl-von Kármán (Ecuación 1.52)? ¿Por qué?

3.8. Resuelva el Problema 2.1 utilizando la ecuación de Swamee-Jain con una rugosidad absoluta de 0.0015 mm. Compare los resultados de los dos problemas.

3.9. Resuelva el Problema 2.1 utilizando la metodología de Hazen-Williams con un coeficiente C_{HW} de 150. Compare los resultados de los dos problemas.

3.10. Resuelva el Problema 2.2 utilizando la metodología de Hazen-Williams con un coeficiente C_{HW} de 110. Compare los resultados de los dos problemas.

3.11. Resuelva el Problema 2.3 utilizando la metodología de Hazen-Williams con un coeficiente C_{HW} de 110. Compare los resultados de los dos problemas.

3.12. Resuelva el Problema 2.5 utilizando la ecuación de Swamee-Jain con una rugosidad absoluta de 0.3 mm. Compare los resultados de los dos problemas. ¿Qué conclusiones se pueden extraer de las comparaciones hechas en este y el anterior problema?

3.13. Resuelva el Problema 2.5 utilizando la metodología de Hazen-Williams con un coeficiente C_{HW} de 120 (hierro galvanizado). Compare los resultados de los dos problemas. ¿Qué conclusiones se pueden extraer de las comparaciones hechas en este y el anterior problema?

3.14. Resuelva el Problema 2.13 utilizando la metodología de Hazen-Williams con un coeficiente C_{HW} de 118 (acero soldado de 150 mm de diámetro). Compare los resultados de los dos problemas.

3.15. Resuelva el Problema 2.13 utilizando la metodología de Hazen-Williams con un coeficiente C_{HW} de 150 (PVC). Compare los resultados de los dos problemas.

3.16. En un sistema de riego localizado de alta frecuencia, el agua se bombea desde un río hasta un tanque desarenador a través de una tubería de PVC (k_s = 1.5x10^{-6} m) de 150 mm de diámetro y 58 m de longitud. La diferencia de altura entre los niveles del agua en el río y en el desarenador es de 7.3 m. Si la bomba tiene una potencia de 30 kW y una eficiencia del 73 %, ¿cuál es el caudal que es bombeado? Utilice la metodología de Swamee-Jain y compárela con los resultados de la ecuación de Colebrook-White.

3.17. En un sistema de riego localizado de alta frecuencia, el agua se bombea desde un río hasta un tanque desarenador a través de una tubería de PVC (C_{HW} = 150) de 150 mm de diámetro y 58 m de longitud. La diferencia de altura entre los niveles del agua en el río y en el desarenador es de 7.3 m. Si la bomba tiene una potencia de 30 kW y una eficiencia del 73 %, ¿cuál es el caudal que es bombeado? Utilice la metodología de Hazen-Williams (FIGURA P3.17).

3.18. En un sistema de riego localizado de alta frecuencia, el agua se bombea desde un río hasta un tanque desarenador a través de una tubería de hierro dúctil (C_{HW} = 115) de 150 mm de diámetro y 58 m de longitud. La diferencia de altura entre los niveles del agua en el río y en el desarenador es de 7.3 m. Si la bomba tiene una potencia de 30 kW y una eficiencia del 73 %, ¿cuál es el caudal que es bombeado? Utilice la metodología de Hazen-Williams.

3.19. En un sistema de riego localizado de alta frecuencia, el agua se bombea desde un río hasta un tanque desarenador a través de una tubería de PVC (C_{HW} = 150) de 150 mm de diámetro y 58 m de longitud. La diferencia de altura entre los niveles del agua en el río y en el desarenador es de 7.3 m. Si la bomba tiene una potencia de 45 kW y una eficiencia del 73 %, ¿cuál es el caudal que es bombeado? Utilice la metodología de Hazen-Williams.

3.20. Resuelva el Problema 2.14 utilizando la metodología de Hazen-Williams con un C_{HW} de 120 (acero soldado de 350 mm de diámetro). Compare los resultados con los de ese problema. ¿Qué conclusión se puede plantear con respecto al efecto de la longitud de la tubería?

3.21. Resuelva el Problema 2.15 utilizando la metodología de Hazen-Williams con un C_{HW} de 120 (acero soldado de 350 mm de diámetro). Compare los resultados con los del problema anterior. ¿Qué conclusión se puede plantear?

3.22. Resuelva el Problema 2.16 utilizando la metodología de Hazen-Williams con un C_{HW} de 150 (PVC). Compare los resultados de los dos problemas.

3.23. Resuelva el Problema 2.17 utilizando la metodología de Hazen-Williams con un C_{HW} de 150 (PVC). Compare los resultados de los dos problemas.

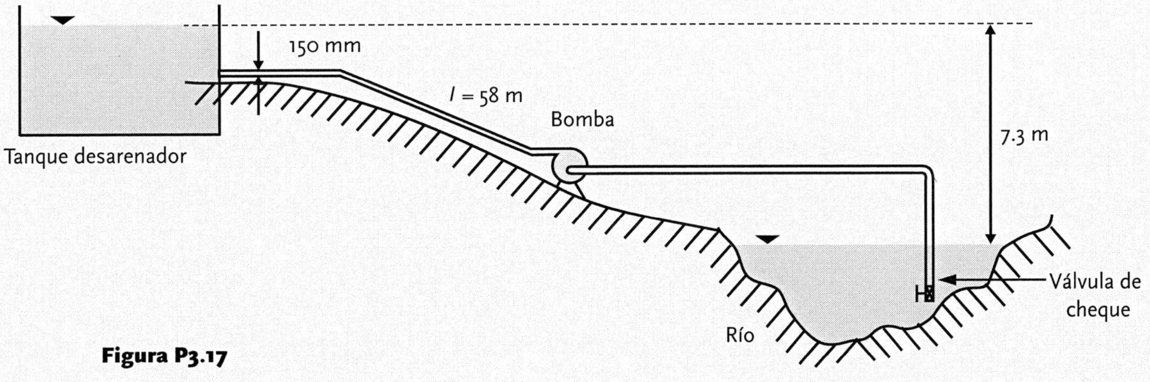

Figura P3.17

3.24. Resuelva el Ejemplo 3.3 si la tubería fuera de PVC (C_{HW} = 150). ¿Qué conclusión se puede plantear con respecto al efecto de la rugosidad de la tubería?

3.25. Resuelva el Ejemplo 3.4 si la tubería fuera de PVC (C_{HW} = 150). ¿Cómo se afecta el resultado del diámetro con respecto al obtenido con acero?

3.26. En la **FIGURA P3.26** se muestra el esquema de una estructura de bombeo con su sistema de almenara para la protección contra el fenómeno de golpe de ariete. La potencia de la bomba es de 270 kW y su eficiencia es del 81 %. Si el caudal es de 280 L/s, ¿cuál es el diámetro de la tubería de acero? No tenga en cuenta las pérdidas menores.

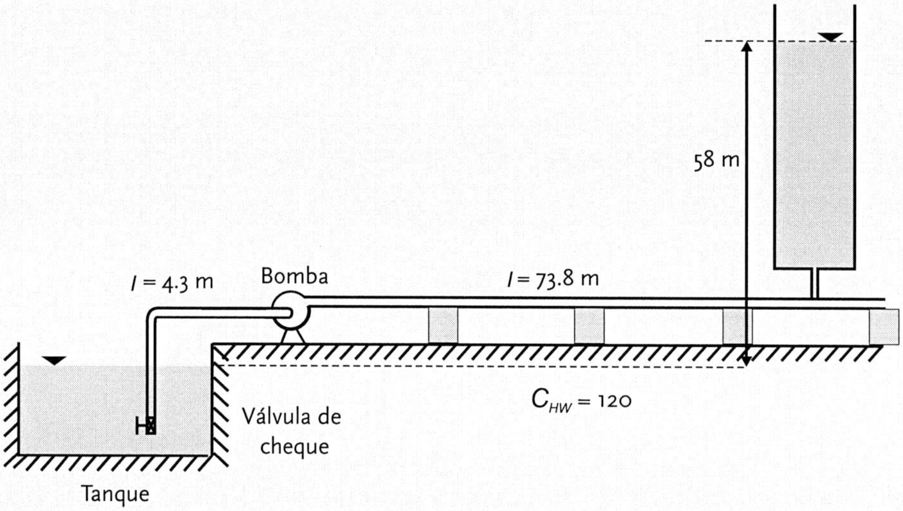

Figura P3.26

3.27. Resuelva el problema anterior utilizando la metodología de Swamee-Jain. Para el acero utilice una rugosidad absoluta de 0.04 mm.

3.28. Resuelva el Problema 2.21 utilizando la metodología de Hazen-Williams con un C_{HW} de 120. Compare los resultados de los dos problemas.

3.29. Resuelva el Problema 2.23 utilizando la metodología de Hazen-Williams con un C_{HW} de 150 para el PVC y un C_{HW} de 115 para el hierro fundido asfaltado. Compare los resultados de los dos problemas.

3.30. ¿Por qué si se utiliza la metodología de Hazen-Williams para el diseño de tuberías no se tienen problemas con las pérdidas menores cuando estas son altas, comparadas con las pérdidas por fricción? Resuelva el Problema 2.24 utilizando esta metodología y un C_{HW} de 120 (acero). Compare los resultados de los dos problemas.

3.31. En la **FIGURA P3.31** se muestra el esquema de la conexión entre la bomba y el filtro de arena en un sistema de riego localizado de alta frecuencia. Si las tuberías son de hierro galvanizado con un C_{HW} de 120, ¿cuál es el diámetro de la tubería 1-2 que une la bomba con el filtro? La pérdida de altura entre estos puntos es de 0.90 m como máximo. Utilice los coeficientes de pérdidas menores mostrados. El caudal de operación es de 71 L/s.

3.32. Resuelva el Problema 2.26 utilizando la metodología de Swamee-Jain con una rugosidad absoluta de 0.04 mm. Compare los resultados de los dos problemas.

3.33. Resuelva el Problema 2.26 utilizando la metodología de Hazen-Williams con un C_{HW} de 120. Compare los resultados de los dos problemas.

3.34. La tubería de descarga de una estación de bombeo tiene un diámetro de 450 mm y un caudal de 630 L/s. En un tramo de 60 m se mide una caída en la presión piezométrica de 7.8 m y un coeficiente global de pérdidas menores de 2.4. Calcule el coeficiente de Hazen-Williams para la tubería.

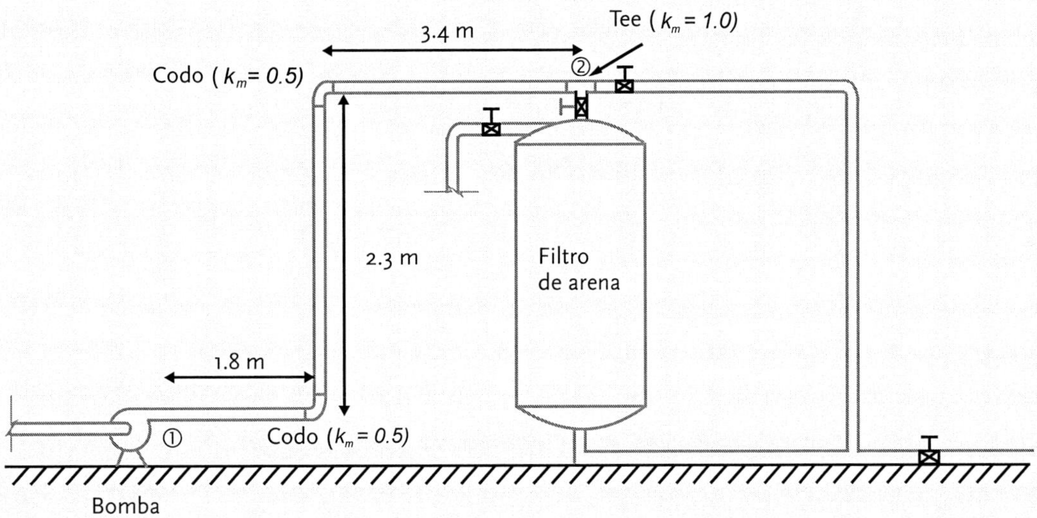

Figura P3.31

3.35. Para el problema anterior calcule la rugosidad absoluta de la tubería haciendo uso de la metodología de Swamee-Jain.

3.36. La tubería de carga de un proyecto hidroeléctrico tiene un diámetro de 1200 mm y un caudal de 2.4 m³/s. En un tramo de 180 m se mide una caída en la presión piezométrica de 11.3 m y un coeficiente global de pérdidas menores de 6.1. Calcule el coeficiente de Hazen-Williams para la tubería.

3.37. Para el problema anterior calcule la rugosidad absoluta de la tubería haciendo uso de la metodología de Swamee-Jain.

3.38. Resuelva el Ejemplo 3.6 si la tubería tiene un diámetro de 450 mm y conserva el coeficiente global de pérdidas menores de 16.4 y la longitud de 2800 m. Para la tubería se midieron las siguientes pérdidas en la altura piezométrica en función del caudal:

Q (m³/s)	*H* (*m*)
0.7	127
0.68	120
0.61	97
0.54	76
0.47	58
0.44	51
0.39	40
0.35	32
0.31	25
0.26	18
0.7	127
0.68	120
0.61	97
0.54	76
0.47	58
0.44	51
0.39	40
0.35	32
0.31	25
0.26	18

3.39. Desarrolle el mismo análisis comparativo entre las ecuaciones de Hazen-Williams y de Darcy-Weisbach (ver página 144), pero para tuberías de PVC con un C_{HW} de 150. ¿Cuál sería la rugosidad equivalente a este coeficiente para el diámetro de 150 mm? ¿Cómo serían los resultados de la comparación de las dos metodologías para el PVC? ¿Arrojan las dos metodologías resultados más parecidos cuando el material es más liso?

3.40. Desarrolle el mismo análisis comparativo del Problema 3.19, pero estableciendo como diámetro base la tubería de 100 mm. ¿Mejora o empeora la situación de la tubería de 200 mm? ¿Qué conclusión se puede deducir con este resultado?

ANEXO 1

Valor del coeficiente C_{HW} de Hazen-Williams

Tabla 3.11 Valor del coeficiente C_{HW} de Hazen-Williams.

Material	Condición	Diámetro (mm)	C_{HW}
	Nuevo	Todos	130
Hierro dulce	5 años de edad	d > 300	120
		200 < d < 250	119
		100 < d < 150	118
	10 años de edad	d > 600	113
		300 < d < 500	111
		100 < d < 250	107
	20 años de edad	d > 600	100
		300 < d < 500	96
		100 < d < 250	89
	30 años de edad	d > 760	90
		400 < d < 500	87
		100 < d < 350	75
	40 años de edad	d > 760	83
		400 < d < 600	80
		100 < d < 350	64
	50 años de edad	d > 1000	77
		600 < d < 900	74
		100 < d < 500	55
Acero soldado	Constante	d > 300	120
		200 < d < 250	119
		100 < d < 150	118
Acero bridado	Constante	d > 600	113
		300 < d < 500	111
		100 < d < 250	107
Madera	Constante	Todos	120
Concreto	Formaleta de acero	Todos	140
	Formaleta de madera	Todos	120
	Centrifugado	Todos	135
Arcilla vitrificada	Buenas condiciones	Todos	100
PVC	Constante	Todos	150
Asbesto-cemento	Constante	Todos	140
Mampostería	Constante	Todos	100
Cobre	Constante	Todos	130-140
Hierro galvanizado	Constante	Todos	120
Latón	Constante	Todos	130
Vidrio	Constante	Todos	140

BIBLIOGRAFÍA

ASCE. "Pipeline Design for Water and Wastewater", en *Pipeline Division, American Society of Civil Engineer*, New York, 1975.

Barr, D. "Two Additional Methods of Direct Solution of the Colebrook-White Function", en *Proceedings of the Institution of Civil Engineers*, Parte 2, n.° 59, diciembre de 1975.

Barr, D.I.H. "Some solution procedures for the Colebrook-White function", en *International Water Power and Dam Construction*, diciembre de 1976.

Barlow J.F., Markland E. "Converting the Hazen-Williams equation to the Colebrook function", en *International Water Power and Dam Construction*, Vol. 27, n.° 9, pp. 331-334, 1975.

Diskin, M. H. "The Limits of Applicability of the Hazen-Williams Formula", en *La Houille Blanche*, n.° 6, noviembre de 1960.

Fox, Robert W. y Alan T. McDonald. *Introduction to Fluid Mechanics*, 4 ed., McGraw-Hill, New York, 1992.

Haaland, E. "Simple and Explicit Formulas for the Friction Factor in Turbulent Pipe Flow", en *Fluids Engineering*, Vol. 105, n.° 1, pp. 89-90, marzo de 1983.

Hughes T.C., Jeppson R.W. "Hydraulic Friction Loss in Small Diameter Plastic Pipelines", en *American Water Resources Association*, Vol. 14, n.° 5, pp. 1159-1166, 1978.

Jain A.K., Mohan D.M., Khanna P. "Modified Hazen-Williams Formula", en *Journal of the Environmental Engineering Division, ASCE*, Vol. 104, n.° EE1, pp. 137-146, 1978.

Lamont, P. "c Values in Hazen-Williams Formula", en *Water and Water Engineering*, enero de 1969.

Lamont P.A. "Common Pipe Flow Formulas Compared with the Theory of Roughness", en *American Water Works Association*, Vol. 73, n.° 5, pp. 274-280, 1981.

Liou, C. P. "Limitations and Proper Use of the Hazen-Williams Equation", en *Journal of Hydraulic Engineering*, Vol. 124, n.° 9, American Society of Civil Engineer, New York, 1998.

Kamand F.Z. "Hydraulic Friction Factors for Pipe Flow", en *Journal of Irrigation and Drainage Engineering*, Vol. 114, n.° 2, pp. 311-323, 1988.

Mays, L. W. *Water Resources Engineering*, John Wiley & Sons, New York, 2001.

McGhee, Terence. *Water Supply and Sewerage*, 6 ed., McGraw-Hill, New York, 1994.

Radford M.D. "A comprehensive list of pipe coefficients of friction for the Hazen-Williams and Manning formulae derived from the Darcy-Weisbach formula and Colebrook-White transition law for roughness values (k)". *Water SA*, Vol. 16, n.° 4, pp. 237-256, Water Research Commission, 1990.

Saldarriaga, Juan y Luis Camacho, "Efectos comparativos en el diseño de tuberías utilizando las ecuaciones de Colebrook-White y Hazen-Williams", IX Seminario Nacional de Hidráulica e Hidrología, Sociedad Colombiana de Ingenieros, Manizales, Colombia, 1990.

Shames, Irving H. *Mechanics of Fluids*, 3 ed., McGraw-Hill, New York, 1992.

Stephenson, David. "Pipeline Design for Water Engineers", tercera edición revisada y actualizada, en *Developments in Water Science*, n.° 40, Elsevier, Ámsterdam, 1989.

Swamee, P. y A. Jain, "Explicit Equations for Pipe Flow Problems", en *Journal of the Hydraulic Division HY5*, n.° 102, American Society of Civil Engineer, New York, 1976.

Twor, A., R. Hoather y F. Law, *Water Supply*, segunda edición en unidades métricas, Arnold, Londres, 1974.

U. S. Department of the Interior. *Friction Factors for Large Conduits Flowing Fu*, Water Resources Technical Publication, Engineerin Monograph n.° 7. U. S. Goverment Printing Office, Washington, 1977.

Valiantzas J.D. "Modified Hazen-Williams and Darcy-Weisbach Equations for Friction and Local Head Losses Along Irrigation Laterals", en *Journal of Irrigation and Drainage Engineering*, Vol. 131, n.° 4, pp. 342-350,2005.

Walski T.M., Sharp W.W. y Shields F.D. "Predicting internal roughness in water mains", en *Miscellaneous paper El-88-2*. US Army Engineer Waterways Experiment Station, Vicksburg, Ms, 1988.

Watson, M. D. "A Simplified Aproach to the Solution of Flow Problems Using The Colebrook-White Method", en *Civil Engineering in S.A.*, n.° 21, pp. 169-171, julio de 1979.

White, Frank M. *Fluid Mechanics*, 3 ed., McGraw-Hill, New York, 1994.
Williams G.S., Hazen A. *Hydraulic Tables*, 1 ed., John Wiley & Sons, Inc., New York, N.Y., pp. 1-8, 1905.
Wood, Donald. "An Explicit Friction Factor Relationship", en *Civil Engineering*, n.° 36, diciembre de 1966.

4

Bombas en tuberías simples

Objetivos

- Describir las bombas rotodinámicas y su efecto sobre la línea piezométrica de una tubería simple.
- Introducir el concepto de velocidad específica utilizado para clasificar las bombas.
- Introducir los conceptos de curva de la bomba y curva del sistema y la forma de calcularlas. Describir el efecto que el diámetro del rotor tiene sobre la curva de la bomba.
- Introducir el concepto de punto de operación de la bomba y la forma de calcularlo, al igual que su relación con el punto de eficiencia máxima de bombeo.
- Presentar el concepto de altura neta de succión positiva y la forma de utilizarlo para el cálculo de la succión en bombas.
- Introducir el concepto de diseño óptimo de un conjunto bomba-tubería simple, teniendo en cuenta los costes de operación y mantenimiento enfrentados a los costes de inversión inicial.

4.1 INTRODUCCIÓN

Este capítulo se dedica a estudiar el efecto producido por la instalación de las bombas en las tuberías simples. Este estudio permite establecer las ecuaciones que describen el efecto de una bomba sobre el flujo, las cuales posteriormente se incluirán en el análisis y diseño de las redes de tuberías, tanto de sistemas de abastecimiento de agua como de sistemas de riego, como ejemplos de sistemas complejos de tuberías.

A partir de este capítulo se retoman las ecuaciones generales para la descripción de las pérdidas por fricción en tuberías (ecuaciones de Darcy-Weisbach y de Colebrook-White), puesto que en el análisis y diseño de sistemas de tuberías no es posible mantener el control permanente sobre el número de Reynolds y, por tanto, se podrían cometer errores al utilizar las otras ecuaciones descritas en el capítulo anterior. Cualquier programa informático cuyo objetivo sea optimizar el coste de las tuberías debe hacer uso de las ecuaciones que mejor describan dichas pérdidas. Por consiguiente, en los algoritmos y programas de análisis y diseño de sistemas de tuberías que se presentan a partir de este capítulo se emplearán todas las ecuaciones y algoritmos de los Capítulos 1 y 2. Sin embargo, para el lector que desee seguir utilizando la ecuación de Hazen-Williams, se indicarán los cambios que deben introducirse en dichos algoritmos y programas.

El presente capítulo está relacionado con el diseño de tuberías simples con una o más bombas rotodinámicas. Por lo general, los ingenieros civiles e hidráulicos se encargan únicamente de la selección de la bomba más apropiada para el sistema particular de tuberías que se está diseñando, dejando de lado el análisis y diseño de la bomba, su motor y su rotor, los cuales forman parte del diseño de la maquinaria hidráulica en la ingeniería mecánica. En la literatura técnica existe un buen número de textos que cubren con amplitud ese tema [ver Karassik *et. al.* (2001), Dufor y Nelson (1993), Stephenson (1989) y Tullis (1989)].

Las bombas rotodinámicas producen un flujo permanente en los sistemas en que están colocadas. Otros tipos de bombas, como las reciprocantes, no producen un flujo permanente, razón por la cual no se tratan en este texto.

El Capítulo 4 se limita, entonces, a estudiar el efecto de una bomba sobre la línea de gradiente hidráulico o línea piezométrica y sobre la línea de energía total en un flujo en tuberías. Este efecto debe ser tenido en cuenta en las ecuaciones y algoritmos de diseño desarrollados en los capítulos anteriores. Asimismo, se repasan los conceptos de curvas de las bombas y de altura neta de succión positiva (NPSH, por sus siglas en inglés). Al final se desarrolla un algoritmo para el diseño de las tuberías simples con bombas.

4.2 BOMBAS EN SISTEMAS DE TUBERÍAS

De acuerdo con la forma de sus rotores (impulsores), las bombas rotodinámicas se clasifican en:

- Bombas centrífugas (flujo radial): el agua entra a la bomba de forma axial pero sale impulsada en dirección radial (ver FOTOGRAFÍA 4.1).
- Bombas de flujo axial: el agua entra y sale de la bomba en dirección axial. Usualmente son bombas de baja altura piezométrica y alta capacidad de caudal (ver FOTOGRAFÍA 4.2).
- Bombas de flujo mixto: el agua entra a la bomba en dirección axial y sale con componentes de velocidad tanto en la dirección axial como en la dirección radial (ver FOTOGRAFÍA 4.3).

Para la misma potencia de entrada y para igual eficiencia, las bombas centrífugas se caracterizan por presentar una presión relativamente alta con un caudal bajo, las bombas de flujo axial generan un caudal alto con una baja presión y las de flujo mixto tienen características que las sitúan en un rango intermedio con respecto a los dos casos anteriores.

Tales tipos de bombas pueden ser definidos de forma más explícita utilizando un parámetro dimensional llamado "velocidad específica" (*Ns*), el cual se expresa como:

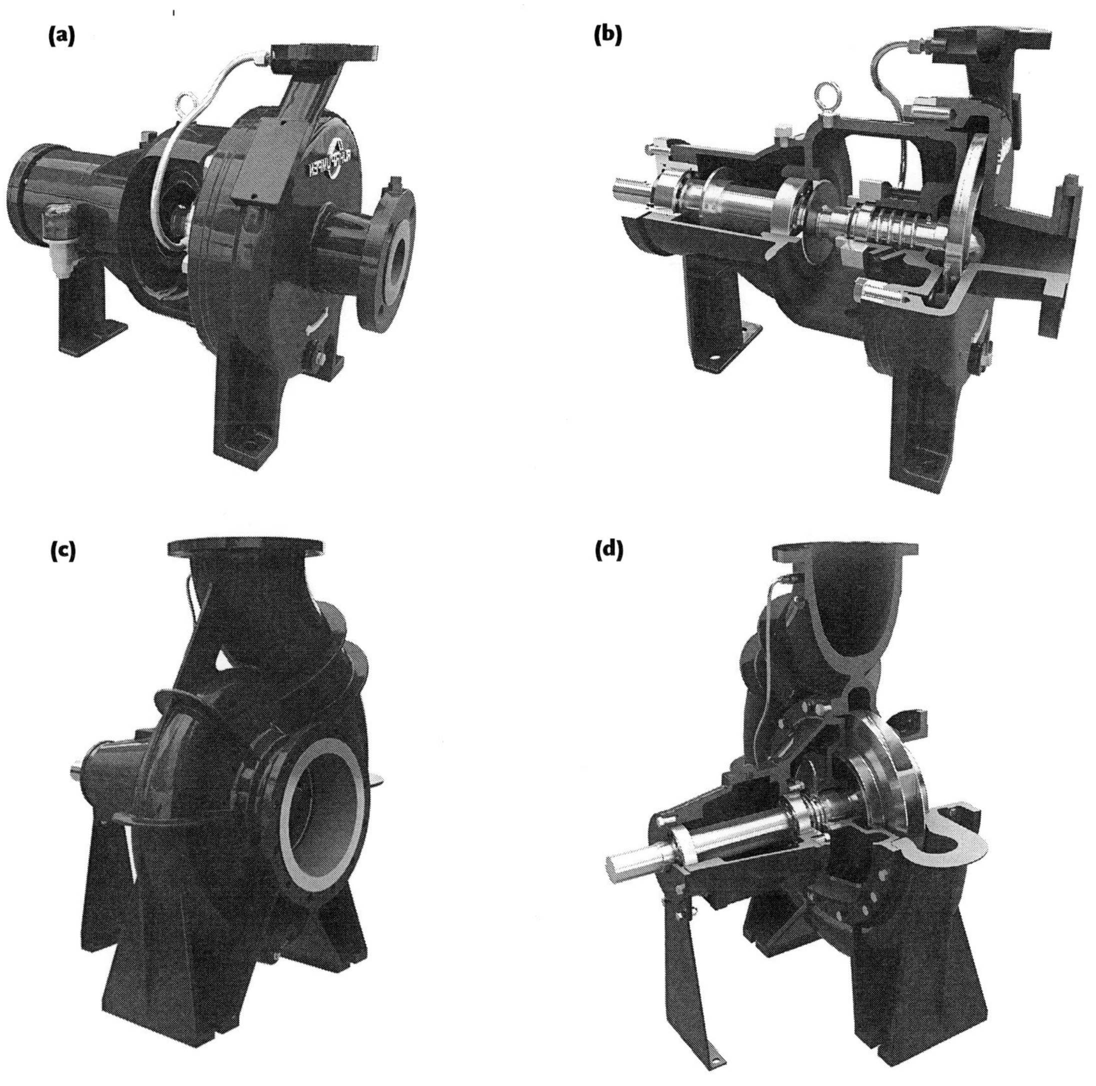

Fotografía 4.1 (a) Bomba centrífuga CPP, bombas ANSI de procesos, (b) sección. (c) Bomba centrífuga, bomba General Service Heavy Duty Horizontal Process Pump, (d) sección. Fotografías cortesía de Ruhrpumpen S.A. de C.V.

ECUACIÓN 4.1

$$Ns = \frac{NQ^{0.5}}{H^{0.75}}$$

donde:

Q = caudal en galones americanos por minuto (gpm)
H = altura piezométrica total de la bomba en pies
N = velocidad rotacional en revoluciones por minuto (rpm)

La expresión para la velocidad específica se encuentra teniendo en cuenta consideraciones de similitud dinámica[1], junto con técnicas de análisis dimensional, como las utilizadas

1 Al hacer un análisis dimensional se llega al número adimensional $\frac{NQ^{0.5}}{(gH)^{0.75}}$.
Sin embargo, en la práctica no se tiene en cuenta g y se utiliza la Ecuación 4.1 (N. de R.T.).

Fotografía 4.2 (a) Bomba Vertical Circulator and Mixed Flow Pumps MX, instalada. (b) Bomba Vertical Circulator and Mixed Flow Pumps TR, instalada. (c) Esquema bomba axial. (d) Bomba Vertical Circulator and Mixed Flow Pumps TR, en proceso de instalación. Fotografías cortesía de Ruhrpumpen S.A. de C.V.

en el Capítulo 1 para deducir la ecuación de Darcy-Weisbach. Dicha velocidad específica se puede interpretar como la velocidad en revoluciones por minuto para la que modelos geométricamente similares a los prototipos de las diferentes clases de bombas operarían para mover un caudal unitario (por ejemplo, 1 gpm) cuando se genera una altura piezométrica unitaria (por ejemplo, 1 pie).

En la siguiente tabla se muestra una clasificación general de las bombas rotodinámicas teniendo como criterio la velocidad específica.

Tipo de bomba	Rango de Ns
Centrífuga	500 a 2000
Flujo mixto	2000 a 7000
Flujo axial	7000 a 15 000

(a)

(b)

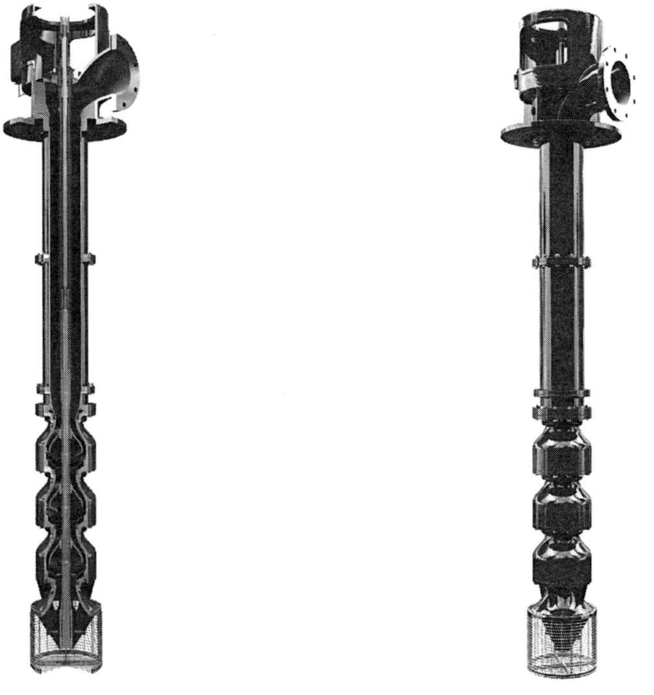

Fotografía 4.3 (a) Bomba de flujo mixto VTP, bombas de turbina vertical instaladas, (b) sección. Fotografías cortesía de Ruhrpumpen S.A. de C.V.

Los rangos anteriores no constituyen límites rígidos; por ello, deben interpretarse siempre como una guía rápida para establecer qué tipo de flujo es el más probable en una determinada bomba.

Para un diseño de bomba dado, la velocidad específica puede cambiarse si se aumenta o disminuye la velocidad de rotación de la bomba, cuyos valores típicos están dados por las velocidades de los motores: 450, 900, 1800 y 3600 rpm.

Para seleccionar la velocidad del motor que mejor se adapte a una determinada bomba, se deben balancear dos factores opuestos: por un lado, una alta velocidad de rotación implica problemas de desgaste en los cojinetes de ejes y problemas de cavitación y transientes hidráulicos; sin embargo, una velocidad alta produce una velocidad específica alta (ver Ecuación 4.1) y, por otro, para valores de *Ns* mayores a 2000 (bombas rotodinámicas centrífugas lentas) empieza a aumentar la eficiencia.

La altura piezométrica total (H en la Ecuación 4.1) generada por una bomba también es conocida como la altura piezométrica manométrica (H_m), ya que es la diferencia en la altura piezométrica de presión registrada por manómetros conectados en las tuberías de succión y de descarga de la bomba. Se debe tener en cuenta que en la definición de H_m los diámetros de succión y de descarga deben ser iguales, aunque esto no sea cierto en muchos casos.

4.3 LÍNEA DE GRADIENTE HIDRÁULICO EN SISTEMAS BOMBA-TUBERÍA

La presencia de bombas en sistemas de tuberías afecta las líneas de energía total y piezométrica del flujo, ya que las bombas son máquinas hidráulicas cuyo objetivo es convertir la energía mecánica de rotación en energía cinética o potencial del fluido dentro del sistema. El efecto de dicha conversión es añadir energía por unidad de peso (altura de velocidad o altura piezométrica de presión) al flujo, aumento que es detectado por los manómetros aguas arriba y aguas abajo de la bomba. En consecuencia, el aumento de energía se refleja en la altura manométrica en cada punto, afectando así a la forma y pendiente de las líneas mencionadas. Por tanto, los algoritmos de diseño antes presentados también se ven afectados y, por consiguiente, deben cambiar.

La FIGURA 4.1 muestra las líneas de energía total y de gradiente hidráulico o línea piezométrica para un sistema de bombeo, el cual incluye una bomba única colocada sobre una tubería simple (diámetro y rugosidad absoluta constantes).

La descripción de las variables es la siguiente:

v_s: velocidad en la tubería de succión
v_d: velocidad en la tubería de descarga
h_{f1}: pérdida de altura piezométrica por fricción en la tubería de succión
$h_{f2}+h_{f3}$: pérdida de altura piezométrica por fricción en la tubería de descarga
h_{mi}: pérdida menor en el accesorio i

En este diagrama, la bomba debe vencer la altura topográfica estática H_T más las pérdidas menores y las de fricción. Tal como se mencionó, la altura manométrica H_m se define como el aumento total de altura piezométrica a través de la bomba (los subíndices d y s indican descarga y succión, respectivamente):

ECUACIÓN 4.2
$$H_m = \left(\frac{p_d}{\rho g}+\frac{v_d^2}{2g}\right)-\left(\frac{p_s}{\rho g}+\frac{v_s^2}{2g}\right)$$

en donde:

$$\frac{p_s}{\rho g} = z_1 - \frac{v_s^2}{2g} - h_{fs} - \left(\sum h_m\right)_s$$

y:

$$\frac{p_d}{\rho g} = z_2 - \frac{v_d^2}{2g} + h_{f1_d} + h_{f2_d} + \left(\sum h_m\right)_d$$

Luego:

$$H_m = z_2 - z_1 + h_{f1_d} + h_{f2_d} + h_{fs} + \sum h_m$$

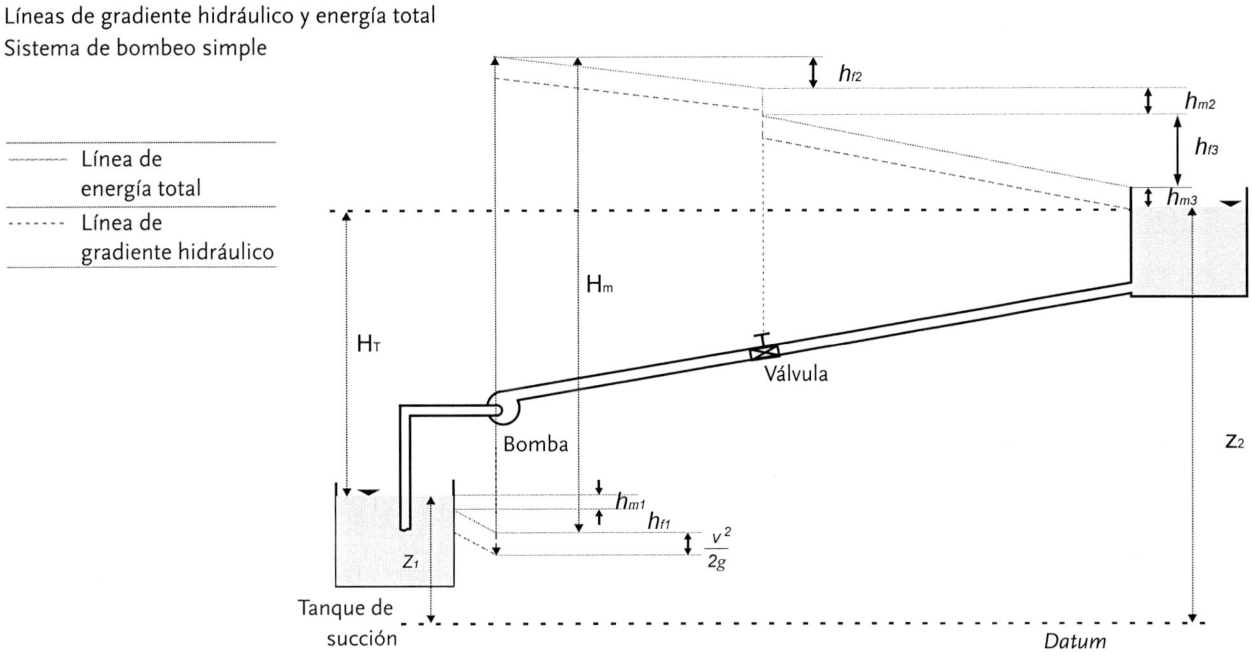

Figura 4.1 Bomba colocada en un sistema de tuberías simple. La bomba añade energía al flujo y, por consiguiente, eleva las líneas de energía total y de gradiente hidráulico.

A partir de la figura 4.1, esta última ecuación se puede reducir para obtener la siguiente expresión:

ECUACIÓN 4.3

$$H_m = H_T + \sum h_f + \sum h_m$$

donde:

H_T = altura topográfica que debe ser vencida por la bomba.

Usualmente la altura topográfica es positiva, lo que significa que el flujo sube. La altura topográfica también podría ser nula, lo cual significa que el flujo es horizontal o negativo, por lo tanto se estaría bombeando hacia abajo.

En la Ecuación 4.3 se está suponiendo que:

$$v_s = v_d$$

es decir, que el diámetro de la tubería permanece constante en el sistema (tubería simple). No se incluyen pérdidas menores en la bomba en sí, ya que estas se tienen en cuenta en la eficiencia de la misma.

4.4 CURVAS DE UN SISTEMA BOMBA-TUBERÍA

4.4.1 Curvas de la bomba

Las curvas de caudal contra la altura piezométrica total y contra la eficiencia son suministradas por los fabricantes de las bombas. La primera de estas (Q vs. H_m) se conoce como la curva de la bomba. En la FIGURA 4.2 se muestra la forma general de dichas curvas. A pesar de que en esta figura se muestra únicamente una curva de la bomba (curva continua de la figura), es importante aclarar que para una misma bomba se pueden tener varias curvas de la bomba, dependiendo del diámetro del rotor. Una práctica común en el diseño de sistemas de bombeo es reducir o maquinar ese diámetro para adaptar mejor

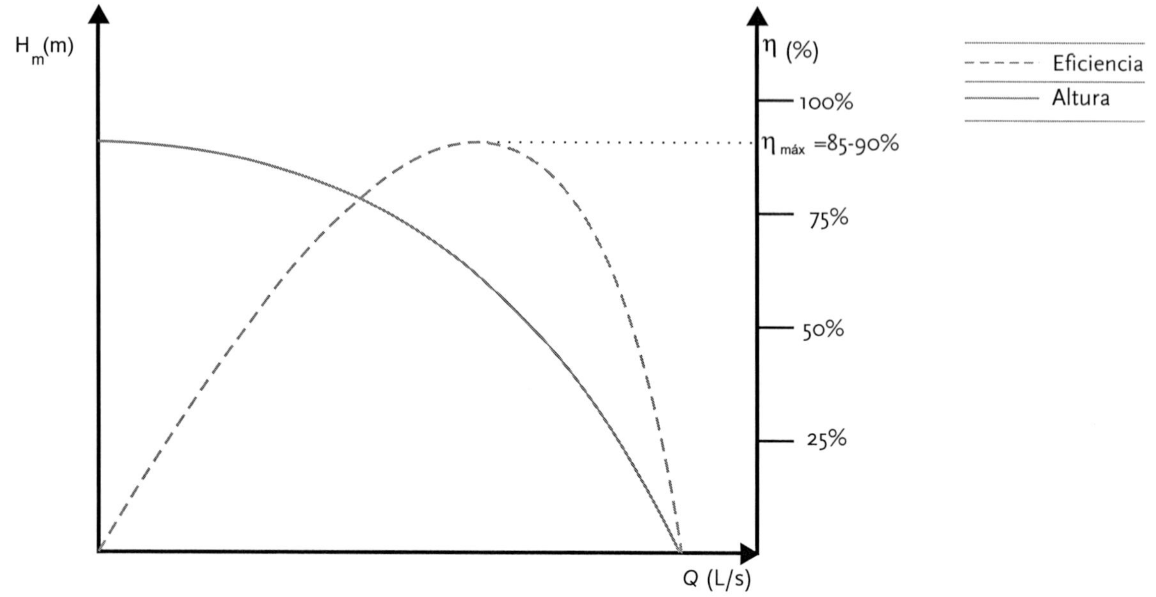

Figura 4.2 Esquema de las curvas de la bomba y de eficiencia de esta última. Usualmente estas curvas se obtienen en un laboratorio.

la bomba a un sistema por bombeo específico. Ejemplos de curvas de bomba para diferentes diámetros de rotor se pueden ver en las FIGURAS 4.13 y 4.16 y en las figuras de los Problemas P4.30 y P4.36 de este capítulo. Como los rotores se podrían maquinar para cualquier diámetro entre el máximo y el mínimo de una bomba particular, en teoría existiría un número infinito de curvas para una bomba particular. Sin embargo, en la práctica los fabricantes de las bombas solamente muestran un número limitado de estas en sus catálogos.

Por lo general, la curva de caudal contra la altura piezométrica total H_m (curva de la bomba) para una bomba centrífuga se puede expresar de la siguiente forma funcional, la cual permite simular, de manera simple, bombas dentro de sistemas complejos de tuberías, tales como las redes de distribución de agua potable (ver Capítulos 7 y 8) y las redes de riego localizado de alta frecuencia:

ECUACIÓN 4.4

$$H_m = AQ^2 + BQ + C$$

Los coeficientes A, B y C pueden ser calculados recogiendo tres puntos (Q, H_m) de la curva del fabricante y resolviendo la Ecuación 4.4 para cada uno de ellos.

La potencia consumida por una bomba cuando está enviando un caudal Q (en m^3/s) con una altura piezométrica H_m (m), con una eficiencia conjunta bomba-motor η es:

$$P = \frac{1}{\eta} \rho Q g H_m$$

EJEMPLO 4.1

Cálculo de la curva de una bomba

De la curva de la bomba de un fabricante particular se leen los siguientes tres puntos:

Caudal (L/s)	Altura (m)
40	83.26
100	63.58
180	11.07

Calcule la curva de la bomba.

Solución:

Con estos puntos es posible calcular la ecuación que describe la curva de operación de la bomba:

ECUACIÓN 4.4
$$H_m = AQ^2 + BQ + C$$

Lo primero que se debe hacer es plantear la Ecuación 4.4 para los tres puntos dados (mínimo número de datos) utilizando unidades consistentes, es decir, que pertenezcan a un solo sistema de unidades (SI, por ejemplo). Procediendo así, se obtienen las siguientes tres ecuaciones con tres incógnitas (A, B y C):

ECUACIÓN (a)
$$83.26 = A(0.04^2) + B(0.04) + C$$

ECUACIÓN (b)
$$63.58 = A(0.1^2) + B(0.1) + C$$

ECUACIÓN (c)
$$11.07 = A(0.18^2) + B(0.18) + C$$

Restando (b) de (a) se obtiene:

$$19.68 = -0.0084A - 0.06B$$

$$83.26 - 63.58 = A(0.04^2 - 0.1^2) + B(0.04 - 0.1)$$

ECUACIÓN (d)
$$19.68 = -0.0084A - 0.06B$$

Restando (c) de (b) se obtiene:

$$63.58 - 11.07 = A(0.1^2 - 0.18^2) + B(0.1 - 0.18)$$

ECUACIÓN (e)
$$52.51 = -0.0224A - 0.08B$$

Multiplicando (e) por -0.75 se obtiene:

ECUACIÓN (f)
$$-39.383 = 0.0168A + 0.06B$$

Finalmente sumado (d) más (f):

$$19.68 - 39.383 = 0.0084A$$

entonces:

$$A = -2345$$
$$B = 0.375$$
$$C = 87$$

Luego:

$$H_m = -2345Q^2 + 0.375Q + 87$$

Esta última es la ecuación para la bomba que debe ser suministrada por el fabricante, aclarando que el caudal debe estar en m³/s y la altura piezométrica en m.

Discusión:
La gran mayoría de las bombas rotodinámicas pueden ser descritas mediante una ecuación cuadrática como la encontrada en este ejemplo, en la cual la altura dinámica producida por la bomba es la función polinomial cuadrática del caudal. Este tipo de funciones se pueden introducir fácilmente en la ecuación de conservación de la energía en una tubería, con lo cual incluir una bomba en el modelo de un sistema de tuberías es sencillo en términos matemáticos. Este tema se presenta con detalle en el Capítulo 7.

4.4.2 Curvas del sistema

Si se utiliza la ecuación de conservación de energía (ecuación de Bernoulli) para el sistema bomba-tubería, se obtiene:

ECUACIÓN 4.3

$$H_m = H_T + \sum h_f + \sum h_m$$

$$H_m = H_T + \sum f_i \frac{l_i}{d_i}\frac{\text{v}^2}{2g} + \sum k_{m_i}\frac{\text{v}^2}{2g}$$

donde nuevamente se ha supuesto que las velocidades de succión y descarga son iguales:

$$\text{v}_s = \text{v}_d$$

Al factorizar la altura de velocidad se obtiene lo siguiente:

$$H_m = H_T + \left(\sum f_i \frac{l_i}{d_i} + \sum k_{m_i}\right)\frac{\text{v}^2}{2g}$$

Finalmente, al reemplazar la velocidad por el caudal dividido por el área de la tubería se llega a:

ECUACIÓN 4.5

$$H_m = H_T + \left(\sum f_i \frac{l_i}{d_i} + \sum k_{m_i}\right)\frac{Q^2}{2gA^2}$$

La anterior ecuación indica que el caudal crece con la raíz cuadrada de H_m. La forma final de la ecuación depende de las características físicas de la tubería (longitud, accesorios, diámetro, rugosidad absoluta). Para construir la curva del sistema, el diseñador selecciona una serie de valores de la altura manométrica y en la Ecuación 4.5 obtiene los valores correspondientes del caudal. Las parejas de puntos se llevan a una gráfica de H_m vs. Q, la cual se conoce como la curva del sistema. Su forma general se muestra en la FIGURA 4.3.

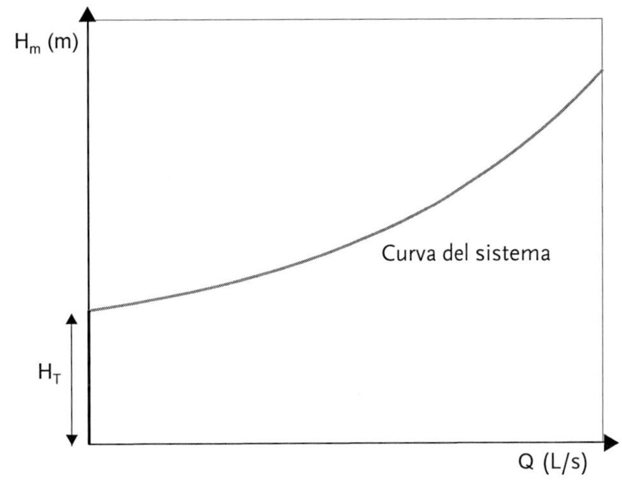

Figura 4.3 Curva del sistema en un sistema bomba-tubería. Su forma depende de la geometría, del material de la tubería y de la altura topográfica que debe ser vencida por la bomba.

4.4.3 Punto de operación de la bomba

La determinación del punto de operación de la bomba, es decir, el cálculo del caudal que está siendo enviado y la altura dinámica suministrada por la bomba, se ilustra en la FIGURA 4.4; dicho punto de operación es el corte de las curvas de la bomba y del sistema y es fácilmente determinable si se tienen construidas las curvas. Sin embargo, dado que las pérdidas de altura en el sistema no pueden ser obtenidas directamente por la naturaleza no explícita del factor de fricción, es necesario realizar una aproximación numérica para determinar este punto, proceso que se ilustra en el Diagrama de Flujo 7.

Una misma bomba tendrá un punto de operación diferente para cada sistema al que se encuentre conectada. Sin embargo, no siempre ese punto de operación garantizaría una alta eficiencia.

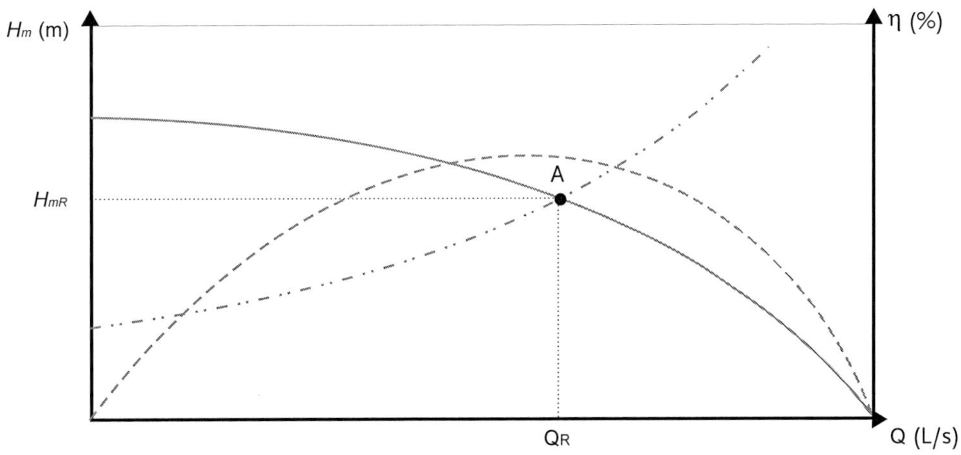

– – – – – – –	Eficiencia	A = Punto de operación de la bomba
———	Curva de la bomba	HmR = Altura suministrada por la bomba
– · · – · · – · ·	Curva del sistema	QR = Caudal enviado por bomba

Figura 4.4 Punto de operación de la bomba. Es el cruce entre las curvas de la bomba y del sistema en que esta se encuentra operando. La altura manométrica se lee en las ordenadas de la izquierda. La eficiencia se lee en las ordenadas de la derecha.

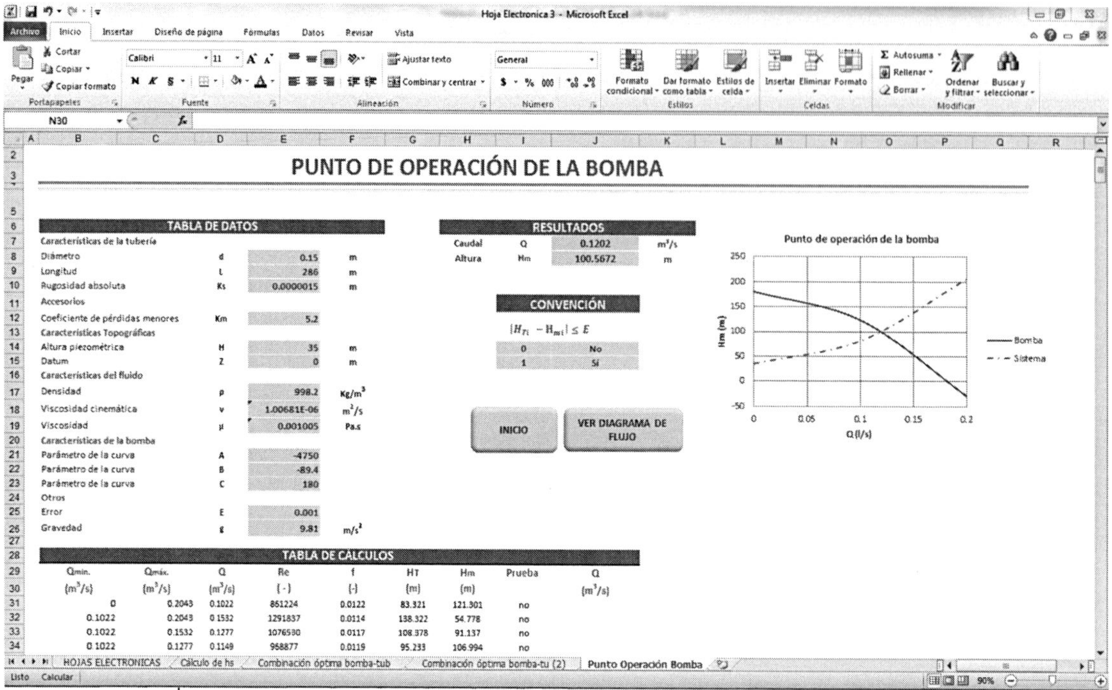

Hoja Electrónica n.° 3 – Punto de operación de la bomba.

EJEMPLO 4.2

HOLA ELECTRÓNICA n.° 3
Punto de operación de la bomba

Selección del punto de operación de una bomba

Calcule el punto de operación de la bomba siguiendo el Diagrama de Flujo 7 para un sistema de tubería simple de PVC en la que el diámetro es de 0.15 m, la longitud de 286 m y el coeficiente de pérdidas menores es 5.2; el sistema debe vencer una altura piezométrica de 35 m. La ecuación que representa la curva de la bomba es la siguiente.

$$H_m = -4750 \cdot Q^2 - 89.4Q + 180$$

Solución:

Haciendo uso de la ecuación de la curva de la bomba se obtiene la altura manométrica máxima.

$$H_{m_{máx}} = -4750 \cdot (0)^2 - 89.4(0) + 180$$

$$H_{m_{máx}} = 180m$$

Ya que la altura máxima de la bomba es mayor que la altura piezométrica, se puede continuar con el procedimiento, dado que esto implica que la altura máxima suministrada por la bomba supera la altura requerida. Por tanto, se supone que el caudal mínimo será igual a cero y el caudal máximo será aquel para el cual la altura de la bomba es cero.

$$Q_{m_{mín}} = 0$$

$$0 = -4750 \cdot Q_{m_{máx}}{}^2 - 89.4Q_{m_{máx}} + 180$$

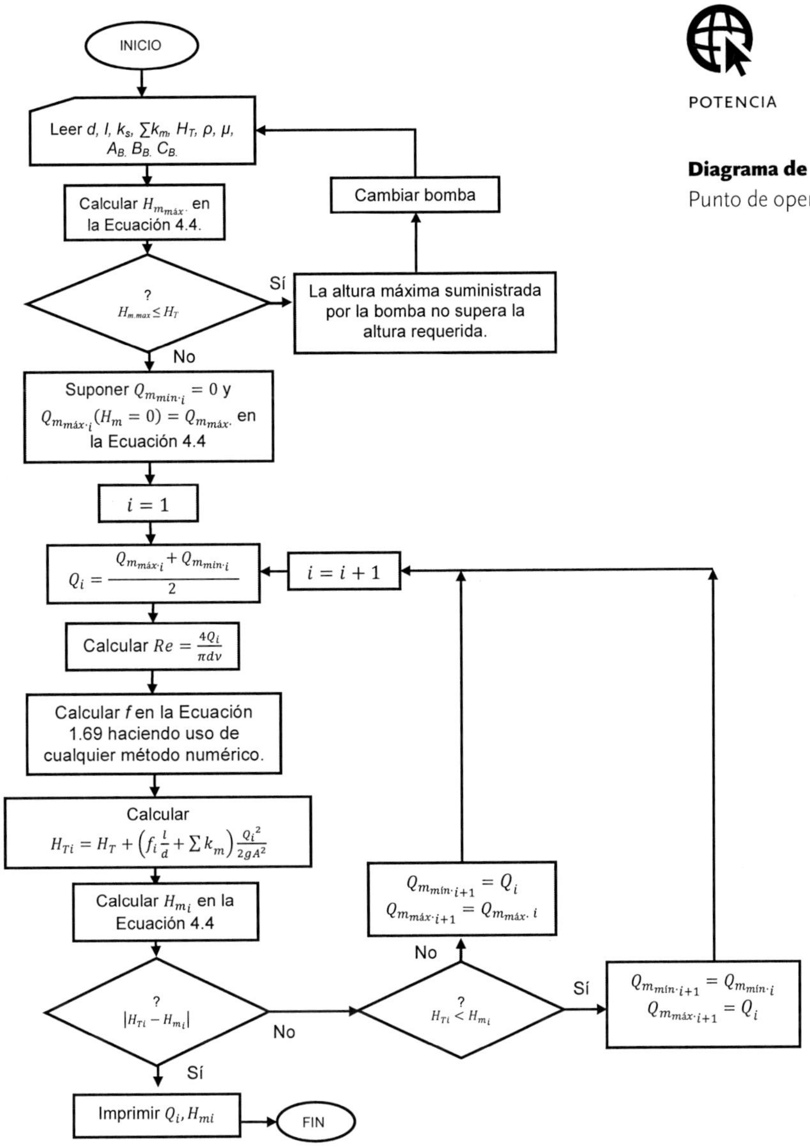

POTENCIA

Diagrama de Flujo 7
Punto de operación de la bomba.

Resolviendo esta última ecuación se obtiene que el caudal máximo es:

$$Q_{m_{máx}} = \frac{-89.4 - \sqrt{89.4^2 - (4 \cdot (-4750 \cdot 180))}}{2 \cdot (-4750)}$$

$$Q_{m_{máx}} = 0.204 \frac{m^3}{s}$$

por lo que el caudal de la primera iteración será el promedio entre el caudal máximo y el caudal mínimo siguiendo el Diagrama de Flujo 7.

$$Q_1 = \frac{0 \frac{m^3}{s} + 0.204 \frac{m^3}{s}}{2} = 0.102 \frac{m^3}{s}$$

Luego se calcula el número de Reynolds.

$$Re = \frac{4Q_1}{\pi\, d\, \text{v}}$$

$$Re = 861\,224.4$$

El factor de fricción se calcula utilizando los Diagramas de Flujo 2a o 2b.

$$f = 0.01215$$

Se calcula la altura que requiere el sistema con el caudal para esta iteración por medio de la Ecuación 4.5:

$$H_{T_i} = 35m + \left(0.01215\frac{286m}{0.15m} + 52\right)\frac{(0.102\ m^3/s)^2}{2(9.81)\left(\frac{\pi(0.15m)^2}{2}\right)^2}$$

$$H_{T_i} = 83.32m$$

La altura de la bomba con este caudal será:

$$H_m = -4750\cdot\left(0.102\frac{m^3}{s}\right)^2 - 89.4\left(0.102\frac{m^3}{s}\right) + 180$$

$$H_m = 121.301m$$

La diferencia entre la altura requerida y la altura de la bomba es mayor al error admisible, y la altura requerida es menor a la altura de la bomba, por lo que se debe asignar el valor del nuevo caudal mínimo como el caudal de esta iteración.

$$Q_{m_{mín_2}} = 0.102\frac{m^3}{s}$$

La Tabla 4.1 muestra los resultados del proceso iterativo.

Por lo que el caudal será de 0.12025 m^3/s y la altura de la bomba de 100.567 m. Este es el punto de operación de la bomba.

Discusión:

Tal como se puede ver en este ejemplo, la selección de una bomba para un sistema de tubería simple requiere establecer el punto de operación, de tal forma que la bomba escogida opere en o muy cerca de su punto de máxima eficiencia. Para este propósito, el diseñador debe revisar varias alternativas de bombas, cada una de ellas con sus posibles diámetros de rotor, para lograr que en el momento en que la bomba esté enviando el caudal de diseño, con la altura dinámica requerida, esta esté operando con una alta eficiencia. Esto ahorrará en costes de operación y de mantenimiento del sistema.

Tabla 4.1 Cálculo del punto de operación de la bomba.

$Q_{min.}$ (m^3/s)	$Q_{máx.}$ (m^3/s)	Q (m^3/s)	Re (-)	f (-)	H_T (m)	H_m (m)	Prueba
0	0.20430	0.10215	861 224.356	0.012	83.321	121.301	No
0.10215	0.20430	0.15323	1 291 836.534	0.011	138.322	54.778	No
0.10215	0.15323	0.12769	1 076 530.445	0.012	108.378	91.137	No
0.10215	0.12769	0.11492	968 877.400	0.012	95.233	106.994	No
0.11492	0.12769	0.12131	1 022 703.923	0.012	101.652	99.259	No
0.11492	0.12131	0.11811	995 790.662	0.012	98.404	103.175	No
0.11811	0.12131	0.11971	1 009 247.292	0.012	100.018	101.229	No
0.11971	0.12131	0.12051	1 015 975.607	0.012	100.833	100.247	No
0.11971	0.12051	0.12011	1 012 611.450	0.012	100.425	100.739	No
0.12011	0.12051	0.12031	1 014 293.529	0.012	100.629	100.493	No
0.12011	0.12031	0.12021	1 013 452.489	0.012	100.527	100.616	No
0.12021	0.12031	0.12026	1 013 873.009	0.012	100.578	100.555	No
0.12021	0.12026	0.12023	1 013 662.749	0.012	100.552	100.585	No
0.12023	0.12026	0.12025	1 013 767.879	0.012	100.565	100.570	No
0.12025	0.12026	0.12025	1 013 820.444	0.012	100.571	100.562	No
0.12025	0.12025	0.12025	1 013 794.161	0.012	100.568	100.566	No
0.12025	0.12025	0.12025	1 013 781.020	0.012	100.567	100.568	No
0.12025	0.12025	0.12025	1 013 787.591	0.012	100.567	100.567	Sí

4.5 LÍMITE EN LA ALTURA DE SUCCIÓN DE UNA BOMBA

En el caso de las bombas, el fenómeno de cavitación puede ocurrir tanto en la tubería de succión como en los álabes del impulsor, debido a que en esos lugares la presión podría llegar a ser menor que la atmosférica. Esto es particularmente probable cuando se trata de bombas localizadas por encima del nivel de succión.

El fenómeno de cavitación es causado por la implosión de pequeñas burbujas de vapor del fluido, que se producen cuando la presión está por debajo de la presión de vapor al llegar a una zona de presión normal.

La cavitación, además de producir daños físicos y ruidos molestos, puede llegar a reducir de manera considerable el caudal descargado. Para evitar todos estos efectos es necesario impedir que la presión a la entrada de la bomba sea menor que un cierto límite, el cual a su vez es influenciado por una reducción adicional de la presión posterior a dicha entrada. Para establecer ese límite se deben plantear las siguientes definiciones y ecuaciones.

En primer lugar, el término $\frac{p_s - p_v}{\rho g}$ representa la altura (energía potencial de presión por unidad de peso) absoluta a la entrada "por encima de la presión de vapor". Este término se conoce como altura neta de succión positiva (NPSH por Net Positive Suction Head).

Luego:

ECUACIÓN 4.6

$$NPSH = \frac{p_s - p_v}{\rho g}$$

o

ECUACIÓN 4.7

$$NPSH = \frac{p_a}{\rho g} - H_s - \frac{p_v}{\rho g}$$

donde:

P_a = presión atmosférica absoluta
P_v = presión de vapor
H_s = altura manométrica de succión

Esta última altura está definida de acuerdo con la siguiente ecuación, cuyos términos corresponden a la **FIGURA 4.5**:

ECUACIÓN 4.8

$$H_s = h_s + h_{fs} + \frac{v_s^2}{2g} + h_{m_e}$$

Esta altura se puede representar, tal como se muestra en la **FIGURA 4.5**, y sus términos corresponden a lo siguiente:

- h_S representa la altura del rotor de la bomba con respecto al nivel del agua en el tanque o embalse desde donde se está succionando el caudal.
- h_{me} representa las pérdidas menores causadas en la entrada de la tubería de succión (por lo general, este valor es alto pues en la mayoría de los diseños se coloca en ese punto una válvula de cheque o *check* para evitar el vaciado de la tubería, con lo cual no es necesario cebar la bomba cada vez que se vaya a operar).
- h_{fS} representa las pérdidas por fricción en la tubería de succión (por lo general muy bajas porque la longitud de dicha tubería es corta, precisamente debido a que es deseable reducir tales pérdidas).
- $v_s^2/2g$ es la altura de velocidad en esta misma tubería.
- H_s es la altura manométrica de succión.

Es evidente que la NPSH varía con respecto a la altura sobre el nivel del mar a la cual se va a instalar la bomba. Cuanto mayor sea esa altura mayor será la NPSH.

La NPSH que requiere una bomba específica es un dato que el fabricante suministra. En caso de que tal dato no exista, tendrá que encontrarse en condiciones de laboratorio.

En los últimos años, las bombas sumergibles se han popularizado mucho, en especial en los rangos de caudales bajos y medios. Esta solución prescinde del cálculo de la NPSH, ya que los problemas de cavitación se eliminan o reducen notablemente. Asimismo se descartan los problemas de enfriamiento de los cojinetes, rodamientos y motor de la bomba.

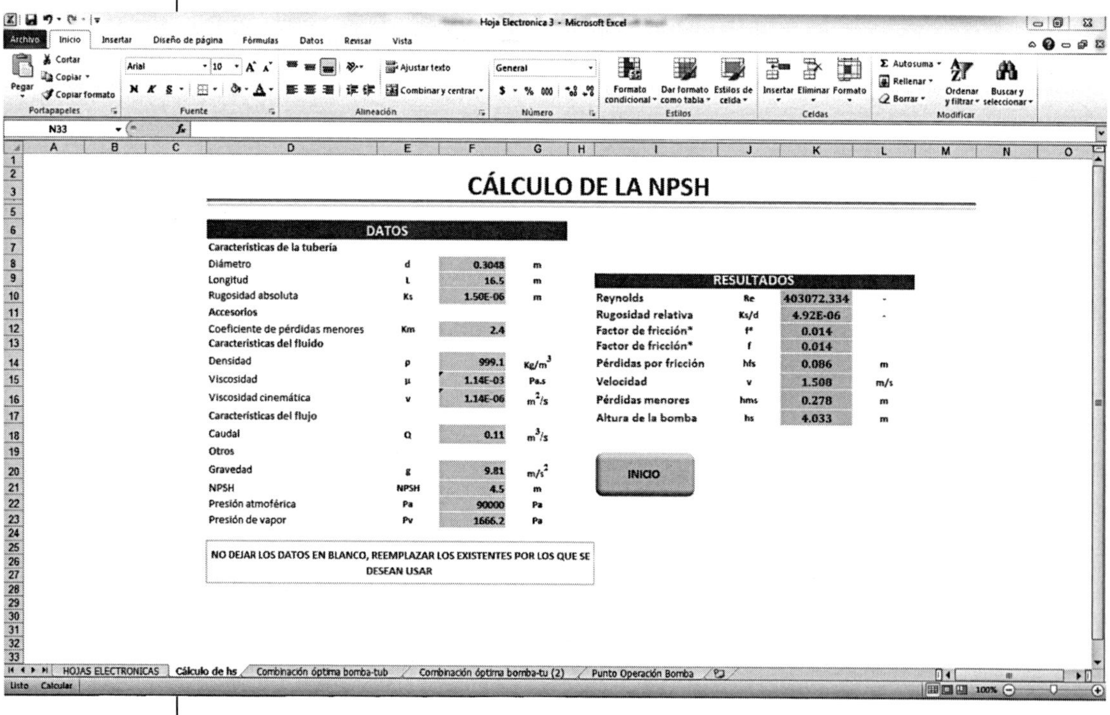

Hoja Electrónica n.° 3 – Cálculo de la NPSH.

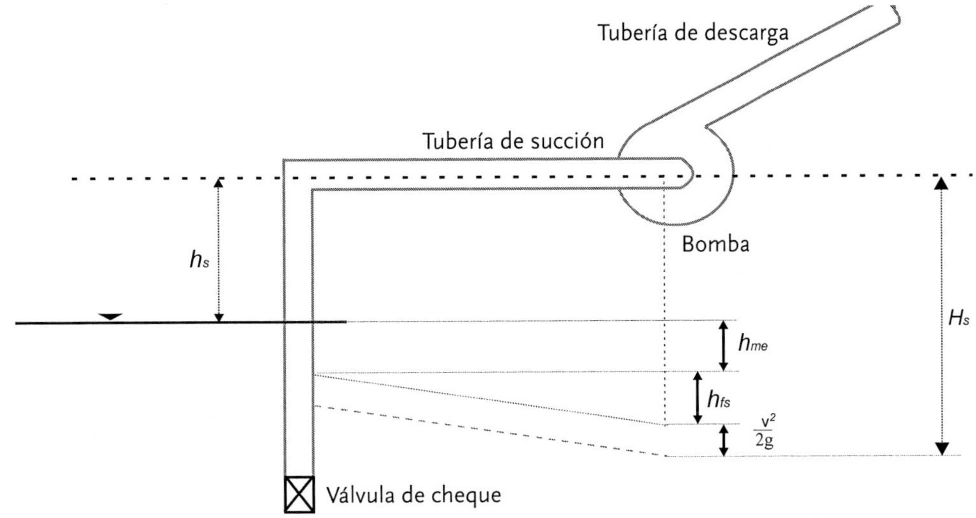

Figura 4.5 Esquema de la tubería de succión en un sistema bomba-tubería con el fin de ilustrar la NPSH.

EJEMPLO 4.3

HOJA ELECTRÓNICA n.° 3
Cálculo de la NPSH

Cálculo de la altura neta de succión positiva (NPSH)

Suponga que la bomba mostrada en la FIGURA 4.5 tiene una NPSH (recomendada por el fabricante) de 4.25 m y que debe bombear un caudal de 110 L/s a través de una tubería de 300 mm de diámetro. La tubería de succión tiene una longitud de 16.5 m, una rugosidad de 0.0015 mm (PVC) y un coeficiente global de pérdidas menores de 2.4, el cual incluye la entrada, el cheque o *check* y el codo. Calcule la máxima altura a la que puede ser colocada la bomba por encima del nivel de la superficie del agua en el tanque de suministro.

Suponga que la presión atmosférica es de 90 000 Pa y que el agua se encuentra a una temperatura de 15° C.

Para el agua a 15° C se tienen las siguientes propiedades:

$$\rho = 999.1 kg/m^3$$
$$\nu = 1.141 \times 10^{-6} m^2/s$$
$$p_v = 1666.2 Pa$$

Solución:

El primer paso consiste en calcular las pérdidas por fricción y las pérdidas menores en la tubería de succión para el caudal de bombeo dado.

(a)

$$h_{f_s} = f\frac{l}{d}\frac{v^2}{2g} = f\frac{l}{d}\frac{Q^2 4^2}{2g\pi^2 d^4}$$

$$h_{f_s} = 8f\frac{l}{d^5}\frac{Q^2}{\pi^2 g}$$

El factor de fricción se calcula siguiendo el Diagrama de Flujo 2a o 2b.

$$Re = \frac{4Q}{\pi d\nu} = \frac{4 \times 0.11}{\pi \times 0.3 \times 1.141 \times 10^{-6}}$$
$$Re = 409\ 370$$
$$\frac{k_s}{d} = \frac{0.0000015}{0.3} = 5 \times 10^{-6}$$
$$\frac{1}{\sqrt{f}} = -2\log_{10}\left(\frac{k_s}{3.7d} + \frac{2.51}{Re\sqrt{f}}\right) \Rightarrow f = 0.01371$$

Luego, al reemplazar en la Ecuación (a) se obtiene:

$$h_{f_s} = 8 \times 0.01375 \times \frac{16.5}{(0.3)^5} \times \frac{0.11^2}{\pi^2 \times 9.81} m$$

$$h_{f_s} = 0.093m$$

Por otro lado:

$$h_{m_s} = \sum k_m \frac{v^2}{2g} = \sum k_m \frac{4^2 Q^2}{2g\pi^2 d^4}$$

$$h_{m_s} = 2.4 \times \frac{4^2 \times 0.11^2}{2 \times 9.81 \times \pi^2 \times (0.3)^4}$$

$$h_{m_s} = 0.296m$$

Los anteriores valores y los otros datos del problema se reemplazan en las Ecuaciones 4.7 y 4.8:

$$NPSH = \frac{p_a}{\rho g} - h_s - h_{f_s} - \frac{v^2{}_s}{2g} - h_{m_s} - \frac{p_v}{\rho g}$$

De donde:

$$h_s = \frac{p_a}{\rho g} - NPSH - h_{f_s} - \frac{v_s^2}{2g} - h_{m_s} - \frac{p_v}{\rho g}$$

$$h_s = \frac{90\,000}{999.1 \times 9.81} m - 4.25m - 0.093m -$$

$$\frac{4^2 \times 0.11^2}{\pi^2 \times 2 \times 9.81 \times (0.3)^4} m - 0.296m - \frac{1666.2}{999.1 \times 9.81} m$$

$$h_s = 4.25m$$

Luego la bomba debe colocarse como máximo a 4.25 m por encima del nivel del agua en el tanque de suministro.

Para llevar a cabo este tipo de cálculos siempre se debe tener en cuenta el nivel mínimo en el tanque de succión, ya que claramente esta es la condición más adversa para la NPSH.

Discusión:

En el diseño de los sistemas de bombeo es usual que el fabricante de la bomba haya tenido en cuenta un factor de seguridad en el momento de especificar la correspondiente altura neta de la succión positiva. Sin embargo, siempre es conveniente comprobar que se haya tenido algún factor de seguridad en dicha recomendación, antes de proceder al cálculo de la cota a la que se debe colocar la bomba.

4.6 BOMBAS EN SISTEMAS DE TUBERÍAS

Siempre que se tenga la posibilidad o la necesidad de colocar una bomba en un sistema de tuberías se puede llegar a múltiples alternativas de soluciones hidráulicamente válidas. A medida que disminuya el diámetro de la tubería, la bomba requerida será de mayor potencia.

En el proceso de diseño prima finalmente el criterio económico. Para calcular el coste mínimo (óptimo económico) se deben combinar los costes de la tubería (incluyendo todos sus accesorios necesarios para la operación del sistema) y los costes de la bomba en sí; esto optimiza el coste de la construcción únicamente. El verdadero óptimo económico debería ser calculado incluyendo los costes de operación a lo largo de la vida útil del proyecto, del cual forma parte el conjunto bomba-tubería. FOTOGRAFÍA 4.4.

En las figuras que se presentan a continuación se esquematiza el proceso que se sigue para encontrar dicho óptimo. Los costes deben incluir:

- Costes de la tubería: abarcan el coste material de la tubería, de sus accesorios y válvulas (controles y válvulas de cheque o *check*) y los costes de excavación, si el sistema va enterrado, y de instalación. Normalmente, estos costes crecen de manera exponencial con el diámetro de la tubería. En la FIGURA 4.6 se esquematiza este concepto.
- Costes de la bomba: incluyen el coste de la bomba en sí, de sus instalaciones (sala de bombeo, transformadores en el caso de motores eléctricos, tanques de combustible cuando se trata de motores a gasolina o Diésel) y los costes de operación. Tales costes crecen exponencialmente con la potencia de la bomba, tal como se esquematiza en la FIGURA 4.7.

(a)

(b)

Fotografía 4.4 (a) Estación de bombas centrífugas, bomba CPP ANSI Process Pump. (b) Bombas CPP ANSI Process Pump instaladas. Fotografías cortesía de Ruhrpumpen S.A. de C.V.

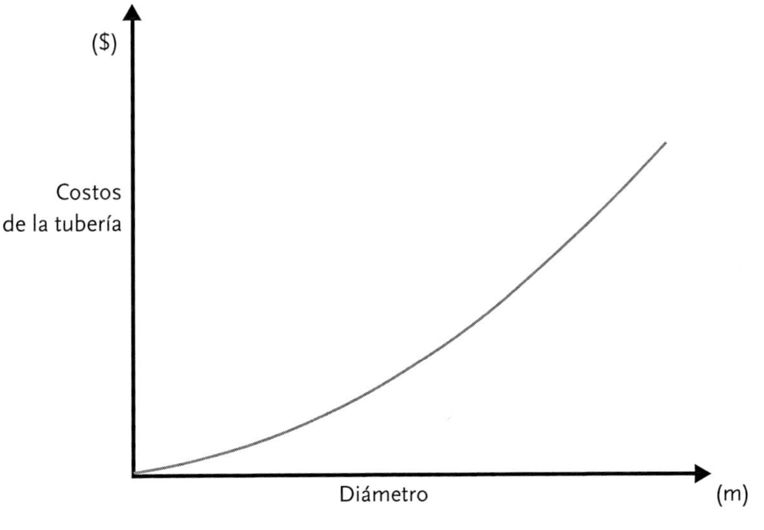

Figura 4.6 Variación del coste de un sistema de tubería como función de su diámetro.

Para obtener el punto óptimo económico, aquel que arroje el menor coste para la combinación bomba-sistema de tubería, se deben sumar las dos curvas anteriores. Es necesario tener en cuenta que los costes de operación se deben calcular en el valor presente, trasladados para toda la vida útil del proyecto. Esta estimación es difícil de realizar, siendo la única variable que podría introducir algún grado de incertidumbre en el proceso. Si las dos curvas anteriores se combinan, se obtiene el esquema ilustrado en la FIGURA 4.8, en el que se tiene en cuenta el caudal de diseño.

La localización del punto óptimo de la figura anterior depende de las curvas de coste de las tuberías y de las posibles bombas. Igualmente, se debe contemplar la eficiencia de la bomba en el punto de operación escogido.

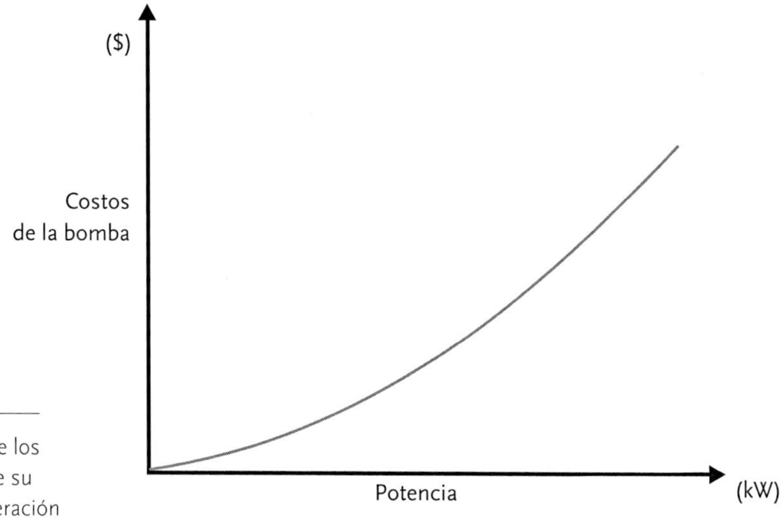

Figura 4.7 Variación de los costes de la bomba, de su instalación y de su operación como función de la potencia.

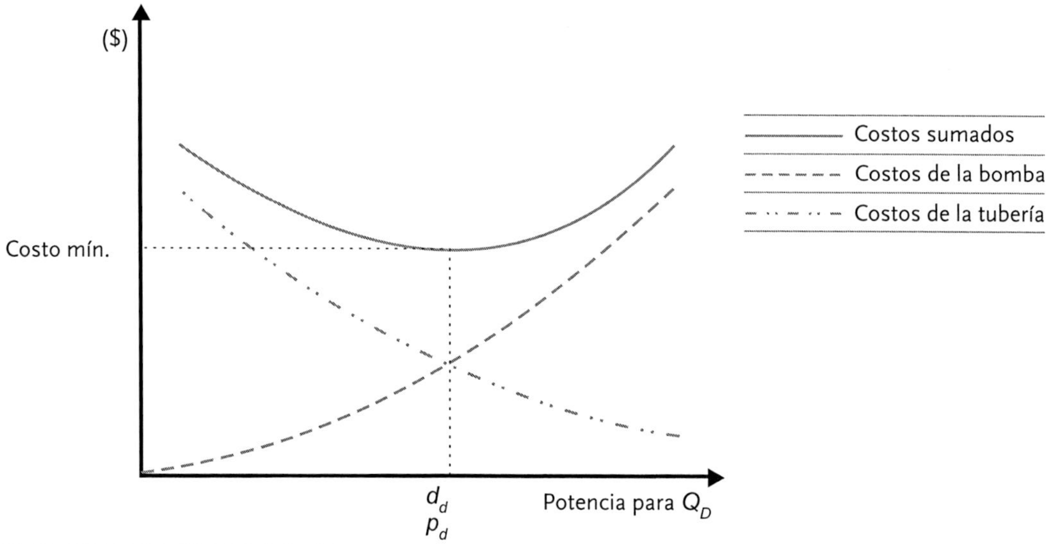

Figura 4.8 Punto de coste mínimo para un sistema bomba-tubería. Los costes se calculan para el caudal de diseño.

4.7 BOMBAS EN TUBERÍAS SIMPLES

Siempre que sea necesario diseñar un sistema de tuberías simple con bombeo, por ejemplo cuando se quiere transportar agua hacia la parte alta de una pendiente, el número de combinaciones posibles bomba-tubería es alto. Las combinaciones se presentan de tal forma que diámetros pequeños de tubería requerirán bombas de alta potencia y, por consiguiente, diámetros grandes de tubería necesitarán bombas de menor potencia. El diseño consiste en seleccionar la alternativa óptima desde el punto de vista de los costes.

Para seleccionar esa alternativa óptima es necesario construir las curvas del sistema para todos los posibles diámetros haciendo uso de la Ecuación 4.5:

ECUACIÓN 4.5

$$H_m = H_T + \left(\sum f_i \frac{l_i}{d_i} + \sum_{i=1}^{n} k_{mi} \right) \frac{Q^2}{2gA^2}$$

en la cual se varía el caudal para cada diámetro, con el objetivo de obtener un conjunto de puntos (Q, H_m). En las curvas se detecta, para cada diámetro, la altura H_{mR} requerida para conducir el caudal de diseño, Q_D. Una vez se ha seguido dicho procedimiento se selecciona, nuevamente para cada diámetro, una bomba que para el Q_D produzca una altura dinámica igual a H_{mR}. Por último, se estudian los costes de las combinaciones bomba-tubería y se selecciona la alternativa con menor coste.

En este análisis hay que incluir, además, los costes de operación y mantenimiento de la bomba, por lo cual esta debe tener una alta eficiencia para el punto de operación (Q_D, H_{mR}).

El proceso de selección de la combinación bomba-sistema de tubería óptima se ilustra en el Diagrama de Flujo 8 y en el Ejemplo 4.4. El desarrollo de este proceso se presenta en la Hoja Electrónica n.° 3, la cual también se encuentra disponible en la página web del libro.

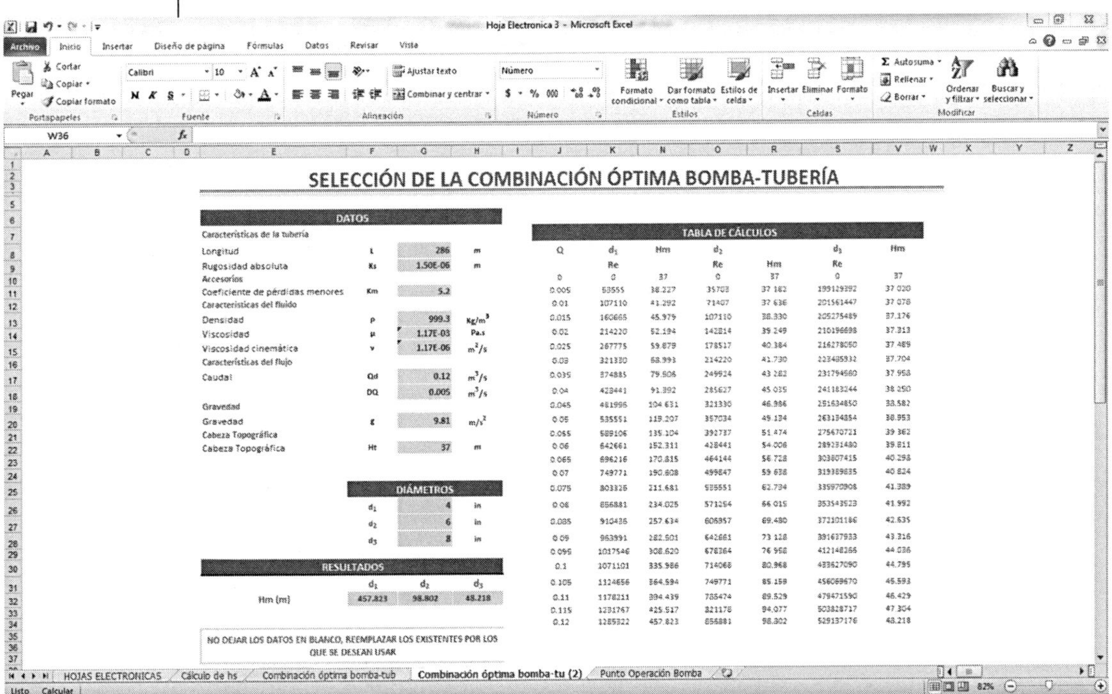

Hoja Electrónica n.° 3 – Selección de la combinación óptima bomba-tubería.

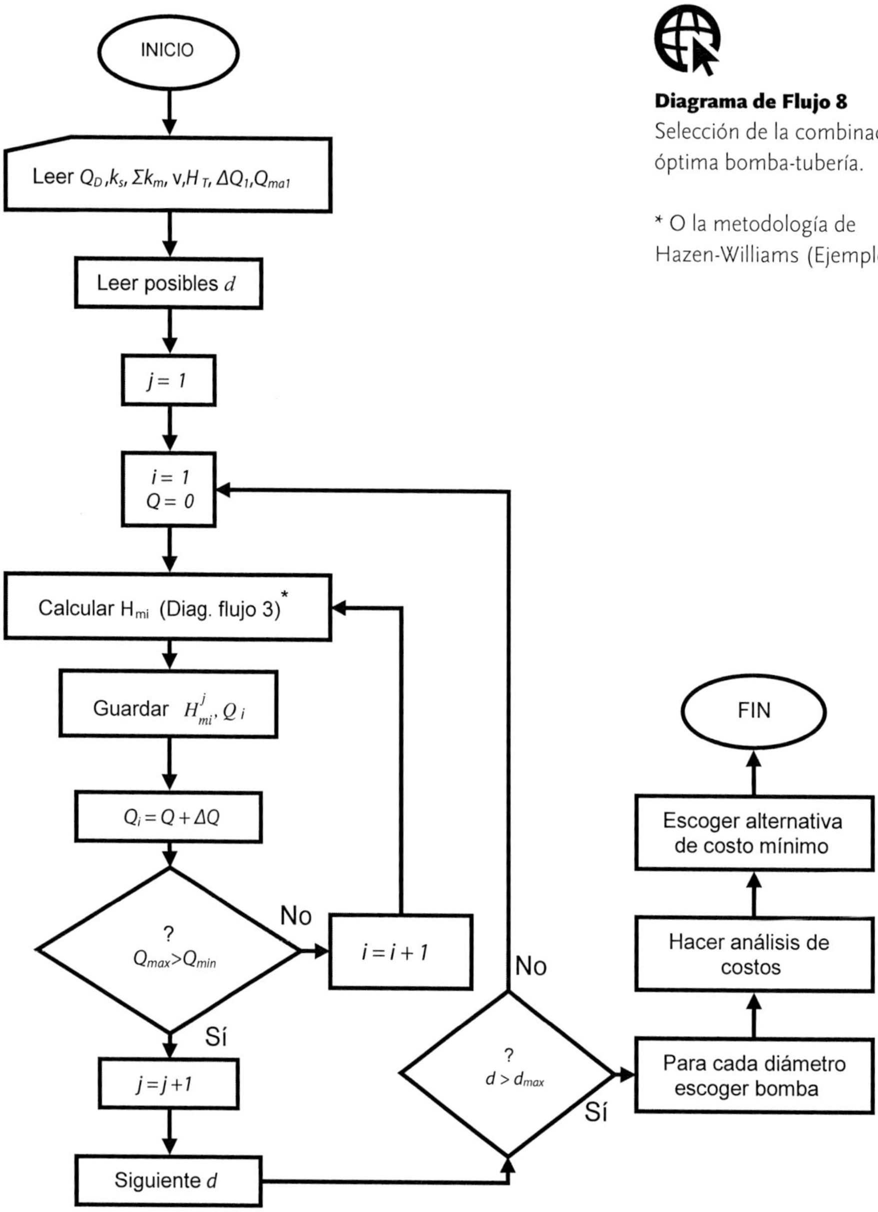

Diagrama de Flujo 8
Selección de la combinación óptima bomba-tubería.

* O la metodología de Hazen-Williams (Ejemplo 3.3)

EJEMPLO 4.4

Diseño de tuberías simples con bombeo

HOJA ELECTRÓNICA n.° 3
Combinación óptima bomba-tubería

Para el sistema de abastecimiento de agua de un municipio pequeño es necesario bombear 120 L/s de agua desde la fuente hasta la planta de tratamiento. La diferencia de nivel entre estos dos puntos es de 37 m y la planta está por encima de la fuente. La longitud total de la tubería requerida es de 286 m con un coeficiente global de pérdidas menores de 5.2. El material que se utilizará es PVC ($ks = 0.0000015$ m) y los diámetros posibles son 100, 150 y 200 mm. La viscosidad cinemática del agua para la temperatura media de este municipio es $\nu = 1.17 \times 10^{-6}$ m²/s.

La siguiente figura muestra un esquema del sistema bomba-tubería del enunciado.

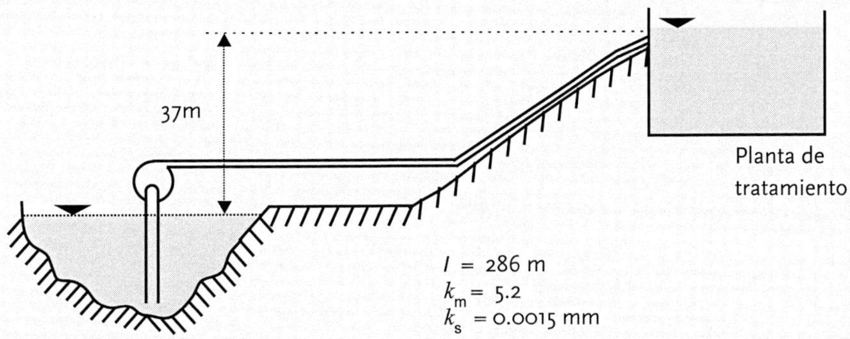

Los costes de las tuberías y sus accesorios para la longitud total son:

Diámetro (mm)	Costes (dólares)
100	312.364
150	613.882
200	1596.52

Solución:

Una vez obtenidos estos datos, se calculan las curvas del sistema utilizando la Ecuación 4.5:

ECUACIÓN 4.5

$$H_m = H_T + \left(\sum f_i \frac{l_i}{d_i} + \sum_{i=1}^{n} k_{mi} \right) \frac{Q^2}{2gA^2}$$

$$H_m = 37m + \left(f \frac{286m}{d} + 5.2 \right) \frac{Q^2}{2gA^2}$$

Con esta última ecuación se llega a los siguientes resultados:

Diámetro (mm)	Q (m³/s)	H_m (m)
100	0.12	491
150	0.12	104
200	0.12	54

Con los datos de Q y H_m encontrados se selecciona la bomba requerida. En los catálogos del fabricante se encuentran los siguientes datos:

Diámetro (mm)		Bomba A	B (Q)	C (Q²)	Coste (dólares)
100	$H_m=$	850	-1457	-15 467	2153.14
150	$H_m=$	180	-89.4	-4750	1422.99
200	$H_m=$	87	0.27	-2345	1192.62

La combinación de los costes de bomba-tubería muestra que la alternativa óptima es la tubería de 150 mm con la segunda bomba. El proceso, utilizando el Diagrama de Flujo 8, lleva a los resultados que se ilustran detalladamente en las siguientes tablas y gráficas.

Tabla 4.2 Bombas en sistemas de tuberías. Alturas de las tres bombas y de los tres sistemas de tuberías (diámetros de 100, 150 y 200 mm), como función del caudal.

	BOMBA 3	BOMBA 2	BOMBA 1	SISTEMA 1			SISTEMA 2			SISTEMA 3		
Q	H	H	H	d_1	f_1	H_m	d_2	f_2	H_m	d_3	f_3	H_m
(m^3/s)	(m)	(m)	(m)	(m)		(m)	(m)		(m)	(m)		(m)
0	850	180	87	0.100	0.00000	37	0.150	0.00000	37	0.200	0.00000	37
0.005	842.3283	179.4343	86.9427	0.100	0.02063	38	0.150	0.02287	37	0.200	0.02468	37
0.01	833.8833	178.6310	86.7682	0.100	0.01747	42	0.150	0.01895	38	0.200	0.02011	37
0.015	824.6649	177.5903	86.4764	0.100	0.01628	47	0.150	0.01764	38	0.200	0.01871	37
0.02	814.6732	176.3120	86.0674	0.100	0.01544	53	0.150	0.01668	39	0.200	0.01766	38
0.025	803.9081	174.7963	85.5411	0.100	0.01483	62	0.150	0.01599	41	0.200	0.01691	38
0.03	792.3697	173.0430	84.8976	0.100	0.01436	71	0.150	0.01546	42	0.200	0.01633	38
0.035	780.0579	171.0523	84.1368	0.100	0.01398	83	0.150	0.01503	44	0.200	0.01587	39
0.04	766.9728	168.8240	83.2588	0.100	0.01367	96	0.150	0.01468	46	0.200	0.01548	39
0.045	753.1143	166.3583	82.2635	0.100	0.01340	110	0.150	0.01437	48	0.200	0.01514	40
0.05	738.4825	163.6550	81.1510	0.100	0.01317	126	0.150	0.01411	50	0.200	0.01486	40
0.055	723.0773	160.7143	79.9212	0.100	0.01296	143	0.150	0.01388	53	0.200	0.01461	41
0.06	706.8988	157.5360	78.5742	0.100	0.01278	161	0.150	0.01368	55	0.200	0.01438	42
0.065	689.9469	154.1203	77.1099	0.100	0.01262	181	0.150	0.01349	58	0.200	0.01418	43
0.07	672.2217	150.4670	75.5284	0.100	0.01248	203	0.150	0.01333	61	0.200	0.01400	43
0.075	653.7231	146.5763	73.8296	0.100	0.01234	225	0.150	0.01317	65	0.200	0.01383	44
0.08	634.4512	142.4480	72.0136	0.100	0.01222	249	0.150	0.01304	68	0.200	0.01368	45
0.085	614.4059	138.0823	70.0803	0.100	0.01211	275	0.150	0.01291	72	0.200	0.01354	46
0.09	593.5873	133.4790	68.0298	0.100	0.01201	302	0.150	0.01279	76	0.200	0.01341	47
0.095	571.9953	128.6383	65.8620	0.100	0.01191	330	0.150	0.01268	80	0.200	0.01329	48
0.1	549.6300	123.5600	63.5770	0.100	0.01182	359	0.150	0.01258	85	0.200	0.01318	49
0.105	526.4913	118.2443	61.1747	0.100	0.01174	390	0.150	0.01248	89	0.200	0.01307	51
0.11	502.5793	112.6910	58.6552	0.100	0.01166	422	0.150	0.01239	94	0.200	0.01297	52
0.115	477.8939	106.9003	56.0184	0.100	0.01159	456	0.150	0.01231	99	0.200	0.01288	53
0.12	452.4352	100.8720	53.2644	0.100	0.01152	491	0.150	0.01223	104	0.200	0.01279	54
0.125	426.2031	94.6063	50.3931	0.100	0.01145	527	0.150	0.01215	109	0.200	0.01271	56
0.13	399.1977	88.1030	47.4046	0.100	0.01139	564	0.150	0.01208	115	0.200	0.01263	57
0.135	371.4189	81.3623	44.2988	0.100	0.01133	603	0.150	0.01201	121	0.200	0.01255	59
0.14	342.8668	74.3840	41.0758	0.100	0.01127	643	0.150	0.01195	126	0.200	0.01248	60
0.145	313.5413	67.1683	37.7355	0.100	0.01122	685	0.150	0.01188	133	0.200	0.01241	62
0.15	283.4425	59.7150	34.2780	0.100	0.01117	728	0.150	0.01182	139	0.200	0.01235	64
0.155	252.5703	52.0243	30.7032	0.100	0.01112	772	0.150	0.01177	145	0.200	0.01229	65
0.16	220.9248	44.0960	27.0112	0.100	0.01107	817	0.150	0.01171	152	0.200	0.01223	67
0.165	188.5059	35.9303	23.2019	0.100	0.01103	864	0.150	0.01166	159	0.200	0.01217	69
0.17	155.3137	27.5270	19.2754	0.100	0.01099	912	0.150	0.01161	166	0.200	0.01212	71
0.175	121.3481	18.8863	15.2316	0.100	0.01095	961	0.150	0.01156	173	0.200	0.01206	73
0.18	86.6092	10.0080	11.0706	0.100	0.01091	1011	0.150	0.01152	181	0.200	0.01201	74
0.185	51.0969	0.8923	6.7923	0.100	0.01087	1063	0.150	0.01147	188	0.200	0.01196	76

Los resultados de este ejemplo arrojan los siguientes costes para cada una de las alternativas:

- La alternativa bomba 1-sistema 3 asciende a la suma de USD $2789.15.
- La alternativa bomba 2-sistema 2 tiene un coste de USD $2036.87.
- La alternativa bomba 3-sistema 1 costaría USD $2465.40.

Por consiguiente, la alternativa óptima desde el punto de vista de los costes es la que representa la bomba 2 y la tubería de 150 mm. Obviamente, este ejemplo no es completo debido a que siempre que se haga un análisis de este tipo se deben incluir los costes de operación (energía) y mantenimiento de las bombas a lo largo de la vida útil del proyecto.

Discusión:

El diseño de los sistemas de tuberías en conjunto con bombas es un problema de optimización complejo, debido a que no solamente se deben incluir costes muy diferentes, algunos de ellos fijos y otros variables, sino que por lo general las vidas útiles de los componentes electromecánicos son muy variables y siempre menores que las tuberías. La vida útil de una bomba, por ejemplo, puede variar entre 4 años para sistemas pequeños y hasta un máximo de 10 o 15 años para sistemas grandes, mientras que la vida útil de una tubería es de al menos 30 años, pudiendo ser hasta 50 años para materiales plásticos modernos.

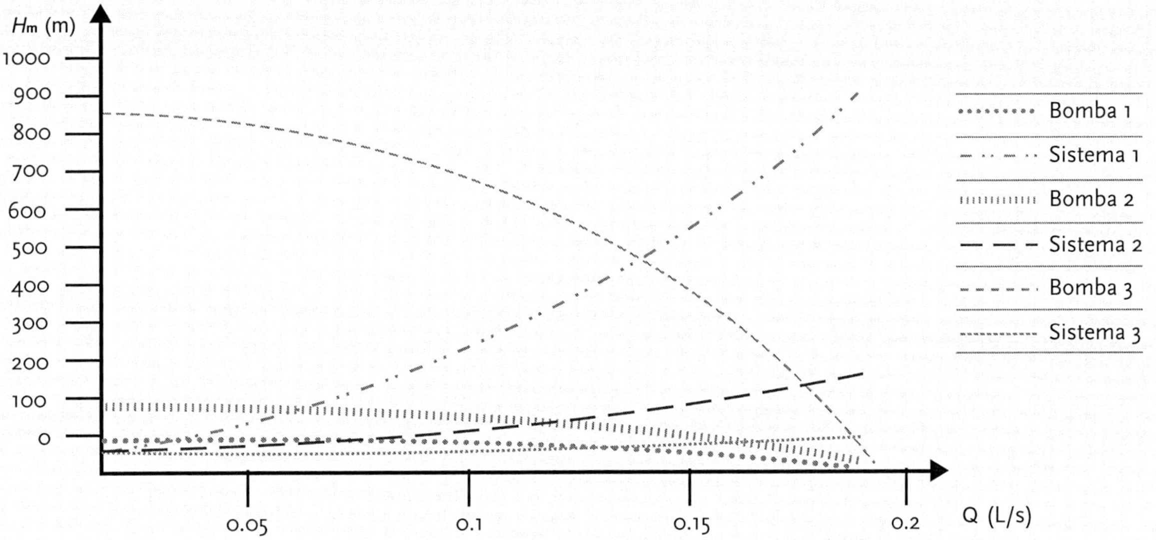

Figura 4.9 Curvas de las tres bombas y de los tres sistemas del Ejemplo 4.4. La bomba 1 corresponde al sistema 3 (d = 200 mm); la bomba 2, al sistema 2 (d = 150 mm); y la bomba 3, al sistema 1 (d = 100 mm).

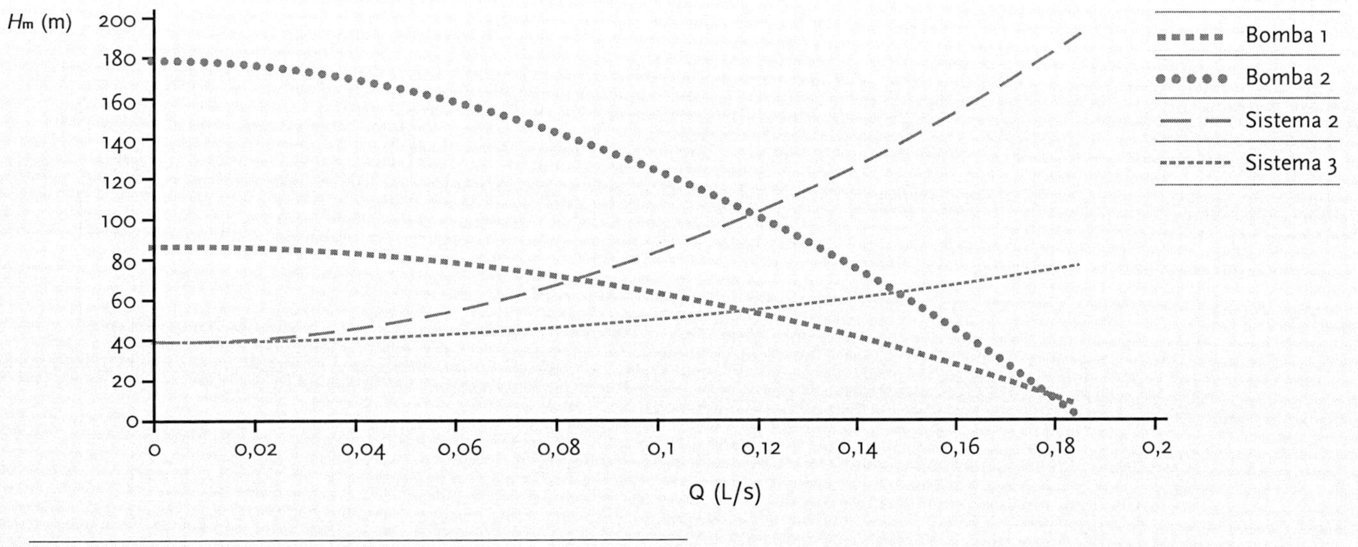

Figura 4.10 Representación a otra escala de las combinaciones bomba 1-sistema 3 y bomba 2-sistema 2 del Ejemplo 4.4.

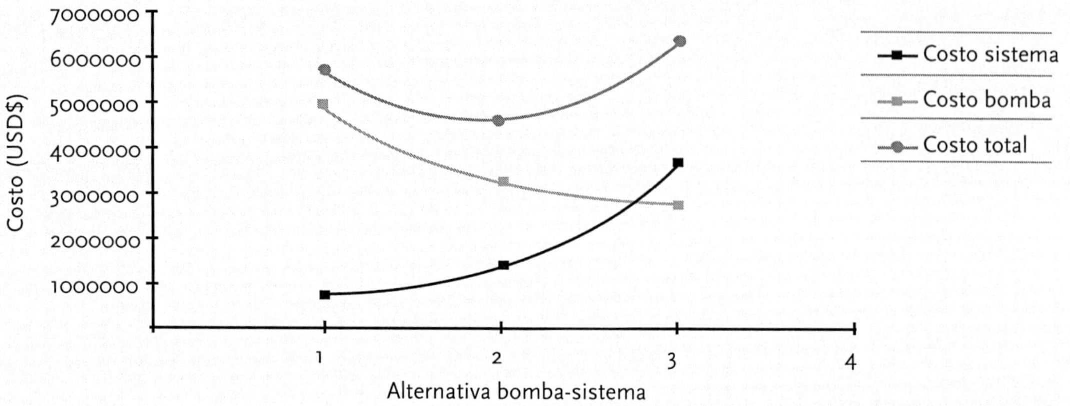

Figura 4.11 Costes combinados de las bombas y tuberías. Costes totales de las combinaciones bomba-sistema del Ejemplo 4.4. Es evidente que la alternativa óptima es la arrojada por la combinación de la bomba 2 con el sistema 2 (d = 150 mm) (Costes en dólares).

El siguiente ejemplo ilustra la selección de una bomba cuando el sistema (tubería, accesorios, etc.) ya existe. Este caso es usual en sistemas de distribución de agua potable en los que se quiere optimizar la operación de una red existente o elevar los caudales suministrados aumentando las presiones de operación.

EJEMPLO 4.5

Selección de una bomba para un sistema de agua potable existente

Para aumentar el caudal de suministro de agua potable, en el sistema de abastecimiento de agua de la ciudad de Santa Marta, Colombia, se decidió perforar una batería de 8 pozos que produce un caudal firme de 240 L/s. El agua se lleva a un cárcamo de bombeo en los predios de la Universidad del Magdalena, desde donde se sube a un tanque preexistente, localizado en el Cerro de Las Tres Cruces. El agua se bombearía a través de una tubería, también preexistente, que originalmente unía la planta de tratamiento de Mamatoco con el tanque de Las Tres Cruces. Esta tubería es de asbesto-cemento con un diámetro de 500 mm y tiene una longitud total de 935.3 m. La diferencia de altura entre el cárcamo de bombeo y el tanque es de 37.1 m. La temperatura media del agua es de 20 °C, lo cual implica una viscosidad cinemática de 1.007×10^{-6} m²/s. La rugosidad absoluta de la tubería es de k_s = 0.00003 m. El coeficiente global de pérdidas menores asciende a 437 e incluye 190 uniones, seis codos, una salida, una entrada, una expansión de 200 mm a 500 mm, una válvula de compuerta y una válvula *check*. Para la bomba IHM-12 × 40 P.E., cuyas curvas se adjuntan, se debe calcular la potencia consumida y el punto de operación del sistema bomba-tubería teniendo en cuenta que se deben instalar 2 bombas iguales (en paralelo).

Solución:

Con los datos dados se puede calcular la curva del sistema variando el caudal entre 0 y 300 L/s y utilizando las siguientes ecuaciones:

ECUACIÓN 4.3

$$H_m = H_T + \sum h_f + \sum h_m$$

donde:

$$H_T = 37.1m$$

$$\sum h_f = f \frac{l}{d} \frac{v^2}{2g}$$

ECUACIÓN (a)

$$\sum h_f = f\frac{l}{d^5}\frac{4^2Q^2}{\pi^2 2g}$$

$$\sum h_m = 437\frac{v^2}{2g}$$

ECUACIÓN (b)

$$\sum h_m = 437\frac{4^2Q^2}{2g\pi^2 d^4}$$

El factor de fricción se calcula mediante la ecuación de Colebrook-White:

ECUACIÓN 1.69

$$\frac{1}{\sqrt{f}} = -2\log_{10}\left(\frac{k_s}{3.7d}+\frac{2.51}{\mathrm{Re}\sqrt{f}}\right)$$

Al reemplazar las anteriores ecuaciones en la Ecuación 4.5 se obtiene la siguiente expresión:

ECUACIÓN (c)

$$H_m = 37.1m + f\frac{l}{d^5}\frac{8Q^2}{\pi^2 g} + 3496\frac{Q^2}{\pi^2 g d^4}$$

Con la Ecuación (c), variando el caudal entre 0 y 0.3 m³/s, se obtiene la curva del sistema. La Tabla 4.3 muestra los resultados de este cálculo y la FIGURA 4.12 ilustra la curva resultante para el sistema existente. En esta última es evidente el valor de la altura topográfica que debe ser vencida por la bomba.

Tabla 4.3 Cálculo de la curva del sistema. Tubería existente para la ampliación del acueducto de Santa Marta.

Q	v	Re	*f*	Σh_m	Σh_f	H_m
(m³/s)	(m/s)	(-)	(-)	(m)	(m)	(m)
0.000	0.000	0	0.020	0.000	0.000	37.100
0.010	0.051	25 288	0.025	0.058	0.006	37.164
0.020	0.102	50 575	0.021	0.231	0.020	37.351
0.030	0.153	75 863	0.019	0.520	0.043	37.630
0.040	0.204	101 151	0.018	0.924	0.072	38.096
0.050	0.255	126 439	0.017	1.444	0.108	38.652
0.060	0.306	151 726	0.017	2.080	0.150	39.330
0.070	0.357	177 014	0.016	2.831	0.199	40.130
0.080	0.407	202 302	0.016	3.697	0.254	41.051
0.090	0.458	227 589	0.016	4.680	0.315	42.095
0.100	0.509	252 877	0.015	5.777	0.382	43.260
0.110	0.560	278 165	0.015	6.990	0.456	44.546
0.120	0.611	303 453	0.015	8.319	0.535	45.954
0.130	0.662	328 740	0.015	9.764	0.620	47.484
0.140	0.713	354 028	0.015	11.323	0.711	49.134
0.150	0.764	379 316	0.015	12.999	0.808	50.907
0.160	0.815	404 603	0.014	14.790	0.910	52.800
0.170	0.866	429 891	0.014	16.696	1.019	54.815
0.180	0.917	455 179	0.014	18.718	1.133	56.951
0.190	0.968	480 467	0.014	20.856	1.253	59.209
0.200	1.019	505 754	0.014	23.109	1.378	61.587
0.210	1.070	531 042	0.014	25.478	1.510	64.087
0.220	1.120	556 330	0.014	27.962	1.646	66.708
0.230	1.171	581 617	0.014	30.562	1.789	69.451
0.240	1.222	606 905	0.014	33.277	1.937	72.314
0.250	1.273	632 193	0.014	36.108	2.091	75.299
0.260	1.324	657 481	0.013	39.054	2.250	78.405

Tanto en la Tabla 4.3 como en la FIGURA 4.12 resultó que la altura total que debe ser generada por la bomba (o bombas) es de 72.3 m, de los cuales 37.1 m corresponden a la altura topográfica; 1.94 m a las pérdidas por fricción y 33.31 m a las pérdidas menores, cuando el caudal es de 240 L/s.

Con la información acerca del caudal requerido y la altura piezométrica del sistema se procede a determinar la curva de la bomba buscando un esquema conformado por tres bombas en paralelo (dos operando y una en reserva). La bomba escogida resulta ser una bomba centrífuga de eje horizontal, modelo 12 × 40 P.E., marca IHM, de 1750 rpm, cuyas curvas de operación se muestran en la FIGURA 4.13.

En las estaciones de bombeo que forman parte de los sistemas de distribución de agua potable es obligatorio tener una bomba de reserva. Usualmente se requiere una bomba de reserva por cada dos o tres operando. Si solo opera una bomba de todas formas debe haber una de reserva.

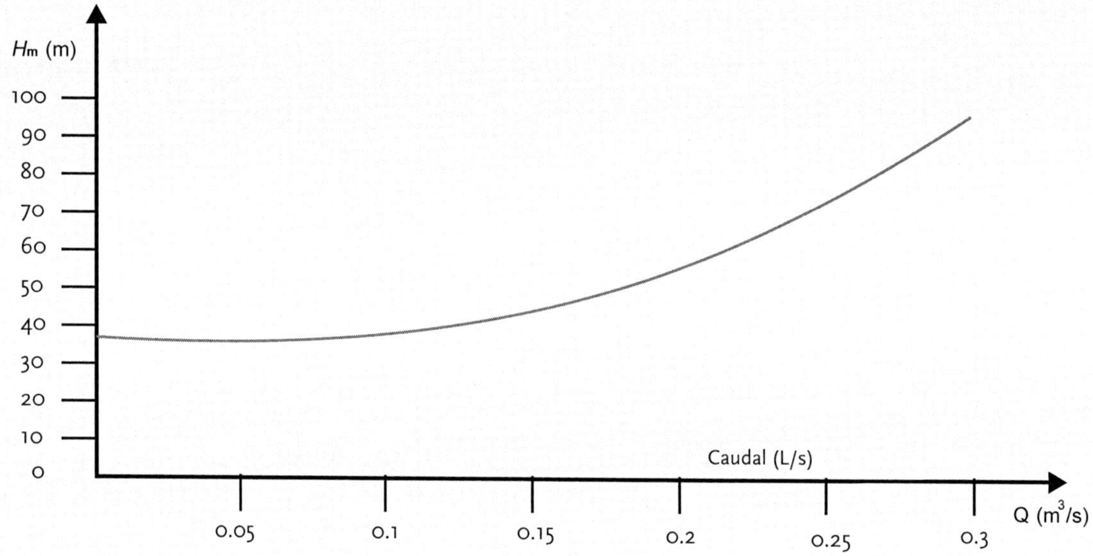

Figura 4.12 Curva del sistema existente (d = 500 mm).

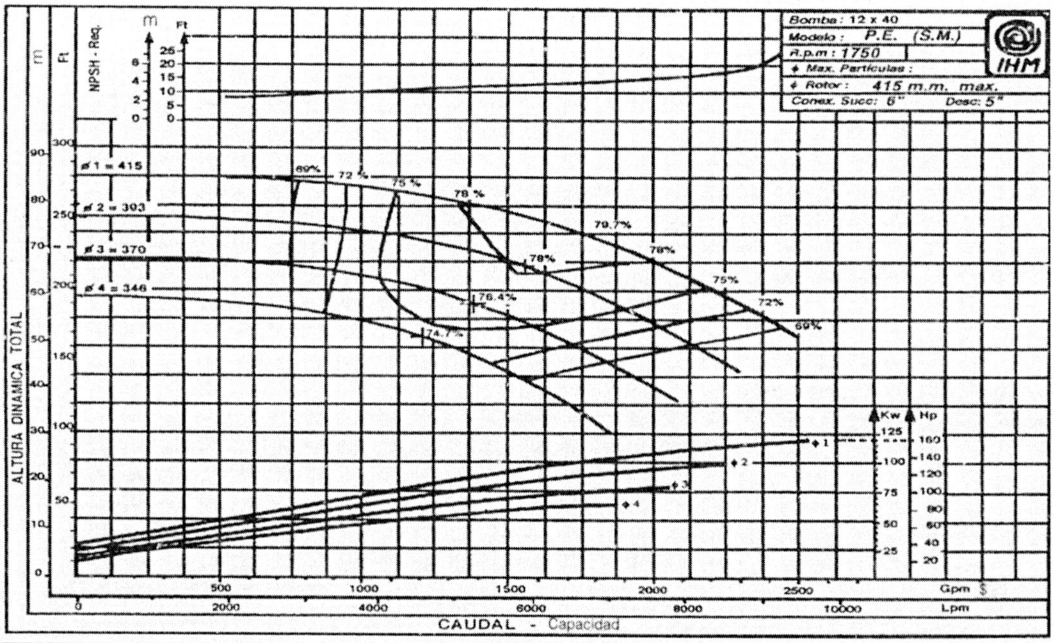

Figura 4.13 Curva de la bomba IHM 12 × 40 P.E.

Dado que dos bombas operan simultáneamente, el caudal que fluye por cada una de ellas es de 120 L/s, lo cual equivale a 7200 L/min. En la FIGURA 4.13 se observa que la eficiencia de la bomba para las condiciones de operación establecidas es del 78 %.

La potencia que debe ser transferida al flujo es:

$$P = \rho Q g H$$

$$P = 1000\ kg/m^3 \times 0.12 m^3/s \times 9.81 m/s^2 \times 72.3 m$$

$$P = 85.11 kW$$

Luego la potencia en el eje debe ser:

$$P_{eje} = \frac{1}{0.78} \times P$$

$$P_{eje} = \frac{1}{0.78} \times 85.11 kW$$

$$P_{eje} = 109.14 kW$$

Si se supone una eficiencia en el motor del 90 %, la potencia consumida por cada una de las bombas es:

$$P_{con} = \frac{1}{0.90} \times P_{eje}$$

$$P_{con} = \frac{1}{0.90} \times 109.14 kW$$

$$P_{con} = 121.27 kW$$

Luego la estación de bombeo debe tener una subestación eléctrica con una potencia de 240 kW como mínimo.

Finalmente, si se utiliza la curva del sistema (FIGURA 4.12) y la curva de la bomba suministrada por el fabricante (FIGURA 4.13), se puede construir la FIGURA 4.14, que ilustra el punto de operación del sistema tubería-2 bombas.

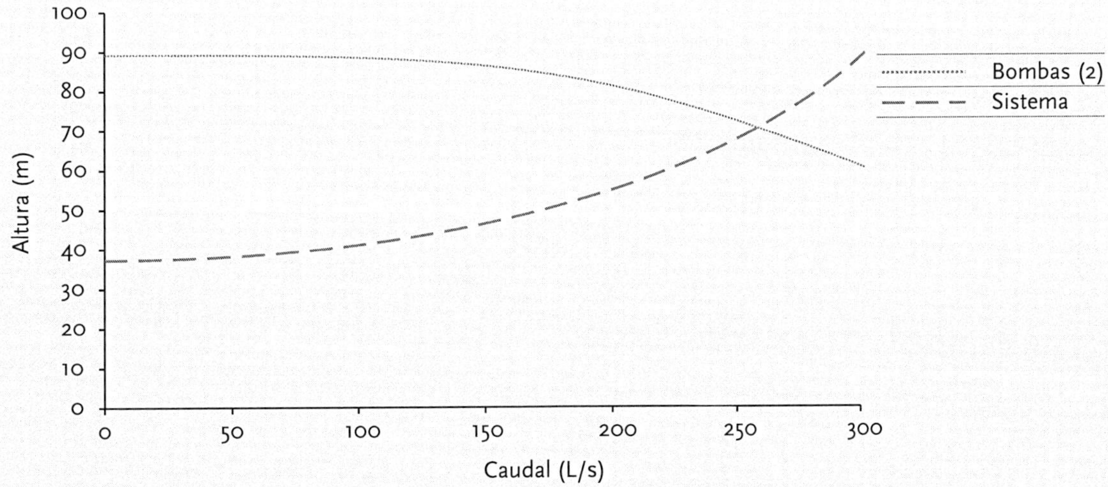

Figura 4.14 Curvas del sistema y de dos bombas en paralelo.

Discusión:

Uno de los conceptos más importantes introducidos en este ejemplo es el relacionado con la eficiencia de operación de la bomba diseñada. Siempre que se lleve a cabo un diseño se debe asegurar que, bajo las condiciones normales de operación, la bomba debe estar en o cerca a su máxima eficiencia. Por consiguiente, el caudal de bombeo no debe ser muy diferente al caudal de diseño para ninguna de las condiciones de operación. En caso de que se tengan caudales de bombeo muy diferentes, se puede optar por bombas en paralelo (tantas como sea necesario) o por bombas de velocidad variable.

Por supuesto, toda la teoría, las ecuaciones y los diagramas de flujo presentados en este capítulo pueden aplicarse a líquidos newtonianos diferentes al agua. El siguiente ejemplo ilustra la selección de una bomba para un oleoducto cuando el sistema (tubería, accesorios, etc.) ya existe. Este caso es usual en los sistemas de transporte de petróleo en los que se quiere optimizar la operación de una tubería existente o elevar los caudales suministrados aumentando las presiones de operación.

EJEMPLO 4.6

Selección de una bomba para un oleoducto existente

Para el desarrollo de un sistema existente de producción petrolera es necesario perforar una batería de 8 pozos que produce un caudal firme de 300 L/s. Este nuevo caudal de petróleo se bombearía a través de una tubería, también preexistente, de acero con un diámetro de 500 mm y una longitud total de 935.3 m hasta un tanque de almacenamiento. La diferencia de altura entre la estación de bombeo y el tanque es de 37.1 m. La viscosidad cinemática del petróleo es de 1.0×10^{-6} m^2/s (gravedad API 48.6°, temperatura 37 °C). La rugosidad absoluta de la tubería es de 0.00015 m. El coeficiente global de pérdidas menores asciende a 4.37, el cual incluye 190 uniones, seis codos, una salida, una entrada, una expansión de 200 mm a 500 mm, una válvula, una compuerta y una válvula *check*. Para la bomba 8 × 10 × 13 B MSD, cuyas curvas se adjuntan, se debe calcular la potencia consumida, teniendo en cuenta que se deben instalar 2 bombas iguales (en paralelo).

Solución:

Con los datos se puede calcular la curva del sistema, variando el caudal entre 0 y 350 L/s y utilizando las siguientes ecuaciones:

$$H_m = H_T + \sum h_f + \sum h_m$$

donde:

$$H_T = 37.1m$$

$$\sum h_f = f\frac{l}{d}\frac{v^2}{2g}$$

$$\sum h_f = f\frac{l}{d^5}\frac{4^2Q^2}{\pi^2 2g}$$

$$\sum h_m = 4.37\frac{v^2}{2g}$$

$$\sum h_m = 4.37\frac{4^2Q^2}{2g\pi^2 d^4}$$

El factor de fricción se calcula mediante la ecuación de Colebrook-White:

$$\frac{1}{\sqrt{f}} = -2\log_{10}\left(\frac{k_s}{3.7d} + \frac{2.51}{\text{Re}\sqrt{f}}\right)$$

Al reemplazar las anteriores ecuaciones en la Ecuación 4.5 se obtiene la siguiente expresión:

$$H_m = 37.1m + f\frac{l}{d^5}\frac{8Q^2}{\pi^2 2g} + 3496\frac{Q^2}{g\pi^2 d^4}$$

Con la última ecuación, variando el caudal entre 0 y 0.35 m³/s, se obtiene la curva del sistema. La Tabla 4.4 muestra los resultados de este cálculo y la **FIGURA 4.15** ilustra la curva resultante para el sistema existente. En esta última es evidente el valor de la altura topográfica que debe ser vencida por la bomba.

Tanto en la Tabla 4.4 como en el **FIGURA 4.15** resultó que la altura total que debe ser generada por la bomba (o bombas) es de 41.15 m, de los cuales 37.1 m corresponden a la altura topográfica; 3.531 m a las pérdidas por fricción y 0.520 m a las pérdidas menores, cuando el caudal es de 300 L/s.

Tabla 4.4 Resultados de la curva del sistema

Q	v	Re	f	Σh_m	Σh_f	H_m
(m³/s)	(m/s)	(-)	(-)	(m)	(m)	(m)
0	0.000	0	0	0.000	0	37.100
0.01	0.051	25 465	0.025	0.001	0.006	37.107
0.02	0.102	50 930	0.022	0.002	0.022	37.124
0.03	0.153	76 394	0.020	0.005	0.045	37.150
0.04	0.204	101 859	0.019	0.009	0.077	37.186
0.05	0.255	127 324	0.019	0.014	0.116	37.231
0.06	0.306	152 789	0.018	0.021	0.163	37.284
0.07	0.357	178 254	0.018	0.028	0.218	37.346
0.08	0.407	203 718	0.018	0.037	0.280	37.417
0.09	0.458	229 183	0.017	0.047	0.350	37.496
0.1	0.509	254 648	0.017	0.058	0.427	37.584
0.11	0.560	280 113	0.017	0.070	0.511	37.681
0.12	0.611	305 577	0.017	0.083	0.603	37.787
0.13	0.662	331 042	0.017	0.098	0.703	37.901
0.14	0.713	356 507	0.017	0.113	0.810	38.023
0.15	0.764	381 972	0.017	0.130	0.924	38.154
0.16	0.815	407 437	0.017	0.148	1.046	38.294
0.17	0.866	432 901	0.016	0.167	1.176	38.442
0.18	0.917	458 366	0.016	0.187	1.312	38.599
0.19	0.968	483 831	0.016	0.209	1.456	38.765
0.2	1.019	509 296	0.016	0.231	1.608	38.939
0.21	1.070	534 761	0.016	0.255	1.767	39.122
0.22	1.120	560 225	0.016	0.280	1.933	39.313
0.23	1.171	585 690	0.016	0.306	2.107	39.513
0.24	1.222	611 155	0.016	0.333	2.288	39.721
0.25	1.273	636 620	0.016	0.361	2.477	39.938
0.26	1.324	662 085	0.016	0.391	2.673	40.163
0.27	1.375	687 549	0.016	0.421	2.876	40.397
0.28	1.426	713 014	0.016	0.453	3.087	40.640
0.29	1.477	738 479	0.016	0.486	3.305	40.891
0.3	1.528	763 944	0.016	0.520	3.531	41.150
0.31	1.579	789 409	0.016	0.555	3.763	41.419
0.32	1.630	814 873	0.016	0.592	4.004	41.695
0.33	1.681	840 338	0.016	0.629	4.252	41.981
0.34	1.732	865 803	0.016	0.668	4.507	42.275
0.35	1.783	891 268	0.016	0.708	4.769	42.577

Con la información acerca del caudal requerido y la altura piezométrica del sistema se procede a determinar la curva de la bomba buscando un esquema conformado por tres bombas en paralelo (dos operando y una en reserva). La bomba escogida resulta ser una bomba centrífuga, modelo 8 × 10 × 13 B MSD, marca CATERPILLAR - MCA, de 3820 rpm, cuyas curvas de operación se muestran en la **FIGURA 4.16**.

Dado que dos bombas operan simultáneamente, el caudal que fluye por cada una de ellas es de 150 L/s, lo cual equivale a 2377 GPM. En la **FIGURA 4.16** se observa que la eficiencia de la bomba para las condiciones de operación establecidas es del 62 %.

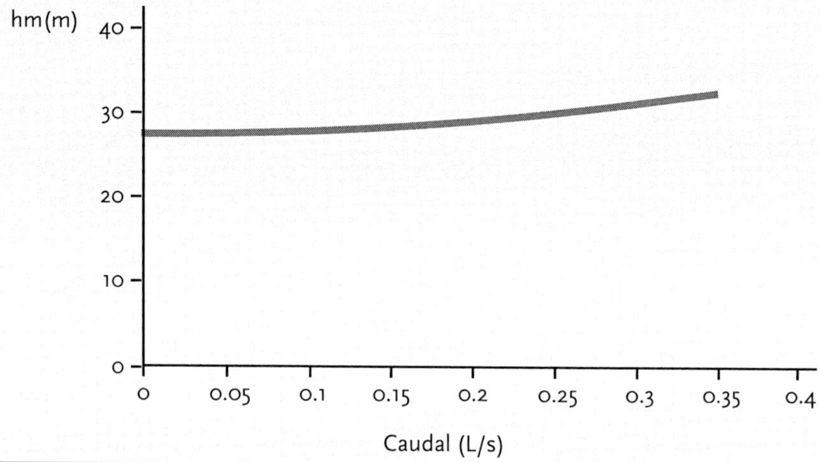

Figura 4.15 Curva del sistema para el oleoducto existente.

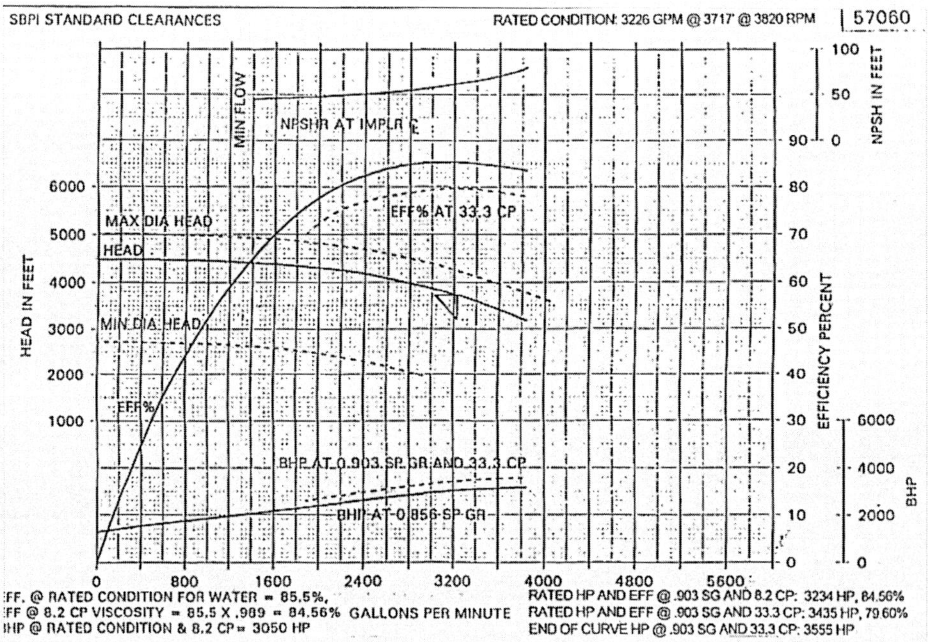

Figura 4.16 Curva de la bomba.

La potencia que debe ser transferida al flujo es:

$$P = \rho QgH$$

$$P = 941\frac{kg}{m^3} \times 0.15\frac{m^3}{s} \times 9.81\frac{m}{s^2} \times 41.150\, m$$

$$P = 56.98\, kW$$

Luego la potencia en el eje debe ser:

$$P_{eje} = \frac{P}{\eta}$$

$$P_{eje} = \frac{56.98}{0.62}$$

$$P_{eje} = 91.90\, kW$$

Si se supone una eficiencia en el motor del 90 %, la potencia consumida por cada una de las bombas es:

$$P_{con} = \frac{P_{eje}}{0.90}$$

$$P_{con} = \frac{91.90}{0.90}$$

$$P_{con} = 102.11\, kW$$

Luego la estación de bombeo debe tener una subestación eléctrica con una potencia de 204.23 kW como mínimo para las dos bombas.

Discusión:

Los sistemas de oleoductos y poliductos, por razones de seguridad industrial, usualmente están constituidos por tuberías de acero. Esto significa que en esa industria se podría considerar que la rugosidad absoluta de las tuberías es una constante. Por otro lado, y nuevamente debido al material de las tuberías, la industria petrolífera se caracteriza por usar bombas de alta potencia para caudales relativamente bajos; lo que se busca son presiones muy altas para poder transportar el petróleo a grandes distancias y, en ocasiones, venciendo altas elevaciones topográficas. En el ejemplo se hizo uso de un petróleo con una viscosidad cinemática muy baja. En la actualidad los operadores de sistemas de oleoductos logran bajar las viscosidades aumentando la temperatura del fluido o añadiendo agentes reductores de arrastre (DRA, por Drag Reduction Agents), químicos capaces de reducir la viscosidad del petróleo crudo hasta en dos órdenes de magnitud.

CONCEPTOS IMPORTANTES

Curvas de la bomba: es el conjunto de curvas suministradas por los fabricantes de las bombas para describir el comportamiento mecánico e hidráulico de estas. Por lo general, las curvas de la bomba incluyen una curva que relaciona la altura dinámica producida por la bomba con el caudal bombeado para diferentes diámetros del rotor; una curva que establece la eficiencia mecánica de la bomba con dicho caudal; y una curva que describe la altura neta de succión positiva con el caudal, nuevamente para cada diámetro del rotor.

Digitalización de la curva de la bomba: en general, la curva de la bomba que relaciona la altura dinámica producida por esta con el caudal bombeado es de tipo cuadrático. Con el fin de poder utilizar la bomba dentro de programas de diseño y/u operación de los sistemas de tuberías, es necesario establecer su comportamiento hidrodinámico mediante este tipo de ecuaciones. Usualmente el diseñador debe obtener esta curva mediante análisis de los catálogos del fabricante del equipo.

Curva del sistema: es la curva que relaciona la altura total que debe ser vencida en una tubería con el caudal que pasa a través de esta. La altura total es la suma de la altura topográfica (la cual puede ser positiva si el bombeo se hace en contra de la gravedad o negativa si es a favor de la gravedad), la altura de pérdidas por fricción y la altura de pérdidas menores causadas por los accesorios existentes en la tubería.

Punto de operación de la bomba: es el punto de corte de las curvas de la bomba y del sistema, representa el punto de operación real de la bomba, es decir, aquel que establece el caudal bombeado y la altura dinámica producida aguas abajo de la bomba.

Diseño óptimo del conjunto bomba-tubería simple: el diseño de un sistema bomba-tubería simple debe obedecer a un proceso de optimización de costes, debido a que pueden existir varias combinaciones diferentes de potencia de bomba y diámetro de tubería que operen hidráulicamente, es decir, que sean capaces de mover el caudal de diseño. Una bomba de alta potencia requiere una tubería de menor diámetro y viceversa. Por consiguiente, un buen diseño debe escoger la combinación óptima de potencia y diámetro, teniendo en cuenta los costes de operación y mantenimiento *versus* los costes de capital inicial.

PROBLEMAS

Para todos los problemas de este capítulo se puede suponer que los diámetros reales son iguales a los nominales comerciales de las tuberías. La base de diámetros para utilizar en los problemas es: 75, 100, 150, 200, 250, 300, 350, 400, 450, 500, 600 y 720 mm. A no ser que se especifique un fluido diferente, se debe trabajar con agua a 15 °C con las siguientes características:

$\rho = 999.1\ \text{kg/m}^3$

$\mu = 1.14 \times 10^{-3}\ \text{Pa.s}$

$\nu = 1.141 \times 10^{-6}\ \text{m}^2\text{/s}$

4.1. Determine la ecuación de la curva de la bomba IHM - 12 × 40 P.E. del Ejemplo 4.5.

4.2. Determine la ecuación de la curva de la bomba 8 × 10 × 13 B MSD del Ejemplo 4.6.

4.3. La curva de una bomba está dada por la siguiente ecuación:

$$H_B = 143 - 0.4Q - 0.75Q^2$$

y la curva del sistema en que se encuentra instalada está dada por:

$$H_s = 50 + 0.69Q^2$$

Calcule el caudal que pasa por la tubería. Las alturas están en m y los caudales en $\text{m}^3\text{/s}$.

4.4. Resuelva el Ejemplo 4.3 si la bomba se instala a nivel del mar (presión atmosférica de 101350 Pa). Compare los resultados de los dos problemas.

4.5. Resuelva el Ejemplo 4.3 si el fluido es petróleo crudo con una densidad de 860 kg/m³, una viscosidad cinemática de $1.2 \times 10^{-5}\ \text{m}^2\text{/s}$ y una presión de vapor de 7700 Pa.

4.6. Para el sistema de riego de un cultivo intensivo de cítricos se debe instalar una bomba IHM - 12 × 10 P.E., cuyas curvas se muestran en la **FIGURA 4.13**, con el fin de bombear 95 L/s de agua. Si la sala de bombeo se localiza de tal manera que el nivel de succión de la bomba queda 3.2 m por encima del nivel del agua en la fuente, ¿cuál es la máxima longitud de tubería de succión que puede colocarse si esta tiene un diámetro de 200 mm en PVC? El coeficiente global de pérdidas menores es de 2.4, el cual incluye una válvula de cheque o *check*, un codo y dos uniones. La presión atmosférica en el sitio del cultivo es de 93 500 Pa.

4.7. En la batería de producción 2 (PF2), en el campo petrolero de Caño Limón (Arauca, Colombia), se generan 2.21 m³/s de agua de producción en el proceso de extracción de petróleo. El agua sale a una temperatura de 98 °C y se enfría a 20 °C a través de una serie de piscinas y de sistemas de aspersión. Una de las formas de evacuar las aguas es enviarlas al río Arauca, el cual se encuentra a 2360 m de la piscina de enfriamiento 4, desde donde se iniciaría el bombeo. Si se dispone de una tubería de acero (k_s = 0.046 mm) de 900 mm de diámetro, ¿cuál sería la potencia de 3 bombas en paralelo requerida para bombear el agua si su eficiencia es del 84 %? La viscosidad cinemática del agua a 20 °C es 1.007×10^{-6} m²/s, la densidad es 998.2 kg/m³ y el coeficiente global de pérdidas menores es de 12.

4.8. Resuelva el problema anterior si entre la piscina de enfriamiento 4 y el río Arauca existe una diferencia de nivel de 23 m en la dirección del flujo.

4.9. Para el sistema de acueducto de la ciudad de Santa Marta, Colombia, es necesario bombear 120 L/s adicionales entre la estación de bombeo de la Universidad del Magdalena y el tanque en el Cerro de las Tres Cruces. Se desea, por razones estratégicas y de mantenimiento, utilizar una bomba IHM 12 × 40 P.E. adicional, junto con una tubería en PVC paralela a la original (ver Ejemplo 4.5). ¿Qué diámetro debe tener dicha tubería? Suponga que el coeficiente global de pérdidas menores es de 5.7. La longitud de tubería, la diferencia de nivel y las características físicas del agua son iguales a las del Ejemplo 4.5. Si el caudal resultante es superior al demandado (120 L/s), ¿cuál sería el coeficiente de pérdidas menores que tendría una válvula semicerrada para que el sistema bombeara exactamente el caudal demandado?

4.10. Para bombear las aguas de la batería de producción 2 (PF2) del campo petrolero de Caño Limón, Arauca, se cuenta con tres bombas en paralelo con las características mostradas en la **FIGURA P4.10**. ¿Cuál sería el diámetro de tubería de acero (k_s = 0.046 mm) que se requeriría para bombear los 2.21 m³/s de agua de producción? ¿Cuál sería este diámetro si el material fuera hierro galvanizado (k_s = 0.15 mm)? En

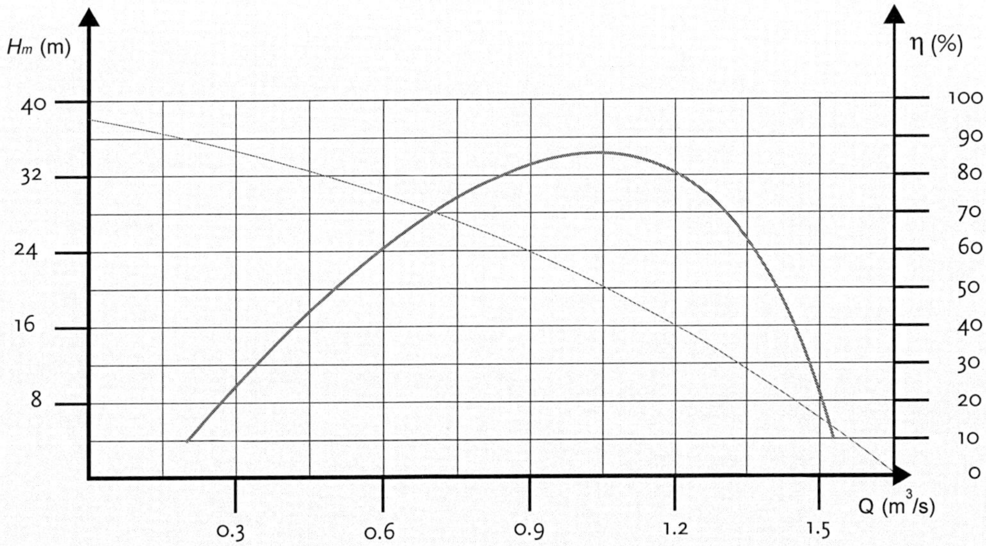

Figura P4.10 Bombas para la batería de producción de Caño Limón.

ambos casos, ¿cuál sería la energía consumida en una válvula cuyo objetivo fuera regular el caudal, de tal manera que se bombearan exactamente los 2.21 m^3/s?
Los diámetros disponibles comercialmente para los dos materiales son:

Acero (mm)	500	600	680	900	1000
Hierro (mm)	500	600	700	900	1000

Las características del fluido, de la longitud de la tubería y del coeficiente global de pérdidas menores (sin incluir la válvula de regulación) son iguales a las del Problema 4.7.

4.11. En la **FIGURA P4.11a** se muestra el esquema de una tubería simple con bombeo. En la **FIGURA P4.11b** se muestran las curvas de la bomba instalada en la tubería. Calcule el caudal que pasa por la tubería. ¿Cuál es la potencia requerida? La tubería tiene un diámetro de 200 mm en el acero comercial. Los coeficientes de pérdidas menores son: entrada $k_m = 0.5$, cheque $k_m = 4.5$, codo $k_m = 0.8$, válvula $k_m = 1.2$, salida $k_m = 1.0$, uniones $k_m = 7.0$.

4.12. ¿Cuál sería el efecto sobre el caudal, la potencia requerida y la eficiencia si el material de la tubería del problema anterior fuera PVC?

4.13. Si en el Problema 2.1 se desea duplicar el caudal que pasa por la tubería de 200 mm que conecta los dos tanques (almacenamiento y floculador), ¿cuál es la potencia de la bomba que es necesario colocar? ¿Cuál es la altura piezométrica aumentada localmente por la bomba?

4.14. Si en el Problema 2.6 se desea aumentar el caudal de queroseno en un 200 %, calcule la potencia de la bomba que es necesario colocar. ¿Cuál debe ser la altura piezométrica aumentada localmente por la bomba?

4.15. Para el acueducto de un municipio mediano es necesario bombear 365 L/s de agua desde la bocatoma hasta el tanque desarenador de la planta de tratamiento. Se desea colocar tres bombas en paralelo, de tal forma que permanentemente operen dos y una quede en reserva. Las curvas de las bombas se muestran en la **FIGURA P4.15**. La longitud total de la tubería es de 484 m y la diferencia de nivel entre las dos estructuras es de 27.6 m. Si se supone un coeficiente global de pérdidas menores de 18.3, ¿cuál es el diámetro de la tubería en hierro galvanizado que debe colocarse?, ¿cuál es la potencia requerida en la bomba? ¿Cuál es la eficiencia de esta?

4.16. Una bomba con diámetro de succión de 100 mm y diámetro de descarga de 150 mm produce un incremento en la presión del agua de 250 kPa cuando el caudal bombeado es de 98 L/s. ¿Cuál es la altura H_m aumentada por la bomba? ¿Cuál es la potencia necesaria para mover la bomba si su eficiencia es del 69 %?

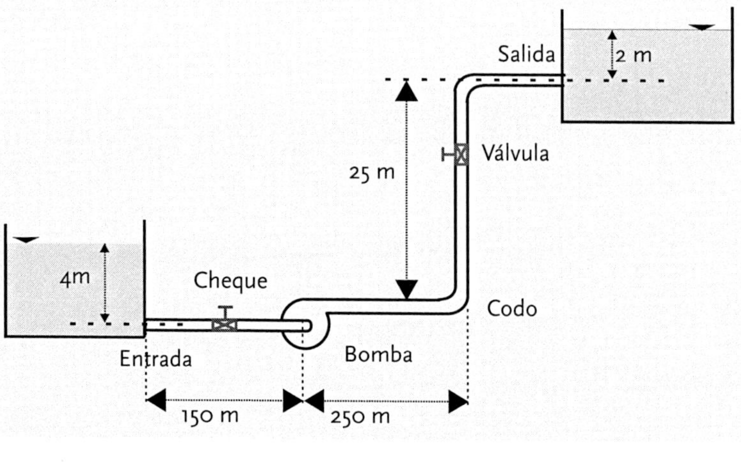

Figura P4.11a Esquema de una tubería simple con bombeo.

4.17. Una bomba va a ser instalada en una tubería horizontal. La presión atmosférica del sitio de instalación es de 89 500 Pa. La bomba requiere una NPSH de 3.2 m de altura absoluta de agua cuando bombea un caudal de 165 L/s. La tubería horizontal tiene un diámetro de 250 mm en hierro galvanizado. Calcule a qué distancia del embalse de entrada puede colocarse la bomba, de tal manera que esta no cavite. El embalse aguas arriba de la bomba genera una altura de 2.7 m por encima del nivel de la tubería.

4.18. Resuelva el problema anterior si el nivel del agua en el embalse aguas arriba de la bomba se encuentra 1.5 m por debajo del eje de la bomba.

4.19. Resuelva el Problema 4.17 si el material de la tubería es PVC.

4.20. Resuelva el Problema 4.17 si la tubería tiene una pendiente adversa al sentido del flujo de 2.5 %.

4.21. En la **FIGURA P4.21** se muestra una parte del esquema de una planta de tratamiento de aguas residuales, el cual incluye la conexión entre el tanque estabilizador y el reactor UASB. El caudal de agua que debe ser tratado es de 190 L/s. La tubería que conecta los dos tanques puede ser de 100, 150 o 200 mm de diámetro. Si esta debe ser de

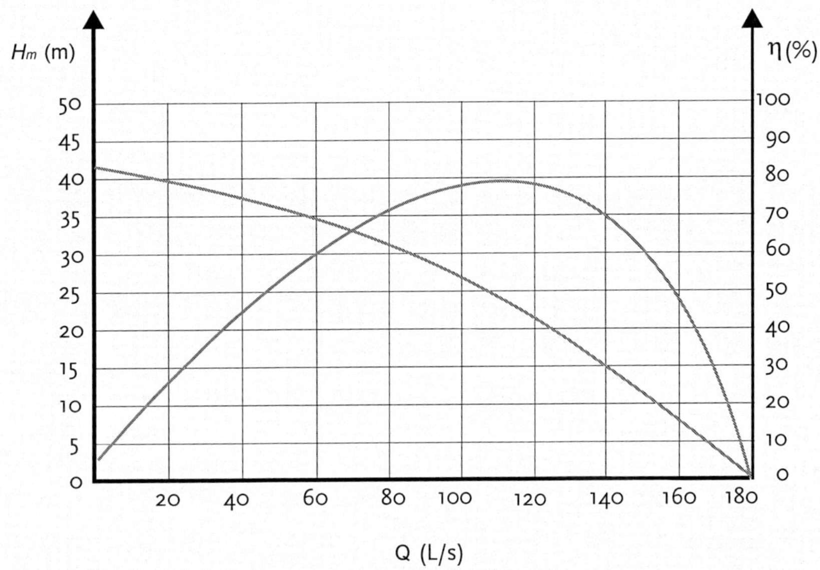

Figura P4.11b Curvas de la bomba instalada en la tubería.

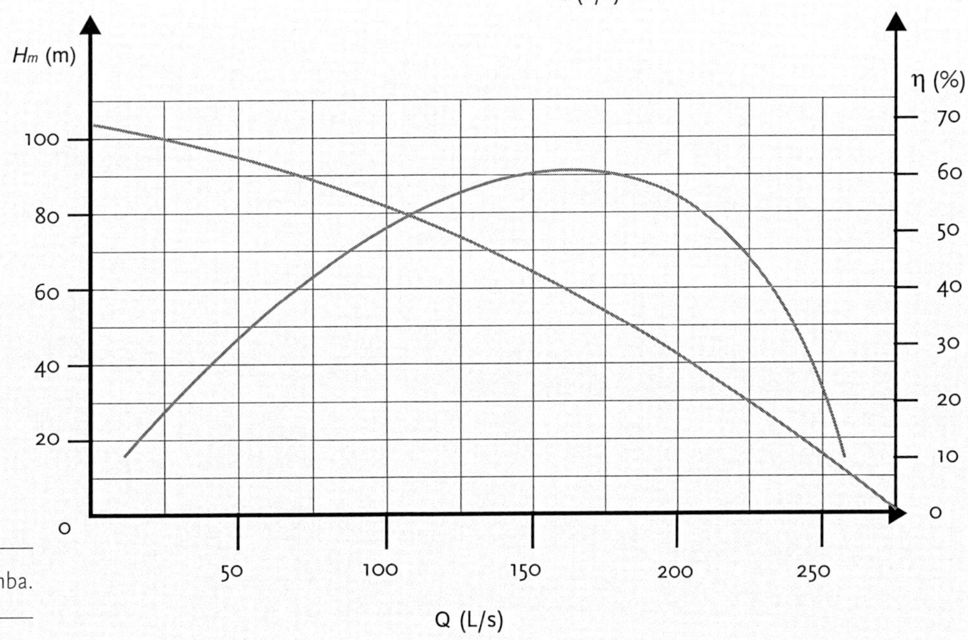

Figura P4.15 Curvas de la bomba.

PVC y sus coeficientes de pérdidas menores incluyen una entrada ($k_m = 1.0$), una salida ($k_m = 0.5$), una válvula ($k_m = 1.9$) y dos semicodos ($k_m = 0.1$ c/u), ¿cuál es la potencia de la bomba que debe ser colocada en cada uno de los tres casos? Haga una estimación de los costes de cada alternativa y escoja aquella de coste mínimo.

4.22. Resuelva el Problema 4.21 si el material de la tubería es acero comercial.

4.23. Resuelva el Problema 4.21 si la longitud de la tubería cambia a 87.6 m. Compare los resultados de los dos problemas.

4.24. En la **FIGURA P4.24a** se muestra parte de la planta de tratamiento de aguas para el acueducto de una población de 150 000 habitantes. El caudal demandado es de 440 L/s. La tubería, de PVC, tiene una longitud total de 312 m, un coeficiente global de pérdidas menores de 4.1, sin incluir la válvula, y un diámetro de 350 mm. En el municipio se dispone de una bomba cuyas curvas se muestran en la **FIGURA P4.24b**. Calcule el coeficiente de pérdidas menores que debe tener la válvula para que el caudal que llega al desarenador sea exactamente igual al caudal demandado.

4.25. Resuelva el Problema 4.24 si la tubería fuera de hierro galvanizado.

4.26. En el Problema 4.24 calcule la eficiencia global del bombeo, incluyendo las pérdidas menores causadas por la válvula como parte de la energía perdida en la bomba.

4.27. Para llevar a cabo un experimento sobre la formación de películas biológicas en los sistemas de distribución de agua potable, se requiere construir un montaje especial en un laboratorio de hidráulica, para el cual se va a utilizar la bomba IHM GS 100-12 mostrada en la **FIGURA P4.27**. Si la altura topográfica que tiene que ser vencida por la bomba es de 1.3 m y la tubería tiene una longitud de 12 m, un k_s de 0.0015mm, un diámetro de 100 mm y un k_m de 2.5, ¿cuál es el caudal máximo que puede ser enviado por la bomba?

4.28. Si en el diseño del problema anterior se requiere triplicar la longitud de la tubería, ¿cuál sería el nuevo caudal máximo?

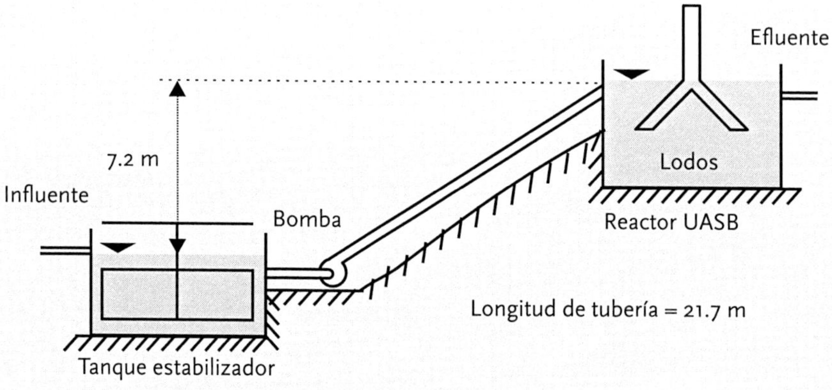

Figura P4.21 Esquema del sistema de bombeo.

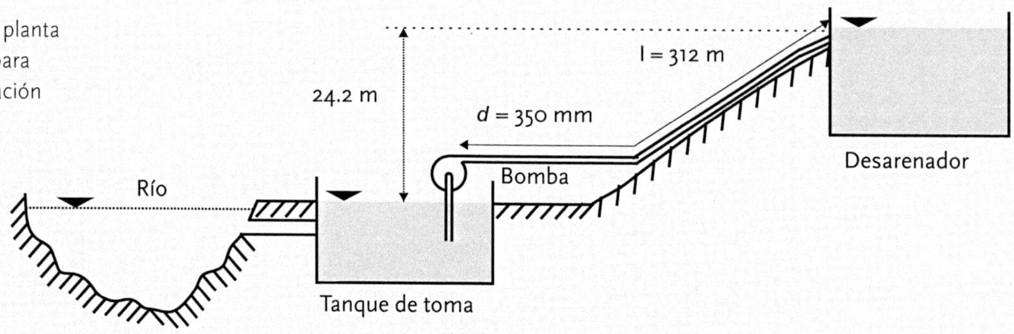

Figura P4.24a Parte de la planta de tratamiento de aguas para el acueducto de una población de 150 000 habitantes.

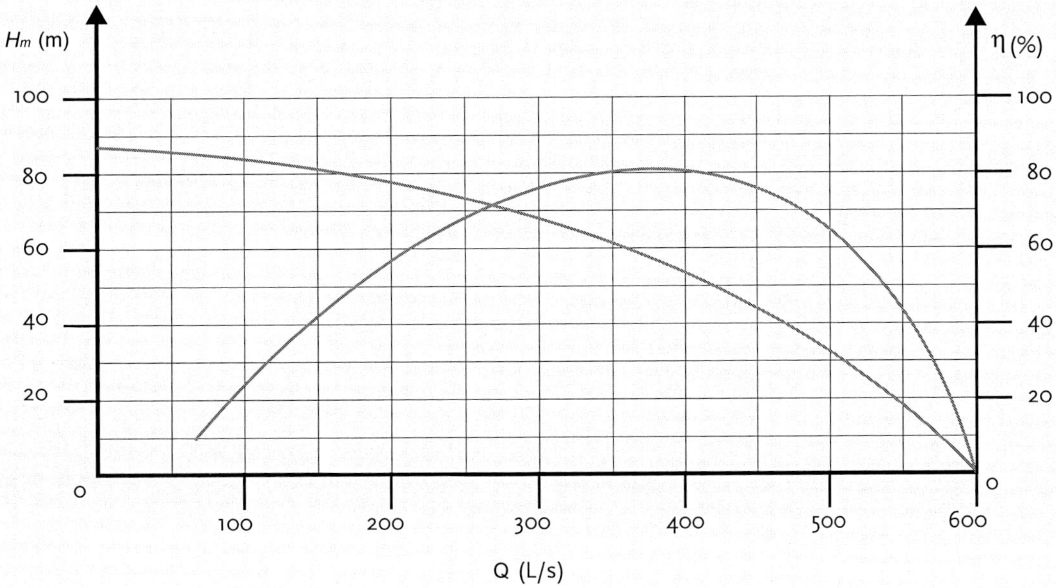

Figura P4.24b Curvas de la bomba del municipio.

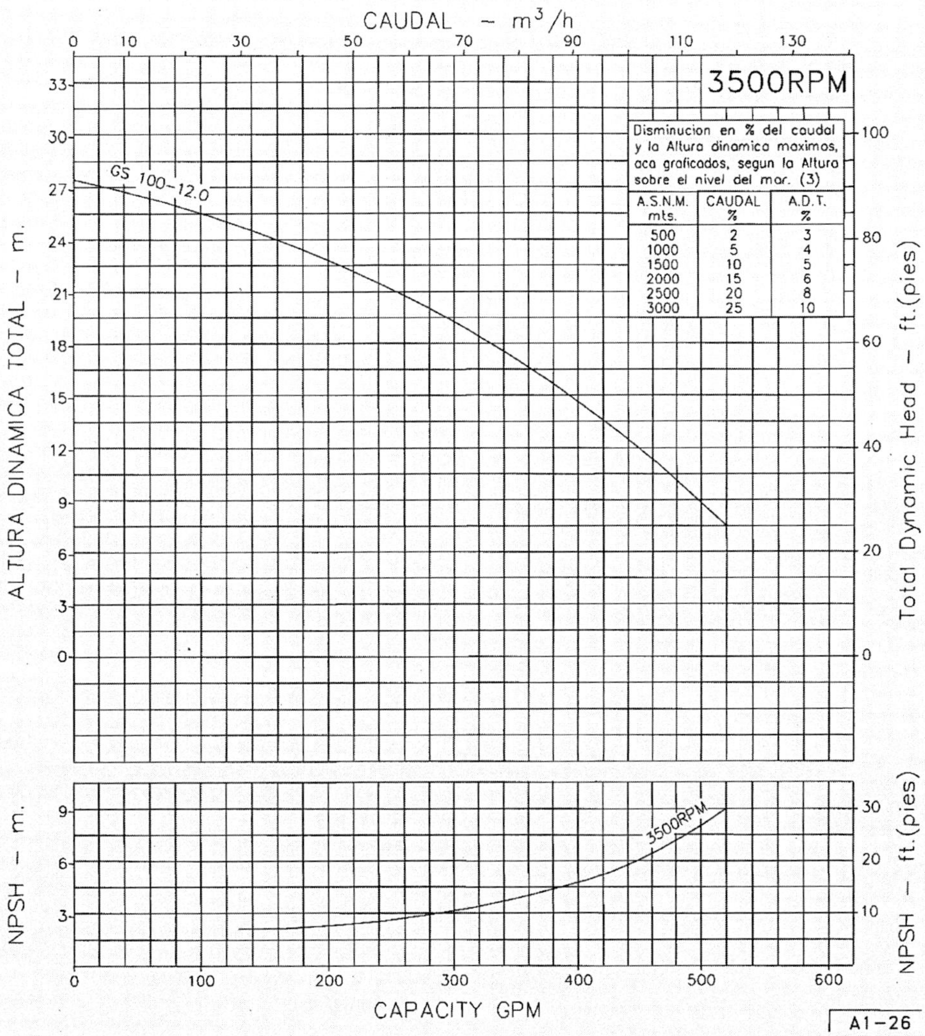

Figura P4.27 Curvas de la bomba IHM GS 100-12.

4.29. Teniendo en cuenta los datos del Problema 4.27, ¿cuál debería ser el coeficiente de pérdidas menores si se quisiera que el caudal máximo se redujera al 80 % del obtenido en dicho problema?

4.30. Para llevar a cabo un estudio sobre el lavado de tuberías de los sistemas de distribución de agua potable se requiere construir un montaje especial en un laboratorio hidráulico. Para el montaje se cuenta con una bomba IHM 40A – 5 hy – Flo; la curva de esta se puede ver en la **FIGURA P4.30**. La altura topográfica es de 1 m, la tubería tiene una longitud de 10 m, un k_s de 0.0015 mm, un diámetro de 150 mm y un k_m de 2.5, ¿cuál es el caudal máximo que puede ser enviado por la bomba?

4.31. Si en el diseño del Problema 4.30 se cambia la tubería por una de concreto (k_s de 0.0003m) y el coeficiente de pérdidas menores es 3, ¿cuál es el nuevo caudal máximo?

4.32. Si se requiere que el caudal máximo del problema anterior se aumente en un 10 %, contando con los mismos datos, ¿cuál debería ser el coeficiente de pérdidas menores?

4.33. Resuelva el Problema 4.30 si el rotor de la bomba se cambia de tal forma que la nueva curva corresponda a la bomba IHM 40A – 12 hy – Flo (diámetro del rotor de 145 mm). Compare los resultados de los dos problemas.

4.34. Para llevar a cabo un estudio sobre el efecto de la formación de películas biológicas en el k_s de las tuberías de los sistemas de distribución de agua potable, se debe construir un montaje especial en un laboratorio hidráulico, para el cual se cuenta con la bomba

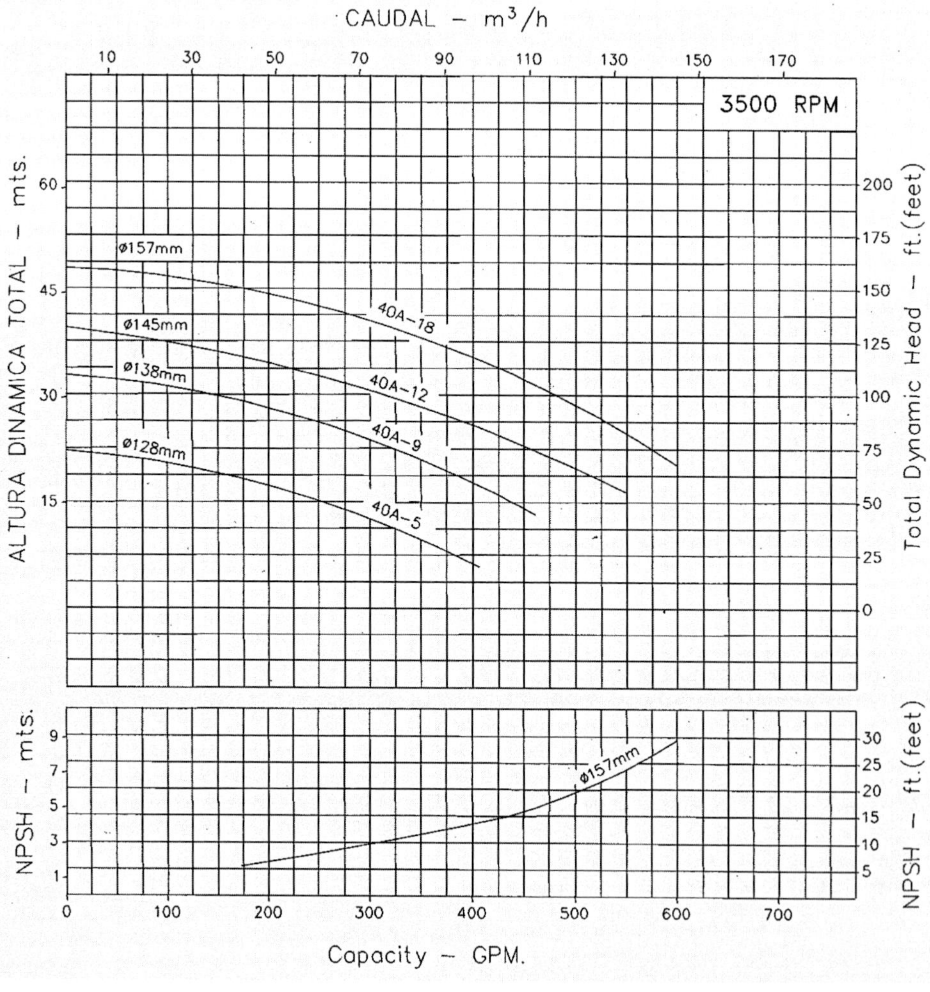

Figura P4.30 Curvas de la bomba IHM 40A – 5 hy – Flo (Curva inferior).

IHM GS 100-12 mostrada en la **FIGURA P4.27**. Si la altura topográfica que tiene que ser vencida por la bomba es de 1.6 m y la tubería tiene una longitud de 10 m, un k_s de 0.0015 mm, un diámetro de 150 mm y un k_m de 2.5, ¿cuál es el caudal máximo que puede ser enviado por la bomba?

4.35. Resuelva el Problema 4.34 si se duplica la altura que tiene que ser vencida por la bomba.

4.36. Para realizar un estudio de fugas en las tuberías de distribución de agua potable es necesario implementar un montaje en un laboratorio hidráulico. Para realizar los experimentos necesarios se cuenta con una bomba IHM 20H 6.6; la curva de esta se puede ver en la **FIGURA P4.36**. La altura topográfica que debe ser vencida por la bomba es de 1.5 m, la tubería tiene una longitud de 5 m, un diámetro de 100 mm y es de PVC. Si el caudal máximo es de 0.010 m³/s, ¿cuál es el coeficiente de pérdidas menores?

4.37. Teniendo en cuenta los datos del problema anterior, si el coeficiente de pérdidas menores es de 2.2, ¿cuál es el caudal máximo que pasa por la tubería?

4.38. Para los datos del problema anterior, si se requiere disminuir el caudal en un 50 % y se cambia la tubería por una de acero, ¿cuál sería el nuevo coeficiente de pérdidas menores?

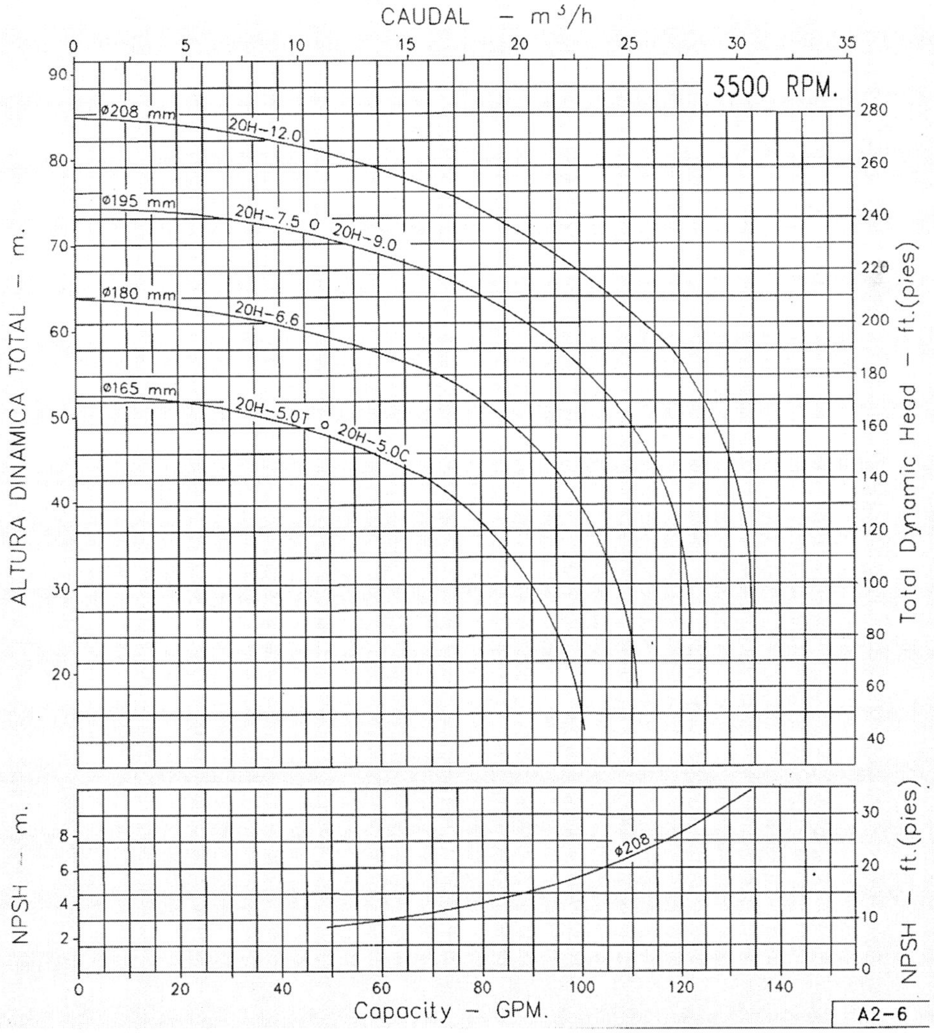

Figura P4.36 Curvas de la bomba IHM 20H 6.6.

4.39. Resuelva el Problema 4.36 si el rotor de la bomba cambia a la curva IHM 20H 9.0; la curva de esta bomba se puede ver en la FIGURA P4.36. Adicionalmente, la altura topográfica que debe ser vencida por la bomba cambia a 8.5 m. Los demás valores permanecen constantes.

4.40. Resuelva el Ejemplo 4.6 si la viscosidad cinemática del petróleo crudo cambia a 2.5×10^{-5} m²/s. La densidad del líquido permanece constante.

BIBLIOGRAFÍA

Dufor, John W. y William E. Nelson. *Centrifugal Pump Sourcebook*, McGraw-Hill, New York, 1993.

Fang, K. S. y F. Koolshof. *Determination of NPSH on Large Centrifugal Pumps and Thoma'a Law of Similarity,* Cavitation Forum, Doctorate American Society of Mechanical Engineers, New York, 1971.

Featherstone, Ronald. "Computational Methods in the Analysis and Design of Closed Conduit Hydraulic Systems", Capítulo 3 en *Developments in Hydraulic Engineering-1*, edited by Paul Novak, Editorial Applied Science Publisher, London, 1983.

Fox, Robert W. y Alan T. McDonald. *Introduction to Fluid Mechanics*, 7 ed., Wiley, New York, 2009.

Grist, E. "Net Positive Suction Head Requirements for Avoidance of Unacceptable Cavitation Erosion in Centrifugal Pumps", Proceedings of the Cavitation Conference, Institution of Mechanical Engineers, London, 1974, pp 153 a 162.

Hallam, Jerry L. *Centrifugal Pumps: Which Suction Specific Speed are Acceptable,* Hydrocarbon Processing, april of 1982.

Karassik, I. J., J. P. Messina, P. Cooper y C.C. Heald. *Pump Handbook*, 3 ed., McGraw-Hill, New York, 2001.

King, H. W. y E.F. Brater. *Handbook of Hydraulics*, 6 ed., Editorial McGraw-Hill, New York, 1976.

Mott, Robert L. *Applied Fluid Mechanics*, 6 ed., Merril, New York, 2006.

Roberson, John A. y Clayton T. Crowe. *Engineering Fluid Mechanics*, 9 ed., Wiley, Boston, 2009.

Shames, Irving H., *Mechanics of Fluids*, 3 ed., McGraw-Hill, New York, 1992.

Stephenson, David. "Pipeline Design for Water Engineers", third edition in *Developments in Water Science*, n.° 40, Elsevier, Ámsterdam, 1989.

Streeter, Victor L. y E. Benjamin Wylie, *Fluid Mechanics,* 8 ed., McGraw-Hill, New York, 1985.

Tullis, J. Paul. *Hydraulics of Pipelines: Pumps, Valves, Cavitation, and Transients*, Wiley Interscience, New York, 1989.

Walker R., *Pump Selection,* Ann Arbor Science, Ann Arbor, Michigan, 1972.

White, Frank M. *Fluid Mechanics*, 7 ed., McGraw-Hill, New York, 2011.

5

Tuberías en serie y tuberías en paralelo

Objetivos

- Presentar las características hidráulicas que describen las tuberías en serie, así como los casos comunes en que se usan.
- Establecer las ecuaciones y metodologías para comprobar diseños, calcular potencias y hacer diseños en sí de las tuberías en serie.
- Introducir el concepto de diseño optimizado de sistemas de tuberías y el criterio de diseño de I-Pai Wu para el diseño de las tuberías en serie.
- Establecer las metodologías y ecuaciones para el cálculo de los costes de sistemas de tuberías con flujo presurizado.
- Introducir la metodología de línea óptima de gradiente hidráulico para el diseño optimizado de las series de tuberías.
- Introducir el tema de los tubos porosos, que se caracterizan por perder caudal por unidad de longitud, y establecer sus ecuaciones de diseño.
- Presentar las características hidráulicas que describen las tuberías en paralelo, así como los casos en que estas se usan.
- Establecer las ecuaciones y metodologías para comprobar diseños, calcular potencias y hacer diseños de tuberías en paralelo.

5.1 INTRODUCCIÓN

Después de haber desarrollado las ecuaciones y establecido las metodologías de diseño y operación de las tuberías simples en los primeros cuatro capítulos, ahora se tiene el conocimiento necesario para trabajar con los sistemas de tuberías. Por sistema de tuberías se debe entender cualquier conjunto de tuberías que conformen un sistema único que opere bajo las mismas condiciones hidráulicas; ejemplos de estos sistemas son las tuberías en serie, las redes de distribución de agua potable o las redes de riego, entre otros. Este capítulo está dedicado a los dos primeros tipos de sistemas de tuberías: en serie y en paralelo. A pesar de ser simples, estos sistemas pueden presentarse en algunos casos de diseño o ampliación de redes de distribución de agua potable, en redes industriales y en redes matrices de sistemas de abastecimiento de agua. Las tuberías en serie, tal como se verá en el Capítulo 10, son muy comunes en los sistemas de riego localizado de alta frecuencia.

A diferencia de los capítulos anteriores, en este se estudian únicamente tres de los cuatro tipos de problemas de flujo en las tuberías, aplicados a las tuberías en serie y en paralelo. Se estudiarán los problemas de comprobación de diseño, de cálculo de potencia y de diseño de estos sistemas, dejando de lado la calibración. Esto se debe a que para llevar a cabo la calibración es necesario recolectar en el campo información sobre las pérdidas por fricción y pérdidas menores para un solo número de Reynolds y una sola rugosidad absoluta, y esto únicamente se logra fácilmente en las tuberías simples. En los sistemas de tuberías, por un lado, resultaría costoso instrumentar todas las tuberías para hacer mediciones, y por el otro es prácticamente imposible encontrar condiciones hidráulicas estáticas, lo cual hace que el problema de la calibración requiera técnicas de inteligencia artificial, debido a su complejidad numérica. El problema de la calibración de sistemas complejos de tuberías se tratará en el Capítulo 9.

Para las tuberías en serie y en paralelo se plantean las ecuaciones necesarias de conservación de la masa y de conservación de la energía, con base en las cuales se establecen diagramas de flujo para cada uno de los tres problemas antes mencionados. Los nuevos diagramas harán uso de aquellos expuestos hasta ahora, pero en especial de los descritos en el Capítulo 2. El uso de los nuevos diagramas se explica a través de ejemplos para cada tipo de problema. Nuevamente se incluyen, en la página web del libro[1], los programas y hojas de cálculo correspondientes.

De gran importancia es la introducción del concepto de optimización del diseño de los sistemas de tuberías. En el diseño de los sistemas de tuberías complejos existen muchas combinaciones de diámetros y materiales que cumplen las condiciones de caudal y presión requeridas. Sin embargo, solo una de las posibles combinaciones es óptima desde el punto de vista de los costes, tanto de construcción como de operación a largo plazo. Un buen diseño debe buscar esa combinación. Para el caso del diseño de tuberías en serie se estudia el criterio de optimización de Wu[2]. Adicionalmente se estudia el criterio de la línea óptima de gradiente hidráulico (LOGH), el cual se extiende al criterio de la superficie óptima de gradiente hidráulico (SOGH) para las redes abiertas en el Capítulo 6. Este último criterio volverá a aplicarse al diseño de redes de distribución de agua potable, presentado en el Capítulo 8.

Tal como se ha hecho en los capítulos anteriores, en todos los diagramas de flujo y los ejemplos de este capítulo se seguirá usando la metodología de Darcy-Weisbach conjuntamente con la ecuación de Colebrook-White. Como complemento, en los diagramas

1 http://marcombo.info

2 Wu, I-Pai, "Design of Drip Irrigation Main Lines", en *Journal of the Irrigation and Drainage Division*, ASCE, volumen 101, número IR4, diciembre de 1975.

de flujo se indicarán los cambios necesarios en caso de que se prefiera utilizar la metodología de Hazen-Williams. En los programas de la página web del texto el lector podrá seleccionar la metodología que más le convenga. Sin embargo, hay que tener presente que en todo proceso del diseño optimizado se debe procurar utilizar las ecuaciones más exactas para describir la resistencia al flujo en tuberías, debido a que los diámetros resultantes deben escogerse dentro de aquellos en los que comercialmente se fabrican las tuberías, y por tanto los cálculos deben ser lo más precisos posibles.

5.2 TUBERÍAS EN SERIE

Las tuberías en serie son dos o más tuberías diferentes, colocadas una a continuación de la otra, las cuales pueden diferenciarse en los diámetros y/o en las rugosidades (es decir, estar hechas de materiales diferentes) y/o en sus caudales debido a salidas de agua en las uniones. En la FIGURA 5.1 se muestra un esquema de tres tuberías en serie que conectan dos tanques. Dicho esquema se utilizará para plantear las ecuaciones que rigen el flujo en este tipo de sistemas de tuberías. Posteriormente se presentarán los algoritmos para resolver tres de los cuatro tipos de problemas descritos en el Capítulo 2, aplicados al caso de las tuberías en serie.

Teniendo en cuenta la FIGURA 5.1 se pueden plantear las siguientes ecuaciones:

Conservación de la energía

La diferencia de altura o nivel entre los dos tanques está dada por la siguiente ecuación:

ECUACIÓN 5.1

$$H_T = z_1 - z_2 = h_{m_e} + h_{f_1} + h_{m_1} + h_{f_2} + h_{m_2} + h_{f_3} + h_{m_3} + h_{f_4} + h_{m_s}$$

Esta suma de pérdidas de energía por fricción y por la presencia de accesorios para todos los tubos de la serie es la característica más importante de este sistema de tuberías.

donde:

H_T = diferencia de nivel entre los dos tanques
h_e = pérdidas menores de entrada
h_{fi} = pérdidas por fricción en el tubo i
h_{mi} = pérdidas menores en el accesorio i
h_s = pérdidas menores por salida

La ecuación de conservación de la energía puede generalizarse para cualquier sistema de tuberías en serie en la siguiente forma:

ECUACIÓN 5.2

$$H_T = \sum_{i=1}^{n} h_{f_i} + \sum_{i=1}^{m} h_{m_i}$$

donde:

n = número de tuberías que conforman la serie
m = número de accesorios que causan pérdidas menores en la serie

Si se tienen en cuenta las características físicas de cada tubería de la serie, como diámetros, longitudes y rugosidades absolutas, y los coeficientes de pérdidas menores de cada uno de los accesorios, la Ecuación 5.2 se convierte en:

ECUACIÓN 5.3

$$H_T = \sum_{i=1}^{n} f_i \frac{l_i}{d_i} \frac{\mathrm{v}_i^2}{2g} + \sum_{i=1}^{m} k_{mi} \frac{\mathrm{v}_i^2}{2g}$$

donde:

v_i = velocidad media en la tubería i de la serie

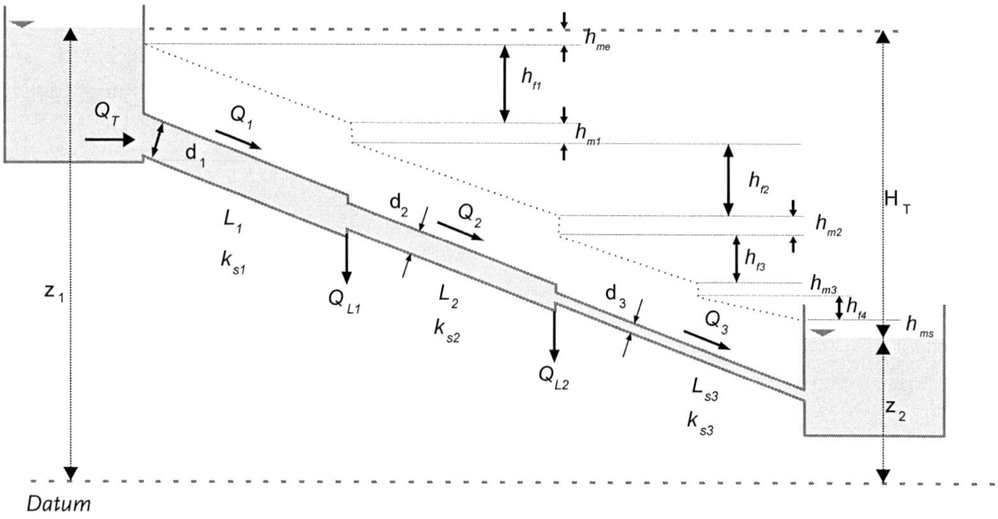

Figura 5.1 Tres tuberías en serie, conectando dos tanques. Q_{L1} y Q_{L2} representan caudales laterales que salen de las uniones entre las tuberías. La línea punteada representa la línea del gradiente hidráulico. Para cada tubería se indica su longitud, diámetro y rugosidad absoluta. También se indican las pérdidas menores y las de fricción.

Conservación de la masa (ecuación de continuidad)

En la FIGURA 5.1 resulta claro que:

ECUACIÓN 5.4

$$Q_T = Q_1 = Q_2 + Q_{L_1} = Q_3 + Q_{L_1} + Q_{L_2}$$

Esta ecuación significa que el caudal total que pasa por el sistema es igual al caudal que pasa por cualquier tubería más todos los caudales laterales en las uniones localizadas aguas arriba de esta. Para una serie de n tuberías, la Ecuación 5.4 se puede generalizar así:

ECUACIÓN 5.5

$$Q_T = Q_\alpha + \sum_{i=1}^{\alpha-1} Q_{L_i}$$

Esta es la segunda característica básica de una serie de tuberías. El caudal se conserva en toda la serie, es decir, el caudal es el mismo en cada uno de los tubos que la conforman.

donde:

Q_α = caudal en la tubería α de la serie de n tuberías

Si en las uniones no existiera caudal lateral, la ecuación de conservación de la masa se simplificaría de la siguiente manera:

ECUACIÓN 5.6

$$Q_T = Q_1 = Q_2 = Q_3 = \ldots = Q_n$$

es decir, el caudal es igual para todos los n tubos de la serie.

Al utilizar las Ecuaciones 5.2 a 5.5, junto con las ecuaciones y diagramas de flujo establecidos en el Capítulo 2, es posible resolver los tres tipos de problemas antes mencionados, aplicados al caso de las tuberías en serie.

5.2.1 Comprobación de diseño de tuberías en serie

COMPROBACIÓN
Tuberías en serie

De forma similar a lo establecido para la comprobación de diseño de las tuberías simples, en este caso se conocen:

- Las características de cada uno de los n tubos de la serie (n diámetros, n longitudes, n rugosidades absolutas y n coeficientes de pérdidas menores).
- Las características físicas del fluido (densidad y viscosidad) y la potencia disponible (potencia de una o varias bombas, altura topográfica o una combinación de estas dos).
- Los caudales demandados en cada una de las uniones.

Las incógnitas del proceso son los caudales (o velocidades) que pasan por cada una de las tuberías de la serie.

Para cada una de las velocidades de las n tuberías de la serie se puede plantear una ecuación igual a la Ecuación 2.3:

ECUACIÓN 5.7

$$v_i = \frac{-2\sqrt{2gd_i h_{fi}}}{\sqrt{l_i}} \log_{10}\left(\frac{k_{si}}{3.7d_i} + \frac{2.51\nu\sqrt{l_i}}{d_i\sqrt{2gd_i h_{fi}}}\right)$$

En estas últimas ecuaciones, una por cada tubería, se tienen $2n$ incógnitas: n velocidades y n pérdidas por fricción. Como en el sistema existen n tuberías se tienen solamente n ecuaciones. Las otras n-1 ecuaciones necesarias corresponden a las ecuaciones de continuidad para cada una de las tuberías:

ECUACIÓN 5.8

$$\begin{aligned} Q_1 &= Q_2 + Q_{L_1} \\ Q_1 &= Q_3 + Q_{L_1} + Q_{L_2} \\ &\vdots \\ Q_1 &= Q_n + Q_{L_1} + Q_{L_2} + \ldots + Q_{L_{n-1}} \end{aligned}$$

Como última ecuación para resolver el sistema de $2n$ incógnitas, se tiene la ecuación de conservación de la energía:

ECUACIÓN 5.2

$$H_T = \sum_{i=1}^{n} h_{fi} + \sum_{i=1}^{m} h_{mi}$$

Para llevar a cabo el proceso de comprobación de diseño de las tuberías en serie se debe suponer, para la primera iteración, el valor de las pérdidas por fricción para la primera tubería de la serie (h_{f1}). La siguiente ecuación para estimar dichas pérdidas arroja un valor que garantiza una rápida convergencia del proceso; sin embargo, podrían existir otras ecuaciones similares:

ECUACIÓN 5.9

$$h_{f1} = H_T \frac{\dfrac{l_1}{d_1^5}}{\displaystyle\sum_{i=1}^{n} \frac{l_i}{d_i^5}}$$

La Ecuación 5.9 se basa en la ecuación de Darcy-Weisbach, la cual evidencia que la pérdida de altura es proporcional a la longitud de la tubería e inversamente proporcional a la quinta potencia del diámetro de esta:

ECUACIÓN 1.38

$$h_f = f\frac{l}{d}\frac{v^2}{2g}$$

$$h_f = f\frac{l}{d}\frac{Q^2}{2gA^2} = f\frac{l}{d}\frac{Q^2}{\frac{2g\pi^2 d^4}{4^2}}$$

$$h_f = \frac{8f}{\pi^2}\frac{l}{d^5}\frac{Q^2}{g}$$

De donde:

$$h_f \propto \frac{l}{d^5}$$

Con la suposición inicial para las pérdidas por fricción para la primera tubería de la serie dada por la Ecuación 5.9 se pueden calcular las demás pérdidas por fricción y las pérdidas menores para toda la serie. Sin embargo, la suposición inicial para h_{f1} puede llevar a un valor de la altura total diferente a la altura total real:

ECUACIÓN 5.2

$$H_{Tk} = \sum_{i=1}^{n} h_{fi} + \sum_{i=1}^{m} h_{mi}$$

donde H_{Tk} es la altura piezométrica total calculada en la iteración *i*.

Si los valores de H_T y H_{Tk} son diferentes, es necesario corregir el valor de h_{f1}, de acuerdo con las siguientes ecuaciones:

$$h_{f1_k} = h_{f1_{k-1}} + \Delta h_{f1}$$

donde *k* representa la iteración que se está desarrollando y Δh_f la corrección en la pérdida de altura por fricción en la tubería 1, la cual se calcula como:

ECUACIÓN 5.10

$$h_{f1_k} = (H_T - H_{Tk})\frac{\frac{l_1}{d_1^5}}{\sum_{i=1}^{n}\frac{l_i}{d_i^5}}$$

Para resolver un problema de comprobación de diseño de las tuberías en serie se debe seguir el procedimiento establecido en el Diagrama de Flujo 9, el cual se basa en los diagramas de flujo del Capítulo 2 o en los ejemplos del Capítulo 3, si se prefiere la metodología de Hazen-Williams; también se debe tener en cuenta el Ejemplo 5.1. En este diagrama de flujo, *E* representa el error de aproximación para el cálculo de H_{Ti} en cada iteración; este debe ser definido por el diseñador.

El programa Comprobación de tuberías en serie y la Hoja Electrónica n.° 4, incluidos en la página web del libro, se basan en el Diagrama de Flujo 9.

EJEMPLO 5.1

Comprobación de diseño de tuberías en serie

HOJA ELECTRÓNICA n.° 4
Comprobación de tuberías en serie

Una serie de cuatro tuberías conectan dos tanques que forman parte del sistema de abastecimiento de agua de un negocio dedicado a la piscicultura. La diferencia de altura entre los niveles de agua en los tanques es de 28.5 m. La primera tubería de concreto (k_s = 0.3 mm) tiene un diámetro de 600 mm, una longitud de 423 m, un coeficiente global de pérdidas menores de 4.2 y un caudal lateral en su extremo final de 60 L/s, el cual alimenta el primer estanque de peces. La segunda tubería en PVC (k_s = 0.0015 mm) tiene un diámetro de 500 mm, una longitud de 174 m, un coeficiente global de pérdidas menores de 3.4 y un caudal lateral de 74 L/s que llega al segundo estanque. La tercera tubería, en PVC, tiene un diámetro de 300 mm, una longitud de 373 m, un coeficiente global de pérdidas menores de 5.3 y un caudal lateral de 60 L/s que alimenta el tercer estanque de peces.

Hoja Electrónica n.° 4 – Comprobación de diseño de tuberías en serie.

La última tubería en PVC que llega al segundo tanque tiene un diámetro de 250 mm, una longitud de 121 m y un coeficiente global de pérdidas menores de 7.5, el cual incluye una válvula de control completamente abierta. Calcule el caudal que llega al segundo tanque.

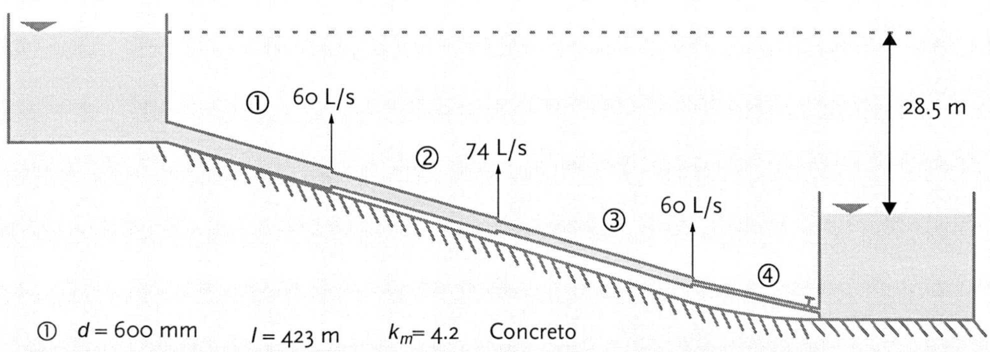

①	$d = 600$ mm	$l = 423$ m	$k_m = 4.2$	Concreto
②	$d = 500$ mm	$l = 174$ m	$k_m = 3.4$	PVC
③	$d = 300$ mm	$l = 373$ m	$k_m = 5.3$	PVC
④	$d = 250$ mm	$l = 121$ m	$k_m = 7.5$	PVC

Solución:

Siguiendo el Diagrama de Flujo 9, los resultados de la primera iteración son:

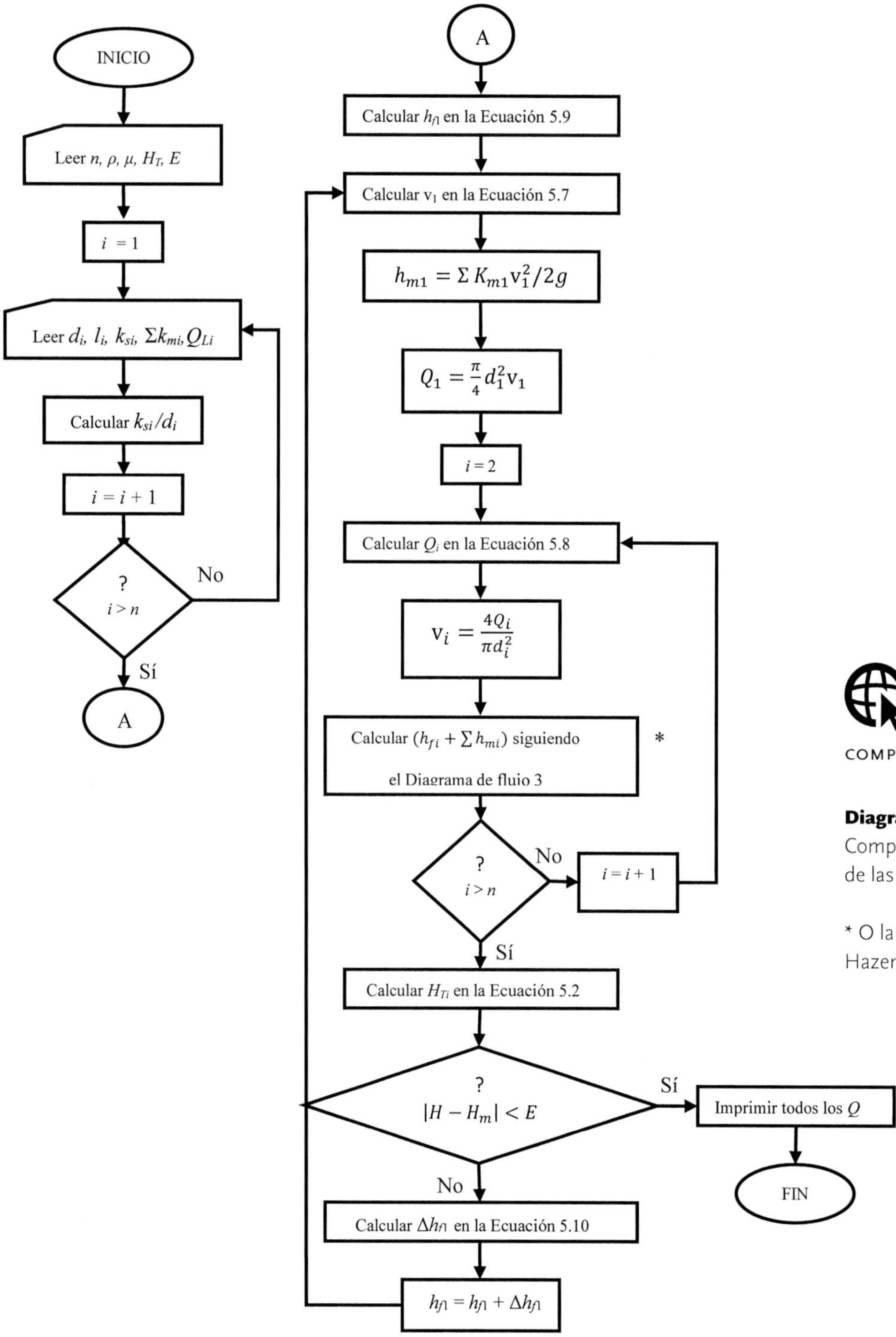

COMPROBACIÓN

Diagrama de Flujo 9
Comprobación de diseño de las tuberías en serie.

* O la metodología de Hazen-Williams del Ejemplo 3.

Para la primera tubería

- Pérdidas por fricción: se calculan con la Ecuación 5.9

$$h_{f_1} = 28.5m \frac{\frac{423}{0.6^5}}{\frac{423}{0.6^5} + \frac{174}{0.5^5} + \frac{373}{0.3^5} + \frac{121}{0.25^5}}$$

$$h_{f_1} = 0.538m$$

- Velocidad: para la tubería 1 se calcula con la Ecuación 5.7.

$$v_1 = -2\frac{\sqrt{2\times 9.81\times 0.6\times 0.538}}{\sqrt{423}}\times \log_{10}\left(\frac{0.0003}{3.7\times 0.6}+\frac{2.51\times 1.14\times 10^{-6}\sqrt{423}}{\sqrt{2\times 9.81\times 0.6^3\times 0.538}}\right)\frac{m}{s}$$

$$v_1 = 0.92m/s$$

- Caudal:

$$Q_1 = \frac{\pi}{4}\times (0.6m)^2\times 0.92m/s$$

$$Q_1 = 0.26m^3/s$$

- Pérdidas menores:

$$h_{m_1} = 4.2\times \frac{0.92^2}{2\times 9.81}m$$

$$h_{m_1} = 0.181m$$

Para la segunda tubería

- Caudal:

$$Q_2 = 0.26m^3/s - 0.060m^3/s$$

$$Q_2 = 0.20m^3/s$$

- Velocidad:

$$v_2 = \frac{4}{\pi}\frac{(0.20)}{(0.5)^2}\frac{m}{s}$$

$$v_2 = 1.019m/s$$

- Pérdidas por fricción y pérdidas menores: utilizando la ecuación de Colebrook-White se obtiene:

$$f_2 = 0.013$$

y con la ecuación de Darcy-Weisbach:

$$h_{f_2} = 0.013\times \frac{174}{0.5}\times \frac{1.019^2}{2\times 9.81}m$$

$$h_{f_2} = 0.23m$$

Las pérdidas menores son:

$$h_{m_2} = 3.4\times \frac{1.019^2}{2\times 9.81}m$$

$$h_{m_2} = 0.18m$$

Para la tercera tubería

- Caudal:

$$Q_3 = 0.26m^3/s - 0.060m^3/s - 0.074m^3/s$$

$$Q_3 = 0.126m^3/s$$

- Velocidad:

$$v_3 = \frac{4}{\pi}\frac{(0.126)}{(0.3)^2}\frac{m}{s}$$

$$v_3 = 1.78m/s$$

- Pérdidas por fricción y pérdidas menores:

$$f_3 = 0.013$$

$$h_{f_3} = 0.013 \times \frac{373}{0.3} \times \frac{1.78^2}{2 \times 9.81} m$$

$$h_{f_3} = 2.59m$$

$$h_{m_3} = 5.3 \times \frac{1.78^2}{2 \times 9.81} m$$

$$h_{m_3} = 0.856m$$

Para la cuarta tubería

- Caudal:

$$Q_4 = 0.26m^3/s - 0.060m^3/s - 0.074m^3/s - 0.060m^3/s$$

$$Q_4 = 0.066m^3/s$$

- Velocidad:

$$v_4 = \frac{4}{\pi} \frac{0.066}{(0.25)^2} \frac{m}{s}$$

$$v_4 = 1.345m/s$$

- Pérdidas por fricción y pérdidas menores:

$$f_4 = 0.014$$

$$h_{f_4} = 0.014 \times \frac{121}{0.25} \times \frac{1.345^2}{2 \times 9.81} m$$

$$h_{f_4} = 0.629m$$

$$h_{m_4} = 7.5 \times \frac{1.345^2}{2 \times 9.81} m$$

$$h_{m_4} = 0.691m$$

Cálculo de la altura total y de la corrección para h_{f1}

$$H_{Tk} = 0.538\ m + 0.181\ m + 0.23\ m + 0.18\ m + 2.59\ m + 0.856\ m + 0.629\ m + 0.691\ m$$

$$H_{Tk} = 5.897\ m$$

$$\Delta h_{f1k} = (28.5m - 5.9m) \frac{\frac{423}{0.6^6}}{\frac{423}{0.6^2} + \frac{174}{0.5^2} + \frac{373}{0.3^2} + \frac{121}{0.5^5}}$$

$$\Delta h_{f1k} = 0.426m$$

$$h_{f1k+1} = h_{f1k} + \Delta h_{fik}$$

$$h_{f1k+1} = 0.538m + 0.426m$$

$$h_{f1k+1} = 0.964m$$

Los resultados para todas las iteraciones del proceso, incluyendo la primera, se muestran en la Tabla 5.1, la cual se basa en el Diagrama de Flujo 9.

Como se puede ver en la Tabla 5.1, el caudal que llega al tanque aguas abajo es de 203 L/s.

Discusión:

En el ejemplo resulta clara la rapidez de convergencia del método propuesto. Desde la quinta iteración ya se habían obtenido precisiones para las pérdidas por fricción de dos iteraciones sucesivas, inferiores al 1 %. Esto se debe a la naturaleza de la ecuación de

Colebrook-White, cuya forma garantiza convergencias rápidas para el problema de comprobación del diseño de tuberías.

Tabla 5.1 Resultado de las iteraciones para la comprobación del diseño del sistema de tuberías en serie.

Primera tubería						Segunda tubería					
Q (m^3/s)	v (m/s)	Σh_m (m)	H_{Ti} (m)	Δh_f (m)	h_f (m)	Q (m^3/s)	v (m/s)	Re	f	Σh_m (m)	Σh_f (m)
0.260	0.920	0.181	5.90	0.426	0.538	0.200	1.019	536 104	0.0125	0.1798	0.230
0.350	1.240	0.329	18.87	0.182	0.964	0.290	1.479	778 677	0.0122	0.379	0.473
0.383	1.354	0.392	25.32	0.060	1.145	0.323	1.644	865 096	0.0120	0.468	0.574
0.393	1.389	0.413	27.53	0.018	1.205	0.333	1.695	892 153	0.0120	0.498	0.608
0.396	1.400	0.42	28.21	0.005	1.224	0.336	1.711	900 302	0.0120	0.507	0.619
0.397	1.403	0.422	28.41	0.002	1.229	0.337	1.715	902 727	0.0120	0.510	0.622
0.397	1.404	0.422	28.47	0	1.231	0.337	1.717	903 445	0.0120	0.511	0.623
0.397	1.405	0.422	28.49	0	1.231	0.337	1.717	903 658	0.0120	0.511	0.623

Tercera tubería						Cuarta tubería					
Q (m^3/s)	v (m/s)	Re	f	Σh_m (m)	Σh_f (m^3/s)	Q (m^3/s)	v (m/s)	Re	f	Σh_m (m)	Σh_f (m)
0.126	1.783	469 093	0.013	0.858	2.592	0.066	1.345	294 862	0.01411	0.691	0.629
0.216	3.063	806 000	0.012	2.534	7.208	0.156	3.188	699 150	0.012	3.885	3.100
0.249	3.519	926 027	0.012	3.345	9.329	0.189	3.845	843 182	0.012	5.651	4.410
0.259	3.662	963 605	0.012	3.622	10.048	0.199	4.051	888 276	0.012	6.272	4.859
0.262	3.705	974 924	0.012	3.708	10.269	0.202	4.112	901 859	0.012	6.465	4.998
0.263	3.718	978 291	0.012	3.733	10.335	0.203	4.131	905 900	0.012	6.523	5.040
0.263	3.721	979 290	0.012	3.741	10.355	0.203	4.136	907 098	0.012	6.540	5.052
0.263	3.722	979 585	0.012	3.743	10.36	0.203	4.138	907 452	0.012	6.545	5.056

5.2.2 Cálculo de potencia para tuberías en serie

POTENCIA
Tuberías en serie

El cálculo de la potencia para las tuberías en serie se basa tanto en la comprobación del diseño para este sistema de tuberías, como en el cálculo de la potencia para las tuberías simples descrito en el Capítulo 2.

Las variables conocidas en este caso incluyen:

- Las características físicas de los n tubos de la serie (n diámetros, n longitudes, n rugosidades absolutas, o n coeficientes de Hazen-Williams, y n coeficientes globales de pérdidas menores).
- Las características físicas del fluido (densidad y viscosidad).
- Los caudales totales de llegada y laterales en cada una de las uniones.

La incógnita del proceso es la altura total, la cual incluye las pérdidas por fricción en cada una de las tuberías de la serie, así como las pérdidas menores.

Para resolver un problema de este tipo, las ecuaciones necesarias son las Ecuaciones 5.2 y 5.5. En realidad, esta última conforma el grupo de n-1 ecuaciones expresado en la Ecuación 5.8. El proceso de solución del cálculo de la potencia en las tuberías en serie se esquematiza en el Diagrama de Flujo 10, cuya aplicación se muestra en el Ejemplo 5.2. Este diagrama es la base de la Hoja Electrónica n.° 4 y el programa Potencia de tuberías en serie de la página web del libro.

Como se verá, el cálculo de la potencia de una serie de n tuberías corresponde simplemente a n cálculos de potencia de tuberías simples, uno para cada tubo de la serie.

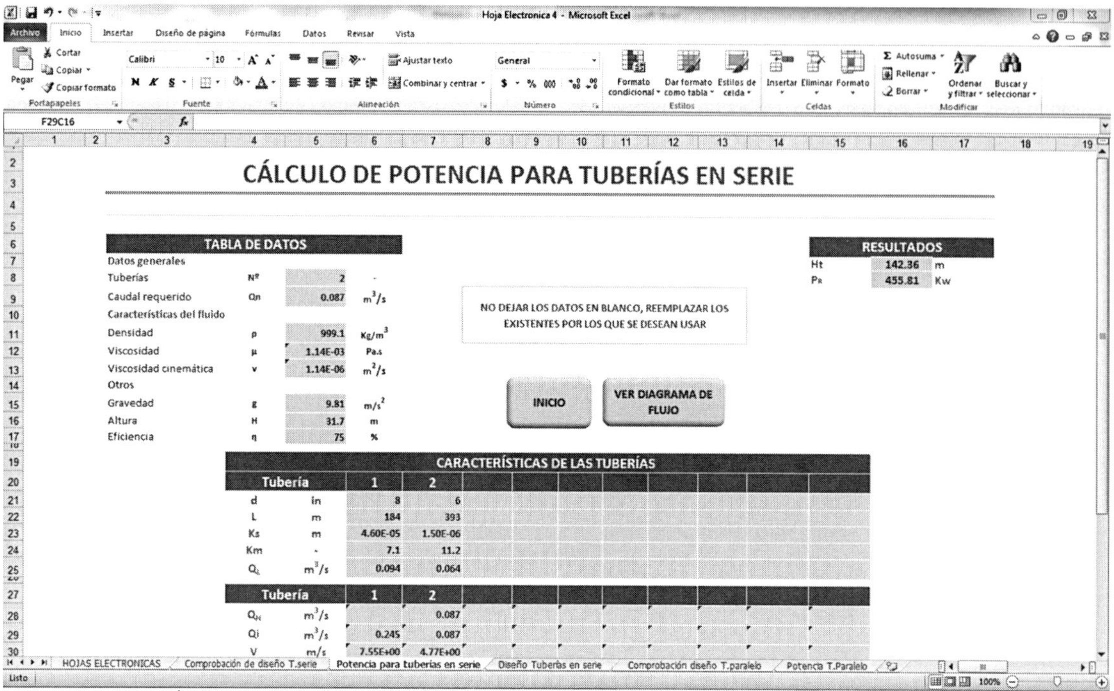

Hoja Electrónica n.° 4 – Cálculo de la potencia para las tuberías en serie.

EJEMPLO 5.2

HOJA ELECTRÓNICA n.° 4
Comprobación de tuberías en serie

Cálculo de potencia en tuberías en serie

Como parte del sistema de riego de un negocio se utilizan dos tuberías en serie para conectar la descarga de la bomba con un tanque de almacenamiento. La diferencia de nivel entre estas dos estructuras es de 31.7 metros, estando la bocatoma por debajo del tanque. El caudal que debe llegar al tanque es de 87 L/s. La primera tubería, en acero (k_s = 0.046 mm), tiene un diámetro de 200 mm, una longitud de 184 m y un coeficiente global de pérdidas menores de 7.1. Al final de esta debe extraerse un caudal de 94 L/s para regar la parte baja del establecimiento. La segunda tubería, en PVC (k_s = 0.0015 mm), tiene una longitud de 393 m, un diámetro de 150 mm y un coeficiente global de pérdidas menores de 11.2, el cual incluye la válvula de control. Calcule la potencia de la bomba requerida para realizar el trabajo. El fluido es agua a 15 °C.

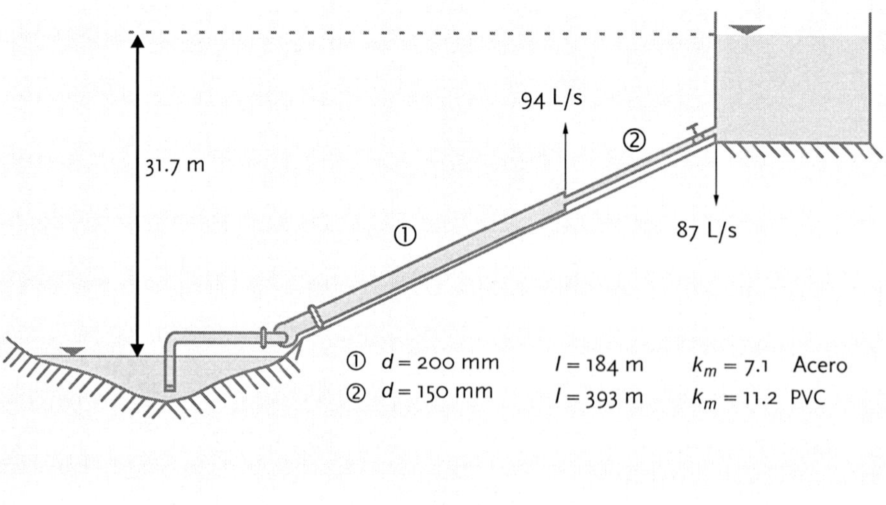

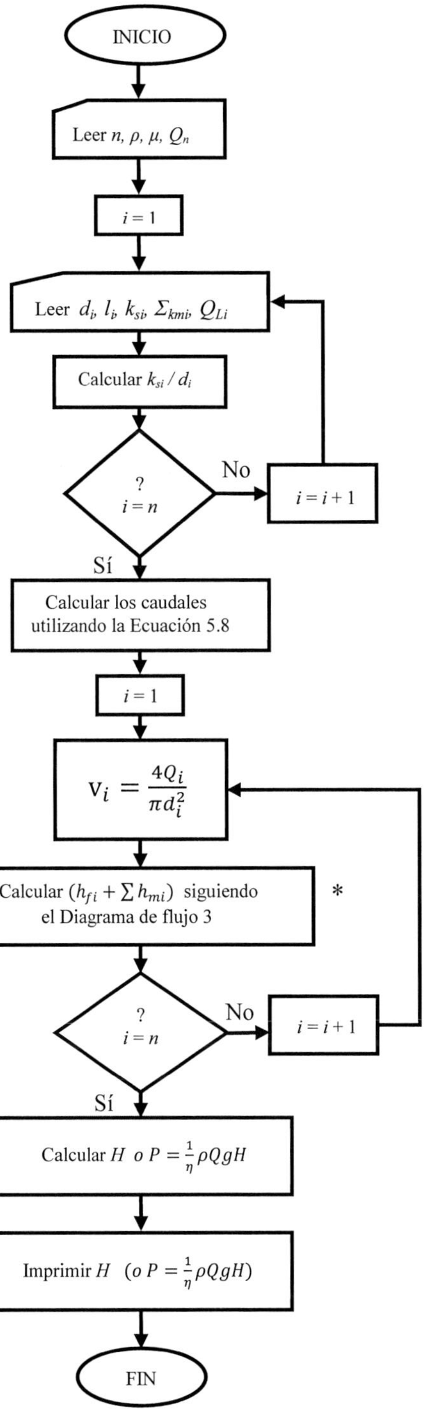

POTENCIA

Diagrama de Flujo 10
Cálculo de potencia para tuberías en serie.

* O en la metodología de Hazen-Williams del Ejemplo 3.3.

Solución:

A partir del Diagrama de Flujo 10 se obtienen los siguientes resultados:

Para la primera tubería

- Caudal:

$$Q_1 = Q_2 + Q_{L_1}$$

$$Q_1 = 87L/s + 94L/s$$

$$Q_1 = 18L/s = 0.181m^3/s$$

- Velocidad:

$$v_1 = \frac{4Q_1}{\pi d_1^2}$$

$$v_1 = \frac{4}{\pi}\frac{(0.181)}{0.2^2}\frac{m}{s}$$

$$v_1 = 5.76 m/s$$

- Pérdidas por rugosidad relativa:

$$\frac{k_{s1}}{d_1} = \frac{0.000046}{0.2} = 0.00023$$

- Número de Reynolds:

$$Re_1 = \frac{v_1 d_1}{\nu} = \frac{5.76 \times 0.2}{1.14 \times 10^{-6}} = 1\ 010\ 773$$

Con estos dos datos se calcula el factor de fricción de acuerdo con los diagramas de flujo 2a o 2b:

$$f_1 = 0.01499$$

y luego se calculan las pérdidas por fricción de acuerdo con la ecuación de Darcy-Weisbach:

$$h_{f_1} = f_1 \frac{l_1}{d_1}\frac{v_1^2}{2g}$$

$$h_{f_1} = 0.01499 \frac{184}{0.2}\frac{5.76^2}{2 \times 9.81} m$$

$$h_{f_1} = 23.33\ m$$

- Pérdidas menores:

$$h_{m_1} = \Sigma k_{m_1} \frac{v_1^2}{2g}$$

$$h_{m_1} = 7.1 \frac{5.76^2}{2 \times 9.81} m$$

$$h_{m_1} = 12.01 m$$

Para la segunda tubería

$$Q_2 = 0.087\ m^3/s$$

- Velocidad:

$$v_2 = \frac{4Q}{\pi d^2}$$

$$v_2 = \frac{4(0.087)}{\pi (0.15)^2}\frac{m}{s}$$

$$v_2 = 4.92\ m/s$$

- Pérdidas por rugosidad relativa:

$$\frac{k_{s2}}{d_2} = \frac{0.0000015}{0.15} = 0.00001$$

- Número de Reynolds:

$$Re_2 = \frac{v_2 d_2}{\nu} = \frac{4.92 \times 0.15}{1.14 \times 10^{-6}} = 647\,789$$

Nuevamente, al utilizar los Diagramas de Flujo 2a o 2b:

$$f_2 = 0.01273$$

y la ecuación de Darcy-Weisbach:

$$h_{f_2} = f_2 \frac{l_2}{d_2} \frac{v_2^2}{2g}$$

$$h_{f_2} = 0.01273 \frac{393}{0.15} \frac{4.92^2}{2 \times 9.81} m$$

$$h_{f_2} = 41.21\, m$$

- Pérdidas menores:

$$h_{m_2} = \Sigma k_{m_2} \frac{v_2^2}{2g}$$

$$h_{m_2} = 11.2 \frac{4.92^2}{2 \times 9.81} m$$

$$h_{m_2} = 13.84 m$$

- **Cálculo de las pérdidas totales**

$$H = \sum_{i=1}^{2} h_{f_i} + \sum_{i=1}^{2} h_{m_i}$$

$$H = (12.01m + 23.33m) + (13.84m + 41.21m)$$

$$H = 90.39m$$

- **Cálculo de la potencia de la bomba**

Antes de calcular la potencia requerida en la bomba es necesario sumar la altura topográfica a las pérdidas totales antes calculadas:

$$H_T = H_{TOP} + H$$
$$H_T = 31.7m + 90.38m$$
$$H_T = 122.09m$$

Por consiguiente, la potencia es:

$$P = \rho Q g H_T$$
$$P = 999.1 \frac{kg}{m^3} \times 0.181 \frac{m^3}{s} \times 9.81 \frac{m}{s} \times 122.09m$$
$$P = 216.58kW$$

Si se supone una eficiencia global para la bomba del 75 %, la potencia real requerida en la bomba es:

$$P_R = \frac{P}{0.75} = \frac{216.58}{0.75} kW$$

$$P_R = 288.78 kW$$

Discusión:

El problema de calcular la potencia requerida para bombear un determinado caudal de un líquido a través de un sistema de n tuberías en serie, incluyendo o no caudales de consumo en las uniones entre las tuberías, se reduce a hacer n veces un cálculo de potencia de tuberías simples y al final sumar todas esas potencias. En este tipo de problemas, propios de las tuberías en serie, es donde se hace un uso más directo de la suposición hidráulica básica para estos sistemas: las pérdidas de altura, por fricción y por accesorios, se suman a través de la serie.

5.2.3. Diseño de tuberías en serie

DISEÑO
Tuberías en serie

En un problema de diseño de tuberías en serie las variables conocidas son:

- Las características del fluido (densidad y viscosidad).
- La potencia disponible, ya sea en una o más bombas o a través de una diferencia topográfica de niveles o una combinación de estos.
- El caudal de llegada al final de la serie.
- Los caudales laterales al final de cada tubo.
- Las longitudes de cada uno de los tubos.
- Las rugosidades absolutas de las tuberías; estas están limitadas a las tuberías comerciales disponibles en el sitio de construcción de la serie de tuberías, lo cual las restringe a tres o cuatro materiales. El diseño se debe hacer con cada uno de ellos y la selección final se hace según un criterio económico.
- Los coeficientes globales de pérdidas menores de cada tubería; estos en función tanto del material como de la longitud de la tubería, siendo la segunda de estas características la que más influye en el valor de dichos coeficientes.

Las incógnitas de este proceso son los diámetros requeridos en las tuberías.

El diseño de tuberías en serie es un problema complejo debido a que, en general, existen múltiples soluciones para un mismo caso. Lo anterior quiere decir que existen muchas combinaciones de diámetros de la serie de tuberías que cumplirían con los requerimientos hidráulicos, los cuales consisten en llevar los caudales demandados en cada nudo y el caudal demandado al final de la serie, con la potencia disponible. Por esta razón es necesario tener un criterio que permita conocer de antemano qué porcentaje de la potencia o altura total disponible debe gastarse en cada una de las tuberías de la serie. El criterio utilizado debe garantizar un correcto funcionamiento hidráulico y una optimización de los costes, teniendo en cuenta los costes de construcción y los de operación a largo plazo. Estos últimos deben incluir el coste del agua por fugas en las uniones, de las cuales existe una cada 6 metros, aproximadamente, y por otros daños a lo largo de la vida útil del sistema, los cuales pueden ser mucho mayores que el coste de la tubería en sí. Sin embargo, para los propósitos de este texto, dentro de los procesos de optimización, únicamente se tendrán en cuenta los costes de las tuberías.

5.2.3.1 Costes de infraestructura

Los costes de infraestructura para los sistemas de tuberías fluyendo a presión, ya sean series de tuberías, tuberías en paralelo o redes de tuberías, están compuestos por dos aspectos principales:

- El primero de ellos es el coste de las tuberías y sus accesorios, el cual varía potencialmente con el diámetro de la tubería.
- El segundo corresponde a los costes de instalación, los cuales deben incluir los costes de excavación, cimentación de la tubería, relleno de la zanja, repavimentación, en caso de que se requiera, y puesta en marcha del sistema, entre otros. Estos costes también varían potencialmente con el diámetro de la tubería, pero de forma menos brusca que en el caso de los costes de las tuberías en sí.

Las condiciones de mano de obra, maquinaria y equipo y de las tuberías varían sustancialmente de país a país e inclusive de ciudad a ciudad dentro de un mismo país. Por consiguiente, es necesario que cada proyecto de diseño cuente con su propia curva de costes antes de iniciar el proceso de optimización. Como ejemplo, se presenta a continuación la tabla de costes de tuberías, en función del diámetro, dados en dólares americanos de 2013 y la FIGURA 5.2 correspondiente.

Tabla 5.2 Costes de tuberías en función del diámetro (ejemplo).

$D_{comercial}$ (pulg.)	$D_{Exterior}$ (mm)	Diámetro interno (mm)	Precio (US$/m)
4	114.3	109.26	$ 9.49
6	168.28	160.86	$ 20.33
8	219.08	209.42	$ 34.59
10	273.05	261.01	$ 53.84
12	323.85	309.57	$ 75.90
14	365.6	339.9	$ 94.44

Teniendo en cuenta los anteriores datos de costes se puede hacer una regresión de tipo potencial, mediante la cual se encuentra la siguiente ecuación para describir los costes de la tubería:

ECUACIÓN 5.11

$$C = 0.0008 \times d^{1.9873}$$

En esta última ecuación, *C* representa el coste total por metro lineal de tubería instalada y *d* representa el diámetro real exterior dado en milímetros. La Ecuación 5.11 tiene un factor de correlación R^2 de 0.9997. Es importante aclarar que cada ciudad y cada material de tubería tendrá su propia ecuación de costes; por consiguiente, el diseñador deberá calcularla antes de proceder al cálculo de los diseños optimizados de los sistemas de tuberías.

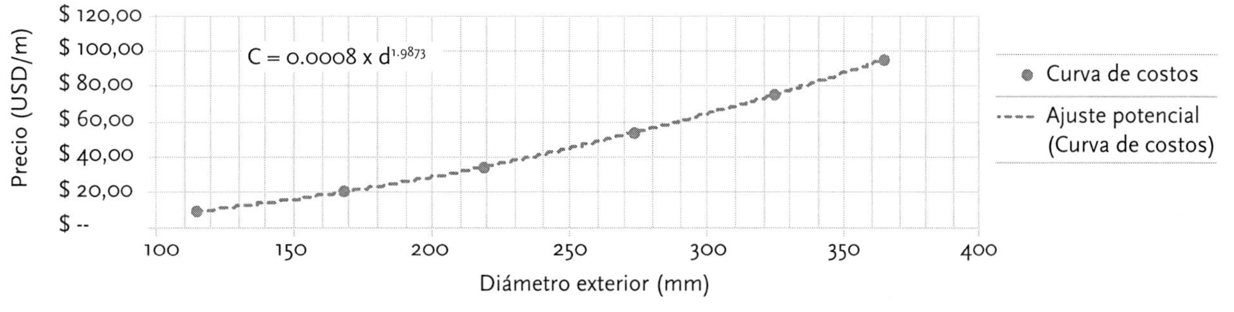

Figura 5.2 Ejemplo de costes de tuberías como función del diámetro.

A continuación se presentan dos criterios de optimización para el diseño de las tuberías en serie. Es importante resaltar la aproximación netamente hidráulica de ambos. Estas metodologías están basadas en el análisis y comprensión de la topología y la hidráulica del sistema, lo que las diferencia de otras metodologías como los algoritmos genéticos, el recocido simulado, la búsqueda de armonía u otras implementaciones heurísticas de inteligencia artificial utilizadas en los procesos de optimización.

DISEÑO
Tuberías en serie

5.2.3.2. Criterio de I-Pai Wu

Un criterio que ha probado ser óptimo para el diseño de las tuberías en serie es el de I-Pai Wu (1975), originalmente desarrollado para sistemas de riego a presión. Estos sistemas se caracterizan por tener caudales de demanda parecidos e igualmente espaciados. Es importante aclarar que este criterio de optimización únicamente tiene en cuenta los costes iniciales (construcción y materiales) de las tuberías.

El criterio se basa en determinar la línea de gradiente hidráulico (LGH) óptima correspondiente al diseño de mínimo coste. Para ello, Wu analizó series de tuberías con demandas uniformes y con topografía variada, probando diferentes patrones de LGH. Para determinar el coste del sistema, utilizó una ecuación potencial que tiene en cuenta los costes unitarios de la tubería y el tamaño de esta. El coste de la tubería *ij* sería:

$$c_{ij} = ad^b$$

donde a y b son constantes de la función y d es el diámetro.

Wu probó que el coste, en una serie de n tuberías con caudales laterales al final de cada una de ellas, era mínimo cuando la línea de gradiente hidráulico o línea piezométrica formaba una curva cóncava hacia arriba con una flecha del 15 % de la altura total (H_T) en el centro, con respecto a la línea recta que une las alturas totales al inicio y al final de la serie, tal como se muestra en la FIGURA 5.3.

Sin embargo, Wu también demostró que si se utilizaba como línea de gradiente hidráulico objetivo la línea recta que une las alturas totales inicial y final, el efecto sobre los costes era inferior al 2.5 % con respecto al óptimo económico. De acuerdo con el anterior planteamiento, en el método de diseño que se describe a continuación se utiliza la línea recta AB de la FIGURA 5.3 como la línea de gradiente hidráulico que debe ser alcanzada.

Si se incluye la pendiente promedio de cada una de las tuberías de la serie, el criterio de Wu establece que la altura que puede ser perdida por la tubería i de la serie es:

ECUACIÓN 5.12
$$h_{f_i} = H_T \frac{l_i \cos\theta_i}{\sum_{j=1}^{n} l_j \cos\theta_j}$$

donde:

θ_K = ángulo de la pendiente promedio de la tubería k con respecto a la horizontal $[k = (i,j)]$

La función objetivo establecida en la Ecuación 5.12 puede llevar a un diseño ineficiente desde el punto de vista hidráulico, ya que al colocar los diámetros comerciales disponibles es probable que se necesite una válvula al final de la serie con el objetivo de regular el caudal. Este hecho significaría que una parte importante de la energía disponible se gastaría como pérdidas menores en dicha válvula.

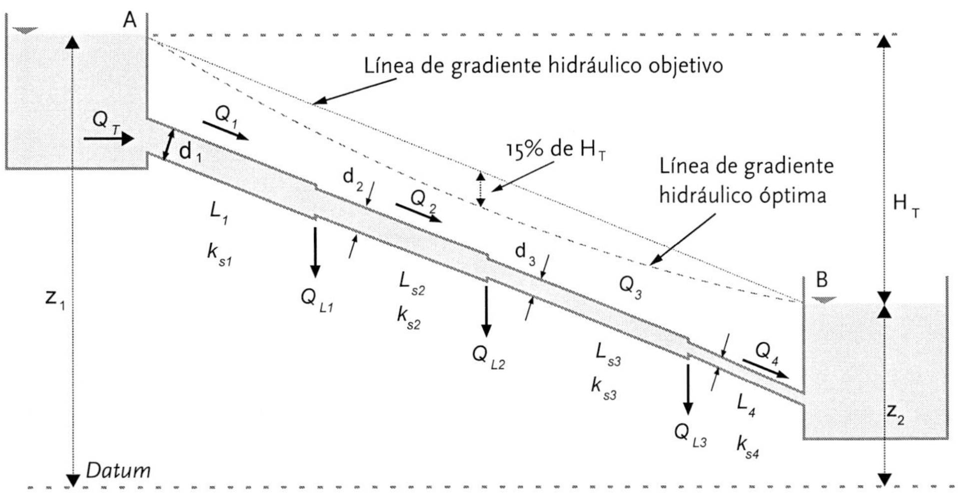

Figura 5.3 Criterio de Wu. La línea de gradiente hidráulico óptima económica forma una curva cóncava hacia arriba con una flecha del 15 % de la altura total disponible en el centro y con respecto a la línea recta AB.

Este problema podría evitarse comprobando, al finalizar el proceso de diseño, que la energía perdida en la válvula no sea lo suficientemente grande para permitir una reducción del diámetro de la primera tubería de la serie. En caso de que sí lo sea, se debe cambiar el diámetro de la primera tubería por el diámetro comercial inmediatamente inferior al que resultó en el primer diseño. Si este cambio no se produce, el proceso continúa con la segunda tubería y luego con las demás. Si alguno de los diámetros de la serie cambia, con el nuevo diseño se calculan unas nuevas pérdidas menores en la válvula y el proceso se sigue repitiendo hasta que no haya cambios en ningún diámetro.

La energía por unidad de peso o altura que se pierde en la válvula en cada uno de los diseños preliminares del proceso se calcula mediante la siguiente ecuación:

ECUACIÓN 5.13
$$h_{m_v} = H_T - \sum_{i=1}^{n} h_{fRi} - \sum_{i=1}^{m} h_{mRi}$$

donde:

$h_{f_{Ri}}$ = altura real perdida por fricción en el tubo i con el diámetro diseñado y el caudal real demandado

$h_{m_{Ri}}$ = altura real perdida a causa de los accesorios de la tubería i con el diámetro diseñado y con el caudal real demandado

h_{mv} = altura perdida en la válvula

Cambiar los diámetros de los tubos iniciales de la serie, los cuales son los mayores debido a la presencia de los caudales laterales en las uniones, lleva a que en estos la línea de gradiente hidráulico tenga mayor pendiente que al cambiar los tubos de menor diámetro. Así, el diseño se acerca más al criterio de Wu, es decir, es más económico.

Una vez se tiene el diseño definitivo, se debe comprobar que en ningún punto de la serie la línea de gradiente hidráulico quede por debajo de las tuberías, pues de lo contrario significaría que en esos puntos existen presiones manométricas negativas, con los consiguientes peligros de separación y de cavitación en el sistema, así como de entrada de fluido externo (del nivel freático, por ejemplo) en caso de una falla en el material o uniones y accesorios de la serie de tuberías.

El proceso de diseño de las tuberías en serie según el criterio de optimización de Wu se esquematiza en el Diagrama de Flujo 11a, y en el Ejemplo 5.3 se muestra su aplicación. Este se puede resolver utilizando tanto la Hoja Electrónica n.° 4, mostrada a continuación, así como el programa Diseño de tuberías en serie.

Hoja Electrónica n.° 4 – Diseño de tuberías en serie, datos iniciales y resultados.

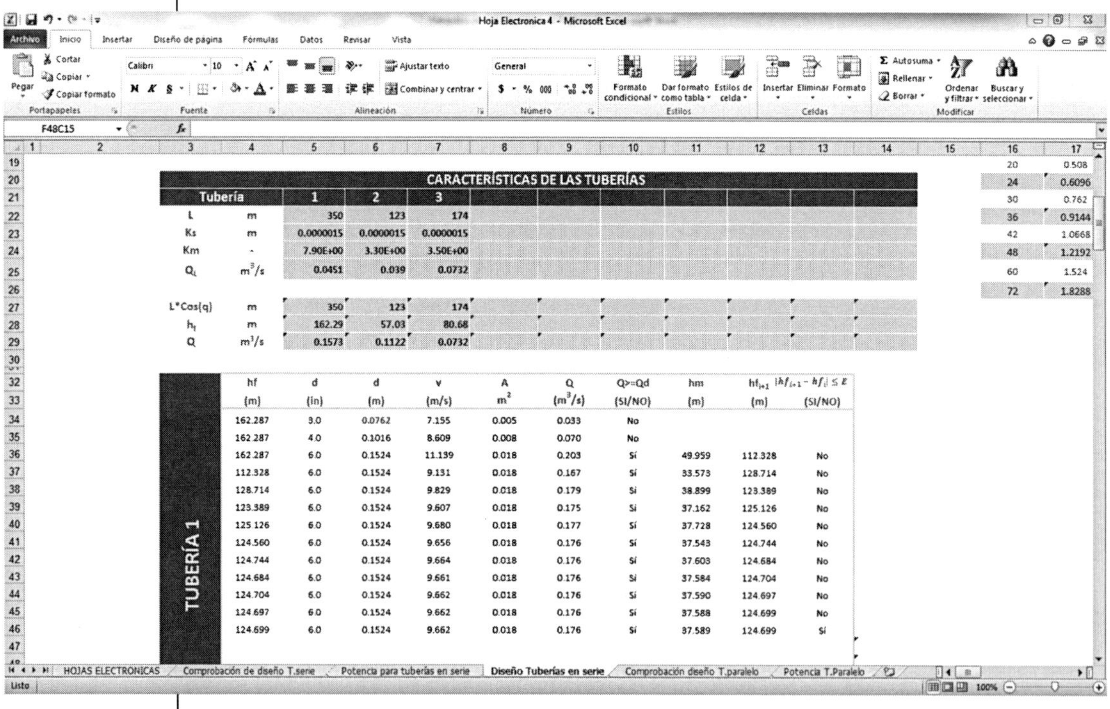

Hoja Electrónica n.° 4 – Diseño de tuberías en serie, desarrollo del programa.

EJEMPLO 5.3

HOJA ELECTRÓNICA n.° 4
Diseño de tuberías en serie

Diseño de tuberías en serie

Una de las tuberías principales de un sistema de riego localizado de alta frecuencia (ver Capítulo 10) debe conectar la estación de fertirrigación con tres módulos de riego que operan de forma simultánea. Los caudales consumidos en estos son: módulo A, 45.1 L/s; módulo B, 39.0 L/s; módulo C, 73.2 L/s. En la estación de bombeo se cuenta con una bomba de 65 kW con una eficiencia del 85 %. La tubería 1, que va de la estación hasta el módulo A, tiene una longitud de 350 m y un coeficiente global de pérdidas menores de 7.9. La tubería 2, que une el módulo A con el módulo B, tiene una longitud de 123 m y un coeficiente global de pérdidas menores de 3.3. Finalmente, la tubería 3, que va del módulo B al módulo C, tiene una longitud de 174 m y un coeficiente global de pérdidas menores de 3.5. Todo el sistema se encuentra en un terreno aproximadamente horizontal y el agua bombeada se encuentra a 10 °C. Los diámetros comerciales disponibles para el diseño son 152.4 mm, 203.2 mm, 254 mm, 304.8 mm, 355.6 mm, 406.4 mm, 457.2 mm y 508 mm. Diseñe las tres tuberías si el material disponible es PVC (k_s = 0.0015mm) y calcule el coste del sistema utilizando la siguiente ecuación:

$$c = \sum_{i=1}^{NT} 0.015 l_i d_i^{1.45}$$

donde l es la longitud de cada tubería en metros y d es el diámetro en milímetros.

El esquema del sistema a diseñar es el siguiente:

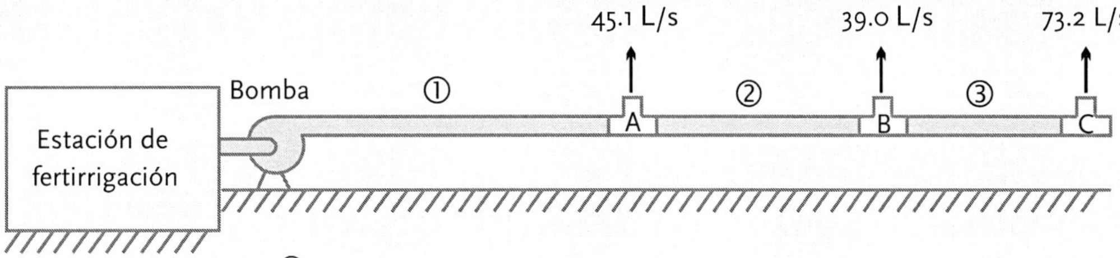

① $l = 350$ m $\quad k_m = 7.9$
② $l = 123$ m $\quad k_m = 3.3$
③ $l = 174$ m $\quad k_m = 3.5$

Figura 5.4 Sistema de riego con tres tuberías en serie.

Cálculo de la altura en la estación de fertirrigación:

$$Q_T = Q_A + Q_B + Q_C$$
$$Q_A = 45.1 L/s$$
$$Q_B = 39.0 L/s$$
$$Q_C = Q_N = 73.2 L/s$$

Luego:

$$Q_T = 157.3 L/s$$

La potencia transmitida por la bomba al flujo es:

$$P = \frac{1}{\eta} \rho Q g H_T$$

Por consiguiente:

$$H_T = \frac{\eta P}{\rho g Q}$$

DISEÑO

Diagrama de Flujo 11a
Diseño de tuberías en serie.

* O la metodología de Hazen-Williams establecida en el Ejemplo 3.3.

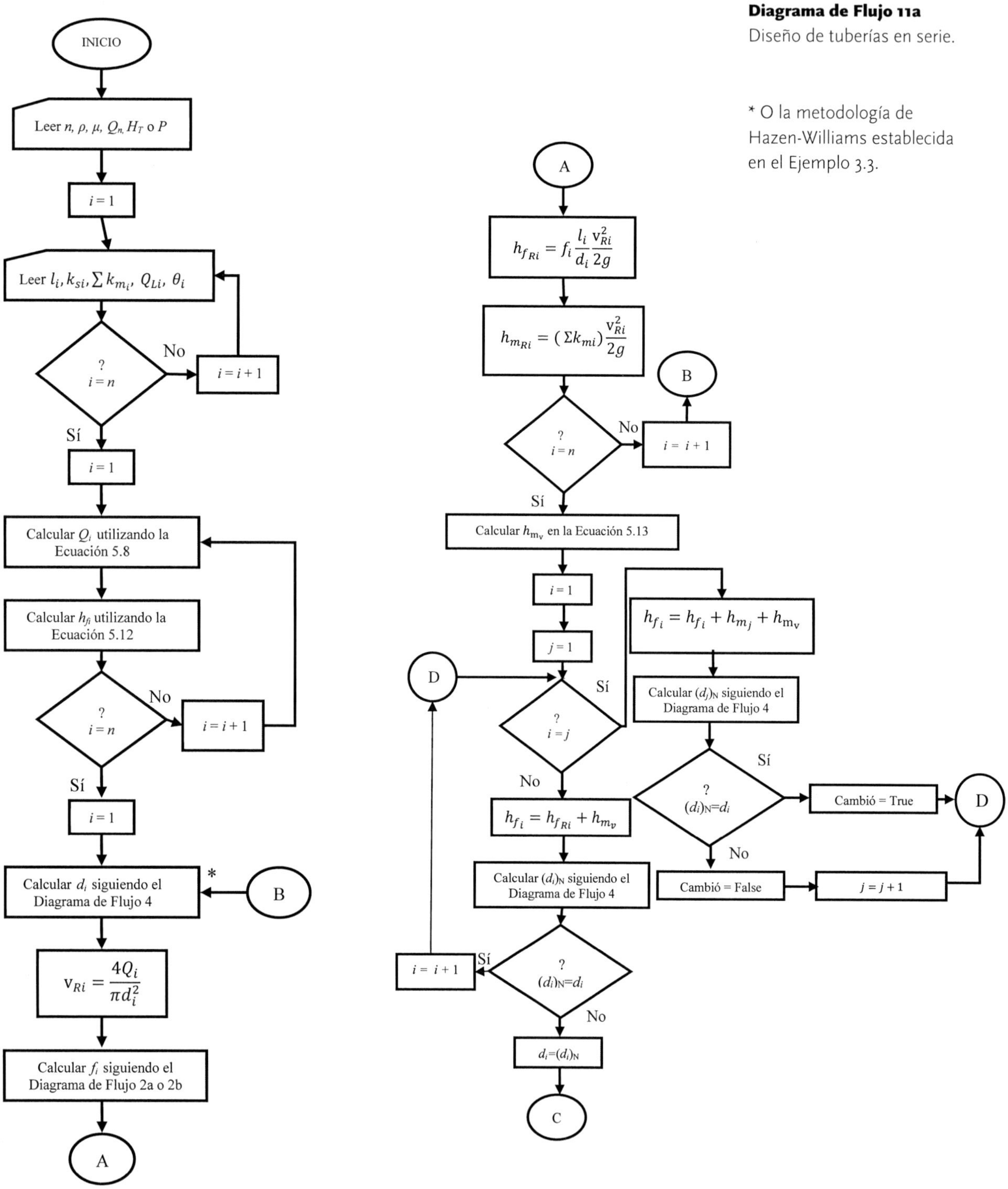

DISEÑO

Diagrama de Flujo 11a
Diseño de tuberías en serie (continuación).

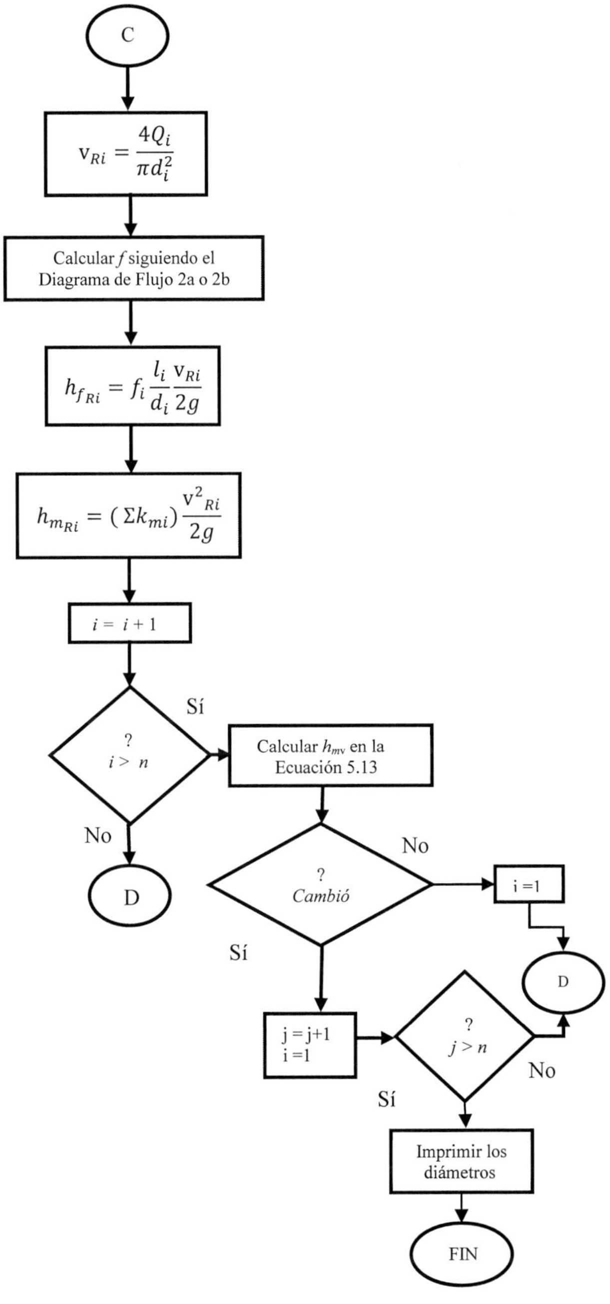

$$H_T = \frac{0.85 \times 65000P}{999.7 \times 9.81 \times 0.1573}$$

$$H_T = 35.815m$$

De acuerdo con el Diagrama de Flujo 11a se obtienen los siguientes resultados:

Caudales a través de las tuberías:

$$Q_1 = Q_A + Q_B + Q_C$$
$$Q_1 = 157.3L/s$$
$$Q_2 = Q_B + Q_C$$
$$Q_2 = 112.2L/s$$
$$Q_3 = Q_N = Q_C$$
$$Q_3 = Q_N = 73.2L/s$$

Pérdidas por fricción en las tuberías:

$$h_{f_1} = H_T \frac{l_1 \cos\theta_1}{\sum_{i=1}^{n} l_i \cos\theta_i}$$

$$h_{f1} = 35.815\text{m} \frac{350\text{m} \cos 0°}{(350m + 123m + 174m)\cos 0°}$$

$$h_{f1} = 19.374\text{m}$$

De forma similar se calculan las alturas para las demás tuberías:

$$h_{f2} = 6.808\text{m}$$

$$h_{f3} = 9.632\text{m}$$

Primer cálculo de los diámetros:
Si se sigue el Diagrama de Flujo 4 se obtienen los diámetros para las tres tuberías de la serie:

$$d_1 = 254mm$$
$$d_2 = 254mm$$
$$d_3 = 203.2mm$$

Cálculo de las velocidades, los factores de fricción, las pérdidas por fricción y las pérdidas menores reales:
Con los diámetros anteriores y los caudales reales demandados, utilizando el Diagrama de flujo 2a o 2b, se calculan los datos mostrados en la Tabla 5.3.

Tabla 5.3 Velocidades, factores de fricción, pérdidas por fricción y pérdidas menores reales después de la primera iteración.

Tubería	v_{Ri}	f_i	hf_{Ri}	hm_{Ri}
n.°	(m/s)		(m)	(m)
1	3.104	0.01282	8.677	3.880
2	2.214	0.013604	1.646	0.825
3	2.257	0.014132	3.143	0.909
			Σ =13.466 m	Σ =5.614 m

El coste de este sistema, calculado con la ecuación $c = \sum_{i=1}^{NT} 0.015 l_i d_i^{1.45}$, sería:

Tabla 5.4 Coste del sistema.

Tubería	L_{Ri}	d_{Ri}	Coste
n.°	(m)	(mm)	(USD)
1	350	254	\$ 16 112.70
2	123	254	\$ 5 662.46
3	174	203.2	\$ 5 796.02
Coste total			\$ 27 571.18

Cálculo de la pérdida menor en la válvula:

Teniendo en cuenta los datos de la Tabla 5. 3, la energía por unidad de peso perdida en la válvula es:

$$h_{m_v} = H_T - \sum_{i=1}^{3} h_{f_{Ri}} - \sum_{i=1}^{3} h_{m_{Ri}}$$

$$h_{mv} = 35.815m - 13.466m - 5.614m$$

$$h_{mv} = 16.735m$$

Segunda iteración:

Con el fin de disminuir los costes del sistema, se debe evaluar si se puede reducir el diámetro de alguna de las tuberías al utilizar la energía perdida por la válvula. Con este fin se suman las pérdidas menores en la válvula con las pérdidas por fricción de la primera tubería, se diseña con el Diagrama de Flujo 4 y se encuentra que no se puede disminuir el diámetro de la primera tubería. Por lo tanto, se suman las pérdidas de la válvula en la segunda tubería.

Al seguir el Diagrama de Flujo 11a, se obtienen los resultados de la segunda iteración (Tabla 5. 5).

Tabla 5.5 Resultados de la segunda iteración.

Tubería	h_{fi}	d_i	v_{Ri}	f_{Ri}	h_{fRi}	h_{mRi}
n.°	(m)	(m)	(m/s)		(m)	(m)
1	19.374	0.2540	3.104	0.01282	8.677	3.880
2	23.543	0.2032	3.460	0.0131	3.870	2.013
3	9.632	0.2032	2.257	0.014132	3.143	0.909
					Σ=15.690 m	Σ=6.803 m

El coste de este sistema sería:

Tabla 5.6 Coste del sistema.

Tubería	L_{Ri}	d_{Ri}	Coste
n.°	(m)	(mm)	(USD)
1	350	254	\$ 16 112.70
2	123	203.2	\$ 4 097.19
3	174	203.2	\$ 5 796.02
Coste total			\$ 26 005.90

Cálculo de la pérdida menor en la válvula:

Teniendo en cuenta los datos de la Tabla 5. 5, la energía por unidad de peso perdida en la válvula es:

$$h_{m_v} = H_T - \sum_{i=1}^{3} h_{f_{Ri}} - \sum_{i=1}^{3} h_{m_{Ri}}$$

$$h_{mv} = 35.815m - 15.690m - 6.803m$$

$$h_{mv} = 13.323$$

Tercera iteración:

Al seguir el Diagrama de Flujo 11a, se obtienen los resultados de la tercera iteración (Tabla 5.7).

Tabla 5.7 Resultados de la tercera iteración.

Tubería	h_{fi}	d_i	v_{Ri}	f_{Ri}	h_{fRi}	h_{mRi}
n.°	(m)	(m)	(m/s)		(m)	(m)
1	19.374	0.2540	3.104	0.01282	8.677	3.880
2	23.543	0.2032	3.460	0.01310	3.870	2.013
3	23.955	0.1524	4.013	0.01346	9.458	2.873
					Σ=22.005 m	Σ=8.766 m

Por consiguiente, la pérdida menor en la válvula para la tercera iteración es:

$$h_{mv} = 35.815m - 22.005m - 8.766m$$

$$h_{mv} = 5.044m$$

La pérdida en la válvula es tan pequeña que no implicaría cambios adicionales en los diámetros y el proceso debe parar. Esta es la última iteración, en la cual se presenta una disminución en el diámetro, por lo que los diámetros resultantes son:

$$d_1 = 254mm$$
$$d_2 = 203.2mm$$
$$d_3 = 152.4mm$$

El coste de este sistema, con los diámetros resultantes del diseño, es el siguiente:

Tabla 5.8 Costes de infraestructura.

Tubería	L_{Ri}	d_{Ri}	Coste
n.°	(m)	(mm)	(USD)
1	350	254	$ 16 112.70
2	123	203.2	$ 4 097.19
3	174	152.4	$ 3 819.17
Coste total			$ 24 029.05

El coste constructivo del sistema es de $24 029.05 dólares americanos.

Discusión:

El criterio de diseño de I-Pai Wu asegura no solo un coste mínimo del sistema, sino una rápida convergencia en el proceso de cálculo de un sistema de tuberías en serie. En algunos casos, como en este ejemplo, se requieren, únicamente, dos o tres iteraciones. A pesar de la simplicidad de dichos cálculos, se asegura que un diseño realizado de esta forma es óptimo con respecto a los costes de construcción.

5.2.3.3. Criterio de LOGH[3]

Como se puede observar, el criterio de I-Pai Wu se basa en las características geométricas del sistema y la flecha óptima es para todos los casos el 15 % de la altura piezométrica total. El criterio de línea optima de gradiente hidráulico (LOGH) se basa en la variación de la flecha óptima de la línea de gradiente hidráulico con respecto a las características hidráulicas y topológicas del sistema. Este método se puede utilizar para todo tipo de sistemas, incluso aquellos con caudales de demanda de magnitud y distanciamiento variables, diferentes a los usados originalmente por el profesor Wu en sistemas de riego a presión. Asimismo, se analiza la variabilidad en la función de costes, en los que se puede tener en cuenta costes de mantenimiento u otros costes posteriores a la construcción.

Este método se basa en la función cuadrática de la línea óptima de gradiente hidráulico (LOGH) y su solución para cada nudo en el sistema. Para hallar la ecuación de la línea parabólica se debe determinar la flecha óptima. Esta depende de dos factores: el sistema de tuberías en serie y la función de costes. En cuanto al sistema, la flecha varía según la cantidad de nudos, su espaciamiento y el caudal demandado en cada uno de estos. Con respecto a los costes, se plantea una variabilidad en el exponente de la función general de costes.

Flecha óptima

Para la determinación de la flecha óptima se hace uso de una función cuadrática que depende de dos conceptos hidráulicos definidos con base en la distribución espacial de los nudos donde se demanda agua: el *centroide de demandas* y el *coeficiente de uniformidad*. Esta función es producto de un ajuste estadístico que describe en más de un 85 % la variación de la flecha óptima. Este ajuste se realizó con un exponente de la función de costes (n) de 1.46 y con una relación de Q^2/L^3 de 1 x 10^{-9} m^3/s^2, dado que estos valores fueron los considerados para derivar la ecuación de la flecha (Ecuación 5.16), por lo que posteriormente se deben realizar dos correcciones para obtener la flecha óptima del sistema específico que se tenga.

A continuación se muestran una serie de pasos para calcular la flecha óptima; estos se encuentran descritos en el Diagrama de Flujo 11b y posteriormente se pueden seguir en el Ejemplo 5.4.

1. Calcular el centroide de demandas ($\bar{x}$): es una medida de la distribución de la masa o de la potencia en una serie de tuberías. Puesto que es una variable adimensional, es independiente de la magnitud del sistema.

ECUACIÓN 5.14

$$\bar{x} = \frac{\dfrac{\sum_{i=0}^{NN} Q_i D_{H_i}}{Q_{total}}}{L_{total}}$$

donde:

NN = número de nudos
Q_i = caudal demandado en el nudo i
D_{Hi} = distancia del nudo i a la fuente de abastecimiento o distancia hidráulica
Q_{total} = caudal total
L_{total} = distancia total

2. Calcular el coeficiente de uniformidad (CU): es un indicador de la localización de las demandas que considera la ubicación espacial y la magnitud de estas con respecto al centroide de demandas.

3 Esta metodología de diseño es un tema avanzado que el lector puede dejar de lado sin perder coherencia en el resto del capítulo.

ECUACIÓN 5.15

$$CU = \overline{x_1}\frac{L_{tramo1}}{L_{total}} + \overline{x_2}\frac{L_{tramo2}}{L_{total}}$$

donde:

$$\overline{x_J} = \frac{\frac{\sum_{i=0}^{NN_t} Q_i D_{H\overline{x}i}}{\sum_{i=0}^{NN_t} Q_i}}{L_{total}}$$

$NN_t =$ número total de nudos sobre tramos
$Q_i =$ caudal demandado en el nudo i del tramo J
$D_{H\overline{x}i} =$ distancia del nudo i a la fuente de abastecimiento en el centroide de demandas
$L_{total} =$ distancia máxima desde la fuente de abastecimiento hasta el nudo más alejado de la serie.

3. Calcular la flecha óptima

Para calcular la flecha óptima se usa la siguiente ecuación:

ECUACIÓN 5.16

$$F = a + b\bar{x} + cCU + dCU^2$$

donde:

$a = 0.436$
$b = -0.177$
$c = -0.977$
$d = 0.906$

4. Corrección por el exponente de la función de costes (n); la nueva flecha es:

ECUACIÓN 5.17

$$F_n = \alpha n^2 + \beta n + \gamma$$

donde:

$\alpha = -0.1134F + 0.0032$
$\beta = 0.6443F + 0.0043$
$\gamma = 0.2835F - 0.0111$

5. Corrección por la relación Q^2/L^3

ECUACIÓN 5.18

$$F_{Q^2/L^3} = a \ln\frac{Q^2}{L^3} + b$$

donde:

$a = 0.00868F_n + 0.00066$
$b = 1.18069F_n + 0.01345$

LOGH

Una vez se tenga la flecha óptima se puede calcular la línea óptima del gradiente hidráulico (LOGH). Esta línea, según lo descrito por I-Pai Wu y otros autores, es una parábola cóncava hacia arriba donde la flecha es la diferencia entre la línea recta entre los dos extremos y la LOGH. La flecha se encuentra exactamente en el punto medio de la longitud horizontal entre los extremos, y, teniendo estos tres puntos, se puede encontrar la ecuación cuadrática que describe la LOGH en función de la distancia x del nudo con respecto a la fuente de abastecimiento, tal como se muestra a continuación:

ECUACIÓN 5.19

$$LOGH(x) = \alpha x^2 + \beta x + \gamma$$

donde:

$$\alpha = 4F\frac{(LOGH_{máx} - LOGH_{mín})}{L_{total}^{2}}$$

$$\beta = -(1+4F)\frac{(LOGH_{máx} - LOGH_{mín})}{L_{total}}$$

$$\gamma = LOGH_{máx}$$

Teniendo la Ecuación 5.19 se pueden obtener las presiones o alturas piezométricas para cada uno de los nudos en el sistema.

Pérdidas objetivo

Finalmente, para realizar el diseño de tuberías en serie es necesario calcular las pérdidas objetivo en cada una de las tuberías del sistema por medio de la siguiente ecuación:

ECUACIÓN 5.20

$$Pérdidas\ objetivo_{ij} = LOGH_i - LOGH_j$$

Con las pérdidas y el caudal en cada tramo se pueden calcular los diámetros continuos, de cada tubo de la serie, siguiendo las metodologías de diseño de tuberías del Capítulo 2.

Una vez se obtienen los diámetros continuos se procede a realizar un proceso de redondeo de diámetros con el fin de aproximar cada tubo de la serie al valor comercial más apropiado. Es importante tener en cuenta que dicho proceso es complicado, debido a que cada vez que se cambie un diámetro toda la hidráulica de la serie cambia; esto implica que el proceso de redondeo a los diámetros comerciales, en cualquier caso de optimización de costes de sistemas de tuberías, debe tener su propia heurística. El proceso de diseño de tuberías en serie, según el criterio de optimización de LOGH, se esquematiza en el Diagrama de Flujo 11b. Este diagrama es la base de la Hoja Electrónica 4 y el programa Diseño de tuberías en serie.

El redondeo, o selección definitiva, a un diámetro comercial obedece al hecho de que la metodología hasta aquí da unos diámetros reales que no existen en el mercado. Este redondeo de diámetros puede cambiar significativamente la hidráulica del sistema de tuberías.

Hasta este momento, los diámetros obtenidos haciendo uso del Diagrama de Flujo 11b son diámetros continuos. Luego es necesario redondear a los diámetros comerciales disponibles. Los métodos de redondeo son los siguientes (Diagrama de Flujo 12a):

1. Redondeo al siguiente diámetro comercial:

Este método de redondeo consiste en aproximar los diámetros continuos de todas las tuberías al siguiente diámetro comercial que se encuentre en la lista ordenada de diámetros disponibles. Es posible que en algunas tuberías el siguiente diámetro comercial no exista en la lista; en este caso se debe asignar el mayor diámetro disponible.

2. Redondeo al anterior diámetro comercial:

Por medio de este tipo de redondeo se aproximan todos los diámetros continuos al diámetro discreto disponible inmediatamente inferior. Este redondeo se realiza después de realizar el redondeo al diámetro siguiente, como se muestra en el Diagrama de Flujo 12a. Esto se hace con el objetivo de reducir costes; en cada iteración se evalúa el cumplimiento de la presión mínima en todos los nudos; si se cumple, se reduce el diámetro; de lo contrario, se deja el diámetro anterior.

3. Redondeo al diámetro más cercano:

Este método consiste en aproximar el diámetro continuo al diámetro discreto disponible más cercano.

4. Redondeo potencial:

Haciendo uso de las ecuaciones físicamente basadas para las pérdidas por fricción en tuberías es fácil establecer que la mejor forma de aproximar es un diámetro que permita

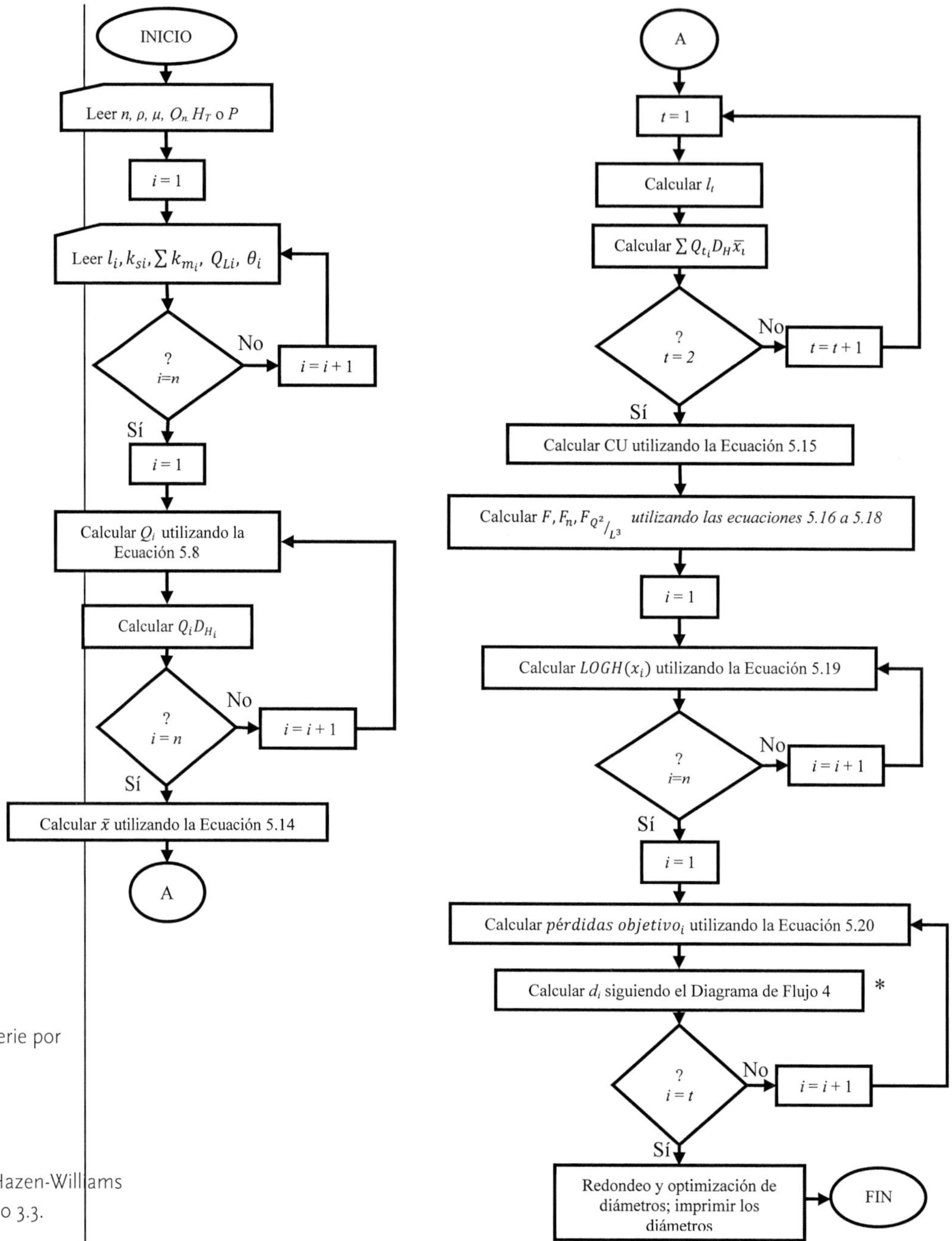

Diagrama de Flujo 11b
Diseño de tuberías en serie por la metodología LOGH.

* O la metodología de Hazen-Williams establecida en el Ejemplo 3.3.

obtener el mejor valor proporcional al flujo. Para esto se debe calcular el diámetro potencial.

$$d_{Potencial\ Continuo} = (d_{Continuo})^{2.6}$$

$$d_{Potencial\ Discreto} = (d_{Discreto})^{2.6}$$

El diámetro discreto potencial que se asigna a cada tubería es el diámetro disponible potencial más cercano al diámetro continuo potencial. Luego el diámetro elegido es elevado a la potencia 1/2.6 con el fin de encontrar el diámetro real.

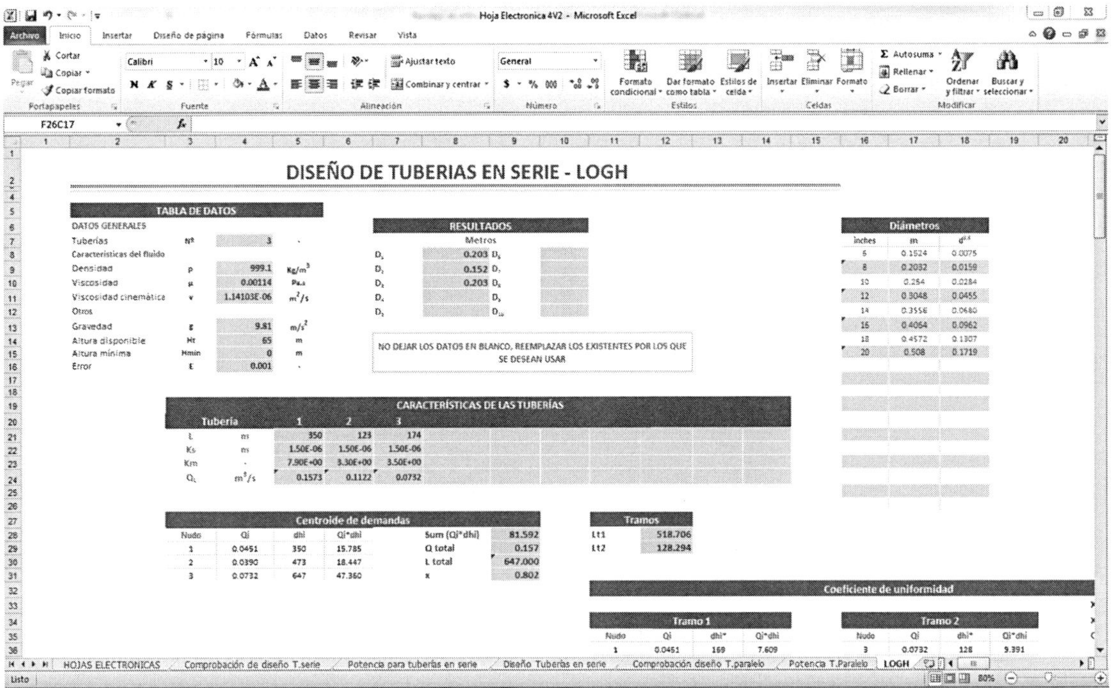

Hoja Electrónica n.° 4 – Diseño de tuberías en serie usando el criterio LOGH.

Optimización:

Una vez se ha cumplido el redondeo de los diámetros, se procede a disminuir el mayor número de diámetros. Para esto se recorre la red dos veces; la primera se realiza en orden ascendente desde la distancia topológica y la segunda en orden descendente. En cada tubo se disminuye el diámetro al anterior comercial y se calcula la hidráulica para calcular la presión en la red; si se cumple con la presión mínima en todos los nudos se asigna este nuevo diámetro, de lo contrario se continúa con el diámetro inicial. Esta manera de recorrer la red es bastante lógica, dado que si se logra reducir el diámetro de las primeras tuberías, que son los más grandes, se disminuye de manera significativa el coste constructivo. El Diagrama de Flujo 12b muestra esta metodología.

La metodología LOGH para el diseño de las tuberías en serie se esquematiza en el Diagrama de Flujo 11b, cuya aplicación se muestra en el Ejemplo 5.4. Este diagrama es la base de la Hoja Electrónica n.° 4 y el programa Potencia de tuberías en serie de la página web del libro.

Diagrama de Flujo 12a
Redondeo al anterior diámetro comercial.

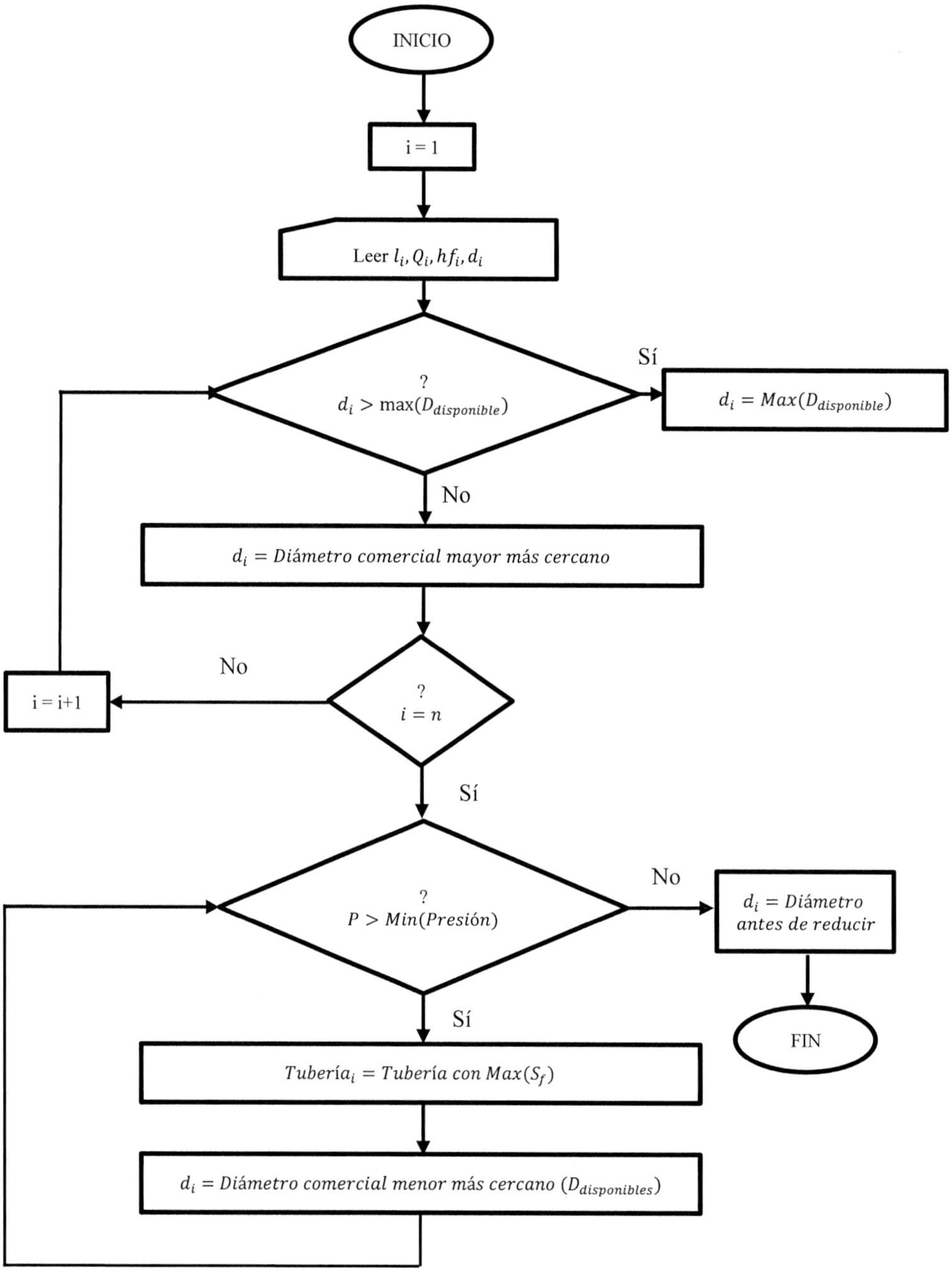

Diagrama de Flujo 12b
Optimización de diámetros.

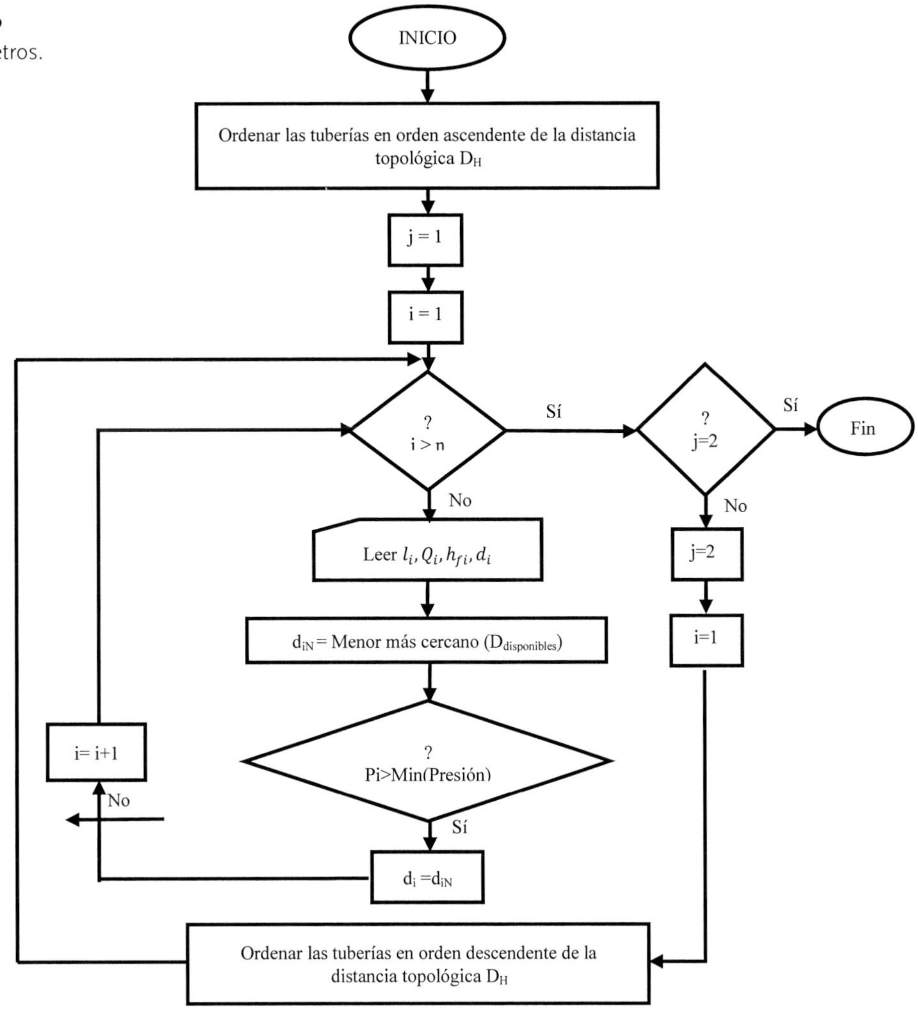

EJEMPLO 5.4

HOJA ELECTRÓNICA n.° 4
Diseño de tuberías
en serie LOGH

Diseño de tuberías en serie con el método de LOGH

Resuelva el problema del Ejemplo 5.3 utilizando el método de LOGH.

El esquema del sistema a diseñar es el siguiente:

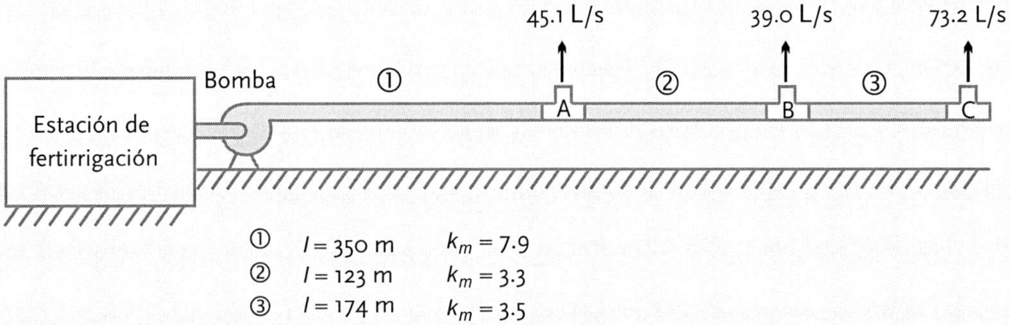

Figura 5.4 Sistema de riego con tres tuberías en serie.

Los datos iniciales se muestran a continuación:

$Q_1 = 0.1573\ m^3/s$

$Q_2 = 0.1122\ m^3/s$

$Q_3 = 0.0732\ m^3/s$

$H = 65\ m$

$k_s = 1.5 \times 10^{-6}\ m$

$\nu = 1.14 \times 10^{-6}\ m^2/s$

$\rho = 999.1\ kg/m^3$

Siguiendo el Diagrama de Flujo 11b, se obtienen los siguientes resultados para el centroide de demandas y el coeficiente de uniformidad:

Centroide de demandas:

Tabla 5.9 Cálculo para el centroide de demandas.

Nudo	Q (m³/s)	D_h (m)	Q^*D_h (m⁴/s)
A	0.0451	350.00	15.785
B	0.0390	473.00	18.447
C	0.0732	647.00	47.360w
	0.1573		81.5924

$$\bar{x} = \frac{\frac{\sum_{i=0}^{NN} Q_i D_{Hi}}{Q_{total}}}{L_{total}} = \frac{\frac{81.592}{0.1573}}{647.00} = 0.802$$

Coeficiente de uniformidad:

Teniendo el centroide de demandas se calculan las longitudes y centroides de cada tramo:

$$l_{t1} = L_{total}\bar{x} = 518.71\ m$$
$$l_{t2} = L_{total}\bar{x} - l_{t1} = 128.29\ m$$

Tramo 1

Tabla 5.10a Cálculo del centroide para el tramo 1.

Nudo	Q (m³/s)	D_H* (m)	Q^*D_H (m⁴/s)
A	0.0451	168.71	7.6086
B	0.0390	45.71	1.7825
	0.0841		9.3911

$$\overline{x_{t1}} = \frac{\frac{9.391}{0.084}}{647} = 0.173$$

Tramo 2

Tabla 5.10b Cálculo del centroide para el tramo 2.

Nudo	Q (m³/s)	D_H* (m)	Q^*D_H (m⁴/s)
C	0.0732	128.29	9.3911
	0.0732		9.3911

$$\overline{x_{t2}} = \frac{\frac{9.391}{0.084}}{647} = 0.198$$

Luego el coeficiente de uniformidad es:

$$CU = \overline{x_1}\frac{L_{tramo1}}{L_{total}} + \overline{x_2}\frac{L_{tramo2}}{L_{total}} = 0.173\frac{518.70}{647} + 0.198\frac{128.29}{647} = 0.178$$

Para obtener la flecha óptima se continúa con el proceso presentado en el Diagrama de Flujo 11b.

Flecha óptima:

Se calcula la primera flecha y luego se aplican las dos correcciones, por el exponente de la función de costes y posteriormente por la relación entre el caudal y la longitud. La primer flecha se calcula tal como se describe a continuación:

$$F = a + b\bar{x} + cCU + dCU^2 = 14.89\ \%$$

donde:

a = 0.436
b = -0.177
c = -0.977
d = 0.906

- Corrección por el exponente de la función de costes (n):

$$F_n = \alpha n^2 + \beta n + \gamma = 14.76\%$$

donde:

α = -0.1134F + 0.0032
β = 0.6443F + 0.0043
γ = 0.2835F − 0.0111
n =1.45

- Corrección por la relación Q^2/L^3:

$$Q^2/_{L^3} = 0.1573^2/_{647^3} = 9.1358x10^{-11}\, m^3/_{s^2}$$

$$F_{Q^2/_{L^3}} = a \ln\frac{Q^2}{L^3} + b = 14.28\%$$

donde:

$a = 0.00868F_n + 0.00066$
$b = 1.18069F_n + 0.01345$

Una vez calculada la flecha, se puede calcular la línea óptima de gradiente hidráulico:

LOGH:

$$LOGH(x) = \alpha x^2 + \beta x + \gamma$$

donde:

$$\alpha = 4F\frac{(LOGH_{máx} - LOGH_{mín})}{{L_{total}}^2} = 8.87\times10^{-5}$$

$$\beta = -(1 + 4F)\frac{(LOGH_{máx} - LOGH_{mín})}{L_{total}} = -0.158$$

$$\gamma = LOGH_{máx} = 65m$$

Tabla 5.11 Cálculo de la LOGH para cada nudo.

Nudo	x (m)	LOGH (m)
Inicial	0	65
A	350	20.616
B	473	10.179
C	647	0

Las pérdidas objetivo en cada tubo serán la diferencia entre la LOGHs de los nudos adyacentes.

Pérdidas por fricción objetivo:
Una vez establecidas las alturas piezométricas en cada uno de los nudos de la serie se procede a calcular la energía total por unidad de peso que se puede perder en cada uno de los tubos:

$$Pérdidas\ objetivo_{ij} = LOGH_i - LOGH_j$$

Tabla 5.12 Pérdida objetivo en cada tubo.

Tubería	Pérdida objetivo (m)
0-1	44.384
1-2	10.437
2-3	10.179

Diseño de la tubería:
Siguiendo las metodologías de diseño introducidas en el Capítulo 2, se procede a calcular los diámetros continuos de cada una de las tres tuberías:

Tabla 5.13 Diseño continuo de cada tubo.

Tubería	Caudal (m^3/s)	h_T (m)	$d_{Continuo}$ (m)
1	0.1573	44.384	0.192
2	0.1122	10.437	0.185
3	0.0732	10.179	0.166

Con los diámetros continuos ya establecidos, se procede a su redondeo a los diámetros comerciales.

Redondeo al siguiente diámetro:

Tabla 5.14 Diseño discreto de cada tubo con el método de redondeo al siguiente.

Tubería	$d_{Continuo}$ (m)	$d_{Discreto}$ (m)
1	0.192	0.2032
2	0.185	0.2032
3	0.166	0.2032

Debido a que con esta configuración se cumple con la presión mínima en todos los nudos, no se realiza ninguna corrección para aumentar los diámetros.

Redondeo potencial:

Tabla 5.15 Diseño discreto de cada tubo con el método de redondeo potencial.

Tubería	$d_{Continuo}$ (m)	$(d_{Continuo})^{2.6}$	$(d_{discreto})^{2.6}$ $(_{más\ cercano})$	$d_{discreto}$ (m)
1	0.192	0.014	0.016	0.2032
2	0.185	0.012	0.016	0.2032
3	0.166	0.009	0.016	0.2032

Debido a que estos diámetros cumplen con el diseño y que, como se observa en la optimización para el redondeo al anterior, no se puede reducir ningún diámetro, esta es entonces la configuración óptima.

Redondeo al más cercano:

Tabla 5.16 Diseño discreto de cada tubo con el método de redondeo al más cercano.

Tubería	$d_{Continuo}$ (m)	$d_{Discreto}$ (m)
1	0.192	0.2034
2	0.185	0.2034
3	0.166	0.1524

Al igual que en el redondeo al anterior y el redondeo potencial, esta es la configuración óptima de los diámetros.

Redondeo al anterior diámetro:

Tabla 5.17 Diseño discreto de cada tubo con el método de redondeo al anterior.

Tubería	$d_{Continuo}$ (m)	$d_{Discreto}$ (m)
1	0.192	0.1524
2	0.185	0.1524
3	0.166	0.1524

Optimización para aproximación al siguiente y redondeo potencial:

Tabla 5.18 Datos para realizar la optimización del método redondeo potencial.

Tubería	Caudal (m^3/s)	$d_{Discreto}$ (m)	v_{Real} (m/s)	f (-)	h_{fr} (m)	h_{mr} (m)	h_{Total} (m)
1	0.1573	0.2032	4.851	0.012	24.982	9.474	34.456
2	0.1122	0.2032	3.460	0.013	4.726	2.013	6.739
3	0.0732	0.2032	2.257	0.014	3.066	0.909	3.975
						Σ	45.169

Tal como se puede ver en la Tabla 5.18, se está consumiendo menos energía (por fricción y por pérdidas menores) que la disponible, por lo que es posible reducir los diámetros de manera que se esté más cerca de la altura disponible y se puedan reducir los costes constructivos. Por esto se aplica la metodología de optimización disminuyendo de aguas arriba a aguas abajo el diámetro de cada tubería y en cada iteración se evalúa la energía consumida.

Si se cambia el primer diámetro se obtiene lo siguiente:

Tabla 5.19 Primera iteración de la optimización.

Tubería	Caudal (m^3/s)	$d_{Discreto}$ (m)	v_{Real} (m/s)	f (-)	h_{fr} (m)	h_{mr} (m)	h_{Total} (m)
1	0.1573	0.1524	8.623	0.012	101.052	29.941	130.993
2	0.1122	0.2032	3.460	0.013	4.726	2.013	6.739
3	0.0732	0.2032	2.257	0.014	3.066	0.909	3.975
			Σ				141.707

Se consume más de la altura disponible, por lo que se regresa al diámetro mayor y se disminuye el diámetro de la tubería siguiente:

Tabla 5.20 Segunda iteración de la optimización.

Tubería	Caudal (m^3/s)	$d_{Discreto}$ (m)	v_{Real} (m/s)	f (-)	h_{fr} (m)	h_{mr} (m)	h_{Total} (m)
1	0.1573	0.2032	4.851	0.012	24.982	9.474	34.456
2	0.1122	0.1524	6.151	0.012	19.053	6.363	25.416
3	0.0732	0.2032	2.257	0.014	3.066	0.909	3.975
			Σ				63.846

Se cumple con la altura disponible, por lo que se fija el diámetro de la tubería 2 en 152.4 mm. Se prueba ahora disminuir el diámetro de la tubería 3.

Tabla 5.21 Tercera iteración de la optimización.

Tubería	Caudal (m^3/s)	$d_{Discreto}$ (m)	v_{Real} (m/s)	f (-)	h_{fr} (m)	h_{mr} (m)	h_{Total} (m)
1	0.1573	0.2032	4.851	0.012	24.982	9.474	34.456
2	0.1122	0.1524	6.151	0.012	19.053	6.363	25.416
3	0.0732	0.1524	4.013	0.013	12.316	2.873	15.188
			Σ				75.060

Se consume más de la energía disponible, por lo que se elige la configuración de la iteración 2 como el resultado de la simulación. Los resultados del diseño son:

$d_1 = 203.2\text{mm}$
$d_2 = 152.4\text{mm}$
$d_3 = 203.2\text{mm}$

La pérdida final en la válvula sería de 1.15 m después de comprobar que este valor no reduciría ningún otro diámetro en el sistema.

El coste con los diámetros resultantes del diseño se puede calcular con la siguiente ecuación:

$$c = \sum_{i=1}^{NT} 0.015 l_i d_i^{1.45}$$

Obteniendo así los siguientes resultados:

Tabla 5.22 Cálculo de los costes constructivos.

Tubo	L(m)	d(mm)	Coste (USD)
1	350	203.2	$ 11 658.66
2	123	152.4	$ 2 699.76
3	174	203.2	$ 5 796.02
Coste total			$ 20 154.44

El coste total del sistema diseñado con la metodología LOGH es de $ 20 154.44 dólares americanos.

Discusión:

Los métodos de diseño que se basan en escoger una línea de gradiente hidráulico objetivo, es decir, que definen de antemano la forma en la que se debe usar la energía disponible, también reciben el nombre de métodos de uso de potencia. El criterio de diseño de LOGH es uno de estos métodos; asegura un coste mínimo en cualquier sistema de tuberías teniendo en cuenta diferentes funciones de costes, así como las características geométricas y topológicas y las características de uso de agua en dicho sistema. En este ejemplo en particular, el sistema de tuberías obtenido al usar la metodología LOGH implicó una mejora en el coste de $ 3 874.61 dólares respecto al método de I-Pai Wu. Adicionalmente, hay una reducción en el tiempo de cálculo. En cuanto a los métodos de redondeo, el que resultó con el menor coste para la serie de tuberías fue el redondeo potencial, seguido de un proceso de optimización.

A continuación se presenta otro ejemplo para el diseño de las tuberías en serie mediante la metodología LOGH. En este caso se tiene una serie de 30 tuberías.

EJEMPLO 5.5

Diseño de tuberías en serie con el método de LOGH

Se tiene un tanque con una altura disponible de 65 m, conectado a un sistema de 30 tuberías en serie, de longitud y demanda variable en cada nudo; la topografía de la serie es totalmente plana. El material de todos los tubos es PVC (k_s = 0.0015 mm) y el coeficiente de pérdidas menores es 0.5. Las siguientes tablas muestran las características de cada una de las tuberías y la demanda en cada nudo. La temperatura del agua es de 15 °C. Resuelva el sistema de tuberías por el método LOGH.

Tabla 5.23 Datos de las tuberías del Ejemplo 5.5.

Tubo	Longitud (m)	Tubo	Longitud (m)
1	76.47	16	81.73
2	18.8	17	18.61
3	13.54	18	11.15
4	7.9	19	92.71
5	57.82	20	64.26
6	44.01	21	19.65
7	67.1	22	87.05
8	47.15	23	52.93
9	77.75	24	44.84
10	17.47	25	19.18
11	72.53	26	89.77
12	78.47	27	65.87
13	66.06	28	67.68
14	30.78	29	90.69
15	22.85	30	80.03

Tabla 5.24 Datos de los nudos del Ejemplo 5.5.

Nudo	Q_i (m³/s)	Nudo	Q_i (m³/s)
2	0.002	17	0.070
3	0.002	18	0.010
4	0.003	19	0.020
5	0.004	20	0.020
6	0.080	21	0.030
7	0.080	22	0.050
8	0.020	23	0.030
9	0.008	24	0.050
10	0.090	25	0.060
11	0.070	26	0.050
12	0.010	27	0.070
13	0.080	28	0.010
14	0.020	29	0.090
15	0.090	30	0.020
16	0.080	31	0.040

Centroide de demandas:

Siguiendo la metodología descrita en los Diagramas de Flujo 11a, 11b, 12a y 12b de este epígrafe, se procede a calcular tanto el centroide de demandas como el coeficiente de uniformidad para luego calcular la flecha óptima.

Tabla 5.25 Cálculo del centroide de demandas.

Tubo	Q_i (m³/s)	D_H (m)	Q_i*D_H (m⁴/s)	Tubo	Q_i (m³/s)	D_H (m)	Q_i*D_H (m⁴/s)
1	0.002	76.470	0.153	16	0.070	780.430	54.630
2	0.002	95.270	0.191	17	0.010	799.040	7.990
3	0.003	108.810	0.326	18	0.020	810.190	16.204
4	0.004	116.710	0.467	19	0.020	902.900	18.058
5	0.080	174.530	13.962	20	0.030	967.160	29.015
6	0.080	218.540	17.483	21	0.050	986.810	49.341
7	0.020	285.640	5.713	22	0.030	1.073.860	32.216
8	0.008	332.790	2.662	23	0.050	1.126.790	56.340

Tubo	Q_i (m^3/s)	D_H (m)	Q_i*D_H (m^4/s)
9	0.090	410.540	36.949
10	0.070	428.010	29.961
11	0.010	500.540	5.005
12	0.080	579.010	46.321
13	0.020	645.070	12.901
14	0.090	675.850	60.827
15	0.080	698.700	55.896

Tubo	Q_i (m^3/s)	D_H (m)	Q_i*D_H (m^4/s)
24	0.060	1.171.630	70.298
25	0.050	1.190.810	59.541
26	0.070	1.280.580	89.641
27	0.010	1.346.450	13.465
28	0.090	1.414.130	127.272
29	0.020	1.504.820	30.096
30	0.040	1.584.850	63.394

$$\sum_{i=0}^{NN} Q_i D_{H_i} = 1006.32 \frac{m^3}{s} m$$

$$Q_{total} = \sum_{i=0}^{NN} Q_i = 1.259 \frac{m^3}{s}$$

$$\bar{x} = \frac{\frac{\sum_{i=0}^{NN} Q_i D_{H\,i}}{Q_{total}}}{L_{total}} = \frac{\frac{1006.32}{1.259}}{1584.85} = 0.5043$$

Coeficiente de uniformidad:

Teniendo el centroide de demandas se calculan las longitudes y centroides de cada tramo:

$$l_{t1} = L_{total}\bar{x} = 799.30m$$

$$l_{t2} = L_{total} - l_{t1} = 785.55m$$

Tramo 1:

Tabla 5.26 Cálculo del centroide de demandas para el tramo 1.

Nudo	Q_i(m^3/s)	D_H(m)	Q x D_H(m^4/s)
2	0.002	722.827	1.446
3	0.002	704.027	1.408
4	0.003	690.487	2.071
5	0.004	682.587	2.730
6	0.080	624.767	49.981
7	0.080	580.757	46.461
8	0.020	513.657	10.273
9	0.008	466.507	3.732
10	0.090	388.757	34.988
11	0.070	371.287	25.990
12	0.010	298.757	2.988
13	0.080	220.287	17.623
14	0.020	154.227	3.085
15	0.090	123.447	11.110
16	0.080	100.597	8.048
17	0.070	18.867	1.321
18	0.010	0.257	0.003
Σ	0.72		223.26

Con los datos de la Tabla 5.26 se puede realizar el cálculo del centroide para el primer tramo de la serie:

$$\overline{x_1} = \frac{\frac{223.26}{0.72}}{1584.85} = 0.196\,m$$

Tramo 2:

Tabla 5.27 Cálculo del centroide de demandas para el tramo 2.

Nudo	Q_i(m^3/s)	D_H(m)	Q x D_H(m^4/s)
19	0.020	10.893	0.218
20	0.020	103.603	2.072
21	0.030	167.863	5.036
22	0.050	187.513	9.376
23	0.030	274.563	8.237
24	0.050	327.493	16.375
25	0.060	372.333	22.340
26	0.050	391.513	19.576
27	0.070	481.283	33.690
28	0.010	547.153	5.472
29	0.090	614.833	55.335
30	0.020	705.523	14.110
31	0.040	785.553	31.422
Σ	0.54		223.26

$$\overline{x_2} = \frac{\frac{223.26}{0.54}}{1584.85} = 0.261\,m$$

Finalmente, el coeficiente de uniformidad es:

$$CU = \overline{x_1}\frac{L_{tramo1}}{L_{total}} + \overline{x_2}\frac{L_{tramo2}}{L_{total}} = 0.196\frac{799.30}{1584.85} + 0.261\frac{785.55}{1584.85} = 0.235$$

Flecha óptima:

Ahora se procede a calcular la flecha óptima y la línea óptima de gradiente hidráulico (LOGH):

$$F = a + b\bar{x} + cCU_7 + dCU^2 = 22.8\%$$

donde:

a = 0.436
b = -0.177
c = -0.977
d = 0.906

- Corrección por el exponente de la función de costes (n =1.45)

$$F_n = \alpha n^2 + \beta n + \gamma = 0.1627 = 17.07\%$$

donde:

α= -0.1134F + 0.0032
β= 0.6443F + 0.0043
γ= 0.2835F – 0.0111

- Corrección por la relación Q^2/L^3:

$$Q^2/_{L^3} = \frac{1.259\frac{m^{3^2}}{s}}{(1584.85\ m)^3} = (3.98 * 10^{-10})\ m^3/_{s^2}$$

$$F_{Q^2/_{L^3}} = a\ln\frac{Q^2}{L^3} + b = 0.1641 = 16.68\%$$

donde:

$a = 0.00868F_n + 0.00066$
$b = 1.18069F_n + 0.01345$

LOGH:

$$LOGH(x) = \alpha x^2 + \beta x + \gamma$$

donde:

$$\alpha = 4F\frac{(LOGH_{máx} - LOGH_{mín})}{L_{total}{}^2} = 4 * 16.68\%\frac{(65\ m - 0\ m)}{1584.85\ m^2} = 1.7x10^{-5}$$

$$\beta = -(1+4F)\frac{(LOGH_{máx} - LOGH_{mín})}{L_{total}} = -(1+4*16.68\%)\frac{(65m - 0m)}{1584.85m} = -0.068$$

$$\gamma = LOGH_{máx} = 65$$

Para calcular la LOGH en cada nudo se debe conocer la distancia hidráulica D_H, que se reemplaza para cada nudo como el valor de *x* en la ecuación anterior:

Tabla 5.28 Cálculo de la LOGH para cada nudo.

Nudo	D_H (m)	LOGH (m)	Nudo	D_H (m)	LOGH (m)
2	76.47	59.871	17	780.43	22.149
3	95.27	58.642	18	799.04	21.384
4	108.81	57.763	19	810.19	20.931
5	116.71	57.254	20	902.9	17.334
6	174.53	53.591	21	967.16	15.015
7	218.54	50.880	22	986.81	14.335
8	285.64	46.875	23	1073.86	11.480
9	332.79	44.155	24	1126.79	9.872
10	410.54	39.836	25	1171.63	8.586
11	428.01	38.894	26	1190.81	8.057
12	500.54	35.097	27	1280.58	5.749
13	579.01	31.194	28	1346.45	4.233
14	645.07	28.073	29	1414.13	2.832
15	675.85	26.670	30	1504.82	1.202
16	698.7	25.650	31	1584.85	0.000

Pérdidas por fricción objetivo:

$$Pérdidas\ objetivo_{ij} = LOGH_i - LOGH_j$$

Tabla 5.29 Pérdida objetivo en cada tubo.

Tubería	Pérdida objetivo (m)	Tubería	Pérdida objetivo (m)
1	5.129	16	3.501
2	1.230	17	0.765
3	0.878	18	0.453
4	0.509	19	3.597
5	3.663	20	2.319
6	2.711	21	0.681
7	4.004	22	2.855
8	2.721	23	1.608
9	4.319	24	1.286
10	0.942	25	0.529
11	3.797	26	2.307
12	3.903	27	1.516
13	3.121	28	1.401
14	1.403	29	1.630
15	1.020	30	1.202

Diseño de las tuberías:
Siguiendo el Diagrama de Flujo 4 y la metodología LOGH, se obtienen los siguientes diámetros para cada una de las tuberías.

Tabla 5.30 Diámetros discretos del diseño.

Tubería	Diámetro (m)	Tubería	Diámetro (m)	Tubería	Diámetro (m)
1	0.508	11	0.4572	21	0.4572
2	0.5566	12	0.4572	22	0.4064
3	0.6072	13	0.4572	23	0.4064
4	0.6578	14	0.508	24	0.3556
5	0.508	15	0.4572	25	0.3556
6	0.508	16	0.4064	26	0.3048
7	0.508	17	0.4572	27	0.3048
8	0.508	18	0.4572	28	0.3048
9	0.508	19	0.4064	29	0.2032
10	0.5566	20	0.4064	30	0.2032

Discusión:

El criterio de diseño de LOGH considera aspectos hidráulicos y topológicos de una red, lo que garantiza un diseño óptimo que considera todas las restricciones hidráulicas. Este criterio facilita los cálculos, lo que permite realizar el diseño en sistemas extensos de tuberías en serie.

DISEÑO
Tuberías en serie

5.2.4. Cambio de una tubería simple por dos tuberías en serie

Tal como se estableció en el Capítulo 2, debido al hecho de que las tuberías son fabricadas en diámetros comerciales discretos, cuando se diseña una tubería simple el diámetro que resulta permite que el caudal máximo sea superior al caudal de diseño. Para lograr que el caudal sea exactamente el caudal de diseño, entonces es necesario colocar una válvula con el fin de aumentar las pérdidas menores. Sin embargo, esto es ineficiente, debido a que se está colocando una tubería de un diámetro mayor al que realmente se necesita, lo que incrementa considerablemente tanto los costes iniciales de los materiales y de la construcción como los costes a largo plazo, puesto que en buena parte de la tubería se va a tener una presión superior a la del diseño, con lo cual aumentan las fugas de agua no detectadas y el riesgo de estallidos de la línea.

Para solucionar el problema que se presenta con el sobrediseño de las tuberías simples, se puede dividir la tubería diseñada en dos tuberías en serie: una tubería aguas arriba con un diámetro igual al diámetro comercial que resultó en el diseño original, y una tubería aguas abajo con un diámetro comercial inferior al resultante para la tubería simple.

El objetivo de este nuevo diseño es escoger las longitudes de las dos tuberías, de tal forma que el flujo, con el caudal de diseño, consuma toda la energía disponible sin necesidad de que parte de esta sea gastada en una válvula. Es obvio que la suma de las dos longitudes antes mencionadas sea igual a la longitud total de la tubería simple original. En este epígrafe se establecen las ecuaciones, el algoritmo y el programa para rediseñar una tubería simple dividiéndola en dos tuberías en serie.

Tal como se explicó en los párrafos anteriores, el problema consiste en cambiar la tubería simple diseñada de longitud L por dos tuberías en serie, de forma que se cumpla la siguiente ecuación:

ECUACIÓN 5.21
$$L = l_1 + l_2$$

en donde l_1 representa la longitud de la tubería de aguas arriba y l_2 la de aguas abajo. Si d_d representa el diámetro resultado del proceso de diseño de la tubería simple, d_1 representa el diámetro de la tubería de aguas arriba y d_2 representa el diámetro de la tubería de aguas abajo, se debe cumplir que:

$$d_1 = d_d$$
$$d_2 < d_d$$

en donde d_2 puede ser el diámetro comercial inmediatamente inferior a d_1 o uno menor. En la FIGURA 5.5 se puede ver un esquema del problema que se está planteando.

El primer paso en este nuevo diseño es comprobar si se justifica el cambio de la tubería simple. Para esto, una vez diseñada la tubería simple, se comprueba si existe una diferencia significativa entre el caudal de diseño y el máximo caudal que puede pasar por la tubería. Si esta diferencia no es apreciable, no es necesario continuar con el proceso y se puede utilizar el diseño original. Sin embargo, si la diferencia entre los caudales es significativa se debe dividir la tubería simple en dos tuberías en serie. Un criterio recomendable es que si esta diferencia es superior a un 5 % se debe proceder al cambio de diseño, teniendo en cuenta que el material de las tuberías debe ser el mismo que el de la tubería original.

Para determinar la longitud de cada una de las nuevas tuberías, se establece que las longitudes de cada una de las tuberías serán:

ECUACIÓN 5.22

$$L = l_1 + l_2$$
$$l_2 = L - l_1$$

Para definir los coeficientes de pérdidas menores en las nuevas tuberías, se supone que el coeficiente de pérdidas menores de la tubería simple diseñada ($\sum k_m$) se encuentra uniformemente distribuido a lo largo de toda la tubería. Los nuevos coeficientes se determinan mediante la Ecuación 5.23, en donde se ha supuesto que los coeficientes de pérdidas menores son proporcionales a las longitudes de cada una de las dos tuberías:

ECUACIÓN 5.23

$$\sum k_{m1} = \sum k_m \frac{l_1}{L}$$
$$\sum k_{m2} = \sum k_m - \sum k_{m1}$$

Esta suposición es razonablemente buena debido a que el número de accesorios responsables de las pérdidas menores es, en la gran mayoría de los casos, directamente proporcional a la longitud de la tubería. Una vez que se tienen las características de las dos tuberías, para cada una de ellas se puede calcular la energía por unidad de peso perdido o altura total perdida utilizando el Diagrama de Flujo 3 del Capítulo 2, correspondiente a un cálculo de potencia. La altura total perdida por la serie (H_s) es la suma de las alturas perdidas en las dos tuberías:

$$H_s = H_1 + H_2$$

Luego se compara H_s con la altura inicial total o energía disponible para mover el caudal de diseño. De esta igualdad mostrada en la Ecuación 5.24 se puede obtener la longitud de la primera tubería. Conociendo dicha longitud se puede obtener la longitud de la segunda tubería de la Ecuación 5.22.

ECUACIÓN 5.24

$$H = H_s = \left(f_1 \frac{l_1}{d_1} + \sum k_m \frac{l_1}{L}\right)\frac{v_1^2}{2g} + \left(f_2 \frac{(L-l_1)}{d_2} + \sum k_m \frac{(L-l_1)}{L}\right)\frac{v_2^2}{2g}$$

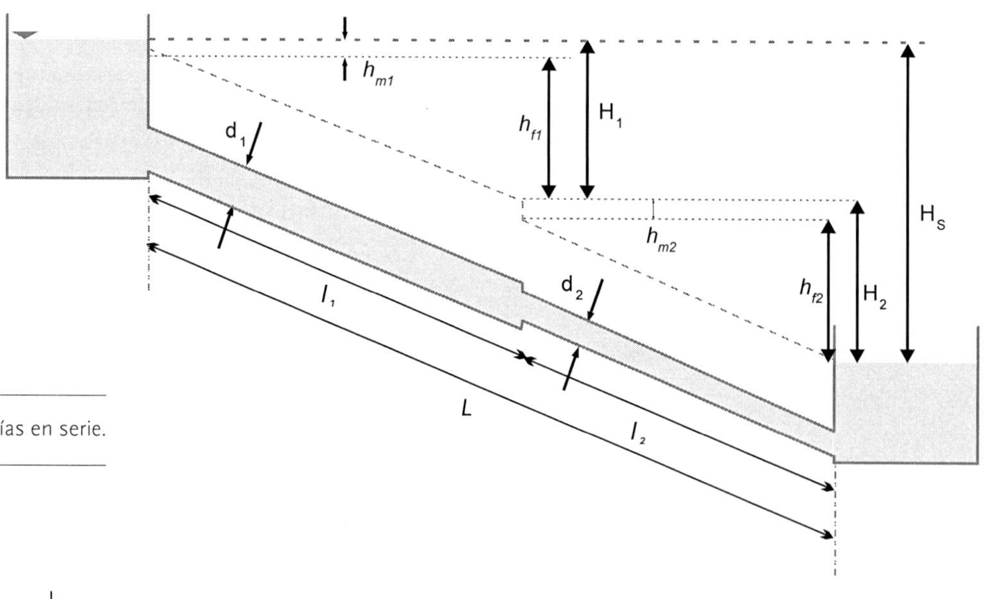

Figura 5.5 Esquema de tuberías en serie.

El proceso de diseño de tuberías en serie a partir de una tubería simple se esquematiza en el Diagrama de Flujo 13. En este Q_D es el caudal de diseño, H es la altura total disponible, $\%Q$ es el porcentaje de diferencia de caudal entre el caudal demandado y Q_m el caudal máximo que puede mover la tubería simple (debe ser dado por el diseñador). En el Ejemplo 5.6 se muestra la aplicación de este procedimiento.

EJEMPLO 5.6

Cambio de una tubería simple por dos tuberías en serie

Reemplace la tubería diseñada en el Ejemplo 2.3 por dos tuberías en serie. El problema original de diseño es: la tubería de descarga de la planta de tratamiento de aguas residuales del municipio de Ubaté tiene una longitud de 150 m desde su inicio hasta el sitio de entrega en el río Suta, y por ella debe pasar un caudal máximo de 120 L/s. La altura mínima de operación es 2.2 m y en la tubería se tienen pérdidas menores por entrada ($k_m = 0.5$), por un codo ($k_m = 0.8$), por uniones ($\Sigma k_m = 10 \times 0.1$) y por salida ($k_m = 1$).

Vuelva a diseñar la tubería simple si la temperatura del agua es 14 °C. Después reemplace el diseño por dos tuberías en serie, de tal forma que se gaste toda la energía disponible moviendo el caudal de diseño de 120 L/s. Utilice el 2 % como criterio de comparación entre el caudal máximo y el caudal de diseño. Los datos del problema son:

$l = 150$ m
$k_s = 0.00015$ m
$Q_d = 0.12$ m³/s
$H = 2.2$ m
$\Sigma k_m = 0.5 + 0.8 + 10 \times 0.1 + 1 = 3.3$
$\rho\,(14°) = 999.3$ kg/m³
$\mu\,(14°) = 1.17 \times 10^{-3}$ Pa.s
$\nu\,(14°) = 1.17 \times 10^{-6}$ m²/s
$\%Q = 2$ %

Solución:

Con la metodología de Darcy-Weisbach, la ecuación de Colebrook-White y el Diagrama de Flujo 4, en el Ejemplo 2.3 se obtuvieron los siguientes resultados después de alcanzar la convergencia:

$d = 300$ mm
$h_f = 1.602$ m
$\Sigma h_m = 0.598$ m
$Q_{max} = 0.1332$ m³/s
$H = 2.2$ m
$v = 1.885$ m/s

Los resultados indican que el tubo que debe ser colocado tiene un diámetro de 300 mm y el caudal que pasa por esta tubería es de 133.2 L/s, superior al caudal requerido en este diseño.

Para el nuevo diseño se va a dividir la tubería en dos tuberías, en el que la primera debe tener el mismo diámetro de la tubería simple que se diseñó y la segunda tubería debe tener el diámetro comercial inferior al de la tubería 1. Por tanto:

$d_1 = 300$ mm
$d_2 = 250$ mm

Con los datos anteriores se sigue el Diagrama de Flujo 13, el cual plantea las siguientes ecuaciones:

- Longitudes:

$$L = l_1 + l_2$$
$$l_2 = L - l_1$$

- Coeficientes de pérdidas menores:

$$\sum k_{m1} = \sum k_m \frac{l_1}{L} = 3.3 \frac{l_1}{150}$$
$$\sum k_{m1} = 0.022 l_1$$
$$\sum k_{m2} = \sum k_m \frac{L - l_1}{L} = 3.3 \frac{150 - l_1}{150}$$
$$\sum k_{m2} = 0.022(L - l_1)$$

Una vez definidas las longitudes y los coeficientes de pérdidas menores de cada una de las tuberías, se calcula H para cada una de ellas utilizando el Diagrama de Flujo 3:

Para la tubería 1:

- Cálculo de la velocidad media:

$$v_1 = \frac{Q_D}{A_1} = \frac{Q_D}{\pi d_1^2/4} = \frac{0.12 m^3/s}{\pi (0.3)^2/4 m^2}$$

$$v_1 = 1.698 m/s$$

* *Importante*: los cálculos se deben realizar con el caudal de diseño.

- Cálculo de las pérdidas menores:

$$\sum h_{m_1} = \sum k_{m_1} \frac{v_1^2}{2g}$$
$$\sum h_{m_1} = 0.022 l_1 \frac{1.698^2}{2 * 9.81}$$
$$\sum h_{m_1} = 0.0032 l_1$$

- Cálculo del Número de Reynolds:

$$Re_1 = \frac{v_1 d_1}{\upsilon} = \frac{1.698 \times 0.300}{1.171 \times 10^{-6}}$$

$$Re_1 = 434924$$

- Cálculo del factor de fricción mediante el método de Newton (Diagrama de Flujo 2a):

f	x	g(x)	f_1
0.00100	31.6228	6.9961	0.02043
0.02043	6.9961	7.5114	0.01772
0.01772	7.5114	7.4968	0.01779
0.01779	7.4968	7.4972	0.01779
0.01779	7.4972	7.4972	0.01779

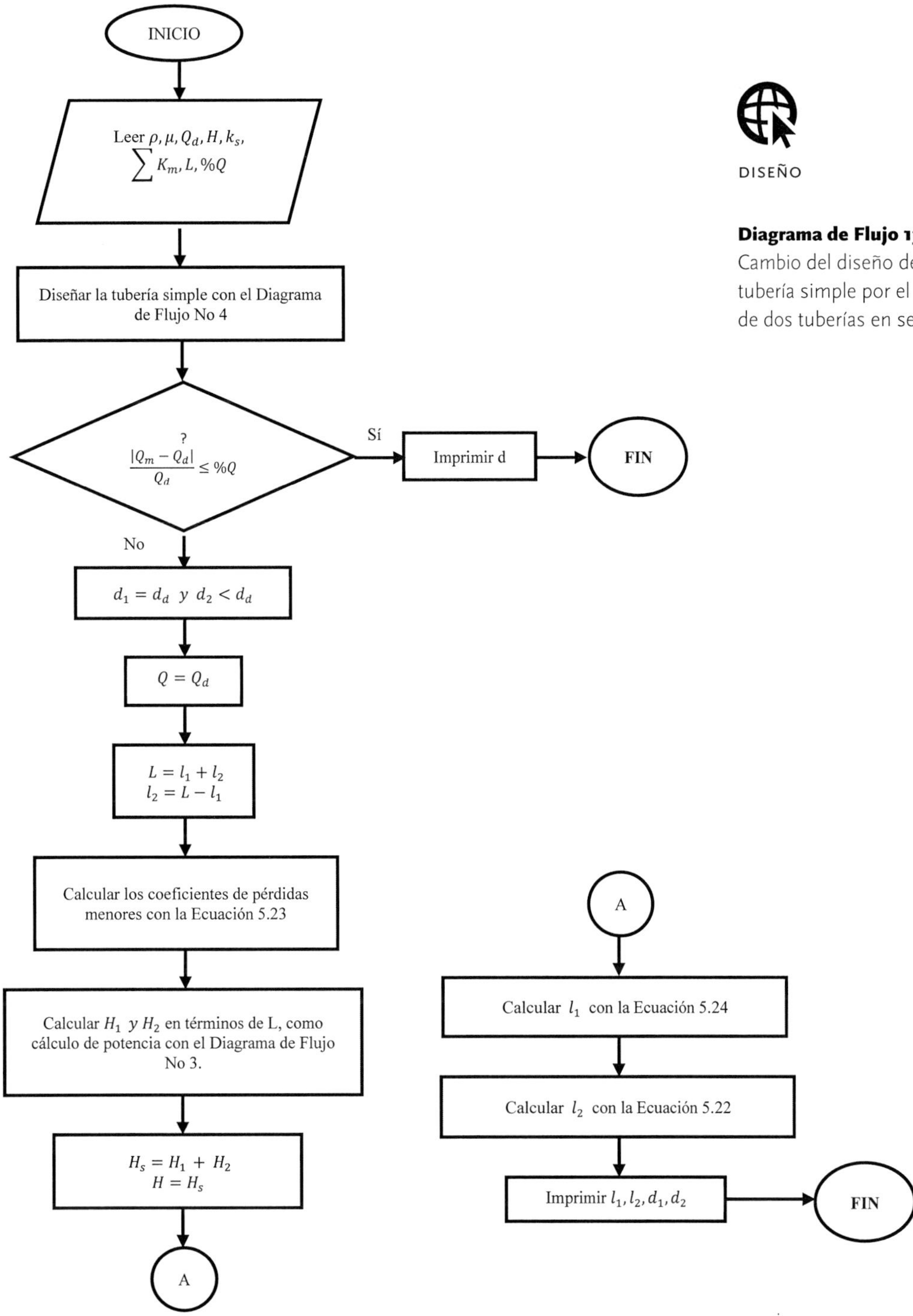

DISEÑO

Diagrama de Flujo 13
Cambio del diseño de una tubería simple por el diseño de dos tuberías en serie.

Por lo tanto: $f1 = 0.01779$

- Cálculo de las pérdidas por fricción:

$$h_{f_1} = f_1 \frac{l_1}{d_1} \frac{v_1^2}{2g} = 0.01779 * \frac{l_1}{0.3} \frac{1.698^2}{2 * 9.81} = 0.0087 l_1$$

- Cálculo de la altura:

$$H_1 = h_{f_1} + h_{m_1}$$
$$H_1 = 0.0087 l_1 + 0.0032 l_1 = 0.012 l_1$$

Para la tubería 2:

- Cálculo de la velocidad media:

$$v_2 = \frac{Q_D}{A_2} = \frac{Q_D}{\pi d_2^2/4} = \frac{0.12 m^3/s}{\pi(0.25)^2/4 m^2}$$

$$v_2 = 2.445 m/s$$

* *Importante*: Los cálculos se deben realizar con el caudal de diseño.

- Cálculo de las pérdidas menores:

$$\sum h_{m_2} = \sum k_{m_2} \frac{v_2^2}{2g}$$
$$\sum h_{m_2} = 0.022(L - l_1) \frac{2.445^2}{2 * 9.81}$$
$$\sum h_{m_2} = 0.0067(L - l_1)$$

- Cálculo del número de Reynolds:

$$Re_2 = \frac{v_2 d_2}{\upsilon} = \frac{2.445 \times 0.250}{1.171 \times 10^{-6}}$$

$$Re_2 = 521\ 909$$

- Cálculo del factor de fricción mediante el método de Newton (Diagrama de Flujo 2a):

f	*x*	*g(x)*	f_2
0.00100	31.6228	7.0055	0.02038
0.02038	7.0055	7.4161	0.01818
0.01818	7.4161	7.4074	0.01822
0.01822	7.4074	7.4076	0.01822
0.01822	7.4076	7.4076	0.01822
0.01822	7.4076	7.4076	0.01822

Por lo tanto: $f2 = 0.01822$

- Cálculo de las pérdidas por fricción:

$$h_{f_2} = f_2 \frac{l_2}{d_2} \frac{v_2^2}{2g} = 0.01822 * \frac{(L - l_1)}{0.25} \frac{2.445^2}{2 * 9.81}$$

$$h_{f_2} = 0.022(L - l_1)$$

- Cálculo de la altura:

$$H_2 = h_{f_2} + h_{m_2}$$
$$H_2 = 0.022(L - l_1) + 0.0067(L - l_1)$$
$$H_2 = 0.029(L - l_1)$$

La altura total resultante (H_s), se define como la suma de H_1 y H_2:

$$H_s = H_1 + H_2$$
$$H_s = 0.012l_1 + 0.029(L - l_1)$$
$$H_s = -0.017l_1 + 0.029L$$

H_s debe ser igual a la altura disponible H.

$$H_s = H = 2.2m$$

Por consiguiente:

$$2.2\,m = -0.017l_1 + 0.029L$$
$$2.2\,m = -0.017l_1 + 0.029 - (150\,m)$$
$$2.2\,m = -0.017l_1 + 4.35\,m$$
$$-2.15\,m = -0.017l_1$$
$$l_1 = 126.47\,m$$

La longitud de la tubería 2 será la diferencia entre la longitud total y la longitud de la tubería 1.

$$l_2 = 150\,m - 126.5\,m$$
$$l_2 = 23.5\,m$$

Las longitudes y los diámetros para el diseño óptimo son entonces:

$$l_1 = 126.5\,m$$
$$l_2 = 23.5\,m$$
$$d_1 = 300\,mm$$
$$d_2 = 250\,mm$$

Discusión:

Tal como se ha mencionado antes, el hecho de que las tuberías sean fabricadas en unos diámetros discretos (diámetros comerciales) hace que los diseños de los sistemas de tuberías tengan una tendencia a quedar sobrediseñados, es decir, con una capacidad de transportar un caudal mayor que el requerido por las condiciones de diseño. Esta tendencia es más marcada cuanto más simple sea el sistema objeto del diseño. Para el caso de las tuberías simples, el método propuesto en este capítulo permite, de forma rápida, ajustar el diseño de tal manera que se escoja una serie de 2 tuberías que se ajuste perfectamente al caudal que es necesario mover.

5.3 TUBERÍAS CON PÉRDIDA UNIFORME DE CAUDAL POR UNIDAD DE LONGITUD: TUBOS POROSOS

En los sistemas de riego modernos existe un nuevo tipo de tuberías que está diseñado para perder caudal por unidad de longitud y cuyo objetivo es lograr una mayor uniformidad en el riego, ya que la entrega de agua no se localiza en un punto específico. Estas tuberías se conocen como *tubos porosos* o *mangueras exudantes*, y conforman un tipo especial de tuberías en serie.

En la FIGURA 5.6 se muestra el esquema parcial de una tubería porosa con su línea de gradiente hidráulico.

El caso de las tuberías porosas es especial, ya que la altura de presión (energía potencial de presión por unidad de peso) en cualquier punto ⊗ de la tubería, *px/pg* (ver FIGURA 5.6) no es simplemente $(h_1 - h_{f_x})$ debido a que existe un cambio en el *momentum* lineal a causa de la pérdida de masa por unidad de longitud. La altura de velocidad disminuye a lo largo de la tubería, puesto que el caudal que permanece en ella es cada vez menor.

Teniendo en cuenta las consideraciones anteriores, al aplicar la ecuación de conservación de energía entre las secciones ① y ⊗ de la FIGURA 5.6 se obtiene:

$$\frac{p_1}{\rho g} + \frac{v_1^2}{2g} = \frac{p_x}{\rho g} + h_{fx} + \frac{v_x^2}{2g} + IP_x$$

donde:

IP_x = incremento en la altura de presión debido al cambio de *momentum* lineal entre las secciones ① y ⊗.

Es difícil calcular este incremento de presión a causa del cambio en el *momentum* lineal. Sin embargo, es posible calcular las pérdidas de altura producidas por la fricción mediante las siguientes ecuaciones:

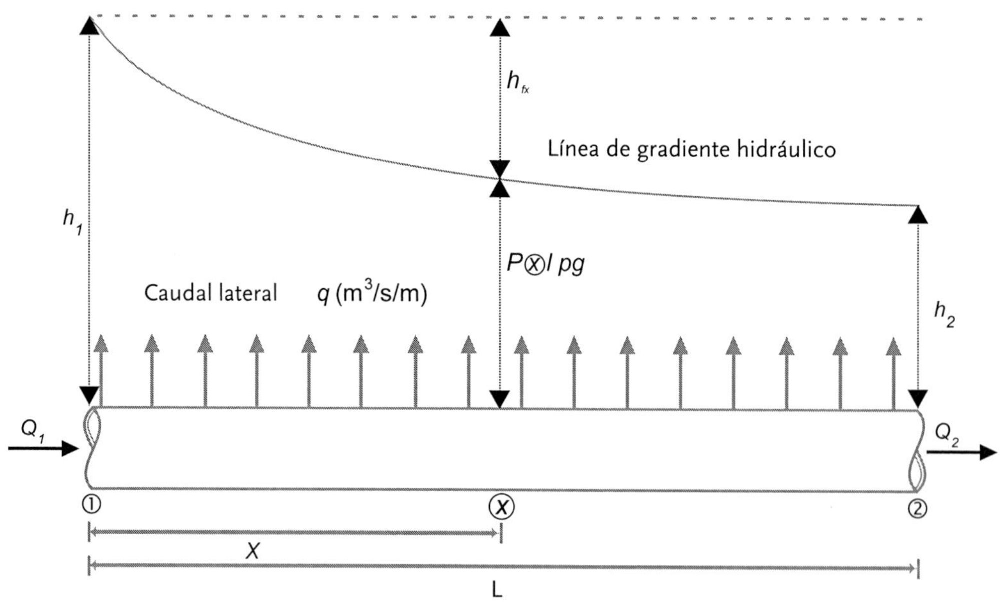

Figura 5.6 Línea de gradiente hidráulico para una tubería porosa que pierde q m³/s por cada metro.

Ecuación de conservación de la masa:

ECUACIÓN 5.25

$$Q_x = Q_1 - qx$$

donde:

Q_X = caudal en la sección ⊗ de la tubería.
Q_1 = caudal en la sección ① de la tubería.
q = caudal por unidad de longitud.

Pendiente de la línea de gradiente hidráulico:

Si se utiliza la ecuación de Darcy-Weisbach aplicada a una longitud infinitesimal de la tubería, de tal forma que el caudal que saliera por unidad de longitud fuera despreciable, se llegaría a:

$$dh_f = f_x \frac{dx}{d} \frac{v_x^2}{2g}$$

donde:

f_x = factor de fricción en la sección x
v_x = velocidad en la sección x

De esta última ecuación se obtiene la pendiente de la línea de gradiente hidráulico:

$$\frac{dh_f}{dx} = \frac{f_x}{d} \frac{v_x^2}{2g}$$

$$\frac{dh_f}{dx} = \frac{f_x}{2g} \frac{Q_x^2}{dA^2}$$

ECUACIÓN 5.26

$$\frac{dh_f}{dx} = \frac{8 f_x}{\pi^2 g} \frac{Q_x^2}{d^5}$$

Al reemplazar la Ecuación 5.25 en la Ecuación 5.26, se obtiene la siguiente expresión:

ECUACIÓN 5.27

$$\frac{dh_f}{dx} = \frac{8}{\pi^2 g d^5} f_x (Q_1 - qx)^2$$

Para calcular las pérdidas por fricción a lo largo de toda la tubería se debe integrar la Ecuación 5.27 entre 0 y L, la longitud total de esta; luego:

ECUACIÓN 5.28

$$h_f = \frac{8}{\pi^2 g d^5} \int_0^L f_x (Q_1 - qx)^2 dx$$

donde el factor de fricción está dado por la ecuación de Colebrook-White:

ECUACIÓN 5.29

$$\frac{1}{\sqrt{f_x}} = -2\log_{10}\left(\frac{k_s}{3.7d} + \frac{2.51\nu}{v_x d \sqrt{f_x}}\right)$$

Debido a que la Ecuación 5.29 es una ecuación no explícita para la variable f_x (el factor de fricción de Darcy en la coordenada X de la tubería), la Ecuación 5.28 no tiene solución analítica posible. Sin embargo, una solución aproximada de h_f se puede obtener utilizando alguno de los dos métodos siguientes:

Factor de fricción constante

Se puede suponer que f_x es constante e igual al promedio de los factores de fricción a la entrada y a la salida de la tubería, lo cual implica que existe una solución analítica a la Ecuación 5.28:

$$h_f = \frac{8f_x}{\pi^2 g d^5}\left(Q_1^2 x - Q_1 q x^2 + \frac{q^2 x^3}{3}\right)\Bigg|_0^L$$

De donde se obtiene:

ECUACIÓN 5.30

$$h_f = \frac{8f_x}{\pi^2 g d^5}\left(Q_1^2 L - Q_1 q L^2 + \frac{q^2 L^3}{3}\right)$$

En esta última ecuación se tiene:

$$f_x = \frac{(f_1 + f_L)}{2}$$

Factor de fricción constante tramo a tramo

En este caso se calculan las pérdidas por fricción (h_f) para varios tramos de la tubería y luego se suman. Para cada uno de los tramos se supone un factor de fricción (f_x) constante. Nuevamente, existe una solución analítica para la Ecuación 5.28, la cual está dada por las siguientes ecuaciones:

ECUACIÓN 5.31

$$h_{fi} = \frac{8f_{xi}}{\pi^2 g d^5}\left(Q_{1i}^2 l - Q_{1i} q l^2 + \frac{q^2 l^3}{3}\right)$$

y:

ECUACIÓN 5.32

$$h_f = \sum_{i=1}^{n} h_{fi}$$

Cuanto mayor sea el número *n* de tramos en que se divida la tubería, la aproximación del cálculo a la respuesta real será mejor. Sin embargo, dividir la tubería en más de 10 o 12 tramos presenta una mejora sustancial en el resultado.

donde:

n = número de tramos en que se divide la tubería.
l = longitud de cada uno de los tramos.

$$l = \frac{L}{n}$$

EJEMPLO 5.7

Cálculo de pérdida de altura de tubos porosos

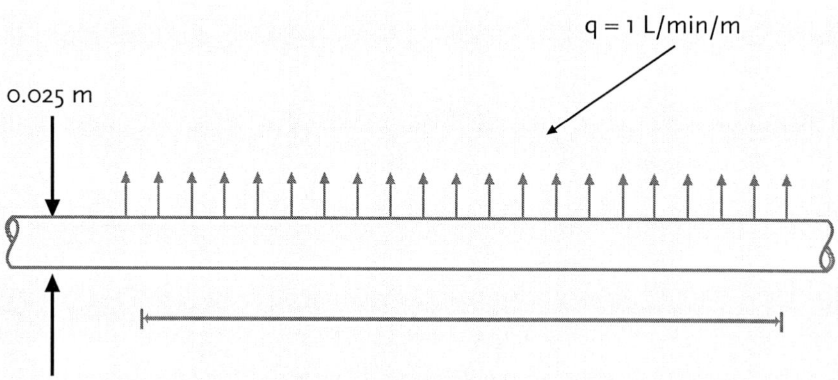

Las mangueras exudantes de un sistema de riego localizado de alta frecuencia tienen una longitud típica del lateral de 60 m y un diámetro de 25 mm. La superficie de la manguera es de polietileno tejido de alta densidad, el cual tiene una rugosidad absoluta de 0.15 mm y deja salir un caudal de 1 L/min por cada metro de longitud. Calcule la pérdida de altura causada por la fricción a lo largo de un lateral como el anteriormente descrito. El agua tiene una viscosidad cinemática de 1.17×10^{-6} m²/s.

Solución:

Cálculo del caudal que entra a la tubería:

El caudal total que entra a la tubería conformante del lateral de riego es:

$$Q_1 = qL = 1\frac{L}{\min\cdot m} \times 60m = 60\frac{L}{\min}$$

$$Q_1 = 1L/s = 0.001m^3/s$$

Cálculo de la zona de flujo laminar:

Debido a que la manguera va perdiendo caudal por unidad de longitud, en algún punto el flujo empieza a ser laminar. Es necesario conocer ese punto, debido a que a partir de ahí el cálculo del factor de fricción deja de depender de la ecuación de Colebrook-White. Mediante un número de Reynolds crítico de 2000 se tiene:

$$Re_c = 2000 = \frac{vd}{\upsilon} = \frac{4Q}{\pi d\upsilon}$$

$$Q = \frac{\pi \times 2000 \times d \times v}{4}$$

$$Q = 1570 \times 0.025m \times 1.17 \times 10^{-6} m^2/s$$

$$Q = 4.7 \times 10^{-5} m^3/s = 0.047L/s$$

$$Q = 2.76\ L/\min$$

Este último resultado implica que en los 2.8 m del extremo de aguas abajo de la manguera el flujo es laminar.

Al final de la manguera el número de Reynolds tiende a cero, con lo cual el factor de fricción tendería a infinito. Por esta razón, para el cálculo de este tipo de tuberías es necesario dejar de lado una pequeña longitud del extremo de aguas abajo. Dicha suposición no tiene un efecto significativo sobre el resultado final del cálculo de las pérdidas por fricción, debido a que en ese pequeño tramo estas son muy pequeñas.

Por consiguiente, en el análisis de este ejemplo no se contemplan los últimos 20 cm de la manguera exudante. Si se siguen los métodos del factor de fricción constante para la tubería y del factor de fricción constante tramo a tramo se obtienen los siguientes resultados:

Factor de fricción constante para la tubería

Para obtener el factor de fricción de toda la tubería se promedian los valores de los factores de fricción para la parte turbulenta de la tubería (abscisas 0 y 57.20 m), con el fin de calcular las pérdidas por fricción en dicha parte. Se procede asimismo con la parte de la tubería que tiene flujo laminar (abscisas 57.20 m y 59.80 m).

Al utilizarse el Diagrama de Flujo 2b se obtiene:

$$f_o = 0.03396$$

$$f_{57.20} = 0.05392$$

Con lo cual:

$$f_T = 0.04394$$

Al sustituir tal valor en la Ecuación 5.30 se calculan las pérdidas por fricción en la zona turbulenta:

$$h_{f_T} = \frac{8 \times 0.04394}{3.14^2 \times 9.81 m/s^2 \times (0.025 m)^5} \times$$

$$\left(0.001^2 \times 57.24 \frac{m^7}{s^2} - 0.000017 \times 0.001 \times 57.24^2 \frac{m^7}{s^2} + \frac{0.000017^2 \times 57.24^3}{3} \frac{m^7}{s^2}\right)$$

$$h_{f_T} = 7.296 m$$

Esta es la altura perdida en la zona turbulenta. La pérdida en la zona laminar (últimos 2.8 m de la manguera) se calcula de la siguiente forma:

$$f = \frac{64}{\text{Re}} \quad \text{(para flujo laminar)}$$

$$f = \frac{64 \pi d v}{4Q}$$

Para la abscisa 57.20 m se tendría, entonces, que:

$$f_{57.20} = \frac{64 \times \pi \times 0.0254 \times 1.17 \times 10^{-6}}{4 \times 4.7 \times 10^{-5}}$$

$$f_{57.20} = 0.032$$

De igual forma, para la abscisa 59.80 m se encuentra que:

$$f_{59.80} = 0.4481$$

Por consiguiente, el valor promedio del factor de fricción y de pérdidas de altura para la zona laminar son:

$$f_L = 0.240$$

$$h_{f_L} = 0.00365 m$$

Finalmente, la pérdida de energía por unidad de peso (altura) es:

$$h_1 = 7.296 m + 0.00365 m$$

$$h_1 = 7.30 m$$

Factor de fricción constante tramo a tramo

En este caso la tubería se dividió en tramos de cinco metros, exceptuando el último, cuya longitud es de 4.80 m para evitar que el número de Reynolds se anule. Para los cálculos se procede de forma similar a como se hizo con el factor de fricción constante para la tubería. Los resultados se muestran en la Tabla 5.31 y en la FIGURA 5.7.

En este caso, las pérdidas por fricción a lo largo de la manguera llegan a 4.54 m, valor inferior al obtenido suponiendo un factor de fricción constante para toda la tubería (7.30 m). Es evidente que el segundo valor se aproxima más a las pérdidas reales. Lo anterior significa que cuanto menor sea la longitud de los tramos en que se divide la manguera, mejor será el resultado del cálculo de las pérdidas de energía a causa de la fricción.

Tabla 5.31 Pérdidas de energía por unidad de peso causadas por la fricción en el lateral de riego por exudación.

Abscisa	f_i	f_{i+1}	Δh_f
(m)	(-)	(-)	(m)
5	0.0340	0.0343	1.1061
10	0.0343	0.0343	0.9101
15	0.0343	0.0345	0.712
20	0.0345	0.0348	0.5736
25	0.0348	0.0351	0.4349
30	0.0351	0.0356	0.3152
35	0.0356	0.0362	0.2144
40	0.0362	0.0371	0.1327
45	0.0371	0.0385	0.0703
50	0.038	0.0410	0.0272
55	0.0410	0.0474	0.0043
59.8	0.0474	0.4411	0.0194
			Σ= 4.5394

En la FIGURA 5.7 que representa los datos de la tabla 5.31 es clara la forma parabólica de la línea de gradiente hidráulico, típica de las tuberías que pierden caudal por unidad de longitud.

Discusión:

En el caso de diseño de sistemas que utilicen este tipo de tuberías porosas, como en los sistemas de riego localizado de alta frecuencia, es importante tener en cuenta que el cálculo de las pérdidas por fricción en las tuberías se debe hacer utilizando el factor de fricción constante tramo a tramo, con tramos de un máximo del 10 % de la longitud de la tubería. La metodología del factor de fricción constante para la tubería se debe utilizar solamente en el caso de cálculos rápidos d*e comprobación de diseño.*

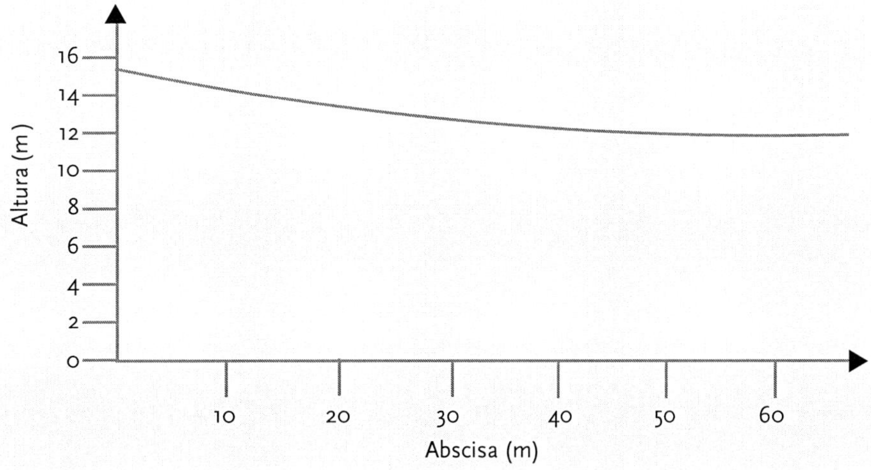

Figura 5.7 Línea de gradiente hidráulico para el lateral de riego suponiendo una presión mínima de 10 m de altura de agua al final de la manguera.

5.4 TUBERÍAS EN PARALELO

Las tuberías en paralelo son un conjunto de tuberías que parten de un nudo común y llegan a otro nudo también común. En estos nudos, los caudales que pasan por cada una de las tuberías se unen. Esto quiere decir que para cada una de las tuberías en paralelo aguas arriba los caudales deben estar unidos para luego dividirse en el nudo inicial y por último volver a unirse en el nudo final; aguas abajo de este nuevamente debe existir un caudal único.

En general, los sistemas en paralelo están limitados a 3 o 4 tuberías. Sin embargo, es más común que estén compuestos por dos tuberías. Estas pueden tener longitudes, diámetros y accesorios diferentes, a la vez que estar elaboradas en materiales muy distintos. Con ayuda de la FIGURA 5.8, que muestra el esquema de dos tuberías en paralelo conectando dos nudos de altura dinámica conocida, se plantearán las ecuaciones que establecen el flujo en este tipo de tuberías, con el fin de establecer los diagramas de flujo correspondientes a los tres tipos de problemas de flujos en tuberías.

El uso de las tuberías en paralelo, si bien representa una condición hidráulica desventajosa, se justifica en los casos en que se quiera aumentar la confiabilidad de un sistema, o que se requiera una ampliación a un sistema existente.

A partir de la FIGURA 5.8 se pueden plantear las siguientes ecuaciones:

Conservación de la energía

Para la tubería 1 se plantea la siguiente ecuación:

$$H_1 - H_2 = H_T = h^1_{f_1} + h^1_{m_1} + h^1_{f_2} + h^1_{m_2} + h^1_{f_3} + h^1_{m_3} + h^1_{f_4} + h^1_{m_4} + h^1_{f_5}$$

donde:

h^i_{fj} = pérdidas por fricción en el tramo j de la tubería i

h^i_{mj} = pérdidas menores en el accesorio j de la tubería i

H_T = diferencia total de cabeza entre los nudos 1 (inicial) y 2 (final)

Esta ecuación puede simplificarse así:

ECUACIÓN 5.33

$$H_T = \sum_{i=1}^{n} h^1_{fi} + \sum_{i=1}^{m} h^1_{mi}$$

donde:

n = número de tramos de la tubería 1

m = número de accesorios en la tubería 1

Para la tubería 2 se puede plantear una ecuación similar a la Ecuación 5.33:

ECUACIÓN 5.34

$$H_T = \sum_{i=1}^{r} h^2_{fi} + \sum_{i=1}^{s} h^2_{mi}$$

donde:

r = número de tramos de la tubería 2

s = número de accesorios en la tubería 2

Los términos de la izquierda de las Ecuaciones 5.33 y 5.34 son iguales, lo cual implica que los términos de la derecha también tienen que ser iguales. Por consiguiente, la ecuación de conservación de la energía para las tuberías en paralelo es:

ECUACIÓN 5.35

$$H_T = \sum_{i=1}^{n} h^1_{fi} + \sum_{i=1}^{m} h^1_{mi} = \sum_{i=1}^{r} h^2_{fi} + \sum_{i=1}^{s} h^2_{mi}$$

En esta última ecuación los superíndices no son exponentes; solo indican el número de identificación de la tubería.

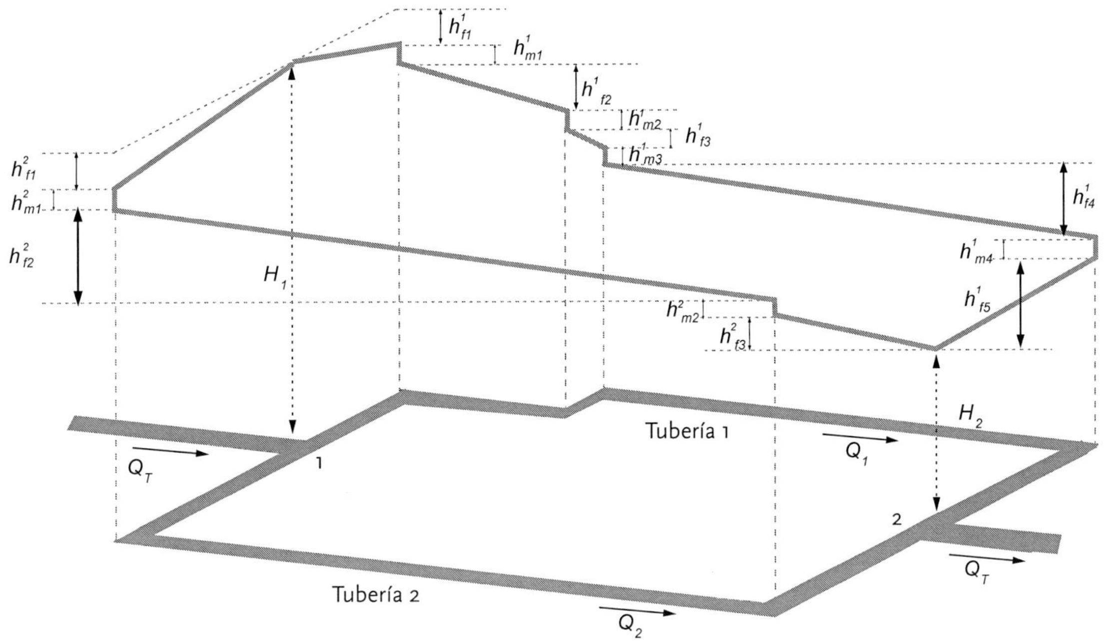

Figura 5.8 Esquema tridimensional de dos tuberías en paralelo mostrando las líneas de gradiente hidráulico a lo largo de cada una de ellas.

Conservación de la masa (continuidad)

En la FIGURA 5.8 resulta claro que la ecuación de conservación de la masa, tratándose de un flujo permanente, es:

ECUACIÓN 5.36

$$Q_T = Q_1 + Q_2$$

Las Ecuaciones 5.35 y 5.36 están planteadas para un sistema de dos tuberías en paralelo, que es el caso más común. Sin embargo, extenderlas a tres o más tuberías es sencillo. Las dos ecuaciones mencionadas, junto con las ecuaciones y diagramas de flujo presentados en el Capítulo 2, se pueden utilizar para resolver los tres tipos de problemas en las tuberías aplicados al caso de los tubos en paralelo. El uso, y por consiguiente el diseño, de las tuberías en paralelo es común para las aplicaciones en sistemas existentes (redes de distribución de agua, sistemas de riego, etc.); en ese caso, la única tubería nueva se coloca para que trabaje en paralelo con otra u otras tuberías ya existentes.

5.4.1. Comprobación de diseño de tuberías en paralelo

COMPROBACIÓN
Tuberías en paralelo

En este caso se conocen las características de n tuberías en paralelo, es decir, se conocen n diámetros, n rugosidades absolutas (o n coeficientes de Hazen-Williams), n longitudes y n coeficientes globales de pérdidas menores. También se conocen las características del fluido (su densidad y su viscosidad) y la potencia disponible para moverlo a través del sistema, ya sea suministrada a través de bombeo, de una diferencia topográfica o de una combinación de las dos alternativas anteriores. Al igual que en todo el proceso de comprobación, las incógnitas son los caudales individuales en cada una de las n tuberías.

Para cada una de las tuberías se pueden plantear las siguientes ecuaciones:

ECUACIÓN 5.37

$$v_i = \frac{-2\sqrt{2gd_i h_{fi}}}{\sqrt{l_i}} \log_{10}\left(\frac{k_{s_i}}{3.7d_i} + \frac{2.51\nu\sqrt{l_i}}{d_i\sqrt{2gd_i h_{fi}}}\right)$$

ECUACIÓN 5.38

$$Q_i = \frac{\pi}{4} d_i^2 v_i$$

$$H_T = h_{fi} + \sum h_{mi}$$

ECUACIÓN 5.39

$$H_T = \left(f_i \frac{l_i}{d_i} + \sum k_{mi}\right)\frac{v_i^2}{2g}$$

Las Ecuaciones 5.37 a 5.39 pueden ser resueltas de manera individual para cada una de las tuberías del sistema en paralelo. Por esta razón, la comprobación de diseño en un sistema de *n* tuberías en paralelo se convierte en *n* comprobaciones de tuberías simples, exactamente iguales al caso expuesto en el Diagrama de Flujo 1 y en el Ejemplo 2.1 del Capítulo 2. Es obvio que el Diagrama de Flujo 14 se basa directamente en el Diagrama de Flujo 1.

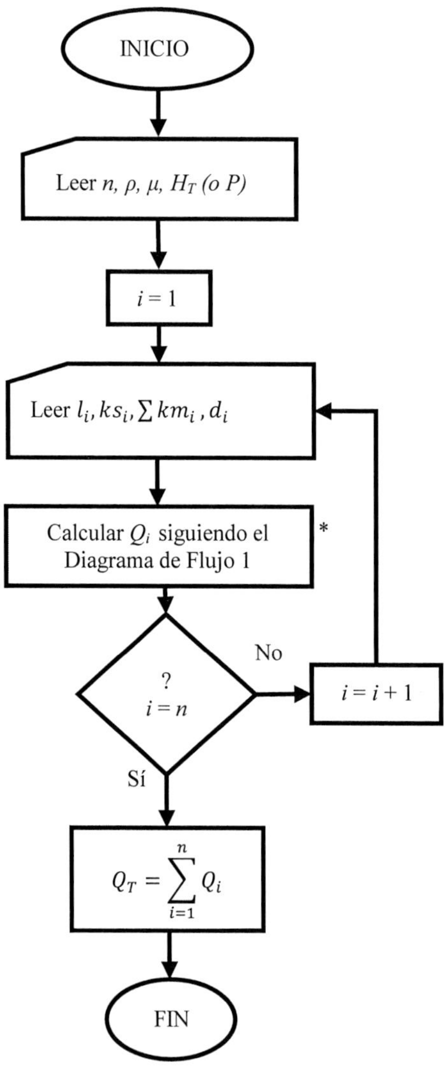

Diagrama de Flujo 14
Comprobación de diseño en tuberías en paralelo.

* O la metodología de Hazen-Williams de acuerdo con el Ejemplo 3.1.

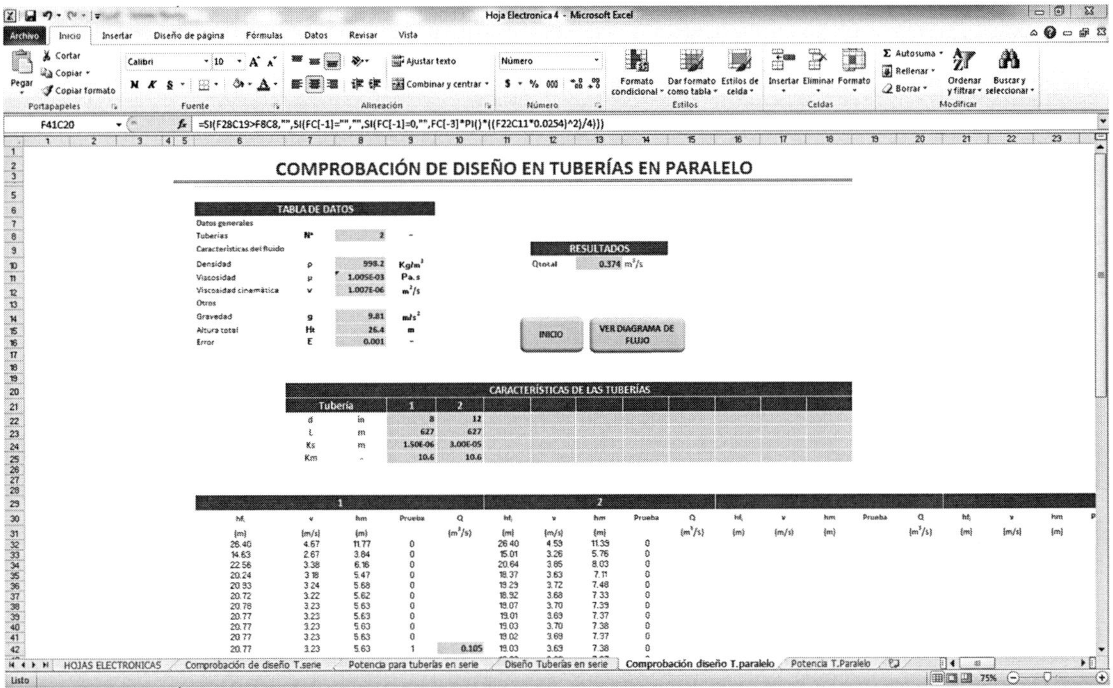

Hoja Electrónica n.° 4 – Comprobación de diseño en tuberías en paralelo.

EJEMPLO 5.8

HOJA ELECTRÓNICA n.° 4
Comprobación de tuberías en paralelo

Comprobación en diseño de tuberías en paralelo

En la red matriz del sistema de abastecimiento de agua de la ciudad de Santa Marta, Colombia, existen dos tuberías que unen la planta de tratamiento de Mamatoco y el tanque de las Tres Cruces. Las dos tuberías tienen una longitud de 627 m y un coeficiente global de pérdidas menores de 10.6. Una de ellas tiene un diámetro de 200 mm en PVC ($k_s = 0.0015$ mm) y la otra mide 300 mm y está elaborada en asbesto-cemento ($k_s = 0.03$ mm). La diferencia de altura entre los nudos de aguas arriba y aguas abajo es de 26.4 m. El agua se encuentra a 20 °C. Calcule el caudal total.

Para el agua a 20 °C se tienen las siguientes características:

$$\rho = 998.2 \text{ kg/m}^3$$
$$\mu = 1.005 \times 10^{-3} \text{ Pa.s}$$

por consiguiente:

$$\nu = 1.007 \times 10^{-6} \text{ m}^2\text{/s}$$

Solución:

Mediante el Diagrama de Flujo 14 se obtienen los resultados consignados en la Tabla 5.32.

De acuerdo con la Tabla 5.32, los caudales y las pérdidas para cada una de las dos tuberías son:

Tubería 1:

$$h_f = 20.859m$$
$$h_m = 5.541m$$
$$Q = 101 L/s$$

Tubería 2:

$$h_f = 19.129m$$
$$h_m = 7.271m$$
$$Q = 259 L/s$$

Por consiguiente, el caudal total que pasa por el sistema es:

$$Q_T = Q_1 + Q_2$$
$$Q_T = 101\ L/s + 259\ L/s$$

Luego:

$$Q_T = 360\ L/s$$

Tabla 5.32 Resultados de la comprobación para las dos tuberías en paralelo.

Tubería 1					
H (m)	h_f (m)	v (m/s)	h_{f+1} (m)	h_m (m)	Q (m³/s)
26.400	26.400	3.642	19.234	7.166	0.114
26.400	19.234	3.064	21.329	5.071	0.096
26.400	21.329	3.242	20.722	5.678	0.102
26.400	20.722	3.191	20.899	5.501	0.100
26.400	20.899	3.206	20.848	5.552	0.101
26.400	20.848	3.202	20.862	5.538	0.101
26.400	20.862	3.203	20.858	5.542	0.101
26.400	20.858	3.202	20.859	5.541	0.101
26.400	20.859	3.203	20.859	5.541	0.101
26.400	20.859	3.202	20.859	5.541	0.101

Tubería 2					
H (m)	h_f (m)	v (m/s)	h_{f+1} (m)	h_m (m)	Q (m³/s)
26.400	26.400	4.338	16.233	10.167	0.307
26.400	16.233	3.368	20.273	6.127	0.238
26.400	20.273	3.782	18.674	7.726	0.267
26.400	18.674	3.623	19.308	7.092	0.256
26.400	19.308	3.687	19.057	7.343	0.261
26.400	19.057	3.662	19.157	7.243	0.259
26.400	19.157	3.672	19.117	7.283	0.260
26.400	19.117	3.668	19.133	7.267	0.259
26.400	19.133	3.669	19.127	7.273	0.259
26.400	19.127	3.669	19.129	7.271	0.259
26.400	19.129	3.669	19.128	7.272	0.259
26.400	19.128	3.669	19.129	7.271	0.259

Discusión:

En este ejemplo resulta claro que la comprobación de diseño de n tuberías en paralelo equivale a $\boldsymbol{n}$ comprobaciones de diseño de tuberías simples. Esto se debe al hecho de que en sistemas en paralelo las pérdidas por fricción más las pérdidas menores son iguales para cada una de las tuberías, desde el nudo común de partida hasta el nudo común de llegada.

POTENCIA
Tuberías en paralelo

5.4.2 Cálculo de potencia para tuberías en paralelo

El cálculo de potencia para las tuberías en paralelo se basa en los Diagramas de Flujo 1, 2a, 2b y 3 del Capítulo 2, así como en las Ecuaciones 5.36 y 5.37.

En este caso se conocen las siguientes variables:

- Las características de n tuberías en paralelo (n diámetros, n longitudes, n rugosidades absolutas o coeficientes de Hazen-Williams y n coeficientes globales de pérdidas menores).
- Las características del fluido (densidad y viscosidad).
- El caudal total que pasa por el sistema (Q_T).
- Las condiciones de presión en el nudo de aguas arriba (nudo 1 de la **FIGURA 5.8**).

La incógnita del proceso es la presión en el nudo de aguas abajo. Esto significa que lo que se desea calcular es la potencia consumida por el flujo al ir del nudo de aguas arriba al de aguas abajo a través del sistema en paralelo.

Una de las características de este problema es que no se conoce de antemano la forma en que el caudal total se divide para fluir por cada una de las tuberías en paralelo. Por esta razón, el método de solución que se explica a continuación se basa en la suposición del caudal que pasa por la tubería 1, con base en la ecuación de Darcy-Weisbach, así:

ECUACIÓN 1.38

$$h_f = f\frac{l}{d}\frac{v^2}{2g}$$

$$h_f = f\frac{l}{d}\frac{4^2Q^2}{2g\pi^2 d^4}$$

De donde se encuentra que:

$$Q^2 = \frac{h_f g\pi^2 d^5}{8fl}$$

Es decir, para un h_f dado se tendría:

$$Q = F\left(\frac{d^{5/2}}{\sqrt{l}}\right)$$

Si se supone un valor del factor de fricción similar para todas las tuberías, el caudal que pasa por la primera tubería sería:

ECUACIÓN 5.40

$$Q_1 = Q_T\frac{\dfrac{d_1^{5/2}}{\sqrt{l_1}}}{\displaystyle\sum_{i=1}^{n}\frac{d_i^{5/2}}{\sqrt{l_i}}}$$

donde:

n = número de tuberías del sistema en paralelo.

A partir del caudal supuesto para la primera tubería se puede calcular, siguiendo el Diagrama de Flujo 3, la presión en el nudo final, con la cual se puede estimar, con base en el Diagrama de Flujo 1, los caudales en cada una de las otras tuberías del sistema en paralelo. Es probable que estos caudales incumplan la ecuación de conservación de la masa debido a la suposición del caudal de la tubería 1; por ello, en las siguientes iteraciones es necesario corregir la suposición para el caudal de la primera tubería, que se corrige proporcionalmente con los caudales de todas las tuberías de acuerdo con las siguientes ecuaciones, donde Q_T^* representa el caudal total de las tuberías en paralelo en cada iteración:

$$Q_T^* = \sum_{i=1}^{n} Q_i \qquad (Q_i \text{ calculados})$$

ECUACIÓN 5.41

$$Q_{1_{k+1}} = Q_{1_k} \frac{Q_T}{Q_T^*}$$

Si la presión desconocida es la del nudo inicial y no la del nudo final, el método que se describe a continuación también funciona. En estas condiciones se debe suponer una presión para el nudo inicial, con la cual se encuentra una presión en el nudo final. Para terminar el proceso simplemente se suma o se resta a la presión de los dos nudos la diferencia de las presiones real y calculada para el nudo final.

Todo el proceso de cálculo de potencia para tuberías en paralelo se ilustra en el Diagrama de Flujo 15 y en el Ejemplo 5.9.

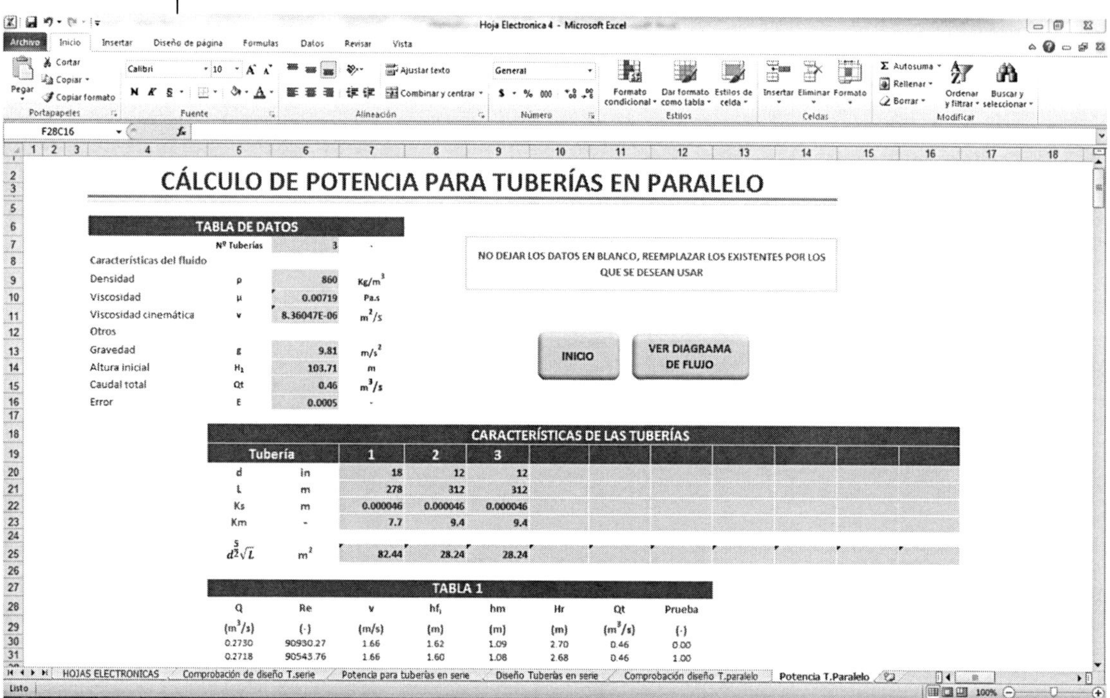

Hoja Electrónica n.° 4 – Cálculo de potencia para tuberías en paralelo.

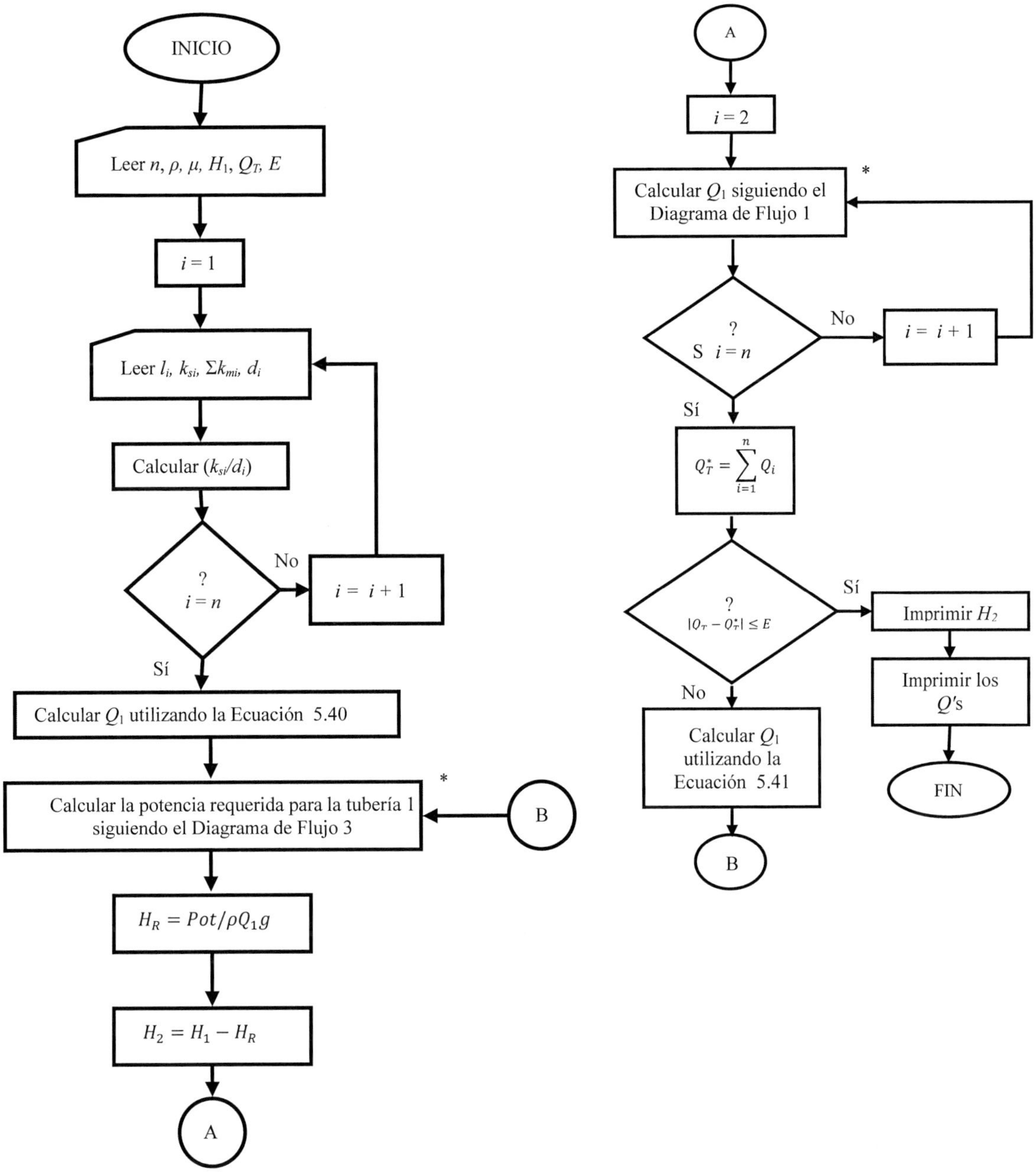

POTENCIA

Diagrama de flujo 15
Cálculo de potencia para tuberías en paralelo.

* O la metodología de Hazen-Williams del Ejemplo 3.3
* O la metodología de Hazen-Williams del Ejemplo 3.1.

EJEMPLO 5.9

Cálculo de potencia para tuberías en paralelo

HOJA ELECTRÓNICA n.° 4
Potencia de tuberías en paralelo

Con el fin de disminuir la vulnerabilidad del cruce subacuático de un oleoducto al atravesar un río, se decide colocar dos tuberías en paralelo a la existente. Las tres tuberías están elaboradas en acero (k_s = 0.046 mm). La que existía originalmente tiene una longitud de 278 m, un diámetro de 450 mm y un coeficiente de pérdidas menores de 7.7. Las dos tuberías nuevas tienen una longitud de 312 m, un diámetro de 300 mm y un coeficiente global de pérdidas menores de 9.4. La presión en el nudo de aguas arriba es de 875 kPa y el caudal total es de 460 L/s. Las características físicas del petróleo crudo que circula por la tubería son: densidad ρ = 860 kg/m³ y viscosidad absoluta $\mu = 7.19 \times 10^{-3}$ Pa.s.

Calcule el caudal que pasa por cada tubería y la pérdida de altura.

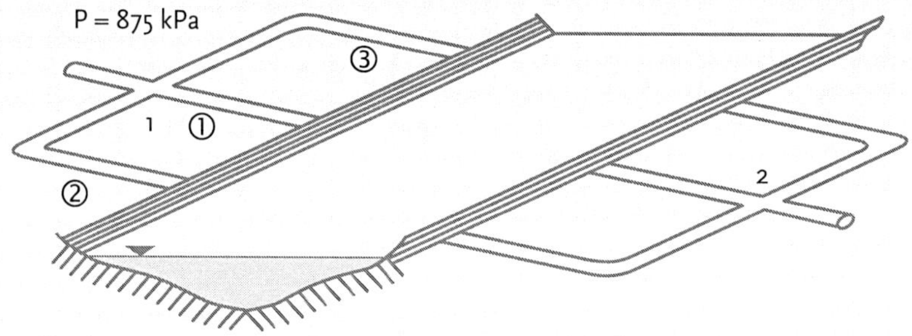

① d = 450 mm l = 278 m k_m = 7.7 Acero (k_s = 0.046 mm)
② d = 300 mm l = 312 m k_m = 9.5 Acero (k_s = 0.046 mm)
③ d = 300 mm l = 312 m k_m = 9.5 Acero (k_s = 0.046 mm)

Caudal total = 460 L/s

Solución:

Con los datos del problema se hacen los cálculos iniciales:

$$\nu = \frac{\mu}{\rho} = \frac{7.19 \times 10^{-3} Pa.s}{860 kg/m^3} = 8.36 \times 10^{-6} m^2/s$$

$$\frac{k_{s1}}{d_1} = \frac{4.6 \times 10^{-5} m}{0.45 m} = 1.02 \times 10^{-4}$$

$$\frac{k_{s2}}{d_2} = \frac{k_{s3}}{d_3} = \frac{4.6 \times 10^{-5} m}{0.3 m} = 1.53 \times 10^{-4}$$

La altura en el nudo inicial es:

$$H_1 = \frac{p_1}{\rho g}$$

$$H_1 = \frac{875\,000 Pa}{860 \frac{kg}{m^3} \times 9.81 \frac{m}{s^2}}$$

$$H_1 = 103.71\ m$$

Siguiendo el Diagrama de Flujo 15 se obtienen los siguientes resultados:

Suposición inicial para la tubería 1 (existente):

ECUACIÓN 5.40

$$Q_1 = Q_T \frac{d_1^{5/2} / \sqrt{l_1}}{\sum_{i=1}^{3} d_i^{5/2} / \sqrt{l_i}}$$

$$Q_1 = 0.46 \frac{m^3}{s} \frac{0.45^{5/2} / \sqrt{278}}{\frac{0.45^{5/2}}{\sqrt{278}} + \frac{0.3^{5/2}}{\sqrt{312}} + \frac{0.3^{5/2}}{\sqrt{312}}}$$

Luego

primera iteración

$$Q_1 = 273\ L/s$$

Cálculo de la potencia requerida para la tubería 1:

Con el caudal antes calculado y a partir del Diagrama de Flujo 3 se obtiene la siguiente pérdida de altura a lo largo de la tubería 1:

$$\text{Re}_1 = \frac{4Q_1}{\pi\, d_1 v} = \frac{4 \times 0.273}{\pi \times (0.45) \times 8.36 \times 10^{-6}}$$

$$\text{Re}_1 = 92\,385$$

Con este número de Reynolds y con la rugosidad relativa antes calculada se obtiene el siguiente factor de fricción:

$$f_1 = 0.0188$$

La velocidad en la tubería 1 es:

$$\text{v}_1 = \frac{Q_1}{A_1} = \frac{0.273 m^3/s}{\frac{\pi}{4}(0.45)^2 m^2}$$

$$\text{v}_1 = 1.717 m/s$$

Por consiguiente, las pérdidas a lo largo de la primera tubería son:

$$H_R = h_{f1} + h_{m1}$$

$$H_R = \left(f_1 \frac{l_1}{d_1} + \Sigma k_{m_1} \right) \frac{\text{v}^2_1}{2g}$$

$$H_R = \left(0.0188 \times \frac{278}{0.45} + 7.7 \right) \frac{1.717^2}{2 \times 9.81} m$$

$$H_R = 2.90 m$$

Cálculo del caudal a través de las dos tuberías nuevas:

Si se sigue el Diagrama de Flujo 1 se obtiene el siguiente caudal para cada una de las tuberías nuevas (ver Tabla 5.33):

Tabla 5.33 Resultado del caudal para cada una de las dos tuberías nuevas en la primera iteración.

H	h_f	v	h_{f+1}	h_m	Q
(m)	(m)	(m/s)	(m)	(m)	(m^3/s)
2.90	2.900	1.622	1.639	1.261	0.115
2.90	1.639	1.181	2.232	0.668	0.083
2.90	2.232	1.403	1.958	0.942	0.099
2.90	1.958	1.304	2.086	0.814	0.092
2.90	2.086	1.351	2.026	0.874	0.095
2.90	2.026	1.329	2.054	0.846	0.094
2.90	2.054	1.339	2.041	0.859	0.095
2.90	2.041	1.334	2.047	0.853	0.094
2.90	2.047	1.337	2.044	0.856	0.094
2.90	2.044	1.336	2.045	0.855	0.094
2.90	2.045	1.336	2.045	0.855	0.094
2.90	2.045	1.336	2.045	0.855	0.094

Por consiguiente:

$$Q2 = Q3 = 94 \text{ L/s}$$

Cálculo del caudal de la primera tubería para la segunda iteración:

$$Q^*_T = \sum_{i=1}^{3} Q_i$$

$$Q^*_T = 273\ L/s + 2 \times 94\,L/s$$

$$Q^*_T = 462\ L/s$$

Finalmente, los resultados del ejemplo son:

$$Q_1 = 273\ L/s$$

$$Q_2 = 94\ L/s$$

$$Q_3 = 94\ L/s$$

La presión en el nudo final es:

$$H_2 = H_1 - H_R$$

$$H_2 = 103.71m - 2.90m = 100.81m$$

$$p_2 = \rho g H_2 = 860\frac{kg}{m^3} \times 9.81\frac{m}{s^2} \times 101.01m$$

$$p_2 = 851kPa$$

Discusión:

El hecho de que en este ejemplo se haya requerido una sola iteración no es sorprendente, debido a que la suposición del caudal para la primera iteración se basó en un criterio muy fuerte (Ecuación 5.40), resultado de entender bien la ecuación de Darcy-Weisbach y que las tres tuberías están elaboradas con el mismo material y tienen diámetros relativamente similares (lo cual implica factores de fricción muy parecidos). Pero aun en los casos en que las tuberías estuvieran hechas de materiales muy diferentes y que tuvieran diámetros también muy diferentes, el proceso descrito, utilizando la Ecuación 5.40, garantiza una convergencia en un máximo de 3 iteraciones.

DISEÑO
Tuberías en paralelo

5.4.3. Diseño de tuberías en paralelo

En la práctica de la ingeniería no es usual diseñar sistemas de tuberías en paralelo, debido a su ineficiencia a nivel hidráulico y económico (para una misma área mojada dos tuberías tienen un perímetro mojado del 41.42 % mayor que el perímetro mojado de una sola tubería). Este caso solo se justifica en aquellos diseños que resulten en un diámetro superior al disponible comercialmente en el sitio de la obra. De ser así se diseña cada una de las tuberías como tubos simples con la mitad del caudal demandado.

Lo que se podría interpretar como el diseño de tuberías en paralelo es la ampliación de una tubería existente, situación bastante común en los sistemas de distribución de agua potable, y en menor escala en los sistemas de riego localizado de alta frecuencia, debido a los aumentos en la demanda. Por tanto, el diseño se limita a un conjunto de dos tuberías únicamente: una conocida y otra por diseñar.

Teniendo en cuenta que una de las dos tuberías en paralelo existe, se conoce un diámetro y la altura dinámica en el nudo inicial. Se conocen otras variables como las dos longitudes, las dos rugosidades relativas o coeficientes de Hazen-Williams, los dos coeficientes globales de pérdidas menores, las características del fluido (densidad y viscosidad) y el caudal final deseado.

Las incógnitas del proceso de diseño son el diámetro de la nueva tubería y la altura en el nudo final. Esta última es diferente a la que tenía la tubería original, debido a que la presencia de la nueva tubería afecta a la hidráulica de aquella.

El diseño de tuberías en paralelo se basa en los Diagramas de Flujo 1 a 4 desarrollados en el Capítulo 2 de este texto, así como en las Ecuaciones 5.36, 5.37 y 5.41.

El proceso de diseño se inicia suponiendo que la altura del nudo final permanece constante, lo cual permite, junto con el caudal que se desea aumentar, diseñar la nueva

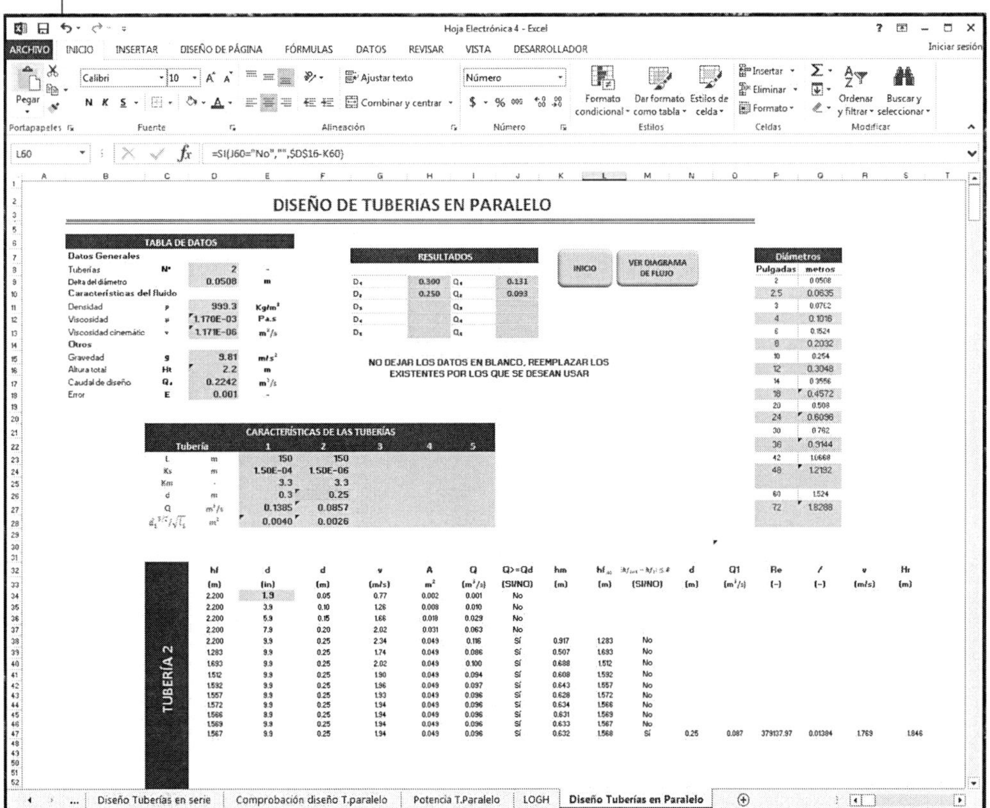

Hoja Electrónica n.° 4 – Diseño de tuberías en paralelo.

tubería. Debido a que esta debe tener un diámetro comercialmente disponible, es muy probable que deje pasar un caudal superior al deseado. Este hecho implica, una vez se tenga un caudal igual al deseado, que la presión en el nudo final aumente, afectando el caudal a la tubería existente; se incumple así la ecuación de conservación de la masa. De ahí en adelante el proceso es igual al de comprobación de diseño para las tuberías en paralelo.

En el proceso que se explica a continuación, el subíndice 1 se refiere a la tubería nueva y el subíndice 2 a la tubería existente. El caudal demandado se representa como Q_D, el cual debe ser superior al caudal inicial de la tubería existente. El Diagrama de Flujo 16 y el Ejemplo 5.10 ilustran el diseño de este sistema de tuberías.

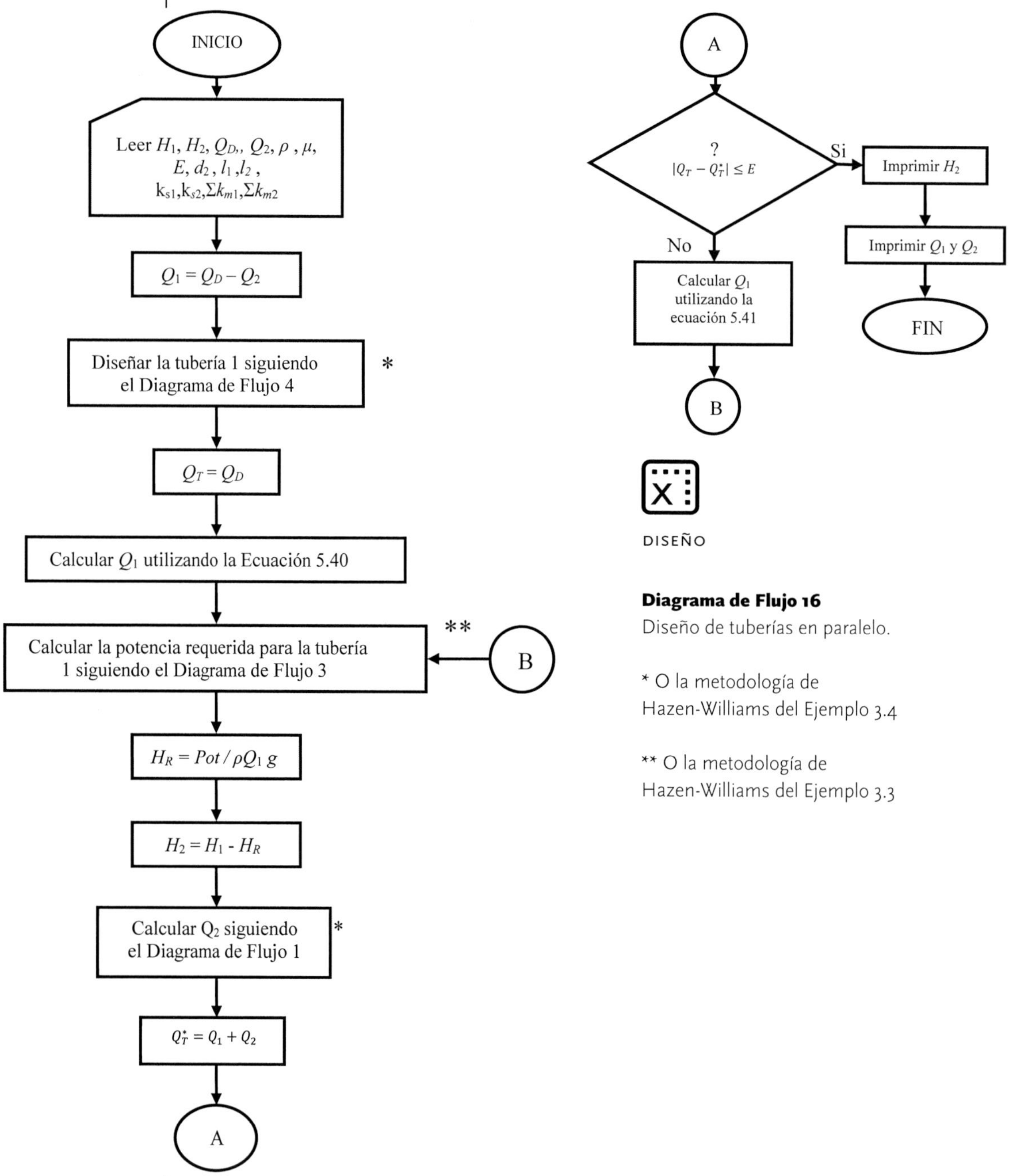

DISEÑO

Diagrama de Flujo 16
Diseño de tuberías en paralelo.

* O la metodología de Hazen-Williams del Ejemplo 3.4

** O la metodología de Hazen-Williams del Ejemplo 3.3

EJEMPLO 5.10

Diseño de tuberías en paralelo

En la planta de tratamiento de aguas residuales del municipio de Ubaté, la tubería de descarga al río Suta tiene un diámetro de 300 mm, está elaborada en hierro galvanizado (k_s = 0.15 mm), tiene una longitud de 150 m y un coeficiente de pérdidas menores de 3.3. La altura en el nudo de entrada es de 2.7 m y la del nudo de salida es 0.5 m. Bajo estas condiciones el caudal máximo que puede fluir por la tubería es de 138.5 L/s. Por razones de crecimiento de la industria láctea del municipio, el caudal total que debe ser tratado aumenta a 224.2 L/s. ¿Qué diámetro deberá tener una tubería paralela a la primera si el material es PVC (k_s = 0.0015 mm)? ¿Cuál es la nueva presión en el nudo de salida? La longitud y el coeficiente global de pérdidas menores de la nueva tubería son iguales a los de la tubería existente. La temperatura media del agua es de 14 °C.

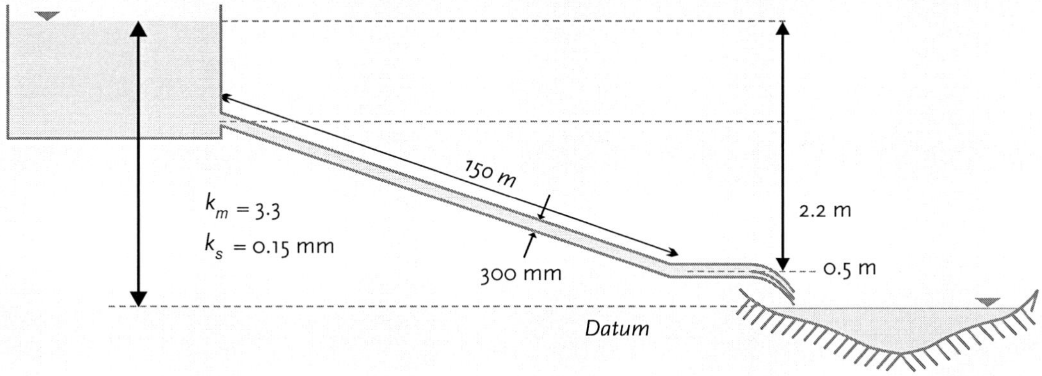

Para el agua a 14 °C se tiene que:

$$\nu = 1.17 \times 10^{-6}\, m^2/s$$

Solución:

Siguiendo el Diagrama de Flujo 16 se obtienen los resultados mostrados a continuación:

Caudal por la tubería nueva:

$$Q_1 = Q_D - Q_2$$
$$Q_1 = 224.2\ L/s - 138.5\ L/s$$
$$Q_1 = 85.7\ L/s$$

Diseño de la nueva tubería:

Utilizando el Diagrama de Flujo 4 se obtiene el siguiente diámetro para la nueva tubería (ver Tabla 5.34):

De acuerdo con la Tabla 5.34, el diámetro de la nueva tubería en PVC es:

$$d_1 = 0.25\ m$$

Cálculo del nuevo Q_1:

ECUACIÓN 5.40

$$Q_1 = Q_T \frac{\dfrac{d_1^{5/2}}{\sqrt{l_1}}}{\displaystyle\sum_{i=1}^{n} \frac{d_i^{5/2}}{\sqrt{l_i}}}$$

Si se tiene en cuenta que las longitudes de las dos tuberías son iguales, se llega a:

$$Q_1 = 224.2\ L/s \frac{0.25^{5/2}}{0.25^{5/2} + 0.3^{5/2}}$$

$$Q_1 = 87\ L/s$$

Tabla 5.34 Resultados del diseño de la nueva tubería en PVC.

h_f (m)	D (m)	v (m/s)	A (m²)	Q (m³/s)	$Q > Q_d$ (Sí o No)	Σh_m (m)
2.200	0.150	1.668	0.018	0.0295	No	0.468
2.200	0.200	2.015	0.031	0.0633	No	0.683
2.200	0.250	2.329	0.049	0.1143	Sí	0.913
1.287	0.250	1.736	0.049	0.0852	No	0.507
1.693	0.250	2.018	0.049	0.0990	Sí	0.685
1.515	0.250	1.898	0.049	0.0932	Sí	0.606
1.594	0.250	1.952	0.049	0.0958	Sí	0.641
1.559	0.250	1.928	0.049	0.0947	Sí	0.625
1.575	0.250	1.939	0.049	0.0952	Sí	0.632
1.568	0.250	1.934	0.049	0.0949	Sí	0.629
1.571	0.250	1.936	0.049	0.0950	Sí	0.631
1.569	0.250	1.935	0.049	0.0950	Sí	0.630
1.570	0.250	1.936	0.049	0.0950	Sí	0.630
1.570	0.250	1.936	0.049	0.0950	Sí	0.6301

Cálculo de la potencia requerida para la tubería 1:

El número de Reynolds para la tubería 1 es:

$$\mathrm{Re}_1 = \frac{4Q_1}{\pi d_1 \nu} = \frac{4 \times 0.087}{\pi \times 0.25 \times 1.17 \times 10^{-6}}$$

$$\mathrm{Re}_1 = 378\,644$$

y la rugosidad relativa es:

$$\frac{k_{s1}}{d_1} = \frac{0.0000015}{0.25}$$

$$\frac{k_{s1}}{d_1} = 6 \times 10^{-6}$$

Con estos dos valores se calcula el factor de fricción utilizando el Diagrama de Flujo 2:

$$f_1 = 0.01392$$

La velocidad en la tubería 1 es:

$$\mathrm{v}_1 = \frac{Q_1}{A_1} = \frac{0.087 m^3/s}{\frac{\pi}{4}(0.25)^2 m^2}$$

$$\mathrm{v}_1 = 1.77 m/s$$

Por consiguiente, las pérdidas a lo largo de la primera tubería son:

$$H_R = h_{f1} + h_{m1}$$

$$H_R = \left(f_1 \frac{l_1}{d_1} + \Sigma k_{m_1} \right) \frac{v_1^2}{2g}$$

$$H_R = \left(0.01392 \times \frac{150}{0.25} + 3.3 \right) \frac{1.77^2}{2 \times 9.81} m$$

$$H_R = 1.861 \text{ m}$$

Cálculo del caudal a través de la tubería existente:

Utilizando el Diagrama de Flujo 1 se obtiene el siguiente caudal para la tubería antigua (ver Tabla 5.35):

Tabla 5.35 Resultado del caudal para la tubería existente.

H	h_f	v	h_{f+1}	h_m	Q
(m)	(m)	(m/s)	(m)	(m)	(m^3/s)
1.861	1.865	2.038	1.167	0.698	0.144
1.861	1.167	1.601	1.433	0.431	0.113
1.861	1.433	1.780	1.332	0.533	0.126
1.861	1.332	1.714	1.371	0.494	0.121
1.861	1.371	1.740	1.356	0.509	0.123
1.861	1.356	1.730	1.361	0.503	0.122
1.861	1.361	1.734	1.359	0.506	0.123
1.861	1.359	1.732	1.360	0.505	0.122

Por consiguiente:

$$Q_2 = 122.5 \; L/s$$

y el nuevo caudal total es:

$$Q^*_T = Q_1 + Q_2$$

$$Q^*_T = 87 L/s + 122.5 \; L/s$$

$$Q^*_T = 209.50 \, L/s$$

Segunda iteración:

Debido a que el nuevo caudal total (Q_T^*) es diferente al caudal total requerido, es necesario hacer una segunda iteración, cuyos resultados son:

$$Q_1 = 87.0 \frac{L}{s} \left(\frac{224.2}{209.5} \right) \qquad H_R = 2.118 \, m$$

$$Q_1 = 93.0 \frac{L}{s} \qquad Q_2 = 131.0 \frac{L}{s}$$

$$Re_1 = 405\,030 \qquad Q_T^* = 224.0 \frac{L}{s}$$

$$f_1 = 0.0137 \qquad v_1 = 1.897 \frac{m}{s}$$

El último valor de Q_T^* es muy similar al caudal demandado, por lo que el proceso puede parar. Los resultados finales son:

$Q_1 = 93.0\ L/s$ (tubería nueva en PVC de 250 mm)
$Q_2 = 131.0\ L/s$ (tubería existente de HG de 300 mm)
$H_2 = 0.082$ m

Discusión:
En el caso de las ampliaciones de tuberías existentes, para las cuales es normal el uso de una nueva tubería en paralelo, es importante tener siempre en cuenta que la nueva tubería va a afectar las condiciones hidráulicas de operación de la tubería existente, de tal forma que el caudal por esta última disminuye una vez entre en operación el refuerzo. Esta afectación existe también en otros sistemas de tuberías, tales como las redes de distribución de agua potable, las redes contra incendios y las redes de riego. Entenderla y calcularla permitiría detectar cuál es la tubería que debe reforzarse en el sistema para tener el mayor efecto hidráulico, buscando aumentar la capacidad del sistema existente.

CONCEPTOS IMPORTANTES

Tuberías en serie: son tuberías con características diferentes, colocadas una a continuación de la otra. Estas características pueden ser el diámetro, el material o una combinación de las dos. En las tuberías en serie *el caudal en cada tubería es el mismo*, en caso de que no existan caudales laterales en las uniones, mientras que *las pérdidas de energía por fricción y por accesorios se suman a lo largo de la serie.*

Criterio de I-Pai Wu: es el criterio de diseño de tuberías en serie con o sin caudales de consumo en las uniones entre las tuberías. Fue desarrollado por el ingeniero I-Pai Wu en 1975 como parte de una metodología para el diseño de sistemas de irrigación. El criterio establece que la serie de tuberías de menor coste corresponde a aquella que genere una línea piezométrica cercana a la línea recta que una las alturas de energía total del inicio y el final de la serie; la línea piezométrica debe tener una flecha por debajo de dicha línea recta, del 15 % de la altura total disponible.

Costes de infraestructura: es el coste de un sistema de tuberías, ya sean tuberías en serie, tuberías en paralelo o redes de tuberías, asociado con los materiales utilizados para llevar a cabo la construcción del sistema. En el caso de sistemas de tuberías con flujo a presión, los costes de infraestructura están compuestos principalmente por los costes debidos al diámetro y a la longitud.

Línea óptima de gradiente hidráulico (LOGH): es un proceso o metodología que se lleva a cabo con el objetivo de minimizar los costes de infraestructura. Como todo proceso de minimización de costes, cuenta con una función objetivo. Para el caso de las tuberías en serie, la función objetivo se establece optimizando el uso de la energía disponible adecuando la línea piezométrica según las características de la serie de tuberías (caudales, longitudes, pendientes).

Precondicionamiento de las líneas piezométricas: una manera de resolver el problema de diseño de los sistemas de tuberías es precondicionar la altura piezométrica en cada uno de los nudos del sistema. Dicha precondición se calcula planteando una forma eficiente de utilizar la energía disponible para mover el fluido dentro del sistema. En los sistemas complejos, la superficie formada por la altura piezométrica de cada nudo se conoce como la superficie de uso óptimo de potencia.

Tuberías en paralelo: son tuberías colocadas una al lado de las otras de tal forma que tengan un nudo común al inicio y otro nudo común al final. Las alturas piezométricas, por consiguiente, son iguales en esos dos puntos para todas las tuberías colocadas en paralelo. En este tipo de tuberías *el caudal total es igual a la suma de los caudales individuales* en las tuberías, mientras que *las pérdidas de energía por fricción más las pérdidas causadas por la presencia de accesorios deben ser iguales para todos los tubos.*

Diseño de tuberías en paralelo: el diseño de tuberías en paralelo no es común debido a que es ineficiente desde el punto de vista hidráulico. Para una misma área mojada dos tuberías en paralelo tienen un perímetro mojado total de un 41.42 % mayor que el perímetro mojado de una sola tubería y las pérdidas de energía por fricción ocurren sobre la superficie interna de las tuberías. Sin embargo, existen dos situaciones en las que puede ser deseable diseñar tuberías en paralelo: cuando se requiera aumentar la confiabilidad del sistema de tuberías, disminuyendo su vulnerabilidad frente a fenómenos externos, y cuando se requiera reforzar una tubería existente dentro de un sistema, debido al aumento de la demanda de caudal o a una pérdida de capacidad hidráulica por el aumento de la rugosidad debido a los procesos de envejecimiento o corrosión en la superficie interna.

PROBLEMAS

Para todos los problemas de este capítulo se puede suponer que los diámetros reales son iguales a los nominales comerciales de las tuberías. La base de diámetros para utilizar en los problemas es: 75, 100, 150, 200, 250, 300, 350, 400, 450, 500, 600 y 720 mm. A no ser que se especifique un fluido diferente, se debe trabajar con agua a 15 °C con las siguientes características:

$$\rho = 999.1 \, kg/m^3$$

$$\mu = 1.14 \times 10^{-3} \, Pa.s$$

$$\nu = 1.141 \times 10^{-6} \, m^2/s$$

COMPROBACIÓN
tuberías en serie

5.1. Resuelva el Ejemplo 5.1 teniendo en cuenta que no existen caudales laterales en las uniones de la serie de cuatro tuberías. Compare el caudal final con el de dicho ejemplo. ¿Qué conclusión puede extraerse?

5.2. Resuelva el Ejemplo 5.1 si la diferencia de altura entre los niveles de agua en los tanques aumenta a 52.4 m. Comente sus resultados, comparados con los de dicho ejemplo.

5.3. Resuelva el Ejemplo 5.1 si el diámetro de la tercera tubería cambia a 450 mm. Compare sus resultados con los de dicho ejemplo.

5.4. Una bomba transmite una altura total de 47 m al flujo de agua en una serie de tres tuberías, tal como se muestra en la FIGURA P5.4. Las tres tuberías están elaboradas en PVC ($k_s = 1.5 \times 10^{-6}$ m). ¿Cuál es el caudal que llega al tanque ubicado aguas abajo? ¿Cómo varía este si se suspende el segundo caudal lateral?

5.5. Resuelva el Problema 5.4 si la altura producida por la bomba cambia a 65 m.

5.6. En un sistema de riego localizado de alta frecuencia se tiene el sistema de tuberías mostrado en la FIGURA P5.6. Las cuatro tuberías son de PVC ($k_s = 1.5 \times 10^{-6}$ m). ¿Cuál es el caudal mínimo que llega al tanque ubicado aguas abajo? ¿Cómo varía este caudal si se suspenden los caudales laterales?

POTENCIA
Tuberías en serie

5.7. Resuelva el Ejemplo 5.2 teniendo en cuenta que el caudal que se desea llevar al tanque de aguas abajo se duplica.

5.8. Resuelva el Ejemplo 5.2 si el fluido pasa a ser petróleo crudo con una viscosidad de 0.012 Pa.s y una densidad de 894 kg/m³.

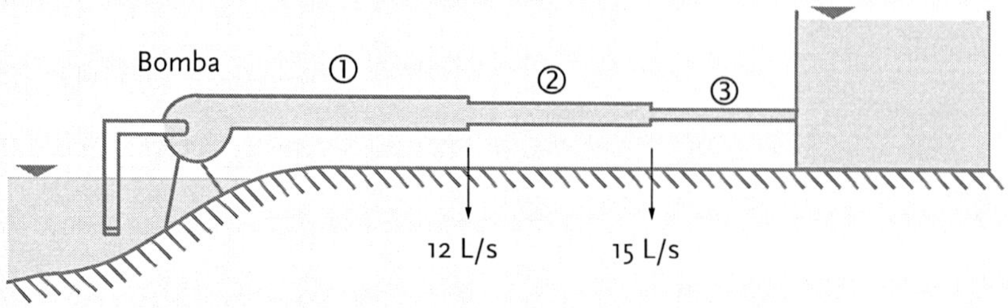

Figura P5.4

① $d = 300$ mm $l = 120$ m $k_m = 6.3$
② $d = 250$ mm $l = 112$ m $k_m = 5.2$
③ $d = 150$ mm $l = 89$ m $k_m = 4.8$

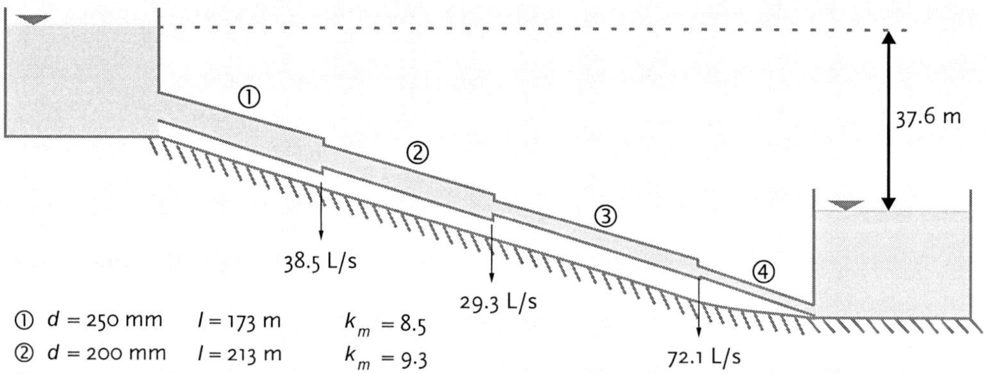

① $d = 250$ mm $l = 173$ m $k_m = 8.5$
② $d = 200$ mm $l = 213$ m $k_m = 9.3$
③ $d = 150$ mm $l = 125$ m $k_m = 4.2$
④ $d = 100$ mm $l = 137$ m $k_m = 4.6$

Figura P5.6

5.9. En una planta de tratamiento de agua potable se tiene la serie de tuberías mostradas en la FIGURA P5.9. Los caudales laterales, de 120 L/s en cada unión, llevan a tres trenes de tratamiento, mientras que la tubería final lleva el caudal sobrante a un embalse de almacenamiento. ¿Cuál es el caudal que llega a dicho embalse?; todas las tuberías son de PVC ($k_s = 1.5 \times 10^{-6}$ m).

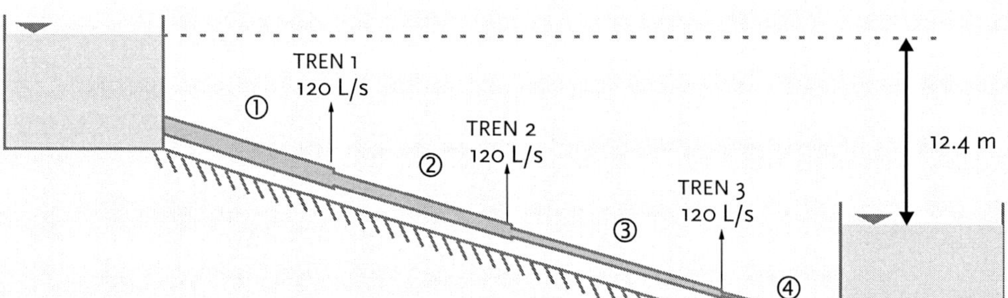

① $d = 450$ mm $l = 72$ m $k_m = 3.7$
② $d = 300$ mm $l = 29$ m $k_m = 3.4$
③ $d = 250$ mm $l = 29$ m $k_m = 3.4$
④ $d = 200$ mm $l = 123$ m $k_m = 7.8$

Figura P5.9

5.10. Calcule la altura H_T del tanque mostrado en la FIGURA P5.10 teniendo en cuenta que el caudal que debe llegar a la piscina es de 54.3 L/s. El material de las tuberías es hierro galvanizado.

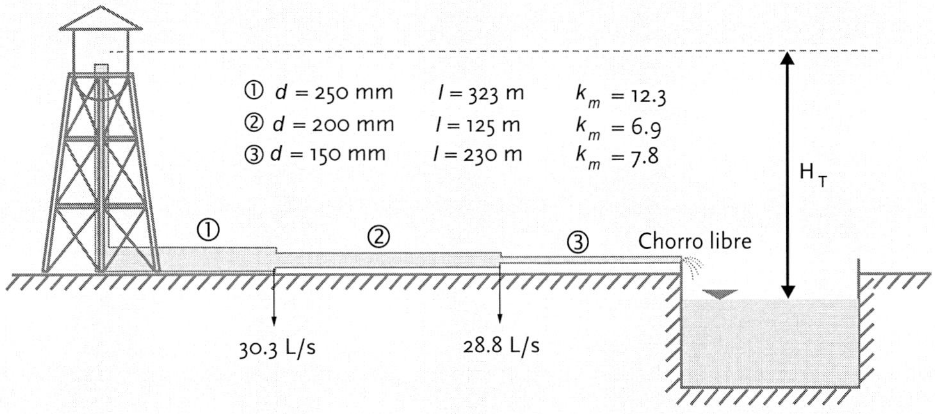

Figura P5.10

5.11. Resuelva el Problema 5.10 si el caudal que debe llegar a la piscina de aguas abajo cambia a 74.8 L/s y el material de las tuberías es PVC.

5.12. En la FIGURA P5.12 se muestra un esquema de parte del sistema de extinción de incendios de una planta de productos químicos. Las tuberías son de acero comercial y la presión mínima a la salida es la indicada en la figura. Calcule la potencia de la bomba si su eficiencia es del 85 %.

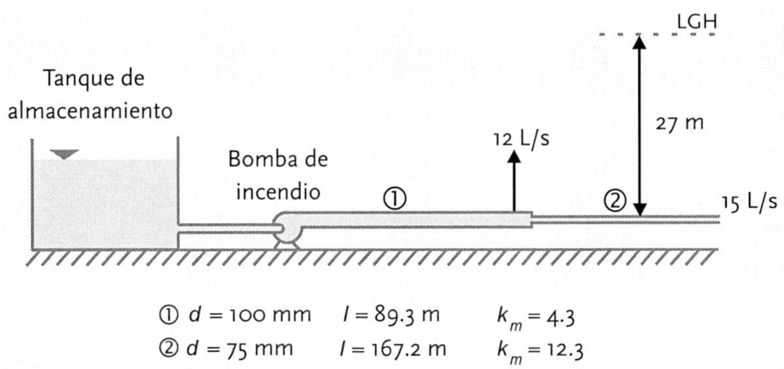

Figura P5.12

5.13. Resuelva el Ejemplo 5.3 teniendo en cuenta que la potencia de la bomba se duplica, manteniéndose igual su eficiencia.

5.14. Resuelva el Ejemplo 5.3 si el material de las tres tuberías es hierro galvanizado (k_s = 0.04 mm) y se mantiene la misma potencia y eficiencia de la bomba.

5.15. Una de las estructuras de enfriamiento del agua de producción de un campo petrolero tiene la configuración mostrada en la FIGURA P5.15. Si el agua se encuentra a 80 °C, ¿cuáles deben ser los diámetros de las tuberías si su material es acero comercial? La potencia de la bomba es de 325 kW, con una eficiencia del 78 %. La presión mínima en el aspersor 3 debe ser 50 kPa manométrica.

5.16. Resuelva el Problema 5.15 si el material de las tuberías es concreto (k_s = 0.3 mm) y la presión mínima en el aspersor 3 cambia a 30 kPa manométrica.

5.17. Si en la planta de tratamiento de agua potable del Problema 5.9 se desea triplicar el caudal de llegada al embalse de almacenamiento, ¿cuál es la potencia necesaria para una bomba que se coloca al inicio de la tubería 1? Suponga una eficiencia de bombeo del 75 %.

5.18. En una planta de tratamiento de agua potable es necesario repartir el agua cruda a tres tanques floculadores, tal como se muestra en la FIGURA P5.18. Calcule el diámetro de cada una de las tres tuberías si su material es hierro galvanizado.

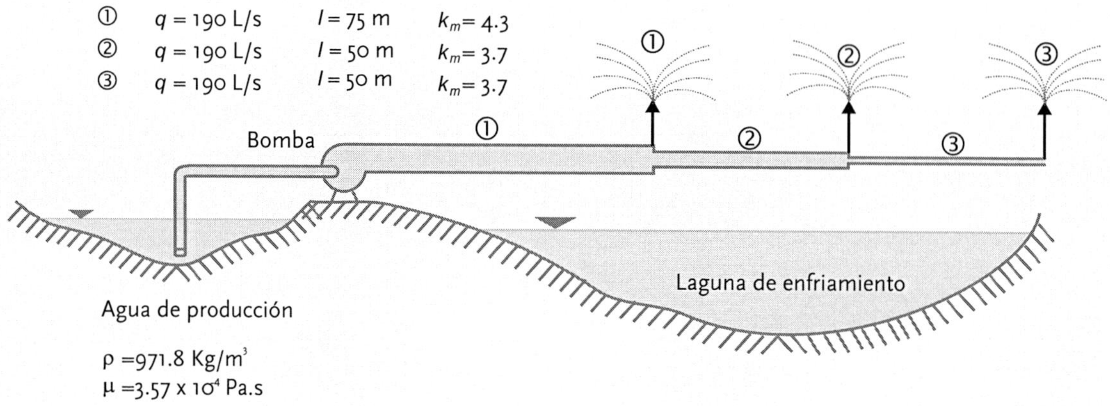

Figura P5.15

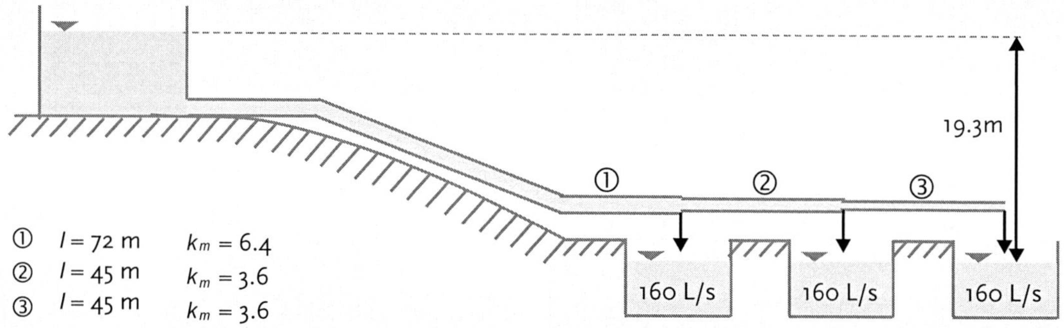

Figura P5.18

5.19. Resuelva el Problema 5.18 si los tres caudales de llegada a los tanques floculadores cambian a 215 L/s

5.20. Resuelva el Problema 5.15 si el material de las tuberías 2 y 3 cambia a PVC. ¿Qué efecto final sobre el diseño tiene este cambio de materiales? ¿Qué conclusiones puede plantear?

5.21. En un sistema de abastecimiento de agua potable es necesario diseñar una tubería que una la toma de agua cruda con la estructura de desarenadores al inicio de la planta de tratamiento. El caudal que se debe mover es de 284 L/s. La tubería tiene una longitud de 2370 m, un coeficiente global de pérdidas menores de 15.7 y una diferencia favorable de nivel entre la superficie del agua en la toma y en los desarenadores de 138 m. Diseñe la tubería si el material disponible es PVC ($k_s = 1.5 \times 10^{-6}$ m). Cambie el diseño resultante por dos tuberías en serie, de tal forma que a los desarenadores llegue exactamente el caudal de diseño.

5.22. Resuelva el Problema 5.21 si el material disponible es hierro dúctil.

5.23. Resuelva el Problema 5.21 de tal forma que las dos tuberías en serie no correspondan a diámetros inmediatamente sucesivos en la serie de diámetros comerciales disponibles.

5.24. Si por razones de costes, en el Ejemplo 5.6 se decide no colocar una bomba para manejar la duplicación de caudal sino colocar dos tuberías en serie, una de ellas con el diámetro del diseño original y otra con el diámetro comercial inmediatamente superior, calcule la longitud de cada una de las tuberías.

5.25. Resuelva el Ejemplo 5.5 si el material de todos los tubos es hierro dúctil (k_s = 0.04 mm) y el coeficiente de pérdidas menores de cada tubo cambia a 1.0 debido a las nuevas uniones.

5.26. Resuelva el Ejemplo 5.7 teniendo en cuenta que la longitud del lateral aumenta a 80 m. ¿Cuál es la presión al inicio del lateral en este caso si la presión al final debe seguir equivaliendo a una altura de 10 m?

5.27. Si la altura máxima permisible en la manguera exudante del problema anterior es equivalente a 20 m de altura de agua, ¿cuál es la longitud máxima que puede tener un lateral?

5.28. Resuelva el Ejemplo 5.8 teniendo en cuenta que la longitud de ambas tuberías se reduce a 435 m y el coeficiente de pérdidas menores a 8.4.

5.29. Calcule el caudal total que fluye por el sistema en paralelo mostrado en la **FIGURA P5.29**. La presión en el nudo de entrada es de 530 kPa y en el nudo de salida es 130 kPa, ambas manométricas. Las tuberías son de acero comercial.

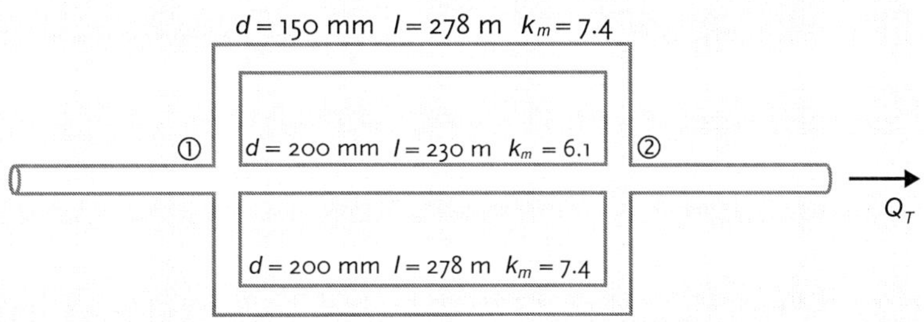

Figura P5.29

5.30. Resuelva el Problema 5.29 si el material de las tuberías cambia a PVC. ¿Qué conclusiones se pueden sacar? (k_s = 0.0015 mm).

5.31. Resuelva el Problema 5.29 teniendo en cuenta que el fluido es petróleo crudo con las siguientes características:

$$\rho = 860 \, kg/m^3$$

$$\mu = 7.19 \times 10^{-3} \, Pa.s$$

5.32. Resuelva el Ejemplo 5.9 teniendo en cuenta que el diámetro de las dos nuevas tuberías se reduce a 250 mm. ¿Cuál es la nueva presión en el nudo de salida?

5.33. En la red matriz del sistema de distribución de agua potable del acueducto de una ciudad se tiene el sistema en paralelo mostrado en la **FIGURA P5.33**. El caudal total que debe pasar por este es de 254.3 L/s y la presión en el nudo inicial es de 343 kPa. El material de ambas tuberías es asbesto-cemento. ¿Cuál es la presión en el nudo final? ¿Cuáles son los caudales de cada tubería?

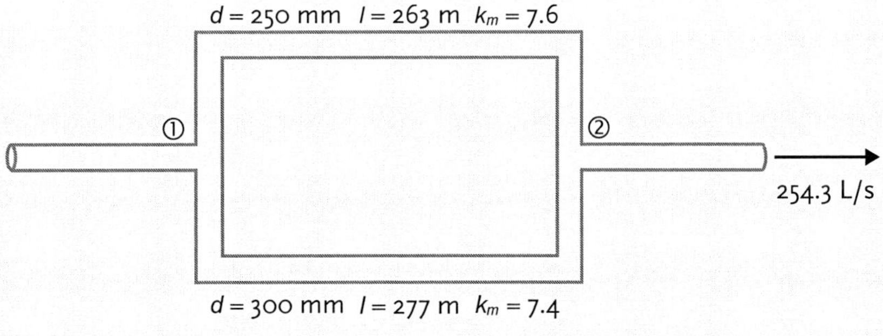

Figura P5.33

5.34. Resuelva el problema anterior si una de las tuberías es de PVC. ¿Qué conclusiones se pueden sacar?

5.35. Resuelva el Problema 5.33 teniendo en cuenta que el material de las tuberías es PVC. Los demás datos del problema no varían. Compare los resultados de los dos problemas. ¿Qué conclusión se puede plantear con respecto al efecto de la rugosidad absoluta del material de las tuberías sobre la presión en el nudo final y sobre los caudales individuales?

5.36. Resuelva el Ejemplo 5.10 teniendo en cuenta que la longitud de la nueva tubería aumenta a 185 metros.

5.37. En el subsistema de distribución de agua potable del sistema de distribución de una ciudad en Colombia que parte de un tanque de almacenamiento se tiene una tubería con las características mostradas en la **FIGURA P5.37**. El caudal máximo que puede fluir por esta tubería es 239.4 L/s. La presión en el nudo de entrada equivale a 25.3 m de agua y la del nudo final es de 17.6 m de agua. Si se quiere que el caudal aumente a 390 L/s, ¿cuál deberá ser el diámetro de la nueva tubería si su longitud y coeficiente de pérdidas menores son iguales a los de la tubería original y el material es PVC? ¿Cuáles son los caudales finales en cada una de las tuberías? ¿Cuál es la altura final en el nudo 2?

5.38. Resuelva el Problema 5.37 teniendo en cuenta que la nueva tubería tiene una longitud de 153 m y el material en que debe hacerse es hierro galvanizado.

5.39. Resuelva el Problema 5.29 si la nueva tubería es de polietileno y tiene una longitud de 284 m.

5.40. ¿Por qué en el caso del diseño de una tubería paralela a una existente no es posible aplicar directamente el criterio de diseño de Wu?

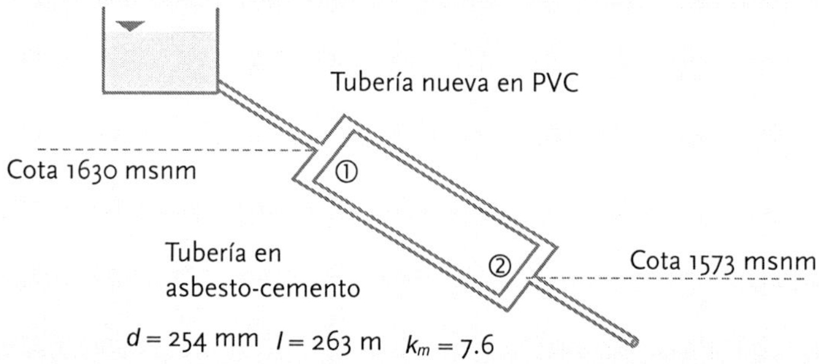

Figura P5.37

BIBLIOGRAFÍA

Featherstone, Ronald. "Computational Methods in the Analysis and Design of Closed Conduit Hydraulic Systems", Capítulo 3, en *Developments in Hydraulic Engineering-1*, editado por Paul Novak, Applied Science Publisher, London, 1983.

Fox, Robert W. y Alan T. McDonald. *Introduction to Fluid Mechanics*, 4 ed., Editorial McGraw-Hill, New York, 1992.

Gerhart, Philip M., Richard J. Gross y John I. Hochstein. *Fundamentals of Fluid Mechanic*, 6 ed., Wiley, New York, 1982.

Joyanes Aguilar, Luis. *Fundamentos de programación: algoritmos y estructuras de datos*, 2 ed., Editorial McGraw-Hill, 1996.

King H. W. y E.F. Brater, *Handbook of Hydraulics*, 6 ed., Editorial McGraw-Hill, New York, 1976.

McGhee, Terence, *Water Supply and Sewerage*, 6 ed., Editorial McGraw-Hill, New York, 1994.

Moot, Robert L., *Applied Fluid Mechanics*, 4 ed., Editorial Merril, New York, 1994.

Ochoa, S., J. Saldarriaga, C. Galvis y P. Ñañez, *"Diseño optimizado de redes de distribución de agua potable mediante la superficie óptima de gradiente hidráulico"*. Proc., XXIV Congreso Latinoamericano de Hidráulica.

Roberson, John A. y Clayton T. Crowe, *Engineering Fluid Mechanics*, 3 ed., Editorial Houghton-Mifflin, Boston, 1985.

Saldarriaga, Juan, Silvia Takahashi, Felipe Hernández, D. Díaz y Susana Ochoa. *An Energy Methodology for the Design of Water Distribution Systems* World Environmental and Water Resources Congress 2010 (pp. 4303-4313): American Society of Civil Engineers, 2010.

Shames, Irving H., *Mechanics of Fluids*, 3 ed., Editorial McGraw-Hill, New York, 1992.

Stephenson, David, "Pipeline Design for Water Engineers", tercera edición revisada y actualizada, en *Developments in Water Science*, n.° 40, Editorial Elsevier, Ámsterdam, 1989.

Streeter, Victor L. y E. Benjamin Wylie, *Fluid Mechanics*, 8 ed., Editorial McGraw-Hill, New York, 1985.

Vennard, John K. y Robert L. Street, *Elementary Fluid Mechanics*, 6 ed., Editorial Wiley, New York, 1982.

White, Frank M., *Fluid Mechanics*, 3 ed., Editorial McGraw-Hill, New York, 1994.

Wu, I-Pai, "Design of Drip Irrigation Main Lines", en *Journal of the Irrigation and Drainage Division*, ASCE, volumen 101, número IR4, diciembre de 1975.

Yang, K. P., T. Liang e I. Wu. "Design of Conduit System with Diverging Branches", en *Journal of the Hydraulics Division*, ASCE, volumen 101, número HY1, enero de 1975.

6

Análisis de redes de tuberías: redes abiertas

Objetivos

- Describir las características hidráulicas y topológicas de las redes abiertas de tuberías.
- Introducir el principio de balance de cantidad utilizado para llevar a cabo el cálculo hidráulico de una red abierta.
- Presentar los métodos de solución y las herramientas hidroinformáticas para resolver problemas referentes a redes abiertas.
- Resolver los problemas de comprobación de diseño y de diseño en sí de redes abiertas.
- Introducir el concepto de diseño optimizado, basado en la minimización de costes, de redes abiertas.
- Introducir el concepto de Superficie Óptima de Gradiente Hidráulico para el diseño de redes abiertas.
- Estudiar el efecto de introducir bombas impulsoras en sistemas de redes abiertas.

6.1 INTRODUCCIÓN

En los tres primeros capítulos de este texto se establecieron las ecuaciones y los algoritmos de diseño de las tuberías simples; en el Capítulo 5 se abordaron las tuberías en serie y las tuberías en paralelo, planteándose las ecuaciones de conservación del *momentum* lineal y de conservación de la masa que establecen el flujo en estos sistemas, así como los algoritmos de su diseño. Sin embargo, en la práctica de la ingeniería hidráulica los sistemas de tuberías son bastante más complejos que los dos tipos antes mencionados, conformando redes de muchos tubos. En este capítulo se iniciará el análisis de las redes de tuberías, el cual estará basado en las ecuaciones y los métodos de diseño establecidos con anterioridad. Las redes se clasificarán, de acuerdo con sus configuraciones básicas, en los tres tipos siguientes:

Redes Abiertas: se caracterizan por no tener ningún "circuito cerrado" en el sistema. Los ejemplos típicos de este grupo son las redes de tubos madre o líneas expresas en sistemas de distribución de agua potable. En la FIGURA 6.1 se muestra un esquema de una red ejemplo, la cual une cuatro tanques de almacenamiento dentro del sistema de distribución de agua potable de una ciudad hipotética.

Un sistema de tuberías que une una batería de pozos de agua con un tanque de abastecimiento o una planta de tratamiento, la red contra incendios en el interior de una edificación, o el sistema conformado por la tubería principal y las tuberías secundarías en un sistema de riego localizado de alta frecuencia (ver Capítulo 10), son otros ejemplos de sistemas de tuberías descritos como redes abiertas.

Redes Cerradas: conocidas también como sistemas con circuitos cerrados o ciclos. Su característica primordial es tener algún tipo de circuito cerrado (*loop*, en inglés) en el sistema. El objetivo es tener un sistema redundante de tuberías: cualquier zona dentro del área cubierta por el sistema puede ser alcanzada simultáneamente por el flujo de más de una tubería, aumentando así la confiabilidad del abastecimiento. Es este el tipo de red que usualmente conforma el sistema de distribución de agua potable de una ciudad. En la FIGURA 6.2 se muestran tres ejemplos de este tipo de redes para tres normas de diseño de diferentes países.

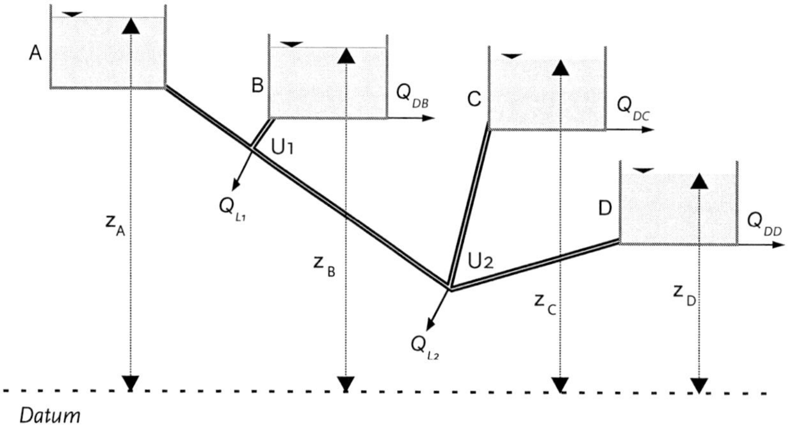

Figura 6.1 Red abierta. El esquema muestra un sistema de tuberías que une cuatro tanques de almacenamiento (A, B, C y D). El sistema está compuesto por 5 tubos madre (A-U1, U1-B, U1-U2, U2-C y U2-D) con dos uniones (U1 y U2). Las uniones pueden tener caudales laterales de extracción (QL_1 y QL_2). Los caudales demandados son extraídos directamente de los tanques de almacenamiento (Q_{DB}, Q_{DC} y Q_{DD}). El tanque A funciona como tanque de almacenamiento principal o de suministro primario.

Redes Dendríticas: este tipo de redes se utiliza en los sistemas de riego a presión, en particular en los de riego localizado de alta frecuencia. Al igual que en las redes abiertas, las de riegos tampoco tiene circuitos cerrados, pero a diferencia de aquellas las tuberías se bifurcan constantemente para cubrir todo el terreno que debe irrigarse. La **FIGURA 6.3** muestra un esquema de estas redes.

(a)
Red de distribución de acuerdo con los manuales de la Asociación Americana de Obras de Agua (American Water Works Association, AWWA) de los Estados Unidos. *Manuales M22 Sizing Water Services Lines and Meters y M44 Distribution Valves: Selection, Installation, Field Testing, and Maintenance*. La disposición de las válvulas permite que se aíslen como máximo dos tramos de tuberías cerrando como máximo cuatro válvulas. Las válvulas se deben localizar en los ramales de importancia en las intersecciones de las mallas principales.

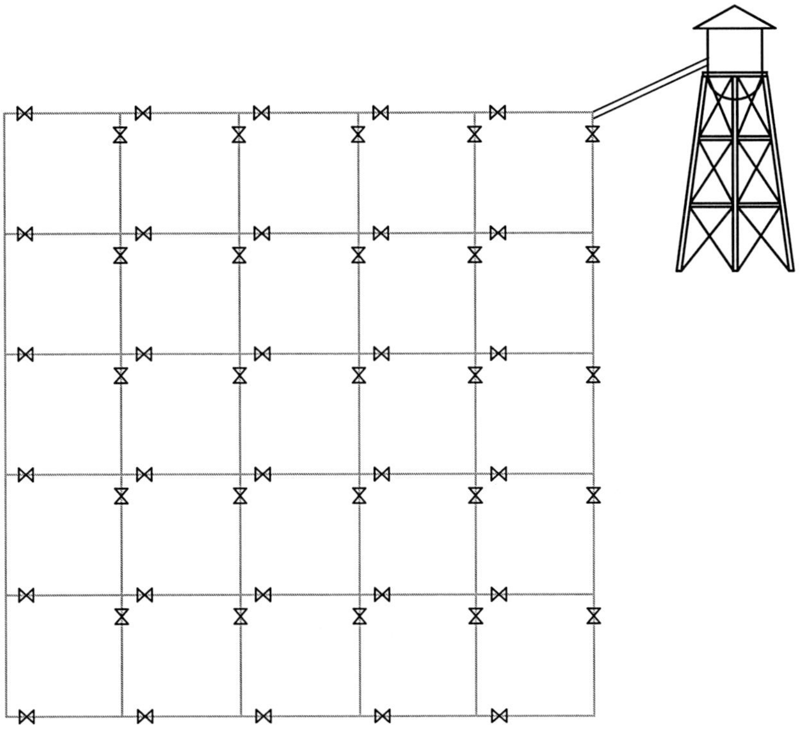

(b)
Red de distribución de acuerdo con la antigua norma colombiana (Instituto de Fomento Municipal, Insfopal, 1954). Con esta disposición de válvulas y tuberías se pueden aislar algunos sectores sin interrumpir el servicio en el resto de la ciudad. Este es el esquema original adoptado en muchas ciudades latinoamericanas.

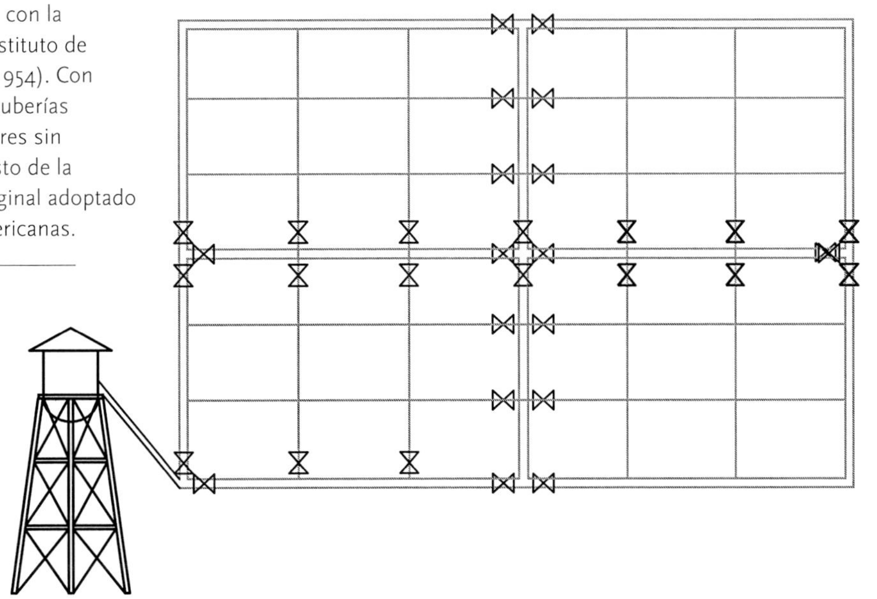

Figura 6.2 Tipos más comunes de redes de distribución de agua potable.

(c)
Red distribución de acuerdo con la norma brasileña. El sistema está compuesto por una red externa de tuberías principales con tuberías internas sin interconexión en los cruces, lo cual determina una menor cantidad de accesorios.

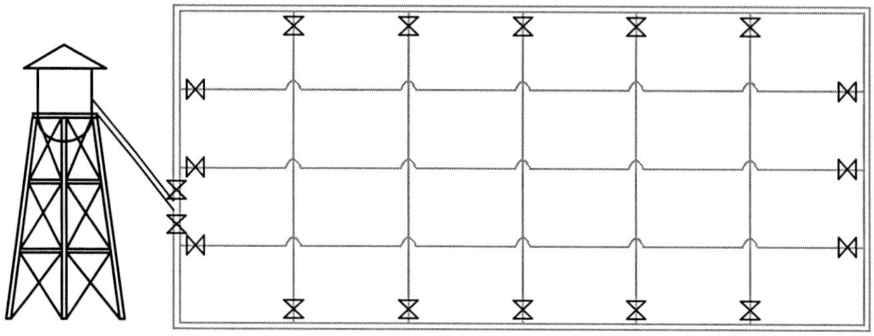

Figura 6.2 Tipos más comunes de redes de distribución de agua potable (continuación).

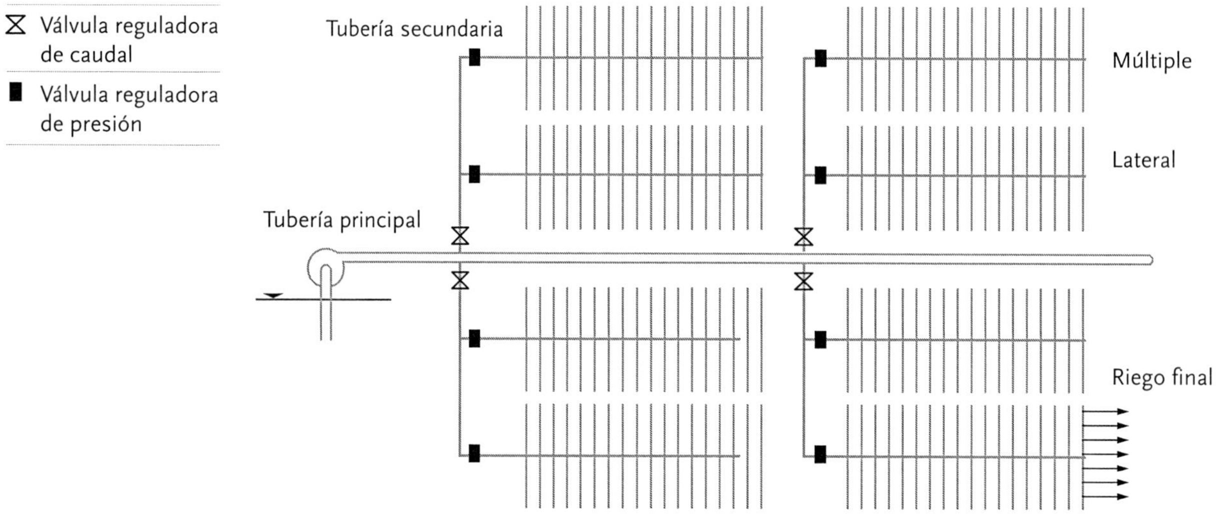

Figura 6.3 Red de riego. Las tuberías, a través de bifurcaciones permanentes, deben cubrir todo el terreno a regar. El área servida por cada válvula reguladora de caudal es un módulo de riego, mientras que el área servida por cada válvula reguladora de presión es un submódulo de riego.

El nombre de este tipo de redes obedece al hecho de que se asemejan a las redes de dendritas encontradas en las plantas, donde la savia que es consumida en un punto de una hoja solo puede recorrer un camino único desde la raíz. Las redes de este tipo encontradas en la ingeniería hidráulica incluyen, además de las redes de riego, las redes contra incendios en las edificaciones y las redes internas de abastecimiento de agua potable en las viviendas.

6.2 ANÁLISIS DE REDES ABIERTAS: BALANCE DE CANTIDAD

El objetivo específico de este capítulo es analizar las redes abiertas mediante el método de balance de cantidad, es decir, conservando la masa a lo largo de toda la red. Como principio se plantea que en cada una de las uniones o nudos de la red se debe cumplir la ecuación de continuidad, y en cada uno de los embalses o tanques se debe suministrar el caudal demandado.

En general, el problema consiste en determinar los diámetros y los caudales en cada una de las tuberías de la red para las condiciones permanentes de flujo y, a la vez, en comprobar que en cada uno de los embalses se cumplan las condiciones de demanda de caudal. En la **FIGURA 6.4** se muestra un esquema de este tipo de redes.

La red mostrada en la **FIGURA 6.4** sirve para establecer las ecuaciones utilizadas en el análisis. Tal como muestra la figura, el embalse A envía el agua a los embalses *B*, *C* y *D* a través de la tubería madre *AU* y luego a través de los ramales *UB*, *UC* y *UD*. Por consiguiente, las ecuaciones que se pueden plantear son:

Ecuación de pérdidas de energía en cada una de las tuberías de la red

Haciendo uso de la ecuación de Darcy-Weisbach y teniendo en cuenta las pérdidas menores como función de la altura de velocidad, esta ecuación es:

ECUACIÓN 6.1

$$|Z_i - Z_u| = \left(f_{iu}\frac{l_{iu}}{d_{iu}} + \sum k_{m\,iu}\right)\frac{{v_{iu}}^2}{2g} \qquad (i = A, B, C, D)$$

donde:

Z_u = altura piezométrica en la unión (siempre es una variable desconocida)
Z_i = altura piezométrica en el tanque *i*
v_{iu} = velocidad del flujo en la tubería *iu*
d_{iu} = diámetro de la tubería *iu*
l_{iu} = longitud de la tubería *iu*
f_{iu} = factor de fricción de Darcy para la tubería *iu*
$\Sigma k_{m_{iu}}$ = coeficiente global de pérdidas menores de la tubería *iu*

La Ecuación 6.1 se puede transformar así:

$$\left|Z_i - Z_u\right| = \left(\frac{f_{iu}l_{iu}}{2gd_{iu}} + \frac{\sum k_{m_{iu}}}{2g}\right)\frac{Q_{iu}^2}{A_{iu}^2}$$

$$Z_i - Z_u = k_{iu}Q_{iu}^2$$

donde k_{iu} se conoce como la conductividad de la tubería *iu*. Despejando Q_{iu} se obtiene la siguiente ecuación:

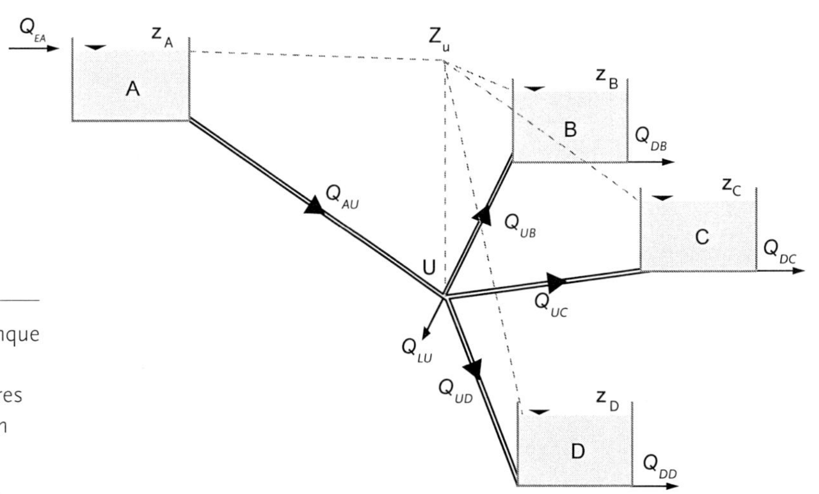

Figura 6.4 Red abierta conectando un tanque de suministro (A), al cual entra el caudal total demandado por el sistema (Q_{EA}), y tres tanques de almacenamiento (*B*, *C* y *D*) con sus respectivas demandas (Q_{DB}, Q_{DC}, Q_{DD}).

ECUACIÓN 6.2

$$Q_{ij} = \left(\frac{(Z_{uj} - Z_i)}{\sum K_{mij} + f \frac{l_{ij}}{d_{ij}}} \right)^{1/2} \sqrt{2g} A_{ij}$$

Ecuación de conservación de la masa en la unión o nudo *U*

Si a la unión bajo análisis llegan o parten NT tuberías la ecuación de conservación de la masa en dicha unión es:

ECUACIÓN 6.3

$$\sum_{i=1}^{NT} Q_{iu} - Q_{Lu} = 0$$

donde:

Q_{iu} = caudal en la tubería iu (se toma positivo si llega al nudo o como negativo si sale del nudo

NT = número de tuberías que llegan a la unión o nudo U

Q_{Lu} = caudal consumido en la unión (puede ser cero)

Con el uso de las anteriores ecuaciones y de los métodos y ecuaciones introducidos en los capítulos anteriores se pueden resolver los tres primeros tipos de problemas mencionados en el Capítulo 2, para el caso de redes abiertas. En este capítulo no se trata el problema de la calibración de una red abierta, por ser este un tema avanzado. Su análisis se incluye en el Capítulo 9, donde se habla de la calibración de los sistemas de distribución de agua potable.

6.3 COMPROBACIÓN DE DISEÑO EN REDES ABIERTAS

COMPROBACIÓN
Redes Abiertas

En este caso se conocen todos los diámetros de cada uno de los tubos matrices y de los ramales, así como el material en que están elaborados. El proceso de comprobación tiene como incógnitas los caudales que llegan a cada uno de los embalses. Los cálculos se hacen mediante un proceso iterativo (ver Diagrama de Flujo 17), el cual, a su vez, está basado en el algoritmo de comprobación del diseño de tubos simples (Diagrama de Flujo 1, Capítulo 2).

En todo proceso de comprobación de diseño las tuberías existen, por lo que se conocen todas las rugosidades, los coeficientes de pérdidas menores y las longitudes, además de los diámetros.

El proceso iterativo para la comprobación del diseño se basa en suponer las alturas piezométricas en cada una de las uniones y corregirlas progresivamente. Las variables e incógnitas del proceso son:

Variables	Incógnitas
$l(i,j)$	$Q(i.j)$
$k_s(i,j)$	Z_{uj}
$d(i,j)$	
$\Sigma k_m(i,j)$	
Z_i	
Q_{Lj}	
μ	
ρ	

En la lista anterior, el subíndice i representa los embalses (de los cuales existen n en el sistema) y el subíndice j representa las uniones (existen m en el sistema). Dado que las alturas piezométricas en las uniones son supuestas en la primera iteración, lo más probable es que en estas no se cumpla la ecuación de continuidad. Por consiguiente:

ECUACIÓN 6.4

$$\sum_{i=1}^{n} Q_{iu} - Q_{LU} = X_Q$$

donde:

X_Q = error de cierre de caudales en la unión.

Si x_Q no es lo suficientemente pequeño, la suposición en la altura piezométrica de cada unión debe corregirse, para lo cual se utiliza la metodología desarrollada por R. Featherstone en 1981 (Featherstone, 1983), basada en la modificación hecha por R.J. Cornish (1939-1940) al método de Hardy-Cross para el cálculo de redes cerradas (ver Capítulo 7).

Ronald Featherstone. Profesor titular. Departamento de Ingeniería Civil. Universidad de Newcastle upon Tyne, Inglaterra.

Si se supone que la altura piezométrica Z_{uj} de la unión j está subestimada o sobreestimada (en Δz_{uj} metros), la Ecuación 6.2 se convierte en:

ECUACIÓN 6.5

$$Q_{ij} = \left(\frac{(Z_{uj} - Z_i - \Delta Z_{uj}}{\sum k_{mij} + f\dfrac{l_{ij}}{d_{ij}}} \right)^{1/2} \sqrt{2g}A_{ij}$$

De donde se obtiene:

ECUACIÓN 6.6

$$Q_{ij} = \frac{\sqrt{2g}A_{ij}}{\left(\sum k_{mij} + f\dfrac{l_{ij}}{d_{ij}}\right)^{1/2}} \left((Z_{uj} - Z_i) - \Delta Z_{uj}\right)^{1/2}$$

Seleccionando el último término de la derecha de la Ecuación 6.6 y utilizando el teorema del binomio se obtiene lo siguiente:

$$\left|\left((Z_{uj} - Z_i) - \Delta Z_{uj}\right|\right)^{1/2} = (Z_{uj} - Z_i)^{1/2} - \frac{1}{2}(Z_{uj} - Z_i)^{-1/2}\Delta Z_{uj} + \frac{1}{8}(Z_{uj} - Z_i)^{-3/2}\Delta Z_{uj}^2$$
$$- \frac{1}{16}(Z_{uj} - Z_i)^{-5/2}\Delta Z_{uj}^3 + \frac{5}{128}(Z_{uj} - Z_i)^{-7/2}\Delta Z_{uj}^4 - \ldots$$

Eliminando los términos que involucran las potencias altas de Δz_{uj} por ser muy pequeños en comparación con los demás términos, se llega a:

ECUACIÓN 6.7

$$\left|\left((Z_{uj} - Z_i) - \Delta Z_{uj}\right|\right)^{1/2} = (Z_{uj} - Z_i)^{1/2} - \frac{1}{2}(Z_{uj} - Z_i)^{-1/2}\Delta Z_{uj}$$

Reemplazando esta última ecuación en la Ecuación 6.6 se obtiene:

$$Q_{ij} = \frac{\sqrt{2g}A_{ij}}{\left(\sum k_{mij} + f\dfrac{l_{ij}}{d_{ij}}\right)^{1/2}} \left((Z_{uj} - Z_i)^{1/2} - \frac{1}{2}(Z_{uj} - Z_i)^{-1/2}\Delta Z_{uj}\right)$$

Expandiendo el paréntesis se obtiene la siguiente ecuación:

$$Q_{ij} = \left(\frac{Z_{uj} - Z_i}{\sum k_{mij} + f\dfrac{l_{ij}}{d_{ij}}}\right)^{1/2} \sqrt{2g}A_{ij} - \frac{(Z_{uj} - Z_i)^{-1/2}\Delta Z_{uj}}{2\left(\sum k_{mij} + f\dfrac{l_{ij}}{d_{ij}}\right)^{1/2}}\sqrt{2g}A_{ij}$$

Para todas las tuberías que llegan a la unión j se puede plantear la siguiente ecuación:

$$\sum_{i=1}^{NTi} Q_{ij} - Q_{L_{Uj}} = 0$$

donde NT_i representa el número de tubos que llegan a la unión i.

Reemplazando los Q_{ij} se llega a:

$$\sum_{i=1}^{NT_i}\left[\left(\frac{Z_{uj}-Z_i}{\sum k_{m_i}+\frac{fl_{ij}}{d_{ij}}}\right)^{1/2}\sqrt{2g}A_{ij}-\left(\frac{(Z_{uj}-Z_i)^{-\frac{1}{2}}\Delta Z_{uj}}{2\left(\sum k_{m_i}+\frac{fl_{ij}}{d_{ij}}\right)^{\frac{1}{2}}}\right)\sqrt{2g}A_{ij}\right]-Q_{L_{Uj}}=0$$

En esta última ecuación se pueden identificar fácilmente los caudales Q_{ij} en cada una de las tuberías. Luego:

$$\sum_{i=1}^{NTi} Q_{ij} - Q_{L_{Uj}} - \frac{\Delta Z_{uj}}{2}\sum_{i=1}^{NTi}\frac{Q_{ij}}{Z_{uj}-Z_i} = 0$$

Finalmente, al despejar el factor de corrección para las alturas piezométricas en las uniones de la red abierta se obtiene:

ECUACIÓN 6.8

$$\Delta Z_{uj} = \frac{2\left(\sum_{i=1}^{NTi} Q_{ij} - Q_{L_{uj}}\right)}{\sum_{i=1}^{NTi}\frac{Q_{ij}}{Z_i - Z_{uj}}}$$

En el proceso iterativo mostrado en el Diagrama de Flujo 17 se tiene que:

- m representa el número de uniones
- n_j el número de embalses conectados a la unión j
- E el error permisible en el proceso de corrección de la altura piezométrica en las uniones
- E_u el error permisible en la diferencia de alturas piezométricas en dos iteraciones sucesivas en las uniones.

Los errores deben ser especificados por el diseñador. En las ecuaciones de continuidad es necesario tener en cuenta que los caudales son positivos si fluyen hacia la unión y negativos si fluyen desde esta.

Al igual que en los capítulos anteriores, todos los diagramas de flujo presentados en este capítulo se encuentran programados en la Hoja Electrónica n.° 5 y en los programas Comprobación redes abiertas y Diseño de redes abiertas, los cuales se encuentran en la página web del libro.

En el siguiente ejemplo se ilustra la comprobación de diseño en las redes abiertas y el uso del Diagrama de Flujo 17.

EJEMPLO 6.1

Comprobación de diseño en redes abiertas

HOJA ELECTRÓNICA N.° 5
Comprobación de Diseño
Redes Abiertas

En la FIGURA 6.5 se muestra el esquema de una red abierta que forma parte del sistema de abastecimiento de agua potable de una población. Calcule los caudales que llegan a los embalses B, C, D y E. Todas las tuberías son de asbesto-cemento con una rugosidad absoluta de 0.03 mm. La viscosidad cinemática del agua es de 1.14×10^{-6} m²/s. Se puede suponer que no existen pérdidas menores.

Solución:

Mediante el Diagrama de Flujo 17 se obtienen los siguientes resultados:

COMPROBACIÓN · REDES ABIERTAS

Diagrama de Flujo 17
(Primera parte) Comprobación de diseño en redes abiertas.

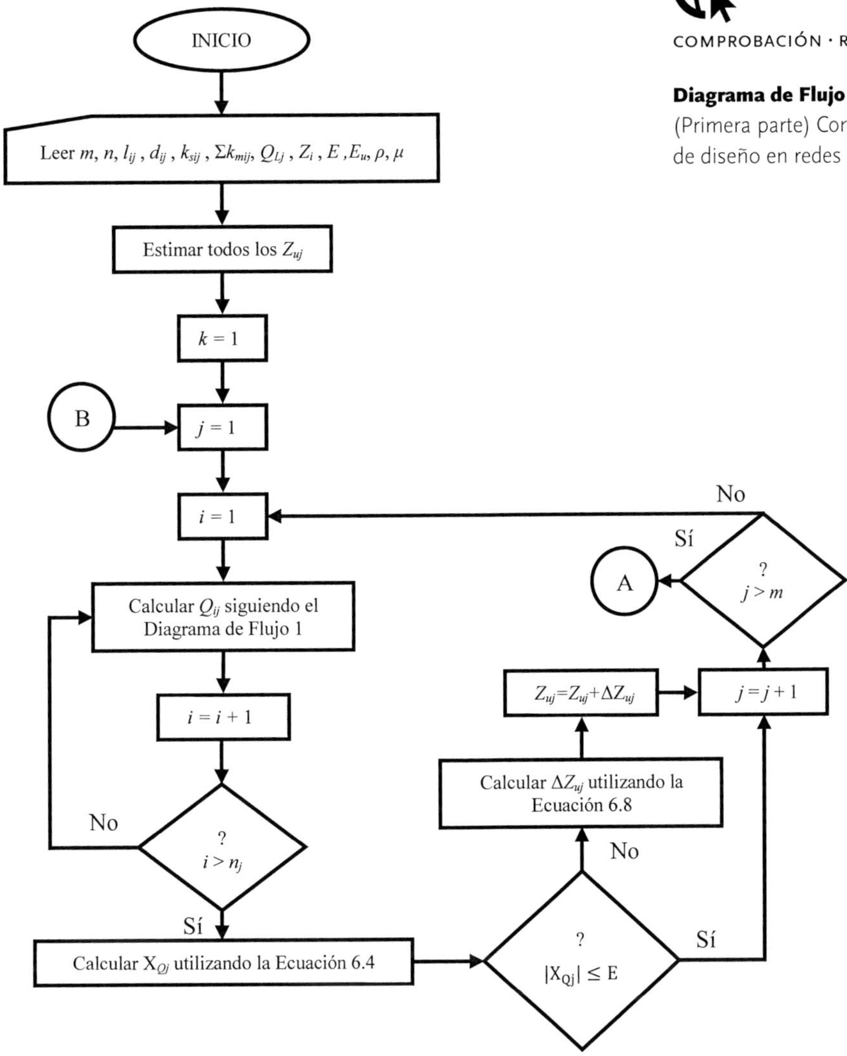

Primera iteración

Estimación de la altura piezométrica en las uniones

$$Z_{U1} = 35 \text{ m}$$
$$Z_{U2} = 20 \text{ m}$$

Cálculo de los caudales en los tubos que llegan a U1

Teniendo en cuenta la altura piezométrica supuesta para la unión *U*1, las alturas piezométricas totales, que pueden ser gastadas como pérdidas por fricción, para los tubos que llegan a esa unión son:

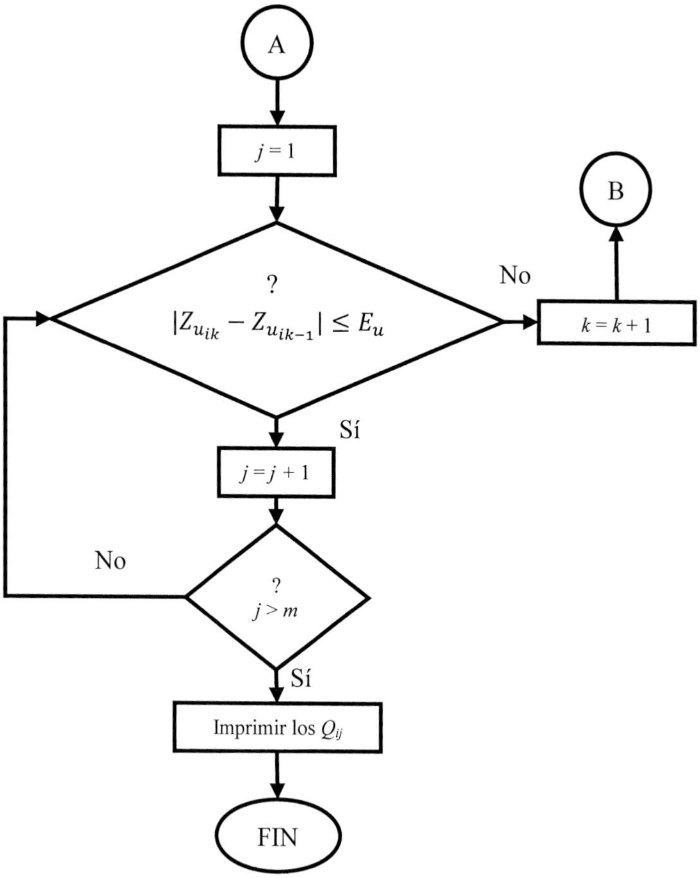

Diagrama de Flujo 17 (Continuación) Comprobación de diseño en redes abiertas.

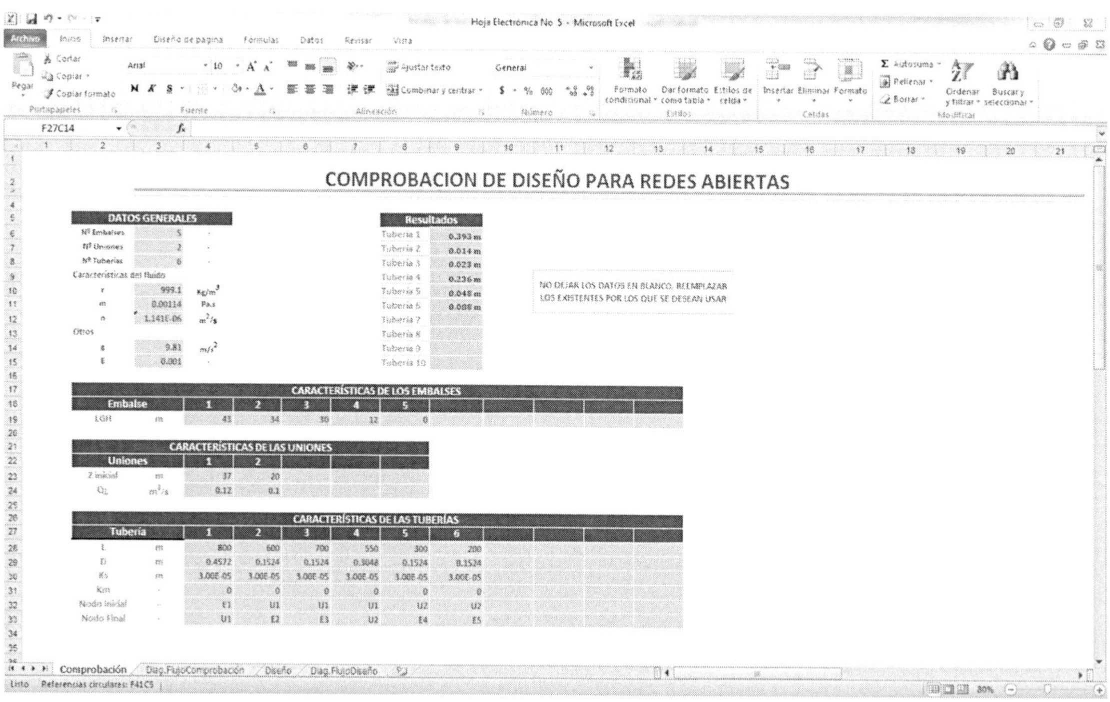

Hoja Electrónica n.° 5 – Comprobación de diseño de redes abiertas.

Tubo	Altura
A-*U*1	8.0 m
*U*1-*B*	1.0 m
*U*1-*C*	5.0 m
*U*1-*U*2	15.0 m

Con estas alturas piezométricas y siguiendo el Diagrama de Flujo 1 se obtienen los caudales mostrados a continuación:

Tubo	Caudal (L/s)
A-*U*1	416
*U*1-*B*	8.60
*U*1-*C*	19.11
*U*1-*U*2	243

Corrección de la altura piezométrica en la unión U1

Para calcular la corrección en la altura piezométrica de la unión *U*1 se utiliza la Ecuación 6.8:

ECUACIÓN 6.8

$$\Delta Z_{uj} = \frac{2\left(\sum_{i=1}^{4} Q_{ij} - Q_{L_{uj}}\right)}{\sum_{i=1}^{4} \frac{Q_{ij}}{Z_i - Z_{uj}}}$$

Reemplazando los valores obtenidos se puede calcular ΔZ_{U1}:

$$\Delta Z_{U1} = \frac{2(0.416 - 0.0086 - 0.01911 - 0.243 - 0.120)}{\frac{0.416}{8} + \frac{0.0086}{1} + \frac{0.01911}{5} + \frac{0.243}{15}} m$$

$$\Delta Z_{U1} = 0.627m$$

Luego, la nueva altura piezométrica en la unión *U*1 es:

$$Z_{U1} = 35m + 0.627m$$

$$Z_{U1} = 35.627m$$

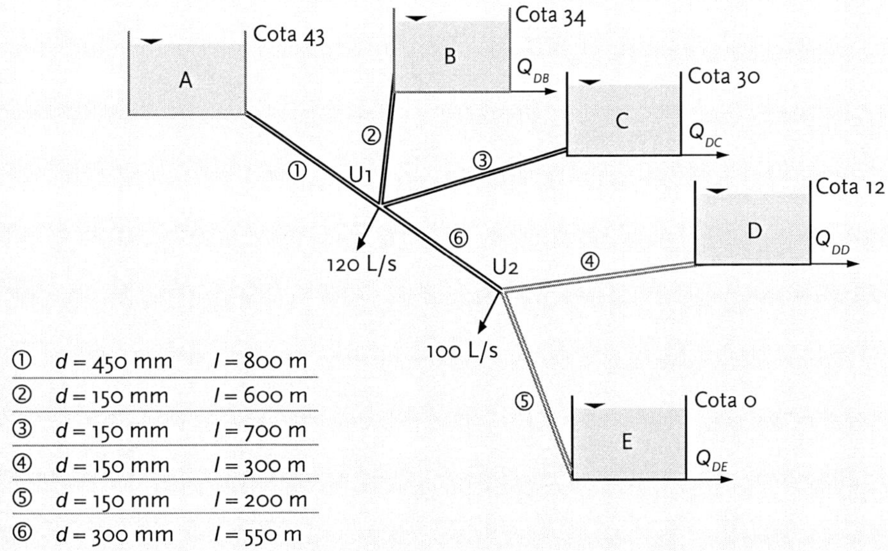

Figura 6.5 Comprobación de diseño de una red abierta.

Caudales en los tubos que llegan a U2

Teniendo en cuenta la altura piezométrica corregida para la unión *U1* y la supuesta para la *U2*, las alturas piezométricas totales (pérdidas por fricción) para los tubos que llegan a *U2* son:

Tubo	Altura
U1-2	15.627 m
U2-D	8.00 m
U2-E	20.00 m

Nuevamente se utiliza el Diagrama de Flujo 1 para obtener los siguientes caudales:

Tubo	Caudal (L/s)
U1-2	248
U2-D	38.7
U2-E	77.6

Corrección de la altura piezométrica en la unión U2

Mediante la Ecuación 6.8 se obtiene la siguiente corrección para la altura piezométrica en la unión *U2*:

$$\Delta Z_{U2} = \frac{2(0.248 - 0.0387 - 0.0776 - 0.1)}{\frac{0.248}{15.627} + \frac{0.0387}{8} + \frac{0.0776}{20}} m$$

$$\Delta Z_{U2} = 2.608m$$

Por consiguiente, la nueva altura piezométrica en la unión *U2* es:

$$Z_{U2} = 20m + 2.608m$$

$$Z_{U2} = 22.608m$$

Como las correcciones a las alturas piezométricas en las uniones son altas se procede a hacer una nueva iteración.

Segunda iteración

Los resultados para la segunda iteración se resumen en la Tabla 6.1:

Tabla 6.1 Resultados de la segunda iteración.

Unión	Tubo	Altura (m)	Caudal (L/s)	Δz (m)
U1	*A - U1*	7.373	398.5	
	U1 - B	1.627	11.27	
	U1 - C	5.627	20.4	
	U1 - U2	13.019	225.7	0.516
U2	*U1 - U2*	13.535	230.3	
	U2 - D	10.608	44.9	
	U2 - E	22.608	83	0.193

Las correcciones siguen siendo altas.

Tercera iteración

Debido a que las correcciones para las alturas piezométricas de las uniones después de la segunda iteración siguen siendo importantes (51.6 cm en *U1* y 19.3 cm en *U2*) es necesario hacer una tercera iteración. Los resultados de esta se muestran en la Tabla 6.2:

Tabla 6.2 Resultados de la tercera iteración.

Unión	Tubo	Altura (m)	Caudal (L/s)	Δz (m)
U1	*A* - *U1*	6.85	383.7	
	U1 - *B*	2.146	13.12	
	U1 - *C*	6.146	21.37	
	U1 - *U2*	13.32	228.51	0.0162
U2	*U1* - *U2*	13.34	228.66	
	U2 - *D*	10.83	45.48	
	U2 - *E*	232.83	83.17	0.0005

Tal como se puede apreciar en la Tabla 6.2, las correcciones a las alturas piezométricas de las uniones son muy pequeñas y, por consiguiente, el proceso puede parar. Los caudales en los tanques *B*, *C*, *D* y *E* son:

Embalse	*Q* (L/s)	Dirección
B	13.12	Desde *U1*
C	21.37	Desde *U1*
D	45.48	Desde *U2*
E	83.17	Desde *U2*

Discusión:

En el ejemplo resulta clara la bondad del método de Featherstone para la comprobación del diseño de redes abiertas, ya que el número de iteraciones requeridas para llegar a una precisión razonable es bajo. Este número es prácticamente independiente de las suposiciones iniciales que se hagan para la altura piezométrica en cada una de las uniones del sistema. Aun para redes abiertas complejas, con un alto número de uniones y embalses, la Ecuación 6.8 garantiza una convergencia en un máximo de 5 o 6 iteraciones.

6.4 CÁLCULO DE POTENCIA EN REDES ABIERTAS

Este tipo de problemas no son pertinentes para el cálculo de las redes abiertas, ya que la potencia siempre está dada por las alturas piezométricas de los tanques que van a ser interconectados, los cuales se conocen antes del proceso de diseño. Por lo general, su altura piezométrica está fijada por las condiciones topográficas de la ciudad en la que se planea construir la red. Cuando se trata de redes abiertas sí es usual instalar bombas con el fin de aumentar los caudales, razón por la cual este tema se trata más adelante.

6.5 DISEÑO DE REDES ABIERTAS

DISEÑO
Redes abiertas

En este tipo de diseño se conocen las demandas de caudales en cada uno de los embalses que van a ser interconectados, las cuales corresponden a las demandas de agua calculadas para la ciudad en la que se localizará la red. Se requiere conocer el diámetro de cada uno de los tubos matrices y de los ramales. Las variables e incógnitas, teniendo en cuenta que el número de uniones es m y el número de embalses es n, son:

Variables Conocidas	Incógnitas
L_{ij}	d_{ij}
k_{sij}	Z_j (uniones)
k_{mij}	
Q_{Li}	
m	
r	
P	
Z_j (embalses)	
QDi (uniones)	

La numeración de los embalses y de las uniones (nudos) de la red puede hacerse de acuerdo con la FIGURA 6.6.

Antes de iniciar el proceso es necesario establecer bien la topología de la red, es decir, de los tubos que ella posee. Por ejemplo, para la red mostrada en dicha figura, la topología de los tubos es la siguiente:

Tubos existentes	Tubos no existentes
1,*U*1	2,*U*2
2,*U*1	3,*U*2
3,*U*1	5,*U*1
4,*U*1	6,*U*1
*U*1,*U*2	.
5,*U*2	.
6,*U*2	.

Conocida la geometría de la red, el cálculo de los diámetros es simple. El proceso se muestra en el Diagrama de Flujo 18, el cual se basa en el Diagrama de Flujo 4 desarrollado para el diseño de tuberías simples en el Capítulo 2. La variable n_j representa el número de tubos que llega a la unión j. Para entender el proceso, sígase el Ejemplo 6.2.

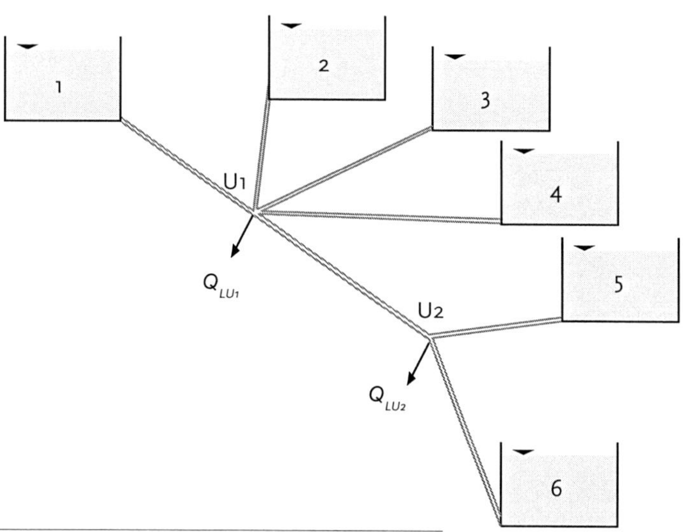

Figura 6.6 Numeración de embalses y nudos (uniones) para el diseño de una red abierta.

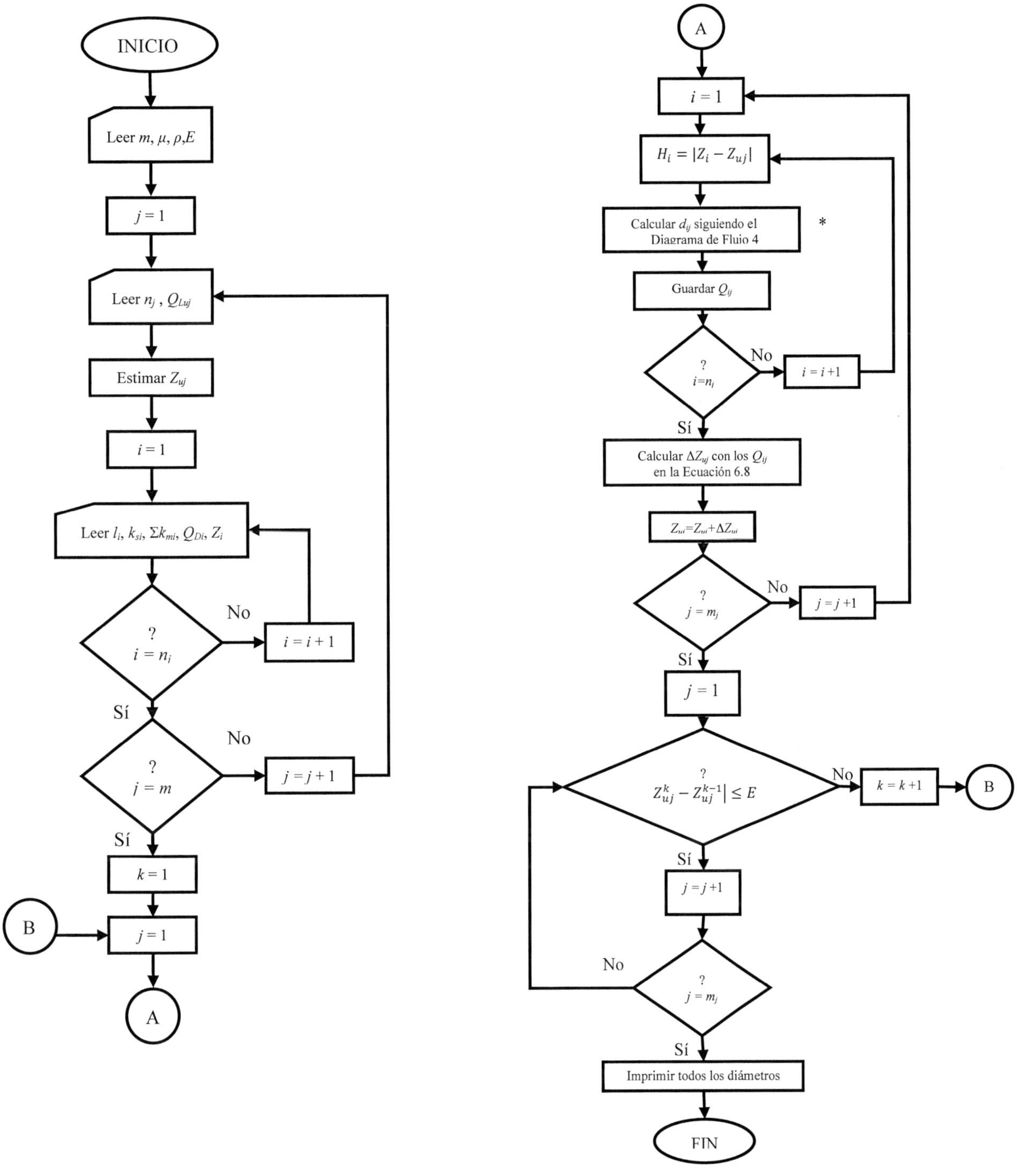

DISEÑO · REDES ABIERTAS

Diagrama de Flujo 18
Diseño de redes abiertas.

* O la metodología de Hazen-Williams del Ejemplo 3.4.

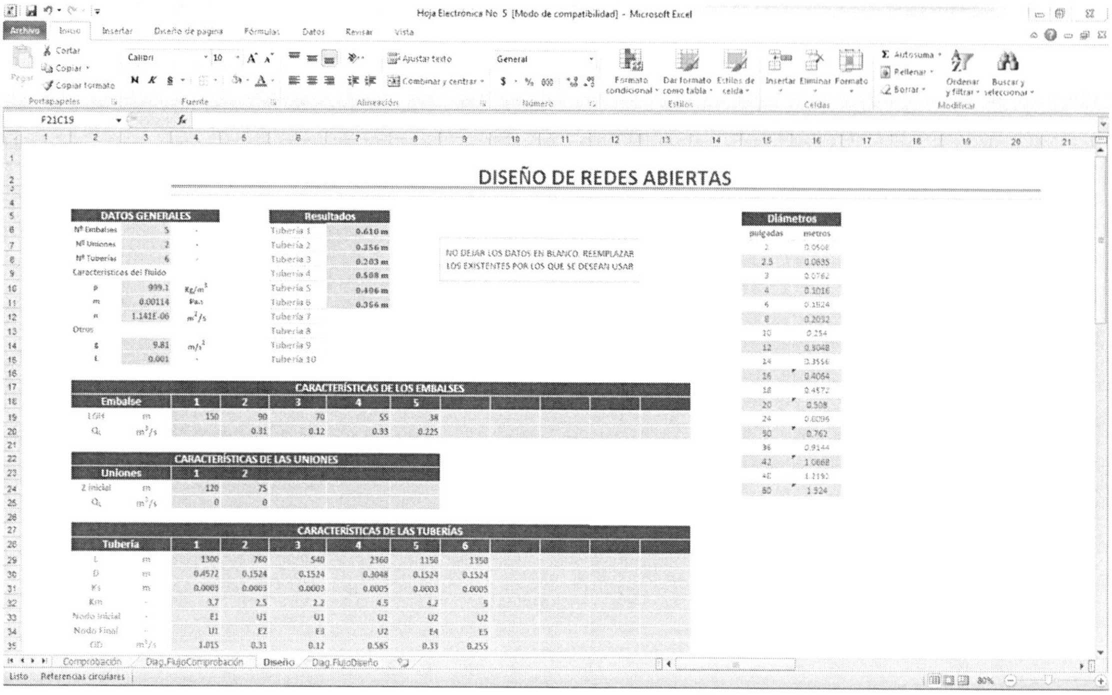

Hoja Electrónica n.° 5 – Diseño de redes abiertas, datos iniciales.

EJEMPLO 6.2

Diseño de una red matriz

HOJA ELECTRÓNICA N.° 5
Diseño de Redes Abiertas

El sistema de distribución de agua potable de una ciudad hipotética tiene como una de sus partes componentes el sistema de tubos matrices mostrado en la FIGURA 6.7. Suponiendo que el *datum* se localiza en la cota 1550 msnm., calcular el diámetro requerido para cada uno de los tubos ($\nu = 1.14 \times 10^{-6}\,m^2/s$).

Teniendo en cuenta el *datum*, las alturas piezométricas en cada uno de los tanques son las siguientes:

$$Z_1 = 150m$$
$$Z_2 = 90m$$
$$Z_3 = 70m$$
$$Z_4 = 55m$$
$$Z_5 = 38m$$

Por otro lado, los datos para cada uno de los tubos que conforman la red abierta son los siguientes:

Tubo	Material	k_s (m)	l (m)	k_m (-)
1-*U*1	Concreto	0.0003	1300	3.7
*U*1-2	Concreto	0.0003	760	2.5
*U*1-3	Concreto	0.0003	540	2.2
*U*1-*U*2	Acero	0.0005	2360	4.5
*U*2-4	Concreto	0.0003	1150	4.2
*U*2-5	Acero	0.0005	1350	5.0

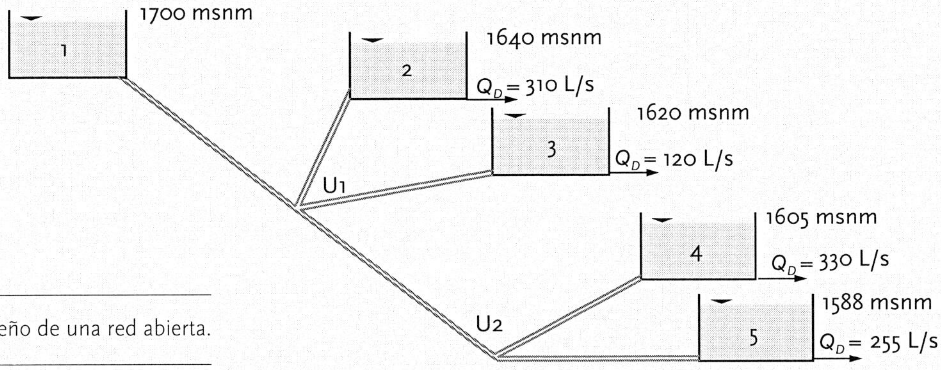

Figura 6.7 Ejemplo del diseño de una red abierta.

Solución:

Si se sigue el Diagrama de Flujo 18 se obtienen los siguientes resultados:

Suposición original (alturas piezométricas iniciales en los nudos):

$$Z_{U1} = 120 \text{ m} ; Z_{U2} = 75 \text{ m}$$

Primera iteración

Unión U1

Los tubos que llegan o salen de la Unión 1 son:

Tubo 1-*U*1. De acuerdo con el Diagrama de Flujo 4, para este tubo se tiene:

$$h_{f1} = H = Z_1 - Z_{U1} = 150m - 120m = 30m$$

Los resultados obtenidos para el diseño de este tubo son:

h_f (m)	d (mm)	v (m/s)	Q (m³/s)	Σh_m (m)
30.000	150	1.674	0.0296	0.529
30.000	200	2.013	0.0632	0.764
30.000	250	2.319	0.1138	1.014
30.000	300	2.601	0.1838	1.276
30.000	350	2.865	0.2756	1.548
30.000	400	3.114	0.3913	1.829
30.000	450	3.351	0.5329	2.117
30.000	500	3.577	0.7023	2.413
30.000	600	4.004	1.1320	3.023
26.977	600	3.795	1.0731	2.716
27.284	600	3.817	1.0792	2.747
27.253	600	3.815	1.0786	2.744
27.256	600	3.815	1.0786	2.744
27.256	600	3.815	1.0786	2.744
27.256	600	3.815	1.0786	2.744

Tubo *U*1-2 $h_{f1} = H = Z_{U1} - Z_2 = 120m - 90m = 30m$

h_f (m)	d (mm)	v (m/s)	Q (m^3/s)	Σh_m (m)
30.000	150	2.198	0.0388	0.616
30.000	200	2.641	0.0830	1.315
30.000	250	3.041	0.1493	1.178
30.000	300	3.410	0.2411	2.193
30.000	350	3.756	0.3613	1.797
28.203	350	3.640	0.3503	1.689
28.311	350	3.647	0.3509	1.695
28.305	350	3.647	0.3509	1.695

Tubo *U*1-3 $h_{f1} = H = Z_{U1} - Z_3 = 120m - 70m = 50m$

h_f (m)	d (mm)	v (m/s)	Q (m^3/s)	Σh_m (m)
50.000	150	3.381	0.0598	1.282
50.000	200	4.060	0.1275	1.848
48.152	200	3.983	0.1251	1.779
48.221	200	3.986	0.1252	1.782
48.218	200	3.986	0.1252	1.782
48.218	200	3.986	0.1252	1.782

Tubo *U*1-U2 $h_{f1} = H = Z_{U1} - Z_{U2} = 120m - 75m = 45m$

h_f (m)	d (mm)	v (m/s)	Q (m^3/s)	Σh_m (m)
45.000	150	1.425	0.0252	0.466
45.000	200	1.717	0.0539	0.676
45.000	250	1.981	0.0972	0.900
45.000	300	2.224	0.1572	1.135
45.000	350	2.452	0.2359	1.379
45.000	400	2.668	0.3352	1.632
45.000	450	2.873	0.4569	1.893
45.000	500	3.069	0.6025	2.160
42.840	500	2.994	0.5878	2.055
42.945	500	2.997	0.5885	2.060
42.940	500	2.997	0.5885	2.060

Corrección en la altura piezométrica de la unión U1

Ahora, utilizando la ecuación de continuidad para el nudo *U*1, junto con la ecuación de corrección para la altura piezométrica en el mismo (Ecuación 6.8), se obtienen los siguientes resultados:

$$\sum Q_{ij} = (1.0786 - 0.3509 - 0.1252 - 0.5885)m^3/s = 0.014\,m^3/s$$

Corrección de Z_{U1}:

$$\Delta Z_{U1} = \frac{2 \times \left(\sum Q_{ij}\right)}{\sum \left(\dfrac{Q_{ij}}{Z_i - Z_j}\right)}$$

$$\Delta Z_{U1} = \frac{2\times(0.014)}{\left(\frac{1.0786}{30}+\frac{0.3509}{30}+\frac{0.1252}{50}+\frac{0.5885}{45}\right)} = 0.44m$$

Luego:

$$Z_{U1} = 120m + 0.44m = 120.44m$$

Una vez que se ha corregido la altura piezométrica para el nudo *U1*, el proceso debe seguir de acuerdo con el Diagrama de Flujo 18. A partir de este momento, con propósitos de ahorro de espacio, para cada tubo solo se muestran los resultados para la convergencia en la altura piezométrica de pérdidas por fricción.

Unión U2

Tubo	H (m)	h_f (m)	d (mm)	v (m/s)	Q (m^3/s)	Σh_m (m)
U1-U2	45.44	43.363	500	3.012	0.591	2.081
U2-4	20	18.344	450	2.781	0.442	1.656
U2-5	37	34.917	350	2.859	0.275	2.083

Corrección de la altura piezométrica en la unión U2

Ecuación de continuidad:

$$\sum Q_{ij} = (0.591 - 0.442 - 0.275)m^3/s = -0.126m^3/s$$

Corrección de z_{U2}:

$$\Delta Z_{U2} = \frac{2\times(-0.126)}{\left(\frac{0.591}{45.44}+\frac{0.442}{20}+\frac{0.275}{37}\right)} = -5.92m$$

Luego:

$$Z_{U2} = 75m - 5.92m = 69.08m$$

Debido a que las correcciones en las alturas piezométricas en las dos uniones son altas se hace una segunda iteración.

Segunda iteración

Unión U1

Tubo	H (m)	h_f (m)	d (mm)	v (m/s)	Q (m^3/s)	Σh_m (m)
1-U1	29.556	26.852	600	3.786	1.0706	2.704
U1-2	30.444	28.724	350	3.674	0.3535	1.720
U1-3	50.444	48.647	200	4.004	0.1258	1.798
U1-U2	51.364	49.011	500	3.203	0.6289	2.353

Corrección de la altura piezométrica en la unión U1:
Ecuación de continuidad:

$$\sum Q_{ij} = (1.0706 - 0.3535 - 0.1258 - 0.6289) = -0.038\, m^3/s$$
$$\Delta Z_{U1} = -1.20m$$

Luego:

$$Z_{U1} = 120.44m - 1.20m = 119.24m$$

Unión U2

Tubo	H (m)	h_f (m)	d (mm)	v (m/s)	Q (m³/s)	Σh_m (m)
U1-U2	50.161	47.863	500	3.165	0.6215	2.298
U2-4	14.080	12.918	450	2.329	0.3705	1.161
U2-5	31.080	29.043	400	2.835	0.3562	2.048

Corrección de la altura piezométrica en la unión U2
Ecuación de continuidad:

$$\sum Q_{ij} = (0.6215 - 0.3705 - 0.3562)m^3/s = -0.105\, m^3/s$$
$$\Delta Z_{U2} = -4.19m$$

Luego:

$$Z_{U2} = 69.08 - 4.19m = 64.89m$$

Debido a que las correcciones en las alturas piezométricas en las dos uniones siguen siendo altas se hace una tercera iteración.

Tercera iteración
Unión U1

Tubo	H (m)	h_f (m)	d (mm)	v (m/s)	Q (m³/s)	Σh_m (m)
1-U1	30.760	27.946	600	3.863	1.0923	2.814
U1-2	29.240	27.588	350	3.600	0.3464	1.652
U1-3	49.240	47.486	200	3.955	0.1243	1.754
U1-U2	54.350	51.859	500	3.295	0.6470	2.491

Corrección de la altura piezométrica en la unión U1:
Ecuación de continuidad:

$$\sum Q_{ij} = (1.0923 - 0.3464 - 0.1243 - 0.6470) = -0.025\, m^3/s$$
$$\Delta Z_{U1} = -0.82m$$

Luego:

$$Z_{U1} = 119.24m - 0.82m = 118.42m$$

Unión U2

Tubo	H (m)	h_f (m)	d (mm)	v (m/s)	Q (m³/s)	Σh$_m$ (m)
U1-U2	53.530	51.077	500	3.270	0.6421	2.453
U2-4	9.890	8.974	500	2.068	0.4061	0.916
U2-5	26.890	25.120	400	2.635	0.3311	1.770

Corrección de la altura piezométrica en la unión U2:
Ecuación de continuidad:

$$\sum Q_{ij} = (0.6421 - 0.4061 - 0.3311) = -0.095\, m^3/s$$
$$\Delta Z_{U2} = -2.91m$$

Luego:

$$Z_{U2} = 64.89m - 2.91m = 61.98m$$

Debido a que las correcciones en las alturas piezométricas en las dos uniones siguen siendo altas se hace una cuarta iteración.

Cuarta iteración

Unión U1

Tubo	H (m)	h_f (m)	d (mm)	v (m/s)	Q (m³/s)	Σh$_m$ (m)
1-U1	31.580	28.690	600	3.915	1.1069	2.890
U1-2	28.420	26.815	350	3.549	0.3415	1.605
U1-3	48.420	46.695	200	3.922	0.1232	1.725
U1-U2	56.440	53.853	500	3.358	0.6594	2.587

Corrección de la altura piezométrica en la unión U1:
Ecuación de continuidad:

$$\sum Q_{ij} = (1.1069 - 0.3415 - 0.1232 - 0.6594) = -0.017\, m^3/s$$
$$\Delta Z_{U1} = -0.56m$$

Luego:

$$Z_{U1} = 118.42m - 0.56m = 117.86m$$

Unión 2

Tubo	H (m)	h_f (m)	d (mm)	v (m/s)	Q (m³/s)	Σh$_m$ (m)
U1-U2	55.880	53.319	500	3.342	0.6561	2.561
U2-4	6.980	6.337	500	1.734	0.340	0.643
U2-5	23.980	22.403	400	2.488	0.313	1.577

Corrección de la altura piezométrica en la unión U2:
Ecuación de continuidad:

$$\sum Q_{ij} = (0.6561 - 0.340 - 0.313) = -0.003\, m^3/s$$

$$\Delta Z_{U2} = 0.08m$$

Luego:

$$Z_{U2} = 61.98 + 0.08 = 62.06m$$

Dado que los Δz son pequeños (no hubo cambio en los diámetros entre la tercera y cuarta iteración general o ciclo), el proceso debe parar. Los resultados finales son:

TUBO	***d*** (mm)
1-*U*1	600
*U*1-2	350
*U*1-3	200
*U*1-*U*2	500
*U*2-4	500
*U*2-5	400

Discusión:

Al igual que en el caso de comprobación de diseño, el diseño de una red abierta parece converger muy rápidamente, aun para niveles de precisión altos en las alturas piezométricas de las uniones. Esto sugiere nuevamente que el criterio de Featherstone, expresado en la Ecuación 6.8, es el apropiado para este tipo de diseños. Sin embargo, es importante aclarar que el hecho de escoger las alturas piezométricas en los nudos, antes de iniciar el proceso, condiciona el resultado del diseño. Esto implica que puede existir una alta cantidad de diseños diferentes, cada uno de ellos cumpliendo con las restricciones hidráulicas; entonces, un buen diseño es aquel que no solo cumpla con esas restricciones sino que además sea el de mínimo coste.

En el proceso de diseño desarrollado de acuerdo con el Diagrama de Flujo 18, utilizado en el anterior ejemplo, se llega a un resultado definitivo básicamente en la cuarta iteración, debido a que al escoger las alturas piezométricas en las uniones el diseñador está precondicionando su resultado. Igual cosa sucedería en el diseño de cualquier sistema de tuberías con flujo a presión. Por consiguiente, en la etapa de suposición de las alturas piezométricas en los nudos, requerido en cualquier proceso de diseño de sistemas de tuberías, se debe tener una función de optimización que garantice que el diseño obtenido sea el de menor coste. Esto fue lo que hizo Wu al establecer la función objetivo para el diseño de tuberías en serie (ver Capítulo 5). Esta función de optimización debe incluir tanto los costes iniciales de la infraestructura como los costes de operación y mantenimiento a lo largo del horizonte de diseño del proyecto.

En los siguientes epígrafes se hace una introducción al diseño optimizado de redes de tuberías, tema que se ampliará en el Capítulo 8.

6.6 DISEÑO OPTIMIZADO DE REDES DE TUBERÍAS

En el Capítulo 5 se observó cómo los costes de infraestructura para las redes de tuberías fluyendo a presión están compuestos por el coste de las tuberías y sus accesorios y los costes de instalación, y cómo estos varían exponencialmente con el diámetro.

El diseño optimizado de las redes de tuberías consiste en utilizar la curva de costes del proyecto para hallar el diseño de menor coste. Con el fin de entender el problema y el efecto que sobre el diseño tiene la suposición inicial de las alturas piezométricas en los nudos, a continuación se desarrolla el diseño del Ejemplo 6.2 con seis suposiciones diferentes, incluyendo la inicial de dicho ejemplo. Para evaluar el coste de cada una de las redes abiertas que se obtienen se utiliza la ecuación descrita en el Capítulo 5.

ECUACIÓN 5.11

$$C = 1.0019 \times d^{1.8411}$$

donde el coste se encuentra en dólares americanos y el diámetro en mm.

EJEMPLO 6.3

Diseño optimizado de una red matriz (Extensión del Ejemplo 6.2)

El sistema de distribución de agua potable de una ciudad hipotética tiene como una de sus partes componentes el sistema de tubos matrices mostrado en la FIGURA 6.8. Suponiendo que el *datum* se localiza en la cota 1550 msnm., calcule el diámetro requerido para cada uno de los tubos, utilizando seis suposiciones diferentes para las alturas piezométricas en las uniones ($\nu = 1.14 \times 10^{-6}$ m/s²).

Teniendo en cuenta el *datum*, las alturas piezométricas en cada uno de los tanques son las siguientes:

$$Z_1 = 150m$$
$$Z_2 = 90m$$
$$Z_3 = 70m$$
$$Z_4 = 55m$$
$$Z_5 = 38m$$

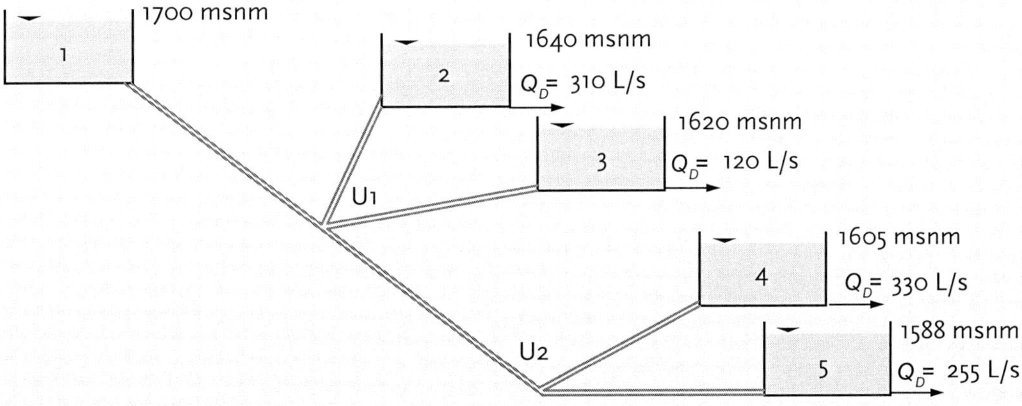

Figura 6.8 Ejemplo del diseño de una red abierta.

Por otro lado, los datos para cada uno de los tubos que conforman la red abierta son los siguientes:

Tubo	Material	k_s (m)	l (m)	k_m (-)
1-*U*1	Concreto	0.0003	1300	3.7
*U*1-2	Concreto	0.0003	760	2.5
*U*1-3	Concreto	0.0003	540	2.2
*U*1-*U*2	Acero	0.0005	2360	4.5
*U*2-4	Concreto	0.0003	1150	4.2
*U*2-5	Acero	0.0005	1350	5.0

Solución:

Si se sigue el Diagrama de Flujo 18 y el procedimiento del Ejemplo 6.2 se obtienen los siguientes resultados, para 6 suposiciones diferentes de alturas piezométricas en las dos uniones:

Suposición 1: alturas piezométricas iniciales en las uniones:

$$Z_{U1} = 120 \text{ m} \,;\, Z_{U2} = 75 \text{ m}$$

Los resultados obtenidos para este primer diseño son:

Tubos	d (mm)	$ por metro	$ tubería
1-*U*1	600	$ 247.52	$ 321 774.2
*U*1-2	350	$ 91.76	$ 69 735.01
*U*1-3	200	$ 32.75	$ 17 683.72
*U*1-*U*2	500	$ 176.94	$ 417 579.6
*U*2-4	500	$ 176.94	$ 203 481.59
*U*2-5	400	$ 117.33	$ 158 394.47
		TOTAL	$ 1 188 648.6

Suposición 2: alturas piezométricas iniciales en las uniones:

$$Z_{U1} = 100 \text{ m} \,;\, Z_{U2} = 70 \text{ m}$$

Los resultados obtenidos para el segundo diseño son:

Tubos	d (mm)	$ por metro	$ tubería
1-*U*1	600	$ 247.52	$ 321 774.2
*U*1-2	400	$ 117.33	$ 89 170.22
*U*1-3	250	$ 49.39	$ 26 668.26
*U*1-*U*2	600	$ 247.52	$ 584 143.93
*U*2-4	400	$ 117.33	$ 134 928.62
*U*2-5	350	$ 91.76	$ 123 871.4
		TOTAL	$ 1 280 556.64

Suposición 3: alturas piezométricas iniciales en las uniones:

$$Z_{U1} = 140 \text{ m} \,;\, Z_{U2} = 80 \text{ m}$$

Los resultados obtenidos para el tercer diseño son:

Tubos	d (mm)	$ por metro	$ tubería
1-*U*1	750	$ 373.27	$ 485 257.49
*U*1-2	350	$ 91.76	$ 69 735.01
*U*1-3	200	$ 32.75	$ 17 683.72
*U*1-*U*2	500	$ 176.94	$ 417 579.6
*U*2-4	400	$ 117.33	$ 134 928.62
*U*2-5	350	$ 91.76	$ 123 871.4
		TOTAL	$ 1 249 055.85

Suposición 4: alturas piezométricas iniciales en las uniones:

$$Z_{U_1} = 125 \text{ m} \; ; Z_{U_2} = 120 \text{ m}$$

Los resultados obtenidos para el cuarto diseño son:

Tubos	d (mm)	$ por metro	$ tubería
1-*U*1	750	$ 373.27	$ 485 257.49
*U*1-2	350	$ 91.76	$ 69 735.01
*U*1-3	200	$ 32.75	$ 17 683.72
*U*1-*U*2	750	$ 373.27	$ 880 928.98
*U*2-4	350	$ 91.76	$ 105 520.08
*U*2-5	300	$ 69.08	$ 93 264.27
		TOTAL	$ 1 652 389.55

Suposición 5: alturas piezométricas iniciales en las uniones:

$$Z_{U_1} = 145 \text{ m} \; ; Z_{U_2} = 130\text{m}$$

Los resultados obtenidos para el quinto diseño son:

Tubos	d (mm)	$ por metro	$ tubería
1-*U*1	900	$ 522.17	$ 678 817.2
*U*1-2	300	$ 69.08	$ 52 504.33
*U*1-3	200	$ 32.75	$ 17 683.72
*U*1-*U*2	750	$ 373.27	$ 880 928.98
*U*2-4	350	$ 91.76	$ 105 520.08
*U*2-5	300	$ 69.08	$ 93 264.27
		TOTAL	$ 1 828 718.59

Suposición 6: alturas piezométricas iniciales en las uniones:

$$Z_{U_1} = 80\text{m} \; ; Z_{U_2} = 60\text{m}$$

Los resultados obtenidos para el sexto diseño son:

Tubos	d (mm)	$ por metro	$ tubería
1-*U*1	600	$ 247.52	$ 321 774.2
*U*1-2	400	$ 117.33	$ 89 170.22
*U*1-3	250	$ 49.39	$ 26 668.26
*U*1-*U*2	600	$ 247.52	$ 584 143.93
*U*2-4	400	$ 117.33	$ 134 928.62
*U*2-5	350	$ 91.76	$ 123 871.4
		TOTAL	$ 1 280 556.64

La tabla que se muestra a continuación presenta los diámetros obtenidos para las tuberías en cada uno de los diseños anteriores. En esta es evidente que los diseños son bastante diferentes entre sí, pero todos ellos cumplen con las restricciones hidráulicas del problema, es decir, todos abastecen las demandas en los tanques para las alturas de lámina de agua en cada uno de ellos.

Tubo	Diseño 1 Diámetros en mm	Diseño 2 Diámetros en mm	Diseño 3 Diámetros en mm	Diseño 4 Diámetros en mm	Diseño 5 Diámetros en mm	Diseño 6 Diámetros en mm
1-*U*1	600	600	750	750	900	600
*U*1-2	350	400	350	350	300	400
*U*1-3	200	250	200	200	200	250
*U*1-*U*2	500	600	500	750	750	600
*U*2-4	500	400	400	350	350	400
*U*2-5	400	350	350	300	300	350

Ahora, si se comparan los costes de los 6 diseños obtenidos, tal como se muestra en la siguiente tabla, se llega a la conclusión de que así se tenga un diseño que opera bien desde el punto de vista hidráulico, este podría llegar a ser mucho más costoso que otros diseños que también cumplan con todas las restricciones hidráulicas.

Resultados	
Diseño N.º	**Coste Total (US$)**
1	$1 188 648.60
2	$1 280 556.64
3	$1 249 055.85
4	$1 652 389.55
5	$1 828 718.59
6	$1 280 556.64

Para entender mejor estos resultados, en la FIGURA 6.9 se presenta un esquema de las alturas piezométricas de los dos tanques (embalses) extremos y de las dos uniones. Resulta claro que el diseño de menor coste es aquel cuya LGH se parece más a la línea recta que une las superficies de agua en los dos embalses extremos, mientras que el más costoso es aquel que mantiene su LGH muy por encima de dicha línea recta.

Resultados similares a los de este ejemplo se encuentran en cualquier sistema o red de tuberías. Esto sugiere que se debe tener una LGH objetivo antes de iniciar el diseño de cada una de las tuberías del sistema, la cual debe basarse en aspectos hidráulicos y topológicos de la red y en la ecuación de costes de las tuberías. Este tipo de función objetivo es necesaria debido al altísimo número de alternativas que cumplirán con las restricciones hidráulicas. Es necesario optimizar el diseño.

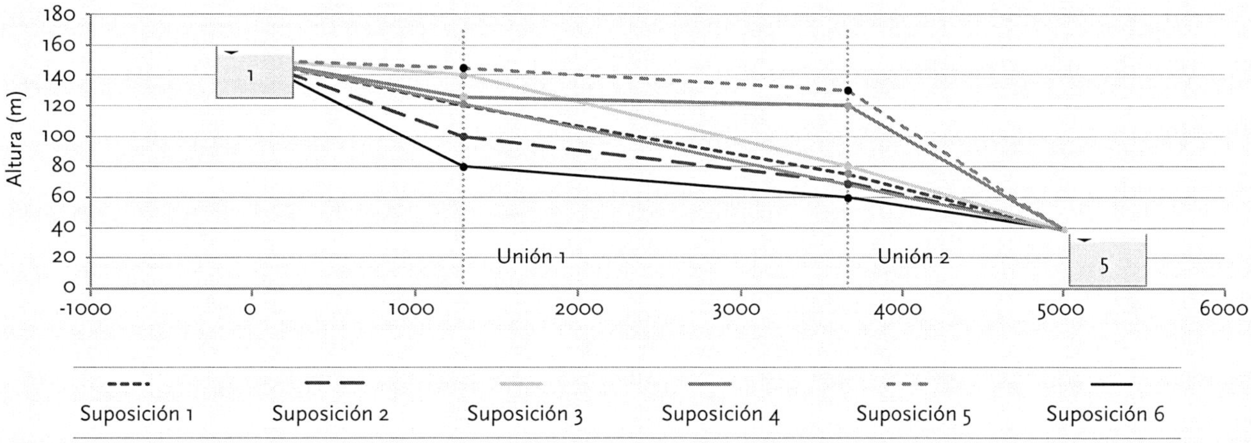

Figura 6.9 Esquema de la línea piezométrica para cada una de las suposiciones de altura piezométrica en las uniones.

Discusión:

Teniendo en cuenta los resultados de este ejemplo, es importante destacar que la suposición que llevó a un diseño de menor coste correspondió a aquella que se aproxima más a la línea recta que une las superficies de los dos embalses (línea continua), lo cual implica que en el diseño de redes abiertas la función objetivo para la línea piezométrica es similar a la del criterio de Wu para las tuberías en serie, introducido en el Capítulo 5. La pequeña diferencia encontrada es causada por el hecho de que los diámetros que pueden ser utilizados son discretos y no continuos.

El resultado del Ejemplo 6.3 sugiere que en el caso de las redes abiertas, utilizadas para los esquemas de abastecimiento de agua potable en ciudades grandes y medianas, se puede aplicar como criterio de diseño, o función objetivo de diseño, el tratar de obtener una línea piezométrica en las uniones semejante al concepto de LOGH introducido para el diseño óptimo de tuberías en serie en el capítulo anterior. En este caso, sin embargo, la topología de la red es diferente; no existe una sola rama, sino varias ramas, con lo cual se tendría diferentes LOGH para cada una de ellas. Con todas esas LOGH se podría obtener una Superficie Óptima de Gradiente Hidráulico –SOGH– que llevará al diseño óptimo de la red en pocas iteraciones. En el siguiente epígrafe se extiende, entonces, el concepto de LOGH al caso de las redes abiertas de tuberías.

6.6.1 Metodología de Superficie Óptima de Gradiente Hidráulico[1]

La metodología de Superficie Óptima de Gradiente Hidráulico (SOGH) es un método de diseño aplicable a los sistemas de tuberías fluyendo a presión con cualquier topología, cualquier topografía y con diferentes fuentes de abastecimiento, como es el caso de las redes abiertas, las redes de distribución de agua potable, las redes contra incendios en edificaciones y las redes de riego a presión, entre otros tipos de sistemas. La metodología

1 Esta metodología de diseño es un tema avanzado que el lector puede dejar de lado sin perder coherencia en el resto del capítulo.

SOGH es una expansión del criterio de Línea Óptima de Gradiente Hidráulico (LOGH) en tuberías en serie, expuesto en el capítulo anterior. La metodología se basa en determinar la LGH de cada nudo como base para determinar las pérdidas hidráulicas objetivo que tiene cada tubería y proceder a su diseño. El resultado es una red de mínimo coste.

Antes de iniciar las etapas de la metodología es importante establecer valores como la presión mínima requerida, los coeficientes de la función de costes, los diámetros comerciales disponibles y una ecuación de pérdidas por fricción (Darcy-Weisbach o Hazen-Williams). En este capítulo se hará uso de la ecuación de Darcy-Weisbach.

Las etapas que conforman la metodología se describen a continuación:

1. Asignación inicial de diámetros.

Con el fin de determinar la distancia topológica de un nudo a la fuente (distancia que recorre el agua desde un punto de almacenamiento antes de llegar a un nudo) es necesario conocer la hidráulica previa de la red, es decir, los sentidos de flujo del agua, por lo que es importante asignar inicialmente un diámetro a cada tubería. Se recomienda asignar el menor diámetro comercial disponible a todas las tuberías, lo que garantiza que la distribución de caudales sea lo más independiente posible del diseño y hace que el agua fluya de las fuentes de abastecimiento hacia los nudos y no en sentido contrario. Después de conocer la hidráulica de la red, es decir, qué caminos escoge el agua antes de llegar a un nudo, se calcula la distancia topológica de cada nudo.

Conociendo la distancia topológica se puede asignar a cada tubería un diámetro inversamente proporcional a esa distancia, es decir, cuanto más lejos se encuentre la tubería de la fuente de abastecimiento, menor debe ser su diámetro.

2. Estimación de la flecha óptima de la superficie de LGH vs abscisa.

La flecha óptima se calcula de la misma manera que en el caso de una serie de tuberías; sin embargo, debido a que se tiene una red y no una serie de tuberías la manera en la que se calcula el centroide de demandas, el coeficiente de uniformidad y la longitud del sistema,varían con respecto a la manera en la que se muestra en el Capítulo 5 para las series de tuberías con la metodología LOGH; a continuación se muestra la manera en la que deben ser calculados estos parámetros para el caso de las redes abiertas.

- Centroide de demandas:

$$\bar{x} = \frac{\frac{\sum_{i=0}^{NN} q_i d_{i\ Topológica}}{Q_{total}}}{d_{Topológica\ máxima}}$$

donde:

NN = número de nudos
q_i = caudal demandado en el nudo i
$d_{i\ Topológica}$ = distancia del nudo i con respecto a las fuentes de abastecimiento
Q_{total} = caudal total demandado en la red
$d_{topológica\ máxima}$ = distancia topológica del nudo más alejado de las fuentes de abastecimiento

- Coeficiente de uniformidad:

Se calcula con la Ecuación 5.15, considerando que:

$$l_1 = L * \bar{x}$$
$$l_2 = L - l_1$$

- Longitud total de una red de distribución:

En una red de distribución que se extiende en diferentes direcciones y que tiene múltiples ramificaciones la longitud total es más compleja de determinar que para el caso de una serie de tubos. Para el cálculo de Q^2/L^3 la longitud debe corresponder al recorrido total del agua en el sistema, por lo que esta se calcula como la suma de la longitud de todos los tubos.

$$L = \sum_{i=1}^{NT} l_i$$

donde NT corresponde al número de tubos y l_i a la longitud de cada uno.

Con estos indicadores se puede calcular la flecha siguiendo la metodología LOGH.

3. Cálculo de la superficie óptima de gradiente hidráulico:

En este paso se calcula la LGH ideal para cada nudo de la red. La superficie óptima de gradiente hidráulico está conformada por un conjunto de puntos con coordenadas (X, Y, LGH). Para calcular la SOGH se deben seguir los siguientes pasos.

a. Iniciar la LGH de todos los nudos en cero.
b. Determinar y asignar la fuente de abastecimiento de cada nudo. Esto se hace inyectando un trazador y simulando la hidráulica de la red. Si un nudo es abastecido por más de una fuente se le asigna aquella con mayor LGH.
c. Detectar los sumideros de la red, es decir, aquellos nudos que no alimentan a ningún otro nudo de la red.
d. Ordenar los sumideros de mayor a menor distancia topológica.
e. Recorrer los sumideros en el orden establecido en el paso d y para cada uno realizar los procedimientos descritos del paso g al j.
f. Iniciar el número de sumideros en 1.
g. Asignar a cada sumidero una LGH ideal que cumpla con la presión mínima y considerar la altura topográfica de cada nudo:

$$LGH_{IDEAL\,i} = Z_{sumidero\,i} + P_{min}$$

h. Identificar el embalse asignado al sumidero *i*.
i. Ajustar los coeficientes de la ecuación cuadrática que se utilizará para calcular la LGH óptima. Esta ecuación se puede reescribir de la siguiente manera para el caso de las redes en función de la distancia topológica D_i para cada nudo:

ECUACIÓN 5.19

$$LOGH(D_i) = \alpha D_i^2 + \beta D_i + \gamma$$

donde: $$\alpha = 4F\frac{(LOGH_{max} - LOGH_{min}}{d_{Topológica}i^2}$$

$$\beta = -(1+4F)\frac{(LOGH_{máx} - LOGH_{mín})}{d_{Topológica\,i}}$$

$$\gamma = LOGH_{máx}$$

j. Calcular las LGH para todos los nudos que están en la ruta de alimentación del sumidero *i*. Para esto se deben identificar los nudos padre de cada nudo (nudo que alimenta a otro nudo). Se calcula la LGH para este nudo, es un procedimiento recursivo que calcula la LGH para un nudo padre y a la vez calcula el LGH para los nudos padres de dicho nudo. Este procedimiento se repite hasta que se llega al embalse que alimenta al sumidero. La **FIGURA 6.10** muestra cuáles son los nudos padre de cada nudo. En el Diagrama de Flujo 19 se describe el procedimiento.

Es importante resaltar que un nudo al que se le recalcule el LGH, ya que es un nudo padre de algún otro sumidero, se le asignará el LGH mayor, es decir, que solo se cambiará el valor de este a menos que el nuevo valor sea mayor. Lo anterior garantiza que llegue agua a todos los nudos.

k. Cambiar al siguiente sumidero.

l. Realizar los pasos g al j hasta que se complete todo el número de sumideros.

4. Corregir las alturas topográficas si algún nudo no tiene la presión mínima.
5. Realizar el diseño con las LGH que se obtuvieron en el paso anterior.
6. Aproximar los diámetros a los diámetros discretos. Se puede hacer uso de las metodologías de optimización presentadas en el Capítulo 5.

El Diagrama de Flujo 20 esquematiza el proceso de diseño por medio de la metodología SOGH.

En el Ejemplo 6.4 se realiza el diseño de una red abierta haciendo uso de la metodología SOGH que sigue el Diagrama de Flujo 20.

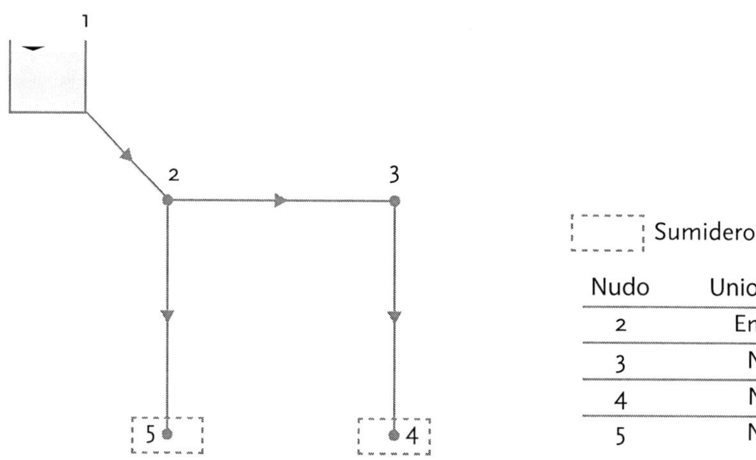

Nudo	Uniones padre
2	Embalse 1
3	Nudo 2
4	Nudo 3
5	Nudo 2

Figura 6.10 Asignación de nudos padre en una red abierta.

EJEMPLO 6.4

Diseñar la red del Ejemplo 6.2 (FIGURA 6.11) haciendo uso de la metodología SOGH.

A continuación se describe cada uno de los pasos descritos en el Diagrama de Flujo 19 y en el Diagrama de Flujo 20.

1. Asignación de diámetros proporcionales a la distancia topológica

Con el fin de calcular los diámetros iniciales, se calcula la distancia topológica en cada nudo; esta distancia consiste en la distancia desde el Embalse 1 hasta cada uno de los otros embalses.

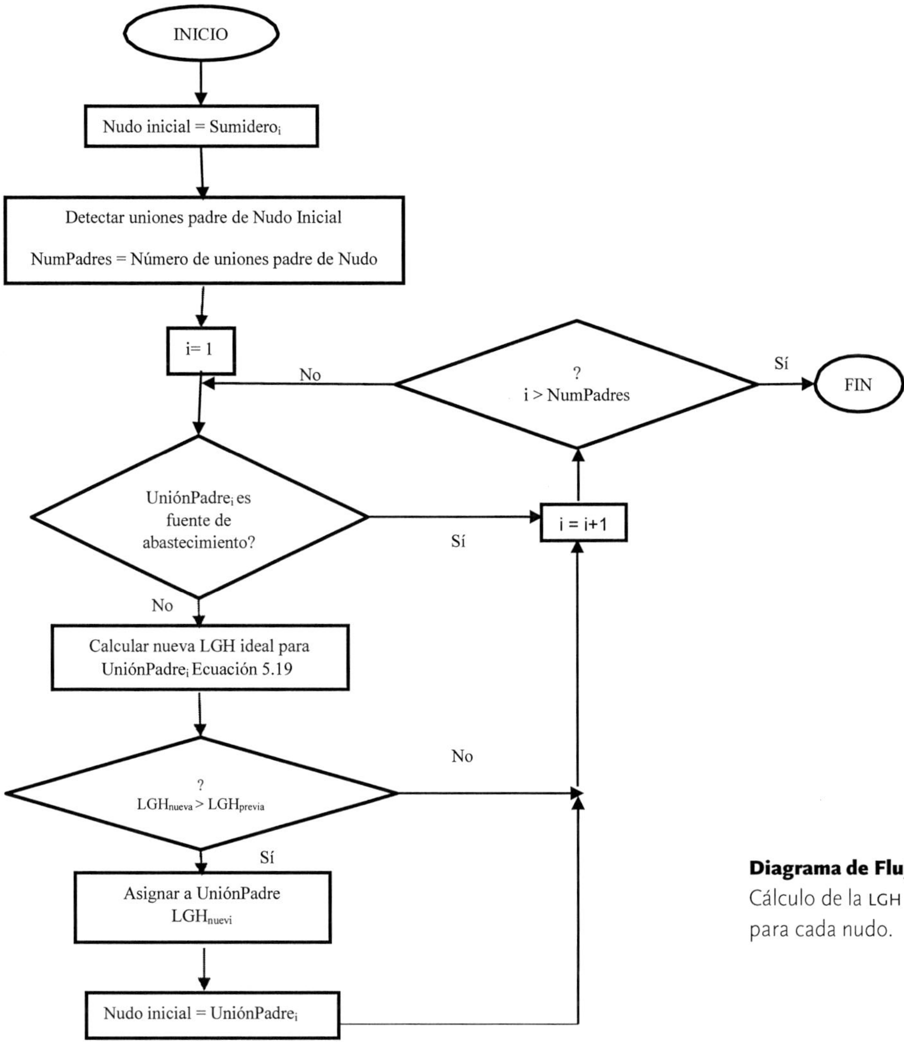

Diagrama de Flujo 19
Cálculo de la LGH óptima para cada nudo.

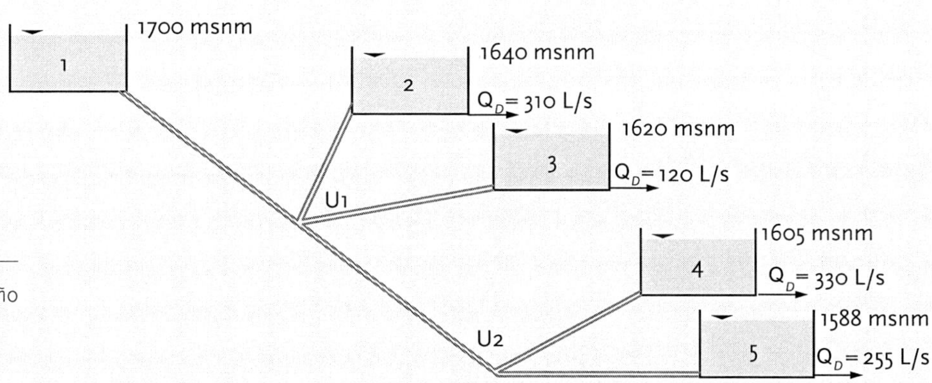

Figura 6.11 Ejemplo del diseño de una red abierta.

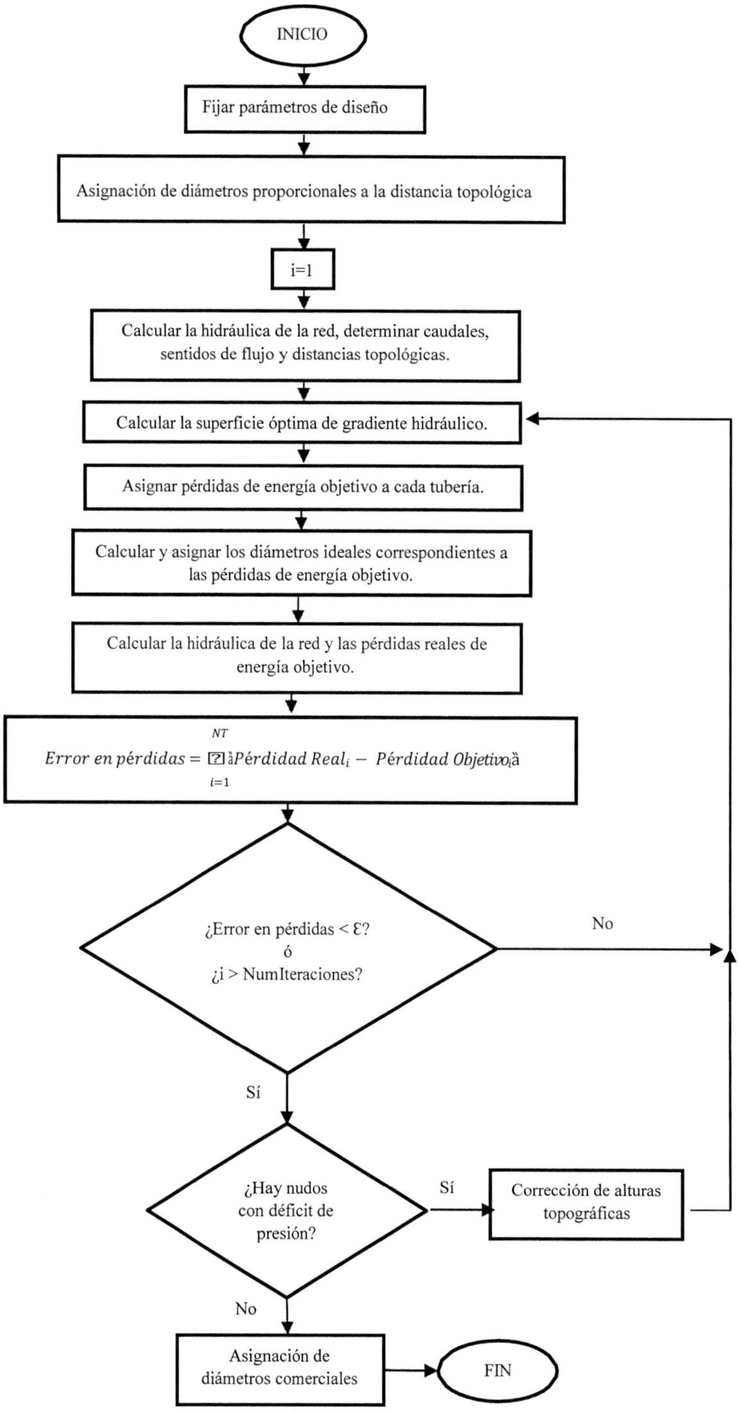

Diagrama de Flujo 20
Metodología SOGH.

Nudo	D_i (m)
*U*1	1300
Embalse 2	2060
Embalse 3	1840
*U*2	3660
Embalse 4	4810
Embalse 5	5010

Considerando estas distancias se asignan unos diámetros inversamente proporcionales a la distancia topológica.

Tubo	d (mm)
1-*U*1	500
*U*1-2	450
*U*1-3	400
*U*1-*U*2	350
*U*2-4	300
*U*2-5	250

2. **Cálculo de los sentidos de flujo**

Para determinar los sentidos de flujo siguiendo la metodología SOGH, se debe asignar a cada tubo el diámetro más pequeño. En este ejemplo, dado que los embalses 2, 3, 4 y 5 tienen un caudal demandado, se van a simular como nudos que tienen un caudal de consumo fijo y una altura topográfica equivalente a la elevación del agua con la que se cuenta en el embalse.

Asignando el diámetro más pequeño de la lista a cada uno de los tubos se obtienen los sentidos de flujo para cada tubo mostrados en la FIGURA 6.12.

3. **Cálculo de la Superficie Óptima de Gradiente Hidráulico.**

a. Cálculo del centroide de demandas utilizando la Ecuación 5.14.

$$\bar{x} = \frac{\dfrac{\sum_{i=0}^{NN} q_i D_{i\,Topológica}}{Q_{total}}}{D_{Topológica\ máxima}}$$

Nudo	D_i (m)	$q_i (m^3/s)$	$D_i * q_i$
*U*1	1300	0	0
Embalse 2	2060	0.31	638.6
Embalse 3	1840	0.12	220.8
*U*2	3660	0	0
Embalse4	4810	0.33	1587.3
Embalse5	5010	0.255	1277.55
Σ	MAX=5010	1.015	3724.25

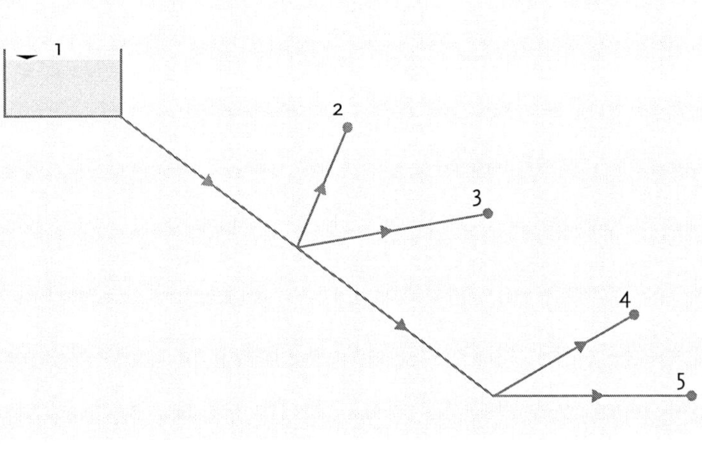

Figura 6.12 Sentidos de flujo para la red del ejemplo.

Luego:

$$\bar{x} = \frac{\dfrac{3724.25}{1.015\dfrac{m^3}{s}}}{5010m} = 0.7323$$

Se calcula el coeficiente de uniformidad utilizando la Ecuación 5.15. Las longitudes de los dos tramos se calculan utilizando los embalses inicial y final de la red abierta.

$$l_1 = L * \bar{x} = 5010m * 0.7323 = 3669.21m$$
$$l_2 = L - l_1 = 5010m - 3669.21m = 1340.78$$

Tramo 1:

Nudo	D_i (m)	q_i (m^3/s)	$D_i^* = \lvert D_i - L^*\bar{x}\rvert$	$q_i X D_i^*$
U1	1300	0	2369.2118	0
Embalse 2	2060	0.31	1609.2118	498.855
Embalse 3	1840	0.12	1829.2118	219.505
U2	3660	0	9.211	0
Σ		0.43		718.361

Luego, el centriode de demandas para el Tramo 1 se calcula reemplazando los valores calculados para obtener:

$$\overline{x_1} = \frac{\dfrac{\sum_{i=0}^{NN} q_i d^*{}_{i\,Topológica}}{Q_{total}}}{d_{Topológica\ máxima}} = \overline{x_1} = \frac{\dfrac{718.361\dfrac{m^3}{s} * m}{0.43\dfrac{m^3}{s}}}{5010\ m} = 0.333$$

Tramo 2:
Siguiendo un proceso similar para el Tramo 2 se obtiene:

Nudo	D_i (m)	q_i (m^3/s)	$D_i^* = \lvert D_i - L^*\bar{x}\rvert$	$q_i X D_i^*$
Embalse4	4810	0.33	1140.788	376.460
Embalse5	5010	0.255	1340.788	341.901
Σ		0.585		718.361

Centroide de demandas:

$$\bar{x}_2 = \frac{\dfrac{718.361\dfrac{m^3}{s} * m}{0.585\dfrac{m^3}{s}}}{5010\ m} = 0.245$$

Coeficiente de uniformidad:

$$CU = \overline{x_1}\frac{L_{tramo1}}{L_{total}} + \overline{x_2}\frac{L_{tramo2}}{L_{total}} = 0.333 * \frac{3669.21m}{5010m} + 0.254 * \frac{1340.78m}{5010m}$$

$$CU = 0.3098$$

b. Cálculo de la flecha óptima:

$$F = a + b\bar{x} + cCU_7 + dCU_7^2 = 0.0903 = 9.03\%$$

i. Corrección por el exponente de la función de costes (n):

i. $F_n = \alpha n^2 + \beta n + \gamma = 0.0907 = 9.07\%$

ii. Corrección por la relación Q^2/L^3:

a. $$Q^2/_{L^3} = \left(1.015\frac{m^3}{s}\right)^2 \Big/ (7460m)^3 = (2.482 * 10^{-12})\, m^3/_{s^2}$$

b. $$F_{Q^2/_{L^3}} = a\ln\frac{Q^2}{L^3} + b = 0.0819 = 8.19\%$$

c. Cálculo de la Superficie Óptima de Gradiente Hidráulico.

Se asigna una LGH equivalente a cero en todos los nudos. Para identificar el embalse que abastece a cada uno de los nudos se miran las direcciones de flujo en cada uno de los tubos (esto equivale a inyectar un trazador, técnica muy utilizada en la modelación matemática de redes de distribución de agua potable) y se determina que en este caso el Embalse 1 es el que abastece a todos los nudos de la red; es el único embalse que no tiene un caudal demandado.

Los sumideros son los nudos o embalses que no llevan agua a ningún otro nudo; en este caso se pueden identificar los sumideros y sus respectivas distancias topológicas ordenadas de mayor a menor, distancia que se muestra en la siguiente tabla.

Sumidero	D_i (m)
Embalse 5	5010
Embalse 4	4810
Embalse 2	2060
Embalse 3	1840

Tomando el sumidero con mayor distancia topológica se inicia el proceso de cálculo de la LGH ideal para cada nudo.

Para un embalse la presión mínima es la altura de la columna de agua en el embalse; por tanto la LGH para el Embalse 5 será:

$$LGH_{IDEAL\,1} = Z_{sumidero\,1} + P_{min} = 1550m + 38m = 1588m$$

La LGH del Embalse 1, el cual abastece al Embalse 5 (sumidero 1), es de 1700m; este será el valor máximo de la LGH que une al Embalse 1 con el Embalse 5. Por lo tanto, los coeficientes de la ecuación para obtener la LGH dentro de esa ruta son los siguientes:

ECUACIÓN 5.19

$$LOGH(D_i) = \alpha D_i^2 + \beta D_i + \gamma$$

donde:

$$\alpha = 4F\frac{(LOGH_{máx} - LOGH_{mín})}{d_{Topológica\,i}^{\,2}} = 4 * 8.19\%\frac{(1700m - 1588m)}{5010m^2} = 1.462 * 10^{-6}$$

$$\beta = -(1+4F)\frac{(LOGH_{máx} - LOGH_{mín})}{d_{Topológica\ i}} = (1+4*8.19\%)*\frac{1700m - 1588m}{5010m} = -0.0297$$

$$\gamma = 1700m$$

Los nudos padre para cada uno de los nudos que conforman la ruta desde el Embalse 1 hasta el Embalse 5 son los siguientes.

Nudo	Uniones padre
Embalse 5	*U2*
U2	*U1*
U1	Embalse 1

Siguiendo la Ecuación 5.19 con sus correspondientes coeficientes se obtienen las LGH para cada nudo en la ruta.

Nudo	D_i (m)	LGH (m)
Embalse 5	5010	1588.000
U2	3660	1610.954
U1	1300	1663.885
Embalse 1	0	1700

El sumidero 2 es el Embalse 4; la LGH para este será:

$$LGH_{IDEAL\ 1} = Z_{sumidero\ 1} + P_{min} = 1550m + 55m = 1605m$$

La ecuación para obtener las LGH ideales en la ruta desde el Embalse 1 hasta el Embalse 4 es la siguiente:

ECUACIÓN 5.19

$$LOGH(x) = \alpha d^2 + \beta d + \gamma$$

donde:

$$\alpha = 4F\frac{(LOGH_{máx} - LOGH_{mín})}{d_{Topológica\ i}^{\ 2}}\ 4*8.19\%\frac{(1700m - 1605m)}{4810m^2} = 1.345*10^{-6}$$

$$\beta = -(1+4F)\frac{(LOGH_{máx} - LOGH_{mín})}{d_{Topológica\ i}} = (1+4*8.19\%)*\frac{1700m - 1605m}{4810m} = -0.02$$

$$\gamma = 1700m$$

Los nudos padre para cada uno de los nudos que conforman la ruta desde el Embalse 1 hasta el Embalse 4 son los siguientes:

Nudo	Uniones padre
Embalse 4	*U2*
U2	*U1*
U1	Embalse 1

Siguiendo la Ecuación 5.19 con sus correspondientes coeficientes se obtienen los LGH para cada nudo en la ruta.

Nudo	D_i (m)	LGH (m)
Embalse 4	4810	1605.000
*U*2	3660	1622.049
*U*1	1300	1668.184
Embalse 1	0	1700.000

Dado que al calcular la altura para las Uniones 1 y 2 se obtienen LGH diferentes, se les asigna el valor mayor con el fin de que llegue el agua a todos los nudos; por tanto la altura en las uniones será la que se obtuvo para el Sumidero 2.

Después de realizar el mismo procedimiento para todos los sumideros y asignando a cada nudo la mayor LGH calculada, se obtienen los siguientes resultados.

Nudo	D_i (m)	LGH (m)
Embalse 1	0	1700
*U*1	1300	1668.183
Embalse 2	2060	1640
Embalse 3	1840	1620
*U*2	3660	1622.048
Embalse 4	4810	1605
Embalse 5	5010	1588

Con estos valores se calcula la pérdida objetivo en cada tubo y se realiza el diseño siguiendo el Diagrama de flujo 4. Los resultados se muestran a continuación:

Tubo	Caudal	h_{fi} (m)	d (m)	v (m)		h_{fr} (m)	h_{mr} (m)
1-*U*1	0.985	31.816	0.600	4.146	0.017	35.785	3.241
*U*1-2	0.31	28.184	0.350	3.222	0.019	22.148	1.323
*U*1-3	0.12	48.184	0.200	3.820	0.022	44.324	1.636
*U*1-*U*2	0.555	46.135	0.400	4.417	0.019	24.942	2.187
*U*2-4	0.33	17.049	0.400	2.626	0.019	8.897	0.773
*U*2-5	0.225	34.049	0.300	3.183	0.020	18.601	1.136

Con estos diámetros iniciales se realiza una comprobación del diseño (ver epígrafe 6.3) y se obtiene que algunos de los nudos (uniones) tienen presiones negativas. De ahí que sea necesario realizar una corrección por las alturas topográficas. Para esto se debe asignar una nueva LGH mínima; por consiguiente, se identifica el nudo con déficit de presión que tenga la mayor altura topográfica. En este caso es el Embalse 4 con una altura de 1605 m; por lo tanto el nuevo LGH es:

$$LGH_{min} = 1605m$$

La distancia topológica máxima, desde el Embalse 1, de los nudos con presiones negativas es la del Embalse 5, que se encuentra a una distancia de 5010 m de dicho embalse. Con estos dos valores se calculan nuevamente los coeficientes de la Ecuación 5.19.

ECUACIÓN 5.19

$$LOGH(D_i) = \alpha d {D_i}^2 + \beta D_i + D_i$$

donde:

$$\alpha = \alpha = 4F\frac{(LOGH_{máx} - LOGH_{mín})}{{d_{Topológica\,i}}^2} 4 * 8.19\% \frac{(1700m - 1605m)}{5010m^2} = 1.240 * 10^{-6}$$

$$\beta = -(1+4F)\frac{(LOGH_{máx} - LOGH_{mín})}{d_{Topológica\,i}} = (1 + 4 * 8.19\%) * \frac{1700m - 1605m}{5010m} = -0.0252$$

$$\gamma = 1700m$$

Con estos coeficientes las LGH para los nudos con presiones negativas serán ahora los siguientes:

Nudo	D_i (m)	LGH (m)
Embalse 4	4810	1607.599
Embalse 5	5010	1605.000
*U*2	3660	1624.470

Con estos nuevos valores se calculan nuevamente las pérdidas objetivo en cada tubo y los diámetros correspondientes siguiendo el Diagrama de Flujo 4.

Tubo	Caudal	h_{fi}	d	v	*f*	h_{fr}	h_{mr}
	(m^3/s)	(m)	(m)	(m/s)	(-)	(m)	(m)
1-*U*1	0.985	31.816	0.600	3.484	0.017	22.771	2.289
*U*1-2	0.31	28.184	0.350	3.222	0.019	22.148	1.323
*U*1-3	0.12	48.184	0.200	3.820	0.022	44.324	1.636
*U*1-*U*2	0.555	43.714	0.500	2.827	0.018	7.818	0.896
*U*2-4	0.33	16.871	0.400	2.626	0.019	8.897	0.773
*U*2-5	0.225	19.470	0.350	2.339	0.019	8.345	0.613

Después de finalizar esta segunda iteración se obtienen los diámetros del diseño optimizado. La comparación de los diámetros obtenidos con los del mejor diseño del Ejemplo 6.3 se muestran en la siguiente tabla.

Tubo	Diseño 1. Ejemplo 6.3 Diámetros en mm	Diseño SOGH Diámetros en mm
1-*U*1	600	600
*U*1-2	350	350
*U*1-3	200	200
*U*1-*U*2	500	500
*U*2-4	500	400
*U*2-5	400	350

Como se puede ver en esta tabla, el diseño optimizado usando la metodología SOGH da diámetros menores para las tuberías *U*2-4 y *U*2-5, con lo cual se obtiene un coste menor.

Discusión:

En este ejemplo se logró disminuir el coste total de la red abierta con respecto a los diseños obtenidos anteriormente. De esta forma se demuestra que la metodología de LOGH introducida para el diseño de tuberías en serie puede extenderse a otros sistemas de tuberías fluyendo a presión. También se corrobora la hipótesis del precondicionamiento de la altura piezométrica en las uniones con el fin de obtener diseños que disminuyan el coste total de un sistema de tuberías. Debido al gran tamaño del espacio de solución, no se puede afirmar, sin embargo, que así se obtiene el mínimo global en términos de los costes, pero sí un diseño bastante bueno que cumple con todas las restricciones hidráulicas a un bajo coste.

6.7 BOMBAS EN REDES ABIERTAS

Una forma de aumentar la capacidad de una red abierta es colocar una bomba en alguna de sus tuberías, aprovechando el hecho de que los caudales en las tuberías matrices pueden ser tratados como constantes; es decir, en tuberías matrices el caudal debe corresponder a un flujo permanente, con una magnitud igual al caudal medio diario de consumo. Este problema corresponde al caso del cálculo de potencia en las redes abiertas, ya que es necesario probar diferentes alternativas de bombas.

En la FIGURA 6.13 se muestra el efecto de la instalación de una bomba sobre una red abierta, en especial sobre su línea de gradiente hidráulico. En la FIGURA 6.14 se muestra un detalle de la tubería afectada directamente por la bomba.

En el diagrama de la FIGURA 6.13, si la altura piezométrica del Tanque 1 es bastante mayor que la altura piezométrica del Tanque 2 ($Z_1 >> Z_2$), existe la posibilidad de que no haya necesidad de colocar ninguna bomba. Sin embargo, si las alturas piezométricas de los tanques fueran muy parecidas, el diseño de la tubería *U*-2, en particular, podría resultar con un diámetro muy grande. En este caso, el tubo 1-*U* también se podría ver afectado. Este problema se solucionaría si se colocara una bomba en alguno de los dos tubos mencionados. Por otro lado, si Z_2 es mayor que Z_1, definitivamente habría necesidad de colocar la bomba para que el sistema operara. En el Ejemplo 6.5 se analiza la primera de las dos eventualidades. Su desarrollo se basa en el Diagrama de Flujo 18, que incluye la altura generada por la bomba en la altura piezométrica total disponible para mover el flujo a través de la tubería que contiene dicha bomba.

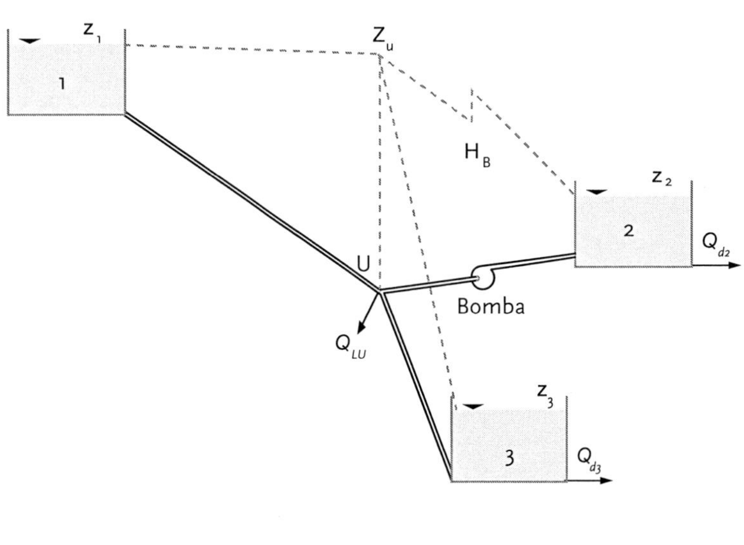

Figura 6.13 Efecto de la instalación de una bomba sobre una red abierta.

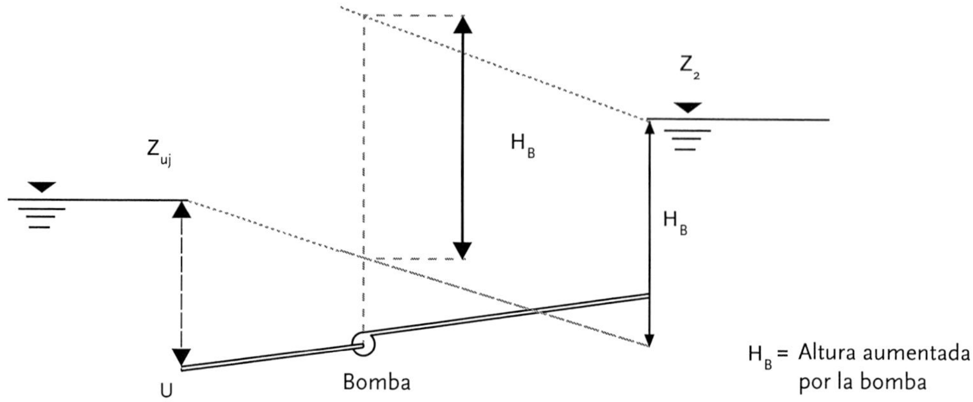

Figura 6.14 Detalle de la tubería que contiene la bomba en la red abierta de la Figura 6.13.

EJEMPLO 6.5

Bombas en redes abiertas

La red abierta planteada en la FIGURA 6.13 muestra el sistema primario del sistema de abastecimiento de agua potable de una ciudad hipotética. Los datos requeridos para el diseño son los siguientes:

$$Q_{D_2} = 360\ {}^{L}/_{s}$$
$$Q_{D_3} = 190\ {}^{L}/_{s}$$
$$Z_1 = 2640 \text{ msnm}$$
$$Z_2 = 2635 \text{ msnm}$$
$$Z_3 = 2610 \text{ msnm}$$

Los datos correspondientes a cada una de las tuberías que conforman la red abierta son los siguientes:

Tubo	Longitud (m)	Material	Rugosidad (m)	Σk_m
1-*U*	1350	Concreto	0.0003	6.4
U-2	2450	Concreto	0.0003	7.1
U-3	1710	Concreto	0.0003	4.2

Para llevar a cabo el diseño se deben probar tres alternativas: la primera sin considerar el uso de una bomba en la tubería *U*2; la segunda considerando una bomba que produzca una altura piezométrica de 10 metros para el caudal de 360 L/s en esa tubería; y, finalmente, colocando una bomba que produzca una altura piezométrica de 50 metros para el caudal de 360 L/s. Las tres alternativas son:

Bomba 1: produce una altura piezométrica de 10 metros para el caudal de 360 L/s
Bomba 2: produce una altura piezométrica de 50 metros para el caudal de 360 L/s
No colocar bomba.

Con los datos anteriores se desea calcular los tres diseños para luego hacer comparaciones entre ellos. La viscosidad cinemática del agua es de 1.141×10^{-6} m^2/s.

Solución:

En primera instancia se debe tener en cuenta que la altura piezométrica neta que se puede perder por fricción en cada tubería se ve afectada por la presencia de la bomba. Estas alturas piezométricas son las siguientes:

Unión	Tubo	Σk_m	Pérdida Neta	Q
U	1-*U*	6.4	*Z*1-*ZU*1	550 L/s
	U-2	7.1	*ZU*1-*Z*2+*HB*	360 L/s
	U-3	4.2	*ZU*1-*Z*3	190 L/s

Caso 1: *HB* = 0 metros

Suposición original: $z_U = 2638$ msnm
Datum: 2600 msnm
Luego: $z_U = 38$ m

Primera iteración

Tubo	H (m)	h_f (m)	d (mm)	v (m/s)	Q (m³/s)	Σh_m (m)
1-*U*	2.0	1.580	900	1.140	0.722	0.420
U-2	3.0	2.656	750	0.975	0.430	0.344
U-3	28.0	26.811	350	2.356	0.226	1.188

Ecuación de continuidad:

$$(0.722 - 0.430 - 0.226)m^3/s = 0.066\,m^3/s$$

Corrección en la altura piezométrica de la unión:

$$\Delta Z_U = 0.2535m$$

Segunda iteración

Tubo	H (m)	h_f (m)	d (mm)	v (m/s)	Q (m³/s)	Σh_m (m)
1-*U*	1.746	1.38	900	1.060	0.6740	0.366
U-2	3.253	2.88	750	1.016	0.4486	0.374
U-3	28.253	27.054	350	2.367	0.2276	1.2

Ecuación de continuidad:

$$(0.674 - 0.4486 - 0.2276)m^3/s = -0.0022\,m^3/s$$

Corrección en la altura piezométrica de la unión:

$$\Delta Z_U = -0.0089m$$

Dado que el Δz_u es muy pequeño (solamente 8.9 mm para las alturas piezométricas superiores a 10 metros), el proceso puede parar. Los resultados finales son:

Ecuación de continuidad:

$$(0.657-0.4-0.253)m^3/s=-0.004\,m^3/s$$

Corrección en la altura piezométrica de la unión:

$$\Delta Z_U=0.0297m$$

Dado que en las tres iteraciones no hubo cambio en los diámetros y que la última corrección en la altura piezométrica de la unión es muy baja, el proceso puede parar. Los resultados finales son:

$d1\text{-}U$ = 600 mm
$dU\text{-}2$ = 750 mm
$dU\text{-}3$ = 400 mm

¡Es interesante notar que el efecto de la bomba, a pesar de estar colocada en la tubería *U*-2, fue el de disminuir el diámetro de la tubería 1-*U*!

Caso 3: HB = 50 metros

Suposición original: z_U = 2629 msnm
Datum: 2600 msnm
Luego: z_U = 29 m

Primera iteración

Tubo	H (m)	h_f (m)	d (mm)	v (m/s)	Q (m³/s)	Σh_m (m)
1-*U*	11.0	9.435	600	2.191	0.62	1.565
U-2	44.0	41.058	750	2.851	0.453	2.942
U-3	19.0	18.06	400	2.097	0.263	0.942

Ecuación de continuidad:

$$(0.62-0.453-0.263)m^3/s=-0.096\,m^3/s$$

Corrección en la altura piezométrica de la unión:

$$\Delta Z_U=-2.426m$$

Segunda iteración

Tubo	H (m)	h_f (m)	d (mm)	v (m/s)	Q (m³/s)	Σh_m (m)
1-*U*	13.426	11.512	600	2.423	0.685	1.915
U-2	41.574	38.796	450	2.771	0.44	2.778
U-3	16.574	15.754	400	1.957	0.246	0.820

Ecuación de continuidad:

$$(0.685 - 0.44 - 0.246)m^3/s = -0.001\ m^3/s$$

Corrección en la altura piezométrica de la unión:

$$\Delta Z_U = -0.04242\ m$$

Dado que en esta última iteración el cambio en la altura piezométrica de la unión es pequeño (4.24 cm), el proceso debe parar. Los resultados finales para este tercer caso son:

$d1\text{-}U$ = 600 mm
$dU\text{-}2$ = 450 mm
$dU\text{-}3$ = 400 mm

El efecto de la bomba que produce una altura de 50 metros es reducir tanto el diámetro de la tubería 1-*U* como el diámetro de la tubería *U*-2, sobre la que se encuentra colocada. Es importante anotar que en el Caso 3 del problema se requirieron únicamente dos iteraciones, debido a que la suposición original se hizo teniendo en cuenta los resultados del Caso 2.

Discusión:
En el ejemplo no se tuvo en cuenta la localización específica de la bomba sobre la tubería *U*-2. Sin embargo, una vez finalizado el diseño de las tuberías del sistema, utilizando una bomba particular, es necesario comprobar que su localización no implique presiones en las succiones inferiores al NPSH requerido por el fabricante. Localizaciones más cercanas al nudo de aguas arriba de la tubería en que se encuentra la bomba implican menor riesgo en este sentido.

Al igual que en el caso del diseño de las redes abiertas, el diseño incluyendo bombas está condicionado por la potencia de la bomba seleccionada. Por consiguiente, este tipo de diseño debe incluir un análisis de optimización económica que tenga en cuenta los costes de infraestructura (principalmente de las tuberías) y los de operación y mantenimiento de la estación de bombeo a lo largo de la vida útil del proyecto.

CONCEPTOS IMPORTANTES

Balance de cantidad: como parte de la solución de problemas relativos a las redes abiertas de tuberías, es necesario utilizar el concepto de balance de cantidad en cada uno de los nudos o uniones de la red. En esencia, el balance de cantidad consiste en utilizar la ecuación de conservación de la masa en cada nudo durante las iteraciones del proceso.

Comprobación de diseño: en el caso de redes abiertas la comprobación de diseño se lleva a cabo suponiendo las alturas piezométricas en cada uno de los nudos. Una vez supuestas estas alturas es fácil calcular los caudales en cada uno de los tubos matrices para luego comprobar que se cumple la ecuación de conservación de la masa en cada nudo. Si existe un error, las suposiciones de alturas en los nudos deben corregirse mediante la ecuación de Featherstone. En esto consiste el balance de cantidad.

Diseño en sí: en el caso del diseño en sí de sistemas de tuberías es importante recordar que una vez que se fija una altura piezométrica en alguno de sus nudos, el diseño resultante queda condicionado a dicha suposición. Por consiguiente, para el diseño de sistemas de tuberías no se debe fijar nunca una altura sin hacer uso de una función de optimización. El no tener una función objetivo de este tipo puede llevar a diseños que cumplan con las restricciones hidráulicas pero que no sean o no estén cerca de los óptimos económicos. Este error es muy común en diseños aún hoy en día.

Optimización de diseño: en el diseño de una red abierta, dada una topología, una topografía y una serie de restricciones hidráulicas, existen múltiples alternativas que son capaces de mover el agua demandada a cada uno de los tanques finales. Esto implica que se debe tener alguna metodología de optimización que permita escoger, dentro de las alternativas de diseño factibles, aquella que sea la de mínimo coste, es decir, el coste mínimo en valor presente neto teniendo en cuenta tanto los costes de inversión inicial como los de operación y mantenimiento a lo largo del período de diseño del proyecto.

Metodología de Superficie Óptima de Gradiente Hidráulico SOGH: es una metodología que permite llevar a cabo el diseño optimizado de las redes abiertas de tuberías. Consiste en predeterminar la altura piezométrica en cada una de las uniones o nudos de la red con el fin de saber de antemano las pérdidas de energía en cada tubería del sistema con el fin de diseñarlas, obteniendo unos costes mínimos. La metodología SOGH es una extensión de la metodología de LOGH utilizada para el diseño óptimo de tuberías en serie.

Bombas en redes abiertas: el uso de bombas en las redes abiertas está asociado con una necesidad de aumentar la capacidad del sistema debido a aumentos en la demanda de agua potable, o a pérdidas de capacidad hidráulica de las tuberías por procesos de cambio en la superficie interna asociados con el tiempo transcurrido o con problemas de corrosión, los cuales aumentan la rugosidad absoluta de las paredes de las tuberías.

PROBLEMAS

Para todos los problemas de este capítulo se puede suponer que los diámetros reales son iguales a los nominales comerciales de las tuberías. La base de diámetros es: 75, 100, 150, 200, 250, 300, 350, 400, 450, 500, 600 y 720 mm. De no especificarse una temperatura diferente para el agua, se debe trabajar con 15 °C. Para esta temperatura, el agua tiene las siguientes características:

$\rho = 999.1\ \text{kg/m}^3$

$\mu = 1.14 \times 10^{-3}$ Pa.s

$\nu = 1.141 \times 10^{-6}\ \text{m}^2/\text{s}$

6.1. Resuelva el Ejemplo 6.1 suponiendo que todas las tuberías son de PVC, con una rugosidad absoluta de 0.0000015 m. ¿Cuál es el efecto de la rugosidad sobre los caudales que llegan a los embalses y sobre las alturas piezométricas en las dos uniones?

6.2. Resuelva el Ejemplo 6.1 teniendo en cuenta que la cota del embalse B cambia a 31 m. ¿Qué sucede en este caso con la dirección del flujo en la tubería $U1$-B?

6.3. Resuelva el Ejemplo 6.1 teniendo en cuenta que la cota del embalse D cambia a 0 m y las tuberías son de hierro dúctil con una rugosidad absoluta de 0.3 mm.

6.4. Calcule los caudales de llegada a los seis embalses mostrados en la FIGURA P6.4. Todas las tuberías son de hierro galvanizado ($k_s = 0.15$ mm). Las longitudes, los diámetros y los coeficientes globales de pérdidas menores son los indicados en dicha figura.

6.5. Resuelva el Problema 6.4 teniendo en cuenta que la temperatura del agua cambia a 10°C, para la cual:

$\rho = 999.7\ \text{kg/m}^3$

$\mu = 1.308 \times 10^{-3}$ Pa.s

$\nu = 1.308 \times 10^{-6}\ \text{m}^2/\text{s}$

¿Cuál es el efecto del cambio de temperatura sobre los caudales de llegada a los seis embalses?

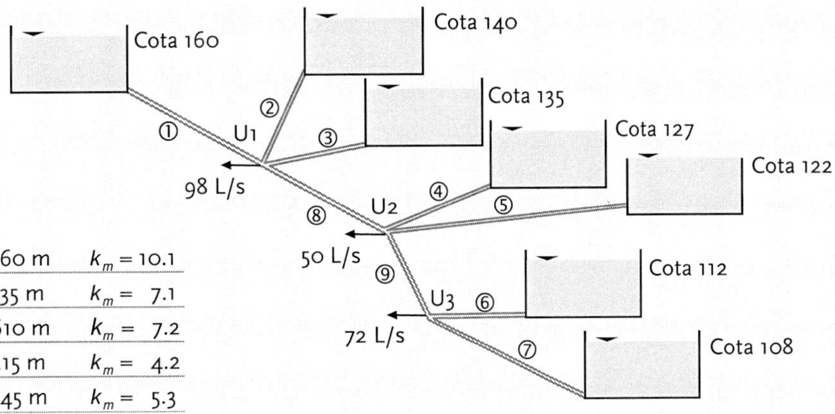

① $d = 450$ mm	$l = 860$ m	$k_m = 10.1$
② $d = 150$ mm	$l = 535$ m	$k_m = 7.1$
③ $d = 150$ mm	$l = 610$ m	$k_m = 7.2$
④ $d = 150$ mm	$l = 215$ m	$k_m = 4.2$
⑤ $d = 150$ mm	$l = 345$ m	$k_m = 5.3$
⑥ $d = 150$ mm	$l = 302$ m	$k_m = 3.9$
⑦ $d = 100$ mm	$l = 104$ m	$k_m = 2.1$
⑧ $d = 350$ mm	$l = 719$ m	$k_m = 8.4$
⑨ $d = 300$ mm	$l = 860$ m	$k_m = 6.9$

Figura P6.4

6.6. Resuelva el Problema 6.4 teniendo en cuenta que el material de todas las tuberías es PVC con una rugosidad de 0.0000015 m.

6.7. Resuelva el Problema 6.4 teniendo en cuenta que el material de todas las tuberías es hierro dúctil con una rugosidad de 0.0003 m. Compare esto con los resultados del Problema 6.6 y establezca conclusiones.

6.8. Calcule los caudales de llegada a los cuatro embalses mostrados en la FIGURA P6.8. Todas las tuberías son de PVC ($k_s = 0.0015$ mm). Las longitudes, los diámetros y los coeficientes globales de pérdidas menores son los mostrados en la figura.

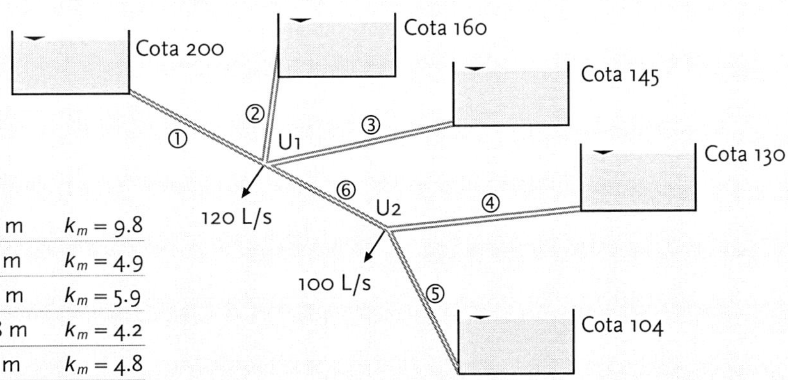

① $d = 600$ mm	$l = 754$ m	$k_m = 9.8$
② $d = 150$ mm	$l = 335$ m	$k_m = 4.9$
③ $d = 200$ mm	$l = 471$ m	$k_m = 5.9$
④ $d = 200$ mm	$l = 298$ m	$k_m = 4.2$
⑤ $d = 100$ mm	$l = 351$ m	$k_m = 4.8$
⑥ $d = 300$ mm	$l = 617$ m	$k_m = 6.3$

Figura P6.8

6.9. Resuelva el Problema 6.8 teniendo en cuenta que se desea que el caudal de llegada al embalse 1 (caudal en el tubo 2) sea nulo (0 L/s). ¿Cuál sería el coeficiente de pérdidas menores de la válvula que debería colocarse en la tubería E-*U*1 (tubería 1) para que se cumpliera esa condición? ¿Cómo afectan los caudales de llegada a los otros tres embalses?

6.10. Resuelva el problema anterior teniendo en cuenta que se desea anular el caudal de llegada al Embalse 2 (caudal en la tubería 3) ¿Qué sucede con la dirección del flujo en la tubería *U*1-1 (tubería 2)? ¿Cuál sería el coeficiente de pérdidas menores en la válvula que debería colocarse en la tubería 1?

6.11. Resuelva el Problema 6.8 teniendo en cuenta que el material de todas las tuberías es hierro dúctil con una rugosidad de 0.0003 m. Compare esto con los resultados del Problema 6.8 y establezca conclusiones.

6.12. Resuelva el Ejemplo 6.2 suponiendo que todas las tuberías son de PVC (k_s = 0.0015 mm). Compare los diámetros resultantes con los encontrados en dicho ejemplo. ¿Cuál es el efecto del cambio de rugosidad sobre las alturas piezométricas en las uniones? Utilice la misma suposición de las alturas piezométricas de ese ejemplo.

6.13. Resuelva el Ejemplo 6.2 teniendo en cuenta que el caudal demandado en el Embalse 2 cambia a 78 L/s. ¿Qué conclusión se puede establecer acerca del efecto de ese cambio sobre el diseño de las tuberías y sobre las alturas piezométricas en las uniones? Utilice la misma suposición de las alturas piezométricas de ese ejemplo.

6.14. Resuelva el Ejemplo 6.2 teniendo en cuenta que el caudal demandado en el embalse 5 cambia a 670 L/s. ¿Qué conclusión se puede establecer acerca del efecto de ese cambio sobre el diseño de las tuberías y sobre las alturas piezométricas en las uniones? Utilice la misma suposición de las alturas piezométricas de ese ejemplo.

6.15. Resuelva el Ejemplo 6.2 teniendo en cuenta que la altura del embalse de alimentación cambia a la cota 1760 msnm. ¿Qué conclusión se puede establecer acerca del efecto de ese cambio sobre el diseño de las tuberías y sobre las alturas piezométricas en las uniones? Utilice la misma suposición de las alturas piezométricas de ese ejemplo.

6.16. Resuelva el Problema 6.12 para 6 suposiciones diferentes para las alturas piezométricas en las dos uniones ¿Sigue siendo válido el concepto de que el diseño de menor coste es aquel que se aproxima al criterio de I-Pai Wu?

6.17. Resuelva el Problema 6.15 para 6 suposiciones diferentes para las alturas piezométricas en las dos uniones ¿Sigue siendo válido el concepto de que el diseño de menor coste es aquel que se aproxima al criterio de I-Pai Wu?

6.18. Diseñe la red abierta mostrada en la FIGURA P6.18 suponiendo que el material disponible en el sitio es PVC (k_s = 0.0015 mm). Las longitudes y los coeficientes globales de pérdidas menores son los indicados en dicha figura, al igual que los caudales demandados. Utilice cualquier suposición para las alturas piezométricas en las uniones.

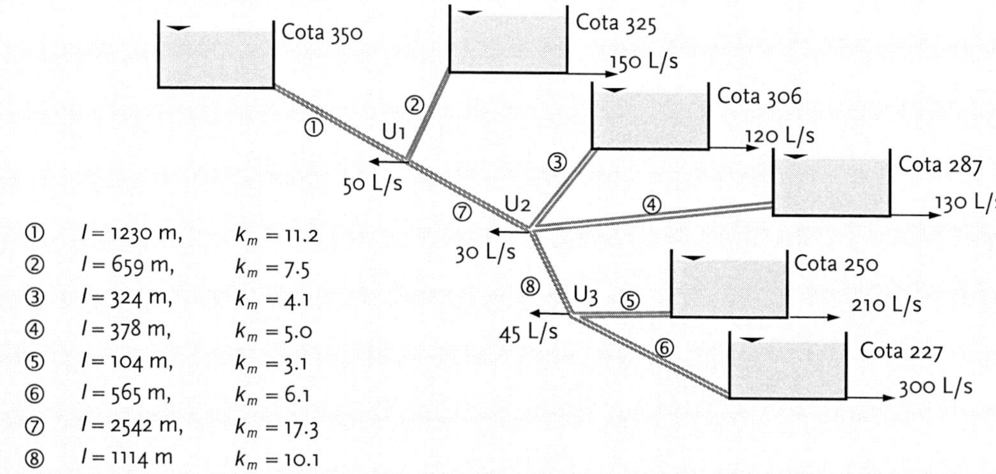

Figura P6.18

6.19. Resuelva el Problema 6.18 teniendo en cuenta que todas las tuberías aguas abajo de la unión *U2* deben ser de hierro galvanizado (k_s = 0.15 mm), manteniendo las mismas suposiciones de alturas piezométricas en las uniones. ¿Cuál es el efecto de este cambio sobre los diámetros de las tuberías y sobre las alturas piezométricas de las uniones?

6.20. Resuelva el Problema 6.18 aumentando el caudal demandado en el Embalse 2 a 350 L/s y manteniendo las mismas suposiciones de alturas piezométricas en las uniones. ¿Qué cambios se presentan en los diámetros de toda la red? Explique por qué un cambio en una de las demandas puede afectar al diseño de todo el sistema interconectado.

6.21. Resuelva el Problema 6.18 cambiando todas las tuberías a hierro dúctil con una rugosidad absoluta de 0.3 mm, manteniendo las mismas suposiciones para las alturas piezométricas en las uniones. Explique el efecto que la rugosidad del material tiene sobre el diseño definitivo.

6.22. Resuelva el Problema 6.18 aumentando la altura del embalse de alimentación a la cota de 400 m. ¿Qué cambios se presentan en los diámetros de toda la red? Explique por qué un cambio en una cota puede afectar al diseño de todo el sistema interconectado. ¿Sucedería lo mismo si el cambio de cota fuera en un embalse diferente al de alimentación?

6.23. Diseñe la red abierta mostrada en la **FIGURA P6.23** teniendo en cuenta que el material de todas las tuberías es hierro fundido (k_s = 0.26 mm). En la figura se indican las longitudes y los coeficientes globales de pérdidas menores de cada una de las tuberías, al igual que los caudales demandados en cada uno de los embalses.

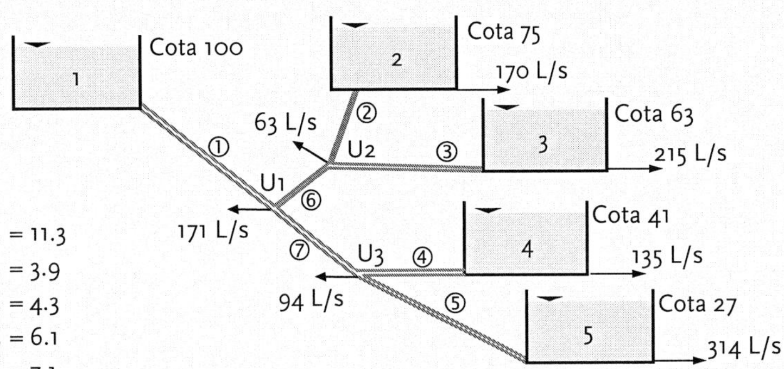

①	l = 2654 m,	k_m = 11.3
②	l = 218 m,	k_m = 3.9
③	l = 398 m,	k_m = 4.3
④	l = 532 m,	k_m = 6.1
⑤	l = 699 m,	k_m = 7.1
⑥	l = 383 m,	k_m = 4.2
⑦	l = 1384 m,	k_m = 9.4

Figura P6.23

6.24. Resuelva el problema anterior teniendo en cuenta que el material de todas las tuberías es PVC. ¿Cuál es el efecto sobre los diámetros de estas y sobre las alturas piezométricas en cada una de las uniones?

6.25. Resuelva el Problema 6.23 si la demanda en el tanque 4 se reduce a 104 L/s. Explique por qué un cambio de demanda puede afectar a tuberías diferentes a las que llegan al embalse afectado.

6.26. Resuelva el Problema 6.23 si la cota del nivel del agua en el Embalse 4 cambia a 17 m. Explique por qué un cambio de altura piezométrica puede afectar a tuberías diferentes a las que llegan al embalse afectado.

6.27. Diseñe óptimamente el Problema 6.18 utilizando la función de costes mostrada en la Tabla 5.2 y en la **FIGURA 5.2**.

6.28. Diseñe óptimamente el Problema 6.19 utilizando la función de costes mostrada en la Tabla 5.2 y en la FIGURA 5.2.

6.29. Diseñe óptimamente el Problema 6.23 utilizando la función de costes mostrada en la Tabla 5.2 y en la FIGURA 5.2.

6.30. Diseñe óptimamente el Problema 6.23 cambiando la función de costes (Ecuación 5.11) de tal forma que su coeficiente pase a ser 1.5 y su exponente 2.0.

6.31. Diseñe óptimamente el Problema 6.24 utilizando la función de costes mostrada en la Tabla 5.2 y en la FIGURA 5.2.

6.32. Resuelva el Ejemplo 6.5 teniendo en cuenta que el material de las tuberías es PVC (k_s = 0.0015 mm) y que se mantienen los mismos coeficientes globales de pérdidas menores.

6.33. Resuelva el Ejemplo 6.5 para una bomba que produzca una altura piezométrica de 90 m. Compare los resultados que se obtengan con los encontrados en dicho ejemplo para las tres bombas consideradas.

6.34. Resuelva el Ejemplo 6.5 para una bomba que produzca una altura piezométrica de 90 m y el caudal de llegada al Embalse 2 aumente a 490 L/s. Compare los resultados que se obtengan con los encontrados en dicho ejemplo para las tres bombas consideradas.

6.35. Diseñe la red mostrada en la FIGURA P6.35. La bomba B1 produce una altura piezométrica de 35 m.K y la bomba B2 produce una altura piezométrica de 70 m. Todas las tuberías deben ser de hierro galvanizado (k_s = 0.15 mm). En la figura se indican los caudales demandados en los embalses y las longitudes y coeficientes globales de pérdidas menores de las tuberías.

① $l = 1854$ m, $k_m = 9.4$
② $l = 778$ m, $k_m = 6.3$
③ $l = 731$ m, $k_m = 6.1$
④ $l = 917$ m, $k_m = 8.1$
⑤ $l = 877$ m, $k_m = 7.8$
⑥ $l = 1564$ m, $k_m = 8.6$

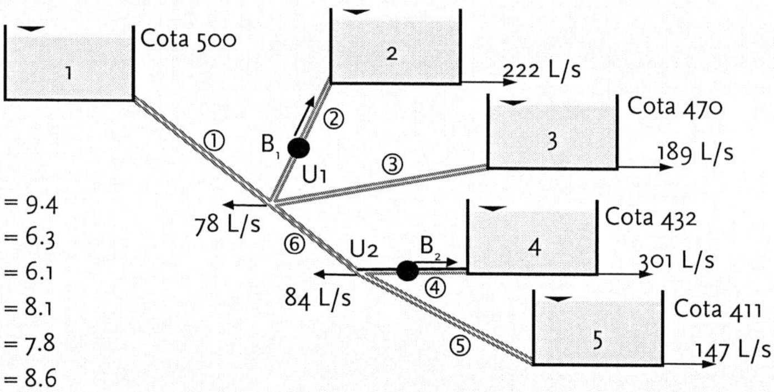

Figura P6.35

6.36. Resuelva el problema anterior teniendo en cuenta que el material de las tuberías es PVC (k_s = 0.0015 mm) y que la bomba B1 produce una altura piezométrica de 70 m. ¿Qué sucede en este caso?

6.37. Resuelva el Problema 6.35 teniendo en cuenta que la bomba B2 no opera. ¿Qué sucede en este caso?

6.38. Resuelva el Problema 6.35 teniendo en cuenta que la bomba B1 no opera. ¿Qué sucede en este caso?

6.39. Resuelva el Problema 6.35 si el nivel de agua en el Embalse 2 se localiza en la cota 530 m. ¿Qué sucede en este caso?

6.40. Resuelva el Problema 6.35 si se elimina el Embalse 5. ¿Qué sucede en este caso?

BIBLIOGRAFÍA

Featherstone, Ronald. "Computational Methods in the Analysis and Design of Closed Conduit Hydraulic Systems", Capítulo 3. En *Developments in Hydraulic Engineering-1*, editado por Paul Novak, Applied Science Publisher, London, 1983.

Fox, Robert W. y Alan T. McDonald. *Introduction to Fluid Mechanics*, fourth ed., McGraw-Hill, New York, 1992.

Gerhart, Philip M., Richard J. Gross y John I. Hochstein. *Fundamentals of Fluid Mechanics,* sixth ed., Wiley, New York, 1982.

Huntington, R. "Resurrection of Water Supply Distribution; New Life for a Faithful Servant", en *Journal of the Institution of Water Engineers and Scientists,* n.° 33, November 1979.

Jepson, R. W. *Analysis of Flows in Pipe Networks,* Ann Arbor Science Publishers, Ann Arbor, Michigan, 1976.

McGhee, Terence. *Water Supply and Sewerage*, sixth ed., McGraw-Hill, New York, 1994.

Moot, Robert L. *Applied Fluid Mechanics*, fourth ed., Merril, New York, 1994.

Ochoa, S., Saldarriaga, J., Galvis, C., and Ñañez, P. *"Diseño optimizado de redes de distribución de agua potable mediante la superficie óptima de gradiente hidráulico"*. Proc., XXIV Congreso Latinoamericano de Hidráulica.

Robertson, John A. y Clayton T. Crowe. *Engineering Fluid Mechanics*, third ed., Houghton-Mifflin, Boston, 1985.

Shames, Irving H. *Mechanics of Fluids*, third ed., McGraw-Hill, New York, 1992.

Shamir V. y C.D.D. Howard. *Water Distribution System Analysis*, en *Journal of the Hydraulics Division,* ASCE, Vol. 94, n.° HY1, January 1988.

Stimson, K.R. y A. Brameller. "An Integrated Mesh Model Method for Steady State Water Distribution Network Analysis", en *Journal of the Institution of Water Engineers and Scientists*, Vol. 35, 1981.

Stimson, K.R. y A. Brameller. "Water Distribution Network Analysis Using Interactive Graphics", *Journal of the Institution of Water Engineers and Scientist*, Vol. 36, n.° 2, 1982.

Streeter, Victor L. y E. Benjamin Wylie. *Fluid Mechanics*, eighth ed., McGraw-Hill, New York, 1985.

Vennard, John K. y Robert L. Street. *Elementary Fluid Mechanics,* sixth ed., Wiley, New York, 1982.

White, Frank M. *Fluid Mechanics*, third ed., McGraw-Hill, New York, 1994.

Yang K. P., T. Liang e I. Wu. "Design of Conduit System with Diverging Branches", en *Journal of the Hydraulics Division*, ASCE, Vol. 101, n.° HY1, January 1975.

7

Análisis de redes de tuberías. Redes cerradas

Objetivos

- Presentar las ecuaciones de conservación de la masa y de conservación de la energía para el caso de las redes cerradas, en forma de ecuaciones de altura y ecuaciones de caudal para toda la red.
- Presentar el desarrollo histórico de los métodos de cálculo utilizados para el análisis de las redes de distribución de agua potable.
- Presentar el concepto de modelos matemáticos de sistemas de tuberías establecidos por las demandas (*demand driven models*).
- Comparar los diferentes métodos modernos de cálculo, con énfasis en los criterios de velocidad de convergencia, facilidad de uso y sencillez de programación en los ordenadores para el caso de las redes cerradas de tuberías.

7.1 INTRODUCCIÓN

Las redes de distribución de agua potable de una ciudad usualmente están compuestas de dos partes: la primera de ellas es una red matriz que está encargada de conducir el agua desde la planta de tratamiento hasta los diferentes tanques de almacenamiento y compensación localizados aguas arriba de los diferentes sectores de abastecimiento. La segunda parte está conformada por las redes de distribución secundarias o menores, a través de las cuales el agua potable se mueve desde los tanques de almacenamiento hasta la acometida del usuario final.

En general, las redes matrices son redes abiertas mientras que las redes secundarias son redes cerradas en el sentido de que están conformadas por circuitos. Sin embargo, puede haber casos en los que las redes matrices contengan circuitos y que parcialmente las redes de distribución sean abiertas. Pero la tradición en la ingeniería hidráulica y sanitaria ha sido la de conformar las redes menores siguiendo el trazado de las manzanas de las ciudades, constituyendo así redes con circuitos y aumentando la confiabilidad del suministro, ya que el agua puede llegar a un sitio por diferentes caminos.

La necesidad de tener esa confiabilidad implicó que las redes de distribución se desarrollaran con ciertas características topológicas, que hicieron necesario el desarrollo de métodos especiales de cálculo, diferentes a los utilizados para otros tipos de sistemas de tuberías.

Este desarrollo cubrió un período de 70 años aproximadamente, desde la década de 1920, cuando se desarrollaron algoritmos para solucionar las redes conformadas únicamente por circuitos, hasta la década de 1990, cuando se logró establecer un método que permitía analizar cualquier sistema de tuberías, con cualquier fluido incompresible.

Este capítulo está dedicado a la presentación de los diferentes métodos que se han utilizado para el análisis de las redes cerradas de tuberías o redes de distribución en sistemas de abastecimiento de agua potable. Esto obedece a dos hechos importantes: en primer lugar, los métodos más modernos están basados en los más antiguos, que en términos matemáticos son más sencillos pero requieren un mayor número de iteraciones para llegar a un resultado final. La necesidad de disminuir los tiempos de análisis en el ordenador, aspecto importante en las décadas de 1970 y 1980, impulsó el desarrollo de nuevos métodos. En segundo lugar, existen en el mercado programas comerciales basados en los diferentes métodos de análisis. Por consiguiente, es importante que los ingenieros encargados de la concepción, el diseño, la construcción y la operación de las redes de sistemas de distribución de agua potable conozcan la base matemática de los programas a su alcance.

Al igual que para el caso de las redes abiertas y de tuberías en serie y en paralelo, los métodos de análisis y diseño de redes de distribución se basan en las ecuaciones y algoritmos desarrollados en el Capítulo 2.

De nuevo, a nivel metodológico se plantearán los principios generales del análisis de este tipo de redes y de las ecuaciones resultantes, y luego se describirán los diferentes métodos. Debido a que los métodos más antiguos solo podrían trabajar con redes conformadas únicamente por circuitos, en las que todo tubo de la red debía formar parte de al menos un circuito, los métodos de cálculo se restringirán a ese tipo de redes.

En orden cronológico se presentarán los siguientes métodos de análisis y diseño de redes cerradas, sin que se trate de una lista exhaustiva, incluyendo una breve descripción histórica de cada uno de ellos:

- Método de Hardy Cross con corrección de los caudales en los circuitos
- Método de Hardy Cross con corrección de las alturas piezométricas en los nudos
- Método de Newton-Raphson
- Método de la Teoría Lineal
- Método del Gradiente Hidráulico

Con base en métodos reportados por la literatura técnica y la facilidad de uso, la historia de los métodos de análisis de redes de distribución de agua potable ha sido dividida en tres períodos:

El primero de ellos desde aproximadamente 1850 a 1930.

El segundo, caracterizado por el uso de ecuaciones de resistencia fluida y de modelos análogos eléctricos, se extiende de 1930 a 1960.

El tercero, caracterizado por formulaciones matriciales del problema de las redes de distribución con el fin de hacer un uso intensivo de los ordenadores digitales, va de 1960 hasta nuestros días.

La Tabla 7.1 muestra la cronología de los métodos para los análisis de redes de distribución de agua potable.[1]

En todos los métodos mencionados la demanda de agua en los nudos es una constante, independientemente de la presión que exista en este. Es decir, el caudal de agua demandado por los usuarios de la red se debía establecer antes de llevar a cabo los cálculos hidráulicos (velocidad en cada tubería y presión en cada nudo) y no se veía afectada por la presión obtenida. Esto implica que la demanda de agua es la que impone las condiciones hidráulicas resultantes en toda la red y por esta razón los modelos matemáticos resultantes se conocen como *modelos establecidos por demanda* (Demand Driven Models, DDM por sus siglas en inglés).

Tabla 7.1 Cronología de los métodos para los análisis de redes de distribución de agua potable.

* Estos métodos y aplicaciones se presentan posteriormente en este capítulo.

Período	Año	Inventor(s)/Autor(s)	Método/ Aplicaciones
Período I	1845	Darcy y Weisbach	Fórmula para la pérdida de altura en un flujo a través de una tubería simple.
	1892	Freeman	Solución gráfica
	1905	Hazen y Williams	Fórmula para la pérdida de altura en el flujo a través de una tubería simple y un método de tubería equivalente.
Período II	1934	Camp y Hazen	Análisis de una red eléctrica
	1936	Cross*	Técnica de relajación
	1956	McIlroy	Análisis del fluido McIlroy
	1957	Hoag y Weinberg	Adaptación del método de Hardy Cross para los ordenadores digitales.
Período III	1963	Martin y Peters	Método del nudo simultáneo
	1968	Shamir y Howard	Expansión del método del nudo simultáneo.
	1970	Epp y Fowler	Método del circuito simultáneo
	1977	Jeppson	Programa comercial para el análisis de redes con base en el método del circuito simultáneo.
	1972	Wood y Charles	Teoría Lineal
	1980	Wood*	- KYPIPE Programa comercial para el análisis de redes.
	1987	Todini y Pilati*	Método del Gradiente
	1994	Rossman	- EPANET Programa de acceso libre para el análisis de redes.

Un aspecto interesante que es necesario resaltar es que el aumento de la complejidad matemática en los métodos llevó a que estos fueran aplicables a la solución de otros tipos de sistemas de tuberías. El último de los métodos, el del gradiente hidráulico, se puede utilizar para calcular casi cualquier tipo de problema de tuberías, desde una tube-

1 Adaptada de D. Lamalingam, S. Lingireddy, L. E. Ormsbee, *History of Water Distribution Network Analysis: Over 100 Years of Progress.*

ría simple hasta redes complejas como las de distribución de agua potable con cualquier topología, o las redes de abastecimiento y contra incendios en el interior de los edificios.

En la primera parte del capítulo se plantean las ecuaciones de conservación de la masa y de la energía en el caso de las redes de distribución de agua con el fin de obtener el sistema de ecuaciones que permite llevar a cabo el cálculo. Posteriormente, se explican los diferentes métodos utilizados para dicho cálculo, entendiéndose esto como determinar los caudales en cada una de las tuberías y las alturas piezométricas en cada uno de los nudos o uniones de la red. Estrictamente hablando, todos los métodos de cálculo de redes corresponden a una comprobación de diseño. Esto significa que los métodos requieren conocer todas las variables topológicas de la red, así como los caudales consumidos por los usuarios, el caudal total de entrada y la presión o posición de la línea piezométrica a la entrada de la red. Las variables topológicas incluyen los diámetros, las longitudes, las rugosidades absolutas y los coeficientes de pérdidas menores para todas las tuberías. Los caudales consumidos por los usuarios se consideran bajo una condición de flujo permanente y como concentrados en los nudos de la red. De esta forma, los métodos de cálculo determinarán los caudales en cada una de las tuberías y las presiones o altura piezométricas en cada uno de los nudos de la red.

Los temas más avanzados que se relacionan con el diseño de redes de distribución a través de modelos informáticos, la calibración de los modelos de redes con el fin de utilizarlos con propósitos de operación y mantenimiento de los sistemas de distribución de agua potable y los programas actuales para la simulación de redes de distribución serán los temas de los Capítulos 8 y 9.

7.2 ANÁLISIS DE REDES CERRADAS

7.2.1 Principios fundamentales de análisis de redes cerradas

Si se considera la red cerrada mostrada en la FIGURA 7.1 y se tiene en cuenta que $Q_{D1}, Q_{D2}, Q_{D3}, Q_{D4}, \ldots, Q_{DNu}$ son los caudales consumidos en cada uno de los nudos, algunos de los cuales podrían tener un valor nulo en un momento dado, y que $Q_{e1}, Q_{e2}, Q_{e3}, \ldots, Q_{em}$ son los caudales que alimentan la red de distribución, se puede establecer la siguiente ecuación de conservación de la masa:

ECUACIÓN 7.1

$$\sum_{i=1}^{m} Q_e = \sum_{i=1}^{Nu} Q_D$$

donde Nu es el número de uniones (nudos) existentes en la red.

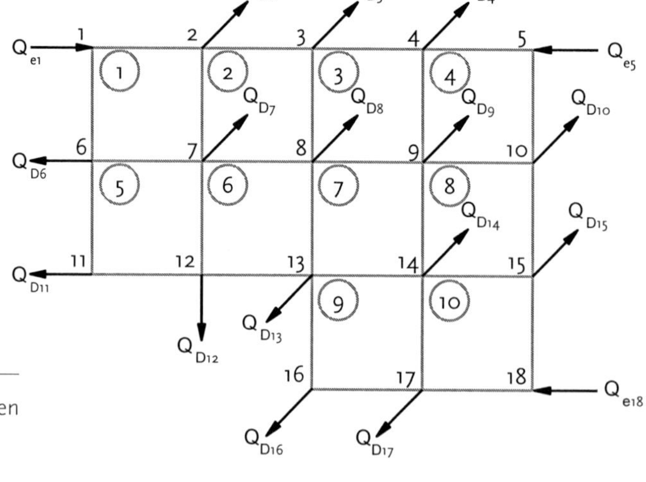

Figura 7.1 Red cerrada. Caudales consumidos en los nudos y caudales de alimentación a la red.

La Ecuación 7.1 es una ecuación de conservación de la masa para la red como un todo. Sin embargo, para cada uno de los nudos de la red se puede establecer una ecuación similar, debido a que localmente también se debe cumplir el hecho de que la masa se conserve. Dicha ecuación es:

ECUACIÓN 7.2

$$\sum_{j=1}^{NT_i} Q_{ij} - Q_{Di} = 0$$

donde NT_i es el número de tubos que llegan al nudo i, y Q_{ij} representa el caudal que pasa por la tubería ij hacia el nudo i desde el nudo j. La convención adoptada por la práctica de la ingeniería hidráulica es que puede ser positivo (va hacia el nudo i) o negativo (sale de dicho nudo).

Para cada uno de los caudales Q_{ij} de la Ecuación 7.2 se puede plantear la siguiente ecuación de conservación de la energía entre los nudos i y j, incluyendo las pérdidas por fricción y las pérdidas menores, en términos de las alturas piezométricas en dichos nudos:

$$H_j - H_i = \sum k_{mij} \frac{v_{ij}^2}{2g} + h_f$$

$$H_j - H_i = \frac{v_{ij}^2}{2g}\left(\sum k_{mij} + f_{ij}\frac{l_{ij}}{d_{ij}}\right)$$

$$H_j - H_i = \frac{Q_{ij}^2}{2gA_{ij}^2}\left(\sum k_{mij} + f_{ij}\frac{l_{ij}}{d_{ij}}\right)$$

También se puede hacer uso de la ecuación de Hazen-Williams, presentada en el Capítulo 3. En ese caso, las ecuaciones no mostrarían una relación cuadrática sino una relación potencial con exponente de 1.85.

donde:

H_i y H_j son las alturas piezométricas de los nudos i y j, respectivamente.

En estas ecuaciones se ha utilizado la ecuación de Darcy-Weisbach para el cálculo de las pérdidas por fricción. Si se despeja Q_{ij} de esta última ecuación se obtiene la siguiente expresión, la cual relaciona el caudal que pasa por la tubería ij con las alturas piezométricas en los nudos i y j.

ECUACIÓN 7.3

$$Q_{ij} = \left(\frac{H_j - H_i}{\sum k_{mij} + f_{ij}\frac{l_{ij}}{d_{ij}}}\right)^{1/2} \sqrt{2g}\,A_{ij}$$

Si se reemplaza este último resultado en la Ecuación 7.2 se obtiene:

ECUACIÓN 7.4

$$\sum_{j=1}^{NT_i}\left(\frac{H_j - H_i}{\sum k_{mij} + f_{ij}\frac{l_{ij}}{d_{ij}}}\right)^{1/2} \sqrt{2g}\,A_{ij} - Q_{D_i} = 0$$

donde NT_i representa el número de tuberías que llegan a la unión (nudo) i. Para tener en cuenta de forma automática el signo del caudal ij la Ecuación 7.3 se puede cambiar por la siguiente expresión:

ECUACIÓN 7.5

$$Q_{ij} = \sqrt{2g}A_{ij}\frac{H_j - H_i}{\left(\sum k_{mij} + f_{ij}\frac{l_{ij}}{d_{ij}}\right)^{\frac{1}{2}}}\left(\left|H_j - H_i\right|\right)^{-\frac{1}{2}}$$

Este tipo de ecuaciones para el diseño y análisis de redes cerradas de tuberías se conocen como las *ecuaciones de altura piezométrica*. En la red se tienen en total (NU – 1) ecuaciones de este tipo, debiéndose conocer H_1 o cualquier otra altura piezométrica en la red para poder solucionar dichas ecuaciones. En caso contrario se puede suponer alguna de las alturas piezométricas, ya que los valores absolutos de estas no afectan la distribución de caudales. Además, se debe tener en cuenta que las ecuaciones de altura piezométrica son ecuaciones no lineales.

Por otro lado, a partir de los circuitos de tubos que conforman la red, los cuales pueden ser adyacentes o superpuestos, se pueden plantear las siguientes ecuaciones de conservación de la energía, una para cada uno de los circuitos que conforman la red de distribución:

ECUACIÓN 7.6

$$\sum_{j=1}^{NT'_i} h_{fij} + \sum_{j=1}^{NT'_i} h_{mij} = 0$$

donde NT'_i es el número de tubos del circuito *i*. Luego, si se utiliza la ecuación de Darcy-Weisbach en esta última ecuación en conjunto con la expresión de las pérdidas menores como función de la altura de velocidad, se obtiene la siguiente expresión:

$$\sum_{j=1}^{NT_i} \frac{V_{ij}^2}{2g}\left(\sum k_{mij} + f_{ij}\frac{l_{ij}}{d_{ij}}\right) = 0$$

ECUACIÓN 7.7

$$\sum_{j=1}^{NT_i} \frac{Q_{ij}^2}{2gA_{ij}^2}\left(\sum k_{mij} + f_{ij}\frac{l_{ij}}{d_{ij}}\right) = 0$$

Las ecuaciones del tipo 7.7 se conocen como *ecuaciones de caudal* de la red. En total se tiene NC ecuaciones de caudal, donde NC es el número de circuitos que conforman la red. Nuevamente se puede observar que son ecuaciones no lineales para el caudal.

Lo anterior implica que para el cálculo de una red cerrada se tiene un número total de ecuaciones igual a:

$$NC + (NU\text{-}1)$$

Es fácil demostrar que este número de ecuaciones corresponde, para cualquier red, al número de tubos que la conforman (NT). Por consiguiente, en el análisis de la red se pueden resolver NT incógnitas, usualmente el caudal en cada tubería. Una vez conocidos estos, se pueden utilizar las NU-1 ecuaciones de altura piezométrica para calcular las alturas piezométricas en cada nudo. Sin embargo, los dos conjuntos de ecuaciones no pueden resolverse fácilmente debido a su naturaleza no lineal.

Este principio es aplicable para cualquier red y no únicamente para el caso de RDAP. Por ejemplo, las redes de distribución de energía eléctrica, las redes de carreteras, las redes de avenidas y calles en una ciudad cumplen con ese principio.

Una vez más debe establecerse una convención de signos para las ecuaciones de caudal 7.7. Los caudales en el circuito se consideran positivos si giran en el sentido de las agujas del reloj y negativos si lo hacen en sentido contrario. Para asegurar una correcta asignación del signo, estas ecuaciones se pueden transformar como se indica a continuación:

ECUACIÓN 7.8

$$\sum_{j=1}^{NT_i} \frac{\left(\sum k_{mij} + f_{ij}\frac{l_{ij}}{d_{ij}}\right)}{2gA_{ij}^2} Q_{ij}\left(\left|Q_{ij}\right|\right) = 0$$

Los métodos de análisis de redes que se describen en este capítulo están diseñados para llevar a cabo esos cálculos de caudales en cada tubería y altura piezométrica en cada nudo. Esto implica que se deben conocer todas las demás variables relacionadas con las tuberías (diámetros, rugosidades, coeficientes de pérdidas menores, accesorios especiales y bombas) y con los nudos (caudales de consumo, altura topográfica, tanques, ecuaciones de emisor y embalses). Por consiguiente, el cálculo de las redes es en esencia una comprobación de diseño y no un diseño en sí. Sin embargo, dicho cálculo es vital, ya que aún en el caso de programas para el diseño optimizado de redes o para su control en tiempo real, los métodos de comprobación de diseño deben conformar algunas de las unidades o subrutinas de los programas.

Más adelante se demostrará que el problema de diseño de una RDAP se caracteriza por tener un número de incógnitas mayor que el número de ecuaciones disponibles. Las técnicas iterativas usadas para resolver este problema utilizan alguno de los métodos de comprobación de diseño.

A continuación se explican cinco de los métodos de solución al conjunto de ecuaciones antes establecido. Estos métodos fueron históricamente los más aceptados, cubriendo un período de aproximadamente 70 años. Para cada uno de ellos se hará un resumen de las circunstancias históricas y tecnológicas que acompañaron su planteamiento. Igualmente, cada uno de ellos va acompañado de una red ejemplo con el fin de entender su estructura matemática y su forma de convergencia.

7.2.2 Método de Hardy Cross con corrección de caudales

Este método para resolver las Ecuaciones 7.4 y 7.7 fue desarrollado en 1936 por el ingeniero norteamericano Hardy Cross, quien era profesor de Ingeniería Estructural en la Universidad de Illinois, Estados Unidos.

Hardy Cross (1885-1859) fue un ingeniero estructural norteamericano autor y desarrollador del método de distribución de momento para el análisis estructural de estructuras estáticamente indeterminadas. Extendió este método el caso de RDAP.

El método en su forma original fue desarrollado para el cálculo de estructuras aporticadas de concreto y acero,mediante un método matemático para llevar a cabo análisis de distribución de momentos para estructuras estáticamente indeterminadas. Sin embargo, Cross lo extendió rápidamente al caso de las redes cerradas de distribución de agua potable, y publicó un artículo en el cual describía la aplicación de su método (ver Cross, 1936). Como ecuación de resistencia fluida utilizó la ecuación de Hazen Williams, establecida en 1906 y popularizada en la década de 1930. Para esta época el material predominante en las redes de distribución de agua potable era el hierro fundido, un material rugoso.

El método original se basa en suponer los caudales de cada uno de los tubos de la red e ir corrigiendo esta suposición. Dado que se conocen todas las características de las tuberías (d, k_s, Σk_m, l), el método es un proceso de comprobación de diseño.

La corrección de los caudales en cada uno de los ciclos de cálculo se hace de la siguiente manera. Primero se supone un error de caudal ΔQ_i en el circuito i. Por consiguiente, para cada tubo del circuito las pérdidas reales son:

$$h_{fi} + \Sigma h_{mij} = \left(\Sigma k_{mij} + f_{ij}\frac{l_{ij}}{d_{ij}}\right)\frac{(Q_{ij} + \Delta Q_i)}{2gA_{ij}^2}$$

Si se define una altura piezométrica que incluya la altura piezométrica perdida por la fricción y la altura piezométrica perdida por los accesorios de la siguiente forma:

$$h_{ij} = h_{fij} + \sum h_{mij}$$

la anterior ecuación se convierte en:

$$h_{ij} = \left(\sum k_{mij} + f_{ij}\frac{l_{ij}}{d_{ij}}\right)\frac{Q_{ij}^2 + 2Q_{ij}\Delta Q_i + \Delta Q_i^2}{2gA_{ij}^2}$$

El término ΔQ_i^2 puede despreciarse en la parte derecha de esta última ecuación, ya que: su orden de magnitud es pequeño en comparación con los demás sumandos; luego:

$$h_{ij} = \left(\sum k_{mij} + f_{ij} \frac{l_{ij}}{d_{ij}} \right) \frac{Q_{ij}^2 + 2Q_{ij}\Delta Q_i}{2gA_{ij}^2}$$

Ahora, utilizando la Ecuación 7.8 se tiene que:

$$\sum \frac{Q_{ij}^2}{2gA_{ij}^2}\left(\Sigma k_{m_{ij}} + f_{ij}\frac{l_{ij}}{d_{ij}}\right) + 2\Delta Q_i \sum \frac{Q_{ij}}{2gA_{ij}^2}\left(\Sigma k_{m_{ij}} + f_{ij}\frac{l_{ij}}{d_{ij}}\right) = 0$$

Despejando ΔQ_i se obtiene la siguiente ecuación para el cálculo del factor de corrección de los caudales en cada uno de los ciclos de cálculo:

ECUACIÓN 7.9

$$\Delta Q_i = -\frac{\sum \left(\sum k_{mij} + f_{ij} \frac{l_{ij}}{d_{ij}} \right) \frac{Q_{ij}^2}{A_{ij}^2}}{2\sum \left(\sum k_{mij} + f_{ij} \frac{l_{ij}}{d_{ij}} \right) \frac{Q_{ij}}{A_{ij}^2}}$$

Esta última ecuación también puede ser escrita de la siguiente forma:

ECUACIÓN 7.10

$$\Delta Q_i = -\frac{\sum \left(h_{fij} + \sum h_{mij} \right)}{2\sum \left(\frac{h_{fij} + \sum h_{mij}}{Q_{ij}} \right)}$$

Método de Hardy Cross con corrección de caudales: pasos que se debe seguir en el análisis

El análisis de una red de distribución de agua según el método de Hardy Cross con corrección de los caudales en los circuitos propone los siguientes pasos:

1. Se define claramente la geometría de la red, identificando de forma coherente los nudos y los circuitos.
2. Si existe más de un nudo con altura piezométrica constante (tanque en la red o embalse), es necesario conectarlos en pares por medio de tuberías hipotéticas que pueden representarse mediante líneas punteadas. En estas tuberías hipotéticas se deben suponer diámetros, longitudes y rugosidades absolutas, de tal manera que se pueda calcular el caudal correspondiente a las diferencias de nivel entre los diferentes pares de embalses o tanques. En las correcciones de caudales no deben incluirse los tubos hipotéticos, lo cual sí debe hacerse en el cálculo de las pérdidas de altura piezométrica (por fricción y por accesorios).
3. Se suponen todos los diámetros de las tuberías que conforman la red. Tal paso convierte este método en un proceso de comprobación de diseño.
4. Se supone que la red está compuesta por circuitos cerrados en cualquier orden. Con el fin de acelerar la convergencia se puede suponer que los tubos de diámetros grandes forman circuitos independientes. Se deben utilizar tantos circuitos como sea necesario para asegurar que todos los tubos queden incluidos en por lo menos un circuito.
5. Se supone el caudal a partir de cualquiera de las tuberías de la red. Luego se procede alrededor del circuito que contiene esta tubería para calcular los caudales en las demás tuberías que conforman el circuito teniendo en cuenta los caudales que salen de las uniones (caudales negativos) y los que entran a ellas (caudales positivos). Si los flujos hacia o desde otro circuito son desconocidos, se deben suponer los caudales correspondientes. Esto significa que se deben hacer tantas suposiciones de caudales como circuitos

existan en la red que se está analizando. Cuanto mejores sean estas suposiciones, más rápidamente convergerá el método. La experiencia ayuda mucho en este aspecto.

6. Se calcula la pérdida de altura piezométrica en cada tubería de la red utilizando la siguiente ecuación (de Darcy-Weisbach), si bien podría emplearse cualquier ecuación de resistencia fluida, como la de Hazen-Williams (Capítulo 3):

ECUACIÓN 7.11

$$h_{fij} + \sum h_{mij} = \frac{Q_{ij}^2}{2gA_{ij}^2}\left(\sum k_{mij} + f_{ij}\frac{l_{ij}}{d_{ij}}\right)$$

El factor de fricción *f* se calcula utilizando la ecuación de Colebrook-White presentada en el Capítulo 1:

ECUACIÓN 1.69

$$\frac{1}{\sqrt{f}} = -2\log_{10}\left(\frac{k_s}{3.7d} + \frac{2.51}{Re\sqrt{f}}\right)$$

junto con el Diagrama de Flujo 2a o 2b.

7. Se calcula la pérdida neta de altura piezométrica alrededor del circuito, es decir, se suman las pérdidas de altura piezométrica y se restan los "añadidos" de altura piezométrica, siempre medidas en el sentido de las agujas del reloj. Si la pérdida neta de altura piezométrica no es cero, se procede a corregir los caudales de cada una de las tuberías del circuito mediante la Ecuación 7.10:

ECUACIÓN 7.10

$$\Delta Q_i = -\frac{\sum\left(h_{fij} + \sum h_{mij}\right)}{2\sum\left(\frac{h_{fij} + \sum h_{mij}}{Q_{ij}}\right)}$$

8. Si en alguna de las tuberías del circuito existe una bomba centrífuga, se debe restar la altura piezométrica generada por esta de las pérdidas en la tubería antes de hacer el cálculo de la corrección de los caudales ΔQ_i:

$$\sum\left(h_{fij} + \sum h_{mij}\right)$$

9. Los pasos 5 a 8 se repiten para todos los circuitos teniendo en cuenta los caudales corregidos en los circuitos calculados previamente.
10. Los pasos 5 a 9 se repiten hasta que el balance de las alturas piezométricas alrededor de todos los circuitos (ecuación de conservación de la energía) llegue a valores razonablemente cercanos a cero. Este criterio de convergencia es fijado por el diseñador de acuerdo con las características de la red que esté analizando.

7.2.3 Método de Hardy Cross con corrección de alturas piezométricas

El hecho de que para utilizar el método de Hardy Cross original era necesario balancear los caudales antes de iniciar las iteraciones en sí probó ser engorroso para las redes grandes. Esta fue la razón de que apareciera rápidamente una modificación en el método. Fue planteada en 1938 por el Ingeniero R. J. Cornish, quién le dio el nombre de *balance de cantidad*, y la utilizó para resolver las ecuaciones de altura. Este balance de cantidad es muy similar al método de balance de cantidad utilizado para el diseño y la comprobación de diseño en el caso de las redes abiertas, visto en el capítulo anterior.

El método de Hardy Cross con corrección de las alturas piezométrica se utiliza para resolver las ecuaciones de altura piezométrica como las establecidas anteriormente. De nuevo se utiliza la ecuación de Darcy-Weisbach para el cálculo de las pérdidas por fricción, aunque se podría recurrir a cualquier ecuación de resistencia fluida. Las ecuaciones del método son, por consiguiente:

ECUACIÓN 7.3

$$Q_{ij} = \left(\frac{H_j - H_i}{\sum k_{mij} + f_{ij} \frac{l_{ij}}{d_{ij}}} \right)^{1/2} \sqrt{2g} A_{ij}$$

En vez de suponer los caudales en cada uno de los tubos de la red, esta variación supone la altura piezométrica en cada uno de los (NU-1) nudos de esta (la altura piezométrica en uno de los nudos es conocida o en su defecto tiene que ser supuesta por el diseñador). Luego se ajustan las alturas piezométricas supuestas, nudo por nudo, hasta completar todos los nudos de la red. El proceso se repite hasta que la ecuación de continuidad llega a valores "suficientemente cercanos" a cero en todos los nudos. Esta cercanía es fijada por el diseñador de acuerdo con su criterio y con la red que se esté diseñando.

El factor que se utiliza para corregir las alturas piezométricas en cada uno de los nudos se calcula tal como se explica a continuación. Si se supone que la altura piezométrica H_i del nudo i está subestimada o sobrestimada en ΔH_i, la Ecuación 7.3 se convierte en:

ECUACIÓN 7.12

$$Q_{ij} = \left(\frac{(H_j - H_i) - \Delta H_i}{\sum k_{mij} + f_{ij} \frac{l_{ij}}{d_{ij}}} \right)^{1/2} \sqrt{2g} A_{ij}$$

de donde se obtiene la siguiente ecuación:

ECUACIÓN 7.13

$$Q_{ij} = \frac{\sqrt{2g} A_{ij}}{\left(\sum k_{mij} + f_{ij} \frac{l_{ij}}{d_{ij}} \right)^{1/2}} \left((H_j - H_i) - \Delta H_i \right)^{1/2}$$

Si se toma el último término de la derecha de la Ecuación 7.13 y se utiliza el Teorema del Binomio se obtiene:

$$\left| \left((H_j - H_i) - \Delta H_i \right) \right|^{\frac{1}{2}} = (H_j - H_i)^{\frac{1}{2}} - \frac{1}{2} (H_j - H_i)^{-\frac{1}{2}} \Delta H_i + \frac{1}{8} (H_j - H_i)^{-\frac{3}{2}} \Delta H_i^2 - \frac{1}{16} (H_j - H_i)^{-\frac{5}{2}} \Delta H_i^3 + \frac{5}{128} (H_j - H_i)^{-\frac{7}{2}} \Delta H_i^4 - \ldots$$

Al eliminar los términos que involucran las potencias altas de ΔH_i, ya que son muy pequeños en comparación con los demás términos, se llega a:

ECUACIÓN 7.14

$$\left| \left((H_j - H_i) - \Delta H_i \right) \right|^{1/2} = (H_j - H_i)^{1/2} - \frac{1}{2} (H_j - H_i)^{-1/2} \Delta H_i$$

Luego, al reemplazar esta última ecuación en la Ecuación 7.13 se obtiene:

$$Q_{ij} = \frac{\sqrt{2g} A_{ij}}{\left(\sum k_{mij} + f_{ij} \frac{l_{ij}}{d_{ij}} \right)^{1/2}} \left((H_j - H_i)^{1/2} - \frac{1}{2} (H_j - H_i)^{-1/2} \Delta H_i \right)$$

El Teorema del Binomio es una fórmula que proporciona el desarrollo de la potencia enésima de n (siendo n entero positivo) de un binomio. De acuerdo con el Teorema, es posible expandir la potencia $(x + y)n$ en una suma que implica términos de la forma a x b y c, donde los exponentes b y c son números naturales con $b + c = n$, y el coeficiente a de cada término es un número entero positivo que depende de n y b.

Para todas las tuberías que llegan al nudo i se puede plantear la siguiente ecuación:

$$\sum_{j=1}^{NT_i} Q_{ij} - Q_{Di} = 0$$

Si se reemplazan los Q_{ij} se llega a:

$$\sum_{j=1}^{NT_i}\left[\left(\frac{H_j - H_i}{\sum k_{mij} + f_{ij}\dfrac{l_{ij}}{d_{ij}}}\right)^{1/2}\sqrt{2g}A_{ij} - \frac{(H_j - H_i)^{-1/2}\Delta H_i}{2\left(\sum k_{mij} + f_{ij}\dfrac{l_{ij}}{d_{ij}}\right)^{1/2}}\sqrt{2g}A_{ij}\right] - Q_{Di} = 0$$

En esta última ecuación se pueden identificar con facilidad los caudales Q_{ij} en cada una de las tuberías. Luego:

$$\sum_{j=1}^{NT_i} Q_{ij} - Q_{Di} - \frac{\Delta H_i}{2}\sum_{j=1}^{NT_i}\frac{Q_{ij}}{H_j - H_i} = 0$$

Finalmente, al despejar el factor de corrección para las alturas piezométricas en los nudos de la red se obtiene:

ECUACIÓN 7.15

$$\Delta H_i = \frac{2\left(\sum Q_{ij} - Q_{Di}(+Q_{ei})\right)}{\sum \dfrac{Q_{ij}}{H_j - H_i}}$$

En esta última ecuación, cada uno de los caudales Q_{ij} se calcula teniendo en cuenta las alturas piezométricas estimadas o las ya corregidas en las uniones anteriores. Por supuesto, estas últimas se calculan de acuerdo con:

ECUACIÓN 7.16

$$H_{ik} = H_{ik-1} + \Delta H_i$$

donde los subíndices k y $(k\text{-}1)$ indican la iteración que se está haciendo y la iteración anterior respectivamente. Ahora, la ecuación que se utiliza para el cálculo de los caudales sigue siendo la Ecuación 7.3:

ECUACIÓN 7.3

$$Q_{ij} = \left(\frac{H_j - H_i}{\sum k_{mij} + f_{ij}\dfrac{l_{ij}}{d_{ij}}}\right)^{1/2}\sqrt{2g}A_{ij}$$

Para calcular los caudales en cada una de las iteraciones se debe utilizar el Diagrama de Flujo 1 del Capítulo 2, si se desea utilizar la metodología de Darcy-Weisbach implícita en la Ecuación 7.3. En caso de que en alguna de las tuberías (tubería ij, por ejemplo) que conforman la red exista una bomba rotodinámica, la altura piezométrica adicional introducida por esta afecta al caudal respectivo. Si la ecuación de la bomba es de la forma:

$$H_B = AQ_{ij}^2 + BQ_{ij} + C$$

entonces, para la tubería ij se debe cumplir la siguiente ecuación:

ECUACIÓN 7.17

$$H_j - H_i = f_{ij}\frac{l_{ij}}{d_{ij}}\frac{Q_{ij}^2}{2gA_{ij}^2} + \left(\sum k_{mij}\frac{Q_{ij}^2}{2gA_{ij}^2} - \left(AQ_{ij}^2 + BQ_{ij} + C\right)\right)$$

Dado que esta ecuación es de forma:

$$aQ_{ij}^2 + bQ_{ij} + c = 0$$

Q_{ij} podría calcularse fácilmente.

Método de Hardy Cross con corrección de alturas piezométricas: pasos que se deben seguir en el análisis

El análisis de una red de distribución de agua según el método de Hardy Cross con corrección de las alturas piezométricas en los nudos de la red propone los pasos siguientes:

1. Se define claramente la geometría de la red identificando de forma coherente los nudos y los circuitos.
2. Se supone la altura piezométrica en cada uno de los nudos de la red, excepto en aquellos en los que la altura piezométrica sea fija (debe existir al menos un nudo con esta característica). Cuanto mejor sea la estimación inicial de estas alturas, más rápidamente convergerá el método.
3. Se calcula el caudal en cada una de las tuberías mediante la siguiente ecuación:

ECUACIÓN 7.3

$$Q_{ij} = \left(\frac{H_j - H_i}{\sum k_{mij} + f_{ij}\frac{l_{ij}}{d_{ij}}}\right)^{1/2}\sqrt{2g}\,A_{ij}$$

El factor de fricción f de Darcy se calcula utilizando la ecuación de Colebrook-White (Capítulo 1):

ECUACIÓN 1.69

$$\frac{1}{\sqrt{f}} = -2\log_{10}\left(\frac{k_s}{3.7d} + \frac{2.51}{Re\sqrt{f}}\right)$$

y algún método numérico, ya que el número de Reynolds Re es función del caudal Q_{ij} (ver Diagramas de Flujo 2a y 2b).

4. Se calcula la ecuación de continuidad para alguno de los nudos. Si esta no arroja un resultado razonablemente similar a cero, se debe corregir la altura piezométrica en este nudo utilizando la Ecuación 7.15:

ECUACIÓN 7.15

$$\Delta H_i = \frac{2\left(\sum Q_{ij} - Q_{Di}\left(+Q_{ei}\right)\right)}{\sum \frac{Q_{ij}}{H_j - H_i}}$$

Los caudales Q_{ij} y las alturas piezométricas $(H_j - H_i)$ se consideran positivos si se dirigen hacia el nudo respectivo, es decir, si el caudal entra al nudo y si H_j es mayor que H_i.

5. Se corrige la altura piezométrica en cada uno de los nudos de altura piezométrica variable de la red, es decir, se deben repetir los pasos 3 y 4 para cada nudo.
6. El proceso se detiene en el momento en que la suma de caudales en cada nudo sea razonablemente similar a cero. El margen de error en esta aproximación debe ser fijado por el diseñador de acuerdo con su experiencia y con la red que se esté analizando. En

caso de que alguno de los nudos no cumpla con esta condición se deben repetir los pasos 3, 4 y 5.

Comparación entre las dos formas del método de Hardy Cross

La principal ventaja del método de Hardy Cross con corrección de los caudales estriba en que requiere menos iteraciones para llegar al mismo grado de convergencia, especialmente si el sistema se encuentra muy desequilibrado por las condiciones iniciales supuestas.

El análisis con corrección de las alturas piezométricas converge más lentamente debido a que las correcciones de caudales se hacen en una tubería cada vez, mientras que en el otro método se corrigen todos los caudales del circuito de forma simultánea. Sin embargo, el análisis con corrección de las alturas tiene una gran ventaja: la preparación de los datos iniciales. Es muy fácil suponer las alturas piezométricas inicialmente; en cambio suponer los caudales en cada tubería y que estos cumplan con la ecuación de conservación de la masa (continuidad) en cada nudo puede ser un proceso complicado, además de lento.

El esfuerzo requerido en la preparación de los datos y su interpretación inicial acaba pronto con la ventaja de convergencia rápida del método con corrección de los caudales, lo cual es especialmente cierto cuando el análisis se realiza con ayuda del ordenador; unas cuantas iteraciones extra significan, hoy en día, unos pocos milisegundos adicionales de proceso.

Por otro lado, el diseño de redes de distribución de agua potable utilizando los métodos de análisis de redes cerradas es un proceso, en esencia, de prueba y error, ya que no se conocen los diámetros. En ocasiones es necesario cambiar varias veces los diámetros para llegar a un buen diseño. Este hecho hace que el cálculo de los caudales iniciales sea un proceso tedioso. Por esta razón es más útil el método de Hardy Cross con corrección de las alturas piezométricas.

En los Ejemplos 7.1 y 7.2 se muestran los métodos de Hardy Cross con corrección de los caudales y corrección de las alturas piezométricas, respectivamente. Se utilizan para ilustrar los conceptos comparativos anteriormente expuestos.

EJEMPLO 7.1

Método de Hardy Cross con corrección de caudales

La red mostrada en la siguiente figura tiene una válvula en la tubería 2-3, la cual se encuentra parcialmente cerrada y produce una pérdida menor local de $10.0\ v_{23}^2/2g$; la presión en el punto 1 es 100 m. Analice los caudales y presiones en la red. Los diámetros (en milímetros) y las longitudes (en metros) para cada una de las tuberías son los indicados. Los caudales están dados en L/s ($\nu = 1.141 \times 10^{-6}$ m²/s, $k_s = 0.06$ mm).

Se puede suponer que en todos los tubos, salvo en la tubería 2-3, las pérdidas menores son despreciables.

Solución

La primera suposición de caudales en las tuberías puede ser:

Tubo	1-2	2-3	3-4	4-5	2-5	5-6	1-6
Caudal (L/s)	120	50	10	-20	10	-40	-80

Estos datos se pueden representar de forma gráfica, tal como se muestra en la **FIGURA 7.3**, donde queda claro el por qué de los signos de los caudales de la tabla anterior.

Mediante las Ecuaciones 7.11 y 1.69 se calculan las siguientes tablas, en las cuales se ha supuesto que la viscosidad cinemática del agua ν es 1.14×10^{-6} m²/s.

Primer ciclo

Circuito	Tubería	Caudal (m^3/s)	f	$h_f + \Sigma h_m$ (m)	$(h_f + \Sigma h_m)/Q$ ($m/m^3/s$)
1	1-2	0.12	0.015701	9.57436	79.78630
	2-5	0.01	0.020458	3.38417	338.41738
	5-6	-0.04	0.017499	-4.34208	108.55203
	6-1	-0.08	0.016261	-2.64433	33.05416
				Σ=5.97212	Σ =559.80988

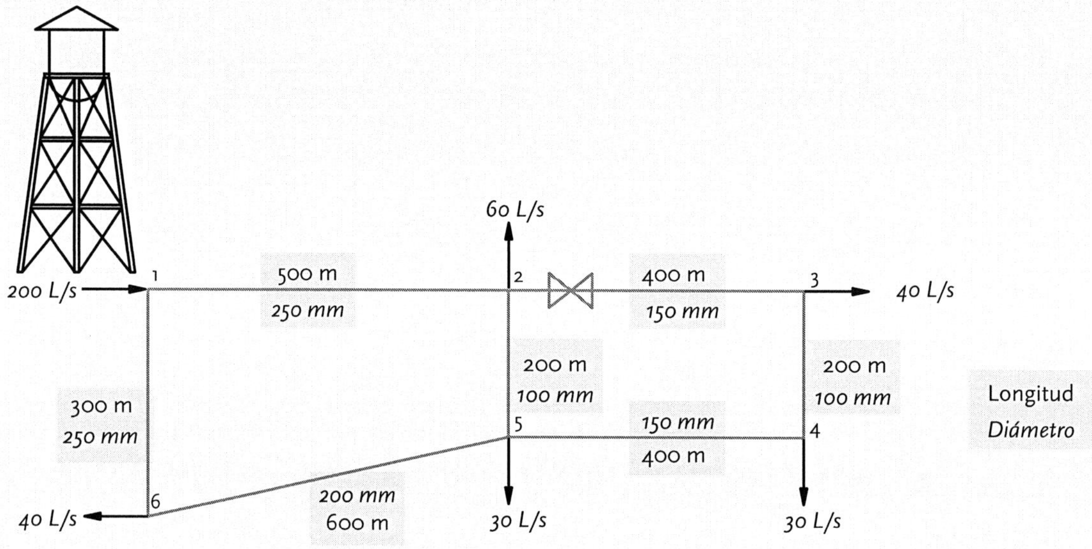

Figura 7.2 Ejemplo del método de Hardy Cross con corrección de caudales.

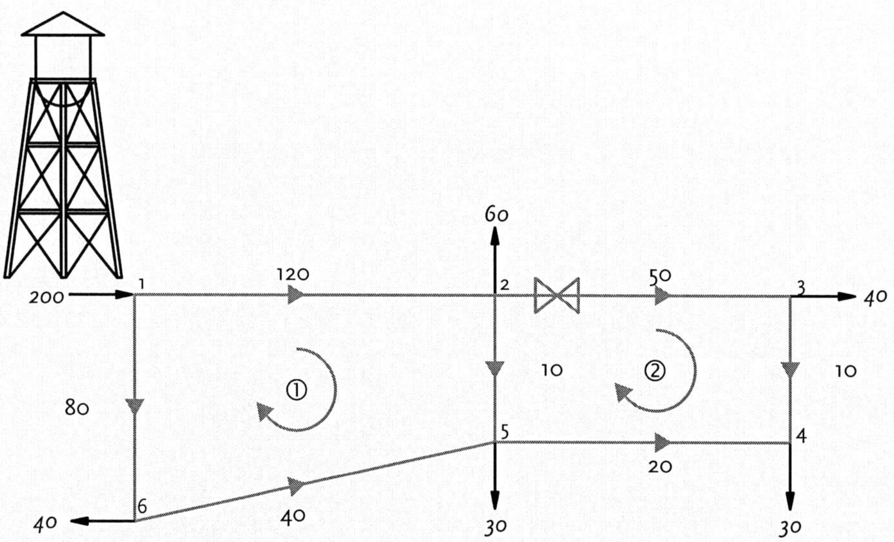

Figura 7.3 Primera suposición de caudales en las tuberías.

Mediante la Ecuación 7.10 se calcula la corrección del caudal:
ΔQ = -0.00533406 m^3/s

Circuito	Tubería	Caudal (m^3/s)	f	$h_f + \Sigma h_m$ (m)	$(h_f + \Sigma h_m)/Q$ ($m/m^3/s$)
2	2-3	0.05	0.01733	22.96469	459.29373
	3-4	0.01	0.02046	3.38417	338.41738
	4-5	-0.02	0.01890	-3.29392	164.69619
	2-5	-0.00467	0.02272	-0.81825	175.36752
				Σ=22.23668	Σ =1137.7748

Al utilizar la Ecuación 7.10 se calcula la corrección del caudal:
ΔQ = -0.009772 m^3/s

Segundo ciclo

Circuito	Tubería	Caudal (m^3/s)	f	$h_f + \Sigma h_m$ (m)	$(h_f + \Sigma h_m)/Q$ ($m/m^3/s$)
1	1-2	0.11467	0.01576	8.77301	76.50932
	2-5	0.01444	0.01969	6.78831	470.17163
	5-6	-0.04533	0.01726	-5.50266	121.38038
	6-1	-0.08533	0.01616	-2.99029	35.04220
				Σ =7.06837	Σ = 703.10353

Mediante la Ecuación 7.10 se calcula la corrección del caudal:
ΔQ = -0.00502655 m^3/s

Circuito	Tubería	Caudal (m^3/s)	f	$h_f + \Sigma h_m$ (m)	$(h_f + \Sigma h_m)/Q$ ($m/m^3/s$)
2	2-3	0.04023	0.01762	15.06959	374.60443
	3-4	0.00023	0.04630	0.00398	17.46117
	4-5	-0.02977	0.01810	-6.99134	234.82934
	2-5	-0.00941	0.02060	-3.01887	320.76709
				Σ=5.06336	Σ =947.66203

La Ecuación 7.10 permite el cálculo de la corrección del caudal:
ΔQ = -0.0026715 m^3/s

Tercer ciclo

Circuito	Tubería	Caudal (m^3/s)	f	$h_f + \Sigma h_m$ (m)	$(h_f + \Sigma h_m)/Q$ ($m/m^3/s$)
1	1-2	0.10964	0.01581	8.04946	73.41759
	2-5	0.01208	0.02004	4.83921	400.50078
	5-6	-0.05036	0.01708	-6.71848	133.40738
	6-1	-0.09036	0.01608	-3.33534	36.91144
				Σ=2.83485	Σ = 644.23718

Al utilizar la Ecuación 7.10 se calcula la corrección del caudal:
ΔQ = -0.00220016 m^3/s

Circuito	Tubería	Caudal (m^3/s)	f	$h_f + \Sigma h_m$ (m)	$(h_f + \Sigma h_m)/Q$ ($m/m^3/s$)
2	2-3	0.03756	0.01772	13.19671	351.38301
	3-4	-0.00244	0.02549	-0.25177	103.03560
	4-5	-0.03244	0.01796	-8.23480	253.81966
	2-5	-0.00988	0.02049	-3.30978	334.90529
				Σ=1.40037	Σ=1043.14356

Mediante la Ecuación 7.10 se calcula la corrección del caudal:

$\Delta Q = -0.00067122\ m^3/s$

Cuarto ciclo

Circuito	Tubería	Caudal (m^3/s)	f	$h_f + \Sigma h_m$ (m)	$(h_f + \Sigma h_m)/Q$ ($m/m^3/s$)
1	1-2	0.10744	0.01584	7.74240	72.06310
	2-5	0.01055	0.02033	3.74646	354.98187
	5-6	-0.05256	0.01701	-7.28787	138.65603
	6-1	-0.09256	0.01604	-3.49218	37.72846
				Σ=0.70883	Σ =603.42946

La Ecuación 7.10 lleva al cálculo de la corrección del caudal:

$\Delta Q = -0.00058733\ m^3/s$

Circuito	Tubería	Caudal (m^3/s)	f	$h_f + \Sigma h_m$ (m)	$(h_f + \Sigma h_m)/Q$ ($m/m^3/s$)
2	2-3	0.03689	0.01775	12.74544	345.54269
	3-4	-0.00311	0.02435	-0.39075	125.45360
	4-5	-0.03311	0.01792	-8.56288	258.58229
	2-5	-0.00997	0.02047	-3.36292	337.41812
				Σ=0.42888	Σ =1066.9967

Al utilizar la Ecuación 7.10 se calcula la corrección del caudal:

$\Delta Q = -0.00020097\ m^3/s$

Como los sumatorios de las pérdidas por fricción y de las pérdidas menores ($h_f + \Sigma h_m$) son pequeños en los dos circuitos, el proceso puede parar. Esto significa que se está cumpliendo la ecuación de conservación de la energía en cada circuito. En el momento de parar el proceso las correcciones de caudales (ΔQ) resultantes eran muy pequeñas. Los resultados que se obtuvieron, de forma resumida, están en las FIGURAS 7.4 y 7.5.

Tubo	1-2	2-3	3-4	4-5	2-5	5-6	1-6
Caudal (L/s)	106.852	36.684	3.316	33.316	10.168	53.148	93.148

Nudo	1	2	3	4	5	6
Presión (m)	100	92.26	79.53	79.92	88.47	95.75

Estas alturas piezométricas de presión pueden variar su valor dependiendo de la dirección en la que se calculen. Tal variación se debe a que en el momento de parar el proceso iterativo no se tiene una precisión absoluta en los caudales. Sin embargo, las diferencias son pequeñas. Este hecho es válido para los ejemplos de todo este capítulo.

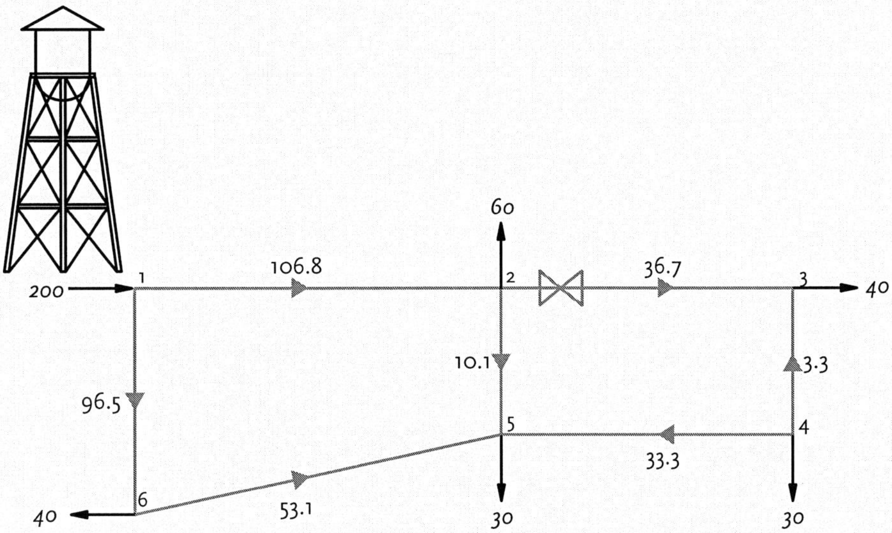

Figura 7.4 Resultados de caudales en las tuberías (L/s).

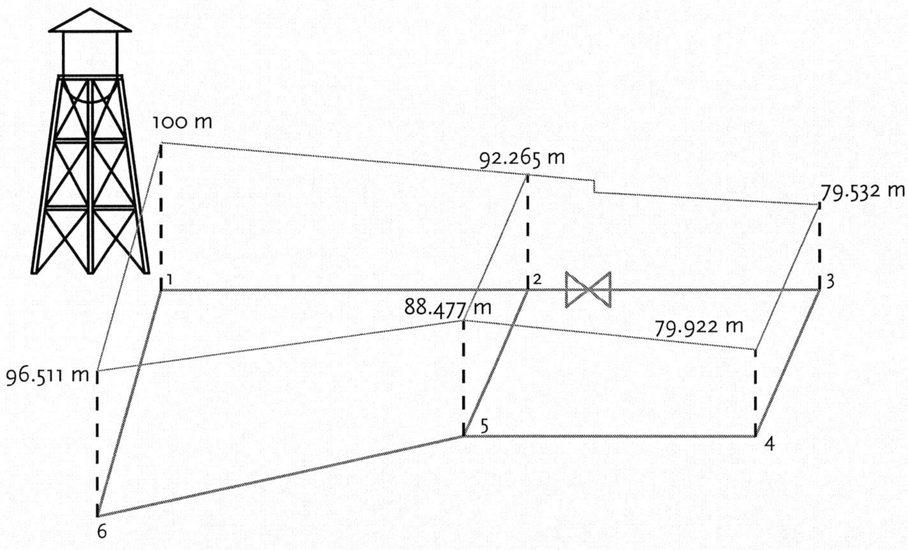

Figura 7.5 Resultados de las alturas piezométricas en los nudos.

EJEMPLO 7.2

Método de Hardy Cross con corrección de alturas piezométricas

Resuelva el problema del Ejemplo 7.1 utilizando el método de Hardy Cross con corrección de las alturas piezométricas. En este caso, la ecuación resultante para cada tubería es una ecuación de comprobación de diseño, tal como se definió en el Capítulo 2. Luego para cada una de ellas se debe utilizar el Diagrama de Flujo 1 con las siguientes ecuaciones:

ECUACIÓN 2.3

$$v = \frac{-2\sqrt{2gdh_f}}{\sqrt{l}}\log_{10}\left(\frac{k_s}{3.7d} + \frac{2.51\nu\sqrt{l}}{d\sqrt{2gdh_f}}\right)$$

y:

ECUACIÓN 2.1´

$$h_f = H - z_2 - \Sigma k_m \left(v_2^2 / 2g\right)$$

Las suposiciones iniciales para las alturas piezométricas en cada uno de los nudos de la red, teniendo el nudo 1 como el de altura piezométrica fija e igual a 100 metros, son las siguientes (ver FIGURA 7.6):

Nudo	2	3	4	5	6
Altura Piezométrica (m)	92	80	75	90	95

La única tubería que necesita un proceso iterativo es la tubería 2-3, ya que en esta existen pérdidas menores causadas por la válvula, cuyo coeficiente es $k_m = 10.0$. El nudo 1 no se corrige, puesto que en este la altura piezométrica es fija e igual a 100 metros.

Primer ciclo

Nudo	Tubo	H_i (m)	H_j (m)	h_f (m)	Q (m³/s)	$Q/(H_i-H_j)$ (m²/s)
2	1-2	100	92	8	0.109288	0.01366
	2-3	92	80	12		
				9.45042		
				10.01347		
				9.88949		
				9.91681		
				9.91079		
				9.91212		
				9.91182		
				9.91188	-0.03575	0.00298
	2-5	92	90	2	-0.00755	0.00378
				$-Q_{Di}$ (m³/s)	-0.06	
				Σ	0.0059818	0.02042

Después, mediante la Ecuación 7.15 se calcula la corrección de las alturas piezométricas, con el siguiente resultado:

$\Delta H_2 = 0.5859$ m

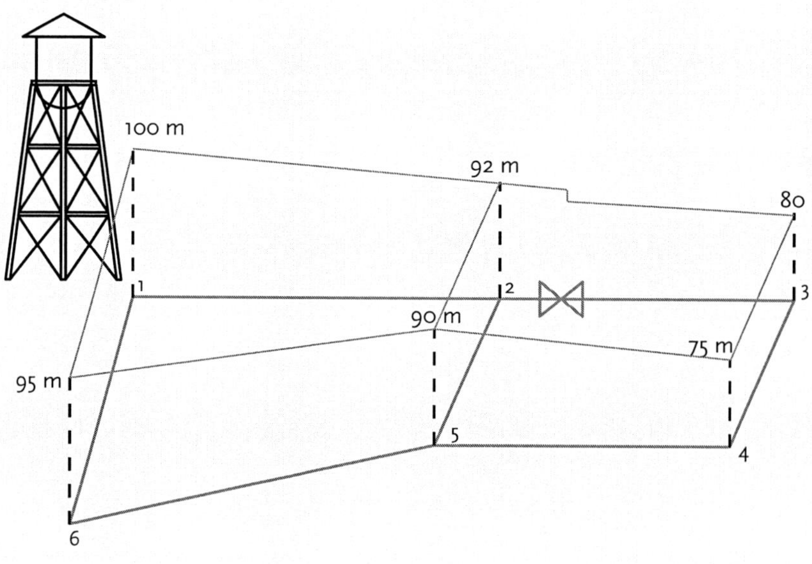

Figura 7.6 Suposición de alturas piezométricas en cada uno de los nudos de la red.

Nudo	Tubo	H_i (m)	H_j (m)	h_f (m)	Q (m^3/s)	$Q/(H_i-H_j)$ (m^2/s)
3	2-3	92.58593	80	12.58593		
				9.90642		
				10.49901		
				10.36833		
				10.39717		
				10.39081		
				10.39221		
				10.39190	0.03664	0.00291
	3-4	80	75	5	-0.01229	0.00246
				$-Q_{Di}$ (m^3/s)	-0.04	
				Σ	-0.01565	0.00537

Posteriormente, al utilizar la Ecuación 7.15 se calcula la corrección de las alturas piezométricas, con el siguiente resultado:

$\Delta H_3 = -5.8276$m

Nudo	Tubo	H_i (m)	H_j (m)	h_f (m)	Q (m^3/s)	$Q/(H_i-H_j)$ (m^2/s)
4	3-4	74.17233	75	0.82767	-0.00469	0.00567
	4-5	75	90	15	0.04437	0.00296
				$-Q_{Di}$ (m^3/s)	-0.03	
				Σ	0.00967	0.00863

Así, la corrección de la altura piezométrica en el nudo 4 es:

$\Delta H_4 = 2.2422$m

Nudo	Tubo	H_i (m)	H_j (m)	h_f (m)	Q (m^3/s)	$Q/(H_i-H_j)$ (m^2/s)
5	5-6	90	95	5	0.04309	0.00862
	4-5	77.2422	90	12.75778	-0.04078	0.00319
	2-5	92.5859	90	2.58593	0.008667	0.00335
				$-Q_{Di}$ (m^3/s)	-0.03	
				Σ	-0.019019	0.015168

Así, la altura piezométrica en el nudo 5 se debe corregir en:

$\Delta H_5 = -2.5078$m

Nudo	Tubo	H_i (m)	H_j (m)	h_f (m)	Q (m^3/s)	$Q/(H_i-H_j)$ (m^2/s)
6	1-6	100	95	5	0.11163	0.022327
	5-6	87.4922	95	7.50778	-0.05338	0.00711
				$-Q_{Di}$ (m^3/s)	-0.04	
				Σ	0.018249	0.02944

La corrección de la altura piezométrica en el nudo 6 es:

$\Delta H_6 = 1.2398$ m

Segundo ciclo

Nudo	Tubo	H_i (m)	H_j (m)	h_f (m)	Q (m^3/s)	$Q/(H_i-H_j)$ (m^2/s)
2	1-2	100	92.5859	7.41406	0.10504	0.014167
	2-3	92.5859	74.17232	18.4136		
				14.4337		
				15.3232		
				15.1249		
				15.169		
				15.1593		
				15.1615		
				15.1610		
				15.1611	-0.0446	0.00242
	2-5	92.5859	87.4922	5.0937	-0.0124	0.002437
				$-Q_{Di}$ (m^3/s)	-0.06	
				Σ	-0.012	0.01903

Mediante la Ecuación 7.15 se calcula la corrección de las alturas piezométricas, con el siguiente resultado:

$\Delta H_2 = -1.2606\text{m}$

Nudo	Tubo	H_i (m)	H_j (m)	h_f (m)	Q (m^3/s)	$Q/(H_i-H_j)$ (m^2/s)
3	2-3	91.3253	74.172	17.1529		
				13.4554		
				14.2803		
				14.0967		
				14.1376		
				14.1285		
				14.13056		
				14.1301	0.043013	0.002507
	3-4	74.172	77.242	3.0698	0.00949	0.003093
				$-Q_{Di}$ (m^3/s)	-0.04	
				Σ	0.01251	0.0056

La Ecuación 7.15 lleva al cálculo de la corrección de las alturas piezométricas, con el siguiente resultado:

$\Delta H_3 = 4.4668 \text{ m}$

Nudo	Tubo	H_i (m)	H_j (m)	h_f (m)	Q (m^3/s)	$Q/(H_i-H_j)$ (m^2/s)
4	3-4	78.639	77.242	1.3969	0.00623	0.00446
	4-5	77.242	87.492	10.250	0.03638	0.0035
				$-Q_{Di}$ (m^3/s)	-0.03	
				Σ	0.012614	0.00801

Entonces, la corrección de la altura piezométrica en el nudo 4 es:

$\Delta H_4 = 3.1495 \text{ m}$

Nudo	Tubo	H_i (m)	H_j (m)	h_f (m)	Q (m^3/s)	$Q/(H_i-H_j)$ (m^2/s)
5	5-6	87.492	96.239	8.747	0.0578	0.0066
	4-5	80.3917	87.492	7.10	-0.030	0.00423
	2-5	91.325	87.492	3.833	0.01068	0.00278
				$-Q_{Di}$ (m^3/s)	-0.03	
				Σ	0.00851	0.01362

La altura piezométrica en el nudo 5 se debe corregir en:

$\Delta H_5 = 1.2492$ m

Nudo	Tubo	H_i (m)	H_j (m)	h_f (m)	Q (m^3/s)	$Q/(H_i-H_j)$ (m^2/s)
6	1-6	100	96.239	3.7602	0.0962	0.02558
	5-6	88.7414	96.239	7.4984	-0.05335	0.007141
				$-Q_{Di}$ (m^3/s)	-0.04	
				Σ	0.002858	0.03270

La corrección de la altura piezométrica en el nudo 6 es:

$\Delta H_6 = 0.1748$ m

Tercer ciclo

Nudo	Tubo	H_i (m)	H_j (m)	h_f (m)	Q (m^3/s)	$Q/(H_i-H_j)$ (m^2/s)
2	1-2	100	91.3253	8.6747	0.11399	0.01314
	2-3	91.3253	78.639	12.6861	0.04066	
				9.98435	0.03588	
				10.582	0.03699	
				10.4502	0.03675	
				10.479	0.03680	
				10.4729	0.03679	
				10.4743	0.03679	
				10.4739	0.03679	
				10.4740	-0.03679	0.0029
	2-5	91.3253	88.7414	2.58387	-0.0086	0.003353
				$-Q_{Di}$ (m^3/s)	-0.06	
				Σ	0.008536	0.01939

La Ecuación 7.15 lleva al cálculo de la corrección de las alturas piezométricas, con el siguiente resultado:

$\Delta H_2 = 0.8802$ m

Nudo	Tubo	H_i (m)	H_j (m)	h_f (m)	Q (m^3/s)	$Q/(H_i-H_j)$ (m^2/s)
3	2-3	92.2055	78.639	13.5663		
				10.669		
				11.3112		
				11.1692		
				11.2006		
				11.1937		
				11.1952		
				11.1949	0.03809	0.002808
	3-4	78.6392	80.392	1.75255	0.00704	0.004016
				$-Q_{Di}$ (m^3/s)	-0.04	
				Σ	0.00513	0.00682

Al utilizar la Ecuación 7.15 se calcula la corrección de las alturas piezométricas, con el siguiente resultado:

$\Delta H_3 = 1.5054$ m

Nudo	Tubo	H_i (m)	H_j (m)	h_f (m)	Q (m^3/s)	$Q/(H_i-H_j)$ (m^2/s)
4	3-4	80.1446	80.3917	0.247133	-0.00242	0.00978
	4-5	80.3917	88.7414	8.34967	0.03268	0.003914
				$-Q_{Di}$ (m^3/s)	-0.03	
				Σ	0.0002616	0.0137

La corrección de la altura piezométrica del nudo 4 es:

$\Delta H_4 = 0.0382$ m

Nudo	Tubo	H_i (m)	H_j (m)	h_f (m)	Q (m^3/s)	$Q/(H_i-H_j)$ (m^2/s)
5	5-6	88.7414	96.4146	7.6732	0.0540	0.007037
	4-5	80.4299	88.7414	8.3115	-0.0326	0.003922
	2-5	92.2055	88.7414	3.46409	0.0101	0.00292
				$-Q_{Di}$ (m^3/s)	-0.03	
				Σ	0.001525	0.013879

La altura piezométrica del nudo 5 se debe corregir en:

$\Delta H_5 = 0.2197$ m

Nudo	Tubo	H_i (m)	H_j (m)	h_f (m)	Q (m^3/s)	$Q/(H_i-H_j)$ (m^2/s)
6	1-6	100	96.4146	3.58537	0.09384	0.02617
	5-6	88.9612	96.4146	7.4534	-0.05318	0.007135
				$-Q_{Di}$ (m^3/s)	-0.04	
				Σ	0.00066	0.033305

La corrección de la altura piezométrica en el nudo 6 es:

$\Delta H_6 = 0.0396$ m

Cuarto ciclo

Nudo	Tubo	H_i (m)	H_j (m)	h_f (m)	Q (m^3/s)	$Q/(H_i-H_j)$ (m^2/s)
2	1-2	100	92.2055	7.7945	0.10781	0.013832
	2-3	92.2055	80.1446	12.0608		
				9.4978		
				10.0639		
				9.9392		
				9.9667		
				9.9606		
				9.9619		
				9.9617		
				9.9617	-0.03584	0.002972
	2-5	92.2055	88.9611	3.2443	-0.009778	0.0030140
				$-Q_{Di}$ (m^3/s)	-0.06	
				Σ	0.002192	0.01982

Mediante la Ecuación 7.15 se calcula la corrección de las alturas piezométricas, con el siguiente resultado:

$\Delta H_2 = 0.2213$ m

Nudo	Tubo	H_i (m)	H_j (m)	h_f (m)	Q (m^3/s)	$Q/(H_i-H_j)$ (m^2/s)
3	2-3	92.4267	80.1446	12.2821		
				9.6700		
				10.2473		
				10.1201		
				10.1481		
				10.1419		
				10.1433		
				10.1430	0.03618	0.00294
	3-4	80.1446	80.4299	0.2853	0.002618	0.009178
				$-Q_{Di}$ (m^3/s)	-0.04	
				Σ	-0.001197	0.01212

Mediante la Ecuación 7.15 se calcula la corrección de las alturas piezométricas, con el siguiente resultado:

$\Delta H_3 = -0.1975$ m

Nudo	Tubo	H_i (m)	H_j (m)	h_f (m)	Q (m^3/s)	$Q/(H_i-H_j)$ (m^2/s)
4	3-4	79.9471	80.4299	0.4828	-0.00349	0.007245
	4-5	80.4299	88.961	8.5312	0.03305	0.003874
				$-Q_{Di}$ (m^3/s)	-0.03	
				Σ	-0.0004481	0.01112

La corrección en la altura piezométrica en el nudo 4 es:

$\Delta H_4 = -0.0806$m

Nudo	Tubo	H_i (m)	H_j (m)	h_f (m)	Q (m^3/s)	$Q/(H_i-H_j)$ (m^2/s)
5	5-6	88.9612	96.4542	7.4931	0.05333	0.007117
	4-5	80.3493	88.9611	8.6118	-0.03321	0.003856
	2-5	92.4267	88.9611	3.4656	0.010126	0.002922
				$-Q_{Di}$(m^3/s)	-0.03	
				Σ	0.000246	0.01389

La altura piezométrica en el nudo 5 se debe corregir en:

$\Delta H_5 = 0.0354$ m

Nudo	Tubo	H_i (m)	H_j (m)	h_f (m)	Q (m^3/s)	$Q/(H_i-H_j)$ (m^2/s)
6	1-6	100	96.4543	3.5457	0.09330	0.02631
	5-6	88.9966	96.4543	7.4576	-0.05320	0.00713
				$-Q_{Di}$ (m^3/s)	-0.04	
				Σ	0.00010018	0.03345

La corrección en la altura piezométrica del nudo 6 es:

$\Delta H_6 = 0.00599$ m

Quinto ciclo

Nudo	Tubo	H_i (m)	H_j (m)	h_f (m)	Q (m^3/s)	$Q/(H_i-H_j)$ (m^2/s)
2	1-2	100	92.4267	7.5732	0.10620854	0.01402424
	2-3	92.4267	79.9471	12.4796		
				9.8237		
				10.4109		
				10.2815		
				10.3100		
				10.3037		
				10.3051		
				10.3048		
				10.3049	-0.03648	0.002923
	2-5	92.4267886	88.9966254	3.43016324	-0.0101	0.002936
				$-Q_{Di}$ (m^3/s)	-0.06	
				Σ	-0.0003478	0.01988402

La Ecuación 7.15 lleva al cálculo de la corrección de las alturas piezométricas, con el siguiente resultado:

$$\Delta H_2 = -0.0349 \text{ m}$$

Nudo	Tubo	H_i (m)	H_j (m)	h_f (m)	Q (m^3/s)	$Q/(H_i-H_j)$ (m^2/s)
3	2-3	92.3918	79.9471	12.4446		
				9.7965		
				10.3819		
				10.2529		
				10.2814		
				10.2751		
				10.2765		
				10.2762	0.03643141	0.00292747
	3-4	79.9471	80.3493	0.40224	0.00316479	0.00786778
				$-Q_{Di}$ (m^3/s)	-0.04	
				Σ	-0.0004038	0.01079525

Mediante la Ecuación 7.15 se calcula la corrección de las alturas piezométricas, con el siguiente resultado:

$$\Delta H_3 = -0.0748 \text{ m}$$

Nudo	Tubo	H_i (m)	H_j (m)	h_f (m)	Q (m^3/s)	$Q/(H_i-H_j)$ (m^2/s)
4	3-4	79.8723	80.3493	0.47706	-0.00347	0.0072854
	4-5	80.3493	88.9966	8.64726	0.03328	0.00384923
				$-Q_{Di}$ (m^3/s)	-0.03	
				Σ	-0.00019025	0.01113464

Luego:

$$\Delta H_4 = -0.0342 \text{ m}$$

Nudo	Tubo	H_i (m)	H_j (m)	h_f (m)	Q (m³/s)	$Q/(H_i-H_j)$ (m²/s)
5	5-6	88.9966	96.4603	7.4636	0.05322	0.00713094
	4-5	80.3152	88.9966	8.6814	-0.03335	0.00384201
	2-5	88.9966	88.9966	3.3952	0.01001724	0.00295043
				$-Q_{Di}$ (m³/s)	-0.03	
				Σ	-0.00011402	0.01392338

Después:

$\Delta H_5 = -0.0164$ m

Nudo	Tubo	H_i (m)	H_j (m)	h_f (m)	Q (m³/s)	$Q/(H_i-H_j)$ (m²/s)
6	1-6	100	96.4603	3.5397	0.09322	0.02633489
	5-6	88.9802	96.4603	7.4800	-0.05328	0.00712352
				$-Q_{Di}$ (m³/s)	-0.04	
				Σ	0.00006607	0.03345842

Luego:

$\Delta H_6 = -0.00395$ m

En este último ciclo, todas las correcciones para las alturas piezométricas en los nudos son pequeñas, lo cual significa que el proceso ha convergido. Los resultados finales son (ver FIGURA 7.7 y 7.8):

Tubo	1-2	2-3	3-4	4-5	5-6	2-5	1-6
Caudal (L/s)	106.21	36.4	3.6	33.3	53.22	10.01	93.22

Nudo	1	2	3	4	5	6
Presión (m)	100	92.43	79.96	80.36	89.08	96.46

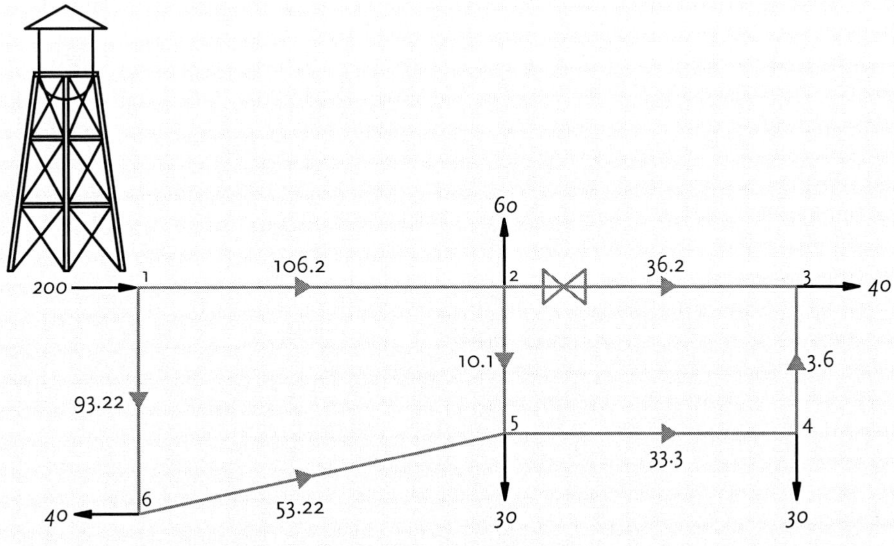

Figura 7.7 Resultados de los caudales en las tuberías (L/s).

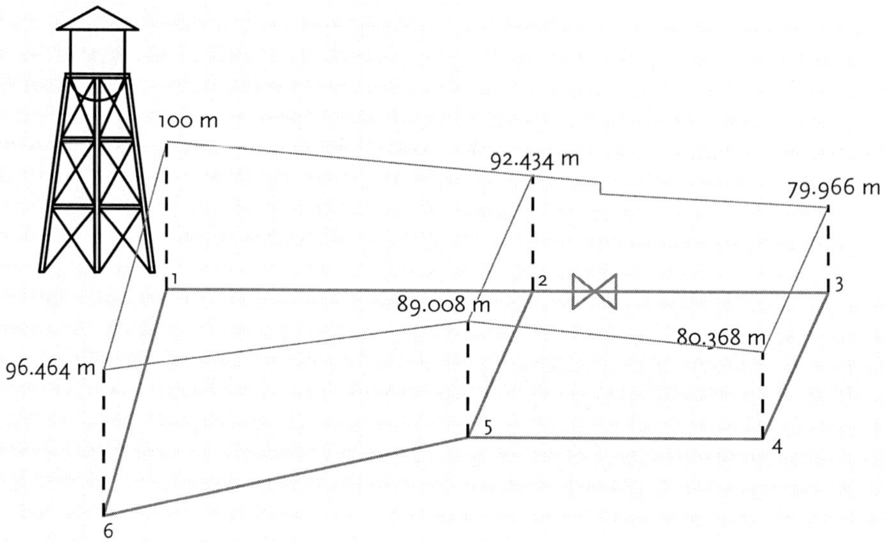

Figura 7.8 Resultados de las alturas piezométricas en los nudos.

7.2.4 Método de Newton-Raphson

El método iterativo de Newton-Raphson fue aplicado por primera vez al cálculo de las redes de distribución de agua potable por D. W. Martin y G. Peters en 1962-1963. Estos dos investigadores fueron los primeros en publicar un algoritmo para un ordenador que podía ser utilizado para calcular de forma simultánea las alturas en todos los nudos de la red de distribución. Dentro de su algoritmo escribieron las ecuaciones de pérdida por fricción en cada tubería en términos del caudal; la ecuación resultante relacionaba esta última variable con las alturas piezométricas aguas arriba y aguas abajo de cada tubo; si sustituían estas ecuaciones en las ecuaciones de conservación de la masa en cada nudo obtenían *NU* ecuaciones no lineales en términos de las alturas en los nudos. Finalmente, linealizaron las ecuaciones resultantes utilizando una expansión en series de Taylor y las resolvieron de forma iterativa utilizando el Método de Newton-Raphson.

La principal diferencia entre este nuevo método y las dos versiones del método Hardy Cross es que hace correcciones simultáneas para la red entera, las alturas y los caudales supuestos. Debido a que convergía más rápidamente tenía ciertas ventajas informáticas, pero el método de Newton-Raphson no era apropiado para los cálculos manuales debido a la necesidad de resolver *NU* ecuaciones lineales en cada iteración. Sin embargo, debido a que para la época en que se plantea el método ya se tenía acceso a ordenadores digitales, este método fue utilizado con relativo éxito. En cuanto a los materiales, el año 1963 coincide con la aparición de la primera norma técnica para las tuberías de PVC en los Estados Unidos.

El método de Newton-Raphson es un método numérico que permite la solución de ecuaciones no lineales o cálculo de raíces de ecuaciones de forma rápida y segura; las ecuaciones pueden ser explícitas o no explícitas:

$f(x) = 0$ explícita

$g(x) = x$ no explícita

es decir: $f(x) = g(x) - x$

La raíz de la ecuación puede calcularse mediante iteraciones sucesivas siguiendo la Regla de Newton. Dicha regla establece que si X_0 es una aproximación a la raíz de $f(x)$ entonces $X_0 + \delta X_0$ es una mejor aproximación, donde:

ECUACIÓN 7.18

$$\delta X_o = -\frac{f(X_0)}{f'(X_0)}$$

Esta ecuación resulta de una serie de Taylor para $f(X_o+\delta X_o)$, tal como se muestra a continuación:

ECUACIÓN 7.19

$$f(X_0+\delta X_0) = f(X_0) + f'(X_0)\delta X_0 + \frac{f''(X_0)}{2!}\delta X_0^2 + \frac{f'''(X_0)}{3!}\delta X_0^3 + \ldots$$

donde las primas indican derivadas de la función f. Si $X_o+\delta X_o$ es la raíz de la función f, entonces:

ECUACIÓN 7.20

$$f(X_0+\delta X_0) = 0$$

Si se igualan las Ecuaciones 7.19 y 7.20, y se desprecian los términos de segundo orden y órdenes superiores de δX_o, se obtiene la siguiente ecuación:

ECUACIÓN 7.21

$$f(X_0) + \frac{df}{dx}\delta X_0 = 0$$

$$\frac{df}{dx}\delta X_0 = -f(X_0)$$

Este procedimiento se puede generalizar fácilmente para encontrar las raíces de los sistemas de ecuaciones no lineales.

Si se requiere resolver un sistema de N ecuaciones, las mejoras a las raíces aproximadas $(X_{01}, X_{02}, X_{03}, X_{04}, \ldots, X_{0N})$, las cuales son $\delta X_{01}, \delta X_{02}, \delta X_{03,} \delta X_{04}, \ldots, \delta X_{0N}$ pueden calcularse resolviendo las siguientes N ecuaciones lineales simultáneas:

ECUACIÓN 7.22

$$-f_i(X_{01}, X_{02}, \ldots, X_{0N}) = \sum_{j=1}^{N} \frac{\partial f_i}{\partial x_j}\partial X_{0j}$$

donde:

$$i = 1, N$$

Esta última ecuación puede expresarse de forma matricial si se recurre a la Ecuación 7.21 y se resuelve mediante un proceso de eliminación de Gauss. Los elementos conocidos son $\delta f_i/\delta x_j$ y f_i. La matriz resultante es:

ECUACIÓN 7.23

$$\begin{bmatrix} \frac{\partial f_1}{\partial x_1} & \frac{\partial f_1}{\partial x_2} & \cdots & \cdots & \frac{\partial f_1}{\partial x_N} \\ \frac{\partial f_2}{\partial x_1} & \frac{\partial f_2}{\partial x_2} & \cdots & \cdots & \vdots \\ \cdots & \cdots & \cdots & \cdots & \vdots \\ \frac{\partial f_N}{\partial X_1} & \frac{\partial f_N}{\partial X_2} & \cdots & \cdots & \frac{\partial f_N}{\partial X_N} \end{bmatrix} \begin{bmatrix} \partial X_{01} \\ \partial X_{02} \\ \vdots \\ \partial X_{0N} \end{bmatrix} = \begin{bmatrix} -f_1 \\ -f_2 \\ \vdots \\ -f_N \end{bmatrix}$$

La anterior ecuación puede ser resuelta por eliminación gaussiana. De forma general, el sistema 7.23 puede escribirse de forma más compacta:

ECUACIÓN 7.24

$$\left[\frac{Df}{Dx}\right][Dx] = [-F]$$

donde Df/Dx denota la primera matriz de la Ecuación 7.23 y $[Dxy]$ y $[-F]$ denotan las dos matrices en las columnas; entonces, multiplicando por la matriz inversa:

ECUACIÓN 7.25

$$\left(\left[\frac{Df}{Dx}\right]^{-1}\left[\frac{Df}{Dx}\right]\right)[Dx]=\left[\frac{Df}{Dx}\right]^{-1}[-F]$$

de donde finalmente se obtiene la siguiente ecuación:

ECUACIÓN 7.26

$$[Dx]=\left[\frac{Df}{Dx}\right]^{-1}[-F]$$

Una alternativa es el uso de MatLab, que permite la manipulación de matrices, la implementación de algoritmos, la creación de interfaces de usuario y la solución de ecuaciones. Conforma un ambiente informático numérico multiparadigma bajo un lenguaje de programación de cuarta generación.

En la Ecuación 7.26 se pueden calcular los valores de los δx_{oi}, los cuales son los valores que deben corregir las raíces aproximadas x_{oi}. El problema se reduce a invertir la matriz jacobiana $[Df/Dx]$, lo cual puede hacerse utilizando algoritmos ya desarrollados para hojas de cálculo y calculadoras programables con inversión de matrices en la arquitectura interna (hardware).

La principal diferencia entre este método y los de Hardy Cross radica en que corrige de manera simultánea las suposiciones de altura piezométrica o caudal para toda la red. Esto implica que converge mucho más rápidamente que los métodos de Hardy Cross; además de que tiene unas ventajas informáticas muy amplias. Su desventaja estriba en que no es adecuado para el cálculo manual, puesto que requiere la inversión de matrices.

Para el caso de las redes cerradas se tienen las siguientes ecuaciones:

ECUACIÓN 7.27

$$\sum_{j=1}^{Nu} Q_{ij} - Q_{Di} = 0$$

donde:

Nu = número de uniones (nudos)

Q_{Di} = Caudal demandado en la unión i

Los caudales Q_{ij} de la Ecuación 7.27 son cero cuando no existe tubería entre la unión i y la unión j.

Mediante la Ecuación 7.5, la cual establece que:

ECUACIÓN 7.5

$$Q_{ij} = \sqrt{2g}A_{ij}\frac{H_j - H_i}{\left(\sum k_{mij} + f_{ij}\frac{l_{ij}}{d_{ij}}\right)^{1/2}}\left(|H_j - H_i|\right)^{-1/2}$$

de donde se obtiene:

ECUACIÓN 7.28

$$\sum_{j=1}^{Nu} \sqrt{2g}A_{ij}\frac{\left(H_j - H_i\right)^{1/2}}{\left(\sum k_{mij} + f_{ij}\frac{l_{ij}}{d_{ij}}\right)^{1/2}} - Q_{Di} = 0 \quad i = 1,\ldots,Nu$$

Es evidente que esta ecuación es de la forma siguiente:

ECUACIÓN 7.29

$$f(H_1,\ldots,H_{Nu}) = \sum_{j=1}^{Nu} \sqrt{2g}A_{ij}\frac{\left(H_j - H_i\right)^{1/2}}{\left(\sum k_{mij} + f_{ij}\frac{l_{ij}}{d_{ij}}\right)^{1/2}} - Q_{Di} = 0$$

Es decir:

ECUACIÓN 7.30
$$f_i(H_1, H_2, \ldots, H_{Nu}) = 0$$

Las Ecuaciones 7.29 y 7.30 son válidas para *i* variando entre 1 y NU; es decir, se tiene un conjunto de ecuaciones que pueden ser resueltas mediante el método de Newton-Raphson.

Para aplicar el método (Ecuación 7.23) se debe calcular la matriz [*Df/Dx*]. En este caso:

ECUACIÓN 7.31
$$\frac{\delta f_i}{\delta X_j} = \frac{\delta f_i}{\delta H_j}$$

y

ECUACIÓN 7.32
$$\frac{\delta f_i}{\delta X_i} = \frac{\delta f_i}{\delta H_i}$$

donde H_i y H_j representan alturas piezométricas en los nudos. Luego:

$$\frac{\delta f_i}{\delta X_j} = \frac{\delta}{\delta H_j}\left[\sum_{j=1}^{NU} \frac{\sqrt{2g}A_{ij}(H_j - H_i)^{\frac{1}{2}}}{\left(\sum k_{mij} + f_{ij}\frac{l_{ij}}{d_{ij}}\right)^{\frac{1}{2}}} - Q_{Di}\right]$$

Al llevar a cabo el proceso de derivación se obtiene:

ECUACIÓN 7.33
$$\frac{\delta f_i}{\delta X_j} = \frac{1}{2}\frac{\sqrt{2g}A_{ij}}{\left(\sum k_{mij} + f_{ij}\frac{l_{ij}}{d_{ij}}\right)^{\frac{1}{2}}}(H_j - H_i)^{-\frac{1}{2}}$$

Por otro lado, para la altura piezométrica H_i se tiene que:

$$\frac{\delta f_i}{\delta X_i} = \frac{\delta}{\delta H_i}\left[\sum_{j=1}^{NU} \frac{\sqrt{2g}A_{ij}(H_j - H_i)^{\frac{1}{2}}}{\left(\sum k_{mij} + f_{ij}\frac{l_{ij}}{d_{ij}}\right)^{\frac{1}{2}}} - Q_{Di}\right]$$

En las Ecuaciones (7.28), (7.29) y (7.33) resulta claro que la altura piezométrica debe ser mayor que la H_i con el fin de que se pueda calcular la raíz cuadrada correspondiente, lo cual implica un manejo manual de cada ecuación. En caso de que se desee programar el método de Newton Raphson se puede utilizar siempre el valor absoluto de la diferencia entre H_i y H_j pero conservando la dirección del flujo como saliendo del nudo si H_i es mayor que H_j y viceversa, cuando se vaya a calcular la conservación de la masa en cada nudo.

Nuevamente, al desarrollar el proceso de derivación:

ECUACIÓN 7.34
$$\frac{\delta f_i}{\delta X_i} = -\frac{1}{2}\sum_{j=1}^{Nu} \frac{\sqrt{2g}A_{ij}}{\left(\sum k_{mij} + f_{ij}\frac{l_{ij}}{d_{ij}}\right)^{\frac{1}{2}}}(H_j - H_i)^{-\frac{1}{2}}$$

y comparar las Ecuaciones 7.33 y 7.34 se obtiene:

ECUACIÓN 7.35

$$\frac{\delta f_i}{\delta H_i} = -\sum_{j=1}^{Nu} \frac{\delta f_i}{\delta H_j}$$

En la aplicación del método de Newton-Raphson se deben seguir los siguientes pasos:

1. Se suponen las alturas piezométricas en todos los nudos de la red. Las alturas piezométricas fijadas por tanques o embalses deben permanecer constantes a lo largo del proceso.
2. Se supone en cada tubo de la red que Σh_m es cero. Luego se calcula el caudal mediante la siguiente ecuación:

ECUACIÓN 7.36

$$Q_{ij} = -2A_{ij}\frac{\sqrt{2gd_{ij}}}{\sqrt{l_{ij}}}\sqrt{h_f}\,log_{10}\left(\frac{k_{sij}}{3.7d_{ij}} + \frac{2.51\nu\sqrt{l_{ij}}}{\sqrt{2gd_{ij}^3h_f}}\right)$$

3. Con el caudal calculado se estima la velocidad v_{ij} y las pérdidas menores:

ECUACIÓN 7.37

$$\sum h_{mij} = \left(k_{mij}\right)\frac{v_{ij}^2}{2g}$$

4. Se calcula un nuevo valor de h_{fij}:

$$h_{fij} = H_j - H_i - \sum h_{mij}$$

   y se determina un nuevo valor de Q_{ij} en la Ecuación 7.36. El proceso sigue hasta que los valores sucesivos de cada caudal Q_{ij} son lo suficientemente parecidos.
5. Con los valores de caudal calculados y mediante la Ecuación 7.3:

ECUACIÓN 7.3

$$Q_{ij} = \left(\frac{H_j - H_i}{\sum k_{mij} + f_{ij}\frac{l_{ij}}{d_{ij}}}\right)^{1/2}\sqrt{2g}A_{ij}$$

   se calcula:

ECUACIÓN 7.38

$$\sum k_{mij} + f_{ij}\frac{l_{ij}}{d_{ij}} = \frac{H_j - H_i}{Q_{ij}^2}2gA_{ij}^2$$

6. Con los valores de $\sum k_{mij} + f_{ij}\frac{l_{ij}}{d_{ij}}$ calculados se estiman los valores de $\delta f_i/\delta H_j$ y $\delta f_i / \delta H_i$ en las Ecuaciones 7.33 y 7.35 respectivamente. También se determinan los valores de f_i en la Ecuación 7.29.

7. Se plantea la ecuación matricial:

$$\left[\frac{Df}{DH}\right]\left[DH\right]=\left[-F\right]$$

y se resuelve para encontrar la matriz columna *DH*:

$$[DH] = \begin{bmatrix} \delta H_1 \\ . \\ . \\ . \\ \delta H_{Nu} \end{bmatrix}$$

8. Se corrigen los valores de H_i y H_j para todos los nudos:

ECUACIÓN 7.39

$$H_{in} = H_{in-1} + \delta H_i$$

9. Con los nuevos valores de H_i y H_j se vuelve al paso 2. Los valores de la altura piezométrica en nudos de altura piezométrica constante no se corrigen.
10. El proceso termina cuando valores sucesivos de los H_i son razonablemente iguales en iteraciones sucesivas. El proceso converge de manera rápida. Para suposiciones de altura piezométrica iniciales lógicas no se requiere más de cinco iteraciones.

Los nudos de altura piezométrica constante pueden ser dejados fuera del análisis, reduciéndose así el número de elementos de las matrices y vectores de la Ecuación 7.23.

EJEMPLO 7.3

Método de Newton-Raphson

En el análisis numérico, el método de Newton (conocido también como el método de Newton-Raphson o el método de Newton-Fourier) es un algoritmo eficiente para encontrar aproximaciones de los ceros o raíces de una función real. También puede ser usado para encontrar el máximo o mínimo de una función, encontrando los ceros de su primera derivada.

Resuelva el problema del Ejemplo 7.1 utilizando el método de Newton-Raphson. Las suposiciones iniciales para las alturas piezométricas en cada uno de los nudos de la red, teniendo el nudo 1 como el de altura piezométrica fija e igual a 100 metros, son las siguientes (VER FIGURA 7.9):

Nudo	2	3	4	5	6
Altura Piezométrica (m)	92	80	75	90	95

Primera iteración

Tubería	H_i (m)	H_j (m)	h_f (m)	Q (m³/s)	$\Sigma k_m + f(l/d)$ (-)	df_i/dH_j (-)
1 2	100	92	8.00	0.1093	31.633	0.0068
2 3	92	80	12.00	0.0395	47.066	0.0016
			9.450	0.0349	60.406	0.0015
			10.013	0.0360	56.858	0.0015
			9.889	0.0357	57.603	0.0015
			9.917	0.0358	57.437	0.0015
			9.911	0.0358	57.474	0.0015
			9.912	0.0358	57.466	0.0015
3 4	80	75	5.00	0.0123	40.002	0.0012
4 5	75	90	15.00	0.0444	46.633	0.0015
2 5	92	90	2.00	0.0076	42.355	0.0019
5 6	90	95	5.00	0.0431	52.071	0.0043
1 6	100	95	5.00	0.1117	18.947	0.0112

Con los resultados anteriores se construye la siguiente tabla, en la cual no se incluye la unión 1, ya que esta tiene una altura piezométrica fija.

Nudo	Tubería	Q	df_i/dH_j	df_i/dH_i	f_i
(No.)	(No.)	(m³/s)			
2	2 1	0.1093	0.0068		
	2 3	-0.0358	0.0015		
	2 5	-0.0076	0.0019	-0.0102	0.0060
3	3 2	0.036	0.0015		
	3 4	-0.012	0.0012	-0.0027	-0.0165
4	4 3	0.012	0.0012		
	4 5	0.044	0.0015	-0.0027	0.0267
5	5 2	0.008	0.0019		
	5 4	-0.044	0.0015		
	5 6	0.043	0.0043	-0.0077	-0.0237
6	6 1	0.112	0.0112		
	6 5	-0.043	0.0043	-0.0155	0.0286

De forma matricial:

$$\begin{vmatrix} -0.0102 & 0.0015 & 0.000 & 0.0019 & 0.0000 \\ 0.0015 & -0.0027 & 0.0012 & 0.0000 & 0.0000 \\ 0.0000 & 0.0012 & -0.0027 & 0.0015 & 0.0000 \\ 0.0019 & 0.0000 & 0.0015 & -0.0077 & 0.0043 \\ 0.0000 & 0.0000 & 0.0000 & 0.0043 & -0.0155 \end{vmatrix} \begin{vmatrix} dH_2 \\ dH_3 \\ dH_4 \\ dH_5 \\ dH_6 \end{vmatrix} = \begin{vmatrix} -0.0060 \\ 0.0165 \\ -0.0267 \\ 0.0237 \\ -0.0286 \end{vmatrix}$$

Los resultados para el vector dH_i son:

$dH_2 = 0.229$ m
$dH_3 = -1.998$ m
$dH_4 = 8.743$ m
$dH_5 = -0.368$ m
$dH_6 = 1.743$ m

Así, las nuevas alturas piezométricas son:

$H_2 = 92.229$ m
$H_3 = 78.002$ m
$H_4 = 83.743$ m
$H_5 = 89.632$ m
$H_6 = 96.743$ m

Segunda iteración

Tubería	H_i (m)	H_j (m)	h_f (m)	Q (m³/s)	$\Sigma k_m + f(l/d)$ (-)	df_i/dH_j (-)
1 2	100.00	92.23	7.77	0.108	31.672	0.007
2 3	92.23	78.00	14.23	0.043	46.732	0.0015
			11.183	0.038	60.063	0.0013
			11.858	0.039	56.496	0.0014
			11.709	0.039	57.249	0.0014
			11.742	0.039	57.081	0.0014
			11.735	0.039	57.118	0.0014

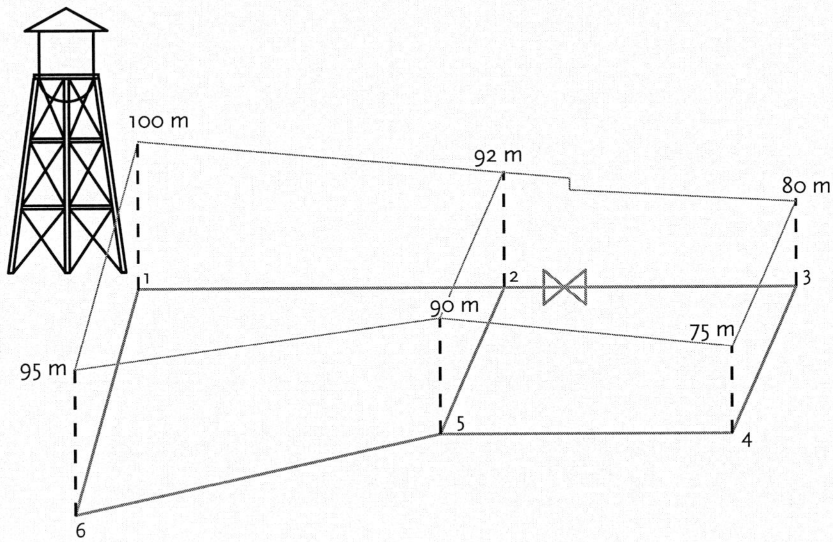

Figura 7.9 Suposición de las alturas piezométricas para los nudos.

			11.736	0.039	57.110	0.0014
3 4	78.00	83.74	5.74	0.013	39.708	0.001
4 5	83.74	89.63	5.89	0.027	48.714	0.002
2 5	92.23	89.63	2.60	0.009	41.608	0.002
5 6	89.63	96.74	7.11	0.052	51.094	0.004
1 6	100.00	96.74	3.26	0.089	19.314	0.014

Con los resultados anteriores se construye la siguiente tabla:

Nudo (No.)	Tubería (No.)	Q (m³/s)	df_i/dH_j	df_i/dH_i	f_i
2	2 1	0.1077	0.0069		
	2 3	-0.0391	0.0014		
	2 5	-0.0087	0.0017	-0.0100	-0.0001
3	3 2	0.039	0.0014		
	3 4	0.013	0.0012	-0.0025	0.0123
4	4 3	-0.013	0.0012		
	4 5	0.027	0.0023	-0.0035	-0.0160
5	5 2	0.009	0.0017		
	5 4	-0.027	0.0023		
	5 6	0.052	0.0037	-0.0076	0.0034
6	6 1	0.089	0.0137		
	6 5	-0.052	0.0037	-0.0174	-0.0026

De forma matricial:

$$\begin{vmatrix} -0.0100 & 0.0014 & 0.000 & 0.0017 & 0.0000 \\ 0.0014 & -0.0025 & 0.0012 & 0.0000 & 0.0000 \\ 0.0000 & 0.0012 & -0.0035 & 0.0023 & 0.0000 \\ 0.0017 & 0.0000 & 0.0023 & -0.0076 & 0.0037 \\ 0.0000 & 0.0000 & 0.0000 & 0.0037 & -0.0174 \end{vmatrix} \begin{vmatrix} dH_2 \\ dH_3 \\ dH_4 \\ dH_5 \\ dH_6 \end{vmatrix} = \begin{vmatrix} 0.0001 \\ -0.0123 \\ 0.0160 \\ -0.0034 \\ 0.0026 \end{vmatrix}$$

Los resultados para el vector dH_i son:

$dH_2 = 0.259$ m
$dH_3 = 3.074$ m
$dH_4 = -4.232$ m
$dH_5 = -0.948$ m
$dH_6 = -0.351$ m

Luego las nuevas alturas piezométricas son:

$H_2 = 92.488$ m
$H_3 = 81.082$ m
$H_4 = 79.511$ m
$H_5 = 88.684$ m
$H_6 = 96.392$ m

Tercera iteración

Tubería	H_i (m)	H_j (m)	h_f (m)	Q (m³/s)	$\Sigma k_m + f(l/d)$ (-)	df_i/dH_j (-)
1 2	100.00	92.49	7.51	0.106	31.718	0.0070
2 3	92.49	81.08	11.41	0.038	47.170	0.0017
			8.988	0.034	60.512	0.0015
			9.521	0.035	56.970	0.0015
			9.404	0.035	57.713	0.0015
			9.430	0.035	57.548	0.0015
			9.424	0.035	57.584	0.0015
			9.426	0.035	57.576	0.0015
3 4	81.08	79.51	1.57	0.007	43.106	0.0021
4 5	79.51	88.68	9.17	0.034	47.638	0.0019
2 5	92.49	88.68	3.80	0.011	40.628	0.0014
5 6	88.68	96.39	7.71	0.054	50.887	0.0035
1 6	100.00	96.39	3.61	0.094	19.221	0.0131

Con los resultados anteriores se construye la siguiente tabla:

Nudo (No.)	Tubería (No.)	Q (m³/s)	df_i/dH_j	df_i/dH_i	f_i
2	2 1	0.1058	0.0070		
	2 3	-0.0348	0.0015		
	2 5	-0.0106	0.0014	-0.0100	0.0003
3	3 2	0.035	0.0015		
	3 4	-0.007	0.0021	-0.0036	-0.0118
4	4 3	0.007	0.0021		
	4 5	0.034	0.0019	-0.0040	0.0110
5	5 2	0.011	0.0014		
	5 4	-0.034	0.0019		
	5 6	0.054	0.0035	-0.0068	0.0005
6	6 1	0.094	0.0131		
	6 5	-0.054	0.0035	-0.0166	0.0000

De forma matricial:

$$\begin{vmatrix} -0.0100 & 0.0015 & 0.000 & 0.0014 & 0.0000 \\ 0.0015 & -0.0036 & 0.0021 & 0.0000 & 0.0000 \\ 0.0000 & 0.0021 & -0.0040 & 0.0019 & 0.0000 \\ 0.0014 & 0.0000 & 0.0019 & -0.0068 & 0.0035 \\ 0.0000 & 0.0000 & 0.0000 & 0.0035 & -0.0166 \end{vmatrix} \begin{vmatrix} dH_2 \\ dH_3 \\ dH_4 \\ dH_5 \\ dH_6 \end{vmatrix} = \begin{vmatrix} -0.0003 \\ 0.0118 \\ -0.0110 \\ -0.0005 \\ 0.0000 \end{vmatrix}$$

Los resultados para el vector dH_i son:

$dH_2 = -0.234$ m
$dH_3 = -2.280$ m
$dH_4 = 1.824$ m
$dH_5 = 0.588$ m
$dH_6 = 0.127$ m

Así, las nuevas alturas piezométricas son:

$H_2 = 92.254$ m
$H_3 = 78.802$ m
$H_4 = 81.335$ m
$H_5 = 89.272$ m
$H_6 = 96.519$ m

Cuarta iteración

Tubería	H_i (m)	H_j (m)	h_f (m)	Q (m³/s)	$\Sigma k_m + f(l/d)$ (-)	df_i/dH_j (-)
1 2	100.00	92.25	7.75	0.108	31.676	0.0069
2 3	92.25	78.80	13.45	0.042	46.839	0.0016
			10.581	0.037	60.174	0.0014
			11.217	0.038	56.612	0.0014
			11.077	0.038	57.363	0.0014
			11.108	0.038	57.195	0.0014
			11.101	0.038	57.232	0.0014
			11.102	0.038	57.224	0.0014
3 4	78.80	81.33	2.53	0.009	41.676	0.0017
4 5	81.33	89.27	7.94	0.032	47.971	0.0020
2 5	92.25	89.27	2.98	0.009	41.238	0.0016
5 6	89.27	96.52	7.25	0.052	51.045	0.0036
1 6	100.00	96.52	3.48	0.092	19.253	0.0133

Con los resultados anteriores se construye la siguiente tabla:

Nudo	Tubería	Q	df_i/dH_j	df_i/dH_i	f_i
(No.)	(No.)	(m³/s)			
2	2 1	0.1075	0.0069		
	2 3	-0.0380	0.0014		
	2 5	-0.0094	0.0016	-0.0099	0.0002
3	3 2	0.038	0.0014		
	3 4	0.009	0.0017	-0.0031	0.0065
4	4 3	-0.009	0.0017		
	4 5	0.032	0.0020	-0.0037	-0.0067

Nudo	Tubería	Q	df_i/dH_j	df_i/dH_i	f_i
(No.)	(No.)	(m^3/s)			
5	5 2	0.009	0.0016		
	5 4	-0.032	0.0020		
	5 6	0.052	0.0036	-0.0072	-0.0001
6	6 1	0.092	0.0133		
	6 5	-0.052	0.0036	-0.0169	0.0000

De forma matricial:

$$\begin{vmatrix} -0.0099 & 0.0014 & 0.000 & 0.0016 & 0.0000 \\ 0.0014 & -0.0031 & 0.0017 & 0.0000 & 0.0000 \\ 0.0000 & 0.0017 & -0.0037 & 0.0020 & 0.0000 \\ 0.0016 & 0.0000 & 0.0020 & -0.0072 & 0.0036 \\ 0.0000 & 0.0000 & 0.0000 & 0.0036 & -0.0169 \end{vmatrix} \begin{vmatrix} dH_2 \\ dH_3 \\ dH_4 \\ dH_5 \\ dH_6 \end{vmatrix} = \begin{vmatrix} -0.0002 \\ -0.0065 \\ 0.0067 \\ 0.0001 \\ 0.0000 \end{vmatrix}$$

Los resultados para el vector dH_i son:

$dH_2 = 0.159$ m
$dH_3 = 1.417$ m
$dH_4 = -1.392$ m
$dH_5 = -0.404$ m
$dH_6 = -0.086$ m

Entonces, las nuevas alturas piezométricas son:

$H_2 = 92.413$ m
$H_3 = 80.218$ m
$H_4 = 79.943$ m
$H_5 = 88.869$ m
$H_6 = 96.434$ m

Quinta iteración

Tubería	H_i (m)	H_j (m)	h_f (m)	Q (m^3/s)	$\Sigma k_m + f(l/d)$ (-)	df_i/dH_j (-)
1 2	100.00	92.41	7.59	0.106	31.704	0.0070
2 3	92.41	80.22	12.19	0.040	47.033	0.0016
			9.602	0.035	60.373	0.0014
			10.175	0.036	56.822	0.0015
			10.049	0.036	57.569	0.0015
			10.076	0.036	57.403	0.0015
			10.070	0.036	57.439	0.0015
			10.072	0.036	57.431	0.0015
3 4	80.22	79.94	0.28	0.003	50.488	0.0047
4 5	79.94	88.87	8.93	0.034	47.700	0.0019
2 5	92.41	88.87	3.54	0.010	40.800	0.0014
5 6	88.87	96.43	7.57	0.054	50.934	0.0035
1 6	100.00	96.43	3.57	0.094	19.231	0.0131

Con los resultados anteriores se construye la siguiente tabla:

Nudo	Tubería	Q	df_i/dH_j	df_i/dH_i	f_i
(No.)	(No.)	(m^3/s)			
2	2 1	0.1064	0.0070		
	2 3	-0.0361	0.0015		
	2 5	-0.0103	0.0014	-0.0099	0.0000
3	3 2	0.036	0.0015		
	3 4	-0.003	0.0047	-0.0061	-0.0065
4	4 3	0.003	0.0047		
	4 5	0.034	0.0019	-0.0066	0.0064
5	5 2	0.010	0.0014		
	5 4	-0.034	0.0019		
	5 6	0.054	0.0035	-0.0069	0.0000
6	6 1	0.094	0.0131		
	6 5	-0.054	0.0035	-0.0167	0.0000

De forma matricial:

$$\begin{vmatrix} -0.0099 & 0.0015 & 0.000 & 0.0014 & 0.0000 \\ 0.0015 & -0.0061 & 0.0047 & 0.0000 & 0.0000 \\ 0.0000 & 0.0047 & -0.0066 & 0.0019 & 0.0000 \\ 0.0014 & 0.0000 & 0.0019 & -0.0069 & 0.0035 \\ 0.0000 & 0.0000 & 0.0000 & 0.0035 & -0.0167 \end{vmatrix} \begin{vmatrix} dH_2 \\ dH_3 \\ dH_4 \\ dH_5 \\ dH_6 \end{vmatrix} = \begin{vmatrix} 0.0000 \\ 0.0065 \\ -0.0064 \\ 0.0000 \\ 0.0000 \end{vmatrix}$$

Los resultados para el vector dH_i son:

$dH_2 = -0.067$ m
$dH_3 = -0.639$ m
$dH_4 = 0.574$ m
$dH_5 = 0.166$ m
$dH_6 = 0.035$ m

Luego las nuevas alturas piezométricas son:

$H_2 = 92.346$ m
$H_3 = 79.580$ m
$H_4 = 80.517$ m
$H_5 = 89.034$ m
$H_6 = 96.469$ m

Sexta iteración

Tubería	H_i (m)	H_j (m)	h_f (m)	Q (m^3/s)	$\Sigma k_m + f(l/d)$ (-)	df_i/dH_j (-)
1 2	100.00	92.35	7.65	0.107	31.692	0.0070
2 3	92.35	79.58	12.77	0.041	46.942	0.0016
			10.047	0.036	60.279	0.0014
			10.649	0.037	56.723	0.0015
			10.516	0.037	57.472	0.0014
			10.545	0.037	57.305	0.0014
			10.539	0.037	57.342	0.0014
			10.540	0.037	57.334	0.0014

Tubería	H_i (m)	H_j (m)	h_f (m)	Q (m^3/s)	$\Sigma k_m + f(l/d)$ (-)	df_i/dH_j (-)
3 4	79.58	80.52	0.94	0.005	44.915	0.0027
4 5	80.52	89.03	8.52	0.033	47.806	0.0019
2 5	92.35	89.03	3.31	0.010	40.969	0.0015
5 6	89.03	96.47	7.43	0.053	50.979	0.0036
1 6	100.00	96.47	3.53	0.093	19.240	0.0132

Con los resultados anteriores se construye la siguiente tabla:

Nudo (No.)	Tubería (No.)	Q (m^3/s)	df_i/dH_j	df_i/dH_i	f_i
2	2 1	0.1069	0.0070		
	2 3	-0.0369	0.0014		
	2 5	-0.0099	0.0015	-0.0099	0.0000
3	3 2	0.037	0.0014		
	3 4	0.005	0.0027	-0.0041	0.0020
4	4 3	-0.005	0.0027		
	4 5	0.033	0.0019	-0.0046	-0.0020
5	5 2	0.010	0.0015		
	5 4	-0.033	0.0019		
	5 6	0.053	0.0036	-0.0070	0.0000
6	6 1	0.093	0.0132		
	6 5	-0.053	0.0036	-0.0168	0.0000

De forma matricial:

$$\begin{vmatrix} -0.0099 & 0.0014 & 0.000 & 0.0015 & 0.0000 \\ 0.0014 & -0.0041 & 0.0027 & 0.0000 & 0.0000 \\ 0.0000 & 0.0027 & -0.0046 & 0.0019 & 0.0000 \\ 0.0015 & 0.0000 & 0.0019 & -0.0070 & 0.0036 \\ 0.0000 & 0.0000 & 0.0000 & 0.0036 & -0.0168 \end{vmatrix} \begin{vmatrix} dH_2 \\ dH_3 \\ dH_4 \\ dH_5 \\ dH_6 \end{vmatrix} = \begin{vmatrix} 0.0000 \\ -0.0020 \\ 0.0020 \\ 0.0000 \\ 0.0000 \end{vmatrix}$$

Los resultados para el vector dH_i son:

$$dH_2 = 0.033 \text{ m}$$
$$dH_3 = 0.296 \text{ m}$$
$$dH_4 = -0.293 \text{ m}$$
$$dH_5 = -0.084 \text{ m}$$
$$dH_6 = -0.018 \text{ m}$$

Así, las nuevas alturas piezométricas son:

$$H_2 = 92.379 \text{ m}$$
$$H_3 = 79.876 \text{ m}$$
$$H_4 = 80.224 \text{ m}$$
$$H_5 = 88.950 \text{ m}$$
$$H_6 = 96.451 \text{ m}$$

Séptima iteración

Tubería	H_i (m)	H_j (m)	h_f (m)	Q (m^3/s)	$\Sigma k_m + f(l/d)$ (-)	df_i/dH_j (-)
1 2	100.00	92.38	7.62	0.107	31.698	0.0070
2 3	92.38	79.88	12.50	0.040	46.983	0.0016
			9.842	0.036	60.321	0.0014
			10.430	0.037	56.768	0.0015
			10.301	0.036	57.516	0.0015
			10.329	0.037	57.349	0.0015
			10.323	0.037	57.386	0.0015
			10.324	0.037	57.378	0.0015
3 4	79.88	80.22	0.35	0.003	49.274	0.0042
4 5	80.22	88.95	8.73	0.033	47.751	0.0019
2 5	92.38	88.95	3.43	0.010	40.882	0.0015
5 6	88.95	96.45	7.50	0.053	50.956	0.0036
1 6	100.00	96.45	3.55	0.093	19.236	0.0132

Con los resultados anteriores se construye la siguiente tabla:

Nudo (No.)	Tubería (No.)	Q (m^3/s)	df_i/dH_j	df_i/dH_i	f_i
2	2 1	0.1066	0.0070		
	2 3	-0.0365	0.0015		
	2 5	-0.0101	0.0015	-0.0099	0.0000
3	3 2	0.037	0.0015		
	3 4	0.003	0.0042	-0.0057	-0.0005
4	4 3	-0.003	0.0042		
	4 5	0.033	0.0019	-0.0061	0.0005
5	5 2	0.010	0.0015		
	5 4	-0.033	0.0019		
	5 6	0.053	0.0036	-0.0069	0.0000
6	6 1	0.093	0.0132		
	6 5	-0.053	0.0036	-0.0167	0.0000

De forma matricial:

$$\begin{vmatrix} -0.0099 & 0.0015 & 0.000 & 0.0015 & 0.0000 \\ 0.0015 & -0.0057 & 0.0042 & 0.0000 & 0.0000 \\ 0.0000 & 0.0042 & -0.0061 & 0.0019 & 0.0000 \\ 0.0015 & 0.0000 & 0.0019 & -0.0069 & 0.0036 \\ 0.0000 & 0.0000 & 0.0000 & 0.0036 & -0.0167 \end{vmatrix} \begin{vmatrix} dH_2 \\ dH_3 \\ dH_4 \\ dH_5 \\ dH_6 \end{vmatrix} = \begin{vmatrix} 0.0000 \\ 0.0005 \\ -0.0005 \\ 0.0000 \\ 0.0000 \end{vmatrix}$$

Los resultados para el vector dH_i son:

$dH_2 = -0.006$ m
$dH_3 = -0.056$ m
$dH_4 = 0.055$ m
$dH_5 = 0.016$ m
$dH_6 = 0.003$ m

Entonces, las nuevas alturas piezométricas son:

$H_2 = 92.373$ m

$H_3 = 79.820$ m

$H_4 = 80.279$ m

$H_5 = 88.966$ m

$H_6 = 96.455$ m

Octava iteración

Tubería	H_i (m)	H_j (m)	h_f (m)	Q (m^3/s)	$\Sigma k_m + f(l/d)$ (-)	df_i/dH_j (-)
1 2	100.00	92.37	7.63	0.107	31.697	0.0070
2 3	92.37	79.82	12.55	0.040	46.975	0.0016
			9.881	0.036	60.313	0.0014
			10.472	0.037	56.760	0.0015
			10.341	0.037	57.507	0.0015
			10.370	0.037	57.341	0.0015
			10.364	0.037	57.377	0.0015
			10.365	0.037	57.369	0.0015
3 4	79.82	80.28	0.46	0.003	47.931	0.0037
4 5	80.28	88.97	8.69	0.033	47.761	0.0019
2 5	92.37	88.97	3.41	0.010	40.898	0.0015
5 6	88.97	96.45	7.49	0.053	50.960	0.0036
1 6	100.00	96.45	3.55	0.093	19.237	0.0132

Con los resultados anteriores se construye la siguiente tabla:

Nudo (No.)	Tubería (No.)	Q (m^3/s)	df_i/dH_j	df_i/dH_i	f_i
2	2 1	0.1067	0.0070		
	2 3	-0.0366	0.0015		
	2 5	-0.0100	0.0015	-0.0099	0.0000
3	3 2	0.037	0.0015		
	3 4	0.003	0.0037	-0.0052	0.0000
4	4 3	-0.003	0.0037		
	4 5	0.033	0.0019	-0.0056	0.0000
5	5 2	0.010	0.0015		
	5 4	-0.033	0.0019		
	5 6	0.053	0.0036	-0.0070	0.0000
6	6 1	0.093	0.0132		
	6 5	-0.053	0.0036	-0.0167	0.0000

De forma matricial:

$$\begin{vmatrix} -0.0099 & 0.0015 & 0.000 & 0.0015 & 0.0000 \\ 0.0015 & -0.0052 & 0.0037 & 0.0000 & 0.0000 \\ 0.0000 & 0.0037 & -0.0056 & 0.0019 & 0.0000 \\ 0.0015 & 0.0000 & 0.0019 & -0.0070 & 0.0036 \\ 0.0000 & 0.0000 & 0.0000 & 0.0036 & -0.0167 \end{vmatrix} \begin{vmatrix} dH_2 \\ dH_3 \\ dH_4 \\ dH_5 \\ dH_6 \end{vmatrix} = \begin{vmatrix} 0.0000 \\ 0.0000 \\ 0.0000 \\ 0.0000 \\ 0.0000 \end{vmatrix}$$

Los resultados para el vector dH_i son:

$dH_2 = 0.000$ m
$dH_3 = -0.002$ m
$dH_4 = -0.002$ m
$dH_5 = -0.001$ m
$dH_6 = 0.000$ m

Luego las nuevas alturas piezométricas son:

$H_2 = 92.373$ m
$H_3 = 79.822$ m
$H_4 = 80.276$ m
$H_5 = 88.966$ m
$H_6 = 96.455$ m

En esta última iteración todas las correcciones para las alturas piezométricas son pequeñas, por lo que el proceso puede parar. Para estas alturas piezométricas, los caudales definitivos pueden observarse en las FIGURAS 7.10 y 7.11:

Tubería	H_i (m)	H_j (m)	h_f (m)	Q (m^3/s)
1 2	100.00	92.37	7.63	0.107
2 3	92.37	79.82	12.55	
			9.881	
			10.472	
			10.341	
			10.370	
			10.364	
			10.365	0.037
3 4	79.82	80.28	0.45	0.003
4 5	80.28	88.97	8.69	0.033
2 5	92.37	88.97	3.41	0.010
5 6	88.97	96.45	7.49	0.053
1 6	100.00	96.45	3.55	0.093

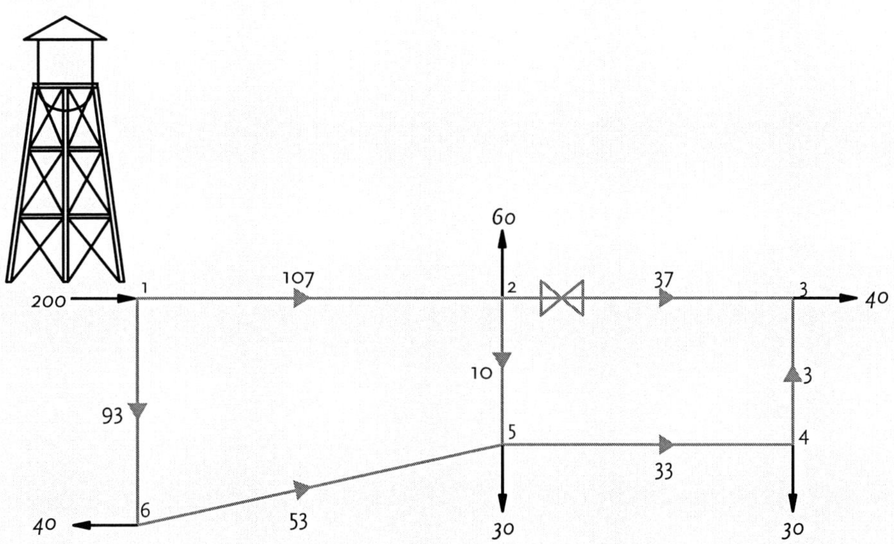

Figura 7.10 Resultado de los caudales en las tuberías (L/s).

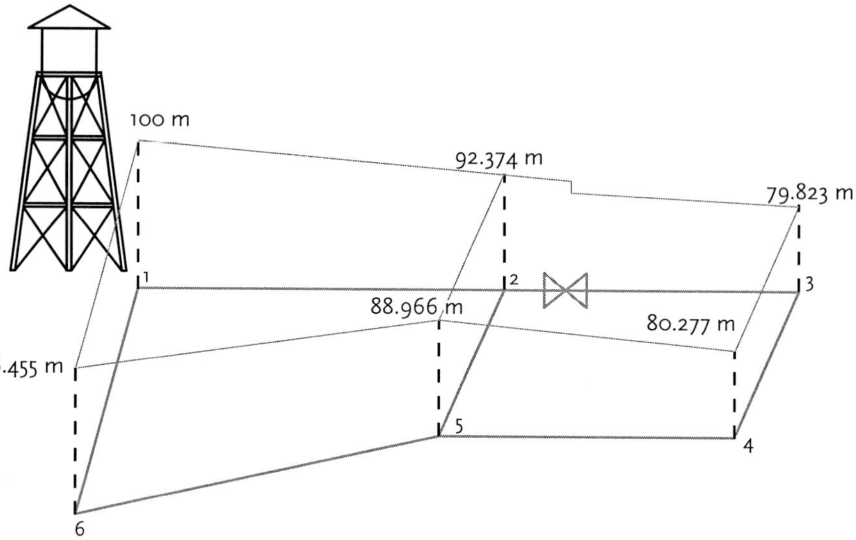

Figura 7.11 Resultado de las alturas piezométricas en los nudos.

7.2.5 Método de la teoría lineal

Donald J. Wood, Profesor Emérito de Ingeniería Civil en la Universidad de Kentucky. Creador del método de nudo/circuito para el análisis de redes de tuberías con flujo permanente.

Este método fue desarrollado por D. J. Wood y C.O.A. Charles entre 1970 y 1972. Estos investigadores introdujeron una nueva forma de calcular las redes de distribución de agua potable, en la cual se resuelven simultáneamente las ecuaciones de la conservación de la masa en los nudos y de energía en los circuitos con el fin de calcular el caudal en cada tubería. Al igual que en el segundo método de Hardy Cross el cálculo de la altura piezométrica en cada nudo requiere la aplicación de una rutina secundaria de pérdidas de energía. Sin embargo, como se verá más adelante, al combinar las ecuaciones de conservación de masa y conservación de energía en una estructura matricial única, no se requiere de un balance de caudales inicial en los nudos. Adicionalmente, el método tiene la ventaja de ser capaz de determinar otros parámetros desconocidos además del caudal. El nombre de "Método de la Teoría Lineal" es equivocado, habiendo surgido por la forma original en que Wood y Charles trataron de minimizar el número de iteraciones que se requerían para la solución de las ecuaciones no lineales de energía.

El método de la teoría lineal se basa en las siguientes ecuaciones:

1. Para cada unión (nudo) de la red se debe cumplir la ecuación de continuidad:

ECUACIÓN 7.2

$$\sum_{j=1}^{NTi} Q_{ij} - Q_{Di}(+Q_{ei}) = 0$$

Si NU representa el número de nudos de la red se tendrán NU ecuaciones, una de las cuales es redundante.

2. Para cada uno de los circuitos de la red se debe cumplir la ecuación de conservación de la energía:

ECUACIÓN 7.6

$$\sum_{j=1}^{NT'i} h_{fij} + \sum_{j=1}^{NT'i} h_{mij} = 0$$

Si NC representa el número de circuitos de la red, se tendrán NC ecuaciones. Mediante la ecuación Darcy-Weisbach en la Ecuación 7.6 se obtiene:

ECUACIÓN 7.7

$$\sum_{j=1}^{NT_i} \frac{Q_{ij}^2}{2gA_{ij}^2}\left(\sum k_{mij} + f_{ij}\frac{l_{ij}}{d_{ij}}\right) = 0$$

La anterior ecuación indica que se tienen NC ecuaciones no lineales para el caudal. Dado que no es posible resolver directamente estas ecuaciones simultáneas no lineales, en el caso del flujo en redes se deben utilizar métodos iterativos.

La Ecuación 7.7, de la cual existe una por cada circuito, se puede transformar en:

ECUACIÓN 7.40
$$\sum_{j=1}^{NT_i} k_{ij} Q_{ij}^2 = 0$$

Es evidente que el factor k_{ij} estaría definido como:

ECUACIÓN 7.41
$$k_{ij} = \frac{\sum k_{mij} + f_{ij} \frac{l_{ij}}{d_{ij}}}{2gA_{ij}^2}$$

Para resolver el sistema de ecuaciones, el Método de la Teoría Lineal propone el procedimiento siguiente. Sea:

ECUACIÓN 7.42
$$h_{fij} + \sum h_{mij} = k'_{ij} Q_{ij}$$

en el que:

ECUACIÓN 7.43
$$k'_{ij} = k_{ij} Q_{oij}$$

El caudal Q_{oij} es el caudal estimado cuando se trata de la primera iteración, o el caudal corregido de la iteración previa para las demás iteraciones. Al reemplazar la Ecuación 7.43 en la Ecuación 7.40 se obtiene que:

ECUACIÓN 7.44
$$\sum_{j=1}^{NT'i} k'_{ij} Q_{ij} = 0$$

Si en el circuito existe una bomba con altura H_B esta última ecuación cambia a:

ECUACIÓN 7.44'
$$\sum_{j=1}^{NT'i} k'_{ij} Q_{ij} = H_B$$

Las NC Ecuaciones 7.44, una para cada circuito, se combinan con las NU ecuaciones de continuidad (una de las cuales es redundante, luego en realidad se utilizan NU-1 ecuaciones) para formar un sistema de NT = NC + NU − 1 ecuaciones lineales. Es fácil demostrar que NT es el número de tubos de la red. Es decir, se tiene una ecuación para cada tubo y la incógnita para ella es el caudal. Las alturas piezométricas de los nudos pueden ser calculadas, si se requiere, posteriormente.

Para utilizar las ecuaciones anteriores se debe suponer un caudal inicial en cada tubo. Una de las grandes ventajas del Método de la Teoría Lineal radica en que al no tener estos que cumplir la ecuación de continuidad en el nudo no se requiere tiempo para la preparación de datos iniciales. El caudal inicial puede ser supuesto igual para todos los tubos: por ejemplo, Q = 100 L/s para todo tubo t_i. Esta situación no afecta a la velocidad de convergencia.

Para obtener los k'_{ij} en cada iteración se utilizan las siguientes ecuaciones:

- Factor de pérdidas:

ECUACIÓN 7.41
$$k_{ij} = \frac{\sum k_{mij} + f_{ij} \frac{l_{ij}}{d_{ij}}}{2gA_{ij}^2}$$

- Ecuación de Colebrook-White:

ECUACIÓN 1.69

$$\frac{1}{\sqrt{f}} = -2\log_{10}\left(\frac{k_{sij}}{3.7d_{ij}} + \frac{2.51}{Re_{ij}\sqrt{f}}\right)$$

- Número de Reynolds:

ECUACIÓN 7.45

$$\mathrm{Re}_{ij} = \frac{v_{ij}d_{ij}}{\nu} = \frac{4Q_{ij}}{\pi d_{ij}\nu}$$

junto con la Ecuación 7.43:

ECUACIÓN 7.43

$$k'_{ij} = k_{ij}Q_{0ij}$$

Al observar que en todos los métodos del cálculo de redes (Hardy Cross, Newton-Raphson, etc.) los valores del caudal en cada tubo convergen por encima y por debajo, sucesivamente, al caudal final, Wood propuso que el caudal de la siguiente iteración ($k+1$) no fuera el calculado en la iteración anterior (k), sino el siguiente:

ECUACIÓN 7.46

$$Q_{0ijk+1} = \frac{Q_{0ijk} + Q_{ijk}}{2}$$

Esta última ecuación acelera de manera considerable el proceso de convergencia. El método puede resolverse matricialmente de la forma ilustrada en la FIGURA 7.12, representativa de una red cerrada, donde se observa la topología de la red con dos circuitos y seis nudos.

En la FIGURA 7.12 las direcciones de los caudales son supuestas de forma arbitraria. Para esta red se pueden plantear las siguientes ecuaciones:

- Ecuaciones de continuidad en los nudos:

  Se utiliza la convención usual: si el caudal llega al nudo, es positivo; si sale de él es negativo. Por consiguiente:

ECUACIÓN 7.47

$$\begin{aligned}
-Q_{12} + Q_{16} &= -Q_E \\
+Q_{12} - Q_{23} - Q_{25} &= Q_{D2} \\
+Q_{23} - Q_{34} &= Q_{D3} \\
+Q_{34} - Q_{45} &= Q_{D4} \\
+Q_{25} + Q_{45} - Q_{56} &= Q_{D5} \\
+Q_{56} - Q_{61} &= Q_{D6} \quad (\textit{redundante})
\end{aligned}$$

- Ecuaciones de conservación de energía en los circuitos:

  Nuevamente se utiliza la convención normal: si el caudal (por consiguiente, la pérdida de energía) se dirige en sentido de las agujas del reloj es positivo; si lo hace en sentido contrario, es negativo. Para la red cerrada de la FIGURA 7.12 se tiene que:

ECUACIÓN 7.48

$$\begin{aligned}
k'_{12}Q_{12} + k'_{25}Q_{25} + k'_{56}Q_{56} + k'_{16}Q_{16} &= 0 \\
k'_{23}Q_{23} + k'_{34}Q_{34} + k'_{45}Q_{45} - k'_{25}Q_{25} &= 0
\end{aligned}$$

Las Ecuaciones 7.47 y 7.48 pueden ser ordenadas de forma matricial de la siguiente manera:

$$\begin{bmatrix} -1 & 0 & 0 & 0 & 0 & 0 & 1 \\ 1 & -1 & 0 & 0 & -1 & 0 & 0 \\ 0 & 1 & -1 & 0 & 0 & 0 & 0 \\ 0 & 0 & 1 & -1 & 0 & 0 & 0 \\ 0 & 0 & 0 & 1 & 1 & -1 & 0 \\ k'_{12} & 0 & 0 & 0 & k'_{25} & k'_{56} & k'_{61} \\ 0 & k'_{23} & k'_{34} & k'_{45} & -k'_{25} & 0 & 0 \end{bmatrix} \begin{bmatrix} Q_{12} \\ Q_{23} \\ Q_{34} \\ Q_{45} \\ Q_{25} \\ Q_{56} \\ Q_{61} \end{bmatrix} = \begin{bmatrix} -Q_E \\ Q_{D2} \\ Q_{D3} \\ Q_{D4} \\ Q_{D5} \\ 0 \\ 0 \end{bmatrix}$$

o de forma reducida:

ECUACIÓN 7.49

$$[A][B]=[C]$$

Las incógnitas de cada iteración son los Q_{ij} (matriz columna $[B]$), es decir, los caudales en cada uno de los tubos que conforman la red; luego:

ECUACIÓN 7.50

$$[B]=[A]^{-1}[C]$$

Los valores de los k_{ij}' de la matriz $[A]$ se calculan con los Q_{oij} para la primera iteración o con los $Q_{oij(k+1)}$ para las demás iteraciones.

En el proceso de cálculo de la red mediante el Método de la Teoría Lineal se proponen los siguientes pasos:

1. Se suponen los caudales con sus respectivas direcciones para cada uno de los tubos. Por ejemplo, se puede suponer un caudal de Q_{ij} = 100 L/s para todo tubo *ij*; todos ellos en la dirección de las agujas del reloj.
2. Con estos caudales se calculan los k_{ij}' en las Ecuaciones 7.41, 1.69, 7.45 y 7.43 para cada tubo de la red.
3. Se plantean las ecuaciones lineales de continuidad y de conservación de energía (Ecuaciones 7.2 y 7.44).
4. Se construye la matriz $[A]$ (Ecuación 7.49), la cual es una forma compacta de las ecuaciones de continuidad en los nudos (Ecuación 7.47) y de conservación de energía en los circuitos (Ecuación 7.48).
5. Se calculan los caudales Q_{ij} en cada uno de los tubos de la red invirtiendo la matriz $[A]$ y resolviendo la Ecuación 7.50.
6. Se corrigen los Q_{oij}, los caudales iniciales para la primera iteración o los caudales corregidos para las demás, antes de pasar a la siguiente iteración, utilizando la Ecuación 7.46.
7. Se calculan los nuevos k_{ij}' mediante las Ecuaciones 7.41, 1.69, 7.45 y 7.43 y los caudales corregidos.
8. Se repiten los pasos 3 a 7 hasta que los Q_{ij} sean todos los suficientemente parecidos en dos iteraciones sucesivas. El grado de aproximación en los caudales es definido por el diseñador teniendo en cuenta factores tales como el tamaño de la red y los caudales de consumo en cada uno de los nudos.

El siguiente ejemplo ilustra el uso del método de la Teoría Lineal para el cálculo de lasredes de distribución de agua potable. En él se resuelve la misma red de distribución planteada en los ejemplos anteriores.

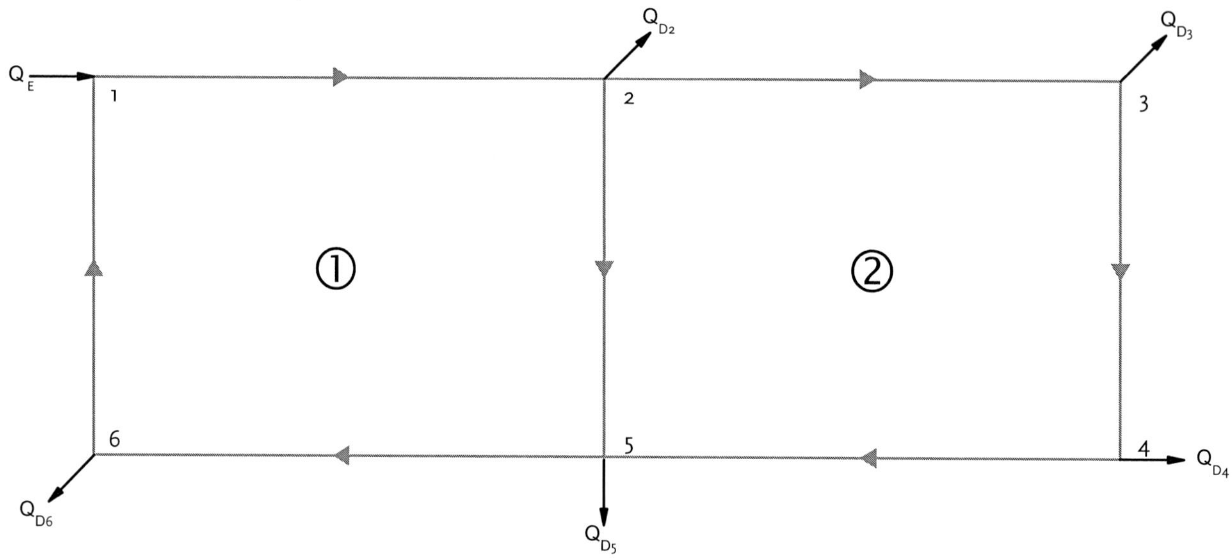

Figura 7.12 Red cerrada para ilustrar el uso del Método de la Teoría Lineal.

EJEMPLO 7.4

Método de la Teoría Lineal

Resuelva el problema del Ejemplo 7.1 utilizando el método de la Teoría Lineal. Para todos los tramos de tuberías se ha supuesto un caudal inicial de 100 L/s con las direcciones mostradas en la FIGURA 7.13. Estas direcciones fueron supuestas de forma arbitraria.

Para esta red se pueden plantear las siguientes ecuaciones:

- Ecuaciones de continuidad en los nudos:

Se utiliza la convención usual: si el caudal llega al nudo, es positivo; si sale de él, es negativo.

Nudo	Ecuación de continuidad en el nudo
1	$-Q_{12} - Q_{16} = -0.2$
2	$Q_{12} - Q_{25} - Q_{23} = 0.06$
3	$Q_{23} - Q_{34} = 0.04$
4	$Q_{34} + Q_{54} = 0.03$
5	$Q_{25} + Q_{65} - Q_{54} = 0.03$
6	$Q_{16} - Q_{65} = 0.04$

- Ecuaciones de conservación de energía en los circuitos:

Nuevamente se utiliza la convención normal: si el caudal (por consiguiente, la pérdida de energía) se dirige en sentido de las agujas el reloj, es positivo; si lo hace en sentido contrario, es negativo.

Circuito	Ecuaciones de conservación de energía
I	$k'_{12}Q_{12} + k'_{25}Q_{25} - k'_{56}Q_{56} - k'_{16}Q_{16} = 0$
II	$k'_{23}Q_{23} + k'_{34}Q_{34} - k'_{45}Q_{45} - k'_{25}Q_{25} = 0$

Primer ciclo

Los valores de los k'_{ij} de la matriz $[A]$ se calculan con los Q_{ij} en cada iteración. Este cálculo se resume en la siguiente tabla:

Tubería No.	Q (m^3/s)	k_m (-)	f	k_{ij} (s^2/m^5)	k'_{ij} (s/m^2)
1 2	0.10	0	0.0159	674.12	67.41
1 6	0.10	0	0.0159	404.47	40.45
2 3	0.10	10	0.0167	8889.28	888.93
3 4	0.10	0	0.0178	29423.91	2942.39
4 5	0.10	0	0.0167	7257.14	725.71
2 5	0.10	0	0.0178	29423.91	2942.39
5 6	0.10	0	0.0162	2502.91	250.29

Las Ecuaciones 7.47 y 7.48 pueden ser ordenadas de forma matricial de la siguiente manera:

-1.00	-1.00	0.00	0.00	0.00	0.00	0.00		Q_{12}		-0.20
1.00	0.00	-1.00	0.00	0.00	-1.00	0.00		Q_{16}		0.06
0.00	0.00	1.00	-1.00	0.00	0.00	0.00		Q_{23}		0.04
0.00	0.00	0.00	1.00	1.00	0.00	0.00		Q_{34}	=	0.03
0.00	0.00	0.00	0.00	-1.00	1.00	1.00		Q_{54}		0.03
67.41	-40.44	0.00	0.00	0.00	2942.34	-250.28		Q_{25}		0.00
0.00	0.00	888.90	2942.34	-725.69	-2942.34	0.00				

ECUACIÓN 7.49

$$[A]\ [B] = [C]$$

Las incógnitas en cada iteración son los Q_{ij} (matriz columna [B]); luego:

ECUACIÓN 7.50

$$[B] = [A]^{-1}\ [C]$$

Los resultados para el vector Q_{ij} son:

$Q_{12} = 0.1032\ m^3/s$
$Q_{16} = 0.0968\ m^3/s$
$Q_{23} = 0.0394\ m^3/s$
$Q_{34} = -0.0006\ m^3/s$
$Q_{54} = 0.0306\ m^3/s$
$Q_{25} = 0.0038\ m^3/s$
$Q_{65} = 0.0568\ m^3/s$

Los nuevos caudales se calculan mediante la Ecuación 7.46:

$Q_{12} = 0.1016\ m^3/s$
$Q_{16} = 0.0984\ m^3/s$
$Q_{23} = 0.0697\ m^3/s$
$Q_{34} = 0.0497\ m^3/s$
$Q_{54} = 0.0653\ m^3/s$
$Q_{25} = 0.0519\ m^3/s$
$Q_{65} = 0.0784\ m^3/s$

Segundo ciclo

Las Ecuaciones 7.47 y 7.48, establecidas anteriormente, siguen siendo válidas para este ciclo.

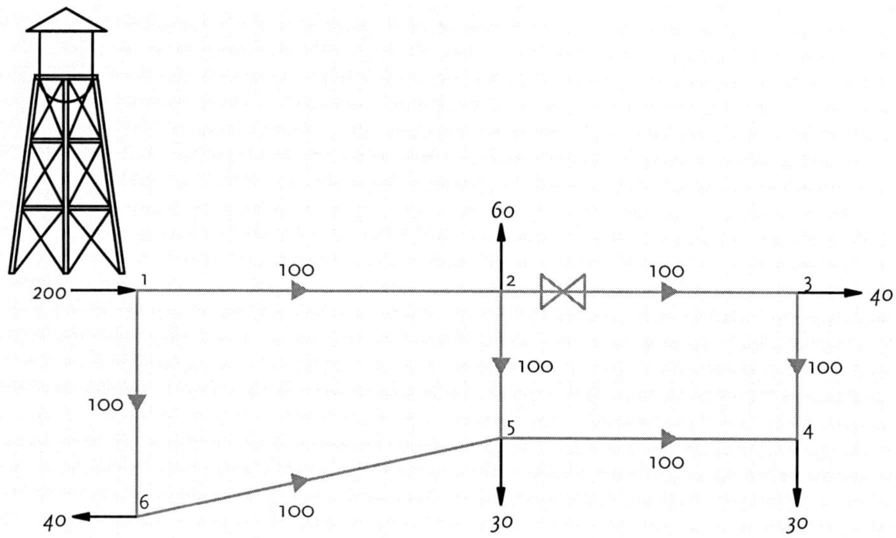

Figura 7.13 Suposición inicial de caudales en las tuberías. Todos los caudales están dados en L/s.

El cálculo de los k'_{ij} de la matriz $[A]$ se resume en la siguiente tabla:

Tubería No.	Q (m³/s)	k_m (-)	f	k_{ij} (s²/m⁵)	k'_{ij} (s/m²)
1 2	0.1016	0	0.0159	673.20	68.40
1 6	0.0984	0	0.0160	405.03	39.85
2 3	0.0697	10	0.0170	9019.44	628.77
3 4	0.0497	0	0.0182	30041.83	1493.46
4 5	0.0653	0	0.0170	7415.27	484.12
2 5	0.0519	0	0.0181	29991.88	1556.41
5 6	0.0784	0	0.0164	2546.23	199.60

Las Ecuaciones 7.47 y 7.48 ordenadas de forma matricial son:

$$\begin{vmatrix} -1.00 & -1.00 & 0.00 & 0.00 & 0.00 & 0.00 & 0.00 \\ 1.00 & 0.00 & -1.00 & 0.00 & 0.00 & -1.00 & 0.00 \\ 0.00 & 0.00 & 1.00 & -1.00 & 0.00 & 0.00 & 0.00 \\ 0.00 & 0.00 & 0.00 & 1.00 & 1.00 & 0.00 & 0.00 \\ 0.00 & 0.00 & 0.00 & 0.00 & -1.00 & 1.00 & 1.00 \\ 68.40 & -39.85 & 0.00 & 0.00 & 0.00 & 1556.51 & -199.60 \\ 0.00 & 0.00 & 628.77 & 1493.46 & -484.12 & -1556.51 & 0.00 \end{vmatrix} \begin{vmatrix} Q_{12} \\ Q_{16} \\ Q_{23} \\ Q_{34} \\ Q_{54} \\ Q_{25} \\ Q_{65} \end{vmatrix} = \begin{vmatrix} -0.20 \\ 0.06 \\ 0.04 \\ 0.03 \\ 0.03 \\ 0.00 \\ 0.00 \end{vmatrix}$$

Los resultados para el vector Q_{ij} son:

$$Q_{12} = 0.1040 \text{ m}^3/\text{s}$$
$$Q_{16} = 0.0960 \text{ m}^3/\text{s}$$
$$Q_{23} = 0.0389 \text{ m}^3/\text{s}$$
$$Q_{34} = -0.0011 \text{ m}^3/\text{s}$$
$$Q_{45} = 0.0311 \text{ m}^3/\text{s}$$
$$Q_{25} = 0.0051 \text{ m}^3/\text{s}$$
$$Q_{65} = 0.0560 \text{ m}^3/\text{s}$$

Los nuevos caudales (Ecuación 7.46) son:

$$Q_{12} = 0.1028 \text{ m}^3/\text{s}$$
$$Q_{16} = 0.0972 \text{ m}^3/\text{s}$$

$$Q_{23} = 0.0543 \text{ m}^3/\text{s}$$
$$Q_{34} = 0.0243 \text{ m}^3/\text{s}$$
$$Q_{45} = 0.0482 \text{ m}^3/\text{s}$$
$$Q_{25} = 0.0285 \text{ m}^3/\text{s}$$
$$Q_{65} = 0.0672 \text{ m}^3/\text{s}$$

Tercer ciclo

El cálculo de los k'_{ij} de la matriz $[A]$ se resume en la siguiente tabla:

Tubería No.	Q (m³/s)	k_m (-)	f	k_{ij} (s²/m⁵)	k'_{ij} (s/m²)
1 2	0.1028	0	0.0159	672.53	69.14
1 6	0.0972	0	0.0160	405.47	39.41
2 3	0.0543	10	0.0172	9133.71	496.24
3 4	0.0243	0	0.0189	31192.75	758.93
4 5	0.0482	0	0.0174	7564.94	364.40
2 5	0.0285	0	0.0187	30879.74	879.51
5 6	0.0672	0	0.0166	2577.82	173.20

Las Ecuaciones 7.47 y 7.48 ordenadas de forma matricial son:

$$\begin{bmatrix} -1.00 & -1.00 & 0.00 & 0.00 & 0.00 & 0.00 & 0.00 \\ 1.00 & 0.00 & -1.00 & 0.00 & 0.00 & -1.00 & 0.00 \\ 0.00 & 0.00 & 1.00 & -1.00 & 0.00 & 0.00 & 0.00 \\ 0.00 & 0.00 & 0.00 & 1.00 & 1.00 & 0.00 & 0.00 \\ 0.00 & 0.00 & 0.00 & 0.00 & -1.00 & 1.00 & 1.00 \\ 69.14 & -39.41 & 0.00 & 0.00 & 0.00 & 879.51 & -173.20 \\ 0.00 & 0.00 & 496.24 & 758.93 & -364.40 & -879.51 & 0.00 \end{bmatrix} \begin{bmatrix} Q_{12} \\ Q_{16} \\ Q_{23} \\ Q_{34} \\ Q_{54} \\ Q_{25} \\ Q_{65} \end{bmatrix} = \begin{bmatrix} -0.20 \\ 0.06 \\ 0.04 \\ 0.03 \\ 0.03 \\ 0.00 \\ 0.00 \end{bmatrix}$$

Los resultados para el vector Q_{ij} son:

$$Q_{12} = 0.1050 \text{ m}^3/\text{s}$$
$$Q_{16} = 0.0950 \text{ m}^3/\text{s}$$
$$Q_{23} = 0.0382 \text{ m}^3/\text{s}$$
$$Q_{34} = -0.0018 \text{ m}^3/\text{s}$$
$$Q_{45} = 0.0318 \text{ m}^3/\text{s}$$
$$Q_{25} = 0.0068 \text{ m}^3/\text{s}$$
$$Q_{65} = 0.0550 \text{ m}^3/\text{s}$$

Los nuevos caudales, de acuerdo con la Ecuación 7.46, son:

$$Q_{12} = 0.1039 \text{ m}^3/\text{s}$$
$$Q_{16} = 0.0961 \text{ m}^3/\text{s}$$
$$Q_{23} = 0.0463 \text{ m}^3/\text{s}$$
$$Q_{34} = 0.0113 \text{ m}^3/\text{s}$$
$$Q_{45} = 0.0400 \text{ m}^3/\text{s}$$
$$Q_{25} = 0.0117 \text{ m}^3/\text{s}$$
$$Q_{65} = 0.0611 \text{ m}^3/\text{s}$$

Cuarto ciclo

El cálculo de los k'_{ij} de la matriz $[A]$ se resume en la siguiente tabla:

Tubería No.	Q (m^3/s)	k_m (-)	f	k_{ij} (s^2/m^5)	k'_{ij} (s/m^2)
1 2	0.1039	0	0.0159	671.93	69.83
1 6	0.0961	0	0.0160	405.87	39.00
2 3	0.0463	10	0.0174	9219.59	426.55
3 4	0.0113	0	0.0202	33361.99	375.83
4 5	0.0400	0	0.0176	7674.58	306.87
2 5	0.0177	0	0.0193	31956.98	564.14
5 6	0.0611	0	0.0168	2599.08	158.76

Las Ecuaciones 7.47 y 7.48 ordenadas de forma matricial son:

$$\begin{vmatrix} -1.00 & -1.00 & 0.00 & 0.00 & 0.00 & 0.00 & 0.00 \\ 1.00 & 0.00 & -1.00 & 0.00 & 0.00 & -1.00 & 0.00 \\ 0.00 & 0.00 & 1.00 & -1.00 & 0.00 & 0.00 & 0.00 \\ 0.00 & 0.00 & 0.00 & 1.00 & 1.00 & 0.00 & 0.00 \\ 0.00 & 0.00 & 0.00 & 0.00 & -1.00 & 1.00 & 1.00 \\ 69.83 & -39.00 & 0.00 & 0.00 & 0.00 & 564.14 & -158.76 \\ 0.00 & 0.00 & 426.55 & 375.83 & -306.87 & -564.14 & 0.00 \end{vmatrix} \begin{vmatrix} Q_{12} \\ Q_{16} \\ Q_{23} \\ Q_{34} \\ Q_{54} \\ Q_{25} \\ Q_{65} \end{vmatrix} = \begin{vmatrix} -0.20 \\ 0.06 \\ 0.04 \\ 0.03 \\ 0.03 \\ 0.00 \\ 0.00 \end{vmatrix}$$

Los resultados para el vector Q_{ij} son:

$$Q_{12} = 0.1059 \text{ m}^3/\text{s}$$
$$Q_{16} = 0.0941 \text{ m}^3/\text{s}$$
$$Q_{23} = 0.0373 \text{ m}^3/\text{s}$$
$$Q_{34} = -0.027 \text{ m}^3/\text{s}$$
$$Q_{45} = 0.0327 \text{ m}^3/\text{s}$$
$$Q_{25} = 0.0086 \text{ m}^3/\text{s}$$
$$Q_{65} = 0.0541 \text{ m}^3/\text{s}$$

Los nuevos caudales son:

$$Q_{12} = 0.1049 \text{ m}^3/\text{s}$$
$$Q_{16} = 0.0951 \text{ m}^3/\text{s}$$
$$Q_{23} = 0.0418 \text{ m}^3/\text{s}$$
$$Q_{34} = 0.0043 \text{ m}^3/\text{s}$$
$$Q_{45} = 0.0363 \text{ m}^3/\text{s}$$
$$Q_{25} = 0.0131 \text{ m}^3/\text{s}$$
$$Q_{65} = 0.0576 \text{ m}^3/\text{s}$$

Quinto ciclo

El cálculo de los k'_{ij} de la matriz $[A]$ se resume en la siguiente tabla:

Tubería No.	Q (m^3/s)	k_m (-)	f	k_{ij} (s^2/m^5)	k'_{ij} (s/m^2)
1 2	0.1049	0	0.0159	671.40	70.44
1 6	0.0951	0	0.0160	406.24	38.63
2 3	0.0418	10	0.0176	9279.50	387.72
3 4	0.0043	0	0.0230	38076.30	163.05
4 5	0.0363	0	0.0178	7736.64	281.17
2 5	0.0131	0	0.0199	32833.66	431.24
5 6	0.0576	0	0.0169	2612.94	150.46

Las Ecuaciones 7.47 y 7.48 ordenadas de forma matricial son:

$$\begin{vmatrix} -1.00 & -1.00 & 0.00 & 0.00 & 0.00 & 0.00 & 0.00 \\ 1.00 & 0.00 & -1.00 & 0.00 & 0.00 & -1.00 & 0.00 \\ 0.00 & 0.00 & 1.00 & -1.00 & 0.00 & 0.00 & 0.00 \\ 0.00 & 0.00 & 0.00 & 1.00 & 1.00 & 0.00 & 0.00 \\ 0.00 & 0.00 & 0.00 & 0.00 & -1.00 & 1.00 & 1.00 \\ 70.44 & -38.63 & 0.00 & 0.00 & 0.00 & 431.24 & -150.46 \\ 0.00 & 0.00 & 387.72 & 163.05 & -281.17 & -431.24 & 0.00 \end{vmatrix} \begin{vmatrix} Q_{12} \\ Q_{16} \\ Q_{23} \\ Q_{34} \\ Q_{54} \\ Q_{25} \\ Q_{65} \end{vmatrix} = \begin{vmatrix} -0.20 \\ 0.06 \\ 0.04 \\ 0.03 \\ 0.03 \\ 0.00 \\ 0.00 \end{vmatrix}$$

Los resultados para el vector Q_{ij} son:

$$Q_{12} = 0.1063 \text{ m}^3/\text{s}$$
$$Q_{16} = 0.0937 \text{ m}^3/\text{s}$$
$$Q_{23} = 0.0366 \text{ m}^3/\text{s}$$
$$Q_{34} = -0.0034 \text{ m}^3/\text{s}$$
$$Q_{45} = 0.0344 \text{ m}^3/\text{s}$$
$$Q_{25} = 0.0098 \text{ m}^3/\text{s}$$
$$Q_{65} = 0.0537 \text{ m}^3/\text{s}$$

Los nuevos caudales son:

$$Q_{12} = 0.1056 \text{ m}^3/\text{s}$$
$$Q_{16} = 0.0944 \text{ m}^3/\text{s}$$
$$Q_{23} = 0.0392 \text{ m}^3/\text{s}$$
$$Q_{34} = 0.0004 \text{ m}^3/\text{s}$$
$$Q_{45} = 0.0349 \text{ m}^3/\text{s}$$
$$Q_{25} = 0.0114 \text{ m}^3/\text{s}$$
$$Q_{65} = 0.0556 \text{ m}^3/\text{s}$$

Sexto ciclo

El cálculo de los k'^{ij}_{ij} de la matriz [A] se resume en la siguiente tabla:

Tubería No.	Q (m³/s)	k_m (-)	f	k_{ij} (s²/m⁵)	k'_{ij} (s/m²)
1 2	0.1056	0	0.0159	671.03	70.78
1 6	0.0944	0	0.0160	406.51	38.37
2 3	0.0392	10	0.0177	9319.77	365.04
3 4	0.0004	0	0.0388	64076.91	26.84
4 5	0.0349	0	0.0178	7764.35	270.93
2 5	0.0114	0	0.0202	33304.73	381.20
5 6	0.0556	0	0.0169	2621.28	145.84

Las Ecuaciones 7.47 y 7.48 ordenadas de forma matricial son:

$$\begin{vmatrix} -1.00 & -1.00 & 0.00 & 0.00 & 0.00 & 0.00 & 0.00 \\ 1.00 & 0.00 & -1.00 & 0.00 & 0.00 & -1.00 & 0.00 \\ 0.00 & 0.00 & 1.00 & -1.00 & 0.00 & 0.00 & 0.00 \\ 0.00 & 0.00 & 0.00 & 1.00 & 1.00 & 0.00 & 0.00 \\ 0.00 & 0.00 & 0.00 & 0.00 & -1.00 & 1.00 & 1.00 \\ 70.87 & -38.37 & 0.00 & 0.00 & 0.00 & 381.20 & -145.84 \\ 0.00 & 0.00 & 365.04 & 26.84 & -270.93 & -381.20 & 0.00 \end{vmatrix} \begin{vmatrix} Q_{12} \\ Q_{16} \\ Q_{23} \\ Q_{34} \\ Q_{54} \\ Q_{25} \\ Q_{65} \end{vmatrix} = \begin{vmatrix} -0.20 \\ 0.06 \\ 0.04 \\ 0.03 \\ 0.03 \\ 0.00 \\ 0.00 \end{vmatrix}$$

Los resultados para el vector Q_{ij} son:

$$Q_{12} = 0.1063\ m^3/s$$
$$Q_{16} = 0.0937\ m^3/s$$
$$Q_{23} = 0.0361\ m^3/s$$
$$Q_{34} = -0.0039\ m^3/s$$
$$Q_{45} = 0.0339\ m^3/s$$
$$Q_{25} = 0.0102\ m^3/s$$
$$Q_{65} = 0.0537\ m^3/s$$

Los caudales definitivos son:

$$Q_{12} = 0.1060\ m^3/s$$
$$Q_{16} = 0.0940\ m^3/s$$
$$Q_{23} = 0.0376\ m^3/s$$
$$Q_{34} = -0.0017\ m^3/s$$
$$Q_{45} = 0.0344\ m^3/s$$
$$Q_{25} = 0.0108\ m^3/s$$
$$Q_{65} = 0.0547\ m^3/s$$

Estos son los caudales definitivos, ya que son muy parecidos a los de la iteración anterior (Ver FIGURA 7.14).

Las presiones en los nudos para estos caudales son (Ver FIGURA 7.15):

$$H_1 = 100\ m$$
$$H_2 = 92.47\ m$$
$$H_3 = 79.27\ m$$
$$H_4 = 79.46\ m$$
$$H_5 = 88.64\ m$$
$$H_6 = 96.48\ m$$

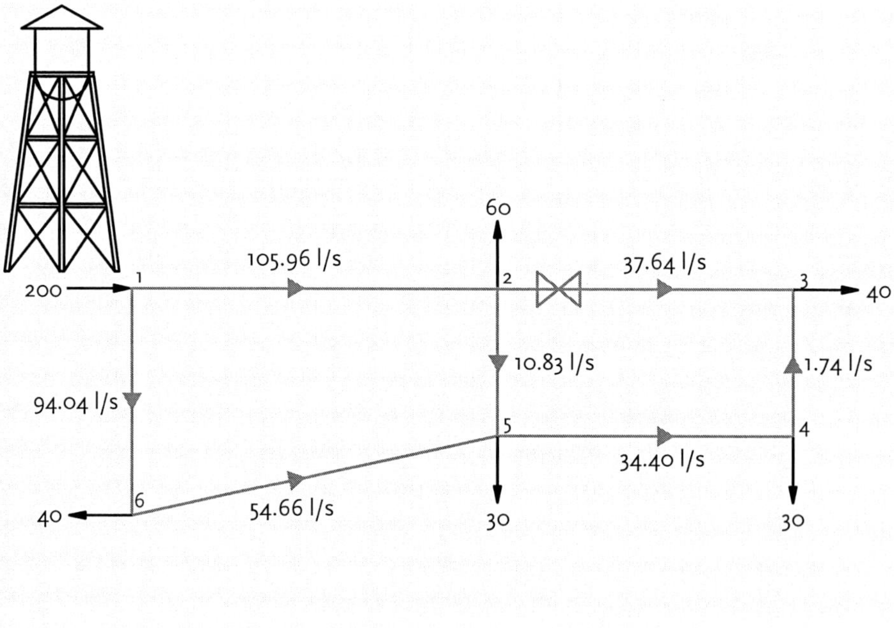

Figura 7.14 Resultado de los caudales en cada una de las tuberías de la red. Caudales en L/s.

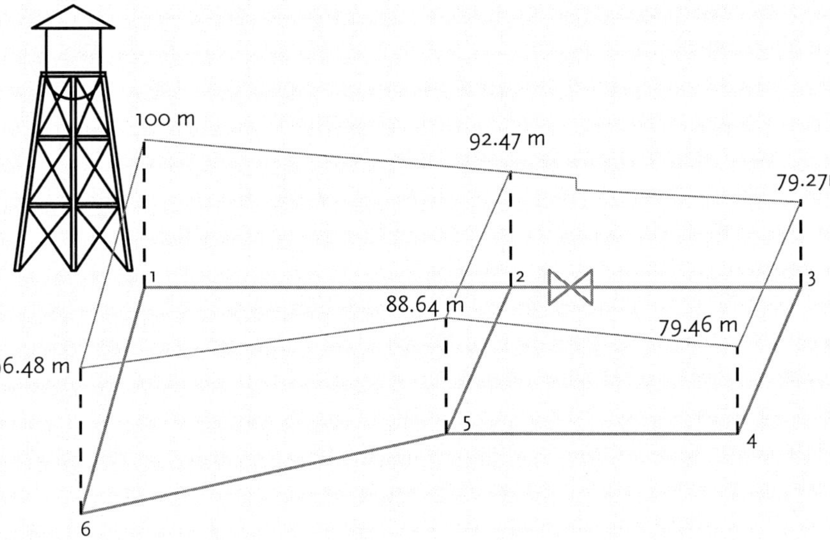

Figura 7.15 Resultado de las alturas piezométricas en cada uno de los nudos de la red analizada.

7.2.6 Método del gradiente

El Método del Gradiente fue desarrollado por los profesores Ezio Todini y Enda P. O'Connell en la Universidad de Newcastle upon Tyne y por R. Salgado, como parte de su tesis doctoral en 1982-1983. Todini y Pilati (1987) plantearon la forma definitiva del método, en el cual las ecuaciones de energía individuales para cada tubo se combinan con las ecuaciones de masa individuales en cada unión con el fin de obtener una solución simultánea tanto de los caudales en las tuberías como de las alturas piezométricas en los nudos. Al igual que en el Método de la Teoría Lineal, el Método del Gradiente linealiza las ecuaciones de energía utilizando una expansión en Series de Taylor. Sin embargo, a diferencia de los métodos anteriores, en este caso las ecuaciones se resuelven utilizando un esquema imaginativo que se basa en la inversión de la matriz de coeficientes originales, tal como se explica a continuación. El Método del Gradiente es el utilizado por la mayoría de los programas comerciales y de distribución gratuita en la Web.

Ezio Todini, Profesor emérito en Hidrología de la Universidad de Boloña, Italia. Antes, fue Profesor de Planteamiento de Recursos Hídricos en la Universidad de Florencia (1979-81). Enda P. O'Connel, Profesor emérito en Ingeniería Civil de la Universidad de Newcastle upon Tyne, Inglaterra.

Descripción matemática

El Método del Gradiente para el cálculo de las redes de distribución de aguas está basado en el hecho de que al tenerse un flujo permanente se garantiza que se cumplan las ecuaciones de conservación de la masa en cada uno de los nudos de la red, y la ecuación de conservación de la energía en cada uno de los circuitos de esta. Por consiguiente, el método se basa en las siguientes tres condiciones:

- En cada nudo se debe cumplir la ecuación de continuidad:

ECUACIÓN 7.51

$$\sum_{j=1}^{NTi} Q_{ij} - Q_{Di} + Q_{ei} = 0$$

- Debe haber una relación no lineal entre las pérdidas por fricción y el caudal para cada uno de los tubos que conforman la red:

ECUACIÓN 7.52

$$Q = -2\frac{\sqrt{2gdh_f}}{\sqrt{l}} A log_{10}\left(\frac{k_s}{3.7d} + \frac{2.51\nu\sqrt{l}}{\sqrt{2gd^3}\sqrt{h_f}}\right)$$

- En cada tubo la energía total disponible se gasta en pérdidas por fricción y en pérdidas menores:

ECUACIÓN 7.53
$$H_t = h_f + \sum h_m$$

En la Ecuación 7.52 se ha utilizado la ecuación de Darcy-Weisbach junto con la ecuación de Colebrook-White, ya que durante el proceso de diseño de redes, descrito en el Capítulo 8, el programador no tiene control sobre el número de Reynolds en todas las tuberías de la red, lo cual invalida el uso de la ecuación de Hazen-Williams.

Si se tienen en cuenta las pérdidas menores causadas por cualquier tipo de accesorio y la posible existencia de bombas en algunos de los tubos de la red, la Ecuación 7.53 tiene la siguiente forma general, válida para todos los tubos:

ECUACIÓN 7.54
$$H_t = \alpha Q^n + \beta Q + \gamma$$

donde:

n = exponente que depende de la ecuación de fricción utilizada (2.0 para el caso de la ecuación de Darcy-Weisbach).

α, β, γ = parámetros característicos del tubo, las válvulas y las bombas.

Si en una tubería particular solo ocurren pérdidas por fricción y pérdidas menores normales (aquellas que son función de la altura de velocidad únicamente), lo cual es el caso más común en las tuberías que conforman la red, la Ecuación 7.54 se puede utilizar para establecer el valor de α:

$$H_t = \alpha Q^n$$
$$h_f + \sum h_m = \alpha Q^n$$

Tal como se mencionó antes, si se utiliza la ecuación de Darcy-Weisbach para describir las pérdidas por fricción, esta última ecuación se transforma en:

$$h_f + \sum h_m = \alpha Q^2$$
$$\left(f\frac{l}{d} + \sum k_m\right)\frac{Q^2}{2gA^2} = \alpha Q^2$$

Por consiguiente:

ECUACIÓN 7.55
$$\alpha = \frac{\left(f\frac{l}{d} + \sum k_m\right)}{2gA^2}$$

Con respecto a las ecuaciones mencionadas se pueden decir dos cosas. En primer lugar, es importante establecer que el parámetro α corresponde al parámetro k_{ij} del Método de la Teoría Lineal, definido en la Ecuación 7.41 para la ecuación de Darcy-Weisbach. Por consiguiente, α es un parámetro característico del tubo que incluye los factores de pérdidas por fricción y pérdidas menores. Por otro lado, en el caso de los accesorios especiales en la tubería, como algunos tipos de válvulas, el parámetro α establece su relación con Q^n adicional a las relaciones para las pérdidas antes mencionadas. Para bombas colocadas en las tuberías se requieren los tres parámetros α, β e γ ya que la relación entre la altura piezométrica suministrada por la bomba y el canal es polinomial.

En segundo lugar, el hecho de utilizar más de un término dentro de la ecuación que relaciona la energía total gastada en una tubería con el caudal que pasa por esta (Ecuación 7.54) permite introducir cualquier tipo de accesorio o bomba. Por consiguiente, la Ecuación 7.54 jugará un papel importante en el Capítulo 9.

Para el Método del Gradiente Hidráulico se hacen las siguientes definiciones adicionales con el fin de describir la topología de la red de forma matricial:

NT = número de tuberías de la red.

NN = número de nudos con altura piezométrica desconocida.

$[A12]$ = "matriz de conectividad" asociada con cada uno de los nudos de la red. Su dimensión es $NT \times NN$ con solo dos elementos diferentes de cero en la i-ésima fila:
-1 en la columna correspondiente al nudo inicial del tramo i.
1 en la columna correspondiente al nudo final del tramo i.

NS = número de nudos de altura piezométrica fija o conocida.

$[A10]$ = matriz topológica tramo a nudo para los NS nudos de altura piezométrica fija. Su dimensión es $NT \times NS$ con un valor igual a -1 en las filas correspondientes a los tramos conectados a nudos de altura piezométrica fija.

Teniendo en cuenta las anteriores definiciones, la pérdida de altura piezométrica en cada tramo de tubería que conecte dos nudos de la red es:

ECUACIÓN 7.56

$$[A11][Q]+[A12][H]=-[A10][H_0]$$

donde:

ECUACIÓN 7.57

$[A11]$ = matriz diagonal de NT x NT definida como sigue:

$$[A11]=\begin{bmatrix} \alpha_1 Q_1^{(n_1-1)}+\beta_1+\frac{\gamma_1}{Q_1} & 0 & 0 & \cdots & 0 \\ 0 & \alpha_2 Q_2^{(n_2-1)}+\beta_2+\frac{\gamma_2}{Q_2} & 0 & \cdots & 0 \\ 0 & 0 & \alpha_3 Q_3^{(n_3-1)}+\beta_3+\frac{\gamma_3}{Q_3} & \cdots & 0 \\ . & . & . & \cdots & 0 \\ 0 & 0 & 0 & \cdots & \alpha_{NT} Q_{NT}^{(n_{NT}-1)}+\beta_{NT}+\frac{\gamma_{NT}}{Q_{NT}} \end{bmatrix}$$

$[Q]$ = vector de caudales con dimensión $NT \times 1$

$[H]$ = vector de alturas piezométricas desconocidas con dimensión $NN \times 1$

$[H_0]$ = vector de alturas piezométricas fijas con dimensión $NS \times 1$

Es evidente que la Ecuación 7.56 es una ecuación de conservación de energía. La ecuación de continuidad para todos los nudos de la red es:

ECUACIÓN 7.58

$$[A21][Q]=[q]$$

donde:

$[A21]$ = matriz transpuesta de [A12]

$[q]$ = vector de consumo (demanda) o de entrada (oferta) en cada nudo de la red, con dimensión $NN \times 1$

De forma compacta, las Ecuaciones 7.56 y 7.58 se pueden expresar en términos matriciales:

ECUACIÓN 7.59

$$\begin{bmatrix} [A11] & [A12] \\ [A21] & [0] \end{bmatrix} \begin{bmatrix} [Q] \\ [H] \end{bmatrix} = \begin{bmatrix} -[A10][H_0] \\ [q] \end{bmatrix}$$

En esta última ecuación, la parte superior corresponde a la relación Q *versus* H y la parte inferior corresponde a la conservación de la masa en cada uno de los nudos. Dado que la parte superior es no lineal, la Ecuación 7.59 no puede ser resuelta de forma directa. Es necesario utilizar algún algoritmo iterativo. El Método del Gradiente consiste en hacer una expansión truncada de Taylor. Al operar simultáneamente sobre el campo ($[Q], [H]$) y aplicar el operador gradiente se obtiene:

ECUACIÓN 7.60

$$\begin{bmatrix} [N][A11]' & [A12] \\ [A21] & [0] \end{bmatrix} \begin{bmatrix} [dQ] \\ [dH] \end{bmatrix} = \begin{bmatrix} [dE] \\ [dq] \end{bmatrix}$$

donde:

$[N]$ = matriz diagonal ($n1, n2, \ldots nNT$) con dimensión $NT \times NT$

$[A11]'$ = matriz con dimensión $NT \times NT$ definida como:

ECUACIÓN 7.61

$$[A11]' = \begin{bmatrix} \alpha_1 Q_1^{(n_1-1)} & 0 & 0 & \cdots & 0 \\ 0 & \alpha_2 Q_2^{(n_2-1)} & 0 & \cdots & 0 \\ 0 & 0 & \alpha_3 Q_3^{(n_3-1)} & \cdots & 0 \\ . & . & . & \cdots & 0 \\ 0 & 0 & 0 & \cdots & \alpha_{NT} Q_{NT}^{(n_{NT}-1)} \end{bmatrix}$$

En cualquier iteración i, $[dE]$ representa el desequilibrio de energía por unidad de peso (altura piezométrica) en cada tubo y $[dq]$ representa el desequilibrio de caudal en cada nudo. Estos desequilibrios están dados, respectivamente, por las siguientes ecuaciones:

ECUACIÓN 7.62

$$[dE] = [A11][Q_i] + [A12][H_i] + [A10][H_0]$$

y

ECUACIÓN 7.63

$$[dq] = [A21][Q_i] - [q]$$

El objetivo del Método del Gradiente es solucionar el sistema descrito mediante la Ecuación 7.60, teniendo en cuenta que para cada iteración es evidente que:

ECUACIÓN 7.64

$$[dQ] = [Q_{i+1}] - [Q_i]$$

y

ECUACIÓN 7.65

$$[dH] = [H_{i+1}] - [H_i]$$

Obviamente, la solución puede calcularse resolviendo el siguiente sistema (teniendo en cuenta la Ecuación 7.60):

ECUACIÓN 7.66

$$\begin{bmatrix} [dQ] \\ [dH] \end{bmatrix} = \begin{bmatrix} [N][A11]' & [A12] \\ [A21] & [0] \end{bmatrix}^{-1} \begin{bmatrix} [dE] \\ [dq] \end{bmatrix}$$

Recurriendo al álgebra matricial es posible calcular de forma explícita la matriz inversa del sistema representado por la Ecuación 7.66. Si se procede de esta manera y se introducen las Ecuaciones 7.62, 7.63, 7.64 y 7.65 es posible demostrar que la solución de la Ecuación 7.66 está dada por las siguientes dos ecuaciones:

ECUACIÓN 7.67

$$[H_{i+1}] = -\left\{ [A21]\left([N][A11]'\right)^{-1}[A12] \right\}^{-1} \times$$
$$\left\{ [A21]\left([N][A11]'\right)^{-1}\left([A11][Q_i] + [A10][H_0]\right) - \left([A21][Q_i] - [q]\right) \right\}$$

y

ECUACIÓN 7.68

$$[Q_{i+1}] = \{[I] - ([N][A11'])^{-1}[A11]\}[Q_i] - \{([N][A11'])^{-1}([A12][H_{i+1}] + [A10][H_0])\}$$

Es posible reescribir la Ecuación 7.67 como un sistema de ecuaciones lineales para las alturas piezométricas desconocidas $[H_{i+1}]$ de la siguiente forma:

ECUACIÓN 7.69

$$\left\{[A21]\left([N][A11]'\right)^{-1}[A12]\right\}^{-1}[H_{i+1}] = -\left\{[A21]\left([N][A11]'\right)^{-1}([A11][Q_i] + [A10][H_0]) - ([A21][Q_i] - [q])\right\}$$

El planteamiento del Método del Gradiente es el sistema descrito mediante la Ecuación 7.60. Los sistemas descritos por las Ecuaciones 7.68 y 7.69 conforman la solución al problema.

Descripción del proceso iterativo

Las Ecuaciones 7.68 y 7.69 representan un sistema acoplado que debe ser resuelto de forma iterativa. El paso más complicado en cada iteración es la solución del sistema representado mediante la Ecuación 7.69, ya que se trata de un sistema de ecuaciones disperso, simétrico, lineal y definido positivamente con *NN* incógnitas: las alturas piezométricas desconocidas $[H_{i+1}]$ en los nudos de la red. Una vez se conoce este vector es posible calcular $[Q_{i+1}]$ de forma explícita, mediante la Ecuación 7.68. El proceso de solución se puede resumir en los siguientes pasos:

1. Se suponen unos caudales iniciales en cada uno de los tubos de la red (no necesariamente equilibrados, lo cual implica ahorro de tiempo).
2. Se resuelve el sistema representado por la Ecuación 7.69 utilizando un método estándar para la solución de ecuaciones lineales simultáneas.
3. Con $[H_{i+1}]$ calculado se utiliza la Ecuación 7.68 para determinar $[Q_{i+1}]$.
4. Con este $[Q_{i+1}]$ se vuelve a ensamblar el Sistema 7.69 para encontrar un nuevo $[H_{i+1}]$.
5. El proceso se repite hasta que en dos iteraciones sucesivas $[H_{i+1}] \approx [H_i]$.

A partir de la segunda iteración, los sistemas representados por las Ecuaciones 7.68 y 7.69 se simplifican, ya que se tendría lo siguiente:

$$[A21][Q_i] - [q] = 0$$

Características especiales del Método del Gradiente

A continuación se presentan algunas de las características especiales que hacen del Método del Gradiente el mejor método de cálculo de redes, el cual podría ser incluido en un programa de diseño óptimo de este tipo de sistemas de tuberías, al igual que en programas que apoyen la operación de redes de distribución de agua potable. Algunas de dichas características se plantean comparándolas con las correspondientes al Método de la Teoría Lineal, anteriormente el método de cálculo de redes más ampliamente utilizado.

1. Se puede implementar un método de cálculo eficiente basado en el algoritmo del gradiente conjugado precondicionado con la factorización incompleta de Cholesky y el tratamiento de las matrices dispersas.

2. El método de cálculo anterior garantiza la solución en un máximo de *NN* iteraciones.
3. La manipulación de las matrices dispersas típicas del método del gradiente reduce la memoria requerida y el tiempo de cálculo en el ordenador.
4. Todo lo anterior no es posible en el Método de la Teoría Lineal, ya que este sistema que tiene que ser resuelto no es simétrico.
5. El Método del Gradiente resuelve un sistema de dimensión *NN* x *NN*, mientras que el Método de la Teoría Lineal resuelve un sistema de *NT* x *NT*. Debido a que en todos los casos *NN* < *NT*, el Método del Gradiente es más veloz y requiere menos memoria en el ordenador, aun utilizando el mismo algoritmo de solución. El sistema de ecuaciones que se monta puede llegar a ser un 50 % menor en el caso de las redes grandes.
6. El Método del Gradiente calcula y ajusta simultáneamente los caudales y las alturas piezométricas, ya que es el método más eficiente; esto reduce el número de iteraciones con respecto al Método de la Teoría Lineal.
7. El Método del Gradiente no requiere la definición de caminos de energía o circuitos, lo que implica que el número de datos que el usuario debe proporcionar al ordenador es menor, facilitándose así el manejo de los mismos.

EJEMPLO 7.5

Método del Gradiente

Resolver el problema del Ejemplo 7.1 utilizando el Método del Gradiente. Para todos los tramos de tuberías se ha supuesto un caudal inicial de 100 L/s con las direcciones mostradas en la FIGURA 7.16, las cuales fueron supuestas de forma arbitraria. Durante el desarrollo del ejemplo, las presiones estarán dadas en metros y los caudales en m³/s.

Para realizar el cálculo de las presiones y caudales en la red es necesario efectuar el siguiente planteamiento de matrices y vectores, teniendo en cuenta que:

$NT = 7$

$NN = 5$

$NS = 1$

$[A12]$ = matriz de conectividad, cuya dimensión es (7×5).

1	0	0	0	0
-1	1	0	0	0
0	1	-1	0	0
0	0	1	-1	0
-1	0	0	1	0
0	0	0	1	-1
0	0	0	0	1

$[A21]$ = matriz transpuesta de $[A12]$

1	-1	0	0	-1	0	0
0	1	1	0	0	0	0
0	0	-1	1	0	0	0
0	0	0	-1	1	1	0
0	0	0	0	0	-1	1

$[A10]$ = matriz topológica tramo a nudo, cuya dimensión es (7×1).

$[Q]$ = vector de caudales, cuya dimensión es (7×1).

$[H]$ = vector de alturas piezométricas desconocidas, cuya dimensión es (5×1).

$[H_0]$ = vector de alturas piezométricas fijas, cuya dimensión es (1×1).

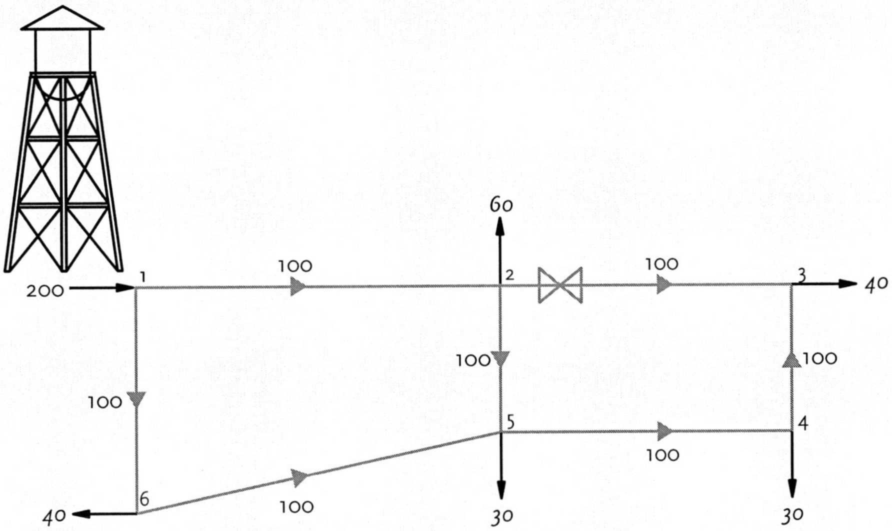

Figura 7.16 Caudales demandados en los nudos y caudales iniciales en las tuberías. Todos los caudales están en L/s.

$[q]$ = vector de consumo, cuya dimensión es (5×1).

[A10]	[H]	[q]
-1	H_2	0.06
0	H_3	0.04
0	H_4	0.03
0	H_5	0.03
0	H_6	0.04
0		
-1		

$[N]$ = matriz diagonal, cuya dimensión es (7×7). Presenta el valor de 2 en la diagonal, ya que se utiliza la ecuación de Darcy-Weisbach como la ecuación de fricción.

2	0	0	0	0	0	0
0	2	0	0	0	0	0
0	0	2	0	0	0	0
0	0	0	2	0	0	0
0	0	0	0	2	0	0
0	0	0	0	0	2	0
0	0	0	0	0	0	2

$[I]$ = matriz de identidad, cuya dimensión es (7×7).

1	0	0	0	0	0	0
0	1	0	0	0	0	0
0	0	1	0	0	0	0
0	0	0	1	0	0	0
0	0	0	0	1	0	0
0	0	0	0	0	1	0
0	0	0	0	0	0	1

Primera iteración

Las matrices anteriormente definidas son válidas para todas las iteraciones necesarias en el cálculo de la red. Las expuestas a continuación varían de iteración en iteración.

[*A*11] = matriz diagonal cuya dimensión es (7 × 7). Presenta el valor

$$\alpha_i Q_i^{(n_i-1)} + \beta_i + \frac{\gamma_i}{Q_i}$$

en la diagonal; los coeficientes β e γ son ceros, ya que no existen bombas en la red.

La siguiente tabla resume el cálculo de los coeficientes α.

Tubería No.	Q (m³/s)	*f*	v (m/s)	h_f (m)	$h_f + h_m$ (m)	α
1 2	0.1	0.0159	2.037	6.741	6.741	674.067
1 3	0.1	0.0167	5.659	72.569	88.890	8889.004
2 3	0.1	0.0178	12.732	294.234	294.234	29423.357
2 4	0.1	0.0167	5.659	72.569	72.569	7256.869
3 5	0.1	0.0178	12.732	294.234	294.234	29423.357
4 5	0.1	0.0162	3.183	25.028	25.028	2502.763
4 6	0.1	0.0159	2.037	4.044	4.044	404.440

Matriz [*A*11]:

67.407	0.000	0.000	0.000	0.000	0.000	0.000
0.000	888.900	0.000	0.000	0.000	0.000	0.000
0.000	0.000	2942.336	0.000	0.000	0.000	0.000
0.000	0.000	0.000	725.687	0.000	0.000	0.000
0.000	0.000	0.000	0.000	2942.336	0.000	0.000
0.000	0.000	0.000	0.000	0.000	250.276	0.000
0.000	0.000	0.000	0.000	0.000	0.000	40.444

[*A*11]' = matriz diagonal cuya dimensión es (7 x 7). Presenta el valor $\alpha_i Q_i^{n_i-1}$ en la diagonal.

Para esta red, la matriz [*A*11]' resulta ser igual que la matriz [*A*11].

67.407	0.000	0.000	0.000	0.000	0.000	0.000
0.000	888.900	0.000	0.000	0.000	0.000	0.000
0.000	0.000	2942.336	0.000	0.000	0.000	0.000
0.000	0.000	0.000	725.687	0.000	0.000	0.000
0.000	0.000	0.000	0.000	2942.336	0.000	0.000
0.000	0.000	0.000	0.000	0.000	250.276	0.000
0.000	0.000	0.000	0.000	0.000	0.000	40.444

Cálculo de H_{i+1}

Para el cálculo de H_{i+1} se utiliza la Ecuación 7.67:

$$H_{i+1} = -\left([A21]\left([N][A11]'\right)^{-1}[A12]\right)^{-1}$$

$$\left([A21]\left([N][A11]'\right)^{-1}\left([A11][Q]+[A10][H_o]\right)-\left([A21][Q]-[q]\right)\right)$$

De la resolución sistemática de esta ecuación resultan las siguientes matrices:

([*N*] [*A*11]')

134.813	0.00	0.00	0.00	0.00	0.00	0.00
0.00	1777.801	0.00	0.00	0.00	0.00	0.00
0.00	0.00	5884.671	0.00	0.00	0.00	0.00
0.00	0.00	0.00	1451.374	0.00	0.00	0.00
0.00	0.00	0.00	0.00	5884.671	0.00	0.00
0.00	0.00	0.00	0.00	0.00	500.553	0.00
0.00	0.00	0.00	0.00W	0.00	0.00	80.888

([*N*] [*A*11]')$^{-1}$

0.0074	0.0000	0.0000	0.0000	0.0000	0.0000	0.0000
0.0000	0.0006	0.0000	0.0000	0.0000	0.0000	0.0000
0.0000	0.0000	0.0002	0.0000	0.0000	0.0000	0.0000
0.0000	0.0000	0.0000	0.0007	0.0000	0.0000	0.0000
0.0000	0.0000	0.0000	0.0000	0.0002	0.0000	0.0000
0.0000	0.0000	0.0000	0.0000	0.0000	0.0020	0.0000
0.0000	0.0000	0.0000	0.0000	0.0000	0.0000	0.0124

[*A*21]([*N*] [*A*11]')$^{-1}$

0.0074	-0.0006	0.0000	0.0000	-0.0002	0.0000	0.0000
0.0000	0.0006	0.0002	0.0000	0.0000	0.0000	0.0000
0.0000	0.0000	-0.0002	0.0007	0.0000	0.0000	0.0000
0.0000	0.0000	0.0000	-0.0007	0.0002	0.0020	0.0000
0.0000	0.0000	0.0000	0.0000	0.0000	-0.0020	0.0124

[*A*21]([*N*] [*A*11]')$^{-1}$[*A*12]

0.0082	-0.0006	0.0000	-0.0002	0.0000
-0.0006	0.0007	-0.0002	0.0000	0.0000
0.0000	-0.0002	0.0009	-0.0007	0.0000
-0.0002	0.0000	-0.0007	0.0029	-0.0020
0.0000	0.0000	0.0000	-0.0020	0.0144

-([*A*21]([*N*] [*A*11]')$^{-1}$[*A*12])$^{-1}$

-130.579	-108.670	-36.149	-18.263	-2.541
-108.670	-1540.479	-395.218	-112.755	-15.686
-36.149	-395.218	-1583.766	-425.532	-59.199
-18.263	-112.755	-425.532	-502.674	-69.930
-2.541	-15.686	-59.199	-69.930	-79.364

$[A11][Q]$	$[A10][H_0]$	$([A11][Q]+[A10][H_0])$
6.741	-100	-93.259
88.890	0	88.890
294.234	0	294.234
72.569	0	72.569
294.234	0	294.234
25.028	0	25.028
4.044	-100	-95.956

$([A21](N)(A11'))^{-1}([A11][Q]+[A10][H_0])$	$[A21][Q]$	$([A21](N)(A11'))^{-1}([A11][Q]+[A10][H_0])-([A21][Q]-[q])$
-0.792	-0.10	-0.632
0.100	0.20	-0.060
0.000	0.00	0.030
0.050	0.10	-0.020
-1.236	0.00	-1.196

Luego:

$$[H_{i+1}]=-\left([A21]\left([N][A11]'\right)^{-1}[A12]\right)^{-1}$$
$$\left([A21]\left([N][A11]'\right)^{-1}\left([A11][Q]+[A10][H_o]\right)-\left([A21][Q]-[q]\right)\right)$$

Los resultados para las alturas piezométricas son:

$H_2 = 91.336$ m
$H_3 = 170.246$ m
$H_4 = 78.366$ m
$H_5 = 99.247$ m
$H_6 = 97.110$ m

Cálculo de Q_{i+1}

Para el cálculo de Q_{i+1} se utlizará la Ecuación 7.68:

$$[Q_{i+1}]=\{[I]-([N][A11]')^{-1}[A11]\}[Q_i]-\{([N][A11]')^{-1}([A12][H_{i+1}]+[A10][H_0])\}$$

De la resolución sistemática de esta ecuación resultan las siguientes matrices:

$[A12][H_{i+1}]$	$[A12][H_{i+1}]+[A10][H_o]$	$(([N][A11'])^{-1})([A12][H_{i+1}]+[A10][H_o])$
91.336	-8.664	-0.0643
78.911	78.911	0.0444
91.880	91.880	0.0156
-20.880	-20.880	-0.0144
7.911	7.911	0.0013
2.137	2.137	0.0043
97.110	-2.890	-0.0357

$$\left([N][A11]'\right)^{-1}[A11]$$

0.5	0.0	0.0	0.0	0.0	0.0	0.0
0.0	0.5	0.0	0.0	0.0	0.0	0.0
0.0	0.0	0.5	0.0	0.0	0.0	0.0
0.0	0.0	0.0	0.5	0.0	0.0	0.0
0.0	0.0	0.0	0.0	0.5	0.0	0.0
0.0	0.0	0.0	0.0	0.0	0.5	0.0
0.0	0.0	0.0	0.0	0.0	0.0	0.5

$[I] - (([N]\ [A11'])^{-1})\ [A11]$

0.5	0.0	0.0	0.0	0.0	0.0	0.0
0.0	0.5	0.0	0.0	0.0	0.0	0.0
0.0	0.0	0.5	0.0	0.0	0.0	0.0
0.0	0.0	0.0	0.5	0.0	0.0	0.0
0.0	0.0	0.0	0.0	0.5	0.0	0.0
0.0	0.0	0.0	0.0	0.0	0.5	0.0
0.0	0.0	0.0	0.0	0.0	0.0	0.5

$([I] - ([N]\ [A11'])^{-1}))\ [A11]\ [Q]$

0.050
0.050
0.050
0.050
0.050
0.050
0.050

Luego:

$$[Q_{i+1}] = \{[I] - ([N][A11]')^{-1}[A11]\}[Q_i] - \{([N][A11]')^{-1}([A12][H_{i+1}] + [A10][H_0])\}$$

Los caudales, al final de la primera iteración son:

Tubería		Q (m³/s)
1 2		0.1143
2 3		0.0056
3 4		0.0344
4 5	=	0.0644
2 5		0.0487
5 6		0.0457
1 6		0.0857

Segunda iteración:

Cálculo de los coeficientes α de las matrices $[A11]$ y $[A11]'$.

Tubería No.	Q (m³/s)	*f*	v (m/s)	h_f (m)	$h_f + h_m$ (m)	α
1 2	0.1143	0.0158	2.328	8.706	8.706	666.723
1 3	0.0056	0.0230	0.318	0.315	0.367	11639.294
2 3	0.0344	0.0185	4.378	36.125	36.125	30551.395
2 4	0.0644	0.0171	3.644	30.765	30.765	7420.996
3 5	0.0487	0.0182	6.195	71.178	71.178	30066.426
4 5	0.0457	0.0172	1.456	5.588	5.588	2672.224
4 6	0.0857	0.0162	1.746	3.014	3.014	410.039

$[A11] = [A11]'$

76.186	0.000	0.000	0.000	0.000	0.000	0.000
0.000	65.336	0.000	0.000	0.000	0.000	0.000
0.000	0.000	1050.558	0.000	0.000	0.000	0.000
0.000	0.000	0.000	477.813	0.000	0.000	0.000
0.000	0.000	0.000	0.000	1462.902	0.000	0.000
0.000	0.000	0.000	0.000	0.000	122.203	0.000
0.000	0.000	0.000	0.000	0.000	0.000	35.153

Cálculo de H_{i+1}

A partir de esta iteración, la matriz ([$A21$] [Q]-[q]) se hace igual a cero, simplificando así los cálculos.

$$[H_{i+1}] = -\left([A21]\left([N][A11]'\right)^{-1}[A12]\right)^{-1}\left([A12]\left([N][A11]'\right)^{-1}\left([A11][Q]+[A10][H_o]\right)\right)$$

De la resolución sistemática de esta ecuación resultan las siguientes matrices:

[N] [$A11$]'

152.372	0.00	0.00	0.00	0.00	0.00	0.00
0.00	130.672	0.00	0.00	0.00	0.00	0.00
0.00	0.00	2101.116	0.00	0.00	0.00	0.00
0.00	0.00	0.00	955.625	0.00	0.00	0.00
0.00	0.00	0.00	0.00	2925.803	0.00	0.00
0.00	0.00	0.00	0.00	0.00	244.407	0.00
0.00	0.00	0.00	0.00	0.00	0.00	70.306

([N] [$A11$]')$^{-1}$

0.0066	0.0000	0.0000	0.0000	0.0000	0.0000	0.0000
0.0000	0.0077	0.0000	0.0000	0.0000	0.0000	0.0000
0.0000	0.0000	0.0005	0.0000	0.0000	0.0000	0.0000
0.0000	0.0000	0.0000	0.0010	0.0000	0.0000	0.0000
0.0000	0.0000	0.0000	0.0000	0.0003	0.0000	0.0000
0.0000	0.0000	0.0000	0.0000	0.0000	0.0041	0.0000
0.0000	0.0000	0.0000	0.0000	0.0000	0.0000	0.0142

[$A21$] ([N] [$A11$]')$^{-1}$

0.0066	-0.0077	0.0000	0.0000	-0.0003	0.0000	0.0000
0.0000	0.0077	0.0005	0.0000	0.0000	0.0000	0.0000
0.0000	0.0000	-0.0005	0.0010	0.0000	0.0000	0.0000
0.0000	0.0000	0.0000	-0.0010	0.0003	0.0041	0.0000
0.0000	0.0000	0.0000	0.0000	0.0000	-0.0041	0.0142

[$A21$] ([N] [$A11$]')$^{-1}$[$A12$]

0.0146	-0.0077	0.0000	-0.0003	0.0000
-0.0077	0.0081	-0.0005	0.0000	0.0000
0.0000	-0.0005	0.0015	-0.0010	0.0000
-0.0003	0.0000	-0.0010	0.0055	-0.0041
0.0000	0.0000	0.0000	-0.0041	0.0183

-([$A21$] ([N] [$A11$]')$^{-1}$[$A12$])$^{-1}$

-140.720	-135.938	-59.040	-24.066	-5.376
-135.938	-257.071	-103.700	-33.943	-7.583
-59.040	-103.700	-821.793	-192.770	-43.064
-24.066	-33.943	-192.770	-265.006	-59.202
-5.376	-7.583	-43.064	-59.202	-67.825

[A11] [Q]	[A10] [H_o]	([A11] [Q] + [A10] [H_o])	([A21] (N) (A11')$^{-1}$([A11] [Q] + [A10] [H_o])
8.706	-100	-91.294	-0.63
0.367	0	0.367	0.02
36.125	0	36.125	0.02
30.765	0	30.765	0.01
71.178	0	71.178	-1.40
5.588	0	5.588	
3.014	-100	-96.986	

Luego:

$$[H_{i+1}] = -\left([A21]\left([N][A11]\right)^{-1}[A12]\right)^{-1}$$

$$\left([A21]\left([N][A11]\right)^{-1}\left([A11][Q]+[A10][H_o]\right)-\left([A21][Q]-[q]\right)\right)$$

Los resultados para las alturas piezométricas son:

$H_2 = 91.706$ m
$H_3 = 88.564$ m
$H_4 = 80.075$ m
$H_5 = 90.548$ m
$H_6 = 96.797$ m

Cálculo de Q_{i+1}

Para el cálculo de Q_{i+1} se utilizará la Ecuación 7.68:

$$[Q_{i+1}] = \{[I] - ([N][A11]')^{-1}[A11]\}[Q_i] - \{([N][A11]')^{-1}([A12][H_{i+1}] + [A10][H_0])\}$$

Resolviendo paso a paso esta ecuación resultan las siguientes matrices:

[A12] [H_{i+1}]	[A12] [H_{i+1}] + [A10] [H_o]	(([N] [A11'])$^{-1}$) ([A12] [H_{i+1}] + [A10] [H_o])
91.706	-8.294	-0.054
-3.141	-3.141	-0.0240
8.489	8.489	0.0040
-10.473	-10.473	-0.0110
-1.157	-1.157	-0.0004
-6.248	-6.248	-0.0256
96.797	-3.203	-0.0456

Dado que [A11] es igual a [A11]', las matrices ([N] [A11]')$^{-1}$[A11]) y ([I] - ([N] [A11]')$^{-1}$[A11]) siempre serán iguales y tendrán el valor 0.5 en la diagonal.

(([N] [A11'])$^{-1}$) [A11] = [I] - (([N] [A11'])$^{-1}$) [A11]							([I] - ([N] [A11'])$^{-1}$)) [A11] [Q]
0.5	0.0	0.0	0.0	0.0	0.0	0.0	0.057
0.0	0.5	0.0	0.0	0.0	0.0	0.0	0.003
0.0	0.0	0.5	0.0	0.0	0.0	0.0	0.017
0.0	0.0	0.0	0.5	0.0	0.0	0.0	0.032
0.0	0.0	0.0	0.0	0.5	0.0	0.0	0.024
0.0	0.0	0.0	0.0	0.0	0.5	0.0	0.023
0.0	0.0	0.0	0.0	0.0	0.0	0.5	0.043

Luego:

$$[Q_{i+1}] = \{[I] - ([N][A11]')^{-1}[A11]\}[Q_i] - \{([N][A11]')^{-1}([A12][H_{i+1}] + [A10][H_0])\}$$

Los caudales, al final de la segunda iteración, son:

Tubería		Q (m³/s)
1 2		0.1116
2 3		0.0268
3 4		0.0132
4 5	=	0.0432
2 5		0.0247
5 6		0.0484
1 6		0.0884

Tercera iteración

Cálculo de los coeficientes α de las matrices $[A11]$ y $[A11]'$.

Tubería No.	Q (m³/s)	*f*	v (m/s)	h_f (m)	$h_f + h_m$ (m)	α
1 2	0.1116	0.0158	2.273	8.315	8.315	667.990
1 3	0.0268	0.0183	1.517	5.738	6.915	9593.468
2 3	0.0132	0.0199	1.681	5.679	5.679	32826.068
2 4	0.0432	0.0175	2.445	14.204	14.204	7627.394
3 5	0.0247	0.0189	3.145	19.045	19.045	31157.326
4 5	0.0484	0.0171	1.541	6.231	6.231	2656.597
4 6	0.0884	0.0161	1.801	3.197	3.197	408.866

$[A11] = [A11]'$

74.528	0.000	0.000	0.000	0.000	0.000	0.000
0.000	257.555	0.000	0.000	0.000	0.000	0.000
0.000	0.000	431.762	0.000	0.000	0.000	0.000
0.000	0.000	0.000	329.145	0.000	0.000	0.000
0.000	0.000	0.000	0.000	770.312	0.000	0.000
0.000	0.000	0.000	0.000	0.000	128.658	0.000
0.000	0.000	0.000	0.000	0.000	0.000	36.156

Cálculo de H_{i+1}

$$[H_{i+1}] = -\left([A21]\left([N][A11]'\right)^{-1}[A12]\right)^{-1}\left([A12]\left([N][A11]'\right)^{-1}\left([A11][Q] + [A10][H_o]\right)\right)$$

De la resolución sistemática de esta ecuación resultan las siguientes matrices:

$[N]\,[A11]'$

149.056	0.00	0.00	0.00	0.00	0.00	0.00
0.00	515.110	0.00	0.00	0.00	0.00	0.00
0.00	0.00	863.524	0.00	0.00	0.00	0.00
0.00	0.00	0.00	658.290	0.00	0.00	0.00
0.00	0.00	0.00	0.00	1540.624	0.00	0.00
0.00	0.00	0.00	0.00	0.00	257.316	0.00
0.00	0.00	0.00	0.00	0.00	0.00	72.312

$([N]\,[A11]')^{-1}$

0.0067	0.0000	0.0000	0.0000	0.0000	0.0000	0.0000
0.0000	0.0019	0.0000	0.0000	0.0000	0.0000	0.0000
0.0000	0.0000	0.0012	0.0000	0.0000	0.0000	0.0000
0.0000	0.0000	0.0000	0.0015	0.0000	0.0000	0.0000
0.0000	0.0000	0.0000	0.0000	0.0006	0.0000	0.0000
0.0000	0.0000	0.0000	0.0000	0.0000	0.0039	0.0000
0.0000	0.0000	0.0000	0.0000	0.0000	0.0000	0.0138

$[A21]\,([N]\,[A11]')^{-1}$

0.0067	-0.0019	0.0000	0.0000	-0.0006	0.0000	0.0000
0.0000	0.0019	0.0012	0.0000	0.0000	0.0000	0.0000
0.0000	0.0000	-0.0012	0.0015	0.0000	0.0000	0.0000
0.0000	0.0000	0.0000	-0.0015	0.0006	0.0039	0.0000
0.0000	0.0000	0.0000	0.0000	0.0000	-0.0039	0.0138

$[A21]\,([N]\,[A11]')^{-1}[A12]$

0.0093	-0.0019	0.0000	-0.0006	0.0000
-0.0019	0.0031	-0.0012	0.0000	0.0000
0.0000	-0.0012	0.0027	-0.0015	0.0000
-0.0006	0.0000	-0.0015	0.0061	-0.0039
0.0000	0.0000	0.0000	-0.0039	0.0177

$-([A21]\,([N]\,[A11]')^{-1}[A12])^{-1}$

-132.669	-108.283	-67.402	-36.238	-7.950
-108.283	-488.547	-262.494	-90.166	-19.780
-67.402	-262.494	-589.543	-180.572	-39.613
-36.238	-90.166	-180.572	-249.491	-54.732
-7.950	-19.780	-39.613	-54.732	-68.455

$[A11]\,[Q]$	$[A10]\,[H_o]$	$([A11]\,[Q] + [A10]\,[H_o])$	$([A21]\,[N]\,[A11'])^{-1}([A11]\,[Q] + [A10]\,[H_o])$
8.315	-100	-91.685	-0.641
6.915	0	6.915	0.020
5.679	0	5.679	0.015
14.204	0	14.204	0.015
19.045	0	19.045	-1.363
6.231	0	6.231	
3.197	-100	-96.803	

Luego:

$$[H_{i+1}] = -\left([A21]\left([N][A11]'\right)^{-1}[A12]\right)^{-1}$$

$$\left([A21]\left([N][A11]'\right)^{-1}\left([A11][Q]+[A10][H_o]\right)-\left([A21][Q]-[q]\right)\right)$$

Los resultados para las alturas piezométricas son:

$$H_2 = 92.141 \text{ m}$$
$$H_3 = 81.295 \text{ m}$$
$$H_4 = 80.384 \text{ m}$$
$$H_5 = 89.564 \text{ m}$$
$$H_6 = 96.582 \text{ m}$$

Cálculo de Q_{i+1}

$$[Q_{i+1}] = \{[I] - ([N][A11]')^{-1}[A11]\}[Q_i] - \{([N][A11]')^{-1}([A12][H_{i+1}] + [A10][H_0])\}$$

De la resolución sistemática de esta ecuación resultan las siguientes matrices:

$[A12]\,[H_{i+1}]$	$[A12]\,[H_{i+1}] + [A10]\,[H_0]$	$(([N]\,[A11'])^{-1})\,([A12]\,[H_{i+1}] + [A10]\,[H_0])$
92.141	-7.859	-0.0527
-10.846	-10.846	-0.0211
0.911	0.911	0.0011
-9.180	-9.180	-0.0139
-2.577	-2.577	-0.0017
-7.018	-7.018	-0.0273
96.582	-3.418	-0.0473

$(([N]\,[A11'])^{-1})\,[A11] \;=\; [I] - (([N]\,[A11'])^{-1})\,[A11]$

0.5	0.0	0.0	0.0	0.0	0.0	0.0
0.0	0.5	0.0	0.0	0.0	0.0	0.0
0.0	0.0	0.5	0.0	0.0	0.0	0.0
0.0	0.0	0.0	0.5	0.0	0.0	0.0
0.0	0.0	0.0	0.0	0.5	0.0	0.0
0.0	0.0	0.0	0.0	0.0	0.5	0.0
0.0	0.0	0.0	0.0	0.0	0.0	0.5

$([I] - ([N]\,[A11'])^{-1}))\,[A11]\,[Q]$
0.056
0.013
0.007
0.022
0.012
0.024
0.044

Luego:

$$[Q_{i+1}] = \{[I] - ([N][A11]')^{-1}[A11]\}[Q_i] - \{([N][A11]')^{-1}([A12][H_{i+1}] + [A10][H_0])\}$$

Al final de la tercera iteración los caudales son:

Tubería		Q (m³/s)
1 2		0.1085
2 3		0.0345
3 4		0.0055
4 5	=	0.0355
2 5		0.0140
5 6		0.0515
1 6		0.0915

Cuarta iteración

Cálculo de los coeficientes α de las matrices $[A11]$ y $[A11]'$.

Tubería No.	Q (m³/s)	f	v (m/s)	h_f (m)	h_f + (m)	α
1 2	0.1085	0.0158	2.211	7.883	7.883	669.490
1 3	0.0345	0.0179	1.951	9.239	11.179	9404.177
2 3	0.0055	0.0221	0.703	1.115	1.115	36577.345
2 4	0.0355	0.0178	2.010	9.781	9.781	7751.516
3 5	0.0140	0.0197	1.787	6.425	6.425	32618.740
4 5	0.0515	0.0170	1.639	7.000	7.000	2640.523
4 6	0.0915	0.0161	1.864	3.412	3.412	407.607

$[A11] = [A11]'$

72.648	0.000	0.000	0.000	0.000	0.000	0.000
0.000	324.241	0.000	0.000	0.000	0.000	0.000
0.000	0.000	201.964	0.000	0.000	0.000	0.000
0.000	0.000	0.000	275.346	0.000	0.000	0.000
0.000	0.000	0.000	0.000	457.777	0.000	0.000
0.000	0.000	0.000	0.000	0.000	135.954	0.000
0.000	0.000	0.000	0.000	0.000	0.000	37.291

Cálculo de H_{i+1}

$$[H_{i+1}] = -\left([A21]\left([N][A11]'\right)^{-1}[A12]\right)^{-1}\left([A12]\left([N][A11]'\right)^{-1}\left([A11][Q]+[A10][H_o]\right)\right)$$

De la resolución sistemática de esta ecuación resultan las siguientes matrices:

$[N]\ [A11]'$

145.296	0.00	0.00	0.00	0.00	0.00	0.00
0.00	648.483	0.00	0.00	0.00	0.00	0.00
0.00	0.00	403.928	0.00	0.00	0.00	0.00
0.00	0.00	0.00	550.692	0.00	0.00	0.00
0.00	0.00	0.00	0.00	915.554	0.00	0.00
0.00	0.00	0.00	0.00	0.00	271.907	0.00
0.00	0.00	0.00	0.00	0.00	0.00	74.582

$([N]\ [A11]')^{-1}$

0.0069	0.0000	0.0000	0.0000	0.0000	0.0000	0.0000
0.0000	0.0015	0.0000	0.0000	0.0000	0.0000	0.0000
0.0000	0.0000	0.0025	0.0000	0.0000	0.0000	0.0000
0.0000	0.0000	0.0000	0.0018	0.0000	0.0000	0.0000
0.0000	0.0000	0.0000	0.0000	0.0011	0.0000	0.0000
0.0000	0.0000	0.0000	0.0000	0.0000	0.0037	0.0000
0.0000	0.0000	0.0000	0.0000	0.0000	0.0000	0.0134

$[A21]\ ([N]\ [A11]')^{-1}$

0.0069	-0.0015	0.0000	0.0000	-0.0011	0.0000	0.0000
0.0000	0.0015	0.0025	0.0000	0.0000	0.0000	0.0000
0.0000	0.0000	-0.0025	0.0018	0.0000	0.0000	0.0000
0.0000	0.0000	0.0000	-0.0018	0.0011	0.0037	0.0000
0.0000	0.0000	0.0000	0.0000	0.0000	-0.0037	0.0134

$[A21]\,([N]\,[A11]')^{-1}[A12]$

0.0095	-0.0015	0.0000	-0.0011	0.0000
-0.0015	0.0040	-0.0025	0.0000	0.0000
0.0000	-0.0025	0.0043	-0.0018	0.0000
-0.0011	0.0000	-0.0018	0.0066	-0.0037
0.0000	0.0000	0.0000	-0.0037	0.0171

$-([A21]\,([N]\,[A11]')^{-1}[A12])^{-1}$

-125.649	-93.774	-73.920	-46.852	-10.085
-93.774	-491.702	-335.636	-122.864	-26.447
-73.920	-335.636	-498.654	-170.211	-36.638
-46.852	-122.864	-170.211	-234.761	-50.532
-10.085	-26.447	-36.638	-50.532	-69.405

$[A11]\,[Q]$	$[A10]\,[H_o]$	$([A11]\,[Q] + [A10]\,[H_o])$	$([A21]\,[N]\,[A11'])^{-1}([A11]\,[Q] + [A10]\,[H_o])$
7.883	-100	-92.117	-0.658
11.179	0	11.179	0.020
1.115	0	1.115	0.015
9.781	0	9.781	0.015
6.425	0	6.425	-1.321
7.000	0	7.000	
3.412	-100	-96.588	

Luego:

$$[H_{i+1}] = -\left([A21]\left([N][A11]'\right)^{-1}[A12]\right)^{-1}$$

$$\left([A21]\left([N][A11]'\right)^{-1}\left([A11][Q]+[A10][H_o]\right)-\left([A21][Q]-[q]\right)\right)$$

Los resultados para las alturas piezométricas son:

$$H_2 = 92.342 \text{ m}$$
$$H_3 = 79.946 \text{ m}$$
$$H_4 = 80.304 \text{ m}$$
$$H_5 = 89.052 \text{ m}$$
$$H_6 = 96.473 \text{ m}$$

Cálculo de Q_{i+1}

$$[Q_{i+1}] = \{[I] - ([N][A11]')^{-1}[A11]\}[Q_i] - \{([N][A11]')^{-1}([A12][H_{i+1}] + [A10][H_0])\}$$

De la resolución sistemática de esta ecuación resultan las siguientes matrices:

$[A12]\,[H_{i+1}]$	$[A12]\,[H_{i+1}] + [A10]\,[H_0]$	$(([N]\,[A11'])^{-1})\,([A12]\,[H_{i+1}] + [A10]\,[H_0])$
92.342	-7.658	-0.0527
-12.395	-12.395	-0.0191
-0.358	-0.358	-0.0009
-8.748	-8.748	-0.0159
-3.290	-3.290	-0.0036
-7.421	-7.421	-0.0273
96.473	-3.527	-0.0473

$(([N]\,[A11'])^{-1})\,[A11] \quad = \quad [I] - (([N]\,[A11'])^{-1})\,[A11] \qquad ([I] - ([N]\,[A11'])^{-1}))\,[A11]\,[Q]$

0.5	0.0	0.0	0.0	0.0	0.0	0.0	0.054
0.0	0.5	0.0	0.0	0.0	0.0	0.0	0.017
0.0	0.0	0.5	0.0	0.0	0.0	0.0	0.003
0.0	0.0	0.0	0.5	0.0	0.0	0.0	0.018
0.0	0.0	0.0	0.0	0.5	0.0	0.0	0.007
0.0	0.0	0.0	0.0	0.0	0.5	0.0	0.026
0.0	0.0	0.0	0.0	0.0	0.0	0.5	0.046

Luego:

$$[Q_{i+1}] = \{[I] - ([N][A11]')^{-1}[A11]\}[Q_i] - \{([N][A11]')^{-1}([A12][H_{i+1}] + [A10][H_0])\}$$

Al final de la cuarta iteración los caudales son:

Tubería		Q (m³/s)
1 2		0.1070
2 3		0.0364
3 4		0.0036
4 5	=	0.0336
2 5		0.0106
5 6		0.0530
1 6		0.0930

Quinta iteración

Cálculo de los coeficientes α de las matrices $[A11]$ y $[A11]'$.

Tubería No.	Q (m³/s)	*f*	v (m/s)	h_f (m)	$h_f + h_m$ (m)	α
1 2	0.1067	0.0158	2.179	7.669	7.669	670.277
1 3	0.0366	0.0178	2.057	10.224	12.381	9367.989
2 3	0.0034	0.0237	0.464	0.520	0.520	39120.906
2 4	0.0344	0.0179	1.904	8.818	8.818	7789.179
3 5	0.0101	0.0203	1.351	3.780	3.780	33579.423
4 5	0.0533	0.0170	1.688	7.406	7.406	2632.966
4 6	0.0933	0.0160	1.895	3.523	3.523	406.995

$[A11] = [A11]'$

71.696	0.000	0.000	0.000	0.000	0.000	0.000
0.000	340.562	0.000	0.000	0.000	0.000	0.000
0.000	0.000	142.643	0.000	0.000	0.000	0.000
0.000	0.000	0.000	262.076	0.000	0.000	0.000
0.000	0.000	0.000	0.000	356.289	0.000	0.000
0.000	0.000	0.000	0.000	0.000	139.642	0.000
0.000	0.000	0.000	0.000	0.000	0.000	37.865

Cálculo de H_{i+1}

$$[H_{i+1}] = -\left([A21]\left([N][A11]'\right)^{-1}[A12]\right)^{-1}\left([A12]\left([N][A11]'\right)^{-1}\left([A11][Q]+[A10][H_o]\right)\right)$$

De la resolución sistemática de esta ecuación resultan las siguientes matrices:

$[N]\,[A11]'$

143.391	0.00	0.00	0.00	0.00	0.00	0.00
0.00	681.124	0.00	0.00	0.00	0.00	0.00
0.00	0.00	285.286	0.00	0.00	0.00	0.00
0.00	0.00	0.00	524.153	0.00	0.00	0.00
0.00	0.00	0.00	0.00	712.579	0.00	0.00
0.00	0.00	0.00	0.00	0.00	279.283	0.00
0.00	0.00	0.00	0.00	0.00	0.00	75.730

$([N]\,[A11]')^{-1}$

0.0070	0.0000	0.0000	0.0000	0.0000	0.0000	0.0000
0.0000	0.0015	0.0000	0.0000	0.0000	0.0000	0.0000
0.0000	0.0000	0.0035	0.0000	0.0000	0.0000	0.0000
0.0000	0.0000	0.0000	0.0019	0.0000	0.0000	0.0000
0.0000	0.0000	0.0000	0.0000	0.0014	0.0000	0.0000
0.0000	0.0000	0.0000	0.0000	0.0000	0.0036	0.0000
0.0000	0.0000	0.0000	0.0000	0.0000	0.0000	0.0132

$[A21]\,([N]\,[A11]')^{-1}$

0.0070	-0.0015	0.0000	0.0000	-0.0014	0.0000	0.0000
0.0000	0.0015	0.0035	0.0000	0.0000	0.0000	0.0000
0.0000	0.0000	-0.0035	0.0019	0.0000	0.0000	0.0000
0.0000	0.0000	0.0000	-0.0019	0.0014	0.0036	0.0000
0.0000	0.0000	0.0000	0.0000	0.0000	-0.0036	0.0132

$[A21]\,([N]\,[A11]')^{-1}[A12]$

0.0098	-0.0015	0.0000	-0.0014	0.0000
-0.0015	0.0050	-0.0035	0.0000	0.0000
0.0000	-0.0035	0.0054	-0.0019	0.0000
-0.0014	0.0000	-0.0019	0.0069	-0.0036
0.0000	0.0000	0.0000	-0.0036	0.0168

$-([A21]\,([N]\,[A11]')^{-1}[A12])^{-1}$

-122.421	-90.204	-76.710	-51.918	-11.075
-90.204	-479.037	-356.612	-131.682	-28.090
-76.710	-356.612	-473.848	-165.091	-35.217
-51.918	-131.682	-165.091	-226.474	-48.311
-11.075	-28.090	-35.217	-48.311	-69.881

$[A11]\,[Q]$	$[A10]\,[H_o]$	$([A11]\,[Q] + [A10]\,[H_o])$	$([A21]\,[N]\,[A11'])^{-1}([A11]\,[Q] + [A10]\,[H_o])$
7.669	-100	-92.331	-0.667
12.381	0	12.381	0.020
0.520	0	0.520	0.015
8.818	0	8.818	0.015
3.780	0	3.780	-1.300
7.406	0	7.406	
3.523	-100	-96.477	

Luego:

$$[H_{i+1}] = -\left([A21]\left([N][A11]\right)^{-1}[A12]\right)^{-1}$$

$$\left([A21]\left([N][A11]\right)^{-1}\left([A11][Q]+[A10][H_o]\right)-\left([A21][Q]-[q]\right)\right)$$

Los resultados para las alturas piezométricas son:

$$H_2 = 92.372 \text{ m}$$
$$H_3 = 79.827 \text{ m}$$
$$H_4 = 80.278 \text{ m}$$
$$H_5 = 88.969 \text{ m}$$
$$H_6 = 96.455 \text{ m}$$

Estas alturas piezométricas son muy parecidas a las de la iteración anterior; por consiguiente, se puede considerar que el proceso ha convergido (Ver FIGURA 7.17b).

Cálculo de Q_{i+1}

$$[Q_{i+1}] = \{[I] - ([N][A11]')^{-1}[A11]\}[Q_i] - \{([N][A11]')^{-1}([A12][H_{i+1}] + [A10][H_0])\}$$

De la resolución sistemática de esta ecuación resultan las siguientes matrices:

$[A12]\,[H_{i+1}]$	$[A12]\,[H_{i+1}] + [A10]\,[H_o]$	$(([N]\,[A11'])^{-1})\,([A12]\,[H_{i+1}] + [A10]\,[H_o])$
92.372	-7.628	-0.0532
-12.545	-12.545	-0.0184
-0.451	-0.451	-0.0016
-8.691	-8.691	-0.0166
-3.403	-3.403	-0.0048
-7.486	-7.486	-0.0268
96.455	-3.545	-0.0468

$(([N]\,[A11'])^{-1})\,[A11] \;=\; [I] - (([N]\,[A11'])^{-1})\,[A11] \qquad ([I] - ([N]\,[A11'])^{-1}))\,[A11]\,[Q]$

0.5	0.0	0.0	0.0	0.0	0.0	0.0		0.053
0.0	0.5	0.0	0.0	0.0	0.0	0.0		0.018
0.0	0.0	0.5	0.0	0.0	0.0	0.0		0.002
0.0	0.0	0.0	0.5	0.0	0.0	0.0		0.017
0.0	0.0	0.0	0.0	0.5	0.0	0.0		0.005
0.0	0.0	0.0	0.0	0.0	0.5	0.0		0.027
0.0	0.0	0.0	0.0	0.0	0.0	0.5		0.047

Si se comparan los caudales calculados en las dos últimas iteraciones es obvio que estos son muy parecidos, razón por la cual el proceso de cálculo se puede detener. Entonces, los caudales definitivos son (Ver FIGURA 7.17A):

Tubería		Q (m^3/s)
1 2		0.1067
2 3		0.0366
3 4		0.0034
4 5	=	0.0334
2 5		0.0101
5 6		0.0533
1 6		0.0933

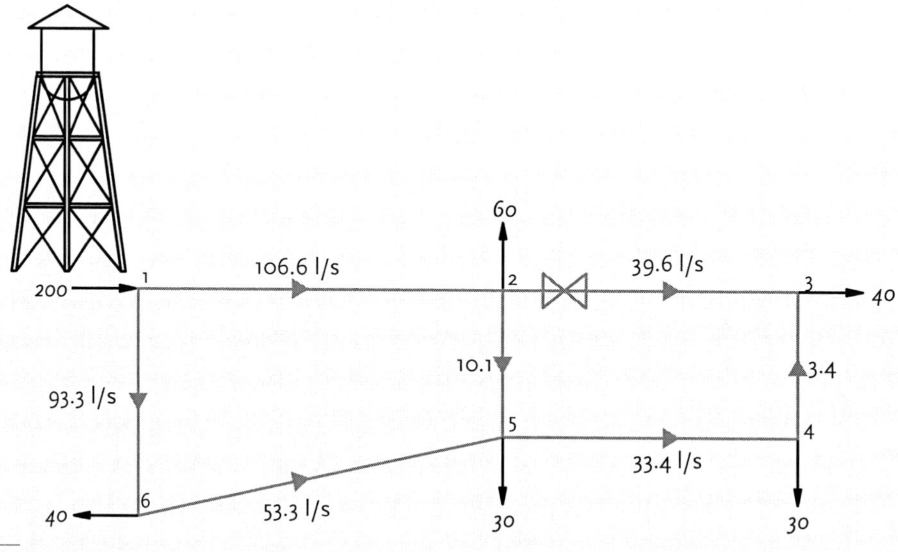

Figura 7.17a Resultado de los caudales en cada una de las tuberías de la red cerrada.Todos los caudales están en L/s.

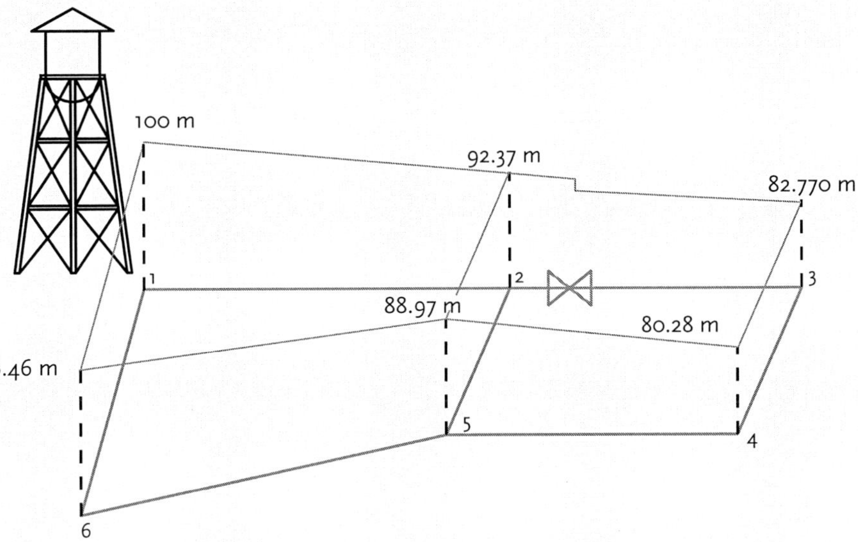

Figura 7.17b Resultado de las alturas piezométricas en cada uno de los nudos de la red cerrada.

CONCEPTOS IMPORTANTES

Cálculo de redes de distribución: corresponde a una comprobación del diseño de la red con el fin de comprobar su comportamiento hidráulico, es decir, establecer si la red está capacitada para suministrar el agua demandada por los usuarios cumpliendo con una restricción de presión dinámica mínima en los nudos. Para poder calcular la red es necesario conocer todas sus características topológicas, tales como las coordenadas de los nudos; diámetros, longitud, material y accesorios de cada tubería; coeficientes y exponentes de emisores en los nudos; altura dinámica de la entrada de la red; y, finalmente, los caudales demandados en cada nudo, incluyendo los caudales de incendio. Es importante tener presente que no se trata de un diseño en sí de la red.

Ecuaciones para el cálculo de la red: para el cálculo de la red se cuenta, en primer lugar, con NU-1 ecuaciones de conservación de la masa en cada uno de los nudos de la red; para cada uno de estos, los caudales de entrada deben sumar lo mismo que los caudales de salida, incluyendo el caudal demandado en el nudo. En segundo lugar, se tienen NC ecuaciones de conservación de la energía alrededor de cada uno de los circuitos de la red. Es fácil demostrar que el número total de ecuaciones (NC +NU-1) es igual a NT, el número de tubos que conforma la red. Por consiguiente, solo es posible encontrar NT incógnitas, usualmente el caudal en cada una de las tuberías.

Modelos establecidos por demanda: son los modelos matemáticos de sistemas de tuberías en los que las demandas de agua son constantes, es decir, son independientes de la presión en los correspondientes nudos de salida. También se conocen como modelos DDM, por Demand Driven Models, sus siglas en inglés. Los modelos DDM son los utilizados en la mayoría de los programas comerciales para la simulación de redes de distribución de agua potable y otros sistemas de tuberías a presión.

Métodos de Hardy Cross: fueron los primeros métodos deducidos para el cálculo de redes de distribución de agua potable, en la década de 1930. Su uso se extendió ampliamente entre los ingenieros sanitarios de los Estados Unidos, debido a su facilidad de uso. Sin embargo, son métodos lentos y difíciles de programar debido a la gran cantidad de condiciones que deben cumplirse para garantizar la convergencia de los cálculos. A pesar de su importancia histórica, los métodos han dejado de utilizarse en los diseños modernos de redes con base en los programas informáticos.

Método de la Teoría Lineal: método de cálculo de la hidráulica de redes basado en el Álgebra Matricial sencilla. Hace uso de una arquitectura matemática matricial para plantear las ecuaciones de conservación de la masa en los nudos y de energía en los circuitos, tangible e inteligente. Con el fin de acelerar el proceso de convergencia, se hace una linealización de las ecuaciones de conservación de la energía en los circuitos utilizando el caudal de la iteración anterior multiplicado por el caudal que se está calculando, en lugar de tener este último caudal elevado al cuadrado. Esto permite la solución de las matrices mediante la Eliminación Gaussiana. La velocidad de cálculo está dada por el tamaño de la matriz que es necesario invertir, la cual corresponde a una matriz cuadrada de NT×NT, donde NT corresponde al número de tuberías que conforman la red.

Método del Gradiente: de los diferentes métodos de cálculo de redes, este es el más eficiente debido no solo al tamaño de las matrices que es necesario invertir, sino debido a que es el único que garantiza la convergencia de los cálculos. Las matrices a invertir tienen un tamaño de NU × NU donde NU es el número de uniones o nudos en la red; además, por su naturaleza, las matrices pueden ser objeto de tratamientos algebraicos que aceleran el proceso de cálculo. El método es bastante apto para ser programado y de hecho conforma el núcleo de cálculo de la gran mayoría de los programas actuales para el análisis de redes. Otra de sus características es la gran facilidad para incluir cualquier tipo de topología de la red y cualquier tipo de accesorio.

PROBLEMAS

Para todos los problemas de este capítulo se puede suponer que los diámetros reales son iguales a los nominales comerciales de las tuberías. La base de diámetros es: 75, 100, 150, 200, 250, 300, 350, 400, 450, 500, 600 y 720 mm. De no especificarse una temperatura diferente para el agua, se debe trabajar con 15 °C, temperatura para la que el agua tiene las siguientes características:

$\rho = 999.1$ kg/m^3

$\mu = 1.14 \times 10^{-3}$ Pa.s

$\nu = 1.141 \times 10^{-6}$ m^2/s

7.1. Resuelva el Ejemplo 7.1 con una rugosidad absoluta de 0.6 mm para todas las tuberías de la red. ¿Qué se puede concluir con respecto al efecto del aumento de la rugosidad sobre los caudales en las tuberías? ¿Y sobre las alturas piezométricas en los nudos?

7.2. Resuelva el Ejemplo 7.2 con una rugosidad absoluta de 0.0015 mm (PVC) para todas las tuberías de la red. ¿Qué se puede concluir con respecto al efecto de la disminución de la rugosidad sobre los caudales en las tuberías? ¿Y sobre las alturas piezométricas en los nudos?

7.3. Resuelva el Ejemplo 7.3 cambiando el coeficiente global de pérdidas menores de la tubería 2-3 de 10.0 a 25.0. ¿Qué se puede concluir con respecto al efecto de este aumento sobre los caudales en las tuberías? ¿Y sobre las alturas piezométricas en los nudos?

7.4. Resuelva el Ejemplo 7.4 cambiando el coeficiente global de pérdidas menores de la tubería 2-3 de 10.0 a 1.0. ¿Qué se puede concluir con respecto al efecto de esta disminución sobre los caudales en las tuberías? ¿Y sobre las alturas piezométricas en los nudos?

7.5. Resuelva el Ejemplo 7.5 cambiando el caudal consumido en el nodo 4 de 30 a 100 L/s. ¿Qué se puede concluir con respecto al efecto de este aumento sobre los caudales en las tuberías? ¿Y sobre las alturas piezométricas en los nudos?

7.6. Calcule los caudales en las tuberías y las alturas en los nudos para la red de distribución de agua potable que aparece en la FIGURA P7.6. Utilice el Método de Hardy Cross con corrección de los caudales. Todas las tuberías son de PVC (k_s = 0.0015 mm). Las longitudes, los diámetros y los coeficientes globales de pérdidas menores para cada una de las tuberías son los que se indican en dicha figura. Todos los nudos se encuentran al mismo nivel.

7.7. Resuelva el Problema 7.6 utilizando el Método de Hardy Cross con corrección de las alturas piezométricas. ¿Cuál debería ser la altura piezométrica mínima que el tanque debe generar en el nudo 1 para que la red de distribución opere?

7.8. Resuelva el Problema 7.6 utilizando el Método de Newton-Raphson.

7.9. Resuelva el Problema 7.6 utilizando el Método de la Teoría Lineal.

7.10. Resuelva el Problema 7.6 utilizando el Método del Gradiente.

7.11. Calcule los caudales en las tuberías y las alturas piezométricas en los nudos para la red de distribución de agua potable que se muestra en la FIGURA P7.11. Todas las tuberías son de acero (k_s = 0.046 mm). Las longitudes, los diámetros y los coeficientes globales de pérdidas menores para cada una de las tuberías son los que se indican en dicha figura. Las cotas de los nudos medidas en m se muestran debajo del número de identificación de cada uno de ellos. Utilice el Método de Hardy Cross con corrección de los caudales.

7.12. Resuelva el Problema 7.11 utilizando el Método de Hardy Cross con corrección de las alturas piezométricas.

7.13. Resuelva el Problema 7.11 utilizando el Método de Newton-Raphson.

7.14. Resuelva el Problema 7.11 utilizando el Método de la Teoría Lineal.

7.15. Resuelva el Problema 7.11 utilizando el Método del Gradiente.

7.16. Calcule los caudales en las tuberías y las alturas piezométricas en los nudos para la red de distribución de agua potable mostrada en la FIGURA P7.16. Todas las tuberías son de polietileno de alta densidad (k_s = 0.03 mm). Las longitudes, los diámetros y los coeficientes globales de pérdidas menores para cada una de las tuberías son los que se indican en la figura. Las cotas de los nudos medidas en m se muestran debajo del número de identificación de cada uno de ellos. Utilice el Método de Hardy Cross con corrección de los caudales.

7.17. Resuelva el Problema 7.16 utilizando el método de Hardy Cross con corrección de las alturas piezométricas.

7.18. Resuelva el Problema 7.16 utilizando el Método de Newton-Raphson.

7.19. Resuelva el Problema 7.16 utilizando el Método de la Teoría Lineal.

7.20. Resuelva el Problema 7.16 utilizando el Método del Gradiente.

7.21. Utilice el Método del Gradiente para calcular los caudales de las tuberías y las alturas piezométricas en los nudos para la red que aparece en la FIGURA P7.21. Las longitudes, los diámetros y los coeficientes globales de pérdidas menores para cada una de las tuberías son los que se indican en la figura. Todos los nudos se encuentran en la misma cota. ¿Se podría resolver este problema mediante alguno de los otros métodos? La rugosidad absoluta de las tuberías es de 0.0015 mm.

7.22. Utilice el Método del Gradiente para resolver el Problema 5.3 (tuberías en serie).

7.23. Utilice el Método del Gradiente para resolver el Problema 5.4 (tuberías en serie).

7.24. Utilice el Método del Gradiente para resolver el Problema 6.2 (redes abiertas).

7.25. Utilice el Método del Gradiente para resolver el Problema 6.3 (redes abiertas).

7.26. Realice una comprobación de diseño para la FIGURA P7.26. Las tuberías fueron construidas con PVC y existen coeficientes de pérdidas menores en la tuberías 2-5 y 4-7 de 5 y en la tubería 3-6 de 3.4. Utilice el Método de la Teoría Lineal.

7.27. Resuelva el Problema 7.26 utilizando el Método del Gradiente.

7.28. Calcule los caudales en las tuberías y las alturas piezométricas en los nudos para la red de distribución de agua potable que se encuentra en la **FIGURA P7.28**. Las características de las tuberías se encuentran en la Tabla de Datos P7.28. Utilice el Método de la Teoría Lineal.

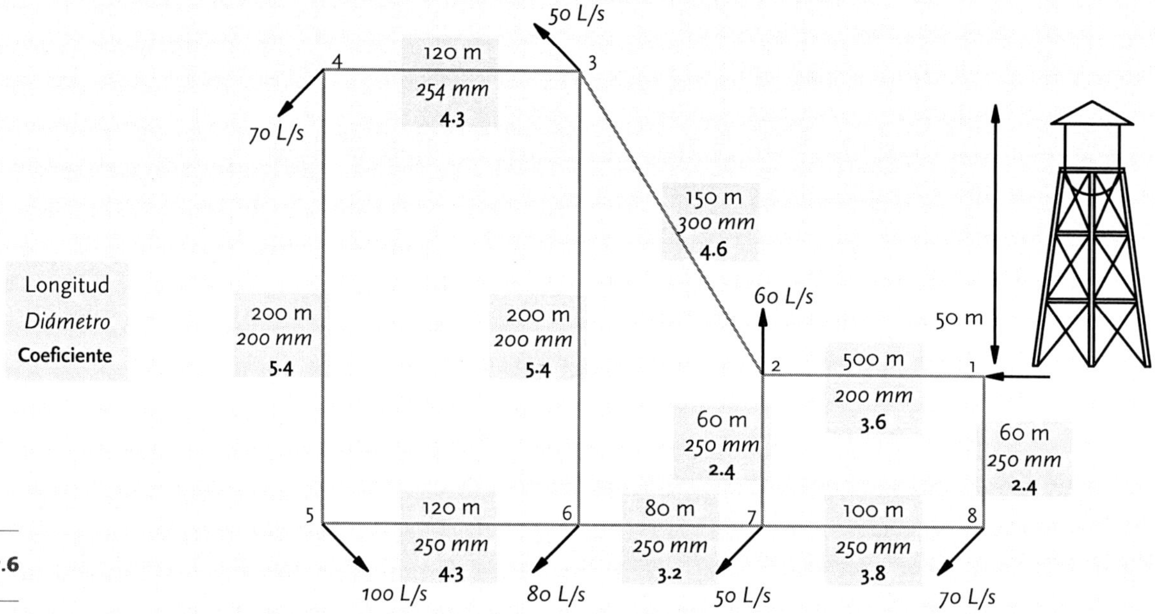

Figura P7.6

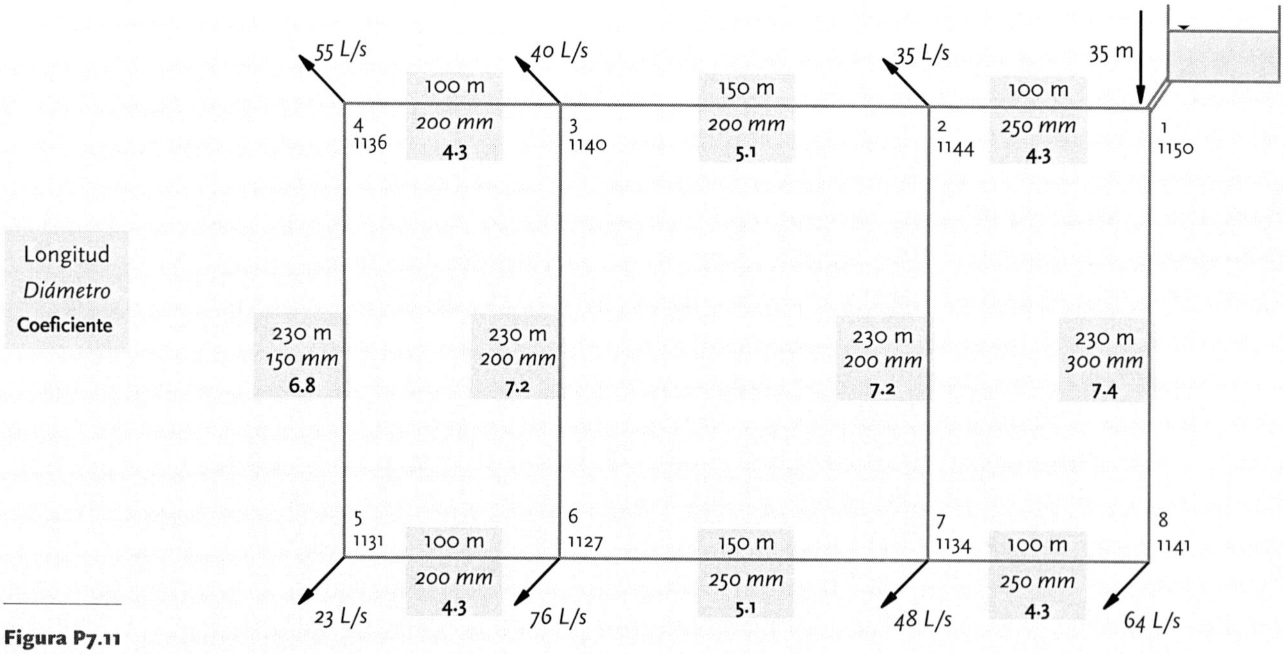

Figura P7.11

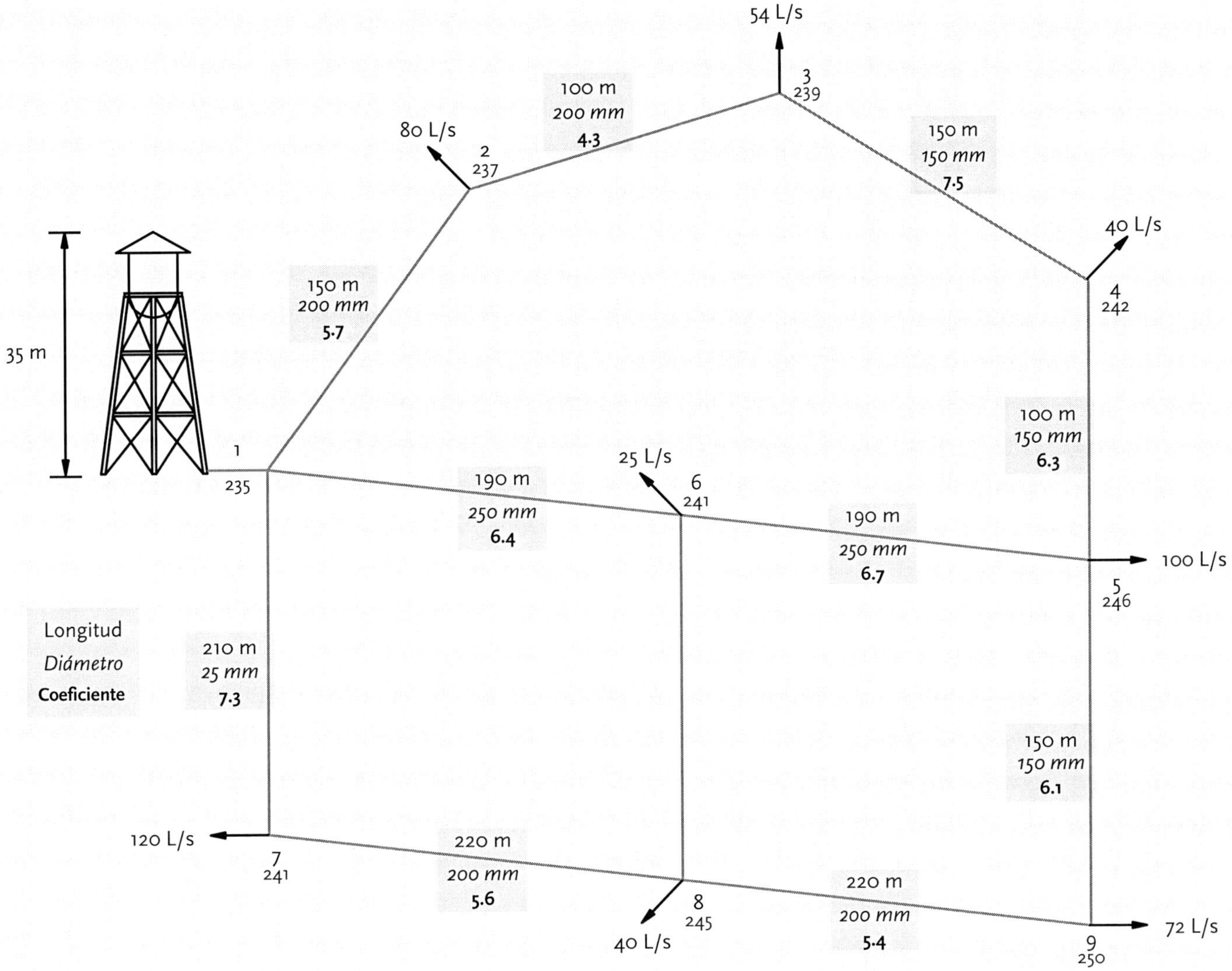

Figura P7.16

Datos P7.28

Tubería	Diámetro (mm)	Longitud (m)	k_s (mm)	k_m (-)
12	250	250	0.00003	5.4
14	300	250	0.00003	0
23	200	250	0.00003	9.8
43	250	250	0.0000015	0
45	200	100	0.0000015	0
56	150	250	0.0000015	12.5
36	150	100	0.0000015	0
37	100	270	0.0000015	0
67	100	250	0.0000015	0

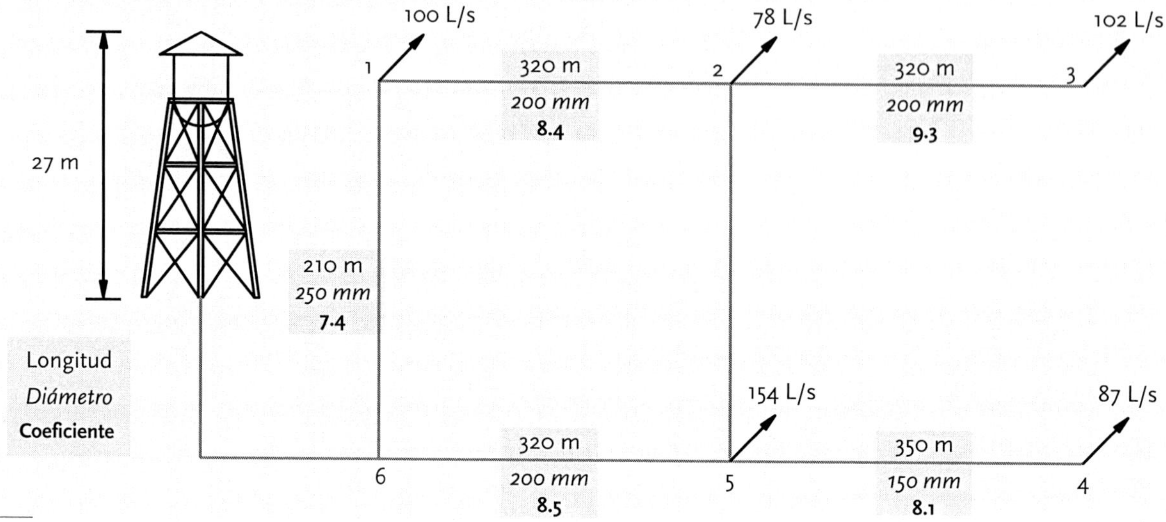

Figura P7.21

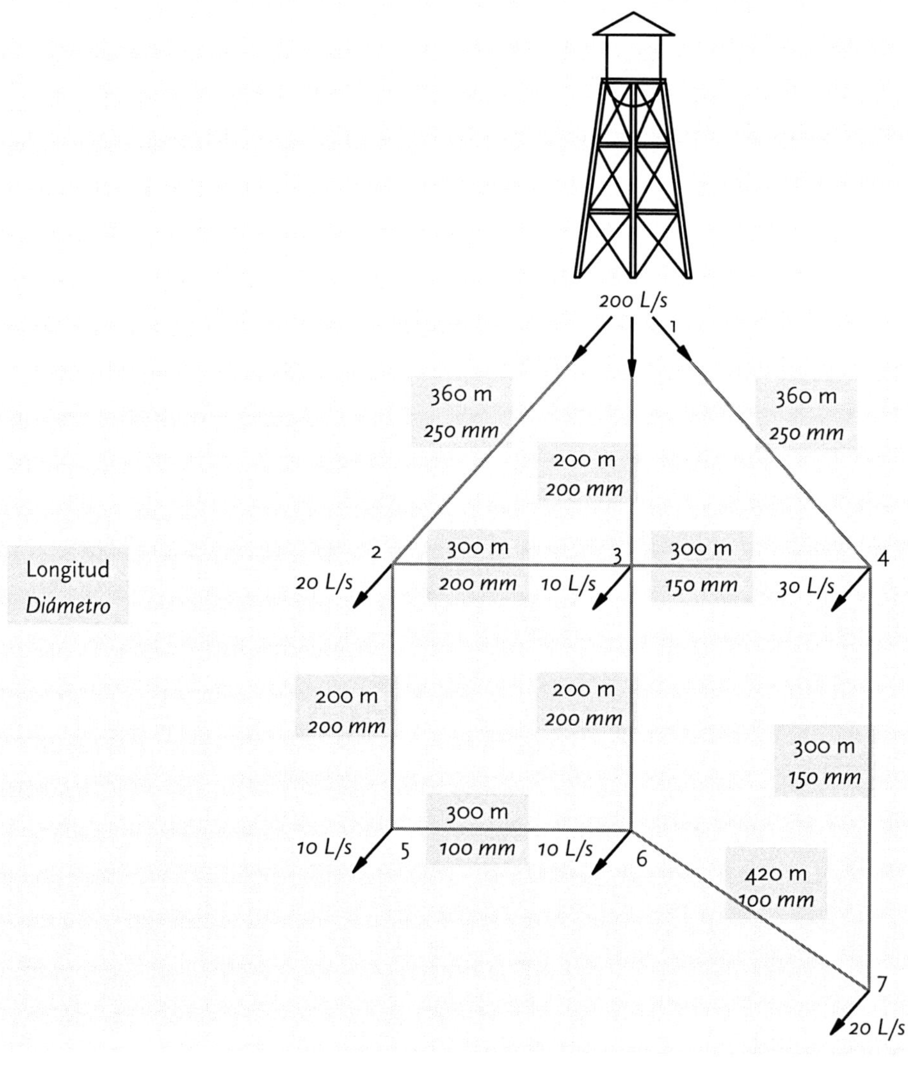

Figura P7.26

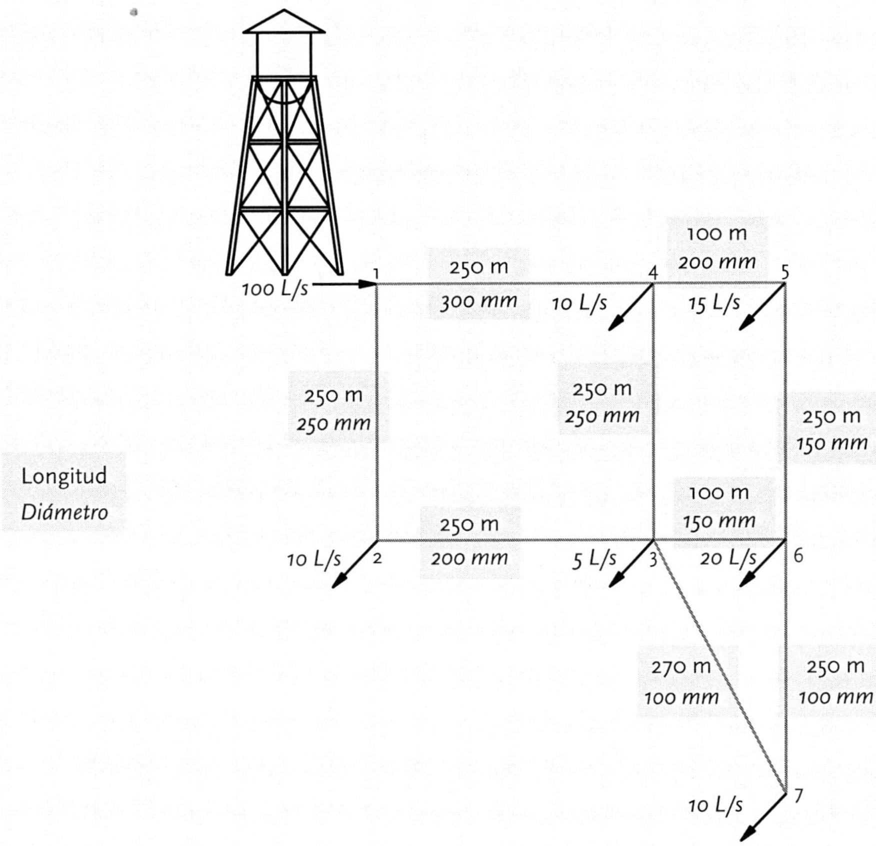

Figura P7.28

7.29. Resuelva el Problema 7.28 utilizando el Método del Gradiente.

7.30. Calcule los caudales que pasan por las tuberías y las alturas piezométricas en los nudos de la red de distribución de agua potable mostrada en la FIGURA P7.30. Las tuberías fueron construidas en acero (k_s= 0.046 mm) y se producen pérdidas menores en la tubería 1-4 con un coeficiente de 7.8 y en la tubería 2-3 con un coeficiente de 2. Utilice el Método de la Teoría Lineal.

7.31. Resuelva el Problema 7.30 utilizando el Método del Gradiente.

7.32. Calcule los caudales y presiones en los nudos de la red de distribución de agua potable (Ver FIGURA P7.32). La altura de los nudos y las características de las tuberías se encuentran en la Tabla de Datos P7.32. Utilice el Método de la Teoría Lineal.

Datos P7.32

Tubería	Diámetro (mm)	Longitud (m)	k_s (mm)	k_m (-)
1-4	250	500	0.0000015	15
4-2	200	350	0.0000015	0
4-6	200	320	0.0000015	0
2-3	150	300	0.0000015	0
3-5	100	350	0.0000015	0
4-5	150	300	0.0000015	0
5-6	100	100	0.0000015	0

NUDO	Z (m)
1	50
2	10
3	0
4	20
5	0
6	0

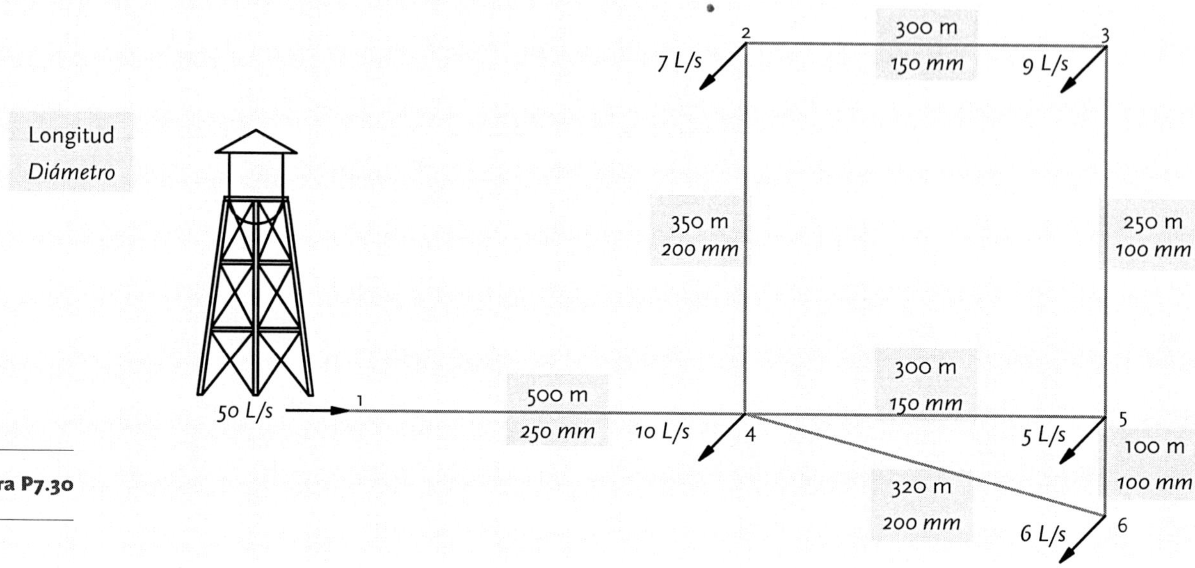

Figura P7.30

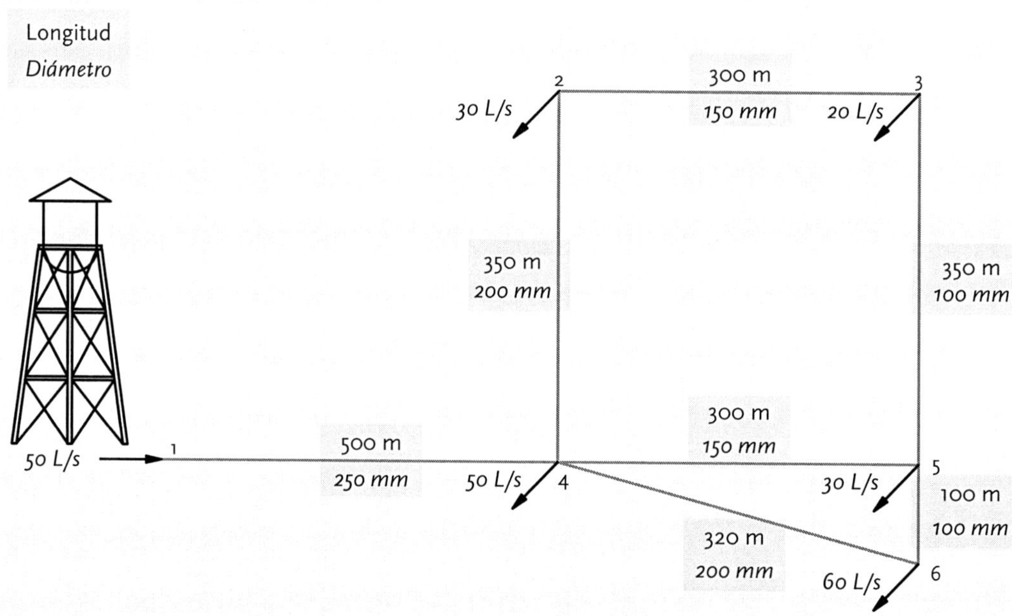

Figura P7.32

7.33. Resuelva el Problema 7.32 utilizando el Método del Gradiente.

7.34. Realice una comprobación de diseño para encontrar los caudales y presiones de la red de distribución de agua potable que se encuentra en la **FIGURA P7.34**. Las tuberías fueron construidas en PVC (k_s = 0.0015 mm) y las características de las tuberías se muestran en la figura.

7.35. Calcule los caudales y alturas piezométricas de la RDAP mostrada en la **FIGURA P7.35**. El material de las tuberías es acero (k_s = 0.046 mm) y las tuberías 1-2 y 3-4 tienen un coeficiente de pérdidas menores de 10 y la tubería 2-5 tiene un coeficiente de pérdidas menores de 15. Utilice el Método de la Teoría Lineal.

7.36. Resuelva el Problema 7.35 utilizando el Método del Gradiente.

7.37. Realice una comprobación para la RDAP mostrada en la **FIGURA P7.37**. Las alturas de cada nudo se encuentran en la Tabla de Datos P7.37. Las tuberías fueron construidas en hierro dúctil (k_s = 0.25 mm) y la tubería 1-2 tiene un coeficiente de pérdidas menores de 25.4.

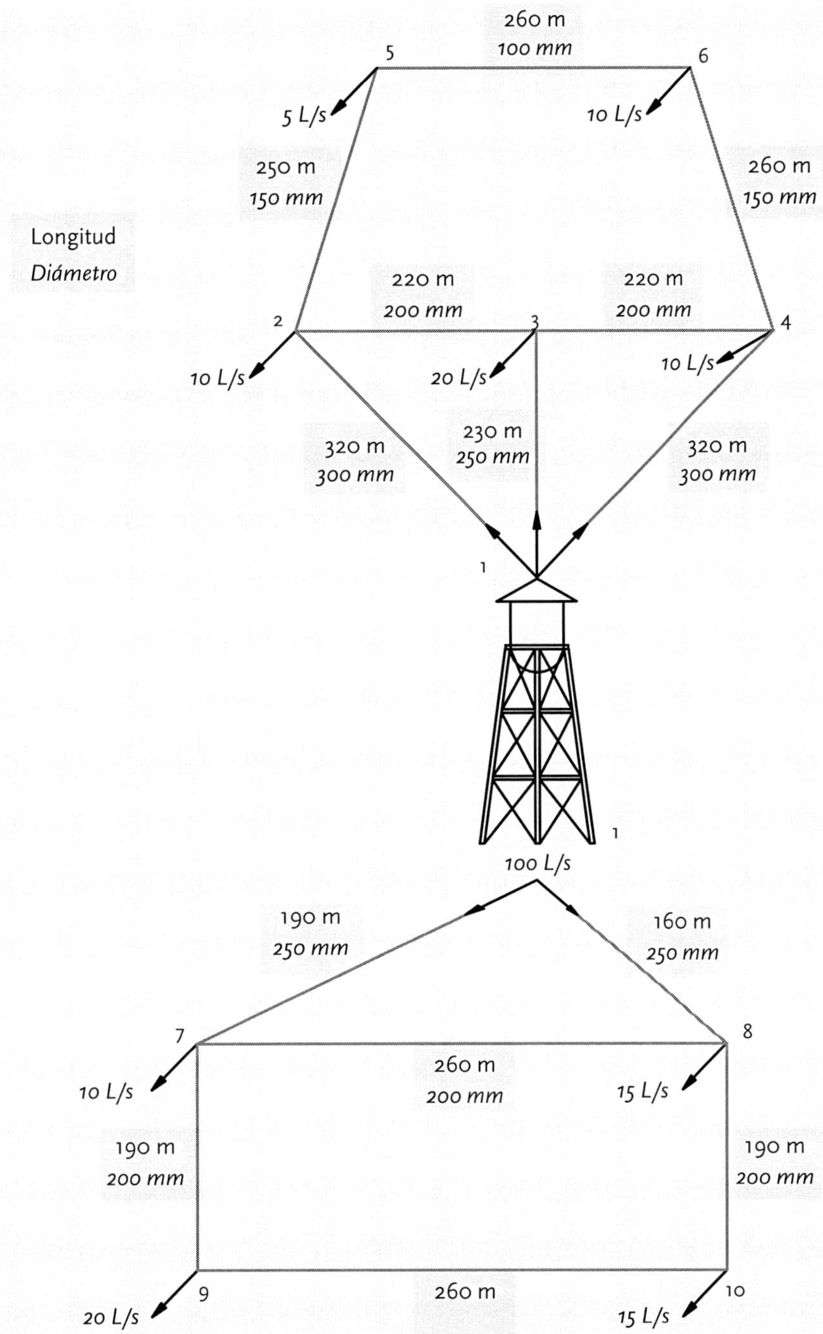
260 m
100 mm
5
6
5 L/s
10 L/s
250 m
150 mm
260 m
150 mm
Longitud
Diámetro
220 m
200 mm
220 m
200 mm
2
3
4
10 L/s
20 L/s
10 L/s
320 m
300 mm
230 m
250 mm
320 m
300 mm
1
1
100 L/s
190 m
250 mm
160 m
250 mm
7
8
10 L/s
260 m
200 mm
15 L/s
190 m
200 mm
190 m
200 mm
9
260 m
10
20 L/s
15 L/s

Figura P7.34

Datos P7.37

Tubería	Diámetro (mm)	Longitud (m)	k_s (mm)	k_m (-)
1-2	300	300	0.00025	25.4
1-3	300	500	0.00025	0
2-3	250	250	0.00025	0
2-5	250	600	0.00025	0
2-6	200	500	0.00025	0
3-4	200	500	0.00025	0
5-4	150	250	0.00025	0
5-6	150	450	0.00025	0

NUDO	Z (m)
1	100
2	50
3	30
4	10
5	20
6	20

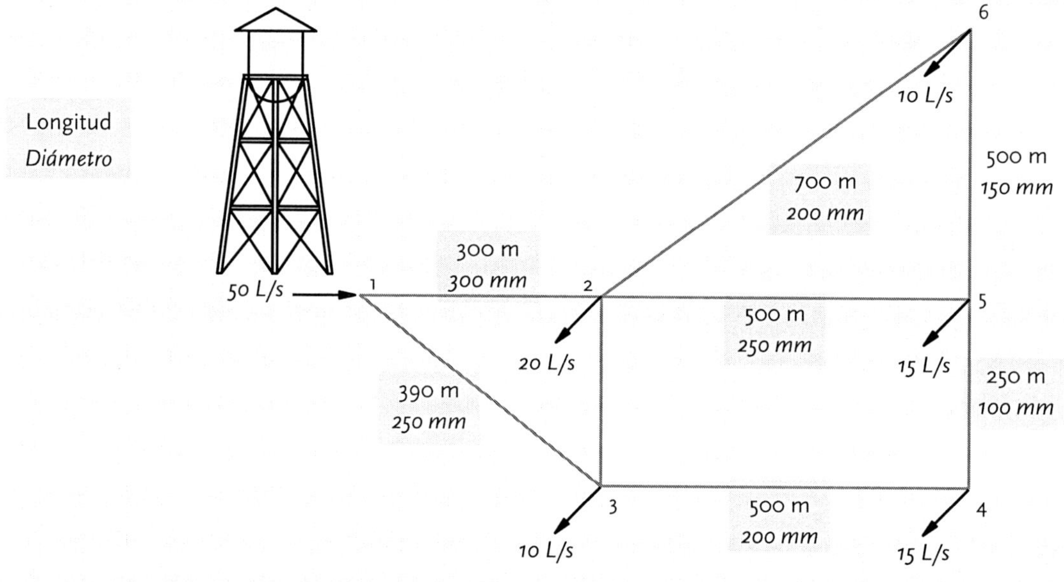

Figura P7.35

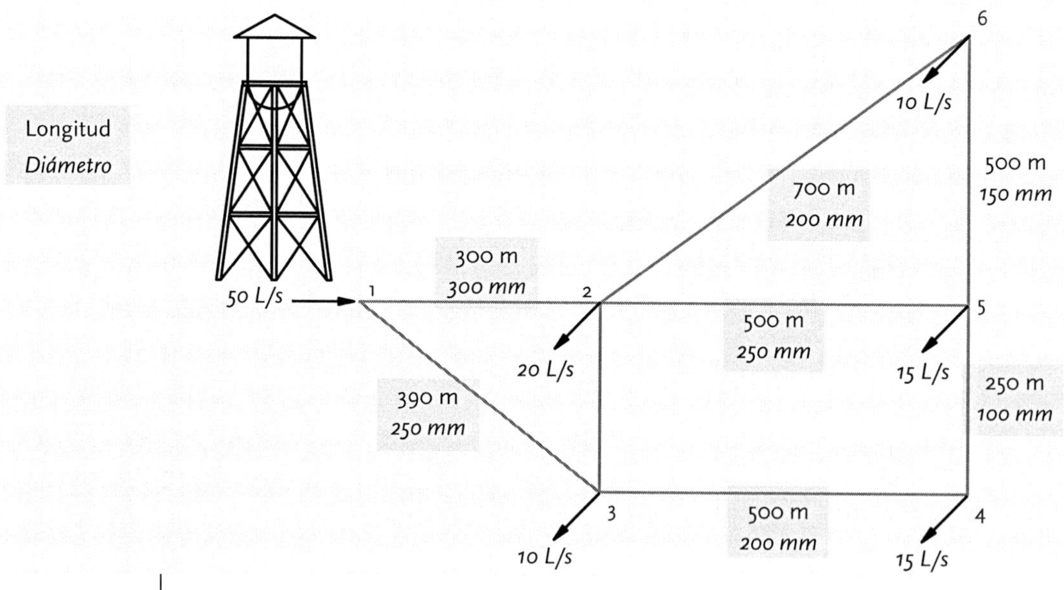

Figura P7.37

7.38. En la **FIGURA P7.38** se muestra una RDAP con sus diámetros y longitudes. El material de las tuberías es PVC (k_s= 0.0015 mm) y la tuberías 2-3 tiene un coeficiente de pérdidas menores de 15, la tubería 4-5 tiene un coeficiente de pérdidas menores de 13.6 y la tubería 6-7 tiene un coeficiente de pérdidas menores de 20. Las alturas de los nudos se encuentran en la Tabla de Datos P7.38. Calcule la hidráulica de la red.

Datos P7.38

Nodo	Z (m)
1	70
2	55
3	20
4	50
5	40
6	40
7	30

7.39. Calcule los caudales que pasan por las tuberías y las alturas piezométricas de los nudos de la RDAP que se encuentra en la **FIGURA P7.39**. Las propiedades de las tuberías se encuentran en la Tabla de Datos P7.39.

Datos P7.39

Tubería	Diámetro (mm)	Longitud (m)	k_s (mm)	k_m (-)
1-2	250	230	0.00025	10
1-3	250	245	0.00025	0
2-4	200	180	0.00025	0
2-3	200	210	0.0000015	10
3-5	200	180	0.00025	0
4-6	100	160	0.00025	0
4-5	150	245	0.0000015	0
5-7	100	160	0.00025	0
6-7	100	245	0.0000015	0

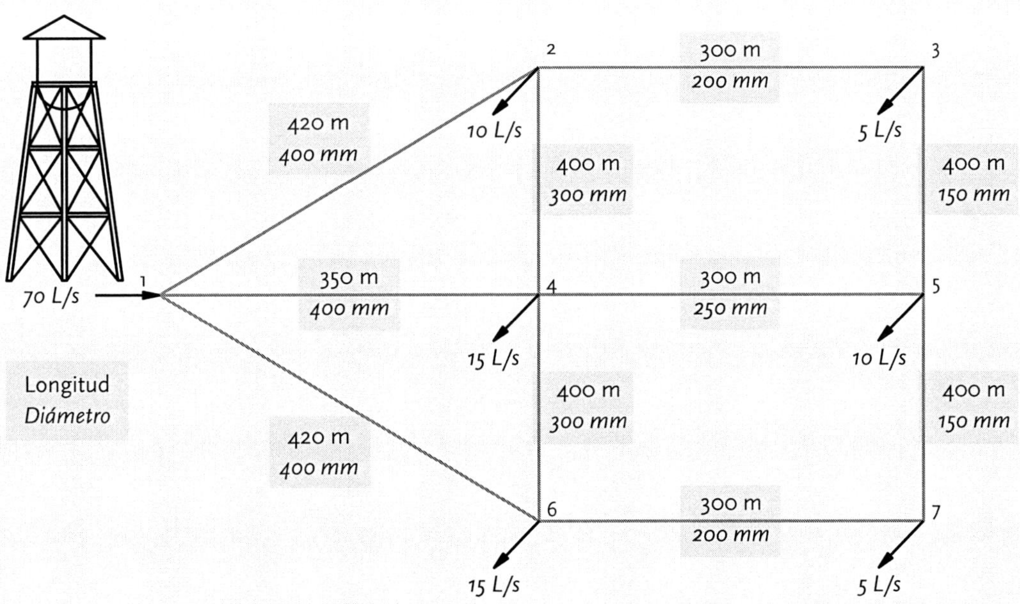

Figura P7.38

7.40. Realice una comprobación de diseño para la red mostrada en la **FIGURA P7.40**. Las tuberías fueron construidas en PVC (k_s= 0.0015 mm) y la tubería 1-2 tiene un coeficiente de pérdidas menores de 10, la tubería 1-3 tiene un coeficiente de pérdidas menores de 5 y la tubería 1-4 tiene un coeficiente de pérdidas menores de 6. Todos los nudos se encuentran en la cota 0.

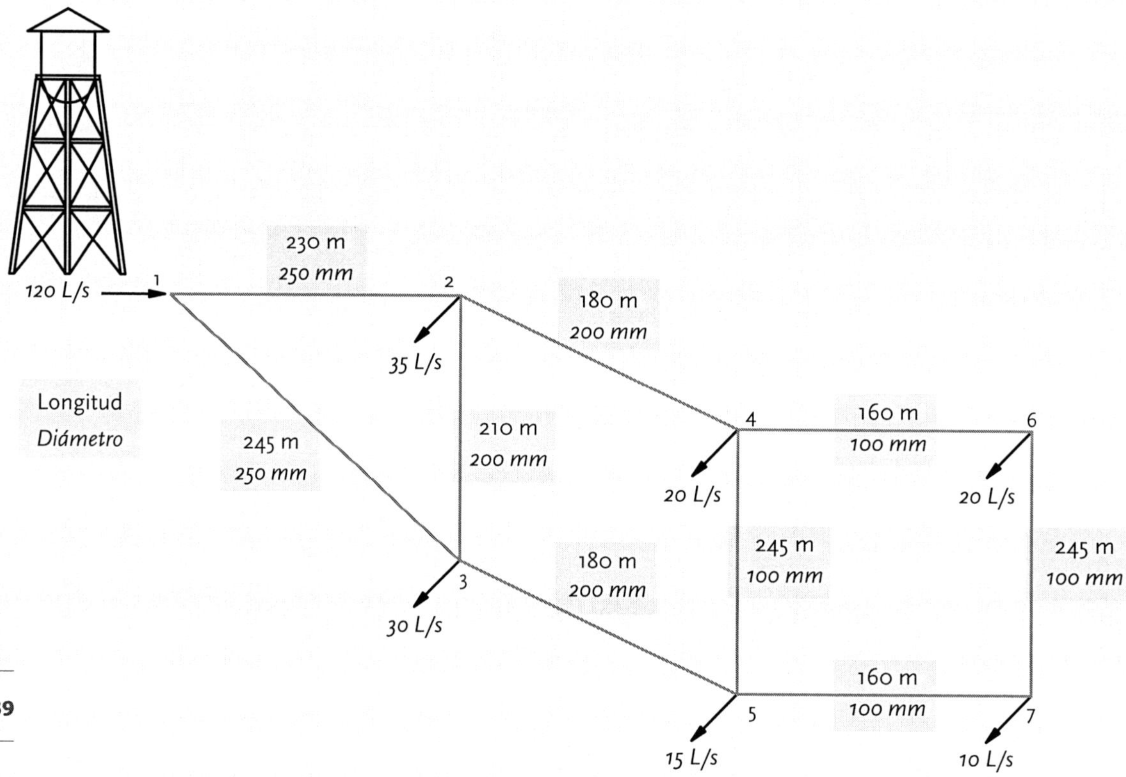

Figura P7.39

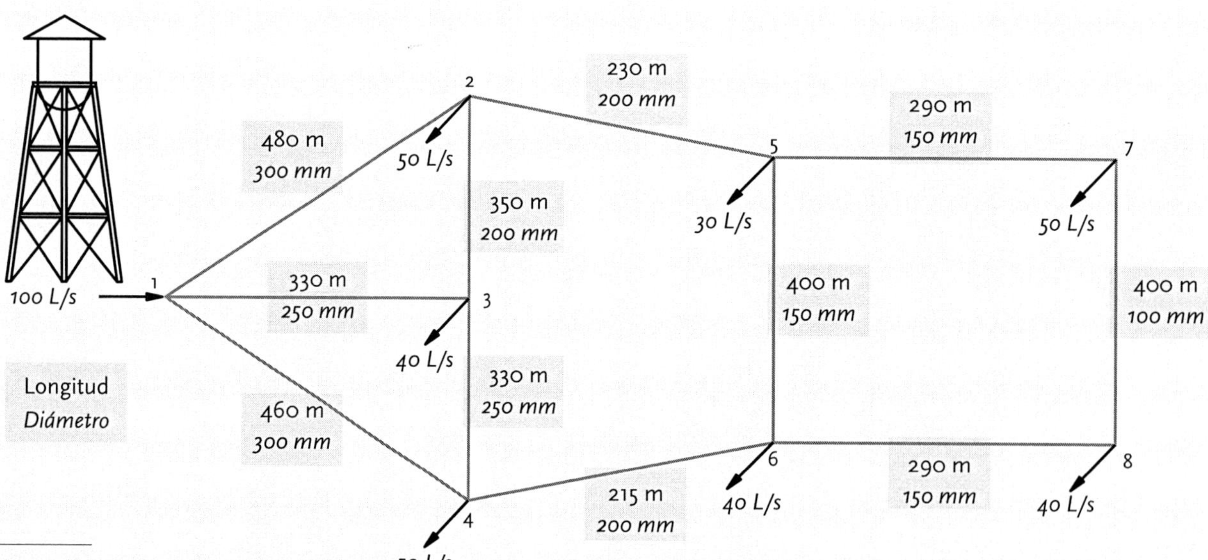

Figura P7.40

BIBLIOGRAFÍA

Cornish, R.J. *The analysis of flow in networks of pipes*, J. Inst C.E, 13 (1930-40), 147.

Cross, H. (1936). "Analysis of flow in networks of conduits or conductors", Engineering Experiment Station, *University of Illions Bulletin*, n.° 286.

D. Lamalingam, S. Lingireddy, L. E. Ormsbee. *History of Water Distribution Network Analysis: Over 100 Years of Progress.* En Environmental an Water Resources History. Edited by Rogers R. Jerry, Fredrich Augustine J. ASCE. United States, 2003.

Featherstone, Ronald D. "Computacional Methods in the Analysis and Design of Closed Conduit Hydraulic Systems", Chapter 3 in *Developments in Hydraulic Engineering*-1, edited by Paul Novak, Applied Science Publisher, London, 1983.

Featherstone, Ronald E., Kariim K. Al-Jumaily. "Optimal Diameter Selection for Pipe Networks", *Journal of Hydraulic Engineering*, Vol. 119, n.° 2, february de 1993.

Fox, Robert W. and Alan T. McDonald, *Introduction to Fluid Mechanics*, fourth edition, McGraw-Hill, New York, 1992.

Fujiwara, Okitsugu. "Modified Linear Programming Gradient Method for Optimal Design Looped Water Distribution Networks", *Water Resources Research*, Vol. 23, n.° 6, 1987a.

Fujiwara, Okitsugu y Debashis, Dey. "Two Adjacent Pipe Diameters at the Optimal Solution in the Water Distribution Network Models", *Water Resources Reserach*, Vol. 23, n.° 8, august de 1987b.

Fujiwara, Okitsugu y Hoang Duong Tung. "Reliability Improvement for Water Distribution Networks through Increasing Pipe Size", *Water Resoruces Research*, Vol. 27, n.° 7, july de 1991.

Gerhart, Philip M., Richard J. Gross and John I. Hochstein. *Fundamentals of Fluid Mechanics*, sixth edition, Wiley, New York, 1982.

Hirrel, Timothy D., "Authomatic Water Comsumption Data Manipulation", *Journal of the American Water Works Association*, volume 78, number 8, 1986.

Huntington, R. "Resurrection of Water Supply Distribution; New Life for a Faithful Servant", *Journal of the Institution of Water Engineers and Scientists*, number 33, november de 1979.

Jepson, R. W. *Analysis of Flows in Pipe Networks*, Ann Arbor Science Publishers, Ann Arbor, Michigan, 1976.

Lamalingam, D., Lingireddy, S. and Ormsbee, L. E. "History of Water Distribution Network Analysis: Over 100 Years of Progress", *Environmental and Water Resources History*. Edited by Rogers R. Jerry, Fredrich Augustine J. ASCE, United States, 2003.

Lewis, Isaac T. y Kevin G. Mills, "Linear Theory Methods for Pipe Network Analysis", *Journal of the Hydraulics Division*, ASCE, volume 106, number HY7, july de 1980.

Jepson R. W., *Analysis of Flows in Pipe Networks*, Ann Arbor Science Publishers, Ann Arbor, Michigan, 1976.

Martin, D. W. and G. Peters. "The Application of Newton's Method to Network Analysis by Digital Computer", *Journal of the Institution of Water Engineers*, n.° 66, 1963.

McGhee, Terence. *Water Supply and Sewerage*, sixth edition, McGraw-Hill, New York, 1994.

Metzner, Rudolf C., "Demand Forecasting: A Model for San Francisco", *Journal of the American Water Works Association*, Vol. 81, n.° 2, 1989.

Moot, Robert L., *Applied Fluid Mechanics*, fourth edition, Merril Eds., New York, 1994.

Ormsbee, Lindell E., and Don J. Wook, "Hydraulic Design Algorithms for Pipe Networks", *Journal of Hydraulic Engineering*, Vol. 112, n.° 12, diciembre de 1986.

Orth, Hermann M. *Model Based Design of Water Distribution and Sewage Systems*, John Wiley and Sons, New York, 1986.

Pudar, Ranko S. and James A. Liggett, "Leaks in Pipe Networks", *Journal of Hydraulic Engineering*, ASCE, Vol. 118, n.° 7, july de 1992.

Roberson, John A. and Clayton T. Crowe. *Engineering Fluid Mechanics*, third edition, Hooughton-Mifflin, Boston, 1985.

Saldarriaga, Juan G., "Programa para el diseño optimizado de redes de distribución de agua", XVI Congreso Latinoamericano de Hidráulica, Santiago de Chile, noviembre de 1994.

Salgado, R., E. Todini, P.E. O'Connell. "Comparison of The Gradient Method with Some Tradicional Methods for the Analysis of Water Supply Distribution Systems", International Conference on Computer Aplications for Water Supply and Distribution 1987, Leicester Pollytechnic, U.K., 8-10, September 1987.
Shamess, Irving H. *Mechanics of Fluids*, third ed., McGraw-Hill, New York, 1992.
Shamir, V. and C. D. D. Howard. "Water Distribution System Analysis", *Journal of the Hydraulics Division*, ASCE, Vol. 94, n.º HY1, January 1988.
Stimson, K. R. y A. Brameller. "An Integrated Mesh Model Method for Steady State Water Distribution Network Analysis", *Journal of the Institution of Water Engineers and Scientists*, Vol. 35, 1981.
Stimson, K. R. and A. Brameller. "Water Distribution Network Analysis Using Interactive Graphics", *Journal of the Institution of Water Engineers and Scientists*, Vol. 36, n.º 2, 1982.
Streeter, Victor L. y E. Benjamin Wylie. *Fluid Mechanics*, 8 ed., McGraw-Hill, New York, 1985.
Todini, E. and Pilati, S. "A gradient method for the analysis of pipe networks", International Conference on Computer Applications for Water Supply and Distribution, Leicester Polytechnic, UK, 1987.

8

Diseño de redes de distribución de agua potable

Objetivos

- Describir el proceso de diseño de redes de distribución de agua potable (RDAPS) estableciendo las variables de entrada y los resultados requeridos.
- Presentar la metodología tradicional de diseño de RDAPS con el fin de contrastarla con los métodos modernos.
- Introducir el concepto de diseño optimizado de RDAPS basado en técnicas de Inteligencia Artificial.
- Describir el proceso de diseño de RDAPS utilizando AG, Superficies Óptimas de Presión y Programación por Restricciones, como ejemplos de las diferentes heurísticas que pueden utilizarse para el diseño optimizado de RDAPS.
- Presentar el programa REDES desarrollado por el autor y su grupo de investigación para el cálculo, el diseño optimizado y la calibración de redes de abastecimiento de agua potable.
- Introducir, a través de los ejemplos del capítulo, diferentes RDAPS utilizadas en la literatura técnica como patrones para la prueba de diferentes heurísticas y metaheurísticas. Las redes son R28, Hanoi, Taichung y Two Loops.

8.1 INTRODUCCIÓN

El capítulo anterior estuvo dedicado a introducir el tema de la comprobación de diseño en las redes de distribución de agua potable (RDAPS), dejando de lado los otros tipos de problemas relacionados con los sistemas de tuberías. Se hizo una presentación de los diferentes métodos de cálculo, así como de la forma de introducir cualquier tipo de accesorio de control en los algoritmos correspondientes. El Capítulo 8 estará dedicado al tercer tipo de problema: el diseño de redes nuevas. La calibración de las RDAPS existentes será tratada en el Capítulo 9. El último tipo de problema, el cálculo de potencia en RDAPS, está relacionado con el concepto de *Resiliencia de Redes*[1] el cual, por su carácter avanzado, queda por fuera del alcance de este texto.

Teniendo en cuenta lo anterior, este capítulo en primer lugar aborda el tema del diseño de RDAPS, inicialmente en su forma tradicional, para luego presentar los métodos modernos de diseño basados en las metodologías de Inteligencia Artificial (IA). En estos últimos, el diseño se realiza teniendo una función objetivo que minimice los costes de capital y de operación y mantenimiento a lo largo de la vida útil de la red. Aunque en los epígrafes correspondientes se hace una corta explicación de los diferentes métodos de IA aplicados a los problemas de redes de tuberías, es recomendable que el lector tenga alguna experiencia en el uso de métodos numéricos no tradicionales o conozca los principios de esta tecnología. Los métodos de IA que se introducirán en este capítulo, sin ser una lista exhaustiva, incluyen los Algoritmos Genéticos (AG), la Superficie Óptima de Gradiente Hidráulico (SOGH), la Programación por Restricciones (PR) y la Optimización Combinatoria (OC).

En el epígrafe 8.5 se presenta el programa REDES, desarrollado en la Universidad de Los Andes en Bogotá, Colombia, por el autor y un grupo de estudiantes. A pesar de que el capítulo está dedicado al tema de las RDAPS, es importante reiterar que las metodologías que serán presentadas *son aplicables a cualquier tipo de sistema de tuberías con flujo a presión*, tales como redes contra incendios en edificaciones, redes de riego o redes internas de abastecimiento de agua potable. En los ejemplos de aplicación del programa se mostrarán los diferentes métodos de IA para el diseño de RDAPS y se introducirán las redes patrón, utilizadas internacionalmente en investigaciones sobre el diseño de estos sistemas de tuberías: las redes de Hanoi (Vietnam), de Taichung (Taiwan) y de Alperovitz (Two Loops).

8.2 DISEÑO DE REDES DE DISTRIBUCIÓN DE AGUA POTABLE

Como se mostrará más adelante el problema del diseño de una RDAP es un problema NP Duro, lo que significa que en esencia es un problema insoluble de forma explícita. Requiere de alguna heurística para su solución.

El diseño de UNA RDAPS *nueva* consiste en determinar los diámetros de cada una de las tuberías que la conforman dados un caudal de consumo en cada uno de los nudos, fijado por la demanda de agua potable, y una presión mínima en las horas de máximo consumo, fijada por una norma local. Para llevar a cabo dicha tarea, desafortunadamente, es necesario hacer uso de alguna metodología especial debido a que el número de ecuaciones disponibles es inferior al número de incógnitas, tal como se explica a continuación.

8.2.1 El problema de diseño de RDAPs

Además de conocer las demandas de agua en los nudos y la presión mínima dada por una norma urbana, para el diseño de una RDAPS es necesario conocer su topología: las coordenadas X, Y, Z de cada uno de sus nudos y accesorios importantes, la conectividad entre los nudos de la red (siempre a través de tubos) y las características físicas de las

1 Ezio Todini, *Looped Water Distribution Networks Design Using a Resilience Index Based Heuristic Approach*, Urban Water 2 (2000), 115-122, Elsevier Science Ltd.

tuberías con excepción de su diámetro, es decir, longitud, coeficiente de pérdidas menores y rugosidad absoluta. También es necesario conocer las coordenadas y la línea piezométrica de cada una de las fuentes de agua (tanques probablemente) que alimentarán la red bajo diseño.

El problema de diseño se ha resuelto tradicionalmente por ensayo y error, orientado por la experiencia del diseñador o por reglas dadas por organismos encargados del manejo del agua potable. De esta manera, es posible encontrar una solución factible al problema; sin embargo, este método no tiene ningún criterio de optimización económica, lo cual lleva a diseños funcionales desde el punto de vista hidráulico pero con costes de construcción, operación y mantenimiento elevados.

Modelo de solución

El diseño de redes de distribución de agua potable se debe modelar como problema de optimización combinatoria en el que las variables de decisión son los diámetros de cada una de las tuberías de la red. El problema consiste en determinar un conjunto de diámetros de forma tal que se minimice una función de coste sujeta a las restricciones hidráulicas, comerciales y de construcción. El problema se puede especificar de la siguiente manera:

Se quiere minimizar la función de costes mostrada en la Ecuación 8.1:

ECUACIÓN 8.1

$$C = \sum_{i=1}^{Nt} K \cdot L_i \cdot d_i^{\,x}$$

donde:

C = coste total asociado con el valor comercial de las tuberías más su coste de instalación

N_t = número de tubos de la red

L_i = longitud del i-ésimo tubo de la red

K y x = parámetros que se determinan por regresión teniendo en cuenta los costes de determinado material en función del diámetro

d_i = diámetro del i-ésimo tubo de la red

La Ecuación 8.1 se encuentra sujeta a las siguientes restricciones:

a) Restricciones Hidráulicas

- *Conservación de la masa en cada nudo*:

  El caudal que entra en un nudo menos el caudal que sale de él debe ser igual al caudal demandado en ese nudo:

ECUACIÓN 7.2

$$\sum_{j=1}^{NT_i} Q_{ij} - Q_{Di} = 0$$

donde:

NT_i = número de tubos que llegan al nudo i

Q_{ij} = caudal que pasa por la tubería ij hacia el nudo i desde el nudo j

Q_{Di} = caudal demandado en el nudo i

- *Conservación de la energía en cada circuito*:

  La suma de las pérdidas de energía en cualquier circuito debe ser igual a cero (o a la energía suministrada por una bomba si hay alguna):

ECUACIÓN 7.6

$$\sum_{j=1}^{NT'_i} h_{fij} + \sum_{j=1}^{NT'_i} h_{mij} = 0$$

Usualmente, las presiones mínimas en las RDAPS secundarias están en el rango 20-30 m para las zonas residenciales. En zonas comerciales o industriales estas presiones mínimas pueden estar en el rango 30-50 m.

donde:

NT'_i = número de tubos del circuito *i*

h_{fij} = pérdida de energía por fricción en el tubo *j* del circuito *i*

h_{mij} = pérdidas menores de energía en el tubo *j* del circuito *i*

- *Presión mínima en los nudos de la red*:

Cada uno de los nudos de la red debe tener una presión superior a una presión mínima dada:

ECUACIÓN 8.2

$$Min(P_i) \geq P_{min}$$

donde:

P_i = presión en el i-ésimo nudo de la red (*i* pertenece al intervalo [1, Nn])

Nn = número de nudos de la red

P_{min} = presión mínima dada por la norma

b) Restricciones Comerciales

- *Conjunto discreto de diámetros comerciales*:

Los diámetros solo pueden tomar valores discretos dados por la disponibilidad de diámetros de cada fabricante de tuberías. Esta restricción se puede expresar de la siguiente manera:

ECUACIÓN 8.3

$$D_i \in CD_{com}$$

donde:

i = pertenece al intervalo $[1, N_t]$

N_t = número de tubos de la red

D_i = diámetro del i-ésimo tubo

CD_{com} = conjunto de los diámetros comerciales disponibles para cada fabricante de tuberías

Teniendo en cuenta lo anterior, resulta evidente que las incógnitas del problema son las presiones o alturas piezométricas en cada uno de los nudos y los diámetros y caudales en cada una de las tuberías de la red. En total son $NU + NT + NT$ incógnitas. Por otro lado únicamente se cuenta con $NC + (NU - 1) = NT$ ecuaciones de conservación de masa en los nudos y de energía en los circuitos de la red, tal como se estableció en el capítulo anterior.

Se ha demostrado que la solución al problema del diseño de una RDAPS nueva, con todas estas restricciones, es un problema NP-DURO (Yates et. al. 1984). *Esto significa que es un problema del cual no se conoce un algoritmo con complejidad de orden polinomial que lo resuelva.* Esto lo convierte en un problema intratable de manera formal. Las restricciones hidráulicas de conservación de masa y de conservación de energía, pueden manejarse mediante un motor de cálculo hidráulico (como los programas REDES, Epanet o WaterCad). La restricción de presión mínima depende de la legislación técnica en la ciudad en la que se planee construir la red.

En la realidad el número de materiales disponibles para un diseño y una ciudad particulares no es muy alto. Usualmente se cuenta con 3 o 4 alternativas de materiales, con lo cual el esfuerzo adicional de diseño es bajo, pero se asegura la selección de la mejor alternativa en términos de coste final.

La restricción comercial se maneja al permitir que los resultados del método sean únicamente los diámetros comerciales en los que son producidos los diferentes tubos de cada material disponible en el sitio de la nueva RDAPS. Estos diámetros son parámetros de entrada al problema de diseño; nuevamente, es aconsejable *diseñar la red de distribución tantas veces como materiales haya disponibles*. En los pasos intermedios del proceso de diseño se puede trabajar con otros diámetros diferentes a los disponibles comercialmente, por ejemplo manejando valores continuos para los diámetros, pero al final del proceso deben ser diámetros comerciales que pertenecen al conjunto de los que se especificarán como parámetros de entrada.

Antes de describir el proceso tradicional y los procesos modernos que se han seguido con el fin de diseñar las RDAPS, en el siguiente epígrafe se explica la forma de obtener los datos de entrada del proceso de diseño: los caudales de consumo en cada nudo y la presión mínima en la red.

8.2.2 Caudales y presiones de diseño

Estimación de los caudales de consumo

El diseño de una RDAPS requiere que el caudal en cada sección de la ciudad sea estimado con un grado de aproximación razonable. Por consiguiente, el primer paso en el diseño de este tipo de sistema involucra la predicción del desarrollo futuro del mismo. Muchas ciudades tienen planes de desarrollo que establecen diferentes usos de la tierra en las diferentes zonas de la ciudad (industrial, comercial, público y residencial). De existir, tales planes son el mejor punto de inicio, puesto que el consumo de agua normalmente se puede relacionar con el uso de la tierra. En la práctica de la ingeniería se han desarrollado modelos multivariados que relacionan el consumo de agua con la clase de usuario en las comunidades y ciudades individuales. Tales modelos requieren que el patrón de uso en la ciudad sea analizado de manera cuidadosa con el fin de desagregar el consumo total. Por otro lado, algunas ciudades o estados han desarrollado una serie de normas de diseño en las que se especifican los caudales de diseño de sus redes. En caso de que estas no existan, se puede hacer uso de la información mostrada en los siguientes párrafos.

El uso *industrial* del agua es bastante específico para cada tipo de industria y, por consiguiente, es el más difícil de predecir. El suponer que un área industrial tendrá un consumo promedio de agua igual al de una zona residencial con alta densidad (20 L/m^2/día) es una aproximación razonablemente conservadora para el diseño de las redes principales de agua. Algunas industrias pueden consumir caudales mayores que los anteriores, pero la mayoría de ellas consumirán caudales mucho menores.

El consumo *comercial*, también específico, es mayor para hoteles y hospitales (hasta 330 L/m^2/día). Los edificios de oficinas y los centros comerciales pueden tener consumos de hasta 90 L/m^2/día. Por tanto, un valor de consumo promedio para un desarrollo comercial no definido podría ser alrededor de 40 L/m^2/día aplicado únicamente al área que en realidad va a estar cubierta por las estructuras, sin incluir las áreas de aparcamiento o las áreas libres.

El caso del consumo *residencial* es más fácil de evaluar debido a que las densidades de población pueden establecerse de acuerdo con una clasificación residencial. En áreas que ya se encuentran desarrolladas la población puede determinarse con un razonable grado de aproximación. En este caso, se pueden utilizar datos censales con el fin de hacer una proyección de la población. Una vez que se ha estimado la densidad poblacional, la cual puede ser una población de saturación para aquellos casos en que no se tengan datos de densidad, se pueden determinar fácilmente los consumos promedio y los consumos pico utilizando curvas de demanda diaria para la población o para poblaciones similares, en el caso de que la población objeto del diseño de la red de distribución no tenga datos de consumo.

En una red de abastecimiento de agua potable, el agua es extraída de la red en un gran número de puntos. Normalmente, cada usuario tiene una conexión individual, a través de la cual se toman pequeños caudales de la red, en general a intervalos longitudinales de 15 m o menos. En consecuencia, no es razonable intentar analizar el sistema con este grado de detalle. Más bien, los caudales de consumo individual se concentran en un número menor de puntos, por lo común en las intersecciones de las calles. Cuenta habida de lo anterior se puede considerar que el sistema de distribución de agua está compuesto por una red de nudos (correspondiente a los puntos de caudal de consumo) y de tramos (tubos que conectan los nudos). Los consumos de agua estimados para las áreas contenidas entre los tramos se distribuyen apropiadamente entre los nudos conectados por estos.

Además del consumo de agua industrial, comercial y residencial, el sistema de distribución de agua también debe cumplir con la función de la protección contra incendios. La cantidad de agua requerida para el control de incendios depende de las características de construcción en el área considerada. Por lo general, en zonas residenciales se requieren caudales que varían desde un mínimo de 30 L/s hasta un máximo de 150 L/s, mientras que en zonas comerciales e industriales estos pueden ser sustancialmente mayores.

Los hidrantes se localizan en la ciudad de tal forma que los caudales para incendios puedan ser tomados de la red cuando sean requeridos. Es usual considerar que el caudal típico para una manguera es de 15 L/s, de tal manera que el incendio en una zona residencial requiere un máximo 10 conexiones de manguera. Dado que el área mínima servida por un único hidrante es alrededor de 4000 m^2, el espaciamiento mínimo entre sumideros es de cerca de 60 m. En ningún caso, los hidrantes deben localizarse a más de 150 m uno de otro. Normalmente, los hidrantes se localizan en las intersecciones de las calles, de tal manera que las mangueras del cuerpo de bomberos puedan ir en cualquier dirección. En este sentido, para la modelación de la red de distribución, los caudales de incendios se localizan en algunos de los nudos de la red, donde se suman a los caudales normales de consumo en dichos nudos.

Presiones requeridas en la red de abastecimiento

Las presiones en RDAPS varían de 15 a 30 m (150 a 300 kPa, aproximadamente) en sectores residenciales con edificios de incluso cuatro pisos de altura de hasta 40 a 50 m (400 a 500 kPa) en sectores comerciales e industriales. Presiones menores a los 35 m (350 kPa) no pueden suministrar 15 m (150 kPa) para el sexto piso de un edificio, mientras que presiones menores a 20 m (200 kPa) son inadecuadas para los edificios de cuatro pisos. En el caso de demanda alta de incendio, cuando se utilizan camiones de bomberos, se puede permitir una caída en la presión de hasta 15 m (150 kPa) en las zonas de la red de distribución en la vecindad del sitio del incendio.

La Asociación Americana de Obras de Agua (American Water Works Association, AWWA) recomienda una presión estática normal de 40 a 50 m (400 a 500 kPa), ya que tal cantidad abastecerá agua en edificios de hasta diez pisos de altura, al tiempo que suministrará el agua para sistemas de aspersores contra incendios en edificios de hasta cuatro o cinco pisos de altura, permitiendo también caudales contra incendios sin el uso de los camiones de bomberos. De igual manera, se tendrá un razonable margen de seguridad en caso de que ocurran altas demandas o cierres parciales en el sistema de suministro de agua.

Con respecto a las ciudades pequeñas el rango de 15 a 30 m (150 a 300 kPa) representa presiones adecuadas para el uso normal y para los pequeños incendios. Por lo común, en este tipo de ciudades se hace necesario el uso de camiones de bomberos con el fin de combatir los posibles incendios. Aquellos edificios que superan la altura permitida por las normas de sistemas de distribución de agua potable de una ciudad, deberán tener su propio sistema de aumento de presión para cubrir el consumo normal y, de ser necesario, para ayudar en la extinción de incendios.

A partir de las anteriores consideraciones, y conociendo la distribución de las zonas de uso en una ciudad, se establece la presión mínima requerida en cada uno de los nudos de la red de abastecimiento. Esta presión mínima es uno de los datos de entrada más importantes para los programas de diseño de dicha red.

8.3 DISEÑO TRADICIONAL DE REDES DE DISTRIBUCIÓN DE AGUA POTABLE

Diámetros de las tuberías de la red de distribución

Cuando se trata del diseño de una RDAPS nueva que forme parte de una red existente en una ciudad grande, ya sea porque se quiere reemplazar parte del sistema de distribución o porque se requiere una ampliación debido a los desarrollos urbanos previstos, se debe tener en cuenta la topología del macrosistema existente. La red de tubos que conforman el sistema de distribución de agua potable en este tipo de ciudades usualmente está subdividida en líneas arteriales o primarias, líneas secundarias y líneas de distribución.

Las líneas arteriales o primarias forman la estructura básica del sistema de distribución y mueven los caudales desde las estaciones de bombeo o tanques elevados en las plantas de tratamiento hasta los tanques de almacenamiento o compensación y de ahí hacia los diferentes distritos hidráulicos de la ciudad. Estas líneas se colocan en circuitos interrelacionados, de tal forma que las tuberías principales no estén separadas por más de 1 km. Los sistemas de circuitos aseguran un servicio continuo aún si una parte del sistema se cierra con el fin de ser reparada y permiten el flujo en dos direcciones con el fin de suplir la demanda contra incendios. Las líneas arteriales deben tener válvulas a intervalos no mayores de 1.5 km y las líneas menores que se encuentren conectadas a ellas deben tener válvulas, de tal manera que los fallos en los sistemas menores no requieran el cierre del sistema de red primario.

Las tuberías secundarias conforman circuitos menores dentro de las tuberías primarias y unen una línea primaria a la otra. El espaciamiento usual entre ellas es de 2 a 4 manzanas y sirven para proveer grandes cantidades de agua contra incendios sin una excesiva pérdida de presión.

Los sistemas locales de distribución forman una malla en toda el área de servicio, suministrando el agua para cada uno de los usuarios y para los hidrantes contra incendios. Estas se conectan a las redes primarias, a las redes secundarias o a otras tuberías de la red de distribución en sus dos extremos y tienen válvulas, de tal manera que el sistema puede ser cerrado para hacer reparaciones sin impedir el abastecimiento en un área muy grande. El tamaño en los tubos de las redes de distribución está fijado por el caudal contra incendios, excepto en aquellas áreas residenciales con lotes muy grandes.

En el diseño tradicional, las velocidades para el caudal máximo, incluyendo el caudal para incendio, normalmente no exceden de 1 m/s, con un límite superior de 2 m/s, el cual puede ocurrir en aquellas tuberías cercanas al sitio con grandes incendios. El tamaño de las tuberías de los sistemas de distribución rara vez es menor a los 150 mm con cruces localizados a intervalos no mayores de 180 m. En distritos de alto valor o en zonas comerciales o industriales, el diámetro mínimo es de 200 mm con cruces con el mismo espaciamiento máximo. Es usual que las calles principales de la ciudad tengan tuberías no menores de 300 mm de diámetro.

Aquellas tuberías que únicamente suministran agua para el consumo doméstico pueden ser tan pequeñas como 100 mm, pero no pueden tener longitudes mayores a 400 m si terminan en un punto ciego o a 600 m si están conectadas al sistema en sus dos extremos. En las ciudades pequeñas no existe la misma composición para la red de distribución de agua potable. Usualmente, solo existen tuberías secundarias y tuberías de distribución local. En este tipo de ciudades se permiten tuberías tan pequeñas como de 50 a 75 mm. La longitud de estas tuberías no debe exceder los 100 m si terminan en un punto ciego y los

200 m si se encuentran conectadas en los dos extremos. Siempre que sea posible se deben evitar los puntos muertos, debido a que en estos casos el suministro es menos confiable y la falta de caudal en tales tuberías puede contribuir a problemas en la calidad del agua en la red.

Diseño tradicional de la red de distribución

El diseño detallado de un sistema de distribución de agua potable está afectado por la topografía local, por las densidades de población existentes y proyectadas, y por la demanda comercial e industrial. En primer lugar, los caudales deben ser desagregados en las subáreas individuales del sistema, tal como se describió anteriormente. Luego, se debe diseñar un sistema de circuitos interconectados. Finalmente, el diseño involucra la determinación de los tamaños de las tuberías principales, las tuberías secundarias y el sistema de distribución requerido para asegurar las presiones y velocidades deseadas en el sistema para las diferentes condiciones de flujo. Estas condiciones de diseño se basan en los caudales diarios máximos más el caudal de incendios, dependiendo del tamaño de la ciudad. Los caudales de incendio dependen de las características de las subáreas individuales tal como se expuso; en general, aquellos incendios que se localizan a las distancias horizontales y verticales máximas desde las plantas de abastecimiento o las estaciones de bombeo son críticos para el diseño. Sin embargo, usualmente es necesario suponer diferentes localizaciones de incendios con el fin de asegurar que todas las áreas de la ciudad se encuentren protegidas adecuadamente.

La aproximación al diseño tradicional de los sistemas de tuberías con circuitos utilizadas en ingeniería involucra la distribución geométrica de la red, *la asignación de diámetros destinados para las tuberías* y el cálculo de los caudales resultantes y las pérdidas de altura piezométricas. Posteriormente, los diámetros de las tuberías se ajustan tanto como sea necesario para asegurar que las presiones en los diferentes nudos y las velocidades en las diferentes tuberías cumplan con las restricciones establecidas para la ciudad objeto del diseño. Para un conjunto dado de diámetros de tubería, el cálculo de los caudales y presiones es una tarea razonablemente rápida que puede llevarse a cabo de diferentes formas.

El procedimiento para el diseño tradicional de la red de distribución de agua puede esquematizarse de la siguiente manera:

1. Desagregar los caudales en las diferentes manzanas u otras subáreas de la ciudad.
2. Concentrar los caudales desagregados en los nudos del sistema.
3. Añadir los caudales contra incendios requeridos en los nudos apropiados.
4. Seleccionar los diámetros iniciales de las tuberías utilizando los criterios expuestos. *Este paso convierte el diseño de la red en la comprobación de diseño de una red escogida con base en la experiencia, la cual puede funcionar hidráulicamente pero puede estar muy lejos de la red óptima, es decir, la red de mínimo coste.*
5. Utilizar alguno de los métodos establecidos en el Capítulo 7 para el análisis de RDAPS, con el fin de calcular las presiones en cada nudo y los caudales en cada tubería.
6. Comparar las presiones y las velocidades en la red equilibrada con los criterios establecidos. Ajustar los diámetros de las tuberías para reducir o aumentar las velocidades y presiones y repetir el proceso hasta que se obtenga una solución satisfactoria.
7. Aplicar cualquier otra condición de caudal de incendio que pueda ser crítica y reevaluar las velocidades y las presiones en el sistema de distribución. Ajustar los diámetros de las tuberías tal como sea necesario.

El procedimiento antes descrito se lleva a cabo usualmente en un ordenador. Sin embargo, de esta forma no se garantiza que se obtenga una red de mínimo coste (óptima) que cumpla con todos los requisitos hidráulicos de caudales y presiones en cada uno de los nudos de la red. Por otro lado, no son claras las razones para limitar las velocidades en las tuberías. Este límite de velocidades es la causa más importante de tener tuberías con diámetros grandes en la red, elevando así los costes. Mayores velocidades permitirían diámetros menores cumpliendo con los requerimientos de velocidad y de altura piezométrica en cada nudo, pero existe el riesgo de un golpe de ariete, que bien puede ser causado por velocidades superiores a 2 m/s en las tuberías de la red. Sin embargo, hoy en día los métodos de análisis y las herramientas informáticas permiten conocer de antemano la magnitud de las sobrepresiones que un fenómeno transitorio generaría en diferentes puntos de la red.

8.4 DISEÑO MODERNO DE REDES DE DISTRIBUCIÓN

Dado un conjunto de diámetros comerciales de un determinado material y un número total de tuberías en una red bajo diseño, el número de formas de combinar diámetros-tuberías es extraordinariamente alto. Esto significa que una red puede ser diseñada de muchas formas diferentes, pero solamente algunas de ellas podrán cumplir con las restricciones hidráulicas. A pesar de esto, el número de *soluciones de diseño factibles sigue siendo muy alto*. Una buena metodología de diseño sería aquella que, dentro del conjunto de soluciones de diseño factibles, permitiera escoger la de mínimo coste. Sin embargo, el problema de optimización del diseño de una RDAPS es muy complicado debido a que la distribución de los caudales en las tuberías es función del diseño, es decir, los caudales en las tuberías y alturas piezométricas en los nudos son incógnitas en el proceso de diseño.

En los siguientes párrafos se muestra la forma moderna de abordar este problema. Las técnicas de IA han permitido llegar a establecer diseños muy cercanos al óptimo teórico, de tal forma que *hoy en día se considera que el diseño optimizado de RDAPS es un problema resuelto*. Una consecuencia interesante de estos diseños optimizados es que los diámetros resultantes no obedecen a reglas prefijadas, sino que dependen de la localización geográfica de los consumos, de la topografía de la ciudad y de la topología escogida.

El tamaño del espacio de solución

Es fácilmente demostrable que si CD_{com} representa el número de diámetros comerciales disponibles en un determinado material y NT representa el número de tubos individuales que conforman una RDAPS dada, el número total de redes diferentes (NR) que puede ser obtenido está dado por la Ecuación 8.4:

ECUACIÓN 8.4

$$NR = (CD_{com})^{NT}$$

Este número resulta ser extraordinariamente grande aun para el caso de RDAPS relativamente pequeñas. Por ejemplo, en la FIGURA 8.1 se muestra la red del Sector Estadio de la ciudad de Bucaramanga, Colombia, la cual cubre aproximadamente el 25 % de los habitantes de la zona urbana del municipio, abasteciendo a 24 613 suscriptores diferentes, aproximadamente 125 000 habitantes (año 2007).

La red de Circuito Estadio tiene un total de 4545 nudos y 5324 tuberías con 17 diámetros diferentes. Por consiguiente, el tamaño del espacio de búsqueda en este caso es:

$$Nudos = 4545$$
$$Tuberías\ (NT) = 5324$$
$$CD = 17$$
$$NR = (17)^{5324} = 2.46x10^{5592}$$

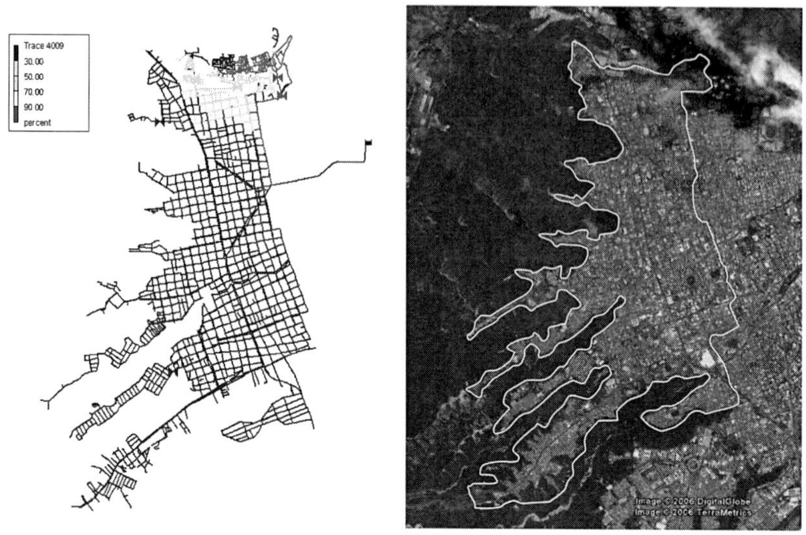

Figura 8.1 Red del Sector Estadio en la ciudad de Bucaramanga (Colombia). Reproducido con permiso del Acueducto Metropolitano de Bucaramanga AMB.

Con propósitos de comparación de ese altísimo número de alternativas, el número total de bariones (neutrones y protones, componentes de los núcleos atómicos) en el Universo conocido es, de acuerdo con la física moderna, 1.5×10^{80}.

Teniendo en cuenta ese número extraordinariamente alto de alternativas posibles de redes, resulta claro que el problema debe ser resuelto haciendo uso de técnicas diferentes a una búsqueda exhaustiva. Pero el hallar diseños óptimos es esencial para las redes de distribución, especialmente en ciudades de los países en vías de desarrollo, donde los costes de las tuberías son comparativamente más altos que dichos costes en países desarrollados, debido a que localmente la mano de obra es más barata. A continuación se presentan algunos de los métodos modernos para llevar a cabo diseños de RDAPS incluidos en el programa REDES, desarrollado por el autor y cuya versión académica se encuentra en la página web de este texto. En el Epígrafe 8.5 se introducirá el programa y se desarrollarán ejemplos de diseño de este tipo de redes.

8.4.1 Algoritmos genéticos (AGS) aplicados al diseño de RDAPS

Los AG son métodos de optimización combinatoria que se han venido usando ampliamente en los últimos años para resolver el problema de diseño óptimo de RDAPS. El AG más común para resolver este problema está basado en un AG estándar, pero incluyendo un nuevo operador de mutación que permite transiciones más suaves entre un modelo de red y otro. Por modelo de red, o individuo, se entiende una de las posibles combinatorias de tamaños de diámetro para cada uno de los tubos que la conforman.

Los AG son un método de búsqueda aleatoria por el espacio de solución, que simula el proceso de la selección natural en la evolución de las especies vivas. El hecho de que sea aleatorio implica que no se puede garantizar encontrar el mínimo global, ni siquiera un mínimo local de la función de coste. Este tipo de algoritmos van buscando por el espacio de solución seleccionando los mejores individuos que representan una posible solución del problema. La aplicación de este tipo de algoritmos al caso de las RDAPS ha mostrado que después de un número razonable de generaciones se encuentra una solución cuyo coste sea relativamente bajo. La FIGURA 8.2 muestra un esquema del proceso de selección natural simulado en los AGS.

Los AGS no son formalmente algoritmos de optimización, pero la práctica ha mostrado que son una buena forma de aproximarse a la solución de problemas cuya naturaleza los hace intratables por los métodos clásicos.

Los AGS no incluyen el manejo de restricciones como las descritas anteriormente, pero estas se pueden simular al incluir un término en la ecuación de coste que crece en función de la magnitud de la violación de las restricciones. Esto implica que no se puede evitar que

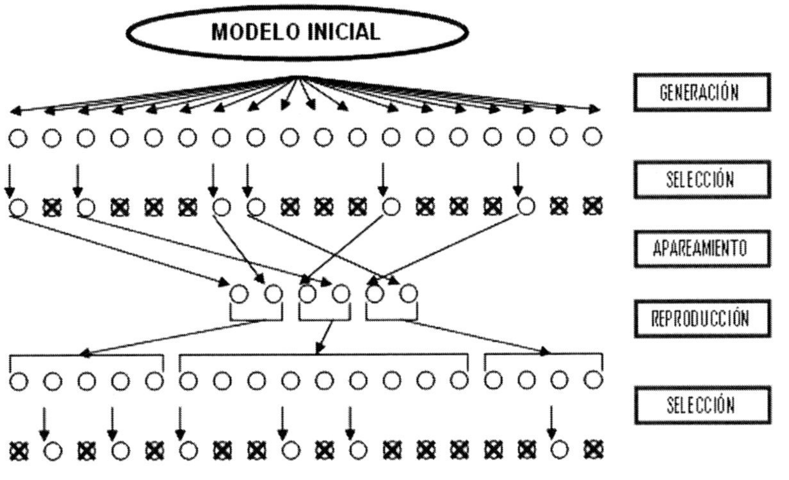

Figura 8.2 Esquema del proceso de selección natural simulado por los AGs.

algunos o todos los individuos de determinada generación tengan violaciones en las restricciones del problema; sin embargo, al añadir un término de penalización a la función de coste hace que la función de coste sea muy alta en los individuos con violaciones a las restricciones del problema. Esto hace que después de cierto número de iteraciones la gran mayoría de los individuos se mantengan dentro del espacio factible de solución del problema.

Implementación de un AG al caso de las RDAPSs

Para el diseño optimizado de RDAPS se puede utilizar un AG simple como, por ejemplo, uno de los descritos por Goldberg (1989), el cual se caracteriza porque los individuos (o redes) son escogidos a través de una rutina de Rueda de la Fortuna. La probabilidad de selección es inversamente proporcional al valor de la función de coste. Adicionalmente, la primera generación de individuos se realiza a través de un proceso aleatorio. En caso de optar por un AG simple como este, se requerirían dos operadores adicionales: uno para reducir el error estocástico naturalmente asociado con la rutina de la Rueda de la Fortuna; y el otro con el fin de asegurar que el algoritmo no se atasque en un mínimo local una vez comience el proceso.

El AG en cuestión se caracteriza porque internamente clasifica los individuos de una generación teniendo en cuenta sus costes y cómo tan bien cumplen con las restricciones impuestas. Los *M* mejores individuos se vuelven a clasificar con los mejores *M* individuos de "todo el tiempo", de tal forma que los mejores de estos *2M* vuelven a conformar los mejores de "todo el tiempo". Una vez finalicen todas las generaciones, estos *M* individuos serán la respuesta del AG. En el caso de RDAPS, el AG se especifica de tal forma que únicamente puede utilizar diámetros discretos, aquellos que estén en el catálogo del fabricante de un determinado material.

Espacio de búsqueda e individuos

Tal como se mencionó anteriormente, el espacio de búsqueda *NR* está dado por la Ecuación 8.4 y representa todos los diseños que es posible construir con el conjunto de diámetros comerciales CD_{com}. Esto es así siempre y cuando cada uno de los *NT* tubos tenga coordenadas fijas en cada uno de sus extremos, lo cual es normal en el diseño de RDAPS, debido a que dichas coordenadas están fijadas por las calles y avenidas de la ciudad objeto del diseño. Las restricciones y la función de coste limitan el espacio de búsqueda en un subconjunto que se conoce como espacio factible.

En el AGS, cualquier individuo *I* tiene especificado el diámetro de cada una de sus NT tuberías, los cuales pueden incluirse en un vector de valores discretos NT. Este vector representa entonces el *genotipo* de la red bajo diseño. El *fenotipo* corresponde a la hidráulica, la cual se codifica en un vector NU de valores reales (NU es el número de nudos de la red), en el cual cada posición corresponde a la presión obtenida en cada uno de los nudos. El caudal en cada una de las tuberías, a pesar de que también forma parte del fenotipo, no es relevante para el correcto funcionamiento del AG descrito aquí. Para el cálculo de cada fenotipo es necesario hacer uso de cualquier programa de simulación de redes de distribución de agua potable; sin embargo, debido al gran número de veces que será necesario calcular la hidráulica (número de individuos totales por generación, por el número total de generaciones) es recomendable utilizar el Método del Gradiente presentado en el Capítulo 7.

Función de coste para el diseño de RDAPSs con AGs

La función de coste se basa en una ecuación similar a la obtenida en el Epígrafe 5.2, aunque la Ecuación 5.11 correspondía al coste de cada metro lineal de tubería. Aquí se podría incluir la siguiente ecuación, más general que aquella:

ECUACIÓN 8.5

$$C_T = K_1 L_T d_T^{K_2}$$

donde:

C_T = coste de una tubería particular
K_1 = constante en unidades monetarias, por ejemplo, dólares
L_T = longitud de la tubería particular
d_T = diámetro de la tubería particular
K_2 = constante adimensional

En realidad se debe tener una función de coste para cada material de tuberías factible en el sitio de diseño.

Utilizando esta última ecuación es posible definir la función de coste para el diseño de RDAPS, la cual corresponde al coste de un individuo *I*, tal como se muestra a continuación:

ECUACIÓN 8.6

$$C_C(I) = K_1 \sum_{i=1}^{NT} L_i [\pi_i(I)]^{K_2}$$

donde:

$C_c(I)$ = coste de construcción de un individuo particular *I*
NT = número de tubos del individuo *I*
L_i = longitud de la *i*-ésima tubería de la red *I*
π_i = función de la *i*-ésima proyección; dado que NT es un vector con valores del conjunto CD_{com}, esta función representa el diámetro de la *i*-ésima tubería del individuo

Esta función permite la comparación entre los diferentes individuos producto de la aplicación del AGS, a pesar de que no refleje todos los costes de construcción de una red, tales como los costes indirectos asociados.

Restricciones hidráulicas en el AGS

Cualquier diseño de una RDAPS debe cumplir con las condiciones hidráulicas de llevar el caudal demandado a cada uno de los nudos respetando una presión mínima en cada uno de ellos, bajo las condiciones de período de diseño (Caudal máximo horario para dicho período). Estas condiciones hidráulicas, o restricciones, pueden ser incluidas en la función de coste del AG, como fue propuesto por Goldberg (1989), lo cual se explica a continuación.

Se puede designar como F_i^k el fenotipo del i-ésimo individuo de la k-ésima generación I_i^k, recordando que este fenotipo contiene las presiones en cada uno de los NU nudos de la red. Por consiguiente, las NU restricciones están dadas por la siguiente ecuación:

$$\begin{aligned} \pi_1\left(F_i^k\right) &\geq p_1 \\ \pi_2\left(F_i^k\right) &\geq p_2 \\ &\vdots \\ \pi_{NU}\left(F_i^k\right) &\geq p_{NU} \end{aligned}$$

donde:

p_j = presión mínima requerida por norma en el j-ésimo nudo.

Estas restricciones hidráulicas pueden describirse de la siguiente forma, la cual facilita el proceso de su inclusión en la función de coste:

$$\begin{aligned} g_1\left(F_i^k\right) &= p_1 - \pi_1\left(F_i^k\right) \leq 0 \\ g_2\left(F_i^k\right) &= p_2 - \pi_2\left(F_i^k\right) \leq 0 \\ &\vdots \\ g_{NU}\left(F_i^k\right) &= p_{NU} - \pi_{NU}\left(F_i^k\right) \leq 0 \end{aligned}$$

Para incluir las restricciones hidráulicas en la función de coste se define el *coste hidráulico* tal como se muestra a continuación:

ECUACIÓN 8.7

$$C_h\left(F_i^k\right) = \sum_{i=1}^{NU} \Phi\left[g_i\left(F_i^k\right)\right]$$

En esta última ecuación la función opera de acuerdo con los siguientes dos valores:

$$\Phi\left[g_i\left(F_i^k\right)\right] = \begin{matrix} g_i\left(F_i^k\right) \Leftrightarrow g_i\left(F_i^k\right) > 0 \\ 0 \Leftrightarrow g_i\left(F_i^k\right) \leq 0 \end{matrix}$$

El sentido de esta ecuación es que mientras no se esté violando la presión mínima dada por la norma, el coste hidráulico es cero. De acuerdo con lo anterior, la función de coste incluyendo las restricciones hidráulicas es la siguiente:

ECUACIÓN 8.8

$$h\left(F_i^k\right) = \frac{Cc\left(X_i^k\right)}{\mu[C_C^k]} + \omega_h \cdot \frac{C_h\left(F_i^k\right)}{\mu[C_h^k]}, si\ \mu[C_h^k] \neq 0$$

$$\frac{Cc\left(X_i^k\right)}{\mu[C_C^k]}, si\ \mu[C_h^k] = 0$$

donde:

$\mu[C_c^k]$ = coste de construcción promedio de todos los individuos de la k-ésima generación.

$\mu[C_h^k]$ = coste hidráulico promedio de todos los individuos de la k-ésima generación.

ω_h = factor de peso hidráulico. Es una variable de entrada que determina el efecto del coste hidráulico sobre la función de coste-restricciones.

La Ecuación 8.8 es la función que hay que minimizar dentro del proceso del AG, con el fin de encontrar la solución de mínimo coste. El factor de peso hidráulico puede ser menor que 1 con el fin de que en el AG prime el coste de construcción, restando importancia al hecho de tener presiones por encima de la mínima permitida por norma en uno o varios de los nudos.

En la práctica se han obtenido buenos resultados al simular de esta manera las restricciones del problema del diseño de RDAPS. El único inconveniente práctico radica en la gran cantidad de iteraciones necesarias para obtener "buenas" soluciones aún en redes relativamente pequeñas. Por esta razón, el diseño moderno se basa en predefinir una red a partir de la cual se empiece a aplicar el método de los AGS, tal como se explica en los siguientes párrafos. Sin embargo, la mayoría de los programas comerciales que tienen diseño de RDAPS dentro de sus capacidades utilizan AGS sin ningún tipo de predefiniciones (Ver Epígrafe 9.5). Tal como se mencionó anteriormente, una vez se haya descrito el programa REDES, se desarrollará un ejemplo de diseño de RDAPS haciendo uso de la heurística de AG.

8.4.2 Superficie óptima de Gradiente Hidráulico

La idea central de esta aproximación es suponer que existe una superficie especial conformada por una serie de puntos (X, Y, h) en el que *X* y *Y* representan las coordenadas planas de cada nudo de la red y *h* representa la altura piezométrica en estos, de tal forma que se pueda determinar la forma de una *superficie de gradiente hidráulico* y, a partir de esta, calcular los diámetros de las tuberías que generan tal superficie y que conforman un diseño cercano al mínimo coste. Este método, entonces, consiste en calcular una altura piezométrica ideal en cada nudo antes de proceder a un diseño.

El criterio de la Superficie Óptima de Gradiente Hidráulico (SOGH) es similar al criterio de LOGH para las tuberías en serie introducido en el Capítulo 5, pero en este caso aplicado al diseño de RDAPS con cualquier topología, múltiples fuentes de abastecimiento y topografía variable de manera similar a como la LOGH se aplicó en las redes abiertas en el Capítulo 6. Una extensión similar pero usando el criterio de I-Pai Wu fue sugerida por primera vez por el profesor Ronald Featherstone (1981) en la Universidad de Newcastle upon Tyne, Inglaterra. Posteriormente, Okitsugu Fujiwara (1987a, 1987b y 1991) comprobó que el método de Wu también se podía utilizar en los sistemas de distribución de agua potable. El autor comprobó esta hipótesis al establecer un método para el diseño optimizado de redes. Para calcular esta superficie de alturas piezométricas es necesario definir la presión mínima requerida en los nudos y una ecuación que modele la caída de la altura piezométrica ideal de nudo a nudo. Se ha encontrado que aplicando una ecuación cuadrática que tiene la posibilidad de variar una flecha que se ajusta a las necesidades hidráulicas, topológicas y comerciales de la red se pueden obtener buenos resultados (Ver Capítulos 5 y 6).

Una vez se tienen las alturas piezométricas objetivo en cada uno de los nudos de la red se procede a hacer el diseño de cada uno de los tubos como una tubería simple con los caudales obtenidos en una iteración anterior, o suponiendo unos caudales si se trata de la primera iteración; esto da una mejor aproximación al caudal que debe ir por cada tubería. Este procedimiento se repite hasta que las alturas piezométricas obtenidas sean muy similares a las ideales. Sin embargo, existe un problema: como resultado de este proceso se obtiene una red diseñada que cumple con las restricciones de mínima presión en los nudos y que se realizó siguiendo un criterio de optimización económica e hidráulica, pero los diámetros obtenidos son números reales continuos que no pertenecen al conjunto de los diámetros comerciales definidos según la disponibilidad comercial de un material particular.

La aproximación del diámetro continuo a uno comercial se puede hacer al anterior, al siguiente, al más cercano diámetro comercial disponible o por medio de un redondeo potencial, como se mencionó en el Capítulo 6. En investigaciones realizadas en la

Universidad de los Andes se determinó que una buena opción es aproximar al siguiente diámetro comercial para no violar la restricción de presión mínima en los nudos, y posteriormente disminuir los diámetros mediante un proceso de optimización basado en un algoritmo de Programación por Restricciones. También es posible aproximar al anterior diámetro comercial y luego aumentar los diámetros con otro procedimiento de Programación por Restricciones, después del que se puede intentar nuevamente el procedimiento de disminución de diámetros.

La determinación de la SOGH se calcula llevando a cabo los siguientes pasos:

1. Determinar las distancias de los nudos a las fuentes.
2. Asignar diámetros iniciales proporcionales a la distancia.
3. Estimar la flecha óptima.
4. Realizar una simulación hidráulica para determinar los caudales y sentidos de flujo.
5. Calcular la superficie óptima de gradiente hidráulico; es decir, estimar la LGH ideal para cada nudo de la red.
6. Aplicar una función en términos de la distancia calculada en el punto anterior para calcular la altura piezométrica ideal en cada nudo.
7. Asignar a cada tubo una pérdida de energía objetivo igual a la diferencia de las alturas piezométricas entre sus nudos inicial y final.
8. Con los diámetros actuales y las pérdidas de energía del paso 7 hacer una simulación hidráulica para calcular los caudales en cada uno de los tubos de la red haciendo uso del Diagrama de Flujo 1 del Capítulo 2.
9. Con los caudales obtenidos en el paso anterior y las pérdidas del paso 7 calcular los diámetros de cada tubo, utilizando el Diagrama de Flujo 4 del Capítulo 2, el cual corresponde al diseño de una tubería simple.
10. Repetir los pasos 8 y 9 de forma iterativa hasta que las diferencias entre las alturas piezométricas obtenidas en el paso 7 y las alturas piezométricas ideales (paso 6) sean menores a un error máximo admisible.
11. Aproximar los diámetros a diámetros comerciales.

Las principales variaciones del método, las cuales podrían llevar a diseños diferentes, únicamente están dadas en los pasos 1 y 3. Por esta razón se explican en los siguientes párrafos.

Cálculo de las distancias a las fuentes

La distancia entre un nudo cualquiera de la red, con coordenadas (X, Y, Z), donde Z representa la cota física del nudo, con respecto a una de las fuentes de entrada de agua a la red se puede calcular a través de tres métodos:

i- Distancia Euclídea 2D

La distancia euclídea en dos dimensiones es la distancia entre dos puntos teniendo en cuenta solo sus coordenadas X y Y. En este caso la distancia euclídea 2D entre el nudo-*i* y la fuente-*o* se calcula mediante la siguiente ecuación:

ECUACIÓN 8.9
$$D_e 2D = \sqrt{(x_i - x_0)^2 + (y_i - y_0)^2}$$

ii- Distancia Euclídea 3D

La distancia euclídea en tres dimensiones es la distancia entre dos puntos teniendo en cuenta sus coordenadas X, Y y Z. En este caso la distancia euclídea 3D entre el nudo-*i* y la fuente-*o* se calcula de acuerdo con la siguiente ecuación:

ECUACIÓN 8.10

$$D_e3D = \sqrt{(x_i - x_0)^2 + (y_i - y_0)^2 + (z_i - z_0)^2}$$

iii- Distancia Topológica

A diferencia de la distancia euclídea, la distancia topológica depende de la topología de la red y no de solo de las coordenadas de las fuentes y de los nudos. Para calcular la distancia topológica no es suficiente una ecuación; es necesario implementar un algoritmo que calcule la distancia mínima entre los dos vértices de un grafo o diagrama. En este caso un vértice sería la fuente y el otro el nudo-*i*.

ECUACIÓN 8.11

$$Dt = \text{Distancia mínima grafo (fuente, nudo)}$$

Para el caso del diseño optimizado de RDAPS resulta claro que la distancia que se debe usar para el cálculo de la superficie óptima de presiones es la distancia topológica, debido a que es la distancia que representa el recorrido real del agua en la red y por lo tanto es proporcional a las pérdidas de energía en la misma.

Cálculo de línea óptima de gradiente hidráulico (LOGH)

Una vez se han calculado las distancias entre los nudos y las fuentes, el siguiente paso es aplicar una ecuación que relacione dicha distancia con la altura piezométrica objetivo (en este caso la LOGH). Todas las LOGHS, una para cada tubo, tenderán a formar una superficie de alturas piezométricas (no continua) sobre toda la red. Esta hipotética superficie podría llamarse la Superficie Óptima de Gradiente Hidráulico o SOGH. Las ecuaciones antes mencionadas permiten calcular esta SOGH para una red con una o inclusive varias fuentes de abastecimiento. Para facilitar la explicación se muestra el caso de una red de distribución con una sola fuente, teniendo en cuenta las siguientes tres premisas con respecto a la línea de gradiente hidráulico LGH:

1. Se conoce la LGH ideal máxima. Esta es igual a la LGH de la fuente que alimenta la red.

ECUACIÓN 8.12

$$\text{LOGH}_{max} = \text{LOGH}_o$$

En el que $LOGH_0$ es la altura piezométrica de la fuente.

2. Se puede determinar la LGH ideal mínima. La LGH ideal en el punto más alejado debe ser igual a la elevación máxima de los nudos de la red más la presión mínima de diseño.

ECUACIÓN 8.13

$$\text{LOGH}_{min} = \text{Max (Z)} + p_{min}$$

3. La LGH en el nudo-*i* debe ser un valor entre la LGH ideal mínima y la LGH ideal máxima.

ECUACIÓN 8.14

$$\begin{aligned}\text{LOGH}_{max} &= \text{Ecuación (0)}\\ \text{LOGH}_{i} &= \text{Ecuación (distancia}_i)\\ \text{LOGH}_{min} &= \text{Ecuación (distancia}_{max})\end{aligned}$$

En el que *Ecuación (distancia)* es una ecuación que relaciona la LGH ideal con la distancia entre la fuente y los nudos; $distancia_i$ es la distancia entre la fuente y el nudo-*i* y $distancia_{max}$ es la distancia entre la fuente y el nudo más alejado, conocido también como sumidero.

La ecuación que tiene como argumento la distancia puede ser cualquier tipo de ecuación que tienda a producir una superficie decreciente entre la altura piezométrica de las fuentes y la altura piezométrica mínima en el nudo más alejado, desde el punto de vista topológico, de dichas fuentes. A continuación se muestran algunas de las ecuaciones que se pueden utilizar para modelar esta relación, aplicadas a una red plana de 17 tubos.

1. **Ecuación Lineal**
Esta ecuación modela una relación lineal entre la LGH ideal y la distancia entre los nudos y las fuentes. La ecuación es:

ECUACIÓN 8.15

$$LOGH_i = \left(\frac{LOGH_{min} - LGH_{max}}{distancia_{max}}\right) xdistancia_i + LOGH_{max}$$

La Ecuación 8.15 produce la superficie objetivo de presiones mostrada en la FIGURA 8.3. El punto más alto representa la altura piezométrica en la fuente o tanque de entrada a la red, mientras que el punto más bajo representa la presión mínima en el nudo topológicamente más alejado de la fuente.

2. **Ecuación cuadrática**
Esta ecuación establece una relación cuadrática entre la LGH ideal y la distancia de los nudos a las fuentes. La ecuación es:

ECUACIÓN 5.19

$$LOGH_i(x) = \alpha d^2 + \beta d + \gamma$$

donde:

$$\alpha = \frac{4F(LOGHl_{max} - LOGHl_{min})}{(d_{Topológica_{max}})^2}$$

$$\beta = -(1 + 4F)\frac{(LOGH_{max} - LOGH_{min})}{d_{Topológica_{max}}}$$

$$\gamma = LOGH_{max}$$

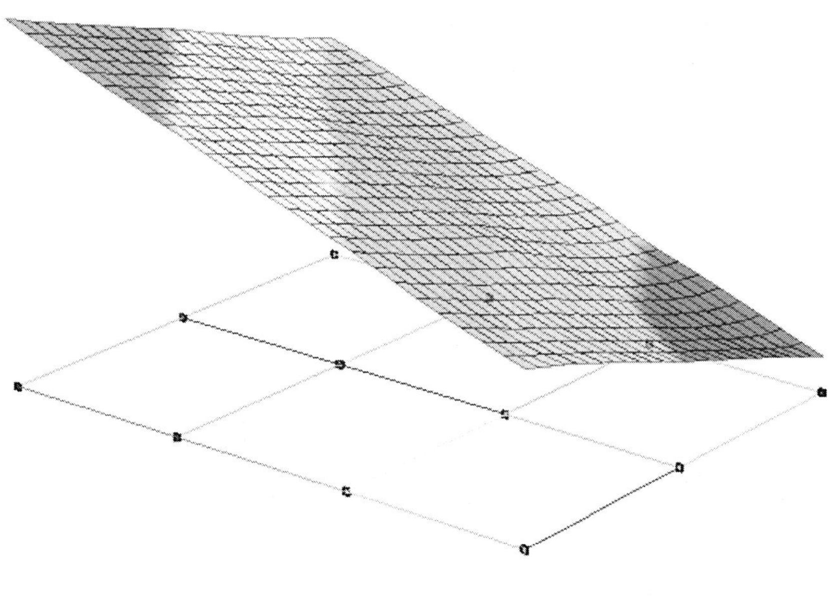

Figura 8.3 Superficie óptima de presiones calculada con la ecuación lineal. Gráfica producida con el programa REDES (Ver Epígrafe 8.5).

La flecha F se calcula como se indica en el Epígrafe 6.6.

La Ecuación 5.19 produce la superficie objetivo de gradiente hidráulico mostrado en la FIGURA 8.4.

3. **Ecuación catenaria**

En este caso la ecuación modela la relación entre la LOGH y la distancia entre los nudos y las fuentes con una curva catenaria descrita mediante la siguiente ecuación:

$$LOGH_i = LOGH_{max} \cosh\left(\frac{d_{topológica_{max}} - d_{topológica_i}}{\alpha}\right)$$

donde:

ECUACIÓN 8.17

$$\alpha = \frac{d_{Topológica_{max}}}{\cosh^{-1}\left(\frac{LOGH_{max}}{LOGH_{min}}\right)}$$

La Ecuación 8.17 produce la superficie objetivo de presiones mostrada en la FIGURA 8.5.

4. **Ecuación recíproca**

La ecuación recíproca modela la relación entre la LOGH y la distancia entre los nudos y las fuentes con una curva recíproca descrita mediante la siguiente ecuación:

$$LOGH_i = \frac{1}{\alpha * d_{Topológica_i} + \beta}$$

donde:

$$\alpha = \left(\frac{1}{LOGH_{min} - \beta}\right) * \left(\frac{1}{d_{topológica_{max}}}\right)$$

ECUACIÓN 8.18

$$\beta = \left(\frac{1}{LOGH_{max}}\right)$$

La Ecuación 8.18 produce la superficie objetivo de presiones mostrada en la FIGURA 8.6. Esta curva tiende a tener una flecha mayor al 15 %.

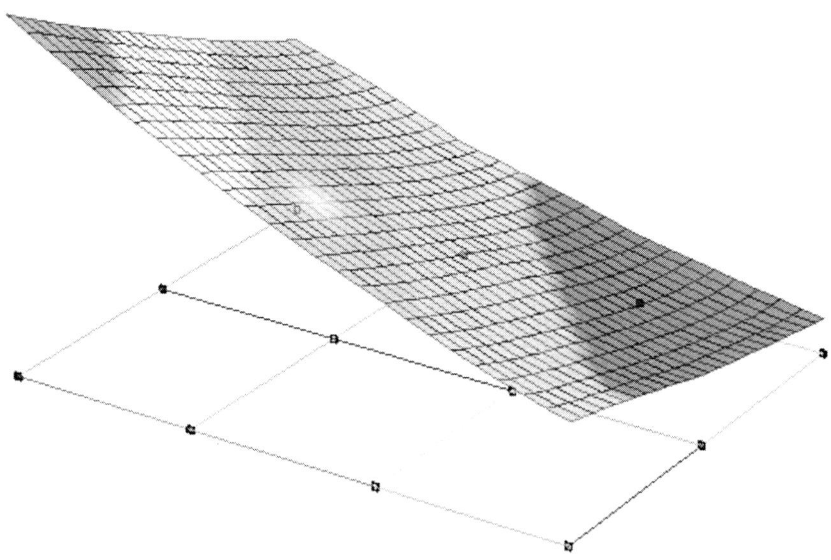

Figura 8.4 Superficie óptima de presiones generada con una ecuación cuadrática. Gráfica producida con el programa REDES (Ver Epígrafe 8.5).

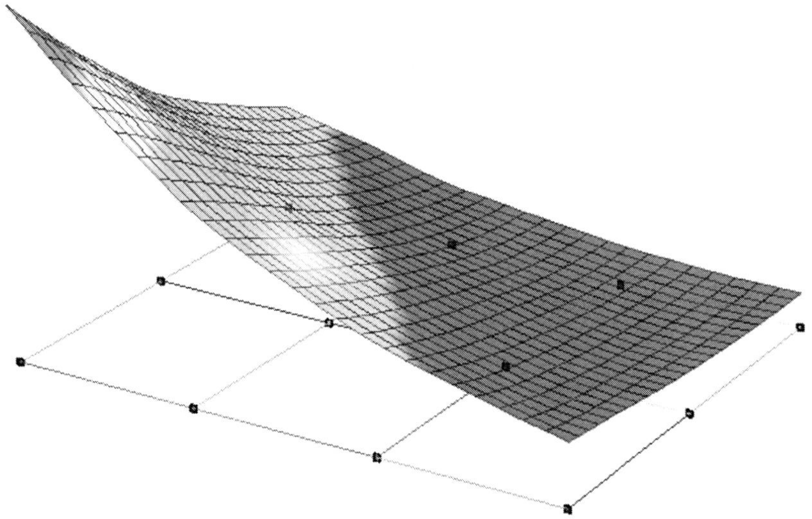

Figura 8.5 Generación de la superficie óptima de presiones con una curva catenaria. Gráfica producida con el programa REDES (Ver Epígrafe 8.5).

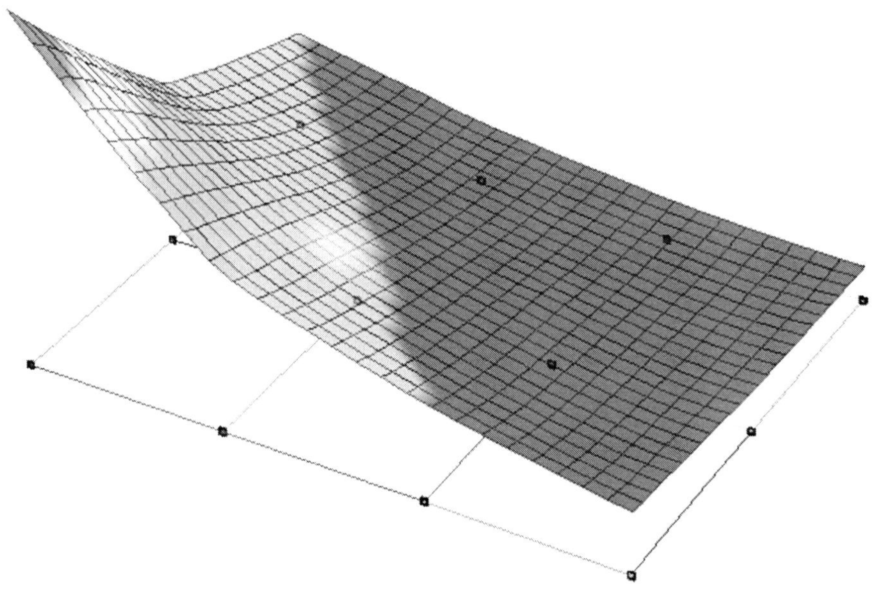

Figura 8.6 Generación de la superficie óptima de presiones con una ecuación recíproca. Gráfica producida con el programa REDES (Ver Epígrafe 8.5).

Otras ecuaciones que pueden ser utilizadas para generar superficies óptimas de presiones son la ecuación de segmento elíptico, la ecuación de Campana de Gauss o la ecuación cúbica, entre otras. Más adelante se desarrolla un ejemplo haciendo uso de la metodología SOGH con la ecuación cuadrática.

8.4.3 Programación por restricciones

Otro de los métodos informáticos modernos que se utilizan en el diseño de RDAPs es la *Programación por Restricciones* (PR), una de cuyas raíces es la IA, donde los investigadores se concentran en el uso de la lógica y la deducción para la resolución de problemas complejos. Es un paradigma para la solución de problemas combinatorios de optimización. Estos problemas combinatorios de optimización se pueden resolver definiéndolos como varias instancias de un problema de satisfacción de restricciones (Constraint Satisfaction Problem, CSP). Una instancia de un CSP se describe mediante un conjunto de variables, un conjunto de posibles valores para cada variable y un conjunto de restricciones entre las variables. Al conjunto de los posibles valores de una variable se le denomina *dominio de la variable*.

Una restricción entre las variables expresa las combinaciones de los valores de las variables que están permitidos. Las restricciones pueden ser implícitas (p.e. una fórmula aritmética) o explícitas, en las que cada restricción se expresa como un conjunto de parejas de valores que cumplen la restricción. Un ejemplo de una restricción implícita, cuando la variable de decisión es el diámetro, es la siguiente: "La presión mínima en cada nudo debe ser mayor a 15 m". Un ejemplo de restricción explícita es: "La tubería 18 debe tener un diámetro igual a 200 mm".

La pregunta que se desea responder para una instancia de un CSP es si existe o no una combinación de valores que satisfagan todas las restricciones. A esta combinación se la denomina una *solución del CSP*.

Una de las ideas claves de la PR es que las restricciones se pueden usar activamente para reducir el esfuerzo informático necesario para resolver los problemas combinatorios. Las restricciones se usan para comprobar la validez de la solución y para remover valores del dominio de las variables, deducir nuevas restricciones y detectar inconsistencias. Las reducciones específicas que remueven valores del dominio se llaman *reducciones de dominio* (*domain reductions*). Al conjunto de valores del dominio de una variable que no han sido invalidados por la propagación de restricciones se le denomina *dominio actual* (*current domain*) *de esa variable*.

En general un problema CSP es NP completo (el problema de diseño de redes de distribución de agua potable es NP-Duro, tal como se mencionó anteriormente), y la propagación de restricciones es usualmente incompleta. Esto significa que se deducen algunas de las consecuencias de un conjunto de restricciones, pero no todas. En particular la propagación de restricciones no puede detectar todas las inconsistencias; este hecho implica que se deba usar un algoritmo de búsqueda para determinar si el CSP tiene solución. La mayoría de las búsquedas se hacen con algoritmos de búsqueda en árboles. Los dos componentes principales del algoritmo son:

1. Cómo ir hacia delante, es decir, la definición de qué decisiones tomar en un punto de la búsqueda.
2. Cómo devolverse al detectar inconsistencias (*backtracking*).

La estrategia de qué hacer en un punto de la búsqueda se conoce como *heurística de búsqueda* (*search heuristic*). En general las decisiones que se toman corresponden al añadido de nuevas restricciones.

Principios de la Programación por Restricciones

El éxito de un algoritmo de PR está en combinar adecuadamente los siguientes dos principios según el conocimiento que se tenga del problema que se desea resolver.

- Deducción de restricciones adicionales a partir de las existentes por razonamiento lógico. Es posible mantenerse en la región factible de la solución de un problema, y cada vez que se deducen restricciones adicionales se va limitando el espacio de búsqueda haciéndolo cada vez más pequeño.
- Aplicación de algoritmos de búsqueda para explorar el espacio de solución. En cada instancia de un proceso de solución de un problema CSP es necesario contar con la ayuda de un algoritmo de búsqueda que determine el orden de ejecución del algoritmo principal.

Las metodologías presentadas para el diseño de las RDAPS son de alta complejidad y robustez, por lo que para poder ser desarrolladas se requiere del uso de herramientas informáticas. Estas metodologías han sido implantadas en el programa REDES, el cual será descrito a continuación.

8.5 PROGRAMA REDES

8.5.1 Introducción

El programa REDES, desarrollado en el Centro de Investigaciones en Acueductos y Alcantarillados –CIACUA– del Departamento de Ingeniería Civil y Ambiental de la Universidad de los Andes en Bogotá, Colombia, es una herramienta de simulación de sistemas de tuberías con flujo a presión. En este epígrafe se hace una breve descripción del programa, de sus algoritmos y del método de optimización en que se basa. El programa de tuberías que se encuentra en la página web de este texto contiene la versión académica del programa REDES.

El desarrollo del programa REDES está basado en criterios de optimización de RDAPS, a los que se ha llegado a través de investigaciones en diferentes universidades de Estados Unidos y de Europa. Dentro de los más importantes se encuentran los criterios análogos de optimización económica de diámetros de tuberías en redes cerradas de distribución de agua, desarrollados por Ronald Featherstone y Karim El-Jumaily (basados en el criterio de Wu; ver Epígrafe 5.2), y el método del gradiente para el cálculo de redes cerradas de distribución de agua, desarrollado por Ezio Todini y Enda O'Connell. El programa REDES nació en la Universidad de los Andes en 1988 a través de un proyecto especial dirigido por el autor con base en el artículo de Salgado-Todini y se siguió desarrollando como un conjunto de diversos proyectos de grado, proyectos especiales y tesis de posgrado dirigidos por el autor. En el año 2001 todo el proyecto se unificó con el nuevo paradigma de programación orientado por objetos y se implementó en la plataforma Delphi 6.0. En el año 2007 se tuvo la versión pública del programa.

A diferencia de los otros programas descritos en el siguiente capítulo, el programa REDES permite el diseño optimizado de redes de distribución de agua, tanto de redes nuevas como de ampliaciones de redes existentes; en su módulo de diseño incluye las opciones para diseñar con todos los métodos descritos en este capítulo: Algoritmos Genéticos (AG) aplicados al diseño de redes, Superficie Óptima de Gradiente Hidráulico (SOGH), Programación por Restricciones (PR) y otros. Debido a que REDES incluye rutinas de diseño de RDAPS, su descripción se introduce en este epígrafe, a diferencia de los demás programas comerciales, de los que se hablará en el siguiente capítulo.

8.5.2 Características Informáticas

El programa REDES está programado bajo el paradigma orientado por objetos, el cual permite una mejor reutilización de los algoritmos y un mantenimiento más sencillo de las aplicaciones. El lenguaje en el que se implementa el programa es PASCAL, en el entorno de desarrollo Delphi; REDES funciona en el sistema operativo Windows.

8.5.3 Características del programa

El programa REDES cuenta con cualidades especiales que lo diferencian de otros programas similares, ya que por su entorno geográfico y su forma de desarrollo está particularmente orientado a solucionar problemas específicos de las RDAPS en Latinoamérica. En su desarrollo han participado personas dedicadas a la gerencia y gestión integral de redes junto con ingenieros de sistemas, lo que hace que en la implementación del programa se tenga presente la visión del usuario manteniendo los estándares de calidad de software. Algunas características adicionales del programa son:

1. **Ecuaciones de Fricción**

El programa REDES utiliza dos ecuaciones de fricción: la ecuación de Darcy-Weisbach en conjunto con la ecuación de Colebrook-White y la ecuación de Hazen-Williams. Para lograr resultados óptimos es recomendable utilizar la primera de ellas, ya que es físicamente basada.

2. **Métodos de Cálculo**

El método de cálculo utilizado es el Método del Gradiente. El sistema matricial resultante se resuelve utilizando el método de Gauss o la factorización de Choleski. Este último agiliza el proceso de cálculo, resolviendo sistemas grandes en menos tiempo, lo que se ha denominado como Sparse Direct Solvers, que son algoritmos que permiten resolver las grandes matrices que se generan en diferentes problemas ingenieriles de manera directa por medio del método de Choleski, que consiste principalmente en la inversión de las matrices simétricas positivas; para el caso del programa REDES el calculador hidráulico que utiliza dicho método se conoce como SPARSE SOLVER.

Por otra parte, el programa REDES permite compararse con el programa EPANET, del cual se presenta una breve explicación en el Capítulo 9, de manera que también es posible utilizar los motores de cálculo de dicho programa.

3. **Interfaz Gráfica**

La interfaz gráfica de REDES consiste en un mapa de la red, en el cual es posible visualizar los valores de diferentes variables de los elementos (Ver FIGURA 8.7); adicionalmente, a través de la topografía (Ver FIGURA 8.8) y de las superficies (Ver FIGURA 8.9) se pueden visualizar los mismos datos, de forma que el usuario se puede hacer una idea global de lo que ocurre en la red. Al igual que las superficies y las curvas de nivel, es posible ver la topografía de la red en tres dimensiones. Todos los elementos pueden agregarse y editarse por medio de la interfaz gráfica; de la misma forma, es posible ver los resultados.

4. **Elementos**

Hasta la red más simple está compuesta por, al menos, una fuente de agua, un tubo y un nudo de demanda; sin embargo, redes más complejas pueden tener diferentes accesorios, como emisores (ver Capítulo 9), válvulas o bombas hidráulicas. El programa REDES maneja siete tipos de elementos diferentes, presentados a continuación con el símbolo utilizado en el programa:

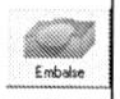

- *Embalses*: son fuentes de agua cuya altura piezométrica es fija.

- *Tanques*: fuentes de agua cuya altura piezométrica es variable, ya que pueden tener un caudal de entrada y alimentar la red (tanques de entrada) o pueden ser alimentados por la red (redes matrices) y tener un caudal de salida.

- *Nudos*: puntos donde hay demandas de caudal. La demanda en un nudo puede ser nula (ver Capítulo 9).

- *Tuberías*: tuberías de la red.
- *Emisores*: elementos hidráulicos de los nudos en los que el caudal demandado es función de la presión y que permiten simular fugas.

- *Válvulas*: accesorios de las tuberías que cambian la relación entre la altura piezométrica y el caudal; se pueden modelar válvulas reductoras de presión, válvulas de control de caudal, válvulas de propósito general, válvulas de regulación de presión, válvulas de cierre y válvulas de cheque o *check*.

- *Bombas*: accesorios de las tuberías que proporcionan energía a la red.

5. **Unidades**

El programa REDES cuenta con un sistema de unidades robusto y flexible, lo que permite ingresar los valores de las variables en la unidad en la que estén disponibles. Por defecto se utilizan las unidades en el Sistema Internacional, con la salvedad de que los caudales se dan en L/s; sin embargo, el usuario puede cambiar esta configuración según sus preferencias. Para cambiar las unidades se escoge la variable del elemento que se quiere configurar y en la ventana de edición de red se escoge la unidad deseada (ver FIGURAS 8.10 Y 8.11).

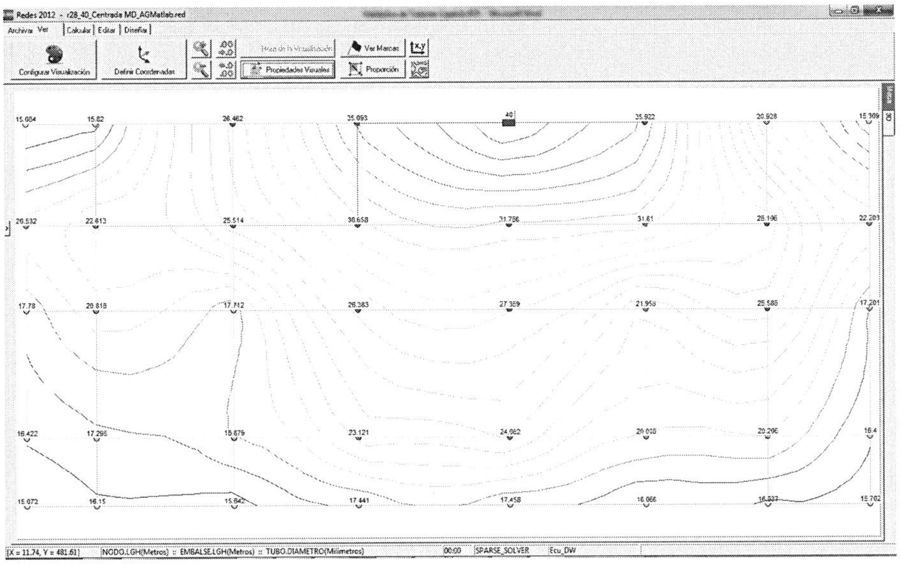

Figura 8.7 Mapa de una red en el programa REDES con curvas de nivel y alturas piezométricas en los nudos.

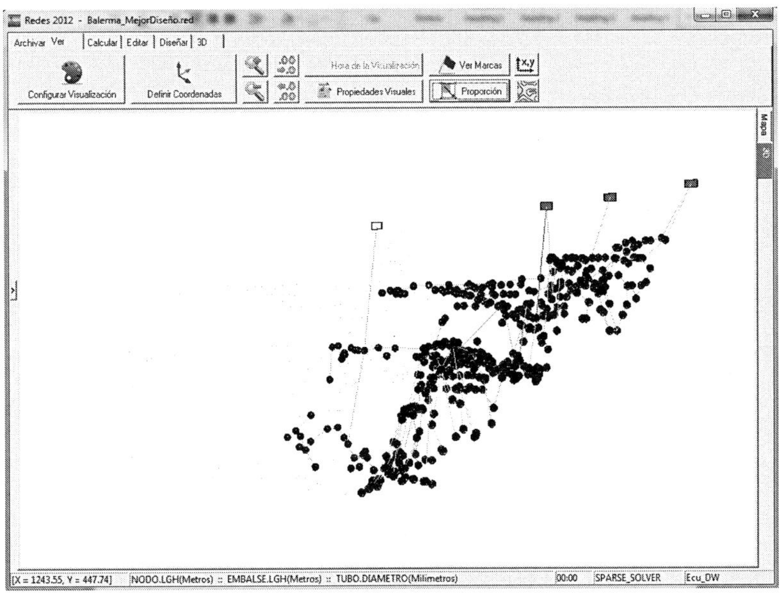

Figura 8.8 Representación tridimensional de la topografía de una red de distribución dentro del programa REDES.

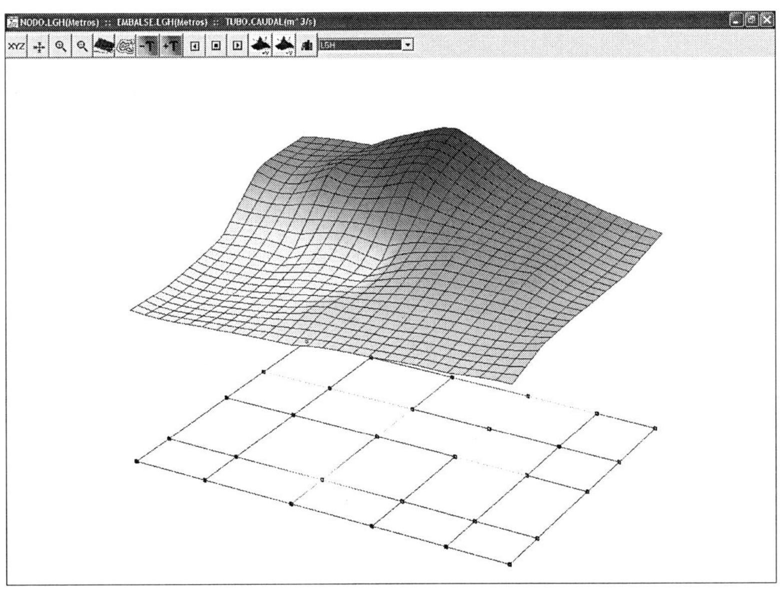

Figura 8.9 Superficie de presión en una red producida por el módulo gráfico del programa REDES.

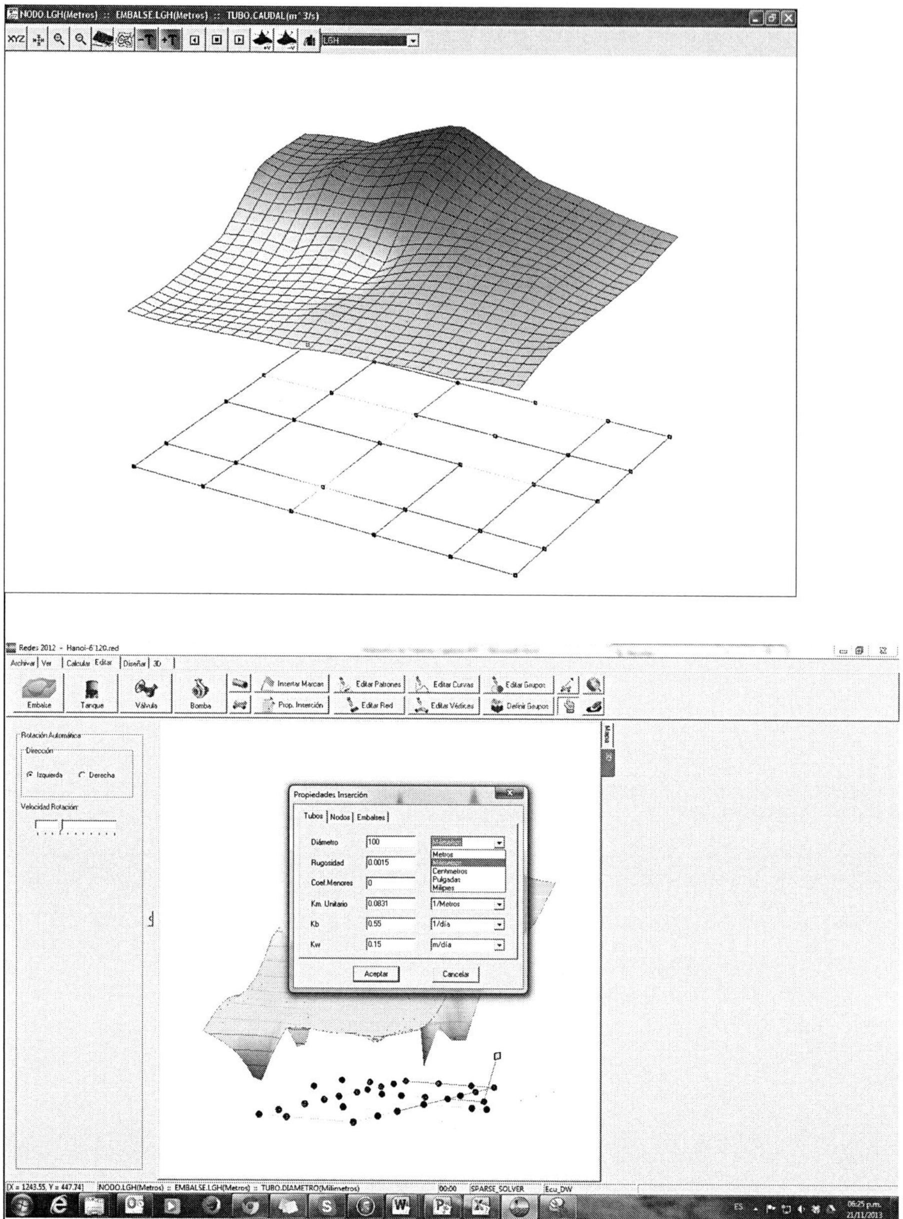

Figura 8.10 Cambio de unidades en el programa REDES.

De igual forma, las unidades de los resultados del cálculo también pueden modificarse independientemente para las variables manteniendo la equivalencia entre las distintas unidades.

8.5.4 Capacidades del programa

El programa REDES ofrece múltiples opciones de cálculo al usuario; entre estas se encuentra el cálculo hidráulico estático (cálculo de alturas piezométricas y presiones), cálculo hidráulico en período extendido (cálculo hidráulico a diferentes horas del día), cálculo de la calidad del agua (concentración, edad, trazadores y porcentaje de procedencia), diseño de RDAPS con métodos modernos, calibración de redes y cálculo del índice de resiliencia. Se recomienda al lector seguir REDES en su versión académica de forma paralela al desarrollo de este capítulo.

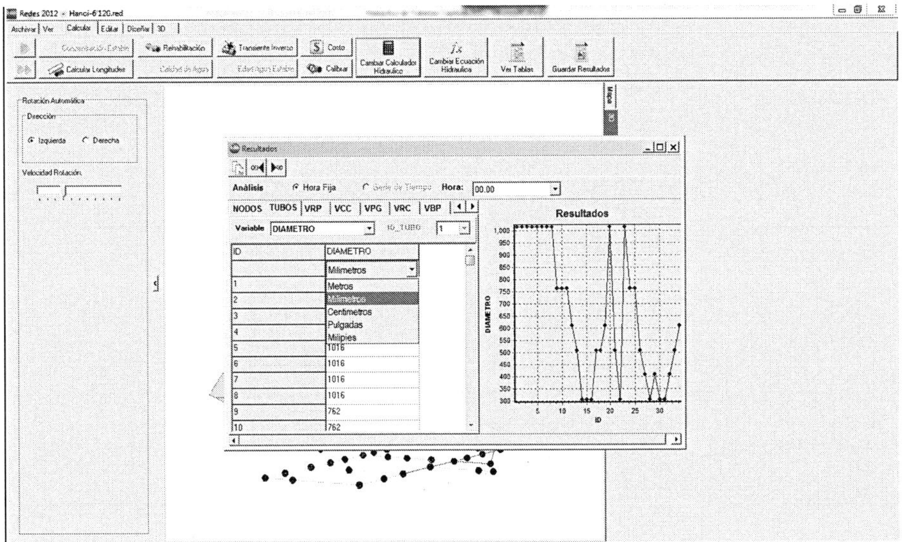

Figura 8.11 Cambio de unidades para ver los resultados en el programa REDES.

1. **Cálculo hidráulico estático**

Para realizar un cálculo hidráulico estático, después de haber creado la red exitosamente, se debe pulsar sobre el botón , marcado como "Calcular Hidráulica Estado Estable". Tras este proceso aparecerá una ventana indicando el número de iteraciones y el tiempo que se requirió para completar el cálculo (FIGURA 8.12).

En este cálculo, aparte de obtener las alturas piezométricas en cada nudo y los caudales en cada tubería, también se pueden obtener las velocidades, el factor de fricción, las pérdidas menores, las pérdidas por fricción y las pérdidas totales entre otros datos. Tras el cálculo hidráulico estático se obtiene el siguiente resultado de presiones para la red del Ejemplo 7.1, del Capítulo 7 (FIGURA 8.13).

Otra manera de ver los resultados de presión es en superficie 3D, en la pestaña 3D de la parte superior derecha del visor gráfico (FIGURA 8.14).

2. **Cálculo Hidráulico en Período Extendido**

Para el cálculo dinámico se debe dar clic sobre el botón , marcado como "Cálculo Hidráulica Periodo Extendido"; tras este paso aparece una ventana donde se pone la hora de inicio del cálculo, la hora final y el delta de tiempo del cálculo, y finalmente "calcular". (FIGURA 8.15).

Tras calcular, emergerá una ventana indicando el número de simulaciones y el tiempo que tardó el programa en hacer el cálculo (FIGURA 8.16).

Tras realizar el cálculo, se pueden visualizar los resultados dando clic en el botón , marcado como "Seleccionar Hora", del cual emergerá una ventana donde se puede avanzar para ver el resultado de la hora deseada.

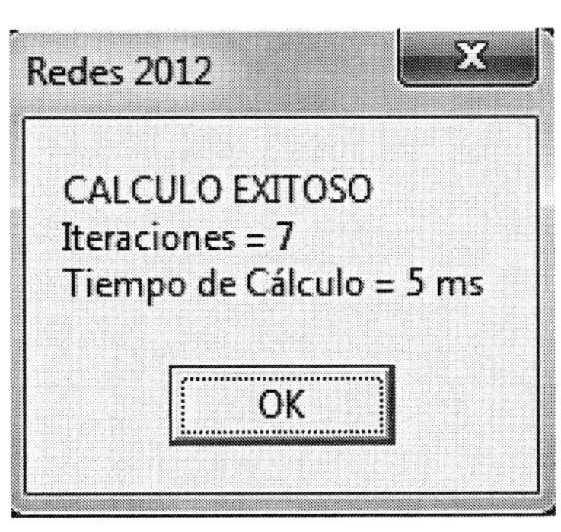

Figura 8.12 Información del cálculo hidráulico estático.

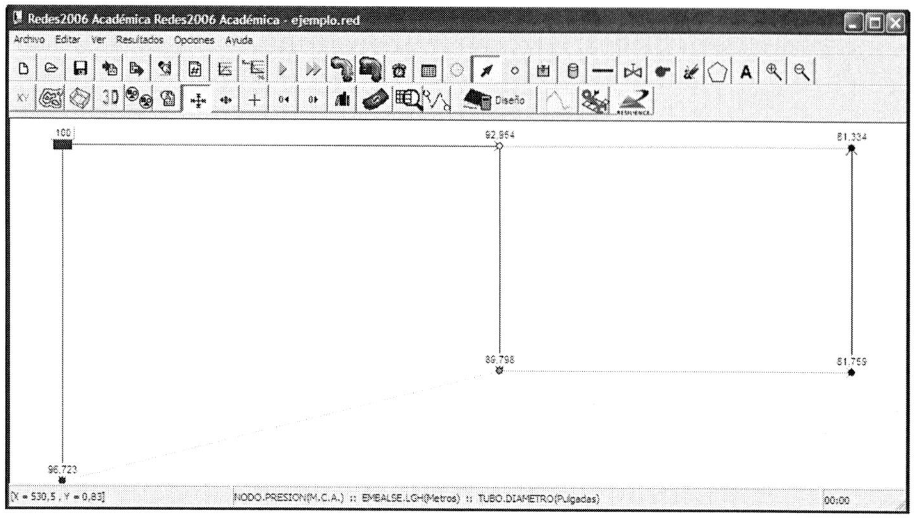

Figura 8.13 Visualización de resultados de altura piezométrica en los nudos.

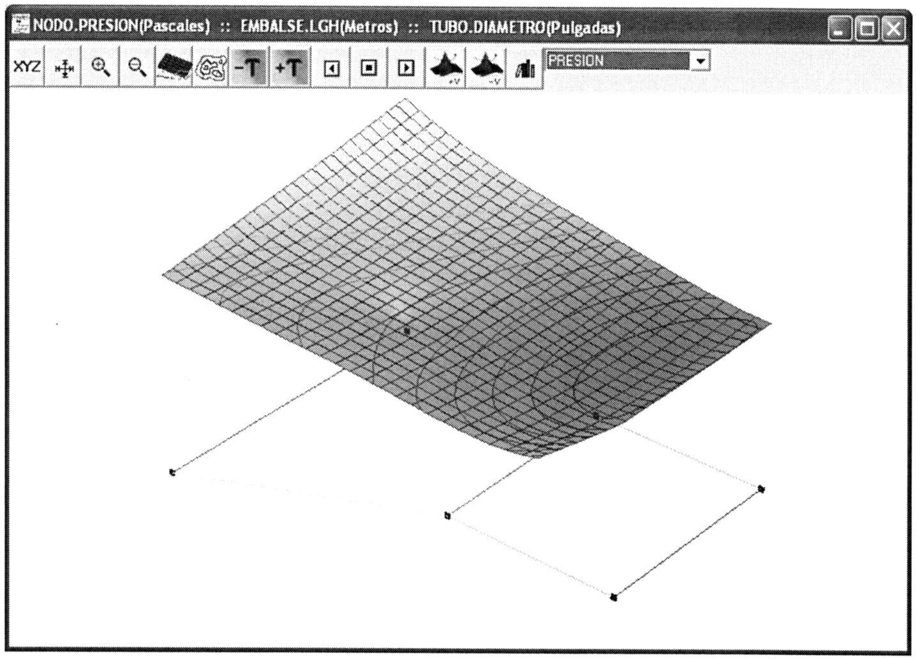

Figura 8.14 Superficie de presiones en la red del Ejemplo 7.1.

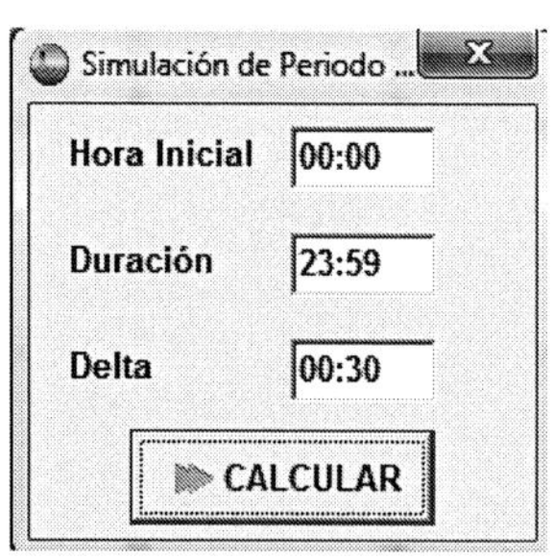

Figura 8.15 Datos para hacer la simulación hidráulica en período extendido.

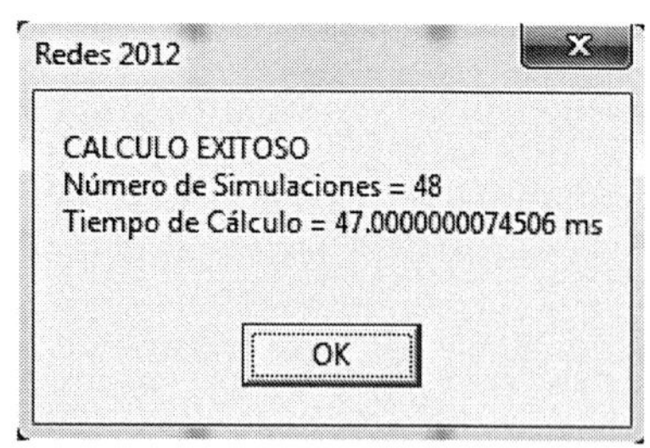

Figura 8.16 Información del cálculo hidráulico dinámico.

3. Diseño Optimizado

El programa REDES permite hacer diseños utilizando cuatro metodologías diferentes: Algoritmos Genéticos, Superficie Óptima de Gradiente Hidráulico (SOGH), Programación por Restricciones (PR) y Algoritmos de Optimización Combinatoria. En todas las metodologías implementadas el programa usa los mismos criterios hidráulicos y económicos: mantener la presión mínima en todos los nudos y minimizar el coste de la red. El coste de la red se calcula con las Ecuaciones 8.5 y 8.6, introducidas anteriormente. El coeficiente K y el exponente x de dichas ecuaciones deben calcularse según el comportamiento de los costes de las tuberías que se vayan a utilizar, y pueden ser en cualquier sistema monetario. Estos pueden ser introducidos al programa en la pestaña de costes de la ventana de diseño (Ver FIGURA 8.17).

En tres de las metodologías de diseño optimizado (Algoritmos Genéticos, Programación por Restricciones y Algoritmos de Optimización Combinatoria) se diseña a partir de un conjunto de diámetros comerciales definidos por el usuario según la disponibilidad que tenga en el material escogido. El programa REDES presenta un conjunto de diámetros por defecto, los cuales pueden ser modificados según las preferencias del usuario, tal como se muestra en la FIGURA 8.18.

En el Ejemplo 8.1 se diseña una red de prueba usando los AG.

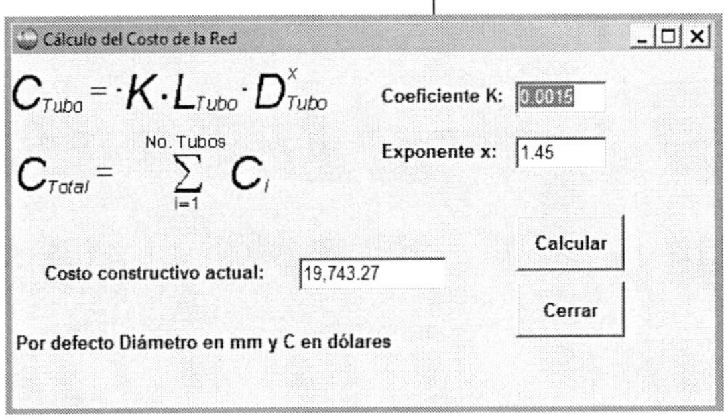

Figura 8.17 Ventana para configurar la función de costes en el diseño optimizado de una RDAP.

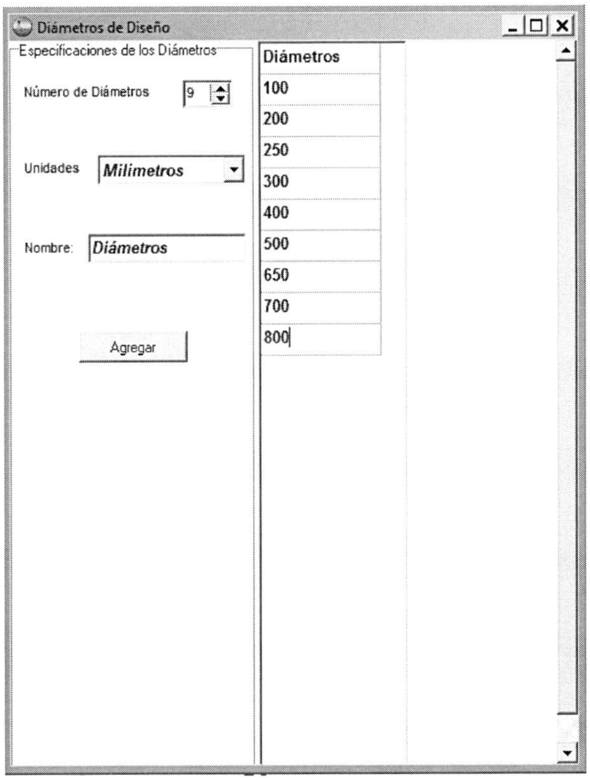

Figura 8.18 Ventana para configurar los diámetros reales internos para el diseño optimizado de unas RDAPS.

EJEMPLO 8.1

Diseño de una RDAPS por medio de los Algoritmos Genéticos

La red R28 es una RDAPS patrón hipotética creada para propósitos investigativos en el Centro de Investigaciones en Acueductos y Alcantarillados de la Universidad de los Andes, Bogotá, Colombia. La topología de la red consiste de 28 ciclos conformados por 67 tuberías y 39 nudos que son abastecidos por un único embalse con una altura de 40 m. Todos los nudos se encuentran a la misma altura excepto el embalse, que se encuentra a 15 m por encima. Esta red tiene la característica de tener una demanda centrada geográficamente, es decir, la demanda se concentra hacia el centro de la red; las pérdidas hidráulicas se calculan con la ecuación de Darcy-Weisbach con un coeficiente de rugosidad del 0.0015 mm para todas las tuberías; debe cumplir con una presión mínima de 20 m. La red cuenta con una lista de 19 diámetros disponibles, los cuales son: 50, 75, 100, 150, 200, 250, 300, 350, 400, 450, 500, 600, 750, 800, 1000, 1200, 1400, 1500 y 1800 mm (**FIGURA 8.19**).

El coste de las tuberías en pesos colombianos (de 2015) se puede calcular utilizando la siguiente ecuación:

$$C_c = K_1 \sum_{i=1}^{n} L_i * (d_i)^{K_2}$$

donde, $K_1 = 1.5$ y $K_2 = 1.45$.

Los caudales demandados en cada nudo se muestran en la Tabla 8.1.

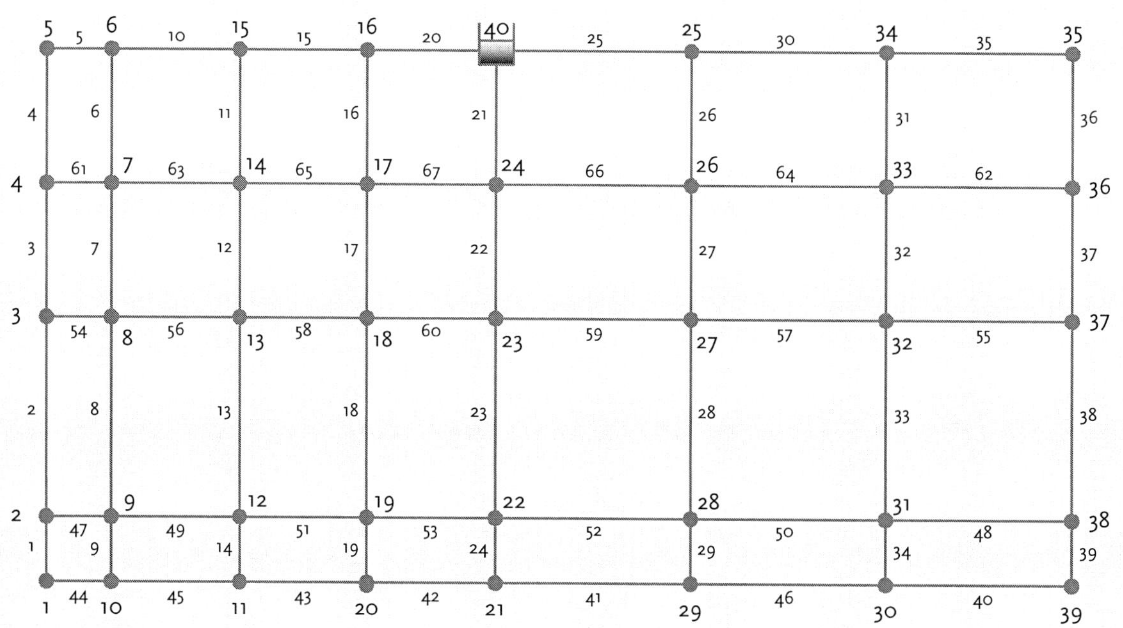

Figura 8.19 Numeración de los nudos, embalse y las tuberías de la red R28.

Tabla 8.1 Caudales de consumo en cada nudo para la red R28.

Nudo	Demanda (L/s)	Nudo	Demanda (L/s)	Nudo	Demanda (L/s)
1	3	14	27	27	31
2	7	15	15	28	28
3	8	16	24	29	10
4	7	17	29	30	9
5	4	18	33	31	25
6	12	19	30	32	27
7	21	20	10	33	24
8	24	21	11	34	13
9	22	22	31	35	6
10	8	23	34	36	11
11	10	24	30	37	12
12	28	25	23	38	11
13	31	26	27	39	4

Diseñe la Red patrón R-28 por medio de los AG, usando como *red padre* la configuración de diámetros aleatoria elegida que se muestra en la Tabla 8.2 para cada una de las 67 tuberías.

Tabla 8.2 Diámetros de las tuberías.

ID	Diámetro (mm)	Longitud (m)	ID	Diámetro (mm)	Longitud (m)
1	50	80	35	150	150
2	100	150	36	100	120
3	100	100	37	100	100
4	100	120	38	100	150
5	150	100	39	50	80
6	50	120	40	50	150
7	100	100	41	100	200
8	100	150	42	150	220
9	50	80	43	100	180
10	200	200	44	50	100
11	200	120	45	100	200
12	150	100	46	75	180
13	100	150	47	50	100
14	50	80	48	50	150
15	300	180	49	75	200
16	250	120	50	100	180
17	250	100	51	150	180
18	200	150	52	50	200
19	100	80	53	150	220
20	350	220	54	50	100
21	450	120	55	75	150
22	350	100	56	150	200
23	250	150	57	150	180
24	200	80	58	200	180
25	350	200	59	100	200
26	250	120	60	200	220
27	250	100	61	75	100
28	200	150	62	150	150
29	100	80	63	200	200
30	250	180	64	200	180
31	200	120	65	250	180
32	200	100	66	200	200
33	100	150	67	250	220
34	50	80			

Solución:

Para este modelo inicial o *red padre* se calcula el valor de la función de coste definida para la Red R28.

Con los datos de la Tabla 8.2 se puede calcular el coste constructivo para esta red.

Tabla 8.3 Cálculo del coste constructivo.

ID	Diámetro (mm)	Longitud (m)	$d_i^{K_2}$	$L_i{*}(d_i)^{K_2}$	ID	Diámetro (mm)	Longitud (m)	$d_i^{K_2}$	$L_i{*}(d_i)^{K_2}$
1	50	80	290.741	23 259.292	35	150	150	1 429.99	214 498.17
2	100	150	794.328	119 149.235	36	100	120	794.33	95 319.39
3	100	100	794.328	79 432.823	37	100	100	794.33	79 432.82
4	100	120	794.328	95 319.388	38	100	150	794.33	119 149.24
5	150	100	1 429.988	142 998.778	39	50	80	290.74	23 259.29
6	50	120	290.741	34 888.938	40	50	150	290.74	43 611.17
7	100	100	794.328	79 432.823	41	100	200	794.33	158 865.65
8	100	150	794.328	119 149.235	42	150	220	1 429.99	314 597.31
9	50	80	290.741	23 259.292	43	100	180	794.33	142 979.08
10	200	200	2 170.169	434 033.738	44	50	100	290.74	29 074.12
11	200	120	2 170.169	260 420.243	45	100	200	794.33	158 865.65
12	150	100	1 429.988	142 998.778	46	75	180	523.41	94 213.11
13	100	150	794.328	119 149.235	47	50	100	290.74	29 074.12
14	50	80	290.741	23 259.292	48	50	150	290.74	43 611.17
15	300	180	3 906.842	703 231.514	49	75	200	523.41	104 681.23
16	250	120	2 999.252	359 910.286	50	100	180	794.33	142 979.08
17	250	100	2 999.252	299 925.238	51	150	180	1 429.99	257 397.80
18	200	150	2 170.169	325 525.304	52	50	200	290.74	58 148.23
19	100	80	794.328	63 546.259	53	150	220	1 429.99	314 597.31
20	350	220	4 885.384	1 074 784.377	54	50	100	290.74	29 074.12
21	450	120	7 033.284	843 994.062	55	75	150	523.41	78 510.92
22	350	100	4 885.384	488 538.353	56	150	200	1 429.99	285 997.56
23	250	150	2 999.252	449 887.857	57	150	180	1 429.99	257 397.80
24	200	80	2 170.169	173 613.495	58	200	180	2 170.17	390 630.36
25	350	200	4 885.384	977 076.707	59	100	200	794.33	158 865.65
26	250	120	2 999.252	359 910.286	60	200	220	2 170.17	477 437.11
27	250	100	2 999.252	299 925.238	61	75	100	523.41	52 340.62
28	200	150	2 170.169	325 525.304	62	150	150	1 429.99	214 498.17
29	100	80	794.328	63 546.259	63	200	200	2 170.17	434 033.74
30	250	180	2 999.252	539 865.429	64	200	180	2 170.17	390 630.36
31	200	120	2 170.169	260 420.243	65	250	180	2 999.25	539 865.43
32	200	100	2 170.169	217 016.869	66	200	200	2 170.17	434 033.74
33	100	150	794.328	119 149.235	67	250	220	2 999.25	659 835.52
34	50	80	290.741	23 259.292				$\Sigma L_i{*}d_i^{K_2}$	16 492 907.7

Con este valor se puede calcular el coste de la red.

$$C_c = K_1 * \Sigma(L_i * d_i^{K_2}) = 1.5*16\ 492\ 907.7 = \text{COP\$ } 24\ 739\ 361.60$$

El coste hidráulico de la red se puede calcular si se conoce la presión en cada nudo de la red, la presión mínima es de 20 m.

Los costes de esta última ecuación corresponden a pesos colombianos de 2015.

$$C_h = \sum_{i=1}^{NU} g_i(F_i)$$

$$g_i(F_i) = \begin{cases} p_{min} - p_i \,, si\ p_i < p_{min} \\ 0 \qquad\qquad , si\ \ p_i > p_{min} \end{cases}$$

Tabla 8.4 Presión en los nudos.

ID	Presión (m)	ID	Presión (m)
1	20.041	21	32.207
2	21.718	22	32.956
3	24.038	23	35.977
4	27.64	24	37.716
5	32.058	25	36.258
6	32.958	26	34.06
7	30.913	27	32.419
8	27.362	28	30.255
9	21.363	29	29.178
10	20.91	30	21.981
11	23.494	31	24.904
12	27.739	32	31.618
13	31.195	33	32.537
14	33.076	34	34.054
15	34.508	35	33.058
16	36.14	36	31.178
17	34.455	37	26.474
18	33.121	38	22.76
19	31.049	39	20.044
20	30.302		

En la FIGURA 8.20 se muestra el cálculo del coste de la red realizado por el programa REDES.

Dado que ningún nudo de la red alcanza la presión mínima, el coste hidráulico de la red es cero.

Para hacer un diseño con AG, se deben especificar el valor de los siguientes parámetros:

- *Tamaño de la Población*: es el número de individuos para cada generación.
- *Número de Generaciones*: es el número de generaciones que va a tener el algoritmo.
- *Probabilidad de Mutación*: la probabilidad que una característica de un individuo cambie.
- *Coste por déficit de presión respecto a coste respectivo*: la relación de costes que se genera por déficit en la presión con el coste de construcción.
- *Generación Inicial*: para la generación inicial el programa puede generar una red aleatoria en el caso en que se vaya a optimizar por primera vez la red, o puede utilizar como generación inicial la red actual para intentar encontrar una mejor y optimizar el algoritmo.

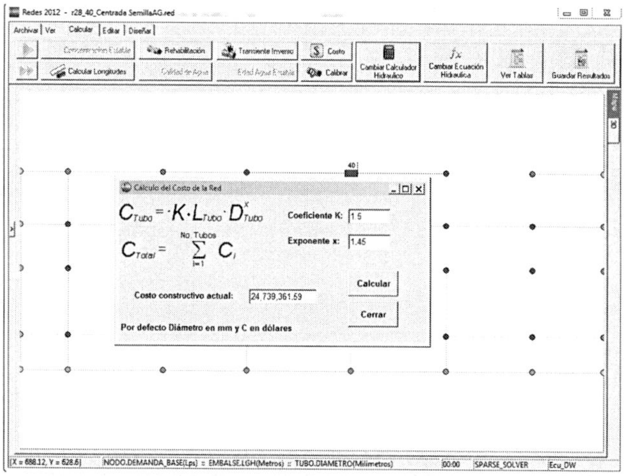

Figura 8.20 Coste de la *red padre* Red R28.

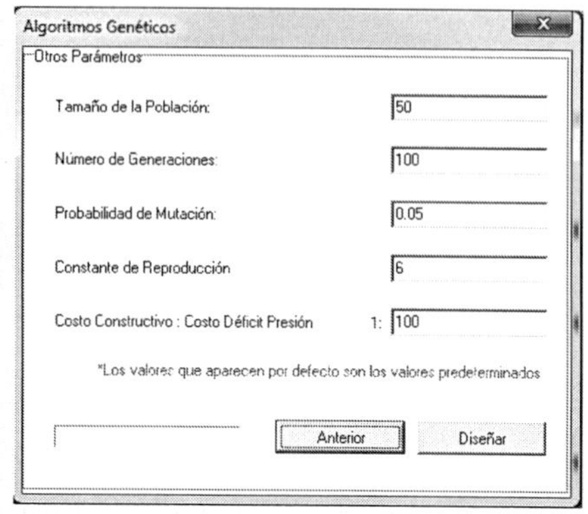

Figura 8.21 Parámetros en el programa REDES para AG.

El programa REDES tiene unos valores por defecto que han demostrado funcionar muy bien en el diseño en la mayoría de los casos. Con los parámetros definidos es posible correr el AG, obteniendo una serie de resultados ordenados por coste. A partir de los resultados, es posible volver a correr el algoritmo asignando a la red uno de los resultados hasta llegar a una solución satisfactoria.

Después de aplicar la metodología de AG para esta red usando un tamaño de población de 50 individuos y un número de generaciones igual a 100, como se muestra en la FIGURA 8.21, se obtiene que los diez mejores individuos o diseños son los siguientes (Ver FIGURA 8.22).

El mejor resultado para este primer diseño es de \$ 18 462 457.04 con un número de iteraciones que se puede calcular de la siguiente manera:

$$\text{Iteraciones}_{AG} = \text{tamaño población} * \text{número generaciones}$$
$$\text{Iteraciones}_{AG} = 50 * 100 = 5000 \text{ (FIGURA 8.23)}$$

Se observa que el número de iteraciones arrojado por el programa REDES no corresponde al producto del tamaño de la población por el número de generaciones, lo

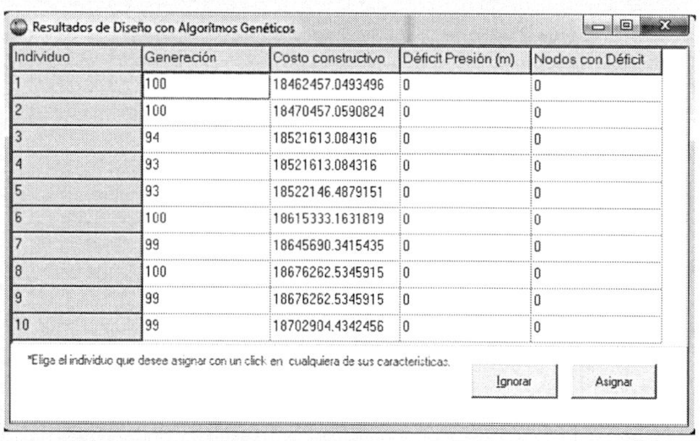
Resultados de Diseño con Algoritmos Genéticos

Individuo	Generación	Costo constructivo	Déficit Presión (m)	Nodos con Déficit
1	100	18462457.0493496	0	0
2	100	18470457.0590824	0	0
3	94	18521613.084316	0	0
4	93	18521613.084316	0	0
5	93	18522146.4879151	0	0
6	100	18615333.1631819	0	0
7	99	18645690.3415435	0	0
8	100	18676262.5345915	0	0
9	99	18676262.5345915	0	0
10	99	18702904.4342456	0	0

*Elija el individuo que desee asignar con un click en cualquiera de sus características.

Ignorar Asignar

Figura 8.22 Resultados de la primera ejecución con AG Red R28.

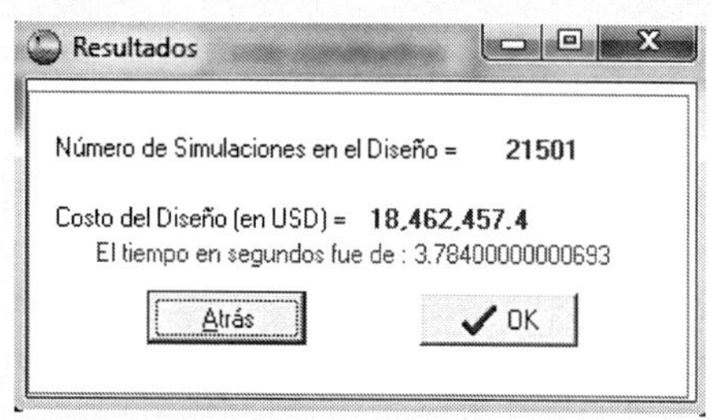

Figura 8.23 Número de simulaciones para la primera ejecución de AG.

que se debe al algoritmo Shake, utilizado por el programa para evitar estancarse en los mínimos locales.

La superficie de gradiente hidráulico para la red de menor coste generada en el primer diseño se muestra en la FIGURA 8.24.
Una vez obtenido este diseño puede ser asignado como la nueva red semilla, y realizar nuevamente el diseño con AG; la FIGURA 8.25 muestra los 10 mejores resultados obtenidos. Se obtiene un mejor resultado que para el caso anterior, lo que es esperado, ya que la red semilla o padre tiene una mejor configuración. La nueva configuración de diámetros cuesta $ 17 871 906.37.

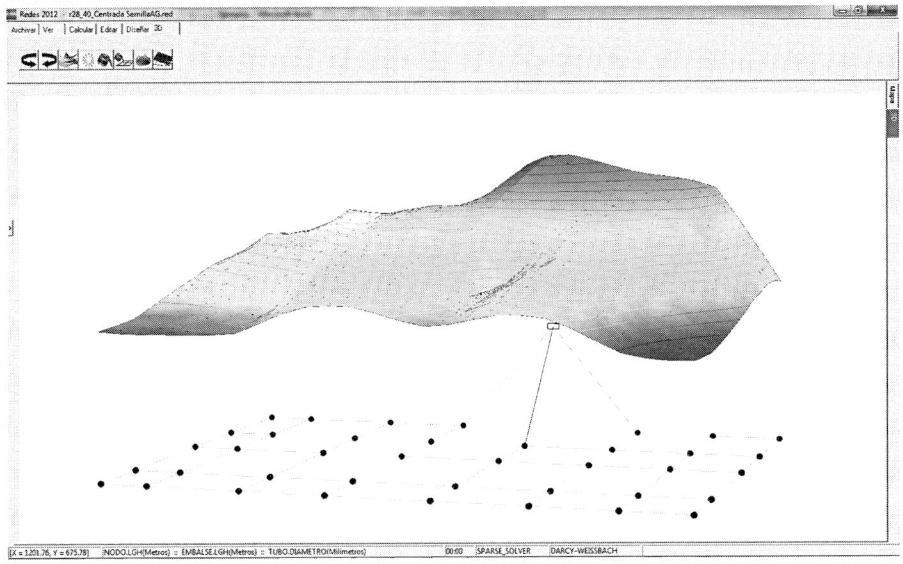

Figura 8.24 Superficie de gradiente hidráulico para la red de menor coste obtenida en la primera ejecución con AG Red R28.

Resultados de Diseño con Algoritmos Genéticos

Individuo	Generación	Costo constructivo	Déficit Presión (m)	Nodos con Déficit
1	57	17871906.376673	0	0
2	81	17896420.5022525	0	0
3	11	17910679.1122021	0	0
4	1	17913582.5180453	0	0
5	79	17941743.339735	0	0
6	8	17956001.9496845	0	0
7	80	17956850.9522291	0	0
8	8	18043563.9503209	0	0
9	9	18057042.6156783	0	0
10	5	18061755.2371435	0	0

*Eliga el individuo que desee asignar con un clic en cualquiera de sus caracteristicas.

Ignorar | Asignar

Figura 8.25 Resultados después de la segunda ejecución con AG usando como red padre el mejor resultado de la primera ejecución.

El número de iteraciones es:

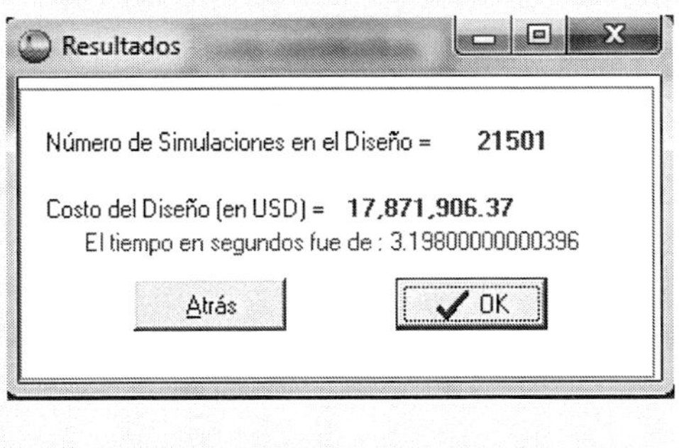

Figura 8.26 Número de iteraciones y tiempo de cálculo para la segunda ejecución.

Los diámetros para esta red se muestran en la Tabla 8.5:

Tabla 8.5 Diámetros del diseño con AG Red R28.

ID	Diámetro (mm)	ID	Diámetro (mm)	ID	Diámetro (mm)	ID	Diámetro (mm)	ID	Diámetro (mm)	ID	Diámetro (mm)
1	50	12	50	23	100	34	50	45	100	56	100
2	100	13	100	24	50	35	50	46	100	57	100
3	100	14	100	25	350	36	100	47	100	58	200
4	100	15	50	26	250	37	50	48	100	59	50
5	50	16	100	27	250	38	50	49	100	60	50
6	50	17	350	28	200	39	100	50	100	61	100
7	100	18	200	29	100	40	50	51	100	62	100
8	100	19	100	30	250	41	100	52	50	63	200
9	100	20	50	31	200	42	50	53	100	64	50
10	100	21	450	32	100	43	100	54	100	65	350
11	100	22	100	33	100	44	50	55	100	66	50
										67	300

La superficie de gradiente hidráulico para esta nueva red es mucho más curva que la de la red anterior, lo que indica que la presión se redujo en algunos nudos optimizando de esta manera el resultado, cómo se muestra en la FIGURA 8.27.

La diferencia de coste constructivo con respecto a la red inicial es de $ 6 867 455.23, lo que indica que es coste-efectiva, ya que logra transportar el agua con un diseño de menor de coste y cumpliendo con la restricción de presión en todos los nudos.

Discusión:

Este ejemplo sirve para mostrar cómo la metodología de AG permite encontrar una red de mejor coste siguiendo una función de coste que se ajusta a las restricciones económicas e hidráulicas de la red. Este tipo de diseños tienen la ventaja de poder ser implementados para una gran variedad de restricciones. En cuanto al cálculo informático, este método requiere del uso de un software de diseño, ya que si no es de esta manera el cálculo de una gran cantidad de redes puede tardar demasiado tiempo; sin embargo, las nuevas técnicas informáticas permiten realizar este tipo de diseños durante un tiempo de cálculo reducido.

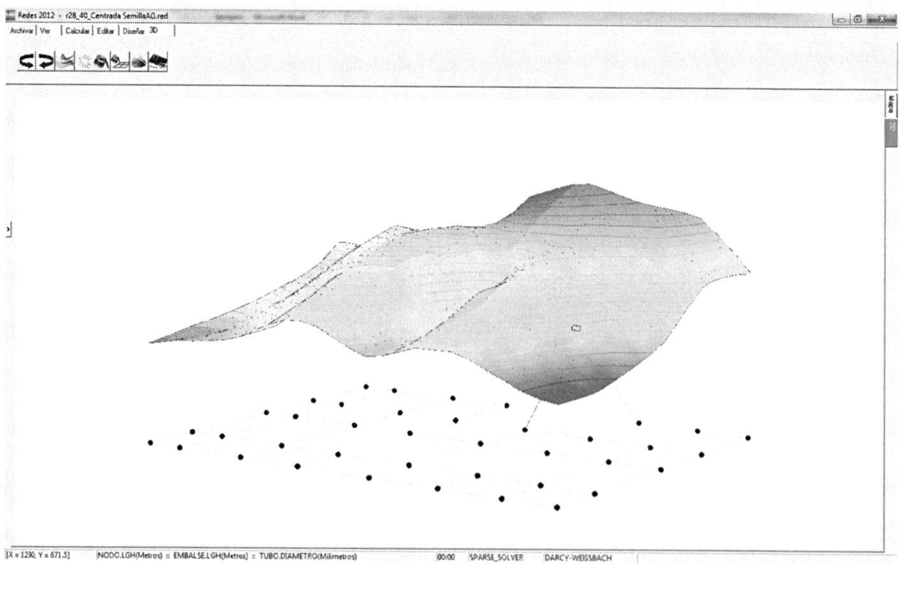

Figura 8.27 Superficie de gradiente hidráulico para la red de menor coste obtenida en la segunda ejecución con AG Red R28.

En el ámbito de los investigadores en el tema del diseño optimizado de RDAPS a nivel mundial se ha establecido una serie de redes patrón utilizadas para comparar la eficiencia de las diferentes heurísticas y algoritmos asociados. Usualmente se compara el coste obtenido y el esfuerzo informático que se requiere para llegar a un determinado diseño, medido en términos del número de cálculos hidráulicos de la red. Tres de esas redes son la red de Hanoi, la red de Taichung y al red Two Loops, ampliamente utilizadas. Los ejemplos que se muestran a continuación se desarrollan sobre estas redes con el fin de que los datos de entrada puedan ser utilizados por el lector para probar sus propios algoritmos.

EJEMPLO 8.2

Diseño de una RDAPS por medio de los Algoritmos Genéticos

La red de la ciudad de Hanoi fue presentada por primera vez por Fujiwara y Khang (1990). La ecuación para el cálculo de las pérdidas hidráulicas es la ecuación de Hazen-Williams con un coeficiente de rugosidad del 130. La red está conformada por 34 tuberías y 31 nudos, todos a la misma elevación; todo el sistema es abastecido por un único embalse de altura constante de 100 m. La presión mínima es de 30 m. La lista de diámetros disponibles es la siguiente: 12, 16, 20, 24, 30 y 40 pulgadas. La longitud de las tuberías y la demanda de caudales en cada nudo se muestran en las Tablas 8.6 y 8.7 respectivamente. La topología del sistema se muestra en la FIGURA 8.28.

El coste en dólares estadounidenses de la red puede ser calculado con la siguiente ecuación:

$$C_c = K_1 \sum_{i=1}^{n} L_i * (d_i)^{K_2}$$

donde, $K_1 = 0.0086$ y $K_2 = 1.5$.

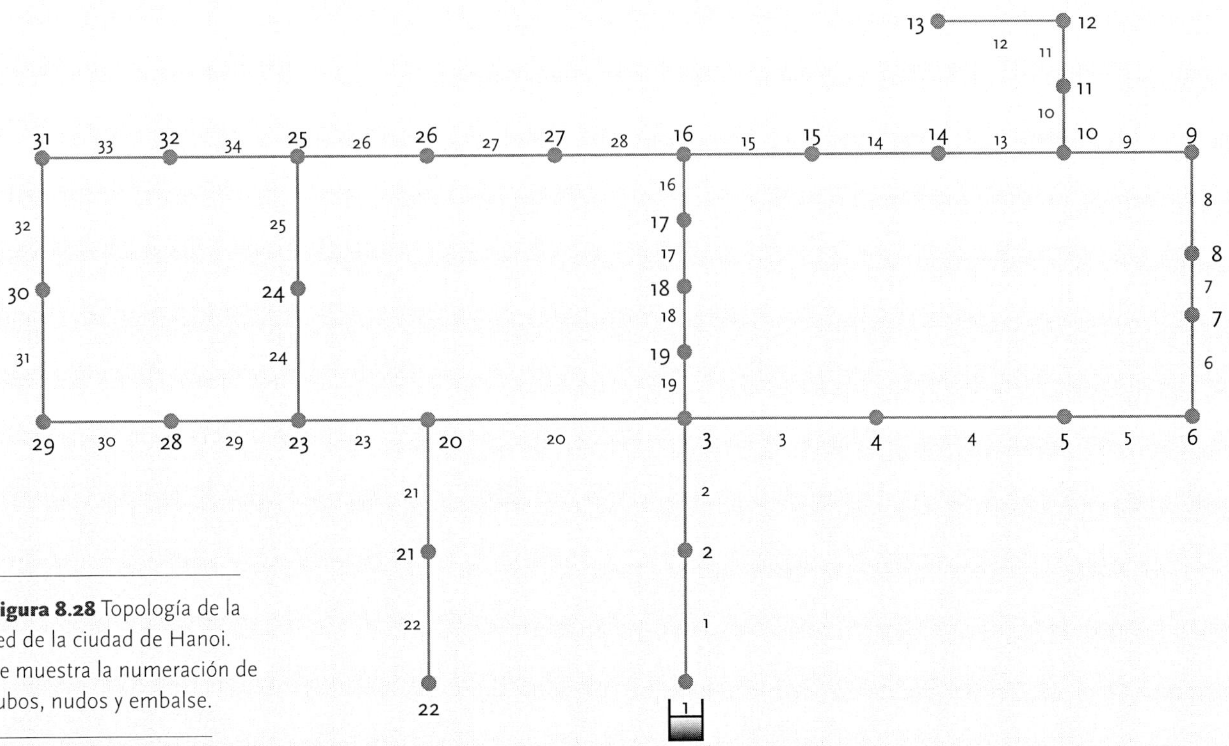

Figura 8.28 Topología de la red de la ciudad de Hanoi. Se muestra la numeración de tubos, nudos y embalse.

Tabla 8.6 Longitudes de las tuberías de la red de Hanoi.

ID	Longitud (m)	ID	Longitud (m)	ID	Longitud (m)	ID	Longitud (m)
1	100	10	950	19	400	28	750
2	1350	11	1200	20	2200	29	1500
3	900	12	3500	21	1500	30	2000
4	1150	13	800	22	500	31	1600
5	1450	14	500	23	2650	32	150
6	450	15	550	24	1230	33	860
7	850	16	2730	25	1300	34	950
8	850	17	1750	26	850		
9	800	18	800	27	300		

Tabla 8.7 Demandas en los nudos de la red de Hanoi.

ID	Demanda (m^3/h)	ID	Demanda (m^3/h)	ID	Demanda (m^3/h)	ID	Demanda (m^3/h)
2	890	10	525	18	1345	26	900
3	850	11	500	19	60	27	370
4	130	12	560	20	1275	28	290
5	725	13	940	21	930	29	360
6	1005	14	615	22	485	30	360
7	1350	15	280	23	1045	31	105
8	550	16	310	24	820	32	805
9	525	17	865	25	170		

Diseñe la red patrón de la ciudad de Hanoi por medio de los AG usando como semilla inicial diámetros de 40 pulgadas para todas las tuberías.

Solución:

Para este modelo inicial se calcula el valor de la función de coste definida para la red.

En la FIGURA 8.29 se muestra el cálculo del coste de la red realizado por el programa REDES.

Después de aplicar la metodología de AG para esta red, usando un tamaño de población de 50 individuos y un número de generaciones igual a 200, como se muestra en la FIGURA 8.30, se procede a hacer el diseño. Después de realizar la ejecución se obtiene que los diez mejores individuos o diseños son los que se encuentran en la FIGURA 8.31.

El mejor resultado para este primer diseño es de $ 7 782 378.77 con un número de iteraciones, que se muestra en la FIGURA 8.32.

Los diámetros del mejor diseño para la primera ejecución con los AG se muestran en la Tabla 8.8:

Tabla 8.8 Diámetros obtenidos para la primera ejecución con AG Red Hanoi.

ID	Diámetro (in)	ID	Diámetro (in)	ID	Diámetro (in)
1	40	12	40	23	40
2	40	13	12	24	40
3	40	14	40	25	40
4	40	15	20	26	20
5	40	16	12	27	40
6	40	17	40	28	12
7	30	18	40	29	20
8	40	19	20	30	12
9	40	20	40	31	12
10	40	21	40	32	20
11	20	22	12	33	20
				34	20

La superficie de gradiente hidráulico para esa configuración de diámetros se muestra en la FIGURA 8.33.

Realizando una nueva ejecución de diseño con AG, utilizando como red padre la red de menor coste obtenida en el caso anterior, se obtienen los resultados que se muestran en la FIGURA 8.34.

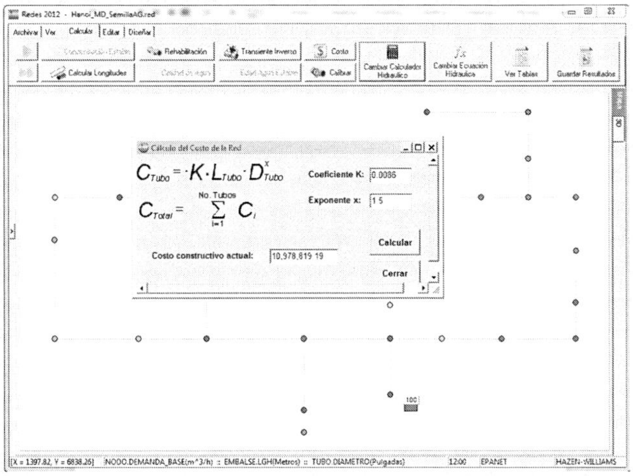

Figura 8.29 Coste de la red padre Red Hanoi.

Figura 8.30 Parámetros en el programa REDES para AG.

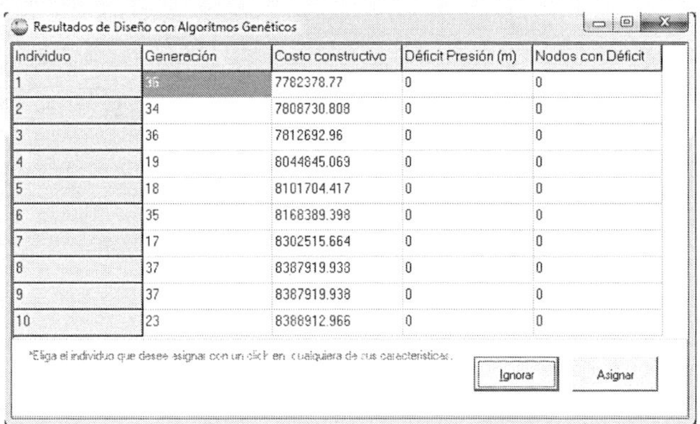
Resultados de Diseño con Algoritmos Genéticos

Individuo	Generación	Costo constructivo	Déficit Presión (m)	Nodos con Déficit
1	36	7782378.77	0	0
2	34	7808730.808	0	0
3	36	7812692.96	0	0
4	19	8044845.063	0	0
5	18	8101704.417	0	0
6	35	8168389.398	0	0
7	17	8302515.664	0	0
8	37	8387919.938	0	0
9	37	8387919.938	0	0
10	23	8388912.966	0	0

*Elija el individuo que desee asignar con un click en cualquiera de sus características.

Ignorar Asignar

Figura 8.31 Resultados de la primera ejecución en AG Red Hanoi.

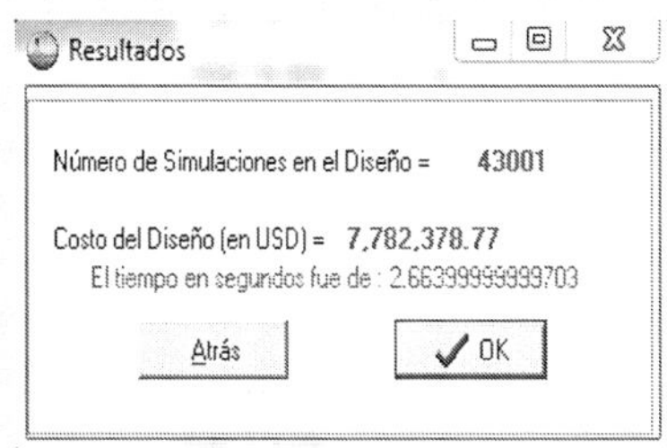

Figura 8.32 Número de simulaciones para la primera ejecución de AG Red Hanoi.

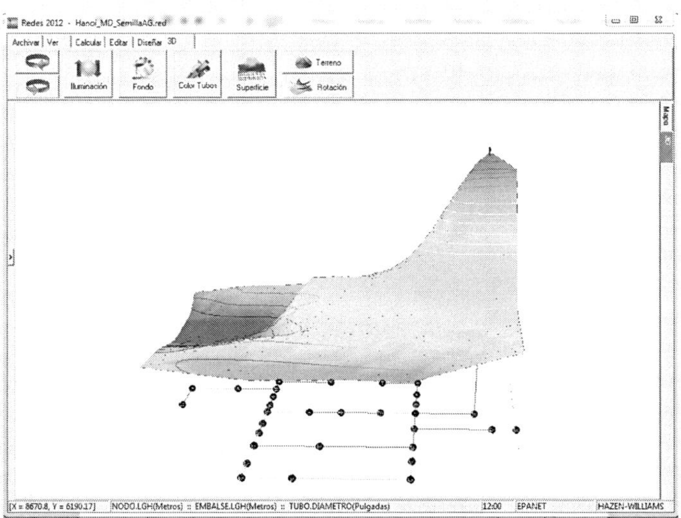

Figura 8.33 Superficie de gradiente hidráulico para la red Hanoi después de la primera ejecución con AG.

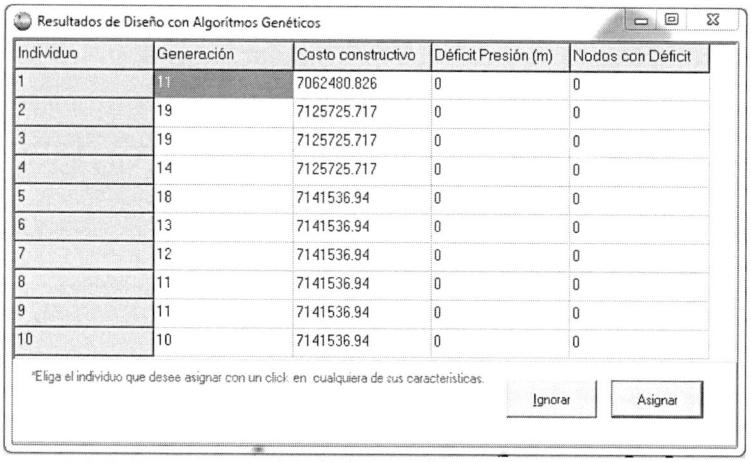

Individuo	Generación	Costo constructivo	Déficit Presión (m)	Nodos con Déficit
1	11	7062480.826	0	0
2	19	7125725.717	0	0
3	19	7125725.717	0	0
4	14	7125725.717	0	0
5	18	7141536.94	0	0
6	13	7141536.94	0	0
7	12	7141536.94	0	0
8	11	7141536.94	0	0
9	11	7141536.94	0	0
10	10	7141536.94	0	0

Figura 8.34 Resultados para la segunda ejecución para la red Hanoi con AG.

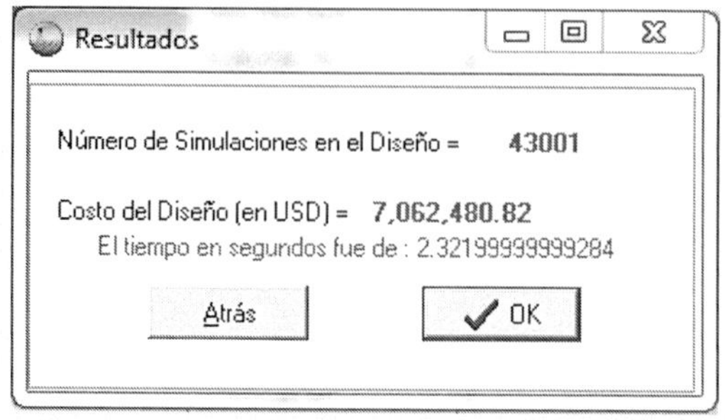

Figura 8.35 Simulación para el mejor resultado de la segunda ejecución con AG Red Hanoi.

Se obtiene una red de un coste menor de \$ 7 062 480.82, lo que es esperado debido a que a medida que mejoran las características de la red padre, los nuevos individuos presentan una mejora en los costes. Los diámetros asignados para el mejor diseño se muestran en la Tabla 8.9 y la superficie de gradiente hidráulico en la FIGURA 8.36.

Tabla 8.9 Diámetros obtenidos para la segunda ejecución con AG Red Hanoi.

ID	Diámetro (in)	ID	Diámetro (in)	ID	Diámetro (in)
1	40	12	30	23	40
2	40	13	12	24	40
3	40	14	20	25	40
4	40	15	12	26	20
5	40	16	20	27	20
6	40	17	40	28	12
7	30	18	40	29	12
8	40	19	20	30	12
9	40	20	40	31	12
10	40	21	20	32	20
11	20	22	12	33	20
				34	20

Discusión:

Como se observa en este ejemplo, nuevamente la superficie de gradiente hidráulico que disminuye el coste del diseño se va haciendo cada vez más cóncava. Esto parece indicar que una forma de reducir el número de iteraciones asociado con los AG es tratar de establecer de antemano una superficie de gradiente hidráulico objetivo que reproduzca, desde un principio, una superficie cóncava similar a la que obtiene la metodología de AG después de un número muy grande de iteraciones, es decir, de individuos y de generaciones. Teniendo en cuenta esto se desarrolló la metodología SOGH, la cual se basa de alguna forma en el criterio de I-Pai Wu antes mencionado.

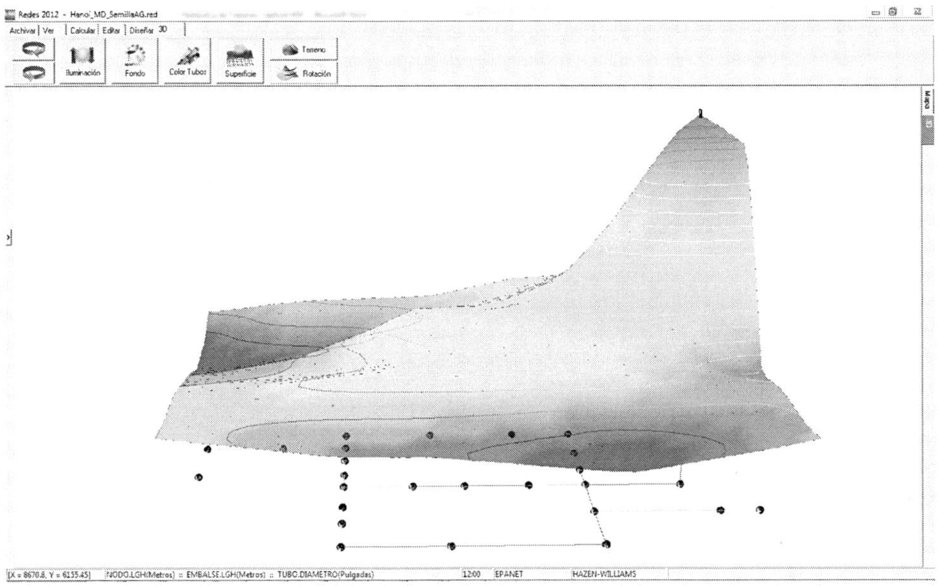

Figura 8.36 Superficie de gradiente hidráulico para la red Hanoi después de la segunda ejecución con AG.

Otra forma de diseñar óptimamente RDAPS es la de utilizar el criterio de Superficie Óptima de Gradiente Hidráulico (SOGH). Para realizar un diseño de este tipo es necesario elegir la clase de superficie que se quiere tener como objetivo. El programa REDES ofrece la posibilidad de diseñar con superficies catenarias, cuadráticas, elípticas, gaussianas, lineales y recíprocas, tal como se describió en el Epígrafe 8.5.4 (Ver FIGURA 8.37). Por defecto, el programa tiene establecida la superficie cuadrática, ya que ha demostrado ser la de mejor comportamiento. En el siguiente ejemplo se vuelve a diseñar la red del Ejemplo 8.1 utilizando SOGH.

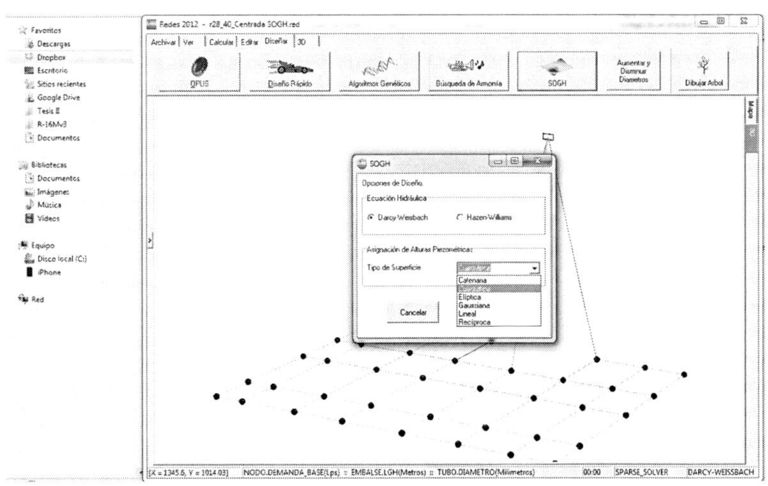

Figura 8.37 Configuración de la Superficie Óptima de Presiones. Red R28.

EJEMPLO 8.3

Diseño de una RDAPS utilizando la metodología SOGH

Diseñe la Red R28 descrita en el Ejemplo 8.1, utilizando la metodología de superficie óptima de gradiente hidráulico.

Solución:

Asignación inicial de diámetros para definir los sentidos de flujo:

Se asigna un diámetro de 250 mm a todas las tuberías con el fin de que el agua corra hacia los nudos y no hacia el embalse.

Con estos diámetros se calcula la hidráulica y se obtienen los siguientes sentidos de flujo.

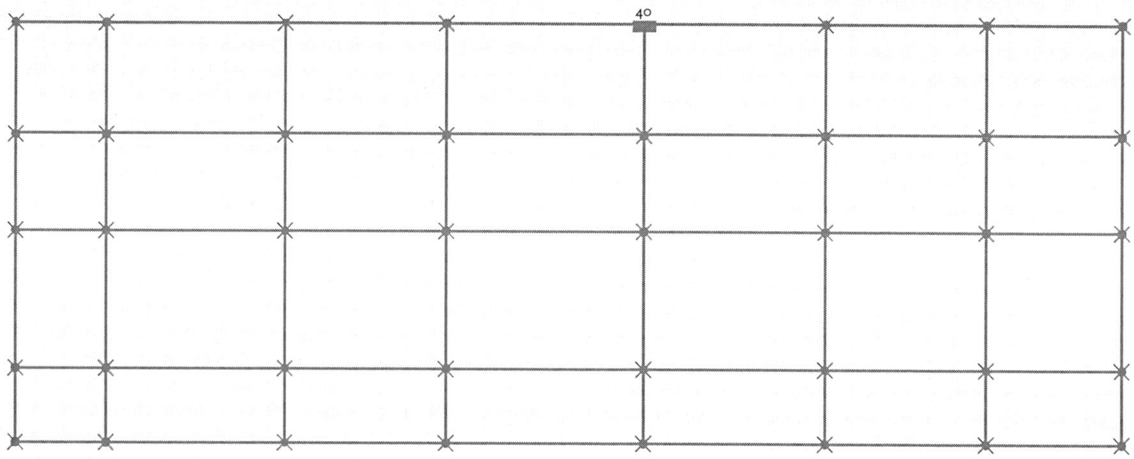

Figura 8.38 Sentidos de flujo iniciales para la Red R28.

Cálculo de la distancia topológica:

Esta es la distancia desde el embalse hasta cada nudo.

Siguiendo el sentido de flujo de la red y la longitud de cada tubería se obtienen las siguientes distancias topológicas para cada nudo.

Tabla 8.10 Distancia topológica de los nudos.

Nudo (ID)	$d_{topológica}$ (m)	Nudo (ID)	$d_{topológica}$ (m)	Nudo (ID)	$d_{topológica}$ (m)
1	1150	14	520	27	420
2	1070	15	400	28	570
3	920	16	220	29	650
4	820	17	340	30	830
5	700	18	440	31	750
6	600	19	590	32	600
7	720	20	670	33	500
8	820	21	450	34	380
9	970	22	370	35	530
10	1050	23	220	36	650
11	850	24	120	37	750
12	770	25	200	38	900
13	620	26	320	39	980

Teniendo en cuenta estas distancias, es posible realizar un cálculo inicial del diámetro de cada tubería de la red, de tal forma que cada diámetro sea inversamente proporcional a la distancia topológica de cada nudo. Los resultados se muestran en la Tabla 8.11; los diámetros más grandes deben estar más cerca del tanque, es decir, la distancia topológica es menor que la de los diámetros más pequeños.

Tabla 8.11 Diámetros de las tuberías.

Tubo (ID)	Diámetro (mm)	Tubo (ID)	Diámetro (mm)	Tubo (ID)	Diámetro (mm)	Tubo (ID)	Diámetro (mm)
1	50	18	988.063	35	1082.658	52	1059.009
2	231.306	19	806.757	36	869.82	53	1043.243
3	428.378	20	1800	37	696.396	54	428.378
4	601.802	21	1800	38	499.324	55	735.811
5	775.225	22	1531.982	39	318.018	56	664.865
6	759.459	23	1334.91	40	373.198	57	995.946
7	586.036	24	1153.604	41	932.883	58	964.414
8	388.964	25	1800	42	917.117	59	1295.495
9	207.658	26	1390.09	43	601.802	60	1279.73
10	1011.712	27	1216.667	44	65.766	61	586.036
11	1074.775	28	1019.595	45	302.252	62	893.468
12	901.351	29	838.288	46	633.333	63	822.523
13	704.279	30	1342.793	47	191.892	64	1153.604
14	522.973	31	1106.306	48	499.324	65	1122.072
15	1311.261	32	932.883	49	428.378	66	1453.153
16	1358.559	33	735.811	50	759.459	67	1437.387
17	1185.135	34	554.505	51	727.928		

Con estos diámetros y distancias se puede calcular la flecha óptima de diseño.

Centroide de demandas:
Se calcula con la siguiente ecuación:

$$\bar{x} = \frac{\frac{\sum_{i=0}^{NN} q_i d_{i\,Topológica}}{Q_{total}}}{d_{Topológica\ máxima}}$$

$$\bar{x} = \frac{\frac{350.368\,\frac{m^4}{s}}{0.645\,\frac{m^3}{s}}}{1150\,m} = 0.472$$

Tabla 8.12 Centroide de demandas para la Red R28.

Nudo (ID)	$d_{topológica}$ (m)	Caudal (L/s)	$d_{topológica}*Q_i$ (m^4/s)	Nudo (ID)	$d_{topológica}$ (m)	Caudal (L/s)	$d_{topológica}*Q_i$ (m^4/s)
1	1150	2.8	3.22	21	450	10	4.5
2	1070	6.2	6.634	22	370	27.8	10.286
3	920	7.2	6.624	23	220	30.4	6.688
4	820	6.2	5.084	24	120	26.8	3.216
5	700	3.6	2.52	25	200	20.6	4.12
6	600	10.8	6.48	26	320	24.2	7.744
7	720	18.8	13.536	27	420	27.8	11.676
8	820	21.4	17.548	28	570	25.2	14.364
9	970	19.6	19.012	29	650	9	5.85
10	1050	7.2	7.56	30	830	8	6.64
11	850	9	7.65	31	750	22.4	16.8
12	770	25.2	19.404	32	600	24.2	14.52
13	620	27.8	17.236	33	500	21.4	10.7
14	520	24.2	12.584	34	380	11.6	4.408
15	400	13.4	5.36	35	530	5.4	2.862
16	220	21.4	4.708	36	650	10	6.5
17	340	26	8.84	37	750	10.8	8.1
18	440	29.6	13.024	38	900	10	9
19	590	26.8	15.812	39	980	3.6	3.528
20	670	9	6.03	Σ		645.400	350.368

Coeficiente de Uniformidad:

$$l_1 = L_T * \bar{x}$$
$$l_2 = L_T - l_1$$

$$L_T = \sum_{i=1}^{NT} l_i = 9750\ m$$

$$l_1 = 9750\ m * 0.472 = 4602.59\ m$$

$$l_2 = 5147.41\ m$$

Haciendo uso de la Ecuación 5.15 se obtiene el coeficiente de uniformidad:

$$CU = 0.171$$

Cálculo de la flecha:

La primera flecha se calcula con la Ecuación 5.16:

$$F = a + b\bar{x} + cCU_7 + dCU_7{}^2 = 0.211$$

La flecha, después de la corrección por el exponente de la función de costes (n), se calcula con la Ecuación 5.17:

$$F_n = \alpha n^2 + \beta n + \gamma = 0.210$$

La flecha de diseño se obtiene después de realizar la corrección por la relación Q^2/L^3, la cual se calcula por medio de la Ecuación 5.18:

$$F_{Q^2/_{L^3}} = a \ln \frac{Q^2}{L^3} + b = 0.1906$$

La Ecuación que representa la superficie de gradiente hidráulico es la Ecuación 5.19:

ECUACIÓN 5.19

$$LOGH(x) = \alpha d^2 + \beta d + \gamma$$

donde:

$$\alpha = 4 * (0.1908) \frac{(40\,m - 20\,m)}{1150\,m^2}$$

$$\beta = -(1 + 4 * 0.1908) \frac{(40\,m - 20\,m)}{1150\,m}$$

$$\gamma = 40\,m$$

En la **FIGURA 8.39** se muestra el cálculo de las flechas realizado por el programa REDES.

Se localizan los sumideros de la red y se calcula la LOGH para cada nudo siguiendo la metodología de localizar el nudo padre para cada nudo, como se explica en el Epígrafe 6.6. La LOGH para cada nudo se muestra en la Tabla 8.13.

Tabla 8.13 LOGH para cada nudo de la Red R28.

Nudo (ID)	LOGH (m)	Nudo (ID)	LOGH (m)	Nudo (ID)	LOGH (m)
1	15	14	23.974	27	26.451
2	15.505	15	26.981	28	22.844
3	16.95	16	32.269	29	21.186
4	18.274	17	28.64	30	18.129
5	20.243	18	25.932	31	19.372
6	22.201	19	22.412	32	22.201
7	19.886	20	20.8	33	24.447
8	18.274	21	25.678	34	27.522
9	16.397	22	27.797	35	23.742
10	15.661	23	32.269	36	21.186
11	17.847	24	35.61	37	19.372
12	19.044	25	32.914	38	17.192
13	21.786	26	29.216	39	16.295

Con estos valores se calcula la pérdida de energía objetivo en cada tubería y utilizando un diseño por medio del Diagrama de Flujo 2 se obtienen los diámetros continuos de todas las tuberías de la red. Una vez realizada la aproximación por el método de redondeo potencial para discretizar los diámetros se obtienen los diámetros que se muestran en la Tabla 8.14. Después de obtener el diseño, el programa muestra una ventana con el número de simulaciones y el coste del sistema, como se muestra en la **FIGURA 8.40**.

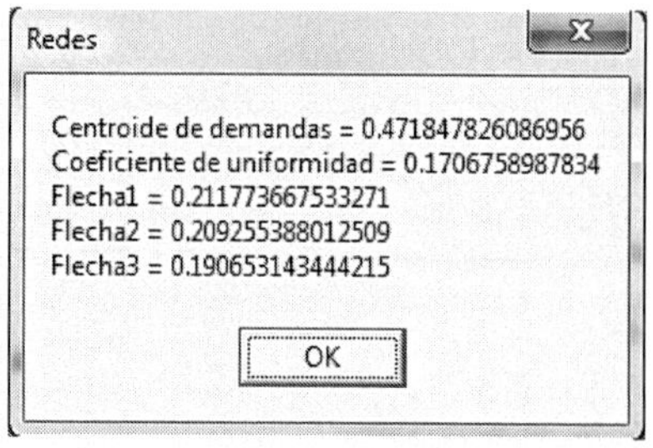

Figura 8.39 Cálculo de las flechas en la metodología SOGH Red R28.

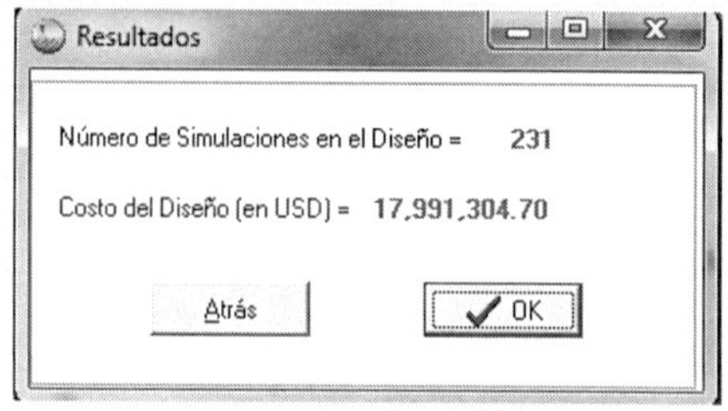

Figura 8.40 Número de simulaciones con la metodología SOGH Red R28.

Tabla 8.14 Diámetros de las tuberías diseñadas por medio de LOGH.

Tubo (ID)	Diámetro (mm)	Tubo (ID)	Diámetro (mm)	Tubo (ID)	Diámetro (mm)	Tubo (ID)	Diámetro (mm)
1	75	18	150	35	150	52	50
2	100	19	100	36	150	53	150
3	100	20	250	37	150	54	50
4	150	21	300	38	150	55	50
5	150	22	250	39	50	56	150
6	50	23	200	40	50	57	75
7	50	24	100	41	50	58	150
8	50	25	250	42	75	59	75
9	50	26	200	43	100	60	150
10	150	27	200	44	50	61	50
11	100	28	150	45	100	62	75
12	200	29	100	46	75	63	150
13	150	30	200	47	50	64	150
14	50	31	150	48	50	65	200
15	200	32	150	49	150	66	150
16	200	33	100	50	100	67	200
17	150	34	75	51	100		

El coste se calcula con la Ecuación 8.1:

$$C = USD\$ \ 17\,991\,304.70$$

Comparando con respecto al resultado obtenido después de las dos ejecuciones de la metaheurística de AG, se obtiene que la diferencia porcentual en coste con respecto a la metodología SOGH es la siguiente:

$$\Delta C\% = \frac{\$24\,739\,361.60 - \$\,17\,991\,304.70}{\$\,17\,991\,304.70} * 100 = 38\%$$

La diferencia en coste es de un 0,66 %, es decir, la metodología SOGH logra obtener un resultado 38 % más económico que por medio de la AG y tan solo con 5 simulaciones hidráulicas, 3 órdenes de magnitud menor a las requeridas por AG.

La Superficie Óptima de Gradiente Hidráulico obtenida se muestra en las FIGURAS 8.41 Y 8.42.

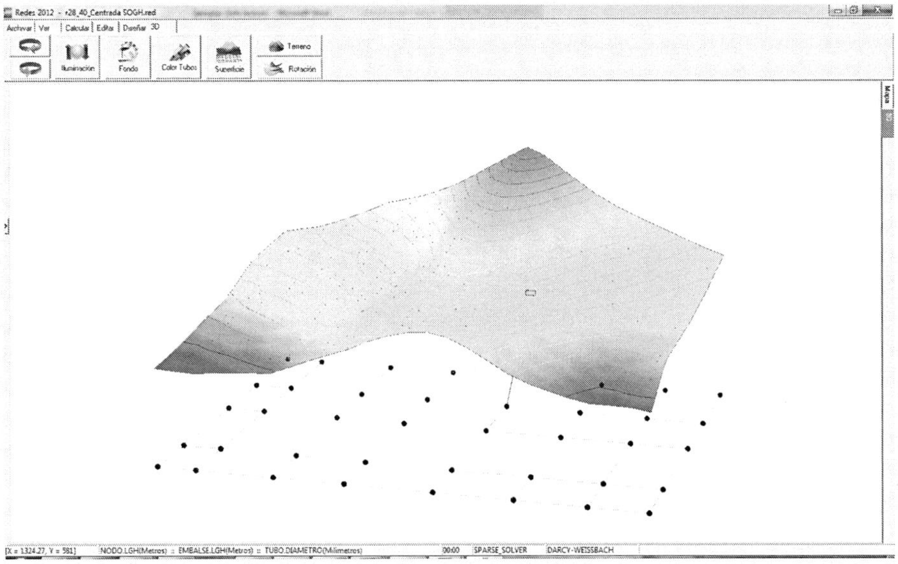

Figura 8.41 Superficie Óptima de Gradiente Hidráulico para la Red R28.

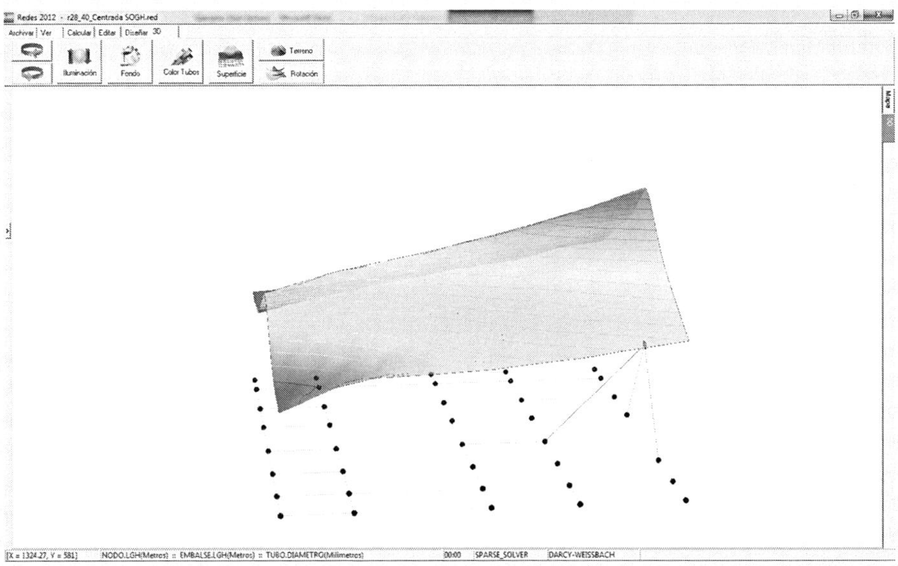

Figura 8.42 Superficie Óptima de Gradiente Hidráulico para la red R28 desde otra perspectiva.

Discusión:

Este coste es tan bajo como el de la red diseñada por medio de algoritmos genéticos e implica un menor coste informático en términos de iteraciones y de diseños, ya que la red solo se diseña una vez para obtener los diámetros continuos y apenas requiere unas cinco simulaciones hidráulicas en el proceso de discretización de los diámetros, a diferencia de los AG, en los que se deben diseñar tantas redes como individuos se desee evaluar, hasta encontrar una red de bajo coste que no necesariamente está cerca del óptimo global.

EJEMPLO 8.4

Diseño de una RDAPS utilizando la metodología SOGH

Diseñe la red de la ciudad Hanoi descrita en el Ejemplo 8.2, utilizando la metodología de Superficie Óptima de Gradiente Hidráulico haciendo uso del programa REDES.

Solución:

Abrir la red de Hanoi en el programa REDES; una vez realizado este proceso se puede observar la topología de la red en el visor gráfico, como se muestra en la **FIGURA 8.43**.

En el módulo Diseñar elegir la metodología SOGH; a continuación se muestra la pestaña que permite elegir el tipo de ecuación hidráulica y el tipo de superficie a utilizar. En este caso se elige la ecuación de Hazen-Williams y superficie cuadrática, como se muestra en la **FIGURA 8.44**.

Luego se da "Siguiente" y se abre la ventana donde se encuentra la lista de diámetros disponibles, los coeficientes de la ecuación de costes (en este caso en dólares americanos), la presión mínima y el coeficiente de resistencia fluida (*C*), como se muestra en la **FIGURA 8.45**.

Luego se da "Siguiente" y se abre la ventana de Cálculo de la Flecha; se presiona el botón Flecha Sugerida y se obtiene la flecha óptima para la red. Como se muestra en la **FIGURA 8.46** la flecha óptima para Hanoi es 0.1837.

Posteriormente se presiona el botón "Diseñar"; de esta manera el programa procede a realizar el diseño utilizando la metodología SOGH y al finalizar muestra el número de simulaciones hidráulicas realizadas y el coste de la red con diámetros continuos, como se muestra en la **FIGURA 8.47**.

Para realizar el proceso de discretización de diámetros se puede hacer uso del botón "Aumentar y Disminuir Diámetros". Para esto en la pestaña "Diseñar" se debe presionar el botón "Aumentar y Disminuir diámetros", donde se piden nuevamente los parámetros de diseño que no deben ser modificados; se debe elegir "Diseñar" y luego "Siguiente" para que se realice el proceso de discretización. Finalmente se obtiene el resultado mostrado en la **FIGURA 8.48**.

Aquí se muestra el coste de la red con los diámetros discretos que forman parte de la lista de diámetros. Para visualizar los resultados se puede ir a la pestaña "Calcular" y luego elegir "Ver Tablas", donde se despliega una ventana como la que se muestra en la **FIGURA 8.49**.

De esta ventana se pueden obtener todos los resultados requeridos; se elige la pestaña "Tubos" y en variable se elige "Diámetros" para obtener la lista de diámetros que se muestra en la Tabla 8.15.

Tabla 8.15 Diámetros de diseño para la red Hanoi con la metodología SOGH.

ID	Diámetro (in)	ID	Diámetro (in)	ID	Diámetro (in)
2	40	13	12	24	30
3	40	14	24	25	16
4	40	15	24	26	20
5	40	16	30	27	24
6	30	17	30	28	24
7	30	18	40	29	20
8	30	19	40	30	16
9	30	20	40	31	16
10	30	21	20	32	12
11	30	22	12	33	16
				34	20

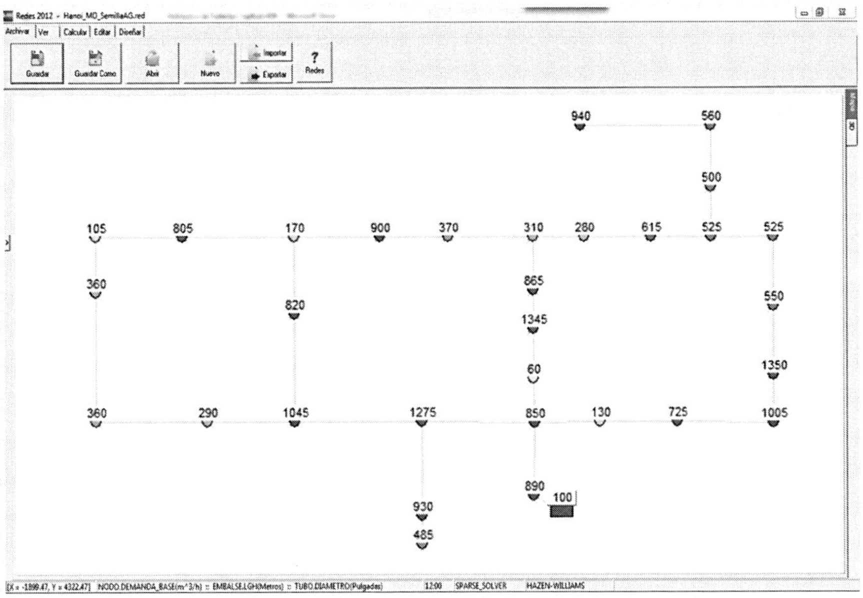

Figura 8.43 Topología de la red de Hanoi en el programa REDES.

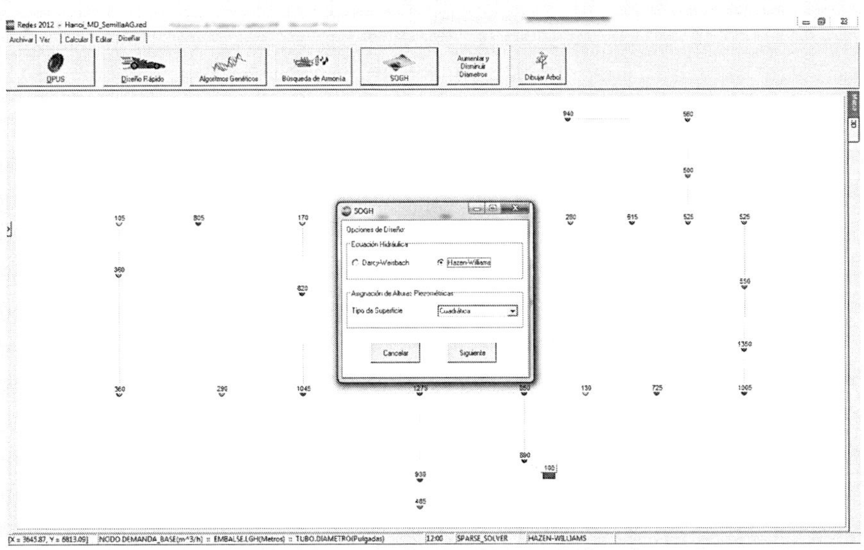

Figura 8.44 Configuración para la metodología SOGH en el programa REDES.

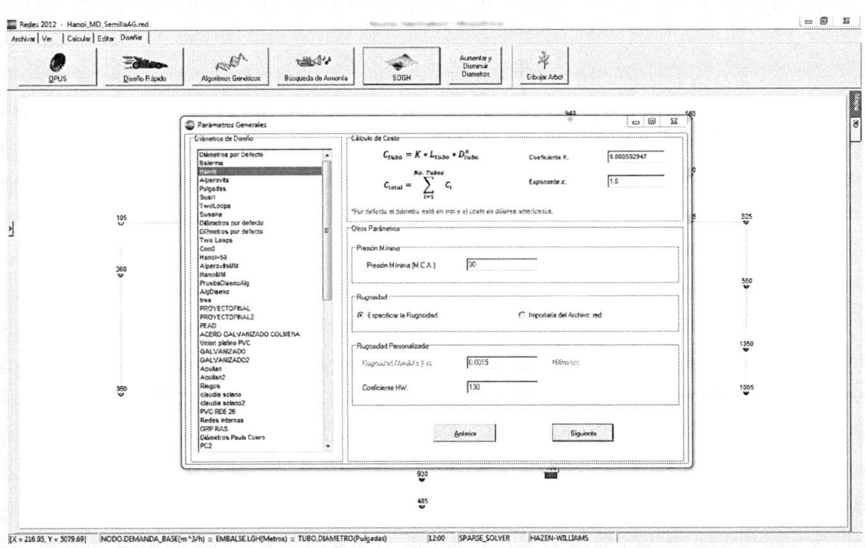

Figura 8.45 Configuración para la red de Hanoi en el programa REDES.

Para visualizar la superficie de gradiente hidráulico se debe correr la hidráulica en la red; para esto en la pestaña "Calcular" se elige el botón ; después de esto se debe ir a la pestaña "Ver" y presionar el botón de "Propiedades Visuales", donde aparece la ventana que se muestra en la FIGURA 8.50, donde para visualizar la LGH en propiedades de los nudos se elige LGH, etiqueta y valor.

Después de "Aceptar" se obtiene la topología de la red, donde se puede observar sobre cada nudo la LGH como se muestra en la FIGURA 8.51. Para visualizar la superficie se elige la pestaña 3D de la parte lateral derecha, y se elige el botón "Superficie", mostrando así la Superficie Óptima de Gradiente Hidráulico en la FIGURA 8.52.

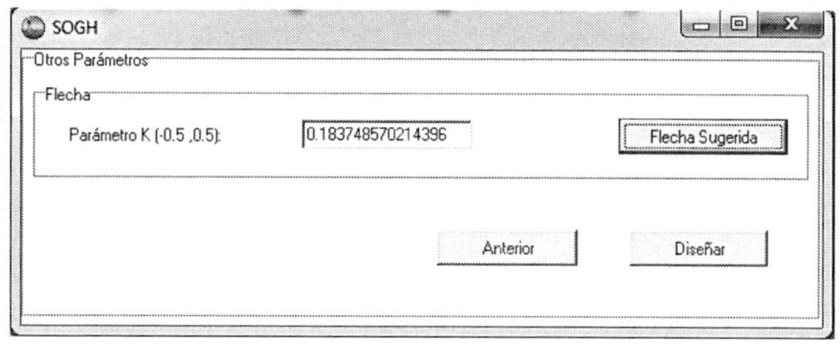

Figura 8.46 Flecha sugerida para la red de Hanoi en el programa REDES.

Figura 8.47 Resultado del diseño para la red Hanoi con la metodología SOGH. Diámetros continuos.

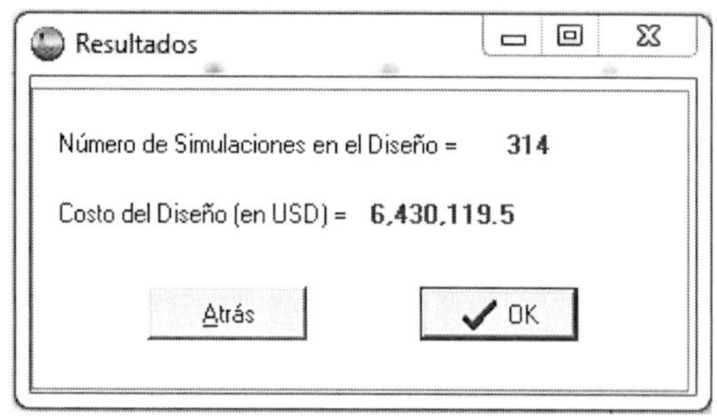

Figura 8.48 Resultado del diseño para la red Hanoi con la metodología SOGH. Diámetros comerciales.

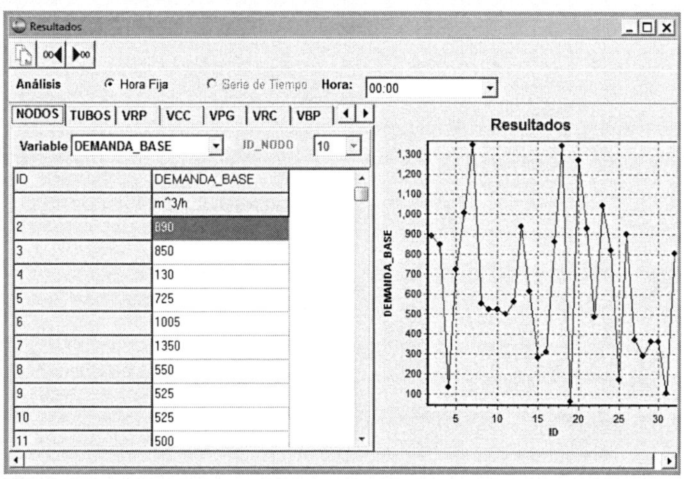

Figura 8.49 Ventana de resultados del diseño para la red Hanoi con la metodología SOGH.

Figura 8.50 Ventana de visualización de propiedades del programa REDES.

Para observar la superficie desde otra perspectiva se puede presionar alguno de los botones de "Rotación" y obtener otra perspectiva de la superficie, como la que se muestra en la **FIGURA 8.53.**

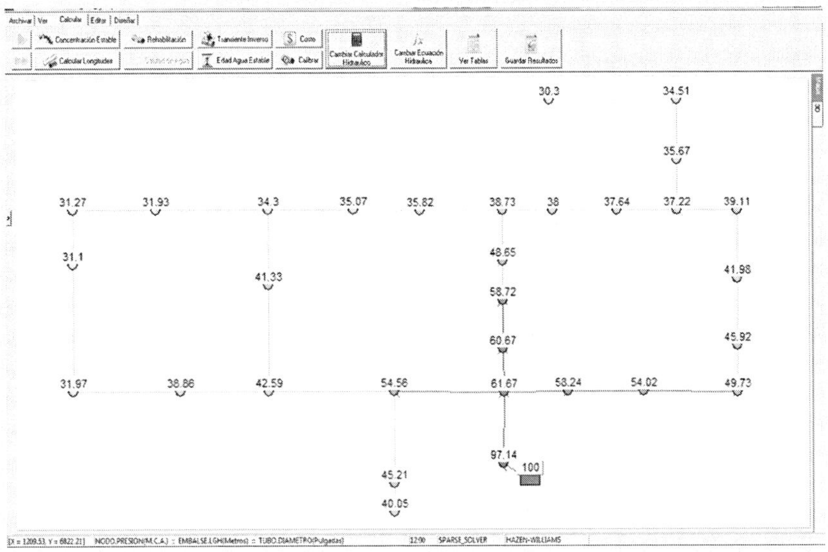

Figura 8.51 Visualización de la LGH en los nudos para la red Hanoi.
Las alturas piezométricas están en m.

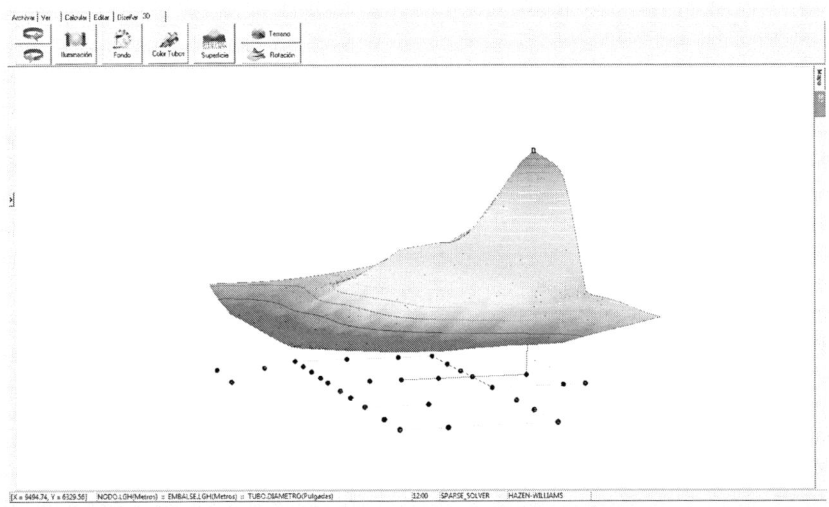

Figura 8.52 Superficie Óptima de Gradiente Hidráulico para la red Hanoi.

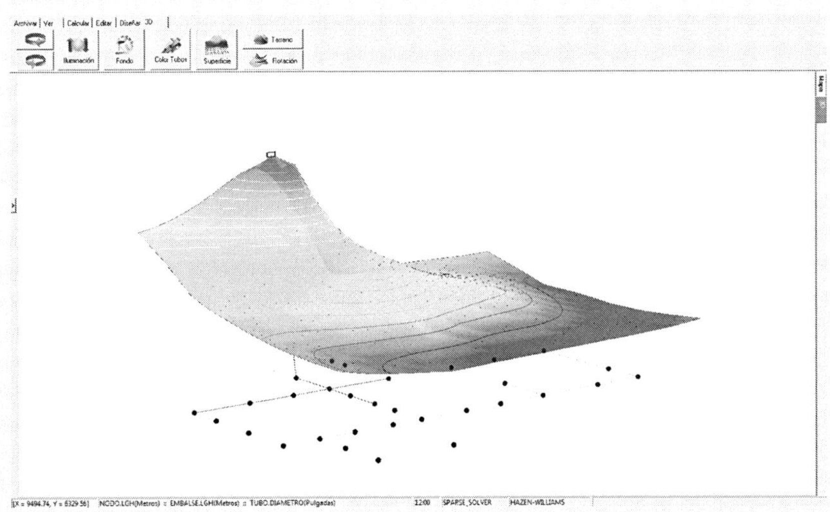

Figura 8.53 Superficie Óptima de Gradiente Hidráulico para la red Hanoi desde otra perspectiva.

Después de aplicar la metodología SOGH para la red de Hanoi se obtiene una red que cuesta $6 430 119.5. Comparándola con la red obtenida como diseño por AG de $ 7 062 480.82 tiene un coste menor y el número de simulaciones hidráulicas es tres órdenes de magnitud menor. En el Ejemplo 8.8 se presentará una comparación en términos de coste y número de simulaciones con todas las metodologías aplicadas a la red de Hanoi.

Discusión:

Para la red de Hanoi la metodología SOGH muestra una mejora considerable en los resultados. Por otra parte, este ejemplo resalta las capacidades del programa REDES, que permite aplicar la metodología de una manera práctica y con una interfaz visual que le permite al usuario tomar diferentes decisiones con respecto al diseño y posteriormente visualizar los resultados para poder evaluar el comportamiento de la superficie de gradiente hidráulico.

El diseño optimizado de RDAPS utilizando la Programación por Restricciones consiste en disminuir o aumentar los diámetros de las tuberías según las restricciones hechas sobre la red. Para diseñar por restricciones se hace uso del programa REDES utilizando su ventana de "Diseño" (ver FIGURA 8.54). Para la red del ejemplo se hizo una disminución de los diámetros de acuerdo con el algoritmo original; posteriormente se redujeron todos los diámetros al siguiente comercial y se aumentaron con Programación por Restricciones.

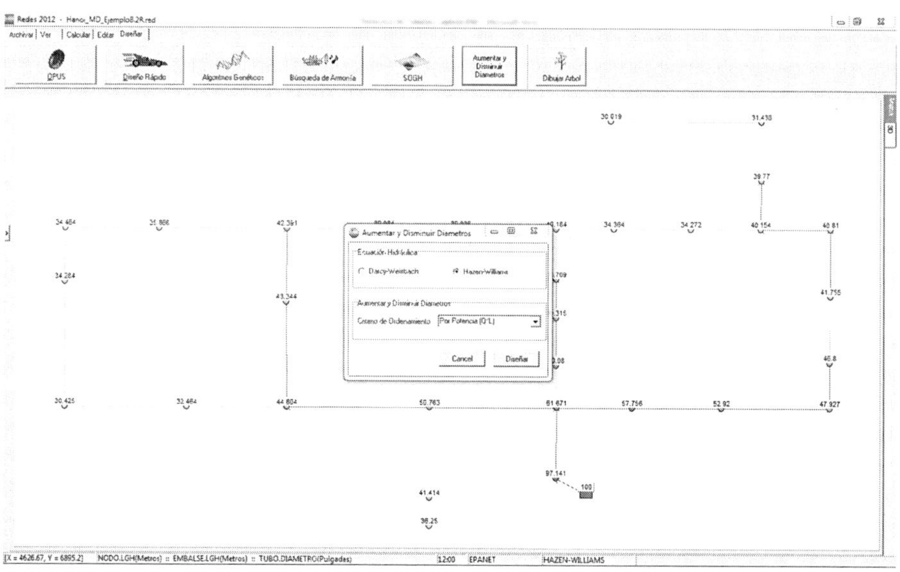

Figura 8.54 Ventana para hacer diseño con Programación por Restricciones. Red Hanoi.

EJEMPLO 8.5

Diseño con Programación por Restricciones

Diseñe por medio de la Programación por Restricciones la red Hanoi estableciendo como red inicial la obtenida como mejor resultado en el Ejemplo 8.2, para obtener un diseño de menor coste que siga cumpliendo con las presiones.

Solución:

El diseño con la Programación por Restricciones permitió llegar a un coste de $ 7 049 876.34 USD, una presión mínima de 19.92 m y una presión máxima de 80.98 m. Los diámetros resultantes se pueden observar en la Tabla 8.16.

Tabla 8.16 Resultados del diseño con programación por restricciones.

ID	Diámetro (in)	ID	Diámetro (in)	ID	Diámetro (in)
1	40	12	30	23	40
2	40	13	12	24	40
3	40	14	20	25	40
4	40	15	12	26	20
5	40	16	20	27	16
6	40	17	40	28	12
7	30	18	40	29	12
8	40	19	20	30	12
9	40	20	40	31	12
10	40	21	20	32	16
11	20	22	12	33	20
				34	20

Discusión:

La PR requiere aún menos tiempo informático que el diseño con SOGH. Sin embargo, el coste total de la red diseñada es superior al obtenido en ese caso, a pesar de que sigue siendo muy inferior al coste del diseño original. La variación de los resultados de los diferentes algoritmos de diseño optimizado llevó a desarrollar dentro del programa REDES un nuevo algoritmo, la Optimización Combinatoria, que se describe posteriormente con base en el Epígrafe 8.4.3.

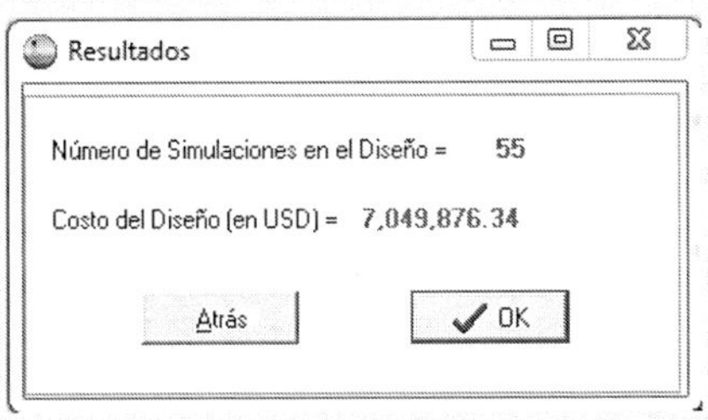

Figura 8.55 Resultado obtenido para la red de Hanoi con la metodología de Programación por Restricciones.

EJEMPLO 8.6

Diseño con Programación por Restricciones

La red patrón Taichung fue presentada por primera vez por Sung et al. (2007) y corresponde a una RDAPS localizada en la ciudad de Taichung en Taiwan. La red consiste en 12 circuitos y está compuesta por 31 tuberías y 20 nudos, los cuales reciben agua de un único embalse con una altura constante de 113.98 m. La ecuación para el cálculo de las pérdidas hidráulicas es la ecuación de Hazen-Williams con un coeficiente (C) de 100 y una presión mínima de 15 m. La topología de la red con la numeración de las tuberías y los nudos se muestra en la FIGURA 8.56.

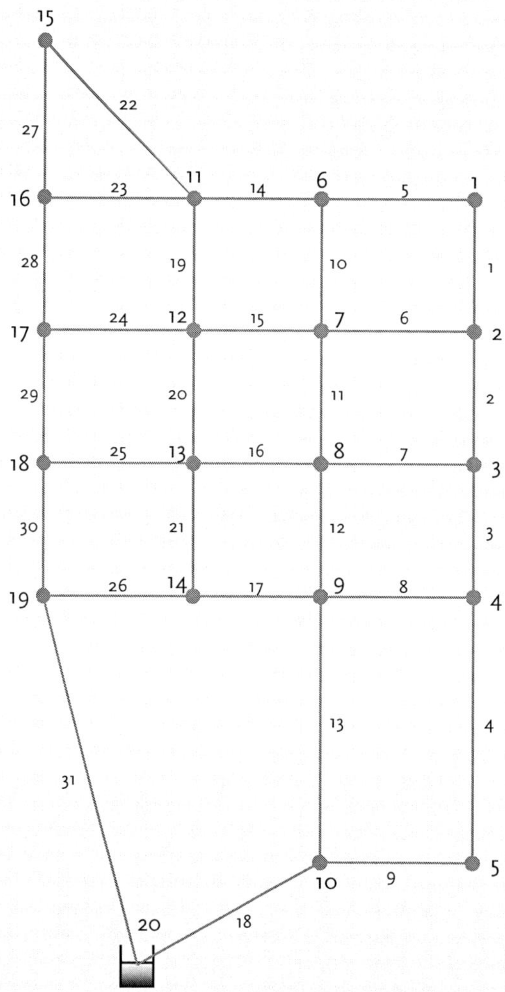

Figura 8.56 Topología de la red Taichung.

Para su diseño hay 13 diámetros comerciales disponibles, cuyo coste en USD por unidad de longitud del tubo se muestran en la siguiente tabla:

Tabla 8.17 Coste por unidad de longitud de cada diámetro para la red Taichung.

Diámetro (mm)	Coste ($/m)	Diámetro (mm)	Coste ($/m)
100	860	450	3810
150	1160	500	4400
200	1470	600	5580
250	1700	700	8360
300	2080	800	10 400
350	2640	900	12 800
400	3240		

Las demandas de caudal en cada nudo se muestran en la Tabla 8.18:

Tabla 8.18 Demanda en cada nudo para la red Taichung.

Nudo	Demanda (L/s)	Nudo	Demanda (L/s)	Nudo	Demanda (L/s)
1	23.148	7	23.148	13	34.722
2	23.148	8	23.148	14	34.722
3	23.148	9	34.722	15	23.148
4	23.148	10	34.722	16	11.574
5	23.148	11	11.574	17	23.148
6	11.574	12	23.148	18	23.148
				19	34.722

La elevación de cada nudo de la red se muestra a continuación:

Tabla 8.19 Elevación de cada nudo para la red Taichung.

Nudo	Z (m)	Nudo	Z (m)	Nudo	Z (m)
1	75	7	72	13	71
2	75	8	74	14	73
3	75.5	9	75	15	63
4	76	10	76	16	64
5	76	11	68	17	67
6	71	12	69	18	69
				19	71

Solución:

El diseño con la Programación por Restricciones permitió llegar a un coste de $ 8 499 217.78 USD, una presión mínima de 15.11 m. y una presión máxima de 31.81 m. Los diámetros resultantes se pueden observar en la Tabla 8.20.

Tabla 8.20 Resultados del diseño con Programación por Restricciones para la red Taichung.

ID	Diámetro (m)	ID	Diámetro (m)	ID	Diámetro (m)
1	0.075	11	0.3	21	0.05
2	0.075	12	0.35	22	0.15
3	0.075	13	0.4	23	0.05
4	0.1	14	0.15	24	0.075
5	0.15	15	0.075	25	0.1
6	0.15	16	0.15	26	0.05
7	0.15	17	0.15	27	0.05
8	0.2	18	0.45	28	0.1
9	0.1	19	0.075	29	0.15
10	0.25	20	0.1	30	0.2
				31	0.25

Discusión:

La Programación por Restricciones, incluida en el programa REDES, permitió obtener un diseño para la red de Taichung, cuyo valor fue de $ 8 499 217.78 dólares americanos en solamente 30 iteraciones (ver FIGURA 8.57). El coste mínimo investigado en la literatura académica es de $8 774 000 dólares americanos (Sung et al., 2007), usando 74500 iteraciones. A pesar del poco número de iteraciones que requiere la PR, la diferencia de costes en este caso fue del 3.13 %.

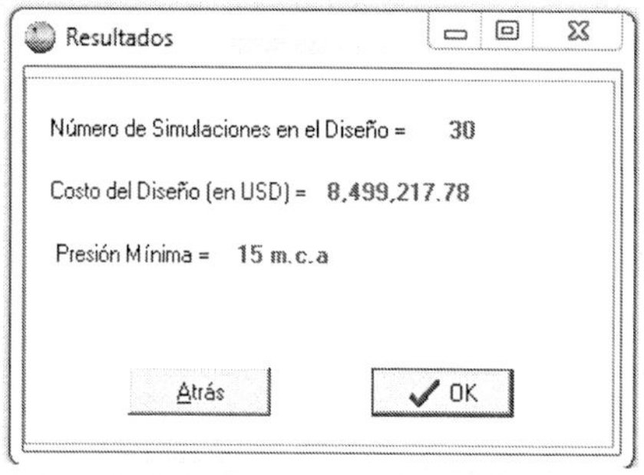

Figura 8.57 Resultados del diseño con Programación por Restricciones para la red Taichung.

4. **Diseño con Algoritmos de Optimización Combinatoria**

El programa REDES tiene implementada una nueva metodología de diseño optimizado que consiste en combinar diferentes algoritmos, que incluyen la determinación de una superficie óptima de presiones, PR y AG, en un sistema que pueda usar la salida de cada algoritmo para seguir mejorando los resultados para hallar una aproximación al diseño de coste mínimo de redes de distribución de agua potable. Esta metodología es informáticamente mucho más rápida que otro tipo de algoritmos usados previamente para diseñar, y con esta se pueden hallar buenas soluciones. Además es posible optimizar soluciones conocidas para hallar otras de menor coste.

Tal como se mencionó anteriormente (Epígrafe 8.2.1) la complejidad del diseño de una RDAPS es NP-DURO (Yates et. al. 1984), debido a la relación no lineal entre el flujo y las pérdidas de altura piezométrica, a la presencia de variables discretas (diámetros de las tuberías) y a que la función de costes de las tuberías también tiene una relación no lineal con los diámetros. Teniendo en cuenta lo anterior, el diseño de RDAPS se puede modelar como un problema de Optimización Combinatoria en el que las variables de decisión son los diámetros de cada una de las tuberías de la red. El problema consiste en determinar un conjunto de diámetros en el que se minimice una función de coste, sujeta a restricciones hidráulicas, comerciales, etc. El problema se puede especificar de la siguiente manera:

La Optimización Combinatoria busca minimizar la función de costes (Ecuación 5.11), cumpliendo con las restricciones hidráulicas descritas en el Epígrafe 8.2.1, en las Ecuaciones 7.2, 7.6 y 8.2 y con las restricciones comerciales descritas en la Ecuación 8.3. En el algoritmo definitivo se introdujeron dos restricciones adicionales:

- El método de solución debe ser capaz de encontrar una "buena" solución para una amplia variedad de topologías, demandas en los nudos, topografías, etc.
- El método de solución debe ser capaz de encontrar una "buena" solución en un tiempo "razonable" según el tamaño de la red.

EJEMPLO 8.7

Diseño con algoritmos de Optimización Combinatoria

La red patrón "Two Loops" fue presentada por primera vez por Alperovits & Shamir en 1977 y consiste en una red con dos ciclos compuesta por 8 tuberías, cada una de 1000 m de longitud y 6 nudos, que es abastecida por un único embalse de altura disponible constante de 210 m. La ecuación para el cálculo de la resistencia fluida es la ecuación de Hazen-Williams con un coeficiente (*C*) de 130 con una presión mínima de 30 m. La lista de diámetros disponibles es de 1, 2, 3, 4, 6, 8, 10, 12, 14, 16, 18, 20, 22 y 24 pulgadas. La topología de la red con la numeración de los nudos y las tuberías se muestra en la FIGURA 8.58.

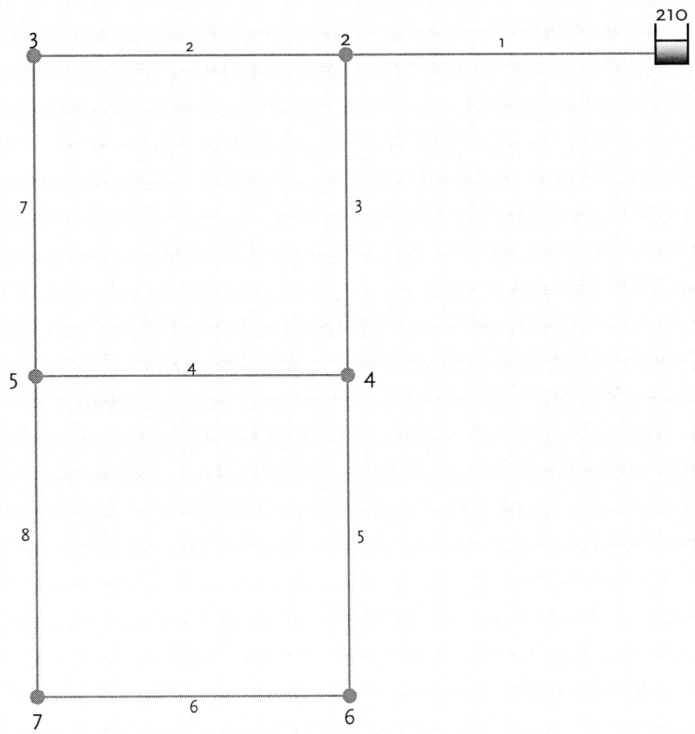

Figura 8.58 Topología de la red Two Loops. Se muestra la numeración de los nudos y las tuberías. En el caso del embalse se muestra la altura piezométrica de entrada medida en m.

Para realizar el cálculo del coste del sistema se tiene un coste por unidad de longitud asignado a cada diámetro de la lista, la relación se muestra en la Tabla 8.21.

Las demandas de caudal en cada nudo se muestran en la Tabla 8.22 y las elevaciones de los nudos en la Tabla 8.23.

Tabla 8.21 Coste por unidad de longitud en dólares americanos para cada diámetro para la red Two Loops.

Diámetro (in)	Coste unitario (USD$/m)
1	2
2	5
3	8
4	11
6	16
8	23
10	32
12	50
14	60
16	90
18	130
20	170
22	300
24	550

Tabla 8.22 Demanda en cada nudo para la red Two Loops.

Nudo	Demanda (L/s)
2	27.778
3	27.778
4	33.333
5	75
6	91.667
7	55.556

Tabla 8.23 Elevación de cada nudo para la red Two Loops.

ID	Z (m)
2	150
3	160
4	155
5	150
6	165
7	160

Diseñe la Red "Two Loops" por medio de los Algoritmos de Optimización Combinatoria e iniciar el diseño con una red semilla de 8 pulgadas en todas las tuberías.

Solución:

Con la red semilla en el programa REDES presione el botón de "Diseño Rápido" y se obtiene el resultado que se muestra en la **FIGURA 8.59.**

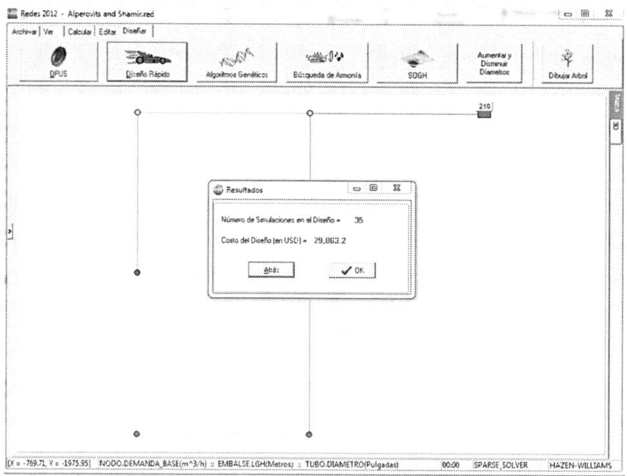

Figura 8.59 Resultado del diseño para la red Two Loops con Algoritmos de Optimización Combinatoria.

Los diámetros calculados fueron los siguientes:

Tabla 8.24 Diámetros calculados con AOC para la red Two Loops.

Tubería (ID)	Diámetro (in)
1	18
2	14
3	14
4	8
5	14
6	1
7	14
8	10

El coste real de la red calculado con los valores de la Tabla 8.25 es:

Tabla 8.25 Coste del sistema en dólares americanos para la red Two Loops.

Tubería (ID)	Diámetro (in)	Coste Unitario	Longitud	Coste Tubería (USD)
1	18	130	1000	$ 130 000.00
2	14	60	1000	$ 60 000.00
3	14	60	1000	$ 60 000.00
4	8	23	1000	$ 23 000.00
5	14	60	1000	$ 60 000.00
6	1	2	1000	$ 2 000.00
7	14	60	1000	$ 60 000.00
8	10	32	1000	$ 32 000.00
Coste total (USD)				$ 427 000.00

La superficie de presiones que se obtiene es la siguiente:

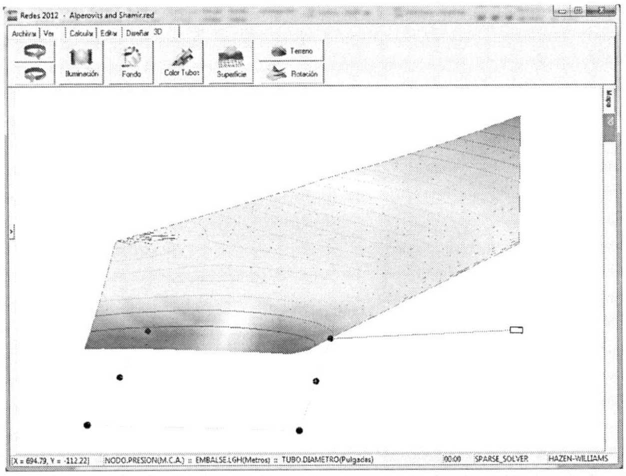

Figura 8.60 Superficie de presiones para la red Two Loops.

EJEMPLO 8.8

Diseño con algoritmos de Optimización Combinatoria

Diseñe por medio de los Algoritmos de Optimización Combinatoria la red Hanoi tomando como red inicial la obtenida como mejor resultado en el Ejemplo 8.2, para obtener un diseño de menor coste que siga cumpliendo con las presiones. Al final, compare entre las metodologías presentadas en este capítulo y los resultados reportados en la literatura.

Solución:

En el programa REDES con la red semilla indicada presionar el botón de "Diseño Rápido" para obtener el diseño de la red. En la FIGURA 8.61 se muestra el resultado del diseño.

La mejor solución comunicada en la literatura es USD$ 6.182 millones, encontrada por el Algoritmo Genético Rápido Desordenado (fmGA, fast messy Genetic Algorithm) en 113 626 simulaciones (Wu et al. 2001). Algunos autores han encontrado soluciones más baratas (Savic & Walters 1997; Cunha & Sousa 1999; Wu et al. 2001), pero al hacer una simulación hidráulica de estos modelos se obtienen presiones por debajo de los 30 m, definida como la presión mínima.

Durante el desarrollo de este problema se encontraron varias alternativas de solución; algunas de ellas tienen un coste inferior al mejor comunicado en la literatura ($ 6.182 millones USD). La Tabla 9.20 muestra las soluciones obtenidas con el programa REDES incluyendo los costes obtenidos y el número de iteraciones necesario para encontrar esa solución. Cada nueva solución se halla a partir de la anterior; esto permite seguir mejorando los resultados. Aunque cada vez se necesiten más iteraciones y la diferencia del coste de las soluciones sea cada vez menor, al parecer el método de solución se acerca cada vez más al mínimo global.

Los diámetros obtenidos en el diseño se muestran la Tabla 8.26:

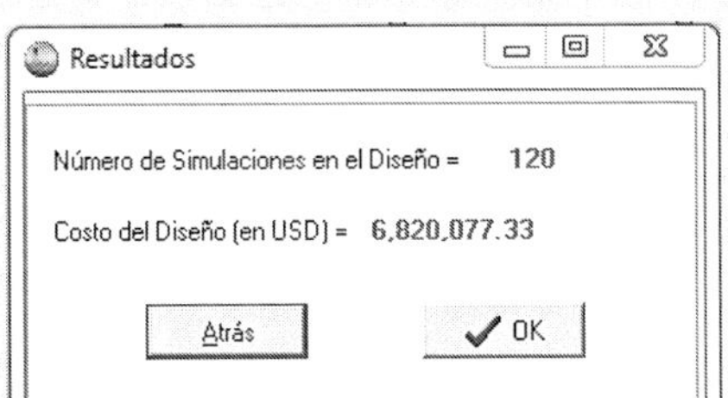

Figura 8.61 Resultado del diseño con AOC para la red Hanoi.

Tabla 8.26 Diámetros obtenidos por medio de AOC para la red Hanoi.

ID	Diámetro (in)	ID	Diámetro (in)	ID	Diámetro (in)
1	40	12	20	23	40
2	40	13	12	24	40
3	40	14	20	25	24
4	40	15	20	26	12
5	40	16	30	27	16
6	40	17	40	28	20
7	40	18	40	29	16
8	40	19	40	30	12
9	30	20	40	31	12
10	30	21	20	32	12
11	24	22	12	33	12
				34	20

Con estos diámetros la superficie de gradiente hidráulico que se obtiene se muestra en la FIGURA 8.62.

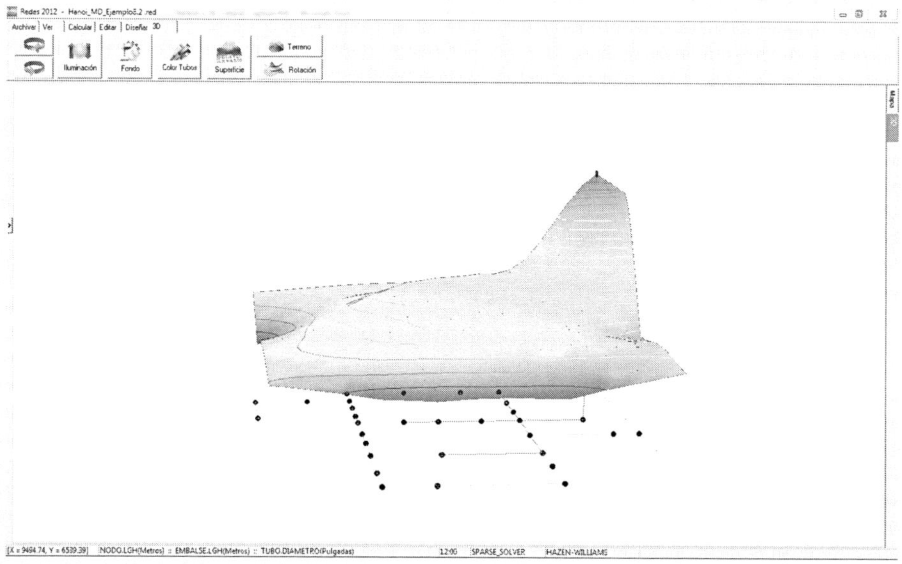

Figura 8.62 Resultado del diseño con AOC para la red Hanoi.

Comparación de resultados:

En la tabla se muestra el coste de los diseños obtenidos con las diferentes metodologías presentadas en este capítulo y las presentadas en la literatura.

Tabla 8.27 Tabla comparativa de diseños para la red Hanoi entre diferentes metodologías.

Metodología	Coste (Millones USD)	Iteraciones
Record by Kadu (2008)	$ 6.06	18 000
OPUS by Saldarriaga et al. (2012)	$ 6.15	83
AG	$ 7.06	86 002
SOGH	$ 6.43	223
PR	$ 7.04	55
AOC	$ 6.80	120

Discusión:
Se puede observar que entre las metodologías presentadas por este libro la mejor es la SOGH, lo que se debe a que es una aproximación basada en la hidráulica que considera la configuración de la red y su distribución de caudales, le sigue la metodología de AOC, sin embargo, se debe considerar que esta partió de la mejor red obtenida en AG del mismo modo que la programación por restricciones (PR).

8.5.5 Otras capacidades del programa REDES

El programa REDES tiene las siguientes capacidades adicionales, pero cuya explicación se encuentra fuera del alcance de este texto.

- Análisis de la *calidad del agua en la red para escenarios de hidráulica estática.* Este permite el cálculo de la concentración de especies químicas conservativas y no conservativas, el cálculo de la edad del agua en cada nudo de la red, el cálculo del porcentaje de fuente de procedencia del agua que llega a cada nudo y la generación de mapas de calidad de agua en la red.
- Análisis de *calidad del agua en la red para escenarios de período extendido.*
- *Calibración de la red* utilizando tanto métodos manuales como métodos basados en técnicas de Inteligencia Artificial, tales como AGs y Lógica Difusa.
- *Análisis de resiliencia* de la red, con el fin de establecer su confiabilidad presente y futura ante problemas de estallidos de tuberías u otro tipo de fallas.

Teniendo en cuenta todo lo anterior, resulta claro que en el futuro el uso de los programas de simulación de RDAPS no será únicamente el diseño optimizado, el cual se considera un problema resuelto. Dicho uso se extenderá hasta convertirse en herramientas operativas que permitan el manejo integral de la red de distribución, teniendo en cuenta tanto la información técnica como la información comercial y financiera de la empresa prestadora del servicio de agua potable.

8.6 EL FUTURO DEL DISEÑO DE RDAPS. FUTURAS FUNCIONES OBJETIVO

Las metodologías de IA y los avances informáticos que han ocurrido en las dos últimas décadas han influido enormemente el diseño de RDAPS, hasta tal punto que *hoy en día se puede considerar que el diseño optimizado de una red es un problema resuelto.* Esta afirmación es cierta si se incluyen como costes únicamente los costes de construcción y los costes de operación a lo largo del período de diseño del proyecto.

Sin embargo, el diseño optimizado futuro incluirá otros factores dentro de las funciones de optimización, los cuales podrán llevar a diseños óptimos algo diferentes a los obtenidos con los criterios hasta ahora utilizados. En primer lugar, teniendo en cuenta la escasez de agua en algunas regiones y los criterios ambientales de tratar de minimizar la extracción de agua de las fuentes superficiales y subterráneas, los diseños futuros deberán reducir al máximo las *pérdidas técnicas de agua en la distribución.* Tal como se mencionará en el Capítulo 9, estas pérdidas van en función de la presión en el punto de fuga; por consiguiente, si se introduce como criterio de diseño el agua perdida, la red resultante tenderá a tener menos presión en los nudos, así esto implique mayores costes iniciales de construcción.

Otros posibles criterios de diseño que podrían afectar a la función de optimización son los siguientes:

1. La confiabilidad del servicio de distribución, manifestada a través de la resiliencia de la red. Se buscará un diseño que no tenga una resiliencia menor a un determinado valor.
2. La calidad y la edad del agua en la red. Los diseños resultantes deberán asegurar que en todo punto, al final del período de diseño, el agua tenga unas características de calidad

que superen unos mínimos establecidos por la norma. Igualmente, el diseño deberá asegurar la no existencia de puntos muertos.

3. Las restricciones de velocidad o cambios de velocidad del flujo, bajo cualquier condición de operación normal, para prevenir la formación/desprendimiento de películas biológicas en las paredes de los tubos.
4. Las velocidades necesarias para que, bajo condiciones de mantenimiento, se desprendan rápidamente sólidos sedimentados y biopelículas de las paredes internas de las tuberías.
5. La optimización económica de una RDAP puede implicar que su construcción se haga en diferentes etapas, por ejemplo cada 10 años para un período de 30 años. Aunque la red total esté optimizada, puede darse el caso de que la red inicial (que cubre los primeros 10 años de operación) no lo sea.
6. La necesidad de que en el sistema de distribución existan estructuras y tuberías que permitan operaciones especiales o de emergencia. Un caso típico sería el de RDAPS que sean abastecidas por varias plantas de potabilización y se requiera que cada una de ellas, de forma individual, pueda abastecer a toda la ciudad.

CONCEPTOS IMPORTANTES

Diseño de redes de distribución: consiste en escoger el diámetro de cada una de las tuberías de la RDAP de tal forma que su coste sea mínimo. Los costes que deben ser tenidos en cuenta en el análisis deben incluir los costes de los materiales, los de la instalación, los de la operación y los del mantenimiento a lo largo de la vida útil del proyecto. También se debe tener en cuenta el concepto de resiliencia de la red con el fin de evaluar su vulnerabilidad frente a posibles daños. El diseño se debe hacer para una proyección futura de población.

El problema de diseño de RDAP: en el diseño de una red de distribución es evidente que las incógnitas del problema son las presiones o alturas piezométricas en cada uno de los nudos y los diámetros y caudales en cada una de las tuberías de la red. En total son $NU + NT + NT$ incógnitas. Por otro lado únicamente se cuenta con $NC + (NU - 1) = NT$ ecuaciones de conservación de masa en los nudos y de energía en los circuitos de la red. Lo anterior implica que la solución al problema del diseño de una RDAP nueva, con todas las restricciones propias de este tipo de diseño, es un problema NP-DURO (Yates et. al. 1984). *Esto significa que es un problema del que no se conoce un algoritmo con complejidad de orden polinomial que lo resuelva.*

Diseño moderno de redes de distribución: las técnicas introducidas por la Inteligencia Artificial han permitido resolver el problema del diseño optimizado de las RDAPS. Entre estas destacan los *Algoritmos Genéticos*, la *Lógica Difusa*, la *Programación por Restricciones* y los *Sistemas Expertos.*

Superficie Óptima de Gradiente Hidráulico: en el caso de una RDAP se puede extender el criterio de I-Pai Wu (Diseño optimizado de tuberías en serie) haciendo uso de una superficie de presiones objetivo. De esta manera, se sigue el principio de que una vez que se escoja la presión objetivo en algún punto de un sistema hidráulico de tuberías se precondiciona el diseño. La superficie de presiones o alturas piezométricas que debe ser escogida como objetivo es semejante en curvatura a la línea piezométrica propuesta por Wu. Se ha demostrado que una superficie con curvatura cuadrática y una flecha del 15 % en el centro produce diseños óptimos de las RDAPS.

Redes patrón: en el ámbito de los investigadores en el tema del diseño optimizado de las RDAPS a nivel mundial se han establecido una serie de redes patrón utilizadas para comparar la eficiencia de las diferentes heurísticas y algoritmos asociados. Usualmente se compara el coste obtenido y el esfuerzo informático que se requiere para llegar a un determinado diseño, medido en términos del número de cálculos hidráulicos de la red.

PROBLEMAS

Para todos los problemas de este capítulo se puede suponer que los diámetros reales son iguales a los nominales comerciales de las tuberías. La base de diámetros es: 75, 100, 150, 200, 250, 300, 350, 400, 450, 500, 600 y 720 mm. De no especificarse una temperatura diferente para el agua, se debe trabajar con 15 °C, temperatura para la cual el agua tiene las siguientes características:

$\rho = 999.1$ kg/m^3

$\mu = 1.14 \times 10^{-3}$ Pa.s

$\nu = 1.141 \times 10^{-6}$ m^2/s

8.1. Diseñe el Ejemplo 8.1 con rugosidad absoluta de 0.6 mm para todas las tuberías de la red. ¿Qué se puede concluir con respecto al efecto del aumento de rugosidad sobre los caudales en las tuberías? ¿Y sobre las alturas piezométricas en los nudos?

8.2. Diseñe la red del Ejemplo 8.2 con una rugosidad absoluta del 0.0015 mm (PVC) para todas las tuberías de la red. ¿Qué se puede concluir con respecto al efecto de la disminución de la rugosidad sobre los caudales en las tuberías? ¿Y sobre las alturas piezométricas en los nudos?

8.3. Diseñe la red patrón Taichung con la metodología SOGH.

8.4. Diseñe la red patrón Taichung con los Algoritmos Genéticos.

8.5. Diseñe la red del Ejemplo 8.5 cambiando el caudal consumido en el nudo 4 de 33.3 a 50.0 L/s. ¿Qué se puede concluir con respecto al efecto de este aumento sobre los caudales en las tuberías? ¿Y sobre las alturas piezométricas en los nudos?

8.6. Diseñe con la metodología SOGH la red de distribución de agua potable que aparece en la **FIGURA P8.6**. Todas las tuberías son de PVC ($k_s = 0.0015$ mm). Las longitudes y los coeficientes globales de pérdidas menores para cada una de las tuberías son los que se indican en dicha figura. Todos los nudos se encuentran al mismo nivel.

8.7. Resuelva el Problema 8.6 utilizando la metodología de los Algoritmos Genéticos.

8.8. Resuelva el Problema 8.6 utilizando la metodología de los Algoritmos de Optimización Combinatoria.

8.9. Resuelva el Problema 8.6 utilizando la metodología de la Programación por Restricciones.

8.10. Resuelva el Problema 8.6 disminuyendo el consumo del caudal en todos los nudos en un 20 % haciendo uso de la metodología SOGH. Compare los diámetros resultantes.

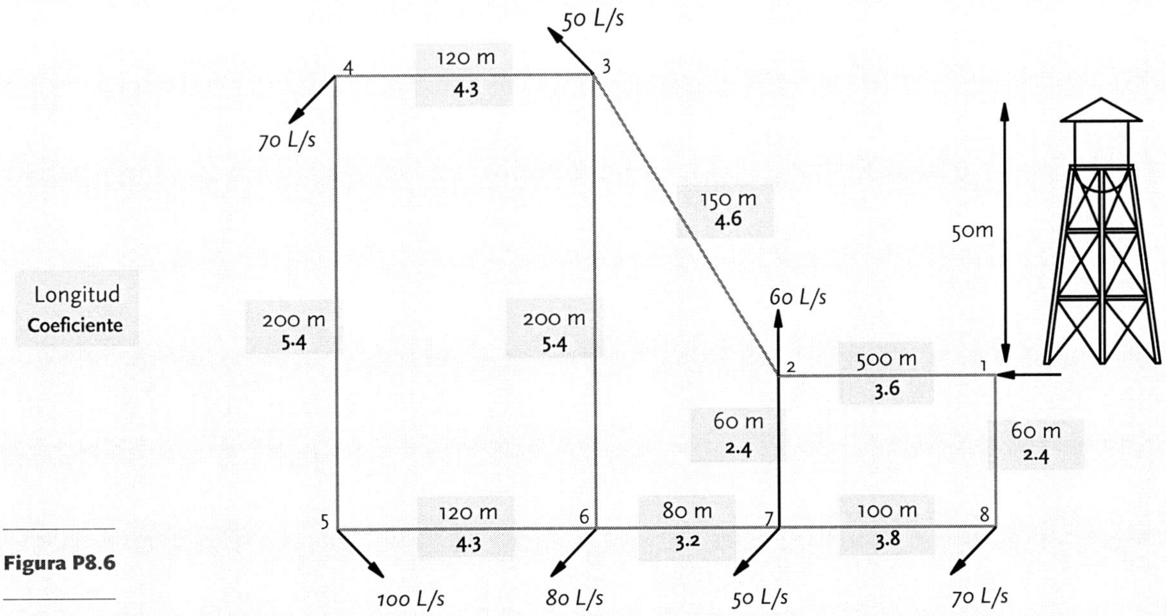

Figura P8.6

8.11. Diseñe, con la metodología SOGH, la red de agua potable que se muestra en la FIGURA P8.11. Todas las tuberías son de acero (k_s = 0.046 mm). Las longitudes y los coeficientes globales de pérdidas menores para cada una de las tuberías son los que se indican en dicha figura. Las cotas de los nudos se muestran debajo del número de identificación de cada uno de ellos.

8.12. Resuelva el Problema 8.11 utilizando la heurística de los Algoritmos Genéticos.

8.13. Resuelva el Problema 8.11 utilizando la metodología de los Algoritmos de Optimización Combinatoria.

8.14. Resuelva el Problema 8.11 utilizando la metodología de la Programación por Restricciones.

8.15. Resuelva el Problema 8.11 aumentando el consumo del caudal en todos los nudos en un 15 % haciendo uso de la metodología SOGH. Compare los diámetros resultantes en este diseño.

8.16. Diseñe, con la heurística de los Algoritmos Genéticos, la red de distribución de agua potable mostrada en la FIGURA P8.16. Todas las tuberías son de polietileno de alta densidad (k_s = 0.03mm). Las longitudes y los coeficientes globales de pérdidas menores para cada una de las tuberías son las que se indican en la figura. Las cotas de los nudos se muestran debajo del número de identificación de cada uno de ellos.

8.17. Resuelva el Problema 8.16 utilizando la metodología SOGH.

8.18. Resuelva el Problema 8.16 utilizando la metodología de los Algoritmos de Optimización Combinatoria.

8.19. Resuelva el Problema 8.16 utilizando la metodología de la Programación por Restricciones.

8.20. Resuelva el Problema 8.16 aumentando el nivel del embalse a 55 m y haciendo uso de la metodología SOGH.

8.21. Diseñe con la heurística de los Algoritmos Genéticos la red que aparece en la FIGURA P8.21. Las longitudes y los coeficientes globales de pérdidas menores para cada una de las tuberías son los que se indican en la figura. Todos los nudos se encuentran en la misma cota. La rugosidad absoluta de las tuberías es de 0.0015 mm.

8.22. Utilice la metodología SOGH para resolver el Problema 5.15 (tuberías en serie).

8.23. Utilice la metodología SOGH para resolver el Problema 5.18 (tuberías en serie).

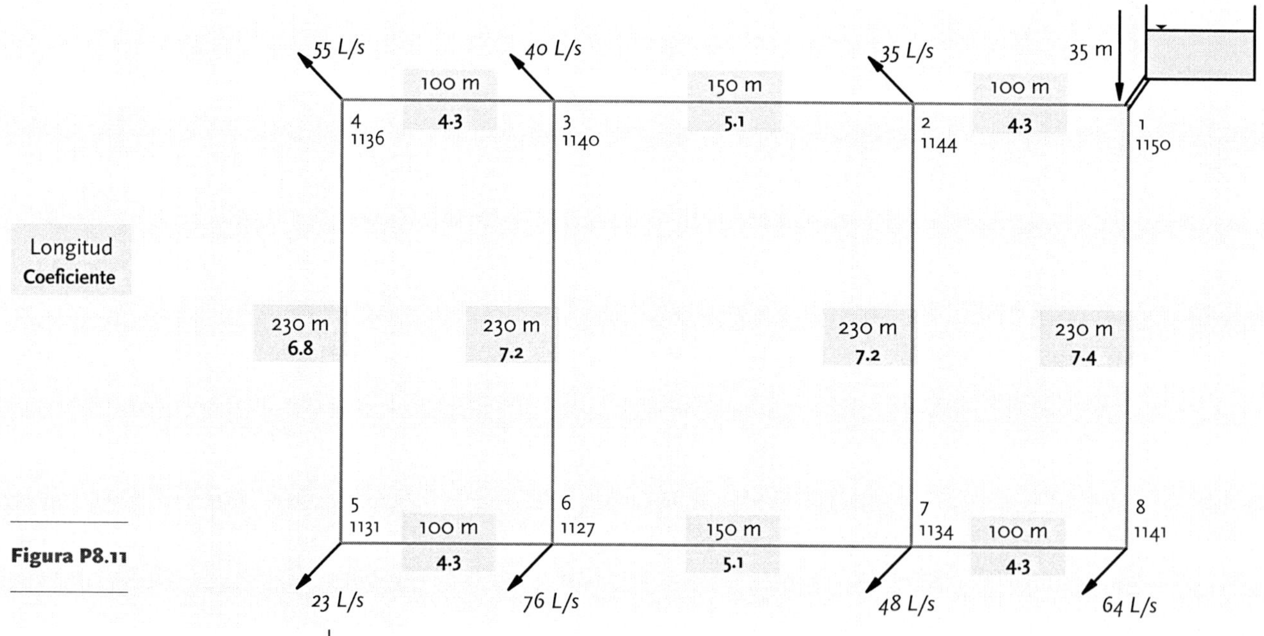

Figura P8.11

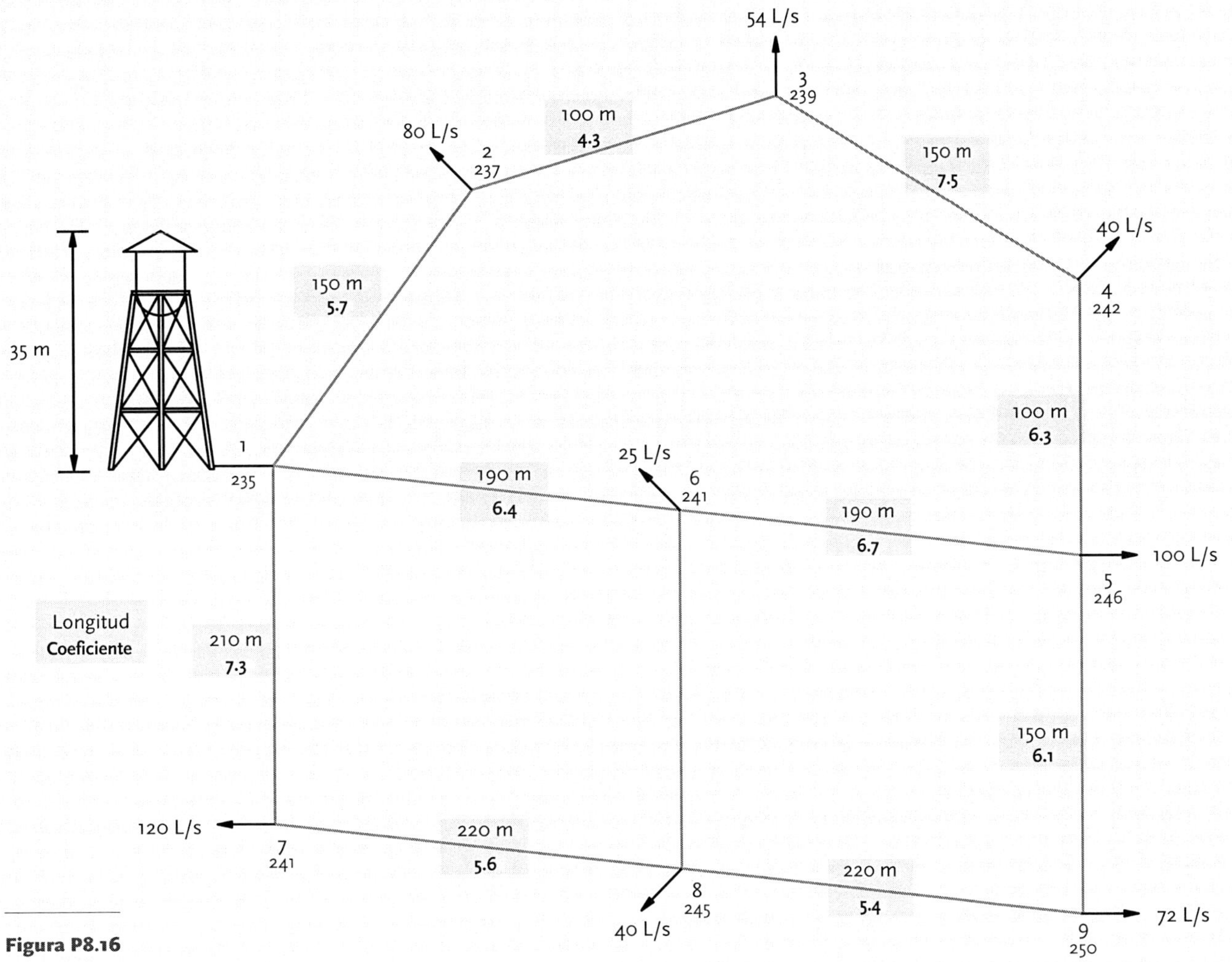

Figura P8.16

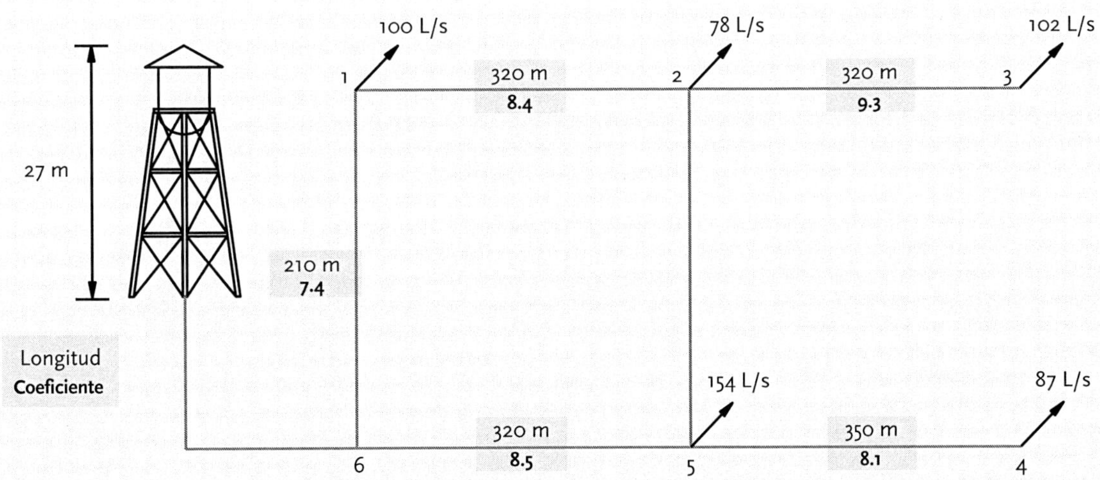

Figura P8.21

8.24. Utilice la metodología SOGH para diseñar la red del Problema 6.18 (redes abiertas).

8.25. Utilice la metodología SOGH para diseñar la red del Problema 6.23 (redes abiertas).

8.26. Diseñe la red de Hanoi con la metodología SOGH sin restringir el diámetro de la tubería 1 a 40 pulgadas y usando un diámetro mayor.

8.27. Resuelva el Problema 8.26 utilizando la heurística de los Algoritmos Genéticos.

8.28. Diseñe por medio de la metodología SOGH la red de distribución de agua potable que se muestra en la **FIGURA P8.28**. Las características de las tuberías se encuentran en la Tabla de Datos P8.28. En esta tabla las tuberías están identificadas con los números correspondientes a sus nudos de inicio y finalización.

Datos P8.28

Tubería	Longitud (m)	k_s (m)	k_m (-)
1 - 2	250	0.00003	5.4
1- 4	250	0.00003	0
2-3	250	0.00003	9.8
4-3	250	0.0000015	0
4-5	100	0.0000015	0
5-6	250	0.0000015	12.5
3-6	100	0.0000015	0
3-7	270	0.0000015	0
6-7	250	0.0000015	0

8.29. Resuelva el Problema 8.28 utilizando la metodología de los Algoritmos Genéticos.

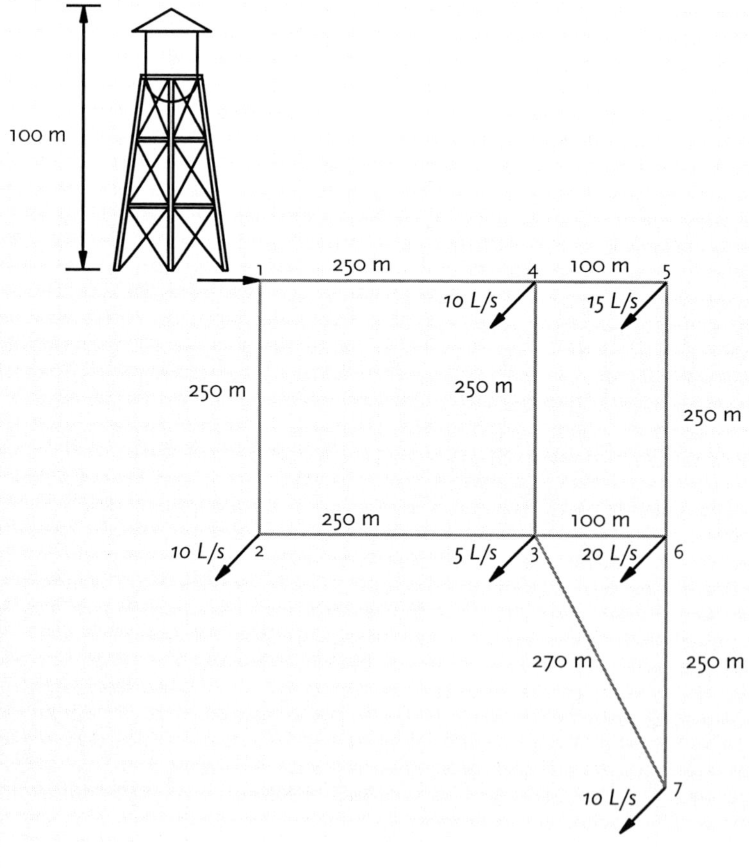

Figura P8.28

8.30. Diseñe con la metodología SOGH la red de distribución de agua potable mostrada en la FIGURA P8.30. Las tuberías deben diseñarse en acero (k_s= 0.046mm) y se producen pérdidas menores únicamente en la tubería 1-4, con un coeficiente de 8.8, y en la tubería 2-3, con un coeficiente de 2.0.

8.31. Resuelva el Problema 8.30 utilizando la heurística de los Algoritmos Genéticos.

8.32. Diseñe, usando los Algoritmos Genéticos, la red de distribución de agua potable FIGURA P8.32. La altura de los nodos y las características de las tuberías se encuentran en la Tabla de Datos P8.32. En esta tabla las tuberías están identificadas con los números correspondientes a sus nudos de inicio y finalización.

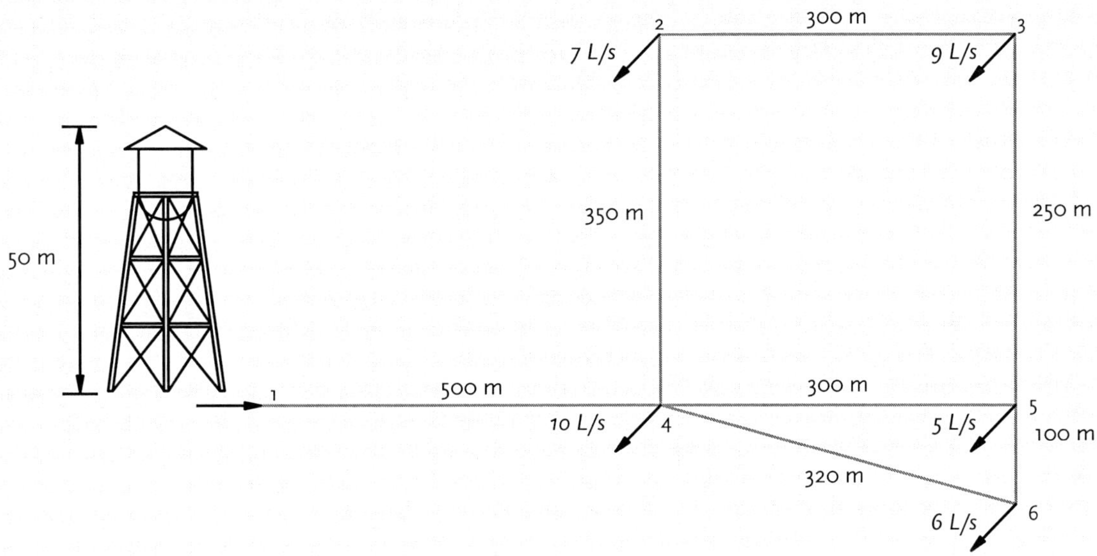

Figura P8.30

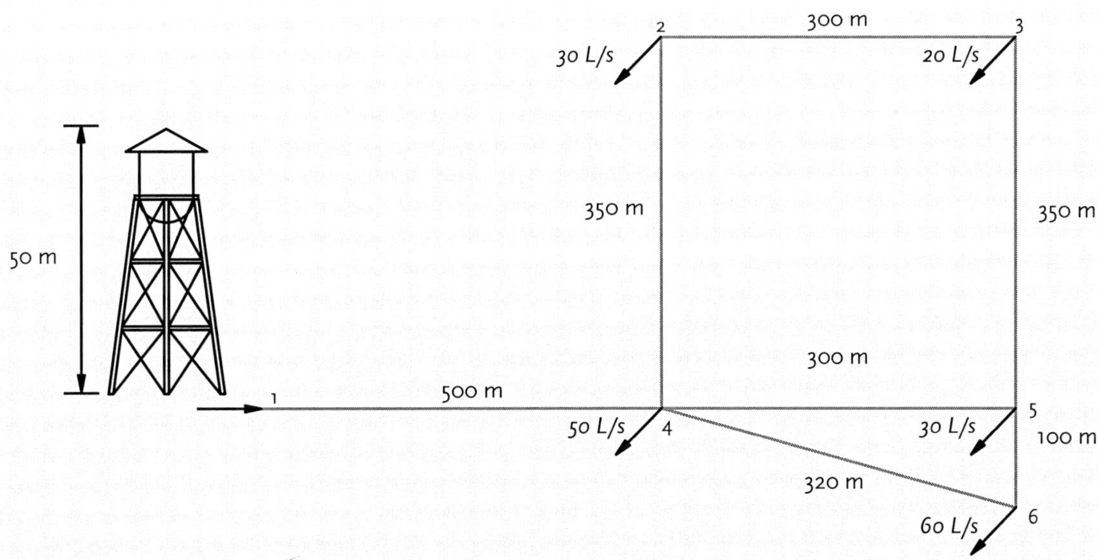

Figura P8.32

Tabla P8.32

Tubería	Longitud (m)	k_s (m)	k_m (-)
1-4	500	0.0000015	15
4-2	350	0.0000015	0
4-6	320	0.0000015	0
2-3	300	0.0000015	0
3-5	350	0.0000015	0
4-5	300	0.0000015	0
5-6	100	0.0000015	0

Nodo	Z (m)
1	50
2	10
3	0
4	20
5	0
6	0

8.33. Resuelva el Problema 8.32 utilizando la metodología SOGH.

8.34. Diseñe con la metodología SOGH la red de distribución de agua potable que se muestra en la **FIGURA P8.34**. Las tuberías deben construirse en PVC (k_s = 0.0015 mm) y las características de las tuberías se muestran en la figura.

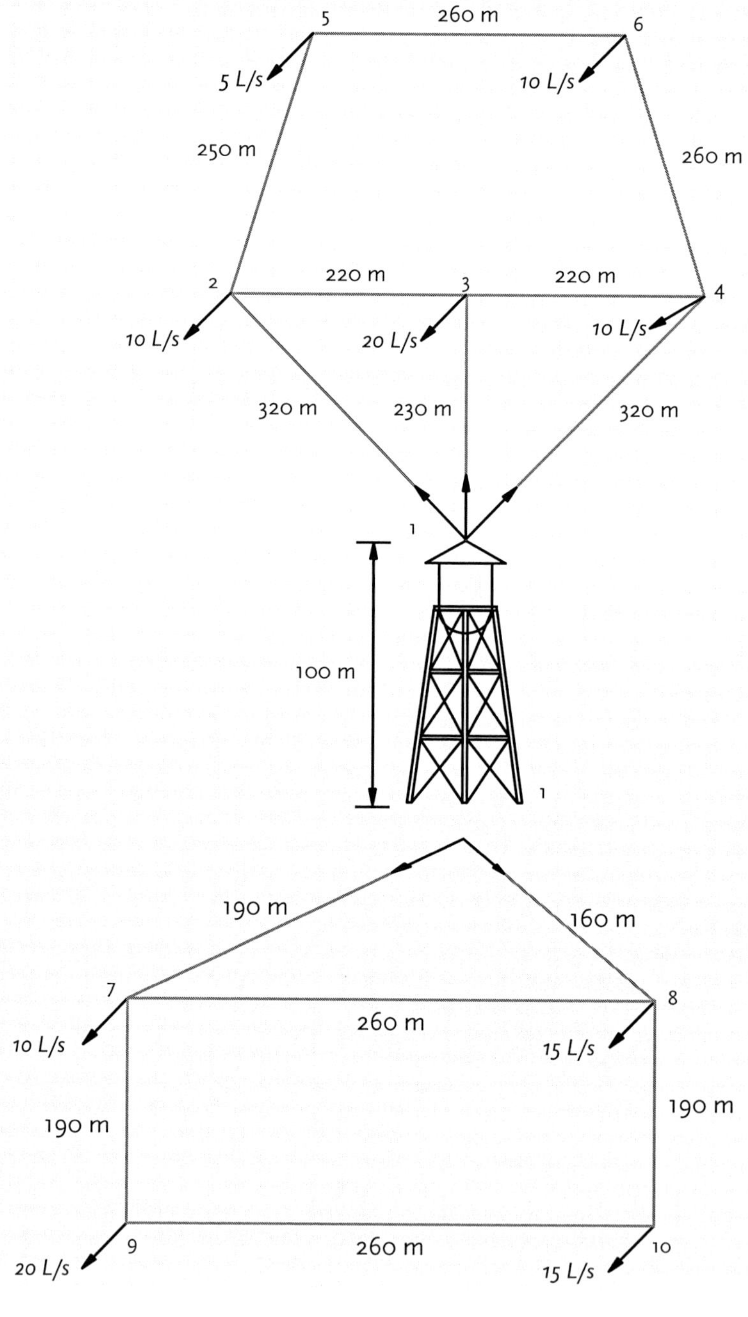

Figura P8.34

8.35. Diseñe con AOC la RDAP mostrada en la FIGURA P8.35. El material de las tuberías es acero (k_s = 0.046 mm) y las tuberías 1-2 y 3-4 tienen un coeficiente de pérdidas menores de 10 y la tubería 2-5 tiene un coeficiente de pérdidas menores de 15.

8.36. Resuelva el Problema 8.35 utilizando la metodología de los Algoritmos Genéticos.

8.37. Diseñe con SOGH la RDAP mostrada en la FIGURA P8.37. Las alturas de cada nudo se encuentran en la Tabla de Datos P8.37. Las tuberías deben diseñarse en hierro dúctil (k_s = 0.25 mm) y la tubería 1-2 tiene un coeficiente de pérdidas menores de 25.4. En la Tabla P8.37 las tuberías están identificadas con los números correspondientes a sus nudos de inicio y finalización.

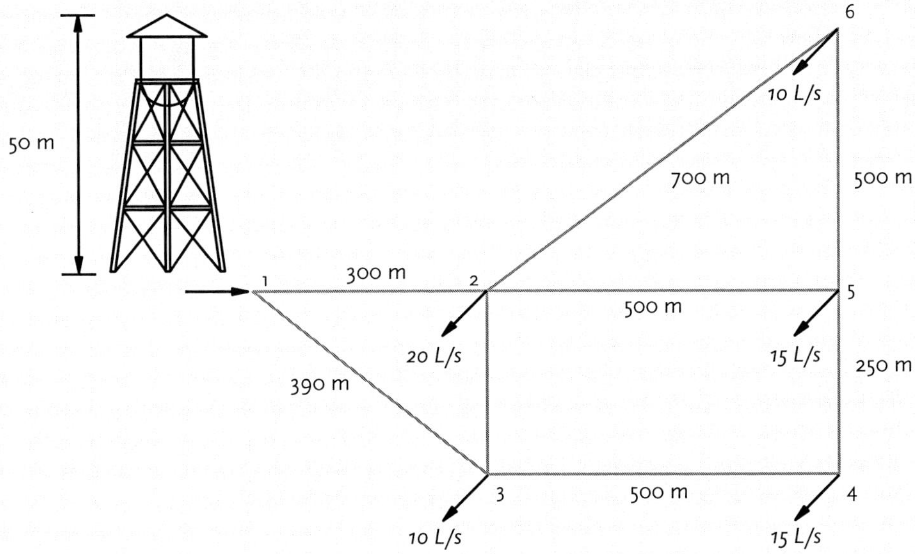

Figura P8.35

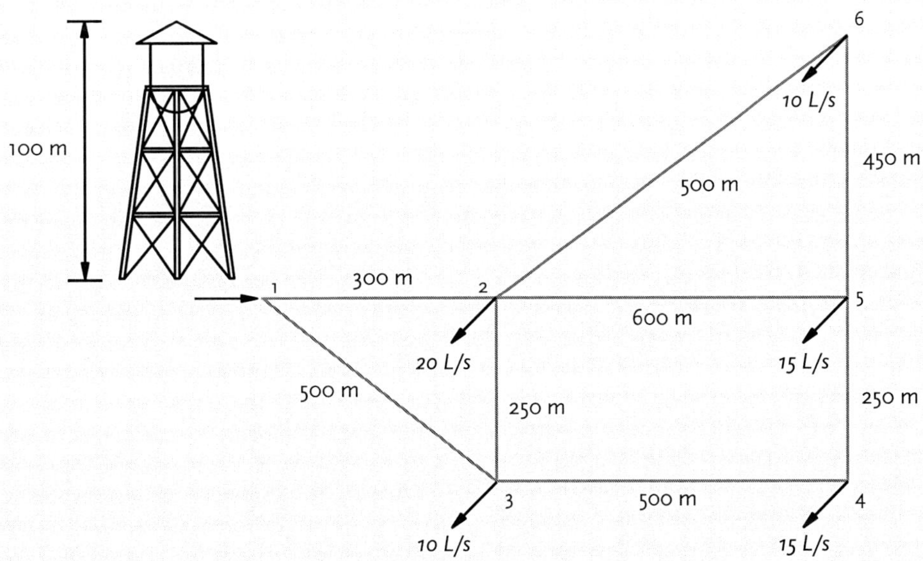

Figura P8.37

Datos P8.37

Tubería	Longitud (m)	k_s (m)	k_m (-)
1-2	300	0.00025	25.4
1-3	500	0.00025	0
2-3	250	0.00025	0
2-5	600	0.00025	0
2-6	500	0.00025	0
3-4	500	0.00025	0
5-4	250	0.00025	0
5-6	450	0.00025	0

Nudo	Z (m)
1	100
2	50
3	30
4	10
5	20
6	20

8.38. Diseñe con la heurística de los Algoritmos Genéticos la RDAP de la FIGURA P8.38. El material de las tuberías es PVC (k_s = 0.0015 mm) y la tubería 2-3 tiene un coeficiente de pérdidas menores de 15, la tubería 4-5 tiene un coeficiente de pérdidas menores de 13.6 y la tubería 6-7 tiene un coeficiente de pérdidas menores de 20. Las alturas de los nudos se encuentran en la Tabla de Datos P8.38.

Datos P8.38

Alturas

Nudo	Z (m)
1	70
2	55
3	20
4	50
5	40
6	40
7	30

8.39. Diseñe con la metodología SOGH la RDAP que se encuentra en la FIGURA P8.39. Las propiedades de las tuberías se encuentran en la Tabla de Datos P8.39. En esta tabla las tuberías están identificadas con los números correspondientes a sus nudos de inicio y finalización.

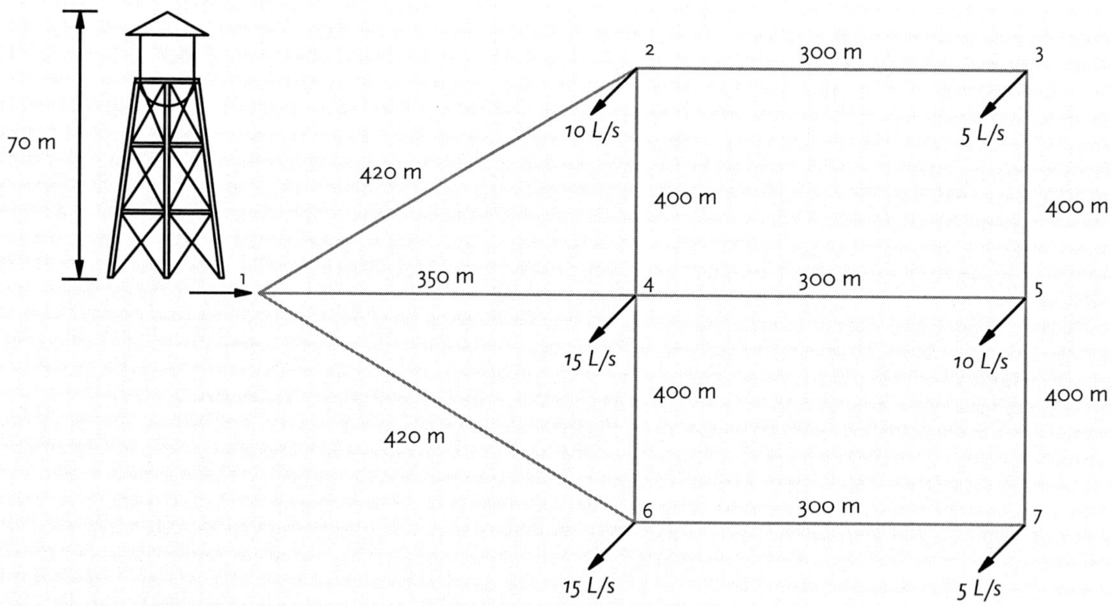

Figura P8.38

Datos P8.39

Tubería	Longitud (m)	k_s (m)	k_m (-)
1-2	230	0.00025	10
1-3	245	0.00025	0
2-4	180	0.00025	0
2-3	210	0.0000015	10
3-5	180	0.00025	0
4-6	160	0.00025	0
4-5	245	0.0000015	0
5-7	160	0.00025	0
6-7	245	0.0000015	0

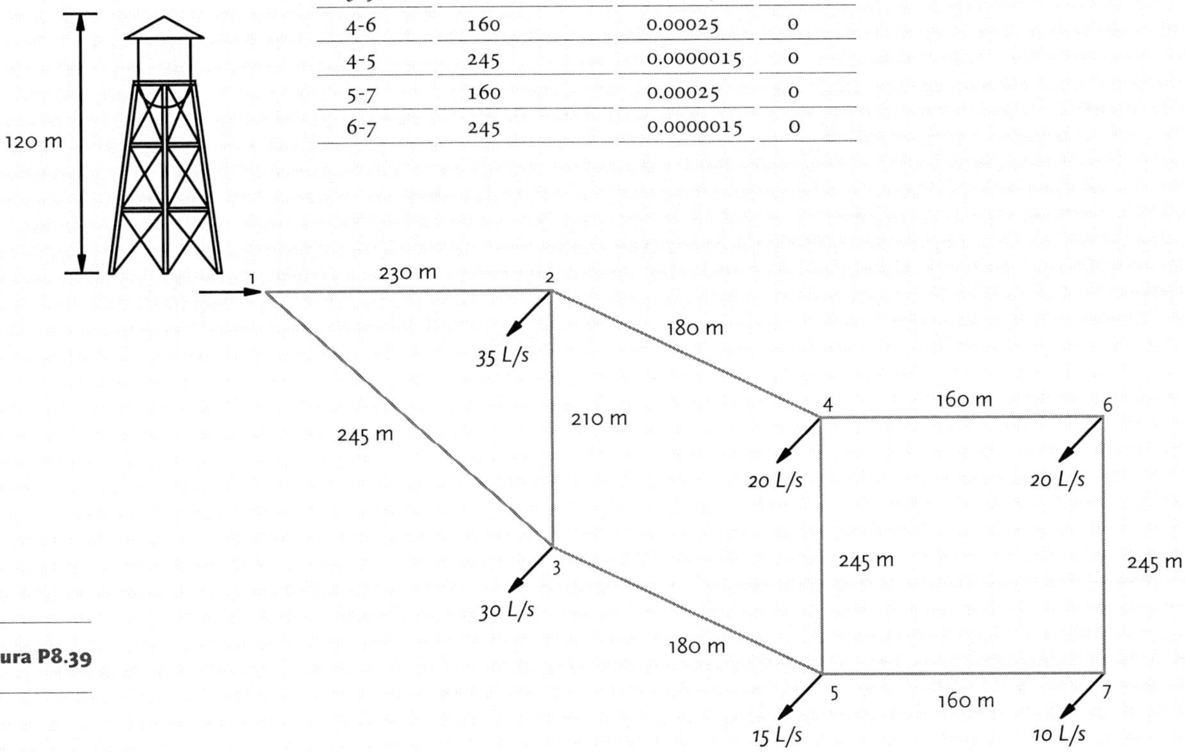

Figura P8.39

8.40. Diseñe con la metodología de los Algoritmos Genéticos la RDAP que se muestra en la **FIGURA P8.40**. Las tuberías deben ser construidas en PVC (k_s = 0.0015 mm) y la tubería 1-2 tiene un coeficiente de pérdidas menores de 10, la tubería 1-3 tiene un coeficiente de pérdidas menores de 5.2 y la tubería 1-4 tiene un coeficiente de pérdidas menores de 6.7. Todos los nudos se encuentran en la cota 0.

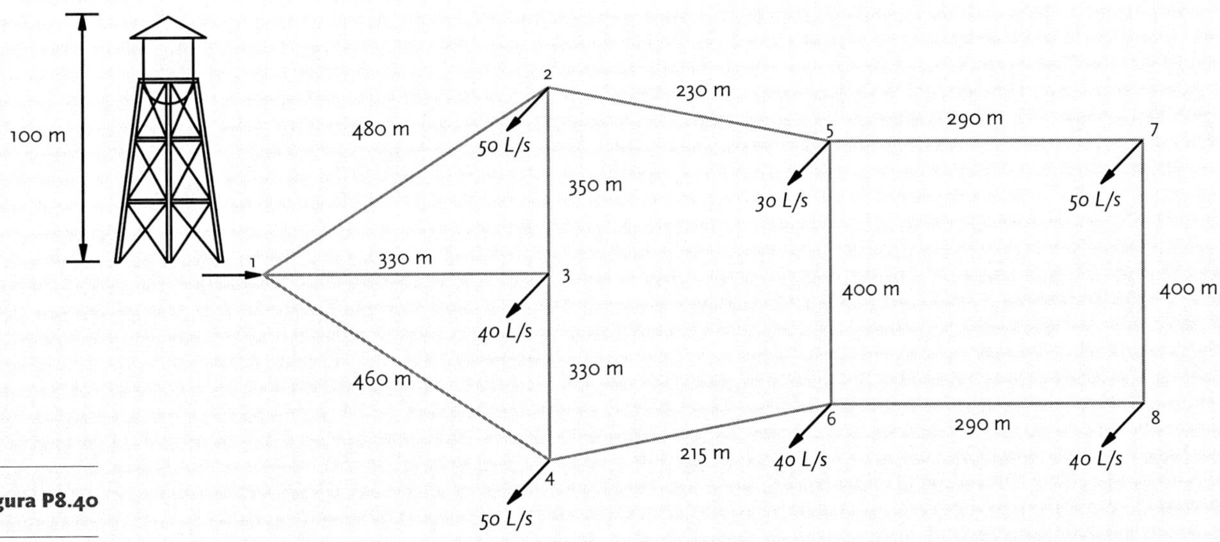

Figura P8.40

BIBLIOGRAFÍA

Alperovits E., Shamir U., *Design of Optimal Water Distribution Systems,* Water Resources Research, Vol. 13, N.° 6, December 1977.

Cunha Maria da Conceiçao, Sousa Joaquim, *Water Distribution Network Design Optimization: Simulated Annealing Approach,* Journal of Water Resources Planning and Management, Vol. 125, N.° 4, July/August 1999. ASCE.

Eusuff Muzaffar M., Lansey Kevin E., *Optimization of Water Distribution Network Design Using the Shufffled Frog Leaping Algorithm,* Journal of Water Resources Planning and Management, Vol. 129, N.° 3, May 1, 2003. ASCE.

Featherstone Ronald E., "Computacional Methods in the Análisis and Design of Closed Conduit Hydraulic Systems", Capítulo 3 en *Developments in Hydraulic Engineering*-1, editado por Paul N.° vak, Editorial Applied Science Publisher, Londres, 1983.

Featherstone Ronald E., Kariim K. Al-Jumaily, *Optimal Diameter Selection for Pipe Networks,* Journal of Hydraulic Engineering, Vol. 119, N.°2, February 1993.

Fox Robert W. y Alan T. McDonald, *Introduction to Fluid Mechanics,* cuarta edición, Editorial McGraw-Hill, New York, 1992.

Fujiwara Okitsugu, *Modified Linear Programming Gradient Method for Optimal Design Looped Water Distribution Networks,* Water Resources Research, Vol. 23, N.° 6, 1987a.

Fujiwara Okitsugu y Debashis Dey, *Two Adjacent Pipe Diameters at the Optimal Solution in the Water Distribution Network Models,* Water Resources Research, Vol. 23, N.° 8, August 1987b.

Fujiwara Okitsugu y Hoang Duong Tung, *Reliability Improvement for Water Distribution Networks through Increasing Pipe Size,* Water Resources Research, Vol. 27, N.° 7, July 1991.

Fujiwara, O., Khang, D., 1990. A two phase decomposition methods for optimal design of looped water distribution networks. Water Resources Research, Vol.26, N.° 4, pp. 539-549.

Goldberg David, *Genetic Algorithms in Search, Optimization and Machine Learning,* Addison-Wesley Publishing Company, Reading, Mass. USA. 1989.

Gómez Rafael, Salas Daniel, Saldarriaga Juan G., *Several Configurations and Aggregation Levels in Neural Networks for Water Distribution Network Calibration,* World Water and Environmental Resources Congress 2004, Environmental Water Research Institute EWRI, American Society of Civil Engineers ASCE. Salt Lake City, USA. June 2004.

Hirrel Timothy D., *Authomatic Water Comsumption Data Manipulation,* Journal of the American Water Works Association, Vol. 78, N.° 8, 1986.

Huntington R., *Resurrection of Water Supply Distribution; New Life for a Faithful Servant,* Journal of the Institution of Water Engineers and Scientists, N.° 33, November 1979.

Jepson R. W., *Analysis of Flows in Pipe Networks,* Ann Arbor Science Publishers, Ann Arbor, Michigan, 1976.

Kadu, M. R., 2008. *Optimal design of water networks using a modified genetic algorithm with reduction in search space.* J. Water Resour. Plan. Manage., 147-160.

López Santiago, Saldarriaga Juan G., *Optimal Cost Water Distribution Network Design with Genetic Algorithms,* World Water and Environmental Resources Congress 2004, Environmental Water Research Institute EWRI, American Society of Civil Engineers ASCE. Salt Lake City, USA. June, 2004.

McGhee Terence, *Water Supply and Sewerage,* sexta edición, Editorial McGraw-Hill, New York, 1994.

Metzner Rudolf C., *Demand Forecasting: A Model for San Francisco,* Journal of the American Water Works Association, Vol. 81, N.° 2, 1989.

Moot Robert L., *Applied Fluid Mechanics,* cuarta edición, Editorial Merril, New York, 1994.

Ormsbee Lindell E., Don J. Wook, *Hydraulic Design Algorithms for Pipe Networks,* Journal of Hydraulic Engineering, Vol. 112, N.° 12, December de 1986.

Orth Hermann M., *Model Based Design of Water Distribution and Sewage Systems,* Editorial John Wiley and Sons, New York, 1986.

Pudar Ranko S., James A. Liggett, *Leaks in Pipe Networks*, Journal of Hydraulic Engineering, ASCE, Vol. 118, N.° 7, July 1992.

Robertson John A., Clayton T. Crowe, *Engineering Fluid Mechanics*, Third Edition, Editorial Hooughton-Mifflin, Boston, 1985.

Salas Daniel, Gómez Rafael, Saldarriaga Juan G., *Water Distribution Network Calibration with Fuzzy Logic*, World Water and Environmental Resources Congress 2004, Environmental Water Research Institute EWRI, American Society of Civil Engineers ASCE. Salt Lake City, USA. June 2004.

Saldarriaga Juan G., Gómez Rafael, Salas Daniel, *Artificial Intelligence Methods Applicability on Water Distribution Network Calibration*, World Water and Environmental Resources Congress 2004, Environmental Water Research Institute EWRI, American Society of Civil Engineers ASCE. Salt Lake City, USA. June 2004.

Saldarriaga Juan G., Villalba F. Germán, Takahashi R. Silvia, *Algorithms of Combinatorial Optimization Applied to Water Distribution Networks Design*, World Water and Environmental Resources Congress 2005, Environmental Water Research Institute EWRI, American Society of Civil Engineers ASCE. Anchorage, Alaska, USA. June 2005.

Saldarriaga Juan G., *Programa para el diseño optimizado de redes de distribución de agua*, XVI Congreso Latinoamericano de Hidráulica, Santiago de Chile, noviembre de 1994.

Saldarriaga Juan G. y Andrés Salazar, *Algoritmo y programación para detección de fugas en redes de sistemas de distribución de agua potable*, XVII Congreso Latinoamericano de Hidráulica, Guayaquil, Ecuador, octubre de 1996.

Saldarriaga, J, Páez, D., Cuero, P., León, N., 2012. *Optimal power use surface for design of water distribution systems*, 14th Water Distribution Systems Analysis Conference. Adelaide, South Australia, pp. 468-480.

Salgado R., E. Todini, P.E. O'Connell, *Comparison of The Gradient Method with Some Traditional Methods for the Análisis of Water Supply Distribution Systems*, Intenational Conference on Computer Aplications for Water Supply and Distribution 1987, Leicester Pollytechnic, U.K., 8-10, September 1987.

Salgado R., E. Todini, P. E. O'Connell, *Extending the Gradient Method to Incluye Pressure Regulating Valves in Pipe Networks*, International Conference on Computer Applications for Water Supply and Distribution 1987, Leicester Pollytechnic, U.K., 8-10, September 1987.

Shamess Irving H., *Mechanics of Fluids*, third edition, Ed. McGraw-Hill, New York, 1992.

Shamir V. y C. D. D. Howard, *Water Distribution System Analysis*, Journal of the Hydraulics Division, ASCE, Vol. 94, N.° HY1, January of 1988.

Shie-Yui Liong, Md. Atiquzzaman, *Optimal Design of Water Distribution Network Using Shuffled Complex Evolution*, Journal of The Institution of Engineers, Singapore. Vol. 44 Issue 1. 2004.

Simpsom Angus R., Dandi Graeme C., Murphy Luarence J., *Genetic Algorithms Compared to Other Techniques for Pipe Optimization*, Journal of Water Resources Planning and Management, Vol. 120, N.°4, July/August, 1994. ASCE.

Streeter Victor L., E. Benjamin Wylie, *Fluid Mechanics*, eighth edition, Editorial McGraw-Hill, New York, 1985.

Sung, Y.-H., Lin, M.-D., Lin, Y.-H. L., & Liu, Y.-L., 2007. Tabu search solution of water distribution network optimization. Journal of Environmental Engineering and Management, 177-187.

Todini Ezio, *Looped Water Distribution Networks Design Using a Resilience Index Based Heuristic Approach*, Urban Water 2, 115-122, Elsevier Science Ltd. 2000.

Todini, E., Pilati, S. (1987). "A gradient method for the analysis of pipe networks", International Conference on Computer Applications for Water Supply and Distribution, Leicester Polytechnic, UK.

Vennard John K., Robert L. Street, *Elementary Fluid Mechanics*, sixth edition, Ed. Wiley, New York, 1982.

White Frank M., *Fluid Mechanics*, third edition, Editorial McGraw-Hill, New York, 1994.

Wu I-Pia, Design of Drip Irrigation Main Lines, Journal of the Irrigation and Drainage Division, December 1975.

Yang K. P., Liang e I. Wu, *Design of Conduit System with Diverging Branches*, Journal of the Hydraulics Division, ASCE, Vol. 101, N.° HY1, January 1975.

Yates, D.F., A.B. Templeman, T.B. Boffey, *The Computational Complexity of the Problem of Determining Least Capital Cost Designs for Water Supply Networks*, Engg. Optimization, Vol. 7, n.° 2, 142-155, 1984.

9

Modelación avanzada de sistemas de tuberías

Objetivos

- Introducir los sistemas controlados por la presión (Pressure Driven Systems), en los que la demanda de agua es función de la presión en el punto de extracción.
- Introducir el concepto de emisores, los cuales son accesorios especiales, controlados por la presión, dentro de las RDAPS, redes contra incendios y redes de riego, entre otros.
- Presentar la metodología de modelación de emisores dentro del Método del Gradiente para RDAPS.
- Presentar la metodología de modelación de válvulas reductoras de presión (VRP) dentro del Método del Gradiente.
- Introducir el concepto de calibración de las RDAPS existentes, con el fin de utilizar los modelos hidráulicos de estas como herramientas operativas y no únicamente de diseño.
- Presentar la metodología de la Programación Lineal Entera (PLE) para el diseño óptimo de tuberías en serie con el uso de emisores.
- Presentar algunos de los programas comerciales y de distribución gratuita existentes para el cálculo, el diseño y la calibración de RDAPs.

9.1 INTRODUCCIÓN

Este capítulo está dedicado a la modelación avanzada de los sistemas de tuberías. Este concepto incluye tanto la modelación de los accesorios especiales que facilitan la operación y el mantenimiento, como la aplicación de técnicas de optimización e investigación de operaciones a procesos de diseño y operación de dichos sistemas. Para explicar bien estos aspectos, se hará uso de los ejemplos de redes de distribución de agua potable (RDAPs), anotando que son aplicables a otros sistemas de tuberías con flujo a presión de fluidos newtonianos. En particular, se introducirán los sistemas controlados por la presión (Pressure Driven Systems), en los que las demandas de agua no son fijas, sino que cambian de acuerdo con la presión.

Hasta este momento en el texto siempre se ha considerado la demanda de caudales como una constante, independiente de la presión, para todo tipo de diseño y de cálculo de potencia.

En la primera parte del capítulo se introduce la teoría y las ecuaciones necesarias para modelar diferentes los accesorios y aparatos que pueden formar parte de una red de tuberías, con el fin de incluirlos dentro de los modelos de este tipo de sistemas. Esto se hará únicamente para el método de cálculo más moderno (el Método del Gradiente Hidráulico), dado que para modelar todos los accesorios que pueden formar parte de una red es necesario contar con un método informático potente. Como ejemplo se introducirán dos tipos de accesorios: los emisores que pueden simular hidrantes en las redes de distribución, aspersores en los sistemas contra incendios, aparatos sanitarios en las redes internas y microaspersores o goteros en los sistemas de riego localizado de alta frecuencia, y las válvulas reguladoras de presión, utilizadas frecuentemente en sistemas de tuberías con el fin de limitar la presión aguas abajo de ellas.

En segundo lugar, se introduce el tema de la calibración de las RDAPs existentes. Este problema aumenta en complejidad con respecto al diseño de una red nueva debido a la gran cantidad de incógnitas que presenta, lo cual nuevamente hace necesario el uso de las tecnologías basadas en IA. Como se verá más adelante, este problema necesariamente debe hacer uso de un método de cálculo de redes como los presentados en el Capítulo 7. En este capítulo se empleará el Método del Gradiente debido a su eficiencia numérica respecto a los demás. Un aspecto importante que destacar es que para la calibración de los sistemas de tuberías en los que haya demandas desconocidas es necesario hacer uso de emisores. Este tema será explicado con detalle en el texto.

Los diseños de sistemas de tuberías controlados por la presión (Pressure Driven Systems) requieren de técnicas diferentes a las introducidas en los capítulos anteriores. Esas técnicas están basadas en metodologías de optimización y de investigación de operaciones que logran resolver el problema del diseño de forma directa. Una de estas es la programación lineal entera (ILP, por sus siglas en inglés, Integer Linear Programming). En la tercera parte del capítulo se introducirá este tema, aplicado al caso de las tuberías en serie, tanto con demandas fijas como con demandas dependientes de la presión.

Posteriormente, se hace una presentación de diferentes programas comerciales y de libre circulación a través de la Web, utilizados para la comprobación del diseño de redes y, en algunos casos, para su diseño y calibración. En este grupo de programas no se incluye el programa REDES, dado que este se explicó detalladamente en el capítulo anterior. Es importante reiterar que las metodologías que serán presentadas *son aplicables a cualquier tipo de sistemas de tuberías con flujo a presión*, tales como redes contra incendios en edificaciones, redes de riego o redes internas de abastecimiento de agua potable, además de las RDAPs.

9.2 MODELACIÓN HIDRÁULICA DE ACCESORIOS ESPECIALES EN RDAPS

Una red de distribución de agua potable o, en general, cualquier sistema de tuberías con flujo a presión, tiene una gran cantidad de accesorios, los cuales se pueden clasificar en dos grandes grupos: aquellos cuyas pérdidas menores son el producto de un coeficiente de pérdidas menores por la altura de velocidad o altura piezométrica de velocidad. Dentro de este grupo se encuentran las uniones, los codos, las expansiones o las reducciones de diámetro, algunas válvulas controladoras del caudal y las entradas y salidas desde y hacia embalses o tanques. Este primer grupo conforma el mayor número de accesorios que se encuentra en una red de tuberías.

El segundo grupo de accesorios se caracteriza porque sus pérdidas de energía (o ganancias, en el caso de las bombas) se describen de acuerdo con la Ecuación 7.54, es decir, sus pérdidas no son función únicamente del cuadrado de la velocidad, sino que incluyen términos de la primera potencia y términos independientes de esta. Algunos de los accesorios más importantes que pertenecen a esta categoría y que son comunes en los diferentes sistemas de tuberías son: válvulas de control de flujo, válvulas de control de presiones (en especial las válvulas reductoras de presión o VRP), tanques de nivel variable, embalses de nivel fijo, estaciones de bombeo y estaciones reductoras de presión.

Los dos grupos de accesorios se pueden utilizar en los *sistemas controlados por demanda*, en la que los caudales siempre serán fijados por las demandas en cada uno de los nudos de extracción de agua hacia afuera del sistema. Por otro lado, en los *sistemas controlados por la presión* es necesario hacer uso de emisores en los puntos de demanda de agua. El caudal de salida de estos es una función de la presión inmediatamente aguas arriba de cada emisor.

Con el fin de entender cómo se involucran los accesorios especiales dentro de los métodos de cálculo de redes de distribución, en este epígrafe se desarrollan dos ejemplos representativos: los emisores y las VRP. El método de cálculo en el que se hará este desarrollo es el del Gradiente, ya que este es el más eficiente desde el punto de vista numérico, el que se utiliza en la gran mayoría de los programas comerciales en la actualidad y porque su estructura matemática es la más apta para introducir accesorios en las tuberías.

Con los dos ejemplos se podrá tener una idea general acerca de cuál es la forma de tratar la hidráulica de los accesorios especiales en cualquier sistema de tuberías y con cualquier método de cálculo. Sin embargo, es importante aclarar que los temas que tratan este epígrafe conforman temas avanzados en la modelación hidráulica de las redes de tuberías. El lector bien podría dejar de lado su lectura sin perder coherencia en el resto de los epígrafes del capítulo.

9.2.1 Emisores en redes de distribución de agua potable

Un emisor es un accesorio que deja salir de la red un determinado caudal como función de la altura piezométrica en el punto de descarga. La importancia de los emisores radica en que ellos representan las siguientes situaciones hidráulicas, entre otras: hidrantes contra incendios en redes de distribución de agua potable, caudales de llegada a tanques con nivel variable, aspersores en redes internas contra incendios, microaspersores y goteros en sistemas de riego localizado de alta frecuencia, fugas de agua en sistemas de distribución de agua potable, calibración de modelos de redes bajo ambientes de fuga y determinación de estrategias de lavado de redes.

Un emisor puede interpretarse como un orificio en uno de los nudos existentes de la red o en un nudo nuevo en el sitio de una tubería, en el que se localiza dicho orificio. La ecuación general de un orificio es:

ECUACIÓN 9.1

$$Q = K_e h^{n_e}$$

donde:

$Q =$ caudal de salida por el emisor

$K_e =$ coeficiente del emisor, dependiente de las características geométricas de este

$h =$ altura de presión en el sitio del emisor

$n_e =$ exponente del emisor que depende de las características geométricas

Para los emisores de orificio con área fija este exponente es 0.5.

Modelo básico de un emisor en una red de tuberías

Con el fin de modelar un emisor dentro de una red de tuberías, se introduce inicialmente un modelo básico compuesto por un embalse de nivel conocido (altura piezométrica conocida), conectado al nudo emisor mediante un tubo cuyas pérdidas de energía se describen mediante la Ecuación 9.1. Para este nuevo embalse, de los cuales debería haber uno por cada nudo emisor, se debe definir la altura piezométrica, de manera que se pueda incluir en las ecuaciones de altura piezométrica del Método del Gradiente. Si el emisor descarga en la atmósfera, la altura piezométrica deberá coincidir con la cota del nudo emisor.

Por otro lado, si el emisor descarga en un tanque, o se desea que mantenga una presión mínima aguas arriba de la descarga, entonces la altura piezométrica deberá ser igual a la cota del emisor más la altura de la lámina de agua del tanque, o una altura equivalente a dicha presión mínima.

Manipulando algebraicamente la Ecuación 9.1 se pueden obtener las siguientes dos ecuaciones, de tal manera que h sea función de Q:

ECUACIÓN 9.2

$$h = \left(\frac{1}{K_e}Q\right)^{\frac{1}{n_e}} = \frac{1}{K_e}^{\left(\frac{1}{n_e}\right)} Q^{\left(\frac{1}{n_e}\right)}$$

$$h = K_h Q^{n_h}$$

ECUACIÓN 9.3

$$k_h = \left(\frac{1}{k_e}\right)^{\frac{1}{n_e}}$$

$$n_h = \frac{1}{n_e}$$

Con las Ecuaciones 9.2 y 9.3 se puede plantear el Método del Gradiente incluyendo uno o varios emisores, tal como se muestra a continuación.

Emisores en el método estándar del Gradiente

Con el fin de mostrar de manera sencilla el efecto que un emisor tiene sobre las matrices producidas por el Método del Gradiente, se utiliza la siguiente red de prueba tomada de Sisa (2004), para la cual se plantea el sistema de matrices de forma simbólica. Como se puede ver en la FIGURA 9.1, la red original cuenta con 4 nudos, 5 tuberías y un embalse de nivel de superficie de agua fijo. Para modelar un emisor en el nudo 4, se agrega un nuevo tubo y un nuevo embalse, de tal forma que la nueva topología es: 4 nudos, 6 tubos y 2 embalses, tal como se muestra en la FIGURA 9.2.

Siguiendo el Método del Gradiente presentado en el Epígrafe 7.2.6, el sistema de matrices correspondientes a la red con el emisor es:

$$\mathbf{A12} = \begin{bmatrix} 1 & 0 & 0 & 0 \\ -1 & 1 & 0 & 0 \\ -1 & 0 & 1 & 0 \\ 0 & -1 & 0 & 1 \\ 0 & 0 & -1 & 1 \\ 0 & 0 & 0 & -1 \end{bmatrix}$$

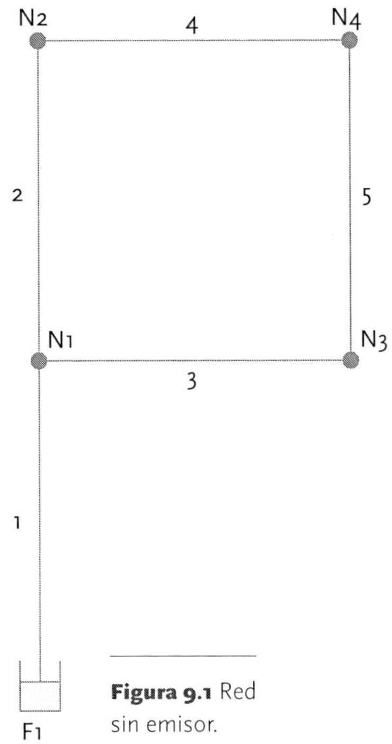

Figura 9.1 Red sin emisor.

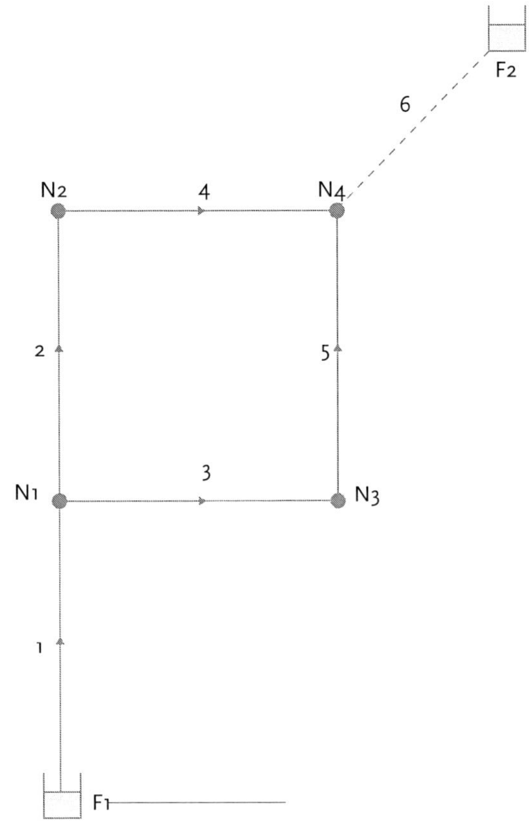

Figura 9.2 Red con emisor en el nudo 4.

Esta matriz tiene una dimensión de 6 × 4 representando seis tuberías y cuatro nudos. La última fila corresponde, por consiguiente, a la nueva tubería que representa, en parte, al emisor. Las otras matrices son:

$$\mathbf{A21} = \begin{bmatrix} 1 & -1 & -1 & 0 & 0 & 0 \\ 0 & 1 & 0 & -1 & 0 & 0 \\ 0 & 0 & 1 & 0 & -1 & 0 \\ 0 & 0 & 0 & 1 & 1 & -1 \end{bmatrix}$$

$$\mathbf{A10} = \begin{bmatrix} -1 & 0 \\ 0 & 0 \\ 0 & 0 \\ 0 & 0 \\ 0 & 0 \\ 0 & 1 \end{bmatrix} \qquad \mathbf{H}_0 = \begin{bmatrix} HS_1 \\ HS_2 \end{bmatrix} \qquad \mathbf{N} = \begin{bmatrix} 2 & 0 & 0 & 0 & 0 & 0 \\ 0 & 2 & 0 & 0 & 0 & 0 \\ 0 & 0 & 2 & 0 & 0 & 0 \\ 0 & 0 & 0 & 2 & 0 & 0 \\ 0 & 0 & 0 & 0 & 2 & 0 \\ 0 & 0 & 0 & 0 & 0 & n_h \end{bmatrix}$$

La Matriz $A10$ tiene dimensión 6 × 2, representando así los seis tubos y los dos embalses de altura piezométrica fija, uno de los cuales corresponde al modelo del emisor. La Matriz H_0 corresponde a las alturas piezométricas de los dos embalses. La Matriz N representa el tipo de ecuación utilizada para definir las pérdidas de energía en cada uno de los tubos. En las 5 primeras filas presenta un 2, valor que corresponde a la ecuación de Darcy-Weisbach. En la última fila presenta el factor n_h de acuerdo con la Ecuación 9.3. Estas son las matrices que definen la topología de la red con el modelo del emisor. Adicionalmente, es necesario definir las matrices Q, H y q que representan los caudales en cada una de las 6 tuberías, las alturas piezométricas en los 4 nudos y los caudales demandados en estos, respectivamente.

Cada iteración se puede dividir en dos partes principales, el cálculo de las alturas piezométricas y el cálculo de los caudales, como se presenta a continuación. Todos los caudales utilizados son supuestos positivos.

Cálculo de alturas piezométricas

$$\mathbf{A11}=\begin{bmatrix}\alpha_1 Q_1^{n_1-1}+\beta_1+\dfrac{\gamma_1}{Q_1} & \cdots & 0\\ \vdots & \ddots & \vdots\\ 0 & \cdots & \alpha_6 Q_6^{n_6-1}+\beta_6+\dfrac{\gamma_6}{Q_6}\end{bmatrix};\quad \mathbf{A11}'=\begin{bmatrix}\alpha_1 Q_1^{n_1-1} & \cdots & 0\\ \vdots & \ddots & \vdots\\ 0 & \cdots & \alpha_6 Q_6^{n_6-1}\end{bmatrix}$$

$$(\mathbf{N}\cdot\mathbf{A11}')^{-1}=\begin{bmatrix}\dfrac{1}{n_1\alpha_1 Q_1^{n_1-1}} & \cdots & 0\\ \vdots & \ddots & \vdots\\ 0 & \cdots & \dfrac{1}{n_6\alpha_6 Q_6^{n_6-1}}\end{bmatrix}$$

$$\mathbf{A21}\cdot(\mathbf{N}\cdot\mathbf{A11}')^{-1}=\begin{bmatrix}\dfrac{1}{n_1\alpha_1 Q_1^{n_1-1}} & -\dfrac{1}{n_2\alpha_2 Q_2^{n_2-1}} & -\dfrac{1}{n_3\alpha_3 Q_3^{n_3-1}} & 0 & 0 & 0\\ 0 & \dfrac{1}{n_2\alpha_2 Q_2^{n_2-1}} & 0 & 0 & -\dfrac{1}{n_5\alpha_5 Q_5^{n_5-1}} & 0\\ 0 & 0 & \dfrac{1}{n_3\alpha_3 Q_3^{n_3-1}} & -\dfrac{1}{n_4\alpha_4 Q_4^{n_4-1}} & 0 & 0\\ 0 & 0 & 0 & \dfrac{1}{n_4\alpha_4 Q_4^{n_4-1}} & \dfrac{1}{n_5\alpha_5 Q_5^{n_5-1}} & -\dfrac{1}{n_6\alpha_6 Q_6^{n_6-1}}\end{bmatrix}$$

$$\mathbf{A21}\cdot(\mathbf{N}\cdot\mathbf{A11}')^{-1}\mathbf{A12}=$$

$$\begin{bmatrix}\dfrac{1}{n_1\alpha_1 Q_1^{n_1-1}}+\dfrac{1}{n_2\alpha_2 Q_2^{n_2-1}}+\dfrac{1}{n_3\alpha_3 Q_3^{n_3-1}} & -\dfrac{1}{n_2\alpha_2 Q_2^{n_2-1}} & -\dfrac{1}{n_3\alpha_3 Q_3^{n_3-1}} & 0\\ -\dfrac{1}{n_2\alpha_2 Q_2^{n_2-1}} & \dfrac{1}{n_2\alpha_2 Q_2^{n_2-1}}+\dfrac{1}{n_5\alpha_5 Q_5^{n_5-1}} & 0 & -\dfrac{1}{n_5\alpha_5 Q_5^{n_5-1}}\\ -\dfrac{1}{n_3\alpha_3 Q_3^{n_3-1}} & 0 & \dfrac{1}{n_3\alpha_3 Q_3^{n_3-1}}+\dfrac{1}{n_4\alpha_4 Q_4^{n_4-1}} & -\dfrac{1}{n_4\alpha_4 Q_4^{n_4-1}}\\ 0 & -\dfrac{1}{n_5\alpha_5 Q_5^{n_5-1}} & -\dfrac{1}{n_4\alpha_4 Q_4^{n_4-1}} & \dfrac{1}{n_4\alpha_4 Q_4^{n_4-1}}+\dfrac{1}{n_5\alpha_5 Q_5^{n_5-1}}+\dfrac{1}{n_6\alpha_6 Q_6^{n_6-1}}\end{bmatrix}$$

Por otro lado, y siguiendo el procedimiento del Método del Gradiente, se construye el siguiente conjunto de vectores. En estas ecuaciones es importante que el sentido del caudal se tenga en cuenta desde el vector Q.

$$\mathbf{A11}\cdot\mathbf{Q}=\begin{bmatrix}\alpha_1 Q_1^{n_1}+\beta_1 Q_1+\gamma_1\\ \alpha_2 Q_2^{n_2}+\beta_2 Q_2+\gamma_2\\ \alpha_3 Q_3^{n_3}+\beta_3 Q_3+\gamma_3\\ \alpha_4 Q_4^{n_4}+\beta_4 Q_4+\gamma_4\\ \alpha_5 Q_5^{n_5}+\beta_5 Q_5+\gamma_5\\ \alpha_6 Q_6^{n_6}+\beta_6 Q_6+\gamma_6\end{bmatrix};\quad \mathbf{A10}\cdot\mathbf{H0}=\begin{bmatrix}-HS_1\\ 0\\ 0\\ 0\\ 0\\ HS_2\end{bmatrix}$$

$$(\mathbf{A11}\cdot\mathbf{Q}+\mathbf{A10}\cdot\mathbf{H0})=\begin{bmatrix}\alpha_1Q_1^{n_1}+\beta_1Q_1+\gamma_1-HS_1\\ \alpha_2Q_2^{n_2}+\beta_2Q_2+\gamma_2\\ \alpha_3Q_3^{n_3}+\beta_3Q_3+\gamma_3\\ \alpha_4Q_4^{n_4}+\beta_4Q_4+\gamma_4\\ \alpha_5Q_5^{n_5}+\beta_5Q_5+\gamma_5\\ \alpha_6Q_6^{n_6}+\beta_6Q_6+\gamma_6+HS_2\end{bmatrix}$$

$$\mathbf{A21}\cdot\mathbf{Q}=\begin{bmatrix}Q_1-Q_2-Q_3\\ Q_2-Q_5\\ Q_3-Q_4\\ Q_4+Q_5-Q_6\end{bmatrix};\ \mathbf{A21}\cdot\mathbf{Q}-\mathbf{q}=\begin{bmatrix}Q_1-Q_2-Q_3-q_1\\ Q_2-Q_5-q_2\\ Q_3-Q_4-q_3\\ Q_4+Q_5-Q_6-q_4\end{bmatrix}$$

Para este caso los valores de β e γ son iguales a 0, ya que no existen bombas u otros accesorios especiales, y por tanto las matrices $A11$ y $A11'$ son exactamente iguales. Al aplicar el Método del Gradiente se obtienen los siguientes sistemas matriciales:

$$\left(\mathbf{A21}\cdot(\mathbf{N}\cdot\mathbf{A11'})^{-1}\right)\cdot(\mathbf{A11}\cdot\mathbf{Q}+\mathbf{A10}\cdot\mathbf{H0})=$$

$$\begin{bmatrix}\frac{\alpha_1Q_1^{n_1}+\beta_1Q_1+\gamma_1-HS_1}{n_1\alpha_1Q_1^{n_1-1}}-\frac{\alpha_2Q_2^{n_2}+\beta_2Q_2+\gamma_2}{n_2\alpha_2Q_2^{n_2-1}}-\frac{\alpha_3Q_3^{n_3}+\beta_3Q_3+\gamma_3}{n_3\alpha_3Q_3^{n_3-1}}\\ \frac{\alpha_2Q_2^{n_2}+\beta_2Q_2+\gamma_2}{n_2\alpha_2Q_2^{n_2-1}}-\frac{\alpha_5Q_5^{n_5}+\beta_5Q_5+\gamma_5}{n_5\alpha_5Q_5^{n_5-1}}\\ \frac{\alpha_3Q_3^{n_3}+\beta_3Q_3+\gamma_3}{n_3\alpha_3Q_3^{n_3-1}}+\frac{\alpha_4Q_4^{n_4}+\beta_4Q_4+\gamma_4}{n_4\alpha_4Q_4^{n_4-1}}\\ \frac{\alpha_4Q_4^{n_4}+\beta_4Q_4+\gamma_4}{n_4\alpha_4Q_4^{n_4-1}}+\frac{\alpha_5Q_5^{n_5}+\beta_5Q_5+\gamma_5}{n_5\alpha_5Q_5^{n_5-1}}-\frac{\alpha_6Q_6^{n_6}+\beta_6Q_6+\gamma_6+HS_2}{n_6\alpha_6Q_6^{n_6-1}}\end{bmatrix}$$

$$\left(\mathbf{A21}\cdot(\mathbf{N}\cdot\mathbf{A11'})^{-1}\right)\cdot(\mathbf{A11}\cdot\mathbf{Q}+\mathbf{A10}\cdot\mathbf{H0})=\begin{bmatrix}\frac{\alpha_1Q_1^{n_1}-HS_1}{n_1\alpha_1Q_1^{n_1-1}}-\frac{Q_2}{n_2}-\frac{Q_3}{n_3}\\ \frac{Q_2}{n_2}-\frac{Q_5}{n_5}\\ \frac{Q_3}{n_3}-\frac{Q_4}{n_4}\\ \frac{Q_4}{n_4}+\frac{Q_5}{n_5}-\frac{\alpha_6Q_6^{n_6}+HS_2}{n_6\alpha_6Q_6^{n_6-1}}\end{bmatrix}$$

$$\left(\mathbf{A21}\cdot(\mathbf{N}\cdot\mathbf{A11'})^{-1}\right)\cdot(\mathbf{A11}\cdot\mathbf{Q}+\mathbf{A10}\cdot\mathbf{H0})-(\mathbf{A21}\cdot\mathbf{Q}-\mathbf{q})=$$

$$\begin{bmatrix}\frac{\alpha_1Q_1^{n_1}+\beta_1Q_1+\gamma_1-HS_1}{n_1\alpha_1Q_1^{n_1-1}}-\frac{\alpha_2Q_2^{n_2}+\beta_2Q_2+\gamma_2}{n_2\alpha_2Q_2^{n_2-1}}-\frac{\alpha_3Q_3^{n_3}+\beta_3Q_3+\gamma_3}{n_3\alpha_3Q_3^{n_3-1}}-Q_1+Q_2+Q_3+q_1\\ \frac{\alpha_2Q_2^{n_2}+\beta_2Q_2+\gamma_2}{n_2\alpha_2Q_2^{n_2-1}}-\frac{\alpha_5Q_5^{n_5}+\beta_5Q_5+\gamma_5}{n_5\alpha_5Q_5^{n_5-1}}-Q_2+Q_5+q_2\\ \frac{\alpha_3Q_3^{n_3}+\beta_3Q_3+\gamma_3}{n_3\alpha_3Q_3^{n_3-1}}+\frac{\alpha_4Q_4^{n_4}+\beta_4Q_4+\gamma_4}{n_4\alpha_4Q_4^{n_4-1}}-Q_3+Q_4+q_3\\ \frac{\alpha_4Q_4^{n_4}+\beta_4Q_4+\gamma_4}{n_4\alpha_4Q_4^{n_4-1}}+\frac{\alpha_5Q_5^{n_5}+\beta_5Q_5+\gamma_5}{n_5\alpha_5Q_5^{n_5-1}}-\frac{\alpha_6Q_6^{n_6}+\beta_6Q_6+\gamma_6+HS_2}{n_6\alpha_6Q_6^{n_6-1}}-Q_4-Q_5+Q_6+q_4\end{bmatrix}$$

La Matriz $A21\cdot(N\cdot A11')^{-1}A12$ corresponde a una matriz simétrica y positivamente definida y que será redenominada como la Matriz A; por otro lado, la Matriz $(A21\cdot(N\cdot A11')^{-1})\,(A11\cdot Q+A10\cdot H0)-(A21\cdot Q-q)$ será redenominada como B, con lo cual se puede construir el sistema de ecuaciones presentado a continuación:

ECUACIÓN 9.4

$$\mathrm{A} \cdot \mathrm{H} = -\mathrm{b}$$

donde:

$$\mathbf{b} = \begin{bmatrix} \left(1-\frac{1}{n_2}\right)\cdot Q_2 + \left(1-\frac{1}{n_3}\right)\cdot Q_3 + \frac{\alpha_1 Q_1^{n_1} - HS_1}{n_1\alpha_1 Q_1^{n_1-1}} - Q_1 + q_1 \\ \left(\frac{1}{n_2}-1\right)\cdot Q_2 + \left(1-\frac{1}{n_5}\right)\cdot Q_5 + q_2 \\ \left(\frac{1}{n_3}-1\right)\cdot Q_3 + \left(1-\frac{1}{n_4}\right)\cdot Q_4 + q_3 \\ \left(\frac{1}{n_4}-1\right)\cdot Q_4 + \left(\frac{1}{n_5}-1\right)\cdot Q_5 - \frac{\alpha_6 Q_6^{n_6} + HS_2}{n_6\alpha_6 Q_6^{n_6-1}} + Q_6 + q_4 \end{bmatrix}$$

Resolviendo el sistema representado por la Ecuación 9.4 se obtiene el vector de las alturas piezométricas en todos los nudos para la primera iteración.

$$\mathbf{H} = \begin{bmatrix} H_1 \\ H_2 \\ H_3 \\ H_4 \end{bmatrix}$$

Cálculo de caudales

Una vez se cuenta con las alturas piezométricas en los nudos, se pueden calcular los caudales en los tubos al aplicar el método del gradiente, como se muestra a continuación:

$$\mathbf{I} - (\mathbf{N}\cdot\mathbf{A11'})^{-1}\cdot\mathbf{A11} =$$

$$\begin{bmatrix} 1 - \dfrac{\alpha_1 Q_1^{n_1-1} + \beta_1 + \dfrac{\gamma_1}{Q_1}}{n_1\alpha_1 Q_1^{n_1-1}} & & \\ & \ddots & \\ & & 1 - \dfrac{\alpha_6 Q_6^{n_6-1} + \beta_6 + \dfrac{\gamma_6}{Q_6}}{n_6\alpha_6 Q_6^{n_6-1}} \end{bmatrix}$$

Esta última ecuación puede simplificarse cuando los valores de β e γ son iguales a 0. Sin embargo, se continúa con la expresión completa para conservar la generalidad de la solución. Por consiguiente, se obtienen las siguientes matrices:

$$\left(\mathbf{I} - (\mathbf{N}\cdot\mathbf{A11'})^{-1}\cdot\mathbf{A11}\right)\cdot\mathbf{Q} =$$

$$\begin{bmatrix} \left(1 - \dfrac{\alpha_1 Q_1^{n_1-1} + \beta_1 + \dfrac{\gamma_1}{Q_1}}{n_1\alpha_1 Q_1^{n_1-1}}\right)\cdot Q_1 \\ \vdots \\ \left(1 - \dfrac{\alpha_6 Q_{61}^{n_6-1} + \beta_6 + \dfrac{\gamma_6}{Q_6}}{n_6\alpha_6 Q_6^{n_6-1}}\right)\cdot Q_6 \end{bmatrix} \qquad \mathbf{A12}\cdot\mathbf{H} = \begin{bmatrix} H_1 \\ -H_1 + H_2 \\ -H_1 + H_3 \\ -H_3 + H_4 \\ -H_2 + H_4 \\ -H_4 \end{bmatrix}$$

$$\mathbf{A10}\cdot\mathbf{H0} = \begin{bmatrix} -HS_1 \\ 0 \\ 0 \\ 0 \\ 0 \\ HS_2 \end{bmatrix} \qquad \mathbf{A12}\cdot\mathbf{H} + \mathbf{A10}\cdot\mathbf{H0} = \begin{bmatrix} H_1 - HS_1 \\ -H_1 + H_2 \\ -H_1 + H_3 \\ -H_3 + H_4 \\ -H_2 + H_4 \\ HS_2 - H_4 \end{bmatrix}$$

$$(\mathbf{N}\cdot\mathbf{A11'})^{-1}\cdot(\mathbf{A12}\cdot\mathbf{H}+\mathbf{A10}\cdot\mathbf{H0})=\begin{bmatrix}\dfrac{H_1-HS_1}{n_1\alpha_1Q_1^{n_1-1}}\\[2mm]\dfrac{-H_1+H_2}{n_2\alpha_2Q_2^{n_2-1}}\\[2mm]\dfrac{-H_1+H_3}{n_3\alpha_3Q_3^{n_3-1}}\\[2mm]\dfrac{-H_3+H_4}{n_4\alpha_4Q_4^{n_4-1}}\\[2mm]\dfrac{-H_2+H_4}{n_5\alpha_5Q_5^{n_5-1}}\\[2mm]\dfrac{HS_2-H_4}{n_6\alpha_6Q_6^{n_6-1}}\end{bmatrix}$$

A partir de este último vector se calculan los caudales en cada una de las tuberías de la red.

$$\left(\mathbf{I}-(\mathbf{N}\cdot\mathbf{A11'})^{-1}\cdot\mathbf{A11}\right)\cdot\mathbf{Q}-$$

$$(\mathbf{N}\cdot\mathbf{A11'})^{-1}\cdot(\mathbf{A12}\cdot\mathbf{H}+\mathbf{A10}\cdot\mathbf{H0})=$$

$$\begin{bmatrix}\left(1-\dfrac{\alpha_1Q_1^{n_1-1}+\beta_1+\dfrac{\gamma_1}{Q_1}}{n_1\alpha_1Q_1^{n_1-1}}\right)\cdot Q_1-\dfrac{H_1-HS_1}{n_1\alpha_1Q_1^{n_1-1}}\\[4mm]\left(1-\dfrac{\alpha_2Q_2^{n_2-1}+\beta_2+\dfrac{\gamma_2}{Q_2}}{n_2\alpha_2Q_2^{n_2-1}}\right)\cdot Q_2-\dfrac{H_2-H_1}{n_2\alpha_2Q_2^{n_2-1}}\\[4mm]\left(1-\dfrac{\alpha_3Q_3^{n_3-1}+\beta_3+\dfrac{\gamma_3}{Q_3}}{n_3\alpha_3Q_3^{n_3-1}}\right)\cdot Q_3-\dfrac{H_3-H_1}{n_3\alpha_3Q_3^{n_3-1}}\\[4mm]\left(1-\dfrac{\alpha_4Q_4^{n_4-1}+\beta_4+\dfrac{\gamma_4}{Q_4}}{n_4\alpha_4Q_4^{n_4-1}}\right)\cdot Q_4-\dfrac{H_4-H_3}{n_4\alpha_4Q_4^{n_4-1}}\\[4mm]\left(1-\dfrac{\alpha_5Q_5^{n_5-1}+\beta_5+\dfrac{\gamma_5}{Q_5}}{n_5\alpha_5Q_5^{n_5-1}}\right)\cdot Q_5-\dfrac{H_4-H_2}{n_5\alpha_5Q_5^{n_5-1}}\\[4mm]\left(1-\dfrac{\alpha_6Q_{61}^{n_6-1}+\beta_6+\dfrac{\gamma_6}{Q_6}}{n_6\alpha_6Q_6^{n_6-1}}\right)\cdot Q_6-\dfrac{HS_2-H_4}{n_6\alpha_6Q_6^{n_6-1}}\end{bmatrix}$$

$$\left.{}_5+\frac{\gamma_6}{Q_6}\atop{}^{-1}\right)\cdot Q_6-\frac{HS_2\cdot}{n_6\alpha_6 Q}$$

$$\begin{bmatrix}Q_1\\Q_2\end{bmatrix}$$

En el siguiente ejemplo se ilustra el uso de las anteriores ecuaciones y sistemas matriciales. En primer lugar, se hace la comprobación de diseño de una RDAP sin incluir emisores. Posteriormente, se introduce un emisor y se vuelve a hacer dicha comprobación para entender el efecto que este tiene sobre la distribución de las presiones en los demás nudos de la red.

EJEMPLO 9.1

Emisores en redes de distribución

La red de distribución de agua potable mostrada en la FIGURA 9.3 debe calcularse antes de que en su nudo 6 se coloque un emisor. Las características del embalse original, de las tuberías y de las demandas de agua en los nudos son las que aparecen en las siguientes tablas:

Embalse	LGH (m)	Z (m)
	95	90

Nudos	Z (m)	Demanda Base (L/s)
1	48	50
2	49	35
3	47.5	25
4	46.5	45
5	45.2	27
6	44.8	33
7	44.1	17

Tubos	Nudo1	Nudo2	Diámetro (mm)	Longitud (m)	Rugosidad (m)	Σkm (-)
1	Embalse1	Nudo2	254	270	3.00E-05	3.2
2	Embalse1	Nudo1	254	160	3.00E-05	3.5
3	Nudo2	Nudo3	203.2	158	1.50E-06	4.2
4	Nudo1	Nudo4	203.2	165	1.50E-06	3.6
5	Nudo1	Nudo3	152.4	270	1.50E-06	2.4
6	Nudo4	Nudo5	152.4	290	1.50E-06	0
7	Nudo3	Nudo5	101.6	164	1.50E-06	1.6
8	Nudo3	Nudo6	101.6	272	1.50E-06	4.2
9	Nudo5	Nudo7	101.6	250	1.50E-06	0
10	Nudo6	Nudo7	76.2	1168	1.50E-06	0

Este valor del exponente de la ecuación del emisor corresponde a un orificio de área fija, como los que se presentan en las tuberías de pared rígida (acero, hierro dúctil, concreto).

La red también debe calcularse después de que en su nudo 6 se coloque un emisor caracterizado por la siguiente ecuación: $Q = K_e h^{n_e}$, donde $K_e = 0.5$ L/sm$^{1/2}$ y $n_e = 0.5$. Se debe hacer una comparación de los resultados finales antes y después de colocar el emisor, en términos de los caudales en cada tubería y las alturas piezométricas en cada nudo.

Solución:

Primera parte: cálculo de la RDAP sin el emisor

A continuación se muestra el montaje del Método del Gradiente para la red del ejemplo, la primera iteración y los resultados finales. No se muestran las demás iteraciones por razones de espacio. Para esta red original:

$$NT = 10$$
$$NN = 7$$
$$NS = 1$$

$[A12]$ = matriz de conectividad, cuya dimensión es (10×7).

$$\begin{vmatrix} 0 & 1 & 0 & 0 & 0 & 0 & 0 \\ 1 & 0 & 0 & 0 & 0 & 0 & 0 \\ 0 & -1 & 1 & 0 & 0 & 0 & 0 \\ -1 & 0 & 0 & 1 & 0 & 0 & 0 \\ -1 & 0 & 1 & 0 & 0 & 0 & 0 \\ 0 & 0 & 0 & -1 & 1 & 0 & 0 \\ 0 & 0 & -1 & 0 & 1 & 0 & 0 \\ 0 & 0 & -1 & 0 & 0 & 1 & 0 \\ 0 & 0 & 0 & 0 & -1 & 0 & 1 \\ 0 & 0 & 0 & 0 & 0 & 1 & -1 \end{vmatrix}$$

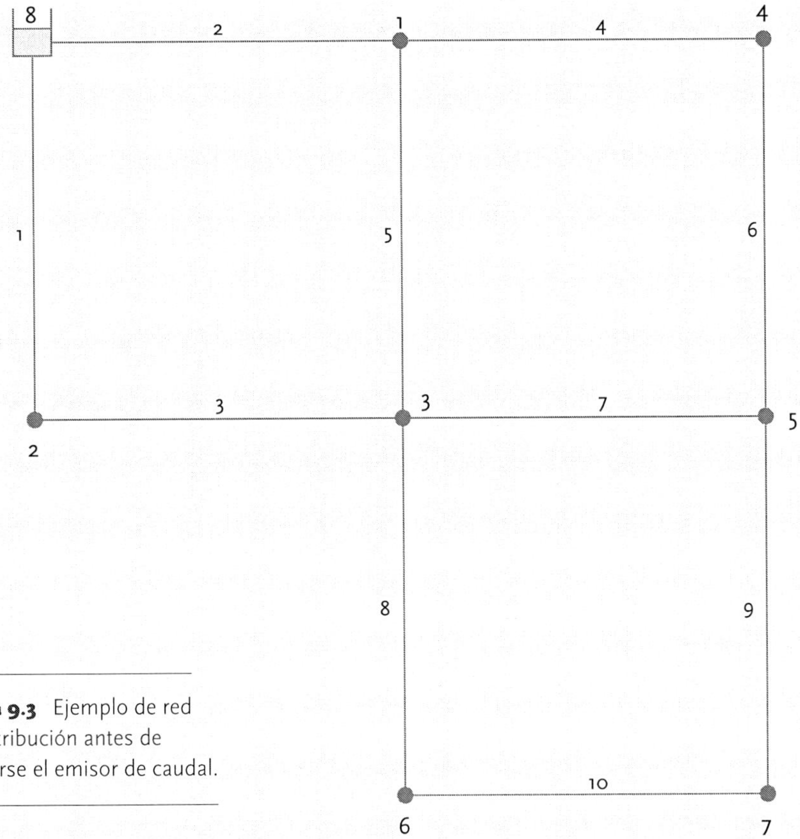

Figura 9.3 Ejemplo de red de distribución antes de colocarse el emisor de caudal.

$[A21]$ = matriz transpuesta de $[A12]$.

0	1	0	-1	-1	0	0	0	0	0
1	0	-1	0	0	0	0	0	0	0
0	0	1	0	1	0	-1	-1	0	0
0	0	0	1	0	-1	0	0	0	0
0	0	0	0	0	1	1	0	-1	0
0	0	0	0	0	0	0	1	0	1
0	0	0	0	0	0	0	0	1	-1

$[A10]$ = matriz topológica tramo a nudo, cuya dimensión es (10×1).
$[Q]$ = vector de caudales, cuya dimensión es (10×1). Para la primera iteración corresponden a 100 L/s (0.1 m^3/s).
$[H]$ = vector de alturas piezométricas desconocidas, cuya dimensión es (7×1).
$[H_0]$ = vector de alturas piezométricas fijas, cuya dimensión es (1×1).
$[q]$ = vector de consumo, cuya dimensión es (5×1). Sus unidades son m^3/s.

Las matrices son:

[$A10$]	[Q]	[H]	[H_o]	[q]
-1	0.1	H_1	95	0.05
-1	0.1	H_2		0.035
0	0.1	H_3		0.025
0	0.1	H_4		0.045
0	0.1	H_5		0.027
0	0.1	H_6		0.033
0	0.1	H_7		0.017
0	0.1			
0	0.1			
0	0.1			

[N] = matriz diagonal, cuya dimensión es (10 × 10). Presenta el valor 2 en la diagonal, ya que se utiliza la ecuación de Darcy-Weisbach como la ecuación de fricción.

2	0	0	0	0	0	0	0	0	0
0	2	0	0	0	0	0	0	0	0
0	0	2	0	0	0	0	0	0	0
0	0	0	2	0	0	0	0	0	0
0	0	0	0	2	0	0	0	0	0
0	0	0	0	0	2	0	0	0	0
0	0	0	0	0	0	2	0	0	0
0	0	0	0	0	0	0	2	0	0
0	0	0	0	0	0	0	0	2	0
0	0	0	0	0	0	0	0	0	2

[I] = matriz de identidad, cuya dimensión es (10 × 10)

1	0	0	0	0	0	0	0	0	0
0	1	0	0	0	0	0	0	0	0
0	0	1	0	0	0	0	0	0	0
0	0	0	1	0	0	0	0	0	0
0	0	0	0	1	0	0	0	0	0
0	0	0	0	0	1	0	0	0	0
0	0	0	0	0	0	1	0	0	0
0	0	0	0	0	0	0	1	0	0
0	0	0	0	0	0	0	0	1	0
0	0	0	0	0	0	0	0	0	1

Primera iteración

Las matrices anteriormente definidas son válidas para todas las iteraciones necesarias en el cálculo de la red. Las expuestas a continuación varían de una iteración a otra.

[$A11$] = matriz diagonal cuya dimensión es (10 × 10). Presenta el valor

$$\alpha_i Q_i^{(n_i-1)} + \beta_i + \frac{\gamma_i}{Q_i}$$

en la diagonal; los coeficientes β e γ son 0, dado que no existen bombas en la red.

Los coeficientes α para la matriz $[A11]$ se calculan de acuerdo con la siguiente tabla:

Tubería	$Q(m^3/s)$	f	d(m)	L(m)	k_m	v(m/s)	h_f(m)	h_f+h_m(m)	α
1	0.1	0.015	0.254	270	3.2	1.974	3.133	3.768	376.82467
2	0.1	0.015	0.254	160	3.5	1.974	1.857	2.551	255.13877
3	0.1	0.013	0.2032	158	4.2	3.084	4.918	6.954	695.36573
4	0.1	0.013	0.2032	165	3.6	3.084	5.136	6.881	688.07623
5	0.	0.012	0.1524	270	2.4	5.482	33.85	37.53	3752.5472
6	0.1	0.012	0.1524	290	0	5.482	36.36	36.36	3635.6704
7	0.1	0.012	0.1016	164	1.6	12.33	147.8	160.2	16 018.295
8	0.1	0.012	0.1016	272	4.2	12.33	245.1	277.7	27 766.013
9	0.1	0.012	0.1016	250	0	12.33	225.3	225.3	22 526.833
10	0.1	0.011	0.0766	1168	0	21.7	4195	4195	419 511.25

Siguiendo el Método del Gradiente se obtienen las siguientes matrices:

Matriz $[A11] = [A11]'$

37.682	0	0	0	0	0	0	0	0	0
0	25.514	0	0	0	0	0	0	0	0
0	0	69.537	0	0	0	0	0	0	0
0	0	0	68.808	0	0	0	0	0	0
0	0	0	0	375.255	0	0	0	0	0
0	0	0	0	0	363.567	0	0	0	0
0	0	0	0	0	0	1601.830	0	0	0
0	0	0	0	0	0	0	2776.601	0	0
0	0	0	0	0	0	0	0	2252.683	0
0	0	0	0	0	0	0	0	0	41 951.125

Cálculo de H_{i+1}

Para el cálculo de $[H_{i+1}]$ se utiliza la Ecuación 7.67:

ECUACIÓN 7.67

$$[H_{i+1}] = -\left\{[A21]\left([N][A11]'\right)^{-1}[A12]\right\}^{-1} \times$$

$$\left\{[A21]\left([N][A11]'\right)^{-1}\left([A11][Q_i]+[A10][H_0]\right)-\left([A21][Q_i]-[q]\right)\right\}$$

De la resolución sistemática de esta ecuación resultan las siguientes matrices:

$([N]\,[A11]')$

75.365	0	0	0	0	0	0	0	0	0
0	51.028	0	0	0	0	0	0	0	0
0	0	139.073	0	0	0	0	0	0	0
0	0	0	137.615	0	0	0	0	0	0
0	0	0	0	750.509	0	0	0	0	0
0	0	0	0	0	727.134	0	0	0	0
0	0	0	0	0	0	3203.659	0	0	0
0	0	0	0	0	0	0	5553.203	0	0
0	0	0	0	0	0	0	0	4505.367	0
0	0	0	0	0	0	0	0	0	83 902.250

$([N]\,[A11]')^{-1}$

0.0132	0	0	0	0	0	0	0	0	0
0	0.0195	0	0	0	0	0	0	0	0
0	0	0.00719	0	0	0	0	0	0	0
0	0	0	0.00726	0	0	0	0	0	0
0	0	0	0	0.00133	0	0	0	0	0
0	0	0	0	0	0.00137	0	0	0	0
0	0	0	0	0	0	0.000312	0	0	0
0	0	0	0	0	0	0	0.00018	0	0
0	0	0	0	0	0	0	0	0.000222	0
0	0	0	0	0	0	0	0	0	0.000012

$[A21]([N]\,[A11]')^{-1}$

0	0.01959	0	-0.00726	-0.00133	0	0	0	0	0
0.01326	0	-0.00719	0	0	0	0	0	0	0
0	0	0.00719	0	0.00133	0	-0.00031	-0.00018	0	0
0	0	0	0.00726	0	-0.00137	0	0	0	0
0	0	0	0	0	0.00137	0.00031	0	-0.00022	0
0	0	0	0	0	0	0	0.00018	0	0.000012
0	0	0	0	0	0	0	0	0.00022	-0.000012

$[A21]([N]\,[A11]')^{-1}[A12]$

0.02820	0	-0.00133	-0.00727	0	0	0
0	0.02046	-0.00719	0	0	0	0
-0.00133	-0.00719	0.00902	0	-0.00031	-0.00018	0
-0.00727	0	0	0.00864	-0.00138	0	0
0	0	-0.00031	-0.00138	0.00191	0	-0.00022
0	0	-0.00018	0	0	0.00019	-0.00001
0	0	0	0	-0.00022	-0.00001	0.00023

$-([A21]([N]\,[A11]')^{-1}[A12])^{-1}$

-48.123	-4.290	-12.206	-46.876	-40.285	-13.866	-38.939
-4.290	-69.029	-57.337	-6.132	-15.866	-54.886	-17.854
-12.206	-57.337	-163.144	-17.448	-45.143	-156.170	-50.801
-46.876	-6.132	-17.448	-178.690	-148.039	-25.166	-141.777
-40.285	-15.866	-45.143	-148.039	-717.391	-84.874	-685.157
-13.866	-54.886	-156.170	-25.166	-84.874	-5376.958	-354.565
0	0	-5	0	0	0	0
-38.939	-17.854	0.801	-141.777	-685.157	-354.565	-4944.077

Continuando con el método se obtiene:

$[A11]\,[Q]$	$[A10]\,[H_o]$	$([A11]\,[Q] + [A10]\,[H_o])$
3.7682	-95	-91.232
2.5514	-95	-92.449
6.9537		6.954
6.8808		6.881
37.5255		37.525
36.3567		36.357
160.1830		160.183
277.6601		277.660
225.2683		225.268
4195.1125		4195.113

[A21] [N] [A11'])$^{-1}$([A11] [Q] + [A10] [H_0])	[A21] [Q]	([A21] [N] [A11'])$^{-1}$([A11] [Q] + [A10] [Ho]) - ([A21] [Q]-[q])
-1.9117	-0.1	-1.7617
-1.2605	0	-1.2255
-7E-18	0	0.025
0	0	0.045
0.05	0.1	-0.023
0.1	0.2	-0.067
6.9E-18	0	0.017

Entonces, las alturas piezométricas (en m) obtenidas después de la primera iteración son:

Nudo	Altura (m)
*H*1	88.8166
*H*2	94.1844
*H*3	97.5469
*H*4	84.3013
*H*5	93.1647
*H*6	442.836
*H*7	38.2964

Donde los valores de las alturas están dados en m.

Cálculo de Qi+1

Para el cálculo de $[Q_{i+1}]$se utiliza la Ecuación 7.68:

ECUACIÓN 7.68

$$[Q_{i+1}] = \left\{[I] - \left([N]\,[A11]'\right)^{-1} - [A11]\right\}[Q_i] - \left\{\left([N][A11]'\right)^{-1}\left([A12][H_{i+1}] + [A10][H_0]\right)\right\}$$

De la resolución sistemática de esta ecuación resultan las siguientes matrices:

[A12] [H_{i+1}]	[A12] [H_{i+1}] + [A10] [H_0]	(([N] [A11'])-1) ([A12] [H_{i+1}] + [A10] [H_0])
94.1844	-0.8156	-0.0108
88.8166	-6.183441	-0.1212
3.36251	3.362509	0.02418
-4.5152	-4.515233	-0.0328
8.73035	8.73035	0.01163
8.86336	8.86336	0.01219
-4.3822	-4.382223	-0.0014
345.289	345.2895	0.06218
-54.868	-54.86832	-0.0122
404.54	404.54	0.00482

([N] [A11]′)$^{-1}$ + [A11]

0.5	0	0	0	0	0	0	0	0	0
0	0.5	0	0	0	0	0	0	0	0
0	0	0.5	0	0	0	0	0	0	0
0	0	0	0.5	0	0	0	0	0	0
0	0	0	0	0.5	0	0	0	0	0
0	0	0	0	0	0.5	0	0	0	0
0	0	0	0	0	0	0.5	0	0	0
0	0	0	0	0	0	0	0.5	0	0
0	0	0	0	0	0	0	0	0.5	0
0	0	0	0	0	0	0	0	0	0.5

$[I]$ - $(([N]\,[A11'])^{-1})\,[A11]$

0.5	0	0	0	0	0	0	0	0	0
0	0.5	0	0	0	0	0	0	0	0
0	0	0.5	0	0	0	0	0	0	0
0	0	0	0.5	0	0	0	0	0	0
0	0	0	0	0.5	0	0	0	0	0
0	0	0	0	0	0.5	0	0	0	0
0	0	0	0	0	0	0.5	0	0	0
0	0	0	0	0	0	0	0.5	0	0
0	0	0	0	0	0	0	0	0.5	0
0	0	0	0	0	0	0	0	0	0.5

$([I]$ - $([N]\,[A11'])^{-1}))\,[A11]\,[Q]$

0.05
0.05
0.05
0.05
0.05
0.05
0.05
0.05
0.05
0.05

Así, los caudales resultantes después de la primera iteración, en m^3/s, son:

Tubería No.	Q (m^3/s)
1	0.06082
2	0.17118
3	0.02582
4	0.08281
5	0.03837
6	0.03781
7	0.05137
8	-0.0122
9	0.06218
10	0.04518

Después de 6 iteraciones se llega a los siguientes resultados de convergencia para las alturas y caudales:

Nudo	H
$H1$	90.21827
$H2$	91.69705
$H3$	89.16494
$H4$	86.24749
$H5$	82.31926
$H6$	60.39959
$H7$	69.90503

Tubería No.	Q
1	0.093295
2	0.138705
3	0.058295
4	0.074519
5	0.014186
6	0.029519
7	0.018074
8	0.029407
9	0.020593
10	0.003593

En las tablas anteriores se muestran las alturas piezométricas en los nudos (dadas en m) y los caudales en cada tubería (en m^3/s) de la red. En las FIGURAS 9.4A y 9.4B se muestra la velocidad de convergencia a estos valores.

Segunda parte: cálculo de la red con el emisor en el nudo 6

Ahora se introduce un emisor en el nudo 6 de la red. Tal como se explicó anteriormente, el emisor se modela utilizando un embalse cuyo nivel de agua corresponde a la presión en la salida del emisor (cero en este caso) y una tubería corta, tal como se muestra en la FIGURA 9.5.

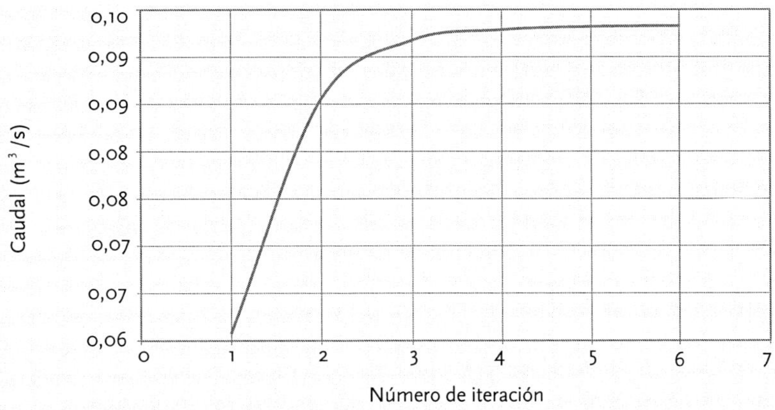

Figura 9.4a Velocidad de convergencia del caudal en la tubería 1.

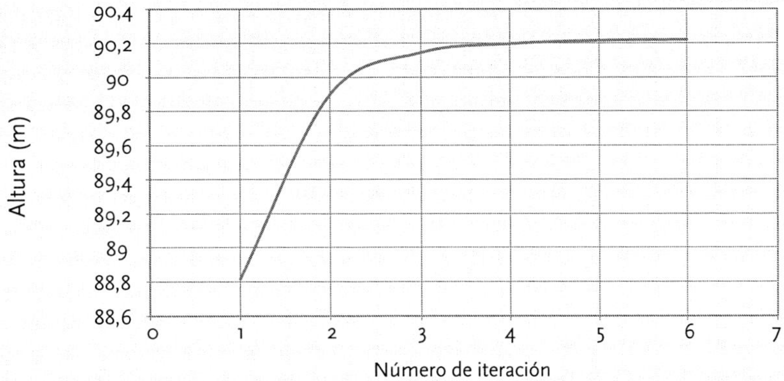

Figura 9.4b Velocidad de convergencia de la altura piezométrica en el nudo 1.

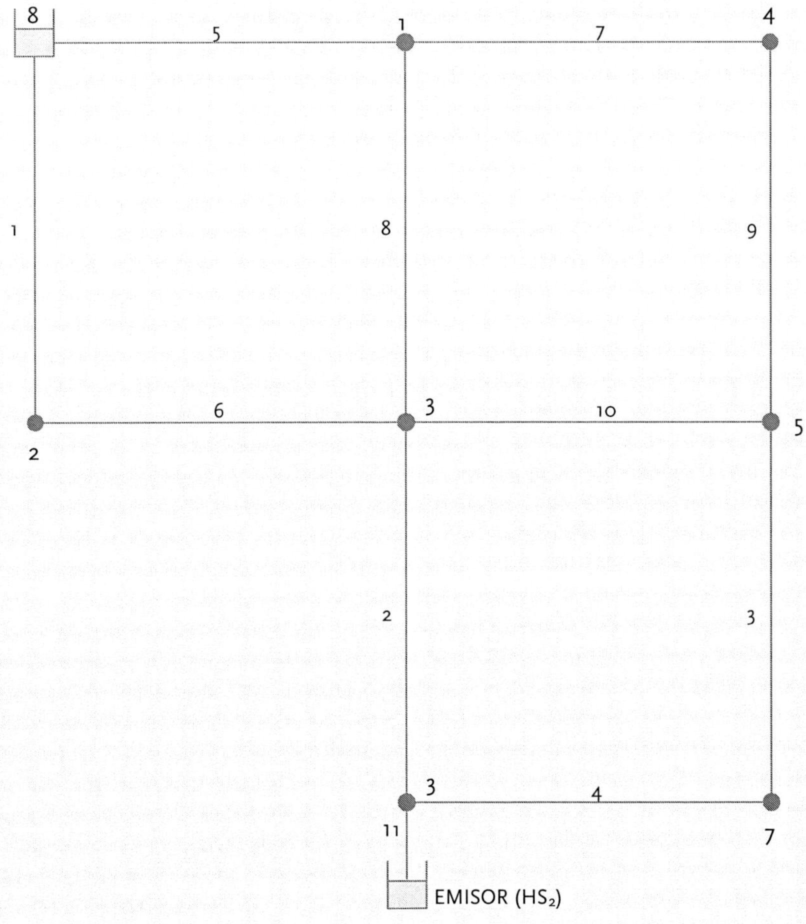

Figura 9.5 Ejemplo de red una de distribución con emisor.

Debido a que el emisor se modelará como un embalse conectado al nudo 6 a través de una tubería, el planteamiento de matrices y vectores para el desarrollo se modifica de la siguiente manera, donde resulta evidente el aumento del número de tubos y de nudos:

$NT = 11$

$NN = 7$

$NS = 2$

[$A12$] = matriz de conectividad, cuya dimensión es (11 × 7).

0	1	0	0	0	0	0
0	0	-1	0	0	1	0
0	0	0	0	-1	0	1
0	0	0	0	0	-1	1
1	0	0	0	0	0	0
0	-1	1	0	0	0	0
-1	0	0	1	0	0	0
-1	0	1	0	0	0	0
0	0	0	-1	1	0	0
0	0	-1	0	1	0	0
0	0	0	0	0	-1	0

[$A21$] = matriz transpuesta de [$A12$].

0	0	0	0	1	0	-1	-1	0	0	0
1	0	0	0	0	-1	0	0	0	0	0
0	-1	0	0	0	1	0	1	0	-1	0
0	0	0	0	0	0	1	0	-1	0	0
0	0	-1	0	0	0	0	0	1	1	0
0	1	0	-1	0	0	0	0	0	0	-1
0	0	1	1	0	0	0	0	0	0	0

[$A10$] = matriz topológica tramo a nudo, cuya dimensión es (11 × 2)

[Q] = vector de caudales, cuya dimensión es (11 × 1). Para la primera iteración todos los caudales son 100 L/s (0.1 m^3/s)

[H] = vector de alturas piezométricas desconocidas, cuya dimensión es (7 × 1)

[H_0] = vector de alturas piezométricas fijas, cuya dimensión es (2 × 1)

[q] = vector de consumo, cuya dimensión es (7 × 1). Sus unidades son m^3/s

[$A10$] Embalse	Emisor	[Q]	[H]	[H_0]	[q]
-1	0	0.1	H1	95	0.05
0	0	0.1	H2	44.8	0.035
0	0	0.1	H3		0.025
0	0	0.1	H4		0.045
-1	0	0.1	H5		0.027
0	0	0.1	H6		0.033
0	0	0.1	H7		0.017
0	0	0.1			
0	0	0.1			
0	0	0.1			
0	1	0.1			

[N] = matriz diagonal, cuya dimensión es (11 × 11). Presenta el valor 2 en la diagonal, dado que se utiliza la ecuación de Darcy-Weisbach como la ecuación de fricción

[I] = matriz de identidad, cuya dimensión es (11 × 11)

Primera iteración

Las matrices anteriormente definidas hasta ahora son válidas para todas las iteraciones necesarias en el cálculo de la red. Las expuestas a continuación varían de una iteración a otra.

$[A11]$ = matriz diagonal cuya dimensión es (11×11). Presenta el valor

$$\alpha_i Q_i^{(n_i-1)} + \beta_i + \frac{\gamma_i}{Q_i}$$

en la diagonal; los coeficientes β e γ son cero, ya que no existen bombas en la red.

Los coeficientes α para la matriz $[A11]$ se calculan de acuerdo con la siguiente tabla:

ID	Nudo 1	Nudo 2	d(m)	L (m)	ks	km	Q_{ij}(m³/s)	f	v(m/s)	h_f(m)	h_f+h_m(m)	α
1	8	2	0.254	270	3.00E-05	3.2	0.1	0.0148	1.973	3.133	3.768	376.826
2	3	6	0.1016	272	1.50E-06	4.2	0.1	0.0118	12.334	245.093	277.661	27 766.143
3	5	7	0.1016	250	1.50E-06	0	0.1	0.0118	12.334	225.269	225.269	22 526.938
4	6	7	0.0762	1168	1.50E-06	0	0.1	0.0115	21.928	4304.431	4304.431	430 443.130
5	8	1	0.254	160	3.00E-05	3.5	0.1	0.0148	1.973	1.856	2.551	255.140
6	2	3	0.2032	158	1.50E-06	4.2	0.1	0.0131	3.083	4.918	6.953	695.369
7	1	4	0.2032	165	1.50E-06	3.6	0.1	0.0131	3.083	5.136	6.880	688.079
8	1	3	0.1524	270	1.50E-06	2.4	0.1	0.0125	5.482	33.849	37.525	3752.564
9	4	5	0.1524	290	1.50E-06	0	0.1	0.0125	5.482	36.356	36.356	3635.687
10	3	5	0.1016	164	1.50E-06	1.6	0.1	0.0118	12.334	147.776	160.183	16 018.370
11	6	Emisor					0.1					4 000 000

$[A11] = [A11]'$

37.683	0	0	0	0	0	0	0	0	0	0
0	2776.614	0	0	0	0	0	0	0	0	0
0	0	2252.694	0	0	0	0	0	0	0	0
0	0	0	43 044.313	0	0	0	0	0	0	0
0	0	0	0	25.514	0	0	0	0	0	0
0	0	0	0	0	69.537	0	0	0	0	0
0	0	0	0	0	0	68.808	0	0	0	0
0	0	0	0	0	0	0	375.256	0	0	0
0	0	0	0	0	0	0	0	363.569	0	0
0	0	0	0	0	0	0	0	0	1601.837	0
0	0	0	0	0	0	0	0	0	0	400 000

Cálculo de Hi+1

Para el cálculo de H_{i+1} se utiliza la Ecuación 7.67:

ECUACIÓN 7.67

$$[H_{i+1}] = -\left\{ [A21]\left([N][A11]'\right)^{-1}[A12] \right\}^{-1} \times$$
$$\left\{ [A21]\left([N][A11]'\right)^{-1}\left([A11][Q_i]+[A10][H_0]\right)-\left([A21][Q_i]-[q]\right) \right\}$$

De la resolución sistemática de esta ecuación resultan las siguientes matrices:

$([N]\,[A11]')$

75.365	0	0	0	0	0	0	0	0	0	0
0	5553.229	0	0	0	0	0	0	0	0	0
0	0	4505.388	0	0	0	0	0	0	0	0
0	0	0	86 088.626	0	0	0	0	0	0	0
0	0	0	0	51.028	0	0	0	0	0	0
0	0	0	0	0	139.074	0	0	0	0	0
0	0	0	0	0	0	137.616	0	0	0	0
0	0	0	0	0	0	0	750.513	0	0	0
0	0	0	0	0	0	0	0	727.137	0	0
0	0	0	0	0	0	0	0	0	3203.674	0
0	0	0	0	0	0	0	0	0	0	800 000

$([N]\,[A11]')^{-1}$

0.013269	0	0	0	0	0	0	0	0	0	0
0	0.000180	0	0	0	0	0	0	0	0	0
0	0	0.000222	0	0	0	0	0	0	0	0
0	0	0	0.000012	0	0	0	0	0	0	0
0	0	0	0	0.019597	0	0	0	0	0	0
0	0	0	0	0	0.007190	0	0	0	0	0
0	0	0	0	0	0	0.007267	0	0	0	0
0	0	0	0	0	0	0	0.001332	0	0	0
0	0	0	0	0	0	0	0	0.001375	0	0
0	0	0	0	0	0	0	0	0	0.000312	0
0	0	0	0	0	0	0	0	0	0	0.000001

$[A21]([N]\,[A11]')^{-1}$

0	0	0	0	0.0195	0	-0.0072	-0.001332	0	0	0
0.01327	0	0	0	0	-0.0071	0	0	0	0	0
0	-0.00018	0	0	0	0.0071	0	0.001332	0	-0.000312	0
0	0	0	0	0	0	0.0072	0	-0.001375	0	0
0	0	-0.00022	0	0	0	0	0	0.001375	0.000312	0
0	0.00018	0	-0.000012	0	0	0	0	0	0	-0.000001
0	0	0.00022	0.000012	0	0	0	0	0	0	0

$[A] = [A21]([N]\,[A11]')^{-1}[A12]$

0.02820	0	-0.00133	-0.00727	0	0	0
0	0.02046	-0.00719	0	0	0	0
-0.00133	-0.00719	0.00902	0	-0.00031	-0.00018	0
-0.00727	0	0	0.00864	-0.00138	0	0
0	0	-0.00031	-0.00138	0.00191	0	-0.00022
0	0	-0.00018	0	0	0.00019	-0.00001
0	0	0	0	-0.00022	-0.00001	0.00023

[A11] [Q]	[A10] [H_o]	([A11] [Q] + [A10] [H_o])
3.76826	-95.0	-91.23174
277.66143	0	277.66143
225.26938	0	225.26938
4304.43131	0	4304.43131
2.55140	-95.0	-92.44860
6.95369	0	6.95369
6.88079	0	6.88079
37.52565	0	37.52565
36.35687	0	36.35687
160.18370	0	160.18370
40 000	44.8	40 044.80

([A21] [N] [A11'])⁻¹([A11] [Q] + [A10] [H_o])	[A21] [Q]	[b] = ([A21] [N] [A11'])⁻¹([A11] [Q] + [A10] [H_o]) - ([A21] [Q]-[q])
-1.91172	-0.10000	-1.76172
-1.26053	0	-1.22553
0	0	0.02500
0	0	0.04500
0.05000	0.10000	-0.02300
-0.05006	-0.10000	0.08294
0.10000	0.20000	-0.08300

Luego, las alturas piezométricas (en m) resultantes de la primera iteración son:

Nudo	Altura (m)
H_1	90.64319
H_2	87.75329
H_3	79.24831
H_4	94.74442
H_5	149.13575
H_6	-326.98170
H_7	480.80782

Cálculo de Qi+1

Para el cálculo de Q_{i+1} se utilizará la Ecuación 7.68:

ECUACIÓN 7.68

$$[Q_{i+1}]=\left\{[I]-\left([N]\,[A11]'\right)^{-1}-[A11]\right\}[Q_i]-\left\{\left([N][A11]'\right)^{-1}\left([A12][H_{i+1}]+[A10][H_0]\right)\right\}$$

De la resolución sistemática de esta ecuación resultan las siguientes matrices:

$[A12]\,[H_{i+1}]$	$[A12]\,[H_{i+1}] + [A10]\,[H_o]$	$(([N]\,[A11'])^{-1})\,([A12]\,[H_{i+1}] + [A10]\,[H_o])$
87.75329	-7.24671	-0.09615
-406.23001	-406.23001	-0.07315
331.67208	331.67208	0.07362
807.78953	807.78953	0.00938
90.64319	-4.35681	-0.08538
-8.50498	-8.50498	-0.06115
4.10123	4.10123	0.02980
-11.39488	-11.39488	-0.01518
54.39133	54.39133	0.07480
69.88744	69.88744	0.02181
326.98170	371.78170	0.00046

$([N][A11]')^{-1}[A11]$

0.5	0	0	0	0	0	0	0	0	0	0
0	0.5	0	0	0	0	0	0	0	0	0
0	0	0.5	0	0	0	0	0	0	0	0
0	0	0	0.5	0	0	0	0	0	0	0
0	0	0	0	0.5	0	0	0	0	0	0
0	0	0	0	0	0.5	0	0	0	0	0
0	0	0	0	0	0	0.5	0	0	0	0
0	0	0	0	0	0	0	0.5	0	0	0
0	0	0	0	0	0	0	0	0.5	0	0
0	0	0	0	0	0	0	0	0	0.5	0
0	0	0	0	0	0	0	0	0	0	0.5

$[I] - (([N]\,[A11'])^{-1})\,[A11]$

0.50	0	0	0	0	0	0	0	0	0	0
0	0.50	0	0	0	0	0	0	0	0	0
0	0	0.50	0	0	0	0	0	0	0	0
0	0	0	0.50	0	0	0	0	0	0	0
0	0	0	0	0.50	0	0	0	0	0	0
0	0	0	0	0	0.50	0	0	0	0	0
0	0	0	0	0	0	0.50	0	0	0	0
0	0	0	0	0	0	0	0.50	0	0	0
0	0	0	0	0	0	0	0	0.50	0	0
0	0	0	0	0	0	0	0	0	0.50	0
0	0	0	0	0	0	0	0	0	0	0.50

$([I] - ([N]\,[A11'])^{-1}))\,[A11]\,[Q]$

0.05
0.05
0.05
0.05
0.05
0.05
0.05
0.05
0.05
0.05
0.05

Luego, los caudales en cada una de las tuberías después de finalizar la primera iteración, dados en m³/s, son:

Tubería No.	Q (m³/s)
1	0.14615
8	0.12315
9	-0.02362
10	0.04062
2	0.13538
3	0.11115
4	0.02020
5	0.06518
6	-0.02480
7	0.02819
11	0.04954

Después de 8 iteraciones se llega a los siguientes resultados de convergencia para las alturas piezométricas en los nudos (en m) y los caudales en cada tubería (en m^3/s) de la red. En las **FIGURAS 9.6A** y **9.6B** se muestra la velocidad de convergencia correspondiente a estos valores.

Nudo	Altura (m)
H1	90.15973
H2	91.63558
H3	89.02926
H4	86.15793
H5	82.15307
H6	57.63194
H7	69.33877

Tubería No.	Q (m^3/s)
1	0.09421
8	0.03087
9	0.02092
10	0.00392
2	0.13958
3	0.05921
4	0.07482
5	0.01476
6	0.02982
7	0.01810
11	0.00179

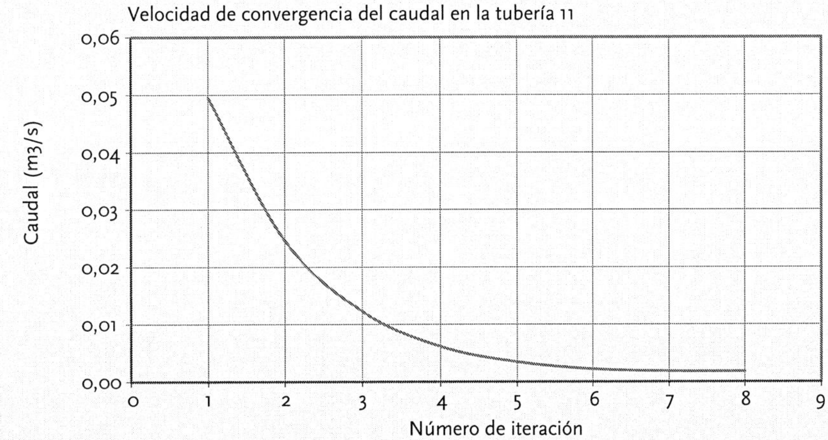

Figura 9.6a Velocidad de convergencia del caudal en el emisor.

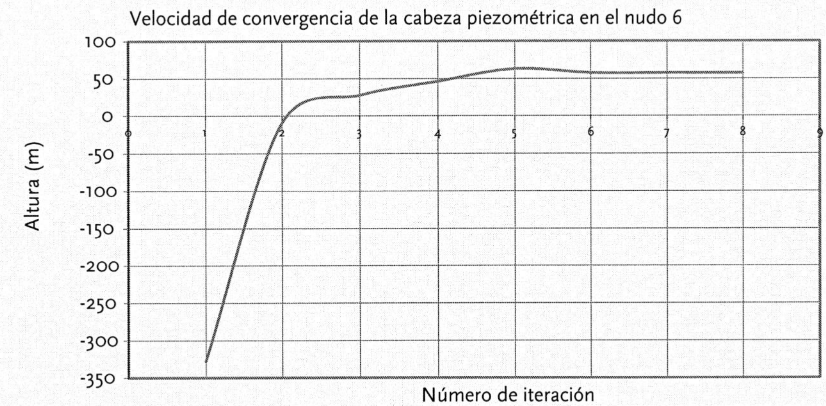

Figura 9.6b Velocidad de convergencia de la altura piezométrica en el nudo 6, donde se encuentra el emisor modelado.

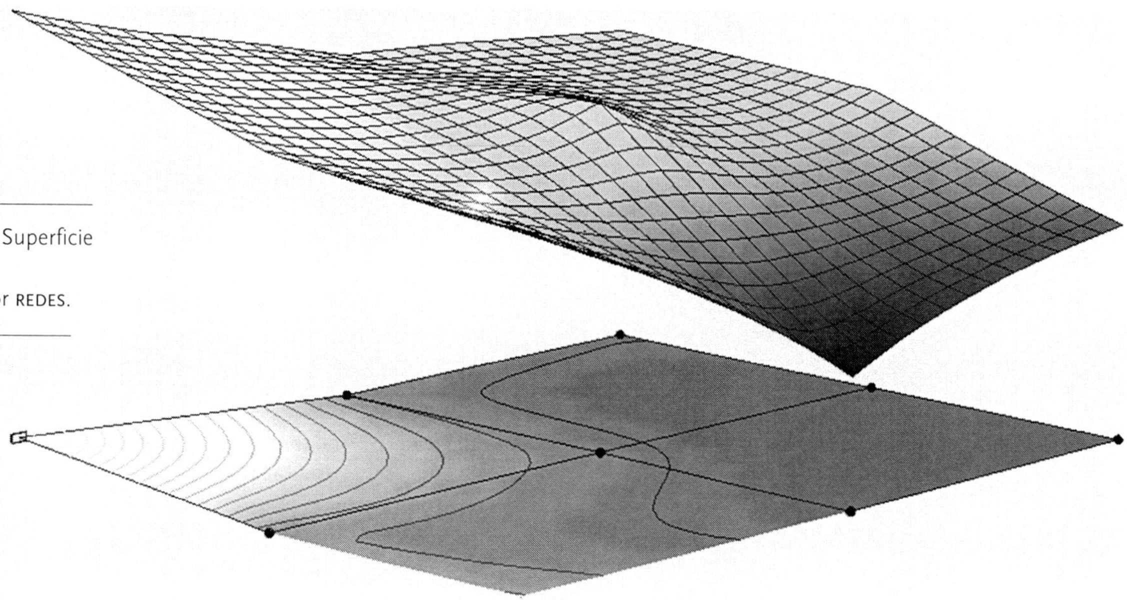

Figura 9.6c Superficie de presiones calculadas por REDES.

Discusión:

Teniendo en cuenta los resultados de este ejemplo, modelar la presencia de un emisor en la red de distribución aumenta la cantidad de iteraciones necesarias para resolver la red por el Método del Gradiente. Esto se debe a que se aumenta el tamaño de la red en el número de tubos equivalentes a modelar el número de emisores.

Con respecto a los resultados, se puede ver que el efecto del emisor es bajar localmente la altura piezométrica en el nudo al que está conectado (de 60.40 a 57.63 metros) y aumentar los caudales en las tuberías conectadas a dicho nudo (por ejemplo, el caudal en la tubería 10 pasa de 3.59 a 3.92 L/s).

9.2.2 Válvulas reductoras de presión (vrp) en rdaps

Lo contenido en este epígrafe es aplicable a todos los sistemas de tuberías a presión y a todo tipo de fluidos. Por ejemplo, oleoductos y poliductos, sistemas de riego, sistemas contra incendios, etc.

En las RDAPs se utilizan diferentes tipos de válvulas con el fin de afectar su comportamiento hidráulico. Algunas de ellas tienen el propósito de regular caudales, mientras que otras pueden regular presiones, actuar como protección contra el "golpe de ariete", prevenir el reflujo de agua en los sistemas de bombeo, permitir la entrada o salida de aire al sistema cuando la red se está llenando o vaciando, etc. Cada una de las válvulas puede describirse mediante una ecuación que relacione el caudal que pasa a través de ella con la altura piezométrica aguas arriba; esta ecuación se puede introducir rápidamente en el modelo hidráulico de la red dentro del esquema de matrices que caracteriza el Método del Gradiente.

Uno de los tipos de válvulas más comunes en RDAPs para lograr una adecuada operación de la red es la válvula reductora de presión (VRP). Su propósito es entregar una presión dada inmediatamente aguas abajo de sí misma, la cual necesariamente debe ser inferior a la presión existente inmediatamente aguas arriba. Esta situación es frecuente en las RDAPs, debido a que, en general, existen zonas con presiones excesivas, ya sea por causas topográficas o porque esas presiones altas se requieren para llegar a los sitios de servicio más alejados de la fuente. La VRP puede producir pérdidas con el fin de disminuir la presión de salida hasta un valor objetivo, pero no puede aumentar la presión, ya que no es un elemento generador de energía. Teniendo en cuenta esta condición, la válvula solo opera cuando la presión de llegada es superior a la presión objetivo, pero es incapaz de modificar la presión cuando la presión de entrada es inferior a dicha presión. Por consiguiente, la gráfica de presión-presión para una VRP se esquematiza en la FIGURA 9.7:

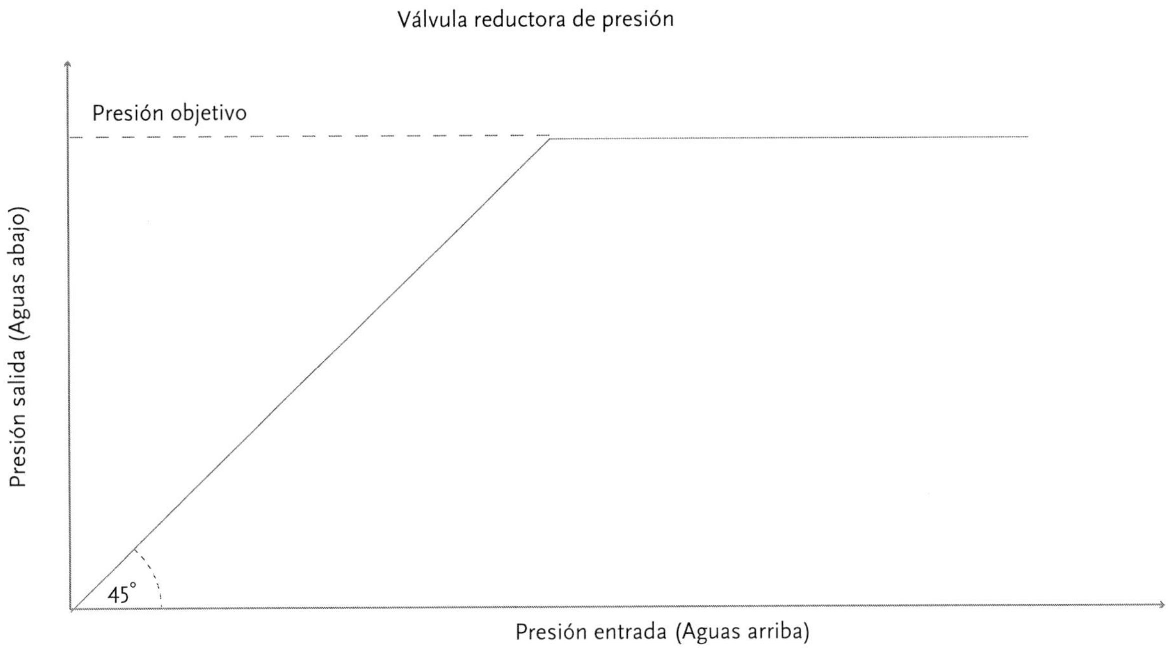

Figura 9.7 Aproximación al funcionamiento de una válvula reductora de presión.

Este tipo de válvula puede funcionar en tres estados diferentes: totalmente cerrada, totalmente abierta o parcialmente abierta. El estado depende de las condiciones de flujo en la válvula (presiones en los nudos de aguas arriba y aguas abajo y el sentido del flujo en la tubería en que se encuentra), y la presión y la dirección de flujo deseados para esta. Las diferentes circunstancias que definen el estado de la VRP se describen a continuación:

1. Si el sentido del flujo es contrario al deseado: la válvula se cierra y no permite que circule caudal por ella (FIGURA 9.8A).
2. Si el sentido real del flujo es igual al deseado y el valor de la presión de entrada a la válvula es inferior al de la deseada: la válvula no produce pérdidas y trabaja totalmente abierta (FIGURA 9.8B).
3. Si el sentido real del flujo es igual al deseado y el valor de la presión de entrada a la válvula es superior al de la deseada: la válvula trabaja parcialmente abierta produciendo unas pérdidas de altura tales que la presión aguas abajo de sí misma iguala la presión deseada (FIGURA 9.8C).

La distancia a la que se coloca la válvula desde el nudo aguas arriba de la tubería en la que se encuentra localizada (y, por tanto, del nudo aguas abajo) debe tenerse en cuenta, debido a que las pérdidas producidas por la válvula varían como función de esta posición. En las FIGURAS 9.9A y 9.9B se puede ver cómo las pérdidas de altura causadas por una VRP (Hv) son mayores cuando esta se encuentra en una posición cercana al nudo de aguas arriba.

Modelo básico de una VRP en una red de tuberías

Tal como se estableció en el Epígrafe 7.2.6 del Capítulo 7, la ecuación general que relaciona la altura de energía con el caudal en una tubería es:

ECUACIÓN 7.54

$$H_t = \alpha Q^n + \beta Q + \gamma$$

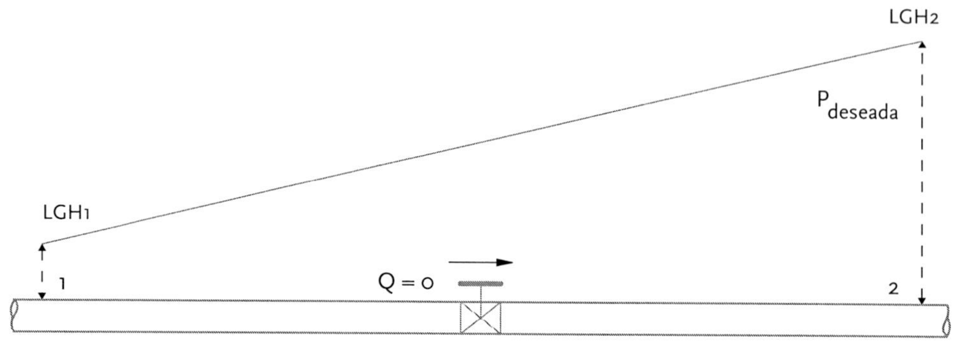

Figura 9.8a Caso en que la válvula reductora de presión se cierra.

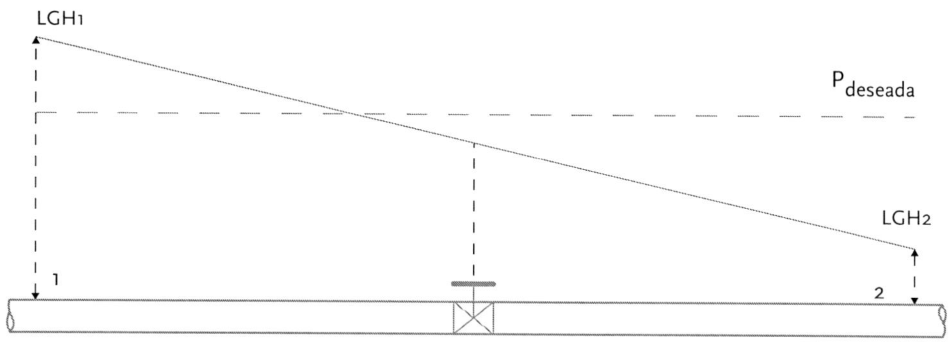

Figura 9.8b Caso en que la válvula actúa totalmente abierta.

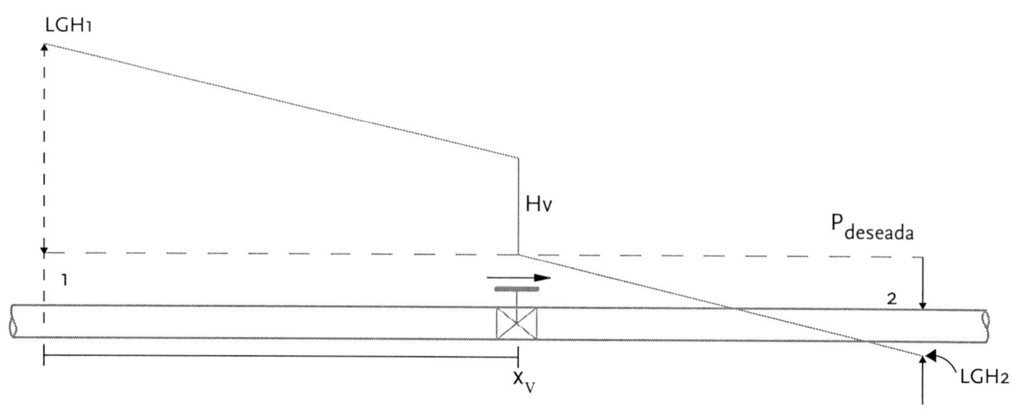

Figura 9.8c Caso en que la válvula actúa parcialmente abierta.

Esta suposición de un tubo con características especiales es aplicable a los demás accesorios que componen un sistema de tuberías a presión.

La VRP modifica la relación entre caudal y altura, por lo que su modelación en el Método del Gradiente se debe hacer como si este accesorio fuera una tubería con características especiales, las cuales son representadas encontrando los valores adecuados para los coeficientes α, β e γ de la anterior ecuación. Además, se debe tener en cuenta la localización de la válvula con respecto al nudo de aguas arriba de la tubería de la red en la que se encuentra localizada.

Con el fin de establecer la ecuación de la VRP, las variables conocidas son: la longitud de la tubería L, la posición de la válvula respecto al nudo aguas arriba x_v y su elevación topográfica Z_v, la presión objetivo de la válvula, las pérdidas por fricción en la

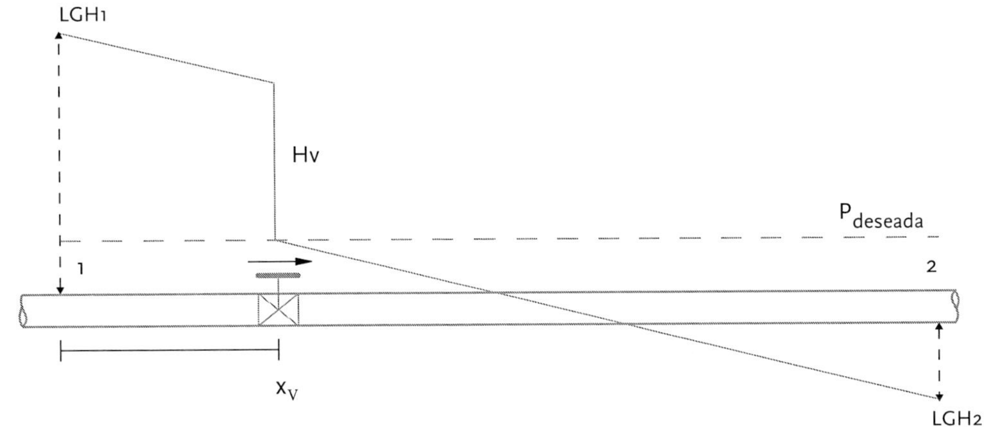

Figura 9.9a Válvula cercana al nudo aguas arriba.

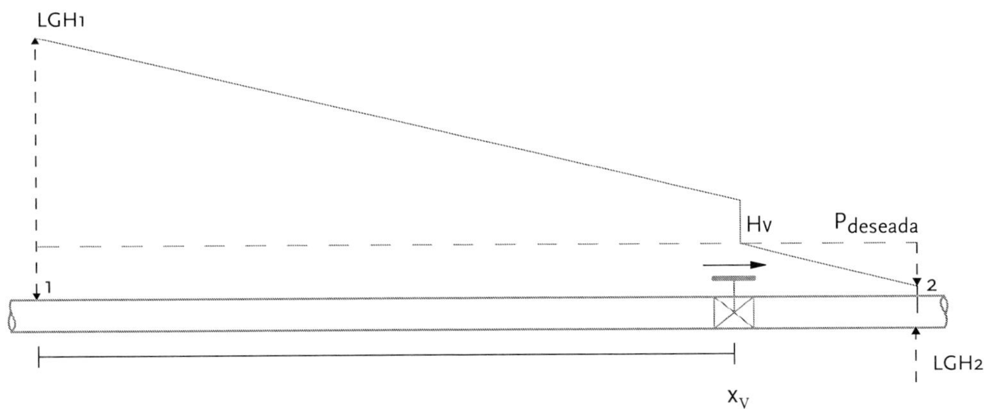

Figura 9.9b Válvula lejana del nudo aguas arriba.

tubería h_f y las pérdidas menores causadas por otros accesorios en esta h_m; después de una iteración con el Método del Gradiente, se conoce:

- La línea de gradiente hidráulico (LGH) o línea piezométrica del nudo inicial: LGH_1
- La línea de gradiente hidráulico (LGH) o línea piezométrica del nudo final: LGH_2

Si la línea de gradiente hidráulico del nudo inicial (LGH_1) es menor a la del nudo final (LGH_2), el sentido del flujo es contrario al especificado, lo cual indica que la válvula debe cerrarse. En caso contrario, la válvula debe operar y se sigue el procedimiento descrito a continuación. La línea de gradiente hidráulico está definida por una recta cuya ecuación es:

ECUACIÓN 9.5
$$LGH = -\frac{(h_f + h_m)}{L}x + LGH_1$$

Utilizando la ecuación anterior, se puede encontrar el valor que tiene la línea de gradiente hidráulico en el punto donde se encuentra la válvula (x_v):

ECUACIÓN 9.5a
$$LGH_v = -\frac{x_v(h_f + h_m)}{L} + LGH_1$$

Puesto que la presión objetivo de la VRP se conoce (es un dato de entrada al problema, usualmente dado por el operador de la red), se puede conocer también la LGH objetivo de la válvula:

ECUACIÓN 9.6
$$LGH_{objetivo} = P_{objetivo} + Z_v$$

Las pérdidas de altura que debe producir la VRP (H_v), para obtener la presión objetivo, es la diferencia entre el valor de la línea de gradiente hidráulico que tiene la válvula y la LGH objetivo:

ECUACIÓN 9.7
$$H_v = LGH_v - LGH_{obj}$$

Si el valor Hv es negativo indica que $LGH_v < LGH_{obj}$ y la válvula no debe operar, ya que producir más pérdidas solo disminuiría el valor de la LGH, alejándola cada vez más de su objetivo.

VRP en el Método del Gradiente

Con el fin de modelar válvulas reductoras en el Método del Gradiente, para el cálculo de una red de distribución de agua, se utiliza la ecuación genérica que relaciona altura y caudal en una tubería:

ECUACIÓN 7.54
$$H = \alpha Q^n + \beta Q + \gamma$$

En esta ecuación, α sigue siendo el coeficiente asociado con las pérdidas menores y por fricción en una tubería. Si se utiliza la ecuación de Darcy-Weisbach, este coeficiente es:

ECUACIÓN 9.8
$$\alpha = \frac{8}{d^4 \pi^2 g}\left(\frac{fl}{d} + \sum k_m\right)$$

Para una VRP, las pérdidas de altura en la tubería que contiene la válvula son:

ECUACIÓN 9.9
$$H = h_f + h_m + h_v = \frac{fl}{d}\frac{Q^2}{A^2 2g} + \sum k_m \frac{Q^2}{A^2 2g} + h_v = \frac{Q^2}{A^2 2g}\left(\frac{fl}{d} + \sum k_m\right) + h_v = \alpha\, Q^2 + h_v$$

Al comparar las Ecuaciones (9.9) y (7.54) se puede deducir que el último sumando es igual a la pérdida de altura producida por la VRP, $\gamma = h_v$. De esta forma, utilizando las Ecuaciones (9.7) y (9.9) se puede encontrar el valor de las pérdidas por válvula que deben añadirse a la tubería mediante el coeficiente γ.

Las matrices utilizadas en el Método del Gradiente para incluir las pérdidas que ocurren a través de una tubería son las matrices $A11$ y $A11'$, las cuales en los elementos de la diagonal tienen

$$\alpha_i Q_i^{(n_i-1)} + \beta_i + \frac{\gamma_i}{Q_i} \text{ y } \alpha_i Q_i^{(n_i-1)}, \text{ respectivamente.}$$

En el caso particular de que una tubería sea simple y no tenga accesorios especiales (válvulas, bombas, etc.), los coeficientes β e γ son iguales a 0, por lo que los elementos de $A11$ y $A11'$ son exactamente iguales, tal como se había establecido anteriormente. Al incluir una VRP, el término γ es diferente de 0; corresponde al valor de las pérdidas causadas por la válvula, por lo que $A11$ y $A11'$ dejan de ser iguales y no se pueden hacer simplificaciones en el cálculo hidráulico. En las siguientes dos ecuaciones se muestran esas dos matrices:

ECUACIÓN 9.10
$$A11 = \begin{bmatrix} \alpha_1 Q_1^{(n_1-1)} + \beta_1 + \frac{\gamma_1}{Q_1} & 0 & \cdots & 0 \\ 0 & \alpha_2 Q_2^{(n_2-1)} + \beta_2 + \frac{\gamma_2}{Q_2} & \cdots & 0 \\ \vdots & \vdots & & \vdots \\ 0 & 0 & \cdots & \alpha_n Q_n^{(n_n-1)} + \beta_n + \frac{\gamma_n}{Q_n} \end{bmatrix}$$

ECUACIÓN 9.11

$$A11' = \begin{bmatrix} \alpha_1 Q_1^{(n_1-1)} & 0 & \cdots & 0 \\ 0 & \alpha_2 Q_2^{(n_2-1)} & \cdots & 0 \\ \vdots & \vdots & & \vdots \\ 0 & 0 & \cdots & \alpha_n Q_n^{(n_n-1)} \end{bmatrix}$$

El Ejemplo 9.2, mostrado a continuación, ilustra la forma en la que se puede modelar una VRP en una red de tuberías sencilla. En este se sigue la misma metodología de presentación que todos los ejemplos del Capítulo 7.

EJEMPLO 9.2

VRP en RDAPs

En la FIGURA 9.10 se muestra una red de distribución de agua potable con una válvula reductora de presión en la tubería 4, entre los nudos 3 y 4. La posición de la válvula con respecto al nudo 3 es 100 m, la elevación es 0 m y la presión deseada es 30 m, aguas abajo de ella. Las características de los demás elementos de la red se pueden ver en la Tabla 9.1.

Tabla 9.1 Características de los elementos de la red

TUBOS

ID	Diámetro (m)	Longitud (m)	Rugosidad (m)	Coef. P. menores
1	0.2032	200	1.50E-06	0
2	0.1524	300	1.50E-06	0
3	0.2032	200	1.50E-06	0
4	0.2032	200	1.50E-06	0
5	0.1524	200	1.50E-06	0
6	0.1524	300	1.50E-06	0
7	0.1524	200	1.50E-06	0

NUDOS

ID	X (m)	Y (m)	Z (m)	Q_d (m^3/s)
2	0	0	0	0.03
3	200	200	0	0.02
4	400	200	0	0.03
5	600	200	0	0.04
6	400	0	0	0.03

Embalses

ID	X	Y	Z	LGH (m)
1	0	200	0	50

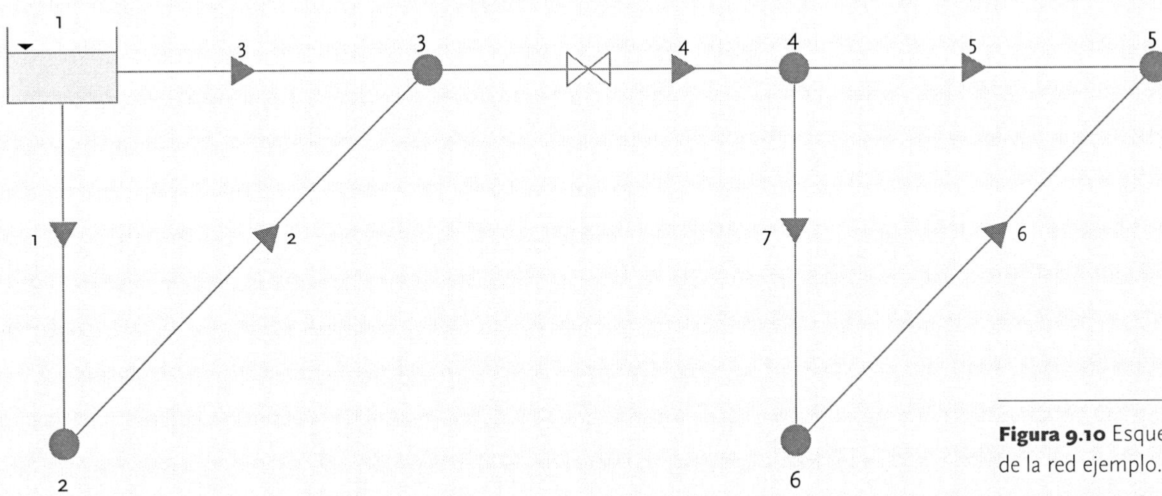

Figura 9.10 Esquema de la red ejemplo.

Solución:

A continuación se muestra el montaje del Método del Gradiente para esta red; solo se incluye la primera iteración, la segunda iteración y los resultados finales después de que el método haya convergido. Como se puede ver en la FIGURA 9.10, esta red tiene 7 tuberías, 5 nudos con alturas piezométricas desconocidas y un nudo con altura piezométrica conocida. Luego:

$NT = 7$

$NN = 5$

$NS = 1$

Siguiendo el Método del Gradiente se obtienen estas matrices:

[*A*12] = matriz de conectividad con dimensión (7 ×5)

1	0	0	0	0
−1	1	0	0	0
0	1	0	0	0
0	−1	1	0	0
0	0	−1	1	0
0	0	0	1	−1
0	0	−1	0	1

[*A*21] = matriz transpuesta de [*A*12]

1	− 1	0	0	0	0	0
0	1	1	− 1	0	0	0
0	0	0	1	− 1	0	− 1
0	0	0	0	1	1	0
0	0	0	0	0	-1	1

Las otras matrices del método son:

[*A*10] = matriz topológica tramo a nudo, cuya dimensión es (7 × 1)

[*Q*] = vector de caudales, cuya dimensión es (7 × 1). Sus unidades son 0.1 m³/s

[*H*] = vector de alturas piezométricas desconocidas, cuya dimensión es (5 × 1)

[H_0] = vector de alturas piezométricas fijas, cuya dimensión es (1 × 1)

[*q*] = vector de consumo, cuya dimensión es (5 × 1). Sus unidades son m³/s

[*A*10]	[*Q*]	[*H*]	[H_0]	[*q*]
−1	0.01			
0	0.01	H_2		0.03
−1	0.01	H_3		0.02
0	0.01	H_4	50	0.03
0	0.01	H_5		0.04
0	0.01	H_6		0.03
0	0.01			

[*N*] = matriz diagonal, cuya dimensión es (7 × 7). Presenta el valor 2 en la diagonal, ya que se utiliza la ecuación de Darcy-Weisbach como la ecuación de fricción.

2	0	0	0	0	0	0
0	2	0	0	0	0	0
0	0	2	0	0	0	0
0	0	0	2	0	0	0
0	0	0	0	2	0	0
0	0	0	0	0	2	0
0	0	0	0	0	0	2

$[I]$ = matriz de identidad, cuya dimensión es (7×7)

$$\begin{vmatrix} 1 & 0 & 0 & 0 & 0 & 0 & 0 \\ 0 & 1 & 0 & 0 & 0 & 0 & 0 \\ 0 & 0 & 1 & 0 & 0 & 0 & 0 \\ 0 & 0 & 0 & 1 & 0 & 0 & 0 \\ 0 & 0 & 0 & 0 & 1 & 0 & 0 \\ 0 & 0 & 0 & 0 & 0 & 1 & 0 \\ 0 & 0 & 0 & 0 & 0 & 0 & 1 \end{vmatrix}$$

Primera iteración

Las matrices anteriormente definidas son válidas para todas las iteraciones necesarias en el cálculo de la red. Las que se presentan a continuación varían de una iteración a otra. La forma en la que se desarrolla el ejemplo es similar a lo hecho en los ejemplos anteriores que hacen uso del Método del Gradiente.

$[A11]$ = matriz diagonal, cuya dimensión es (7×7). Presenta el valor

$$\alpha_i Q_i^{(n_i-1)} + \beta_i + \frac{\gamma_i}{Q_i}$$

en la diagonal; el coeficiente β es 0 para todas las tuberías y el coeficiente γ toma valor diferente de 0 solo para la tubería 4, que tiene la VRP.

La siguiente tabla resume el cálculo de los coeficientes α.

Tubería	Q (m³/s)	f (-)	v (m/s)	h_f (m)	$h_f + h_m$ (m)	α
1-2	0.1	0.01305	3.084	6.22	6.22	622.46
2-3	0.1	0.01247	5.482	37.61	37.61	3760.52
1-3	0.1	0.01305	3.084	6.22	6.22	622.46
3-4	0.1	0.01305	3.084	6.22	6.22	622.46
4-5	0.1	0.01247	5.482	25.07	25.07	2507.01
6-5	0.1	0.01247	5.482	37.61	37.61	3760.52
4-6	0.1	0.01247	5.482	25.07	25.07	2507.01

Cálculo del coeficiente γ de la tubería 4

La presión objetivo de la válvula es 30 m, por lo que las pérdidas de altura causadas por la válvula tendrán el valor necesario para que esto se cumpla. Como en la primera iteración no se conoce la presión del nudo anterior a la válvula, no se puede calcular este valor, por lo que inicialmente se supone que $\gamma = 0$. La Matriz $[A11]$ es la siguiente:

$$[A11] = \begin{vmatrix} 62.246 & 0 & 0 & 0 & 0 & 0 & 0 \\ 0 & 376.052 & 0 & 0 & 0 & 0 & 0 \\ 0 & 0 & 62.246 & 0 & 0 & 0 & 0 \\ 0 & 0 & 0 & 62.246 & 0 & 0 & 0 \\ 0 & 0 & 0 & 0 & 250.701 & 0 & 0 \\ 0 & 0 & 0 & 0 & 0 & 376.052 & 0 \\ 0 & 0 & 0 & 0 & 0 & 0 & 250.401 \end{vmatrix}$$

$[A11]'$ = matriz diagonal, cuya dimensión es (7×7). Presenta el valor $\alpha_i Q_i^{(n_i-1)}$ en la diagonal. Esta matriz se presenta a continuación:

[*A*11]' =

62.246	0	0	0	0	0	0
0	376.052	0	0	0	0	0
0	0	62.246	0	0	0	0
0	0	0	62.246	0	0	0
0	0	0	0	250.701	0	0
0	0	0	0	0	376.052	0
0	0	0	0	0	0	250.401

En este caso [*A*11] es igual a [*A*11]', dado que el término de pérdidas de válvula en la primera iteración es 0.

Cálculo de [H_{i+1}]

Siguiendo el Método del Gradiente se obtienen las siguientes matrices con el fin de calcular las alturas piezométricas en cada uno de los nudos de la red para la primera iteración.

[*N*][*A*11]'

124.492	0	0	0	0	0	0
0	752.103	0	0	0	0	0
0	0	124.492	0	0	0	0
0	0	0	124.492	0	0	0
0	0	0	0	501.402	0	0
0	0	0	0	0	752.103	0
0	0	0	0	0	0	501.402

([*N*][*A*11]')$^{-1}$

0.008	0	0	0	0	0	0
0	0.0013	0	0	0	0	0
0	0	0.008	0	0	0	0
0	0	0	0.008	0	0	0
0	0	0	0	0.002	0	0
0	0	0	0	0	0.0013	0
0	0	0	0	0	0	0.002

[*A*21] ([*N*][*A*11]')$^{-1}$

0.008	− 0.0013	0	0	0	0	0
0	0.0013	0	0	0	0	0
0	0	0.008	− 0.008	0	0	0
0	0	0	0.008	0	0	0
0	0	0	0	− 0.002	0	− 0.002
0	0	0	0	0.002	0.0013	0
0	0	0	0	0	− 0.0013	0.002

[*A*21] ([*N*][*A*11]')$^{-1}$[*A*12]

0.0094	− 0.0013	0	0	0
− 0.0013	0.0174	− 0.008	0	0
0	− 0.008	0.012	− 0.002	− 0.002
0	0	− 0.002	0.0033	− 0.0013
0	0	− 0.002	− 0.0013	0.0033

$$-([A21]\,([N][A11]')^{-1}[A12])^{-1}$$

$$\begin{vmatrix} -109.01 & -15.48 & -15.48 & -15.48 & -15.48 \\ -15.48 & -109.01 & -109.01 & -109.01 & -109.01 \\ -15.48 & -109.01 & -203.50 & -203.50 & -203.50 \\ -15.48 & -109.01 & -203.50 & -591.65 & -376.76 \\ -15.48 & -109.01 & -203.50 & -376.76 & -591.65 \end{vmatrix}$$

$[A11][Q]$	$[A10][H_o]$	$([A11][Q])\ ([A10][H_o])$
6.225	-50	-43.775
37.605	0	37.605
6.225	-50	-43.775
6.225	0	6.225
25.070	0	25.070
37.605	0	37.605
25.070	0	25.070

$[A21]\,([N][A11]')^{-1}(([A11][Q]) + ([A10][H_o]))$	$[A21][Q] - [q]$
-0.402	-0.03
-0.352	0.08
-0.05	-0.13
0.1	0.16
0	-0.03

$[A21]\,([N][A11]')^{-1}(([A11][Q]) + ([A10][H_o])) - ([A21][Q] - [q])$
-0.372
-0.432
0.080
-0.060
0.030

Finalmente, al aplicar la Ecuación (7.67):

$$H_{i+1} = -([A21]\,([N][A11]')^{-1}[A12])^{-1}\,([A21]\,([N][A11]')^{-1}(([A11][Q]) + ([A10][H_o])) - ([A21][Q] - [q]))$$

$$\begin{vmatrix} H_2 \\ H_3 \\ H_4 \\ H_5 \\ H_6 \end{vmatrix} = \begin{vmatrix} 46.42 \\ 47.355 \\ 41.131 \\ 58.322 \\ 38.982 \end{vmatrix}$$

Con estas alturas (dadas en m) se procede a calcular los caudales de la primera iteración, tal como se muestra a continuación:

Cálculo de $[Q_{i+1}]$

Siguiendo paso a paso el Método del Gradiente, se obtienen las matrices que se muestran a continuación:

$[A12][H_{i+1}]$	$[A12][H_{i+1}] + [A10][H_0]$
46.420	- 3.580
0.935	0.935
47.355	- 2.645
- 6.225	- 6.225
17.191	17.191
19.340	19.340
- 2.149	- 2.149

$(([N][A11]')^{-1}) \times ([A12][H_{i+1}] + [A10][H_0])$

-0.0288
0.0012
-0.0212
-0.05
0.0343
0.0257
-0.0043

$(([N][A11]')^{-1})\ [A11]$

0.5	0	0	0	0	0	0
0	0.5	0	0	0	0	0
0	0	0.5	0	0	0	0
0	0	0	0.5	0	0	0
0	0	0	0	0.5	0	0
0	0	0	0	0	0.5	0
0	0	0	0	0	0	0.5

$I - ((([N][A11]')^{-1})\ [A11])$

0.5	0	0	0	0	0	0
0	0.5	0	0	0	0	0
0	0	0.5	0	0	0	0
0	0	0	0.5	0	0	0
0	0	0	0	0.5	0	0
0	0	0	0	0	0.5	0
0	0	0	0	0	0	0.5

$(I - ((([N][A11]')^{-1})\ [A11])) \times [Q]$

0.5
0.5
0.5
0.5
0.5
0.5
0.5

Finalmente se obtienen los siguientes caudales (en m³/s) utilizando la Ecuación 7.68:

$$Q_{i+1} = ((I - ((([N][A11]')^{-1})\ [A11])) \times [Q]) - ((([N][A11]')^{-1}) \times ([A12][H_{i+1}] + [A10][H_0]))$$

$$\begin{vmatrix} Q_1 \\ Q_2 \\ Q_3 \\ Q_4 \\ Q_5 \\ Q_6 \\ Q_7 \end{vmatrix} = \begin{vmatrix} 0.079 \\ 0.049 \\ 0.071 \\ 0.100 \\ 0.016 \\ 0.024 \\ 0.054 \end{vmatrix}$$

Estos caudales están en m³/s.

Segunda iteración

$[A11]$= matriz diagonal, cuya dimensión es (7 × 7). Presenta el valor

$$\alpha_i Q_i^{(n_i-1)} + \beta_i + \frac{\gamma_i}{Q_i}$$

en la diagonal; el coeficiente β es 0 para todas las tuberías y el coeficiente γ toma valor diferente de 0 solo para la tubería 4, que tiene una válvula reductora de presión.

La siguiente tabla resume el cálculo de los coeficientes α para la segunda iteración.

Tubería	Q (m³/s)	*f* (-)	v (m/s)	h_f (m)	$h_f + h_m$ (m)	α
1-2	0.08	0.01361	2.429	4.03	4.03	649.04
2-3	0.05	0.01411	2.673	10.11	10.11	4254.89
1-3	0.07	0.01385	2.197	3.35	3.35	660.76
3-4	0.10	0.01305	3.084	6.22	6.22	622.46
4-5	0.02	0.01753	0.861	0.87	0.87	3523.51
6-5	0.02	0.01608	1.331	2.86	2.86	4847.20
4-6	0.05	0.01384	2.976	8.20	8.20	2782.69

Cálculo del coeficiente γ de la tubería 4

Para todas las tuberías, excepto para la 4, el coeficiente γ es 0 porque solo esta tiene un accesorio (VRP). Para calcular el coeficiente γ de la tubería 4 (las pérdidas producidas por la VRP), se debe conocer el valor de la línea de gradiente hidráulico en el nudo inicial de esta (nudo 3). Este valor es 47.355 m, de acuerdo con lo calculado en la primera iteración.

Utilizando la ecuación de pérdidas de energía por fricción en la tubería, se obtiene:

$$LGH_v = -\frac{x_v(h_f + h_m)}{L} + LGH_1$$

$$LGH_v = -\frac{100 \cdot (6.22)}{200} + 47.355 = 44.243 \text{ m}$$

Como la válvula tiene elevación 0, la línea de gradiente hidráulico es igual a la presión, así que:

$$\gamma = H_v = LGH_v - LGH_{obj} = 44.243 - 30 = 14.243 \text{ m}$$

Con los coeficientes α e γ calculados, la matriz $[A11]$ resulta tal como se muestra a continuación:

$$[A11] = \begin{bmatrix} 51.116 & 0 & 0 & 0 & 0 & 0 & 0 \\ 0 & 207.453 & 0 & 0 & 0 & 0 & 0 \\ 0 & 0 & 47.075 & 0 & 0 & 0 & 0 \\ 0 & 0 & 0 & 204.676 & 0 & 0 & 0 \\ 0 & 0 & 0 & 0 & 55.369 & 0 & 0 \\ 0 & 0 & 0 & 0 & 0 & 117.718 & 0 \\ 0 & 0 & 0 & 0 & 0 & 0 & 151.061 \end{bmatrix}$$

$[A11]'=$ matriz diagonal, cuya dimensión es (7×7). Presenta el valor en la diagonal

$$[A11]' = \begin{bmatrix} 51.116 & 0 & 0 & 0 & 0 & 0 & 0 \\ 0 & 207.453 & 0 & 0 & 0 & 0 & 0 \\ 0 & 0 & 47.075 & 0 & 0 & 0 & 0 \\ 0 & 0 & 0 & 62.246 & 0 & 0 & 0 \\ 0 & 0 & 0 & 0 & 55.369 & 0 & 0 \\ 0 & 0 & 0 & 0 & 0 & 117.718 & 0 \\ 0 & 0 & 0 & 0 & 0 & 0 & 151.061 \end{bmatrix}$$

En este caso $[A11]$ es diferente a $[A11]'$, ya que aparece un término de pérdidas de válvula.

Cálculo de $[H_{i+1}]$

Nuevamente, siguiendo paso a paso el Método del Gradiente, se obtiene el siguiente conjunto de matrices:

$$[N][A11]' = \begin{bmatrix} 102.232 & 0 & 0 & 0 & 0 & 0 & 0 \\ 0 & 414.907 & 0 & 0 & 0 & 0 & 0 \\ 0 & 0 & 94.150 & 0 & 0 & 0 & 0 \\ 0 & 0 & 0 & 124.492 & 0 & 0 & 0 \\ 0 & 0 & 0 & 0 & 110.739 & 0 & 0 \\ 0 & 0 & 0 & 0 & 0 & 235.435 & 0 \\ 0 & 0 & 0 & 0 & 0 & 0 & 302.121 \end{bmatrix}$$

$$([N][A11]')^{-1} = \begin{bmatrix} 0.0098 & 0 & 0 & 0 & 0 & 0 & 0 \\ 0 & 0.0024 & 0 & 0 & 0 & 0 & 0 \\ 0 & 0 & 0.0106 & 0 & 0 & 0 & 0 \\ 0 & 0 & 0 & 0.0080 & 0 & 0 & 0 \\ 0 & 0 & 0 & 0 & 0.0090 & 0 & 0 \\ 0 & 0 & 0 & 0 & 0 & 0.0042 & 0 \\ 0 & 0 & 0 & 0 & 0 & 0 & 0.0033 \end{bmatrix}$$

$$[A21]\,([N][A11]')^{-1} = \begin{bmatrix} 0.0098 & -0.0024 & 0 & 0 & 0 & 0 & 0 \\ 0 & 0.0024 & 0.0106 & -0.0080 & 0 & 0 & 0 \\ 0 & 0 & 0 & 0.0080 & -0.0090 & 0 & -0.0033 \\ 0 & 0 & 0 & 0 & 0.0090 & 0.0042 & 0 \\ 0 & 0 & 0 & 0 & 0 & -0.0042 & 0.0033 \end{bmatrix}$$

$[A21]\,([N][A11]')^{-1}[A12]$

0.0122	− 0.0024	0	0	0
− 0.0024	0.0211	− 0.0080	0	0
0	− 0.0080	0.0204	− 0.0090	− 0.0033
0	0	− 0.0090	0.0133	− 0.0042
0	0	− 0.0033	− 0.0042	0.0076

$-\,([A21]\,([N][A11]')^{-1}[A12])^{-1}$

-85.1350	-15.7457	-15.7457	-15.7457	-15.7457
-15.7457	-79.6493	-79.6493	-79.6493	-79.6493
-15.7457	-79.6493	-204.141	-204.141	-204.1410
-15.7457	-79.6493	-204.141	-295.964	-255.748
-15.7457	-79.6493	-204.141	-255.748	-365.4665

$[A11][Q]$	$[A10][H_0]$	$([A11][Q]) + ([A10][H_0])$
4.0257	-50	-45.9743
10.1147	0	10.1147
3.3538	-50	-46.646
20.4676	0	20.4676
0.8701	0	0.8701
2.8589	0	2.8589
8.2004	0	8.2004

$[A21]\,([N][A11]')^{-1}(([A11][Q]) + ([A10][H_0]))$	$[A21][Q] - [q]$
-0.4741	0
-0.6355	0
0.1294	0
0.0200	0
0.0150	0

$[A21]\,([N][A11]')^{-1}(([A11][Q]) + ([A10][H_0])) - ([A21][Q] - [q])$

-0.4741
-0.6355
0.1294
0.0200
0.0150

Por último, las alturas (en m) en los nudos al final de esta segunda iteración son:

ECUACIÓN 7.67

$$H_{i+1} = -\,([A21]\,([N][A11]')^{-1}[A12])^{-1}\,([A21]\,([N][A11]')^{-1}(([A11][Q]) + ([A10][H_0])) - ([A21][Q] - [q]))$$

$$\begin{vmatrix} H_2 \\ H_3 \\ H_4 \\ H_5 \\ H_6 \end{vmatrix} = \begin{vmatrix} 47.7782 \\ 44.9849 \\ 24.5172 \\ 21.9067 \\ 21.0652 \end{vmatrix}$$

Cálculo de $[Q_{i+1}]$

Con las anteriores alturas se procede a calcular los nuevos caudales en cada una de las tuberías de la red. Siguiendo el Método del Gradiente se obtiene:

$$[A12][H_{i+1}] \quad \begin{vmatrix} 47.7782 \\ -2.7934 \\ 44.9849 \\ -20.4676 \\ -2.6106 \\ 0.8415 \\ -3.4520 \end{vmatrix} \qquad [A12][H_{i+1}] + [A10][H_o] \quad \begin{vmatrix} -2.2218 \\ -2.7934 \\ -5.0151 \\ -20.468 \\ -2.6106 \\ 0.8415 \\ -3.4520 \end{vmatrix}$$

$$([N][A11]')^{-1}) \times ([A12][H_{i+1}] + [A10][H_o]) \quad \begin{vmatrix} -0.0217 \\ -0.0067 \\ -0.0533 \\ -0.1644 \\ -0.0236 \\ 0.0036 \\ -0.0114 \end{vmatrix}$$

$$([N][A11]')^{-1})\,[A11] \quad \begin{vmatrix} 0.5 & 0 & 0 & 0 & 0 & 0 & 0 \\ 0 & 0.5 & 0 & 0 & 0 & 0 & 0 \\ 0 & 0 & 0.5 & 0 & 0 & 0 & 0 \\ 0 & 0 & 0 & 1.644 & 0 & 0 & 0 \\ 0 & 0 & 0 & 0 & 0.5 & 0 & 0 \\ 0 & 0 & 0 & 0 & 0 & 0.5 & 0 \\ 0 & 0 & 0 & 0 & 0 & 0 & 0.5 \end{vmatrix}$$

$$I - (([N][A11]')^{-1})\,[A11]) \quad \begin{vmatrix} 0.5 & 0 & 0 & 0 & 0 & 0 & 0 \\ 0 & 0.5 & 0 & 0 & 0 & 0 & 0 \\ 0 & 0 & 0.5 & 0 & 0 & 0 & 0 \\ 0 & 0 & 0 & -0.644 & 0 & 0 & 0 \\ 0 & 0 & 0 & 0 & 0.5 & 0 & 0 \\ 0 & 0 & 0 & 0 & 0 & 0.5 & 0 \\ 0 & 0 & 0 & 0 & 0 & 0 & 0.5 \end{vmatrix}$$

$$(I - (([N][A11]')^{-1})\,[A11])) \times [Q] \quad \begin{vmatrix} 0.039 \\ 0.024 \\ 0.036 \\ -0.064 \\ 0.008 \\ 0.012 \\ 0.027 \end{vmatrix}$$

Finalmente, los nuevos caudales (en m³/s) son:

$$Q_{i+1} = ((I - (([N][A11]')^{-1})\,[A11]) - [Q]) - (([N][A11]')^{-1}) - ([A12][H_{i+1}] + [A10][H_o]))$$

$$\begin{vmatrix} Q_1 \\ Q_2 \\ Q_3 \\ Q_4 \\ Q_5 \\ Q_6 \\ Q_7 \end{vmatrix} = \begin{vmatrix} 0.061 \\ 0.031 \\ 0.089 \\ 0.100 \\ 0.031 \\ 0.009 \\ 0.039 \end{vmatrix}$$

Después de 6 iteraciones, los valores de altura piezométrica (en m) y caudal (en L/s) que se obtienen son:

$$[H] = \begin{vmatrix} 47.805 \\ 44.477 \\ 26.884 \\ 23.113 \\ 23.26 \end{vmatrix} \qquad [Q] = \begin{vmatrix} 56.397 \\ 26.397 \\ 93.603 \\ 100 \\ 35.384 \\ 4.616 \\ 34.616 \end{vmatrix}$$

Las pérdidas de altura en la válvula son 11.361 m. Nótese que en los nudos, localizados aguas abajo de la VRP, las alturas piezométricas son inferiores a los 30 m seleccionados como la presión objetivo de la regulación.

Discusión:
Este ejemplo sirvió para demostrar que el Método del Gradiente puede incluir cualquier tipo de accesorio que forme parte de una red de tuberías. La forma de incluir uno de ellos es relativamente fácil, lo cual hace que su programación sea sencilla. Lo único que es necesario conocer es la ecuación que relacione la altura piezométrica perdida con el caudal que pasa a través del accesorio. Es decir, se deben describir los coeficientes α, β e γ de la Ecuación 7.54, cada uno de los cuales podría ser, inclusive, un polinomio. De esta forma se puede incluir cualquier tipo de válvula, así como cualquier tipo de bomba, en una red de distribución de agua potable.

En cuanto al número de iteraciones y la velocidad de cálculo, el Método del Gradiente prácticamente no se ve afectado por la presencia de accesorios o bombas en las tuberías que conforman una red de distribución, sin importar cómo de compleja sea la ecuación que relaciona la altura piezométrica con el caudal para un accesorio o bomba particular. En el caso de cierto tipo de válvulas, como la de este ejemplo, puede ser necesario realizar una primera iteración sin incluir el accesorio con el fin de tener una condición hidráulica inicial.

9.3 CALIBRACIÓN DE REDES DE DISTRIBUCIÓN

En la práctica de la Ingeniería Hidráulica, el diseño de una RDAP nueva es un trabajo relativamente poco frecuente, debido a que la gran mayoría de las ciudades ya cuentan con una red. Es mucho más común, entonces, el uso de modelos con redes ya construidas con el fin de apoyar los procesos de gerencia integral de la distribución de agua. Los tipos de trabajos más comunes están asociados con la ampliación de la red existente o con su operación diaria. Las ampliaciones son requeridas porque dentro de la zona cubierta por la red existe una mayor demanda de agua potable por un aumento y/o densificación de la población o porque se quiere añadir un nuevo desarrollo urbanístico al lado de la zona abastecida.

Trabajos similares de operaciones y mantenimientos especiales podrían encontrarse en otros sistemas de tuberías a presión. Este es el caso de la infraestructura de tuberías para el transporte de hidrocarburos.

Por otro lado, los trabajos relacionados con la operación y mantenimiento normales de la red incluyen el manejo de las fugas de agua, los estallidos de tuberías, los eventos de contaminación por desprendimiento de películas biológicas, las condiciones especiales de operación (incendios, lavados de tuberías), las condiciones especiales de mantenimiento (cambio de tubos, mantenimiento o cambio de válvulas) y el manejo del índice de agua no contabilizada. La realización de todos estos trabajos se vería muy beneficiada si se pudieran llevar a cabo con el apoyo de un modelo hidráulico de la red que representara el prototipo de la forma más exacta posible.

Objetivo de la calibración

La calibración de una RDAP tiene como objetivo obtener ese modelo hidráulico que represente bien el prototipo existente. Por ejemplo, si existe el modelo calibrado es fácil probar el efecto de eventuales aumentos de demanda sobre la hidráulica de la red existente, con el fin de detectar puntos problemáticos, como aquellos con presiones muy cerca o menores a la presión mínima o tuberías con velocidades muy altas. Pero calibrar la red es un problema complejo debido a que el crecimiento natural de una ciudad hace que se tengan tuberías de edades muy diferentes, con materiales diferentes, o que pueda existir falta de información topológica, o que existan accesorios no comunicados en los planos, o que no se conozcan los porcentajes de apertura de las válvulas que no operan de forma permanente y muchos otros problemas. En los siguientes párrafos se explica con detalle el problema de calibración de estos sistemas de tuberías.

Descripción del problema

Teniendo en cuenta lo expuesto en los párrafos anteriores, la calibración de una RDAP consiste en la modificación de ciertos parámetros o variables en la modelación hidráulica para que sus resultados se aproximen mejor a los valores medidos en el campo. La modelación hidráulica de una red corresponde únicamente al cálculo de las presiones en cada uno de sus nudos y los caudales en cada uno de sus tubos, en un instante del tiempo o a través de períodos extendidos, teniendo en cuenta las demandas de agua de los usuarios y la oferta de agua en la fuente en cuanto a masa y energía. Los valores calculados de las presiones y caudales también dependen de la topología de la red y de las características físicas de los tubos y accesorios. En caso de que en la red existan fugas, dichos parámetros de cálculo también dependen de las características físicas de las roturas. La FIGURA 9.11 esquematiza el proceso de cálculo hidráulico.

La precisión de la calibración dependerá de la calidad y cantidad de los datos de presión y de caudal tomados. Esto implica manómetros y caudalímetros de alta precisión.

Las características físicas de los tubos y accesorios de la red se conocen para un estado inicial, es decir, cuando la red se encuentra bajo diseño. Pero las características van cambiando con el tiempo, de tal forma que cuando se tiene una red con muchos años de servicio, estas no se conocen. Por lo tanto, cuando se toman mediciones de presión en algunos nudos o de caudal en algunos tubos, estos serán diferentes a los calculados en el modelo hidráulico haciendo uso de la información de la red nueva. Entonces, se deben estimar o calcular los nuevos valores de las características físicas para que el modelo reproduzca correctamente las presiones y caudales encontrados en campo. La calibración de una RDAP consiste en calcular estos nuevos valores.

El problema de la modelación de las RDAPs también se puede esquematizar como se muestra en la FIGURA 9.12. En la práctica, este nuevo esquema no es el tradicional de diseño, ya que normalmente requiere calcular el comportamiento hidráulico de la red dadas las demandas de caudal de los usuarios. Sin embargo, este nuevo esquema es útil para identificar el problema de la calibración como el inverso del problema de modelación (ver FIGURA 9.13).

El problema de la calibración, sin embargo, es mucho más complejo que el caso del cálculo hidráulico para diseño. En este último se conocen todas las características físicas

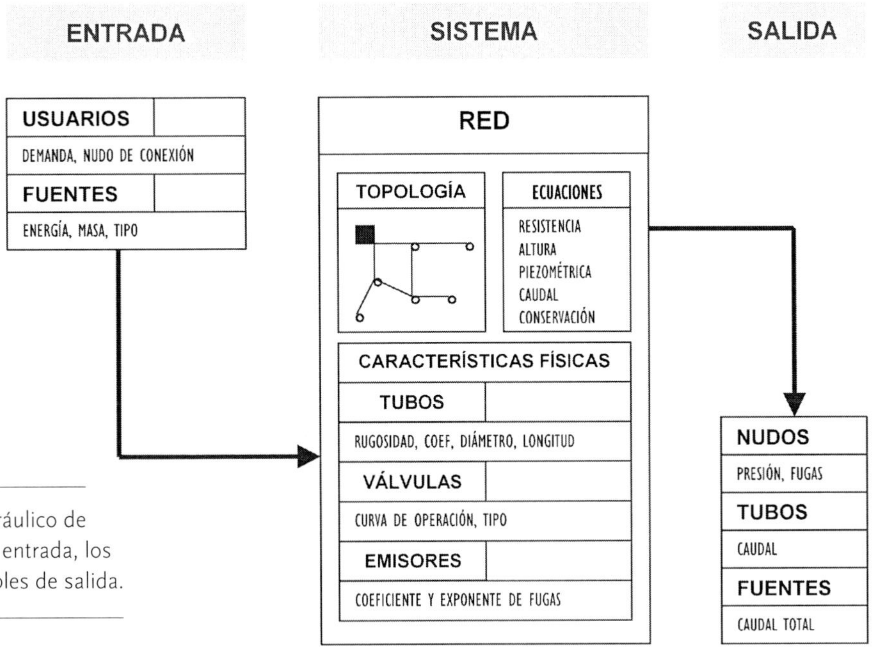

Figura 9.11 Esquema del cálculo hidráulico de una RDAP mostrando las variables de entrada, los parámetros fijos de la red y las variables de salida.

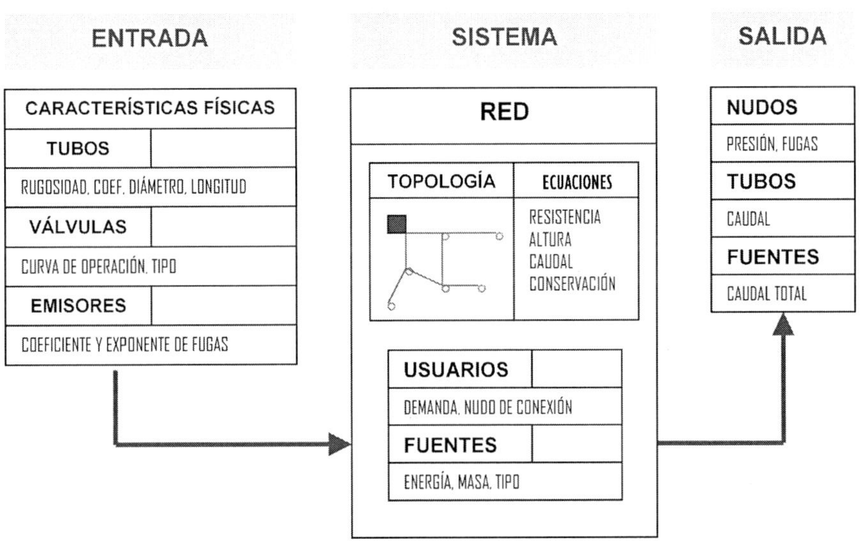

Figura 9.12 Esquema alternativo del problema de cálculo hidráulico o modelación de una RDAP.

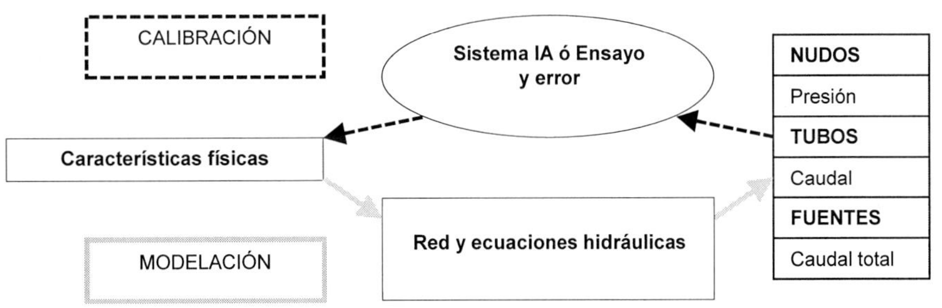

Figura 9.13 Esquema general del proceso de calibración de una RDAP como inverso de la modelación o cálculo hidráulico.

de las tuberías y accesorios, dado que estos son escogidos por el diseñador teniendo en cuenta la información de los fabricantes. En el proceso de calibración no se pueden conocer todas las variables hidráulicas de entrada; resultaría antieconómico medir todas las presiones en los nudos y todos los caudales en las tuberías. Por consiguiente, es necesario calibrar la red con solo unas pocas mediciones de esos parámetros, lo cual aumenta el espacio de búsqueda de la solución, tal como se explica en los siguientes párrafos.

Redes ya construidas: Nuevas incógnitas

Las variables que intervienen en la modelación de la hidráulica de RDAP se clasifican de la siguiente forma:

- *Variables hidráulicas*: son las que describen el flujo en la red. Se calculan a través de la modelación matemática o se ingresan como parámetros hidráulicos de entrada. Las variables hidráulicas son:
    - Presiones en los nudos
    - Caudales en los tubos
    - Caudal de fuga en los nudos
    - Altura piezométrica en las fuentes
    - Demanda de caudal en los nudos, divididas en:
        - Demandas conocidas
        - Demandas desconocidas
- *Variables topológicas*: son las que describen la topología de la red, incluyendo su conectividad. Es decir, son todas las variables independientes de la hidráulica de la red y cuyo valor tiene sentido aunque en esta no haya flujo de agua. Las variables topológicas son:
    - Nudos inicial y final de cada tubo
    - Coordenadas X, Y, Z de cada uno de los nudos
    - Rugosidades en los tubos
    - Coeficiente de pérdidas menores en los tubos
    - Diámetros en los tubos
    - Longitudes en los tubos
    - Coeficientes de fugas en los nudos (dependen del tamaño y forma de la falla)
    - Exponentes de fugas en los nudos (dependen del tamaño y forma de la falla)

Las fugas en cada nudo de la red tienen tanto variables hidráulicas como topológicas. Por esta razón, estas se modelan de forma similar a los emisores descritos en el Epígrafe 9.2.1 del presente capítulo. El proceso de calibración de una RDAP tiene como variables objetivo tanto variables hidráulicas como topológicas. Las variables hidráulicas ahora son:

1. Demandas Desconocidas

Representan la existencia de problemas de tipo comercial en el interior del sistema, los cuales pueden estar asociados con conexiones ilegales, descalibración en los micromedidores instalados, errores en las lecturas de micromedidores o ausencia de las mismas.

Las Demandas Desconocidas pueden clasificarse de diferentes formas, todas ellas dependiendo de la naturaleza del usuario al que se encuentren asociadas. Entre los tipos más destacados se encuentran las *Demandas Desconocidas Residenciales*, ocasionadas básicamente por los consumos domésticos; y las *Demandas Desconocidas No Residenciales*, asociadas con aquellos usuarios que presentan patrones de consumo que difieren del de la mayoría de las viviendas.

2. Emisores

Los emisores se pueden definir como dispositivos asociados con los nudos de la red, que permiten modelar el flujo de salida a través de una tubería o en un orificio descargando dicho caudal a la atmósfera[1]. En la modelación hidráulica las fugas se consideran como emisores. El caudal de salida por un emisor varía como función de la presión disponible en el nudo, de acuerdo con la siguiente ecuación:

ECUACIÓN 9.12

$$Q = CP^X$$

donde:

$C =$ parámetro de entrada en unidades de $L/sm^{0.5}$
$P =$ presión en el nudo en m
$Q =$ caudal en L/s
$X =$ exponente que depende de la ecuación de pérdidas utilizada. Comúnmente se utiliza un valor de 0.5

En una RDAP, los emisores simulan la existencia de problemas de tipo técnico en el interior del sistema, los cuales pueden ser causados por asentamientos en el suelo, errores de instalación, exceso de presiones, edad de los materiales, entre otros.

Las variables topológicas que forman parte del proceso de calibración son:

1. Diámetros

El diámetro interno de las tuberías puede llegar a variar con el paso del tiempo, debido a diversos factores tales como la aparición de biopelículas, incrustaciones, sedimentos u otros elementos que afectan su comportamiento hidráulico. La determinación en el campo de su valor exacto es una labor extremadamente compleja debido, entre otros motivos, al tamaño de las redes, a que las tuberías se encuentran bajo tierra y a que los diámetros pueden variar continuamente con el paso del tiempo. También pueden existir problemas de datos de catastro. Por esta razón es necesario estimar su valor durante el proceso de calibración.

2. Rugosidades Absolutas

La contextura de las paredes de las tuberías, al igual que los diámetros internos, pueden variar con el paso del tiempo, lo cual afecta directamente el valor de la rugosidad absoluta. Por lo anterior, en las RDAPs en funcionamiento el valor de esta rugosidad se calcula a través del proceso de calibración.

3. Pérdidas Menores

Los accesorios y cambios de alineamiento en la tubería producen vórtices y curvaturas en las líneas de corriente, que se traducen en pérdidas de energía. Estas pérdidas son modeladas mediante un factor k_m que multiplica la altura de velocidad, dando así la pérdida de presión producida por el accesorio (ver Ecuación 9.13).

ECUACIÓN 9.13

$$h_f = k_m \frac{v^2}{2g}$$

En el valor de las pérdidas menores existe una gran incertidumbre. La resistencia de un accesorio depende de su edad, del grado de apertura de las válvulas, de la tecnología utilizada en las uniones y de otros factores que son difíciles de controlar o conocer.

---

1 U.S. Environmental Protection Agency, Epanet 2.0 Manual, Water Supply and Water Resources Division, Cincinatti Ohio, 2000.

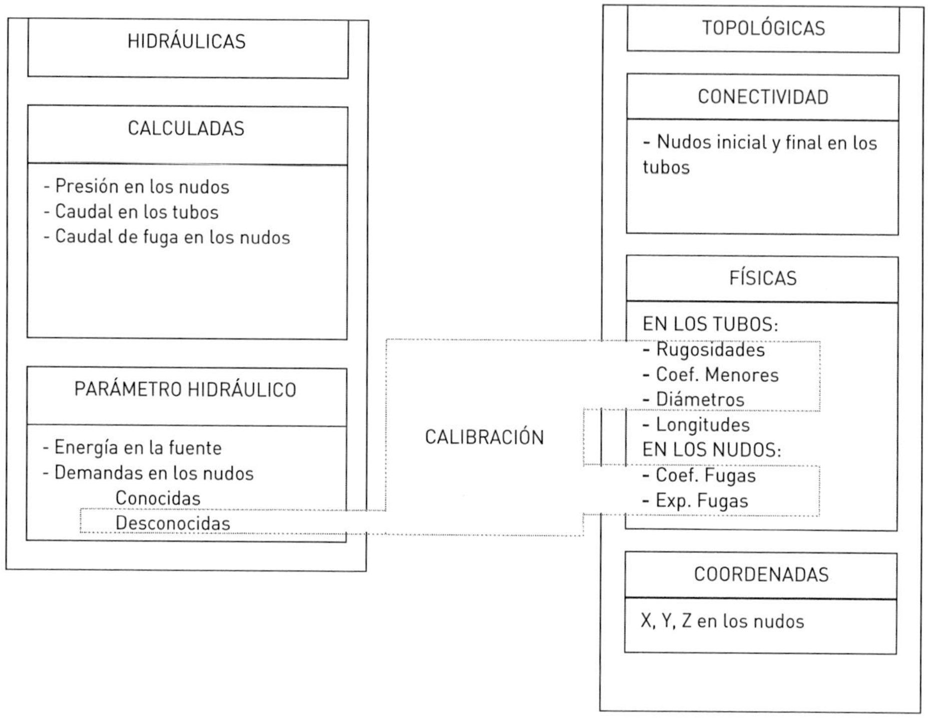

Figura 9.14 Variables que forman parte del proceso de calibración de una RDAP.

La FIGURA 9.14 muestra las variables involucradas en el proceso de calibración de una RDAP existente. Se puede observar que las variables de calibración son casi todas topológicas, con excepción de las Demandas Desconocidas.

Nuevo tamaño del problema

Para que un sistema de ecuaciones tenga solución se requiere un número de ecuaciones igual al número de incógnitas. En este caso no se deben tener en cuenta las ecuaciones que se pueden obtener a partir de las demás, las cuales se consideran redundantes. Si existen más ecuaciones que incógnitas, el problema no tiene solución en el conjunto de los números reales, a menos que, para el conjunto de variables, las ecuaciones adicionales provean resultados iguales a cualquiera de las ecuaciones iniciales. Cuando se tienen más incógnitas que ecuaciones, el sistema tiene una cantidad infinita de soluciones en los sistemas lineales.

El problema del cálculo hidráulico de una RDAP es soluble debido a que se tiene la siguiente cantidad de incógnitas (ver Capítulo 7):

- *NU* presiones en los nudos
- *NT* caudales en las tuberías
- *NU* caudales de fuga[2]

y la siguiente cantidad de ecuaciones:

- *NU* ecuaciones de conservación de masa, una para cada nudo
- *NT* ecuaciones de conservación de energía, una para cada tubo
- *NU* ecuaciones de emisores en cada nudo para simular las fugas

Entonces,

ECUACIÓN 9.14

$$Incógnitas = 2NU + NT = Ecuaciones = 2NU + NT$$

2 *NU*: número de uniones, *NT*: número de tubos, *NMN*: número de mediciones en nudos, *NMT*: número de mediciones en tubos.

lo cual implica que el problema se puede solucionar. Sin embargo, el problema de calibración de una RDAP bajo ambiente de fugas, aunque cuenta con las mismas ecuaciones, tiene más incógnitas:

- *NU* coeficientes de emisores para simular las fugas
- *NU* exponentes de emisores para simular las fugas
- *NT* rugosidades (una para cada tubo)
- *NT* coeficientes de pérdidas menores para cada tubo
- *NT* diámetros de cada tubo
- Presiones no medidas en el campo: $NU - NMN$
- Caudales no medidos en el campo: $NT - NMT$

Entonces,

ECUACIÓN 9.15

$$Incógnitas = 2NU + 3NT + (NU - NMN) + (NT - NMT) > Ecuaciones = 2NU + NT$$

por lo que el problema no se puede solucionar debido a la cantidad de incógnitas. Como el problema de calibración de una RDAP no es lineal, no se puede suponer una cantidad infinita de soluciones, pero sí una gran cantidad.

- Para que la calibración de una RDAP fuera solucionable, se tendrían que medir los caudales en cada una de las tuberías y las presiones y fugas en todos los nudos de la red, con lo cual lo único que se calibraría serían las rugosidades de la tubería (se deberían conocer entonces los diámetros y los coeficientes de pérdidas menores). Así, las incógnitas solo serían:
- *NU* coeficientes de fuga
- *NU* exponentes de fuga
- *NT* rugosidades

lo que llevaría a:

ECUACIÓN 9.16

$$Incógnitas = 2NU + NT = Ecuaciones = 2\ NU + NT$$

Sin embargo, aunque se tuvieran todos los recursos para medir todas las presiones y caudales en la red, es imposible medir todas las fugas. Por esta razón, el problema de la calibración no se puede resolver con absoluta certeza. Solamente se pueden buscar posibles soluciones y, entre estas, escoger la mejor con ciertos criterios. Sin embargo, encontrar cada posible solución es un proceso bastante difícil. Entonces, lo mejor es conservar los criterios de selección durante el proceso para llegar solamente para posibles respuestas coherentes desde el punto de vista hidráulico. Si al final de estos procesos paralelos, conservando los criterios, se encuentran varias posibles respuestas, se debe realizar una selección con criterios más detallados. En los siguientes epígrafes se explica la forma de llevar a cabo un proceso de calibración de una RDAP.

Mediciones requeridas para el proceso de calibración

Para llevar a cabo el proceso de calibración de una RDAP es necesario contar con una serie de mediciones de caudales y de presiones tomadas directamente en el campo, bajo diferentes condiciones de operación hidráulica. En general, se recomienda hacer las mediciones en períodos extendidos de al menos 15 días, con frecuencias de recogida de datos de al menos una vez cada minuto; los avances en los equipos de adquisición de datos de hoy en día permiten hacer esto fácilmente y a costes razonables. De esta forma se garantiza la inclusión de la gran mayoría de las condiciones hidráulicas de operación actual de la red objeto de la calibración, cubriendo los caudales mayores y las presiones menores (probablemente ocurran los días lunes alrededor de las 9:00 a.m.) y los caudales menores y las presiones mayores (ocurrirán alrededor de las 3:00 a.m.). Los datos tomados de esa forma se utilizan para compararlos con aquellos arrojados por el modelo hidráulico de la red; cuando los dos conjuntos de datos coincidan, para todos los números de Reynolds de las tuberías, se considera que la red ha sido calibrada.

Las mediciones mínimas requeridas, así como su frecuencia de recogida de datos, son las siguientes:

a. Caudales a la entrada de la red o sector hidráulico

Para la calibración es necesario medir caudales totalizados de entrada a la red y/o a los sectores hidráulicos objeto de la calibración. Esto permite conocer la cantidad de masa que entra al sistema, permitiendo no solo la calibración sino el cálculo del Índice de Agua No Contabilizada. Las mediciones de caudal se hacen utilizando macromedidores de caudal, tales como los mostrados en la parte izquierda de la FIGURA 9.15. En la parte derecha se muestra la señal de medición para un período de 15 días en la entrada a un sector hidráulico de una RDAP. Se muestran la curva media del caudal y las envolventes para ± 5 %. Esta curva de caudal se utiliza para calcular tanto la masa de entrada al sistema como los factores de demanda de agua.

Para la definición y explicación de este y otros índices sobre el desempeño del servicio de agua potable se puede visitar la página web de la International Water Association (IWA).

b. Presiones en los nudos de la red

El proceso de calibración también requiere la medición de presiones, a lo largo de períodos extendidos de tiempo, en diferentes puntos de la red, uno de los cuales debe ser el nudo de entrada de agua al sistema. Esta presión permite calcular la potencia por unidad de peso que el embalse o tanque de alimentación entrega a la red. Esta potencia se puede comparar con la potencia por unidad de peso entregada en cada uno de los nudos de consumo de la red, obtenidas mediante la calibración, para calcular la resiliencia de la red. También se deben medir las presiones en algunos de los nudos de consumo, escogidos de acuerdo con su importancia hidráulica. Las presiones se miden utilizando transductores de presión unidos a *data loggers* con el fin de recogerdatos durante períodos extendidos. La precisión de medida debe ser de al menos 0.1 m. La FIGURA 9.16 muestra, en su parte izquierda, un transductor de presión con su sistema de captura de datos inte-

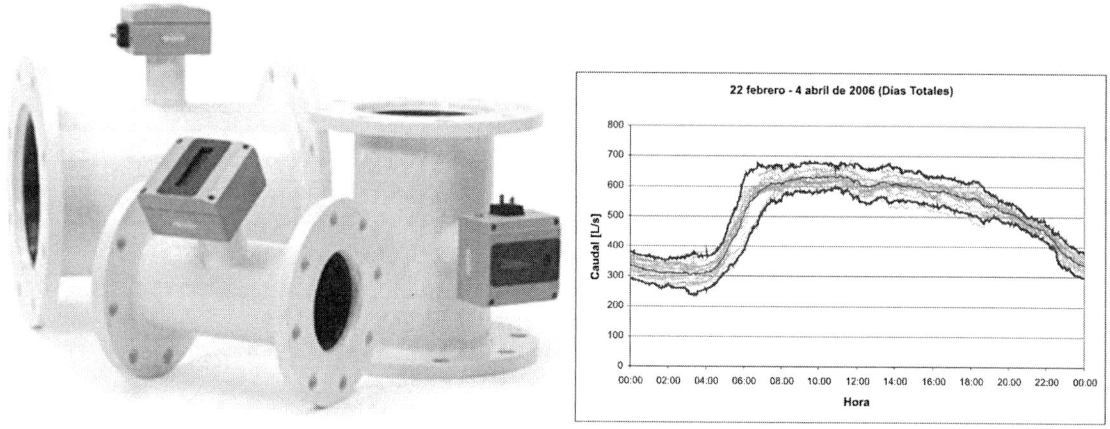

Figura 9.15 Macromedidor de caudal y gráfica de caudales medidos a lo largo de 15 días en la entrada de un sector hidráulico.
Medidor de caudal. Tomada de http://www.globalw.com/images/products/wmx101.jpg

grado. En la parte derecha de la figura se muestra una señal para la presión de un nudo, para un período de 15 días con frecuencia de medición de 5 minutos.

c. Caudales de consumo

Esta es tal vez la información más difícil de conseguir de aquella que se necesita para el proceso de calibración de una RDAP. Es evidente que se debe conocer la masa y la potencia por unidad de peso de salida del sistema, en lo referente a su localización dentro de la topología de la red y en su cantidad. Esto implica que la calibración requiere como dato de entrada el caudal en cada uno de los nudos de consumo de la red. Esta información se consigue leyendo los micromedidores domiciliarios durante los mismos períodos en que se lleva a cabo la macromedición de caudales y presiones.

Sin embargo, los micromedidores domiciliarios miden el volumen consumido y no el caudal. Por esta razón es necesario convertir estas medidas en caudales, utilizando la curva de factores de demanda de agua, establecida en la curva de caudales de entrada al sistema; se está haciendo la suposición de que, de promedio, cada usuario consume el agua de acuerdo con un patrón más o menos uniforme para toda la red. Una vez que se conocen los caudales de consumo de cada usuario, se debe fijar ese consumo a uno de los nudos de la red, acorde con su topología y a la localización geométrica de dicho usuario. Esto se puede llevar a cabo utilizando los sistemas de información geográfica, en conjunto con el modelo hidráulico de la red. En la FIGURA 9.17 se muestra un plano en el que se ha fijado cada uno de los suscriptores de una RDAP a uno de sus nudos de consumo.

En la literatura técnica existen varios modelos de asignación de usuarios a un nudo en diferentes tipos de redes, todos con base en los Sistemas de Información Geográfica.

Metodología para la calibración de una RDAP

Teniendo en cuenta lo descrito en los párrafos anteriores, es evidente que el proceso de calibración de una RDAP busca encontrar los diámetros reales, la rugosidad absoluta y el coeficiente de pérdidas menores de cada tubería, así como el coeficiente y exponente de los emisores en cada uno de los nudos de la red; estos últimos son necesarios si se está calibrando la red bajo un ambiente de fugas. Una vez se conozcan todos estos parámetros, el modelo calibrado se puede utilizar para probar cualquier otra condición hidráulica, convirtiéndose así en una herramienta operativa.

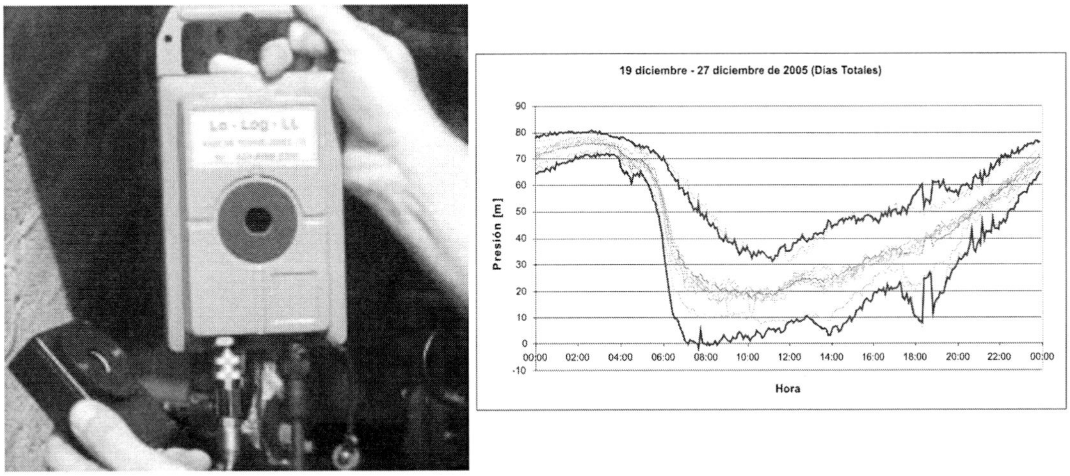

Figura 9.16 Transductor de presión y gráfica de presiones medidas a lo largo de 15 días en la entrada de un sector hidráulico.
Medidor de presión. Tomada de http://www.accuratedetection.com/images/lolog.jpg

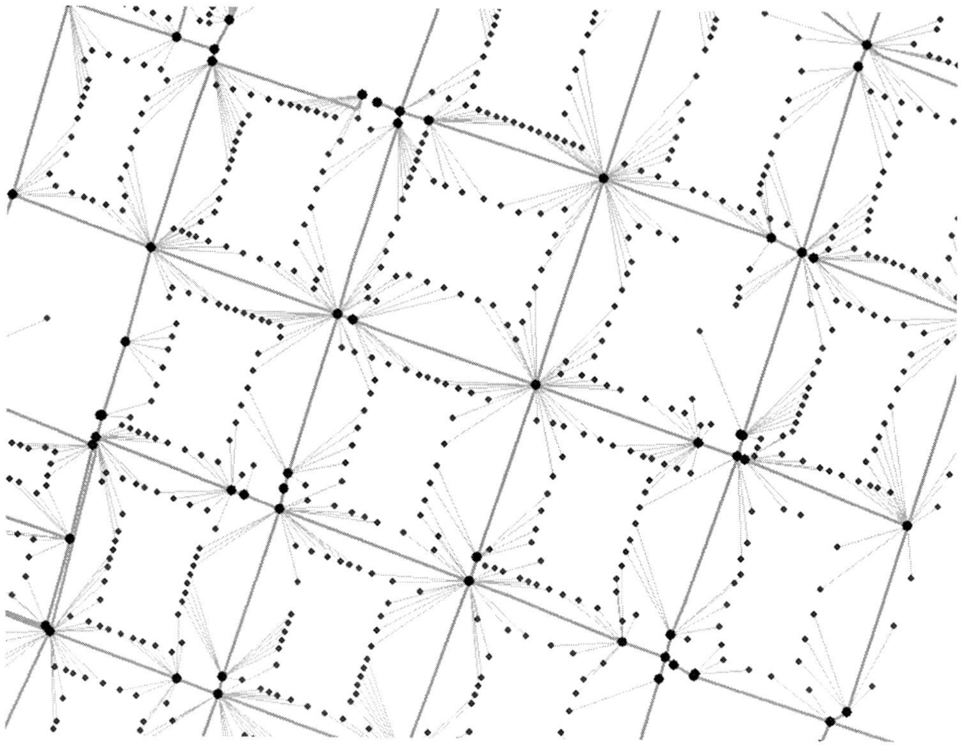

Figura 9.17 Plano mostrando la asignación de cada usuario de una RDAP a alguno de los nudos de consumo de esta. Así se establece el caudal de consumo en cada nudo.

Una metodología de calibración que ha sido utilizada exitosamente en la Universidad de los Andes (Bogotá, Colombia) para calibrar redes de hasta 6.000 tubos es la descrita a continuación, pero advertimos que no es única. La metodología fue construida de acuerdo con criterios netamente hidráulicos y proporciona un enfoque sistémico al problema de la calibración, clasificando las variables involucradas de acuerdo con sus principales características, tal como se presenta en la FIGURA 9.18. Cada uno de los términos del diagrama de flujo de la metodología de calibración, dispuestos en la figura mencionada anteriormente, se explican en los siguientes párrafos.

1. **Modelo Inicial**

Consiste en el resultado que se obtiene al procesar y convertir toda la información topológica y de consumos suministrada por la empresa prestadora del servicio de agua potable en un modelo hidráulico digital. El Modelo Inicial no contiene pérdidas menores, ni registros de agua no contabilizada, por lo que no tiene la capacidad de reproducir adecuadamente las mediciones de presión o de caudal registradas en la red.

2. **Línea Base** 1

Este modelo se obtiene como resultado de asignar al Modelo Inicial los diámetros internos de todas las tuberías de acuerdo con los informes de los fabricantes. Adicionalmente, se añade un coeficiente de pérdidas menores por metro lineal de tubería, por concepto de uniones principalmente.

3. **Análisis por Demandas Desconocidas**

Conjunto de escenarios hidráulicos construidos a partir de la modificación de la demanda base de algunos nudos de la red, a través de los cuales se busca ajustar la masa que entra y sale de la RDAP, para comprobar el papel de las demandas en el sistema de forma global. Los escenarios probados se construyen teniendo en cuenta algunas características de los nudos, tales como su ubicación, el estrato socioeconómico o el tipo de vivienda

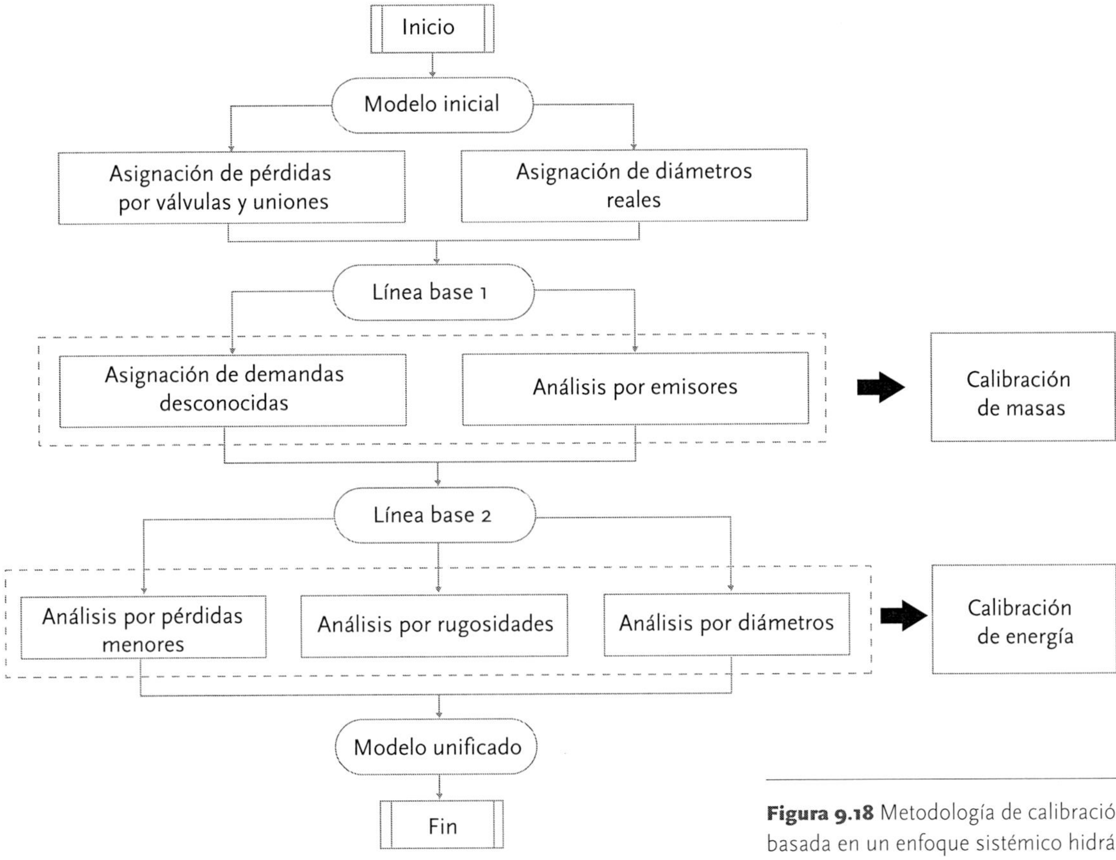

Figura 9.18 Metodología de calibración de RDAP basada en un enfoque sistémico hidráulico.

predominante y el uso que se le da al consumo de agua. Un ejemplo de esta clasificación se muestra en la Tabla 9.2.

Tabla 9.2 Clasificaciones típicas de los nudos en el análisis por Demandas Desconocidas.

Por estratos	Por usos	Por zonas topológicas
1	Residencial	Urbanos
2	Comercial	Rurales
3	Institucional	Subredes
4	Oficial	

4. **Análisis por Emisores**

Conjunto de pruebas que busca ajustar las mediciones de caudal y de presión a través de escenarios en los que se varía exclusivamente el coeficiente de emisión de los nudos de la red. Al igual que con el análisis por Demandas Desconocidas, en el análisis por Emisores se busca establecer el papel global que estos tienen frente al sistema. La creación de escenarios se basa en criterios hidráulicos, socioeconómicos y topológicos, tal como se observa en la Tabla 9.3, a modo de ejemplo.

Tabla 9.3 Clasificaciones típicas de los nudos en el análisis por Emisores.

Estratos	Usos	Zonas top.	Presión	Material
1	Residencial	Urbanos	Baja	AC
2	Comercial	Rurales	Media	PVC
3	Institucional	Subredes	Alta	HF
4	Oficial		Muy alta	HG

Esto se hace desplazando el modelo hidráulico de la red bajo la modalidad de período extendido (EPS).

5. **Línea Base 2**
Escenario en el que se reúnen los resultados obtenidos a través de los análisis independientes por Demandas Desconocidas y Emisores. Con la Línea Base 2 se busca ajustar de forma casi definitiva las curvas de masas (caudales) y tener una buena aproximación al comportamiento medido con relación a las curvas de energía (presiones).

6. **Análisis por Diámetros**
En este análisis se prueba una gran cantidad de escenarios, con los cuales se analiza el efecto que tienen sobre el sistema ligeras variaciones en los diámetros. Asimismo, se trata de identificar comportamientos atípicos, posiblemente generados por errores del catastro de la red. Para la generación de los escenarios se tiene en cuenta principalmente el material y las velocidades medias de flujo.

7. **Análisis por Rugosidades**
En esta fase del proceso de calibración se prueba el efecto que tienen los cambios en la rugosidad original de las tuberías sobre el comportamiento hidráulico del modelo. Al igual que en el Análisis por Diámetros, los escenarios del Análisis por Rugosidades se construyen de acuerdo con el material y edad de las tuberías y la velocidad de flujo en estas.

8. **Análisis por Pérdidas Menores**
En este análisis se prueba el efecto que causa sobre la red la existencia de accesorios u otros elementos en contacto con el flujo que causan pérdidas localizadas de energía.

9. **Modelo Unificado**
Finalmente, el Modelo Unificado consolida en un solo modelo los resultados encontrados durante los análisis por diámetros, rugosidades y pérdidas menores. A través de este, se busca principalmente ajustar las curvas de masa (caudales) y energía (presiones) obtenidas durante la Línea Base 2. El Modelo Unificado representa el último paso de la calibración, después del cual se dispone de un modelo calibrado.

La calibración de redes también puede hacer uso de técnicas de Inteligencia Artificial. Actualmente se están desarrollando programas con base en Algoritmos Genéticos y Lógica Difusa para apoyar metodologías como la antes descrita. Algunos centros de investigación también están trabajando en Sistemas Expertos, que de alguna forma emulen el proceso de calibración de una RDAP, que seguiría un ingeniero experto en el tema.

9.4 DISEÑO DE SERIES DE TUBERÍAS CON EMISORES

Los algoritmos de diseño presentados hasta el momento en los Capítulos 5, 6 y 7 tienen en común que los sistemas en los que se quiere calcular los diámetros siempre tienen definido, *a priori*, el caudal de demanda en cada nudo. Sin embargo, en la Sección 9.2.1 se presentan algunos ejemplos de sistemas que tienen emisores conectados a sus nudos de demanda. Teniendo en cuenta que los emisores generan un caudal de demanda que depende de la presión que alcanza la red en el nudo correspondiente, y esta a su vez es función de los diámetros que se le asignen a cada tubería, para el diseño de estos nuevos sistemas no se conocen los caudales de demanda antes de comenzar el procedimiento de diseño.

Esta diferencia entre el uso exclusivo de nudos con demanda previamente definida y el uso de al menos un emisor o nudo con demanda dependiente de la presión, ha generado la respectiva diferenciación entre modelos controlados por la demanda (Demand

Driven Models) y modelos controlados por la presión (Pressure Driven Models). Por lo tanto, las metodologías de diseño hasta ahora revisadas en este libro han sido desarrolladas para el diseño de los primeros y es necesario revisar cómo se ven afectadas estas metodologías para el caso de los segundos. Con el fin de explicar este nuevo tipo de diseño, en este epígrafe se usará como ejemplo el diseño de tuberías en serie con nudos, cuya demanda depende de la presión.

Hasta el momento se han presentado dos tipos de metodologías de diseño de RDAPs: metodologías basadas en uso óptimo de energía (LOGH y SOGH) y metodologías basadas en aplicación de heurísticas y metaheurísticas (AG, Programación por Restricciones). Si se revisa inicialmente la naturaleza de estas últimas, se puede notar que todas consisten en una búsqueda inteligente y estocástica dentro del espacio de solución analizado en el Epígrafe 8.2.4. Es decir, que su aproximación al problema es un ensayo y error guiado, en el que se prueban diferentes posibles soluciones, entendiendo solución como una posible configuración de diámetros para el sistema; se selecciona aquella que cumpla las restricciones hidráulicas y que tenga un menor coste constructivo asociado.

Así, para el caso de las heurísticas y metaheurísticas, las metodologías no cambian en su naturaleza. La diferencia primordial es, entonces, que la evaluación de las restricciones de una posible solución requiere la ejecución hidráulica del sistema incluyendo la modelación de los emisores que este tenga. Ello implica mayores tiempos de ejecución de los algoritmos, teniendo en cuenta los cambios que supone modelar un emisor en las matrices del Método del Gradiente (ver Epígrafe 9.2.1). Adicionalmente, los análisis realizados sobre los valores recomendados de parámetros de cada metaheurística requieren una revalidación con casos de estudio que incluyan *modelos controlados por la presión*.

Por otro lado, las metodologías basadas en uso óptimo de energía parten del supuesto de la aplicabilidad del criterio de I-Pai Wu a sus respectivos sistemas. Sin embargo, dentro de los supuestos de dicho criterio se incluye explícitamente el conocer la demanda en cada nudo de la red. Es decir, que las metodologías basadas en el uso óptimo de la energía no pueden ser aplicadas directamente en *sistemas controlados por la presión* y requerirían una modificación en su naturaleza para generar un diseño optimizado al mismo nivel que en el caso de *sistemas controlados por la demanda*.

Sin embargo, existe un tercer tipo de metodologías de diseño de redes de distribución no abordado hasta el momento. Estas son metodologías basadas en técnicas exhaustivas de optimización como Enumeración (Yates et al, 1984; Gessler, 1985), Programación Lineal (Alperovits & Shamir, 1977), Programación Lineal Entera (Saldarriaga et al., 2013) o Programación No Lineal (Fujiwara & Khang, 1990). Todas estas metodologías tienen en común que logran replantear el problema del diseño, mediante algunas modificaciones menores o mayores del mismo, como un problema para el cual se tiene una metodología que asegura obtener el óptimo global.

Dentro de estas últimas metodologías, aquellas que plantean el problema como un problema de Programación Lineal (PL) o Programación Lineal Entera (PLE) tienen la característica de que llegan a diseños que son con total certeza el óptimo global del problema, siempre que en la red se conozcan, *a priori*, los caudales que pasan por cada tubería. Para problemas donde se pueden dividir tuberías en dos tramos de diferente diámetro se utiliza la PL, mientras que para problemas donde una tubería solo puede tener un diámetro en toda su longitud se usa la PLE.

Considerando los sistemas de tuberías en serie se puede conocer el caudal transportado por cada tubería si el modelo es manejado por la demanda; a continuación se presentará la metodología basada en la PLE para tuberías en serie con demandas independientes de la presión (*sistemas controlados por la demanda*) y después el correspondiente ajuste propuesto por Páez et al. (2013) para las tuberías en serie con demandas dependientes de la presión (*sistemas controlados por la presión*).

9.4.1 Diseño de tuberías en serie con demanda independiente de la presión mediante PLE

Para plantear el problema del diseño de tuberías en serie como un problema de PL, se deben ajustar tanto la función objetivo como las restricciones del problema de optimización a expresiones lineales respecto a las variables de decisión involucradas, que en el caso de la PLE pueden ser variables binarias o de tipo entero.

Así, la formulación presentada en el Epígrafe 8.2.1 se ajusta a las expresiones lineales de la siguiente manera. Se define X_{ijd} como una variable de decisión binaria que cumple que:

ECUACIÓN 9.17

$$X_{ijd} = \begin{cases} 1 & si\ la\ sección\ entre\ i \in N\ y\ j \in N \\ & tiene\ el\ diámetro\ d \in CD \\ 0 & d.l.c. \end{cases}$$

donde:

N = conjunto de nudos que componen la red

CD = conjunto de diámetros comerciales disponibles

X_{ijd} = variable de decisión que toma valor de 1 si se usa el diámetro d en la tubería que va del nudo i al nudo j

Entonces la función de costes que se quiere minimizar queda ajustada como:

ECUACIÓN 9.18

$$C = \sum_{i \in N} \sum_{j \in N} \sum_{d \in CD} c_{ijd} \cdot X_{ijd}$$

donde:

c_{ijd} = coste asociado con el diámetro en la tubería que va del nudo i al nudo j

C = coste total de la serie

Asimismo, las restricciones del problema pueden escribirse como:

a. Restricciones de conservación de energía en cada tubería:

La energía en el nudo aguas abajo de una tubería es igual a la energía en el nudo aguas arriba menos las pérdidas totales que ocurran con el diámetro seleccionado.

ECUACIÓN 9.19

$$LGH_j = LGH_i - \sum_{d \in CD} \left(\left(h_f + h_m \right)_{ijd} \cdot X_{ijd} \right)$$

donde:

LGH_j = altura piezométrica total en el nudo j, ubicado inmediatamente aguas abajo del nudo i

LGH_i = altura piezométrica total en el nudo i, ubicado inmediatamente aguas arriba del nudo j

$(h_f + h_m)_{ijd}$ = pérdidas totales de altura piezométrica que se generan en la tubería que va del nudo i al nudo j si se usa el diámetro d

b. Restricciones de presión mínima en cada nudo:

Cada uno de los nudos de la red debe tener una presión superior a una presión mínima dada como parte del diseño:

ECUACIÓN 9.20

$$LGH_i \geq LGH_{min_i}$$

donde:

LGH_{min_i} = altura piezométrica total mínima admisible en el nudo i (corresponde a la suma de la presión mínima de diseño y la cota del nudo).

c. Restricciones de unicidad de la solución para cada tubo:

A cada tubería de la red solo se le puede asignar un diámetro.

ECUACIÓN 9.21

$$\sum_{d \epsilon CD} X_{ijd} = 1$$

Se debe notar que todas las expresiones anteriores son ecuaciones lineales respecto a las variables de decisión. Esto permite la solución del problema mediante algoritmos como el Método de Planos de Corte (Cutting Plane Method), Método de Relajación Lineal (Linear Relaxation) o Ramificación y Poda (Branch and Bound), entre otros. Existen un sinnúmero de recursos de software disponibles que implementan al menos uno de estos métodos y a través de los cuales se puede obtener rápidamente la solución de la formulación presentada. Para aquel lector que desee profundizar en la forma de desarrollar el método de PLE, incluyendo la formulación de las matrices que deben ser resueltas, se recomienda el texto "Optimization in Operations Research", de R. Rardin. En la página web brblog.typepad.com/files/getting_started-1.pdf se encuentra el manual del programa Express, el cual es el utilizado en los ejemplos de este capítulo.

El proceso de diseño de tuberías en serie mediante la PLE se esquematiza en el Diagrama de Flujo 9.1, y en el Ejemplo 9.3 se muestra su aplicación.

EJEMPLO 9.3

Diseño de tuberías en serie

Resolver el Ejemplo 5.3, mostrado a continuación, utilizando el método de la PLE.

Una de las tuberías principales de un sistema de riego localizado de alta frecuencia (ver Capítulo 10) debe conectar la estación de fertirrigación con tres módulos de riego que operan de forma simultánea. Los caudales consumidos en estos son: módulo A, 45.1 L/s; módulo B, 39.0 L/s; módulo C, 73.2 L/s. En la estación de bombeo se cuenta con una bomba de 65 kW con una eficiencia del 85 %. La tubería 1, que va de la estación hasta el módulo A, tiene una longitud de 350 m y un coeficiente global de pérdidas menores de 7.9. La tubería 2, que une el módulo A con el módulo B, tiene una longitud de 123 m y un coeficiente global de pérdidas menores de 3.3. Finalmente, la tubería 3, que va del módulo B al módulo C, tiene una longitud de 174 m y un coeficiente global de pérdidas menores de 3.5. Todo el sistema se encuentra en un terreno aproximadamente horizontal y el agua bombeada se encuentra a 15 °C. Los diámetros comerciales disponibles para el diseño son 152.4 mm, 203.2 mm, 254 mm, 304.8 mm, 355.6 mm, 406.4 mm, 457.2 mm y 508 mm. Diseñe las tres tuberías si el material disponible es PVC (k_s = 0.0015mm) y calcule el coste del sistema utilizando la siguiente ecuación:

$$C = \sum_{i=1}^{NT} 0.015 l_i {d_i}^{1.45}$$

donde l es la longitud de la tubería en m y d es el diámetro en mm.

La presión mínima en los nudos es la siguiente:

$$p_{min} = 0$$

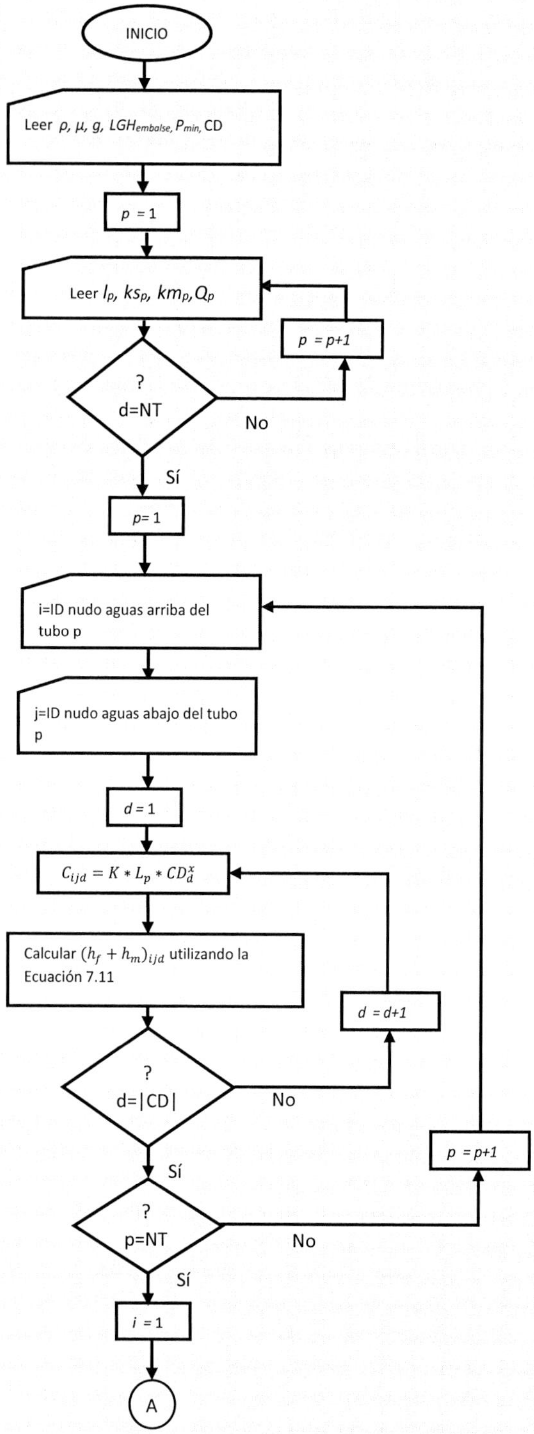

Diagrama de flujo 9.1(a)
Diseño de tuberías en serie mediante PLE.

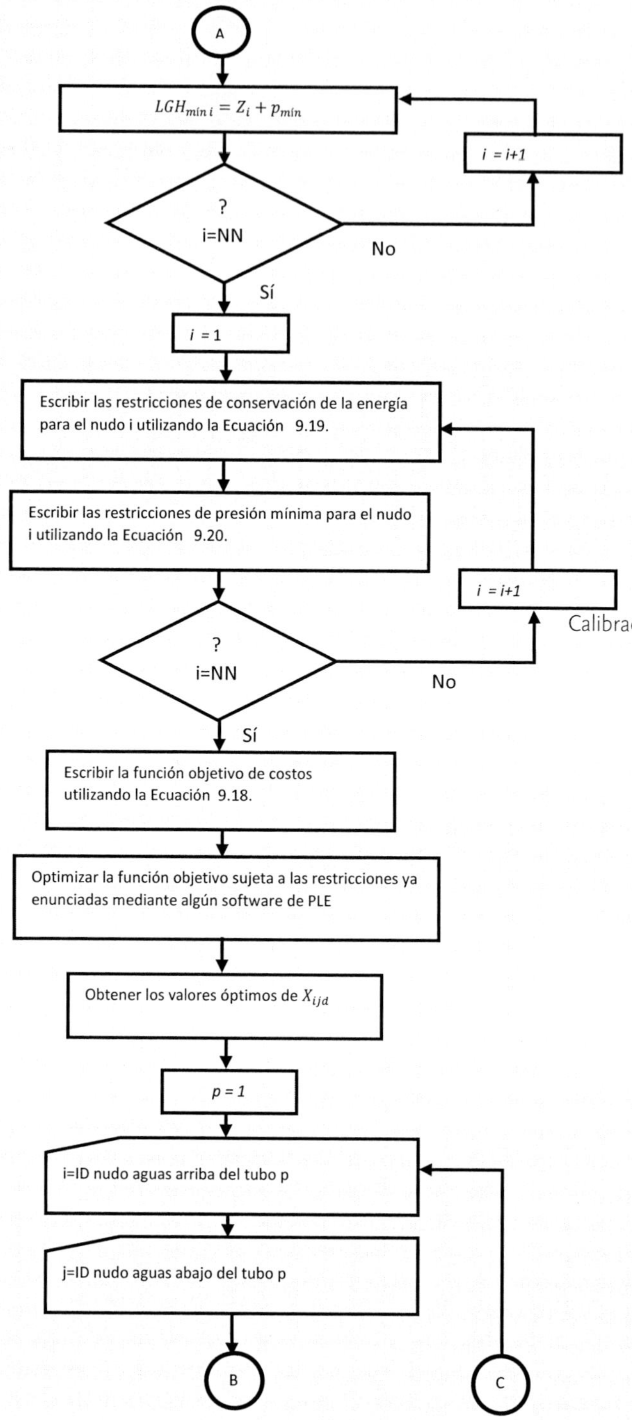

Diagrama de flujo 9.1(b)
Diseño de tuberías en serie mediante PLE.

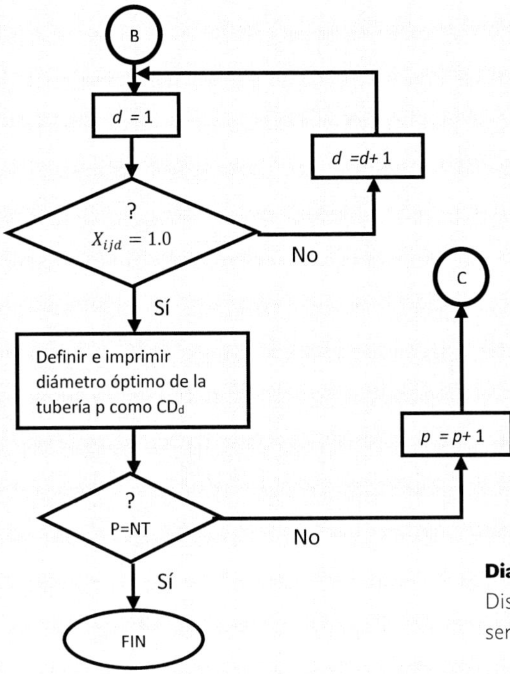

Diagrama de flujo 9.1(c) Diseño de tuberías en serie mediante PLE.

El esquema del sistema a diseñar es:

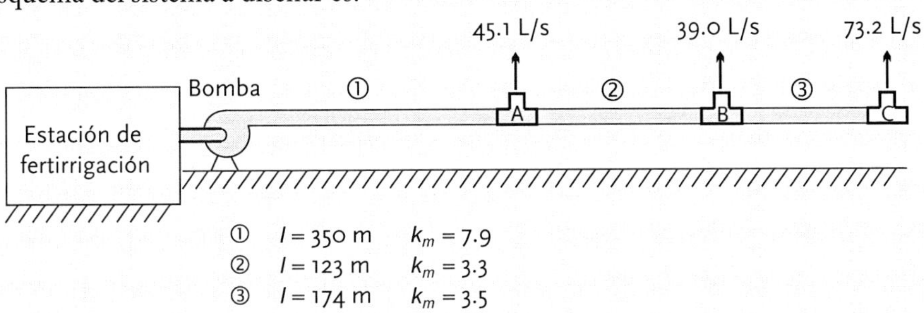

Figura 9.19 Sistema de riego con tres tuberías en serie.

Cálculo de la altura en la estación de fertirrigación:

$$Q_T = Q_A + Q_B + Q_C$$
$$Q_A = 45.1 L/s$$
$$Q_B = 39.0 L/s$$
$$Q_C = Q_N = 73.2 L/s$$

Luego:

$$Q_T = 157.3 L/s$$

La potencia transmitida por la bomba al flujo es:

$$P = \frac{1}{\eta}\rho Q g H_T$$

Por consiguiente:

$$H_T = \frac{\eta P}{\rho g Q}$$

$$H_T = \frac{0.85 \times 65000}{999.1 \times 0.1573 \times 9.81} m$$

$$H_T = 35.84m$$

De acuerdo con el Diagrama de Flujo 9.1 se obtienen los siguientes resultados:

Caudales a través de las tuberías:

$$Q_1 = Q_A + Q_B + Q_C$$
$$Q_1 = 157.3L/s$$
$$Q_2 = Q_B + Q_C$$
$$Q_2 = 112.2L/s$$
$$Q_3 = Q_N = Q_C$$
$$Q_3 = Q_N = 73.2L/s$$

Cálculo de la matriz de costes c_{ijd}:

Para la tubería 1 (Bomba A):

$$c_{BombaA1} = k \cdot l_1 \cdot d_1^x$$
$$c_{BombaA1} = 0.015 \cdot (350m) \cdot (152.4\ mm)^{1.45}$$
$$c_{BombaA1} = \$\ 7\ 682.23$$

$$c_{BombaA2} = 0.015 \cdot (350m) \cdot (203.2\ mm)^{1.45}$$
$$c_{BombaA2} = \$\ 11\ 658.66$$

$$c_{BombaA3} = 0.015 \cdot (350m) \cdot (254.0\ mm)^{1.45}$$
$$c_{BombaA3} = \$\ 16\ 112.69$$

$$c_{BombaA4} = 0.015 \cdot (350m) \cdot (304.8\ mm)^{1.45}$$
$$c_{BombaA4} = \$\ 20\ 988.48$$

$$c_{BombaA5} = 0.015 \cdot (350m) \cdot (355.6\ mm)^{1.45}$$
$$c_{BombaA5} = \$\ 26\ 245.44$$

$$c_{BombaA5} = 0.015 \cdot (350m) \cdot (406.4\ mm)^{1.45}$$
$$c_{BombaA6} = \$\ 31\ 852.40$$

$$c_{BombaA5} = 0.015 \cdot (350m) \cdot (457.2\ mm)^{1.45}$$
$$c_{BombaA7} = \$\ 37\ 784.47$$

$$c_{BombaA5} = 0.015 \cdot (350m) \cdot (508\ mm)^{1.45}$$
$$c_{BombaA7} = \$\ 44\ 021.18$$

De forma similar, para las demás tuberías y diámetros disponibles se tienen los siguientes costes en dólares americanos:

	Diámetros (mm)							
Tramo	152.4	203.2	254	304.8	355.6	406.4	457.2	508
1	7682.23	11 658.66	16 112.70	20 988.48	26 245.44	31 852.40	37 784.47	44 021.18
2	2699.76	4097.19	5662.46	7375.95	9223.40	11 193.84	13 278.54	15 470.30
3	3819.17	5796.02	8 010.31	10 434.27	13 047.73	15 835.19	18 784.28	21 884.82

Cálculo de la matriz de pérdidas totales $(h_f+h_m)_{ijd}$:

Para la tubería 1 (Bomba A):

$$\left(h_f + h_m\right)_{BombaA1} = f\frac{l_1}{d_1}\frac{v_1^2}{2g} + k_m\frac{v_1^2}{2g}$$

Cálculo del área, la velocidad en la tubería, el número de Reynolds y el factor de fricción de Darcy:

$$A = \frac{\pi d^2}{4} = \frac{\pi(0.1524)^2}{4} = 0.01824m^2$$

$$v = \frac{Q}{A} = \frac{0.1573}{0.01824} = 8.623\ m/s$$

$$Re = \frac{vd}{\nu} = \frac{8.623 * 0.1524}{1.14 * 10^{-6}} = 1.1528 * 10^{-6}$$

El factor de fricción se calcula de forma iterativa de acuerdo con la Ecuación 1.69.

ECUACIÓN 1.69

$$\frac{1}{\sqrt{f}} = -2\log_{10}\left(\frac{k_s}{3.7 * d_1} + \frac{2.51}{Re\sqrt{f}}\right)$$

$$f = 0.011608$$

Por consiguiente, las pérdidas totales serían:

$$\left(h_f + h_m\right)_{BombaA1} = 0.011608 * \frac{350}{0.1524}\frac{8.623^2}{2(9.81)} + (7.9) * \frac{8.623^2}{2(9.81)}$$

$$\left(h_f + h_m\right)_{BombaA1} = 129.217\ \text{m}$$

De forma similar, para las demás tuberías y diámetros disponibles se tienen los siguientes valores, en los que se especifican las pérdidas totales en metros:

	Diámetros (mm)							
Tramo	152.4	203.2	254	304.8	355.6	406.4	457.2	508
1	129.217	33.948	12.170	5.300	2.637	1.446	0.853	0.533
2	25.038	6.634	2.393	1.047	0.523	0.288	0.170	0.107
3	14.913	3.900	1.390	0.602	0.298	0.163	0.095	0.059

Cálculo de las LGHs mínimas en cada nudo:

Para el nudo A:

$$\text{LGH}_{min\ A} = Z_A + p_{min}$$
$$LGH_{min\ A} = 0$$

De un modo similar para los demás nudos de la red:

$$\text{LGH}_{min\,B} = Z_B + p_{min}$$
$$LGH_{\min B} = 0$$

$$\text{LGH}_{min\,C} = Z_B + p_{min}$$
$$LGH_{\min C} = 0$$

Tramo	LGH mín. (m)
1	0
2	0
3	0

Planteamiento de las restricciones de conservación de energía:

Para el nudo A:

$$LGH_A = LGH_{Bomba} - \sum_{d \in CD} \left((h_f + h_m)_{BombaAd} \cdot X_{BombaAd} \right)$$

$$\begin{aligned} LGH_A = 35.84m - 129.17X_{BombaAd_1} - 33.95X_{BombaAd_2} - 12.17X_{BombaAd_3} \\ - 5.3X_{BombaAd_4} - 2.64X_{BombaAd_5} - 1.45X_{BombaAd_6} \\ - 0.853X_{BombaAd_7} - 0.53X_{BombaAd_8} \end{aligned}$$

De forma similar para los demás nudos de la red:

$$LGH_B = LGH_{Bomba} - \sum_{d \in CD} \left((h_f + h_m)_{ABd} \cdot X_{ABd} \right)$$

$$\begin{aligned} LGH_B = 35.84m - 25.04X_{ABd_1} - 6.63X_{ABd_2} - 2.39X_{ABd_3} - 1.05X_{ABd_4} \\ - 0.52X_{ABd_5} - 0.29X_{ABd_6} - 0.17X_{ABd_7} - 0.11X_{ABd_8} \end{aligned}$$

$$LGH_C = LGH_{Bomba} - \sum_{d \in CD} \left((h_f + h_m)_{BCd} \cdot X_{BCd} \right)$$

$$\begin{aligned} LGH_C = 35.84m - 14.91X_{BCd_1} - 3.9X_{BCd_2} - 1.39X_{BCd_3} - 0.602X_{BCd_4} \\ - 0.29X_{BCd_5} - 0.16X_{BCd_6} - 0.095X_{BCd_7} - 0.059X_{BCd_8} \end{aligned}$$

Planteamiento de las restricciones de presión mínima:

Para el nudo A:

$$LGH_A \geq LGH_{min\,A}$$

$$LGH_A \geq 0$$

De un modo similar para los demás nudos de la red:

$$LGH_B \geq 0$$

$$LGH_C \geq 0$$

Planteamiento de función objetivo:

La función objetivo es:

$$C = \sum_{i \in N} \sum_{j \in N} \sum_{d \in CD} c_{ijd} \cdot X_{ijd}$$

Optimización de la función objetivo e identificación de los diámetros óptimos:
La anterior función objetivo fue optimizada, sujeta a las restricciones presentadas en el programa Xpress IVE que implementa el método de Ramificación y Poda para la solución del problema de PLE. En la página web de este texto se encuentra el archivo Diseño de Redes Abiertas – PLE con extensión *.mos*, el cual contiene el código del programa Express para el diseño de sistemas de tuberías en redes abiertas con demandas independientes de la presión (*sistemas controlados por la demanda*).

Los valores óptimos de las variables de decisión son presentados en la siguiente tabla:

	Diámetros (mm)							
Tramo	152.4	203.2	254	304.8	355.6	406.4	457.2	508
1	0	0	1	0	0	0	0	0
2	0	1	0	0	0	0	0	0
3	1	0	0	0	0	0	0	0

Es decir, que los diámetros óptimos para el problema, aquellos que dan el diseño de coste mínimo, son:

$$d_1 = 254\,mm$$
$$d_2 = 203.2\,mm$$
$$d_3 = 152.4\,mm$$

Y por lo tanto, el coste mínimo de la red es:

$$C = \sum_{i=1}^{NT} 0.015 l_i {d_i}^{1.45}$$

$$C = \$24\,029$$

El cual está dado en dólares americanos.

Discusión
El diseño encontrado en este ejemplo coincide plenamente con el del Ejemplo 5.3, tanto en los diámetros resultantes para cada una de las tres tuberías como en el coste total del sistema. El criterio de diseño de I-Pai Wu, presentado en el Capítulo 5, requiere menos esfuerzo informático y es más fácil de implementar en la práctica. Por otro lado, el método PLE asegura la optimalidad global del resultado que arroja; esto quiere decir que la PLE siempre da la red de coste mínimo. Este efecto es importante en los sistemas grandes, como se muestra en Páez et al. (2013).

9.4.2 Diseño de tuberías en serie con demanda dependiente de la presión mediante PLE

Como se mostró en la sección anterior, el diseño de una serie de tuberías cuando las demandas son independientes de la presión es un problema cuyo óptimo se puede alcanzar mediante la PLE. El ajuste necesario a dicha metodología para incorporar demandas dependientes de la presión requiere una definición previa de la presión en cada nudo de la red, presión con la que se puedan estimar los caudales de los emisores.

Páez et al. (2013) sugieren, como método para estimación de esas presiones previas, la asignación de la presión mínima a cada nudo de demanda. En la FIGURA 9.20 se esquematiza esa presión en cada uno de los nudos donde existe una demanda dependiente de la presión.

Una vez se tiene esa presión objetivo para cada nudo, se procede a calcular los caudales de demanda mediante la Ecuación 9.1 y con dichos caudales se genera una copia del sistema a diseñar, pero alterando las propiedades de los nudos de manera que la demanda sea independiente de la presión.

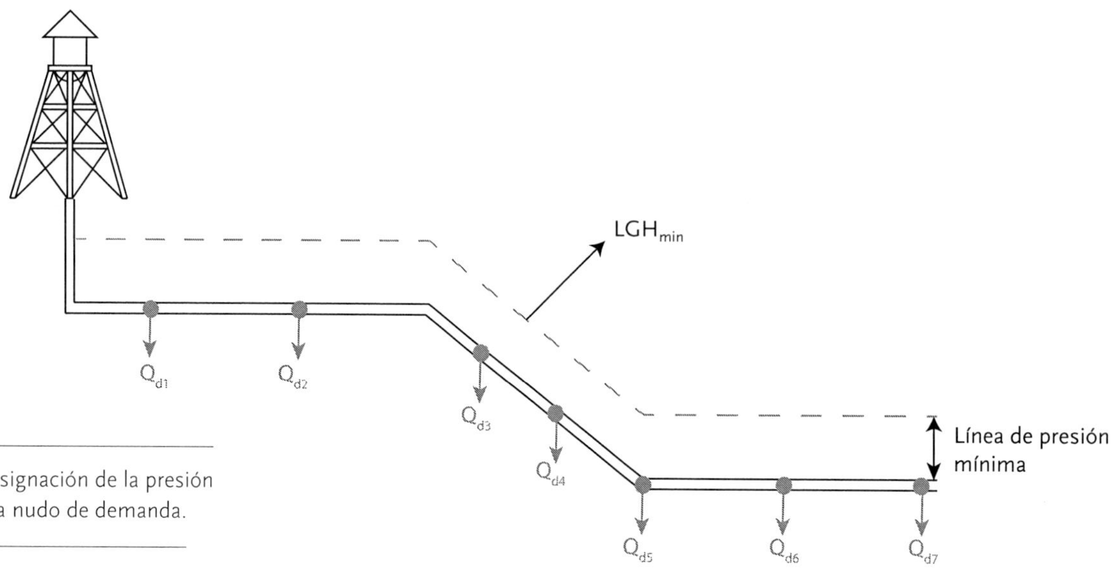

Figura 9.20 Asignación de la presión mínima a cada nudo de demanda.

Con el nuevo *sistema controlado por la demanda* similar al sistema original, se diseña dicha red mediante el método presentado en el Diagrama de Flujo 9.2. Esto genera una primera configuración de diámetros para el *sistema controlado por la presión*, en el que se puede reevaluar la respuesta hidráulica comprobando el cumplimiento de las presiones en los nudos. Así, para todos aquellos nudos en los que se cumpla la restricción de presión mínima se ajustan los caudales de acuerdo con el resultado de la última simulación hidráulica del sistema con demandas dependientes de la presión. Por otro lado, para aquellos nudos en los que se tengan presiones inferiores a la mínima, se dejan los caudales calculados en la iteración anterior, los cuales corresponden al caudal del emisor cuando la presión es exactamente igual a la mínima.

Con los caudales actualizados se vuelve a generar una copia del sistema, pero con demandas independientes de la presión y se repite todo el procedimiento anterior. El algoritmo se detiene en el momento en que un diseño generado mediante la solución del problema de PLE para el *sistema controlado por la demanda* entrega diámetros que no generan una violación de la restricción de presión mínima en el *sistema controlado por la presión.*

El proceso de diseño de tuberías en serie mediante PLE utilizando los *sistemas controlados por la demanda* y los *sistemas controlados por la presión* se esquematiza en el Diagrama de Flujo 9.2.

EJEMPLO 9.4

Diseño de tuberías en serie

Una de las tuberías principales de un sistema de riego localizado de alta frecuencia (ver Capítulo 10) debe conectar la estación de fertirrigación con tres módulos de riego que operan de forma simultánea. Los caudales consumidos en estos son: módulo A, 52.3 L/s; módulo B, 46.5 L/s; módulo C, 63.2 L/s y módulo D, 71.3 L/s. En la estación de bombeo se cuenta con una bomba de 85 kW con una eficiencia del 85 %. La tubería 1, que va de la estación hasta el módulo A, tiene una longitud de 250 m y un coeficiente global de pérdidas menores de 6.3. La tubería 2, que une el módulo A con el módulo B, tiene una longitud de 150 m y un coeficiente global de pérdidas menores de 4.8. La tubería 3, que va del módulo B al módulo C, tiene una longitud de 180 m y un coeficiente global de pérdidas menores de 5.6. Finalmente, la tubería 4, que va del módulo C al módulo D, tiene una longitud de 220 m y un coeficiente global de pérdidas menores de 3.2. En cada uno de los puntos de entrega de caudal se localiza un emisor con $k = 0.3$ L/s/m^n y $n = 0.5$.

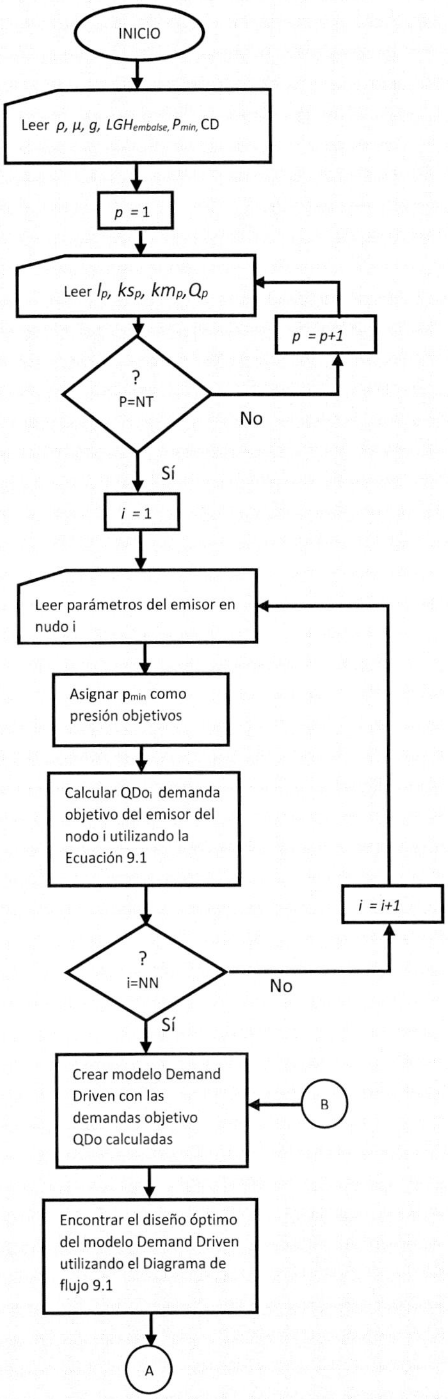

Diagrama de flujo 9.2(a)
Diseño de tuberías en serie mediante PLE utilizando los modelos Demand Driven y Pressure Driven.

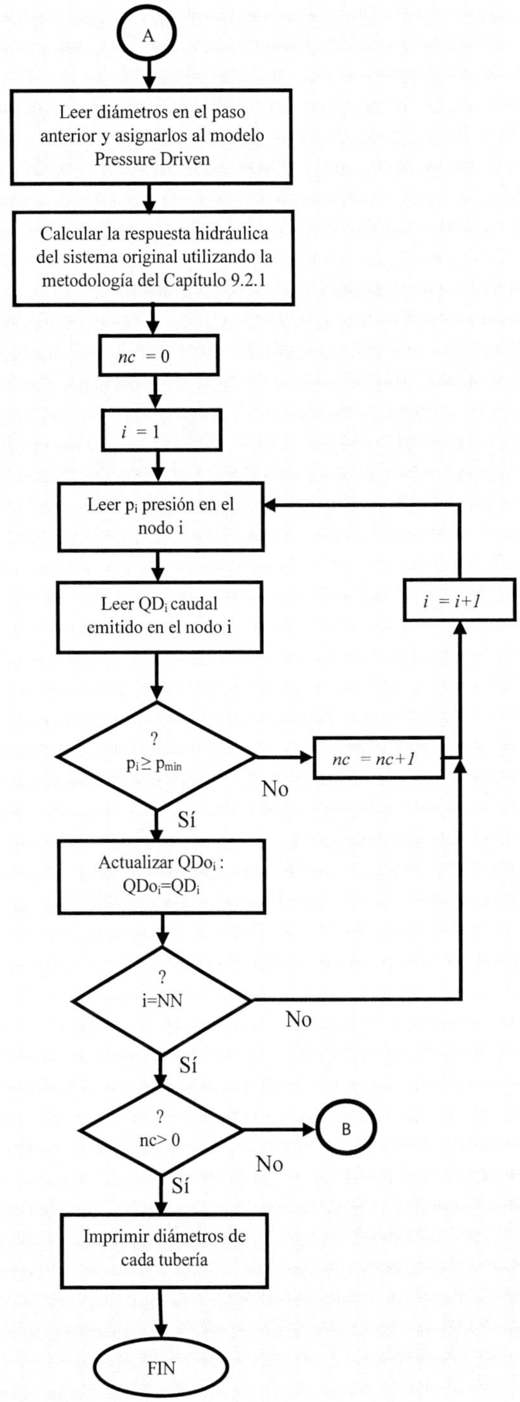

Diagrama de flujo 9.2(b)
Diseño de tuberías en serie mediante PLE utilizando los modelos Demand Driven y Pressure Driven.

Todo el sistema se encuentra en un terreno aproximadamente horizontal y el agua bombeada se encuentra a 15 °C. Los diámetros comerciales disponibles para el diseño son 152.4 mm, 203.2 mm, 254 mm, 304.8 mm, 355.6 mm, 406.4 mm, 457.2 mm y 508 mm. Diseñe las tres tuberías si el material disponible es PVC (k_s = 0.0015mm) y calcule el coste del sistema utilizando la siguiente ecuación:

$$C = \sum_{i=1}^{NT} 0.015 l_i d_i^{1.45}$$

donde l es la longitud de la tubería en m y d es el diámetro en mm. El coste está dado en dólares americanos.

La presión mínima en los nudos es la siguiente:

$$P_{min} = 15$$

El esquema del sistema a diseñar es el siguiente:

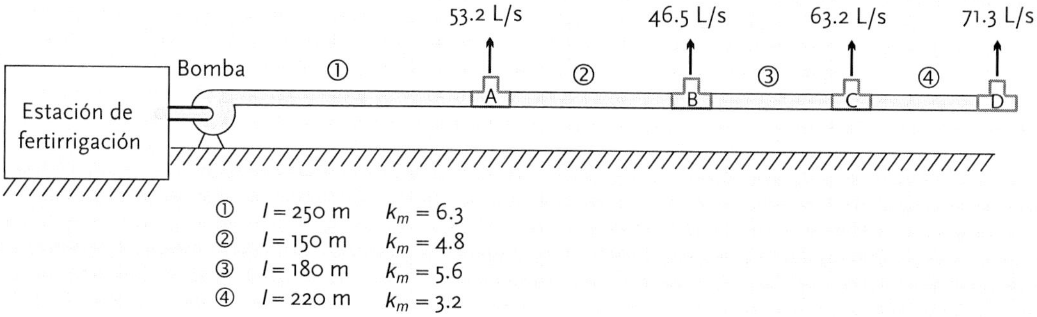

Figura 9.21 Sistema de riego con cuatro tuberías en serie.

Cálculo de la altura en la estación de fertirrigación:

$$Q_T = Q_A + Q_B + Q_C + Q_D$$
$$Q_A = 52.3 L/s$$
$$Q_B = 46.5 L/s$$
$$Q_C = 63.2 L/s$$
$$Q_D = Q_N = 71.3 L/s$$

Luego:

$$Q_T = 233.3 L/s$$

La potencia transmitida por la bomba al flujo es:

$$P = \frac{1}{\eta} \rho Q g H_T$$

Por consiguiente:

$$H_T = \frac{\eta P}{\rho g Q}$$
$$H_T = \frac{0.85 \times 85\,000}{999.1 \times 0.2333 \times 9.81} m$$
$$H_T = 31.60 m$$

De acuerdo con el Diagrama de Flujo 9.2 se obtienen los siguientes resultados:

Caudales a través de las tuberías:

$$Q_1 = Q_A + Q_B + Q_C + Q_D$$
$$Q_1 = 233.3L/s$$
$$Q_2 = Q_B + Q_C + Q_D$$
$$Q_2 = 181L/s$$
$$Q_3 = Q_C + Q_D$$
$$Q_3 = 134.5L/s$$
$$Q_4 = Q_N = Q_D$$
$$Q_4 = Q_N = 71.3L/s$$

Cálculo del caudal total demandado:
Para calcular el caudal ideal de cada emisor se debe conocer el coeficiente y el exponente de estos, que para este ejemplo corresponden a $k = 0.3$ y $n = 0.5$, respectivamente.

Módulo	Presión ideal	LGH	Coeficiente del emisor	Exponente del emisor	Demanda base	Z	Caudal ideal del emisor	Caudal total demandado
	m	m	(L/s)/m^x	-	L/s	m	L/s	L/s
A	15	15	0.3	0.5	52.3	0	1.161895	53.461895
B	15	15	0.3	0.5	46.5	0	1.161895	47.661895
C	15	15	0.3	0.5	63.2	0	1.161895	64.361895
D	15	15	0.3	0.5	71.3	0	1.161895	72.461895

De acuerdo con estos caudales totales demandados se crea el *sistema controlado por la demanda* y posteriormente se busca el diseño óptimo utilizando el Diagrama de Flujo 9.1.

Cálculo de la matriz de costes c_{ijd}:
Para la tubería 1 (Bomba A):

$$c_{BombaA1} = k \cdot l_1 \cdot d_1^x$$
$$c_{BombaA1} = 0.015 \cdot (250m) \cdot (152.4\ mm)^{1.45}$$
$$c_{BombaA1} = \$\ 5\,487.31$$

$$c_{BombaA2} = 0.015 \cdot (250m) \cdot (203.2\ mm)^{1.45}$$
$$c_{BombaA2} = \$\ 8\,327.61$$

$$c_{BombaA3} = 0.015 \cdot (250m) \cdot (254.0\ mm)^{1.45}$$
$$c_{BombaA3} = \$\ 11\,509.07$$

$$c_{BombaA4} = 0.015 \cdot (250m) \cdot (304.8\ mm)^{1.45}$$
$$c_{BombaA4} = \$\ 14\,991.77$$

$$c_{BombaA5} = 0.015 \cdot (250m) \cdot (355.6\ mm)^{1.45}$$
$$c_{BombaA5} = \$\ 18\,746.74$$

$$c_{BombaA5} = 0.015 \cdot (250m) \cdot (406.4\ mm)^{1.45}$$
$$c_{BombaA6} = \$\ 22\,751.71$$

$$c_{BombaA5} = 0.015 \cdot (250m) \cdot (457.2\ mm)^{1.45}$$
$$c_{BombaA7} = \ \$\,26\,988.91$$

$$c_{BombaA5} = 0.015 \cdot (250m) \cdot (508\ mm)^{1.45}$$
$$c_{BombaA7} = \ \$\,31\,443.70$$

De forma similar para las demás tuberías y diámetros disponibles se tiene la siguiente matriz de costes en dólares americanos:

	Diámetros (mm)							
Tramo	152.4	203.2	254	304.8	355.6	406.4	457.2	508
1	5487.31	8327.61	11 509.07	14 991.77	18 746.74	22 751.71	26 988.91	31 443.70
2	3292.39	4996.57	6 905.44	8 995.06	11 248.05	13 651.03	16 193.34	18 866.22
3	3950.86	5995.88	8 286.53	10 794.08	13 497.65	16 381.23	19 432.01	22 639.46
4	4828.83	7328.30	10 127.98	13 192.76	16 497.13	20 021.51	23 750.24	27 670.46

Cálculo de la matriz de pérdidas totales $(h_f + h_m)_{ijd}$:
Para la tubería 1 (Bomba A):

$$\left(h_f + h_m\right)_{BombaA1} = f\frac{l_1}{d_1}\frac{v_1^{\,2}}{2g} + k_m\frac{v_1^{\,2}}{2g}$$

Cálculo del área, la velocidad en la tubería, el número de Reynolds y el factor de fricción de Darcy:

$$A = \frac{\pi d^2}{4} = \frac{\pi(0.1524)^2}{4} = 0.01824m^2$$

$$v = \frac{Q}{A} = \frac{0.2333}{0.01824} = 12.79\ m/s$$

$$Re = \frac{vd}{\nu} = \frac{12.79 * 0.1524}{1.14 * 10^{-6}} = 1.7098 * 10^{-6}$$

El factor de fricción se calcula de forma iterativa de acuerdo con la Ecuación 1.69.

ECUACIÓN 1.69

$$\frac{1}{\sqrt{f}} = -2\log_{10}\left(\frac{k_s}{3.7 * d_1} + \frac{2.51}{Re\sqrt{f}}\right)$$

$$f = 0.010952$$

Llevando a cabo los cálculos, las pérdidas totales serían:

$$\left(h_f + h_m\right)_{BombaA1} = 0.010952 * \frac{250}{0.1524}\frac{12.79^2}{2(9.81)} + (6.3) * \frac{12.79^2}{2(9.81)}$$

$$\left(h_f + h_m\right)_{BombaA1} = 210.05\ \text{m}$$

De un modo similar para las demás tuberías y diámetros disponibles se tienen las siguientes pérdidas totales, dadas en m:

	Diámetros (mm)							
Tramo	152.4	203.2	254	304.8	355.6	406.4	457.2	508
1	210.05	55.46	19.98	8.74	4.37	2.40	1.42	0.89
2	83.12	22.23	8.09	3.57	1.79	0.99	0.59	0.37
3	56.14	14.99	5.44	2.40	1.20	0.66	0.39	0.25
4	17.79	4.60	1.62	0.70	0.34	0.18	0.11	0.07

Cálculo de las LGHs mínimas en cada nudo:

Para el nudo A:

$$\text{LGH}_{min\,A} = Z_A + p_{min}$$
$$LGH_{min\,A} = 15 \text{ m}$$

De un modo similar para los demás nudos de la red:

$$\text{LGH}_{min\,B} = Z_B + p_{min}$$
$$LGH_{\min B} = 15 \text{ m}$$

$$\text{LGH}_{min\,C} = Z_B + p_{min}$$
$$LGH_{\min C} = 15 \text{ m}$$

$$\text{LGH}_{min\,D} = Z_B + p_{min}$$
$$LGH_{\min D} = 15 \text{ m}$$

Tramo	LGH mín. (m)
1	15
2	15
3	15
4	15

Planteamiento de las restricciones de conservación de energía:

Para el nudo A:

$$LGH_A = LGH_{Bomba} - \sum_{d\in CD}\left(\left(h_f + h_m\right)_{BombaAd} \cdot X_{BombaAd}\right)$$

$$LGH_A = 31.6m - 210.05X_{BombaAd_1} - 55.46X_{BombaAd_2} - 19.98X_{BombaAd_3} - 8.74X_{BombaAd_4} - 4.37X_{BombaAd_5} - 2.4X_{BombaAd_6} - 1.42X_{BombaAd_7} - 0.89X_{BombaAd_8}$$

De forma similar para los demás nudos de la red se obtiene lo siguiente:

$$LGH_B = LGH_{Bomba} - \sum_{d\in CD}\left(\left(h_f + h_m\right)_{ABd} \cdot X_{ABd}\right)$$

$$LGH_B = 31.6m - 83.12X_{ABd_1} - 22.23X_{ABd_2} - 8.09X_{ABd_3} - 3.57X_{ABd_4} - 1.79X_{ABd_5} - 0.99X_{ABd_6} - 0.59X_{ABd_7} - 0.37X_{ABd_8}$$

$$LGH_C = LGH_{Bomba} - \sum_{d\in CD}\left(\left(h_f + h_m\right)_{BCd} \cdot X_{BCd}\right)$$

$$LGH_C = 31.6m - 56.14X_{BCd_1} - 14.99X_{BCd_2} - 5.44X_{BCd_3} - 2.4X_{BCd_4} - 1.2X_{BCd_5} - 0.66X_{BCd_6} - 0.39X_{BCd_7} - 0.25X_{BCd_8}$$

$$LGH_D = LGH_{Bomba} - \sum_{d \in CD} \left(\left(h_f + h_m \right)_{CDd} \cdot X_{CDd} \right)$$

$$LGH_D = 31.6m - 17.79X_{CDd_1} - 4.6X_{CDd_2} - 1.62X_{CDd_3} - 0.7X_{CDd_4} - 0.34X_{CDd_5} - 0.18X_{CDd_6} - 0.11X_{CDd_7} - 0.07X_{CDd_8}$$

Planteamiento de las restricciones de presión mínima:

Para el nudo A:

$$LGH_A \geq LGH_{min\,A}$$

$$LGH_A \geq 15m$$

De un modo similar para los demás nudos de la red:

$$LGH_B \geq 15m$$

$$LGH_C \geq 15m$$

$$LGH_D \geq 15m$$

Planteamiento de la función objetivo:

La función de costes, que es la que hay que minimizar, es:

$$C = \sum_{i \in N} \sum_{j \in N} \sum_{d \in CD} c_{ijd} \cdot X_{ijd}$$

Optimización de la función objetivo e identificación de los diámetros óptimos:

La anterior función objetivo fue optimizada, sujeta a las restricciones presentadas en el programa Xpress IVE, que implementa el método de Ramificación y Poda para la solución del problema de PLE.

Los valores óptimos de las variables de decisión son presentados en la siguiente tabla:

	Diámetros (mm)							
Tramo	**152.4**	**203.2**	**254**	**304.8**	**355.6**	**406.4**	**457.2**	**508**
1	0	0	0	1	0	0	0	0
2	0	0	0	1	0	0	0	0
3	0	0	0	1	0	0	0	0
4	0	0	1	0	0	0	0	0

Finalmente, se comprueba que las presiones en cada módulo cumplan la restricción de presión mínima.

Módulo	**Presión m**
Bomba	31.6
A	22.858
B	19.2902
C	16.8946
D	15.2721

Dado que en cada módulo se cumple con la presión mínima requerida no es necesario realizar otra iteración. Es decir, que los diámetros óptimos para el problema son:

$$d_1 = 304.8\,mm$$
$$d_2 = 304.8\,mm$$
$$d_3 = 304.8\,mm$$
$$d_4 = 254\,mm$$

Y por lo tanto el coste mínimo de la serie de tuberías, en dólares americanos, es:

$$C = \sum_{i=1}^{NT} 0.015 l_i d_i^{1.45}$$

$$C = \$44\,908$$

Discusión

En el método de PLE aplicado al caso del diseño de tuberías en serie con emisores en cada uno de sus nudos y con topografías relativamente planas, como las encontradas en los terrenos en los que se diseñan sistemas de riego localizado de alta frecuencia (ver Capítulo 10), las presiones estimadas son muy parecidas a las calculadas con la hidráulica, lo cual implica que no serán necesarias más de una o dos iteraciones para converger a un diseño que está bastante cercano al óptimo (no se puede asegurar, en este caso, la optimalidad del resultado).

9.5 PROGRAMAS COMERCIALES PARA LA MODELACIÓN DE REDES DE DISTRIBUCIÓN DE AGUA POTABLE

En este epígrafe se hace una corta descripción de algunos de los programas comerciales utilizados para el cálculo de las redes cerradas de abastecimiento de agua potable. La lista de programas no es exhaustiva y la selección de los que aquí se incluyen se hizo con el criterio de ilustrar cómo operan, haciendo énfasis en la presentación de los resultados y la recogida de datos. Al final de cada descripción se muestra un pequeño cuadro donde se resumen las características propias de cada programa. La información proporcionada fue tomada de las hojas de presentación existentes en Internet en el momento de escribir este texto.

WaterCAD V8*i*

WaterCAD V8*i* es un programa bastante potente que puede ser utilizado como una herramienta para el manejo integral de las redes de distribución de agua potable, incluyendo la simulación hidráulica, calibración y el diseño optimizado de las redes. El programa es propiedad de la casa Bentley de los Estados Unidos, comercializadores de paquetes como Cybercad, StormCad y otros más.

Dentro de las capacidades de análisis del programa WaterCAD se encuentran las siguientes: las simulaciones hidráulicas se pueden realizar en estado estable (análisis bajo condiciones de flujo uniforme permanente) o bajo la figura de períodos de tiempo extendidos (EPS, Extended Period Simulation). Se pueden hacer estudios de sustancias conservativas y no conservativas, tales como el cloro y otros productos químicos, analizando el aumento o decaimiento de dichas sustancias. También es posible determinar los tiempos de retención y las edades del agua en cada uno de los puntos de la red de distribución e identificar las procedencias del agua desde cada una de las fuentes para cada uno de los nudos de la red; es decir, en cada uno de los nudos de consumo se puede saber qué porcentaje del agua viene de cada una de las fuentes del sistema de abastecimiento.

El programa permite modelar varios de los componentes hidráulicos típicos de redes de distribución, tales como VRP, estaciones de bombeo y controles automatizados sensibles a la presión o al caudal. Asimismo, es posible manejar y simular diferentes escenarios para evaluar el comportamiento del sistema de distribución que se esté diseñando frente a las demandas diferentes a las escogidas inicialmente, a calidades de agua variables y a condiciones de emergencia, tales como incendios o racionamientos, los cuales implican unas condiciones de operación muy especiales.

La entrada de datos al programa WaterCAD es realmente sencilla y flexible. Los datos se introducen a través de ventanas amigables, similares a las que maneja el sistema Windows, las cuales presentan diferentes alternativas al usuario para describir la topología de la red que desea simular o diseñar. Por ejemplo, la longitud de las tuberías puede ser entrada a través de las coordenadas de los nudos o de forma directa. En caso de escogerse el sistema de coordenadas, el programa permite al usuario redondear la longitud de la tubería calculada.

Es posible calcular las pérdidas por fricción mediante las dos principales metodologías de hidráulica de tuberías: la de Hazen-Williams y la de Darcy-Weisbach, junto con la ecuación de Colebrook-White. Sin embargo, WaterCAD también permite utilizar la ecuación de Manning. Este tipo de instrucciones y modificaciones se realiza a través de ventanas de dialogo sencillas y prácticas. La **FIGURA 9.22** muestra una de estas ventanas de introducción de datos de una red de distribución al programa.

El programa WaterCAD es quizás el más amigable y fácil de usar de los paquetes comerciales de este tipo. Se distingue especialmente por la alta calidad de la interfaz gráfica del usuario, la cual, siguiendo el estilo *drag and drop* de las aplicaciones CAD, permite realizar de manera sencilla y bastante intuitiva la inserción de datos, los cambios en la red y la visualización de los resultados.

Una vez se realiza la simulación del comportamiento de la red, el programa WaterCAD ofrece la posibilidad de visualizar por pantalla, con una alta calidad gráfica, los resultados obtenidos; es posible entre otras cosas generar códigos de colores para el análisis de resultados y mapas de superficie y de contorno para todas las variables de interés. Además, el ratón (*mouse*) del ordenador va indicando el estado de las variables de los puntos sobre los que se desplaza.

El análisis de diversos escenarios y las modificaciones de los parámetros y condiciones iniciales también se realiza fácilmente a través de una barra de herramientas sobre el esquema de la red, tal como se ilustra en la **FIGURA 9.23**.

Los resultados arrojados por el programa pueden ser llevados fácilmente a múltiples bases de datos y hojas de cálculo, entre ellas dBase, Paradox, FoxPro, Excel, Lotus y ODBC. Asimismo, se puede interactuar con sistemas de información geográfica SIG para análisis más completos. El programa WaterCAD construye e imprime automáticamente tablas con los resultados obtenidos, las cuales pueden ser modificadas y personalizadas según los requerimientos de cada usuario (ver Tabla 9.4).

La última versión (V8*i*) de WaterCAD tiene nuevas plataformas como la de MicroStation V8*i* que permite construir, editar, simular y finalmente visualizar el modelo hidráulico desde el ambiente que se está utilizando (Geoespacial). Por otro lado, también se puede utilizar el módulo LoadBuilder en la interfaz "*stand-alone*" y así poder hacer uso de la información georreferenciada de consumos de cada uno de los nudos del modelo; además, WaterCAD cuenta con una "funcionalidad bi-direccional" de copiado entre aplicaciones como Excel y Word, entre otros.[3]

---

3 Tomado de: http://www.bentley.com/es-MX/Products/WaterCAD/WaterCADV8.htm Bentley Geoespacial.

En cuanto a las nuevas características hidráulicas, WaterCAD modela diferentes curvas de bombas para comparar las eficiencias y las alturas. También permite realizar modelos cuando el tanque está lleno mediante una válvula de control para tratar el flujo. Además crea un nuevo módulo que permite identificar cuáles son las tuberías que requieren reparación o cambio.

Tabla 9.5 Características del programa WaterCAD.

	WATERCAD V8i FOR WINDOWS
Permite:	• Análisis hidráulico • Calidad de agua • Simulación en tiempo extendido • Edad del agua • Modelación de válvulas
Ecuaciones de análisis:	• Hazen-Williams • Darcy-Weisbach • Chézy-Manning
Metodología de solución:	• Método del Gradiente
Presentación de resultados:	• Por pantalla • En tablas • En gráficas
Ventajas frente a otros programas:	• Fácil uso • Facilidad de realizar cambios • Excelente presentación de resultados • Excelente ayuda tutorial • Tiene herramientas de calibración, diseño y optimización de sistemas de distribución de agua
Homepage *en Internet:*	http://www.bentley.com

WaterGEMS V8*i*

Bentley WaterGEMS V8*i* SELECT series 3 es una herramienta adicional y opcional de WaterCAD; esta herramienta permite el uso de cuatro plataformas interconectadas en un solo producto. Las plataformas que se pueden utilizar son las pertenecientes a los programas de MicroStation, AutoCAD, ArcMap y la perteneciente a WaterGEMS, llamada "Stand-alone platform". La ventaja de este sistema es que, sin importar la plataforma utilizada,

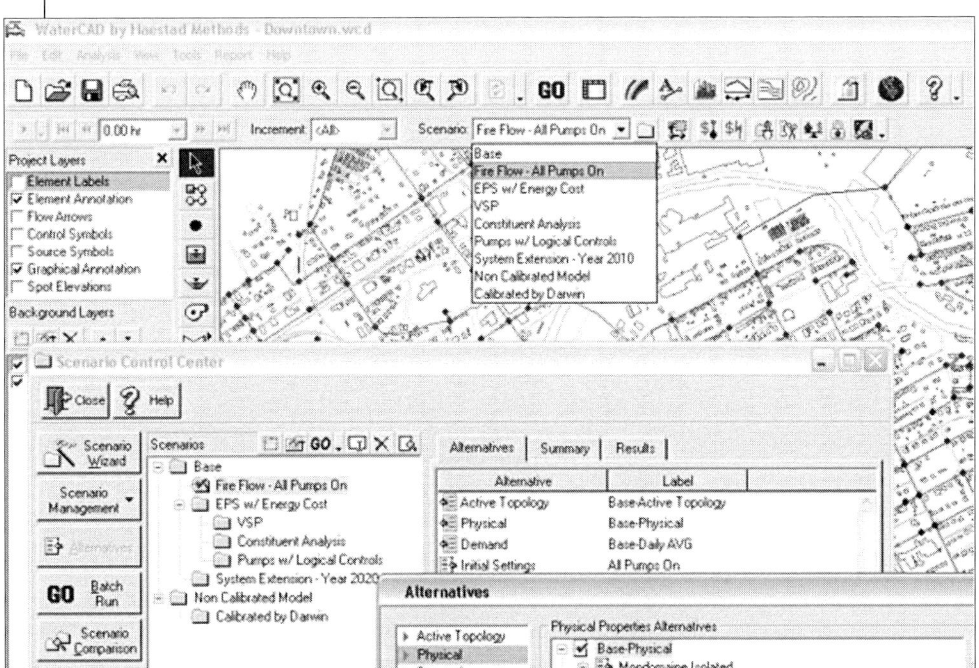

Figura 9.22 Ventana para seleccionar la metodología de cálculo en el programa WaterCAD. Tomado de http://www.bentley.com/.

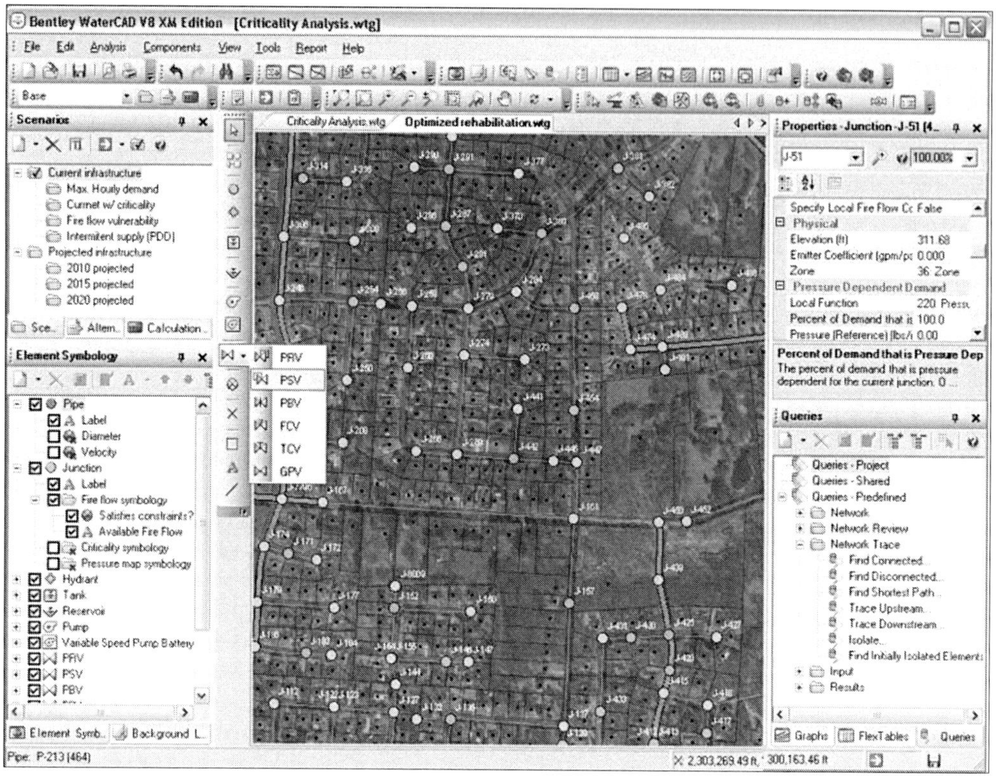

Figura 9.23
Presentaciones típicas del programa WaterCAD. Tomado de http://www.bentley.com/.

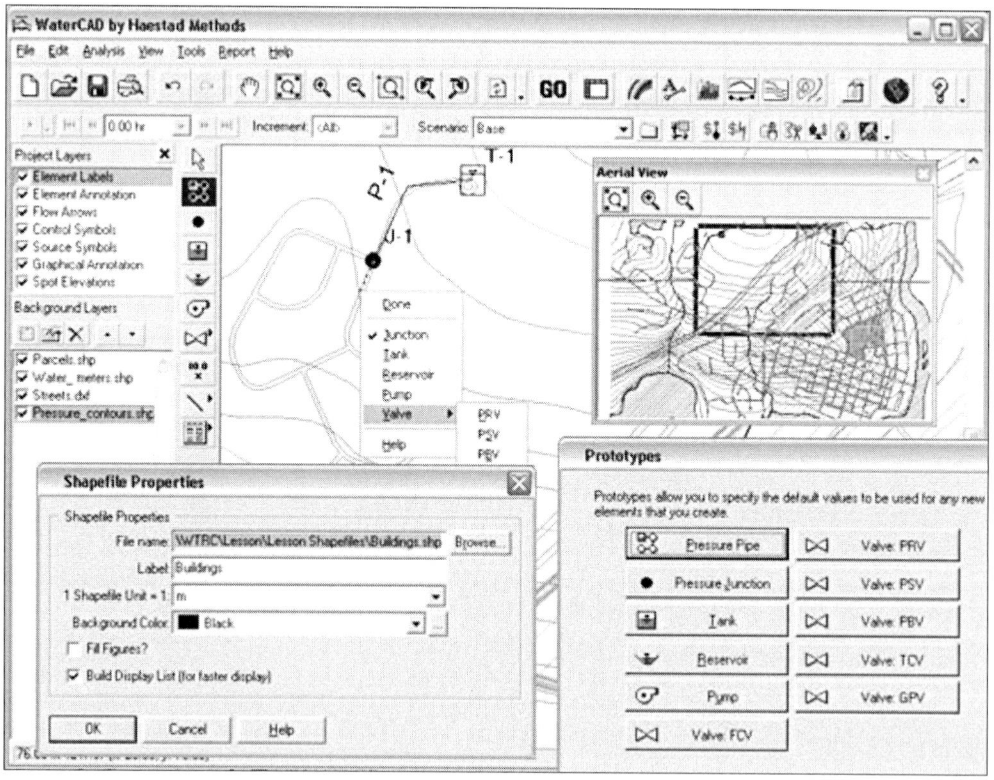

Figura 9.24
Presentación típica para la modelación de escenarios. Tomado de http://www.bentley.com/.

Tabla 9.4 Presentación de resultados en WaterCAD. Tomado de http://www.bentley.com/.

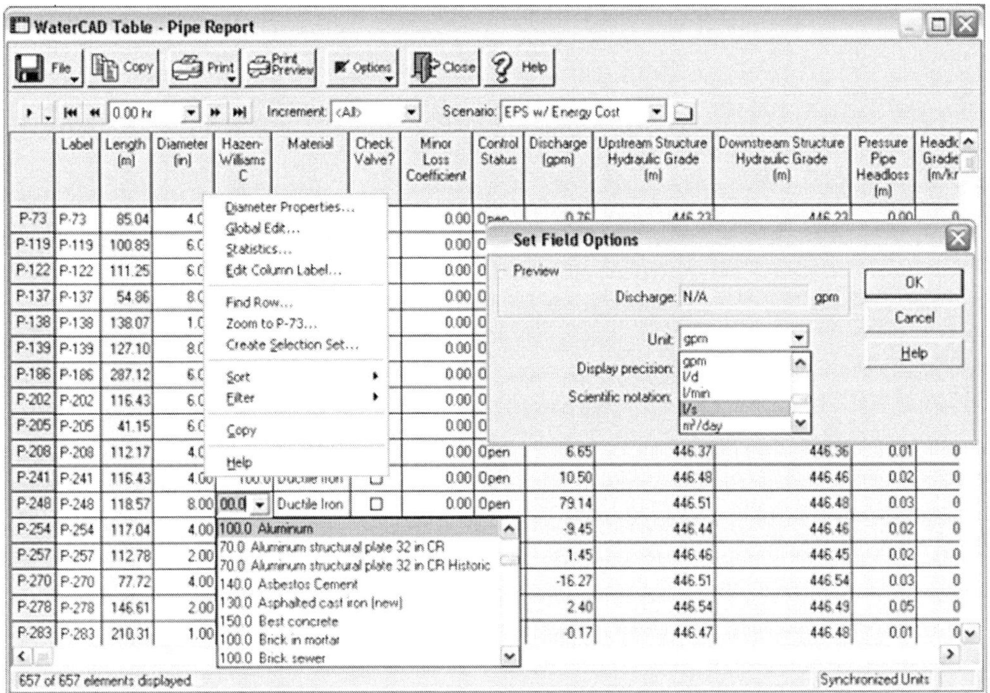

WaterGEMS guarda la información de tal manera que no se compromete la integridad de la misma y además no se pierde velocidad de ejecución. Por ejemplo, se puede hacer uso de ArcGIS sin perder la precisión de la plataforma de AutoCAD y sin tener que crear restricciones en la información, en alguna de las plataformas que se estén utilizando.

El panel de dibujo permite crear tuberías, uniones, hidrantes, tanques, embalses, bombas y variaciones en la potencia de la bomba, VRP, de control, de tratamiento, de almacenamiento, de rompimiento del flujo, de aislamiento, de aire. También permite crear estaciones elevadoras, turbinas, modificar el crecimiento periódico del flujo y crear tanques hidroneumáticos, entre otros. Además, como se mencionaba en WaterCAD V8*i*, se tienen botones para simular el rompimiento en las uniones y entre las tuberías. Ver FIGURA 9.25.

Una de las características importantes de este programa es que tanto los usuarios de ArcGIS como de MicroStation pueden localizar la demanda de cualquier nudo, utilizando los datos de consumo de agua de los suscriptores con una gran precisión, sin generar ningún tipo de restricción en la información. Por otro lado, WaterGEMS tiene la posibilidad de utilizar modelos geoespaciales para localizar demandas de agua y elevación de nudos. Antiguamente, esta función estaba disponible solo para los usuarios de ArcGIS; con el uso de este programa, cualquier usuario de MicroStation y de AutoCAD puede acceder a esta herramienta. Ver FIGURAS 9.26 y 9.27.

El hecho de que WaterGEMS permita el uso de MicroStation representa una ventaja para cualquier modelador, dado que a través del uso estas herramientas se maneja fácilmente la topología de la red. Una de las ventajas del uso de MicroStation es que el usuario puede seguir utilizando los mismos comandos que usaba en el programa original, pero WaterGEMS los entiende a la perfección, por lo que presenta una sincronización automática entre ambos programas, entregando resultados fieles a ambos ambientes. A WaterGEMS también se le puede integrar el software de ArcGIS. El uso de esta herramienta le permite al usuario utilizar toda la información que aparece en formato GIS sin tener que importar, exportar o transformar la información original. Esto facilita el trabajo de un modelador, ya que ahorra tiempo y memoria informática (Ver FIGURA 9.28).

Uno de los programas más utilizados para hacer modelaciones en Hidráulica es el AutoCAD. Por esta razón, WaterGEMS es de gran utilidad, dado que a través de la interfase se puede tener acceso a todas las herramientas de AutoCAD, lo cual limita el uso de WaterGEMS a ser un manejador de información de AutoCAD.

Tanto WaterCAD como WaterGEMS permiten compartir la información para ser visualizada en programas como Google Earth. Esto se puede ver en la FIGURA 9.29.

	WaterGEMS V8*i* FOR WINDOWS
Permite:	• Análisis hidráulico • Calidad de agua • Simulación en tiempo extendido • Análisis de costes energéticos • Diseñar todo tipo de sistemas de distribución de agua • Simular escenarios de rompimiento de uniones • Utilizar modelos geoespaciales
Ecuaciones de análisis:	• Hazen-Williams • Darcy-Weisbach • Chézy-Manning
Metodología de solución:	• Método del Gradiente
Presentación de resultados:	• Por pantalla • En tablas • En gráficas • Mapas

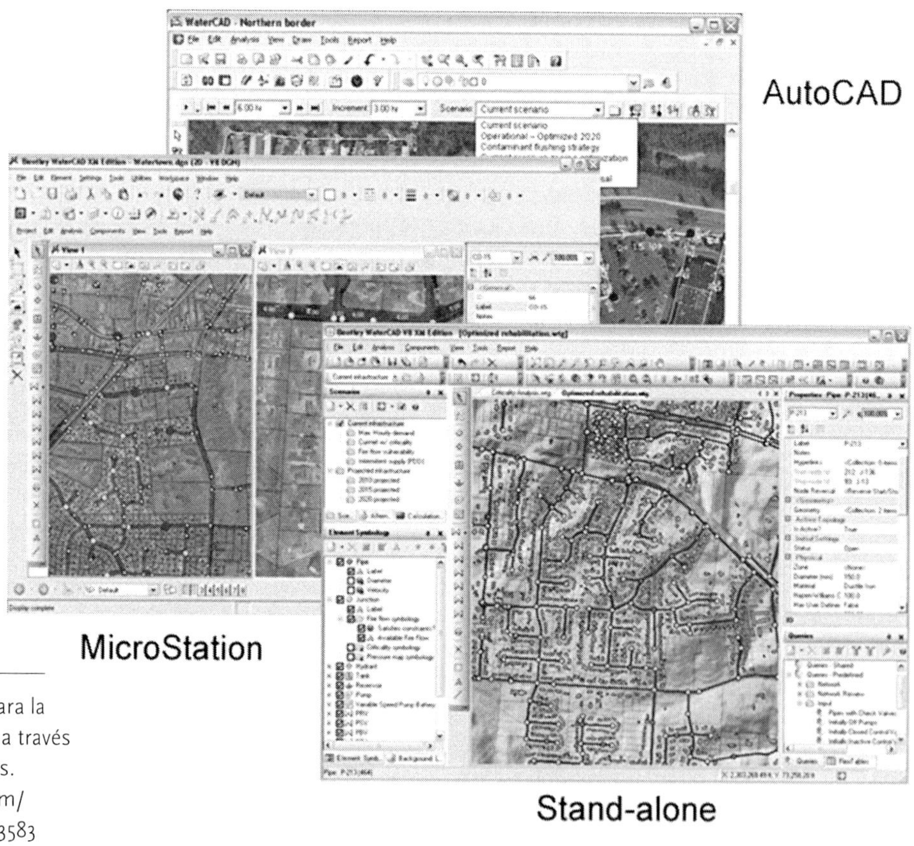

Figura 9.25 Presentación típica para la modelación del mismo escenario a través del uso de diferentes herramientas. Tomado de http://aec.cadalyst.com/aec/article/articleDetail.jsp?id=363583

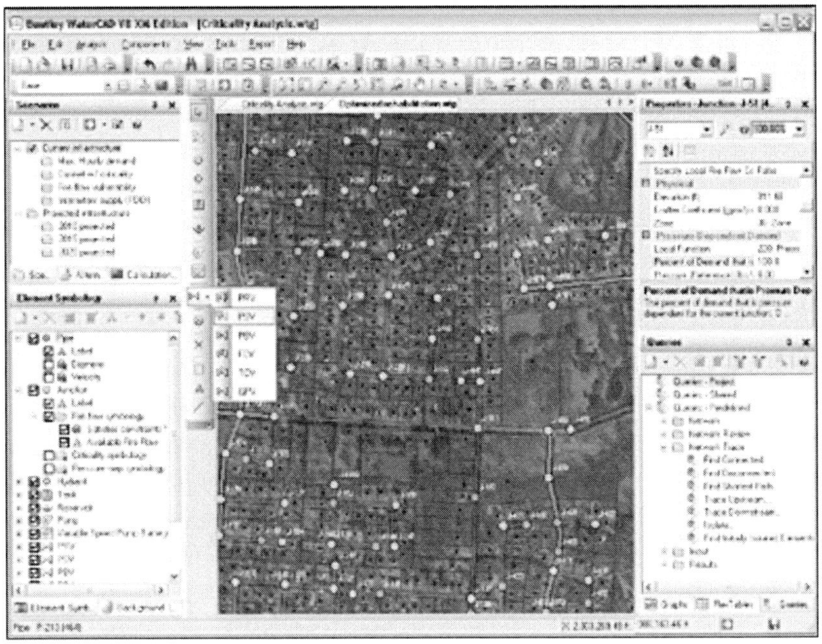

Bentley WaterGEMS stand-alone interface

Figura 9.26 Presentación típica para un modelo geoespacial. Tomado de http://aec.cadalyst.com/aec/article/articleDetail.jsp?id=363583

Bentley WaterGEMS running on ArcMap

Figura 9.27 Presentación de ArcMap, interfase entre ArcGIS y WaterGEMS.
Tomado de http://aec.cadalyst.com/aec/article/articleDetail.jsp?id=363583

Tabla 9.6 Características del programa WaterGEMS V8i.

Ventajas frente a otros programas:	• Interoperabilidad entre 4 plataformas distintas: MiscroStation, ArcMap, AutoCad y la perteneciente a WaterGEMS, llamada "Stand-alone platform". • Sin importar la plataforma utilizada, guarda la información sin comprometer la integridad de la misma. • Excelente presentación de resultados • La información puede ser visualizada en programas como Google Earth. • Tiene una amplia variedad de herramientas para diseñar sistemas, incluyendo todo tipo de componentes hidráulicos.
Homepage en Internet:	• http://www.bentley.com

PIPE2014

Pipe2014 es una interfaz integrada por diversas aplicaciones como KYPipe, Steam (vapor), SWMM (Modelo de administración de agua lluvia), Surge (golpe de ariete) y Go-Flow (sistema contra incendios). Este programa está diseñado para hacer tanto cálculos estáticos, en los que se supone que las condiciones de consumo del caudal y niveles en los tanques permanecen constantes en el tiempo, como para períodos de tiempo extendidos (EPS, Extended Period Simulation) de sistemas de redes hidráulicas. Es posible utilizarlo para resolver problemas de calibración, diseño y operación de RDAP. También permite determinar las presiones y los caudales en puntos determinados de la red para diferentes configuraciones del sistema o diferentes condiciones de operación. La siguiente figura muestra una de las ventanas de presentación de datos típicas de este programa (Ver FIGURA 9.30).

El programa PIPE2014 permite la interacción de toda la información y de los cálculos realizados, permitiendo una buena cantidad y variabilidad de análisis. PIPE2014 tiene funciones que permiten modelar diversos componentes hidráulicos de un sistema de abastecimiento de agua, tales como bombas de velocidad fija o variable, tanques y embalses, VRP y válvulas sostenedoras, etc.

El análisis de la red se hace mediante el Método de la Teoría Lineal. Los resultados obtenidos son bastante confiables y requieren tiempos de procesado relativamente cortos. En general, PIPE2014 realiza los cálculos hidráulicos utilizando las ecuaciones de Hazen-Williams para el cálculo de las pérdidas de altura piezométrica por fricción, aunque es posible incorporar la metodología de Darcy-Weisbach junto con la ecuación de Colebrook-White.

La entrada de datos es sencilla y se puede hacer de tres maneras. Por un lado, se puede elegir un archivo existente o, si este no existe, simplemente se crea uno nuevo. Sin importar la opción elegida, la información puede ser editada fácilmente en caso de errores o cambios en el diseño. La entrada de datos también puede hacerse de manera gráfica en el módulo PIPE2014 map o en sencillas tablas de tipo de hoja de cálculo. La visualización de los resultados puede hacerse en estos mismos formatos, siendo posible imprimirlos o exportarlos a otras aplicaciones, como aquellas utilizadas para el dibujo de planos. En la siguiente tabla se muestra una forma tabulada del despliegue de resultados del programa (Ver FIGURA 9.31).

La aplicación SURGE (golpe de ariete) del programa PIPE2014 es una de las más sofisticadas para el análisis de flujo transiente disponibles actualmente, capaz de manejar redes de distribución tan grandes como de 50.000 tuberías. A su vez, permite el uso de válvulas estándar que pueden ser modeladas con el porcentaje de apertura. PIPE2014 provee una poderosa herramienta gráfica para la modelación de calidad del agua, que con la información mínima requerida permite desplegar las simulaciones y procesar los resultados de forma gráfica o tabulada. El programa ofrece también perfiles de tuberías animadas, en las que únicamente hay que especificar el primer y último nodo y

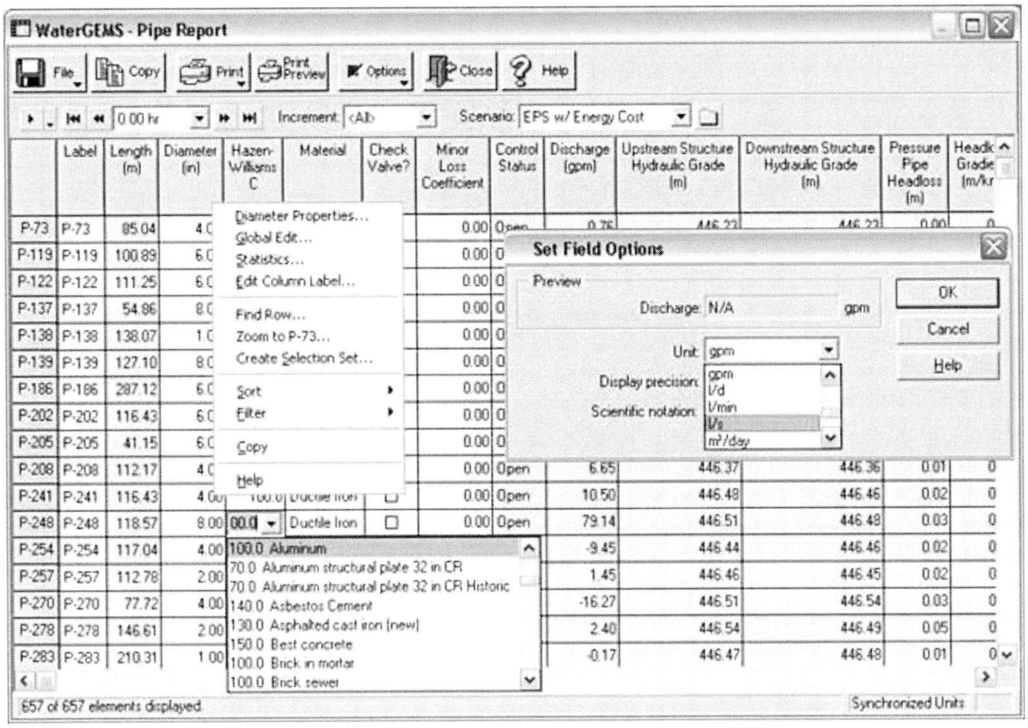

Figura 9.28 Presentación de resultados en WaterCAD. Tomado de http://www.bentley.com/.

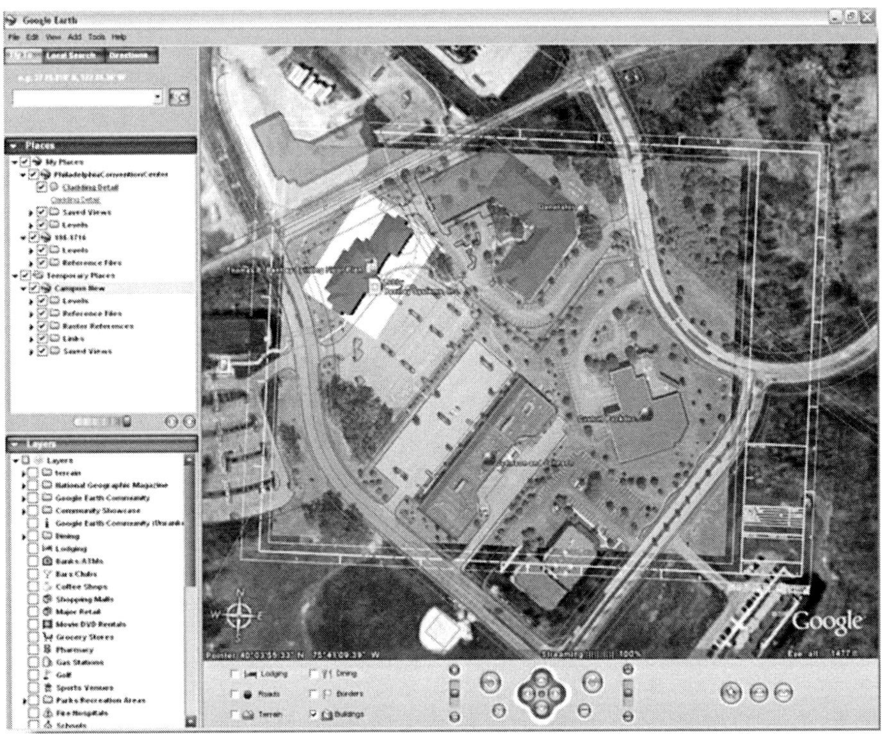

Figura 9.29 Presentación de resultados en Google Earth. Tomado de http://www.bentley.com/en-US/Products/WaterGEMS/TopTen.htm

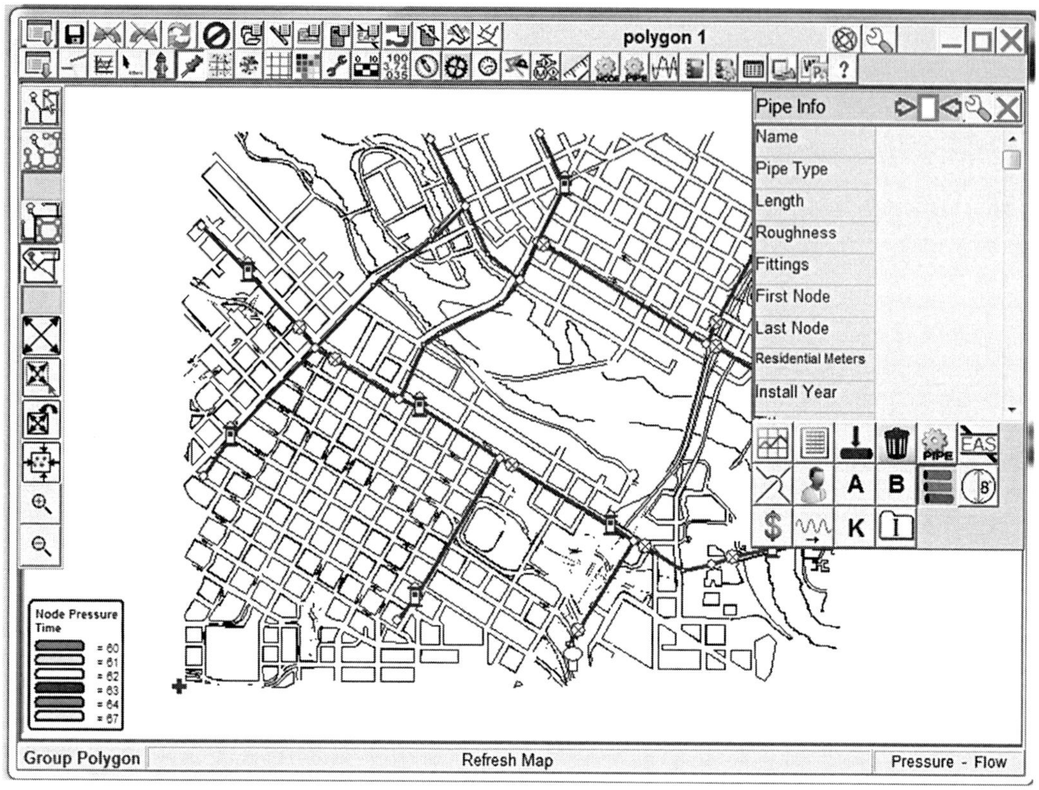

Figura 9.30 Ventana de presentación del programa PIPE2014. Tomado de http://www.kypipe.com/pipe2014features

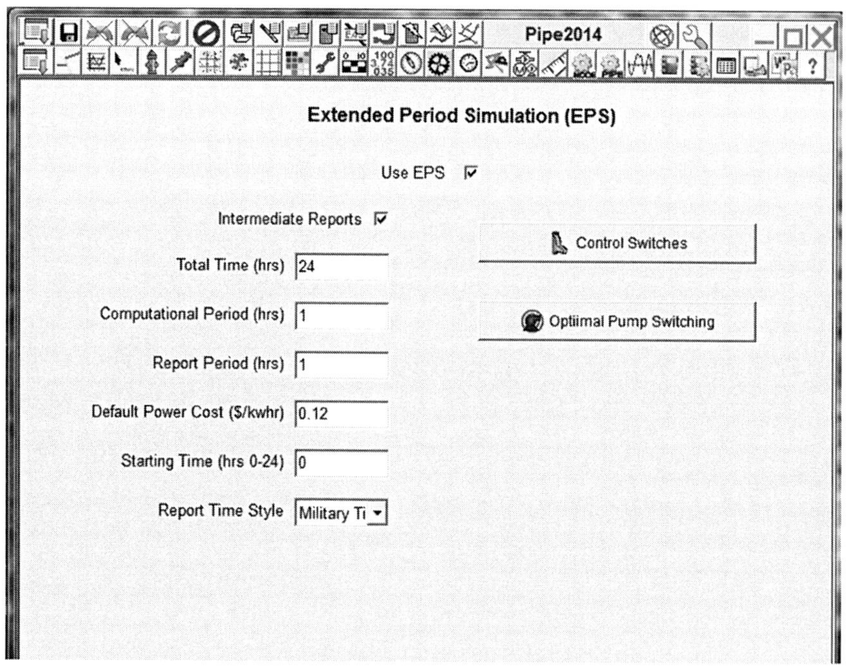

Figura 9.31 Presentación típica de PIPE2014 de la información del sistema/EPS

el resto es realizado automáticamente. La velocidad de animación puede ser configurada por el usuario en cualquier momento, lo cual le permite al diseñador ver la actividad del modelo en el punto deseado. El módulo de diseño óptimo en KYPIPE selecciona los diámetros óptimos para una sección específica de un sistema para reducir al mínimo el coste total de la tubería (Ver FIGURA 9.33).

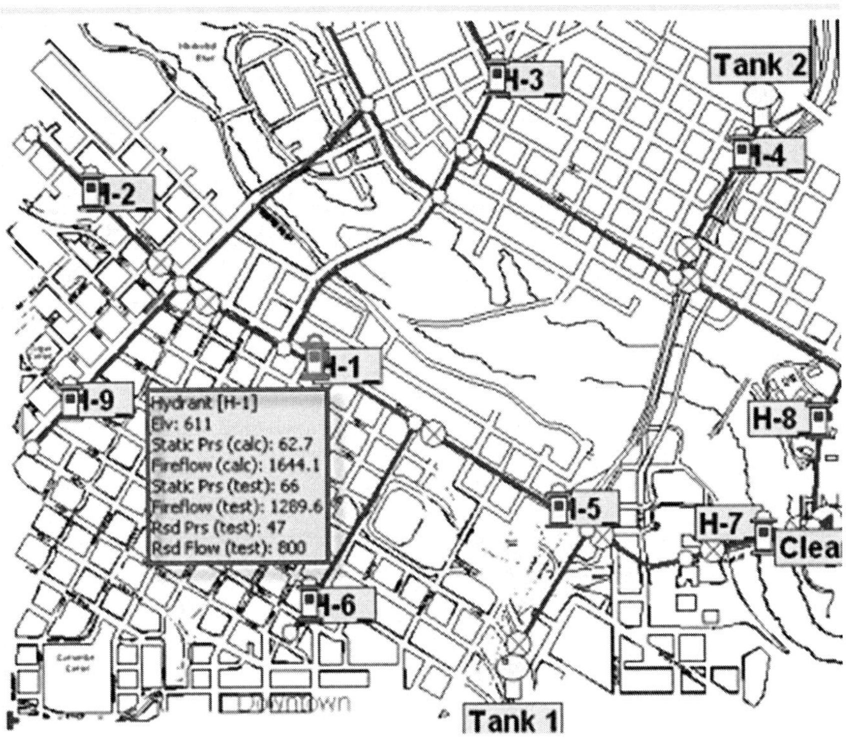

Figura 9.32 Presentación típica de PIPE2014. Tomado de http://kypipe.com/pipe2014features

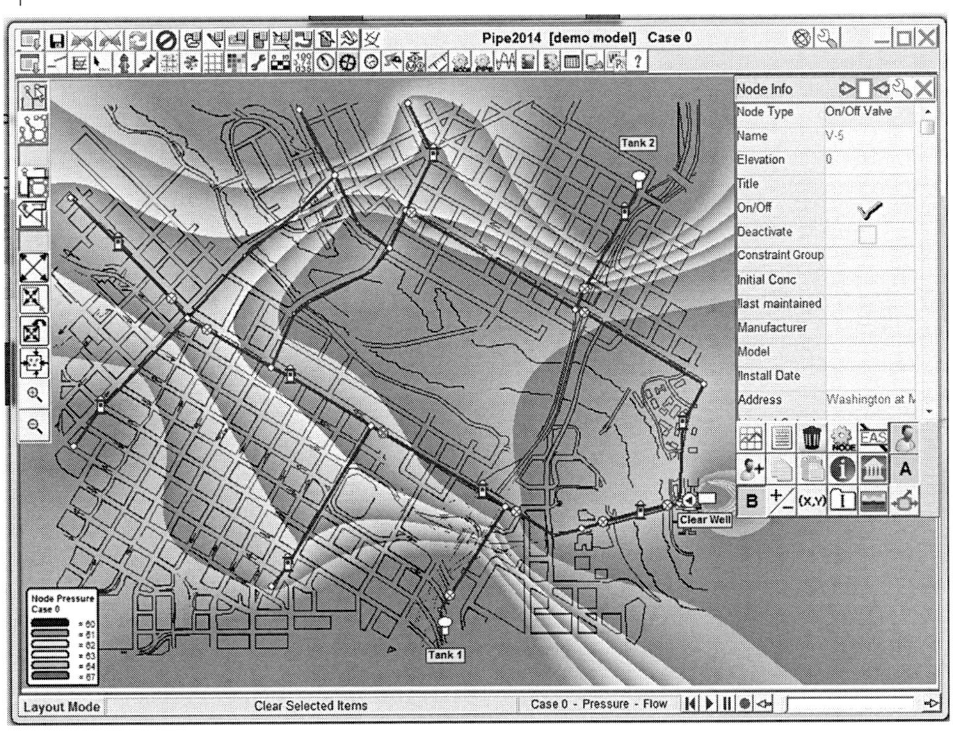

Figura 9.33 Interfaz gráfica (GUI). Tomado de http://www.kypipe.com/pipe2014features

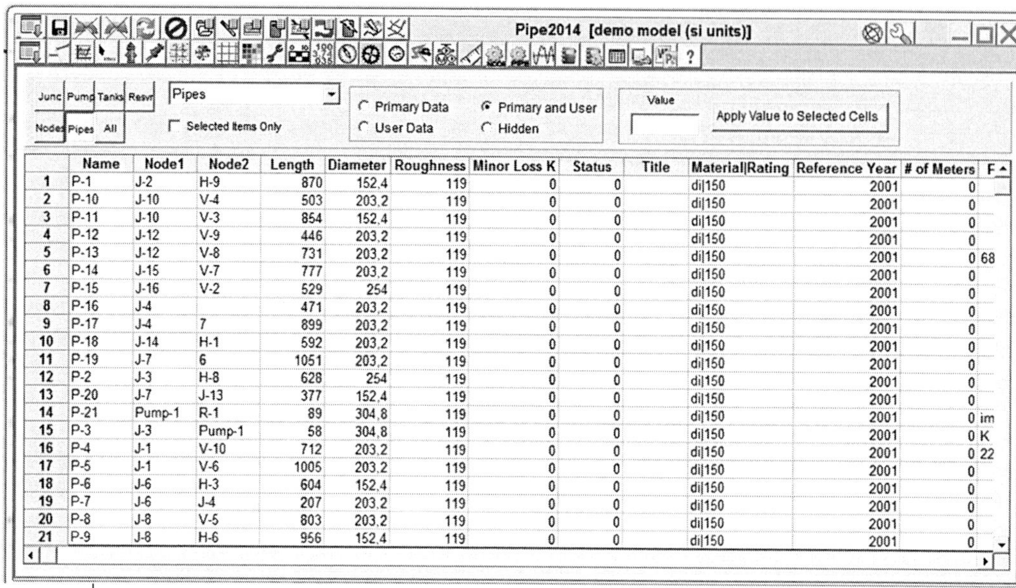

	Name	Node1	Node2	Length	Diameter	Roughness	Minor Loss K	Status	Title	Material|Rating	Reference Year	# of Meters	F
1	P-1	J-2	H-9	870	152,4	119	0	0		di|150	2001	0	
2	P-10	J-10	V-4	503	203,2	119	0	0		di|150	2001	0	
3	P-11	J-10	V-3	854	152,4	119	0	0		di|150	2001	0	
4	P-12	J-12	V-9	446	203,2	119	0	0		di|150	2001	0	
5	P-13	J-12	V-8	731	203,2	119	0	0		di|150	2001	0	68
6	P-14	J-15	V-7	777	203,2	119	0	0		di|150	2001	0	
7	P-15	J-16	V-2	529	254	119	0	0		di|150	2001	0	
8	P-16	J-4		471	203,2	119	0	0		di|150	2001	0	
9	P-17	J-4	7	899	203,2	119	0	0		di|150	2001	0	
10	P-18	J-14	H-1	592	203,2	119	0	0		di|150	2001	0	
11	P-19	J-7	6	1051	203,2	119	0	0		di|150	2001	0	
12	P-2	J-3	H-8	628	254	119	0	0		di|150	2001	0	
13	P-20	J-7	J-13	377	152,4	119	0	0		di|150	2001	0	
14	P-21	Pump-1	R-1	89	304,8	119	0	0		di|150	2001	0	im
15	P-3	J-3	Pump-1	58	304,8	119	0	0		di|150	2001	0	K
16	P-4	J-1	V-10	712	203,2	119	0	0		di|150	2001	0	22
17	P-5	J-1	V-6	1005	203,2	119	0	0		di|150	2001	0	
18	P-6	J-6	H-3	604	152,4	119	0	0		di|150	2001	0	
19	P-7	J-6	J-4	207	203,2	119	0	0		di|150	2001	0	
20	P-8	J-8	V-5	803	203,2	119	0	0		di|150	2001	0	
21	P-9	J-8	H-6	956	152,4	119	0	0		di|150	2001	0	

Tabla 9.7 Despliegue de resultados de PIPE2014. Tomado de http://www.kypipe.com/pipe2014features

La versión más actualizada de KYPIPE (PIPE2014) cuenta con herramientas tales como: un generador de presentaciones para realizar informes con la interfaz cinética, la posibilidad de importar mapas de "Google Maps", así como los datos de elevación, una herramienta para crear escenarios de rompimiento de tuberías, sistemas de coordenadas geográficas y una herramienta mejorada para el cálculo de costes de acuerdo al material, entre otros.

PIPE2014 incluye, también, una interfaz gráfica para la modelación de redes: "PIPE2000 grafical user interface" (GUI). La GUI es compatible con todos los paquetes CAD y con bases de datos y módulos auxiliares de los GIS. Mapas y dibujos en una amplia variedad de formatos se pueden usar como fondos (DWG, SHP, BMP, JPG, PDF, etc.). El *software* incluye KYPIPE2014, SURGE, KYGAS, KYSTEAM y KYFIRE.

En la Tabla 9.8 se resumen las características más importantes de PIPE2014.

Tabla 9.8 Características del programa KYPIPE2014.

KYPIPE2014	
Permite:	• Análisis hidráulico • Calidad de agua • Simulación extendida EPS • Diseño óptimo
Ecuaciones de análisis:	• Hazen-Williams • Darcy-Weisbach
Metodología de solución:	• Método de la Teoría Lineal
Presentación de resultados:	• Por pantalla • En tablas • En gráficas • En archivos de texto • Word • PowerPoint • HTML
Ventajas frente a otros programas:	• Confiabilidad de resultados • Capacidad de modelación y análisis • Generador de presentaciones • Sistema de coordenadas específico (UTM) para mapas de Internet
Desventajas frente a otros programas:	Entrada de datos complicada
Homepage en Internet:	www.kypipe.com

EPANET

EPANET es un programa desarrollado por la Agencia de Protección Ambiental de los Estados Unidos (EPA, Environmental Protection Agency), para el estudio y análisis del comportamiento de las redes hidráulicas a presión. El programa está compuesto por un módulo de análisis hidráulico que permite simular el comportamiento dinámico de una RDAP. Hace posible incorporar a la simulación tuberías, bombas de velocidad fija y velocidad variable, válvulas de estrangulación, VRP y válvulas sostenedoras de presión, tanques de altura piezométrica constante o variable y sistemas de control y operación temporales o según nivel y presión. En la **FIGURA 9.34** se ilustran los diferentes componentes que son admitidos por el programa.

El análisis hidráulico de la red se puede realizar mediante las ecuaciones de Hazen-Williams, Darcy-Weisbach o Chézy-Manning para calcular las pérdidas de altura piezométrica por fricción. EPANET utiliza la metodología del Gradiente para la solución matemática de la red. Además, el programa cuenta con un módulo para el seguimiento de la calidad de agua a través de la red, el cual permite monitorear el aumento o decaimiento de una sustancia (conservativa o no conservativa) a lo largo de la red. EPANET modela las reacciones químicas del agua en el seno del fluido o con el material en las paredes de la tubería y de los tanques. Para ello utiliza reacciones cinéticas de primer orden y requiere las constantes K_b y K_w.

El programa se encuentra escrito en lenguaje C y puede funcionar en entornos MS-DOS, UNIX, Windows XP, Windows 7, 8 o 10. El kit de herramientas del programa es una librería de enlace dinámico (DLL) de funciones que permiten a los desarrolladores personalizar EPANET a sus propias necesidades. Las funciones se pueden incorporar en lenguaje C / C ++, Delphi, Pascal, Visual Basic o cualquier otro lenguaje que pueda llamar a funciones dentro del DLL de Windows. El programa es bastante rápido y confiable; el tamaño de la red solo puede verse limitado por las capacidades de memoria del equipo utilizado. La inserción de datos se hace a través de un archivo *input* de tipo texto con toda la información de entrada. Una vez se realiza la simulación de una red de distribución de agua potable, la ventana típica del programa aparece como la mostrada en la **FIGURA 9.34**.

Una vez se realiza la simulación del comportamiento de la red, el programa EPANET ofrece la posibilidad de visualizar en pantalla los resultados obtenidos. Este sistema presenta dos ventanas principales: un esquema de la red sobre el que codifica, por

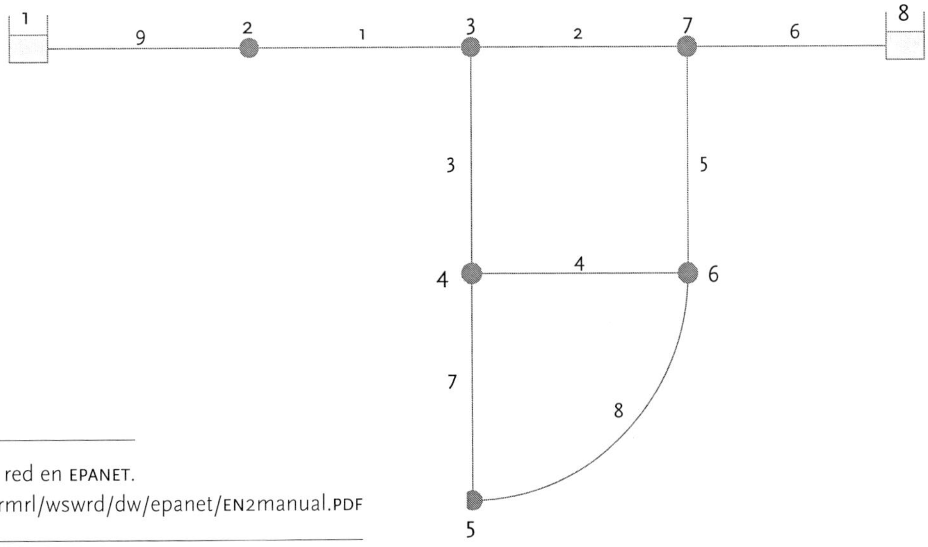

Figura 9.34 Componentes de una red en EPANET.
Tomado de http://www.epa.gov/nrmrl/wswrd/dw/epanet/EN2manual.PDF

colores, los diversos resultados que el usuario desee ver para un instante específico del período de simulación, y una ventana llamada *browser*, en la cual se pueden seleccionar nudos y tuberías con el fin de presentar toda la información disponible. Además, el programa permite generar, con los resultados, algunas tablas y gráficas (FIGURAS 9.35 Y 9.36) que pueden ser impresas directamente o utilizadas en otras aplicaciones, tales como Excel o Word. Los resultados obtenidos con el programa son bastante confiables; la popularidad de EPANET se ha extendido rápidamente por su buen desempeño y por ser de distribución gratuita. Es el programa más utilizado por los investigadores hidráulicos a nivel mundial.

Tabla 9.9 Características del programa EPANET.

EPANET	
Permite:	• Análisis hidráulico • Calidad de agua • Simulación extendida
Ecuaciones de análisis:	• Hazen-Williams • Darcy-Weisbach • Chézy-Manning
Metodología de solución:	• Método del Gradiente
Presentación de resultados:	• Por pantalla • En tablas • En gráficas • En archivos de texto
Ventajas frente a otros programas:	• Facilidad de uso • Distribución gratuita • Excelente presentación de resultados
Desventajas frente a otros programas:	• No diseña • Entrada de datos complicada
Homepage en Internet:	• http://www.epa.gov

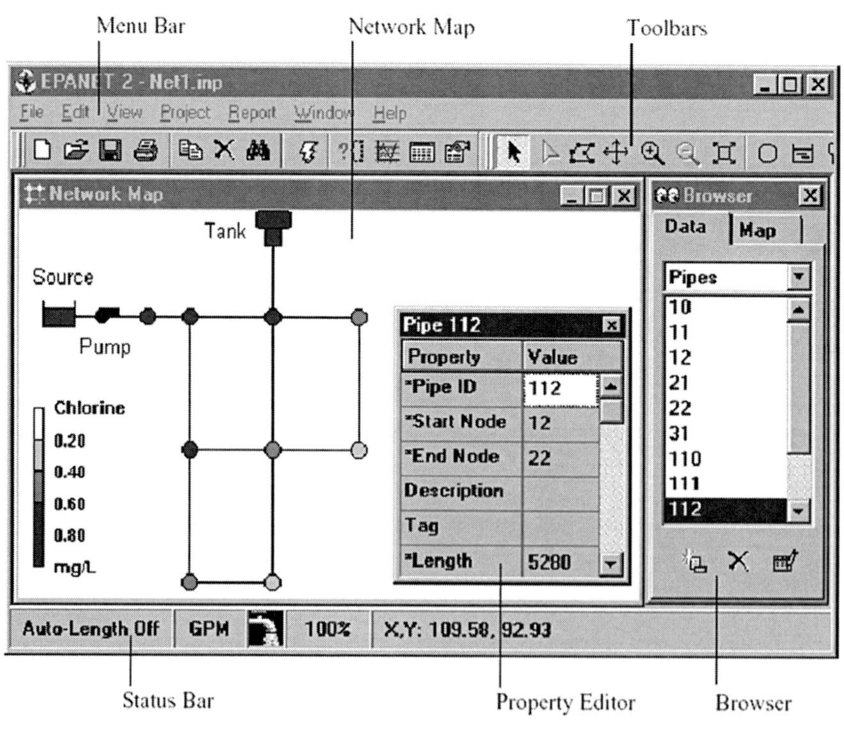

Figura 9.35 Presentación típica del programa EPANET. Tomado de http://www.epa.gov/nrmrl/wswrd/dw/epanet/EN2manual.PDF

GISRED

El software GISRED fue elaborado por el grupo REDHISP del Departamento de Ingeniería Hidráulica de la Universidad Politécnica de Valencia, España. Este es una extensión de ESRI's ArcView GIS 3.x, creado con el objetivo de simplificar los cálculos hidráulicos por medio de la integración de GIS y de un software modelador de hidráulica y, por esta razón, uno de los servicios que ofrece es el de calibración y de manejo de información. El programa funciona basado en una red creada por el usuario, ya sea completamente nueva o existente en un archivo de CAD, un *shapefile* o uno importado desde EPANET. La ventaja de usarlo es que GISRED tiene la capacidad de unir las dos herramientas importantes como lo son los Sistemas de Información Geográfica GIS y la simulación y optimización hidráulica, por lo que este se puede usar cuando se quiera modelar o tomar decisiones sobre una red determinada.

El análisis hidráulico de la red se puede realizar mediante las ecuaciones de Hazen-Williams, Darcy-Weisbach o Chézy-Manning para calcular las pérdidas de altura piezométrica por fricción tal y como lo hace EPANET. Además, tiene la posibilidad de utilizar el módulo de calibración, el cual utiliza Algoritmos Genéticos, pero utilizando las funciones originales de GIS. El algoritmo de uso se muestra en la FIGURA 9.37.

GISRED está capacitado para simular tuberías, bombas de velocidad fija y velocidad variable, válvulas de estrangulación, VRP y válvulas sostenedoras de presión, tanques de altura piezométrica constante o variable y sistemas de control y operación temporales o según nivel y presión. En la FIGURA 9.38 se puede observar la presentación típica de las ventanas de entrada de datos al programa.

Una vez GISRED termina la modelación, los resultados se pueden visualizar a través de gráficas y tablas, que luego pueden ser exportadas a un formato diferente. A continuación se muestra un ejemplo de la presentación de resultados del programa, ya sea en tablas o en gráficas, además de un ejemplo típico de una red simple modelada.

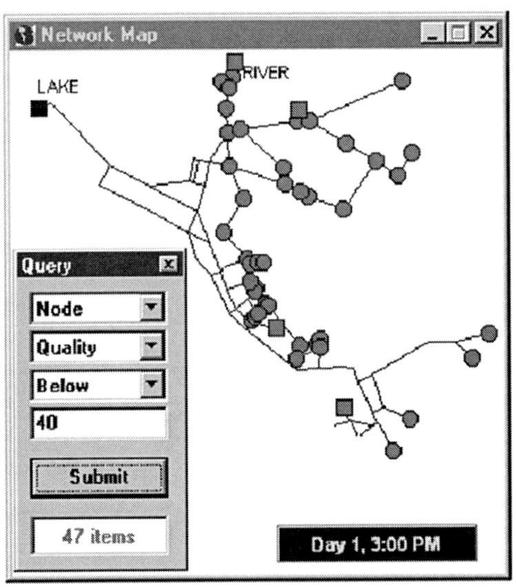

Figura 9.36 Presentación gráfica de los resultados de EPANET.
Tomado de http://www.epa.gov/nrmrl/wswrd/dw/epanet.html#content

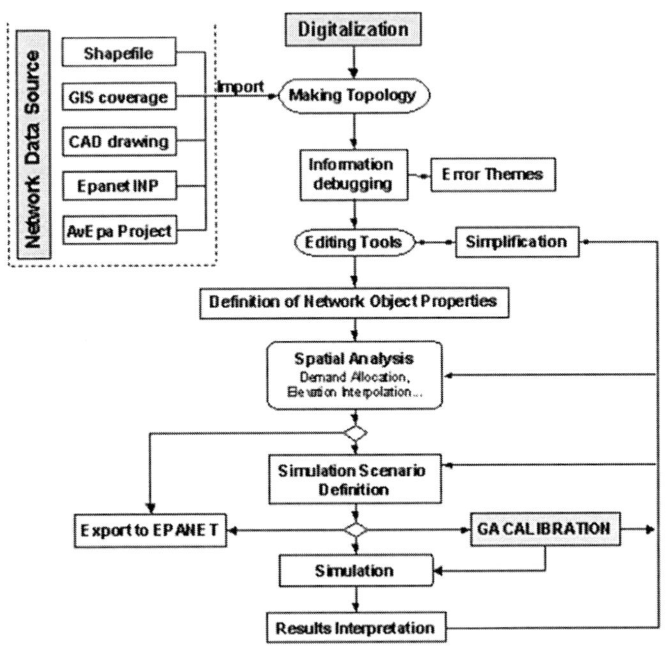

Figura 9.37 Metodología de Calibración en GISRED.
Tomado de http://gis.esri.com/library/userconf/proc03/p0126.pdf

Aunque esta es una de las nuevas herramientas que muchos programas están ofreciendo, GISRED también puede compartir la información obtenida en una modelación a través de Google Earth, como se puede ver en las FIGURAS 9.38-9.41.

Tabla 9.10 Características del programa GISRED.

GISRED	
Permite:	• Análisis hidráulico • Calidad de agua • Simulación extendida
Ecuaciones de análisis:	• Hazen-Williams • Darcy-Weisbach • Chézy-Manning
Metodología de solución:	• Método del Gradiente
Presentación de resultados:	• Por pantalla • En tablas • En gráficas • En archivos de texto
Ventajas frente a otros programas:	• Contraste de resultados con fondos inteligentes • Uso de algoritmos genéticos para calibración • Información por capas • Georreferenciación de fondos, coordenadas UTM • Conexión con BdD externas • Generación de superficies de interpolación
Desventajas frente a otros programas:	• No diseña
Homepage en Internet:	• http://www.redhisp.upv.es/intro.php

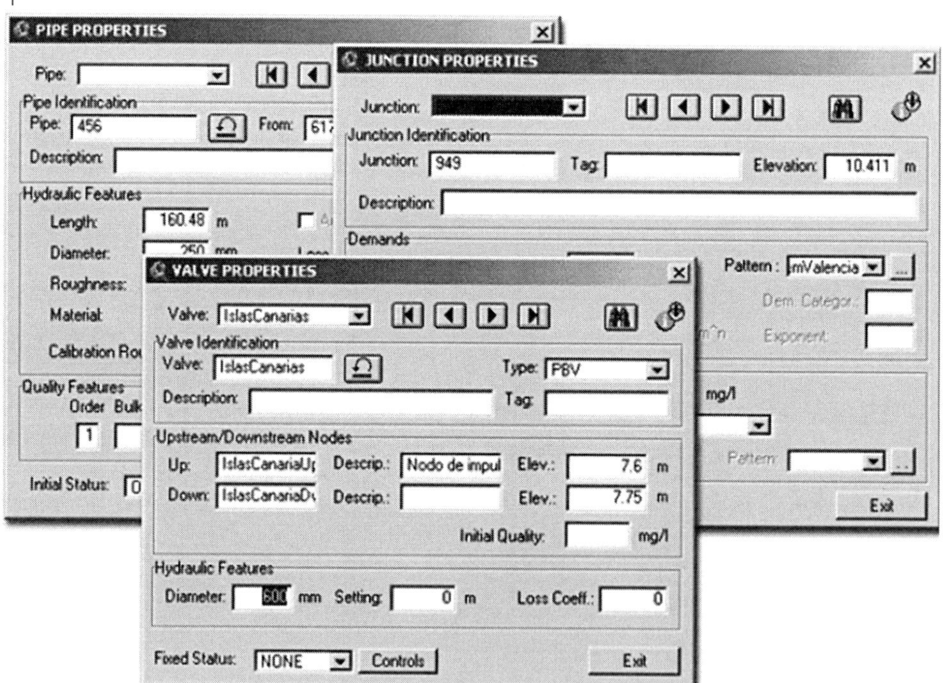

Figura 9.38 Presentación de las ventanas al inicio de GISRED.
Tomado de http://gis.esri.com/library/userconf/proc03/p0126.pdf

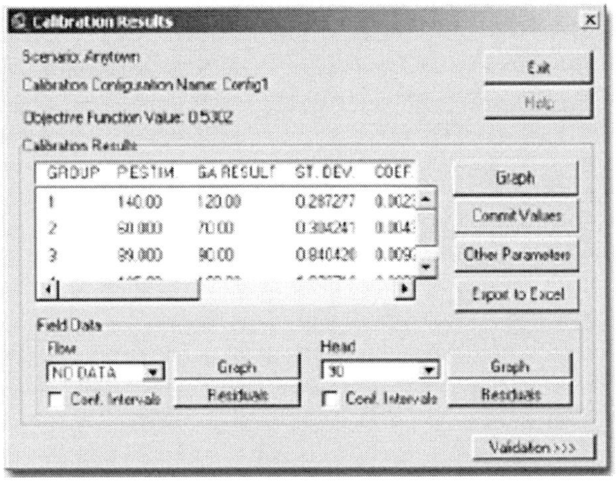

Figura 9.39 Presentación en tablas de los resultados en GISRED. Tomado de http://gis.esri.com/library/userconf/proc03/p0126.pdf

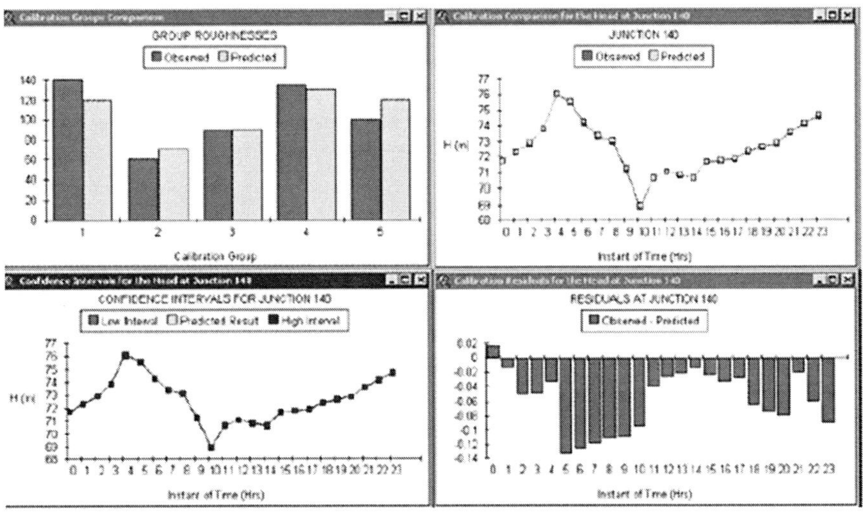

Figura 9.40 Presentación gráfica de los resultados de GISRED. Tomado de http://gis.esri.com/library/userconf/proc03/p0126.pdf

Figura 9.41 Presentación gráfica de los resultados de GISRED en Google Earth. Tomado de: http://gis.esri.com/library/userconf/proc03/p0126.pdf

CONCEPTOS IMPORTANTES

Emisores: accesorios especiales en los nudos de las redes de distribución, los cuales dejan salir caudal en función de la presión inmediatamente aguas arriba de ellos. Su comportamiento matemático está dado por la ecuación:

$$Q = Kh^x$$

donde:

Q = caudal de salida del emisor
K = coeficiente de descarga del emisor
h = altura piezométrica inmediatamente aguas arriba del emisor.
x = exponente del emisor.

Para los orificios rígidos el exponente de esta última ecuación es 0.5, mientras que para los materiales flexibles este puede llegar a tener valores de hasta 3.0. Los emisores se usan para simular fugas en redes, hidrantes, emisores contra incendios y emisores en sistemas de riego localizado de alta frecuencia, entre otros.

Válvulas reductoras de presión: tipo especial de válvulas utilizadas en sistemas de distribución de agua potable para reducir la presión presente en la red. Estas válvulas operan de tal modo que reducen la presión una determinada cantidad, independientemente del caudal que está circulando por estas. Las VRP se utilizan frecuentemente en los programas de sectorización de las redes, es decir, en su división en diferentes circuitos con operaciones hidráulicas independientes.

Calibración de redes de distribución: es el proceso mediante el que se determinan algunas de las características topológicas de una red existente utilizando información hidráulica recolectada en el campo. Las características topológicas que no se calibran son la longitud de cada tubería y las coordenadas de cada nudo, así como los embalses o tanques de alimentación a la red. Las características topológicas que deben determinarse son: diámetros, rugosidades absolutas, coeficientes de pérdidas menores para todos los tubos y coeficiente y exponente de emisores en cada uno de los nudos. Las mediciones de campo requeridas incluyen los caudales de entrada a la red, los caudales de consumo en cada uno de los nudos y las presiones a la entrada y en algunos nudos de la red.

El problema de calibración: el problema de calibración de una RDAP bajo ambiente de fugas, aunque cuenta con las mismas ecuaciones de conservación de masa y energía, tiene más incógnitas:

- NU coeficientes de emisores para simular las fugas
- NU exponentes de emisores para simular las fugas
- NT rugosidades para cada uno de los tubos
- NT coeficientes de pérdidas menores para cada tubo
- NT diámetros de cada tubo
- PRESIONES NO MEDIDAS EN CAMPO: $NU - NMN$
- CAUDALES NO MEDIDOS EN CAMPO: $NT - NMT$

Entonces,

ECUACIÓN 9.15
$$Incógnitas = 2NU + 3NT + (NU - NMN) + (NT - NMT) > Ecuaciones = 2NU + NT$$

por lo que el problema no se puede solucionar.

Diseño optimizado de sistemas de tuberías con emisores: consiste en determinar los diámetros de cada tubería del sistema, de manera que se cumpla con unas presiones mínimas en los nudos y se minimice el coste final del sistema. Al igual que en el caso del diseño de sistemas con demanda independiente de la presión, el número de posibles soluciones es D^T, donde D es el número de diámetros comerciales disponibles y T es el número de tubos. El algoritmo de diseño óptimo de series de tuberías independientes de la presión, basado en PLE, puede ser extendido a series de tuberías con demanda dependiente de la presión mediante un proceso iterativo de suposición de la línea de presiones sobre el sistema y una optimización iterativa del sistema resultante.

PROBLEMAS

Para todos los problemas de este capítulo se puede suponer que los diámetros reales son iguales a los nominales comerciales de las tuberías. La base de diámetros es: 75, 100, 150, 200, 250, 300, 350, 400, 450, 500, 600 y 720 mm. De no especificarse una temperatura diferente para el agua se debe trabajar con 15 °C, temperatura para la cual el agua tiene las siguientes características:

$\rho = 999.1$ kg/m³

$\mu = 1.14 \times 10^{-3}$ Pa.s

$\nu = 1.141 \times 10^{-6}$ m²/s

En aquellos problemas en los que se requiera una optimización de costes, la ecuación de costes de tuberías que debe usarse es la siguiente:

$$C = 0.015 l d^{1.45}$$

donde C es el coste de la tubería en dólares americanos, l es su longitud y d es su diámetro.

9.1. La red mostrada en la FIGURA P9.1 tiene un emisor en el nudo 6 con las siguientes características:

$Q = k_e h^{ne}$

$k_e = 0.5 l/m^{1/2}$

$n_e = 0.45$

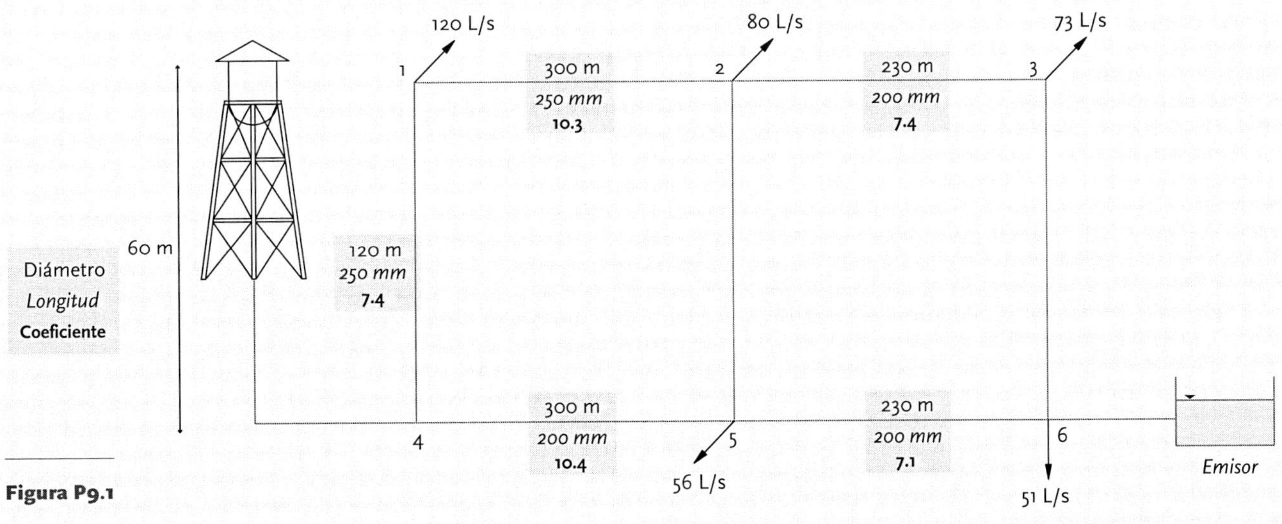

Figura P9.1

Utilice el Método del Gradiente para calcular el caudal que sale por el emisor. Las longitudes, los diámetros y los coeficientes globales de pérdidas menores para cada una de las tuberías son los que aparecen en la figura. Todos los nudos se encuentran en la misma cota. El tanque produce una altura piezométrica de 60 m en el nudo 4.

9.2. Calcular la red de tuberías mostrada en la FIGURA P9.2, la cual forma parte de una red contra incendios en una refinería. Los emisores en los nudos 2, 3, 4, 5 y 6 tienen las siguientes características:

$Q = K_e h^{ne}$

$K_e = 1.0 l/m^{1/2}$

$n_e = 0.37$

Las longitudes, los diámetros y los coeficientes globales de pérdidas menores son los que se indican en la figura. Todos los nudos se encuentran en la misma cota y la bomba produce una altura piezométrica de 17 m en el nudo 1.

9.3. Calcule la red de distribución que se muestra en la FIGURA P9.3, la cual tiene una VPR en la tubería 8 a 150 m desde el nudo 5. La presión aguas abajo de la válvula es de 20 m. Las características de los elementos de la red se muestran en la tabla de datos del problema:

Tabla P9.3

TUBOS					NUDOS				
ID	Diámetro (m)	Longitud (m)	Rugosidad (m)	Coef. P. Menores	ID	X (m)	Y (m)	Z (m)	Q_d (m^3/s)
1	0.2032	200	1.50E-06	0	2	0	200	0	0.02
2	0.2032	300	1.50E-06	0	3	300	0	0	0.015
3	0.1524	300	1.50E-06	0	4	300	200	0	0.015
4	0.1524	300	1.50E-06	0	5	600	0	0	0.03
5	0.2032	200	1.50E-06	0	6	600	200	0	0.02
6	0.1524	300	1.50E-06	0	7	1000	0	0	0.018
7	0.1524	200	1.50E-06	0					
8	0.1016	400	1.50E-06	0					

EMBALSES				
ID	X	Y	Z	LGH (m)
1	0	0	0	38

9.4. Reproduzca la red del Ejemplo 7.1 en el programa REDES y calcule la hidráulica estática. Compare los resultados con los obtenidos en el Capítulo 7.

9.5. Reproduzca la red del Ejemplo 7.1 en el programa EPANET y calcule la hidráulica estática. Compare los resultados con los del problema anterior.

9.6. Reproduzca la red del Ejemplo 7.1 en el programa WaterCAD y calcule la hidráulica estática. Compare los resultados con los obtenidos en los dos problemas anteriores.

9.7. Utilice el programa REDES de la página web del libro para calcular la red de distribución de agua potable mostrada en la FIGURA P9.7. Todas las tuberías son de PVC (k_s = 0.0015 mm). Los diámetros y los coeficientes globales de pérdidas menores son los indicados en la FIGURA P9.7. Todos los nudos se encuentran en la misma cota sobre el terreno.

9.8. Resuelva el Problema 9.7 cambiando el material de las tuberías a hierro galvanizado (k_s = 0.15 mm).

9.9. Resuelva el Problema 9.7 utilizando el programa EPANET. Compare los resultados con los de dicho problema.

9.10. Resuelva el Problema 9.7 utilizando el programa WaterCAD. Compare los resultados con los de dicho problema.

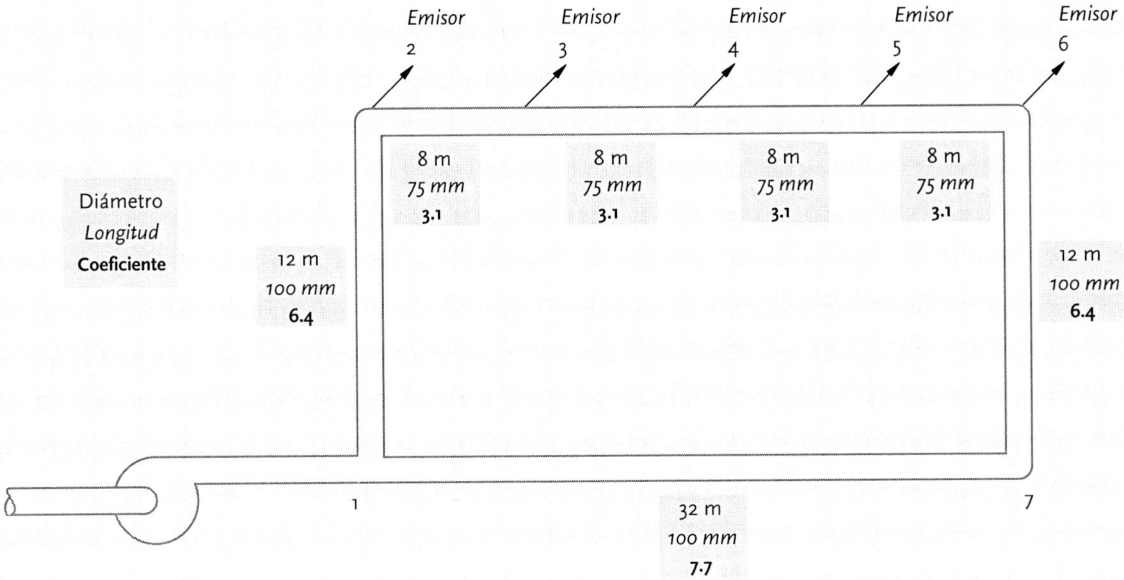

Figura P9.2

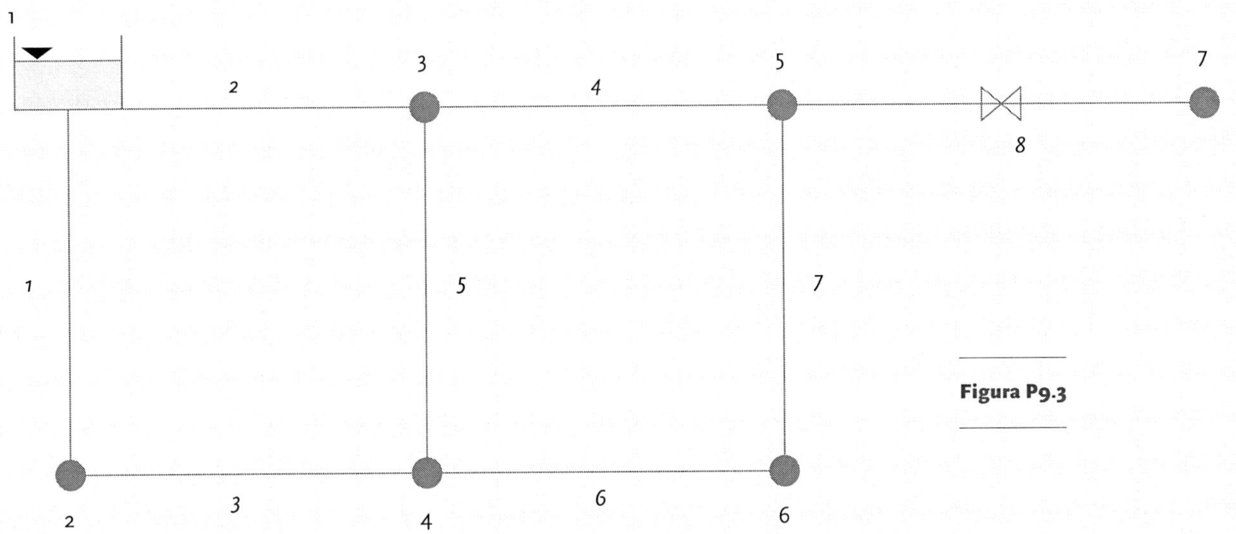

Figura P9.3

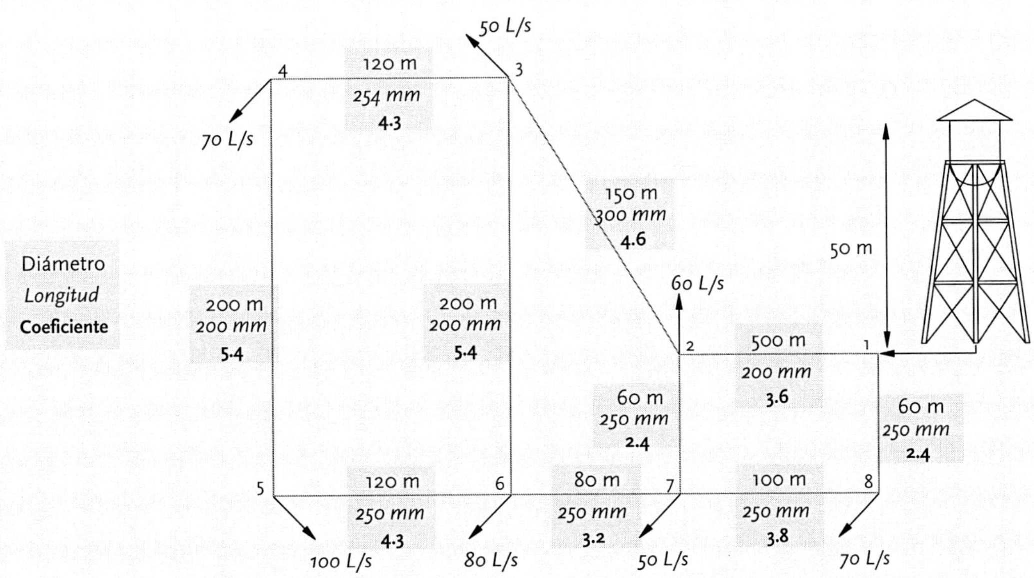

Figura P9.7

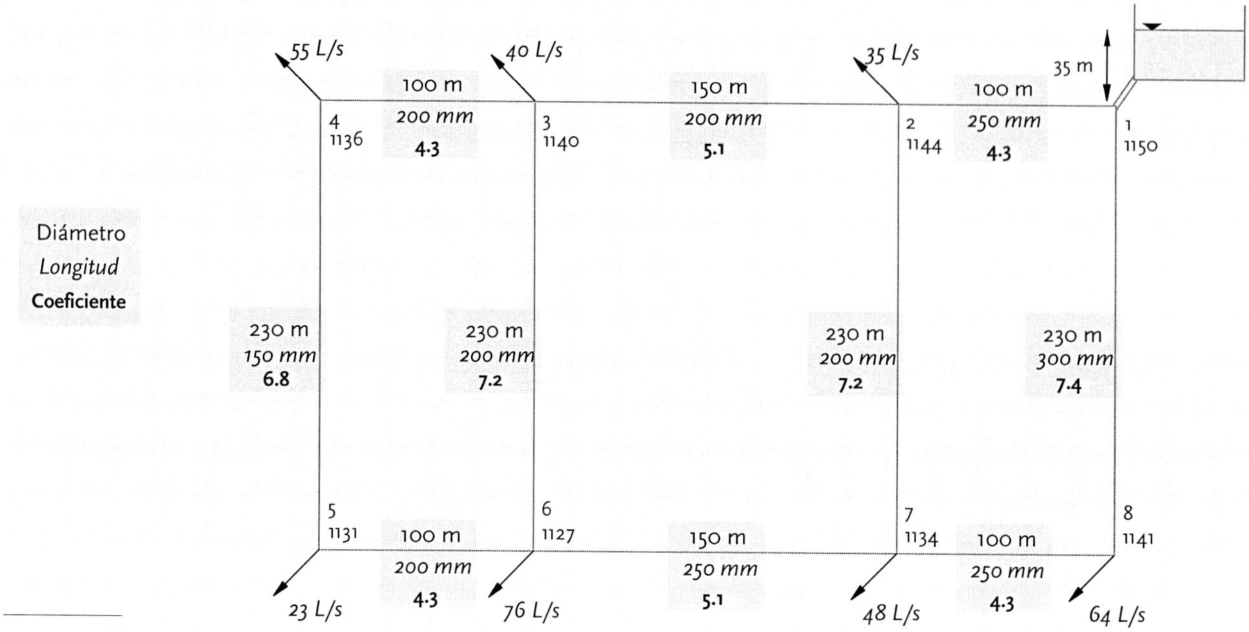

Figura P9.11

9.11. Utilice el programa REDES de la página web del libro para calcular la hidráulica de la red de distribución de agua potable mostrada en la FIGURA P9.11. Todas las tuberías son de PEAD (k_s = 0.002 mm). Los coeficientes de pérdidas menores de cada una de las tuberías son los mostrados en dicha figura. La altura piezométrica mínima permitida es de 15 m y el diámetro mínimo permitido es de 50 mm. Dibuje las alturas piezométricas de todos los nudos con el fin de compararlas con los criterios de Wu, Fujiwara y Featherstone. Todos los nudos se encuentran en la misma cota sobre el terreno.

9.12. Resuelva el Problema 9.11 utilizando asbesto-cemento (AC, k_s = 0.03 mm) como material para todas las tuberías.

9.13. Resuelva el Problema 9.11 utilizando el programa EPANET. Compare los resultados con los de dicho problema.

9.14. Resuelva el Problema 9.11 utilizando el programa WaterCAD. Compare los resultados con los de dicho problema.

9.15. Construya la red mostrada en la FIGURA P9.15, cuyos datos se encuentran en las Tablas P9.15a a P9.15c, utilizando el programa REDES y calcule la hidráulica estática.

Tabla P9.15a Datos del embalse para la red de los Problemas P9.15, P 9.16 y P9.17.

Nudos				
ID	X (m)	Y (m)	Z (m)	Demanda (L/s)
2	50	80	0	60
3	100	150	0	50
4	200	150	0	50
5	300	150	0	50
6	150	80	0	80
7	250	80	0	70
8	350	80	0	40
9	200	0	0	40
10	300	0	0	40

Tabla P9.15b Datos de los nudos para la red de los problemas P9.15, P 9.16 y P9.17.

Embalse				
ID	LGH (m)	X (m)	Y (m)	Z (m)
1	30	80	20	30

Tabla P9.15c Datos de las tuberías para la red de los problemas P9.15, P9.16 y P9.17.

Tuberías				
ID	Nudo Inicial	Nudo Final	Diámetro (mm)	Longitud (m)
1	1	2	350	84
2	2	3	300	86
3	3	4	300	100
4	4	5	250	100
5	2	6	300	100
6	6	7	250	100
7	6	4	250	88
8	7	5	250	88
9	6	9	250	96
10	9	10	250	100
11	10	8	250	96
12	7	10	250	96
13	5	8	250	90

9.16. Reproduzca la red del problema anterior en el programa EPANET y calcule la hidráulica estática. Compare los resultados con los del problema anterior.

9.17. Reproduzca la red del Problema 9.15 en el programa WaterCAD y calcule la hidráulica estática. Compare los resultados con los obtenidos en los dos problemas anteriores.

9.18. Se tienen los siguientes patrones de consumo de agua potable, que afectan al consumo promedio, a lo largo de un período de 24 horas (Tabla P9.18):

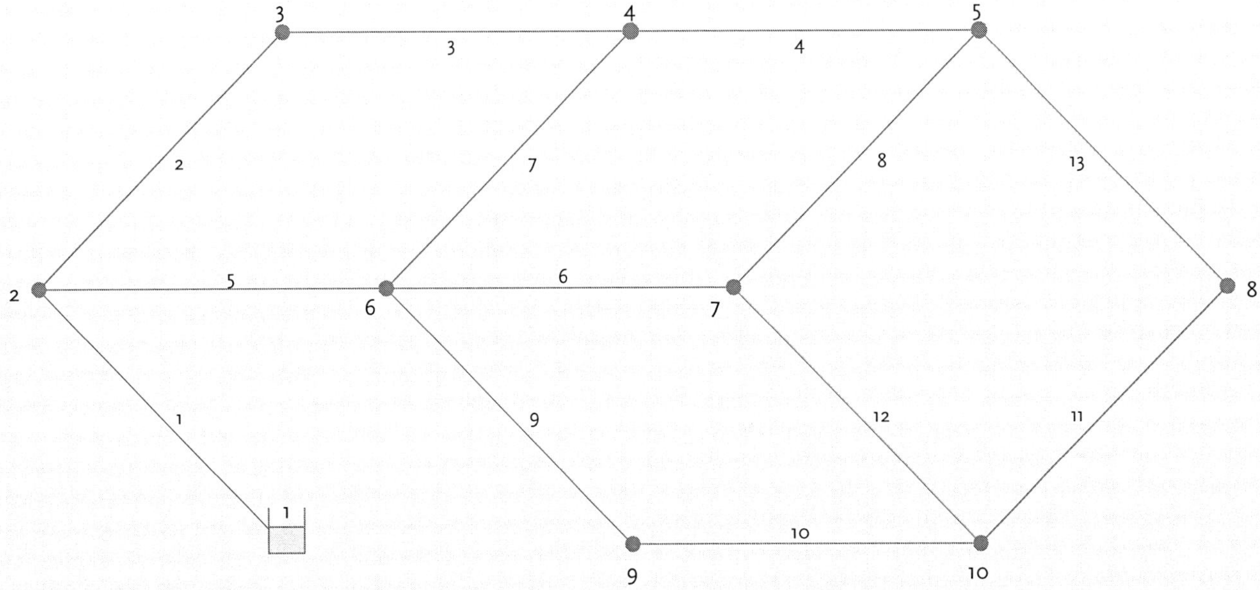

Figura P9.15

Tabla P9.18 Patrones de consumo para el Problema P9.18.

Patrón 1		Patrón 2		Patrón 3	
0:00	0.676	0:00	0.701	0:00	0.996
0:30	0.648	0:30	0.573	0:30	0.986
1:00	0.624	1:00	0.376	1:00	0.965
1:30	0.615	1:30	0.341	1:30	0.934
2:00	0.612	2:00	0.365	2:00	0.904
2:30	0.596	2:30	0.495	2:30	0.857
3:00	0.583	3:00	0.456	3:00	0.808
3:30	0.603	3:30	0.483	3:30	0.814
4:00	0.623	4:00	0.480	4:00	0.816
4:30	0.654	4:30	0.475	4:30	0.811
5:00	0.672	5:00	0.472	5:00	0.765
5:30	0.748	5:30	0.467	5:30	0.791
6:00	0.875	6:00	0.453	6:00	0.809
6:30	1.033	6:30	0.461	6:30	0.812
7:00	1.116	7:00	1.039	7:00	0.817
7:30	1.201	7:30	1.782	7:30	0.892
8:00	1.222	8:00	1.264	8:00	0.946
8:30	1.252	8:30	1.314	8:30	0.949
9:00	1.278	9:00	1.879	9:00	0.947
9:30	1.282	9:30	1.688	9:30	0.975
10:00	1.293	10:00	1.631	10:00	1.030
10:30	1.301	10:30	1.625	10:30	1.047
11:00	1.304	11:00	1.761	11:00	1.078
11:30	1.301	11:30	1.757	11:30	1.096
12:00	1.286	12:00	1.589	12:00	1.092
12:30	1.233	12:30	1.283	12:30	1.091
13:00	1.225	13:00	1.368	13:00	1.084
13:30	1.243	13:30	1.484	13:30	1.093
14:00	1.246	14:00	1.451	14:00	1.084
14:30	1.236	14:30	1.265	14:30	1.081
15:00	1.218	15:00	1.320	15:00	1.078
15:30	1.198	15:30	1.070	15:30	1.081
16:00	1.189	16:00	1.326	16:00	1.098
16:30	1.163	16:30	1.039	16:30	1.084
17:00	1.153	17:00	1.231	17:00	1.100
17:30	1.136	17:30	0.899	17:30	1.098
18:00	1.132	18:00	1.144	18:00	1.095
18:30	1.088	18:30	0.854	18:30	1.099
19:00	1.042	19:00	0.859	19:00	1.099
19:30	1.024	19:30	0.855	19:30	1.097
20:00	1.001	20:00	0.867	20:00	1.095
20:30	0.971	20:30	0.868	20:30	1.097
21:00	0.943	21:00	0.871	21:00	1.093
21:30	0.919	21:30	0.872	21:30	1.093
22:00	0.887	22:00	0.865	22:00	1.090
22:30	0.842	22:30	0.869	22:30	1.072
23:00	0.782	23:00	0.874	23:00	1.062
23:30	0.734	23:30	0.867	23:30	1.053

Construya la red del Problema 9.15 en el programa REDES. Asigne el Patrón 1 a los nudos 2, 3, 4, 5, 8, 9 y 10, el Patrón 2 al nudo 6 y el Patrón 3 al nudo 7 y calcule la hidráulica en período extendido para 23:59 horas con un intervalo de 30 minutos. Revise los resultados por hora y por elemento.

9.19. Construya la red del Problema 9.18 (con los mismos patrones de consumo) en el programa EPANET y calcule la hidráulica de período extendido. Compare los resultados.

9.20. Construya la red del Problema 9.18 (con los mismos patrones de consumo) en el programa WaterCAD y calcule la hidráulica del período extendido. Compare los resultados.

9.21. Calcule el coste de la red del Problema 9.15 con la función de costes especificada en el programa REDES. Diseñe la red por Algoritmos Genéticos utilizando los parámetros del algoritmo que aparecen por defecto, los diámetros comerciales de la Tabla P9.21 y una presión mínima de 10 m. Calcule el coste nuevamente y compare.

Tabla P9.21 Diámetros comerciales para el Problema P9.21

50 mm	200 mm	400 mm	750 mm	1200 mm
75 mm	250 mm	450 mm	900 mm	1500 mm
100 mm	300 mm	500 mm	1000 mm	1800 mm
150 mm	350 mm	600 mm	1050 mm	

9.22. Diseñe nuevamente la red resultante del problema anterior utilizando Algoritmos Genéticos con los parámetros por defecto del programa REDES, pero indique que la generación inicial esté basada en la red actual. Calcule el coste y compare los resultados con los del Problema 9.21.

9.23. Repita el Problema 9.21 utilizando los siguientes coeficientes en la función de costes: $K = 0.008$ y $x = 1.64$.

9.24. Diseñe la red del Problema 9.15 utilizando Superficie Óptima de Presiones con una curva cuadrática con flecha de 0.15, los coeficientes de la función de costes que aparecen por defecto y una presión mínima de 10 m en el programa REDES. Visualice la superficie de presión y calcule el coste antes y después de diseñar y compare.

9.25. Diseñe la red del Problema 9.15 utilizando Superficie Óptima de Presiones con una curva cuadrática con flechas de 0.08 y 0.26, los coeficientes de la función de costes que aparecen por defecto y una presión mínima de 10 m en el programa REDES. Compare los costes y presiones obtenidos con cada flecha con los del problema anterior.

9.26. Diseñe la red del Problema 9.15 utilizando Superficie Óptima de Presiones con curva catenaria, los coeficientes de la función de costes que aparecen por defecto y una presión mínima de 10 m en el programa REDES. Compare los costes y presiones obtenidos con los del Problema 9.25.

9.27. Diseñe la red del Problema 9.15 utilizando Superficie Óptima de Presiones con curva de elipse, los coeficientes de la función de costes que aparecen por defecto y una presión mínima de 10 m en el programa REDES. Compare los costes y presiones obtenidos con los de los Problemas 9.25 y 9.26.

9.28. Diseñe la red del Problema 9.15 utilizando Superficie Óptima de Presiones con curva gaussiana, los coeficientes de la función de costes que aparecen por defecto y una presión mínima de 10 m en el programa *REDES*. Compare los costes y presiones obtenidos con los de los Problemas 9.25, 9.26 y 9.27.

9.29. Diseñe la red del Problema 9.15 utilizando Superficie Óptima de Presiones con curva lineal, los coeficientes de la función de costes que aparecen por defecto y una presión mínima de 10 m en el programa *REDES*. Compare los costes y presiones obtenidos con los de los Problemas 9.25, 9.26, 9.27 y 9.28.

9.30. Construya la red mostrada en la **FIGURA P9.30** en el programa REDES. Calcule la hidráulica estática, el coste y visualice la superficie de presión en dicho programa. Los demás datos del problema se muestran en las Tablas P9.30a, P9.30b y P9.30c.

Tabla P9.30a Datos del embalse para el Problema P9.30.

Embalse				
Id	X (m)	Y (m)	Z (m)	LGH (m)
1	200	200	2680	2680

Tabla P9.30b Datos de los nudos para el Problema P9.30.

Nudos				
Id	X (m)	Y (m)	Z (m)	Demanda (L/s)
2	0	200	2642	60
3	100	200	2656	90
4	300	200	2655	90
5	400	200	2660	75
6	0	100	2638	75
7	100	100	2656	100
8	200	100	2658	90
9	300	100	2660	100
10	400	100	2670	90
11	0	0	2634	75
12	100	0	2640	90
13	300	0	2651	75
14	400	0	2657	60

Tabla P9.30c Datos de las tuberías para el Problema P9.30.

Tuberías				
Id	Diámetro (mm)	Longitud (m)	Rugosidad (mm)	Coeficiente de Pérdidas Menores
1	300	100	0.0015	0.8
2	300	100	0.0015	1.6
3	400	100	0.0015	1.6
4	200	100	0.0015	1.6
5	200	100	0.0015	1.6
6	400	100	0.0015	1.6
7	250	100	0.0015	1.6
8	200	100	0.0015	1.6
9	300	100	0.0015	1.6
10	250	100	0.0015	1.6
11	250	100	0.0015	1.6
12	200	100	0.0015	1.6
13	300	100	0.0015	1.6
14	300	100	0.0015	1.6
15	200	100	0.0015	1.6
16	200	100	0.0015	0.8
17	200	100	0.0015	1.6
18	200	200	0.0015	1.9

9.31. Construya la red del Problema 9.30 en el programa REDES y asigne el Patrón 1 de la Tabla P9.18 a los nudos 13, 23 y 27. Calcule la hidráulica en el período extendido para 23 horas 59 minutos, cada 30 minutos.

9.32. Diseñe la red del Problema 9.30 en el programa REDES utilizando los Algoritmos Genéticos con los parámetros por defecto. Compare la superficie de presiones y el coste antes de diseñar y con la red diseñada.

9.33. Diseñe la red resultante del Problema 9.32 en el programa REDES, utilizando los Algoritmos Genéticos con los parámetros por defecto, pero con la generación inicial

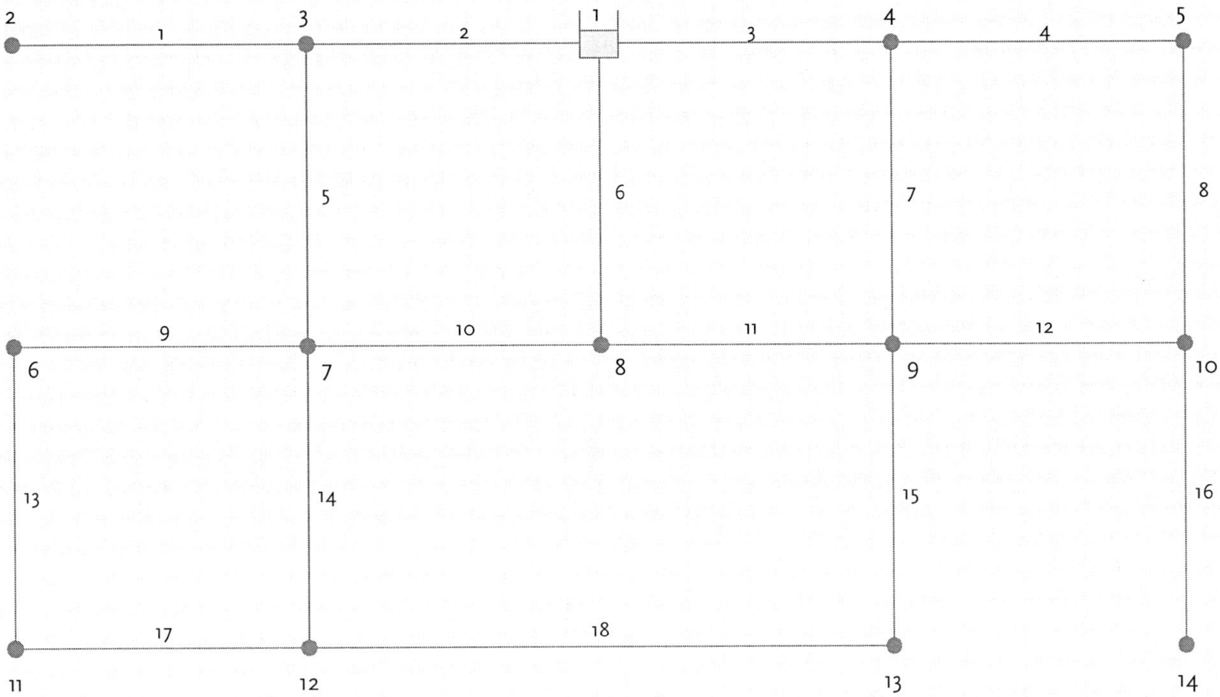

Figura P9.30

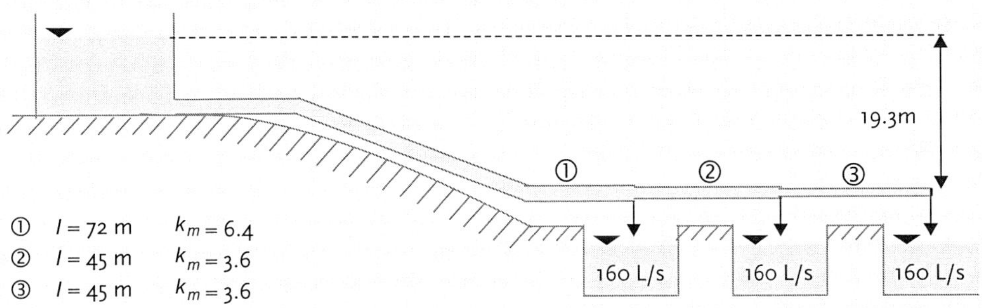

Figura P9.34

basada en la red actual. Compare la superficie de las presiones y el coste antes de diseñar y con la red diseñada.

9.34. En una planta de tratamiento de agua potable es necesario repartir el agua cruda a tres tanques floculadores, tal como se muestra en la FIGURA P9.34. Calcule el diámetro de cada una de las tres tuberías si su material es hierro galvanizado haciendo uso de la metodología de PLE.

9.35. Resuelva el Problema 9.34 suponiendo que la demanda en los nudos ya no es independiente de la presión y por lo tanto está controlada por un emisor con $k = 5.0$ L/s/m^n y un coeficiente $n = 0.5$. Suponga una presión mínima de $p = 0$.

9.36. Diseñe el sistema del Ejemplo 9.4 suponiendo que los emisores tienen $k = 9.0$ L/s/m^n y un $n = 0.6$.

9.37. Diseñe el sistema del Ejemplo 9.4 suponiendo que los emisores tienen $k = 3.0$ L/s/m^n y un $n = 0.9$ y que la presión mínima en cada emisor debe ser 20 m.

9.38. Se requiere diseñar el sistema contra incendios de una bodega. Este sistema está compuesto por tuberías en serie, tal como se muestra en la FIGURA P9.38. El rociador

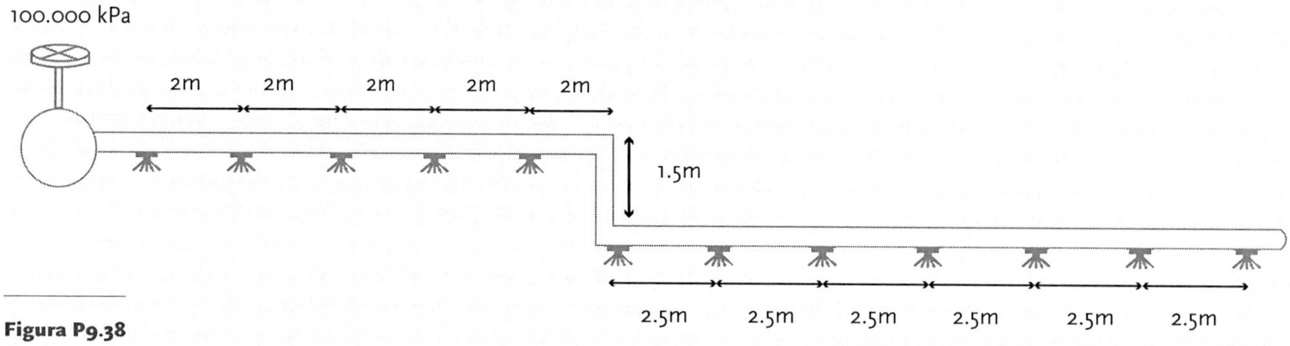

Figura P9.38

al final de cada tubería se puede modelar como un emisor con $k = 10$ L/s/m^n y un coeficiente $n = 0.72$. Calcule el diámetro de cada una de las doce tuberías que minimizan el coste del sistema y aseguran que ningún rociador operará con una presión inferior a 3 m. Cada tubería tiene un coeficiente de pérdidas menores de 1.5, el material es acero ($k_s = 0.15$ mm) y los diámetros disponibles son 12, 18, 25, 35, 5, 67 y 80 mm.

9.39. Diseñe la ruta crítica de un sistema de riego localizado como el mostrado en la FIGURA P9.39 para que no se presente una presión inferior a 10 m. Suponga que no hay coeficientes de pérdidas menores. En la figura se muestran las longitudes de las tuberías (entre rectángulos) y las cotas del terreno, todas en m. El caudal base es de 1.5 L/s en cada nudo. Suponga que los coeficientes de pérdidas menores son despreciables y que el material de todas las tuberías es de PVC (k_s= 0.0000015 m)

Tabla P9.39
Datos para el Problema P9.39.

Nudos			
ID	Cota (m)	Id	Cota (m)
Embalse	35	8	2.4
1	15.3	9	0.5
2	11.4	10	6.2
3	18.3	11	9.5
4	9.7	12	3.5
5	16.5	13	2.7
6	10.3	14	4.2
7	11.6	15	1.9

Tuberías			
ID	Longitud (m)	ID	Longitud (m)
1	275	9	125
2	130	10	75
3	180	11	100
4	115	12	230
5	200	13	70
6	150	14	250
7	75	15	150
8	175		

9.40. Diseñe la ruta crítica de un sistema de riego localizado como el mostrado en la FIGURA P9.39 para que no se presente una presión inferior a 10 m, si todos los nudos tienen emisores con $k = 0.3$ L/s/m^n y $n = 0,6$. Suponga que los coeficientes de pérdidas menores son despreciables y que el material de todas las tuberías es de PVC ($k_s = 0.0000015$).

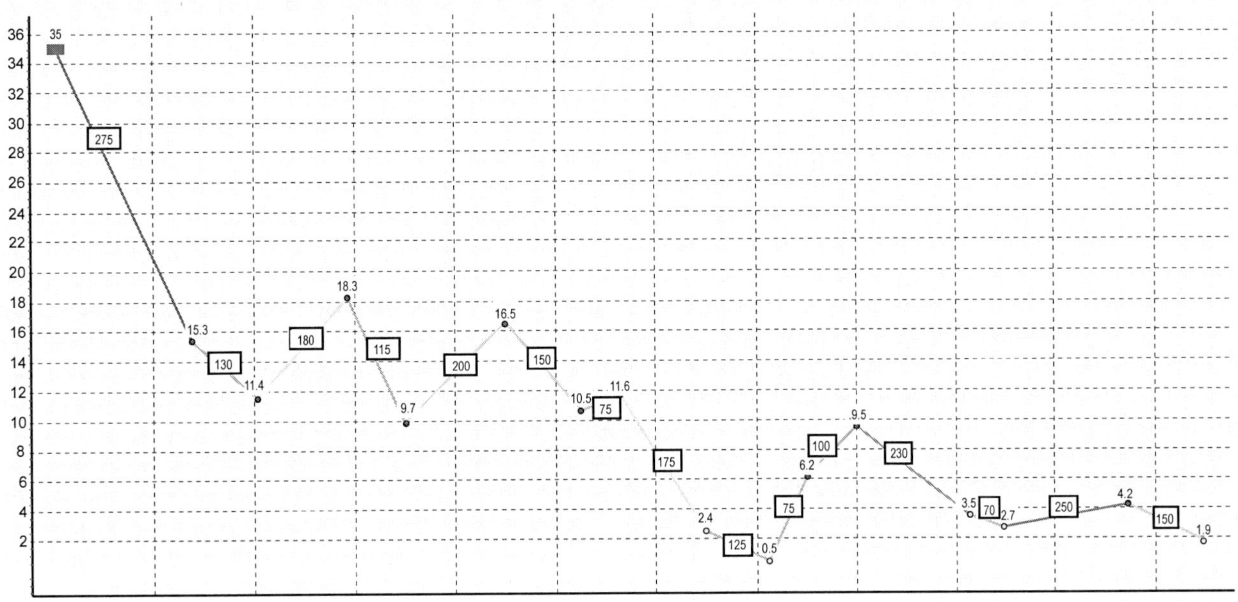

Figura P9.39

BIBLIOGRAFÍA

Alperovits, E. y Shamir, U. "Design of optimal water distribution systems", *Water Res. Research*, Vol 13, N.° 6, 1977.

Cornish, R.J. *The analysis of flow in networks of pipes*, J. Inst C.E, 13(1930-40), 147.

Cross, H. (1936). "Analysis of flow in networks of conduits or conductors", Engineering Experiment Station, *University of Illions Bulletin* N.° 286.

Featherstone, Ronald D. "Computacional Methods in the Analysis and Design of Closed Conduit Hydraulic Systems", Chapter 3 in *Developments in Hydraulic Engineering*-1, edited by Paul Novak, Applied Science Publisher, London, 1983.

Featherstone, Ronald E., Kariim K. Al-Jumaily. "Optimal Diameter Selection for Pipe Networks", *Journal of Hydraulic Engineering*, Vol. 119, N.° 2, February, 1993.

Fox, Robert W. and Alan T. McDonald, *Introduction to Fluid Mechanics*, fourth edition, McGraw-Hill, New York, 19 92.

Fujiwara, Okitsugu. "Modified Linear Programming Gradient Method for Optimal Design Looped Water Distribution Networks", *Water Resources Research*, Vol. 23, N.° 6, 1987a.

Fujiwara, Okitsugu y Debashis, Dey. "Two Adjacent Pipe Diameters at the Optimal Solution in the Water Distribution Network Models", *Water Resources Reserach*, Vol. 23, N.° 8, August, 1987b.

Fujiwara, Okitsugu y Hoang Duong Tung. "Reliability Improvement for Water Distribution Networks Through Increasing Pipe Size", *Water Resources Research*, Vol. 27, N.° 7, July, 1991.

Fujiwara, O. y Khang D.B. "A two-phase decomposition method for optimal design of looped water distribution networks", *Water Resources Research*, Vol 26, N.° 4, 1990.

Gessler, J. "Pipe network optimization by enumeration" Proceedings of the conference on computer applications in water resources/Water Resources Research, Vol 23, N.° 7, 1985.

Gerhart, Philip M., Richard J. Gross and John I. Hochstein. *Fundamentals of Fluid Mechanics*, sixth edition, Wiley, New York, 1982.

Hirrel, Timothy D., "Authomatic Water Comsumption Data Manipulation", *Journal of the American Water Works Association*, volume 78, number 8, 1986.

Huntington, R. "Resurrection of Water Supply Distribution; New Life for a Faithful Servant", *Journal of the Institution of Water Engineers and Scientists*, number 33, November, 1979.

Jepson, R. W. *Analysis of Flows in Pipe Networks*, Ann Arbor Science Publishers, Ann Arbor, Michigan, 1976.

Jepson R. W., *Analysis of Flows in Pipe Networks*, Ann Arbor Science Publishers, Ann Arbor, Michigan, 1976.

Lamalingam, D., Lingireddy, S. and Ormsbee, L. E. "History of Water Distribution Network Analysis: Over 100 Years of Progress", *Environmental and Water Resources History*. Edited by Rogers R. Jerry, Friedrich Augustine J. ASCE, United States, 2003.

Metzner, Rudolf C., "Demand Forecasting: A Model for San Francisco", *Journal of the American Water Works Association*, volume 81, number 2, 1989.

Moot, Robert L., *Applied Fluid Mechanics*, fourth edition, Merril Eds., New York, 1994.

Ormsbee, Lindell E., and Don J. Wook, "Hydraulic Design Algorithms for Pipe Networks", *Journal of Hydraulic Engineering*, Vol. 112, N.° 12, December, 1986.

Orth, Hermann M. *Model Based Design of Water Distribution and Sewage Systems*, John Wiley and Sons, New York, 1986.

Páez, D., Hernández, H. & Saldarriaga, J. "Optimal design of pipes in series with pressure driven demands", Proceedings from XV Water Distribution Systems Analysis – EWRI – American Society of Civil Engineers ASCE – Cincinnati, 2013.

Pudar, Ranko S. and James A. Liggett, "Leaks in Pipe Networks", *Journal of Hydraulic Engineering*, ASCE, volume 118, number 7, July, 1992.

Ramalingam, D. Lingireddy, S. & Ormsbee, E. *History of Water Distribution Network Analysis: Over 100 Years of Progress*. Environmental and Water Resources History. Edited by Rogers R. Jerry, Friedrich Augustine J. ASCE. United States, 2003.

Robertson, John A. and Clayton T. Crowe. *Engineering Fluid Mechanics*, third edition, Hooughton-Mifflin, Boston, 1985.

Saldarriaga, Juan G. y Andrés Salazar, "Algoritmo y programación para detección de fugas en redes de acueducto", XVII Congreso Latinoamericano de Hidráulica, Guayaquil, Ecuador, octubre de 1996.

Saldarriaga, J., Páez, D., Cuero, P. Y. Leon, N., "Optimal design of water distribution networks using mock open tree topology", Proceedings from XV Water Distribution Systems Analysis – EWRI – American Society of Civil Engineers ASCE – Cincinnati, 2013.

Salgado, R., E. Todini, P. E. O'Connell. "Extending the Gradient Method to Include Pressure Regulating Valves in Pipe Networks", International Conference on Computer Applications for Water Supply and Distribution 1987, Leicester Pollytechnic, U.K., 8-10, September, 1987.

Sisa Camargo, Augusto (2003). "Análisis de parámetros para la calibración de redes de tuberías con Algoritmos Genéticos", tesis de maestría no publicada, Universidad de los Andes, Bogotá.

Wu I-Pai, "Design of Drip Irrigation Main Lines", en *Journal of the Irrigation and Drainage Division*, ASCE, volumen 101, número IR4, diciembre, 1975.

Yang K. P., T. Liang e I. Wu. "Design of Conduit System with Diverging Branches", en *Journal of the Hydraulics Division*, ASCE, volumen 101, número HY1, enero, 1975.

Yates, D.F., et Al. "The computational complexity of the problem of determining least capital cost designs for water supply networks", Engineering Optimization, 7(2), 1984.

10

Sistemas de riego localizado de alta frecuencia (RLAF)

Objetivos

- Describir un sistema de RLAF y sus componentes.
- Describir los emisores finales y su clasificación de acuerdo con el tipo específico de sistema de riego y de los caudales que manejan.
- Describir el comportamiento hidráulico de los emisores a través de la ecuación que relaciona caudal con presión.
- Introducir el concepto de uniformidad del riego y explicar su proceso de cálculo.
- Introducir los conceptos de tolerancia de caudales y tolerancia de presiones en un submódulo de riego.
- Presentar los métodos de diseño de módulos de riego, incluyendo el basado en la PLE.
- Presentar los métodos de diseño de las tuberías principales y secundarias y las bombas en los sistemas de RLAF.

10.1 INTRODUCCIÓN

El presente capítulo está dedicado al estudio de otro tipo de redes abiertas frecuentemente utilizadas para los sistemas convencionales y sistemas modernos de riego que incluyen los riegos localizados de alta frecuencia (RLAF). Para los sistemas de riego se prefieren redes abiertas debido a que solo durante parte del tiempo los sistemas se encuentran operando y, por consiguiente, no existe la necesidad de tener circuitos para garantizar un uso permanente del agua. Los problemas que requieran mantenimiento o reparación de las tuberías se pueden hacer en los momentos en que las plantas no estén necesitando riego. Sin embargo, con el fin de unificar las presiones en toda el área del cultivo, en general las redes principales se pueden diseñar de tal manera que conformen circuitos.

El uso de los ordenadores ha cambiado el diseño tradicional de los sistemas de riego localizado de alta frecuencia. Esta herramienta permite que cada planta o árbol del cultivo pueda tratarse como un usuario independiente, de forma similar a cada usuario de un sistema de abastecimiento de agua potable. Es posible conocer la presión y el caudal en cada uno de los árboles del cultivo. Incluso, el sistema puede ser diseñado para variar tanto la presión como el caudal, dependiendo de cada una de las etapas de crecimiento de las plantas.

Usualmente, el tema de las redes de riego, en general, y de los riegos localizados de alta frecuencia, en particular, ha sido ajeno a los ingenieros hidráulicos. Tradicionalmente, este ha sido desarrollado por los ingenieros agrónomos, pero teniendo en cuenta la gran similitud entre los modernos sistemas de riego y los sistemas de abastecimiento de agua potable, se incluye este tema en el texto. En este sentido, a diferencia de lo que se hizo para el caso de las redes de abastecimiento de agua, se hace una descripción detallada de un sistema de riego localizado de alta frecuencia y de sus emisores finales antes de iniciar los pasos necesarios para llevar a cabo el diseño hidráulico de uno de estos sistemas. La descripción se basa principalmente en las referencias correspondientes a Pizarro (1996), Rodríguez (1982) y Goldemberg et al. (1976).

El capítulo se encuentra dividido de la siguiente manera: en primer lugar se estudian los elementos que conforman una instalación de RLAF y luego se examina el esquema típico de uno de estos sistemas. Posteriormente se introduce el tema de los emisores finales y a continuación una clasificación de estos. Uno de los aspectos más importantes en un buen diseño de un RLAF es el de la uniformidad del riego en todo el cultivo. Por consiguiente, este es uno de los temas descritos en los subtítulos siguientes.

El tratamiento matemático de estos emisores es igual al de los emisores en RDAPS tratados en el capítulo anterior.

Una vez se ha terminado la descripción detallada de un sistema de riego localizado de alta frecuencia, se introduce el tema de su diseño hidráulico. Como podrá verse, el diseño hidráulico está basado en los algoritmos desarrollados en el Capítulo 2 del presente texto y muestra una considerable similitud con los temas de tubos en serie y de sistemas abiertos de tuberías para el abastecimiento de agua abordados en los Capítulos 5 y 6, respectivamente. Por último, se hace una introducción al programa RIEGOS, desarrollado en la Universidad de los Andes, para el diseño de sistemas de RLAF. En la página web del libro se encuentra una versión académica de este programa.

10.2 DESCRIPCIÓN DE UN RLAF

Tal como su nombre lo indica, un RLAF se caracteriza por dos hechos fundamentales: la localización del riego y su alta frecuencia.

La localización obedece al hecho de que solo se humedece parte del volumen del suelo del cultivo en la zona de las raíces de las plantas, de tal manera que estas obtengan el agua y los nutrientes necesarios para el crecimiento y la producción. El suelo que permanece seco no se aprovecha, debido principalmente a la competencia por la luz y el espacio, que son característicos de las labores de cultivo y no depende del número de puntos de riego.

Esta localización del riego tiene efectos sobre la evaporación y la transpiración de la planta, la distribución de las raíces, la distribución espacial de las sales, etc. En consecuencia, la localización del riego obliga a que sea necesario aplicarlo con una alta frecuencia. Esta necesidad se debe al hecho de que el volumen de suelo humedecido es reducido y, por tanto, se tiene una baja capacidad de almacenamiento, siendo entonces preciso aplicar dosis pequeñas de riego. Por consiguiente, para satisfacer las necesidades del cultivo, las dosis se deben aplicar con una frecuencia relativamente alta.

A su vez, la alta frecuencia del riego tiene consecuencias importantes sobre el régimen de humedad en el suelo alrededor de las raíces de las plantas. Es evidente que en un RLAF el suelo se mantiene húmedo una mayor cantidad de tiempo en comparación con un riego convencional, lo cual afecta la absorción de agua por parte de la planta, la concentración de las sales en el suelo humedecido y la aireación en la zona radicular de la planta.

Teniendo en cuenta lo anterior, el objetivo primordial de un RLAF es lograr riegos con una alta eficiencia, lo cual significa que el área humedecida por el sistema de riego se limita únicamente a la zona radicular de la planta con el fin de conseguir un ahorro importante en el agua. El número de puntos de riego y el caudal de cada uno de estos puntos dependerá, así, de las características físicas del suelo y del tamaño de la zona radicular de la planta.

Para el caso de los emisores finales en los sistemas de riego, las unidades usadas para describir los caudales son L/h, debido a que son caudales mucho más bajos que en otros sistemas

Los RLAF se clasifican dependiendo del caudal, tal como se muestra en la siguiente tabla:

Tabla 10.1 Clasificación de los sistemas de riego localizado de alta frecuencia en función del caudal.

Alto Caudal (16 - 150 L/h)	Microaspersión Difusión
Bajo Caudal (hasta 16 L/h)	Goteo Goteo autocompensante

Como se puede ver, el caudal límite entre los tipos de riego (emisores) es de 16 L/h, cantidad aceptada como valor convencional que separa los tipos de sistemas de riego y, en la actualidad, adoptada por las normas ISO. Los RLAF de alto caudal se caracterizan por atomizar el agua, la cual se distribuye a través del aire. Tal como se verá más adelante, sus presiones de trabajo son del orden de 100 kPa (alrededor de 10 m). Los emisores de alto caudal se clasifican en:

Microaspersión: tipo de RLAF que tiene algún elemento giratorio en los emisores finales.

Difusión: tipo de RLAF cuyos emisores finales llevan una tobera no giratoria que atomiza y distribuye el caudal de riego.

Si los caudales son superiores a 150 L/h, a veces se utiliza el término miniaspersión. Las instalaciones de riego localizado de alto caudal son obviamente las más costosas, dado que por lo menos las tuberías que llevan a los emisores finales, las cuales representan muchos metros por hectárea, requieren un mayor diámetro.

Los RLAF de bajo caudal incluyen los sistemas de goteo, los cuales reciben diferentes nombres: goteo, goteo autocompensante[1], mangueras exudantes, microtubos y sistemas de exudación.

1 También llamado autocompensado.

En los epígrafes siguientes se hace una descripción detallada de los RLAF tanto de alto caudal como de bajo caudal.

10.2.1 Esquema de una instalación de RLAF

En la FIGURA 10.1 se muestra un esquema que describe la instalación común de un sistema de RLAF.

De acuerdo con el esquema anterior, las diferentes partes de la instalación se ven en la FIGURA 10.2.

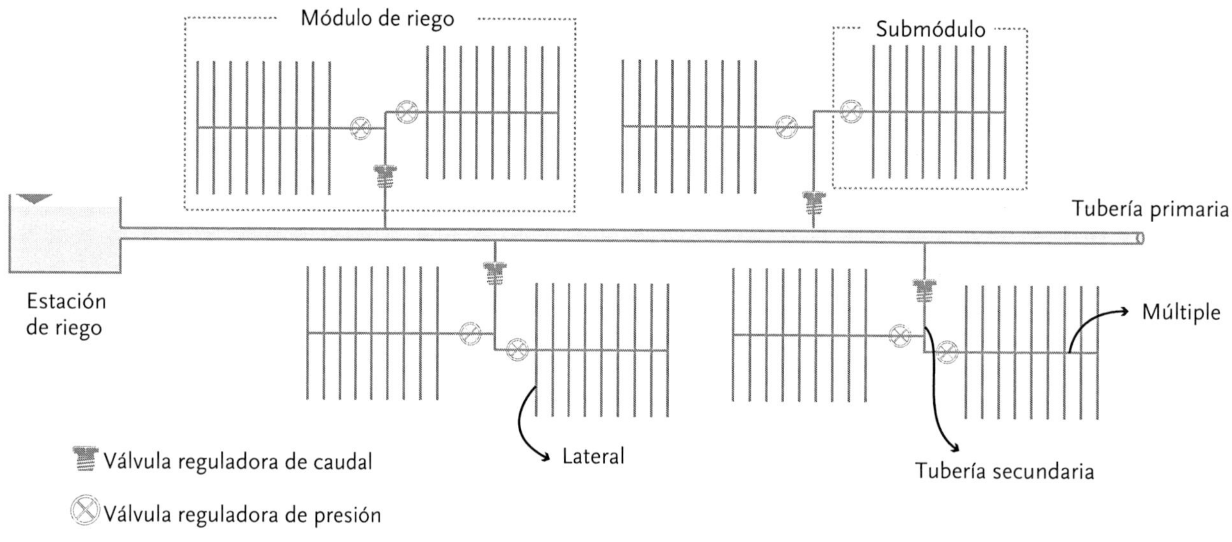

Figura 10.1 Esquema común de un sistema de riego localizado de alta frecuencia mostrando las diferentes partes que lo conforman.

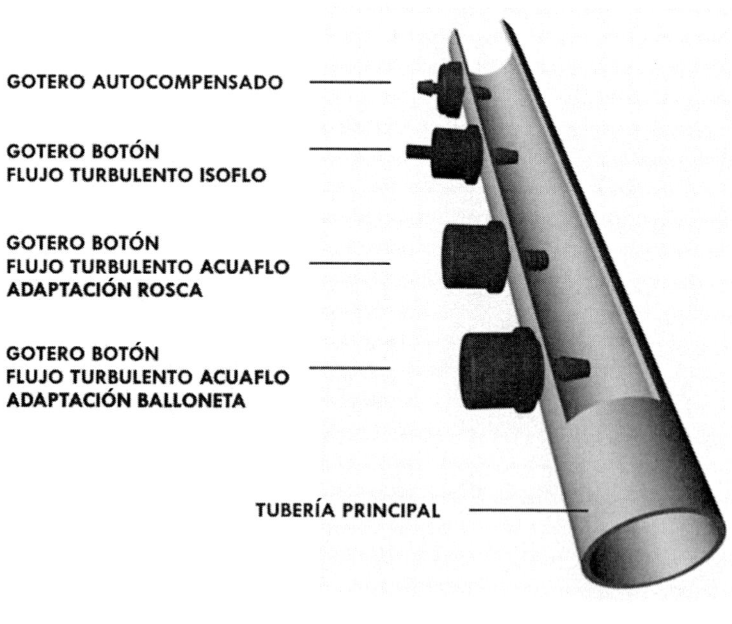

Figura 10.2 Sistema de riego. Se muestran diferentes tipos de emisores finales.

Estación de riego: es el conjunto de elementos que permiten el bombeo, el tratamiento, el filtrado y el control de presión del agua de riego. En algunos casos también permite la fertilización y la medición integral de los caudales que son enviados hacia el cultivo.

Tubería primaria: es la tubería que parte de la estación y llega a todos los módulos de riego del cultivo.

Tubería secundaria: es la que parte de la tubería principal y lleva el caudal a uno solo de los módulos de riego.

Tubería terciaria: es la que alimenta directamente los laterales de riego.

Laterales de riego: son las tuberías de último orden en las que se conectan los emisores finales del riego. En el caso de riego por mangueras, cintas o mangueras exudantes, estos elementos son los laterales de riego.

Regulador de presión: generalmente se coloca al inicio de cada tubería terciaria con el fin de controlar la presión de entrada al conjunto de laterales. Por lo general, consiste en un conjunto de dos válvulas y una recogida rápida de presión. La primera de las válvulas sirve para controlar el caudal que entra al módulo. La segunda válvula, la cual se deja parcialmente abierta y en posición fija, sirve para controlar la presión de entrada al submódulo de riego. La recogida rápida de presión se coloca de inmediato aguas abajo de la segunda válvula para calibrar la presión de entrada. La superficie dominada por un regulador de presión es denominada submódulo de riego.

Regulador de caudal: es el control para la cantidad de agua que entra en una tubería secundaria. La superficie dominada por un regulador de caudal es denominada módulo de riego.

Unidad operacional de riego: es el conjunto de módulos de riego que se operan desde una misma estación de riego.

Ruta crítica: es la ruta entre la estación de riego y el módulo de riego que produzca la mayor pérdida de energía hidráulica (pérdidas por fricción más pérdidas menores). Esta ruta crítica se utiliza para el diseño de las bombas, la tubería principal y la última tubería secundaria. Todas las demás tuberías del sistema de riego dependen de ese primer diseño, basado en la ruta crítica.

En algunos esquemas de riego las tuberías terciarias reciben también el nombre de múltiples de riego.

10.2.2 Esquema de una estación de riego

En la FIGURA 10.3 se esquematizan las diferentes partes que componen una estación de riego:

De acuerdo con el esquema (FIGURA 10.3), una estación de riego usualmente está compuesta por las siguientes partes:

Tratamiento primario: remueve las arenas, gravas y el material orgánico de gran tamaño (hojas, ramas, troncos, etc.) que pueden estar dentro de la fuente de agua para riego. En general, este tratamiento primario está compuesto por un sistema convencional de desarenadores y por varias rejillas de diferente calibre para retener la materia orgánica. En sistemas grandes de riego se incluyen también los mecanismos para el limpiado periódico de las rejillas y de los desarenadores.

Tratamiento secundario: los emisores finales en los sistemas de RLAF son muy sensibles al taponamiento y, por consiguiente, la solución obvia sería filtrar el agua. Sin embargo, en algunos casos, dicho filtrado debe complementarse con un tratamiento secundario debido, por ejemplo, a la presencia de algas no retenidas por los filtros o de precipitables calcáreos. En el primer caso, la solución es inyectar hipoclorito de sodio y en el segundo se debe inyectar ácido fosfórico. La incorporación de estos químicos

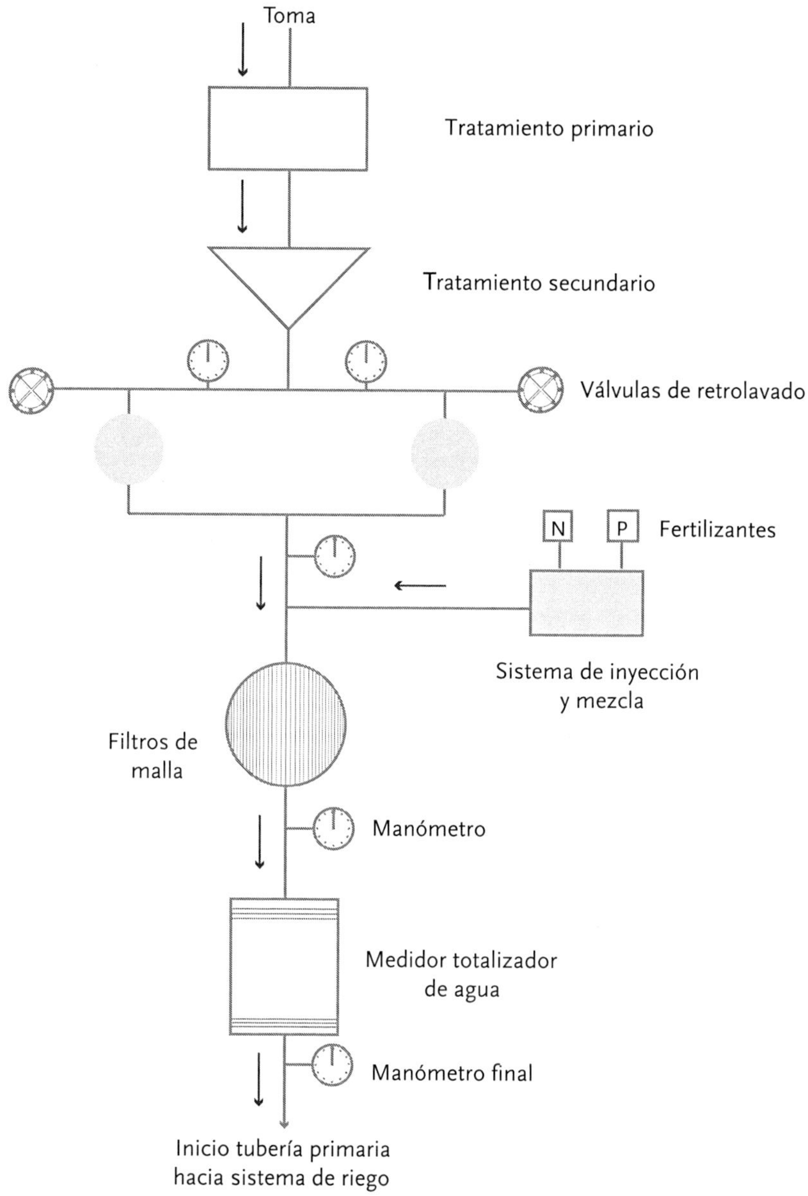

Figura 10.3 Esquema típico de una estación de RLAF con cada una de sus partes.

se conoce con el nombre de tratamiento secundario y se puede hacer en el pozo de succión de las bombas, o en la bahía de entrada a la estación de riego, cuando se trata de un sistema que opera por gravedad.

Filtros de arena: los filtros se utilizan para remover la materia orgánica pequeña que no es retenida por las rejillas, la cual es de origen vegetal principalmente (hojas, pequeñas ramas, restos de cortezas, raíces, etc.) aunque en algunos casos pueden ser de origen animal (en especial insectos pequeños). Los filtros también retienen pequeñas partículas minerales. En una estación de riego se deben colocar por lo menos dos filtros para que en el proceso de lavado de uno se utilice el agua filtrada por el otro.

Equipo de fertirrigación: en la mayoría de los RLAF se emplea la estación de riego para añadir los fertilizantes necesitados por el cultivo. Para esto se emplea un equipo de fertirrigación, el cual debe ir aguas abajo de los filtros para evitar que un ambiente rico en nutrientes favorezca el crecimiento de algas en estos, a la vez que se impida la

Fotografía 10.1 a) Filtros de arena, b) incorporación de fertilizantes, c) válvula en los módulos de riego, d) medidor de caudal en la estación de fertirrigación.

absorción de fertilizantes por parte de las arenas. Los *sistemas de inyección y mezcla* de la estación de fertirrigación incluyen tubos Venturi, bombas de inyección o presión topográfica en sistemas de riego por gravedad.

Filtro de malla: este tipo de filtros se coloca aguas abajo del sistema de fertirrigación. Su objetivo es retener las impurezas que puedan pasar el filtro de arena y las procedentes de los abonos añadidos. Generalmente las impurezas retenidas en los filtros de malla son de origen mineral.

Medidor totalizador de agua: se utiliza para indicar el caudal instantáneo enviado al cultivo y para totalizar el agua enviada durante un período de riego determinado, es decir, debe registrar el volumen acumulado del agua que se envía a la tubería primaria o principal. Hoy día existen modelos que transmiten estos datos a un ordenador, lo que facilita la operación del riego y permite su automatización total. La localización de los contadores, último elemento de la estación de riego, obedece a que son muy sensibles a las impurezas, las cuales deben ser retenidas por los filtros y las mallas.

En la estación de riego también deben existir una serie de manómetros con el fin de comprobar las caídas de presión a través de las diferentes partes de este sistema. Por lo menos deben existir manómetros aguas arriba y aguas abajo de los filtros de arena para comprobar en qué momento estos han llegado a su caída de presión máxima de diseño a fin de proceder a su lavado. De igual manera deben existir manómetros aguas arriba y aguas abajo del filtro de malla, con el fin de establecer en qué momento este debe ser removido para ser lavado por fuera del sistema. Usualmente también existe un manómetro al inicio de la tubería primaria para comprobar que la presión de entrega corresponda a la establecida en el diseño.

10.3 EMISORES FINALES

Los emisores finales son la parte más delicada de un RLAF, dado que son los responsables de suministrar a cada planta del cultivo el caudal de agua y los nutrientes necesarios para su crecimiento y producción. A pesar de su importancia, no son la parte más costosa del sistema. En el diseño de un emisor final deben tenerse en cuenta los siguientes criterios:

Bajo caudal: un bajo caudal implica unos diámetros múltiples y laterales pequeños, lo cual a su vez significa costes menores del sistema de riego.

Alta presión: una alta presión es deseable para que los emisores sean menos sensibles a los cambios de presión causados por las pérdidas de energía que ocurren a lo largo de las tuberías, tanto por fricción como por pérdidas menores.

Diámetro de entrega máximo: el diámetro de entrega debe ser lo mayor posible para evitar las posibles obstrucciones del emisor, causadas por impurezas que hayan logrado penetrar al sistema y pasar la estación de riego.

Como se puede apreciar, los tres criterios anteriores resultan contradictorios. Por ejemplo, un diámetro grande con una alta presión implicaría un alto caudal. Por esta razón, en la fabricación de los emisores finales siempre se debe buscar un equilibrio óptimo entre caudal, presión y diámetro. A continuación se describen estas tres variables para los diferentes sistemas de emisores finales más utilizados en la actualidad.

10.3.1 Presiones en los emisores finales

Las presiones normales de trabajo en los emisores finales de un sistema de RLAF son las siguientes:

- Para emisores de bajo caudal, la presión normal del trabajo es de 100 kPa (10 m).
- Para emisores de alto caudal, la presión normal de trabajo es de 200 kPa (20 m).
- Para cintas de exudación, las presiones normales de trabajo varían de 10 a 30 kPa (1 a 3 m).

En general, los fabricantes de emisores finales para estos sistemas de riego establecen cuál es la presión normal de trabajo de cada uno de sus productos. Esta presión normal de trabajo usualmente recibe el nombre de presión nominal del emisor.

10.3.2 Caudales en los emisores finales

Los caudales normales de trabajo para emisores finales de sistemas de RLAF son los siguientes:

- Para emisores de bajo caudal, los caudales normales de trabajo se localizan en el rango de 2 a 16 L/h.
- Para los emisores de alto caudal, los caudales normales de trabajo se localizan en el rango de 16 a 150 L/h.
- Para cintas de exudación, los caudales normales de trabajo se localizan en el rango de 0.5 a 3 L/h·m.

Nuevamente, los fabricantes de este tipo de emisores establecen el caudal de cada uno de sus productos. El caudal normal de trabajo de un emisor recibe el nombre de caudal nominal.

Tabla 10.2 Presión y caudal nominal según tipo de emisor.

Tipo de Emisor	Presión Nominal (kPa)	Caudal Nominal (L/h)
Bajo Caudal	100 (10m)	2-16
Alto Caudal	200 (20m)	16-150
Cintas de Exudación	10-30 (1-2m)	0.5-3 (L/h·m)

En general, los fabricantes de emisores finales para estos sistemas de riego establecen cual es la presión normal de trabajo y el caudal de cada uno de sus productos.

10.3.3 Régimen hidráulico de los emisores finales

El régimen hidráulico que tenga el emisor final afecta su comportamiento, el cual es muy diferente si se trata del flujo laminar con respecto al flujo turbulento. En general, se debe asegurar una alta turbulencia en los conductos del emisor final debido a que el flujo laminar presenta los siguientes problemas:

a. En el flujo laminar las pérdidas por fricción son función de la viscosidad. Dichas pérdidas están descritas por la ecuación de Darcy-Weisbach:

ECUACIÓN 1.38

$$h_f = f\ \frac{l}{d}\frac{v^2}{2g}$$

donde el factor es una función inversa del número de Reynolds, tal como se describe mediante la Ecuación 1.45:

ECUACIÓN 1.45

$$f = \frac{64}{Re} \Rightarrow f = F_1(Re) = F_2(\mu)$$

$$h_f = F_3(\mu)$$

Como el número de Reynolds es función de la viscosidad, entonces tanto el factor de fricción de Darcy como las pérdidas por fricción, en el caso del flujo laminar, son función de la viscosidad absoluta del fluido. La viscosidad, a su vez, es función de la temperatura a la cual se encuentra el agua. Esto último implica que el caudal de salida es función de la temperatura en el flujo laminar:

$$Q = F_4(T)$$

Debido a que los sistemas de riego localizado de alta frecuencia están conformados por mangueras con aditivo negro de humo (lo cual da su color negro) para evitar la cristalización por acción de los rayos ultravioleta, en ellos se han medido aumentos de temperatura de hasta 20 °C a lo largo de un lateral de riego. Estos gradientes de temperatura tienen un efecto importante sobre la uniformidad de los caudales de entrega, en caso de que los emisores finales tengan flujo laminar.

b. La ecuación que relaciona el caudal de salida con la altura piezométrica en el emisor final tiene la siguiente forma, para todos los tipos de emisores:

ECUACIÓN 9.1

$$Q = kh^x$$

donde:
$x = 1.0$ para flujo laminar
$x < 1.0$ para flujo turbulento

Lo anterior significa una mayor dependencia del caudal en función de la altura de presión en el emisor, si se trata del flujo laminar. Esto a su vez implica una menor uniformidad del riego para variaciones en las alturas piezométricas en los emisores, en el caso del flujo laminar con respecto al flujo turbulento. El concepto de uniformidad del riego se explica más adelante.

c. El flujo laminar implica una mayor área de salida (menor posibilidad de taponamiento por impurezas en el agua), pero una velocidad menor (mayor posibilidad de sedimentación de las impurezas en los tubos). Se ha comprobado que este segundo problema es más importante en los sistemas de RLAF, lo cual implica que se debe evitar hasta donde sea posible el tener bajas velocidades (inferiores a 2 m/s) en las tuberías del sistema.

10.3.4 Relación altura de presión-caudal en los emisores finales

Tal como se expresó en la Ecuación 9.1, la relación altura de presión-caudal para los emisores finales de un sistema de RLAF tiene la siguiente forma:

ECUACIÓN 9.1

$$Q = kh^x$$

Esta ecuación describe la curva de funcionamiento del emisor final. Para llevar a cabo un correcto diseño hidráulico del sistema de riego es necesario conocer esta curva. Esta ecuación no es dimensionalmente homogénea, de modo que tanto k como x dependen del sistema de unidades utilizado. Rara vez la curva es suministrada por el fabricante de los emisores, por lo cual es necesario determinarla empíricamente en el campo. Para ello es necesario conocer al menos dos puntos altura de presión-caudal $((h_1, Q_1)$ y $(h_2, Q_2))$. Al aplicar la Ecuación 9.1 a los dos puntos conocidos se obtienen las dos ecuaciones siguientes:

$$Q_1 = kh_1^x$$

$$Q_2 = kh_2^x$$

Si se dividen estas dos últimas ecuaciones se obtiene:

$$\frac{Q_1}{Q_2} = \frac{kh_1^x}{kh_2^x} = \frac{h_1^x}{h_2^x}$$

Si se despeja el exponente x se obtiene la siguiente ecuación:

ECUACIÓN 10.1

$$x = \frac{\ln\left(\frac{Q_1}{Q_2}\right)}{\ln\left(\frac{h_1}{h_2}\right)}$$

Y si se despeja el coeficiente k se obtiene:

ECUACIÓN 10.2

$$k = \frac{Q_1}{h_1^x}$$

Las Ecuaciones 10.1 y 10.2 permiten conocer la curva de caudal *versus* la altura de presión. El exponente x mide la sensibilidad del emisor con respecto a dicha altura. Para obtener empíricamente estas ecuaciones se deben utilizar varios de los emisores finales que van a ser colocados en el cultivo, probándolos a diferentes presiones, las cuales deben ser medidas, y midiendo los caudales correspondientes.

En la Tabla 10.3 se muestran algunos valores de los exponentes para diferentes emisores finales, para valores de h en m.

Tabla 10.3 Exponentes de la función caudal-altura para diferentes tipos de emisores finales.

Emisor	x
Flujo laminar	1.00
Microtubos	0.75 – 1.00
Helicoidales	0.65
Régimen turbulento (orificio, laberinto)	0.50
Vórtice	0.40
Autocompensante	0.00 – 0.40
Autocompensante teórico	0.00

En el diseño del sistema de riego es importante conocer la forma de la curva de los emisores finales que van a utilizarse y el rango de validez de dicha curva. Es importante tener claro que la ecuación del emisor final tiene un rango de presiones (alturas) para la cual es válida. Esto se esquematiza en la FIGURA 10.4.

Por lo general, nuevamente, el rango de validez de la ecuación del emisor final no es suministrado por los fabricantes de estos accesorios. Ellos solo dan un punto: el caudal nominal para una presión de 10 m (100 kPa). El rango de validez tiene que ser determinado de forma empírica por el diseñador del sistema de riego.

10.3.5 Tolerancia a la presión de los emisores finales

Obviamente, cuanto menor sea el exponente de la Ecuación 9.1, mayor será la tolerancia a los cambios de presión que tenga el emisor final, lo que implica una mayor uniformidad del riego. La uniformidad del riego es deseable para que cada uno de los árboles o plantas que conforman el cultivo reciban, hasta donde sea posible, la misma cantidad de agua y, por consiguiente, la misma cantidad de fertilizantes requeridos para un correcto desarrollo y producción del cultivo. El concepto de la tolerancia a las presiones puede ser entendido a través del ejemplo 10.1.

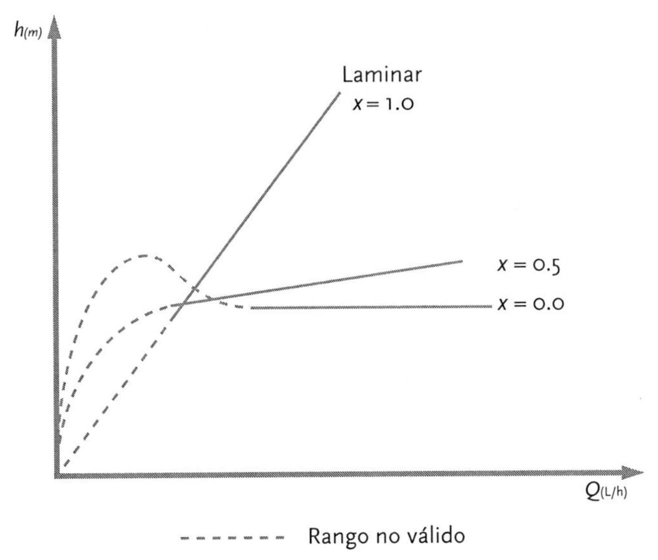

Figura 10.4 Curva altura-caudal para emisores finales de un sistema de RLAF.

EJEMPLO 10.1

Tolerancia a las presiones en los emisores

Teniendo en cuenta criterios agronómicos, se ha establecido que en un cultivo se puede tener una tolerancia en los caudales del 10 % como máximo. ¿Cuáles serán las correspondientes tolerancias a la presión para los siguientes dos emisores: uno helicoidal ($x = 0.75$) y uno autocompensante ($x = 0.2$)?

Solución:

De la ecuación del emisor

$$\frac{h_1}{h_2} = \left(\frac{Q_1}{Q_2}\right)^{1/x}$$

Luego, si Q_1es un 10 % mayor que Q_2, se tiene:

$$\frac{h_1}{h_2} = 1.1^{1/x}$$

Y para los dos emisores del problema:

$$\frac{h_1}{h_2} = 1.1^{1/0.75} = 1.135$$

$$\frac{h_1}{h_2} = 1.1^{1/0.2} = 1.611$$

Estos resultados implican que el emisor autocompensante tiene una tolerancia a cambios en la presión del orden del 61.1%, lo que es bastante ventajoso para el diseño del sistema. El otro emisor tiene una tolerancia de solo el 13.5%.

Discusión:

En el ejemplo resulta claro que un emisor con un bajo exponente facilita el diseño hidráulico del sistema de riego. La situación ideal sería la de un exponente 0, dado que esto implicaría un caudal de emisión constante, independiente de la presión. Tecnológicamente es difícil de alcanzar esta condición. Un exponente de 0.5 equivale a un orificio con flujo turbulento. Un exponente mayor a 0.5 implica un flujo laminar, con todas sus desventajas.

10.3.6 Sensibilidad de los emisores finales a las obturaciones

Los diámetros dentro de los emisores finales son bastante pequeños. Por lo común, los diámetros de salida de los emisores finales varían desde 0.5 a 1 mm para los emisores de bajo caudal hasta diámetros mayores a 2 mm para emisores de alto caudal. Cuando se trata de cintas exudantes, el diámetro de los microporos es microscópico. Por consiguiente, existe un alto riesgo a las obturaciones causadas por impurezas que logren pasar la estación de riego hacia el sistema de tuberías que conforman la red de riego. La sensibilidad a las obturaciones está dada en la siguiente tabla:

Tabla 10.4 Sensibilidad a obturaciones de emisores finales en función del diámetro de salida.

d_{min}(mm)	Sensibilidad
≤ 0.7	Alta
0.7 – 1.5	Media
> 1.5	Baja

Por tanto, dependiendo del tipo de emisor final que se tenga para el sistema de RLAF, se debe ser más o menos estricto en el diseño de los filtros y la malla que conforman la estación de riego. También es importante mantener una velocidad superior o igual a 4.5 m/s en los conductos internos del emisor final para evitar la sedimentación en ellos. Esto implica que el flujo dentro de los conductos debe ser turbulento.

10.3.7 Sensibilidad de los emisores finales a la temperatura

Como el calentamiento solar en los laterales de riego puede elevar la temperatura en más de 20 °C a lo largo de estos, se pueden presentar efectos contraproducentes:

- La temperatura puede afectar algunos materiales tales como los elastómetros de los goteros autocompensantes (ver Epígrafe 10.4.1), haciéndolos perder su capacidad de autorregulación de caudales.
- El aumento de temperatura implica una reducción en la viscosidad cinemática del agua, lo cual a su vez incrementa el número de Reynolds y disminuye el factor de fricción. En sistemas de RLAF la práctica ha mostrado que el caudal se afecta con la temperatura de acuerdo con la siguiente ecuación:

ECUACIÓN 10.3

$$Q = m + nT$$

donde m es alta para flujos cercanos al régimen laminar, explicándose así el efecto tan grande para este tipo de flujo en emisores finales. Los goteros de tipo helicoidal (x entre 0.66 y 0.86) tienen una alta sensibilidad a la temperatura, mientras que los de laberinto (x entre 0.45 y 0.53) tienen una baja sensibilidad.

Algunas veces no es posible enterrar todas las tuberías, particularmente los laterales, debido a que el tipo de cultivo exige que estas sean retiradas en el momento de la cosecha.

En general, los cambios de temperatura afectan la uniformidad del riego. Por consiguiente, la mejor solución es enterrar los múltiples y laterales de riego para evitar su exposición directa a la luz solar.

10.4 CLASIFICACIÓN Y TIPOS DE EMISORES FINALES

En la FIGURA 10.5 se presenta la clasificación de los emisores finales de los sistemas de RLAF.

A continuación se describen los emisores finales y se establecen las características hidráulicas de cada uno de ellos (ver FIGURA 10.5).

10.4.1 Emisores de bajo caudal

Goteros de conducto largo: los goteros de conducto largo fueron los primeros utilizados en los sistemas de RLAF y evolucionaron de acuerdo con la siguiente secuencia: microtubo→goteros helicoidales→goteros en laberinto (Ver FIGURA 10.6).

El *microtubo* es el gotero más antiguo. Por lo general, está hecho de un tubo de polietileno de diámetro pequeño (0.6 mm ≤ d ≤ 2.0 mm) y de longitud variable, tal como se esquematiza en la FIGURA 10.7

Dado que en los microtubos el régimen de flujo siempre es laminar, las pérdidas por fricción se calculan mediante la ecuación de Darcy-Weisbach:

ECUACIÓN 1.38

$$h_f = f\,\frac{l}{d}\frac{\mathrm{v}^2}{2g}$$

donde el factor de fricción está descrito de acuerdo con la siguiente ecuación:

ECUACIÓN 1.45

$$f = \frac{64}{Re} = \frac{64\,\nu}{\mathrm{v}d}$$

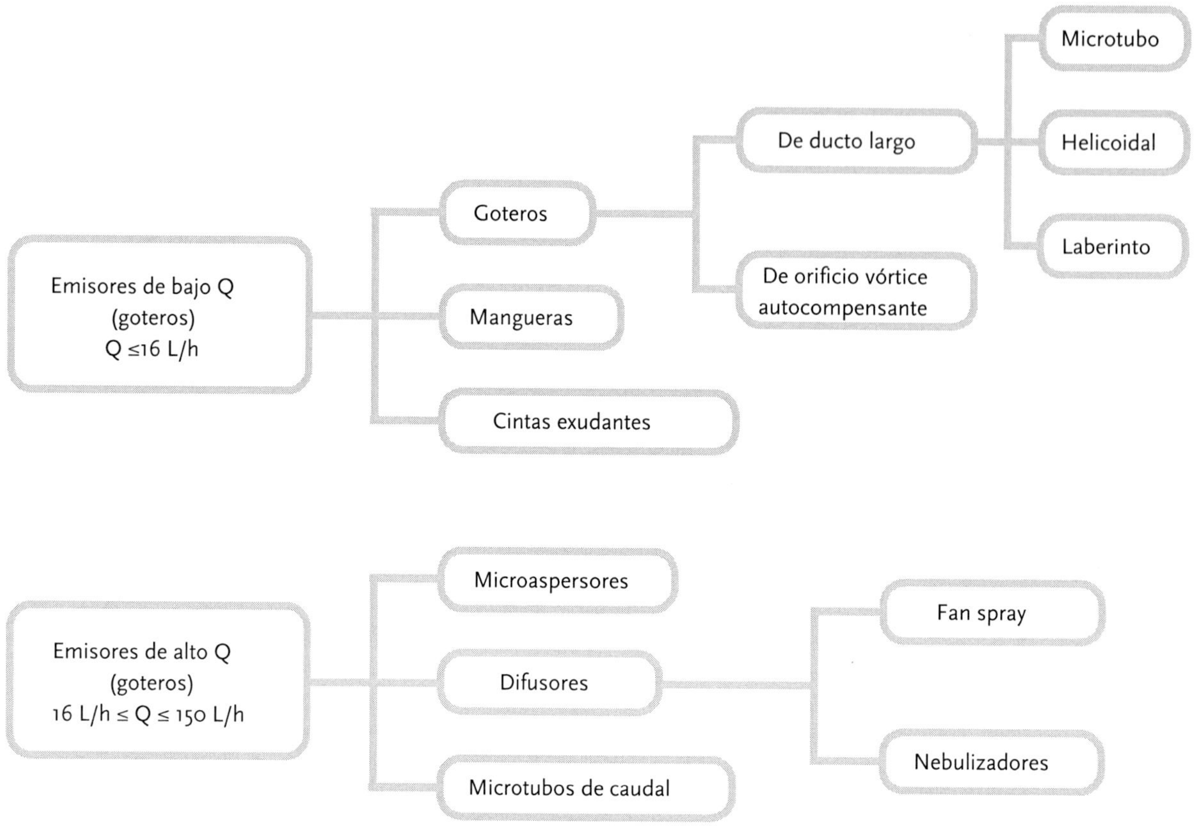

Figura 10.5 Clasificación de emisores finales en sistemas de RLAF.

Figura 10.6 Gotero turbo. La estructura del gotero de laberinto se incluye dentro del lateral.

Al combinar las Ecuaciones 1.38 y 1.45 se llega a la siguiente expresión:

$$h_f = \frac{64vl}{d^2}\frac{\mathrm{v}}{2g} = \frac{(64vl)(4Q)}{\pi d^4 2g}$$

De esta última ecuación se puede despejar el caudal de la siguiente forma:

ECUACIÓN 1.33

$$Q = \frac{\pi d^4 g}{128vl} h_f$$

Al comparar la Ecuación 1.33 con la Ecuación 9.1:

ECUACIÓN 9.1

$$Q = kh^x$$

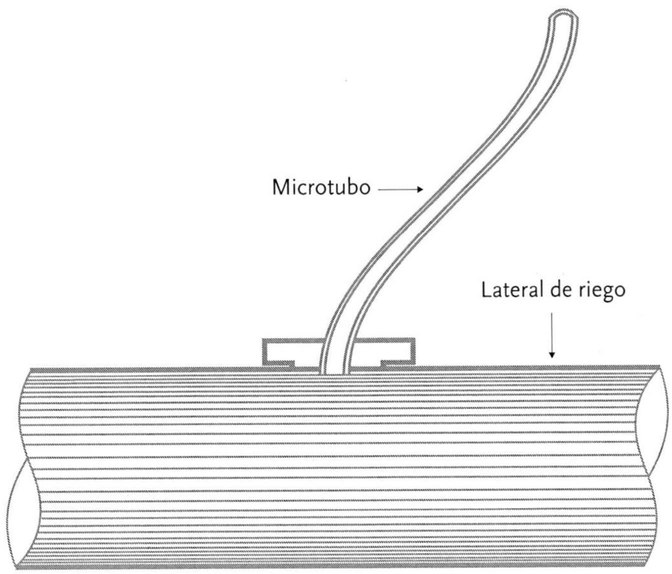

Figura 10.7 Microtubo como gotero de conducto largo.

se obtiene que para los microtubos los valores de x y de k son los siguientes:

$$x = 1.0\ (flujo\ laminar)$$

$$k = \frac{\pi d^4 g}{128 v l}$$

Sin embargo, esta última ecuación no puede emplearse para calcular el coeficiente k de forma directa, pues se estaría suponiendo que el flujo se encuentra completamente desarrollado. La longitud de desarrollo del flujo laminar es del orden de 140 veces el diámetro interno del tubo. Como consecuencia, para un microtubo de 1.2 mm de diámetro, por ejemplo, se tiene:

$$l_d = 140d = 140 * 1.2mm = 168mm$$
$$l_d = 0.168m$$

Tal longitud no es despreciable con respecto a las longitudes comunes de los microtubos. Por otro lado, el valor del exponente x implica una alta sensibilidad de este tipo de emisores con respecto a la presión. Sin embargo, experimentalmente se ha encontrado que, para los microtubos, x varía entre 0.75 y 1.0.

En resumen, los microtubos tienen todos los problemas del flujo laminar, es decir, alta sensibilidad a la presión y a la temperatura y alto riesgo de taponamiento. Por estas razones se desarrollaron otros goteros de conducto largo.

Los goteros *helicoidales* (FIGURA 10.8) son una modificación del microtubo. En estos, el conducto no es recto sino que tiene forma de hélice alrededor de un cilindro. Esta trayectoria del agua origina fuerzas centrífugas que, a su vez, generan corrientes secundarias y vórtices que sacan el flujo de la distribución parabólica de velocidades propias del flujo laminar. De esta manera se genera un flujo turbulento en el microtubo. Este mecanismo es más eficiente a medida que crece la relación diámetro del conducto sobre el diámetro de la hélice.

Por lo general, los goteros de tipo helicoidal están hechos de polipropileno. El exponente de descarga x varía entre 0.65 y 0.75, lo que implica que este tipo de goteros sean menos sensibles a la presión y a la temperatura que los microtubos.

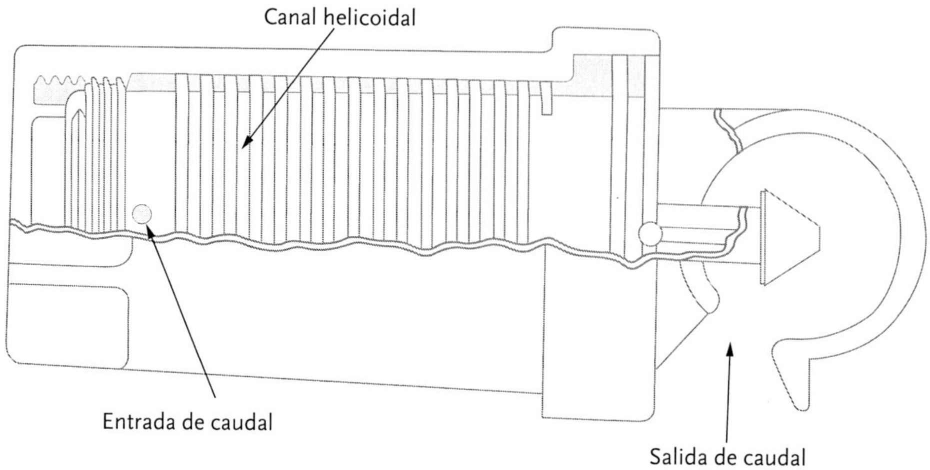

Figura 10.8 Gotero helicoidal.

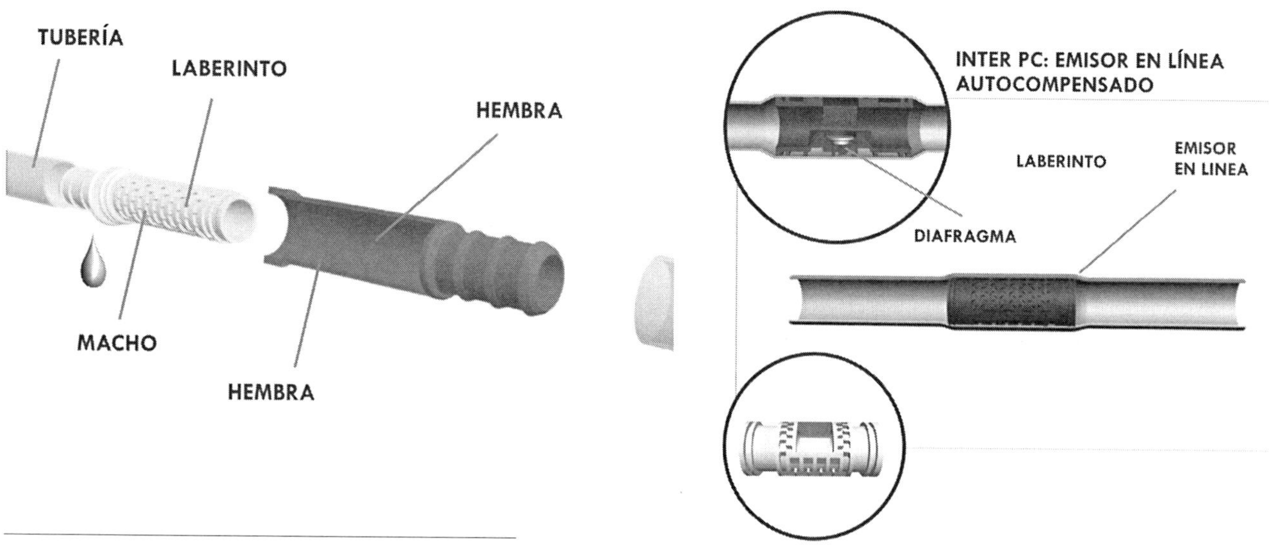

Figura 10.9 Gotero de conducto largo de tipo laberinto.

En los goteros de *laberinto* el agua recorre una trayectoria tortuosa, haciéndolos funcionar en régimen turbulento todo el tiempo. Para este tipo de goteros de laberinto, x es igual a 0.5, lo que significa que son muy poco sensibles a la presión y a la temperatura, ayudando a la uniformidad del riego.

Goteros de orificio: Una de las primeras soluciones de los RLAF consistió en perforar la manguera que conformaba el lateral de riego en el sitio de localización de cada una de las plantas. Esta solución no era fácil de construir a causa de la dificultad en garantizar un diámetro constante en los orificios, debido a la elasticidad del plástico que conformaba las mangueras. Sin embargo, posteriormente surgieron orificios de polipropileno que se podrían instalar en las mangueras de polietileno, más flexibles. La ecuación común de un gotero de orificio es la siguiente:

ECUACIÓN 10.4
$$v = c\sqrt{2gh}$$

la cual, para el caso de un RLAF, es:

ECUACIÓN 10.5

$$Q = 3.6Ac\sqrt{2gh}$$

donde:

Q = caudal en L/h
A = área en mm² (área transversal del orificio)
c = coeficiente de descarga ($0.5 \leq c \leq 0.7$)
g = aceleración de la gravedad = 9.81 m/s²
h = altura en m

Si se compara la Ecuación 10.5 con la Ecuación 9.1 se llega a la conclusión de que el exponente x es igual a 0.5 y $k = 3.6A_c\sqrt{2g}$.

$$k = 3.6A_c\sqrt{2g}$$

Para los goteros de orificio, lo anterior implica que estos presentan todas las ventajas del flujo turbulento. Sin embargo, el principal inconveniente de este tipo de goteros es su pequeño diámetro, lo cual se ilustra en el Ejemplo 10.2.

EJEMPLO 10.2

Cálculo del diámetro de un gotero de orificio

En un cultivo se requiere un RLAF de 6 L/h, con una altura máxima de 12 m y un coeficiente de descarga de 0.7. ¿Cuál es el diámetro requerido?

Solución:

De la Ecuación 10.5 se obtiene:

$$A = \frac{Q}{3.6c\sqrt{2gh}}$$

$$A = \frac{6}{3.6 \times 0.7 \times \sqrt{2} \times 9.81 \times 12} mm^2$$

$$A = 0.155mm^2$$

Luego, el diámetro requerido es:

$$d = 0.44mm$$

Discusión:

El diámetro resultante es muy pequeño y, por consiguiente, muy sensible a los taponamientos por basuras y materia orgánica. Este tipo de goteros debe ir acompañado de sistemas de filtración altamente eficientes en la estación de fertirrigación.

Goteros de vórtice: los goteros de vórtice surgieron como un intento de solucionar el problema del diámetro tan pequeño de los goteros de orificio. Después de pasar por el orificio, el flujo entra en una cámara en la que se genera un vórtice, tal como se esquematiza en la **FIGURA 10.10**.

El vórtice genera una fuerza centrífuga que se opone a la dirección del flujo, generándose así una pérdida adicional de energía. Esto significa que para el mismo

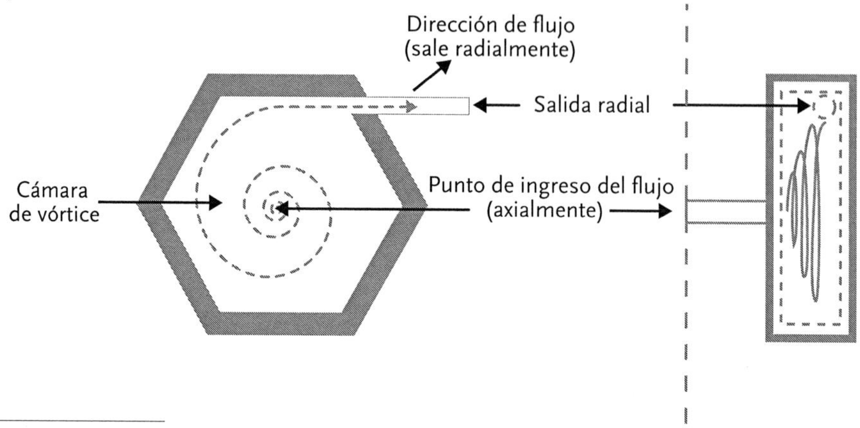

Figura 10.10 Esquema de un gotero de tipo vórtice.

caudal un gotero de vórtice requerirá un diámetro mayor. En este caso, la ecuación del emisor final es:

ECUACIÓN 10.6

$$Q = 15.9Ach^{0.4}$$

donde:

Q = caudal en L/h
A = área en mm² (área transversal del orificio)
c = coeficiente de descarga ($0.3 \leq c \leq 0.4$)
h = altura en m

Al comparar las Ecuaciones 10.5 y 10.6 se llega a la conclusión de que las áreas de los goteros de orificio y los goteros de vórtice están en una relación de 1 a $\sqrt{3}$:

ECUACIÓN 10.7

$$\frac{A_v}{A_c} = \sqrt{3} = 1.73$$

La teoría del movimiento de un vórtice demuestra que al aumentar la presión de entrada, parte de la energía se transforma en velocidad y la presión en el centro del vórtice crece menos rápidamente que en la periferia de este. Lo anterior significa que los goteros de vórtice tienen propiedades autocompensantes. De ahí que su componente de descarga x sea igual a 0.4, lo cual tiene amplias ventajas. Una característica singular de los goteros de vórtice es el hecho de que su caudal de descarga disminuye a medida que la temperatura aumenta. La explicación exacta de este fenómeno no ha podido establecerse aún.

Goteros autocompensantes: dos causas originan la no uniformidad del riego en un sistema de RLAF: las diferencias de nivel del terreno del cultivo y las pérdidas de energía (altura) a lo largo de las tuberías, los múltiples y los laterales de riego. Por esta razón surgieron los goteros autocompensantes, que dejan salir el mismo caudal para una amplia gama de presiones inmediatamente aguas arriba del emisor final. Para conseguir las propiedades autocompensantes, los goteros están provistos de un elemento flexible (en general de caucho o silicona), que se deforma bajo la acción de la diferencia de presión de agua antes y después de dicho elemento, manteniendo un caudal más o menos constante aunque varíe la presión de entrada. El elemento flexible recibe el nombre de elastómero o diafragma del gotero. En la FIGURA 10.11 se muestra un gotero autocompensante.

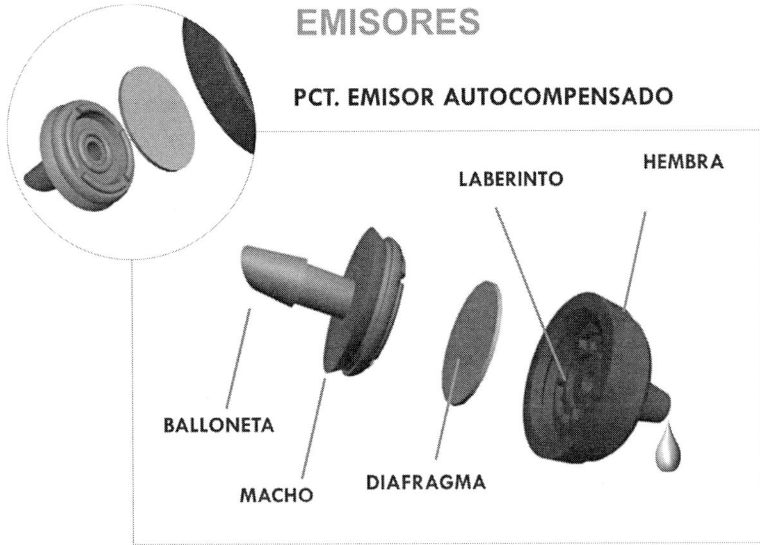

Figura 10.11 Gotero autocompensante armado y desarmado.

Un gotero autocompensante perfecto tendría un exponente $x = 0$ en la Ecuación 9.1. Por consiguiente:

$$Q = kh^0$$

ECUACIÓN 10.8

$$Q = k$$

Tal como se mencionó anteriormente, en la práctica es muy difícil conseguir esta condición perfecta, por la que x tiene un valor diferente de cero. En estos casos, más que conocer la ecuación para el diseño, es necesario identificar la curva de Q *versus* h para el gotero autocompensante.

Los goteros autocompensantes presentan los siguientes inconvenientes:

- Alto coste en comparación con otros goteros.
- Problemas de envejecimiento del elastómero, que con el tiempo puede variar sus propiedades de flexibilidad.
- El elastómero puede ser sensible a ciertos abonos químicos, insecticidas y alguicidas que quizá sea necesario aplicar al cultivo y para la limpieza periódica de las tuberías del sistema.

Una ventaja de este tipo de goteros radica en el hecho de tener propiedades de autolimpieza. Al terminar el riego disminuye la presión y el elastómero se estira y agranda aumentando el diámetro del orificio de salida, con lo que algunos de los sólidos que estaban atrapados aguas arriba del gotero pueden salir.

Mangueras

Las mangueras son tuberías provistas de emisores tipo gotero, espaciados entre 30 cm y 1.0 m, característica que las hace muy aptas para el riego de cultivos intensivos tales como hortalizas, frutales (melón, fresa, pepinillos, etc.) y flores. En algunos casos se utilizan en cultivos de algodón.

Las mangueras están compuestas por dos tubos paralelos. El principal lleva el agua y actúa como lateral de riego, mientras el secundario extrae el agua del tubo principal y la lleva a los emisores finales. Ambos tubos forman un solo conducto integrado. En la FIGURA 10.12 se observa una de las mangueras más utilizadas en riegos localizados de alta frecuencia.

Las mangueras más utilizadas en la actualidad son la T-tape y la Bi-wall. La manguera T-tape tiene diámetro de 16 mm y se fabrica en dos espesores: 0.08 mm y 0.02 mm. Vienen en rollos de hasta 2.500 m de longitud. Además presentan las siguientes características:

- Un filtro en la zona de comunicación entre los tubos principal y secundario.
- Un laberinto en el tubo secundario.
- Separación variable entre goteros de acuerdo con los requerimientos del cultivo, entre 20 y 60 cm.
- Presión de trabajo entre 5 y 10 m (50 a 100 kPa).
- Caudales entre 7.9 y 94.4 L/h/m.

El exponente de descarga para este tipo de mangueras es 0.8, lo cual las aproxima mucho al flujo laminar con las consecuencias negativas antes expuestas.

La manguera Bi-wall tiene un diámetro de 12 mm. Sus características principales son:

- Puntos de emisión separados en múltiplos de 30 cm.
- Presión de trabajo de 10 m (100 kPa).
- Caudal de 40 L/h/100m.

El exponente de descarga x para este tipo de mangueras es de 0.5, lo cual corresponde a flujo en régimen turbulento, ya que los emisores son del tipo orificio. Por consiguiente, este tipo de manguera es más apropiada si se requiere una alta uniformidad en el riego del cultivo.

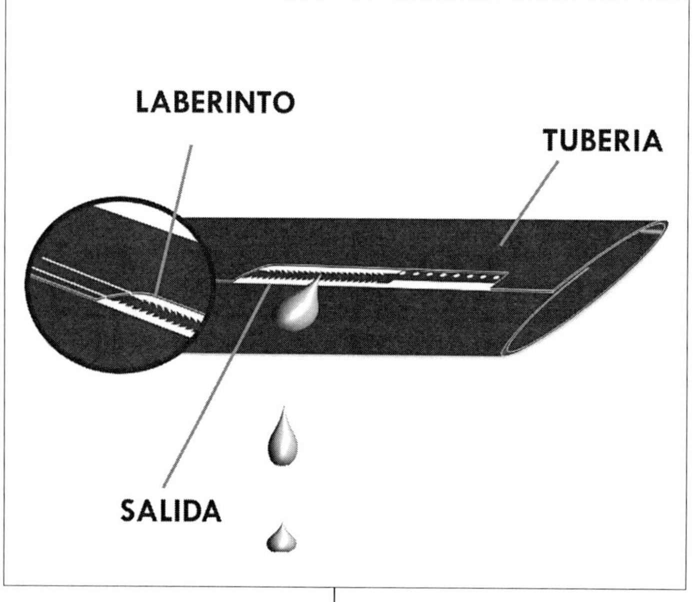

Figura 10.12a Manguera de riego para sistemas de RLAF.

Figura 10.12b Cinta exudante. http://www.elriego.com/informa_te/materiales_riego/tub_got.htm

Cintas exudantes

Las cintas exudantes consisten en tuberías o cintas fabricadas a partir de un geotextil compuesto de microfibras de polietileno entrecruzadas que forman una malla en la que los poros tienen un tamaño medio de 4.0 a 5.0 micras y ocupan el 50 % de la superficie. Al aplicar una presión, en general comprendida entre los 2.0 y los 3.5 m, la cinta se hincha y el agua sale al exterior por los poros de manera homogénea en toda su longitud. Algunas características de las cintas exudantes son las siguientes:

- Las presiones de trabajo se encuentran entre 2.0 y 3.5 m.
- Los caudales de trabajo se encuentran entre 1.0 y 1.75 L/h/m.
- El caudal es variable, ya que el flujo es laminar, dependiendo así de la temperatura.
- El bajo caudal permite disminuir el coste de la red de distribución de riego.
- Pueden operar a presiones extremadamente bajas (decímetros de altura de agua), permitiendo regar en condiciones extremas en diferentes sitios del cultivo.
- El terreno debe ser muy plano para tener una buena uniformidad del riego. Los caudales son muy sensibles a la pendiente del terreno.
- El tamaño de los poros implica que las cintas exudantes son muy sensibles a las obturaciones. En algunos casos, un aumento en la presión puede abrir los poros permitiendo el paso de las impurezas.
- Al ser sensibles al crecimiento de algas, es recomendable enterrarlas para evitar su contacto con la luz solar.

Las cintas exudantes se pueden utilizar para el riego de hortalizas y plantas frutales en cultivos intensivos. También se les puede utilizar para el riego de árboles, pero en este caso sin humedecer una franja continua sino utilizando pedazos de mangueras, como emisores finales de varios metros de longitud, conectados a un lateral convencional de polietileno.

10.4.2 Emisores de alto caudal

Microaspersores y difusores

Los emisores de alto caudal se utilizan en suelos muy permeables, en los cuales el bulbo de humedad de goteros se desarrolla mucho en profundidad y poco en anchura, lo cual implica riegos insuficientes. En estos casos se utilizan microaspersores y difusores. La diferencia esencial entre estos radica en que los microaspersores tienen algún elemento móvil, mientras que los difusores no. Las características principales de los emisores de alto caudal son las siguientes:

- Área de humedecimiento con radio variable entre 0.5 y 3.5 m.
- Poco riesgo de obturación, por tener un mayor diámetro de conductos y una mayor presión de servicio.
- Presiones de servicio entre 10 y 20 m, aunque pueden trabajar con presiones de hasta 30 m.
- Caudales entre 20 y 150 L/h. Sin embargo, existen modelos que pueden alcanzar más de 300 L/h.

Los emisores de alto caudal, ya sean microaspersores o difusores, tienen algunos inconvenientes importantes. Entre estos se encuentran los siguientes:

- El alto caudal exige mayores diámetros de tubería, especialmente en los múltiples y laterales de riego, lo que hace que el sistema de RLAF sea más costoso.
- Este tipo de emisores mojan el follaje y los troncos de las plantas, lo que en muchas especies vegetales puede favorecer el desarrollo de enfermedades como la fitofora en cítricos y la antragnosis en mangos y guanábanos.

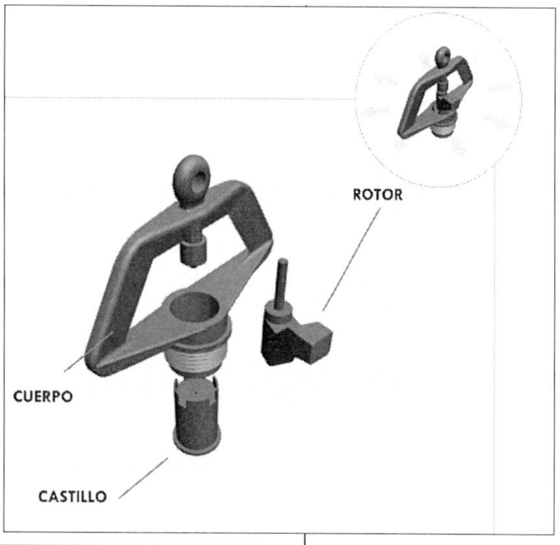

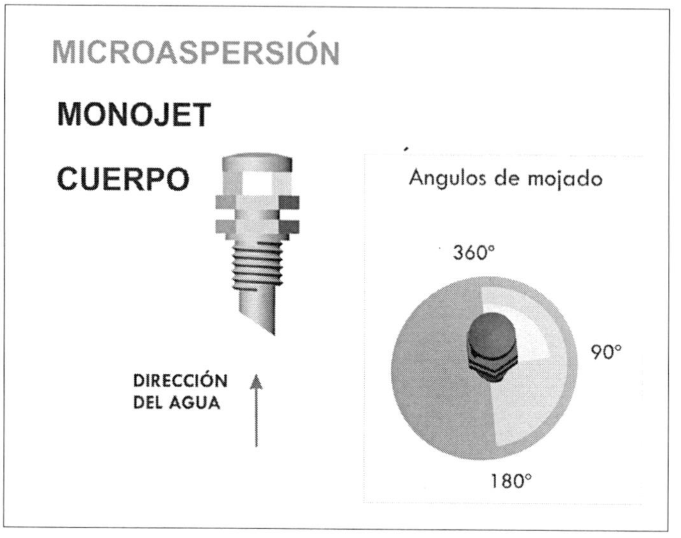

Figura 10.13 Microaspersores.

La mayoría de este tipo de emisores de alto caudal son del tipo orificio. Por tanto, su exponente x es cercano a 0.5.

Microtubos de alto caudal

Los microtubos pueden operar, en algunas circunstancias, como emisores de alto caudal. No obstante, son poco empleados con este objetivo debido a que presentan todos los inconvenientes de los emisores de alto caudal (grandes diámetros de múltiples y de laterales) sin sus ventajas (gran superficie mojada).

10.5 UNIFORMIDAD DEL RIEGO

La uniformidad del riego es una magnitud que caracteriza todo sistema de riego e interviene definitivamente en su diseño. El objetivo de un sistema de RLAF es tratar de obtener la mayor uniformidad posible, de tal manera que todas las plantas del cultivo reciban la misma cantidad de agua y de nutrientes necesarios para alcanzar el desarrollo y la producción óptima.

10.5.1 Coeficiente de uniformidad

El coeficiente de uniformidad de riego se define de acuerdo con la Ecuación 10.9:

ECUACIÓN 10.9

$$CU = \frac{Q_{25}}{Q_m}$$

donde:

Q_m = caudal medio de todos los emisores de la instalación

Q_{25} = caudal medio de los emisores que constituyen el 25 % de caudal más bajo

En el diseño, la uniformidad es una condición impuesta por los factores agronómicos. Se puede elegir el valor del coeficiente de uniformidad que se desee, pero el resto del diseño tiene que ser consecuente y mantener ese valor.

La relación entre las necesidades netas de riego y las necesidades totales se calcula teniendo en cuenta la siguiente ecuación:

$$N_t = N_n + \begin{cases} \text{Pérdidas por percolación } (P_p) \\ \text{Necesidades de lavado } (N_l) \end{cases}$$

Si en esta última ecuación se supone que solamente existe el término de pérdidas por percolación, y si A representa el agua que es necesaria aplicar al cultivo, se obtiene la siguiente expresión:

$$A = \text{agua a aplicar}$$

ECUACIÓN 10.10

$$A = N_n + P_p$$

Por otro lado, la eficiencia de riego (E_R) se define como:

$$E_R = \frac{N_n}{A}$$

Al reemplazar esta última ecuación en la Ecuación 10.10 se obtienen las dos siguientes ecuaciones:

ECUACIÓN 10.11

$$P_p = A - N_n = (1 - E_R)A$$

ECUACIÓN 10.12

$$A = N_n + (1 - E_R)A$$

Por otra parte, si se supone que solamente existen las necesidades de lavado se puede establecer la siguiente ecuación:

ECUACIÓN 10.13

$$A = N_n + N_l$$

Se puede definir un coeficiente de necesidades de lavado, tal como se expresa en la siguiente ecuación:

$$C_{Nl} = \frac{N_l}{A}$$

Al reemplazar esta última ecuación en la Ecuación 10.13 se obtiene la siguiente expresión:

ECUACIÓN 10.14

$$A = N_n + AC_{Nl}$$

Al comparar las Ecuaciones 10.12 y 10.14 se puede concluir que ambas tienen la siguiente forma:

ECUACIÓN 10.15

$$A = N_n + kA$$

donde el coeficiente k puede ser representado por alguna de las dos condiciones:

$$k = \begin{cases} 1 - E_R \\ C_{Nl} \end{cases}$$

Como es evidente, las pérdidas por percolación y las necesidades de lavado son mutuamente complementarias. Por consiguiente, en la Ecuación 10.15 se debe escoger el mayor k de los dos antes mencionados. Por último, se puede calcular con facilidad el agua a aplicar mediante la siguiente ecuación:

$$A = \frac{N_n}{(1 - k)}$$

En general, k se conoce como el factor de cubrimiento de agua. Finalmente, las necesidades totales de riego se definen como:

$$N_t = \frac{A}{CU}$$

En consecuencia, las necesidades totales de riego pueden calcularse utilizando la ecuación:

ECUACIÓN 10.16

$$N_t = \frac{N_n}{(1-k)CU}$$

EJEMPLO 10.3

Necesidades totales de riego

En un cultivo regado por un sistema de RLAF la cantidad de agua a aplicar es de 5 mm/día. Calcule las necesidades totales de riego para coeficientes de uniformidad del riego de 90 % y 70 %.

Solución:

Si el agua a aplicar es $A = 5$ mm/día con un coeficiente de uniformidad $CU = 0.9$, para que el 25 % menos regado de la finca reciba 5 mm/día habría que regar con:

$$N_t = \frac{5mm/día}{0.90} = 5.56mm/día$$

Para un coeficiente de uniformidad de 0.7 el resultado sería:

$$N_t = \frac{5mm/día}{0.70} = 7.14mm/día$$

Discusión:

Los resultados del ejemplo muestran la enorme sensibilidad de las necesidades totales de riego con respecto al coeficiente de uniformidad establecido en el diseño agronómico. Un coeficiente de uniformidad muy alto implica un menor uso de agua pero, como se verá más adelante, su diseño hidráulico es más complejo y probablemente implique el uso de emisores autocompensantes.

La Ecuación 10.9 implica que el 75 % de los árboles o plantas del cultivo reciben más agua que la mínima necesaria y que el 25 % restante recibe de forma "exacta" lo necesario (como caudal medio). Sin embargo de ese 25 %, la mitad recibirá más del caudal medio y la otra mitad menos de dicho caudal. Esto significa que el criterio de utilizar el Q_{25} en la Ecuación 10.9 implica que solo el 12.5 % de los árboles o plantas que conforman el cultivo reciben menos del agua necesaria para un correcto desarrollo y producción de la planta.

Por otra parte, 75 % de los árboles del cultivo recibe más agua de la necesaria. El valor de ese exceso de caudal depende del valor que se haya adoptado para el coeficiente de uniformidad. Por ejemplo, para un coeficiente de uniformidad del 90 %, el exceso será del 10 %, mientras que para un coeficiente de uniformidad igual a 70 % este exceso será del 30 %. Pero cuanto más alto sea el coeficiente de uniformidad adoptado para el cultivo, más costosa será la instalación de riego, dado que para que haya menos dispersión de caudales, las presiones deben ser lo más uniformes posibles a todo lo largo y ancho del cultivo. Este hecho implica mayores diámetros de tubería, laterales más cortos y/o mayor inversión en reguladores de presión.

En la Tabla 10.5 se muestran algunos valores del coeficiente de uniformidad recomendados para diferentes tipos de emisores, en terrenos de diferente pendiente, discriminados para climas áridos y climas húmedos.

Tabla 10.5 Valores recomendados de CU.

Emisores	Pendiente	C. árido	C. húmedo
Espaciados más de 4 m	$i < 2$ %	0.90-0.95	0.80 - 0.85
Cultivos permanentes	$i < 2$ %	0.85-0.90	0.75 – 0.80
Emisores espaciados 2.5 m o menos	$i < 2$ %	0.85-0.90	0.75 – 0.80
Cultivos permanentes	$i < 2$ %	0.80-0.90	0.70 – 0.80
Mangueras o cintas de exudación	$i < 2$ %	0.80-0.90	0.70 – 0.80
Cultivos anuales	$i < 2$ %	0.70-0.85	0.95 – 0.75

10.5.2 Factores que intervienen en el coeficiente de uniformidad

Los factores que intervienen en el coeficiente de uniformidad de un cultivo son los siguientes:

- Factores constructivos: los procesos de fabricación y los materiales utilizados causan diferencias en los caudales finales en los emisores. El efecto de los factores constructivos se engloba en el llamado coeficiente de variación por fabricación.
- Factores hidráulicos: las pérdidas de energía (altura) ocurridas a lo largo de todas las tuberías que conforman un sistema de RLAF y la topografía del terreno afectan el caudal final de cada emisor.
- Envejecimiento y obturaciones que ocurran en los emisores.
- Diferencias de temperatura en los diferentes laterales de riego y de un lateral en sí.

En general, a nivel del diseño del sistema de un RLAF solo se tienen en cuenta los dos primeros factores, cuyo efecto debe ser calculado.

Factores constructivos: coeficiente de variación por fabricación

El coeficiente de variación por fabricación de los emisores finales se define mediante la siguiente ecuación:

ECUACIÓN 10.17

$$CV = \frac{\sigma}{Q_m}$$

donde σ es igual a la desviación estándar, la cual se define mediante la Ecuación 10.18:

ECUACIÓN 10.18

$$\sigma = \sqrt{\frac{\sum_{i=1}^{n} (Q_i - Q_m)^2}{n}}$$

En la Ecuación 10.18 se tiene:

Q_i = caudal del emisor i de prueba
Q_m = caudal medio ($\Sigma Q/n$)
n = número de emisores de prueba

Para determinar el coeficiente de variación por fabricación se debe probar en el terreno un mínimo de 25 emisores finales. De acuerdo con este criterio, los emisores finales se clasifican en dos categorías:

- Categoría A: emisores de elevada uniformidad ($CV < 0.05$)
- Categoría B: emisores de baja uniformidad ($0.05 \leq CV < 0.10$)

Las pruebas para al menos los 25 emisores finales escogidos se deben hacer con una presión igual a la presión nominal, la cual es en general de 10 m. Regularmente, los caudales utilizados en las pruebas anteriores siguen una distribución normal, en la que si se representan las abscisas como los caudales y las ordenadas como las frecuencias en que estos se presentan, se obtiene una curva normal (Campana de Gauss) como la mostrada en la FIGURA 10.14.

La ecuación matemática de la curva normal está dada por la Ecuación 10.19:

ECUACIÓN 10.19

$$F = \frac{1}{\sigma\sqrt{2\pi}} e^{-\frac{1}{2}\left(\frac{Q-Q_m}{\sigma}\right)^2}$$

la que tiene características muy definidas, tales como las siguientes:

- La frecuencia máxima corresponde al valor medio de las abscisas.
- El 68.27 % de los casos está comprendido entre $(Q_m - \sigma)$ y $(Q_m + \sigma)$.

Teniendo en cuenta esta última característica y la Ecuación 10.17 para el caso de la prueba de los goteros, este intervalo se puede expresar mediante la siguiente ecuación:

ECUACIÓN 10.20
$$[(1-CV)Q_m, (1+CV)Q_m]$$

Análogamente, el Q_{25} puede expresarse mediante la siguiente ecuación:

ECUACIÓN 10.21
$$Q_{25} = (1 - 1.27CV)Q_m$$

Por último, al sustituir la Ecuación 10.21 en la Ecuación 10.9 se obtiene:

ECUACIÓN 10.22
$$CU_c = (1 - 1.27CV)$$

donde:

CU_c = coeficiente de uniformidad debido a factores constructivos

Una forma de explicar las ecuaciones antes descritas se muestra a continuación: ¿A qué coeficiente de uniformidad corresponde el valor de CV de cambio entre las categorías A y B antes mencionadas ($CV = 0.05$)?

$$CU_c = (1 - 1.27 \times 0.05) = 0.94$$

Es decir, la categoría A tiene coeficientes de uniformidad de construcción mayores o iguales a 94 %.

El coeficiente de uniformidad debido a factores constructivos descrito mediante la Ecuación 10.22 corresponde al caso en que a cada una de las plantas del cultivo llega uno y solo un emisor final. Si a una misma planta o árbol llega más de un emisor, la Ecuación 10.22 cambia a la siguiente ecuación:

ECUACIÓN 10.23
$$CU_c = \left(1 - \frac{1.27CV}{\sqrt{n_e}}\right)$$

donde:

n_e = número de emisores por planta.

Factores hidráulicos

El coeficiente de uniformidad hidráulico está definido mediante la siguiente ecuación:

ECUACIÓN 10.24
$$CU_H = \frac{Q_{mp}}{Q_m}$$

donde:

Q_{mp} = caudal del emisor sometido a menor presión.

El caudal del emisor final sometido a menor presión se calcula teniendo en cuenta la curva del emisor suministrada por el fabricante o construida según los emisores comprados para el cultivo objeto del diseño. En el Ejemplo 10.4 se muestra la forma de calcular el coeficiente de uniformidad hidráulico para el caso de un emisor autocompensante.

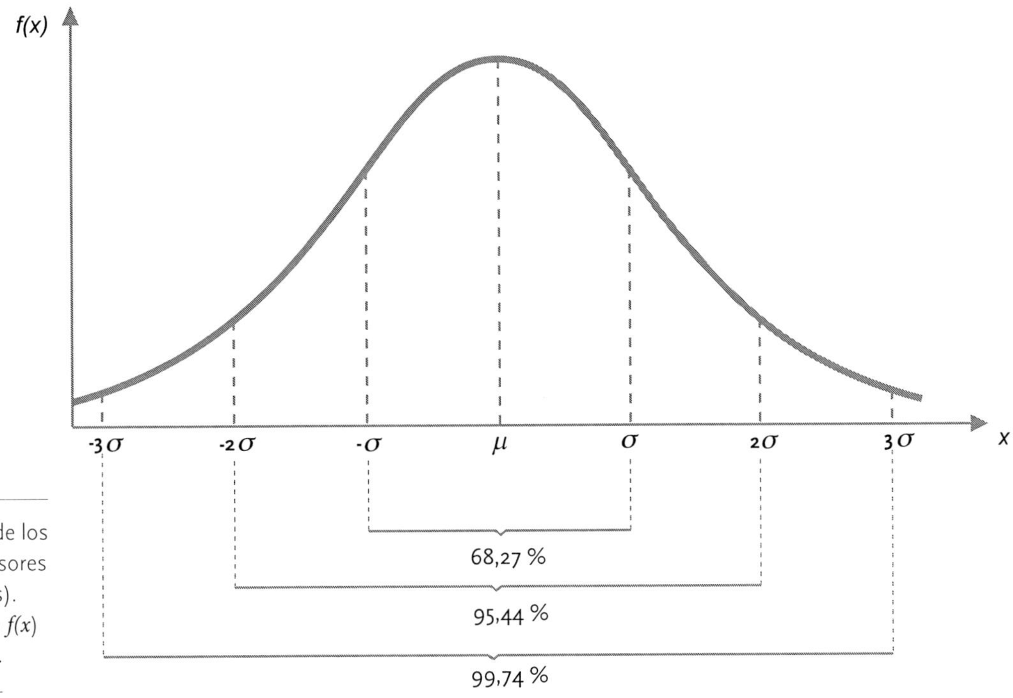

Figura 10.14 Distribución de los caudales de prueba de emisores finales (Campana de Gauss). En x se encuentra el Q y en $f(x)$ la frecuencia de ocurrencia.

EJEMPLO 10.4

Coeficiente de uniformidad hidráulico

La ecuación de un emisor final es $Q = 0.57h^{0.53}$ para el caudal en L/h y h en m. Calcule el coeficiente de uniformidad hidráulico si la presión media es 10 m y la mínima 8.7 m.

Solución:

Para 10 m:

$$Q_m = 0.57 \times 10^{0.53}$$
$$Q_m = 1.93 L/h$$

Para 8.7 m

$$Q_{mp} = 1.79 L/h$$

Luego:

$$CU_H = \frac{1.79}{1.93} = 0.93$$

Discusión:

Teniendo en cuenta la ecuación que describe el comportamiento hidráulico de un emisor final, es evidente que el coeficiente de uniformidad hidráulico depende del exponente de dicha ecuación, de forma que un exponente daría una mayor uniformidad para un rango de presiones dado.

Si se consideran los factores anteriores, el coeficiente de uniformidad se calcula como el producto entre el coeficiente de uniformidad por factores constructivos multiplicado por el coeficiente de uniformidad hidráulico:

ECUACIÓN 10.25

$$CU = CU_c \times CU_H$$

Si se reemplazan las Ecuaciones 10.23 y 10.24 antes establecidas en la Ecuación 10.25 se llega a la ecuación final para el coeficiente de uniformidad:

ECUACIÓN 10.26

$$CU = \left(1 - \frac{1.27CV}{\sqrt{n_e}}\right)\frac{Q_{mp}}{Q_m}$$

Esta última ecuación sirve para calcular el caudal de mínima presión, el cual, junto con la curva del emisor final, sirve para determinar la presión mínima que se puede tener en uno de los submódulos de riego. Por consiguiente, la verdadera incógnita de la Ecuación 10.26 es el caudal de mínima presión, que depende del coeficiente de uniformidad, del caudal medio y del número de emisores de planta, datos que provienen del diseño agronómico del cultivo y del coeficiente de variación por fabricación de los emisores finales, el cual está dado por el fabricante o se encuentra mediante pruebas hechas en el cultivo.

A continuación se describe el proceso que debe seguirse para el diseño hidráulico de sistemas de RLAF, teniendo en cuenta lo establecido anteriormente.

10.6 DISEÑO HIDRÁULICO DE SISTEMAS DE RLAF

10.6.1 Secuencia del diseño hidráulico

En el diseño de un sistema de RLAF los cálculos hidráulicos se realizan posteriormente al diseño agronómico, considerando otros factores tales como las características de los emisores disponibles en el mercado, la topografía del terreno a regar, la elevación de la fuente de agua, los caudales disponibles en la fuente de agua, etc. El proceso de cálculo sigue el diagrama mostrado en la FIGURA 10.15.

A partir del diagrama, el primer paso es calcular la tolerancia de caudales. Para conseguir la uniformidad del riego exigida por el diseño agronómico, la relación entre el caudal del emisor de mínima presión (Q_{mp}) y el caudal medio (Q_m) no debe ser inferior a un cierto valor, el cual es función del coeficiente de uniformidad (CU), del número de emisores finales por planta (n_e) y del coeficiente de variación por fabricación (CV).

Una vez conocida esta tolerancia y teniendo en cuenta la ecuación del emisor final:

ECUACIÓN 9.1

$$Q = kh^x$$

se determina la tolerancia de presiones. Los cálculos anteriores son comunes para toda la instalación de riego. A partir de ellos, el cálculo se desarrolla de forma independiente para cada uno de los submódulos que conforman el cultivo, el cual corresponde a la superficie del cultivo dominado por un regulador de presión.

Las variaciones de presión que se produzcan aguas arriba del regulador de presión son controladas por este y, por tanto, no modifican la presión de trabajo de los emisores finales, obviamente dentro de ciertos límites y siempre y cuando la presión aguas arriba del regulador supere el mínimo necesario. En cambio, aguas abajo del regulador de presión, debido a las pérdidas de energía y la topografía, los distintos emisores de un mismo submódulo estarán sometidos a presiones diferentes. En consecuencia, la uniformidad del riego depende de lo que ocurra en el submódulo, debiendo diseñarse esta parte del cultivo de forma independiente.

Para el diseño de un submódulo se deben combinar los cálculos con la distribución en planta de toda la red de riego. Cualquiera que sea el procedimiento de la selección de la topología de esta red, los cálculos hidráulicos consisten en determinar primero los caudales de los laterales y los múltiples de riego para, posteriormente, teniendo en cuenta la tolerancia de las presiones, calcular para las mismas tuberías los diámetros y el régimen de presiones. Esta es la parte más complicada del diseño hidráulico. El cálculo hidráulico del resto del sistema (tuberías secundarias y tuberías primarias) es muy parecido al diseño de cualquier red abierta tradicional, como las estudiadas en el Capítulo 6.

La distribución de presiones en un submódulo de riego puede ser similar a la presentada en la FIGURA 10.16.

La descripción de cada una de las variables de la FIGURA 10.16. es la siguiente:

H_i = altura a la entrada del submódulo (m)
H_{mm} = altura mínima en el múltiple (m)
H_{min} = altura mínima en todo el submódulo (m)
Q_m = caudal medio de los emisores (m)
H_m = altura correspondiente al anterior caudal (m)
Q_L = caudal de entrada al lateral (L/s)
S_L = distancia entre laterales (m)
S_e = distancia entre emisores (m)

10.6.2 Cálculo del caudal por planta y el caudal total

Como paso previo al diseño hidráulico de los submódulos se debe determinar el caudal de riego por cada una de las plantas y el caudal total del submódulo. Estos caudales están influenciados por los criterios agronómicos sobre consumo de agua, tipo de suelo en el que se localiza el cultivo, tamaño del cultivo y número de estaciones de riego posibles en el cultivo.

A su vez, el caudal total de la respectiva estación de riego dependerá del número de submódulos que se rieguen simultáneamente, del tiempo de bombeo deseado y del número total de árboles o plantas con riego simultáneo. Todo lo anterior se ilustra en el Ejemplo 10.5.

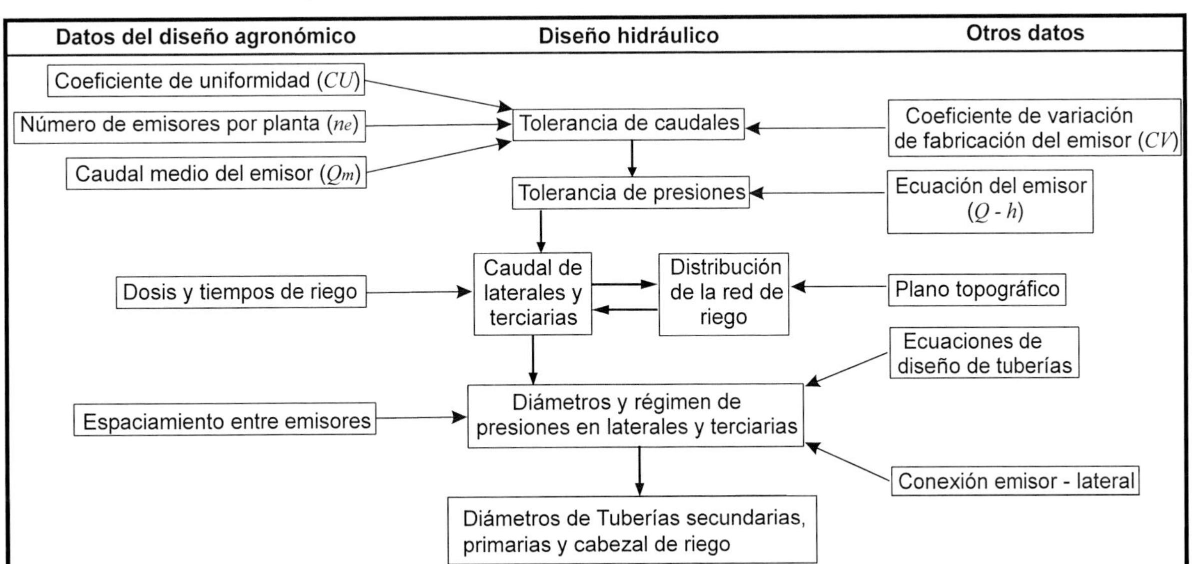

Figura 10.15 Secuencia del diseño hidráulico de un sistema de RLAF.

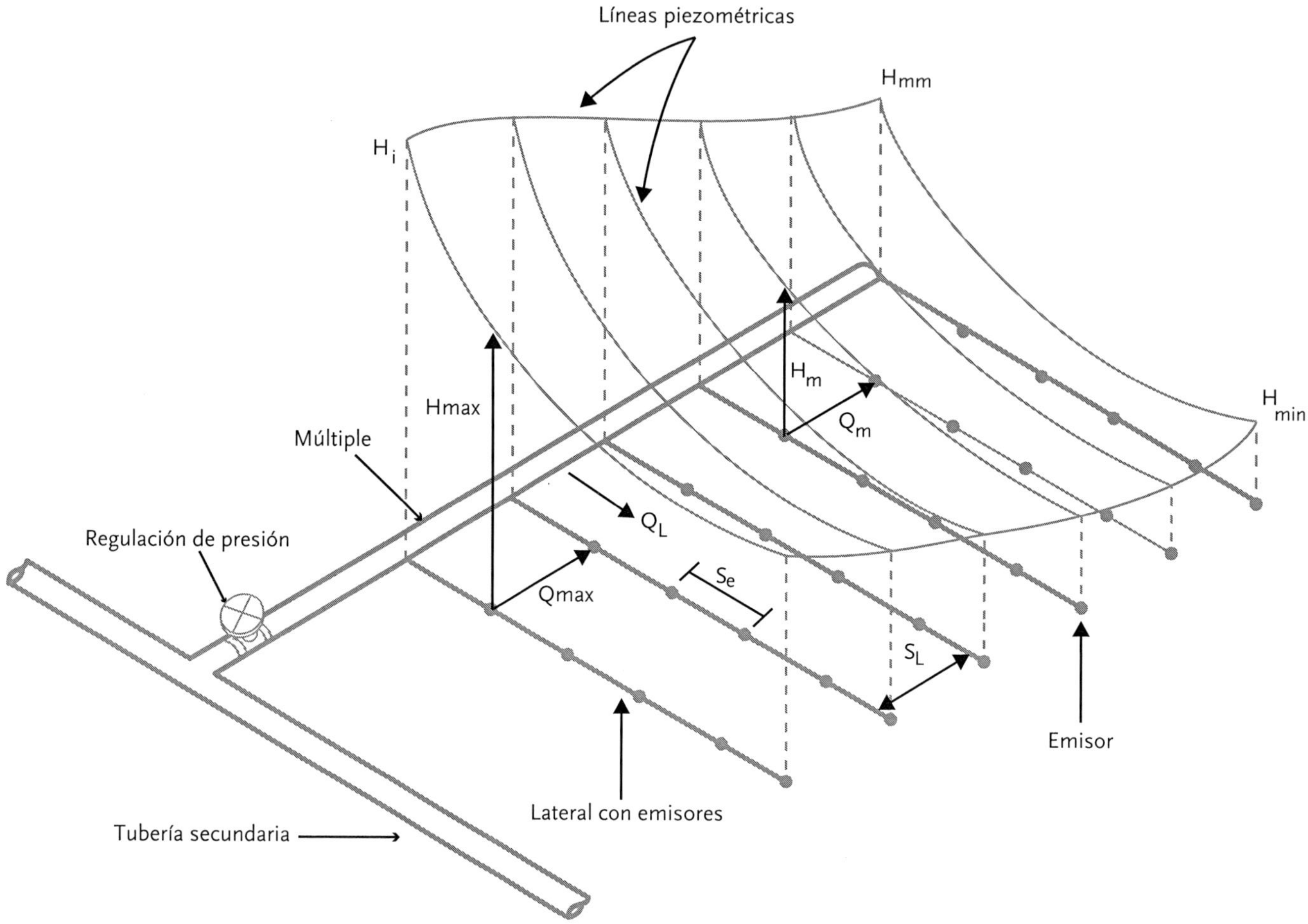

Figura 10.16 Distribución de alturas en los emisores finales de un submódulo de riego.

EJEMPLO 10.5

Cálculo de caudal de riego y tipo de emisores

En un cultivo agroindustrial se tienen 9500 árboles de mango, distribuidos en 25 submódulos más o menos iguales. El volumen de agua que debe suministrarse a cada árbol es de 60 L cada dos días (como máximo). El tiempo de riego deseado es de 8 horas diarias durante 5 días. Calcule el caudal por árbol, el tipo y número de goteros por árbol, el tiempo de riego y número de submódulos regados de forma simultánea, si el terreno permite un caudal máximo por gotero de 0.4 L/min.

Solución:

Caudal total

$$Q_{total} = \frac{60\,litros}{2\,días \times árbol} \times 9500\,árboles = 570\,000\,\frac{litros}{2\,días}$$

$$Q_{total} = 285\,000\,\frac{L}{días} = 285\,000\,\frac{L}{8 \times 3600s} = 9.9\,\frac{L}{s}$$

$$Q_{total} = 10\,\mathrm{L/s}$$

Caudal por módulo

$$\text{árboles / submódulo} = \frac{9500\,árboles}{25\,submódulos} = 380\,\frac{árboles}{submódulo}$$

El consumo total (volumen) de estos árboles es:

$$380 \text{ árboles} \times 60 \text{ litros} = 22\,800 \text{ litros}$$

Utilizando el caudal total:

$$t = \frac{22800L}{10L/s} = 2280s = 38\,m$$

Es decir, se requieren (1.58 L/min 0.4 L/min) ≈ 4 goteros de 0.4 L/min = 24 L/h por árbol. Estos goteros pueden ser muy costosos. Luego se debe probar la alternativa de regar, por ejemplo, 3 submódulos al tiempo. En este caso:

$$\#\ \text{árboles} / 3\ submódulos = \frac{9500\ \acute{a}rboles}{25\ subm\acute{o}dulos} \times 3\ subm\acute{o}dulos = 1140 \text{ árboles}$$

El volumen de agua de consumo total de estos árboles es:

$$1140 \text{ árboles} \times 60\ L = 68\,400 \text{ L}$$

Nuevamente, utilizando el caudal total de la bomba:

$$tiempo\ de\ riego \quad t = \frac{68\,400\text{ L}}{10\ L/s}$$

$$t = 114 \text{min}$$

El caudal por árbol es:

$$Q_A = \frac{60 \text{ L}}{114 \text{ min}} = 0.526 \frac{L}{\text{min}}$$

Luego, se podrían colocar:

$$\frac{0.526\,L/\text{min}}{0.075\,L/\text{min}} \approx 7.0$$

Es decir, 7 goteros de 0.075 L/min = 4.5 L/h, los cuales requerirían un tiempo de riego de 114 min. Sin embargo, se podrían utilizar 4 goteros de 8 L/h, obteniéndose:

$$Q_A = 4 \times 8 \frac{L}{h} = 32 \frac{L}{h} = 0.533 \frac{L}{\text{min}}$$

Con lo cual el tiempo de riego es:

$$t = \frac{60L}{0.533 \frac{L}{\text{min}}} = 112.5 \text{min}$$

Esto, a su vez, representa un mejor diseño desde el punto de vista del mercado de emisores finales.

Discusión:

En el ejemplo resultan claras dos cosas respecto al diseño de los sistemas de riego localizado de alta frecuencia. En primer lugar, su dependencia de los emisores finales existentes en el mercado. Y en segundo lugar, el impacto que tiene el diseño agronómico del cultivo.

10.6.3 Cálculo de la tolerancia de caudales

La tolerancia de caudales se calcula mediante la ecuación del coeficiente de uniformidad:

ECUACIÓN 10.26

$$CU = \left(1 - \frac{1.27CV}{\sqrt{n_e}}\right)\frac{Q_{mp}}{Q_m}$$

En esta etapa del diseño se conoce el coeficiente de uniformidad, el cual es elegido durante el diseño agronómico del cultivo. De igual manera, se conoce el coeficiente de variación por fabricación, el número de emisores por árbol y el caudal medio. Por consiguiente, la única incógnita en la Ecuación 10.26 es el caudal de mínima presión. La relación entre el caudal de mínima presión y el caudal medio es la tolerancia de caudales, la cual obviamente se puede calcular en la ecuación antes mencionada.

10.6.4 Cálculo de la tolerancia de presiones

Una vez conocidos el caudal de mínima presión y el caudal medio, es decir, la tolerancia de caudales, mediante la ecuación del emisor escogido se puede calcular la presión media y la presión mínima (como alturas), utilizando la siguiente ecuación:

$$h = \left(\frac{Q}{k}\right)^{1/x}$$

La diferencia de presión total en el conjunto del submódulo (ΔH) es proporcional a la diferencia entre la altura media y la altura mínima:

ECUACIÓN 10.27

$$\Delta H = M\left(h_m - h_{mp}\right)$$

donde:

M = factor empírico que depende del número de diámetros que se vayan a emplear en una misma tubería, ya sea múltiple o lateral. Por supuesto es un valor desconocido dado que no se conocen los diámetros del diseño

La experiencia en diseños de RLAF recomienda los siguientes valores para el factor M:

Tabla 10.6 Valores del factor *M*.

# de diámetros	M
1 diámetro	4.3
2 diámetros	2.7
3 diámetros	2.0

Sin embargo, como durante esta etapa todavía no se conocen los diámetros de los múltiples laterales, se recomienda utilizar un valor de M = 2.5. La Ecuación 10.27 permite calcular la máxima diferencia de alturas o presiones admisible en el múltiple y los laterales, es decir, en todo el submódulo de riego, de tal manera que se cumpla con el coeficiente de uniformidad establecido por el diseño agronómico del cultivo. Este valor se conoce como la tolerancia de presiones. Por consiguiente:

ECUACIÓN 10.28

$$\Delta H = H_{max} - H_{min}$$

donde:

H_{max} = altura máxima para todo el submódulo. Usualmente, pero no siempre, se encuentra a la entrada de este.

El caudal medio que debe emplearse en la Ecuación 10.26 es el caudal nominal dado por el fabricante. En el siguiente ejemplo se muestra la forma de calcular las tolerancias de caudales y presiones y la diferencia de presión total que puede ser perdida en un submódulo.

EJEMPLO 10.6

Cálculo de tolerancia de caudales y presiones

Para un sistema de riego se tienen los siguientes datos:

$Cu = 0.90$

$Q_m = 4$ L/h

$n_e = 4$

$CV = 0.04$

$Q = 1.38\, h^{0.45}$ ([Q]=L/h ; [h] = m)

Calcule las tolerancias de caudales y presiones y la altura máxima (ΔH) que puede ser perdida.

Solución:

Teniendo en cuenta los datos y la Ecuación 10.26 se calcula:

$$Q_{mp} = \frac{CU \times Q_m}{1 - \frac{1.27CV}{\sqrt{n_e}}} = \frac{0.90 \times 4}{1 - \frac{1.27 \times 0.04}{\sqrt{4}}}$$

$$Q_{mp} = 3.69\ L/h$$

Ahora:

$$h_m = \left(\frac{Q_m}{1.38}\right)^{\frac{1}{0.45}} = \left(\frac{4}{1.38}\right)^{\frac{1}{0.45}}$$

$$h_m = 10.64\ m$$

Luego, la altura de mínima presión es:

$$h_{mp} = 8.89\ m$$

Por consiguiente, la máxima altura que puede ser perdida es:

$$\Delta H = 2.5(h_m - h_{mp})$$
$$\Delta H = 2.5(10.64 - 8.89)$$
$$\Delta H = 4.37\ m$$

Si se multiplica por ρg, se obtiene la máxima presión que se puede perder:

$$\Delta P = 42\,837 \text{ Pa}$$

Discusión:

Este último resultado indica que en el módulo de riego la diferencia de altura piezométrica entre los puntos de presiones máxima y mínima es de 4.37 m, si se quiere respetar el criterio de uniformidad de riego establecido en el diseño agronómico. El diseño hidráulico entonces debe respetar esta diferencia de presiones.

10.6.5 Cálculo hidráulico de los submódulos: cálculo de múltiples y laterales de riego

El diseño del submódulo de riego comprende la distribución en planta de las tuberías terciarias (múltiples) y de los laterales de riego, la determinación de los caudales en estas tuberías, incluyendo el régimen hidráulico, y el cálculo de los diámetros de las tuberías y del régimen de presiones en todo el submódulo. El cálculo se inicia a partir de la presión mínima requerida para el emisor, la cual se extrae de la gráfica para este, por ejemplo la presentada en la **FIGURA 10.17**, o de la ecuación del caudal *versus* altura suministrada por el fabricante.

Con el valor de la mínima presión se calculan la altura a la entrada (H_i), la altura mínima en el múltiple de riego (H_{mm}), la altura mínima en todo el submódulo (H_{min}), y la altura correspondiente al caudal mínimo (H_m), cuyos valores deben cumplir con lo establecido en el cálculo de tolerancia de presiones. Una vez satisfechas estas condiciones, el cálculo se hace a la inversa. Se parte de la presión de entrada al submódulo (H_1) para calcular la altura correspondiente al caudal mínimo, la altura media, el caudal medio y el caudal mínimo. Con estos cálculos se comprueba que el coeficiente de uniformidad de riego no sea inferior al mínimo establecido.

El diseño no puede realizarse de forma directa, ya que requiere un proceso por tanteos tanto para la topología en sí del sistema de tuberías como para los diámetros finales de estas. Esto se debe a que de antemano no se conoce el punto del submódulo (emisor final) en el cual se va a tener la presión mínima y los cálculos pueden dar unos resultados no satisfactorios que obliguen a modificar la distribución en planta de los laterales y múltiples de riego y cambiar sus diámetros; se debe recordar que el proceso de cálculo es en esencia una comprobación de diseño, si se tiene un submódulo como el mostrado en la **FIGURA 10.18**.

El proceso de diseño se puede describir mediante los siguientes pasos:

1. Escoger los diámetros de las mangueras que van a conformar los laterales de riego, utilizando los disponibles en el mercado local. Escoger el diámetro del múltiple, el cual debe permitir una conexión adecuada con las mangueras que van a conformar los laterales de riego.
2. Escoger el emisor con las condiciones más adversas de presión (punto e_{11} de la **FIGURA 10.18**, por ejemplo). En general, se puede iniciar con el emisor más alejado del regulador de presión o punto de entrada al submódulo. Otra opción sería la de escoger el emisor o grupo de emisores más elevados, desde el punto de vista topográfico, del submódulo de riego. A este emisor se le asigna la presión mínima permisible.
3. A partir del emisor (o grupo de emisores) de mínima presión, calcular el lateral que lo (o los) contiene(n), teniendo en cuenta que este es un tubo en serie de diámetro conocido. Para el cálculo hidráulico se utilizan las siguientes ecuaciones:

Entre los emisores, las pérdidas por fricción se calculan de acuerdo con la ecuación de Darcy-Weisbach:

ECUACIÓN 1.38

$$h_f = f\,\frac{l}{d}\,\frac{v^2}{2g} = f\,\frac{l}{d}\,\frac{Q^2}{2gA^2}$$

Si se tiene en cuenta el esquema de la **FIGURA 10.18**, el caudal que debe ser colocado en la Ecuación 1.38 corresponde al caudal de los emisores localizados inmediatamente aguas abajo del emisor que está siendo calculado. Para el tramo entre los puntos e_{11} y e_{12} (que representa el segundo emisor del lateral 1), el caudal es el caudal de salida por el e_{11}, el cual corresponde al caudal mínimo. La presión en el emisor que se está calculando es:

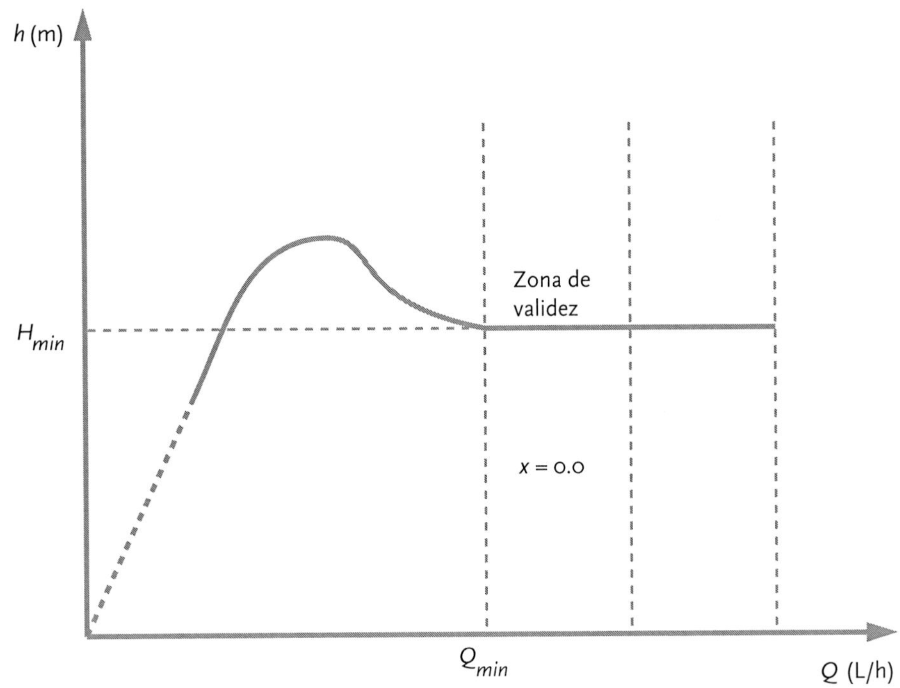

Figura 10.17 Curva caudal-altura para un emisor final mostrando el punto de altura y el caudal mínimos.

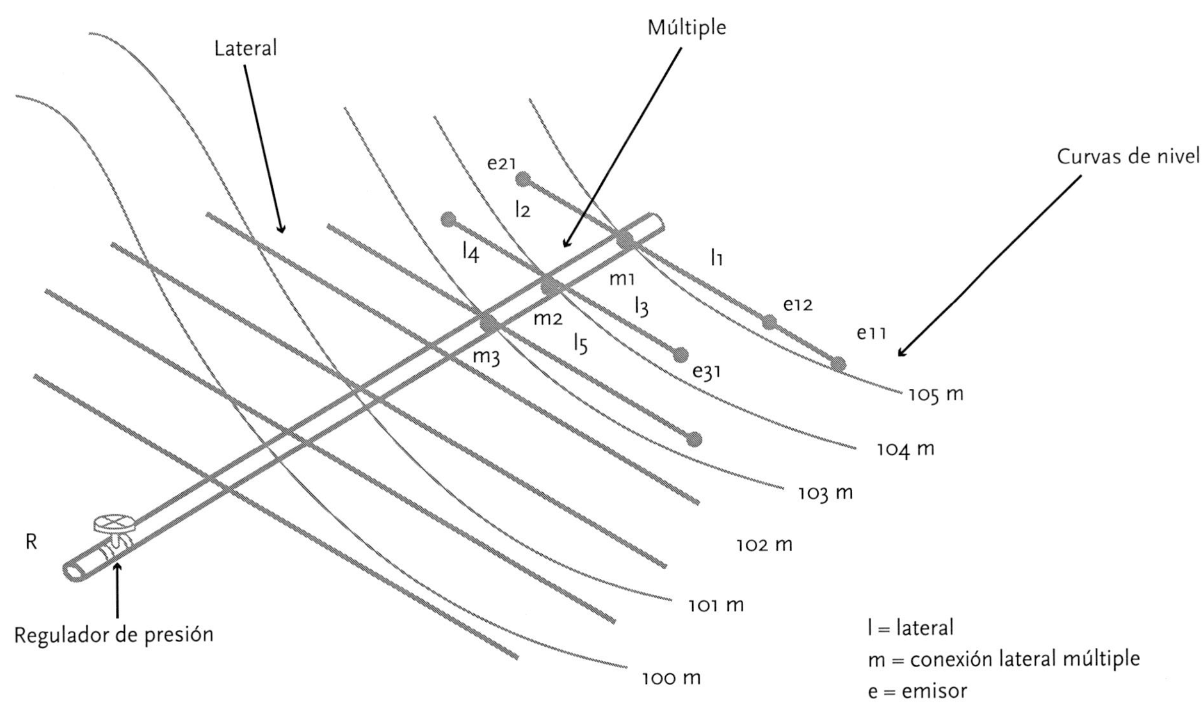

Figura 10.18 Esquema de un submódulo de riego; se muestran las curvas de nivel del terreno.

ECUACIÓN 10.29

$$h_i = h_{min} + \sum_{j=1}^{i-1} h_{fj}$$

y el caudal de salida para este emisor es:

ECUACIÓN 10.30

$$Q_i = kh_i^x$$

Se debe tener siempre presente que cada uno de los términos de pérdidas por fricción de la Ecuación 10.29 tiene un caudal diferente, el cual se calcula mediante la siguiente ecuación:

ECUACIÓN 10.31

$$Q_j = \sum_{i=1}^{j} Q_i$$

donde es evidente que los Q_i son los caudales individuales de los emisores. En la FIGURA 10.19 se muestra un esquema del cálculo de los caudales para cada uno de los tramos del lateral entre los emisores finales.

4. Mediante las ecuaciones anteriores se llega al cálculo de la presión del punto m_1, el cual corresponde a la unión entre el lateral que contiene el emisor de mínima presión e_{11} y el múltiple.
5. Conocida la presión en el punto m_1 se procede a calcular el siguiente lateral (l_2 en la FIGURA 10.18). En este caso, el proceso se tiene que hacer por tanteo dado que no se conoce el caudal que pasa por el lateral. Dicho proceso implica que:

- Se debe suponer una presión en el último emisor del lateral (e_{21}) en el caso de la FIGURA 10.18.
- Se debe calcular el lateral de la misma manera como se hizo en el caso anterior (pasos 1 a 4).
- Se debe comparar la presión en el múltiple (m_{1T}) con la encontrada en el paso 4. Si son diferentes se debe volver a calcular la altura en el último emisor del lateral que está siendo determinado, utilizando la Ecuación 10.32.

ECUACIÓN 10.32

$$\begin{cases} h_{m1} > h_{m1_T} \Rightarrow h_{e2i-1} + \Delta h \\ h_{m1} < h_{m1_T} \Rightarrow h_{e2i-1} - \Delta h \end{cases}$$

en donde el Δh es un dato que debe ser suministrado por el diseñador. El proceso se detiene cuando

ECUACIÓN 10.33

$$|h_{m1} - h_{m1T}| \leq E$$

Es decir, cuando la diferencia en dos iteraciones sucesivas del valor de la presión en el múltiple sea menor que un cierto error definido por el diseñador.

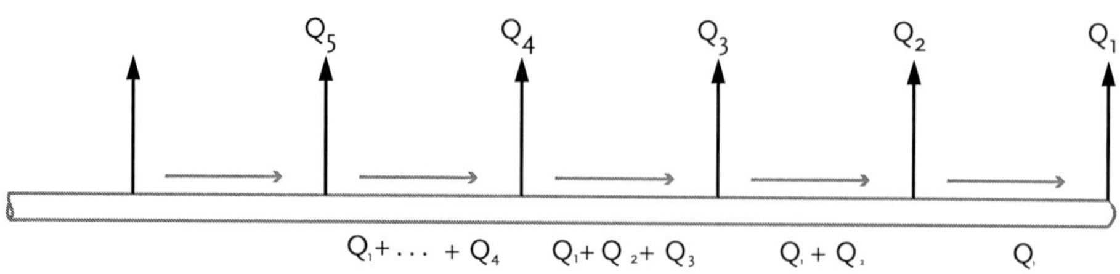

Figura 10.19 Esquema de cálculo de los caudales en un lateral de riego.

6. Con la presión calculada en el punto m_1 se determina la presión en el punto m_2 mediante la Ecuación 10.34:

ECUACIÓN 10.34

$$h_{m2} = h_{m1} + h_{fm1-m2}$$

donde la pérdida de altura debida a la fricción entre los puntos m_1 y m_2 (h_{fm1-m2}) se calcula de acuerdo con la Ecuación 10.35:

ECUACIÓN 10.35

$$h_{fm1-m2} = f\frac{l}{d_m}\frac{v^2}{2g} = f\frac{l}{d_m}\frac{Q^2_{m1-m2}}{2gA^2_m}$$

7. Con la presión m_2 se repite todo el proceso del paso 5 para los laterales m_3, m_4, y así sucesivamente.
8. El proceso se sigue hasta llegar al punto R, que corresponde al punto de entrada al submódulo, encontrándose el valor de la altura en ese punto.
9. Posteriormente se comprueba que en ningún punto, es decir, en ninguno de los emisores o grupos de emisores de alguna de las plantas del cultivo, la presión sea menor que la presión mínima permisible. De ocurrir esto, el proceso se debe reiniciar cambiando la presión del emisor del paso 1 (e_{11} en la FIGURA 10.18). En este caso se debe asignar la presión mínima a aquel emisor o grupo de emisores en los cuales el proceso haya dado esa presión menor que la mínima permisible.
10. Por último se calcula la tolerancia de presiones mediante la Ecuación 10.28 y la correspondiente tolerancia de caudales mediante la Ecuación 10.36.

ECUACIÓN 10.28

$$\Delta H = H_{max} - H_{min}$$

ECUACIÓN 10.36

$$\Delta Q = Q_{max} - Q_{min}$$

Los valores calculados en estas dos últimas ecuaciones se comparan con aquellos impuestos por el diseño agronómico (Ecuaciones 10.27 y 10.26 respectivamente). Si son muy diferentes es necesario cambiar los diámetros de múltiples y laterales y reiniciar el proceso.

En todos los pasos anteriores se debe tener siempre presente que en algunos tramos de los laterales y de los múltiples el flujo puede llegar a ser laminar. Por consiguiente, el cálculo del factor de fricción se debe hacer teniendo en cuenta la siguiente ecuación:

ECUACIÓN 1.45

$$f = \frac{64}{\mathrm{Re}}$$

Si el flujo es turbulento, obviamente para el cálculo del factor de fricción de Darcy se debe utilizar la ecuación de Colebrook-White:

ECUACIÓN 1.69

$$\frac{1}{\sqrt{f}} = -2\log_{10}\left(\frac{k_s}{3.7d} + \frac{2.51}{\mathrm{Re}\sqrt{f}}\right)$$

10.6.6 Cálculo de las tuberías primarias y secundarias

La definición de tuberías primarias y secundarias en un sistema de RLAF no está muy bien diferenciada. Algunas de las alternativas de definición son las siguientes:

Tubería primaria

- Tubería que llega a la estación de riego.
- Tubería que llega al inicio de los módulos de riego.
- Tubería que sigue la ruta crítica del sistema de riego.

Tubería secundaria

- Tubería que parte de la tubería primaria y llega a los submódulos de riego.
- Tubería que parte de los módulos de riego (controlados por los reguladores de caudal) y llega a los submódulos de riego (controlados por los reguladores de presión).

Sin embargo, estas diferencias de definición son irrelevantes para el diseño definitivo de la red de tuberías primarias y secundarias, el cual se hace siguiendo la metodología de diseño de tuberías matrices establecida en el Capítulo 6. Uno de los principales aspectos que deben considerarse antes de iniciar el diseño de una red de tuberías primarias y secundarias en un sistema de RLAF es si este va a trabajar por gravedad o por bombeo. El trabajo por gravedad es poco común y dado que en él se tendría una altura fija, el diseño sería sencillo. El trabajo por bombeo es el caso más común y, tal como se estableció en el Capítulo 4, se deben probar varias alternativas bomba-tuberías con el fin de escoger aquella combinación más económica.

En el trazado de la red, el cual debe hacerse antes de iniciar los cálculos hidráulicos, se deben tener en cuenta aspectos como: los obstáculos físicos en el cultivo (caminos, linderos, etc.), la alineación del mismo, la extensión de la finca, la localización de la fuente o fuentes de agua, el número de estaciones de riego y el número de submódulos que deben ser regados simultáneamente, es decir, los caudales simultáneos que deben ser tratados en la estación de riego.

Una vez se conozcan los aspectos antes mencionados se puede proceder al diseño hidráulico del sistema de tuberías primarias y secundarias.

Los pasos que se deben seguir para el diseño de las tuberías secundarias y primarias que conforman un sistema de RLAF se pueden resumir así:

1. Determinar el caudal de diseño teniendo en cuenta el número de submódulos que es necesario regar simultáneamente. Del diseño de estos, realizado en una etapa anterior, se conocen el caudal de entrada a cada submódulo y la altura requerida en la entrada.
2. Escoger la "ruta crítica", es decir, el conjunto de tuberías primaria-secundaria que más pérdidas de energía pueda producir, incluyendo las pérdidas por fricción, las pérdidas menores y la altura topográfica que es necesario vencer. Con esta ruta crítica se procede a hacer el diseño de las tuberías.
3. Una vez escogida la ruta crítica, se debe llevar a cabo el diseño de las tuberías principal y secundaria como una red abierta, en donde las incógnitas son los diámetros de dichas tuberías. Se puede utilizar la metodología de diseño de redes abiertas descrita en el Capítulo 6.
4. Por ejemplo, si se tiene en cuenta el esquema de tuberías primarias y secundarias que conforman la ruta crítica de un sistema de RLAF **FIGURA 10.20**, se pueden plantear las siguientes cuatro ecuaciones:

- Ecuación de conservación de la energía para la tubería AB
- Ecuación de conservación de la energía para la tubería BC
- Ecuación de conservación de la energía para la tubería BD
- Ecuación de conservación de la masa en la unión B

Las incógnitas del proceso son los tres diámetros para las tuberías AB, BC y BD y la altura en la unión B (H_B). Para este proceso es necesario conocer las posibles bombas disponibles comercialmente que puedan ser utilizadas en el sitio de riego. Se debe escoger la combinación bomba-tuberías de menor coste.

5. Una vez diseñadas las tuberías que conforman la ruta crítica, diseñar las tuberías que llegan a los demás módulos de riego, partiendo de la tubería principal ya diseñada. Como en esta etapa ya se conocen la bomba (con su curva de *Q versus H*) y el diámetro de la tubería principal, en cada diseño las incógnitas son:

- El diámetro de las tuberías
- Las alturas piezométricas de entrada a los submódulos, aguas arriba de los reguladores de presión, las cuales deben ser mayores, o a lo sumo iguales, a las presiones de entrada calculadas en el diseño de dichos submódulos

Como quiera que los caudales de riego son aproximadamente iguales para todos los submódulos, el punto de operación de la bomba, escogido por presentar una alta eficiencia, varía muy poco. Sin embargo, en cultivos con marcadas diferencias topográficas o con trazados que impliquen largas distancias desde la estación de riego hasta algunos de los submódulos, es posible regar simultáneamente más submódulos en las cercanías de la estación. En este caso, que implica un ahorro de energía, se debe tener cuidado con la escogencia de la bomba, dado que un mayor caudal puede significar bajas eficiencias en esta. De no hacerse así se estaría perdiendo una gran cantidad de energía en los reguladores de presión de los submódulos cercanos a la estación de riego, lo cual también es ineficiente.

10.7 EL PROGRAMA *RIEGOS*

Teniendo en cuenta todo lo descrito acerca del diseño hidráulico de sistemas de RLAF, en el Departamento de Ingeniería Civil y Ambiental de la Universidad de los Andes se desarrolló un programa que puede calcular y diseñar, desde el punto de vista del funcionamiento hidráulico, este tipo de sistemas. El trabajo de desarrollo del programa *RIEGOS* se dividió en dos etapas: en la primera se logró el desarrollo de un programa para el cálculo de los diferentes submódulos de riego, el cual tiene como resultado final el caudal y la presión a la entrada del submódulo (inmediatamente aguas abajo del regulador de presión) necesarios para su normal operación. En seguida se desarrollaron los algoritmos para el cálculo y diseño de las tuberías primarias y secundarias, se escribió el programa correspondiente, cuya capacidad permite hallar los diámetros de tuberías y potencia de las bombas para diferentes hipótesis de operación. El programa maneja sistemas de RLAF cuyos esquemas se asemejan al mostrado en la FIGURA 10.1.

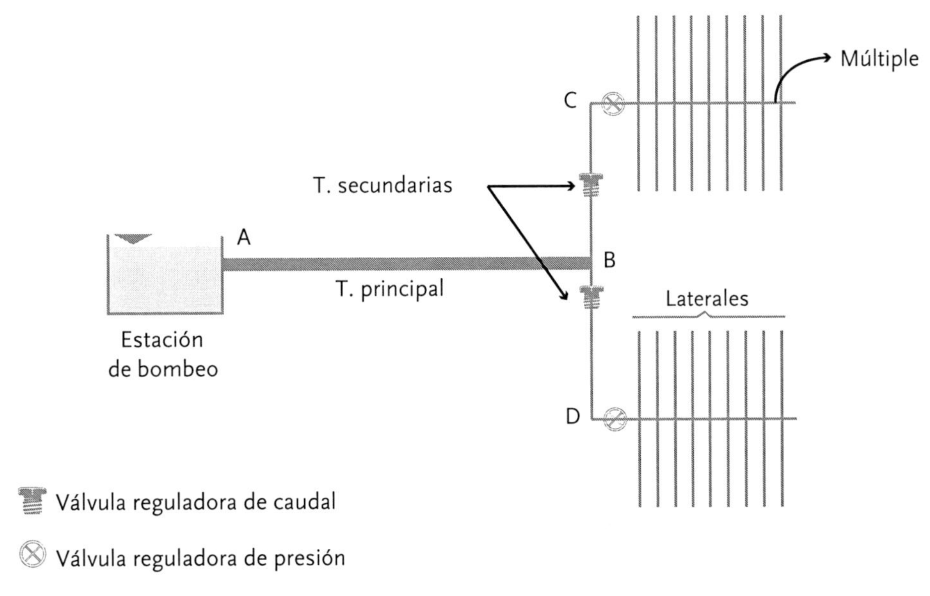

Figura 10.20 Esquema de tuberías primarias y secundarias de la ruta crítica de un sistema de RLAF.

10.7.1 Primera parte del programa RIEGOS: cálculo hidráulico de un submódulo de riego

Una vez conocida la altura de presión mínima en los emisores finales escogidos para el esquema de riego, esta se introduce al programa junto con la curva del emisor final para proceder con el cálculo de cada uno de los submódulos que conforman el cultivo objeto del diseño. El proceso empieza suponiendo la presión piezométrica mínima en el emisor más alejado del regulador de presión o inicio del submódulo, calculando el caudal entregado en cada emisor y las pérdidas de energía por fricción hacia aguas arriba. Ello significa que el proceso se divide en el cálculo de cada uno de los laterales de riego desde aguas abajo hacia la entrada del submódulo, acumulando el caudal sobre el múltiple, para ir reuniendo la altura de presión total. A continuación se describen en detalle los diversos algoritmos que conforman esta primera parte del programa RIEGOS.

Algoritmo para el cálculo de un lateral de riego

Un lateral de riego puede calcularse cuando se conoce la altura piezométrica mínima aguas abajo o bien la altura máxima a su entrada (unión entre el lateral que se está estimando y el múltiple de riego). El algoritmo correspondiente se muestra en el Diagrama de Flujo 10.1. En la FIGURA 10.21 se muestra un esquema del proceso de cálculo.

El Diagrama de Flujo 10.1 corresponde al caso de la presión piezométrica mínima localizada en el último emisor del lateral. En dicho caso se calcula el caudal emitido en el último emisor. Con este caudal se calcula la pérdida de energía a lo largo del lateral entre el último emisor y el siguiente aguas arriba, obteniendo la altura piezométrica en este punto. Por lo tanto, se conoce la altura piezométrica neta en el penúltimo emisor y el caudal allí emitido. El caudal acumulado (sumatorio de los caudales emitidos hasta el momento), por ecuación de continuidad, se utiliza como el caudal antes del penúltimo emisor para calcular de nuevo la pérdida de energía hasta el siguiente emisor aguas arriba. El proceso continúa hasta que se llegue a la entrada del lateral aguas arriba (punto de unión entre el lateral y el múltiple).

Cuando se conoce la altura de presión aguas arriba, en el punto de unión entre el lateral de riego y el múltiple, se utiliza un proceso iterativo de ensayo y error en el cual se supone una altura aguas abajo y se realiza el cálculo con el algoritmo anterior, comparando al final la altura de presión a la entrada con aquella que se conoce de antemano. El proceso se repite corrigiendo la suposición inicial hasta que el error sea mínimo. Este proceso se ilustra en el Diagrama de Flujo 10.2.

Algoritmo para el cálculo de un múltiple

El cálculo del múltiple de riego que conforma un submódulo se realiza de forma similar a un lateral. Se inicia con el cálculo del lateral más alejado aguas abajo, dirigiéndose hacia aguas arriba, se acumula el caudal que sale por cada lateral y se hallan las pérdidas de energía en cada tramo de tubería hasta llegar a la entrada al submódulo, punto donde se ubica el regulador de presión.

Al final, cuando se han calculado todos los laterales se debe comprobar que ningún punto esté por debajo de la altura de presión mínima, lo cual puede ocurrir en los puntos altos de una topografía bastante quebrada. En caso de que se presente un punto por debajo de la altura mínima de operación, el proceso vuelve a realizarse, pero la suposición de la altura en el último emisor aumenta. En principio, la presión piezométrica en el último emisor se incrementa en la misma cantidad en que la presión del emisor de mínima presión caiga por debajo de la presión mínima requerida por el diseño agronómico.

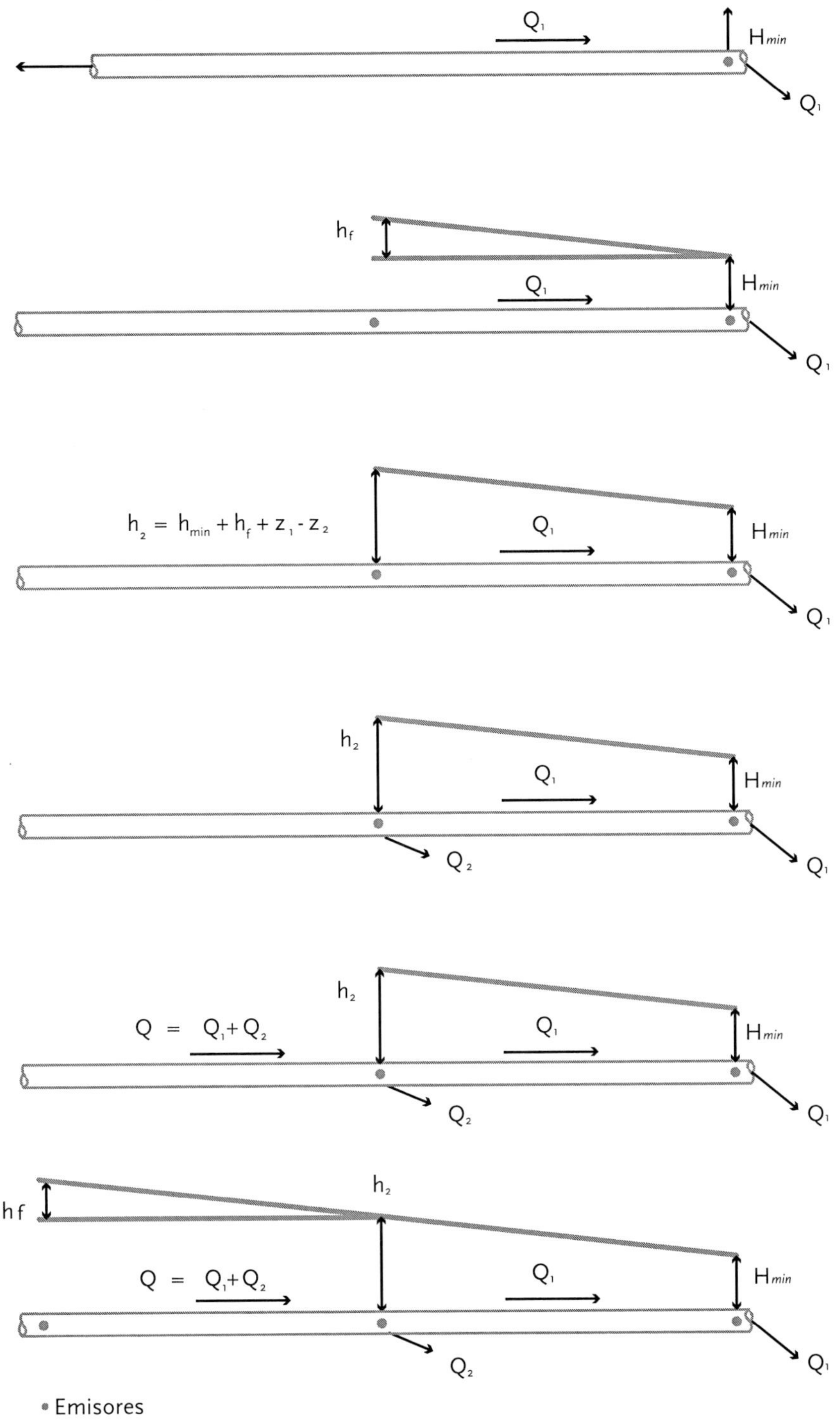

Figura 10.21 Avance del algoritmo de cálculo de un lateral de riego.

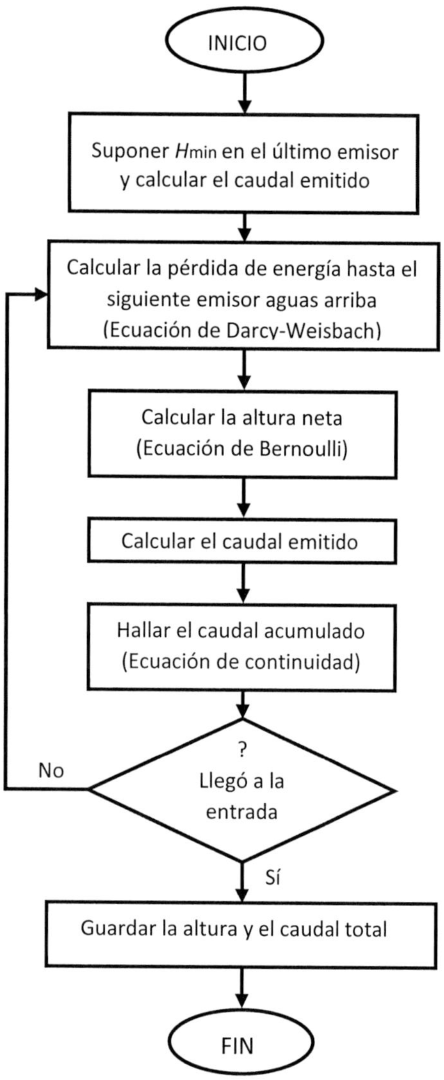

Diagrama de Flujo 10.1
Cálculo de un lateral conociendo la altura aguas abajo.

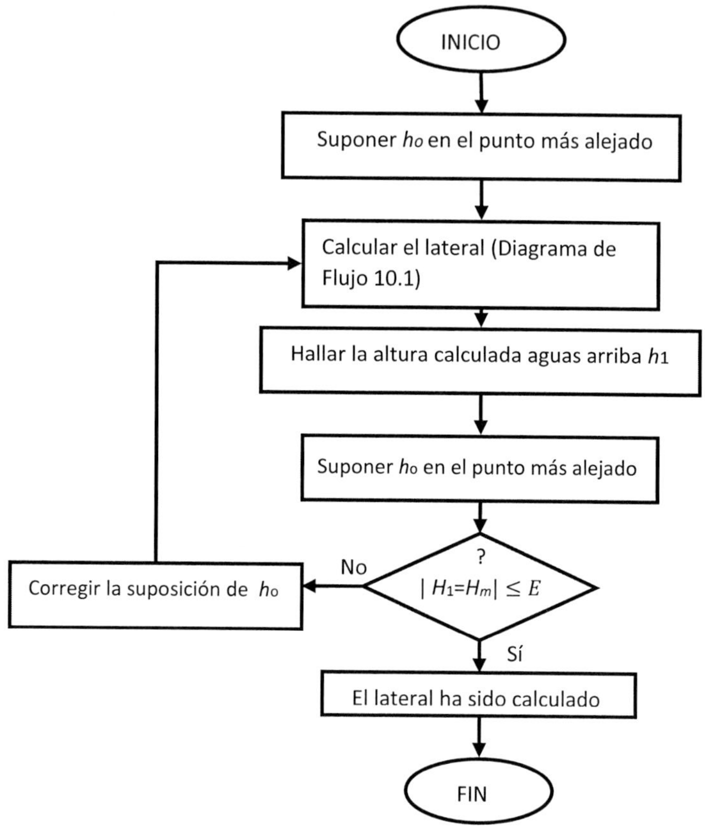

Diagrama de Flujo 10.2
Cálculo de un lateral conociendo la altura aguas arriba.

La presión piezométrica total y el caudal obtenidos aguas arriba, sitio donde se coloca el regulador de presión, son los datos más importantes ya que indican la altura piezométrica que se debe obtener en la entrada, aguas abajo del regulador de presión, y el caudal total a suministrar en el submódulo. Estos valores para cada uno de los submódulos que conforman el esquema de riego se utilizan posteriormente para el diseño de las tuberías primarias y secundarias. En el Diagrama de Flujo 10.3 se esquematiza el proceso del cálculo del múltiple de riego y de la totalidad de un submódulo.

Diseño de un submódulo de riego

Si bien los anteriores algoritmos permitirían llegar a un diseño factible de un submódulo, en el Epígrafe 9.4 se presentó una metodología de diseño óptimo de tuberías en serie con demandas dependientes de la presión (Pressure Driven Model) que puede ser ajustada para el diseño de redes con topología abierta cuya demanda también es dependiente de la presión, como es el caso de un submódulo de riego.

Para ello, inicialmente se debe notar que en el caso de una red con topología abierta y demandas independientes de la presión, los caudales que pasan por los tubos pueden ser calculados sin necesidad de conocer los diámetros de las tuberías y, por lo tanto, este cálculo puede realizarse de manera previa al diseño en sí del sistema. Esto permite hacer uso

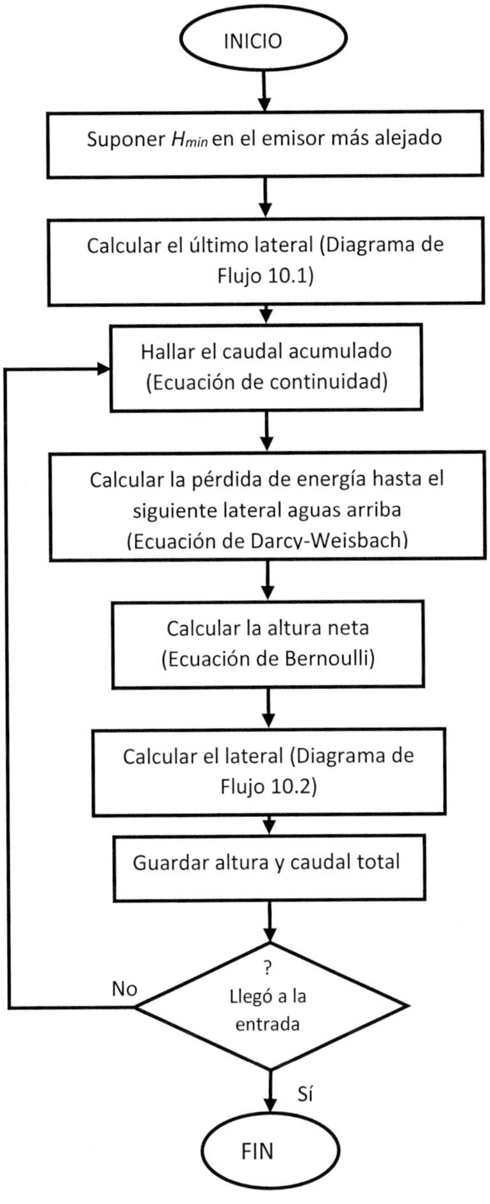

Diagrama de Flujo 10.3
Cálculo de un múltiple y de la totalidad del submódulo.

de la formulación lineal presentada en el Epígrafe 9.4.1, dado que esta requiere conocer el término de pérdidas totales en cada tubo de la red para todos los posibles diámetros que dicho tubo pueda tener. Esto se realiza haciendo uso de la Ecuación 7.11 para cada diámetro, una vez se conocen los demás parámetros de la tubería y el caudal que fluye por esta. Es decir que el diseño óptimo, no solo de tuberías en serie, sino también de redes con topología abierta con demandas independientes de la presión, es un problema resuelto mediante PLE, permitiendo encontrar siempre el óptimo global (Saldarriaga *et al*, 2013).

De esta manera, la metodología de diseño de redes abiertas con demandas dependientes de la presión consiste en extender la metodología de diseño de tuberías en serie con demandas dependientes de la presión ya presentada. Para ello se inicia con una suposición de la superficie de presiones, que de acuerdo con lo presentado en Páez et al. (2013) pueden ser las presiones mínimas asignadas a cada nudo, tal como se esquematiza en la **FIGURA 10.22**.

Una vez se tiene la superficie de presiones sobre el sistema se calculan los caudales que se emitirían en cada nudo si efectivamente se presentase la presión asignada por dicha superficie. Así, se podría utilizar cualquier función de caudal emitido en un nudo que cumpla con que esta únicamente dependa de la presión en dicho nudo, aunque para el caso de las RLAF esta siga la ecuación del emisor típica.

Dada la forma dendrítica de los submódulos, que no es más que un caso especial de una red abierta, si se conocen los caudales de salida en los nudos se pueden calcular los caudales que fluyen por los tubos como la suma de los caudales emitidos aguas abajo de cada tubería. Así, se tiene una estimación de los caudales de diseño de cada tubería, lo cual es el insumo principal de la metodología basada en PLE.

Con dichos caudales se hace uso de la formulación lineal del Capítulo 9, la cual escribe la función objetivo a minimizar (función de costes constructivos del sistema) como una función lineal respecto a las variables de decisión binarias que tienen valor 1.0 si el tubo que va de nudo a nudo tiene asignado el diámetro y son 0.0 de lo contrario. Así mismo escribe como funciones lineales las restricciones del problema correspondientes a la restricción de presiones mínimas y a la unicidad de la solución (solo un diámetro puede asignarse a cada tubería).

Finalmente, mediante el algoritmo de *branch and bound* se resuelve dicho problema de optimización de forma explícita para los caudales calculados, de manera que como resultado se obtiene una configuración de diámetros que sería la óptima global si los caudales calculados fuesen fijos y no dependientes de la presión. Sin embargo, dado que esta configuración de diámetros genera una nueva superficie de presiones, los caudales anteriormente estimados deben ser reajustados para asegurar que efectivamente se cumpla con la presión mínima requerida.

Teniendo en cuenta este último aspecto hidráulico, la metodología recalcula los caudales con las presiones correspondientes al diseño encontrado mediante la última ejecución de *branch and bound* y de nuevo plantea el problema de forma lineal para volver a resolverlo con dicho algoritmo para así reajustar aquellos diámetros que sean necesarios para cumplir con todas las restricciones. Este paso se debe repetir hasta que se cumpla con todas las restricciones del problema, resumidas siempre en la presión mínima de cada nudo.

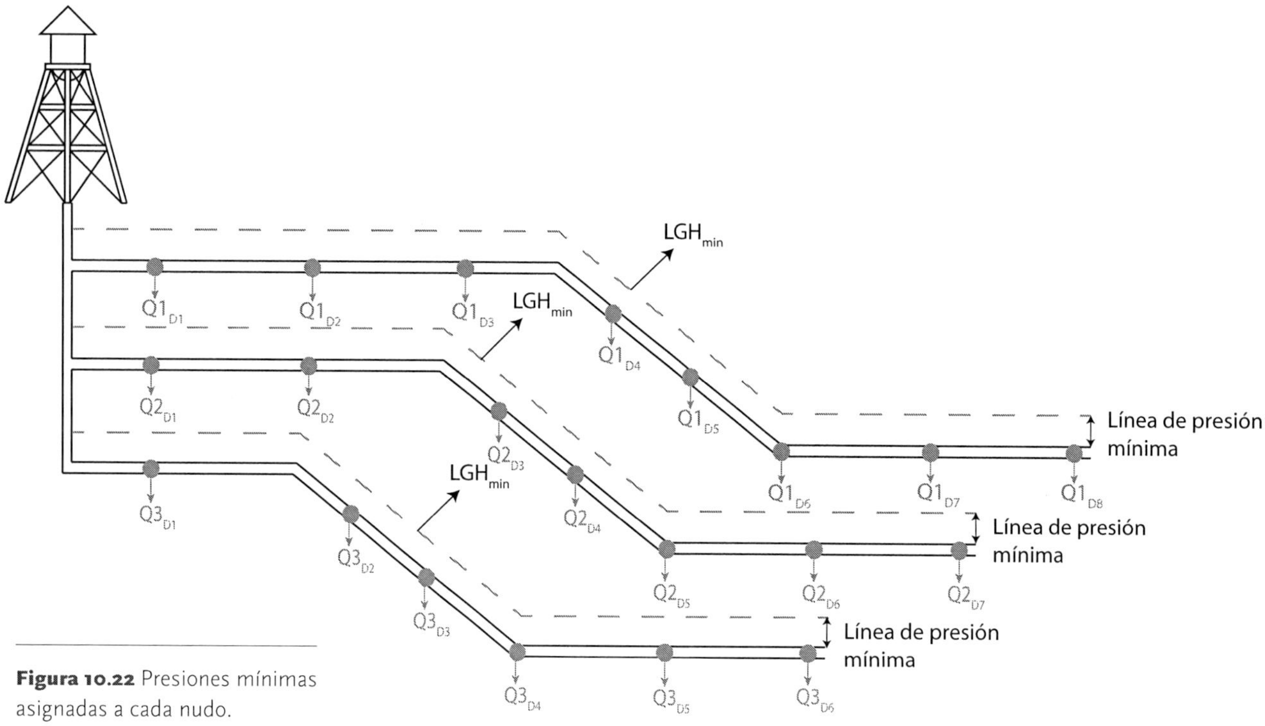

Figura 10.22 Presiones mínimas asignadas a cada nudo.

Se debe notar que para la implementación de esta metodología se hace uso del Diagrama de Flujo 9.2, inicialmente presentado para series de tuberías.

Presentación del programa RIEGOS. Primera parte: cálculo de un submódulo

Como se mencionó antes, el programa RIEGOS es una aplicación desarrollada en su totalidad en el Departamento de Ingeniería Civil y Ambiental de la Universidad de los Andes en Bogotá, Colombia. El programa fue desarrollado originalmente en lenguaje Delphi para Windows. El resultado es una aplicación en ambiente Windows que permite el diseño y análisis de sistemas de RLAF. El programa utiliza una serie de ventanas de diálogo que permiten una fácil interacción con el usuario. Tanto los datos de entrada como los de salida se presentan en este tipo de ventanas. Además, el programa presenta de forma gráfica los resultados, de manera que el usuario puede identificar rápidamente el punto de menor presión en cada uno de los submódulos de riego. Los datos de salida también pueden guardarse en archivos de tipo texto que luego pueden ser leídos por programas como AutoCAD o por sistemas de información geográfica (SIG). La FIGURA 10.23 muestra la ventana de presentación del programa.

El programa permite incorporar al cálculo y al diseño tuberías de diferentes materiales, tanques de altura constante, estaciones de bombeo con sus curvas características, diferentes tipos de emisores finales con sus curvas de caudal *versus* altura de presión, puntos de localización de cada una de las plantas que conforman el cultivo con sus respectivas cotas, presión mínima requerida, y todas las condiciones establecidas en el diseño agronómico referentes a caudales, tiempos y horarios de riego. Todos estos datos son introducidos y modificados en sencillas ventanas de diálogo, las cuales van actualizando la presentación gráfica. A modo de ejemplo, la FIGURA 10.24 ilustra la ventana principal del programa y, superpuesta a esta, la ventana para entrada y edición de las tuberías que conforman la red de riego.

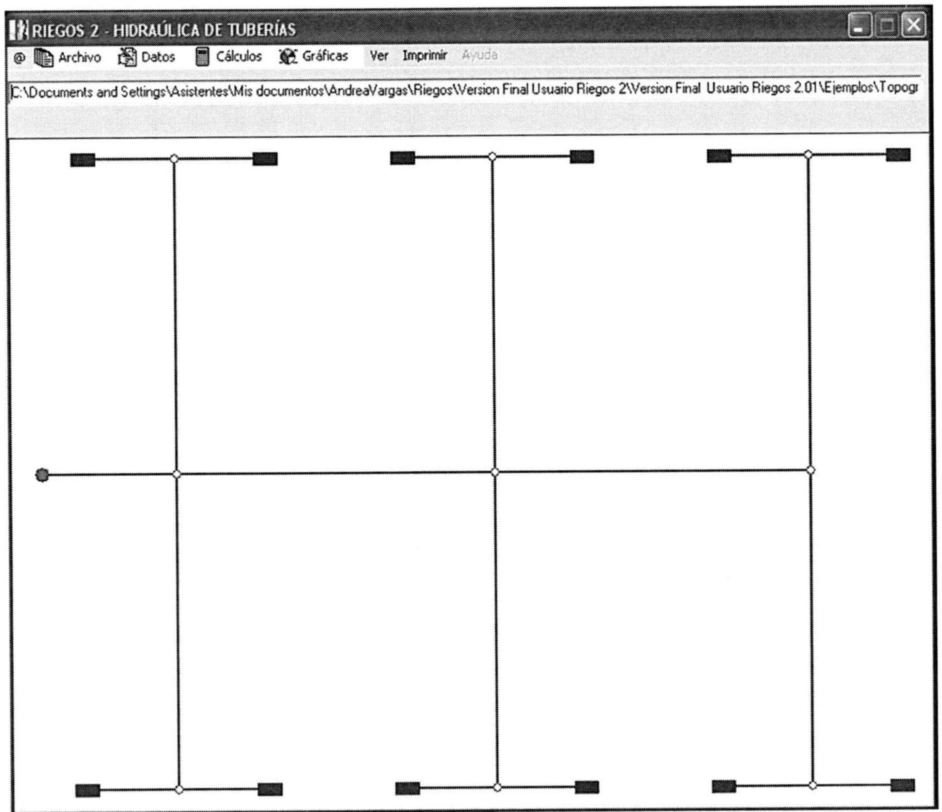

Figura 10.23 Ventana de presentación del programa RIEGOS.

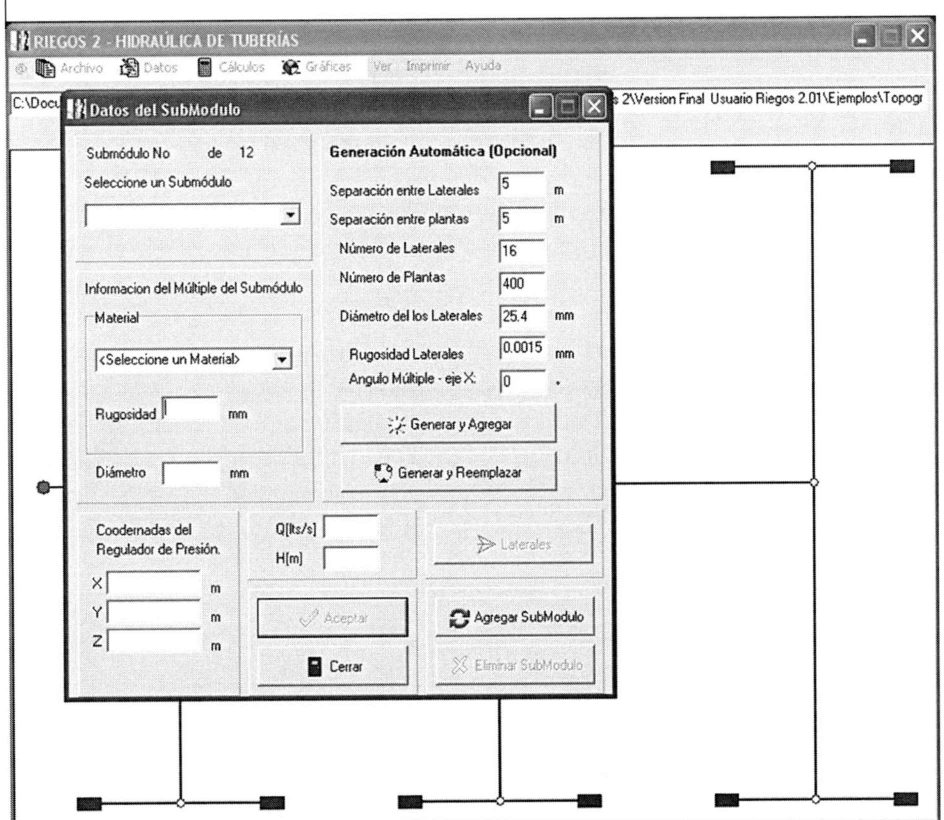

Figura 10.24 Ventanas de entrada de datos del programa RIEGOS.

EJEMPLO 10.7

Cálculo de un submódulo de riego

Como ejemplo de uso del programa RIEGOS se muestra a continuación el cálculo realizado sobre un submódulo de un cultivo de mango, con un total de 400 árboles. Se deben utilizar 3 emisores por árbol, cada uno con un caudal promedio de 10 L/h con una altura $h = 14$ m. Se desea obtener un coeficiente de uniformidad de 0.8.

La disposición de los árboles y las tuberías se puede ver en la FIGURA 10.25.

Solución:

Como resultado del programa se obtuvo que el caudal demandado es 11 480 L/h (3.2 L/s), y que la altura en el regulador de presión debe ser 20 m. La gráfica de la línea piezométrica a lo largo del múltiple se puede ver en la FIGURA 10.26:

Discusión:

Aunque se está diseñando un submódulo de riego, realmente el proceso es una comprobación de diseño dado que se tienen como datos de entrada los diámetros de múltiple y de laterales. En principio, estos no son muy variables debido a razones de mercado. Al final del proceso el programa RIEGOS comprueba la tolerancia de caudales.

10.7.2 Segunda parte del programa *RIEGOS*: cálculo y diseño de las tuberías primarias y secundarias y de la bomba

Una vez conocidos la altura de presión y el caudal en la entrada de cada uno de los submódulos que conforman el sistema de riego, el siguiente paso es diseñar la red de tuberías primaria y secundaria. Es decir, es necesario hallar los diámetros de las tuberías y/o la potencia de la bomba que garantice que en cualquier operación prevista para el riego, en cualquier etapa del desarrollo de las plantas, se van a satisfacer los caudales con la presión deseada. Teniendo en cuenta lo anterior, la segunda parte del programa RIEGOS se divide en dos fases: el diseño de las tuberías que conforman la red y el cálculo de la bomba o bombas de la estación de riego, en caso de que el sistema opere por bombeo.

Diseño de las tuberías del sistema de riego

El problema común de diseño de una red de un sistema de RLAF estriba en hallar los diámetros mínimos que se pueden colocar en cada una de las tuberías para obtener las alturas necesarias en cada uno de los puntos de entrada a los submódulos de riego (en realidad se conoce la altura aguas abajo de los reguladores de presión). El programa *RIEGOS* adoptó el siguiente método: si se conocen los caudales demandados es posible obtener, mediante la ecuación de continuidad, los caudales aproximados en cada uno de los tubos. De forma similar, como se conocen la altura total disponible a la entrada y la necesaria en cada uno de los submódulos, se puede inferir cómo será la altura piezométrica en cada nudo de unión entre tuberías principal y secundarias aplicando el criterio de Wu descrito en el Capítulo 5. Con la suposición de alturas y con los caudales conocidos se determinan los diámetros de cada tubería, comprobando que se esté cumpliendo con la ecuación de continuidad en cada nudo a medida que se avanza en la red. De no cumplirse, en cada nudo se realiza una corrección en la altura y al final se vuelven a calcular los diámetros hasta que la corrección por altura sea mínima.

En el Diagrama de Flujo 10.4 se muestra el cálculo de los diámetros de la tubería principal y las tuberías secundarias. Es necesario aclarar que antes de proceder a este diseño ya se deben tener diseñados todos los submódulos que conforman el sistema de RLAF. El lector debe notar la similitud de este diseño con el de una red abierta (Capítulo 6). Los diámetros obtenidos al final son los diámetros óptimos, que aseguran que la línea de altura piezométrica decrezca de forma lineal, aproximándose al criterio de Wu.

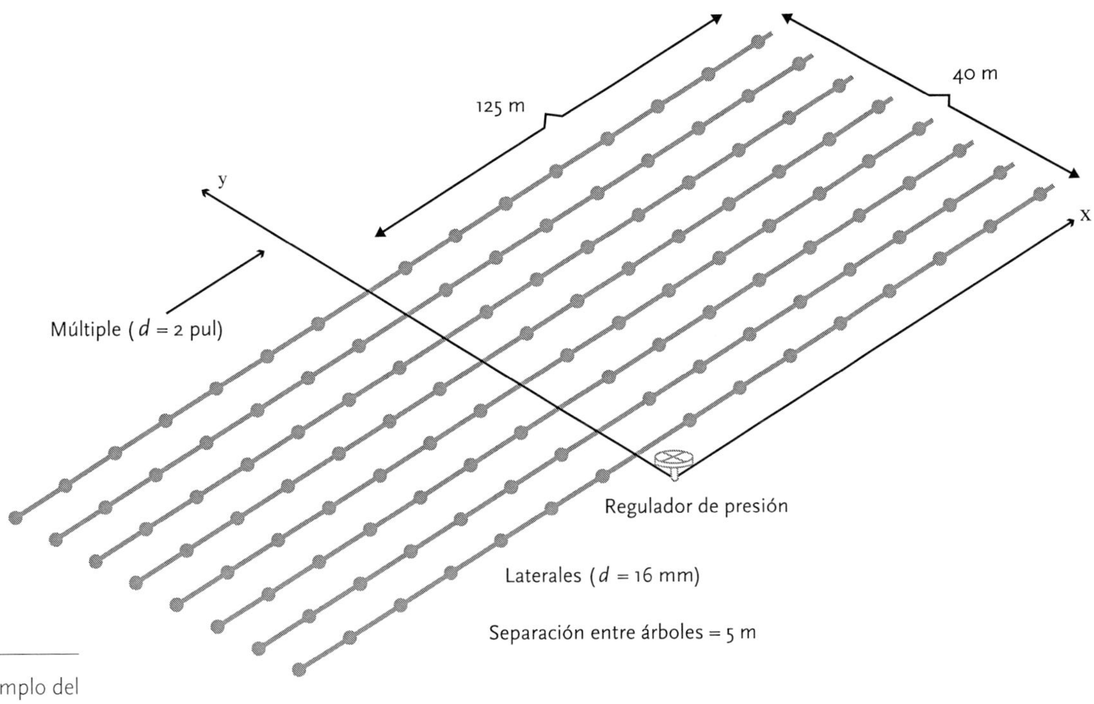

Figura 10.25 Ejemplo del cálculo de un submódulo. Disposición de las tuberías.

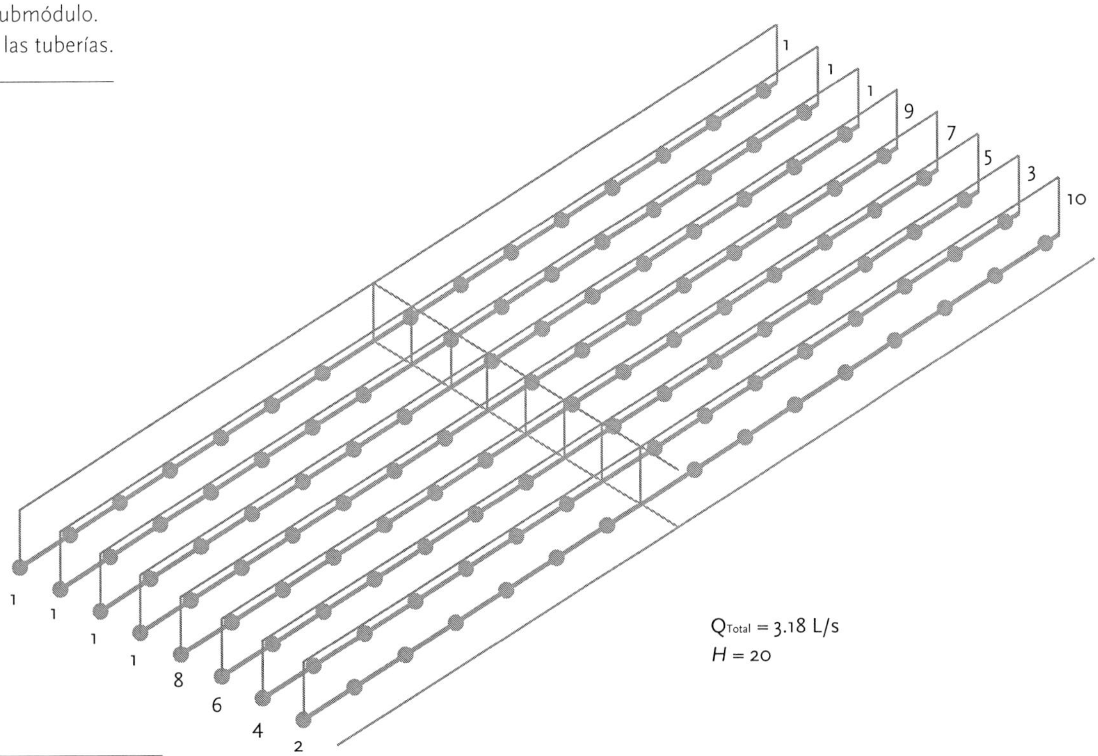

Figura 10.26 Línea piezométrica en el submódulo.

Tal como se ha descrito hasta este momento, el esquema de diseño funciona para sistemas por gravedad en los cuales se conoce la altura piezométrica en la estación de riego. En caso de ser necesario que el sistema opere por bombeo, el diseño se debe realizar para cada una de las bombas disponibles en el mercado local que puedan enviar los caudales necesitados en cada uno de los submódulos con las alturas mínimas requeridas a la entrada de cada uno de ellos. Es preciso hacer tantos diseños como bombas existan en dicho mercado, para al final escoger la alternativa bomba-tuberías que resulte con el mínimo coste.

Cálculo de la potencia de la bomba

El problema inverso se da cuando se conocen de antemano los diámetros de la red y se desea obtener la potencia que debe suministrar una bomba al flujo para lograr una buena operación. Este caso es común en sistemas de RLAF cuando se presentan cambios en el tipo de cultivo y, por razones de coste, se desea mantener la red de tuberías principales y secundarias junto con la estación de riego y todas sus estructuras. El proceso es más sencillo, dado que conociendo el caudal y el diámetro, las pérdidas de energía

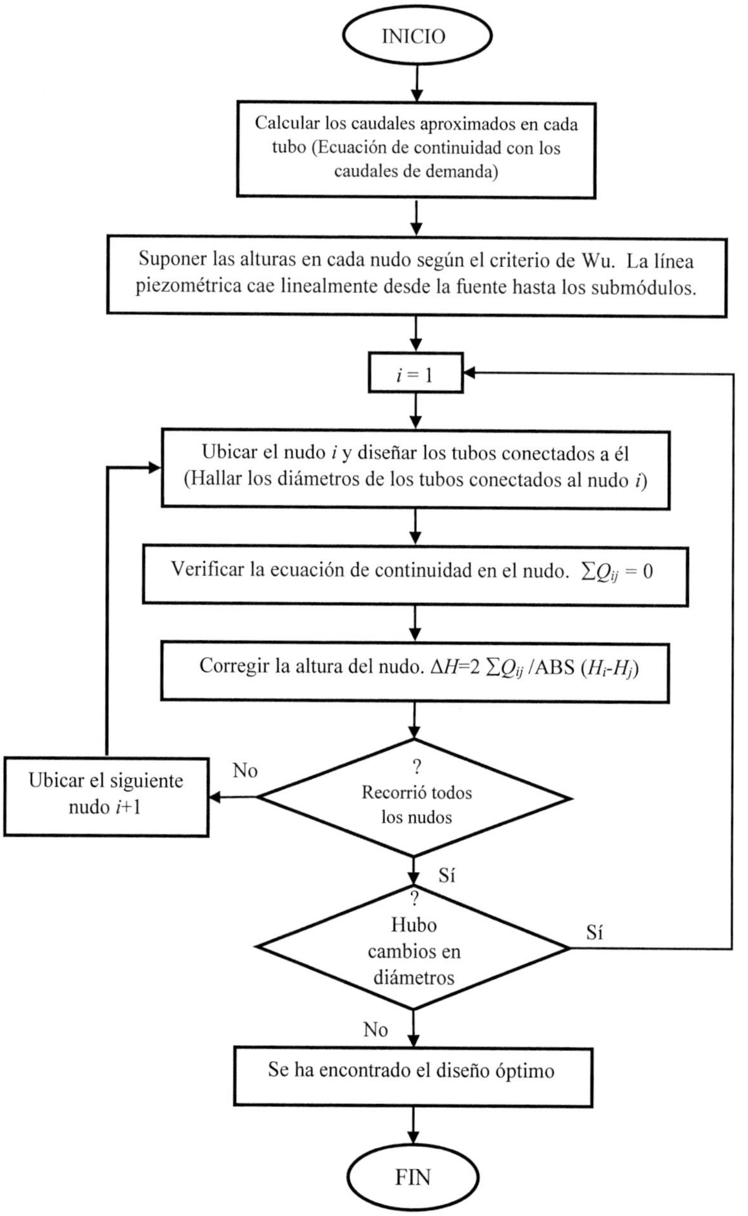

Diagrama de Flujo 10.4
Para el diseño de la red abierta.

por fricción y pérdidas menores se calculan explícitamente mediante la ecuación de Darcy-Weisbach y de forma proporcional a la altura de velocidad en cada una de las tuberías, respectivamente.

Así, conociendo el caudal en cada tubo, se puede ir calculando la caída total de la línea piezométrica empezando en cada submódulo hacia aguas arriba hasta llegar al punto en el cual se ubica la bomba. Las pérdidas totales de energía más la altura necesaria en cada submódulo, más la diferencia de niveles de topografía será la energía que debe suministrar la bomba.

El anterior procedimiento se utiliza para una ruta determinada, desde la estación de riego hasta uno de los submódulos. En el evento de que existan varios submódulos a regar que determinen diferentes rutas, el proceso se debe hacer para cada una de ellas, hallando al final la que presenta la mayor pérdida de energía, la cual corresponde a la ruta crítica. Si la bomba funciona para esta ruta crítica, también debe funcionar para los demás submódulos del sistema de riego.

De forma esquemática, el Diagrama de Flujo 10.5 ilustra el procedimiento anterior.

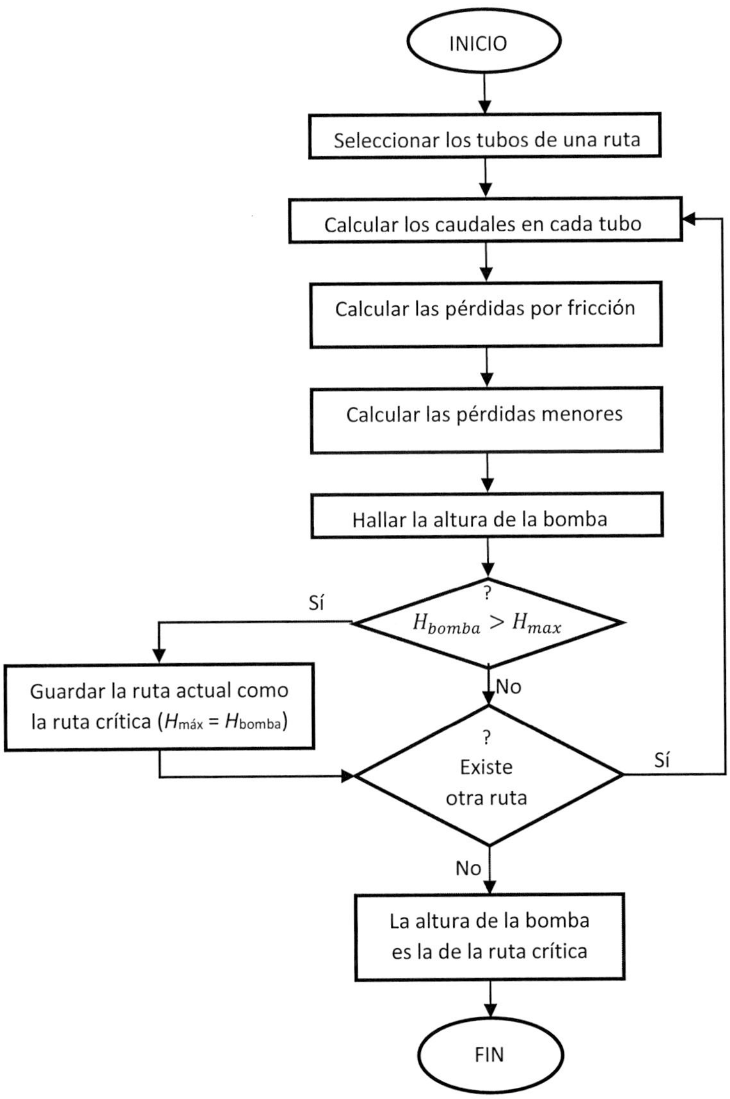

Diagrama de Flujo 10.5
Para el cálculo de la altura de la bomba.

EJEMPLO 10.8

Cálculos de tuberías primarias y secundarias mediante el programa *RIEGOS*

Se tiene una red con doce submódulos con la disposición mostrada en la FIGURA 10.27. Se pretende diseñar la red para proporcionar la altura deseada cuando se tiene una bomba que suministra una altura de 60 m de agua para un caudal de 15 L/s.

Solución:

La siguiente topología de la red indica la altura de presión y el caudal requeridos en cada submódulo, identificándolos con la letra A. Estos son los resultados arrojados por el programa RIEGOS.

Nudos

ID	x	y	Elevación (m)	Q_d (L/s)	H (m)
1	-50.00	100.00	650.00	*	*
2	75.00	100.00	579.00	*	*
3	375.00	100.00	577.00	*	*
4	675.00	100.00	576.00	*	*
5	75.00	105.00	579.00	*	*
6	375.00	105.00	577.00	*	*
7	675.00	105.00	576.50	*	*
8	75.00	95.00	579.00	*	*
9	375.00	95.00	577.00	*	*
10	675.00	95.00	575.00	*	*
A_1	65.00	150.00	575.00	7.2	34.65
A_2	85.00	150.00	577.00	7.2	36.16
A_3	365.00	150.00	577.00	7.2	36.67
A_4	385.00	150.00	577.00	7.2	38.21
A_5	665.00	150.00	578.00	7.0	36.23
A_6	685.00	150.00	579.00	7.0	37.27
A_7	65.00	50.00	575.00	7.2	35.65
A_8	85.00	50.00	577.00	7.2	35.65
A_9	365.00	50.00	577.00	7.2	37.49
A_{10}	385.00	50.00	577.5	7.2	38.73
A_{11}	665.00	50.00	578.00	7.0	36.75
A_{12}	685.00	50.00	579.00	7.0	37.27

La siguiente tabla muestra los resultados del diseño de las tuberías del sistema de riego:

ID	N_i	N_j	k_m	Longitud (m)	Diámetro (mm)
1	1	2	1.5	144	100
2	2	3	2.5	300	100
3	3	4	2.5	300	100
4	2	5	1.0	50	150
5	5	A_1	1.5	85	75
6	5	A_2	1.5	85	75
7	3	6	1.0	50	150
8	6	A_3	1.5	85	75
9	6	A_4	1.5	85	75
10	4	7	1.0	50	150
11	7	A_5	1.5	85	75
12	7	A_6	1.5	85	75
13	2	8	1.0	50	150

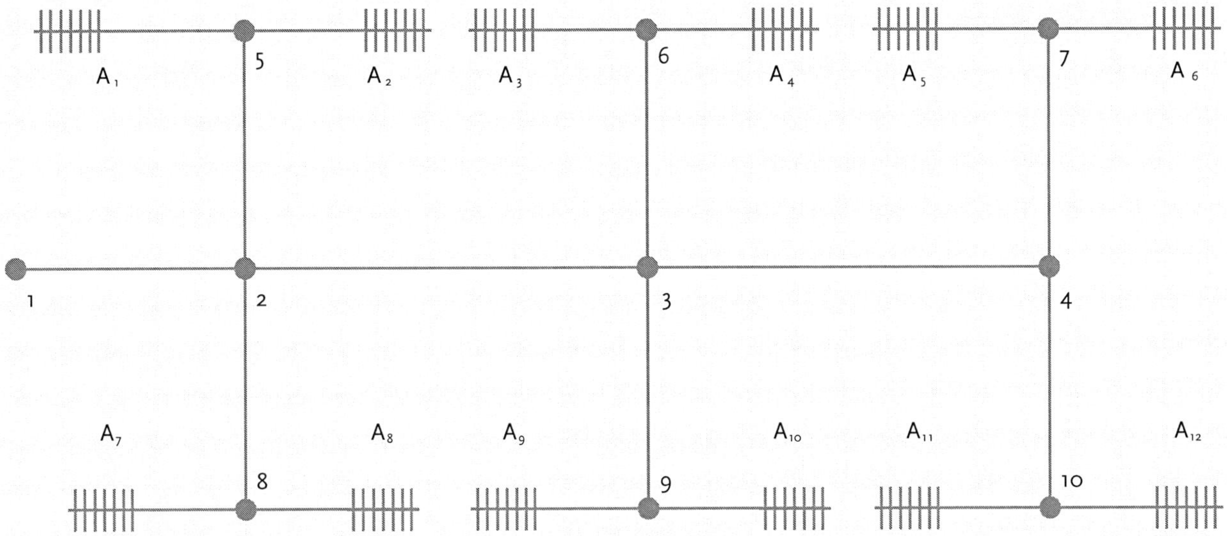

Figura 10.27 Red utilizada como ejemplo para el cálculo de tuberías primarias y secundarias.

ID	N_i	N_j	k_m	Longitud (m)	Diámetro (mm)
14	8	A_7	1.5	85	75
15	8	A_8	1.5	85	75
16	3	9	1.0	50	150
17	9	A_9	1.5	85	75
18	9	A_{10}	1.5	85	75
19	4	10	1.0	50	150
20	10	A_{11}	1.5	85	75
21	10	A_{12}	1.5	85	75

Tuberías

Se selecciona la ruta crítica que lleva el agua a los submódulos 11 y 12. La ruta comprende los tubos 1, 2, 3, 19, 20 y 21. Se obtienen diámetros de 100 mm en los tubos 1, 2 y 3; de 150 mm en el tubo 19 y de 75 mm en los tubos 20 y 21.

Discusión:

Debido a que en este ejemplo se tenía una bomba que producía una altura dada para el caudal requerido, el diseño de las tuberías hecho por el programa RIEGOS es sencillo y corresponde al diseño de una red abierta. La diferencia con respecto a las redes abiertas de sistemas de distribución de agua potable es que en estos últimos, todas las tuberías funcionan simultáneamente, mientras que en los primeros solo parte del sistema está moviendo agua.

El diseño se puede realizar con otras hipótesis de riego, seleccionando diferentes submódulos a regar, con la opción de dejar intactos los valores de diámetros ya calculados. Así se obtiene un diseño completo de la red, con los valores de diámetros mostrados en las anteriores tablas.

EJEMPLO 10.9

Cálculo de una bomba en sistema de RLAF

Se requiere calcular la potencia de una bomba, cuando con el diseño obtenido en el Ejemplo 10.8 se desean regar cuatro submódulos simultáneamente. La ruta crítica la constituyen los submódulos 5, 6, 11 y 12.

Aplicando el programa RIEGOS se obtienen los siguientes resultados:

Altura de la bomba:	69.05 m
Potencia de la bomba:	29.5 HP
Caudal demandado:	27.5 L/s

Las presiones respectivas en los nudos que cubre la ruta crítica son:

Nudos

ID	*x* (m)	*y* (m)	Elevación (m)	Altura piezométrica (m)	Altura neta (m)
1*	-50.00	100.00	650.00	719.05	69.05*
2	75.00	100.00	579.00	667.36	88.36
3	375.00	100.00	577.00	641.10	64.10
4	675.00	100.00	576.50	614.84	38.34
7	675.00	105.00	576.50	614.67	38.17
10	675.00	95.00	575.00	614.67	39.67

* Es el nudo de la bomba

Se puede observar que la presión mínima a la entrada de los submódulos es de 38.17 m.

Discusión:

Con la nueva altura piezométrica en el nudo de la bomba y con el caudal total requerido para el riego, se procede a escoger la nueva bomba. Otra alternativa sería la de utilizar la bomba existente (Ejemplo 10.8) en serie con una bomba de menor potencia, dado que el caudal de bombeo es el mismo. Las alturas producidas por cada bomba de la serie deben sumar los 69.05 m requeridos.

CONCEPTOS IMPORTANTES

Submódulo de riego y módulo de riego: son los principales componentes de un sistema de riego localizado de alta frecuencia. El submódulo es la unidad de riego localizada inmediatamente aguas abajo de un regulador de presión y en él la superficie de alturas piezométricas debe garantizar que se cumpla con la uniformidad de riego dada por el diseño agronómico. El módulo es la unidad de riego localizada aguas abajo de un regulador de caudal y representa el área del cultivo que se riega de forma simultánea.

Comportamiento hidráulico de emisores: en los sistemas de RLAF los emisores finales tienen un comportamiento similar al de los emisores utilizados en las redes de distribución de agua potable para simular fugas técnicas o hidrantes. Por consiguiente, su efecto hidráulico sobre el diseño de sistemas de riego es similar al descrito en el Capítulo 9.

Coeficiente de uniformidad de riego: este coeficiente se utiliza para expresar la diferencia máxima de volumen de agua entregado entre cada una de las plantas que forman parte de un módulo de riego. Para su cálculo se tiene en cuenta el caudal medio por planta y el caudal medio para el 25 % de aquellas plantas del módulo que reciben menor volumen de agua. Este coeficiente es un dato de diseño dado por consideraciones agronómicas y tiene un efecto importante sobre la hidráulica y el diseño final de la red de riego.

Tolerancia de caudales: es la diferencia de caudal entre el caudal entregado en el emisor de mínima presión y el caudal entregado en el emisor de máxima presión en un submódulo de riego. Esta tolerancia es función del coeficiente de uniformidad de riego establecido en el diseño agronómico.

Tolerancia de presiones: es la diferencia de presión que existe entre el emisor de mínima presión y el emisor de máxima presión, la cual debe ser función de la tolerancia de caudales y del coeficiente de uniformidad de riego. La tolerancia de presiones se ve afectada por la topografía del terreno sobre el cual se localiza el submódulo de riego.

Red de riego como una red abierta: el diseño de un sistema de RLAF, en sus partes correspondientes a la bomba y las tuberías principal y secundaria, es similar al diseño de una red abierta en un sistema de distribución de agua potable. En el sistema de riego el caudal de entrada a cada submódulo corresponde a las demandas de agua potable aguas abajo de los tanques del sistema de distribución; y las presiones inmediatamente aguas abajo de los reguladores de presión a la entrada de cada submódulo corresponden a los niveles de dichos tanques en los sistemas de distribución.

Diseño de submódulos de riego: el diseño de un submódulo de RLAF se puede resolver mediante la metodología de suposición de una superficie inicial de presiones y el correspondiente cálculo de caudales emitidos para la aplicación de PLE, con lo cual se obtiene un segundo diseño, a partir del cual se puede mejorar la estimación de caudales y volver a resolver el problema de diseño hasta llegar a una configuración de diámetros de coste minimizado (no se puede asegurar la optimalidad global del resultado) que cumplan las restricciones de diseño.

PROBLEMAS

Para todos los problemas de este capítulo se puede suponer que los diámetros reales son iguales a los nominales comerciales de las tuberías. La base de diámetros es: 12.5, 25, 37.5, 50, 62.5, 75, 100, 150, 200, 250, 300, 350, 400, 450, 500, 600 y 720 mm. De no especificarse una temperatura diferente para el agua, se debe trabajar con 15 °C. Para esta temperatura el agua tiene las siguientes características:

$\rho = 999.1$ kg/m^3

$\mu = 1.14 \times 10^{-3}$ Pa.s

$\nu = 1.141 \times 10^{-6}$ m^2/s

10.1. Calcule la tolerancia a la presión para un emisor final de tipo vórtice con un exponente $x = 0.40$ si el diseño agronómico del cultivo requiere una tolerancia de caudales del 15 %. Si la tolerancia de caudales cambia al 7 %, ¿cuál será la nueva tolerancia a la presión?

10.2. Resuelva el Problema 10.1 para un emisor final de tipo gotero autocompensante con un exponente $x = 0.15$.

10.3. Resuelva el Problema 10.1 utilizando un gotero autocompensante teórico perfecto (exponente $x = 0.0$) ¿Qué conclusiones puede sacar?

10.4. En un cultivo de algodón se requiere un RLAF de 4 L/h, con una altura máxima de 15 m y un coeficiente de descarga de 0.65. ¿Cuál es el diámetro requerido si el emisor final es del tipo gotero de orificio?

10.5. En un cultivo de hortalizas regado por un sistema de RLAF es necesario aplicar una cantidad de agua equivalente a 8 mm/día. Calcule las necesidades totales de riego para coeficientes de uniformidad de 85 % y 80 %. Compare los resultados.

10.6. Resuelva el Problema 10.5 si la cantidad de agua que se debe aplicar cambia al equivalente de 3.5 mm/día.

10.7. Resuelva el Problema 10.5 si se requiriera un coeficiente de uniformidad de riego del 95 %.

10.8. Después de realizar la prueba de campo de 25 goteros autocompensantes, sometidos a una presión nominal de 10 m, se obtuvieron los caudales mostrados en la Tabla P10.8. Calcule la desviación estándar de los caudales y compruebe si estos siguen una distribución normal. Teniendo en cuenta estos resultados, calcule Q_{25}.

Tabla P10.8

Emisor	Caudal (L/h)	Emisor	Caudal (L/h)
1	8.35	14	7.84
2	7.17	15	8.37
3	7.59	16	8.91
4	8.15	17	8.74
5	8.31	18	7.95
6	8.59	19	7.07
7	8.01	20	7.41
8	7.97	21	7.88
9	7.17	22	8.17
10	7.65	23	8.43
11	8.15	24	7.77
12	8.24	25	8.57
13	7.49		

10.9. Calcule la ecuación de un emisor final cuyo comportamiento está descrito por las pruebas de campo mostradas en la Tabla P10.9. ¿Cuál es el coeficiente de correlación de dicha ecuación?

Tabla P10.9

Altura (m)	Caudal (L/h)	Altura (m)	Caudal (L/h)
1.0	0.64	7.0	2.01
2.0	1.02	8.0	2.13
3.0	1.24	10.0	2.54
4.0	1.54	12.0	2.82
5.0	1.71	14.0	3.07
6.0	1.82	16.0	3.21

10.10. La ecuación de un emisor final de tipo gotero autocompensante es $Q = 1.77\,h^{0.41}$. Calcule el coeficiente de uniformidad hidráulico si la presión media es de 10 m y la mínima de 8.8 m.

10.11. Resuelva el Problema 10.10 si la ecuación del emisor final cambia a $Q = 1.89\,h^{0.37}$ Comparar los resultados.

10.12. Resuelva el Problema 10.11 si la presión media aumenta a 15 m y la presión mínima requerida permanece igual.

10.13. Resuelva el Problema 10.11 si la presión media cambia a 12 m y la mínima a 9.2 m.

10.14. En un cultivo de cítricos regado mediante un sistema de RLAF se tienen 8.400 árboles individuales distribuidos en 30 submódulos iguales. El volumen de agua que debe ser suministrado a cada árbol es de 80 litros cada tres días. Por problemas operacionales solo se puede regar 10 horas diarias durante los 5 días hábiles de la semana. Calcule el caudal por árbol, el tipo y número de emisores finales por árbol, el tiempo de riego por submódulo y el número de submódulos que deben ser regados de forma simultánea, teniendo en cuenta que el tipo de suelo en el cultivo permite un caudal máximo por emisor final de 0.3 L/min.

10.15. Resuelva el Problema 10.14 si el caudal que debe suministrarse a cada árbol es de 120 L cada cuatro días.

10.16. En un sistema de RLAF se requiere un coeficiente de uniformidad de 0.95. Si el caudal medio por emisor es de 8.0 L/h, el número de emisores por árbol es 3, el coeficiente de variación por fabricación es de 0.04 y la ecuación del emisor final es $Q = 0.67\ h^{0.57}$, donde el caudal está dado en litros/hora y la altura en metros, calcule las tolerancias de caudales y presiones y la altura máxima que puede ser perdida en el submódulo de riego.

10.17. Resuelva el Problema 10.16 si el coeficiente de uniformidad se reduce a 0.85. Compare los resultados.

10.18. Resuelva el Problema 10.16 si el caudal medio por emisor es de 6.0 L/h.

10.19. El lateral de riego que contiene el emisor de mínima presión en un sistema de RLAF está conformado tal como se esquematiza en la **FIGURA P10.19**.

El emisor de mínima presión (8 m) es el e_1 de la **FIGURA P10.19**. Si la ecuación del emisor final utilizado es $Q = 3.2\ h^{0.40}$, donde el caudal está dado en L/h y la altura en m, y si la manguera que conforma el lateral es de polietileno ($k_s = 0.03$ mm) con un diámetro de 12 mm, calcular la presión y el caudal en el inicio del lateral (punto M1 de la **FIGURA P10.19**). Suponga que todos los emisores se encuentran al mismo nivel. Dibuje la línea de gradiente hidráulico.

10.20. Resuelva el Problema 10.19 si la presión del emisor de mínima presión cambia a 7.0 m. Compare las líneas de gradiente hidráulico.

10.21. Resuelva el Problema 10.19 si el diámetro de la manguera cambia a 18 mm, con la misma rugosidad absoluta. Compare las líneas de gradiente hidráulico.

10.22. Resuelva el Problema 10.19 si la rugosidad de la manguera cambia a 0.0015 mm. Compare las líneas de gradiente hidráulico.

10.23. En el punto M3 de un múltiple de riego en un sistema de RLAF se tienen los caudales y presiones mostrados en la **FIGURA P10.23**.

Calcule la presión en el punto M4 del múltiple y todo el lateral 7. El múltiple es una tubería de PVC ($k_s = 0.0015$ mm) de 60 mm de diámetro. Las mangueras que conforman los laterales son de polietileno ($k_s = 0.03$ mm) de 14 mm de diámetro. El emisor final escogido para el sistema es un gotero helicoidal con una ecuación de caudal-altura igual a $Q = 1.8\ h^{0.65}$, donde el caudal está dado en L/h y la altura en m. Dibuje la línea de gradiente hidráulico del lateral 7, cuyos emisores se encuentran al mismo nivel.

10.24. Resuelva el Problema 10.23 si la altura de presión del punto M3 cambia a 12.2 m. Compare las líneas de gradiente hidráulico del lateral 7.

10.25. Resuelva el Problema 10.23 si se utiliza un gotero autocompensante para el cual $Q = 2.5\ h^{0.25}$, en donde el caudal está dado en L/h y la altura en m.

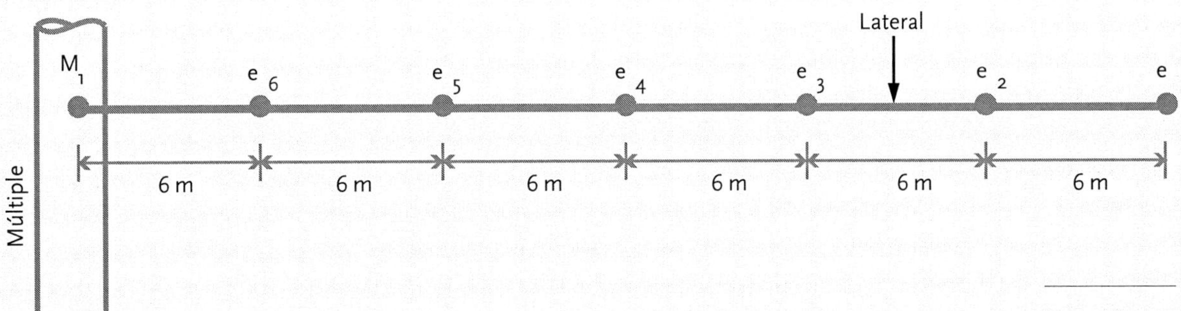

Figura P10.19

10.26. Resuelva el Problema 10.23 si se utiliza un gotero autocompensante teórico para el cual $Q = 2.5$, en donde el caudal está dado en L/h y es independiente de la presión.

10.27. Utilice la versión del programa RIEGOS de la página web del texto para calcular el submódulo de riego mostrado en la FIGURA P10.27. La ecuación del emisor final, de tipo gotero autocompensante es $Q = 2.4\, h^{0.35}$, donde el caudal está dado en L/h y la altura en m. Las mangueras que conforman los laterales son de polietileno (k_s = 0.03 mm) de 14 mm de diámetro. La presión mínima admisible en el emisor es de 8.0 m. El múltiple es una tubería de PVC (k_s = 0.0015 mm) de 50 mm de diámetro. Todos los goteros se encuentran al mismo nivel y la distancia entre ellos es de 4.5 m.

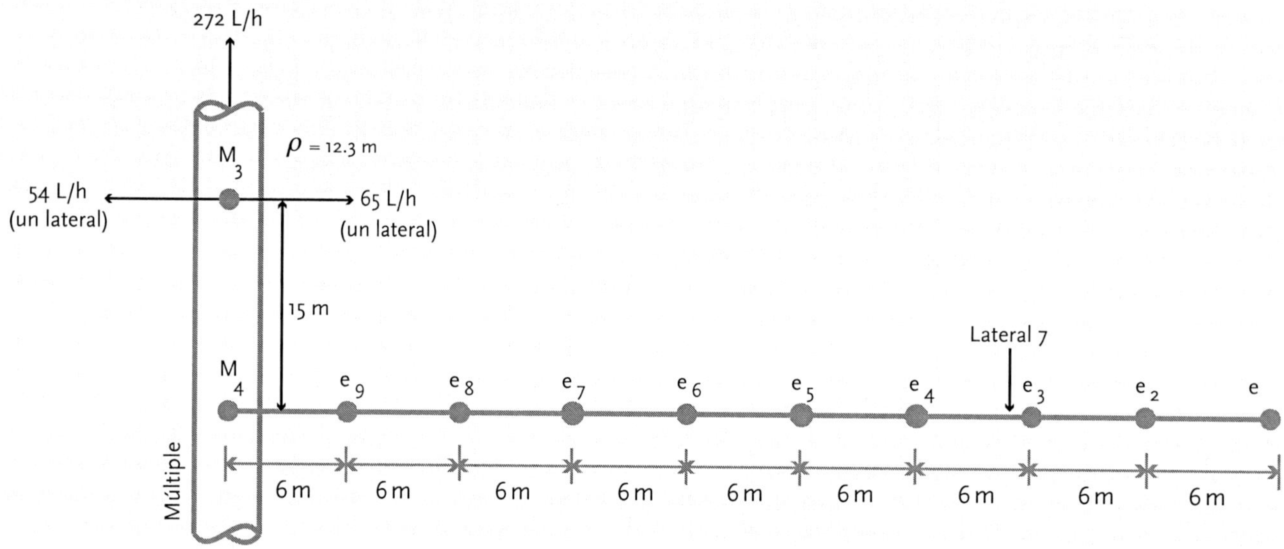

Figura P10.23

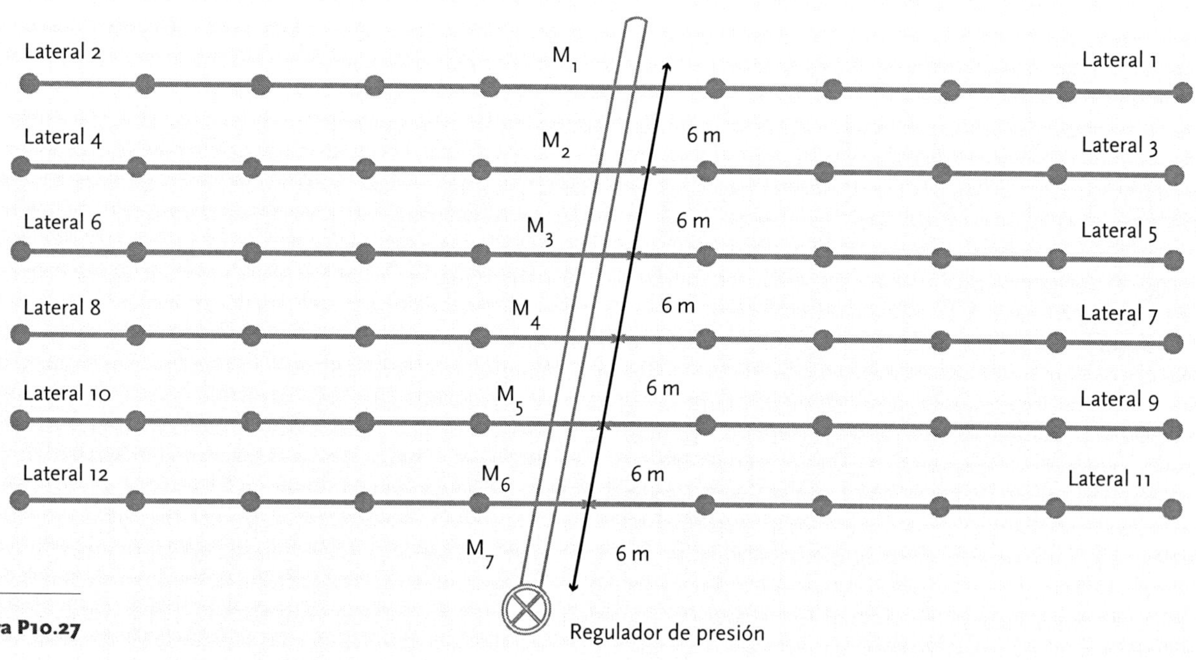

Figura P10.27

Calcule la presión y el caudal inmediatamente aguas abajo del regulador de presión. La distancia entre los emisores más cercanos al múltiple y este es de 2.25 m.

10.28. Resuelva el Problema 10.27 si el submódulo tiene la topografía mostrada en la **FIGURA P10.28.**

10.29. Resuelva el Problema 10.27 si la ecuación del gotero cambia a $Q = 3.5\ h^{0.15}$, donde el caudal está dado en L/h y la altura en m.

10.30. Resuelva el Problema 10.28 si la ecuación del gotero cambia a $Q = 3.5\ \mathrm{h}^{0.15}$, donde el caudal está dado en L/h y la altura en m.

10.31. Resuelva el Problema 10.28 si el material del múltiple cambia a polietileno con una rugosidad de 0.03 mm. Compare los resultados.

10.32. Utilice la versión del programa RIEGOS de la página web del texto para calcular la tubería principal y la tubería secundaria mostradas en la **FIGURA P10.32**, las cuales conforman la ruta crítica de un sistema de RLAF. El material de las tuberías es PVC (k_s = 0.0015 mm) y los diámetros disponibles son 50, 60, 75, 100, 150 y 200 mm. El sistema de riego se encuentra en terreno llano y al inicio de la tubería principal se cuenta con una altura de 32 m generada por un embalse, después de tener en cuenta todas las pérdidas de altura causadas en la estación de riego. Los submódulos 1, 2 y 3 se deben regar de forma simultánea.

10.33. Resuelva el problema anterior si el material de las tuberías cambia a polietileno con una rugosidad de 0.03 mm.

10.34. Resuelva el Problema 10.32 si la presión de entrada al sistema de riego cambia a 43 m, manteniendo constantes los demás datos del problema.

10.35. Diseñe el sistema del Problema 10.27 si los diámetros disponibles de polietileno son 5, 10, 15, 20, 30, 50, 100 mm, los diámetros disponibles en PVC son 25, 50, 75, 100, 150, 200, 300 mm, y aguas arriba se puede asegurar una presión de 21 m. Utilice la función de costes 0.32 si la presión de ent Utilice el método de PLE.

10.36. Resuelva el problema anterior si en cada punto de salida de caudal se tiene la siguiente ecuación: $Q = 1.5 + 3.5\ \mathrm{h}^{0.15}$, donde el caudal está en L/h y la presión en m.

10.37. Diseñe el sistema del Problema 10.28 para las mismas condiciones del Problema 10.35.

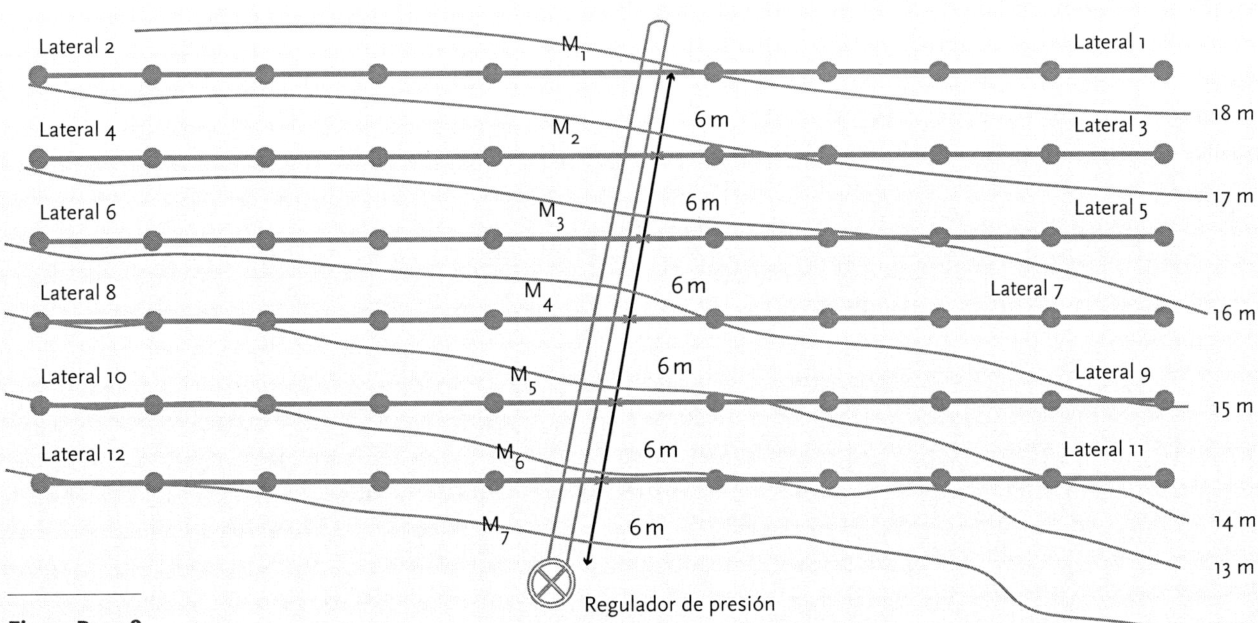

Figura P10.28

10.38. Resuelva el Problema 10.35 suponiendo una presión aguas arriba del sistema de 30 m y un emisor con ecuación del gotero que cambia a $Q = 3.5\ h^{0.15}$, donde el caudal está dado en L/h y la altura en m.

10.39. Diseñe el sistema presentado en la FIGURA P10.39 si los diámetros disponibles de polietileno ($k_s = 0.03$ mm) son 5, 10, 15, 20, 30, 50, 100, 150, 200 y 300 mm, y aguas arriba se puede asegurar una presión de 21 m. Utilice la función de costes $C = \Sigma_{Tubos} 0.0015 \cdot l_i \cdot d_i^{1.46}$. Utilice el método de PLE. La presión mínima en los emisores es de 8 m y la ecuación de estos es $Q = 4.5\ h^{0.25}$.

10.40. Resuelva el problema anterior si la presión de entrada al submódulo cambia a 35 m. Los demás datos de problema permanecen iguales.

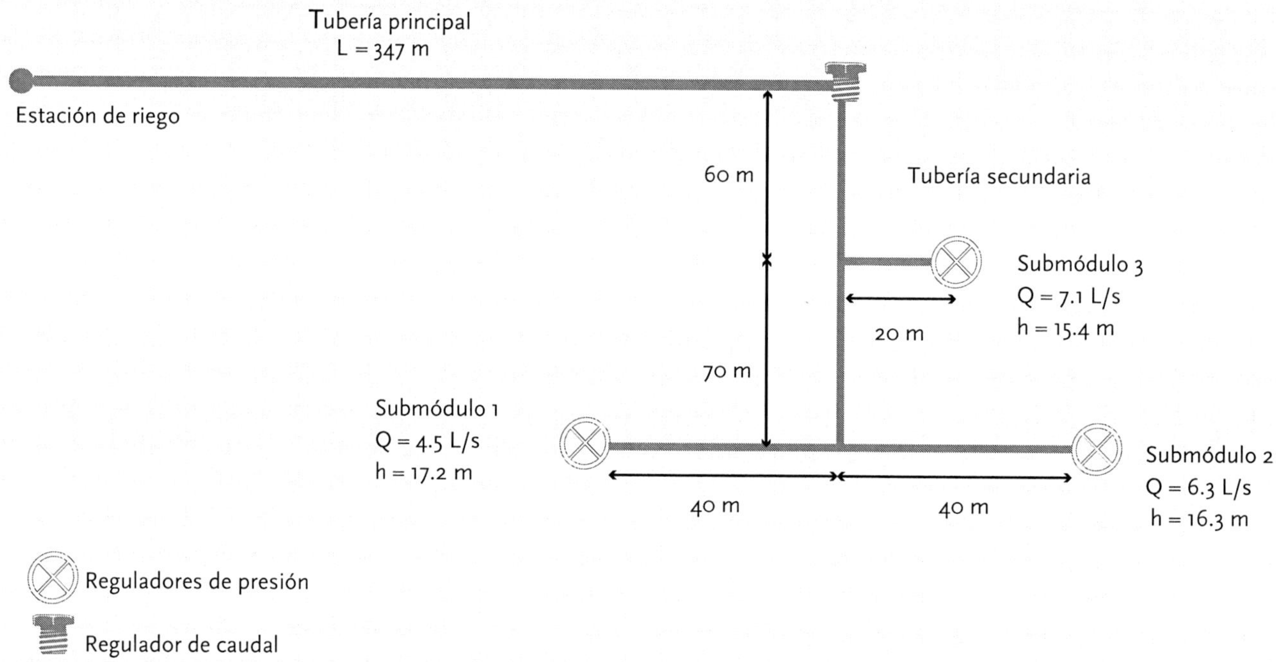

Figura P10.32

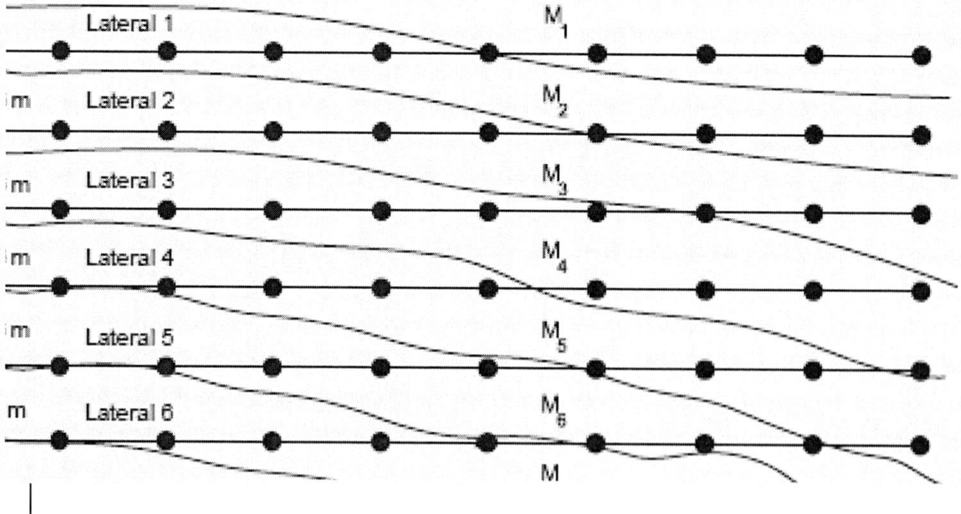

Figura P10.39

BIBLIOGRAFÍA

Borland Internacional Inc., *Turbo Pascal for Windows v. 1.5. User Guide*, 1994.

Featherstone, Ronald E., Karim K. Al-Jumaily, *Optimal Diameter Selection for Pipe Networks*, Journal of Hydraulic Engineering, volumen 119, N.° 2, February, de 1993.

Fereres, Elías, et al, *Drip Irrigation Management*, Division of Agricultural Sciences, University of California, 1981.

Fox, Robert W. And Alan T. McDonald, *Introduction to Fluid Mechanics*, cuarta edición, Editorial McGraw-Hill, New York, 1992.

Gerhart, Philip M., Richard J. Gross and John I. Hochstein, *Fundamentals of Fluid Mechanics*, sexta edición, Editorial Wiley, New York, 1982.

Goldemberg, D. B. Gornat, and D. Rimoon, *Drip Irrigation: Principles, Design, and Agricultural Practices*, Drip Irrigation Scientific Publications, Israel, 1976.

Jepson, R. W. *Analysis of Flows in Pipe Networks*, Ann Arbor Science Publishers, Ann Arbor, Michigan, 1976.

Moot, Robert L., *Applied Fluid Mechanics*, cuarta edición, Editorial Merril, New York, 1994.

Páez, D., Hernández, H. & Saldarriaga, J. *Optimal design of pipes in series with pressure driven demands*, Proceedings from XV Water Distribution Systems Analysis – EWRI – American Society of Civil Engineers ASCE – Cincinnati, 2013.

Pizarro, Francisco, *Riegos localizados de alta frecuencia (RLAF): Goteo, microaspersión, exudación*, Ediciones Mundi Prensa, Madrid, 1996.

Robertson, John A. and Clayton T. Crowe, *Engineering Fluid Mechanics*, tercera edición, Editorial Houghton-Mifflin, Boston, 1985.

Rodríguez, Florencio, *Riego por goteo*, AGT Editor S. A. México, 1982.

Salazar, Andrés, Juan Saldarriaga, *Riegos localizados de alta frecuencia. Algoritmos para cálculo y diseño*, Artículo XVII Congreso de Hidráulica, Guayaquil, Ecuador, octubre de 1996.

Saldarriaga, J., Páez, D., Cuero, P. & Leon, N. *Optimal design of water distribution networks using mock open tree topology*. Proceedings from XV WDSA – EWRI – Cincinnati, 2013.

Shanes, Irving H., *Mechanics of Fluids*, tercera edición, Editorial McGraw-Hill, New York, 1992.

Streeter, Victor L and E. Benjaminnn Wylie, *Fluid Mechanics*, octava edición, Editorial McGraw-Hill, New York, 1985.

Vennard, John K. and Robert L. Street, *Elementary Fluid Mechanics*, sexta edición, Editorial Wiley, New York, 1982.

Villalobos, Jorge, *Estructuras de datos*, Ediciones Uniandes, Universidad de los Andes, Santafé de Bogotá, 1989.

Wesley, Barnes J. Statistical Analysis for Engineers and Scientists. Editorial McGraw-Hill, 1994.

White, Frank M., *Fluid Mechanics*, tercera edición, Editorial McGraw-Hill, New York, 1994.

Wu, I-Pai, *Design of Drip Irrigation Main Lines*, Journal of the Irrigation and Drainage Division, December, 1975.

Yang, K. P., Liang e I. Wu-Pai, *Design of Conduit Systems with Diverging Branches*, Journal of the Hydraulics Division, ASCE, volumen 101, número HY1, enero de 1975.

APÉNDICE 1

Propiedades físicas de los fluidos

Tabla A.1.1 Propiedades físicas del agua en unidades del SI.

Temperatura °C	Peso específico γ (N/m³)	Densidad ρ (kg/m³)	Viscosidad $\mu \times 10^{-3}$ N. s/m²	Viscosidad cinemática $\nu \times 10^{-6}$ Nm²/s	Tensión superficial $\sigma \times 10^{2}$ N/m	Altura absoluta de presión de vapor P_v / γ	Módulo de elasticidad $K \times 10^{7}$ N/m²	Conductividad térmica K W/m . k
0	9806	999.9	1.792	1.792	7.62	0.06	204	0.561
5	9807	1000.0	1.519	1.519	7.54	0.09	206	0.571
10	9804	999.7	1.308	1.308	7.48	0.12	211	0.580
15	9798	999.1	1.140	1.141	7.41	0.17	214	0.589
20	9789	998.2	1.005	1.007	7.36	0.25	220	0.598
25	9778	997.1	0.894	0.897	7.26	0.33	222	0.607
30	9764	995.7	0.801	0.804	7.18	0.44	223	0.615
35	9749	994.1	0.723	0.727	7.10	0.58	224	0.623
40	9730	992.2	0.656	0.661	7.01	0.76	227	0.630
45	9711	990.2	0.599	0.605	6.92	0.98	229	0.637
50	9690	988.1	0.549	0.556	6.82	1.26	230	0.643
55	9666	985.7	0.506	0.513	6.74	1.61	231	0.649
60	9642	983.2	0.469	0.477	6.68	2.03	228	0.654
65	9616	980.6	0.436	0.444	6.58	2.56	226	0.659
70	9589	977.8	0.406	0.415	6.50	3.20	225	0.663
75	9560	974.9	0.380	0.390	6.40	3.96	223	0.667
80	9530	971.8	0.357	0.367	6.30	4.86	221	0.670
85	9499	968.6	0.336	0.347	6.20	5.93	217	0.673
90	9466	965.3	0.317	0.328	6.12	7.18	216	0.675
95	9433	961.9	0.299	0.311	6.02	8.62	211	0.677
100	9399	958.4	0.284	0.296	5.94	10.33	207	0.679

Tabla A.1.2 Propiedades de líquidos más comunes a 1 atm de presión y 20 °C (68°F) de temperatura.

Líquido	Densidad P kg/m³	Viscosidad μ kg/m³	Tensión superficial ó N/m*	Presión de vapor P_v N/m²	Módulo de elasticidad K N/m²	Parámetro de viscosidad C**
Amoníaco	608	2.20 E-4	2.13 E - 2	9.10 E+5	-	1.05
Benzeno	881	6.51 E -4	2.88 E – 2	1.01 E +4	1.4 E + 9-	4.34
Tetracloruro de carbono	1590	9.67 E – 4	2.70 E – 2	1.20 E + 4	9.65 E + 8	4.45
Etanol.	789	1.20 E – 3	2.28 E – 2	5.7 E + 3	9.0 E + 8	5.72
Glicol etílico	1117	2.14 E -2	4.84 E – 2	1.2 E + 1	-	11.7
Freón 12	1327	2.62 E – 4	-	-	-	1.76
Gasolina	680	2.92 E – 4	2. 16 E – 2	5.51 E + 4	9.58 E + 8	3.68
Glicerina	1260	1.49	6.33 E – 2	1.4 E - 2	4.34 E + 9	28.0
Queroseno	804	1.92 E – 3	2.8 E – 2	3.11 E + 3	1.6 E + 9	5.56
Mercurio	13550	1.56 E -3	4.84 E – 1	1.1 E - 3	2.55 E + 10	1.07
Metanol	791	5.98 E – 4	2.25 E – 2	1.34 E + 4	8.3 E + 8	4.63
Petróleo SAE 10W	870	1.04 E –1***	3.6 E – 2	-	1.31 E + 9	15.7
Petróleo SAE 10W30	876	1.7 E-1***	-	-	-	14.0
Petróleo SAE 30W	891	2.9 E-1***	3.5 E – 2	-	1.38 E + 9	18.3
Petróleo SAE 50W	902	8.6 E-1***	-	-	-	20.2
Agua	998	1.00 E – 3	7.28 E – 2	2.34 E + 3	2.19 E + 9	Ver tabla A.1.1
Agua de mar (30%)	1025	1.07 E - 3	7.28 E – 2	2.43 E + 3	2.33 E + 9	7.28

* En contacto con aire.

** La variación viscosidad-temperatura de estos líquidos puede ser ajustada a la siguiente expresión empírica, con una aproximación de + 6% en un rango de 0<T<10 °C.

$$\frac{\mu}{\mu_{20°c}} = \exp\left[c\left(\frac{293K}{TK} - 1\right)\right]$$

*** Valores representativos. La clasificación SAE de petróleos permite una variación de viscosidad por encima del 50%, especialmente en temperaturas bajas.

Tabla A.1.3 Propiedades mecánicas del aire a 1 atm de presión estándar.

Temperatura °C	Densidad ρ kg/m³	Peso específico γ N/m³	Viscosidad Dinámica μ N• s/m²	Viscosidad Cinemática ν m²/s
-20	1.40	13.7	1.61 E - 5	1.16 E – 5
-10	1.34	13.2	1.67 E – 5	1.24 E – 5
0	1.29	12.7	1.72 E – 5	1.33 E – 5
10	1.25	12.2	1.76 E – 5	1.41 E – 5
20	1.20	11.8	1.81 E – 5	1.51 E – 5
30	1.17	11.4	1.86 E – 5	1.60 E – 5
40	1.13	11.1	1.91 E – 5	1.69 E – 5
50	1.09	10.7	1.95 E – 5	1.79 E – 5
60	1.06	10.4	2.00 E – 5	1.89E – 5
70	1.03	10.1	2.04 E – 5	1.99 E – 5
80	1.00	9.81	2.09 E – 5	2.09 E – 5
90	0.97	9.54	2.13 E – 5	2.19 E – 5
100	0.95	9.28	2.17 E – 5	2.29 E- 5
120	0.90	8.82	2.26 E – 5	2.51 E – 5
140	0.85	8.38	2.34 E – 5	2.74 E – 5
160	0.81	7.99	2.42 E – 5	2.97 E – 5
180	0.78	7.65	2. 50 E – 5	3.20 E – 5
200	0.75	7.32	2.57 E - 5	3.44 E – 5

Tabla A.1.4. Propiedades de los gases más comunes a 1 atm de presión y 20° C (68 ° F) de temperatura.

Gas	Peso molecular	Constante del gas R m²/s²°k	Peso específico γ N/m³	Viscosidad dinámica μ Ns/m²	Relación de calor específico
H2	2.016	4124	0.822	9.05 E-6	1.41
He	4.003	2077	1.63	1.97 E – 5	1.66
H_2O	18.02	461	7.35	1.02 E – 5	1.33
Ar	39.944	208	16.3	2.24 E – 5	1.67
Aire seco	28.96	287	11.8	1.80 E – 5	1.40
CO_2	44.01	189	17.9	1.48 E – 5	1.30
CO	28.01	297	11.4	1.82 E – 5	1.40
N_2	28.02	297	11.4	1.76 E – 5	1.40
O_2	32.00	260	13.1	2.00 E – 5	1.40
NO	30.01	277	12.1	1.90 E – 5	1.40
N_2O	44.02	189	17.9	1.45 E – 5	1.31
Cl_2	70.91	117	28.9	1.03 E - 5	1.34
CH_4	16.04	518	6.54	1.34 E - 5	1.32

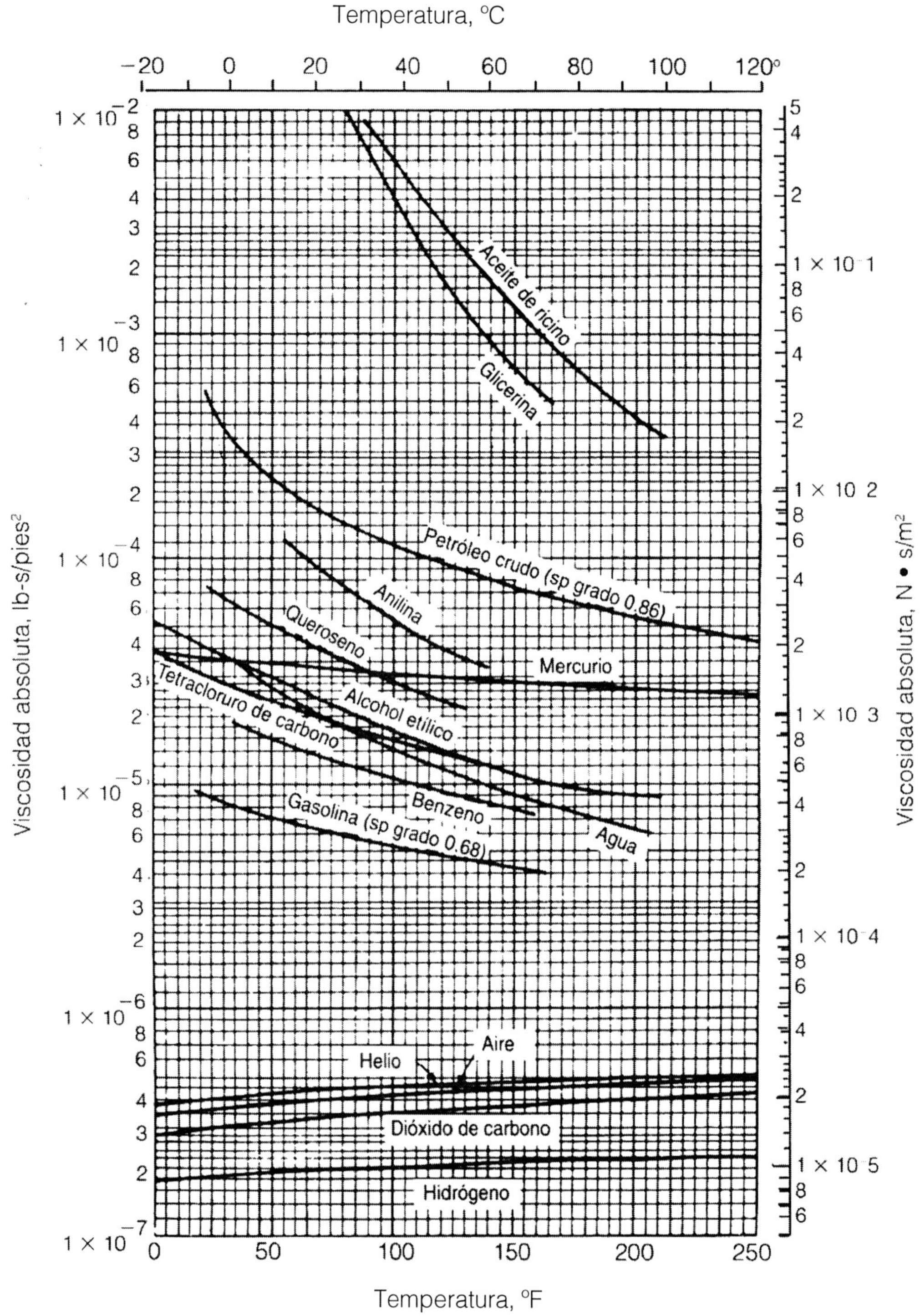

Figura A.1.1 Viscosidades absolutas de ciertos gases y líquidos.

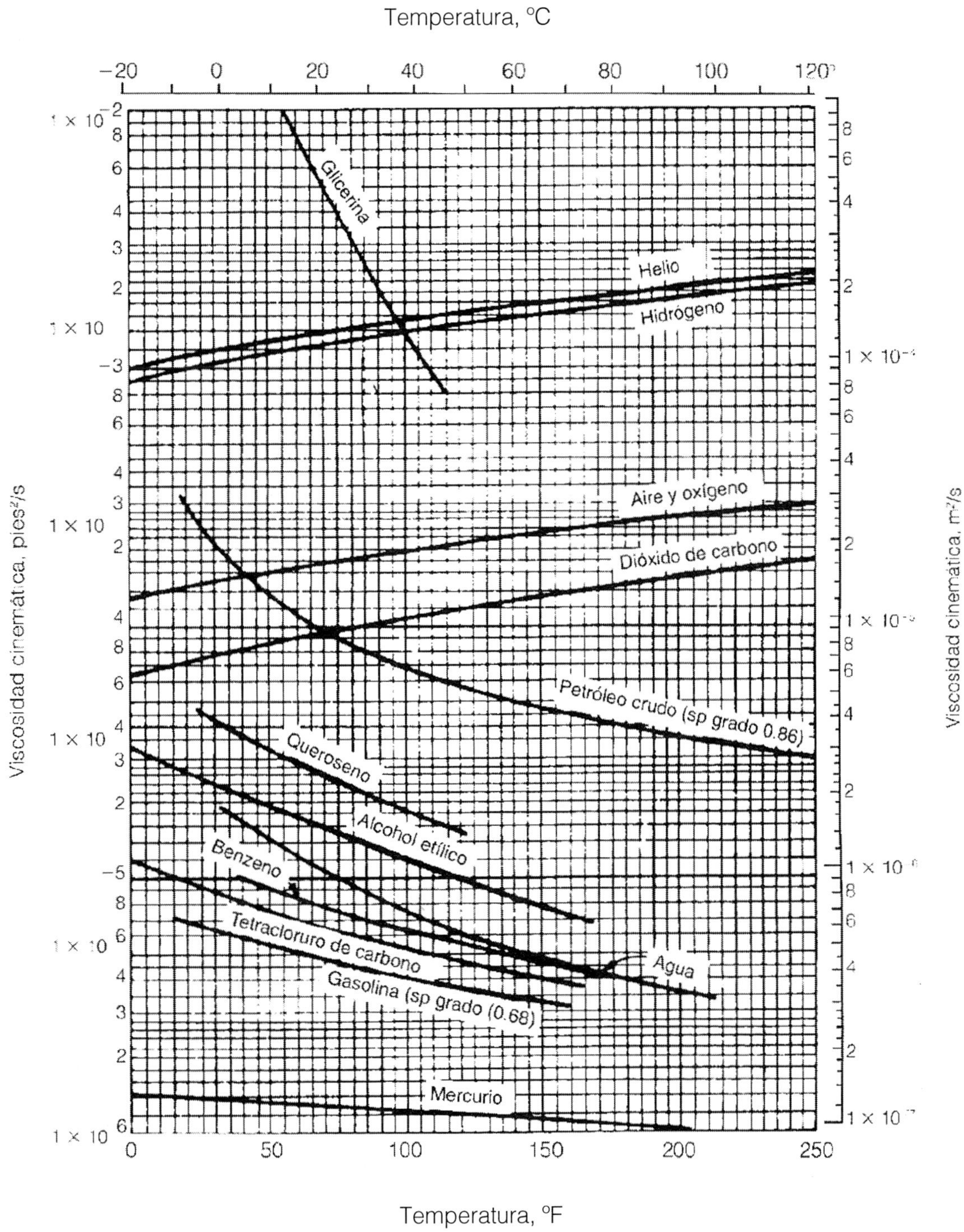

Figura A.1.2 Viscosidades cinemáticas de ciertos líquidos y gases a presión estándar.

ÍNDICE